"十二五"普通高等教育本科国家级规划教材

无机化学 第五版

Inorganic Chemistry

天津大学无机化学教研室 编

王建辉 崔建中 王兴尧 秦 学 修订

高等教育出版社·北京

内容提要

本书为“十二五”普通高等教育本科国家级规划教材和面向21世纪课程教材。本书继承了第四版教材“拓宽基础、更新内容;严控深度,突出应用;联系实际,反映国情;渗透工程意识,培养创新能力”的基本思想,保持经典教学内容基本不变,增加相关的实验或虚拟仿真实验视频链接,充分利用视频冲击,加深学生学习印象和学习效果;增加疑难问题及解答链接,方便学生自学解惑;增加历史逸闻和人物简介链接,提高学生的学习兴趣;增加知识拓展链接,使学生了解前沿研究,拓宽学生的知识面。本书充分利用现代信息技术,使传统的纸质教材向数字化、信息化、可视化教材转变。全书共17章,包括化学反应原理、物质结构基础、元素化学、无机合成及与生态环境有关的无机化学知识。

本书可作为高等学校化工、应化、制药、环境、材料、冶金、地质、轻工、纺织、医学等各类专业无机化学课程教材。

图书在版编目(CIP)数据

无机化学/天津大学无机化学教研室编;王建辉等修订.--5版.--北京:高等教育出版社,2018.6(2023.12重印)

ISBN 978-7-04-049848-6

Ⅰ.①无… Ⅱ.①天… ②王… Ⅲ.①无机化学-高等学校-教材 Ⅳ.①O61

中国版本图书馆CIP数据核字(2018)第107361号

策划编辑	付春江	责任编辑	付春江	封面设计	张 楠	版式设计	张 杰
插图绘制	杜晓丹	责任校对	王 雨	责任印制	高 峰		

出版发行	高等教育出版社	网 址	http://www.hep.edu.cn
社 址	北京市西城区德外大街4号		http://www.hep.com.cn
邮政编码	100120	网上订购	http://www.hepmall.com.cn
印 刷	固安县铭成印刷有限公司		http://www.hepmall.com
开 本	787mm×1092mm 1/16		http://www.hepmall.cn
印 张	33		
字 数	730千字	版 次	1985年11月第1版
插 页	1		2018年6月第5版
购书热线	010-58581118	印 次	2023年12月第8次印刷
咨询电话	400-810-0598	定 价	68.00元

本书如有缺页、倒页、脱页等质量问题,请到所购图书销售部门联系调换

物 料 号 49848-00

无机化学

（第五版）

天津大学无机化学教研室

1 计算机访问http://abook.hep.com.cn/1237035，或手机扫描二维码、下载并安装Abook应用。

2 注册并登录，进入“我的课程”。

3 输入封底数字课程账号（20位密码，刮开涂层可见），或通过Abook应用扫描封底数字课程账号二维码，完成课程绑定。

4 单击“进入课程”按钮，开始本数字课程的学习。

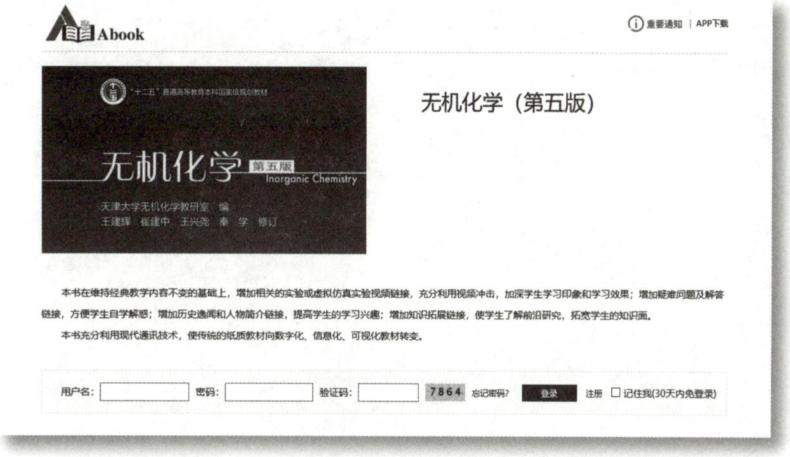

课程绑定后一年为数字课程使用有效期。受硬件限制，部分内容无法在手机端显示，请按提示通过计算机访问学习。

如有使用问题，请发邮件至abook@hep.com.cn。

http://abook.hep.com.cn/1237035

第五版前言

《无机化学》第四版自2010年出版以来，在高等学校无机化学课程教学中得到更为广泛的应用，并取得良好的教学效果。为此，在2015年获得天津市优秀教学成果一等奖。这主要得益于主编杨宏孝先生、颜秀茹教授“拓宽基础、更新内容；严控深度、突出应用；联系实际、反映国情；渗透工程意识、培养创新能力”的修订主导思想，合理地处理了经典与现代、理论与实践、基础与前沿、深度与广度、知识与能力、继承与创新之间的关系，充分体现了工科化学教材的特点。

随着网络、多媒体等现代科学技术的应用和现代移动通信终端的普及，极大地拓展了人们获取知识的途径。与此同时，当代大学生更希望通过移动通信终端获取视频、图像、文本等教学支持资料。因此，编者为适应教学发展新形势的需要，对本书进行了信息化、可视化方面的改造。

本书第五版在继承前版教材的优点、保留其经典教学内容的基础上，在以下几方面进行了创新：

1. 传统的纯纸质教材向信息化、可视化教材转变

增加相关实验或虚拟仿真实验的视频链接，充分利用现代化手段加强视频冲击，加深学习印象和学习效果。增加疑难问题及解答的链接，方便学生自学解惑。

2. 培养科学素养

增加人物简介链接，介绍与教材内容相关的著名化学家，增加学生对科学发现过程的了解，培养学生的科学思维、创新意识。增加历史逸闻链接，介绍化学家的名人轶事，提高学生的学习兴趣。

3. 远瞻学科前沿

增加“石墨烯”“有机金属框架结构材料”“纳米材料”等前沿知识、概念介绍的链接。引入前沿新知识，反映时代科技发展，增加学生对学科前沿的了解，培养学生对化学的学习兴趣。

总之，本书保留了第四版教材的经典教学内容，致力于教材信息化、可视化，力图实现教材的人性化，使学生在孤灯下阅读不感孤独，自有“老师”陪伴；字里行间能感到“老师”的存在，熟读深思中似能与“老师”对话；遇到困难，及时能得到“老师”的帮助。

本书内容按化学原理、物质结构、元素化学、无机化学与生态环境四部分展开，共分17章。由王建辉教授担任主编，各章节执笔人分别是王建辉教授（前言、第1、2、9、11、15章），崔建中教授（第3、6、7、8章），王兴尧教授（第12、13、14、16章），秦学教授（第4、5、10、17章）。高洪苓副教授提供实验视频资料。书中带有"*"的部分为选读内容或选做思考题、习题。

限于编者水平，书中难免有纰漏之处，敬请读者不吝赐教！

编　者

2017年于天大北洋园

第四版前言

本书第三版自2002年出版以来，在高等学校无机化学课程教学中得到更为广泛的使用，取得良好的教学效果，为此，在2005年获得国家级教学成果二等奖。这与前两版的主要编者马福华、孙玲、沈君朴老师的工作是分不开的。

本次修订的主导思想是：拓宽基础，更新内容；严控深度，突出应用；联系实际，反映国情；渗透工程意识，培养创新能力；力图处理好经典与现代、理论与实践、基础与前沿、深度与广度、知识与能力、继承与创新的关系，努力体现工科化学教材的特色。

本书第四版在继承前版教材“选材恰当、系统性好、深浅适中、逻辑性强、利于教学”等优点的基础上，在以下几方面有所创新：

1. 突出应用，渗透工程意识，体现工科教材的特点

除了引入“化学与化工”“物料、能量衡算在化工生产中的作用”“应用电化学”“海水淡化、硬水软化、天然水净化”“酶催化”等应用性内容外，还增设专章介绍无机物合成原理、方法及技术。

2. 追踪科技发展，及时充实、更新内容

例如，在氯碱工业生产、氢气的制法、非常规氢键、非化学计量化合物、纳米物质的特异性、晶体的缺陷等方面都引入新的内容。

3. 培养自学能力

自学能力是创新的基础能力之一，从大学一年级开始即着手培养学生的自学能力至关重要，为此特设专章——“元素化学综述”，让学生通过自学去完成。

4. 拓宽视野

本书把原来的“化学博览”栏目扩展为“拓宽视野”。例如，增加了“微观物质的深层次剖示”“物质的介观层次”“元素的起源、演化和在自然界中的循环”“生态系统的功能”“我国矿产、海洋、盐湖的自然资源”等阅读材料，以扩展学生的知识面。

使用本书请注意以下几点：

(1) 本书可作为工科高等学校化工、制药、材料、冶金、轻工、纺织、环境、地质等专业以及理科应用化学专业无机化学基础课程教材使用。

(2) 本书中加有“*”号者为选读内容或选作思考题、习题。

(3) 本书采用数据主要取自 J.A.Dean. Lange's Handbook of Chemistry. 15th ed(1999)，并以 CRC Handbook of Chemistry and Physics. 78th ed(1997—1998)等手册的数据予以补充。

(4) 本书配套的教学资源有：无机化学学习指导(颜秀茹主编)；无机化学电子教案(崔建中主编)；无机化学实验(杨秋华主编)。

本书由杨宏孝、颜秀茹(执行)担任主编。全书共 17 章，各章执笔人分别是杨宏孝(第 1、2、3、5、6、7 章及第 4 章氧化还原反应部分)、颜秀茹(第 13、14、15、16、17 章)，崔建中(第 8 章)，王建辉(第 9、11 章)，王兴尧(第 12 章)，秦学(第 10 章及第 4 章应用电化学部分)。电子教案由崔建中、鲁凡丽、田昀制作完成，崔建中担任主编。

本书作为普通高等教育"十一五"国家级规划教材，曾得到教育部和天津大学领导的指导和资助。东华大学郑利民教授对本书进行了详细审阅，提出许多宝贵的修改意见；高等教育出版社朱仁、岳延陆编审对本书各版的编写始终给予指导和帮助，翟怡、李颖、张楠、尹莉等同志，对出版本书在策划、编辑加工、设计、绘图等方面付出了不少心血，在此一并表示衷心感谢。

为了不断提高教材质量及水平，书中纰漏之处，敬请读者不吝赐教。

编　者

2009 年夏于津大园

第三版前言

本书第二版自1992年出版以来，在高校无机化学教学中得到广泛使用，并取得过良好的教学效果。随着现代科学技术的高速发展和我国社会经济体制的急剧变化、国际高等教育模式世纪性的变迁，在新形势下有必要对本书第二版进行修改，以适应21世纪无机化学教学的需要。

本次修订无机化学教材的主导思想是"跟上时代，适应国情；联系实际，突出应用；继承特色，适度创新；精心策划，利于教学"，主要体现在以下几方面。

1. 更新内容，跟上时代

在确保无机化学基础课教材性质的前提下，努力跟踪现代科技发展和反映现代无机化学前沿；注意更新理论、概念、内容及方法；采用我国国家标准GB 3102.8—93所规定的量、单位及其符号；选用较新的数据。

2. 联系实际，突出应用，适应国情

紧密联系我国化工生产实际；恰当反映在能源、材料、信息、环境及生命等方面社会关注的热点；让学生了解我国元素的自然资源、无机化学发展的概况，以及我国著名无机化学家的工作成果。选材时注意控制理论深度、着重突出应用。

3. 继承特色，适度创新

继承前版教材系统性好、逻辑性强、利于教学的特点。在教材体系、内容及形式上有所创新，例如引入了无机非水溶液中的无机反应、固相反应；化学振荡反应；光化学反应、超声化学反应、等离子体反应、摩擦反应；晶体的缺陷；非整比化合物；无机化学与生态环境等内容，以适度突破"水溶液体系—平衡态—热化学反应—理想结构—整比化合物—元素周期系"的无机化学教材传统体系。

4. 精心策划，利于教学

在教学实践的基础上，吸取兄弟院校无机化学老师们的教学经验，把教材内容划分为"必读"（基本内容）"选读"（供不同专业、不同课时者选用）和"化学博览"（拓宽知识面）三个层次。为了弥补元素化学部分内容的不足，在附录处编进了常用氧化剂、还原剂及其反应产物，常见阴、阳离子的主要鉴定方法的内容。另外，编写了与本书配套的教学参考书——《无机化学习题解析》。

本书内容按化学反应原理、物质结构、元素化学、无机化学与生态环境四部分展开，共分15章。由杨宏孝教授担任主编，各章执笔人分别是杨宏孝教授（前言，第1、2、3、4、5、6、7章），凌芝教授（第9、10、11、12章），颜秀茹教授（第8、13、14、15章）。

使用本书请注意以下几点：

（1）本书可作为工科高校学校化工、材料、冶金、轻工、纺织、环境、地质等专业及理科应用化学专业无机化学基础课程教材使用。

（2）本书中加有"*"号者为选读内容或选作思考题、习题。

（3）本书采用数据主要取自 J. A. Dean Lange's Handbook of Chemistry 15th ed（1999），并以 CRC Handbook of Chemistry and Physics 78th ed（1997—1998）等手册的数据予以补充。

本书承蒙华东石油大学董松琦教授详细审阅并提出许多宝贵的修改意见，在此表示衷心感谢。在编写过程中还得到南京大学忻新泉教授、北京大学周公度教授、中国科学技术大学赵化侨教授、高等教育出版社朱仁编审的帮助和指点，以及引用了有些专家、学者如清华大学宋心琦教授的论文内容、中国地质博物馆郭克毅研究员的矿物图片等，在此一并表示诚挚的谢意。

本书作为国家教育部"九五"规划的重点教材，今天得以面世，这与在立项研究中曾得到教育部及天津大学教务处的指导和经费资助是分不开的。本教材自第一版起，经历过两次修订，教研室内的马福华、孙玲、沈君朴等老师对教材建设做出过重要贡献，在此由衷表示敬意。

为了不断提高教材质量及水平，书中纰漏之处，敬希读者不吝赐教。

杨宏孝　凌芝　颜秀茹

2000年冬于津大园

第二版前言

本书第一版自1984年出版以来，在工科高等学校无机化学教学中得到了广泛使用。无机化学学科的发展、课程教学基本要求和法定计量单位制的贯彻实施，中学化学教学大纲的修订都对无机化学教材建设产生一定影响；教学实践的经验亟待反映到无机化学教材中去，为此我们对本书第一版作了修订。

这次修订，在继续保持第一版教材选材适当、系统性好、文字通俗易懂等特点的基础上，侧重注意到以下几点：

(1) 体现无机化学课程教学的基本要求；

(2) 与中学化学教学大纲(1990年修订本)内容衔接；

(3) 加强理论联系实际，渗透应用意识；

(4) 适当更新内容；

(5) 尽可能渗透辩证唯物主义和科学方法论；

(6) 发挥习题在复习、巩固所学知识和开发学生智力方面的多种功能。

本书与第一版相比较，明显的变化是：(1) 化学原理部分以无机化学反应为主线，结构部分加强结构与物性之间的联系；(2) 把原来第三章(单相电离平衡)和第四章(多相电离平衡)，第十三章(碳族元素)和第十四章(硼族元素)分别并成一章讨论；(3) 适当精简和更新了内容，如删去电势-pH图、软硬酸碱理论、酸碱电子理论，增加了多重平衡规则、离子水合焓、实际晶体、非化学计量化合物、有机金属化合物等内容；(4) 元素部分加强了与环境、生产、生活的联系；(5) 充实、提高了习题内容，并且把复习、思考题从原习题中分出来，以利于教学，其中加有*号者表示该题难度较大或属非基本要求。

全书分上、下两册，上册包括第1—7章，下册包括第8—18章。书中加有*号或用小号字排印的均属非基本内容，供因材施教之用。参加修订版编写工作的有凌芝(第1、4、13章和第8章的1—3节)、沈君朴(第2、3章)、杨宏孝(第5、6、7章)、马福华(第9、10、11、12、14章和第8章第4节)、孙玲(第15、16、17、18章)，颜秀茹、杨桂琴参加了习题的选编和验算工作，全书由杨宏孝修改、统稿，由马福华、杨宏孝定稿。

修订后的初稿曾在1989年广州召开的工科无机化学课程教学指导小组扩大会议上进行过初审，大连理工大学、华东化工学院为主审单位。根据审查意见修改后再经大连理工大学袁万钟、隋亮教授进行复审。初、复审中提出的宝贵意见对我们的修订工作很有帮助，在此表示由衷的感谢。本书修订过程中得到校内外、教研室内外许多同志的关心、支持和帮助，借此机会一并表示感谢。

限于我们的水平，书中纰漏之处，敬希读者不吝赐教。

编　者

1991年春于津大园

第一版前言

本书是根据1980年8月教育部审定的高等工业学校无机化学教学大纲(草案)的基本要求编写的。编写过程中参考了1982年5月高等学校工科化学教材编审委员会关于无机化学教学大纲的补充说明。本书可供高等工业学校化工类各专业用作无机化学课程的教材。

本书初稿于1981年5月完成后,经本校近两年的教学实践,于1983年3月在工科无机化学教材评选会上评审通过。会议认为本书基本符合无机化学教学大纲的要求,并对本书提出了进一步修改的意见。

编写本书时,根据我们教学实践中的体验,结合当前工科无机化学教学的实际,侧重考虑了以下几点:

(1) 在内容的选材方面,力求符合工科无机化学教学大纲的要求。注意精选内容,尽量删去与中学化学重复的部分,又要保持课程本身的系统性。

(2) 注意教材内容起点适当,与现行的全日制十年制学校高中化学教材衔接。尽量使内容选材的深广度和分量适当,以便在规定的教学时数内完成。

(3) 注意理论联系实际。加强基本理论在元素化学部分的应用;在元素化学部分适当联系生产和生活实际。

(4) 力求便于自学。在篇幅允许的范围内,叙述力求循序渐进、深入浅出、通俗易懂;计算有例题;有些章节后附有本章节的内容小结,以利于学生系统掌握和巩固所学的知识。

(5) 根据教育部1978年关于教材采用国际单位制的通知精神,本书基本采用国际单位制。但是鉴于目前教学的实际情况,对于个别计量单位如大气压(atm)等仍暂时沿用。

(6) 本课程的总学时数(包括实验)为140学时。本书中打*号部分,不属教学基本要求,可根据教学需要灵活选用。

参加本书编写工作的有沈君朴(第1—5章),杨宏孝(第6—8章)、马福华(第9—16章)、孙玲(第17—20章),全书由杨宏孝统稿并由马福华复核。在本书编写过程中,得到教研室许多教师的大力协助和支持,因此本书实际上是我们教研室教师共同努力的成果。

本书修改过程中,得到了工科无机化学教材编审小组的具体指导;南京化工学院张瑞钰、合肥工业大学孔荣贵、华东纺织工学院谢洛琳、浙江工学院刘国毅、北京化工学院李秀琳和成都科技大学沈敦瑜对本书提出了许多宝贵的修改意见；特别是工科无机化学编委曹庭礼，受工科无机化学教材编审小组的委托担任本书修改后的复审，付出了辛勤的劳动。在此，对以上曾热情帮助过我们的各位老师一并表示衷心感谢。

由于编者水平有限，书中存在缺点和错误在所难免，诚恳希望读者批评指正。

天津大学化工系普通化学教研室

1983年6月

目录

第 1 章

化学反应中的质量关系和能量关系

本章在复习、巩固高中化学中有关概念的基础上，引入化学计量数、反应进度、状态函数、标准态和反应焓变等重要概念，以阐明化学反应中的质量关系和能量关系，在中学化学和大学化学之间起到承上启下的作用。本章重点要求是会应用热化学反应方程式和物质的标准摩尔生成焓计算标准摩尔反应焓变。

1.1 物质的聚集态和层次

1.1.1 物质的聚集态

1. 物质三态

日常生活中人们接触到的自然界物质通常有气体(gas)、液体(liquid)和固体(solid)三种聚集状态。其中气体、液体属流态，液体、固体属凝聚态。物质的这三种状态在一定温度、压力条件下可以互相转化，如冰可以融化为水，也可以升华为水蒸气；水可以蒸发为水蒸气，也可以凝固为冰；水蒸气可以凝结成水，也可以凝华为冰。在一定条件下，气、液、固三态还可以共存，如在 0.01 ℃、611.6 Pa下，水、冰、水蒸气可以共存。

2. 等离子态

在足够高的温度或辉光放电条件下，气体分子会部分甚至几乎完全解离为原子并进一步电离为气态阳离子。一般情况下，这种电离的气体包含负、正电荷总数相等的电子、正离子，以及少量电中性的原子、分子。当电离产生的带电荷粒子达到一定的密度并能持续存在足够长的时间，这种高电离的气体与原来未电离时相比较，性质上(导电性、粒子间作用力、受磁场的影响及化学反应活性等)发生了根本性的变化，呈现为一种有别于气、液、固三态的新物态——等离子态(plasma state)，意指其中粒子所带的正电荷量和负电荷量相等。

在地球、月球等不发光的星体里，气、液、固三态是物质存在的普遍形式，一般只有在特殊条件下(如高温、辉光放电、射线辐照、高能粒子束轰击等)，某些物质才可能呈现等离子态。工作状态下霓虹灯灯管里就存在着氖或氩等气体放电产生的等离子体。在特殊环境下，地球上偶尔也会瞬间观察到等离子体的踪迹，如闪电和陨星坠落时的拖尾现象。

相反，宇宙中绝大多数的物质如恒星(太阳等发光星体)及星际空间极稀薄的物质却都以等离子态存在。其实，只要急剧加热到 2 万摄氏度左右，所有物质都呈等离子态。

等离子体中由于重粒子（分子、原子、离子等）的热容量比电子的热容量大得多，因此，等离子体的温度取决于其中重粒子的温度。重粒子和电子的温度都很高（等离子体工艺中操作温度约为 $5\times10^3\sim2\times10^4$ K）而且几乎相等的等离子体称为热（或高温）等离子体。电子温度即使很高而重粒子温度不高的等离子体称为冷（或低温）等离子体，如工作状态的日光灯内，等离子体中的电子温度虽然可高达 10^4 K 以上，但重粒子温度只略高于室温，因此发光的日光灯管壁不烫手。

由于等离子体的独特性能，等离子体技术在许多科技领域获得广泛应用，除了被应用于照明、金属焊接、表面镀膜、表面刻蚀等一般性的技术领域外，在化学、化工领域如化学合成、高分子聚合、溅射制膜、化学气相沉积及发动机废气治理等方面均有应用。尤其是冷等离子体技术，在化学、化工领域更具有实用价值，原因是高能量的电子可使反应物分子、原子电离激活为活性粒子而利于反应，而且反应又能在较低温度下进行。

自然界中的物质除了有上述的气、液、固、等离子态以外，在特殊条件下还有超固体、中子态、磁性超流态及辐射场态等，显然这已经超出本书论述范围。

1.1.2　物质的层次

起先物理学家把自然界中的物质按个体（或粒子）的空间尺度大小及运动规律划分为三个层次：

层次	空间尺度	遵循运动规律	实例
宇观	$>10^6$ m	相对论力学	地球、太阳、星云
宏观	$(10^{-8}\sim10^6)$ m	牛顿力学	交通工具
微观	$<10^{-8}$ m	量子力学	原子、分子、电子、核子

前沿介绍

但是，随着高分辨率电子显微镜的应用和制备纳米级（1 nm = 10^{-9} m）材料技术的发展，科学家们发现在宏观物体和微观粒子区间“接壤”处的一些物质，如直径处于纳米级（1～100 nm）的粒子，其运动既不同于宏观物体，又有别于微观粒子，可称为介观粒子的物质层次。从此，物理学发展出一个新的分支——介观物理学，化学也出现了一个研究方向——纳米材料与技术。

1.2　化学中的计量

粗略而言，化学是研究物质的组成、结构、性质及化学反应的科学。化学反应是化学研究的核心。物质发生化学反应时，常伴随有质量和能量（热、电、光能等）的变化。例如，在空气中燃烧 24.3 g 镁条，不仅会发出耀眼的白光，释放出热能，而且最终生成了 40.3 g 氧化镁。

在化学领域中，往往要测定或计算物质的质量、溶液的浓度、反应的温度及气体的压力和体积等。为此，首先需要掌握化学中常用的量和单位及有关的定律。

1.2.1　相对原子质量和相对分子质量

元素是具有相同质子数的一类单核粒子的总称。具有确定质子数和中子数的一类单核粒子称为核素。质子数相等而中子数不等的同一元素的原子互称为同位素。自然界中单同位素元素(如 Be、Na、Al、P、Sc、Mn、Co、As、Y、Nb、I、Cs、Pr、Ho、Bi、Th)只占少数,多同位素元素占多数。例如,自然界中氧就有 3 种同位素:$^{16}_{8}O$、$^{17}_{8}O$、$^{18}_{8}O$,它们在自然界的相对含量分别为 99.759%、0.037%和0.204%。根据这 3 种同位素的丰度和原子质量可以求得氧元素的平均原子质量。

相对原子质量(A_r)被定义为元素的平均原子质量与核素^{12}C 原子质量的1/12之比,以往被称为原子量。例如:

$$A_r(H) = 1.007\ 94$$

$$A_r(O) = 15.999\ 4$$

英国人 J. Dalton(1766—1844 年,图 1.1)是第一个测定原子量的人。现在通过质谱仪测定各核素的原子质量及其在自然界的丰度后,可以确定各元素的相对原子质量。北京大学张青莲教授等测定的铟(In)、锑(Sb)、铱(Ir)及铕(Eu)相对原子质量值先后被国际原子量委员会采用为国际标准,说明我国原子量测定的精确度已达到国际先进水平。

图 1.1 J. Dalton

人物简介

相对分子质量(M_r)被定义为物质的分子或特定单元的平均质量与核素^{12}C 原子质量的 1/12 之比,以往被称为分子量。例如:

$$M_r(H_2O) = 18.014\ 8 \approx 18.01^{❶}$$

$$M_r(NaCl) = 58.443 \approx 58.44$$

1.2.2 物质的量及其单位

"物质的量"(amount of substance)是用于计量指定的微观基本单元,如分子、原子、离子、电子等微观粒子或其特定组合的一个物理量(符号为 n),其单位名称为摩[尔](mole),单位符号为 mol。摩尔是一系统的物质的量,该系统中所包含的基本单元数与 0.012 kg ^{12}C 的原子数目相等。0.012 kg ^{12}C 所含的碳原子数目(6.022×10^{23}个)称为阿伏加德罗(Avogadro)常数(N_A)。因此,如果某物质系统中所含的基本单元的数目为 N_A时,则该物质系统的"物质的量"即为 1 mol。例如:

1 mol H_2表示有 N_A个氢分子;

2 mol C 表示有 $2N_A$个碳原子;

3 mol Na^+表示有 $3N_A$个钠离子;

4 mol$\left(H_2+\frac{1}{2}O_2\right)$表示有 $4N_A$个$\left(H_2+\frac{1}{2}O_2\right)$的特定组合体,其中含有 $4N_A$个氢分子

❶ 粗略计算相对分子质量时,相对原子质量只需取至小数点后两位数即可。

和 $2N_A$ 个氧分子。

可见在使用摩尔这个单位时，一定要指明基本单元（以化学式表示），否则示意不明。例如，笼统地说“1 mol 氢”，就难以断定是指 1 mol 氢分子还是指 1 mol 氢原子或氢离子。

在混合物中，B 的物质的量（n_B）与混合物的物质的量（n）之比，称为 B 的物质的量分数（x_B），又称 B 的摩尔分数。例如，在含有 1 mol O_2 和 4 mol N_2 的混合气体中，O_2 和 N_2 的摩尔分数分别为

$$x(O_2)=\frac{1\ \text{mol}}{(1+4)\ \text{mol}}=\frac{1}{5}$$

$$x(N_2)=\frac{4\ \text{mol}}{(1+4)\ \text{mol}}=\frac{4}{5}$$

1.2.3 摩尔质量和摩尔体积

1. 摩尔质量

摩尔质量（M）被定义为某物质的质量（m）除以该物质的物质的量（n）：

$$M=\frac{m}{n}$$

M 的单位为 $\text{kg}\cdot\text{mol}^{-1}$ 或 $\text{g}\cdot\text{mol}^{-1}$。例如，1 mol H_2 的质量近似为 2.02×10^{-3} kg，则 H_2 的摩尔质量即为 $2.02\times10^{-3}\ \text{kg}\cdot\text{mol}^{-1}$。可见分子的摩尔质量（$M$）与分子的相对分子质量（$M_r$）的关系为

$$M=10^{-3}M_r\ \text{kg}\cdot\text{mol}^{-1}$$

2. 摩尔体积

摩尔体积（V_m）被定义为某气体物质的体积（V）除以该气体物质的量（n）：

$$V_m=\frac{V}{n}$$

例如，在标准状况（STP）（273.15 K 及 101.325 kPa 下），任何理想气体的摩尔体积为

$$V_{m,273.15\ K}=0.022\ 414\ \text{m}^3\cdot\text{mol}^{-1}=22.414\ \text{L}\cdot\text{mol}^{-1}\approx22.4\ \text{L}\cdot\text{mol}^{-1}$$

1.2.4 物质的量浓度

物质的量浓度（c_B）被定义为混合物（主要指气体混合物或溶液）中某物质 B 的物质的量（n_B）除以混合物的体积（V）：

$$c_B=\frac{n_B}{V}$$

对溶液来说，亦即 1 L 溶液中所含溶质 B 的物质的量，其单位名称为摩[尔]每升，单位符号为 $\text{mol}\cdot\text{L}^{-1}$。例如，若 1 L 的 NaOH 溶液中含有 0.1 mol 的 NaOH，其浓度可表示为

$$c(\text{NaOH})=0.1\ \text{mol}\cdot\text{L}^{-1}$$

物质的量浓度可简称为浓度。

[例 1.1] 若把 160.00 g NaOH(s)溶于少量水中，然后将所得溶液稀释至 2.0 L，试计算该溶

液的物质的量浓度。

解：

$$M_r(\mathrm{NaOH}) = 22.99+16.00+1.01 = 40.00$$

$$M(\mathrm{NaOH}) = 40.00\ \mathrm{g \cdot mol^{-1}}$$

根据 $M=\dfrac{m}{n}$：

$$n(\mathrm{NaOH}) = \frac{m(\mathrm{NaOH})}{M(\mathrm{NaOH})} = \frac{160.00\ \mathrm{g}}{40.00\ \mathrm{g \cdot mol^{-1}}} = 4.00\ \mathrm{mol}$$

则

$$c(\mathrm{NaOH}) = \frac{n(\mathrm{NaOH})}{V} = \frac{4.00\ \mathrm{mol}}{2.0\ \mathrm{L}} = 2.0\ \mathrm{mol \cdot L^{-1}}$$

1.2.5　气体的计量

1. 理想气体状态方程

实际工作中，一定温度下的气体常用气体的压力或体积进行计量。当压力不太高、温度不太低的情况下，气体分子间的距离大，分子本身的体积和分子间的作用力均可忽略，气体的压力、体积、温度及物质的量之间的关系可近似地用理想气体状态方程来描述：

$$pV = nRT \qquad (1.2.1)$$

式中：p 为气体的压力，单位为帕（Pa）；

V 为气体的体积，单位为立方米（$\mathrm{m^3}$）；

n 为气体的物质的量，单位为摩（mol）；

T 为气体的热力学温度，简称气体温度，单位为开（K）；

R 为摩尔气体常数。

疑难解析

实验测知 1 mol 气体在标准状况下的体积为 $22.414\times10^{-3}\ \mathrm{m^3}$，则 R 值可求出：

$$\begin{aligned}R &= \frac{pV}{nT}\\ &= \frac{101.325\times10^3\ \mathrm{Pa}\times22.414\times10^{-3}\ \mathrm{m^3}}{1\ \mathrm{mol}\times273.15\ \mathrm{K}}\\ &= 8.314\ 4\ \frac{\mathrm{Pa\cdot m^3}}{\mathrm{mol\cdot K}} = 8.314\ 4\ \mathrm{Pa\cdot m^3\cdot mol^{-1}\cdot K^{-1}}\\ &= 8.314\ 4\ \mathrm{J}^{❶}\cdot\mathrm{mol^{-1}\cdot K^{-1}}\end{aligned}$$

实际计算时，R 常用值为 $8.314\ \mathrm{J\cdot mol^{-1}\cdot K^{-1}}$。

［例 1.2］　在 298.15 K 下，一个体积为 50 $\mathrm{dm^3}$ 的氧气钢瓶中氧气的压力为 1 500 kPa 时，钢瓶中剩余的氧气质量为多少？

解：

$$\begin{aligned}n &= \frac{pV}{RT} = \frac{1.5\times10^6\ \mathrm{Pa}\times50\ \mathrm{dm^3}}{8.314\ \mathrm{Pa\cdot m^3\cdot mol^{-1}\cdot K^{-1}}\times298.15\ \mathrm{K}}\\ &= 30.26\ \mathrm{mol}\end{aligned}$$

氧气的摩尔质量为 $32.00\ \mathrm{g\cdot mol^{-1}}$，所剩余的氧气的质量为

---

❶ 因为 1 Pa 为 1 N 作用在 1 $\mathrm{m^2}$ 面积上所产生的压力（$\mathrm{Pa=N/m^2}$），而 1 J 为 1 N 力作用在物体上使之移动 1 m 距离所做的功（$\mathrm{J=N\cdot m}$），所以：$\mathrm{Pa\cdot m^3=(N/m^2)\cdot m^3=N\cdot m=J}$。

$$30.26\ \text{mol}\times 32.00\ \text{g}\cdot\text{mol}^{-1}=968.3\ \text{g}\approx 0.97\ \text{kg}$$

2. 理想气体分压定律

在实际工作中常遇到多组分的气体混合物，其中某一组分气体 B 对器壁所施加的压力，称为该气体的分压(p_B)，它等于相同温度下该气体单独占有与混合气体相同体积时所产生的压力。混合气体的总压力等于各组分气体的分压力之和，此经验规则称为道尔顿分压定律，其数学表达式为

$$p=\sum p_B \tag{1.2.2}$$

如组分气体 B 和混合气体的物质的量分别为 n_B 和 n，它们的压力分别为

$$p_B=n_B\frac{RT}{V} \tag{1.2.2a}$$

$$p=n\frac{RT}{V} \tag{1.2.2b}$$

式中：V 为混合气体的体积。将式(1.2.2a)除以式(1.2.2b)，可得下式：

$$\frac{p_B}{p}=\frac{n_B}{n}$$

或

$$p_B=\frac{n_B}{n}p \tag{1.2.3}$$

式中：(n_B/n)为组分气体 B 的摩尔分数。式(1.2.3)为分压定律的另一种表达形式，它表明混合气体中任一组分气体 B 的分压(p_B)等于该气体的摩尔分数与总压之积。

工业上常用各组分气体的体积分数表示混合气体的组成。由于同温同压下，气态物质的量与它的体积成正比，不难导出混合气体中组分气体 B 的体积分数等于物质 B 的摩尔分数：

$$\frac{V_B}{V}=\frac{n_B}{n} \tag{1.2.4}$$

式中：V_B、V 分别表示组分气体 B 和混合气体的体积。把式(1.2.4)代入式(1.2.3)得下式：

$$p_B=\frac{V_B}{V}p \tag{1.2.5}$$

[例 **1.3**]　有一煤气罐其容积为 30.0 L，27.00 ℃时内压为 600 kPa。经气体分析，储罐内煤气中 CO 的体积分数为 0.600，H_2 的体积分数为 0.100，其余气体的体积分数为 0.300。求该储罐中 CO、H_2 的质量和分压。

解：已知

$$V=30.0\ \text{L}=0.030\,0\ \text{m}^3$$

$$p=600\ \text{kPa}=6.00\times 10^5\ \text{Pa}$$

$$T=(273.15+27.00)\ \text{K}=300.15\ \text{K}$$

则

$$n=\frac{pV}{RT}=\frac{6.00\times 10^5\ \text{Pa}\times 0.030\,0\ \text{m}^3}{8.314\ \text{Pa}\cdot\text{m}^3\cdot\text{mol}^{-1}\cdot\text{K}^{-1}\times 300.15\ \text{K}}$$

$$=7.21\ \text{mol}$$

根据$(V_B/V)=(n_B/n)$和 $M=m/n$：

$$n(\text{CO})=7.21\ \text{mol}\times 0.600=4.33\ \text{mol}$$

$$n(\text{H}_2)=7.21\ \text{mol}\times 0.100=0.721\ \text{mol}$$

$$m(CO)=n(CO)\cdot M(CO)=121\ g$$
$$m(H_2)=n(H_2)\cdot M(H_2)=1.44\ g$$

再根据 $p_B=\frac{V_B}{V}p$：

$$p(CO)=\frac{V(CO)}{V}p=0.600\times600\ kPa=360\ kPa$$

$$p(H_2)=\frac{V(H_2)}{V}p=0.100\times600\ kPa=60.0\ kPa$$

分压定律适用于理想气体混合物，对低压下的真实气体混合物近似适用。

1.2.6 化学计量化合物

化学式能表明组成化学物质的各元素原子数目之间最简单的整数比关系，因此又称最简式。分子式能表明分子型物质中一个分子所包含的各种元素原子的数目。分子式可能和最简式相同，也可能是最简式的整数倍。例如：

分子型物质	化学式	分子式
气态氯化铝	$AlCl_3$	Al_2Cl_6
水	H_2O	H_2O

对于那些非分子型物质，只能用最简式表示。例如，离子型化合物氯化钠，习惯上以最简式 NaCl 表示。

化学计量化合物是指具有确定组成而且各种元素的原子互成简单整数比的化合物，这类化合物又称整比化合物或道尔顿体。例如，一氧化碳中氧与碳质量比恒定为 4 : 3，原子比恒定为 1 : 1。

1.3 化学反应中的质量关系

1.3.1 应用化学反应方程式的计算

化学反应方程式是根据质量守恒定律，用元素符号和化学式表示化学变化中质和量关系的式子。例如，氢氧化钠与硫酸发生中和反应，生成硫酸钠和水。可表示为

$$2NaOH+H_2SO_4 \longrightarrow Na_2SO_4+2H_2O$$

上式是一个配平了的反应方程式，它表明化学反应中各物质的物质的量之比等于其化学式前的系数之比。据此，可从已知反应物的量，计算生成物的理论产量；或从所需产量计算反应物的量。

[例 1.4] 某硫酸厂以黄铁矿（FeS_2）为原料生产硫酸（H_2SO_4），其基本反应为

$$4FeS_2+11O_2 \xrightarrow{\text{焙烧}} 2Fe_2O_3+8SO_2$$

$$2SO_2+O_2 \xrightarrow[\text{钒催化剂}]{450\sim550\ ℃} 2SO_3$$

$$SO_3+H_2O \longrightarrow H_2SO_4$$

现需生产 1×10^4 t 质量分数为 98% 的硫酸，问需投入含硫质量分数为 40% 的黄铁矿多少吨？

解：设生产 1×10^4 t 98% 硫酸需投入纯 FeS_2 为 x t。由反应式可知

$$n(FeS_2) : n(H_2SO_4)=1 : 2$$

因为
$$n(\mathrm{FeS_2})=\frac{m(\mathrm{FeS_2})}{M(\mathrm{FeS_2})}=\frac{x\times10^6\ \mathrm{g}}{(55.85+32.07\times2)\ \mathrm{g\cdot mol^{-1}}}$$
$$=8.33x\times10^3\ \mathrm{mol}$$
$$n(\mathrm{H_2SO_4})=\frac{m(\mathrm{H_2SO_4})}{M(\mathrm{H_2SO_4})}$$
$$=\frac{1\times10^4\times10^6\times98\%\ \mathrm{g}}{(1.01\times2+32.07+16.00\times4)\ \mathrm{g\cdot mol^{-1}}}$$
$$=\frac{98\times10^8\ \mathrm{g}}{98.09\ \mathrm{g\cdot mol^{-1}}}=1.0\times10^8\ \mathrm{mol}$$
根据 $n(\mathrm{FeS_2}):n(\mathrm{H_2SO_4})=1:2=(8.33x\times10^3\ \mathrm{mol}):(1.0\times10^8\ \mathrm{mol})$

得
$$x=\frac{1.0\times10^8}{8.33\times2\times10^3}=6.0\times10^3$$
即需纯 $\mathrm{FeS_2}$ 6.0×10^3 t。由此可计算出 6.0×10^3 t 纯 $\mathrm{FeS_2}$ 能提供的硫的质量 y:
$$y=6.0\times10^3\ \mathrm{t}\times\frac{A_r(\mathrm{S})\times2}{M_r(\mathrm{FeS_2})}=\left(6.0\times10^3\times\frac{32.07\times2}{119.99}\right)\ \mathrm{t}$$
$$=3.2\times10^3\ \mathrm{t}$$
折合成含 40% S 的黄铁矿的质量为
$$3.2\times10^3\ \mathrm{t}\div40\%=8.0\times10^3\ \mathrm{t}$$

[例 **1.5**] 氯碱工业用电解法制取氯气:
$$\mathrm{2NaCl+2H_2O\xrightarrow{电解}2NaOH+H_2+Cl_2}$$
某厂若每投入 9.0×10^2 kg NaCl,制得的氯气在标准状况下只有 150 $\mathrm{m^3}$,试计算其产率。

解:
$$\mathrm{2NaCl+2H_2O\xrightarrow{电解}2NaOH+H_2+Cl_2}$$
$$2.0\ \mathrm{mol}\qquad\qquad 22.4\times10^{-3}\ \mathrm{m^3}$$
$$n(\mathrm{NaCl})\qquad\qquad x\mathrm{m^3}$$
已知
$$n(\mathrm{NaCl})=\frac{m(\mathrm{NaCl})}{M(\mathrm{NaCl})}=\frac{9.0\times10^2\times10^3\ \mathrm{g}}{(22.99+35.45)\ \mathrm{g\cdot mol^{-1}}}$$
$$=\frac{9.0\times10^5}{58.44}\ \mathrm{mol}=1.5\times10^4\ \mathrm{mol}$$
根据反应式可列出:
$$2.0\ \mathrm{mol}:1.5\times10^4\ \mathrm{mol}=22.4\times10^{-3}\ \mathrm{m^3}:x\mathrm{m^3}$$
$$x=\frac{1.5\times10^4\ \mathrm{mol}\times22.4\times10^{-3}\ \mathrm{m^3}}{2.0\ \mathrm{mol\cdot m^3}}=1.7\times10^2$$
即标准状况下理论上可产出 1.7×10^2 $\mathrm{m^3}$ 的氯气。则
$$产率=\frac{实际产量}{理论产量}\times100\%=\frac{150\ \mathrm{m^3}}{1.7\times10^2\ \mathrm{m^3}}\times100\%=88\%$$

1.3.2 化学计量数与反应进度

1. 化学计量数(ν)

某化学反应方程式:
$$c\mathrm{C}+d\mathrm{D}=\!=\!=y\mathrm{Y}+z\mathrm{Z}$$
若移项表示:
$$0=-c\mathrm{C}-d\mathrm{D}+y\mathrm{Y}+z\mathrm{Z}$$

随着反应的进行，反应物 C、D 不断减少，产物 Y、Z 不断增加，因此令

$$-c=\nu_C,\quad -d=\nu_D,\quad y=\nu_Y,\quad z=\nu_Z$$

代入上式得

$$0=\nu_C C+\nu_D D+\nu_Y Y+\nu_Z Z$$

可简化写出化学计量方程式的通式（任一反应的标准缩写法）：

$$0=\sum_B \nu_B B$$

通式中，B 表示包含在反应中的分子、原子或离子，而 ν_B 为数字或简分数，称为（物质）B 的化学计量数。根据规定，反应物的化学计量数为负，而产物的化学计量数为正。这样，ν_C、ν_D、ν_Y、ν_Z 分别为物质 C、D、Y、Z 的化学计量数。例如，合成氨反应：

$$N_2+3H_2 = 2NH_3$$

移项：

$$0=-N_2-3H_2+2NH_3 = \nu(N_2)N_2+\nu(H_2)H_2+\nu(NH_3)NH_3 \tag{1.3.1}$$

$\nu(N_2)=-1$，$\nu(H_2)=-3$，$\nu(NH_3)=2$，分别为对应于该反应方程式中物质 N_2、H_2、NH_3 的化学计量数，表明反应中每消耗 1 mol N_2 和 3 mol H_2 必生成 2 mol NH_3。

2. 反应进度

为了表示化学反应进行的程度，我国国标规定了一个量——反应进度（ξ）[1]。

对于化学计量方程式 $0=\sum_B \nu_B B$，有

$$d\xi=\nu_B^{-1}dn_B \tag{1.3.2}$$

式中：n_B 为 B 的物质的量；ν_B 为 B 的化学计量数；ξ 的单位为 mol。若将式（1.3.2）改写为

$$dn_B=\nu_B d\xi \tag{1.3.3}$$

再将式（1.3.3）从反应开始时 $\xi_0=0$ 的 $n_B(\xi_0)$ 积分到 ξ 时的 $n_B(\xi)$，可得

$$n_B(\xi)-n_B(\xi_0)=\nu_B(\xi-\xi_0)$$

则

$$\Delta n_B=\nu_B\xi$$

可见，随着反应的进行，任一化学反应各反应物及产物的改变量（Δn_B）均与反应进度（ξ）及各自的化学计量数（ν_B）有关。

对产物 B 而言，若 $\xi_0=0$，$n_B(\xi_0)=0$，则更有

$$n_B=\nu_B\xi$$

例如，对于合成氨反应：

$$N_2+3H_2 = 2NH_3$$

$\nu(N_2)=-1$，$\nu(H_2)=-3$，$\nu(NH_3)=2$，当 $\xi_0=0$ 时，若有足够量的 N_2 和 H_2，而 $n(NH_3)=0$，根据 $\Delta n_B=\nu_B\xi$，$\xi=\Delta n_B/\nu_B$，Δn_B 与 ξ 的对应关系如下：

$\Delta n(N_2)$/mol	$\Delta n(H_2)$/mol	$\Delta n(NH_3)$/mol	ξ/mol
0	0	0	0
$-\frac{1}{2}$	$-\frac{3}{2}$	1	$\frac{1}{2}$
−1	−3	2	1
−2	−6	4	2

[1] “ξ”读作“克赛”。

可见对同一化学反应方程式来说，反应进度(ξ)的值与选用反应式中何种物质的量的变化进行计算无关。但是，如果同一化学反应的化学反应方程式写法不同(亦即 ν_B 不同)，相同反应进度时对应各物质的量的变化会有区别。例如，当 $\xi = 1$ mol时：

化学反应方程式	$\Delta n(N_2)/mol$	$\Delta n(H_2)/mol$	$\Delta n(NH_3)/mol$
$\frac{1}{2}N_2 + \frac{3}{2}H_2 \xlongequal{\quad} NH_3$	$-\frac{1}{2}$	$-\frac{3}{2}$	1
$N_2 + 3H_2 \xlongequal{\quad} 2NH_3$	-1	-3	2

反应进度是计算化学反应中质量和能量变化及反应速率时常用的物理量，应用此量时必须指明相应化学反应计量方程式。

1.3.3　物料衡算在化工生产中的作用

物料衡算是化工计算中最基本、最重要的计算之一。化学反应中有关质量的计算，不仅是化学实验所需，也是化工生产中进行物料衡算的基础训练之一。

物料衡算对控制整个生产过程作用重大。通过物料衡算计算出原料的消耗定额、产品和副产品的产量，以及"三废"的生成量，揭示物料的浪费情况和生产中的反常现象，从而找出问题，制订提高产率、减少副产品和"三废"排放量、降低成本的措施。

所以，物料衡算是化工过程经济评价和优化设计的基础，也是能量衡算、设备工艺计算和其他工艺计算的基础。

1.4　化学反应中的能量关系

化学反应是反应物分子中旧键的削弱、断裂和产物分子新键形成的过程。前者需要吸收能量，后者则会释放能量。因此，化学反应过程不仅有质量的变化，而且往往伴随有能量的吸收或释放。例如，煤燃烧时放热，碳酸钙分解要吸热；原电池反应可产生电能，电解食盐水要消耗电能；镁条燃烧时会发出耀眼的光，叶绿素在光作用下使二氧化碳和水转化为糖类。热力学是专门研究能量相互转换规律的一门科学。利用热力学的基本原理研究化学反应的学科称为化学热力学。本节首先介绍一些常用的基本概念，进而运用热力学理论研究化学反应中的能量变化关系。

1.4.1　基本概念和术语

1. 体系和环境

宇宙间各事物总是相互联系的。为了研究方便，常把要研究的那部分物质和空间与其他物质或空间人为地分开。被划分出来作为研究对象的那部分物质和空间称为**体系**(亦称物系、系统)。体系之外并与体系有密切联系的其他物质和空间称为**环境**。例如，一杯水，如果只研究杯中的水，水就是体系，而杯和杯以外的物质和空间则为环境。

按照体系和环境之间物质和能量的交换情况，可将体系分为以下三类：

敞开体系——体系和环境之间，既有物质交换，又有能量交换；

封闭体系——体系和环境之间，没有物质交换，但有能量交换；

孤立体系——体系和环境之间,既没有物质交换,也没有能量交换。

应用热力学理论研究、分析问题时,首先要准确划分体系和环境。

2. 状态和状态函数

任何体系都可以用一系列宏观可测的物理量,如物质的种类、质量、体积、压力、温度等来描述体系的状态。决定体系状态的那些物理量称为体系的性质。体系的状态就是这些性质的综合表现。当体系的所有性质都有确定值时,就说体系处于一定状态。如果某种或几种性质发生变化,则体系状态也就发生变化。这些能够表征体系特性的宏观性质,称为体系的**状态函数**。

体系的各状态函数之间往往是有联系的。因此,通常只需确定体系的某几个状态函数,其他的状态函数也随之而定。例如,一种理想气体,如果知道了压力(p)、体积(V)、温度(T)、物质的量(n)这四个状态函数中的任意三个,就能利用气体状态方程($pV=nRT$)来确定第四个状态函数。

疑难解析

状态函数的特征就是当体系状态发生变化时,状态函数的改变量只与体系的起始状态和最终状态有关,而与状态变化的具体途径无关。例如,一种理想气体,若使其温度由 300 K 变为 350 K,无论是由始态的 300 K 直接加热到终态的 350 K,或先从始态的 300 K 冷却到 280 K,再加热到 350 K,状态函数温度 T 的变化 ΔT 只由体系的初态(300 K)和终态(350 K)所决定($\Delta T=350\ \text{K}-300\ \text{K}=50\ \text{K}$),而与变化的途径无关。

3. 热和功

热和功是体系发生某过程时与环境之间交换或传递能量的两种不同形式。体系和环境之间因温差而传递的能量称为**热**。除热以外,其他各种形式被传递的能量都称为**功**。功有多种形式。化学反应涉及较广的是由于体系体积变化反抗外力作用而与环境交换的功,这种功称为体积功。除体积功外的其他功,统称为非体积功(如电功等)。通常以 Q 表示热量,以 W 表示功,它们的单位均以焦耳(J)或千焦耳(kJ)来表示。

根据国际最新规定,以体系的得失能量为标准,$Q>0$(体系吸热)和 $W>0$(环境对体系做功,亦即体系得功)[1]均表示体系能量的增加;反之 $Q<0$(体系放热)和 $W<0$(体系对环境做功,亦即体系失功)均表示体系能量的减少。例如,汽缸内气体受热反抗恒定外压(环境压力 p)膨胀(体系体积由始态 V_1 增到终态 V_2,$\Delta V>0$)做功,体系失功:

疑难解析

$$W(\text{膨胀})=-p(V_2-V_1)=-p\Delta V<0$$

反之,汽缸内气体受恒定外压作用被压缩($\Delta V<0$),体系得功:

$$W(\text{压缩})=-p(V_2-V_1)=-p\Delta V>0$$

必须注意,既然热和功都是体系发生某过程时与环境之间交换或传递能量的形式,因此热和功不仅与体系始、终态有关,而且与过程的具体途径有关,所以热和功不是状态函数。

4. 热力学能

体系内部所含的总能量称为体系的**热力学能**(以往称内能),用符号“U”表示。

[1] 以往习惯规定,$Q>0$(体系吸热)和 $W<0$(环境对体系做功,亦即体系做负功)表示体系能量增加。

由于体系内部质点运动及相互作用很复杂，因而热力学能的绝对值难以确定。不过既然它是体系自身的属性，体系在一定状态下，其热力学能应有一定的数值，因此热力学能（U）是一个状态函数，其改变量（ΔU）只取决于体系的始、终态，而与体系变化过程的具体途径无关。

5. 能量守恒

人们经过长期实践认识到，在孤立体系中能量是不会自生自灭的，它可以变换形式，但总量不变，这就是所谓的**能量守恒定律**。

若一个封闭体系，环境对其做功（W），并从环境吸热（Q），使其热力学能由 U_1 的状态变化到 U_2 的状态，根据能量守恒定律，体系热力学能的变化（ΔU）为[1]

$$\Delta U = U_2 - U_1 = Q + W$$

此即为热力学第一定律的数学表达式。它的含义是指封闭体系热力学能的变化等于体系吸收的热与体系从环境所得的功之和，实为能量守恒定律在热传递过程中的具体表述。

1.4.2　反应热和反应焓变

1. 等压反应热和反应焓变

大多数化学反应总是伴随着吸热或放热。例如，H_2 和 Cl_2 化合成 HCl 时会放热；煅烧石灰石生产石灰时要吸热。化学反应时，如果体系不做非体积功，当反应终了的温度、压力恢复到反应前的温度、压力时，体系所吸收或放出的热量，称为该反应的等压反应热，由符号 Q_p 表示。对有气体参加或产生的反应，可能会引起体积变化（由 V_1 变到 V_2），则体系对环境所做的体积功为

$$W = -p(V_2 - V_1)$$

疑难解析

对于封闭体系，体系只做体积功的等温、等压[2]变化，由热力学第一定律可得出：

$$\Delta U = Q_p + W = Q_p - p(V_2 - V_1)$$

$$Q_p = (U_2 + pV_2) - (U_1 + pV_1)$$

令 $H = U + pV$，H 称为焓。因为 U、p、V 均为状态函数，所以 H 也是状态函数。焓和热力学能一样，其绝对值难以测知，能测定并有实际意义的则是状态改变时焓的变化值 ΔH（称为**焓变**）。ΔH 只与体系始态和终态有关，而与变化的途径无关。在等温、等压条件下，反应热恰好为生成物与反应物的焓差：

$$Q_p = H_2 - H_1 = \Delta H \qquad (1.4.1)$$

式(1.4.1)表示等温、等压条件下的反应热等于体系的焓变。例如，在等压条件下：

$$H_2(g) + \frac{1}{2}O_2(g) \longrightarrow H_2O(g); \quad \Delta H = Q_p = -241.82\ \text{kJ}\cdot\text{mol}^{-1}$$

体系的焓值减小（$\Delta H<0$），表明此反应为放热反应。例如：

$$N_2(g) + 2O_2(g) \longrightarrow 2NO_2(g); \quad \Delta H = Q_p = 66.36\ \text{kJ}\cdot\text{mol}^{-1}$$

体系的焓值增加（$\Delta H>0$），表明此反应为吸热反应。

---

[1] 以往曾表达为 $\Delta U = Q - W$。

[2] 这里是指 T(始态) = T(终态)，p(始态) = p(终态)。

有些化学反应，人们对其反应热比对反应产物更为关注，如燃料的燃烧热等。但是，今天面对全球气候变暖、生态环境恶化的现实，燃烧产物对环境的影响，应当引起人类高度关注。

疑难解析

2. 热化学方程式

表示化学反应与热效应关系的方程式称为热化学方程式。例如：

$$H_2(g)+\frac{1}{2}O_2(g)\xrightarrow[100\ kPa]{298.15\ K}H_2O(g);\quad Q_p=\Delta_r H_m=-241.82\ kJ\cdot mol^{-1}$$ [1]

上式表示：在 298.15 K、100 kPa 条件下，当反应进度为 1 mol 时，亦即 1 mol H_2 与 $\frac{1}{2}$ mol O_2反应生成 1 mol $H_2O(g)$时，放出 241.82 kJ 的热量。$\Delta_r H_m$称为摩尔反应焓变，下标 r(reaction 的词头)表示一般的化学反应，m(molar 的词头)表示该反应的反应进度为 1 mol。

由于反应热与反应方向、反应条件、物态、物量有关，因此书写热化学方程式应注意以下几点：

(1) 应注明反应的温度和压力。如果是 298.15 K 和 100 kPa，可略去不写。严格说来，反应温度对化学反应的焓变值是有影响的，但一般影响不大，通常计算可按 298.15 K 时处理。

(2) 必须标出物质的聚集状态。通常以 g、l 和 s 分别表示气、液和固态。因为状态不同，反应热的数值亦不同。如上例，若生成的 H_2O 为液态，则 $Q_p=-285.83\ kJ\cdot mol^{-1}$。

(3) 同一反应，反应式系数不同，Q_p值也不同，如上例若写成：

$$2H_2(g)+O_2(g)\longrightarrow 2H_2O(g);\quad Q_p=\Delta_r H_m=-483.64\ kJ\cdot mol^{-1}$$

(4) 正、逆反应的 Q_p绝对值相同，符号相反。例如：

$$HgO(s)\longrightarrow Hg(l)+\frac{1}{2}O_2(g);\quad Q_p=\Delta_r H_m=90.83\ kJ\cdot mol^{-1}$$

$$Hg(l)+\frac{1}{2}O_2(g)\longrightarrow HgO(s);\quad Q_p=\Delta_r H_m=-90.83\ kJ\cdot mol^{-1}$$

(5) 不宜把热量的变化写在热化学方程式中，例如，氢和氧生成水蒸气的反应，过去有过如下写法：

$$H_2(g)+\frac{1}{2}O_2(g)\longrightarrow H_2O(g)+241.82\ kJ$$

这种写法由于与化学热力学中以反应焓变值的正、负表示体系吸热、放热的规定不配套，又没有反应进度的体现，而且等压反应热与反应温度、压力有关的事实也没有体现，因此已被废除。

3. 赫斯(Hess)定律

反应热一般可以通过实验测出。但是，有些复杂反应的某步反应若难以控制，该步反应的反应热就不易准确测定。例如，在等温、等压下，C(s)氧化生成 CO_2的反应

[1] 这里的 mol 是反应进度的单位符号。

可以按两种不同途径来完成：一种途径是 C(s) 氧化直接生成 CO_2；另一种是 C(s) 先氧化成 CO，CO 再氧化成 CO_2，如下图所示：

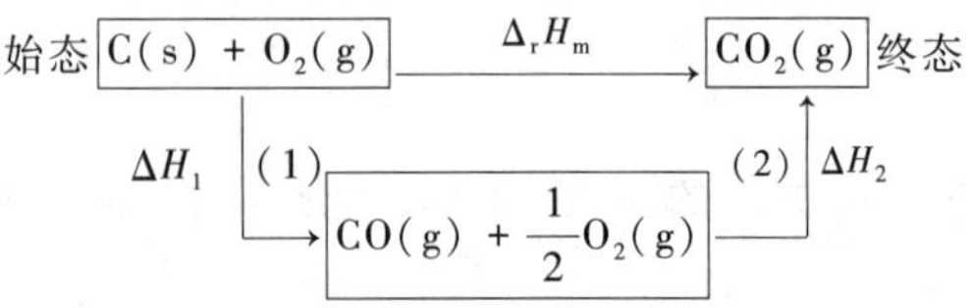

其中 C(s) 氧化生成 CO 的反应热很难测定，因为 C(s) 不完全氧化的产物中会混杂有少量的 CO_2。

1840 年俄籍瑞士人 G. H. Hess[1] 根据大量的实验结果总结出一条规律：一个化学反应如果分几步完成，则总反应的反应热等于各步反应的反应热之和，此即**赫斯定律**。从热力学观点来讲：化学反应的焓变只取决于反应的始态和终态，而与变化过程的具体途径无关。这样，若 C(s) 氧化生成 CO_2 的反应热和 CO 氧化生成 CO_2 的反应热已知：

$$C(s)+O_2(g) \longrightarrow CO_2(g)；\quad Q_p=\Delta_r H_m=-393.51\ kJ\cdot mol^{-1}$$

$$CO(g)+\frac{1}{2}O_2(g) \longrightarrow CO_2(g)；\quad Q_2=\Delta H_2=-282.98\ kJ\cdot mol^{-1}$$

根据赫斯定律：

$$\Delta_r H_m=\Delta H_1+\Delta H_2$$

则

$$\begin{aligned} Q_1 &=\Delta H_1=\Delta_r H_m-\Delta H_2 \\ &=[(-393.51)-(-282.98)]\ kJ\cdot mol^{-1} \\ &=-110.53\ kJ\cdot mol^{-1} \end{aligned}$$

应用赫斯定律通过计算不仅可以得到某些等压反应热，从而减少大量实验测定工作，而且可以计算出难以或无法用实验测定的某些反应的反应热。

1.4.3 应用标准摩尔生成焓计算标准摩尔反应焓变

1. 标准状态

出于理论研究的需要，化学热力学规定了物质的**标准状态**（简称**标准态**）如表 1.1 所示。

疑难解析

表 1.1 物质的标准状态

物质	标准态
气体	标准压力（$p^{\ominus}$ = 100 kPa）下纯气体的状态
液体、固体	标准压力（$p^{\ominus}$）下最稳定的纯液体、纯固体的状态
溶液中的溶质	标准压力（$p^{\ominus}$）下质量摩尔浓度为 1 $mol\cdot kg^{-1}$（常近似为 1 $mol\cdot L^{-1}$）时的状态

可见物质的标准态并无温度的规定。

以往的标准压力曾长期定为 $p^{\ominus}$ = 1 atm = 101.325 kPa，然而此数值使用时总感不

[1] 以往按俄文名 Гecc 译成盖斯。

便，为此国际标准化组织（ISO）已把标准压力由 101.325 kPa 改为 100 kPa，以便更方便地采用 SI 单位，我国国家技术监督局于 1993 年公布的国家标准（GB 3100～3102—93）也已作了相应的变动。但是，由于标准压力的新、旧值相差很小，因此标准压力改为 100 kPa 后，只是气态物质的某些热力学函数值有微小的变动，而对凝聚态物质体系，以及反应前后物质的量不变的气态物质体系来说，其影响极微（变动值一般远小于实验误差），甚至可以说基本没有影响。本书附录 4 提供了与标准压力新值（100 kPa）配套的标准热力学数据。

2. 标准摩尔生成焓

在标准态下，由最稳定的纯态单质生成单位物质的量的某物质的焓变（即等压反应热），称为该物质的**标准摩尔生成焓**。标准摩尔生成焓用符号 $\Delta_f H_m^\ominus$ 表示，上标"⊖"表示标准态，下标"f"（formation 的词头）表示生成反应。$\Delta_f H_m^\ominus$ 的单位常用 $kJ \cdot mol^{-1}$ 表示，通常使用的是 298.15 K 的标准摩尔生成焓数据。

一种元素若有几种同素异形体，如在标准态下，碳就有石墨、金刚石等多种单质，其中石墨是最稳定的。根据标准摩尔生成焓的定义，最稳定单质本身的标准摩尔生成焓为零，这样 $\Delta_f H_m^\ominus$（石墨）= 0。

已知在标准态下，298.15 K 时，C（石墨）⟶C（金刚石）的标准摩尔反应焓变（$\Delta_r H_m^\ominus$）为 1.895 $kJ \cdot mol^{-1}$，这样金刚石的标准摩尔生成焓：

疑难解析

$$\Delta_f H_m^\ominus(\text{金刚石}) = \Delta_r H_m^\ominus + \Delta_f H_m^\ominus(\text{石墨})$$
$$= 1.895\ kJ \cdot mol^{-1} + 0 = 1.895\ kJ \cdot mol^{-1}$$

根据 $\Delta_f H_m^\ominus$ 数值可以判断同类型化合物的相对热稳定性。例如，298.15 K 下 CaO(s) 的 $\Delta_f H_m^\ominus = -635.09\ kJ \cdot mol^{-1}$，CaO 加热不分解；CuO(s) 的 $\Delta_f H_m^\ominus = -157.3\ kJ \cdot mol^{-1}$，CuO 高温时分解为 Cu_2O 和 O_2。这表明 $\Delta_f H_m^\ominus$ 代数值越小，化合物越稳定。

3. 标准摩尔反应焓变的计算

一般的化学反应其反应热可以通过实验直接测定，也可以利用热力学数据通过计算得出。根据标准摩尔生成焓的定义，应用赫斯定律可以导出：化学反应的标准摩尔反应焓变等于生成物的标准摩尔生成焓的总和减去反应物的标准摩尔生成焓的总和。

疑难解析

对于一般的化学反应：

$$c\text{C} + d\text{D} = y\text{Y} + z\text{Z}$$

任一物质均处于温度 T 的标准状态下，它的标准摩尔反应焓变为

$$\Delta_r H_m^\ominus = [y\Delta_f H_m^\ominus(\text{Y}) + z\Delta_f H_m^\ominus(\text{Z})] - [c\Delta_f H_m^\ominus(\text{C}) + d\Delta_f H_m^\ominus(\text{D})] \quad (1.4.2)$$

或表示为

$$\Delta_r H_m^\ominus = \Sigma\nu_i \Delta_f H_m^\ominus(\text{生成物}) + \Sigma\nu_i \Delta_f H_m^\ominus(\text{反应物})$$

式中：ν_i 表示反应式中物质 i 的化学计量数。当查到有关物质的标准摩尔生成焓的数据后，应用式（1.4.2）可计算出反应的标准摩尔反应焓变。

［例 1.6］ 计算等压反应：

$$2Al(s) + Fe_2O_3(s) \longrightarrow Al_2O_3(s) + 2Fe(s)$$

的标准摩尔反应焓变，并判断此反应是吸热还是放热。

解：由附录 4 查得

$$2Al(s) + Fe_2O_3(s) \xrightarrow{\Delta_r H_m^\ominus} Al_2O_3(s) + 2Fe(s)$$

$\Delta_f H_m^\ominus/(kJ\cdot mol^{-1})$ 0 -824.2 -1 675.7 0

$$\begin{aligned}\Delta_r H_m^\ominus &= [\Delta_f H_m^\ominus(Al_2O_3,s)+2\Delta_f H_m^\ominus(Fe,s)]-[2\Delta_f H_m^\ominus(Al,s)+\Delta_f H_m^\ominus(Fe_2O_3,s)]\\ &=[(-1\,675.7)+2\times0]\ kJ\cdot mol^{-1}-[2\times0+(-824.2)]\ kJ\cdot mol^{-1}\\ &=-851.5\ kJ\cdot mol^{-1}\end{aligned}$$

通过计算得知，$\Delta_r H_m^\ominus=-851.5\ kJ\cdot mol^{-1}<0$，可判断此反应为放热反应。铝热法正是利用此反应放出的热量熔化和焊接铁件的。

[例 1.7] 已知下列光合作用：

$$6CO_2(g)+6H_2O(l)\xrightarrow[\Delta_r H_m^\ominus]{h\nu,\text{叶绿素}}C_6H_{12}O_6(s)+6O_2(g)$$

的 $\Delta_r H_m^\ominus=2\,802\ kJ\cdot mol^{-1}$。(1) 试计算葡萄糖($C_6H_{12}O_6$)的标准摩尔生成焓；(2) 每合成1 kg葡萄糖需要吸收多少千焦太阳能。

解：(1) 由附录 4 查得

$$6CO_2(g)+6H_2O(l)\xrightarrow[\Delta_r H_m^\ominus]{h\nu}C_6H_{12}O_6(s)+6O_2(g)$$

$\Delta_f H_m^\ominus/(kJ\cdot mol^{-1})$ -393.51 -285.83 0

$$\Delta_r H_m^\ominus=[\Delta_f H_m^\ominus(C_6H_{12}O_6,s)+0]-[6\Delta_f H_m^\ominus(CO_2,g)+6\Delta_f H_m^\ominus(H_2O,l)]$$

$$\begin{aligned}\Delta_f H_m^\ominus(C_6H_{12}O_6,s)&=\Delta_r H_m^\ominus+6\Delta_f H_m^\ominus(CO_2,g)+6\Delta_f H_m^\ominus(H_2O,l)\\ &=[2\,802+6\times(-393.51)+6\times(-285.83)]\ kJ\cdot mol^{-1}\\ &=-1\,274\ kJ\cdot mol^{-1}\end{aligned}$$

光合作用的 $\Delta_r H_m^\ominus>0$，表明其为吸热反应，热量来自太阳光；其逆过程为放热反应，所以氧化摄入生物体内的葡萄糖能供给热量。

(2) $M(C_6H_{12}O_6)=[(12.01\times6)+(1.01\times12)+(16.00\times6)]\ g\cdot mol^{-1}=180.2\ g\cdot mol^{-1}$

$$\begin{aligned}Q_p&=\frac{m}{M}\times\Delta_r H_m^\ominus=\frac{1\,000\ g}{180.2\ g\cdot mol^{-1}}\times2\,802\ kJ\cdot mol^{-1}\\ &=15.55\times10^3\ kJ\end{aligned}$$

[例 1.8] 已知下列反应：

(1) $2Cu_2O(s)+O_2(g)\longrightarrow4CuO(s)$； $(\Delta_r H_m^\ominus)_1=-292\ kJ\cdot mol^{-1}$

(2) $CuO(s)+Cu(s)\longrightarrow Cu_2O(s)$； $(\Delta_r H_m^\ominus)_2=-11.3\ kJ\cdot mol^{-1}$

在不查 $\Delta_f H_m^\ominus$ 数据表的前提下，试计算 CuO(s) 的 $\Delta_f H_m^\ominus$。

解：

式(2)×2=式(3)：(3) $2CuO(s)+2Cu(s)\longrightarrow2Cu_2O(s)$；

$$(\Delta_r H_m^\ominus)_3=2(\Delta_r H_m^\ominus)_2=-22.6\ kJ\cdot mol^{-1}$$

式(3)+式(1)=式(4)：(4) $2Cu(s)+O_2(g)=2CuO(s)$；

$$(\Delta_r H_m^\ominus)_4=(\Delta_r H_m^\ominus)_3+(\Delta_r H_m^\ominus)_1=-314.6\ kJ\cdot mol^{-1}$$

$$\begin{aligned}\Delta_f H_m^\ominus(CuO,s)&=\frac{(\Delta_r H_m^\ominus)_4}{2}=\frac{-314.6\ kJ\cdot mol^{-1}}{2}\\ &=-157.3\ kJ\cdot mol^{-1}\end{aligned}$$

1.4.4 能量衡算在化工生产中的作用

物料在化工生产中发生物理变化和化学变化的同时，常伴有能量的变化，即能量的消耗、释放和转换。化工生产中所涉及的能量主要有机械能、电能和热能，其中以热能为主，因此能量衡算的重点是热量衡算。

热量衡算在化工设计、化工生产中是很重要的。根据加热、冷却时的热量变化可计算所需加热介质、冷却介质的用量,为供汽、供水等其他配套工程提供设计基础。通过设备热量传递的计算,为设计和改进设备提供依据。通过全系统能量衡算可计算出能量综合利用率,考察在设计和操作中能量的利用是否经济合理,以寻求节能的有效途径。

[拓宽视野]

化学与化工

化学与化工是既密切联系,又有区别的两个学科领域。

从定义看,正如周公度教授主编的《化学辞典》(化学工业出版社,2004 年)所述那样:“化学是在原子和分子水平上研究元素、化合物和材料等物质的组成、制备、性质、结构、应用和互相转化规律的科学;而化工是化学工业、化学工程学和化学工艺学的总称,是研究化学工业生产过程的化学变化和物理变化的规律,寻求技术先进、经济合理的方法、流程、单元操作和设备,生产出优质、价廉的产品,并符合环境保护和可持续发展的要求”。

开发一个化工产品,从“实验小试”开始,要经历“中试放大”到建厂、试车、投产的全过程。化学实验室的研究工作主要考虑合成原理、路线、方法、步骤,原料的选择,仪器设备的配置,实验条件的控制,以及产品的纯化等,是化工生产的基础与先导。化工生产相对要复杂很多。化工生产除了要考虑、解决一般工业生产起步时共同遇到的诸如产品市场需求、生产规模、厂址选择、总体布局、公用工程、土建设计、基建投资、流动资金、水电供应、运输储存、能源环保、安全卫生、劳动组合、人事编制等问题外,还有原料选择、中试放大、工艺设计、三废处理、防毒、防火、防爆等突出问题。

化学实验与化工生产也是密切联系而又有区别的,如表 1.2 所示。

表 1.2　化学实验与化工生产过程的对比

项目	化学实验	化工生产
原料	数量少、纯度较高、易储存,无需预处理,一般不受费用限制	数量大,要考虑来源、价格、质量的稳定性,需专用库房,使用前要进行预处理,需要流动资金
工艺	操作较简单、变更容易、控制方便,易于实现最佳控制条件,无明显的中间检测	操作复杂、不容随意变更,因传质、传热的制约单元操作控制难度大、出现滞后、不易实现最佳工艺条件,要求中间检测
设备	对强度要求较低、以玻璃材质为主,易于防腐及清洗、通用性好、价格较低	对强度要求高,受防腐、清洗、操作条件的限制设备专一性强,为满足传质、传热等要求设备结构复杂,固定投资大
产品	数量少、采集简单	数量大,必须进行专门的分离与精制过程,并设有中间检测、产品分析、包装、储存、市场销售等专门机构

续表

项目	化学实验	化工生产
公用工程	简易、无明显要求及专用设施	必须设置专用供水、供电、动力、安全、运输等设施
环保	排放量小、易治理、无需复杂的专用设施	排放量大、必须治理，需设置专门的废气、废水、废渣的捕集回收及综合利用设备和相应的管理机构及制度
管理	规模小，简单、易管理	规模大，已构成多种专业与岗位的系统工程，需设置技术、生产、供应、销售、组织与经济等多种专业岗位和机构
性质	探索性，投资少，允许成功与失败，可随机变换实验方案	已定型，投资需经反复论证，一旦定案，不允许轻易更动

注：摘自段世铎主编《工业化学概论》（高等教育出版社，1994 年）。

思考题

1. 一气柜如下图所示：

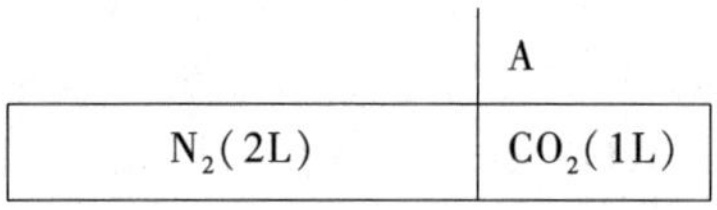

假设隔板 A 两侧 N_2和 CO_2的 T、p 相同。试问：

（1）隔板两边气体物质的量是否相等？浓度是否相等？

（2）抽掉隔板（假设不影响气体体积和气柜密闭性）后，气柜内的 T 和 p 是否会改变？N_2、CO_2的物质的量和浓度是否会改变？

2. 标准状况与标准态有何不同？

3. 化学反应方程式的系数与化学计量数有何异同？

4. 热力学能、热量、温度三者概念是否相同？试说明之。

5. 试用实例说明热和功都不是状态函数。

6. 判断下列各说法是否正确：

（1）热的物体比冷的物体含有更多的热量；

（2）甲物体的温度比乙物体高，表明甲物体的热力学能比乙物体大；

（3）物体的温度越高，则所含热量越多；

（4）热是一种传递中的能量；

（5）同一体系：

（a）同一状态可能有多个热力学能值；

（b）不同状态可能有相同的热力学能值。

7. 判断下列各过程中，哪个的 ΔU 最大：

（1）体系放出了 60 kJ 热，并对环境做了 40 kJ 功；

（2）体系吸收了 60 kJ 热，环境对体系做了 40 kJ 功；

（3）体系吸收了 40 kJ 热，并对环境做了 60 kJ 功；

（4）体系放出了 40 kJ 热，环境对体系做了 60 kJ 功。

8. 下列各说法是否正确？

（1）体系的焓等于等压反应热；

（2）体系的焓等于体系的热量；

（3）体系的焓变等于等压反应热；

（4）最稳定单质的焓值等于零；

（5）最稳定单质的生成焓值等于零；

（6）最稳定的纯态单质的标准生成焓等于零；

（7）由于 $CaCO_3$ 分解是吸热的，所以它的标准摩尔生成焓为负值；

（8）由于反应焓变的单位为 $kJ \cdot mol^{-1}$，所以热化学方程式的系数不影响反应的焓变值。

9. 判断下列各组内的反应在标准态下的等压反应热是否相同，并说明理由。

（1）$N_2(g)+3H_2(g) \longrightarrow 2NH_3(g)$

$\frac{1}{2}N_2(g)+\frac{3}{2}H_2(g) \longrightarrow NH_3(g)$

（2）$H_2(g)+Br_2(g) \longrightarrow 2HBr(g)$

$H_2(g)+Br_2(l) \longrightarrow 2HBr(g)$

10. 已知：

$$A+B \longrightarrow M+N;\quad (\Delta_r H_m^{\ominus})_1 = 35\ kJ \cdot mol^{-1}$$

$$2M+2N \longrightarrow 2D;\quad (\Delta_r H_m^{\ominus})_2 = -80\ kJ \cdot mol^{-1}$$

则 $A+B \longrightarrow D$ 的 $(\Delta_r H_m^{\ominus})_3$ 是

（1）$-10\ kJ \cdot mol^{-1}$　　（2）$-45\ kJ \cdot mol^{-1}$

（3）$-5\ kJ \cdot mol^{-1}$　　（4）$25\ kJ \cdot mol^{-1}$

11. 下列纯态单质中，哪些单质的标准摩尔生成焓不等于零？

（1）金刚石　　（2）Fe(s)　　（3）O_3(臭氧)

（4）Hg(g)　　（5）$Br_2(l)$　　（6）石墨

12. 在标准态下 $CO_2(g)$ 的 $\Delta_f H_m^{\ominus}$ 为下列哪个反应的 $\Delta_r H_m^{\ominus}$ 值？

（1）C(金刚石)$+O_2(g) \longrightarrow CO_2(g)$

（2）$CO(g)+\frac{1}{2}O_2(g) \longrightarrow CO_2(g)$

（3）C(石墨)$+O_2(g) \longrightarrow CO_2(g)$

13. 反应 $H_2(g)+S(g) \longrightarrow H_2S(g)$ 的 $\Delta_r H_m^{\ominus}$ 值是否等于 $H_2S(g)$ 的 $\Delta_f H_m^{\ominus}$ 值？

14. 已知 298.15 K、100 kPa 下，反应 $N_2(g)+2O_2(g) \longrightarrow 2NO_2(g)$ 的 $\Delta_r H_m^{\ominus} = 66.36\ kJ \cdot mol^{-1}$，则 $NO_2(g)$ 的标准摩尔生成焓为

（1）$-66.36\ kJ \cdot mol^{-1}$　　（2）$33.18\ kJ \cdot mol^{-1}$

（3）$-33.18\ kJ \cdot mol^{-1}$　　（4）$66.36\ kJ \cdot mol^{-1}$

习　题

1. 制备硝酸(HNO_3)的反应如下：

$$4NH_3+5O_2 \xrightarrow[800\ ℃]{Pt} 4NO+6H_2O$$

$$2NO+O_2 \longrightarrow 2NO_2$$

$$3NO_2+H_2O \longrightarrow 2HNO_3+NO$$

试计算每消耗 1.00 t 氨气可制取多少吨硝酸？

2. 在容积为 10.0 L 的真空钢瓶内充入氯气，当温度为 298.15 K 时，测得瓶内气体的压力为 1.0×10^7 Pa，试计算钢瓶内氯气的质量。

3. 一氧气瓶的容积是 32 L，其中氧气的压力为 13.2×10^3 kPa。规定瓶内氧气压力降至 1.01×10^3 kPa时就要充氧气，以防混入别的气体。今有实验设备每天需用 101.325 kPa 氧气400 L，问一瓶氧气能用几天？

4. 一个容积为 21.2 L 的氧气缸安装有在 2.43×10^6 Pa 下能自动打开的安全阀，冬季时曾灌入 624 g 氧气。夏季某天阀门突然自动打开了，试问该天气温达多少摄氏度？

5. 冬季草原上的空气主要含氮气(N_2)、氧气(O_2)和氩气(Ar)。在 9.7×10^4 Pa 及 −22 ℃下收集的一份空气试样，经测定其中氮气、氧气和氩气的体积分数依次为 0.78、0.21、0.01。求收集试样时各气体的分压。

6. 30 ℃下，在一个容积为 10.0 L 的容器中，O_2、N_2 与 CO_2 混合气体的总压力为93.3 kPa，其中 $p(O_2)$ 为 26.7 kPa，CO_2 的含量为 5.00 g。试求：

(1) 容器中 CO_2 的分压；

(2) 容器中 N_2 的分压；

(3) O_2 的摩尔分数。

7. 用锌与盐酸反应制备氢气：

$$Zn+2H^+ \longrightarrow Zn^{2+}+H_2(g)\uparrow$$

若用排水集气法在 98.6 kPa、25 ℃下(已知水的蒸气压为 3.17 kPa)收集到 2.50×10^{-3} m^3 的气体。试求：

(1) 25 ℃时该气体中氢气的分压；

(2) 收集到的氢气的质量。

8. 设有 10 mol $N_2(g)$ 和 20 mol $H_2(g)$ 在合成氨装置中混合，反应后有 5.0 mol $NH_3(g)$ 生成，试分别按下列反应方程式中各物质的化学计量数(ν_B)和物质的量的变化(Δn_B)，计算反应进度并作出结论。

(1) $\frac{1}{2}N_2(g)+\frac{3}{2}H_2(g) \longrightarrow NH_3(g)$

(2) $N_2(g)+3H_2(g) \longrightarrow 2NH_3(g)$

9. 某汽缸中有气体 1.20 L，从环境吸收了 800 J 热量后，在等压(97.3 kPa)下体积膨胀到 1.50 L，试计算系统热力学能变化(ΔU)。

10. 2.00 mol 理想气体在 350 K 和 152 kPa 条件下，经等压冷却至体积为 35.0 L，此过程放出了 1 260 J 热。试计算：

(1) 起始体积　(2) 终态温度　(3) 体系做功

(4) 热力学能变化　(5) 焓变

11. 用热化学方程式表示下列内容：在 25 ℃及标准态下，每氧化 1 mol $NH_3(g)$ 生成NO(g)和 $H_2O(g)$ 并将放热 226.2 kJ。

12. 在一敞口试管内加热氯酸钾晶体，发生下列反应：$2KClO_3(s) \longrightarrow 2KCl(s)+3O_2(g)$，并放热 89.5 kJ(298.15 K)。试求 298.15 K 下该反应的 $\Delta_r H_m$ 和 $\Delta_r U_m$。

13. 在高炉中炼铁，主要反应有：

$$C(s)+O_2(g) \longrightarrow CO_2(g)$$

$$\frac{1}{2}CO_2(g)+\frac{1}{2}C(s) \longrightarrow CO(g)$$

$$CO(g)+\frac{1}{3}Fe_2O_3(s) \longrightarrow \frac{2}{3}Fe(s)+CO_2(g)$$

（1）分别计算 298.15 K 时各反应的 $\Delta_r H_m^\ominus$ 和各反应 $\Delta_r H_m^\ominus$ 值之和；

（2）将上列三个反应方程式合并成一个总反应方程式，应用各物质的 $\Delta_f H_m^\ominus$(298.15 K)值计算总反应的 $\Delta_r H_m^\ominus$，并与（1）计算结果比较，做出结论。

14. 已知 298.15 K 时反应：

$$3H_2(g)+N_2(g) \longrightarrow 2NH_3(g); \quad (\Delta_r H_m^\ominus)_1 = -92.22\ kJ \cdot mol^{-1}$$

$$2H_2(g)+O_2(g) \longrightarrow 2H_2O(g); \quad (\Delta_r H_m^\ominus)_2 = -483.636\ kJ \cdot mol^{-1}$$

试计算下列反应的 $(\Delta_r H_m^\ominus)_3$：

$$4NH_3(g)+3O_2(g) \longrightarrow 2N_2(g)+6H_2O(g)$$

15. 铝热法反应如下：

$$8Al(s)+3Fe_3O_4(s) \longrightarrow 4Al_2O_3(s)+9Fe(s)$$

（1）利用 $\Delta_f H_m^\ominus$ 数据计算等压反应热；

（2）在此反应中若用去 267.0 g 铝，问能释放出多少热量？

16. 利用 $\Delta_f H_m^\ominus$ 数据，试计算下列反应的等压反应热：

（1）$Fe_3O_4(s)+4H_2(g) \longrightarrow 3Fe(s)+4H_2O(g)$

（2）$4NH_3(g)+5O_2(g) \longrightarrow 4NO(g)+6H_2O(g)$

（3）$3NO_2(g)+H_2O(l) \longrightarrow 2HNO_3(l)+NO(g)$

17. 已知 $Ag_2O(s)+2HCl(g) \longrightarrow 2AgCl(s)+H_2O(l)$；$\Delta_r H_m^\ominus = -324.9\ kJ \cdot mol^{-1}$ 及 $\Delta_f H_m^\ominus(Ag_2O, s) = -31.0\ kJ \cdot mol^{-1}$，试求 AgCl 的标准摩尔生成焓。

18. 某天然气中 CH_4 占 85.0%，C_2H_6 占 10.0%，其余为不可燃组分。若已知：

$$C_2H_6(g)+\frac{7}{2}O_2(g) \xrightarrow[p^\ominus]{298.15\ K} 2CO_2(g)+3H_2O(l); \quad \Delta_r H_m^\ominus = -1\ 559.8\ kJ \cdot mol^{-1}$$

试计算完全燃烧 1.00 m^3 这种天然气的等压反应热。

第 2 章

化学反应的方向、速率和限度

本章将在学习化学反应中的质量关系和能量关系的基础上，通过介绍活化能、平衡常数和反应熵变及反应吉布斯自由能变等概念，着重讨论化学反应进行的方向、速率和限度三大问题。本章的重点要求是会应用平衡常数进行化学平衡及其移动的有关计算。

2.1 化学反应的方向和吉布斯自由能变

2.1.1 化学反应的自发过程

自然界发生的过程都有一定的方向性。例如，水总是自动地从高处向低处流，而不会自动地向反方向流动；又如，铁在潮湿的空气中易生锈，而铁锈决不会自发地还原为金属铁。这种在一定条件下不需外界做功，一经引发就能自动进行的过程，称为**自发过程**(若为化学过程则称为自发反应)。要使非自发过程得以进行，外界必须做功。例如，欲使水从低处输送到高处，可借助水泵做机械功来实现；又如，常温下水虽然不能自发地分解为氢气和氧气，但是可以通过电解强行使水分解。必须提及，能自发进行的反应，并不意味着其反应速率一定很大。事实上有些自发反应其反应速率的确很大，而有些自发反应其反应速率却很小。例如，氢和氧化合成水的反应在室温下其反应速率很小，容易被误认为是一个非自发反应，事实上只要点燃或加入微量铂绒，即可发生爆炸性反应。

化学反应在指定条件下自发进行的方向和限度(或可能进行的程度)问题，是科学研究和生产实践中极为重要的理论问题之一。例如，对于下列反应：

$$2H_2O(l) \longrightarrow 2H_2(g)+O_2(g)$$

如果能确定此反应在指定条件下可以自发进行，而且反应限度又较大，就为我们提供一种能获得氢能源的理想方案，那么就可以集中精力去寻找能引发这个反应的催化剂或其他有效方法去促使该反应的实现，但是如果通过热力学计算表明此反应在任何合理的温度和压力条件下均为非自发反应，则显然没有必要为该方案去做虚功。

能否从理论上判断一个具体的化学反应是否为自发反应呢？或者说从理论上确立一个化学反应方向的判据呢？此问题为本节的核心内容。

2.1.2 影响化学反应方向的因素

1. 化学反应的焓变

在研究各种体系的变化过程时,人们发现自然界的自发过程一般都朝着能量降低的方向进行。显然,能量越低,体系的状态就越稳定。化学反应一般亦符合上述能量最低原理。的确,很多放热反应($\Delta_r H_m<0$)在 298.15 K、标准态下是自发的。例如:

$$3Fe(s)+2O_2(g) \longrightarrow Fe_3O_4(s); \quad \Delta_r H_m^{\ominus}=-1\ 118.4\ kJ\cdot mol^{-1}$$

$$C(s)+O_2(g) \longrightarrow CO_2(g); \quad \Delta_r H_m^{\ominus}=-393.509\ kJ\cdot mol^{-1}$$

$$CH_4(g)+2O_2(g) \longrightarrow CO_2(g)+2H_2O(l); \quad \Delta_r H_m^{\ominus}=-890.36\ kJ\cdot mol^{-1}$$

因此有人曾试图以反应的焓变($\Delta_r H_m$)作为反应自发性的判据。认为在等温、等压条件下,当

$\Delta_r H_m<0$ 时: 化学反应自发进行

$\Delta_r H_m>0$ 时: 化学反应不能自发进行

但是,实践表明:有些吸热过程($\Delta_r H_m>0$)亦能自发进行。例如,水的蒸发、NH_4Cl溶于水及 Ag_2O 的分解等都是吸热过程,但在 298.15 K、标准态下均能自发进行:

$$NH_4Cl(s) \longrightarrow NH_4^+(aq)+Cl^-(aq); \quad \Delta_r H_m^{\ominus}=14.7\ kJ\cdot mol^{-1}$$

$$Ag_2O(s) \longrightarrow 2Ag(s)+\frac{1}{2}O_2(g); \quad \Delta_r H_m^{\ominus}=31.05\ kJ\cdot mol^{-1}$$

又如,$CaCO_3$的分解反应是吸热反应($\Delta_r H_m>0$):

$$CaCO_3(s) \longrightarrow CaO(s)+CO_2(g); \quad \Delta_r H_m^{\ominus}=178.32\ kJ\cdot mol^{-1}$$

在 298.15 K、标准态下,反应是非自发的。但当温度升高到约 1 123 K 时,$CaCO_3$的分解反应就变成自发过程,而此时反应的焓变仍近似等于 178.32 $kJ\cdot mol^{-1}$(温度对焓变影响甚小)。由此可见,把焓变作为化学反应自发性的普遍判据是不准确、不全面的。因为除了反应焓变以外,体系混乱度的增加和温度的改变,也是许多化学和物理过程自发进行的影响因素。

2. 化学反应的熵变

为什么有些吸热过程亦能自发进行呢? 下面以 NH_4Cl 的溶解和 Ag_2O 的分解为例说明之。

例如,NH_4Cl 晶体中的 NH_4^+ 和 Cl^-,在晶体中的排列是整齐、有序的。NH_4Cl晶体投入水中后,形成水合离子(以 aq 表示)并在水中扩散。在 NH_4Cl 溶液中,无论是 $NH_4^+(aq)$、$Cl^-(aq)$还是水分子,它们的分布情况比 NH_4Cl 溶解前要混乱得多。

又如,Ag_2O 的分解过程,从其分解反应式表明,反应前后对比,不但物质的种类和"物质的量"增多,更重要的是产生了热运动自由度很大的气体,整个物质体系的混乱程度增大了。

由此可见,自然界中的物理和化学的自发过程一般都朝着混乱程度(简称混乱度)增大的方向进行。

体系内组成物质粒子运动的混乱程度,在热力学中用另一个物理量——"**熵**"来表示(其符号为 S)。一定条件下处于一定状态的物质及整个体系都有其各自确定的熵值。因此,熵是描述物质混乱度大小的物理量,同时也是体系的一个状态函数。物

知识拓展

质（或体系）的混乱度越大，对应的熵值就越大。基于在 0 K 时，一个完整无损的纯净晶体，其组分粒子（原子、分子或离子）都处于完全有序的排列状态，因此，可以把任何纯净的完整晶态物质在 0 K 时的熵值规定为零（$S_0=0$，下标“0”表示在 0 K），并以此为基础，可求得在其他温度下的熵值（S_T）。例如，将一种纯晶体物质从 0 K 升温到任一温度（T），并测量此过程的熵变量（ΔS），则

$$\Delta S=S_T-S_0=S_T-0=S_T$$

S_T即为该纯物质在 T 时的熵。某单位物质的量的纯物质在标准态下的熵值称为标准摩尔熵（$S_m^\ominus$），单位为 $J\cdot mol^{-1}\cdot K^{-1}$。通常手册中给出 298.15 K 下一些常见物质的标准摩尔熵（$S_m^\ominus$），显然，即使是纯净单质，其在 298.15 K 时的 $S_m^\ominus$ 也不为零。物质的聚集状态不同其熵值不同，同种物质的 $S_m^\ominus(g)>S_m^\ominus(l)>S_m^\ominus(s)$。物质的熵值随温度的升高而增大。气态物质的熵值随压力的增大而减小。

熵与焓一样，也是一种状态函数，故化学反应的熵变（$\Delta_r S_m$）与反应焓变（$\Delta_r H_m$）的计算原则相同，只取决于反应的始态和终态，而与变化的途径无关。因此应用标准摩尔熵（$S_m^\ominus$）的数值可以算出化学反应的**标准摩尔反应熵变**（$\Delta_r S_m^\ominus$）：

$$\Delta_r S_m^\ominus=\sum\nu_i S_m^\ominus(\text{生成物})+\sum\nu_i S_m^\ominus(\text{反应物}) \tag{2.1.1}$$

［例 2.1］　试计算反应：$2SO_2(g)+O_2(g)\longrightarrow 2SO_3(g)$在 298.15 K 时的标准摩尔熵变（$\Delta_r S_m^\ominus$），并判断该反应是熵增还是熵减。

解：由附录 4 查得

	$2SO_2(g)$	$+O_2(g)$	$\longrightarrow 2SO_3(g)$
$S_m^\ominus/(J\cdot mol^{-1}\cdot K^{-1})$	248.22	205.138	256.76

$$\begin{aligned}\Delta_r S_m^\ominus &=\sum\nu_i S_m^\ominus(\text{生成物})+\sum\nu_i S_m^\ominus(\text{反应物})\\ &=(2\times256.76\ J\cdot mol^{-1}\cdot K^{-1})+[-(2\times248.22\ J\cdot mol^{-1}\cdot K^{-1})\\ &\quad-(205.138\ J\cdot mol^{-1}\cdot K^{-1})]\\ &=-188.06\ J\cdot mol^{-1}\cdot K^{-1}\end{aligned}$$

$\Delta_r S_m^\ominus<0$，故在 298.15 K、标准态下该反应为熵值减小的反应。

虽然熵增有利于反应的自发进行，但是与反应焓变一样，不能仅用熵变作为反应自发性的判据❶。例如，$SO_2(g)$氧化为 $SO_3(g)$的反应在 298.15 K、标准态下是一个自发反应，但其 $\Delta_r S_m^\ominus<0$。又如，水转化为冰的过程，其 $\Delta_r S_m^\ominus<0$，但在$T<273.15$ K 的条件下却是自发过程。这表明过程（或反应）的自发性不仅与焓变和熵变有关，而且还与温度条件有关。

人物简介

3. 化学反应的吉布斯自由能变——热化学反应方向的判据

为了确定一个过程（或反应）自发性的判据，1878 年美国著名的物理化学家 J. W. Gibbs（吉布斯，1839—1903 年，图 2.1）提出一个综合了体系焓变、熵变和温度三者关系的新的状态函数变量，称为摩尔吉布斯自由能变❷（简称自由能变），以 $\Delta_r G_m$ 表示。Gibbs 证明：在等温、等压条件下，反应的摩尔吉布斯自由能变与摩尔反应焓变

❶　对孤立体系（该体系与环境之间无物质和能量的交换）来说，可以用熵判据确定反应的方向，这将在物理化学中进行讨论。

❷　吉布斯自由能（G）又称吉布斯函数，定义为 $G=H-TS$，G 也为体系的状态函数，旧称自由焓、等温等压位。

($\Delta_r H_m$)、摩尔反应熵变($\Delta_r S_m$)、温度(T)之间有如下关系(推导从略):

$$\Delta_r G_m = \Delta_r H_m - T\Delta_r S_m \qquad (2.1.2)$$

式(2.1.2)称为吉布斯公式。

图 2.1 J. W. Gibbs

Gibbs 提出:在等温、等压的封闭体系内,不做非体积功的前提下,$\Delta_r G_m$ 可作为热化学反应自发过程的判据。即

$$\Delta_r G_m \begin{Bmatrix} < \\ = \\ > \end{Bmatrix} 0 \quad \begin{matrix} \text{自发过程,化学反应可正向进行} \\ \text{平衡状态} \\ \text{非自发过程,化学反应可逆向进行} \end{matrix}$$

亦即等温、等压的封闭体系内,不做非体积功的前提下,任何自发过程总是朝着吉布斯自由能(G)减小的方向进行。$\Delta_r G_m = 0$ 时,反应达平衡,体系的 G 降低到最小值。此即为著名的最小自由能原理。

由式(2.1.2)可以看出,在等温、等压下,$\Delta_r G_m$ 值取决于 $\Delta_r H_m$、$\Delta_r S_m$ 和 T。

按 $\Delta_r H_m$、$\Delta_r S_m$ 及温度(T)对化学反应 $\Delta_r G_m$ 的影响,可归纳为四种情况,见表 2.1。

表 2.1 等压下 $\Delta_r H_m$、$\Delta_r S_m$ 及 T 对 $\Delta_r G_m$ 及反应方向的影响❶

各种情况	$\Delta_r H_m$ 的符号	$\Delta_r S_m$ 的符号	$\Delta_r G_m$ 的符号	反应情况
1	(-)	(+)	(-)	任何温度下均为自发反应
2	(+)	(-)	(+)	任何温度下均为非自发反应
3	(+)	(+)	常温(+) 高温(-)	常温下为非自发反应 高温下为自发反应
4	(-)	(-)	常温(-) 高温(+)	常温为自发反应 高温为非自发反应

2.1.3 热化学反应方向的判断

1. 标准摩尔吉布斯自由能变($\Delta_r G_m^\ominus$)的计算和反应方向的判断

标准态时,吉布斯公式(2.1.2)变为

$$\Delta_r G_m^\ominus = \Delta_r H_m^\ominus - T\Delta_r S_m^\ominus \qquad (2.1.3)$$

显然,等温、等压下反应在标准态时自发反应判据是 $\Delta_r G_m^\ominus < 0$。

$\Delta_r G_m^\ominus$ 除可根据式(2.1.3)求算外,还可由标准摩尔生成吉布斯自由能 $\Delta_f G_m^\ominus$ 求算。在标准态下,由最稳定的纯态单质生成单位物质的量的某物质时的吉布斯自由能变称为该物质的标准摩尔生成吉布斯自由能(以 $\Delta_f G_m^\ominus$ 表示)。根据此定义,不难理解,任何最稳定的纯态单质(如石墨、银、铜、氢气等)在任何温度下的标准摩尔生成吉

知识拓展

知识拓展

疑难解析

❶ 高温是指当 $T > \dfrac{\Delta_r H_m}{\Delta_r S_m}$ 时。

布斯自由能均为零。

反应的吉布斯自由能变($\Delta_r G_m$)与反应焓变($\Delta_r H_m$)、熵变($\Delta_r S_m$)的计算原则相同,即与反应的始态和终态有关,与反应的具体途径无关。在标准态下,反应的标准摩尔吉布斯自由能变($\Delta_r G_m^\ominus$)可按下式计算:

疑难解析

$$\Delta_r G_m^\ominus = \sum \nu_i \Delta_f G_m^\ominus(\text{生成物}) + \sum \nu_i \Delta_f G_m^\ominus(\text{反应物}) \tag{2.1.4}$$

这里需要指出,由于温度对焓变和熵变的影响较小,通常可认为 $\Delta_r H_m^\ominus(T) \approx \Delta_r H_m^\ominus(298.15\ \text{K})$、$\Delta_r S_m^\ominus(T) \approx \Delta_r S_m^\ominus(298.15\ \text{K})$,这样任一温度 T 时的标准摩尔吉布斯自由能变可按下式作近似计算:

$$\begin{aligned}\Delta_r G_m^\ominus(T) &= \Delta_r H_m^\ominus(T) - T\Delta_r S_m^\ominus(T) \\ &\approx \Delta_r H_m^\ominus(298.15\ \text{K}) - T\Delta_r S_m^\ominus(298.15\ \text{K})\end{aligned} \tag{2.1.5}$$

[例 2.2] 在 298.15 K、标准压力下,碳酸钙能否分解为氧化钙和二氧化碳?

解:由附录 4 查得

	$CaCO_3(s)$ $\rightleftharpoons$	$CaO(s)$ +	$CO_2(g)$
$\Delta_f G_m^\ominus/(\text{kJ}\cdot\text{mol}^{-1})$	−1 128.79	−604.03	−394.359
$\Delta_f H_m^\ominus/(\text{kJ}\cdot\text{mol}^{-1})$	−1 206.92	−635.09	−393.509
$S_m^\ominus/(\text{J}\cdot\text{mol}^{-1}\cdot\text{K}^{-1})$	92.9	39.75	213.74

(1) $$\begin{aligned}\Delta_r G_m^\ominus(298.15\ \text{K}) &= \sum \nu_i \Delta_f G_m^\ominus(\text{生成物}) + \sum \nu_i \Delta_f G_m^\ominus(\text{反应物}) \\ &= [(-394.359\ \text{kJ}\cdot\text{mol}^{-1}) + (-604.03\ \text{kJ}\cdot\text{mol}^{-1})] \\ &\quad + [(-1)\times(-1\ 128.79\ \text{kJ}\cdot\text{mol}^{-1})] \\ &= 130.40\ \text{kJ}\cdot\text{mol}^{-1}\end{aligned}$$

由于 $\Delta_r G_m^\ominus(298.15\ \text{K}) > 0$,故在 298.15 K、标准态下碳酸钙不会自发分解。

(2) $$\begin{aligned}\Delta_r H_m^\ominus(298.15\ \text{K}) &= \sum \nu_i \Delta_f H_m^\ominus(\text{生成物}) + \sum \nu_i \Delta_f H_m^\ominus(\text{反应物}) \\ &= [(-393.509\ \text{kJ}\cdot\text{mol}^{-1}) + (-635.09\ \text{kJ}\cdot\text{mol}^{-1})] \\ &\quad + [(-1)\times(-1\ 206.92\ \text{kJ}\cdot\text{mol}^{-1})] \\ &= 178.32\ \text{kJ}\cdot\text{mol}^{-1}\end{aligned}$$

$$\begin{aligned}\Delta_r S_m^\ominus(298.15\ \text{K}) &= \sum \nu_i S_m^\ominus(\text{生成物}) + \sum \nu_i S_m^\ominus(\text{反应物}) \\ &= [213.74\ \text{J}\cdot\text{mol}^{-1}\cdot\text{K}^{-1} + 39.75\ \text{J}\cdot\text{mol}^{-1}\cdot\text{K}^{-1}] \\ &\quad + [(-1)\times 92.9\ \text{J}\cdot\text{mol}^{-1}\cdot\text{K}^{-1}] \\ &= 160.6\ \text{J}\cdot\text{mol}^{-1}\cdot\text{K}^{-1}\end{aligned}$$

$$\begin{aligned}\Delta_r G_m^\ominus(298.15\ \text{K}) &= \Delta_r H_m^\ominus(298.15) - T\Delta_r S_m^\ominus(298.15\ \text{K}) \\ &= 178.32\ \text{kJ}\cdot\text{mol}^{-1} - 298.15\ \text{K}\times 160.6\times 10^{-3}\ \text{kJ}\cdot\text{mol}^{-1}\cdot\text{K}^{-1} \\ &= 130.4\ \text{kJ}\cdot\text{mol}^{-1} > 0\end{aligned}$$

由上计算可知,该分解反应是焓增、熵增反应,298.15 K、标准态下不能自发进行。

2. 非标准态摩尔吉布斯自由能变($\Delta_r G_m$)的计算和反应方向的判断

疑难解析

实际上很多化学反应常在非标准态下进行。在等温、等压及非标准态下,对任一反应来说:

$$c\text{C} + d\text{D} \longrightarrow y\text{Y} + z\text{Z}$$

根据热力学推导,反应摩尔吉布斯自由能变有如下关系式:

$$\Delta_r G_m = \Delta_r G_m^\ominus + RT\ln J \tag{2.1.6}$$

此式称为化学反应等温方程式。式中:J 为反应商。

对于气体反应：
$$J=\frac{\{p(\mathrm{Y})/p^{\ominus}\}^{y}\{p(\mathrm{Z})/p^{\ominus}\}^{z}}{\{p(\mathrm{C})/p^{\ominus}\}^{c}\{p(\mathrm{D})/p^{\ominus}\}^{d}}$$

对于水溶液中的(离子)反应：
$$J=\frac{\{c(\mathrm{Y})/c^{\ominus}\}^{y}\{c(\mathrm{Z})/c^{\ominus}\}^{z}}{\{c(\mathrm{C})/c^{\ominus}\}^{c}\{c(\mathrm{D})/c^{\ominus}\}^{d}}$$

由于固态或液态处于标准态与否对反应的 $\Delta_r G_m$ 影响较小，故它们在反应商(J)表达式中不出现。例如，反应：

$$\mathrm{MnO_2(s)+4H^+(aq)+2Cl^-(aq)\longrightarrow Mn^{2+}(aq)+Cl_2(g)+2H_2O(l)}$$

非标准态时：
$$\Delta_r G_m=\Delta_r G_m^{\ominus}+RT\ln J$$

式中：
$$J=\frac{\{c(\mathrm{Mn^{2+}})/c^{\ominus}\}\{p(\mathrm{Cl_2})/p^{\ominus}\}}{\{c(\mathrm{H^+})/c^{\ominus}\}^{4}\{c(\mathrm{Cl^-})/c^{\ominus}\}^{2}}$$

［例 2.3］ 计算下列可逆反应在 723 K 和指定非标准态时的 $\Delta_r G_m$ 值，并判断该反应自发进行的方向。

	$2SO_2(g)$	+	$O_2(g)$	$\rightleftharpoons$	$2SO_3(g)$
非标准态分压/Pa	1.0×10^4		1.0×10^4		1.0×10^8

解：根据 $\Delta_r G_m(T)=\Delta_r G_m^{\ominus}(T)+RT\ln J$，先计算出 $\Delta_r G_m^{\ominus}(T)$、$RT\ln J$ 两项。

(1)	$2SO_2(g)$	+ $O_2(g)$	$\rightleftharpoons$ $2SO_3(g)$
$\Delta_f H_m^{\ominus}(298.15\ \mathrm{K})/(\mathrm{kJ\cdot mol^{-1}})$	−296.830	0	−395.72
$S_m^{\ominus}(298.15\ \mathrm{K})/(\mathrm{J\cdot mol^{-1}\cdot K^{-1}})$	248.22	205.138	256.76

$$\begin{aligned}\Delta_r H_m^{\ominus}(298.15\ \mathrm{K})&=\sum\nu_i\Delta_f H_m^{\ominus}(\text{生成物})+\sum\nu_i\Delta_f H_m^{\ominus}(\text{反应物})\\&=[2\times(-395.72\ \mathrm{kJ\cdot mol^{-1}})]+[(-2)\times(-296.830\ \mathrm{kJ\cdot mol^{-1}})+0]\\&=-197.78\ \mathrm{kJ\cdot mol^{-1}}\end{aligned}$$

$$\begin{aligned}\Delta_r S_m^{\ominus}(298.15\ \mathrm{K})&=\sum\nu_i S_m^{\ominus}(\text{生成物})+\sum\nu_i S_m^{\ominus}(\text{反应物})\\&=[(2\times256.76\ \mathrm{J\cdot mol^{-1}\cdot K^{-1}})]+[(-2)\times248.22\\&\quad+(-1)\times205.138]\ \mathrm{J\cdot mol^{-1}\cdot K^{-1}}\\&=-188.06\ \mathrm{J\cdot mol^{-1}\cdot K^{-1}}\end{aligned}$$

$$\begin{aligned}\Delta_r G_m^{\ominus}(723\ \mathrm{K})&=\Delta_r H_m^{\ominus}(723\ \mathrm{K})-723\ \mathrm{K}\times\Delta_r S_m^{\ominus}(723\ \mathrm{K})\\&\approx\Delta_r H_m^{\ominus}(298.15\ \mathrm{K})-723\ \mathrm{K}\times\Delta_r S_m^{\ominus}(298.15\ \mathrm{K})\\&=-197.78\ \mathrm{kJ\cdot mol^{-1}}-723\ \mathrm{K}\times(-188.06\ \mathrm{J\cdot mol^{-1}\cdot K^{-1}})\\&=-61\ 813\ \mathrm{J\cdot mol^{-1}}\end{aligned}$$

$$\begin{aligned}(2)\ RT\ln J&=2.303RT\lg\frac{\{p(\mathrm{SO_3})/p^{\ominus}\}^{2}}{\{p(\mathrm{SO_2})/p^{\ominus}\}^{2}\{p(\mathrm{O_2})/p^{\ominus}\}}\\&=2.303\times8.314\ \mathrm{J\cdot mol^{-1}\cdot K^{-1}}\times723\ \mathrm{K}\times\lg\frac{(1.0\times10^{8}/1.0\times10^{5})^{2}}{(1.0\times10^{4}/1.0\times10^{5})^{2}(1.0\times10^{4}/1.0\times10^{5})}\\&=2.303\times8.314\ \mathrm{J\cdot mol^{-1}\cdot K^{-1}}\times723\ \mathrm{K}\times9.0\\&=124\ 590.5\ \mathrm{J\cdot mol^{-1}}\end{aligned}$$

$$\begin{aligned}(3)\ \Delta_r G_m(723\ \mathrm{K})&=\Delta_r G_m^{\ominus}(723\ \mathrm{K})+RT\ln J\\&\approx(-61\ 813+124\ 590.5)\ \mathrm{J\cdot mol^{-1}}\\&=62\ 777\ \mathrm{J\cdot mol^{-1}}=62.777\ \mathrm{kJ\cdot mol^{-1}}>0\end{aligned}$$

计算结果表明，该反应在本题条件下逆向自发进行。

疑难解析

2.1.4 使用 $\Delta_r G_m$ 判据的条件

根据热力学原理，使用 $\Delta_r G_m$ 判据有三个先决条件：

(1) 反应体系必须是封闭体系,反应过程中体系与环境之间不得有物质的交换,如不断加入反应物或取走生成物等。

(2) $\Delta_r G_m$ 只给出了某温度、压力条件下(而且要求始态和终态各物质温度、压力相等)❶反应的可能性,未必能说明其他温度、压力条件下反应的可能性。例如,反应:$2SO_2(g)+O_2(g) \rightleftharpoons 2SO_3(g)$ 在 298.15 K、标准态下 $\Delta_r G_m^{\ominus}(298.15\ K)<0$,反应自发向右进行;而在 723 K 和 $p(SO_3)=1.0\times10^8$ Pa、$p(SO_2)=p(O_2)=1.0\times10^4$ Pa 的非标准态下,$\Delta_r G_m(723\ K)>0$,反应不能自发向右进行。

(3) 反应体系必须不做非体积功(或者不受外界如"场"的影响),反之,判据将不适用。例如,$2NaCl(s) \longrightarrow 2Na(s)+Cl_2(g)$,$\Delta_r G_m>0$,按热力学原理此反应是不能自发进行的,但如果采用电解的方法(环境对体系做电功),则可以强制其向右进行。

疑难解析

最后,必须提到 $\Delta_r G_m^{\ominus}<0$ 的某些反应,例如:

$$H_2(g)+\frac{1}{2}O_2(g) \longrightarrow H_2O(l)$$

在 298.15 K 和标准态下的 $\Delta_r G_m^{\ominus}(298.15\ K)=-237.129\ kJ\cdot mol^{-1}<0$,按理说应该能自发向右进行,但因反应速率极小而实际上可以认为不发生,若有催化剂或点火引发则可剧烈反应甚至还会发生爆炸。

2.2 化学反应速率

不同的化学反应,有些进行得很快,几乎在瞬间完成,例如,火药爆炸、酸碱中和等。有些却很慢,例如,在常温下氢和氧化合成水的反应,从宏观上几乎察觉不出来;又如,煤、石油在地壳内的形成历时几十万年。

2.2.1 反应速率的定义

1. 传统的定义

为了定量地比较反应进行的快慢,必须介绍反应速率的概念。传统的说法,**反应速率**是指在一定条件下单位时间内某化学反应的反应物转变为生成物的速率。对于均匀体系的恒容反应,习惯用单位时间内反应物浓度的减少或生成物浓度的增加来表示,而且习惯取正值。浓度单位通常用 $mol\cdot L^{-1}$,时间单位视反应快慢,可分别用秒(s)、分(min)或小时(h)等表示。这样,化学反应速率的单位可为 $mol\cdot L^{-1}\cdot s^{-1}$,$mol\cdot L^{-1}\cdot min^{-1}$,$mol\cdot L^{-1}\cdot h^{-1}$,…。例如,在给定条件下,合成氨反应:

	N_2 +	$3H_2 \longrightarrow$	$2NH_3$
起始浓度/($mol\cdot L^{-1}$)	2.0	3.0	0
2 s 末浓度/($mol\cdot L^{-1}$)	1.8	2.4	0.4

该反应平均速率若根据不同物质的浓度变化可分别表示为

$$\bar{v}(N_2)=-\frac{\Delta c(N_2)}{\Delta t}=-\frac{(1.8-2.0)\ mol\cdot L^{-1}}{(2-0)\ s}=0.1\ mol\cdot L^{-1}\cdot s^{-1}$$

❶ 此问题较复杂,留待物理化学课程中解释。

$$\bar{v}(\mathrm{H_2})=-\frac{\Delta c(\mathrm{H_2})}{\Delta t}=-\frac{(2.4-3.0)\ \mathrm{mol\cdot L^{-1}}}{(2-0)\ \mathrm{s}}=0.3\ \mathrm{mol\cdot L^{-1}\cdot s^{-1}}$$

$$\bar{v}(\mathrm{NH_3})=\frac{\Delta c(\mathrm{NH_3})}{\Delta t}=\frac{(0.4-0)\ \mathrm{mol\cdot L^{-1}}}{(2-0)\ \mathrm{s}}=0.2\ \mathrm{mol\cdot L^{-1}\cdot s^{-1}}$$

式中：Δt 表示反应的时间，$\Delta c(\mathrm{N_2})$、$\Delta c(\mathrm{H_2})$、$\Delta c(\mathrm{NH_3})$分别表示 Δt 时间内反应物 N_2、H_2 和生成物 NH_3 浓度的变化。

显然，在这里$\bar{v}(\mathrm{N_2}):\bar{v}(\mathrm{H_2}):\bar{v}(\mathrm{NH_3})=1:3:2$，它们之间的比值为反应方程式中相应物质分子式前的系数比。

以上介绍的是在 Δt 时间内的平均速率。某瞬间（即 $\Delta t\to 0$）的反应速率，称为瞬间速率，例如：

$$v(\mathrm{NH_3})=\lim_{\Delta t\to 0}\frac{\Delta c(\mathrm{NH_3})}{\Delta t}=\frac{\mathrm{d}c(\mathrm{NH_3})}{\mathrm{d}t}$$

可见，同一反应的反应速率，按照传统的定义，当以体系中不同物质表示时，其数值可能有所不同。

2. 用反应进度定义的反应速率

按国际纯粹与应用化学联合会（IUPAC）推荐，反应速率的定义为：单位体积内反应进行程度随时间的变化率，即

$$v=\frac{1}{V}\cdot\frac{\mathrm{d}\xi}{\mathrm{d}t} \tag{2.2.1}$$

式中：V 为体系的体积。将式（1.3.2）代入式（2.2.1）得

$$v=\frac{1}{V}\left(\frac{\nu_\mathrm{B}^{-1}\mathrm{d}n_\mathrm{B}}{\mathrm{d}t}\right)=\frac{1}{\nu_\mathrm{B}}\cdot\frac{\mathrm{d}n_\mathrm{B}}{V\mathrm{d}t}$$

对于恒容反应，V 不变，令 $\mathrm{d}n_\mathrm{B}/V=\mathrm{d}c_\mathrm{B}$，则得

$$v=\frac{1}{\nu_\mathrm{B}}\cdot\frac{\mathrm{d}c_\mathrm{B}}{\mathrm{d}t}$$

对于上述 $N_2+3H_2 \longrightarrow 2NH_3$ 化学计量方程式：

$$\begin{aligned}v&=\frac{1}{V}\cdot\frac{\mathrm{d}\xi}{\mathrm{d}t}=\frac{1}{\nu_\mathrm{B}}\cdot\frac{\mathrm{d}c_\mathrm{B}}{\mathrm{d}t}\\&=-\frac{1}{1}\ \frac{\mathrm{d}c(\mathrm{N_2})}{\mathrm{d}t}=-\frac{1}{3}\ \frac{\mathrm{d}c(\mathrm{H_2})}{\mathrm{d}t}=\frac{1}{2}\ \frac{\mathrm{d}c(\mathrm{NH_3})}{\mathrm{d}t}\end{aligned}$$

显然，用反应进度定义的反应速率的量值与表示速率物质的选择无关，亦即一个反应就只有一个反应速率值，但与化学计量数有关，所以在表示反应速率时，必须写明相应的化学计量方程式。

2.2.2 化学反应的活化能

1. 活化分子

分子碰撞理论认为，反应物分子（或原子、离子）之间必须相互碰撞，才有可能发生化学反应。但是反应物分子之间并不是每一次碰撞都能发生反应。例如，713 K 下 H_2与 I_2合成 HI(g) 的反应，若 H_2(g) 与 I_2(g) 浓度均为 $0.02\ \mathrm{mol\cdot L^{-1}}$，碰撞频率高达 1.27×10^{29}

次/(mL·s),而其中实际上每发生 10^{13} 次碰撞才有一次能发生反应,其他绝大多数碰撞是无效的弹性碰撞,不能发生反应。对一般反应来说,事实上只有少数或极少数分子碰撞时能发生反应。能发生反应的碰撞称为有效碰撞。分子发生有效碰撞所必须具备的最低能量若以 E_c 表示,则具有等于或超过 E_c 的分子称为**活化分子**,能量低于 E_c 的分子称为非活化分子或普通分子。

2. 活化能

一定温度下,体系中反应物分子具有一定的平均能量($\overline{E}$),大部分分子的能量接近$\overline{E}$值,能量大于$\overline{E}$或小于$\overline{E}$值的分子只占极少数或少数。非活化分子要吸收足够的能量才能转变为活化分子。活化分子具有的平均能量($\overline{E}^*$)与反应物分子的平均能量($\overline{E}$)之差称为反应的**活化能**❶(E_a):

$$E_a = \overline{E}^* - \overline{E}$$

例如,N_2O_5 的分解反应:

疑难解析

$$N_2O_5(g) \longrightarrow 2NO_2(g) + \frac{1}{2}O_2(g)$$

325 K 时 N_2O_5 的$\overline{E}^* = 106.13\ kJ \cdot mol^{-1}$,$\overline{E} = 4.03\ kJ \cdot mol^{-1}$

$$E_a = \overline{E}^* - \overline{E} = (106.13 - 4.03)\ kJ \cdot mol^{-1} = 102.10\ kJ \cdot mol^{-1}$$

每一个反应都有其特定的活化能。E_a 可以通过实验测出,所以属经验活化能。大多数化学反应的活化能为 60~250 $kJ \cdot mol^{-1}$。活化能小于 42 $kJ \cdot mol^{-1}$的反应,活化分子百分数大,有效碰撞次数多,反应速率很大,可瞬间进行,如酸碱中和反应等。活化能大于 420 $kJ \cdot mol^{-1}$的反应,其反应速率则很小。例如:

$$(NH_4)_2S_2O_8 + 3KI \longrightarrow (NH_4)_2SO_4 + K_2SO_4 + KI_3$$

$E_a = 56.7\ kJ \cdot mol^{-1}$,活化能较小,反应速率较大。

$$2SO_2(g) + O_2(g) \longrightarrow 2SO_3(g)$$

$E_a = 250.8\ kJ \cdot mol^{-1}$,活化能较大,反应速率较小。

可见,反应的活化能是决定化学反应速率大小的重要因素。反应活化能越小,反应速率越大。

碰撞理论较好地解释了有效碰撞,但它不能说明反应过程及其能量的变化,为此,过渡状态理论应运而生。

过渡状态理论认为:化学反应不只是通过反应物分子之间简单碰撞就能完成的,而是在碰撞后先要经过一个中间的过渡状态,即首先形成一种活性基团(活化配合物),然后再分解为产物。例如,NO_2 和 CO 的反应中,当 NO_2 和 CO 的活化分子碰撞之后,就形成了一种活化配合物[ONOCO],如图 2.2 所示:活化配合物中的价键结构处于原有化学键正在被削弱、新化学键正在形成的一种过渡状态,其势能较高[由(NO_2+CO)活化分子对相对运动的平动能转化而来],极不稳定,因此活化配合物一经形成就极易分解。它既可分解为产物 NO 和 CO_2,也可分解为原反应物。当活

---

❶ 自 1889 年瑞典人 Arrhenius 提出反应活化能概念以来,化学教育界对其定义有不同的说法。本书采用的是近 30 多年来国内学术界趋于认同的 Tolman 说法。

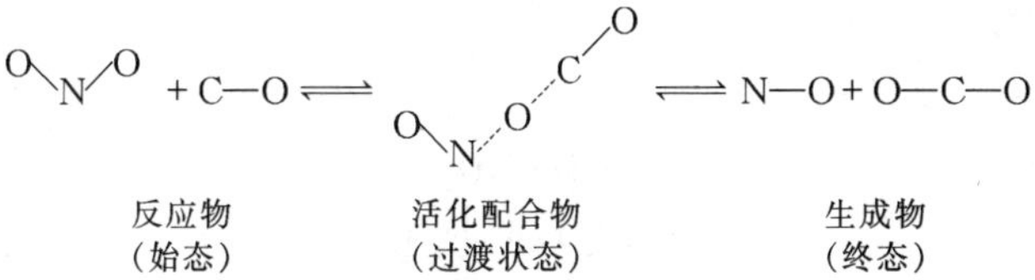

图 2.2 NO_2 和 CO 的反应过程

化配合物[ONOCO]中靠近 C 原子的那一个 N—O 键完全断开，新形成的 O—C 键进一步强化时，即形成了产物 NO 和 CO_2，此时整个体系的势能降低，反应即告完成。图 2.3中，c 点对应的能量为基态活化配合物[ONOCO]的势能，a、b 点对应的能量分别为基态反应物（NO_2+CO）分子对、基态生成物（NO+CO_2）分子对的势能。$E_{b,正}$、$E_{b,逆}$ 分别表示基态活化配合物[ONOCO]与基态反应物（NO_2+CO）分子对、基态生成物（NO+CO_2）分子对的势能差。在过渡状态理论中，所谓活化能是指使反应进行所必须克服的势能垒，因而属理论活化能范畴。由此可见，过渡状态理论中活化能的定义与分子碰撞理论中活化能的定义有所不同，但其含义实质上是一致的，而且 E_b 的数值与 E_a 也差别很小。

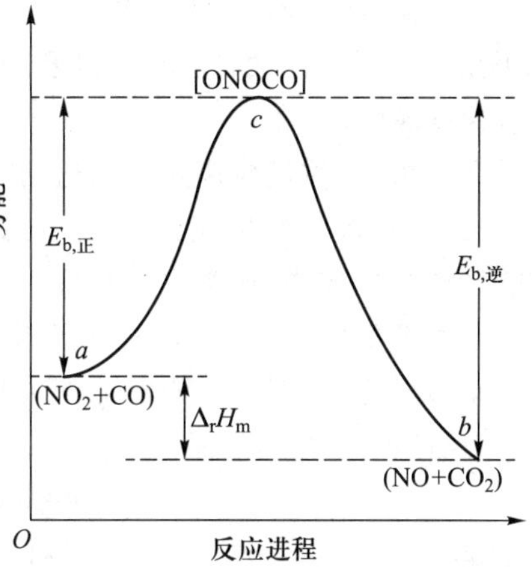

图 2.3 反应过程中势能变化示意图

疑难解析

2.2.3 影响化学反应速率的因素

化学反应速率的大小，首先取决于反应物的本性。例如，无机物之间的反应一般比有机物之间的快得多；对于无机物之间的反应来说，分子之间进行的反应一般较慢，而溶液中离子之间进行的反应一般较快。除了反应物的本性外，反应速率还与反应物的浓度（或压力）、温度和催化剂等因素有关。

1. 浓度（或压力）对反应速率的影响

物质在纯氧中燃烧比在空气中燃烧更为剧烈。显然，反应物浓度越大，活化分子浓度也越大，反应速率越大。实验表明：在一定温度下，基元反应的反应速率与各反应物浓度幂（幂次等于反应方程式中该物质分子式前的系数）的乘积成正比，这一规律称为质量作用定律。对某一基元反应：

$$cC+dD \longrightarrow yY+zZ$$

其表示式为

$$v=k_c\{c(C)\}^c \cdot \{c(D)\}^d \tag{2.2.2}$$ ❶

实验视频

式中：v 为反应的瞬时速率；物质的浓度为瞬时浓度；k_c 称为反应速率常数。式(2.2.2)

❶ 若反应物为气体，式(2.2.2)可改写为

$$v=k_p\{p(C)\}^c \cdot \{p(D)\}^d$$

称为经验速率方程。例如：

（1）$2NO_2 \longrightarrow 2NO+O_2$

$$v_1 \propto \{c(NO_2)\}^2$$

$$v_1 = k_1\{c(NO_2)\}^2$$

（2）$NO_2+CO \longrightarrow NO+CO_2$

$$v_2 \propto c(NO_2)\cdot c(CO)$$

$$v_2 = k_2 c(NO_2)\cdot c(CO)$$

一定温度下，不同反应的 k 值往往不同。对同一个反应来说，k 值与反应物浓度、分压无关，只与反应的性质、温度及催化剂等因素有关。k 值越大，表明给定条件下的反应速率越大。

必须指出，质量作用定律只适用于由反应物一步就直接转变为生成物的反应——基元反应（亦即简单反应）。对于大多数化学反应，其反应物要经过若干步基元反应才能转变为生成物，这类复杂反应称为非基元反应。对非基元反应来说，质量作用定律只适用于非基元反应中的每一步基元反应，因此，一般不能根据非基元反应的总反应式直接书写速率方程。例如，非基元反应：$2NO+2H_2 \longrightarrow N_2+2H_2O$，根据实验测定结果，该反应的速率方程为

$$v = k\{c(NO)\}^2\cdot c(H_2)$$

而不是

$$v = k\{c(NO)\}^2\{c(H_2)\}^2$$

原因是该反应实际上分两步进行：

第一步（慢）　$2NO+H_2 \longrightarrow N_2+H_2O_2$

第二步（快）　$H_2O_2+H_2 \longrightarrow 2H_2O$

由于第一步反应进行得慢，成为影响整个非基元反应快慢的决定性步骤，所以总反应的快慢就取决于第一步反应的速率，即

$$v = k\{c(NO)\}^2\cdot c(H_2)$$

在书写速率方程式时，请注意以下情况：

（1）稀溶液中有溶剂参加的化学反应，其速率方程中不必列出溶剂的浓度。因为在稀溶液中，溶剂量很大，在整个反应过程中，溶剂量变化甚微，因此溶剂的浓度可近似地看做常数而合并到速率常数项中。例如，蔗糖稀溶液中，蔗糖水解为葡萄糖和果糖的反应：

$$\underset{\text{蔗糖}}{C_{12}H_{22}O_{11}} + \underset{\text{溶剂}}{H_2O} \xrightarrow{\text{酸催化}} \underset{\text{葡萄糖}}{C_6H_{12}O_6} + \underset{\text{果糖}}{C_6H_{12}O_6}$$

根据质量作用定律　$v = k'c(C_{12}H_{22}O_{11})\cdot c(H_2O)$

令　$k_c = k'c(H_2O)$

可得　$v = k_c c(C_{12}H_{22}O_{11})$

由此可见，若反应过程中，某一反应物的浓度变化甚微时，速率方程式中不必列出该物质的浓度。

（2）固体或纯液体参加的化学反应，如果它们不溶于其他反应介质，则不存在“浓度”的概念，而它们的“密度”各有定值，可体现在 k 值内。因此，在速率方程式中不必列出固体或纯液体的“浓度”项。

2. 温度对反应速率的影响

温度对反应速率的影响比较复杂，但对大多数化学反应来说，温度升高，反应速率增大。例如，H_2和 O_2的化合反应，在常温下反应速率极小，几乎察觉不到有 H_2O 生成，但当温度升高到 873 K 时，反应速率急剧增大，以至发生爆炸。

疑难解析

1884 年荷兰物理化学家 J. H. van' t Hoff 根据实验事实归纳出一条经验规则：反应温度每升高 10 K，反应速率或反应速率常数一般增大 2～4 倍。即

$$\frac{v_{(T+10\ \mathrm{K})}}{v_T}=\frac{k_{(T+10\ \mathrm{K})}}{k_T}=2\sim4$$

例如，N_2O_5分解为 NO_2和 O_2的反应，308 K 时的反应速率为 298 K 时的 3.81 倍。研究表明，升高温度不仅能使分子间碰撞次数增多，更重要的是更多的分子获得能量转变为活化分子。

3. 催化剂对反应速率的影响

如上所述，为了有效地提高反应速率，可以用升高温度的办法。但是，对某些化学反应，即使在高温下，反应速率仍较小；另外，有些反应升高温度常常会引起某些副反应的发生或加速副反应的进行（这对有机反应更为突出）；也可能会使放热的主反应进行的程度降低。因此，在这些情况下采用升高温度的方法以加大反应速率，就受到了限制。如果采用催化剂，则可以有效地增大反应速率。

催化剂是那些能显著改变反应速率，而在反应前后自身组成、质量和化学性质基本不变的物质。其中，能加快反应速率的称为正催化剂；能减慢反应速率的称为负催化剂。例如，合成氨生产中使用的铁，硫酸生产中使用的 V_2O_5，以及促进生物体化学反应的各种酶（如淀粉酶、蛋白酶、脂肪酶等）均为正催化剂；减慢金属腐蚀的缓蚀剂，防止橡胶、塑料老化的防老剂等均为负催化剂。不过通常所说的催化剂一般是指正催化剂。催化剂之所以能显著地增大化学反应速率，是由于催化剂可与反应物形成一种势能较低的活化配合物，改变了反应的历程，与无催化剂反应的历程相比较，所需的活化能显著地降低（如图 2.4 所示：$E_b>E'_b$），从而使活化分子百分数和有效碰撞次数增多，导致反应速率增大。表 2.2 列举了某些催化剂对若干化学反应活化能的影响。

实验视频

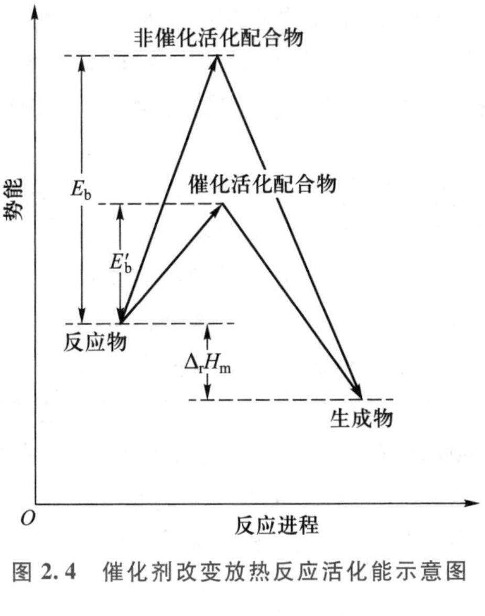

图 2.4　催化剂改变放热反应活化能示意图

表 2.2 某些催化剂对若干化学反应活化能的影响

化学反应式	E_a(非催化)/$kJ\cdot mol^{-1}$	E'_a(催化)/$kJ\cdot mol^{-1}$
$2SO_2+O_2 \longrightarrow 2SO_3$	251	63(Pt)
$2N_2O \longrightarrow 2N_2+O_2$	245	136(Pt)
$2HI \longrightarrow H_2+I_2$	183.1	58(Pt)
$N_2+3H_2 \longrightarrow 2NH_3$	326.4	176(Fe)
$CH_3CHO \xrightarrow{791\ K} CH_4+CO$	190.4	136.0(碘蒸气)
$C_{12}H_{22}O_{11}+H_2O \longrightarrow C_6H_{12}O_6+C_6H_{12}O_6$ 蔗糖 果糖 葡萄糖	1 340	109(H^+) 48.1(转化酶)

研究表明,在化学反应前后,虽然催化剂的组成、质量和化学性质不发生变化,但在许多催化反应中发现它实际上参与了化学反应,而且发生相应的变化,只不过在反应后又被复原。例如,SO_2和 O_2生成 SO_3的反应,加入 NO 作催化剂后改变了 SO_2转变为 SO_3的反应历程:

第一步: $2NO(g)+O_2(g) \longrightarrow 2NO_2(g)$ (反应较快)

第二步: $+)\ 2SO_2(g)+2NO_2(g) \longrightarrow 2SO_3(g)+2NO(g)$ (反应很快)

总反应式: $2SO_2(g)+O_2(g) \xrightarrow{NO(g)} 2SO_3(g)$ (反应较快)

以上两步反应所需的活化能比原来未加 NO 催化剂的反应所需的活化能小,所以反应速率增大;而第一步反应消耗掉的 NO(g)在第二步反应中如数获得再生。

需要注意以下几点:

(1) 催化剂只能通过改变反应途径来改变反应速率,但不能改变反应的焓变($\Delta_r H_m$)、方向和限度。

(2) 在反应速率方程中,催化剂对反应速率的影响体现在反应速率常数(k)。对确定反应来说,反应温度一定时,采用不同的催化剂一般有不同的 k 值。

(3) 对同一可逆反应来说,催化剂等值地降低了正、逆反应的活化能。

(4) 催化剂具有选择性。某一反应或某一类反应使用的催化剂往往对其他反应无催化作用。例如,合成氨使用的铁催化剂无助于 SO_2的氧化。化工生产上,在复杂的反应体系中常常利用催化剂加速反应并抑制其他反应的进行,以提高产品的质量和产量。

催化剂在现代化学、化工中起着极为重要的作用。据统计,化工生产中约有 85%左右的化学反应需要使用催化剂。尤其在当前的大型化工、石油化工中,很多化学反应用于生产都是在找到了优良的催化剂后才付诸实现的。酶是一种由生物细胞产生具有催化功能的物质,生物体内的许多生命过程都是在酶催化作用下才得以顺利地进行,假如消化道中没有酶,消化一餐饭将要用约 50 年。其实远在西周时期我国先民在酿酒时就懂得把发芽并发霉的谷物用作引子,这种被称为酒曲的物质含有糖化力的丝状菌毛霉和酵母菌。生物体中的酶在常温常压下即具有极好的催化作用,启发化学工作者把它应用到化工生产中去,以达到简化工艺过程、降低能耗、减少化学污染、提高产品质量的目的。酶作为一种特殊的催化剂,除具有一般催化剂的共性外,还有其特别突出之处。

(1) 极高的催化效率。酶的催化效率比一般催化剂要高 $10^7 \sim 10^{13}$ 倍。例如,过氧化氢的分解反应,酶的催化效率比 Fe^{2+} 要高出 10^{11} 倍;又如,1 g 结晶的α-淀粉酶在 65 ℃下 15 min 内可使 2 000 kg 淀粉水解为糊精。

(2) 极高的选择性。一种酶只能催化某一类物质,甚至只对某一种物质有催化作用。

(3) 极好的催化条件。酶只能在常温、常压、pH 接近中性的条件下起催化作用。

使用催化剂时要注意防止其中毒失活。例如,原料带进的 P、S、Si 等会使 Pt 催化剂中毒失活;S、As、卤素、P、Pb 等会使 Ni 催化剂中毒失活;高温、高压、强酸、强碱、有机溶剂、重金属盐及紫外线等因素,都会使酶变性失活。

4. 其他因素对反应速率的影响

物系中物理状态和化学组成完全相同的均匀部分称为一个"相"。根据体系和相的概念,可以把化学反应分为单相反应和多相反应两类。

单相反应(均匀系反应):反应体系中只存在一个相的反应。例如,气相反应和某些液相反应均属单相反应。

多相反应(不均匀系反应):反应体系中同时存在着两个或两个以上相的反应。例如,气-固相反应(如煤的燃烧、金属表面的氧化等)、固-液相反应(如金属与酸的反应)、固-固相反应(如水泥生产中的若干主反应等)、某些液-液相反应(如油脂与 NaOH 水溶液的反应)等均属多相反应。

在多相反应中,由于反应在相与相间的界面上进行,因此多相反应的反应速率除了上述的几种因素外,还可能与反应物接触面大小和接触机会多少有关。为此,化工生产上往往把固态反应物先行粉碎、拌匀,再进行反应;将液态反应物喷淋、雾化,使其与气态反应物充分混合、接触;对于溶液中进行的多相反应则普遍采用搅拌、振荡的方法,强化扩散作用,增加反应物的碰撞频率并使生成物及时脱离反应界面。

此外,超声波、激光及高能射线的作用,也可能影响某些化学反应的反应速率。

2.3 化学反应的限度

2.3.1 可逆反应与化学平衡

迄今所知,仅有少数的化学反应的反应物能全部转变为生成物,亦即反应能进行到底。例如:

$$HCl + NaOH \longrightarrow NaCl + H_2O$$

$$2KClO_3 \xrightarrow[\triangle]{MnO_2} 2KCl + 3O_2$$

这类反应称为不可逆反应。但大多数反应不是如此。例如,SO_2转化为 SO_3的反应,当压力为 101.3 kPa,温度为 773 K,SO_2与 O_2以 2 : 1 体积比在密闭容器内进行反应时,实验证明,在反应"终止"后,SO_2转化为 SO_3的最大转化率为 90%,这是因为 SO_2与 O_2生成 SO_3的同时,部分 SO_3在相同条件下又分解为 SO_2和 O_2。这种在同一条件下可同

时向正、逆两个方向进行的反应称为可逆反应。可表示为

$$2SO_2(g)+O_2(g) \xrightleftharpoons{V_2O_5} 2SO_3(g)$$

在一定的温度下,定量的反应物在密闭容器内进行可逆反应,随着反应物不断消耗、生成物不断增加,正反应速率将不断减小,逆反应速率将不断增大,直至某时刻,反应进行到一定程度,正反应速率和逆反应速率相等,各反应物、生成物的浓度不再变化,即反应进行到了极限,这时反应体系所处的状态称为“化学平衡”,如图 2.5 所示。

疑难解析

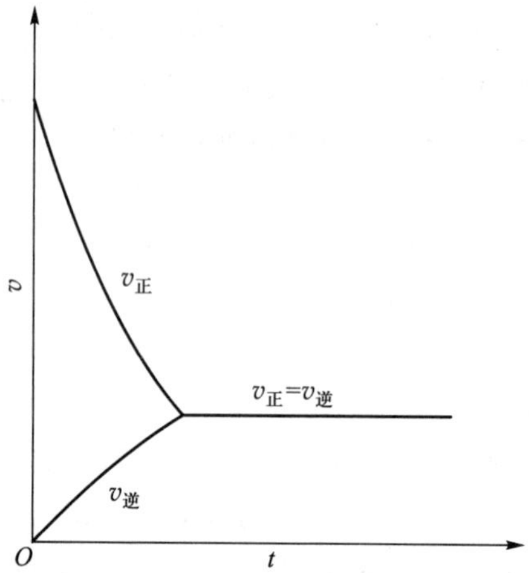

图 2.5　可逆反应速率变化示意图

化学平衡具有以下特征:

(1) 化学平衡状态最主要的特征是可逆反应的正、逆反应速率相等($v_{正}=v_{逆}$)。因此可逆反应达到平衡后,只要外界条件不变,反应体系中各物质的量将不随时间而变。

(2) 化学平衡是一种动态平衡。反应体系达到平衡后,反应似乎是“终止”了,但实际上正反应和逆反应始终都在进行着,只是由于 $v_{正}=v_{逆}$,单位时间内各物质(生成物或反应物)的生成量和消耗量相等,所以,总的结果为各物质的浓度都保持不变,反应物与生成物处于动态平衡。

(3) 化学平衡是有条件的。化学平衡只能在一定的外界条件下才能保持,当外界条件改变时,原平衡就会被破坏,随后在新的条件下建立起新的平衡。

2.3.2　平衡常数

1. 实验平衡常数

通过大量实验发现:任何可逆反应,不管反应始态如何,在一定温度下达平衡时,各生成物平衡浓度幂的乘积与反应物平衡浓度幂的乘积之比值为一常数,称为**化学平衡常数**。其中,以浓度表示的称为浓度平衡常数(K_c),以分压表示的称为压力平衡常数(K_p)。例如反应:

$$cC(g)+dD(g) \rightleftharpoons yY(g)+zZ(g)$$

$$K_c=\frac{\{c(Y)\}^y\{c(Z)\}^z}{\{c(C)\}^c\{c(D)\}^d} \tag{2.3.1}$$

$$K_p=\frac{\{p(\mathrm{Y})\}^y\{p(\mathrm{Z})\}^z}{\{p(\mathrm{C})\}^c\{p(\mathrm{D})\}^d} \tag{2.3.2}$$

$$\Delta n=(y+z)-(c+d)$$

由于 K_c 和 K_p 都是把实验测定值直接代入平衡常数表达式中计算所得，因此它们均属**实验平衡常数**（或经验平衡常数），其数值和量纲随分压或浓度所用的单位不同而异，其量纲一般不为 1，除非 $\Delta n=0$ 时量纲为 1。

平衡常数是表明给定条件下该化学反应所能进行的限度（亦即反应所能达到或完成的最大程度）的一种特征值。在一定温度下，不同的反应各有其特定的平衡常数。平衡常数越大，表示正反应进行得越完全。平衡常数值与温度及反应式的书写形式有关，但不随浓度、压力而变。利用平衡常数表达式计算平衡常数时，固体、纯液体或稀溶液的溶剂的“浓度项”不必列出。

疑难解析

［例 2.4］ 实验测知，制备水煤气的反应：

$$\mathrm{C(s)+H_2O(g)} \rightleftharpoons \mathrm{CO(g)+H_2(g)}$$

在 1 000 K 下达到平衡时，$c(\mathrm{CO})=c(\mathrm{H_2})=7.6\times10^{-3}\ \mathrm{mol\cdot L^{-1}}$，$c(\mathrm{H_2O})=4.6\times10^{-3}\ \mathrm{mol\cdot L^{-1}}$；平衡分压分别为 $p(\mathrm{CO})=p(\mathrm{H_2})=0.63\times10^5\ \mathrm{Pa}$，$p(\mathrm{H_2O})=0.38\times10^5\ \mathrm{Pa}$。试计算该反应的 K_c、K_p。

解：

	$\mathrm{C(s)+H_2O(g)}$	$\rightleftharpoons \mathrm{CO(g)}$	$+\mathrm{H_2(g)}$
平衡浓度/($10^{-3}\ \mathrm{mol\cdot L^{-1}}$)	4.6	7.6	7.6
平衡分压/10^5 Pa	0.38	0.63	0.63

则

$$K_c=\frac{c(\mathrm{CO})\cdot c(\mathrm{H_2})}{c(\mathrm{H_2O})}=\frac{(7.6\times10^{-3}\ \mathrm{mol\cdot L^{-1}})^2}{(4.6\times10^{-3}\ \mathrm{mol\cdot L^{-1}})}$$

$$=1.2\times10^{-2}\ \mathrm{mol\cdot L^{-1}}$$

$$K_p=\frac{p(\mathrm{CO})\cdot p(\mathrm{H_2})}{p(\mathrm{H_2O})}=\frac{(0.63\times10^5\ \mathrm{Pa})^2}{0.38\times10^5\ \mathrm{Pa}}$$

$$=1.0\times10^5\ \mathrm{Pa}$$

对于气相反应，反应物和生成物均为理想气体时，其 K_p 与 K_c 的关系式为 $K_p=K_c(RT)^{\Delta n}$，此处 R 的取值和量纲随压力所取单位而有所不同：

压力单位（符号）	R 值
(1) 大气压(atm)	$0.082\ 1\ \mathrm{atm\cdot dm^3\cdot mol^{-1}\cdot K^{-1}}$
(2) 巴(bar)	$0.083\ 1\ \mathrm{bar\cdot dm^3\cdot mol^{-1}\cdot K^{-1}}$
(3) 帕［斯卡］(Pa)	$8.314\ \mathrm{Pa\cdot m^3\cdot mol^{-1}\cdot K^{-1}}$

过去用 atm 作压力单位，$p^\ominus=1$ atm，K_p 与 K_c 的关系为

$$K_p^{(\mathrm{atm})}=K_c(R^{(\mathrm{atm})}T)^{\Delta n} \tag{2.3.3}$$

现在改用 Pa 作压力单位，$p^\ominus=1$ bar，K_p 与 K_c 关系为 $K_p^{(\mathrm{bar})}=K_c(R^{(\mathrm{bar})}T)^{\Delta n}$。但是，目前化学手册中既不会有 $K_p^{(\mathrm{Pa})}$ 数据，又难以找到 $K_p^{(\mathrm{bar})}$ 数据，考虑到 $R^{(\mathrm{atm})}$ 数值近似等于 $R^{(\mathrm{bar})}$ 的数值，因此，一般计算时仍可沿用 $K_p^{(\mathrm{atm})}$ 数值，即 $K_p^{(\mathrm{bar})}\approx K_p^{(\mathrm{atm})}$ 的数值。

2. 标准平衡常数（$K^\ominus$）

平衡常数也可由化学反应等温方程式导出，根据式（2.1.6）：

$$\Delta_\mathrm{r}G_\mathrm{m}=\Delta_\mathrm{r}G_\mathrm{m}^\ominus+RT\ln J$$

若体系处于平衡状态，则 $\Delta_r G_m = 0$，并且反应商 J 项中各气体物质的分压或各溶质的浓度均指平衡分压或平衡浓度，亦即 $J = K^{\ominus}$。这时：

$$\Delta_r G_m^{\ominus} + RT\ln K^{\ominus} = 0$$

得

$$\Delta_r G_m^{\ominus} = -RT\ln K^{\ominus} = -2.303RT\lg K^{\ominus} \tag{2.3.4}$$

$$\lg K^{\ominus} = -\frac{\Delta_r G_m^{\ominus}}{2.303RT} \tag{2.3.5}$$

式(2.3.4)中的 $K^{\ominus}$ 称为**标准平衡常数**(旧称热力学平衡常数)，式(2.3.5)反映了标准平衡常数 $K^{\ominus}$ 与 $\Delta_r G_m^{\ominus}$、T 之间的关系，对于可逆反应：

$$S^{2-}(aq) + 2H_2O(l) \rightleftharpoons H_2S(g) + 2OH^-(aq)$$

标准平衡常数($K^{\ominus}$)的表达式被规定为❶

$$K^{\ominus} = \frac{\{p(H_2S)/p^{\ominus}\} \cdot \{c(OH^-)/c^{\ominus}\}^2}{\{c(S^{2-})/c^{\ominus}\}}$$

与实验平衡常数表达式相比，不同之处在于每种溶质的平衡浓度项均应除以标准浓度，每种气体物质的平衡分压均应除以标准压力。可见按照传统的说法，$K^{\ominus}$ 是无量纲的，但按照新国标(GB 3102.8—93)的说法，$K^{\ominus}$ 是量纲一的量。

标准压力由 1 atm 换作 100 kPa 后，根据原有的热力学数据计算所得的热力学平衡常数 $K^{\ominus(atm)}$ 与根据新的热力学数据计算所得的标准平衡常数 $K^{\ominus(bar)}$ 相差甚微。

事实上对于凝聚态反应或 $\sum \nu_B(g) = 0$ 的气相反应，标准压力改变后化学反应的标准平衡常数基本不变或变化值远小于实验误差。

标准平衡常数只与温度有关，与压力选用何种单位无关；但实验平衡常数不仅与以浓度表示还是以压力表示有关，而且与压力选用何种单位有关。

[例 **2.5**] 根据[例 2.4]给出的条件，计算 1 000 K 下制备水煤气反应的标准平衡常数。

解：

$$C(s) + H_2O(g) \rightleftharpoons CO(g) + H_2(g)$$

$$K^{\ominus} = \frac{\{p(CO)/p^{\ominus}\} \cdot \{p(H_2)/p^{\ominus}\}}{\{p(H_2O)/p^{\ominus}\}}$$

$$= \frac{(0.63\times10^5\ \text{Pa}/1\times10^5\ \text{Pa})^2}{(0.38\times10^5\ \text{Pa}/1\times10^5\ \text{Pa})} = 1.0$$

[例 **2.6**] 试写出反应：$C(s) + CO_2(g) \rightleftharpoons 2CO(g)$ 的标准平衡常数表达式，并分别求出温度为 298.15 K 和 1 173 K 时的标准平衡常数 $K^{\ominus}$(按焓变和熵变不随温度变化考虑)。

解：

$$C(s) + CO_2(g) \rightleftharpoons 2CO(g)$$

$$K^{\ominus} = \frac{\{p(CO)/p^{\ominus}\}^2}{\{p(CO_2)/p^{\ominus}\}}$$

由附录 4 查得

	$C(s)$	+	$CO_2(g)$	$\rightleftharpoons$	$2CO(g)$
$\Delta_f H_m^{\ominus}/(kJ\cdot mol^{-1})$	0		−393.509		−110.525
$S_m^{\ominus}/(J\cdot mol^{-1}\cdot K^{-1})$	5.740		213.74		197.674
$\Delta_f G_m^{\ominus}/(kJ\cdot mol^{-1})$	0		−394.359		−137.168

$$\Delta_r G_m^{\ominus} = \sum \nu_i \Delta_f G_m^{\ominus}(\text{生成物}) + \sum \nu_i \Delta_f G_m^{\ominus}(\text{反应物})$$

❶ 这样规定的目的是把 $K^{\ominus}$ 变成量纲为 1 或旧称无量纲的量，以便在计算中能满足取对数的要求。

$$= -137.168\ \text{kJ·mol}^{-1}\times 2+(-1)\times(-394.359\ \text{kJ·mol}^{-1})$$
$$= 120.023\ \text{kJ·mol}^{-1}$$

$$\Delta_r G_m^\ominus = -2.303RT\lg K^\ominus$$

$$\lg K^\ominus(298.15\ \text{K}) = -\frac{120.023\times 10^3\ \text{J·mol}^{-1}}{2.303\times 8.314\ \text{J·mol}^{-1}\text{·K}^{-1}\times 298.15\ \text{K}}$$
$$= -21.02$$

$$K^\ominus(298.15\ \text{K}) = 9.5\times 10^{-22}$$

$$\Delta_r H_m^\ominus(298.15\ \text{K}) = \sum \nu_i \Delta_f H_m^\ominus(\text{生成物}) + \sum \nu_i \Delta_f H_m^\ominus(\text{反应物})$$
$$= 2\times(-110.525\ \text{kJ·mol}^{-1})+(-1)\times(-393.509\ \text{kJ·mol}^{-1})$$
$$= 172.459\ \text{kJ·mol}^{-1}$$

$$\Delta_r S_m^\ominus(298.15\ \text{K}) = \sum \nu_i S_m^\ominus(\text{生成物}) + \sum \nu_i S_m^\ominus(\text{反应物})$$
$$= 2\times(197.674\ \text{J·mol}^{-1}\text{·K}^{-1})+(-1)\times 213.74\ \text{J·mol}^{-1}\text{·K}^{-1}$$
$$+(-1)\times 5.740\ \text{J·mol}^{-1}\text{·K}^{-1}$$
$$= 175.87\ \text{J·mol}^{-1}\text{·K}^{-1}$$

$$\Delta_r G_m^\ominus(T) \approx \Delta_r H_m^\ominus(298.15\ \text{K}) - T\Delta_r S_m^\ominus(298.15\ \text{K})$$

$$\Delta_r G_m^\ominus(1\,173\ \text{K}) \approx 172.459\ \text{J·mol}^{-1}\times 10^3 - 1\,173\ \text{K}\times 175.87\ \text{J·mol}^{-1}\text{·K}^{-1}$$
$$= -33\,836.51\ \text{J·mol}^{-1}$$

$$\lg K^\ominus(1\,173\ \text{K}) = -\frac{\Delta_r G_m^\ominus(1\,173\ \text{K})}{2.303RT}$$
$$= \frac{33\,836.51\ \text{J·mol}^{-1}}{2.303\times 8.314\ \text{J·mol}^{-1}\text{·K}^{-1}\times 1\,173\ \text{K}}$$
$$= 1.507$$

$$K^\ominus(1\,173\ \text{K}) = 32.14$$

3. 多重平衡规则

相同温度下,假设存在多个化学平衡体系,且各有其对应的 $\Delta_r G_m^\ominus$ 和 $K^\ominus$:

(1) $N_2(g)+O_2(g) \rightleftharpoons 2NO(g)$;　$K_1^\ominus$　$\Delta_r G_1^\ominus$

(2) $2NO(g)+O_2(g) \rightleftharpoons 2NO_2(g)$;　$K_2^\ominus$　$\Delta_r G_2^\ominus$

(3) $N_2(g)+2O_2(g) \rightleftharpoons 2NO_2(g)$;　$K_3^\ominus$　$\Delta_r G_3^\ominus$

由赫斯定律可知:

反应式(1)+反应式(2)= 反应式(3)

$$\Delta_r G_1^\ominus + \Delta_r G_2^\ominus = \Delta_r G_3^\ominus$$

根据 $\Delta_r G_m^\ominus = -RT\ln K^\ominus$

$$RT\ln K_1^\ominus + RT\ln K_2^\ominus = RT\ln K_3^\ominus$$
$$\ln K_1^\ominus K_2^\ominus = \ln K_3^\ominus$$
$$K_1^\ominus K_2^\ominus = K_3^\ominus$$

由此可见,当几个反应式相加得到另一反应式时,其平衡常数等于几个反应平衡常数之积,此规则称为**多重平衡规则**。应用多重平衡规则,可以由若干个已知反应的平衡常数求得某个反应的平衡常数,而无需通过实验。

2.3.3 化学平衡的计算

平衡常数可以用来求算反应体系中有关物质的浓度和某一反应物的平衡转化率

(又称理论转化率),以及从理论上求算欲达到一定转化率所需的合理原料配比等问题。某一反应物的平衡转化率是指化学反应达平衡后,该反应物转化为生成物,从理论上能达到的最大转化率(以 α 表示):

$$\alpha=\frac{\text{某反应物已转化的量}}{\text{反应开始时该反应物的总量}}\times 100\%$$

若反应前后体积不变,又可表示为

$$\alpha=\frac{\text{某反应物起始浓度}-\text{某反应物平衡浓度}}{\text{反应物的起始浓度}}\times 100\%$$

转化率越大,表示正反应进行程度越大。转化率与平衡常数有所不同,转化率与反应体系的起始状态有关,而且必须明确是指反应物中的哪种物质的转化率。

显然,“转化率”是对反应物(即原料)而言的;化工生产中还常用到“产率”(或“收率”)这一名词,那是对所指的某产物而言的,其定义为:某产物的实际产量在原料全部转变为该产物应得的产物量中所占的百分数,即

$$\text{产率}=\frac{\text{某产物的实际产量}}{\text{原料全部转变为该产物应得的产物量}}\times 100\%$$

[**例 2.7**] 763.8 K 时,反应:$H_2(g)+I_2(g) \rightleftharpoons 2HI(g)$ 的 $K_c=45.7$,则

(1) 如果反应开始时 H_2 和 I_2 的浓度均为 $1.00\ mol\cdot L^{-1}$,求反应达平衡时各物质的平衡浓度及 I_2 的平衡转化率。

(2) 假定平衡时要求有 90% I_2 转化为 HI,问开始时 I_2 和 H_2 应按怎样的浓度比混合?

解:(1) 设达平衡时 $c(HI)=x\ mol\cdot L^{-1}$

	$H_2(g)$	+	$I_2(g)$	$\rightleftharpoons$	$2HI(g)$
始态浓度/($mol\cdot L^{-1}$)	1.00		1.00		
变化浓度/($mol\cdot L^{-1}$)	$-\frac{x}{2}$		$-\frac{x}{2}$		$+x$
平衡浓度/($mol\cdot L^{-1}$)	$1.00-\frac{x}{2}$		$1.00-\frac{x}{2}$		x

则

$$K_c=\frac{\{c(HI)\}^2}{c(H_2)\cdot c(I_2)}=\frac{x^2}{\left(1.00-\frac{x}{2}\right)\left(1.00-\frac{x}{2}\right)}=45.7$$

$$x=1.54$$

所以平衡时各物质的浓度为

$$c(H_2)=c(I_2)=(1.00-1.54/2)\ mol\cdot L^{-1}=0.23\ mol\cdot L^{-1}$$

$$c(HI)=1.54\ mol\cdot L^{-1}$$

I_2 的平衡转化率 $\alpha=(0.77/1.00)\times 100\%=77\%$

(2) 设开始时 $c(H_2)=x\ mol\cdot L^{-1}$

$c(I_2)=y\ mol\cdot L^{-1}$

	$H_2(g)$	+	$I_2(g)$	$\rightleftharpoons$	$2HI(g)$
始态浓度/($mol\cdot L^{-1}$)	x		y		0
平衡浓度/($mol\cdot L^{-1}$)	$x-0.90y$		$y-0.90y$		$1.8y$

则
$$K_c=\frac{\{c(\mathrm{HI})\}^2}{c(\mathrm{I_2})c(\mathrm{H_2})}$$

因为温度不变，故 K_c 值仍为 45.7，则有

$$K_c=\frac{(1.8y)^2}{(x-0.90y)(y-0.90y)}=45.7$$

$$x/y=1.6/1.0$$

所以当开始时 H_2 和 I_2 的浓度若以 1.6∶1.0 混合，I_2 的平衡转化率可达 90%。

［例 2.8］ 在 1 000 K 下，在恒容容器中发生下列反应：$2NO(g)+O_2(g) \longrightarrow 2NO_2(g)$，反应发生前，$p(NO)=1\times10^5$ Pa，$p(O_2)=3\times10^5$ Pa，$p(NO_2)=0$。反应达到平衡时，$p(NO_2)=12\ 000$ Pa。计算 NO、O_2 的平衡分压及 $K^\ominus$。

解：该反应在恒温恒容条件下进行，各物质的分压变化同浓度变化一样，与物质的量变化成正比，因此，可以根据反应方程式来确定分压的变化。

	$2NO(g)$ +	$O_2(g)$ $\rightleftharpoons$	$2NO_2(g)$
始态分压/10^5 Pa	1	3	0
平衡分压/10^5 Pa	1−0.12	$3-\frac{0.12}{2}$	0.12

$$K^\ominus=\frac{\{p(\mathrm{NO_2})/p^\ominus\}^2}{\{p(\mathrm{NO})/p^\ominus\}^2\{p(\mathrm{O_2})/p^\ominus\}}$$
$$=\frac{(0.12\times10^5\ \mathrm{Pa}/10^5\ \mathrm{Pa})^2}{\{(1-0.12)\times10^5\ \mathrm{Pa}/10^5\ \mathrm{Pa}\}^2\{(3-0.06)\times10^5\ \mathrm{Pa}/10^5\ \mathrm{Pa}\}}$$
$$=\frac{0.12^2}{0.88^2\times2.94}=6.3\times10^{-3}$$

平衡分压为

$$p(\mathrm{NO})=88\ 000\ \mathrm{Pa}=88\ \mathrm{kPa},\quad p(\mathrm{O_2})=294\ 000\ \mathrm{Pa}=294\ \mathrm{kPa}$$

［例 2.9］ 在容积为 5.00 L 的容器中装有等物质的量的 $PCl_3(g)$ 和 $Cl_2(g)$。在 523 K 下反应：$PCl_3(g)+Cl_2(g) \longrightarrow PCl_5(g)$ 达平衡时，$p(PCl_5)=p^\ominus$，$K^\ominus=0.767$，求：

（1）开始装入的 PCl_3 及 Cl_2 的物质的量；

（2）PCl_3 的平衡转化率。

解：（1）设 $PCl_3(g)$ 及 $Cl_2(g)$ 始态分压为 xPa

	$PCl_3(g)$ +	$Cl_2(g)$ $\rightleftharpoons$	$PCl_5(g)$
始态分压/Pa	x	x	0
平衡分压/Pa	$x-p^\ominus$	$x-p^\ominus$	$p^\ominus$

$$K^\ominus=\frac{\{p(\mathrm{PCl_5})/p^\ominus\}}{\{(x-p^\ominus)/p^\ominus\}\{(x-p^\ominus)/p^\ominus\}}$$

$$0.767=\frac{1}{\{(x-10^5\ \mathrm{Pa})/10^5\ \mathrm{Pa}\}^2}$$

$$x=214\ 155\ \mathrm{Pa}$$

$$n(\mathrm{PCl_3})=n(\mathrm{Cl_2})=\frac{pV}{RT}$$
$$=\frac{214\ 155\ \mathrm{Pa}\times5.00\times10^{-3}\ \mathrm{m^3}}{8.314\ \mathrm{Pa\cdot m^3\cdot K^{-1}\cdot mol^{-1}}\times523\ \mathrm{K}}$$
$$=0.246\ \mathrm{mol}$$

（2）$\alpha(\mathrm{PCl_3})=\frac{p^\ominus}{x}\times100\%=\frac{10^5\ \mathrm{Pa}}{214\ 155\ \mathrm{Pa}}\times100\%$

$=47.0\%$

［例 2.10］ 已知下列反应在 1 123 K 时的标准平衡常数：

(1) C(石墨)+CO_2(g) $\rightleftharpoons$ 2CO(g)； $K_1^\ominus = 1.3\times10^{14}$

(2) CO(g)+Cl_2(g) $\rightleftharpoons$ $COCl_2$(g)； $K_2^\ominus = 6.0\times10^{-3}$

计算反应(3) 2$COCl_2$(g) $\rightleftharpoons$ C(石墨)+CO_2(g)+2Cl_2(g)在 1 123 K 时的 $K^\ominus$ 值。

解：式(2)乘 2 得式(4)，式(4)加式(1)得式(5)：

(4) 2CO(g)+2Cl_2(g) $\rightleftharpoons$ 2$COCl_2$(g)； $K_4^\ominus = (K_2^\ominus)^2$

+) (1) C(石墨)+CO_2(g) $\rightleftharpoons$ 2CO(g)； $K_1^\ominus$

(5) C(石墨)+CO_2(g)+2Cl_2(g) $\rightleftharpoons$ 2$COCl_2$(g)； $K_5^\ominus$

$$K_5^\ominus = K_4^\ominus K_1^\ominus = (K_2^\ominus)^2 K_1^\ominus$$

由于式(3)为式(5)的逆反应，则

$$K_3^\ominus = \frac{1}{K_5^\ominus} = \frac{1}{(K_2^\ominus)^2 K_1^\ominus} = \frac{1}{(6.0\times10^{-3})^2\times1.3\times10^{14}} = 2.1\times10^{-10}$$

2.4 化学平衡的移动

因外界条件改变使可逆反应从一种平衡状态向另一种平衡状态转变的过程，称为化学平衡的移动，如上所述，从质的变化角度来说，化学平衡是可逆反应的正、逆反应速率相等时的状态；从能量变化角度说，可逆反应达平衡时，$\Delta_r G_m = 0$，$J = K^\ominus$。因此一切能导致 $\Delta_r G_m$ 或 J 值发生变化的外界条件(浓度、压力、温度)都会使平衡发生移动。

2.4.1 浓度对化学平衡的影响

对于某一可逆反应：

$$cC + dD \rightleftharpoons yY + zZ$$

在一定温度下，根据式(2.1.6) $\Delta_r G_m = \Delta_r G_m^\ominus + RT\ln J$ 和式(2.3.4) $\Delta_r G_m^\ominus = -RT\ln K^\ominus$ 可得：

$$\Delta_r G_m = -RT\ln K^\ominus + RT\ln J = RT\ln\frac{J}{K^\ominus} \tag{2.4.1}$$

式(2.4.1)称为化学反应等温方程式。它表明了在等温、等压条件下，化学反应自由能变化与反应的 $K^\ominus$、参加反应的各物质浓度(或分压)之间的关系。应用最小自由能原理，并结合此等温方程式可判断平衡移动的方向。当

$$\Delta_r G_m = RT\ln\frac{J}{K^\ominus}\begin{Bmatrix} < \\ = \\ > \end{Bmatrix} 0 \text{ 时}, J\text{❶}\begin{Bmatrix} < \\ = \\ > \end{Bmatrix} K^\ominus, \begin{cases} \text{正向移动} \\ \text{平衡状态} \\ \text{逆向移动} \end{cases}$$

对于已达平衡的体系，如果增加反应物的浓度或减少生成物的浓度，则使 $J<K^\ominus$，平衡即向正反应方向移动，移动的结果，使 J 增大，直至 J 重新等于 $K^\ominus$，体系又建立起新的平衡；反之，如果减少反应物的浓度或增加生成物的浓度，则 $J>K^\ominus$，平衡向逆方向移动。

---

❶ 平衡常数为 K_c、K_p，则用 J_c、J_p 分别与 K_c、K_p 相比，以判断移动方向。

[例 2.11] 含有 0.100 $mol·L^{-1}$ $AgNO_3$、0.100 $mol·L^{-1}$ $Fe(NO_3)_2$ 和 0.010 0 $mol·L^{-1}$ $Fe(NO_3)_3$ 的溶液中发生如下反应：$Fe^{2+}+Ag^{+} \rightleftharpoons Fe^{3+}+Ag$，25 ℃时，$K^{\ominus}=2.98$。

(1) 反应向哪个方向进行；

(2) 平衡时 Ag^{+}、Fe^{2+}、Fe^{3+}的浓度各为多大；

(3) Ag^{+}的转化率；

(4) 如果保持 Ag^{+}、Fe^{3+}的浓度不变，而使 Fe^{2+}的浓度变为 0.300 $mol·L^{-1}$，求在新条件下 Ag^{+}的转化率。

解：(1) 开始时：

$$J=\frac{\{c(Fe^{3+})/c^{\ominus}\}}{\{c(Fe^{2+})/c^{\ominus}\}\{c(Ag^{+})/c^{\ominus}\}}=\frac{0.010\,0}{0.100\times 0.100}=1.00$$

即

$$J<K^{\ominus}$$

所以反应向正方向进行。

(2) 平衡组成的计算：

	Fe^{2+} +	Ag^{+} $\rightleftharpoons$	$Fe^{3+}+Ag$
开始浓度/($mol·L^{-1}$)	0.100	0.100	0.010 0
浓度变化/($mol·L^{-1}$)	$-x$	$-x$	$+x$
平衡浓度/($mol·L^{-1}$)	$0.100-x$	$0.100-x$	$0.010\,0+x$

$$\frac{\{c(Fe^{3+})/c^{\ominus}\}}{\{c(Fe^{2+})/c^{\ominus}\}\{c(Ag^{+})/c^{\ominus}\}}=K^{\ominus}$$

$$\frac{0.010\,0+x}{(0.100-x)^2}=2.98$$

$$x=0.013\,0$$

即

$$c(Fe^{3+})=(0.010\,0+0.013\,0)\ mol·L^{-1}=0.023\,0\ mol·L^{-1}$$

$$c(Fe^{2+})=c(Ag^{+})=(0.100-0.013\,0)\ mol·L^{-1}=0.087\ mol·L^{-1}$$

(3) $\alpha(Ag^{+})=\dfrac{x}{0.100}=\dfrac{0.013\,0}{0.100}\times 100\%=13.0\%$

(4)

	Fe^{2+} +	Ag^{+} $\rightleftharpoons$	Fe^{3+}	$+Ag$
新平衡浓度/($mol·L^{-1}$)	$(0.300-0.100\alpha')$	$(0.100-0.100\alpha')$	$(0.010\,0+0.100\alpha')$	

$$\frac{0.010\,0+0.100\alpha'}{(0.300-0.100\alpha')(0.100-0.100\alpha')}=2.98$$

$$\alpha'=38.1\%$$

由此可见，增大某反应物的浓度，可使平衡向正反应方向移动，且使另一反应物的转化率增大。

2.4.2 压力对化学平衡的影响

对于有气态物质参加或生成的可逆反应，在恒温条件下，改变体系的总压力，常常会引起化学平衡的移动。

(1) 对反应方程式两边气体分子总数不等的反应{亦即 $\Delta n=[(y+z)-(c+d)]\neq 0$}，压力对化学平衡的影响如表 2.3 所示。

表 2.3　压力对化学平衡的影响

压力变化	Δn	
	$\Delta n>0$（气体分子总数增加的反应）	$\Delta n<0$（气体分子总数减少的反应）
压缩体积以增加体系总压力	$J>K^{\ominus}$ 平衡向逆反应方向移动	$J<K^{\ominus}$ 平衡向正反应方向移动
	均向气体分子总数减少的方向移动	
增大体积以降低体系总压力	$J<K^{\ominus}$ 平衡向正反应方向移动	$J>K^{\ominus}$ 平衡向逆反应方向移动
	均向气体分子总数增多的方向移动	

疑难解析

（2）对反应方程式两边气体分子总数相等的反应（$\Delta n=0$），由于体系总压力的改变，同等程度地改变反应物和生成物的分压（降低或增加同等倍数），但 J 值不变（仍等于 $K^{\ominus}$），故对平衡不发生影响。

（3）与反应体系无关的气体（指不参加反应的气体）的引入，对化学平衡是否有影响，要视反应具体条件而定：恒温、恒容条件下，对化学平衡无影响；恒温、恒压条件下，无关气体的引入，反应体系体积的增大，造成各组分气体分压的减小，化学平衡向气体分子总数增加的方向移动。

［例 2.12］　将 1.0 mol N_2O_4 置于一密闭容器中，$N_2O_4(g)$ 按下式分解：

$$N_2O_4(g) \longrightarrow 2NO_2(g)$$

在 25 ℃及 100 kPa 下达平衡，测得 N_2O_4 的转化率为 50%，计算：

（1）反应的 $K^{\ominus}$；

（2）25 ℃、1 000 kPa 达平衡时，N_2O_4 的转化率及 N_2O_4 和 NO_2 的分压；

（3）由计算说明压力对此平衡移动的影响。

解：（1）	$N_2O_4(g)$	$\rightleftharpoons$	$2NO_2(g)$
始态物质的量/mol	1.0		0
变化量/mol	-1.0α		$+2(1.0\alpha)$
平衡量/mol	$1.0(1.0-\alpha)$		2.0α

平衡时 N_2O_4、NO_2 的分压为

$$p(N_2O_4)=\frac{1.0-\alpha}{1.0+\alpha}p_{总}$$

$$p(NO_2)=\frac{2.0\alpha}{1.0+\alpha}p_{总}$$

$$K^{\ominus}=\frac{\{p(NO_2)/p^{\ominus}\}^2}{\{p(N_2O_4)/p^{\ominus}\}}=\frac{\left\{\left(\frac{2.0\ \alpha}{1.0+\alpha}\right)\left(\frac{p_{总}}{p^{\ominus}}\right)\right\}^2}{\left\{\left(\frac{1.0-\alpha}{1.0+\alpha}\right)\left(\frac{p_{总}}{p^{\ominus}}\right)\right\}}$$

$$=\left(\frac{4.0\alpha^2}{1.0-\alpha^2}\right)\left(\frac{p_{总}}{p^{\ominus}}\right)$$

$$=\frac{4.0\times(0.50)^2}{1.0-(0.50)^2}\times1.0$$

$$=1.3$$

(2) 1 000 kPa 时，$K^{\ominus}$ 不变(因为 T 未变)，则

$$K^{\ominus}=\left(\frac{4.0\alpha'^2}{1.0-\alpha'^2}\right)\left(\frac{p_{总}}{p^{\ominus}}\right)$$

$$1.3=\left(\frac{4.0\alpha'^2}{1.0-\alpha'^2}\right)\times 10$$

$$\alpha'=0.18=18\%$$

平衡时各组分的分压为

$$p(N_2O_4)=\frac{1.0-\alpha'}{1.0+\alpha'}p_{总}=\left(\frac{1.0-0.18}{1.0+0.18}\right)\times 1\ 000\ \text{kPa}$$
$$=694.9\ \text{kPa}$$

$$p(NO_2)=\frac{2.0\alpha'}{1.0+\alpha'}p_{总}=\left(\frac{2.0\times 0.18}{1.0+0.18}\right)\times 1\ 000\ \text{kPa}$$
$$=305.1\ \text{kPa}$$

(3) 总压力由 100 kPa 增加到 1 000 kPa，N_2O_4 的转化率由 50%降至 18%，说明平衡向左移动，即向气体分子数减少的方向移动。

2.4.3 温度对化学平衡的影响

对于一定反应来说，$\ln K^{\ominus}(T)$ 与 $1/T$ 呈线性关系，即

$$\ln K^{\ominus}(T)=\frac{\Delta_r S_m^{\ominus}(T)}{R}-\frac{\Delta_r H_m^{\ominus}(T)}{RT}$$

或
$$\ln K^{\ominus}(T)\approx\frac{\Delta_r S_m^{\ominus}(298.15\ \text{K})}{R}-\frac{\Delta_r H_m^{\ominus}(298.15\ \text{K})}{RT}$$

设某一可逆反应，在温度为 T_1 和 T_2 时，对应的标准平衡常数为 $K_1^{\ominus}$ 和 $K_2^{\ominus}$，代入上式中，即得

$$\ln K_1^{\ominus}\approx\frac{\Delta_r S_m^{\ominus}(298.15\ \text{K})}{R}-\frac{\Delta_r H_m^{\ominus}(298.15\ \text{K})}{RT_1}$$

$$\ln K_2^{\ominus}\approx\frac{\Delta_r S_m^{\ominus}(298.15\ \text{K})}{R}-\frac{\Delta_r H_m^{\ominus}(298.15\ \text{K})}{RT_2}$$

将上两式的后式减前式即得

$$\ln\frac{K_2^{\ominus}}{K_1^{\ominus}}\approx\frac{-\Delta_r H_m^{\ominus}(298.15\ \text{K})}{R}\left(\frac{1}{T_2}-\frac{1}{T_1}\right)$$

$$=\frac{\Delta_r H_m^{\ominus}(298.15\ \text{K})}{R}\left(\frac{T_2-T_1}{T_1T_2}\right) \tag{2.4.2}$$

式(2.4.2)不仅更清楚地表示出 $K^{\ominus}$ 与 T 的变化关系，而且还可以看出其变化关系和反应焓变($\Delta_r H_m^{\ominus}$)有关，如表 2.4 所示。

表 2.4 温度对化学平衡的影响

T	$\Delta_r H_m^{\ominus}$	
	$\Delta_r H_m^{\ominus}<0$ (放热反应)	$\Delta_r H_m^{\ominus}>0$ (吸热反应)
T升高时	$K^{\ominus}(T)$值变小	$K^{\ominus}(T)$值增大
T降低时	$K^{\ominus}(T)$值增大	$K^{\ominus}(T)$值变小

例如,合成氨反应:

$$N_2(g)+3H_2(g) \rightleftharpoons 2NH_3(g); \quad \Delta_r H_m^{\ominus}(298.15\ K)=-92.22\ kJ\cdot mol^{-1}$$

$K^{\ominus}$与T的关系如表2.5所示。

表 2.5 温度对合成氨反应标准平衡常数的影响

T/K	473	573	673	773	873	973
$K^{\ominus}$	4.4×10^{-2}	4.9×10^{-3}	1.9×10^{-4}	1.6×10^{-5}	2.3×10^{-6}	4.8×10^{-7}

因此,在恒压条件下,升高平衡体系的温度时,平衡向着吸热反应的方向移动;降低温度时,平衡向着放热反应的方向移动。

[例 **2.13**] 已知下列反应:

$$2SO_2(g)+O_2(g) \rightleftharpoons 2SO_3(g)$$

在298.15 K时的标准平衡常数$K^{\ominus}=6.8\times10^{24}$,$\Delta_r H_m^{\ominus}(298.15\ K)=-197.78\ kJ\cdot mol^{-1}$,求723 K时$K^{\ominus}$值(近似计算,不查热力学数据),并说明温度对反应平衡的影响。

解:根据式(2.4.2) $\ln\dfrac{K_2^{\ominus}}{K_1^{\ominus}}\approx\dfrac{\Delta_r H_m^{\ominus}(298.15\ K)}{R}\left(\dfrac{T_2-T_1}{T_1T_2}\right)$

已知:$T_1=298.15\ K \quad K_1^{\ominus}=K^{\ominus}(298.15\ K)=6.8\times10^{24}$

$$\Delta_r H_m^{\ominus}(298.15\ K)=-197.78\ kJ\cdot mol^{-1}$$

$$T_2=723\ K \quad R=8.314\ J\cdot mol^{-1}\cdot K^{-1}$$

则

$$\lg\frac{K^{\ominus}(723\ K)}{6.8\times10^{24}}\approx\frac{-197.78\ kJ\cdot mol^{-1}}{2.303\times8.314\ J\cdot mol^{-1}\cdot K^{-1}}\left(\frac{723\ K-298.15\ K}{298.15\ K\times723\ K}\right)$$

$$=-20.36$$

$$\lg K^{\ominus}(723\ K)=-20.36+\lg 6.8\times10^{24}$$

$$=-20.36+0.833+24=4.47$$

$$K^{\ominus}(723\ K)=2.95\times10^{4}$$

$$K^{\ominus}(723\ K)=2.95\times10^{4}<6.8\times10^{24}=K^{\ominus}(298.15\ K)$$

表明其正反应为放热反应,温度升高平衡向逆方向(吸热方向)移动。

2.4.4 催化剂和化学平衡

催化剂虽能改变反应速率,但对于任一确定的可逆反应来说,由于反应前后催化剂的化学组成、质量不变,因此无论是否使用催化剂,反应的始态、终态都是一样的,即反应的标准摩尔吉布斯自由能变[$\Delta_r G_m^{\ominus}(T)$]相等。根据$\Delta_r G_m^{\ominus}(T)=-RT\ln K^{\ominus}(T)$,在一定温度下,则$K^{\ominus}(T)$也不变,说明催化剂不会影响化学平衡状态。但催化剂加入尚未达到平衡的可逆反应体系中,可以在不升高温度的条件下,缩短到达平衡的时间,这无疑有利于提高生产效率。

综合上述各种因素对化学平衡的影响，1884 年法国人 Le Chatelier 归纳、总结出了一条关于平衡移动的普遍规律：当体系达到平衡后，若改变平衡状态的任一条件（如浓度、压力、温度），平衡就向着能减弱其改变的方向移动。这条规律称为**吕·查德里原理**。此原理既适用于化学平衡体系，也适用于物理平衡体系，但值得注意的是：平衡移动原理只适用于已达平衡的体系，而不适用于非平衡体系。

[拓宽视野]

极端条件对化学反应的影响

以上根据热力学原理，讨论了反应焓变、反应熵变和反应温度与热化学反应方向的关系。极端条件下，如超高压、超高温、超高真空、超低温、强电场、强激光、强磁场、超声场、等离子体技术及摩擦的作用，对化学反应会造成某些影响。下面略介绍几类反应。

1. 超高压化学反应

在极高压力下，不仅会压缩反应物分子、原子、离子之间的距离，甚至会影响到反应物电子层的结构，如使原子轨道出现重叠，会发生某些在一般条件下不会发生的反应。例如，石墨(s) ⟶ 金刚石(s)为焓增、熵减的反应[$\Delta_r G_m^\ominus(298.15\ \text{K}) = 2.9\ \text{kJ}\cdot\text{mol}^{-1} > 0$]，是在任何温度下均不能自发进行的反应，但在超高压、高温作用下反应得以进行：

$$\text{石墨(s)} \xrightarrow[1\,500\ ^\circ\text{C}]{5\times10^9\ \text{Pa}} \text{金刚石(s)}$$

2. 光化学反应

反应物（分子、原子或离子）在光辐照下因吸收光子而诱发的反应称为光化学反应。吸收了光子的反应粒子处于激发态，比基态有更高的反应能量，反应时易于跃过最低势能垒，因而能发生有别于热化学反应的光化学反应。例如，水在光催化下能发生热化学所不能进行的水的光解反应：

$$H_2O(l) \xrightarrow{h\nu} H_2(g) + \frac{1}{2}O_2(g); \quad \Delta_r G_m^\ominus(298.15\ \text{K}) = 237.129\ \text{kJ}\cdot\text{mol}^{-1} > 0$$

其反应速率主要取决于光的强度，与温度关系不大，光辐射相当于给体系做非体积功。

3. 等离子体化学反应

气体因电离产生大量带电荷粒子（离子、电子）和中性粒子（分子、原子）所组成的混合体系，因正、负电荷总量相等，称等离子体。处于等离子体状态的物系具有特殊的反应活性。例如，1976 年研究成功的用甲烷和氢气作原料人工合成金刚石薄膜的反应，就是在低压和较低的温度条件下采用等离子体合成技术实现的：

$$CH_4(g) + H_2(g) \xrightarrow[\text{激发}]{\text{等离子体技术}} \text{等离子态} \xrightarrow[T<723\ \text{K}]{p<1.0\times10^4\ \text{Pa}} \text{金刚石薄膜}$$

等离子体技术在 20 世纪 70 年代可以说是异军突起，作为当代一种高科技源，30 多年来已在化学合成、新材料研制、表面处理等领域创造出一系列新工艺、新技术。

4. 摩擦化学反应

提起“钻木取火”，人们往往只想到“摩擦生热”。但是，自 19 世纪末科学家们陆续发现经过摩擦、研磨过的某些反应物系，其化学反应竟然与一般热化学反应有所不同。

第一种情况：能进行某些无法实现的（$\Delta_r H_m > 0, \Delta_r S_m < 0, \Delta_r G_m > 0$）热化学反应。例如：

$$2Cu(s)+CO_2(g) \xrightarrow{\text{摩擦化学反应}} 2CuO(s)+C(s)$$

$$Au(s)+\frac{3}{4}CO_2(g) \xrightarrow{\text{摩擦化学反应}} \frac{1}{2}Au_2O_3(s)+\frac{3}{4}C(s)$$

第二种情况：反应产物与某些热化学反应有所不同。例如：

$$HgCl_2(s) \xrightarrow[\triangle]{\text{热化学反应}} HgCl_2(g)$$

$$HgCl_2(s) \xrightarrow[\text{研磨}]{\text{摩擦化学反应}} Hg(l) + Cl_2(g)$$

$$NaBrO_3(s) \xrightarrow[\triangle]{\text{热化学反应}} NaBr(s) + \frac{3}{2}O_2(g)$$

$$NaBrO_3(s) \xrightarrow{\text{摩擦化学反应}} \frac{1}{2}Na_2O(s) + \frac{5}{4}O_2 + \frac{1}{2}Br_2(g)$$

摩擦作用对于化学过程的影响显然不能简单归纳为“生热”（或升高温度），即升高反应物分子热运动的平动能（或提供反应所需的活化能），而更重要的应该考虑反应物分子势能的升高可能使反应体系达到某种“摩擦等离子态”，以至于反应体系不仅能沿着热化学反应通道越过反应所需最低的势能垒（如第一种情况所示），甚至可能以比反应最低势能垒更高的能量状态，开拓另一些反应通道，并形成不同的反应产物（如上述第二种情况所示）。

摩擦化学反应目前在室温和低温固-固相合成中取得可喜的成果。

5. 超声化学反应

“超声”是指振动频率高于 16 kHz 的声波。在超声作用下引起的化学反应称为超声化学反应。随着超声波声压的变化，溶剂受压缩和稀疏作用，使流体急剧运动而产生含大量振动能的微气泡——气穴，这些微气泡在长大以至突然爆裂时产生的冲击波在微小空间内相当于营造了高压（局部空间可产生高达 10^{11} Pa 压力）和高温（气穴中心温度可高达 $10^4 \sim 10^6$ K）的反应条件。例如，超声波可使水分解为氢氧自由基（·OH）和氢原子（H），以至产生下列反应：

$$2H_2O(l) \xrightarrow{\text{超声波}} H_2O_2(l)+H_2(g)$$

除改变反应条件外，超声波还可能促进某些化学反应、提高产率，有些甚至会得到不同于热化学反应的产物。目前超声技术主要应用在有机合成化学工业上。

思考题

1. 下列说法是否正确？

（1）质量作用定律适用于任何化学反应；

（2）反应速率常数取决于反应温度，与反应物的浓度无关；

（3）反应活化能越大，反应速率也越大；

（4）要加热才能进行的反应一定是吸热反应。

2. 以下说法是否恰当，为什么？

（1）放热反应均是自发反应；

（2）$\Delta_r S_m$ 为负值的反应均不能自发进行；

（3）冰在室温下自动融化成水，是熵增起了主要作用。

3. 由锡石（SnO_2）生产金属锡，要求温度尽可能低。可以单独加热锡石（产生 O_2），或将锡石与炭一起加热（产生 CO_2），或将锡石与氢气一起加热（产生水蒸气）。根据热力学原理，应选用何种方法？

4. 已知下列反应的标准平衡常数：

$$H_2(g)+S(s) \rightleftharpoons H_2S(g); \quad K_1^\ominus$$
$$S(s)+O_2(g) \rightleftharpoons SO_2(g); \quad K_2^\ominus$$

则反应 $H_2(g)+SO_2(g) \rightleftharpoons O_2(g)+H_2S(g)$ 的标准平衡常数是下列中的哪一个？

(1) $K_1^\ominus - K_2^\ominus$　(2) $K_1^\ominus \cdot K_2^\ominus$　(3) $K_2^\ominus / K_1^\ominus$　(4) $K_1^\ominus / K_2^\ominus$

5. 区别下列概念：

(1) $\Delta_f H_m^\ominus$ 与 $\Delta_r H_m^\ominus$　　(2) $\Delta_r G_m^\ominus$ 与 $\Delta_r G_m$

(3) J 与 J_c、J_p　　(4) $K^\ominus$ 与 K_c、K_p

6. 评论下列陈述是否正确？

(1) 因为 $\Delta_r G_m^\ominus(T) = -RT\ln K^\ominus$，所以温度升高，标准平衡常数减小；

(2) $\Delta_r G_m^\ominus(T) \approx \sum \nu_i \Delta_f G_m^\ominus(298.15\ K)$(生成物)$+\sum \nu_i \Delta_f G_m^\ominus(298.15\ K)$(反应物)；

(3) $CaCO_3$ 在常温下不分解，是因为其分解反应是吸热反应；在高温($T>1\,173$ K)下分解，是因为此时分解放热。

7. 向 5 L 密闭容器中加入 3 mol HCl(g) 和 2 mol O_2(g)，反应：

$$4HCl(g)+O_2(g) \rightleftharpoons 2H_2O(g)+2Cl_2(g)$$

的 $\Delta_r H_m^\ominus = -114.408\ kJ\cdot mol^{-1}$，在 723 K 达到平衡，其标准平衡常数为 $K^\ominus$。试问：

(1) 根据以上条件能计算出标准平衡常数吗？若不能，还需要什么数据？

(2) 试比较标准态下 723 K 和 823 K 时 $K^\ominus$ 的大小；

(3) 若下列两反应的标准平衡常数分别为 $K_1^\ominus$ 和 $K_2^\ominus$：

$$2H_2O(g) \rightleftharpoons 2H_2(g)+O_2(g); \quad K_1^\ominus$$
$$2HCl(g) \rightleftharpoons H_2(g)+Cl_2(g); \quad K_2^\ominus$$

那么，$K^\ominus$ 与 $K_1^\ominus$ 和 $K_2^\ominus$ 之间有什么关系(列式表示)？

8. 对于可逆反应：

$$C(s)+H_2O(g) \rightleftharpoons CO(g)+H_2(g); \quad \Delta_r H_m>0$$

下列说法你认为对否？为什么？

(1) 达平衡时各反应物和生成物的分压一定相等；

(2) 改变生成物的分压，使 $J<K^\ominus$，平衡将向右移动；

(3) 升高温度使 $v_正$ 增大、$v_逆$ 减小，故平衡向右移动；

(4) 由于反应前后分子数目相等，所以增加压力对平衡无影响；

(5) 加入催化剂使 $v_正$ 增加，故平衡向右移动。

9. 可逆反应：$A(g)+B(s) \rightleftharpoons 2C(g)$ 的 $\Delta_r H_m^\ominus(298.15\ K)<0$，达平衡时，如果改变下述各项操作条件，试将其他各项发生的变化填入表中。

操作条件	$v_正$	$v_逆$	$k_正$	$k_逆$	平衡常数	平衡移动方向
增加 A(g) 的分压						
压缩体积						
降低温度						
使用正催化剂						

10. 根据平衡移动原理，讨论下列反应：

$$2Cl_2(g)+2H_2O(g) \rightleftharpoons 4HCl(g)+O_2(g); \quad \Delta_r H_m^\ominus(298.15\ K)>0$$

将 Cl_2、H_2O、HCl、O_2 四种气体混合后，反应达平衡时，若进行下列各项操作，对平衡数值各有何影响

(操作项目中没有注明的皆指温度不变、体积不变)?

操作项目	平衡数值
(1) 加 O_2	H_2O 的物质的量
(2) 加 O_2	HCl 的物质的量
(3) 加 O_2	O_2 的物质的量
(4) 增大容器的体积	H_2O 的物质的量
(5) 减小容器的体积	Cl_2 的物质的量
(6) 减小容器的体积	Cl_2 的分压
(7) 减小容器的体积	$K^\ominus$
(8) 升高温度	$K^\ominus$
(9) 升高温度	HCl 的分压
(10) 加催化剂	HCl 的物质的量

***11.** 设有反应 $A(g)+B(g) \longrightarrow 2C(g)$,A、B、C 都是理想气体,在 25 ℃、100 kPa 条件下,若分别按下列两种过程发生变化,那么变化过程的 Q、$W_{非体积}$、$\Delta_r U_m^\ominus$、$\Delta_r H_m^\ominus$、$\Delta_r S_m^\ominus$、$\Delta_r G_m^\ominus$ 各是多少?

(1) 体系放热 41.8 $kJ\cdot mol^{-1}$,而没有做功;

(2) 体系做了最大非体积功,放热 1.64 $kJ\cdot mol^{-1}$。

过程	Q	$W_{非体积}$	$\Delta_r U_m^\ominus$	$\Delta_r H_m^\ominus$	$\Delta_r S_m^\ominus$	$\Delta_r G_m^\ominus$
(1)						
(2)						

12. 能否用 $K^\ominus$ 来判断反应自发性?为什么?

13. 若基元反应 $A \longrightarrow 2B$ 的活化能为 E_a,而其逆反应活化能为 E'_a,问:

(1) 加催化剂后,E_a 和 E'_a 各有何变化?

(2) 加不同的催化剂对 E_a 的影响是否相同?

(3) 改变起始浓度,E_a 有何变化?

14. 状态函数 p、T、V、U、H、S、G 中哪些具有加和性(指其值与体系中物质的量有关)?

习 题

1. 应用公式 $\Delta_r G_m^\ominus(T)=\Delta_r H_m^\ominus(T)-T\Delta_r S_m^\ominus(T)$,计算下列反应的 $\Delta_r G_m^\ominus(298.15\ K)$,并判断反应在 298.15 K 及标准态下能否自发向右进行。

$$8Al(s)+3Fe_3O_4(s) \longrightarrow 4Al_2O_3(s)+9Fe(s)$$

2. 通过计算说明下列反应:

$$2CuO(s) \longrightarrow Cu_2O(s)+\frac{1}{2}O_2(g)$$

(1) 在常温(298.15 K)、标准态下能否自发进行?

(2) 在 700 K、标准态下能否自发进行?

3. 碘钨灯可提高白炽灯的发光效率并延长其使用寿命,原因是灯管内所含少量碘发生了如下可逆反应,即

$$W(s)+I_2(g) \rightleftharpoons WI_2(g)$$

当生成的 $WI_2(g)$ 扩散到灯丝附近的高温区时,又会立即分解出 W 而重新沉积至灯丝上。已知 298.15 K 时:

	W(s)	WI_2(g)
$\Delta_f H_m^{\ominus}/(kJ\cdot mol^{-1})$	0	-8.37
$S_m^{\ominus}/(J\cdot mol^{-1}\cdot K^{-1})$	33.5	251

(1) 若灯管壁温度为 623 K,计算上式反应的 $\Delta_r G_m^{\ominus}$(623 K);

(2) 求 WI_2(g)在灯丝上发生分解所需的最低温度。

4. 写出下列反应的平衡常数 K_c、K_p、$K^{\ominus}$的表达式:

(1) $CH_4(g)+H_2O(g) \rightleftharpoons CO(g)+3H_2(g)$

(2) $NH_3(g) \rightleftharpoons \frac{1}{2}N_2(g)+\frac{3}{2}H_2(g)$

(3) $CaCO_3(s) \rightleftharpoons CaO(s)+CO_2(g)$

(4) $Al_2O_3(s)+3H_2(g) \rightleftharpoons 2Al(s)+3H_2O(g)$

5. 298.15 K 时,反应 $2H_2O_2(l) \rightleftharpoons 2H_2O(l)+O_2(g)$ 的 $\Delta_r H_m^{\ominus}=-196.10\ kJ\cdot mol^{-1}$,$\Delta_r S_m^{\ominus}=125.76\ J\cdot mol^{-1}\cdot K^{-1}$。试分别计算该反应在298.15 K和 373.15 K 的 $K^{\ominus}$值。

6. 试判断下列反应:

$$N_2(g)+3H_2(g) \longrightarrow 2NH_3(g)$$

(1) 在 298.15 K、标准态下能否自发进行?

(2) 计算 298.15 K 时该反应的 $K^{\ominus}$值。

7. 将空气中的 N_2(g)变成各种含氮的化合物的反应叫做固氮反应。根据 $\Delta_r G_m^{\ominus}$ 计算下列三种固氮反应的 $\Delta_r G_m^{\ominus}$ 及 $K^{\ominus}$,并从热力学角度分析选择哪个反应最好。

$$N_2(g)+O_2(g) \longrightarrow 2NO(g)$$

$$2N_2(g)+O_2(g) \longrightarrow 2N_2O(g)$$

$$N_2(g)+3H_2(g) \longrightarrow 2NH_3(g)$$

8. 求下列反应的 $\Delta_r H_m^{\ominus}$、$\Delta_r S_m^{\ominus}$ 和 $\Delta_r G_m^{\ominus}$,并用这些数据分析利用该反应净化汽车尾气中 NO 和 CO 的可能性。

$$CO(g)+NO(g) \longrightarrow CO_2(g)+\frac{1}{2}N_2(g)$$

9. 设汽车内燃机内温度因燃料燃烧反应达到 1 300 ℃,试计算此温度时下列反应:

$$\frac{1}{2}N_2(g)+\frac{1}{2}O_2(g) \longrightarrow NO(g)$$

的 $\Delta_r G_m^{\ominus}$ 和 $K^{\ominus}$值。

10. 699 K 时,反应:$H_2(g)+I_2(g) \rightleftharpoons 2HI(g)$的 $K_p=55.3$,如果将 2.00 mol H_2 和2.00 mol I_2作用于 4.00 L 的容器内,问在该温度下达到平衡时合成了多少 HI?

11. 反应 $CO(g)+H_2O(g) \rightleftharpoons CO_2(g)+H_2(g)$在某温度下 $K_p=1$,在此温度下于6.0 L容器中加入:

2.0 L、3.04×10^5 Pa 的 CO(g)

3.0 L、2.02×10^5 Pa 的 CO_2(g)

6.0 L、2.02×10^5 Pa 的 H_2O(g)

1.0 L、2.02×10^5 Pa 的 H_2(g)

问反应向哪个方向进行?

12. 294.8 K 时,反应 $NH_4HS(s) \rightleftharpoons NH_3(g)+H_2S(g)$的 $K^{\ominus}=0.070$,求:

(1) 平衡时该气体混合物的总压;

(2) 在同样的实验中,NH_3 的最初分压为 25.3 kPa 时,H_2S 的平衡分压为多少?

13. 反应：$PCl_5(g) \rightleftharpoons PCl_3(g)+Cl_2(g)$

(1) 523 K 时，将 0.70 mol 的 PCl_5 注入容积为 2.0 L 的密闭容器中，平衡时有 0.50 mol PCl_5 被分解了。试计算该温度下的平衡常数 K_c、$K^\ominus$ 和 PCl_5 的分解率；

(2) 若在上述容器中已达平衡后，再加入 0.10 mol Cl_2，则 PCl_5 的分解率与未加 Cl_2 时相比有何不同？

(3) 如开始时注入 0.70 mol PCl_5 的同时，注入了 0.10 mol Cl_2，则平衡时 PCl_5 的分解率又是多少？比较(2)、(3)所得结果，可得出什么结论？

14. 在 673 K 条件下，1.0 L 容器内 N_2、H_2、NH_3 三种气体的平衡浓度分别为：$c(N_2)=1.0\ mol\cdot L^{-1}$，$c(H_2)=0.50\ mol\cdot L^{-1}$，$c(NH_3)=0.50\ mol\cdot L^{-1}$。若使 N_2 的平衡浓度增加到 $1.2\ mol\cdot L^{-1}$，需从容器中取走多少 H_2 才能使体系重新达到平衡？

15. 在 749 K 条件下，在密闭容器中进行下列反应：

$CO(g)+H_2O(g) \rightleftharpoons CO_2(g)+H_2(g)$； $K_c=2.6$，求：

(1) 当 H_2O 与 CO 物质的量之比为 1 时 CO 的转化率；

(2) 当 H_2O 与 CO 物质的量之比为 3 时 CO 的转化率；

(3) 根据计算结果，你能得出什么结论？

16. 将 NO 和 O_2 注入一保持在 673 K 的固定容器中，在反应发生以前，它们的分压分别为 $p(NO)=101\ kPa$，$p(O_2)=122\ kPa$。当反应 $2NO(g)+O_2(g) \rightleftharpoons 2NO_2(g)$ 达平衡时，$p(NO_2)=79.2\ kPa$。计算该反应的 $K^\ominus$ 和 $\Delta_r G_m^\ominus$。

***17.** 已知反应$\frac{1}{2}H_2(g)+\frac{1}{2}Cl_2(g) \longrightarrow HCl(g)$在 298.15 K 时的 $K^\ominus=4.9\times10^{16}$，$\Delta_r H_m^\ominus(298.15\ K)=-92.307\ kJ\cdot mol^{-1}$，求在 500 K 时的 $K^\ominus$ 值[近似计算，不查 $S_m^\ominus(298.15\ K)$ 和 $\Delta_f G_m^\ominus(298.15\ K)$ 数据]。

***18.** 在 298.15 K 及标准态下，以下两个化学反应：

(1) $H_2O(l)+\frac{1}{2}O_2(g) \longrightarrow H_2O_2(aq)$； $(\Delta_r G_m^\ominus)_1=105.3\ kJ\cdot mol^{-1}>0$

(2) $Zn(s)+\frac{1}{2}O_2(g) \longrightarrow ZnO(s)$； $(\Delta_r G_m^\ominus)_2=-318.3\ kJ\cdot mol^{-1}<0$

可知前者不能自发进行，若把两个反应耦合起来：

$$Zn(s)+H_2O(l)+O_2(g) \longrightarrow ZnO(s)+H_2O_2(aq)$$

不查热力学数据，请问此耦合反应在 298.15 K 下能否自发进行？为什么？

19. 根据下列热力学数据，计算 $Na_2CO_3(s)$ 分解的最低温度。

	$Na_2CO_3(s) \longrightarrow$	$Na_2O(s)$	$+CO_2(g)$
$\Delta_f H_m^\ominus/(kJ\cdot mol^{-1})$	-1 130.68	-414.2	-393.51
$S_m^\ominus/(J\cdot mol^{-1}\cdot K^{-1})$	134.98	75.04	213.74

20. 已知反应 $2NO(g)+O_2(g) \rightleftharpoons 2NO_2(g)$在温度为 298 K 下进行时的 $\Delta_r G_m^\ominus=-69.7\ kJ\cdot mol^{-1}$，计算反应的 $K^\ominus$。当反应体系中 $p(NO)=20\ kPa$、$p(O_2)=10\ kPa$、$p(NO_2)=70\ kPa$ 时，判断反应进行方向。

第 3 章

酸碱反应和沉淀反应

本章以化学平衡及其移动原理和阿仑尼乌斯电离理论为基础，着重介绍水溶液中酸碱质子转移反应和沉淀反应。

3.1 水的解离反应和溶液的酸碱性

3.1.1 酸碱的解离理论

1884 年瑞典化学家 S. A. Arrhenius(1859—1927 年)提出的**电离理论**认为：酸是在水溶液中解离产生的阳离子全部是氢离子(H^+)❶的化合物；碱是在水溶液中解离产生的阴离子全部是氢氧根离子(OH^-)的化合物。酸碱中和反应的实质就是 H^+ 和 OH^- 结合为 H_2O 的反应。酸碱的相对强弱可以根据它们在水溶液中解离出 H^+ 或 OH^- 程度的大小来衡量。电离理论尽管是很经典的酸碱理论，但在无机化学中仍有一定的适用范围。

人物简介

3.1.2 水的解离反应和溶液的酸碱性

1. 水的解离反应

用精密的电导仪测量，发现纯水有极微弱的导电能力。其原因是水有微弱的解离，使纯水中存在极微量的 H_3O^+ 和 OH^-。经实验测知，298.15 K 时纯水中 $c(H^+)$ 和 $c(OH^-)$ 均为 1.0×10^{-7} mol·L^{-1}。研究揭示，在纯水或稀溶液中，存在着水的解离平衡：

$$H_2O(l) \rightleftharpoons H^+(aq) + OH^-(aq)$$

而且

$$\{c(H^+)/c^\ominus\}\{c(OH^-)/c^\ominus\} = K_w^\ominus \tag{3.1.1}$$

298.15 K 时可测知 $K_w^\ominus = 1.0\times10^{-14}$，此值也可通过热力学计算求出：

$$\lg K_w^\ominus = \frac{-\Delta_r G_m^\ominus}{2.303RT}$$

$$= \frac{-79.89\times10^3\ \text{J}\cdot\text{mol}^{-1}}{2.303\times8.314\ \text{J}\cdot\text{mol}^{-1}\cdot\text{K}^{-1}\times298.15\ \text{K}} = -13.99$$

$$K_w^\ominus = 1.0\times10^{-14}$$

---

❶ 水溶液中的氢离子实际上是质子(H^+)和水结合生成的水合质子(H_3O^+)及其水化离子(如 $H_9O_4^+$)，但书写时除非必须注明其物态[如 $H^+(aq)$]，一般仍可简写为 H^+。

$K_w^{\ominus}$ 称为**水的离子积**。$K_w^{\ominus}$ 与其他平衡常数一样，是温度的函数。不同温度下水的离子积见表3.1。

表3.1　不同温度下水的离子积

$t/℃$	5	10	20	25	50	100
$K_w^{\ominus}/10^{-14}$	0.185	0.292	0.681	1.007	5.47	55.1

2. 溶液的酸碱性和pH

溶液的酸碱性取决于溶液中 $c(H^+)$ 与 $c(OH^-)$ 的相对大小：

酸性溶液	$c(H^+)>1.0\times10^{-7}\ mol\cdot L^{-1}>c(OH^-)$
纯水（或中性溶液）	$c(H^+)=1.0\times10^{-7}\ mol\cdot L^{-1}=c(OH^-)$
碱性溶液	$c(H^+)<1.0\times10^{-7}\ mol\cdot L^{-1}<c(OH^-)$

当溶液中 $c(H^+)$ 或 $c(OH^-)$ 小于 $1\ mol\cdot L^{-1}$ 时，用浓度直接表示溶液的酸碱性显得不方便，可采用pH表示之：

$$pH=-\lg\{c(H^+)/c^{\ominus}\}$$

根据 $c(H^+)=\dfrac{K_w^{\ominus}}{c(OH^-)}(c^{\ominus})^2$，有

$$pH=-\lg\{K_w^{\ominus}\cdot c^{\ominus}/c(OH^-)\}$$

又因为　　$pK_w^{\ominus}=-\lg K_w^{\ominus}$，　$pOH=-\lg\{c(OH^-)/c^{\ominus}\}$

则　　$pH=pK_w^{\ominus}-pOH=14-pOH$

例如：

(1) $0.10\ mol\cdot L^{-1}$ HOAc[1] 溶液中，$c(H^+)=1.34\times10^{-3}\ mol\cdot L^{-1}$，

$$pH=-\lg\{c(H^+)/c^{\ominus}\}=-\lg(1.34\times10^{-3})=2.87$$

(2) 在纯水中，$c(H^+)=1.0\times10^{-7}\ mol\cdot L^{-1}$，

$$pH=-\lg\{c(H^+)/c^{\ominus}\}=-\lg(1.0\times10^{-7})=7.0$$

(3) $0.10\ mol\cdot L^{-1}\ NH_3\cdot H_2O$ 溶液中，$c(OH^-)=1.32\times10^{-3}\ mol\cdot L^{-1}$，

$$pH=14-pOH=14+\lg\{c(OH^-)/c^{\ominus}\}=14+\lg(1.32\times10^{-3})$$
$$=14+0.12-3=11.12$$

由上可知，pH越大，溶液酸性越弱，碱性越强。

疑难解析

溶液的pH通常可用酸碱指示剂或pH试纸来确定。**酸碱指示剂**是一些有色的有机弱酸或弱碱，其颜色只能在一定pH范围内保持，因而能用来确定溶液的pH。我们把指示剂发生颜色变化的pH范围称为酸碱指示剂的变色范围。溶液酸碱性及常用指示剂的变色范围如图3.1所示。

pH试纸是将滤纸经多种指示剂的混合液浸透、晾干而制成的，这种试纸在不同的pH溶液中，会显示出不同的颜色。将它与标准色列比较，即可判定溶液的pH。

[1] HOAc为醋酸 CH_3COOH 的简式。OAc^- 表示 CH_3COO^-。

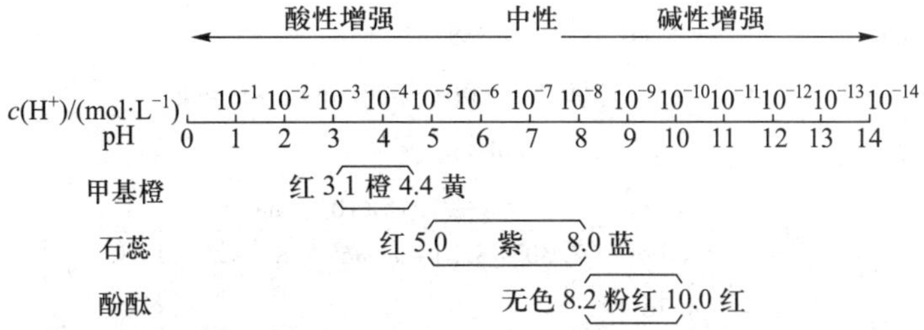

图 3.1 溶液酸碱性及常用指示剂变色范围

实验视频

3.2 弱电解质的解离反应

3.2.1 解离平衡和解离常数

根据阿仑尼乌斯电离理论,弱电解质在水溶液中是部分解离的,在溶液中存在着已解离的弱电解质的组分离子和未解离的弱电解质分子之间的平衡,这种平衡称为**解离平衡**。例如,在一元弱酸(HA)的水溶液中存在着如下平衡:

$$HA(aq) \rightleftharpoons H^+(aq)+A^-(aq)$$

根据化学平衡原理,HA 解离平衡常数表达式应为

$$K_i(HA)=\frac{c(H^+)c(A^-)}{c(HA)} \quad 或 \quad K_i^\ominus(HA)=\frac{\{c(H^+)/c^\ominus\}\{c(A^-)/c^\ominus\}}{c(HA)/c^\ominus}$$

式中:$c(H^+)$、$c(A^-)$、$c(HA)$分别表示达平衡时 H^+、A^-和 HA 的平衡浓度,其单位为 $mol \cdot L^{-1}$;K_i 为 HA 的实验解离常数;$K_i^\ominus$ 为 HA 的标准解离常数,其值根据 $\lg K_i^\ominus = -\Delta_r G_m^\ominus/(2.303RT)$求得。考虑到 $c^\ominus = 1.0\ mol \cdot L^{-1}$,为演算简便起见,本书具体计算时,一般可以不再出现 $c^\ominus$项。而且,无论是实验的还是标准的解离平衡常数,一律以 $K_i^\ominus$ 表示。如 HA 的解离平衡常数表达式可简写为

$$K_i^\ominus(HA)=\frac{c(H^+)\cdot c(A^-)}{c(HA)} \tag{3.2.1}$$

一般以 $K_a^\ominus$ 表示弱酸的解离常数,$K_b^\ominus$ 表示弱碱的解离常数。解离常数 $K_i^\ominus$ 是表征弱电解质解离限度大小的特性常数,$K_i^\ominus$ 越小,表示弱电解质解离越困难,即电解质越弱。一般把 $K_i^\ominus \leqslant 10^{-4}$的电解质称为弱电解质;$K_i^\ominus = 10^{-3} \sim 10^{-2}$者称为中强电解质。

实验视频

$K_i^\ominus$ 具有一般平衡常数的特性,它与浓度无关,与温度有关。但是,温度对 $K_i^\ominus$ 的影响不显著,室温下研究解离平衡时,一般可以不考虑温度对 $K_i^\ominus$ 的影响。

由于实验方法和实验条件差别,通过实验测得的解离常数之间可能略有不同,而且与利用热力学数据计算求得的 $K_i^\ominus$ 未必完全吻合。本书附录 5 列出了一些常见弱酸、弱碱的实验解离常数。但是,考虑到 $K_i^\ominus$ 与 K_i数值上实际上相差不大,在粗略计算时常常可以混用。

[例 3.1] 试求 298.15 K、标准态下醋酸(HOAc)的 $K_a^\ominus$ 值。

解:标准状态下,HOAc 为非纯态醋酸,已部分解离,计算 $K_a^\ominus$ 值时要用下面提供的 $\Delta_f G_m^\ominus$ 数据:

$$\mathrm{HOAc} \rightleftharpoons \mathrm{H^+ + OAc^-}$$

$$\Delta_f G_m^{\ominus}/(\mathrm{kJ\cdot mol^{-1}}) \qquad -396.46 \qquad 0 \qquad -369.31$$

$$\begin{aligned}\Delta_r G_m^{\ominus} &= [(-369.31)+0-(-396.46)]\ \mathrm{kJ\cdot mol^{-1}} \\ &= 27.15\ \mathrm{kJ\cdot mol^{-1}}\end{aligned}$$

$$\begin{aligned}\lg K_a^{\ominus} &= \frac{-\Delta_r G_m^{\ominus}}{2.303RT} = \frac{-27.15\times10^3\ \mathrm{J\cdot mol^{-1}}}{2.303\times8.314\ \mathrm{J\cdot mol^{-1}\cdot K^{-1}}\times298.15\ \mathrm{K}} \\ &= -4.76\end{aligned}$$

$$K_a^{\ominus}(\mathrm{HOAc}) = 1.7\times10^{-5}$$

3.2.2 解离度和稀释定律

弱电解质在溶剂中解离达平衡后，已解离的弱电解质分子百分数，称为**解离度**。实际应用时常以已解离的那部分弱电解质浓度百分数来表示：

$$解离度(\alpha) = \frac{解离部分弱电解质浓度}{未解离前弱电解质浓度}\times100\%$$

解离度是表征弱电解质解离程度大小的特征常数，在温度、浓度相同条件下，α 越小，电解质越弱。

解离度与解离常数之间有一定关系。设一元弱酸(HA)的浓度为 c，解离度为 α，则

$$K_a^{\ominus} = \frac{\{c(\mathrm{H^+})/c^{\ominus}\}\{c(\mathrm{A^-})/c^{\ominus}\}}{c(\mathrm{HA})/c^{\ominus}} = \left(\frac{\alpha^2}{1-\alpha}\right)\frac{c}{c^{\ominus}}$$

若$(c/c^{\ominus})/K_i^{\ominus}\geqslant500$❶，则 $1-\alpha\approx1$，上式可改写为

$$K_i^{\ominus}\approx\left(\frac{c}{c^{\ominus}}\right)\alpha^2 \qquad \alpha\approx\sqrt{\frac{K_i^{\ominus}}{c/c^{\ominus}}} \tag{3.2.2}$$

从式(3.2.2)可见，浓度越小，解离度越大。这种关系称为**稀释定律**。由于 α 随 c 而变，而 $K_i^{\ominus}$ 不随 c 而变，因此 $K_i^{\ominus}$ 能更本质地反映弱电解质的解离特性。

3.2.3 弱酸或弱碱溶液中离子浓度的计算

疑难解析

若已知溶液的浓度及该浓度下弱电解质的解离度，即可计算弱电解质溶液的离子浓度。例如，任何 HA 型弱酸，若其 $K_i^{\ominus}\gg K_w^{\ominus}$，且其浓度 $c(\mathrm{mol\cdot L^{-1}})$不很小，则水的解离可忽略，达解离平衡时：

$$\mathrm{HA} \rightleftharpoons \mathrm{H^+ + A^-}$$

$$平衡浓度/(\mathrm{mol\cdot L^{-1}}) \qquad c-x \qquad x \qquad x$$

如果$(c/c^{\ominus})/K_a^{\ominus}\geqslant500$，$x\leqslant c$，$c-x\approx c$，则

$$K_a^{\ominus} = \frac{x^2}{(c-x)}\approx x^2/c$$

❶ 计算表明，当$(c/c^{\ominus})/K_i^{\ominus}\geqslant500$ 时，解离度<5%，计算相对误差<2%，因此如果精确度要求不高，可按 $1-\alpha\approx1$ 来处理。

$$c(H^+) = x \approx \sqrt{c \cdot K_a^\ominus} \tag{3.2.3}$$

$$pH = -lg[c(H^+)]$$

浓度项是有单位的，只要除以 $c^\ominus$，消去单位后就可以取对数：

$$pH = -lg\sqrt{\left(\frac{c}{c^\ominus}\right)K_a^\ominus} = \frac{1}{2}\left\{pK_a^\ominus + p\left(\frac{c}{c^\ominus}\right)\right\} \tag{3.2.4}$$

式(3.2.3)、式(3.2.4)是计算 HA 型弱酸溶液中 $c(H^+)$和 pH 最常用的近似公式。

同理可推得，在 BOH 型弱碱溶液中：

$$c(OH^-) \approx \sqrt{(c \cdot c^\ominus)K_b^\ominus} \tag{3.2.5}$$

$$pOH = \frac{1}{2}\left\{pK_b^\ominus + p\left(\frac{c}{c^\ominus}\right)\right\} \tag{3.2.6}$$

$$pH = 14 - \frac{1}{2}\left\{pK_b^\ominus + p\left(\frac{c}{c^\ominus}\right)\right\} \tag{3.2.7}$$

[例 3.2] 计算 0.100 $mol \cdot L^{-1}$ 氨水溶液中的 $c(OH^-)$、pH 和 $NH_3 \cdot H_2O$ 的解离度(α)。[$K_b^\ominus(NH_3 \cdot H_2O) = 1.8 \times 10^{-5}$]

解：$K_b^\ominus(NH_3 \cdot H_2O) = 1.8 \times 10^{-5}$，$K_w^\ominus = 1.0 \times 10^{-14}$

$$K_b^\ominus(NH_3 \cdot H_2O) \gg K_w^\ominus$$

所以可忽略水的解离，作近似计算。

设 $c(OH^-) = x\,mol \cdot L^{-1}$，

$$NH_3 \cdot H_2O \rightleftharpoons NH_4^+ + OH^-$$

平衡浓度/($mol \cdot L^{-1}$)　　0.100−x　　x　　x

$$K_b^\ominus = \frac{c(NH_4^+)c(OH^-)}{c(NH_3 \cdot H_2O)} = \frac{x \cdot x}{0.100 - x} = 1.8 \times 10^{-5}$$

因为　$(c/c^\ominus)/K_b^\ominus(NH_3 \cdot H_2O) = (0.100/1.8 \times 10^{-5}) > 500$

所以可忽略 $NH_3 \cdot H_2O$ 的解离量 x，即 $0.100 - x \approx 0.100$，则

$$x = 1.34 \times 10^{-3}$$

$$c(OH^-) = 1.34 \times 10^{-3}\ mol \cdot L^{-1}$$

$$c(H^+) = \frac{1.0 \times 10^{-14} \cdot (c^\ominus)^2}{1.34 \times 10^{-3}\ mol \cdot L^{-1}} = 7.5 \times 10^{-12}\ mol \cdot L^{-1}$$

$$pH = -lg\{c(H^+)/c^\ominus\} = -lg(7.5 \times 10^{-12}) = 11.12$$

$$\alpha = \frac{c\alpha}{c} \times 100\% = \frac{1.34 \times 10^{-3}\ mol \cdot L^{-1}}{0.100\ mol \cdot L^{-1}} \times 100\% = 1.34\%$$

或根据

$$\alpha = \sqrt{\frac{K_b^\ominus}{c/c^\ominus}} = \sqrt{\frac{1.8 \times 10^{-5}}{0.100\ mol \cdot L^{-1}/1.0\ mol \cdot L^{-1}}} = 1.34\%$$

3.2.4 多元弱酸的分步解离

多元弱酸在水溶液中的解离是分步(或分级)进行的，平衡时每一级都有一个相应的解离平衡常数。例如，二元弱酸氢硫酸(H_2S)在水溶液中就是程度不同地分两步解离，而且其解离是可逆的。达平衡时，溶液中主要存在着两个平衡：

$$H_2S \rightleftharpoons H^+ + HS^-;\ K_{a(1)}^\ominus = \frac{c(H^+)c(HS^-)}{c(H_2S)} = 1.1 \times 10^{-7}$$

$$HS^- \rightleftharpoons H^+ + S^{2-};\quad K^{\ominus}_{a(2)} = \frac{c(H^+)c(S^{2-})}{c(HS^-)} = 1.3\times10^{-13}$$ [1]

显然,解离常数逐级减小,这是因为第一步解离出的 H^+ 对第二步解离有抑制作用,因此,多元弱酸的强弱主要取决于 $K^{\ominus}_{a(1)}$ 的大小;多元酸溶液中 H^+浓度主要由第一级解离决定,并且由于第二级解离程度更小,HS^- 消耗很少,故可以认为$c(H^+)\approx c(HS^-)$。

[例 3.3]　常温、常压下 H_2S 在水中的溶解度为 0.10 mol·L^{-1},试求 H_2S 饱和溶液中$c(H^+)$、$c(S^{2-})$及 H_2S 的解离度。

解:由于 $K^{\ominus}_w \ll K^{\ominus}_{a(1)}$,$K^{\ominus}_{a(2)} \ll K^{\ominus}_{a(1)}$,故可根据第一级解离平衡计算 $c(H^+)$。

设溶液中 $c(H^+)$ 为 $x$mol·L^{-1},

$$H_2S \rightleftharpoons H^+ + HS^-$$

平衡浓度/(mol·L^{-1})　　0.10−x　　x　　x

因为　　$(c/c^{\ominus})/K^{\ominus}_{a(1)} = 0.10/(1.1\times10^{-7}) > 500$,所以 $0.10-x\approx0.10$

故　　$(x^2/0.10)\approx1.1\times10^{-7}$, $x = 1.0\times10^{-4}$

$$c(H^+) = 1.0\times10^{-4}\ \text{mol·L}^{-1}$$

$c(S^{2-})$可由二级解离平衡计算:

$$\frac{c(H^+)c(S^{2-})}{c(HS^-)} = K^{\ominus}_{a(2)}$$

$$c(S^{2-}) = K^{\ominus}_{a(2)}\frac{c(HS^-)}{c(H^+)}$$

因为　　$K^{\ominus}_{a(2)} \ll K^{\ominus}_{a(1)}$,所以 $c(HS^-)\approx c(H^+)$

故　　$c(S^{2-}) \approx K^{\ominus}_{a(2)}c^{\ominus} = 1.3\times10^{-13}$ mol·L^{-1}

$$\alpha = \sqrt{\frac{K^{\ominus}_{a(1)}}{c/c^{\ominus}}} = \sqrt{\frac{1.1\times10^{-7}}{0.10}} = 0.10\%$$

计算表明:二元弱酸(如 H_2S)溶液中酸根离子浓度 $c(S^{2-})$近似地等于 $K^{\ominus}_{a(2)}$,而与弱酸的浓度关系不大。

利用多重平衡规则,亦可求得 H_2S 溶液中的 $c(S^{2-})$。

$$H_2S \rightleftharpoons H^+ + HS^-;\quad K^{\ominus}_{a(1)} = \frac{\{c(H^+)/c^{\ominus}\}\{c(HS^-)/c^{\ominus}\}}{c(H_2S)/c^{\ominus}} = \frac{c(H^+)c(HS^-)}{c(H_2S)c^{\ominus}}$$

$$HS^- \rightleftharpoons H^+ + S^{2-};\quad K^{\ominus}_{a(2)} = \frac{\{c(H^+)/c^{\ominus}\}\{c(S^{2-})/c^{\ominus}\}}{c(HS^-)/c^{\ominus}} = \frac{c(H^+)c(S^{2-})}{c(HS^-)c^{\ominus}}$$

两式相加得:

$$H_2S \rightleftharpoons 2H^+ + S^{2-};\quad K^{\ominus}_a = K^{\ominus}_{a(1)}\cdot K^{\ominus}_{a(2)}$$

---

[1] 近百年来,由于实验和推算方法不同,不同文献、手册提供的 $K^{\ominus}_{a(2)}(H_2S)$值可能差别很大,至今尚未取得共识。本书采用的数据来自"Lange's Handbook of chemistry"15th ed,1999.

即
$$\frac{\{c(H^+)\}^2 c(S^{2-})}{c(H_2S)(c^\ominus)^2}=K^\ominus_{a(1)}\cdot K^\ominus_{a(2)} \tag{3.2.8}$$

式(3.2.8)表明了二元弱酸(H_2S)溶液中 $c(H^+)$、$c(S^{2-})$ 与未解离 $c(H_2S)$ 之间的关系。常温常压下，H_2S 饱和溶液中 $c(H_2S)=0.10\ mol\cdot L^{-1}$，式(3.2.8)可写成：

$$\{c(H^+)\}^2\cdot c(S^{2-})=0.10\ K^\ominus_{a(1)}\cdot K^\ominus_{a(2)}\cdot(c^\ominus)^2\ mol\cdot L^{-1}$$
$$=0.10\times1.1\times10^{-7}\times1.3\times10^{-13}(c^\ominus)^2\ mol\cdot L^{-1}$$

即
$$\{c(H^+)\}^2 c(S^{2-})=1.4\times10^{-21}(c^\ominus)^2\ mol\cdot L^{-1}$$

或
$$c(S^{2-})=\frac{1.4\times10^{-21}(c^\ominus)^2}{\{c(H^+)\}^2}\ mol\cdot L^{-1}$$

上式表明，在 H_2S 饱和溶液中 $c(S^{2-})$ 与 $\{c(H^+)\}^2$ 成反比，如果在 H_2S 溶液中加入强酸以增大 $c(H^+)$，则可显著地降低 $c(S^{2-})$，因此调节 H_2S 溶液的酸度，可有效地控制 H_2S 溶液中 $c(S^{2-})$。

疑难解析

除多元弱酸外，多元弱碱如 $Al(OH)_3$、中强酸如 H_3PO_4 及少数的盐如 $HgCl_2$、$Hg(CN)_2$ 等，在溶液中也是分步解离的。

3.2.5 解离平衡的移动 同离子效应

解离平衡和其他平衡一样，当维持平衡体系的外界条件改变时，会引起解离平衡的移动，其移动规律同样符合吕·查德里原理。

实验视频

在 HOAc 溶液中，若加入与 HOAc 含有相同离子(如 OAc^-)的易溶强电解质 NaOAc，由于溶液中 $c(OAc^-)$ 的增大，会导致 HOAc 解离平衡逆向移动。

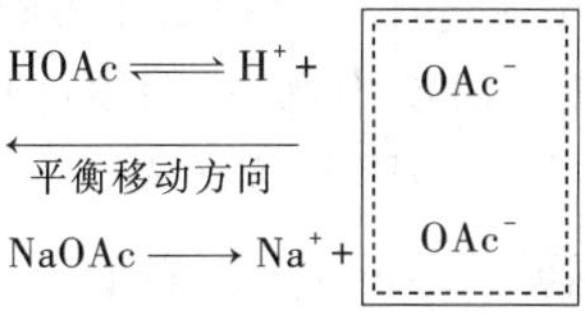

达到新平衡时，溶液中 $c(HOAc)$ 比原平衡中 $c(HOAc)$ 大，即 HOAc 的解离度降低了。同理，若在 $NH_3\cdot H_2O$ 溶液中加入铵盐(如 NH_4Cl)，也会使 $NH_3\cdot H_2O$ 的解离度降低。这种在弱电解质溶液中，加入含有相同离子的易溶的强电解质，使弱电解质解离度降低的作用称为同离子效应。

[例 3.4] 在 $0.100\ mol\cdot L^{-1}$ HOAc 溶液中，加固体 NaOAc 使其浓度为 $0.100\ mol\cdot L^{-1}$，求此混合溶液中 $c(H^+)$ 和 HOAc 的解离度。

解：NaOAc 为强电解质，在水溶液中完全解离，因此由 NaOAc 解离所提供的 $c(OAc^-)=0.100\ mol\cdot L^{-1}$。

在忽略 H_2O 解离的情况下，设由 HOAc 解离的 $c(H^+)=x\ mol\cdot L^{-1}$，

	$HOAc \rightleftharpoons$	H^+	$+\ OAc^-$
平衡浓度/($mol\cdot L^{-1}$)	$0.100-x$	x	$0.100+x$

$$\frac{c(H^+)c(OAc^-)}{c(HOAc)}=K^\ominus_a(HOAc)$$

$$\frac{x(0.100+x)}{0.100-x}=1.8\times10^{-5}$$

因为 $(c/c^\ominus)/K^\ominus_a(HOAc)=0.100/1.8\times10^{-5}>500$，再加上同离子效应的作用，HOAc 的解离量 x

更小,所以

$$0.100-x\approx 0.100,\quad 0.100+x\approx 0.100$$

故上式可改写为

$$0.100x/0.100=1.8\times10^{-5}$$

$$x=1.8\times10^{-5}$$

$$c(H^+)\approx 1.8\times10^{-5}\ mol\cdot L^{-1}$$

$$\alpha_1=\frac{1.8\times10^{-5}\ mol\cdot L^{-1}}{0.100\ mol\cdot L^{-1}}\times100\%=1.8\times10^{-2}\%$$

而未加固体 NaOAc 时,在 0.100 $mol\cdot L^{-1}$ HOAc 溶液中(读者可以自己演算):

$$c(H^+)=1.34\times10^{-3}\ mol\cdot L^{-1}$$

$$\alpha_2=1.34\%$$

$$\frac{\alpha_1}{\alpha_2}=\frac{1.8\times10^{-2}\%}{1.34\%},\quad \alpha_1=1.3\times10^{-2}\alpha_2$$

计算表明,由于同离子效应 $c(H^+)$ 和 HOAc 的解离度都大大降低。在生产和实验中可以利用同离子效应调节溶液的酸碱性,控制弱酸溶液中酸根离子的浓度(如 H_2S、$H_2C_2O_4$、H_3PO_4等溶液中 S^{2-}、$C_2O_4^{2-}$ 和 PO_4^{3-} 浓度),使某些金属离子沉出,另一些离子不沉出,从而达到分离、提纯的目的。

3.2.6 缓冲溶液

实验视频

一般的水溶液,若受到酸、碱或水的作用,其 pH 易发生明显变化,但许多化学反应和生产过程常要求在一定的 pH 范围内才能进行或进行得比较完全。那么,怎样的溶液才具有维持自身 pH 范围不变的作用呢?实践发现,弱酸与弱酸盐、弱碱与弱碱盐等混合液具有这种作用。具有保持 pH 相对稳定作用的溶液称为缓冲溶液。

现以 HOAc-NaOAc 组成的缓冲溶液为例,说明缓冲作用的原理。这种缓冲溶液的特点是:体系中同时含有相当大量的 HOAc 和 OAc^-,并存在着 HOAc 的解离平衡:

外加适量碱(OH^-),平衡向右移动 →

$$\underset{\text{大量}}{HOAc} \rightleftharpoons \underset{\text{极小量}}{H^+} + \underset{\text{大量}}{OAc^-}$$

← 外加适量酸(H^+),平衡向左移动

实验视频

根据平衡移动原理,当外加适量酸时,溶液中的 OAc^-瞬间即与外加 H^+结合成 HOAc;当外加适量碱时,溶液中未解离的 HOAc 就继续解离以补充 H^+的消耗,从而使溶液的 pH 基本不变。根据 $c(H^+)=\{K_a^\ominus(HOAc)\cdot c(HOAc)\}/c(OAc^-)$,当适当稀释此溶液时,由于 $c(HOAc)$、$c(OAc^-)$ 以同等倍数下降,比值 $c(HOAc)/c(OAc^-)$ 不变,因此,$c(H^+)$、pH 也不变。[1]

除弱酸和弱酸盐、弱碱和弱碱盐可组成缓冲溶液外,由多元弱酸所组成的两种不同酸度的盐如 $NaHCO_3$-Na_2CO_3混合溶液、NaH_2PO_4-Na_2HPO_4混合溶液等也有缓冲作用,其中 HCO_3^-、$H_2PO_4^-$ 起着弱酸的作用。

前面讨论的缓冲溶液都含有两种物质,一种是能抵消酸(H^+)的物质,另一种是能

---

[1] 如果缓冲溶液的浓度太小($<10^{-3}\ mol\cdot L^{-1}$)或稀释倍数过大(数百甚至上千倍)时,上述结论就不正确了,因为在此情况下不能忽略水本身解离的影响。

抵消碱(OH^-)的物质,两种物质合称缓冲混合物。但是实践中有时只需对 H^+ 或对 OH^- 有抵消作用即可,由此可以根据需要选用合适的弱碱(或弱酸盐)作为对酸的缓冲剂;选用合适的弱酸(或弱碱盐)作为对碱的缓冲剂。例如,在电镀等工业上常选用单一的 H_3BO_3、HOAc、柠檬酸、酒石酸、NaOAc、NaF 等作为缓冲剂。

含有缓冲混合物的缓冲溶液实际上就是含有同离子的弱酸或弱碱溶液,因此其 pH 的计算方法与同离子效应的计算方法相同。

缓冲溶液不仅在化学、化工生产中,而且在生命活动方面都有极其重要的意义。例如,人体血液中由于含有 $H_2CO_3-NaHCO_3$, $NaH_2PO_4-Na_2HPO_4$ 等缓冲溶液,使人体血液的 pH 维持在 7.35~7.45,保证了细胞代谢的正常进行和整个机体的生存。

3.3　盐类的水解反应

3.3.1　水解反应和水解常数

1. 水解反应

盐类的**水解反应**,是指盐的组分离子与水解离出来的 H^+ 或 OH^- 结合成弱电解质的反应,它是中和反应的逆反应。

强碱弱酸盐　例如,NaOAc 在水溶液中的水解过程可以表示如下:

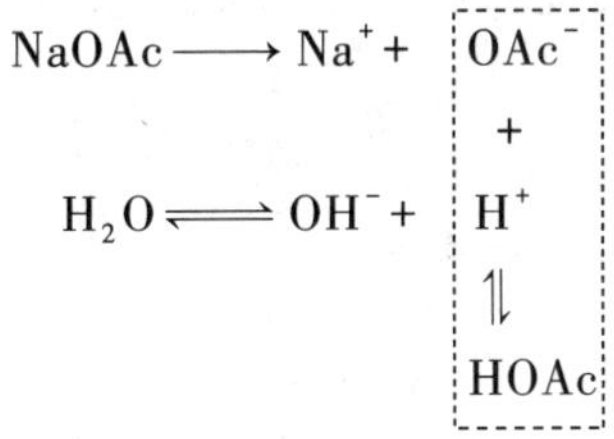

其离子方程式为　$$OAc^- + H_2O \rightleftharpoons HOAc + OH^-$$

由此可见,强碱弱酸盐(如 NaOAc)的水解实际上只是其阴离子(如 OAc^-)发生水解,使溶液呈碱性。

强酸弱碱盐　例如,NH_4Cl 在水溶液中的水解过程如下:

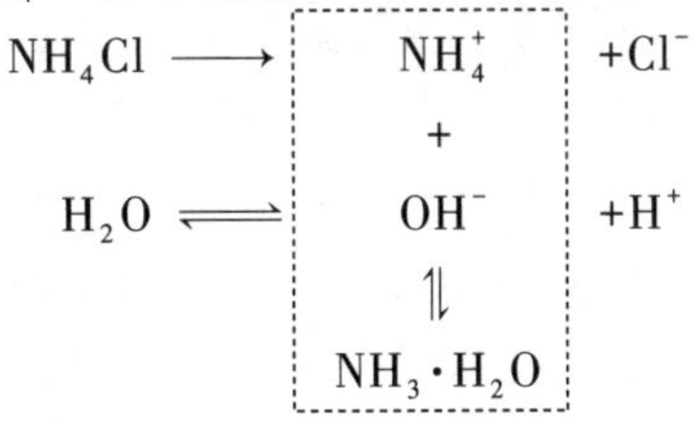

其离子方程式为　$$NH_4^+ + H_2O \rightleftharpoons NH_3 \cdot H_2O + H^+$$

可见,强酸弱碱盐(如 NH_4Cl)的水解实际上是其阳离子(如 NH_4^+)发生水解,使溶液呈酸性。

弱酸弱碱盐　弱酸弱碱盐解离出来的阴、阳离子均能发生水解,例如,AB 型弱酸弱碱盐的水解:

$$A^+ + B^- + H_2O \rightleftharpoons \underset{(弱酸)}{HB} + \underset{(弱碱)}{AOH}$$

弱酸弱碱盐溶液的酸碱性视水解产物的 $K_a^\ominus$(HB)和 $K_b^\ominus$(AOH)的相对大小而定。例如：

NH_4F： $NH_4^+ + F^- + H_2O \rightleftharpoons NH_3 \cdot H_2O + HF$

$K_a^\ominus(HF) > K_b^\ominus(NH_3 \cdot H_2O)$ 显酸性

NH_4OAc： $NH_4^+ + OAc^- + H_2O \rightleftharpoons NH_3 \cdot H_2O + HOAc$

$K_a^\ominus(HOAc) \approx K_b^\ominus(NH_3 \cdot H_2O)$ 基本显中性

NH_4CN： $NH_4^+ + CN^- + H_2O \rightleftharpoons NH_3 \cdot H_2O + HCN$

$K_a^\ominus(HCN) < K_b^\ominus(NH_3 \cdot H_2O)$ 显碱性

2. 水解常数

实验视频

水解反应与 H_2O 的解离平衡和弱酸（或弱碱）的解离平衡有关。例如，强碱弱酸盐（NaOAc）的水解反应式可由下列两个解离平衡式相减得到：

$$H_2O \rightleftharpoons H^+ + OH^-; \quad K_w^\ominus$$

$$-)\ HOAc \rightleftharpoons H^+ + OAc^-; \quad K_a^\ominus$$

$$OAc^- + H_2O \rightleftharpoons HOAc + OH^-; \quad K_h^\ominus$$

$$\frac{\{c(HOAc)/c^\ominus\}\{c(OH^-)/c^\ominus\}}{\{c(OAc^-)/c^\ominus\}} = K_h^\ominus = \frac{K_w^\ominus}{K_a^\ominus} \tag{3.3.1}$$

$K_h^\ominus$ 是水解反应的平衡常数，称为**水解常数**。

同理可推得一元弱碱强酸盐水解常数关系式为

$$K_h^\ominus = \frac{K_w^\ominus}{K_b^\ominus} \tag{3.3.2}$$

一元弱酸弱碱盐水解常数关系式为

$$K_h^\ominus = \frac{K_w^\ominus}{K_a^\ominus \cdot K_b^\ominus} \tag{3.3.3}$$

疑难解析

各种水解反应的水解常数（$K_h^\ominus$）没有现成数据可查，需要通过计算求得。$K_h^\ominus$ 值越大，表示相应盐的水解限度越大。

盐类的水解程度，可以用水解度（h）来衡量：

$$水解度(h) = \frac{盐水解部分的“物质的量”(或浓度)}{始态盐的“物质的量”(或浓度)} \times 100\%$$

3.3.2 分步水解

与多元弱酸（或多元弱碱）的分步解离相对应，多元弱酸盐（或多元弱碱盐）的水解也是分步进行的。例如，Na_2S 的水解是分两步进行的：

$$S^{2-} + H_2O \rightleftharpoons HS^- + OH^-; \quad K_{h(1)}^\ominus$$

$$HS^- + H_2O \rightleftharpoons H_2S + OH^-; \quad K_{h(2)}^\ominus$$

根据多重平衡可推知：

$$K_{h(1)}^\ominus = \frac{K_w^\ominus}{K_{a(2)}^\ominus(H_2S)} = \frac{1.0 \times 10^{-14}}{1.3 \times 10^{-13}} = 7.7 \times 10^{-2}$$

$$K_{h(2)}^\ominus = \frac{K_w^\ominus}{K_{a(1)}^\ominus(H_2S)} = \frac{1.0 \times 10^{-14}}{1.1 \times 10^{-7}} = 9.1 \times 10^{-8}$$

由此可见，多元弱酸盐（或多元弱碱盐）的水解同多元弱酸（或多元弱碱）分步解离一样，也是逐级减小的。由于 $K^{\ominus}_{h(2)} \ll K^{\ominus}_{h(1)}$，因此在计算多元弱酸盐或多元弱碱盐溶液中的 $c(OH^-)$ 或 $c(H^+)$ 时，一般只考虑第一级水解即可。

$FeCl_3$ 的水解实际上只是 Fe^{3+} 水解，读者试写出 Fe^{3+} 三级水解的离子反应式。

3.3.3 盐溶液 pH 的近似计算

盐溶液 pH 的计算，虽属水解平衡计算范畴，但只要计算出盐的水解常数，具体方法与解离平衡计算相同。

［例 3.5］ 计算 0.10 $mol \cdot L^{-1}$ NH_4Cl 溶液的 pH 和水解度。

解：

$$NH_4^+ + H_2O \rightleftharpoons NH_3 \cdot H_2O + H^+$$

$$K^{\ominus}_h = \frac{K^{\ominus}_w}{K^{\ominus}_b} = \frac{1.0\times10^{-14}}{1.8\times10^{-5}} = 5.6\times10^{-10}$$

因为 $K^{\ominus}_h \gg K^{\ominus}_w$，所以可以忽略 H_2O 解离所提供的 H^+。

设达平衡时，$c(H^+) = x\,mol \cdot L^{-1}$，

$$NH_4^+ + H_2O \rightleftharpoons NH_3 \cdot H_2O + H^+$$

平衡浓度/$(mol \cdot L^{-1})$　　$0.10-x$　　x　　x

$$\frac{c(NH_3 \cdot H_2O)c(H^+)}{c(NH_4^+)} = K^{\ominus}_h$$

$$\frac{x \cdot x}{0.10-x} = 5.6\times10^{-10}$$

因为 $(c/c^{\ominus})/K^{\ominus}_h = 0.10/(5.6\times10^{-10}) > 500$，所以 $0.10-x \approx 0.10$

故

$$\frac{x^2}{0.10} = 5.6\times10^{-10},\ x = 7.5\times10^{-6}$$

$$c(H^+) = 7.5\times10^{-6}\ mol \cdot L^{-1}$$

$$pH = -\lg\{c(H^+)/c^{\ominus}\} = -\lg(7.5\times10^{-6}) = 5.12$$

$$水解度(h) = \frac{7.5\times10^{-6}\ mol \cdot L^{-1}}{0.10\ mol \cdot L^{-1}}\times100\% = 7.5\times10^{-3}\%$$

疑难解析

3.3.4 影响盐类水解度的因素

如上讨论可知，盐类水解度的大小主要取决于水解离子的本性，当水解产物——弱酸或弱碱越弱，即 $K^{\ominus}_a$ 或 $K^{\ominus}_b$ 越小，则 $K^{\ominus}_h$ 和 h 越大。另外，水解产物的难溶性和挥发性亦是增大水解度的重要因素之一。如果水解产物是很弱的电解质又是溶解度很小的难溶物质或挥发性气体，则水解度很大，甚至可达到完全水解。例如，Al_2S_3 的水解就是完全水解的典型例子：

$$Al_2S_3 + 6H_2O \longrightarrow 2Al(OH)_3\downarrow + 3H_2S\uparrow$$

可见上述物质直接溶于水，得到的是水解产物，而得不到其水溶液。

此外，根据平衡移动原理，盐溶液的浓度、温度和酸度也是影响盐类水解的重要因素。一般来说，盐溶液浓度越小，温度越高，盐的水解度越大；降低（或升高）溶液的 pH，可增大阴离子（或阳离子）的水解度。

3.3.5 盐类水解的抑制和利用

抑制或利用盐类水解服务于生产和科研的实际例子很多。现举数例略加说明。

实验视频

（1）在实验室中，配制一些易水解盐[如 Na_2S、$SnCl_2$、$SbCl_3$、$Bi(NO_3)_3$等]的溶液时，为抑制其水解，必须先将它们溶解在相应的碱或酸中。例如，配制 $SnCl_2$、$SbCl_3$溶液时，必须先加入适量的 HCl；配制 $Bi(NO_3)_3$溶液时，必须先加入适量的 HNO_3；配制 Na_2S 溶液时，必须先加入适量的 NaOH。以免因水解产生碱式盐[如 Sn(OH)Cl]，酰基❶化合物沉淀（如 SbOCl、$BiONO_3$等）或挥发性酸（如 H_2S）。

（2）在分析化学中，常利用盐类的水解反应达到物质的分离、鉴定和提纯的目的。例如，利用锑盐、铋盐的水解特性来鉴定锑、铋；利用 Fe^{3+}易水解性除去溶液中的 Fe^{2+} 或 Fe^{3+}，方法是先用氧化剂（如 H_2O_2）将 Fe^{2+}氧化为 Fe^{3+}，然后加热和降低酸度（加入适量碱或碱性氧化物）至 pH = 3~4，促使 Fe^{3+}完全水解，形成 $Fe(OH)_3$沉淀而除去。

（3）在生产中利用水解的例子更多。例如，用 NaOH 和 Na_2CO_3的混合液作为化学除油液，就是利用了 Na_2CO_3的水解性。从除油机理来看，主要是利用 NaOH 与油脂发生皂化反应，生成可溶性的肥皂而将油脂除去，就此而言似乎只需用 NaOH 除油就可以了，但由于皂化反应的进行，OH^-因不断消耗而减少，若有Na_2CO_3存在，由于 Na_2CO_3的水解，会不断地补充 OH^-，从而保证皂化反应的进行。

在生产上还利用盐类的水解提纯一些物质。例如，可利用 $Bi(NO_3)_3$易水解的特性制取高纯度的 Bi_2O_3，方法是将 $Bi(NO_3)_3$浓溶液稀释并加热煮沸，使其发生完全水解，生成 $BiONO_3$沉淀，以除去可溶性的杂质，得到纯度较高的$BiONO_3$，然后经过滤、灼烧即可得到纯度较高的 Bi_2O_3。

3.4 沉淀反应

在化学实验和化工生产中，常利用沉淀反应进行离子的分离、鉴定和除去溶液中的杂质，以及制取某些难溶化合物。沉淀反应的利用，关键是如何创造条件，保证沉淀能够生成并沉淀完全。这涉及难溶电解质的沉淀和溶解。本节将讨论难溶电解质沉淀、溶解的原理和应用。

3.4.1 难溶电解质的溶度积和溶解度

1. 溶度积常数

严格来说，在水中绝对不溶的物质是没有的。通常把溶解度小于 0.01 g/(100 g H_2O)的物质称为难溶物质；溶解度为 0.01~0.1 g/(100 g H_2O)的物质称为微溶物质；溶解度较大者称为易溶物质。

难溶强电解质（如 $BaSO_4$）在水中虽然难溶，还会有一定数量的 Ba^{2+} 和 SO_4^{2-} 离开晶体表面进入水中。同时，已溶解的部分 Ba^{2+} 和 SO_4^{2-} 又有可能回到 $BaSO_4$晶体表面而析出。在一定温度下，当溶解与沉淀的速率相等时，$BaSO_4$晶体和溶液相应的离子之间达到动态的多相离子平衡，简称为溶解平衡：

❶ 无机或有机含氧酸分子中除去羟基—OH 后残余的原子团称为酰基。例如，磺（酰）基 RSO_2—、锑酰基 SbO—、乙酰基 CH_3CO—、苯甲酰基 C_6H_5CO—等。

$$BaSO_4(s) \underset{沉淀}{\overset{溶解}{\rightleftharpoons}} Ba^{2+}(aq)+SO_4^{2-}(aq)$$

其平衡常数表达式为

$$K_{sp}^{\ominus}(BaSO_4)=c(Ba^{2+})c(SO_4^{2-})/(c^{\ominus})^2$$

对于一般难溶电解质(A_mB_n),其溶解平衡通式可表示为

$$A_mB_n(s) \underset{沉淀}{\overset{溶解}{\rightleftharpoons}} mA^{n+}+nB^{m-}$$

溶解平衡常数表达式为

$$K_{sp}^{\ominus}(A_mB_n)=\{c(A^{n+})\}^m\{c(B^{m-})\}^n/(c^{\ominus})^{m+n} \tag{3.4.1}$$

此溶解平衡常数称为**溶度积常数**(简称**溶度积**)。上式表明:在一定温度下,难溶电解质的饱和溶液中,各组分离子浓度幂的乘积为一常数。

$K_{sp}^{\ominus}$是表征难溶电解质溶解能力的特性常数,与其他平衡常数一样,$K_{sp}^{\ominus}$也是温度的函数,它可以由实验测定,也可以通过热力学数据计算。本书附录6列出了常温下某些难溶电解质的溶度积的实验数据 K_{sp},粗略计算时其数值可当作 $K_{sp}^{\ominus}$使用。

值得注意的是:上述溶度积常数表达式(3.4.1)虽是根据难溶强电解质的多相离子平衡推导而来,但其结论同样适用于难溶弱电解质的多相离子平衡。现以AB型难溶弱电解质为例来阐述。在AB型难溶弱电解质的多相体系中存在着下列平衡:

$$AB(s) \rightleftharpoons AB(aq); \quad K_1^{\ominus}=c(AB)/c^{\ominus}$$

$$AB(aq) \rightleftharpoons A^{+}+B^{-}; \quad K_2^{\ominus}=\frac{c(A^{+})c(B^{-})}{c(AB)}/c^{\ominus}$$

根据多重平衡规律:

$$AB(s) \rightleftharpoons A^{+}+B^{-}$$

$$K_1^{\ominus}\cdot K_2^{\ominus}=c(A^{+})\cdot c(B^{-})/(c^{\ominus})^2=K_{sp}^{\ominus}(AB)$$

$$K_{sp}^{\ominus}(AB)=c(A^{+})\cdot c(B^{-})/(c^{\ominus})^2 \tag{3.4.2}$$

式(3.4.2)实际上与式(3.4.1)相同。

2. 溶解度和溶度积的相互换算

根据溶度积常数关系式,难溶电解质的溶度积和溶解度之间可以互相换算。但在换算时,应注意浓度单位必须采用 $mol\cdot L^{-1}$;另外,由于难溶电解质的溶解度很小,溶液浓度很小,难溶电解质饱和溶液的密度可近似认为等于水的密度。

[例 3.6] 已知 $BaSO_4$ 在 298.15 K 时的溶度积为 1.08×10^{-10},求 $BaSO_4$ 在 298.15 K 时的溶解度。

解:设 $BaSO_4$ 的溶解度(s)为 x $mol\cdot L^{-1}$。

因 $BaSO_4$ 为难溶强电解质,且 Ba^{2+}、SO_4^{2-} 基本上不水解,所以在 $BaSO_4$ 饱和溶液中:

$$BaSO_4(s) \rightleftharpoons Ba^{2+}+SO_4^{2-}$$

离子浓度/($mol\cdot L^{-1}$)　　x　　x

$$c(Ba^{2+})\cdot c(SO_4^{2-})=K_{sp}^{\ominus}(BaSO_4)(c^{\ominus})^2$$

$$x^2=1.08\times10^{-10}$$

$$x=1.04\times10^{-5}$$

则

$$s(BaSO_4)=1.04\times10^{-5}\ mol\cdot L^{-1}$$

计算结果表明:对于基本上不水解的AB型难溶强电解质,其溶解度(s)在数值上

等于其溶度积的平方根,即

$$s=\sqrt{K_{sp}^{\ominus}}\times c^{\ominus} \tag{3.4.3}$$

疑难解析

同理可推导出 AB_2(或 A_2B)型难溶电解质(如 CaF_2、Ag_2CrO_4等)其溶度积和溶解度的关系为

$$s=\sqrt[3]{\frac{K_{sp}^{\ominus}}{4}}\times c^{\ominus} \tag{3.4.4}$$

式(3.4.3)、式(3.4.4)也近似地适用于微弱水解的 AB 型、AB_2(或 A_2B)型难溶强电解质,如 $CaSO_4$、AgCl、AgBr、AgI 等,但不适用于易水解的难溶电解质(如 ZnS)和难溶弱电解质及在溶液中易以离子对形式存在的难溶电解质。(为什么?请读者思考。)

疑难解析

由式(3.4.3)和式(3.4.4)可看出,对于同一类型难溶电解质,可以用 $K_{sp}^{\ominus}$ 的大小来比较它们溶解度的大小;但对不同类型的,则不能认为溶度积小的,溶解度也一定小。

应用溶度积不但可以计算难溶电解质的溶解度,更重要的是可以用它判断溶液中沉淀的生成或溶解。

3.4.2 沉淀反应

1. 溶度积规则

根据吉布斯自由能变判据:

$$\Delta_r G_m \begin{Bmatrix} < \\ = \\ > \end{Bmatrix} 0 \begin{cases} \text{反应正向进行} \\ \text{反应处于平衡状态} \\ \text{反应逆向进行} \end{cases}$$

根据式(2.4.1)可得

$$\Delta_r G_m = RT(\ln J - \ln K^{\ominus})$$

把上式应用于沉淀-溶解平衡:

$$A_mB_n(s) \rightleftharpoons mA^{n+} + nB^{m-}$$

$$J=\{c(A^{n+})\}^m\cdot\{c(B^{m-})\}^n/(c^{\ominus})^{(m+n)}$$

式中:J 为难溶电解质的离子积。

实验视频

则存在着如下关系:

$$J \begin{Bmatrix} < \\ = \\ > \end{Bmatrix} K_{sp}^{\ominus} \begin{cases} \text{沉淀溶解或无沉淀析出} \\ \text{平衡态,饱和溶液} \\ \text{生成沉淀} \end{cases}$$

以上规律称为**溶度积规则**。应用溶度积规则可以判断沉淀的生成和溶解。

[例 3.7] 在 10 mL 0.10 $mol\cdot L^{-1}$ $MgSO_4$ 溶液中加入 10 mL 0.10 $mol\cdot L^{-1}$ $NH_3\cdot H_2O$,问有无 $Mg(OH)_2$沉淀生成?若有沉淀生成,问需在混合溶液中加入多少克固体 NH_4Cl 才能使生成的 $Mg(OH)_2$沉淀全部溶解?

解:由于等体积混合,所以各物质的浓度均减小一半,即

$$c(Mg^{2+})=\frac{1}{2}\times 0.10\ mol\cdot L^{-1}=5.0\times10^{-2}\ mol\cdot L^{-1}$$

$$c(NH_3\cdot H_2O)=\frac{1}{2}\times 0.10\ mol\cdot L^{-1}=5.0\times10^{-2}\ mol\cdot L^{-1}$$

（1）设混合后反应前 $c(OH^-)=x\ mol\cdot L^{-1}$，

$$NH_3\cdot H_2O \rightleftharpoons NH_4^+ + OH^-$$

平衡浓度/（$mol\cdot L^{-1}$）　　$0.050-x$　　x　　x

$$\frac{c(NH_4^+)c(OH^-)}{c(NH_3\cdot H_2O)}=K_b^{\ominus}(NH_3\cdot H_2O)$$

因为　$(c/c^{\ominus})/K_b^{\ominus}=0.050/1.8\times10^{-5}>500$，所以　$0.050-x\approx0.050$

则

$$\frac{x^2}{0.050}=1.8\times10^{-5},x=9.5\times10^{-4}$$

$$c(OH^-)=9.5\times10^{-4}\ mol\cdot L^{-1}$$

$$c(Mg^{2+})\cdot\{c(OH^-)\}^2/(c^{\ominus})^3=5.0\times10^{-2}\times(9.5\times10^{-4})^2$$

$$=4.5\times10^{-8}>K_{sp}^{\ominus}(Mg(OH)_2)=5.61\times10^{-12}$$

则有 $Mg(OH)_2$ 沉淀生成。

（2）要使生成的 $Mg(OH)_2$ 沉淀完全溶解，加入的 $NH_4Cl(s)$ 必须使溶液中 $c(OH^-)$ 降低到符合下式要求：

$$c(Mg^{2+})\{c(OH^-)\}^2<K_{sp}^{\ominus}(Mg(OH)_2)\times(c^{\ominus})^3$$

$$c(OH^-)<\sqrt{\frac{K_{sp}^{\ominus}(Mg(OH)_2)}{c(Mg^{2+})}\times(c^{\ominus})^3}$$

$$=\sqrt{\frac{5.61\times10^{-12}(mol\cdot L^{-1})^2}{5.0\times10^{-2}}}=1.1\times10^{-5}\ mol\cdot L^{-1}$$

这样，溶液中的 $c(NH_4^+)$ 至少要达到 $y\ mol\cdot L^{-1}$，

$$NH_3\cdot H_2O \rightleftharpoons NH_4^+ + OH^-$$

平衡浓度/（$mol\cdot L^{-1}$）　　$5.0\times10^{-2}-1.1\times10^{-5}$　　y　　1.1×10^{-5}

$$\frac{1.1\times10^{-5}y}{5.0\times10^{-2}}=1.8\times10^{-5},\quad y=8.2\times10^{-2}$$

则

$$c(NH_4^+)>8.2\times10^{-2}\ mol\cdot L^{-1}$$

其中 $1.1\times10^{-5}\ mol\cdot L^{-1}$ 的 OH^- 是 $NH_3\cdot H_2O$ 解离所提供的，加入部分为

$$c(NH_4^+)>8.2\times10^{-2}\ mol\cdot L^{-1}-1.1\times10^{-5}\ mol\cdot L^{-1}\approx8.2\times10^{-2}\ mol\cdot L^{-1}$$

因此在 20 mL 溶液中至少应加入 NH_4Cl 的质量为

$$8.2\times10^{-2}\ mol\cdot L^{-1}\times0.020\ L\times53.5\ g\cdot mol^{-1}=8.8\times10^{-2}\ g$$

2. 影响沉淀反应的因素

（1）同离子效应对沉淀反应的影响。同离子效应不仅会使弱电解质的解离度降低，而且会使难溶电解质的溶解度降低。

$$BaSO_4(s) \rightleftharpoons Ba^{2+} + SO_4^{2-}$$

$$\xleftarrow[\text{平衡移动方向}]{\text{加入 } BaCl_2 \text{ 或 } Na_2SO_4}$$

［例 3.8］　计算 $BaSO_4$ 在 298.15 K、0.10 $mol\cdot L^{-1}$ Na_2SO_4 溶液中的溶解度（s）。

解：考虑到 $BaSO_4$ 基本上不水解，设 $s=x\ mol\cdot L^{-1}$，

$$BaSO_4(s) \rightleftharpoons Ba^{2+} + SO_4^{2-}$$

平衡浓度/（$mol\cdot L^{-1}$）　　x　　$x+0.10$

$$c(Ba^{2+})c(SO_4^{2-})=K_{sp}^{\ominus}(BaSO_4)\times(c^{\ominus})^2$$

$$x(x+0.10)=1.08\times10^{-10}$$

因为 $K_{sp}^{\ominus}(BaSO_4)$ 值甚小，x 比 0.10 小得多，所以 $0.10+x\approx0.10$

故
$$0.10x=1.08\times10^{-10},x=1.08\times10^{-9}$$

$$s=1.08\times10^{-9}\ mol\cdot L^{-1}$$

即 $BaSO_4$ 在 298.15 K、$0.10\ mol\cdot L^{-1}$ Na_2SO_4 溶液中的溶解度为 $1.08\times10^{-9}\ mol\cdot L^{-1}$，相当于在纯水中的溶解度（$1.04\times10^{-5}\ mol\cdot L^{-1}$）的万分之一。

由此可见，利用同离子效应，可以使某种离子沉淀得更完全。因此在进行沉淀反应时，为确保沉淀完全（一般来说，离子浓度小于 $10^{-5}\ mol\cdot L^{-1}$时，可以认为沉淀基本完全），可加入适当过量（一般过量 20%～50%即可）的沉淀剂。

（2）pH 对某些沉淀反应的影响。要使沉淀完全，除了选择并加入适当过量的沉淀剂外，对于某些沉淀反应（如生成难溶弱酸盐和难溶氢氧化物等的沉淀反应）还必须控制溶液的 pH，才能确保沉淀完全。

现以生成金属氢氧化物为例进行讨论。由于难溶金属氢氧化物的溶度积不同，故沉淀时的 OH^-浓度或 pH 也不相同。例如，在 $M(OH)_n$型难溶氢氧化物的多相离子平衡中：

$$M(OH)_n(s)\rightleftharpoons M^{n+}+nOH^-$$

$$c(M^{n+})\{c(OH^-)\}^n=K_{sp}^{\ominus}(M(OH)_n)\times(c^{\ominus})^{n+1}$$

$$c(OH^-)=\sqrt[n]{\frac{K_{sp}^{\ominus}(M(OH)_n)}{c(M^{n+})}\times(c^{\ominus})^{n+1}}$$

若溶液中金属离子的浓度 $c(M^{n+})=1\ mol\cdot L^{-1}$，则氢氧化物开始沉淀时 OH^-的最低浓度为

$$c(OH^-)>\sqrt[n]{K_{sp}^{\ominus}(M(OH)_n)}\ mol\cdot L^{-1}$$

M^{n+}沉淀完全（溶液中 $c(M^{n+})\leqslant10^{-5}\ mol\cdot L^{-1}$）时，$OH^-$的最低浓度为

$$c'(OH^-)\geqslant\sqrt[n]{\frac{K_{sp}^{\ominus}(M(OH)_n)}{10^{-5}}}\ mol\cdot L^{-1}$$

同理，各种不同溶度积的难溶性弱酸盐（如硫化物）开始沉淀和沉淀完全的 pH 也是不同的。

由此可见，难溶性金属氢氧化物（或硫化物）从溶液中开始沉淀和沉淀完全的 $c(OH^-)$或 pH 主要取决于其溶度积的大小。调节溶液的 pH，即可使溶液中某些金属离子沉淀为氢氧化物（或硫化物），某些金属离子仍留于溶液中，从而达到分离、提纯的目的。例如，对含有杂质 Fe^{3+}的 $ZnSO_4$溶液，若单纯考虑除 Fe^{3+}，则 pH 越高，Fe^{3+}被除得越完全，但实际上 pH 不能大于 5.7，否则 Zn^{2+}沉淀为 $Zn(OH)_2$，见表 3.2。

表 3.2 金属氢氧化物沉淀的 pH

金属氢氧化物		开始沉淀时的 pH		沉淀完全时的 pH
分子式	$K_{sp}^{\ominus}$	金属离子浓度 1 $mol \cdot L^{-1}$	金属离子浓度 0.1 $mol \cdot L^{-1}$	金属离子浓度 $\leqslant 10^{-5}$ $mol \cdot L^{-1}$
$Mg(OH)_2$	5.61×10^{-12}	8.37	8.87	10.87
$Co(OH)_2$	5.92×10^{-15}	6.89	7.38	9.38
$Cd(OH)_2$	7.2×10^{-15}	6.9	7.4	9.4
$Zn(OH)_2$	3×10^{-17}	5.7	6.2	8.24
$Fe(OH)_2$	4.87×10^{-17}	5.8	6.34	8.34
$Pb(OH)_2$	1.43×10^{-15}	6.58	7.08	9.08
$Cu(OH)_2$	2.2×10^{-20}	4.17	4.67	6.67
$Be(OH)_2$	6.92×10^{-22}	3.42	3.92	5.92
$Sn(OH)_2$	5.45×10^{-28}	0.367	0.87	2.87
$Fe(OH)_3$	2.79×10^{-39}	1.15	1.48	2.81

所以在化学试剂 $ZnSO_4$的生产中，为了提纯上述含有杂质 Fe^{3+} 的 $ZnSO_4$溶液，一般调节 pH=3~4，在此条件下，$ZnSO_4$溶液中 Fe^{3+}浓度可降低至 10^{-8}~10^{-5} $mol \cdot L^{-1}$。其计算如下：当除 Fe^{3+}后，溶液对 $Fe(OH)_3$是饱和的，溶液中 Fe^{3+}和 OH^-浓度之间存在着如下关系：

$$c(Fe^{3+}) \cdot \{c(OH^-)\}^3/(c^{\ominus})^4 = K_{sp}^{\ominus}(Fe(OH)_3) = 2.79\times10^{-39}$$

当 pH=3 时，pOH=14-pH=14-3=11。

$$-\lg\{c(OH^-)/c^{\ominus}\}=11,\ c(OH^-)=1.0\times10^{-11}\ mol \cdot L^{-1}$$

$$c(Fe^{3+}) = \frac{K_{sp}^{\ominus}(Fe(OH)_3)\times(c^{\ominus})^4}{\{c(OH^-)\}^3} = \frac{2.79\times10^{-39}}{(1.0\times10^{-11})^3}\ mol \cdot L^{-1}$$

$$=2.79\times10^{-6}\ mol \cdot L^{-1}$$

当 pH=4 时，用同样方法可求得 $c(Fe^{3+}) = 2.79\times10^{-9}$ $mol \cdot L^{-1}$。

从表 3.2 可以看出，当 pH=3~4 时，并不能使 Fe^{2+}沉淀为 $Fe(OH)_2$。因此，若 $ZnSO_4$溶液中除 Fe^{3+}外还存在 Fe^{2+}时，在除铁前要用适当方法（如加入H_2O_2）把 Fe^{2+}氧化为 Fe^{3+}。

3. 分步沉淀

在实际工作中，常常会遇到体系中同时含有多种离子，这些离子可能会与加入的某一沉淀剂发生沉淀反应，生成难溶电解质，这种情况下离子积（J）首先超过溶度积的难溶电解质先沉淀。例如，将稀 $AgNO_3$溶液逐滴加入到含有等浓度 Cl^-和 I^-的混合溶液中，首先析出的是黄色的 AgI 沉淀，随着 $AgNO_3$溶液的继续加入，才出现白色的 AgCl 沉淀。这种在混合溶液中多种离子发生先后沉淀的现象称为**分步沉淀**。

实验视频

根据溶度积规则,可分别计算生成 AgCl 和 AgI 所需 Ag^+ 的最低浓度。

$$AgCl:\ c_1(Ag^+)>\frac{K_{sp}^{\ominus}(AgCl)}{c(Cl^-)}\cdot(c^{\ominus})^2=\frac{1.77\times10^{-10}}{c(Cl^-)}(c^{\ominus})^2$$

$$AgI:\ c_2(Ag^+)>\frac{K_{sp}^{\ominus}(AgI)}{c(I^-)}(c^{\ominus})^2=\frac{8.52\times10^{-17}}{c(I^-)}\cdot(c^{\ominus})^2$$

若溶液中 $c(Cl^-)=c(I^-)=1.0\times10^{-2}\ mol\cdot L^{-1}$,析出 AgCl、AgI 沉淀所需 Ag^+ 的最低浓度为

$$AgCl:\ c_1(Ag^+)>\frac{1.77\times10^{-10}}{1.0\times10^{-2}}\ mol\cdot L^{-1}=1.77\times10^{-8}\ mol\cdot L^{-1}$$

$$AgI:\ c_2(Ag^+)>\frac{8.52\times10^{-17}}{1.0\times10^{-2}}\ mol\cdot L^{-1}=8.52\times10^{-15}\ mol\cdot L^{-1}$$

$$c_1(Ag^+)\gg c_2(Ag^+)$$

因此,当滴加 $AgNO_3$ 溶液时,AgI 先沉淀出来,随着 I^- 不断被沉淀为 AgI,溶液中 $c(I^-)$ 不断减小,若要继续沉淀,必须不断增加 $c(Ag^+)$,当达到 AgCl 开始沉淀所需 $c(Ag^+)$ 时,AgI 和 AgCl 将同时沉淀。在 AgI 和 AgCl 同时沉淀的前一瞬间,溶液中 $c(Ag^+)$ 必须同时满足下列两个关系式:

$$c(Ag^+)\cdot c(I^-)=K_{sp}^{\ominus}(AgI)\times(c^{\ominus})^2$$

$$c(Ag^+)\cdot c(Cl^-)=K_{sp}^{\ominus}(AgCl)\times(c^{\ominus})^2$$

即

$$c(Ag^+)=\frac{K_{sp}^{\ominus}(AgI)}{c(I^-)}\times(c^{\ominus})^2=\frac{K_{sp}^{\ominus}(AgCl)}{c(Cl^-)}\times(c^{\ominus})^2$$

由于两种离子(Cl^-、I^-)的起始浓度均为 $1.0\times10^{-2}\ mol\cdot L^{-1}$,在 AgCl 开始沉淀前一瞬间 $c(I^-)$ 为

$$c(I^-)=\frac{K_{sp}^{\ominus}(AgI)\cdot c(Cl^-)}{K_{sp}^{\ominus}(AgCl)}=\frac{8.52\times10^{-17}\times1.0\times10^{-2}\ mol\cdot L^{-1}}{1.77\times10^{-10}}$$

$$=4.81\times10^{-9}\ mol\cdot L^{-1}$$

计算表明,当 AgCl 开始沉淀时,$c(I^-)\leqslant4.81\times10^{-9}\ mol\cdot L^{-1}$(已小于 $10^{-5}\ mol\cdot L^{-1}$),所以通过逐滴加入 $AgNO_3$ 溶液即可达到 I^- 与 Cl^- 分离的目的。

[例 3.9] 某种混合溶液中,含有 $0.20\ mol\cdot L^{-1}\ Ni^{2+}$、$0.30\ mol\cdot L^{-1}\ Fe^{3+}$,若通过滴加 NaOH 溶液(忽略溶液体积的变化)分离这两种离子,溶液的 pH 应控制在什么范围?

解:根据溶度积规则,$0.20\ mol\cdot L^{-1}\ Ni^{2+}$、$0.30\ mol\cdot L^{-1}\ Fe^{3+}$ 的混合溶液中开始析出 $Ni(OH)_2$、$Fe(OH)_3$ 所需 $c(OH^-)$ 最低浓度为

$$c_1(OH^-)>\sqrt{\frac{K_{sp}^{\ominus}(Ni(OH)_2)}{c(Ni^{2+})}\times(c^{\ominus})^3}=\sqrt{\frac{5.48\times10^{-16}}{0.20}}\ mol\cdot L^{-1}$$

$$=5.23\times10^{-8}\ mol\cdot L^{-1}$$

$$c_2(OH^-)>\sqrt[3]{\frac{K_{sp}^{\ominus}(Fe(OH)_3)}{c(Fe^{3+})}\times(c^{\ominus})^4}=\sqrt[3]{\frac{2.79\times10^{-39}}{0.30}}\ mol\cdot L^{-1}$$

$$=2.10\times10^{-13}\ mol\cdot L^{-1}$$

因为 $c_1(OH^-)\gg c_2(OH^-)$,所以 $Fe(OH)_3$ 先沉淀。

$Fe(OH)_3$ 沉淀完全时所需 OH^- 最低浓度为

$$c(OH^-) > \sqrt[3]{\frac{K_{sp}^{\ominus}[Fe(OH)_3]}{c(Fe^{3+})} \times (c^{\ominus})^4}$$

$$= \sqrt[3]{\frac{2.79\times10^{-39}}{10^{-5}}}\ mol\cdot L^{-1}$$

$$= 6.53\times10^{-12}\ mol\cdot L^{-1}$$

$Ni(OH)_2$ 不沉出所容许的 OH^-最高浓度则为

$$c(OH^-) \leqslant 5.23\times10^{-8}\ mol\cdot L^{-1}$$

即 $c(OH^-)$应控制在 $6.53\times10^{-12} \sim 5.23\times10^{-8}\ mol\cdot L^{-1}$,

$$pH_{min} = 14.00-\{-lg(6.53\times10^{-12})\} = 2.81$$

$$pH_{max} = 14.00-\{-lg(5.23\times10^{-8})\} = 6.72$$

所以若要分离这两种离子,溶液的 pH 应控制在 2.81~6.72。

3.4.3 沉淀的溶解和转化

1. 沉淀的溶解

根据溶度积规则,沉淀溶解的必要条件是 $J<K_{sp}^{\ominus}$。因此,一切能有效地降低多相离子平衡体系中有关离子浓度,使 $J<K_{sp}^{\ominus}$的方法,都能促使沉淀-溶解平衡向着沉淀溶解的方向移动。溶解难溶电解质常用的有以下三种方法。

实验视频

(1) 生成弱电解质。利用酸与难溶电解质的组分离子结合成可溶性弱电解质。例如,难溶弱酸盐 $CaCO_3$溶于盐酸,正是由于 H^+与 CO_3^{2-} 结合成 HCO_3^-、H_2CO_3,使 $J<K_{sp}^{\ominus}(CaCO_3)$所致。

$$CaCO_3(s) \rightleftharpoons Ca^{2+}+CO_3^{2-};\quad K_{sp}^{\ominus}(CaCO_3) = c(Ca^{2+})\cdot c(CO_3^{2-})/(c^{\ominus})^2$$

$$CO_3^{2-}+H^+ \rightleftharpoons HCO_3^-;\quad K_2^{\ominus} = 1/K_a^{\ominus}(HCO_3^-)$$

$$+)\ HCO_3^-+H^+ \rightleftharpoons H_2CO_3;\quad K_3^{\ominus} = 1/K_a^{\ominus}(H_2CO_3)$$

$$CaCO_3(s)+2H^+ \rightleftharpoons Ca^{2+}+H_2CO_3;\quad K^{\ominus} = K_{sp}^{\ominus}(CaCO_3)\cdot K_2^{\ominus}\cdot K_3^{\ominus}$$

$$K^{\ominus} = \frac{K_{sp}^{\ominus}(CaCO_3)}{K_a^{\ominus}(HCO_3^-)\cdot K_a^{\ominus}(H_2CO_3)}$$

$$= \frac{2.8\times10^{-9}}{4.5\times10^{-7}\times4.7\times10^{-11}} = 1.3\times10^8$$

由于 $K^{\ominus}$值很大,所以 $CaCO_3$的酸溶解反应能进行完全。可以推论:难溶弱酸盐的 $K_{sp}^{\ominus}$越大,对应弱酸的 $K_a^{\ominus}$ 越小,难溶弱酸盐越易被酸溶解。又如:

$$FeS(s)+2HCl \longrightarrow FeCl_2+H_2S\uparrow$$

但是,并非所有的难溶弱酸盐都能溶于强酸,例如,CuS、HgS、As_2S_3等,由于它们的 $K_{sp}^{\ominus}$实在太小,即使采用浓盐酸也不能有效地降低 $c(S^{2-})$而使之溶解。

难溶氢氧化物如 $Al(OH)_3$、$Fe(OH)_3$、$Cu(OH)_2$等都可以用强酸溶解,是由于其生成难解离的 H_2O。有些不太难溶的氢氧化物如 $Mg(OH)_2$、$Mn(OH)_2$等甚至可溶于铵盐溶液,这是由于生成弱碱 $NH_3\cdot H_2O$。

(2) 氧化还原法。利用氧化还原反应降低难溶电解质组分离子的浓度。例如,硫化铜(CuS)溶于硝酸,正是由于 S^{2-}被 HNO_3氧化为 S,$c(S^{2-})$显著降低,使 $J<K_{sp}^{\ominus}(CuS)$所致。

$$\begin{array}{l} CuS(s) \rightleftharpoons Cu^{2+} + S^{2-} \\ \qquad\qquad\qquad\quad \big\lfloor \xrightarrow{+HNO_3} S\downarrow + NO\uparrow + H_2O \end{array}$$

(3) 生成难解离的配离子。例如：

$$AgCl(s) + 2NH_3 \cdot H_2O \longrightarrow [Ag(NH_3)_2]^+ + Cl^- + 2H_2O$$

$$PbI_2(s) + 2I^- \longrightarrow [PbI_4]^{2-}$$

2. 沉淀的转化

实验视频

借助于某一试剂的作用，把一种难溶电解质转化为另一种难溶电解质的过程，称为沉淀的转化。例如，为了除去附在锅炉内壁的锅垢（主要成分为既难溶于水、又难溶于酸的 $CaSO_4$），可借助于 Na_2CO_3，将 $CaSO_4$ 转化为疏松且可溶于酸的 $CaCO_3$，其反应过程为

$$\begin{array}{rcl} CaSO_4(s) \rightleftharpoons & Ca^{2+} + SO_4^{2-} & \\ & + & \\ Na_2CO_3 \longrightarrow & CO_3^{2-} + 2Na^+ & \\ & \upharpoonleft\!\downharpoonright & \\ & CaCO_3(s) & \end{array}$$

由于 $CaSO_4$ 的溶度积（4.93×10^{-5}）大于 $CaCO_3$ 的溶度积（2.8×10^{-9}），Ca^{2+} 与加入的 CO_3^{2-} 结合成溶度积更小的 $CaCO_3$ 沉淀，从而降低了溶液中 Ca^{2+} 浓度，破坏了 $CaSO_4$ 的溶解平衡，使 $CaSO_4$ 不断转化为 $CaCO_3$。总反应式可表示为

$$CaSO_4(s) + CO_3^{2-} \rightleftharpoons CaCO_3(s) + SO_4^{2-}$$

$$K^\ominus = \frac{c(SO_4^{2-})}{c(CO_3^{2-})} = \frac{c(SO_4^{2-}) \cdot c(Ca^{2+})}{c(CO_3^{2-}) \cdot c(Ca^{2+})} = \frac{K_{sp}^\ominus(CaSO_4)}{K_{sp}^\ominus(CaCO_3)}$$

$$= \frac{4.93\times10^{-5}}{2.8\times10^{-9}} = 1.8\times10^4$$

计算表明，上述沉淀转化反应向右进行的趋势较大。

可见，类型相同的难溶电解质，沉淀转化程度的大小取决于两种难溶电解质溶度积的相对大小。一般来说，溶度积较大的难溶电解质容易转化为溶度积较小的难溶电解质，而且，两者的溶度积相差越大，沉淀转化越完全。

沉淀转化原理在化工生产中获得广泛的应用。例如，生产锶盐时，考虑到原料天青石（含 65%～85% $SrSO_4$）既不溶于水，也不为一般的酸所分解，于是先采用 Na_2CO_3 溶液将捣碎的 $SrSO_4$ 逐步转化为可溶于酸的 $SrCO_3$：

$$SrSO_4(s) + CO_3^{2-} \rightleftharpoons SrCO_3(s) + SO_4^{2-}$$

$$K^\ominus = \frac{c(SO_4^{2-})}{c(CO_3^{2-})} = \frac{K_{sp}^\ominus(SrSO_4)}{K_{sp}^\ominus(SrCO_3)} = \frac{3.44\times10^{-7}}{5.60\times10^{-10}} = 6.14\times10^2$$

3.4.4 沉淀反应的应用

1. 制备难溶的化合物

例如,生产 $PbSO_4$、$MnCO_3$、$Cu(OH)_2$试剂的主要反应分别如下:

$$Pb(NO_3)_2+H_2SO_4 \longrightarrow PbSO_4\downarrow+2HNO_3$$

$$Mn(NO_3)_2+2NH_4HCO_3 \longrightarrow MnCO_3\downarrow+2NH_4NO_3+CO_2\uparrow+H_2O$$

$$CuSO_4+2NaOH \longrightarrow Cu(OH)_2\downarrow+Na_2SO_4$$

2. 除去溶液中的杂质

例如,氯碱工业饱和食盐水的精制一般采用 Na_2CO_3-NaOH-$BaCl_2$精制法,以除去食盐中可溶性杂质 Ca^{2+}、Mg^{2+}、SO_4^{2-}:

$$Ca^{2+}+CO_3^{2-} \longrightarrow CaCO_3\downarrow$$

$$Mg^{2+}+2OH^- \longrightarrow Mg(OH)_2\downarrow$$

$$Ba^{2+}+SO_4^{2-} \longrightarrow BaSO_4\downarrow$$

英国、日本、巴基斯坦等国采用 $BaCO_3$代替 Na_2CO_3和 $BaCl_2$的方法,收到很好的效果:

$$Ca^{2+}+SO_4^{2-}+BaCO_3(s) \longrightarrow CaCO_3\downarrow+BaSO_4\downarrow$$

3. 离子鉴定

例如,Ag^+、Cu^{2+}、Ni^{2+}、Ba^{2+}、Mg^{2+}可通过下列沉淀反应分别鉴定:

(1) Ag^+的鉴定

$$Ag^++Cl^- \longrightarrow AgCl\downarrow$$

$$AgCl(s)+2NH_3\cdot H_2O \longrightarrow [Ag(NH_3)_2]^++Cl^-+2H_2O$$

$$[Ag(NH_3)_2]^++Cl^-+2H^+ \longrightarrow \underset{\text{(白色)}}{AgCl\downarrow}+2NH_4^+$$

(2) Cu^{2+}的鉴定

$$2Cu^{2+}+[Fe(CN)_6]^{4-} \xrightarrow{\text{中性或酸性介质}} Cu_2[Fe(CN)_6]\downarrow\text{(红褐色)}$$

Fe^{3+}、Bi^{3+}、Co^{2+}等离子与$[Fe(CN)_6]^{4-}$亦可发生反应,会干扰对 Cu^{2+}的鉴定。

(3) Ni^{2+}的鉴定

$$Ni^{2+}+\text{丁二酮肟} \xrightarrow{\text{氨水或醋酸钠介质}} \text{玫瑰红色沉淀}$$

Co^{2+}、Cu^{2+}、Fe^{2+}、Bi^{3+}、Fe^{3+}、Mn^{2+}等离子与丁二酮肟亦可发生反应,会干扰对 Ni^{2+}的鉴定。

(4) Ba^{2+}的鉴定

$$Ba^{2+}+CrO_4^{2-} \xrightarrow{\text{中性或弱酸性}} BaCrO_4\downarrow\text{(黄色)}$$

Sr^{2+}、Pb^{2+}、Ni^{2+}、Ag^+、Zn^{2+}、Cu^{2+}、Bi^{3+}等离子与 CrO_4^{2-} 亦可发生反应,会干扰对 Ba^{2+}的鉴定。

(5) Mg^{2+}的鉴定

Mg^{2+}+镁试剂(对硝基偶氮间苯二酚) $\longrightarrow$ 天蓝色沉淀

Fe^{2+}、Cr^{3+}、Ca^{2+}、Ni^{2+}、Ag^{+}、Hg^{2+}、Cu^{2+}、Mn^{2+}等离子亦可与镁试剂反应，会干扰对 Mg^{2+}的鉴定。

4. 离子分离

例如，含 Mg^{2+}、Ba^{2+}、Ni^{2+}、Cu^{2+}、Ag^{+}的混合液，利用沉淀反应可以逐个分离，分离步骤如下：

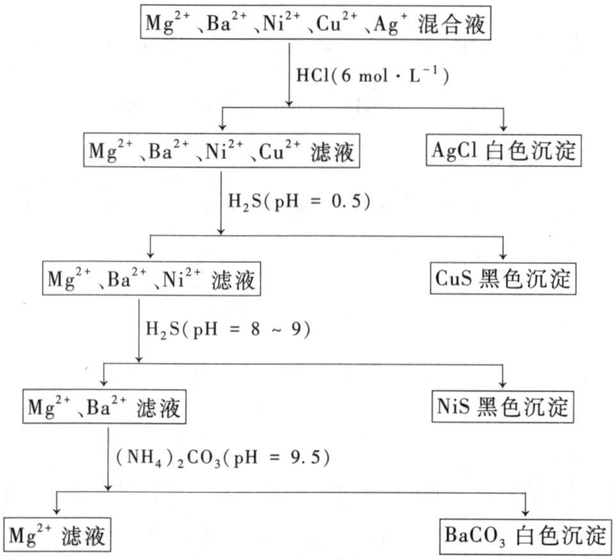

[拓宽视野]

近代酸碱理论简介

随着化学科学的发展，人们对酸和碱的研究不断深入，提出了不同的观点。1884 年 S. A. Arrhenius 根据电离理论提出：酸是在水溶液中解离出的阳离子仅仅是 H^+的物质；碱是在水溶液中解离出的阴离子仅仅是 OH^-的物质。由于水是最普遍的溶剂，所以这种观点至今仍为许多人采用。这种观念的缺点是立论仅局限于水溶液体系，不适用于非水溶剂和无溶剂体系。

为了克服上述缺点，1905 年 E. C. Franklin 提出了溶剂理论：在特定溶剂的溶液中，凡能解离产生溶剂阳离子的物质为酸；凡能解离产生溶剂阴离子的物质为碱。该理论不仅概括了水溶液中的酸、碱概念，而且把酸、碱概念引入非水溶剂中去。例如，在液氨中：

$$2NH_3 \rightleftharpoons NH_4^+ + NH_2^-$$

NH_4Cl 等铵盐表现为酸，$NaNH_2$ 等氨基化物表现为碱。但酸碱溶剂理论只能描述溶剂中的酸、碱，不能概括气相和固相中的酸碱反应。

1923 年 Brönsted 提出质子理论：凡能给出质子的物质称为酸，凡能接受质子的物质称为碱，并且质子酸与质子碱有共轭关系，即质子酸 $\rightleftharpoons$ 质子碱+H^+，酸碱反应的实质是质子转移或传递的结果。例如：

$$\overset{H^+}{\overbrace{HCl(g)+NH_3}}(g) \longrightarrow NH_4Cl(s)$$

根据此观点，水溶液中解离、中和、水解反应等，都是质子传递（或转移）反应。显然该理论发展了阿仑尼乌斯理论，它所指的碱包括了所有显示碱性的物质，但对于酸仍限制在含氢的物质上，故酸碱反应也仅局限于包含质子转移的反应。

针对质子理论的不足，Lewis 提出了**酸碱电子理论**（又称路易斯酸碱理论）：凡是能给出电子对的物质（分子、离子或原子团）为碱，凡是能接受电子对的物质（分子、离子或原子团）为酸。酸碱反应不再是质子的转移而是电子的转移，是碱性物质提供电子对与酸性物质生成配位共价键的反应，例如：

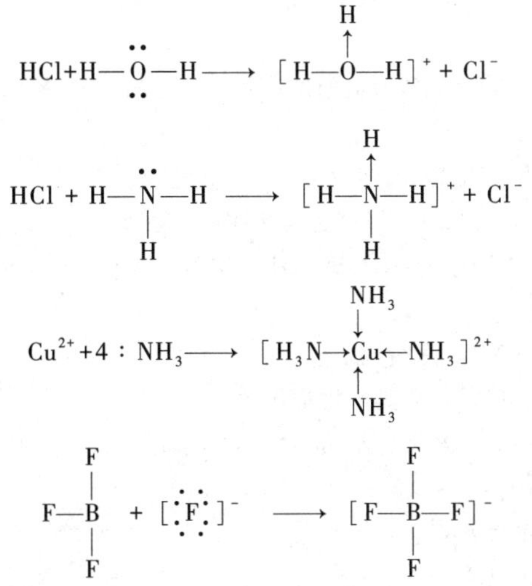

Lewis 酸　Lewis 碱

可见，Lewis 酸碱是着眼于物质的结构。Lewis 碱的概念与质子碱的概念类似，但 Lewis 酸的范围扩大了，作为 Lewis 酸的物质不仅是质子（含氢的物质），并且也包括了配合物的形成体——金属离子或原子，以及缺电子的中性分子。由于很多无机及有机化合物中都存在配位共价键，故其具有高度概括性。

为了区分各类酸碱特性，确定酸碱强弱，Pearson 于 1963 年提出了软硬酸碱理论，它是在 Lewis 酸碱理论的基础上，根据 Lewis 酸碱对外层电子吸引的松紧程度，即保持价电子能力的强弱将酸碱又划分为软硬酸碱，并总结出一个软硬酸碱（HSAB）规则：软亲软，硬亲硬，软硬结合不稳定。

总之，各种酸碱理论均有其优缺点，作为化学工作者，应该了解各理论中酸碱的概念及其适用范围，以便用其更好地说明问题。

思考题

1. 阐述下列化学名词、概念的含义。

解离常数，解离度，分步解离，水解常数，水解度，分步水解，水的离子积，缓冲溶液，溶度积，溶度积规则，分步沉淀，沉淀完全，沉淀转化

2. 在氨水中加入下列物质时，$NH_3 \cdot H_2O$ 的解离度和溶液的 pH 将如何变化？

（1）加 NH_4Cl　（2）加 NaOH　（3）加 HCl　（4）加水稀释

3. 是非题

（1）酸性水溶液中不含 OH^-，碱性水溶液中不含 H^+；

（2）1×10^{-5} $mol \cdot L^{-1}$ HCl 溶液稀释 1 000 倍，溶液的 pH = 8.0；

（3）使甲基橙显黄色的溶液一定是碱性的；

（4）在一定温度下，改变溶液的 pH，水的离子积不变；

（5）弱电解质的解离度随弱电解质浓度降低而增大；

(6) H_2S 溶液中 $c(H^+)=2c(S^{2-})$。

4. 下列说法是否正确,为什么?

(1) 将氨水和 NaOH 溶液的浓度各稀释为原来的1/2,则两种溶液中 OH^- 浓度均减小为原来的1/2;

(2) 若 HCl 溶液的浓度为 HOAc 溶液的2倍,则 HCl 溶液中 H^+ 浓度也为 HOAc 溶液中 H^+ 浓度的2倍;

(3) 中和同浓度、等体积的一元酸所需的碱量基本上是相等的,所以同浓度的一元酸溶液中 H^+ 浓度基本上也是相等的;

(4) 氨水的浓度越小,解离度越大,溶液中 OH^- 浓度也必然越大。

5. 根据弱电解质的解离常数,确定下列各溶液在相同浓度下,pH 由大到小的顺序。

NaOAc、NaCN、Na_3PO_4、H_3PO_4、$(NH_4)_2SO_4$、$HCOONH_4$、NH_4OAc、H_2SO_4、HCl、NaOH

6. 试回答下列问题:

(1) 如何配制 $SnCl_2$、$Bi(NO_3)_3$、Na_2S 溶液?

(2) 将 Na_2CO_3 和 $FeCl_3$ 溶液混合,其产物是什么?

7. 现有 $0.20\ mol\cdot L^{-1}$ HCl 溶液与 $0.20\ mol\cdot L^{-1}$ 氨水,在下列各情况下如何计算混合溶液的 pH?

(1) 两种溶液等体积混合;

(2) 两种溶液按 2∶1 的体积混合;

(3) 两种溶液按 1∶2 的体积混合。

8. 农村用草木灰作为钾肥(含碳酸钾),试解释为什么草木灰不宜与氮肥(如 NH_4Cl)混合使用。

9. 试解答下列问题:

(1) 能否将 $0.1\ mol\cdot L^{-1}$ NaOH 溶液稀释至 $c(OH^-)=1.0\times10^{-8}\ mol\cdot L^{-1}$?

(2) $CaCO_3$ 在下列哪种试剂中的溶解度最大?

纯水、$0.1\ mol\cdot L^{-1}$ $NaHCO_3$ 溶液、$0.1\ mol\cdot L^{-1}$ Na_2CO_3 溶液、$0.1\ mol\cdot L^{-1}$ $CaCl_2$ 溶液、$0.5\ mol\cdot L^{-1}$ KNO_3 溶液。

(3) 洗涤 $BaSO_4$ 沉淀时,往往使用稀 H_2SO_4 而不用蒸馏水。

(4) Ag_2CrO_4 在 $0.01\ mol\cdot L^{-1}$ $AgNO_3$ 溶液中的溶解度小于在 $0.01mol\cdot L^{-1}$ K_2CrO_4 溶液中的溶解度。

10. 许多难溶于水的化学试剂如难溶的碳酸盐、硫化物、银盐、钡盐、铬酸盐等,常用沉淀法合成。沉淀工艺条件一般为:操作液浓度宜适当稀一点,合成温度宜高一点,加沉淀剂宜慢一点,为什么?(提示:与获得的晶粒大小、纯度有关。)

习 题

1. 计算下列溶液的 $c(H^+)$、$c(OH^-)$ 及 pH。

(1) $0.010\ mol\cdot L^{-1}$ NaOH 溶液;

(2) $0.050\ mol\cdot L^{-1}$ HOAc 溶液。

2. 试计算:

(1) pH=1.00 与 pH=2.00 的 HCl 溶液等体积混合后溶液的 pH;

(2) pH=2.00 的 HCl 溶液与 pH=13.00 的 NaOH 溶液等体积混合后溶液的 pH。

3. 健康人血液的 pH 为 7.35~7.45。患某种疾病的人的血液 pH 可暂时降到 5.90,问此时血液中 $c(H^+)$ 为正常状态的多少倍?

4. 某浓度为 $0.10\ mol\cdot L^{-1}$ 的一元弱酸溶液,其 pH=2.77,求这一弱酸的解离常数及该条件下的解离度。

5. 在 1.0 L 0.10 $mol \cdot L^{-1}$ 氨水中，应加入多少克 NH_4Cl 固体才能使溶液的 pH = 9.00（忽略固体的加入对溶液体积的影响。）？

6. 取 100 g $NaOAc \cdot 3H_2O$，加入 13mL 6.0 $mol \cdot L^{-1}$ HOAc 溶液，然后用水稀释至 1.0 L，此缓冲溶液的 pH 是多少？若向此溶液中通入 0.10 mol HCl 气体（忽略溶液体积的变化），溶液的 pH 变化多少？

7. 分别计算下列溶液的 pH：

（1）0.010 $mol \cdot L^{-1}$ NH_4Cl 溶液；

（2）0.10 $mol \cdot L^{-1}$ NaCN 溶液。

8. 已知下列两反应的 $\Delta_r G_m^{\ominus}$(298.15 K)：

（1）$HClO \rightleftharpoons H^+ + ClO^-$；　$\Delta_r G_m^{\ominus} = 43\ kJ \cdot mol^{-1}$

（2）$AgI(s) \rightleftharpoons Ag^+ + I^-$；　$\Delta_r G_m^{\ominus} = 91.72\ kJ \cdot mol^{-1}$

试分别计算 $K_a^{\ominus}(HClO)$ 和 $K_{sp}^{\ominus}(AgI)$ 值。

9. 已知 CaF_2 的溶度积为 5.2×10^{-9}，求 CaF_2 在下列情况时的溶解度（以 $mol \cdot L^{-1}$ 表示）。

（1）在纯水中；

（2）在 1.0×10^{-2} $mol \cdot L^{-1}$ NaF 溶液中；

（3）在 1.0×10^{-2} $mol \cdot L^{-1}$ $CaCl_2$ 溶液中。

10. 海水中几种离子的浓度如下：

M^{n+}	Na^+	Mg^{2+}	Ca^{2+}	Al^{3+}	Fe^{3+}
$c(M^{n+})/(mol \cdot L^{-1})$	0.46	0.050	0.010	4.0×10^{-7}	2.0×10^{-7}

（1）OH^- 浓度多大时，$Mg(OH)_2$ 开始沉淀？

（2）在该 OH^- 浓度下，是否还有别的离子沉淀出来？

11. 工业废水的排放标准规定 Cd^{2+} 浓度降到 0.10 $mg \cdot L^{-1}$ 以下即可排放。若用加消石灰中和沉淀法除去 Cd^{2+}，那么按理论计算，废水溶液中的 pH 至少应为多大？

12.（1）在 10 mL 1.5×10^{-3} $mol \cdot L^{-1}$ $MnSO_4$ 溶液中，加入 5.0 mL 0.15 $mol \cdot L^{-1}$ $NH_3 \cdot H_2O$，能否生成 $Mn(OH)_2$ 沉淀？

（2）若在原 $MnSO_4$ 溶液中，先加入 0.495 g $(NH_4)_2SO_4$ 固体（忽略溶液体积的变化），然后再加入上述 $NH_3 \cdot H_2O$ 5 mL，能否生成 $Mn(OH)_2$ 沉淀？

13. 某溶液中含有 0.10 $mol \cdot L^{-1}$ Ba^{2+} 和 0.10 $mol \cdot L^{-1}$ Ag^+，在滴加 Na_2SO_4 溶液时（忽略溶液体积的变化），哪种离子首先沉淀出来？当第二种离子沉淀析出时，第一种被沉淀离子是否沉淀完全？两种离子有无可能用沉淀法分离？

14. 现有一瓶含有 Fe^{3+} 杂质的 0.10 $mol \cdot L^{-1}$ $MgCl_2$ 溶液，欲使 Fe^{3+} 以 $Fe(OH)_3$ 沉淀形式除去，溶液的 pH 应控制在什么范围？

15. 一种混合液中含有 3.0×10^{-2} $mol \cdot L^{-1}$ Pb^{2+} 和 2.0×10^{-2} $mol \cdot L^{-1}$ Cr^{3+}，若向其中逐滴加入浓 NaOH 溶液（忽略溶液体积的变化），Pb^{2+} 与 Cr^{3+} 均有可能形成氢氧化物沉淀。问：

（1）哪种离子先被沉淀？

（2）若要分离这两种离子，溶液的 pH 应控制在什么范围？

16. 试计算下列沉淀转化反应的 $K^{\ominus}$ 值：

（1）$PbCrO_4(s) + S^{2-} \rightleftharpoons PbS(s) + CrO_4^{2-}$

（2）$Ag_2CrO_4(s) + 2Cl^- \rightleftharpoons 2AgCl(s) + CrO_4^{2-}$

***17.** 在 25 ℃ 的酸性溶液里用碘量法测定碘酸铜[$Cu(IO_3)_2$]的溶度积。取用 20.0 mL 的碘酸铜饱和水溶液，用去 30.0 mL 0.100 $mol \cdot L^{-1}$ 的硫代硫酸钠（$Na_2S_2O_3$）溶液。

(1) 计算溶液中 Cu^{2+}的起始浓度;

(2) 确定碘酸铜的溶度积。

提示:

$$2Cu^{2+}+4IO_3^-+24I^-+24H^+\longrightarrow 2CuI\downarrow+13I_2+12H_2O$$

$$13I_2+26S_2O_3^{2-}\longrightarrow 26I^-+13S_4O_6^{2-}$$

***18.** 在 100 mL 含 0.10 $mol\cdot L^{-1}$ Cu^{2+}和 0.10 $mol\cdot L^{-1}$ H^+的溶液中,通入 H_2S 使其饱和,计算残留在溶液中的 Cu^{2+}有多少克?

***19.** 某化工厂用盐酸、加热处理粗 CuO 的方法以制备 $CuCl_2$,在所得溶液中每 100 mL 有 0.056 8 g Fe^{2+}杂质,请回答:

(1) 能否以氢氧化物形式直接沉淀出 $Fe(OH)_2$以达到提纯 $CuCl_2$的目的?

(2) 为除去杂质铁,常先用 H_2O_2使 Fe^{2+}氧化为 Fe^{3+},再调节 pH 以沉淀出 $Fe(OH)_3$。请在 $NH_3\cdot H_2O$、Na_2CO_3、ZnO、CuO 等化学品中选择一种合适的用以调节溶液 pH,并说明理由。

(3) $Fe(OH)_3$开始沉出时的 pH 为多少?

(4) $Fe(OH)_3$沉淀完全时的 pH 为多少?

第 4 章

氧化还原反应与应用电化学

反应物之间有电子转移的化学反应，称为氧化还原反应。本章除了介绍氧化还原反应方程式的配平方法外，主要应用电极电势及吉布斯自由能变等概念，讨论氧化剂、还原剂的相对强弱和氧化还原反应进行的方向及限度。

4.1 氧化还原方程式的配平

配平氧化还原方程式的方法很多，常用的有电子法、氧化数法、离子-电子法。但是，无论何种方法，都不能违背电中性原则：孤立的中性原子、分子、基团，其本身的净电荷数为零。

4.1.1 氧化数法

1. 氧化数

为表示各元素在化合物中所处的化合状态，无机化学中引进了氧化数（又称氧化值）的概念。例如，氯在下列不同化合态中的氧化数分别为

疑难解析

	Cl^-	ClO^-	ClO_2^-	ClO_3^-	ClO_4^-
氯的氧化数	-1	+1	+3	+5	+7

1970 年国际纯粹与应用化学联合会（IUPAC）确定：氧化数是某一元素一个原子的荷电数，这个荷电数可由假设把每个键中的电子指定给电负性更大的原子而求得。由此可见，元素的氧化数是指元素原子在其化合态中的形式电荷数。在离子化合物中，简单阳、阴离子所带的电荷数就是该元素原子的氧化数。例如，在 NaCl 中，Na 的氧化数为+1，Cl 为-1。对共价化合物来说，共用电子对偏向吸引电子能力较大的原子，例如，在 HCl（H：Cl）中，Cl 原子的形式电荷为-1，H 原子的形式电荷为+1。为了便于确定元素原子的氧化数，现列出如下一些规则：

（1）在单质中，元素原子的氧化数为零。

（2）H 的氧化数一般为+1，只有在活泼金属的氢化物（如 NaH、CaH_2）中，H 的氧化数为-1。

（3）O 的氧化数一般为-2，但在氟化物（如 O_2F_2、OF_2）中，氧的氧化数分别为+1、+2；在过氧化物（如 H_2O_2、Na_2O_2）中，氧的氧化数为-1。

（4）在中性分子中，各元素原子的氧化数的代数和为零；在复杂离子中，各元素原子氧化数的代数和等于离子的总电荷数。

[例 4.1] 求 NH_4^+ 中 N 的氧化数。

解：已知 H 的氧化数为+1，设 N 的氧化数为 x。

根据复杂离子中，各元素原子氧化数代数和等于离子的总电荷数的规则可列出：

$$x+(+1)\times 4=+1$$

$$x=-3$$

所以 N 的氧化数为-3。

[例 4.2] 求 Fe_3O_4 中 Fe 的氧化数。

解：已知 O 的氧化数为-2，设 Fe 的氧化数为 x。

根据化合物中各元素原子氧化数的代数和为零的规则可列出：

$$3x+(-2)\times 4=0$$

$$x=+\frac{8}{3}$$

所以 Fe_3O_4 中 Fe 的平均氧化数为+8/3。由此可知，氧化数可为整数，也可能为分数。必须指出，在判断共价化合物中元素原子的氧化数时，不要与共价键数相混淆。例如，H_2 分子中 H 的氧化数为 0，而共价键数为 1。

2. 配平方法

疑难解析

配平原则：

（1）元素原子氧化数升高的总数等于元素原子氧化数降低的总数；

（2）反应前后各元素的原子总数相等。

配平步骤：

（1）写出未配平的反应方程式。例如：

$$S+HNO_3 \longrightarrow SO_2+NO+H_2O$$

（2）找出元素原子氧化数降低值与元素原子氧化数升高值。

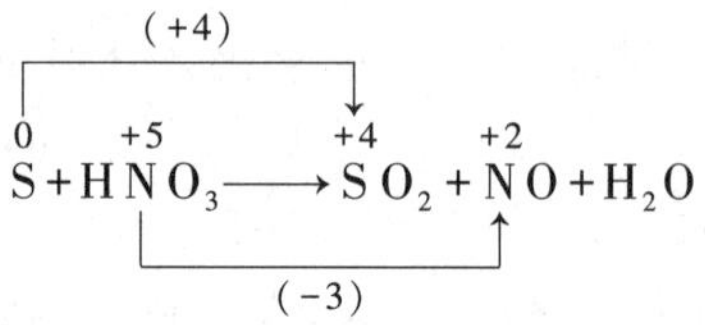

（3）各元素原子氧化数的变化值乘以相应系数，使其符合第一条原则。

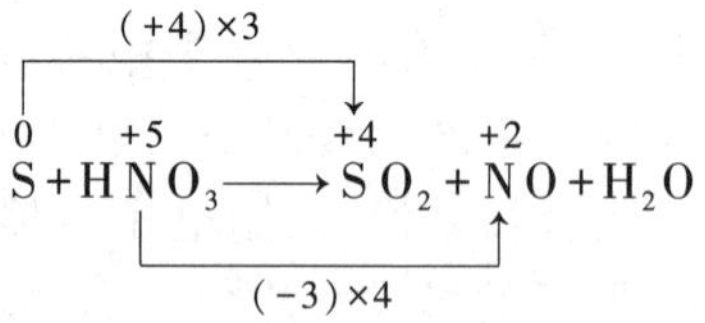

（4）用观察法配平氧化数未改变的元素原子数目，则得

$$3S+4HNO_3 = 3SO_2+4NO+2H_2O$$

氧化数法的优点是简单、快速，既适用于水溶液中的氧化还原反应，也适用于气、固相的氧化还原反应。

4.1.2 离子-电子法（或半电池法）

配平原则：

（1）反应过程中氧化剂所夺得的电子数必须等于还原剂失去的电子数；

(2) 反应前后各元素的原子总数相等。

配平步骤:

(1) 写出未配平的离子反应方程式。例如:

$$MnO_4^- + SO_3^{2-} + H^+ \longrightarrow Mn^{2+} + SO_4^{2-} + H_2O$$

(2) 将反应分解为两个半反应方程式,并使两边相同元素的原子数相等。

$MnO_4^- \longrightarrow Mn^{2+}$式中,左边多 4 个 O 原子,若加 8 个 H^+,则在右边要加 4 个 H_2O 分子:

$$MnO_4^- + 8H^+ \longrightarrow Mn^{2+} + 4H_2O$$

而在 $SO_3^{2-} \longrightarrow SO_4^{2-}$ 式中,左边少 1 个 O 原子,若加 1 个 H_2O 分子,则右边要加 2 个 H^+:

$$SO_3^{2-} + H_2O \longrightarrow SO_4^{2-} + 2H^+$$

(3) 用加、减电子数方法使两边电荷数相等:

$$MnO_4^- + 8H^+ + 5e^- \longrightarrow Mn^{2+} + 4H_2O$$

$$SO_3^{2-} + H_2O - 2e^- \longrightarrow SO_4^{2-} + 2H^+$$

(4) 根据第一条原则,用适当系数乘以两个半反应方程式,然后将两个半反应方程式相加、整理,即得配平的离子反应方程式。

$$\begin{array}{r|l} 2 & MnO_4^- + 8H^+ + 5e^- \longrightarrow Mn^{2+} + 4H_2O \\ +)\ 5 & SO_3^{2-} + H_2O - 2e^- \longrightarrow SO_4^{2-} + 2H^+ \\ \hline \end{array}$$

$$2MnO_4^- + 16H^+ + 5SO_3^{2-} + 5H_2O \longrightarrow 2Mn^{2+} + 8H_2O + 5SO_4^{2-} + 10H^+$$

经整理可得

$$2MnO_4^- + 5SO_3^{2-} + 6H^+ \xlongequal{\quad} 2Mn^{2+} + 5SO_4^{2-} + 3H_2O$$

在配平半反应方程式时,如果反应物和生成物内所含的氧原子数目不等,可根据介质的酸碱性,分别在半反应方程式中加 H^+、OH^-或 H_2O 使反应式两边的氧原子数相等,其经验规则如表 4.1 所示。

表 4.1 不同介质条件下配平氧原子数的经验规则

介质条件	反应方程式箭号左边添加物	
	反应式左边氧原子数多于右边时	反应式左边氧原子数少于右边时
酸性	H^+	H_2O
碱性	H_2O	OH^-
中性	H_2O	H_2O

用离子-电子法配平时不需要知道元素的氧化数,可直接写出离子反应方程式,能反映出在水溶液中氧化还原反应的实质。但是,对于气相或固相反应式的配平,离子-电子法无能为力。

*4.1.3 无机物与有机物之间发生的氧化还原反应方程式的配平

1. 半反应法

[H]半反应法 先写出两个未配平的半反应式,每个半反应用 H^+(酸性介质中)

或 OH^-(碱性介质中)配平电荷数;然后用 H_2O 配平氧原子数,用[H]配平氢原子数,这样得到了两个配平的半反应;最后再根据还原剂失去的氢[H](即有效氢原子)等于氧化剂所接受的氢[H]的原则,两式相加即得配平了的总反应式。

[例 4.3]　酸性介质中异丙醇被 CrO_3 氧化为丙酮。

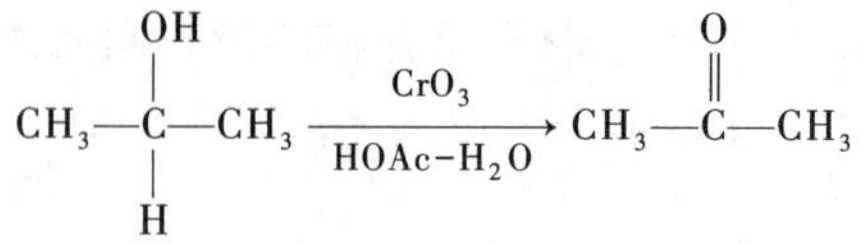

写出未配平的半反应:

氧化 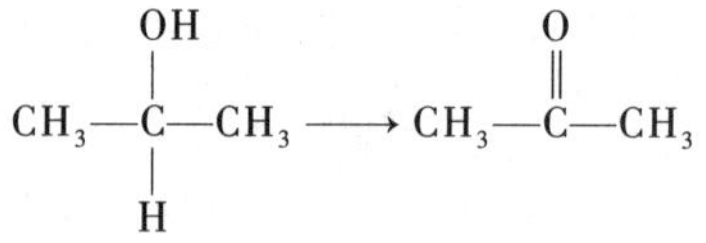

还原　$CrO_3 \longrightarrow Cr^{3+}$

配平半反应:

酸性介质,用 H^+ 配平电荷数,用 H_2O 配平氧原子数:

$$3H^+ + CrO_3 \longrightarrow Cr^{3+} + 3H_2O$$

用[H]配平氢原子数:

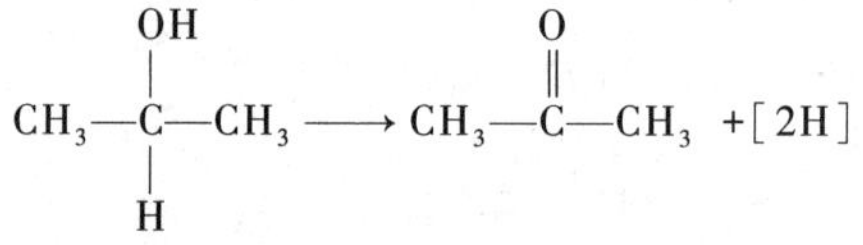

$$3[H] + 3H^+ + CrO_3 \longrightarrow Cr^{3+} + 3H_2O$$

配以系数,使上面两式有效氢原子[H]相等后,再相加两式即可:

3 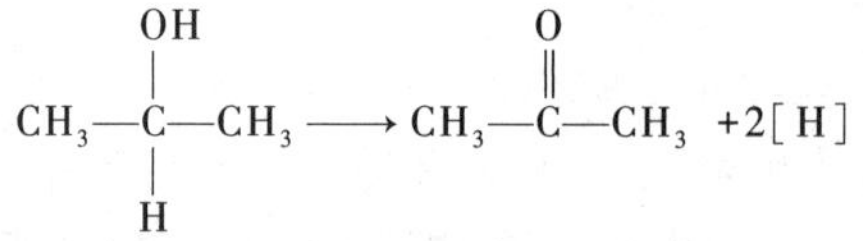

2 $3[H] + 3H^+ + CrO_3 \longrightarrow Cr^{3+} + 3H_2O$

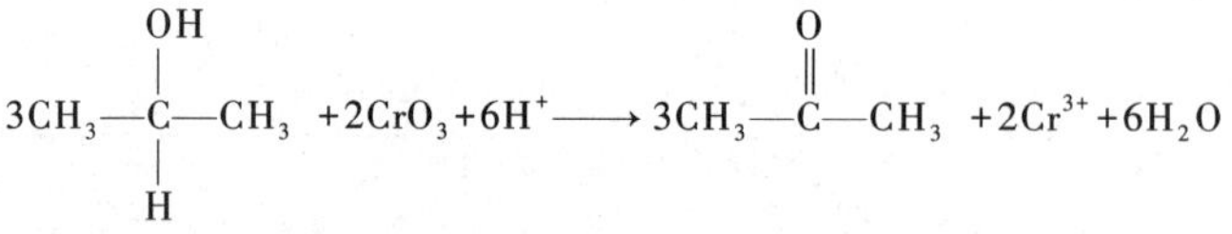

考虑到 HOAc 是弱酸,配平后的反应式要写做:

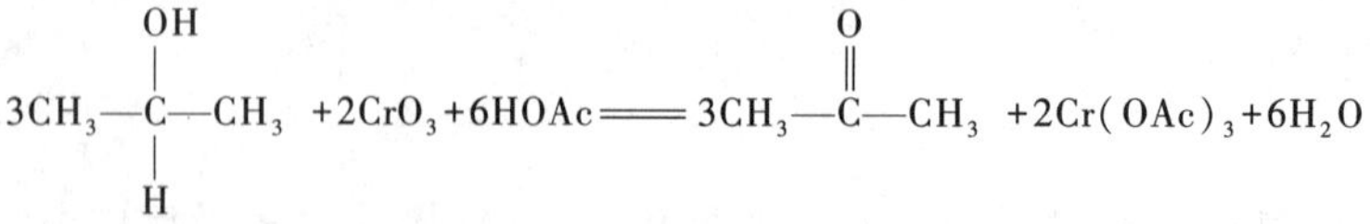

[O]半反应法　先配平半反应,配平电荷数与上法同。氢原子个数是用 H_2O 配平,最后用[O]配平半反应的氧原子数。

[例 4.4]　碱性溶液中乙苯被高锰酸钾氧化成苯甲酸。

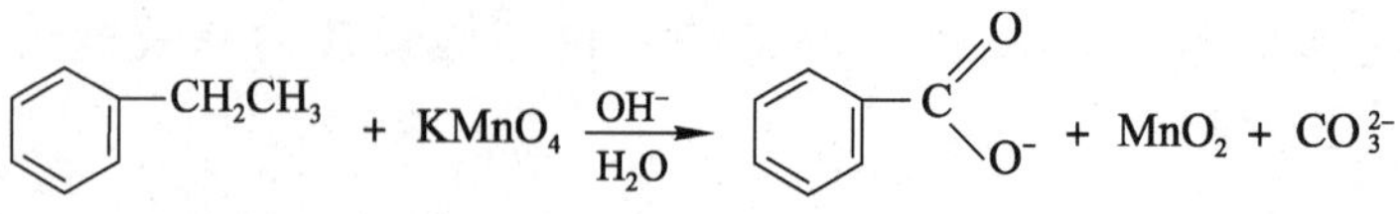

写出未配平的半反应：

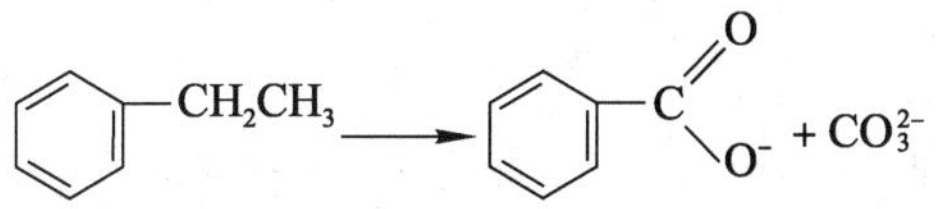

$$MnO_4^- \longrightarrow MnO_2$$

配平半反应：

用 OH^- 配平电荷数(碱性介质)，用 H_2O 配平氢原子个数：

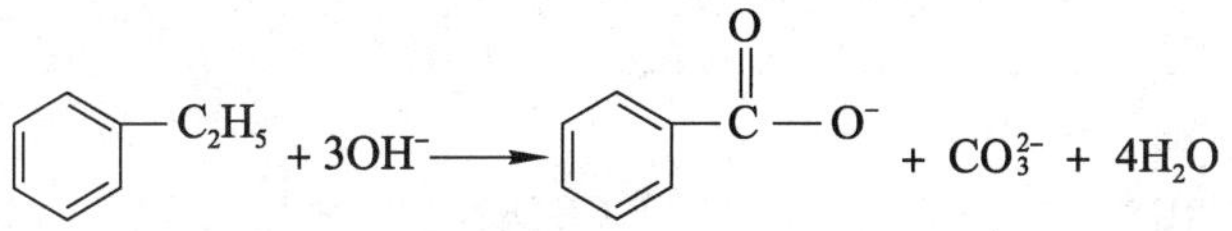

$$\frac{1}{2}H_2O + MnO_4^- \longrightarrow MnO_2 + OH^-$$

用[O]配平氧的个数，得到配平的半反应式：

$$\frac{1}{2}H_2O + MnO_4^- \longrightarrow MnO_2 + OH^- + \frac{3}{2}[O]$$

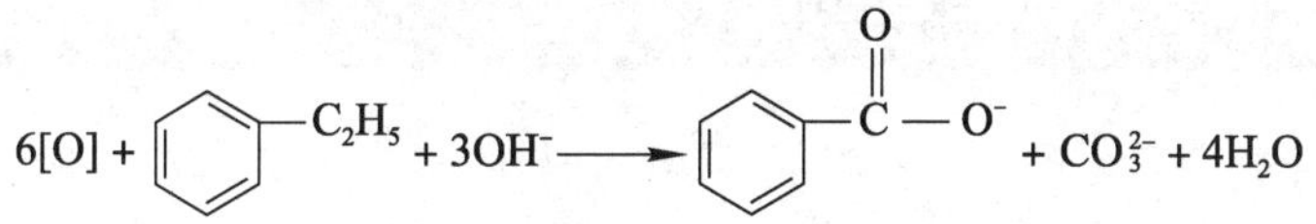

配以系数，使以上两式有效氧原子[O]相等后，再相加两式即

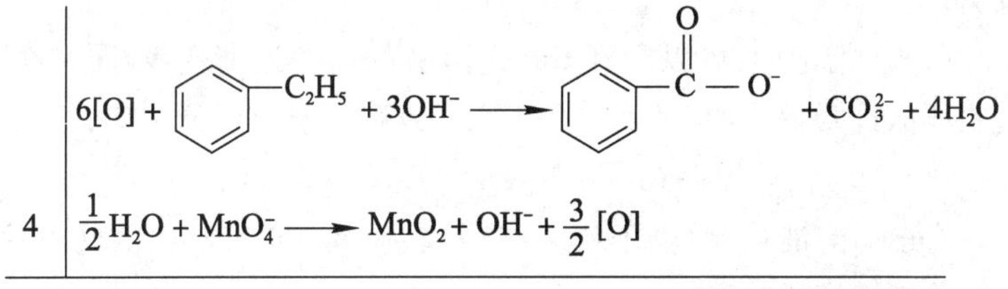

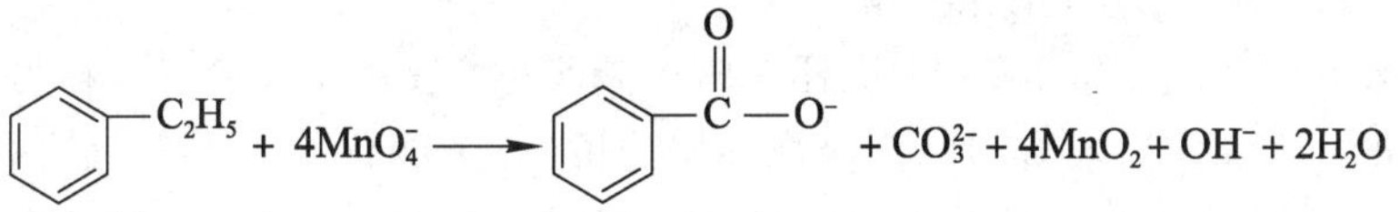

2. 氧化数法

[例 4.5] 铬酸把乙醇氧化成乙酸。

$$CH_3CH_2OH \xrightarrow{H_2CrO_4} CH_3-\overset{\overset{\displaystyle O}{\|}}{C}-OH$$

写出未配平的半反应：

$$CH_3CH_2OH \longrightarrow CH_3-\overset{\overset{\displaystyle O}{\|}}{C}-OH$$

$$CrO_4^{2-} \longrightarrow Cr^{3+}$$

配平半反应：

算出化合物中氧化数有变化的原子的总氧化数及其变化值。

$$\overset{-3}{C}H_3\overset{-1}{C}H_2-OH \longrightarrow \overset{-3}{C}H_3\overset{+3}{C}(=O)-OH$$

$$+4$$

$$\overset{+6}{CrO_4^{2-}} \longrightarrow \overset{+3}{Cr^{3+}} \quad (-3)$$

根据氧化剂氧化数降低总数与还原剂氧化数升高总数相等的原则,再用 H^+ 或 OH^-(根据介质需要)和 H_2O 配平电荷数和氢氧原子个数,即得

$$3CH_3CH_2OH + 4CrO_4^{2-} + 20H^+ \longrightarrow 3CH_3—\overset{\overset{O}{\|}}{C}—OH + 4Cr^{3+} + 13H_2O$$

［例 4.6］ 酸性溶液中,甲苯被重铬酸钾氧化。

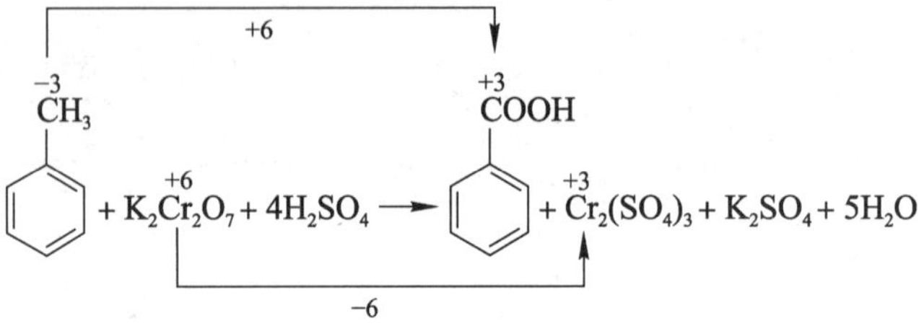

4.2 电极电势

4.2.1 原电池

1. 原电池的概念

实验视频

将 Zn 片放入 $CuSO_4$ 溶液中,可以看到 $CuSO_4$ 溶液的蓝色逐渐变浅,同时在 Zn 片上不断析出紫红色的 Cu,此现象表明 Zn 和 $CuSO_4$ 之间发生了氧化还原反应:

$$Zn + Cu^{2+} \longrightarrow Zn^{2+} + Cu$$

由于 Zn 片与 $CuSO_4$ 溶液接触,电子从 Zn 直接转移给 Cu^{2+},电子的转移是无秩序的,反应放出的化学能转变成热能。

实验视频

若采取图 4.1 装置:在一个烧杯中放入 $ZnSO_4$ 溶液并插入 Zn 片,在另一个烧杯中放入 $CuSO_4$ 溶液并插入 Cu 片,两个烧杯用盐桥(一个倒置的 U 形管,管内充满含饱和 KCl 溶液的琼脂胶冻)连接起来,再用导线连接 Zn 片和 Cu 片,中间串联一个检流计,则可以看到检流计的指针发生偏转,这表明导线中有电流通过。由检流计指针偏转方向可知,电子从 Zn 极流向 Cu 极,亦即电流由正极(电子流入的电极)流向负极(电子流出的电极)。

在两极发生的反应(电极反应或半电池反应)为

负极(Zn):	$Zn - 2e^- \longrightarrow Zn^{2+}$	氧化反应
正极(Cu):	$Cu^{2+} + 2e^- \longrightarrow Cu$	还原反应
电池反应:	$Zn + Cu^{2+} \longrightarrow Zn^{2+} + Cu$	

由此可见,图 4.1 装置中发生的氧化、还原反应和 Zn 与 Cu^{2+} 直接接触所发生的氧化还原反应实质是一样的,只不过这种装置使氧化反应和还原反应分别在负极和正极进行,电子由锌极向铜极转移而形成电流。这种能使氧化、还原反应产生电流的装置称为原电池。在原电池中化学能转变为电能。

每一种原电池都是由两个“半电池”所组成。例如,Cu-Zn 原电池就是由 Zn 和

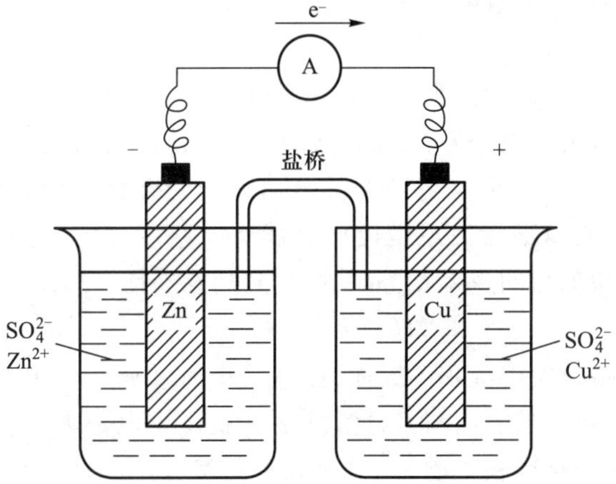

图 4.1 铜锌原电池

$ZnSO_4$溶液、Cu 和 $CuSO_4$溶液所构成的两个“半电池”组成。每个半电池含有同一元素不同氧化数的两种物质，其中高氧化数的称为氧化型物质，如 Cu-Zn 原电池中锌半电池的 Zn^{2+}和铜半电池的 Cu^{2+}；低氧化数的称为还原型物质，如锌半电池的 Zn 和铜半电池的 Cu。同一种元素的氧化型物质和还原型物质构成氧化还原电对，如 Zn^{2+}/Zn、Cu^{2+}/Cu。非金属单质及其相应的离子，也可以构成氧化还原电对，如 H^+/H_2、O_2/OH^-等。

氧化型物质和还原型物质在一定条件下，可以互相转化：

$$\text{氧化型}+ze^- \rightleftharpoons \text{还原型}$$

$$Zn^{2+}+2e^- \rightleftharpoons Zn$$

$$Cu^{2+}+2e^- \rightleftharpoons Cu$$

$$2H^++2e^- \rightleftharpoons H_2$$

$$O_2+2H_2O+4e^- \rightleftharpoons 4OH^-$$

2. 原电池的表示方法

电化学中常用特定方式表示原电池。例如，Cu-Zn 原电池可以表示为

$$(-)Zn \mid ZnSO_4(c_1) \parallel CuSO_4(c_2) \mid Cu(+)$$

即把负极(-)写在左边，正极(+)写在右边；其中“|”表示两相界面，“ ⁞⁞ ”表示盐桥；c 表示溶液的浓度(气体以分压表示)。如果组成电极的物质是非金属单质及其相应的离子，或者是同一种元素不同氧化数的离子，如 H^+/H_2、O_2/OH^-、Sn^{4+}/Sn^{2+}、Fe^{3+}/Fe^{2+}等，则需外加惰性电极。惰性电极是一种能够导电而不参加电极反应的电极，如铂、石墨等。

例如，以锌电极与氢电极组成原电池，该电池的符号为

$$(-)Zn \mid Zn^{2+}(c_1) \parallel H^+(c_2) \mid H_2(p^\ominus), Pt(+)$$

又如，以氢电极和 Fe^{3+}/Fe^{2+}电极组成原电池，其符号为

$$(-)Pt, H_2(p^\ominus) \mid H^+(c_1) \parallel Fe^{3+}(c_2), Fe^{2+}(c_3) \mid Pt(+)$$

4.2.2 电极电势的产生

在 Cu-Zn 原电池中，电流从 Cu 极流向 Zn 极，说明 Cu 极电势比 Zn 极高。为什么

这两个电极的电势不等,电极电势又是怎样产生的呢？这与金属及其盐溶液之间的相互作用有关。

当把金属浸入其盐溶液时,则会出现两种倾向:一种是金属表面的原子因热运动和受极性水分子的作用以离子形式进入溶液(金属越活泼或溶液中金属离子的浓度越小,这种倾向越大);另一种是溶液中的金属离子受金属表面自由电子的吸引而沉积在金属表面上(金属越不活泼或溶液中金属离子浓度越大,这种倾向就越大)。当金属在溶液中溶解和沉积的速率相等时,则达到动态平衡:

$$M(s) \rightleftharpoons M^{z+} + ze^-$$

若金属溶解的倾向大于沉积的倾向,则达平衡时金属带负电荷,而靠近金属的溶液带正电荷。这样,在金属表面与其盐溶液之间就产生电势差,这种电势差称为该金属的平衡电极电势(简称电极电势)。若用两种活泼性不同的金属分别组成两个电极电势不等的电极,再将这两个电极以原电池的形式连接起来,就能产生电流。例如,Cu-Zn 原电池中,由于 Zn 比 Cu 活泼,Cu 电极的电极电势比 Zn 电极的电极电势高,造成电子从 Zn 电极流向 Cu 电极。

4.2.3　电极电势的测定

1. 标准氢电极

实验视频

迄今为止,平衡电极电势的绝对值还无法测量,然而可用比较的方法确定它的相对值,就如同以海平面为基准来测定山丘的高度一样。通常采用标准氢电极作为比较的标准,并将其电极电势规定为零。标准氢电极如图 4.2 所示,是把镀有一层铂黑的铂片浸入 H^+浓度为 1 mol·L^{-1}的溶液中,在 298.15 K 时通入压力为 100 kPa 的纯氢气让铂黑吸附并维持饱和状态,这样的电极作为标准氢电极,电极电势表示为 $E^{\ominus}(H^+/H_2) = 0$ V。

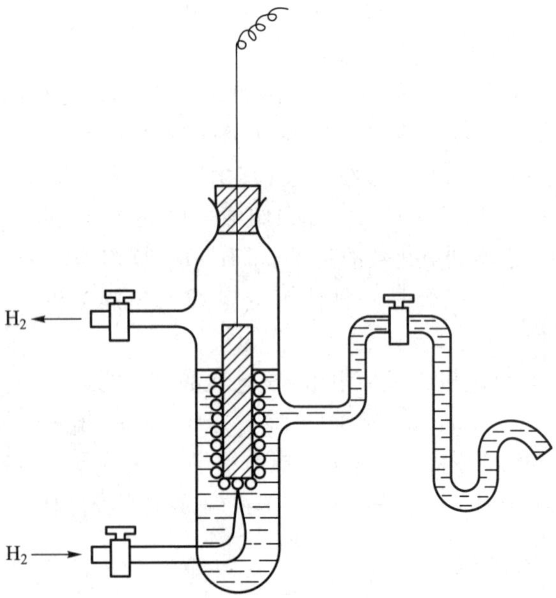

图 4.2　标准氢电极

2. 电极电势的测定

欲确定某电极的电极电势，可把该电极与标准氢电极组成原电池，由于 $E^{\ominus}(H^+/H_2)=0$ V，这样测量该原电池的电动势（E❶）即可确定欲测电极的电极电势：$E=E_{(+)}-E_{(-)}$。实用上为了便于比较，提出了标准电极电势的概念。若待测电极处于标准态（物质皆为纯净物，组成电对的有关物质的浓度为1.0 mol·L^{-1}，若涉及气体，气体的分压为 100 kPa），则所测得的电动势称为标准电动势（$E^{\ominus}$）。

疑难解析

$$E^{\ominus}=E^{\ominus}_{(+)}-E^{\ominus}_{(-)}$$

例如，欲测定铜电极的标准电极电势，应组成下列原电池：

$(-)\mathrm{Pt}, \mathrm{H_2}(100\ \mathrm{kPa})\,|\,\mathrm{H^+}(1.0\ \mathrm{mol\cdot L^{-1}}) \parallel \mathrm{Cu^{2+}}(1.0\ \mathrm{mol\cdot L^{-1}})\,|\,\mathrm{Cu}(+)$

在 298.15 K 时，测得该电池的电动势 $E^{\ominus}=0.340$ V，

即 $$E^{\ominus}=E^{\ominus}(Cu^{2+}/Cu)-E^{\ominus}(H^+/H_2)=0.340\ \mathrm{V}$$

因为 $$E^{\ominus}(H^+/H_2)=0\ \mathrm{V}$$

所以 $$E^{\ominus}(Cu^{2+}/Cu)=+0.340\ \mathrm{V}$$

用类似的方法可测得一系列电对的标准电极电势。附录 7 列出了 298.15 K 时一些常用电对的标准电极电势 $E^{\ominus}_{A}$（在酸性溶液中）和 $E^{\ominus}_{B}$（在碱性溶液中）。

疑难解析

必须注意，附录 7 中的电极反应均为还原反应，所以采用的是还原电势❷。$E^{\ominus}$ 代数值越小，表示该电对所对应的还原型物质的还原能力越强，氧化型物质的氧化能力越弱。如附录 7 所示，Li 的还原性最强而 Li^+ 氧化能力最弱。$E^{\ominus}$ 代数值越大，表示该电对所对应的还原型物质的还原能力越弱，氧化型物质的氧化能力越强。

4.2.4 影响电极电势的因素

电极电势的大小，不仅取决于电极的性质，还与温度和溶液中离子的浓度、气体的分压有关。

W. Nernst 从理论上推导出电极电势与浓度之间的关系：

人物简介

$$\text{氧化型}+ze^- \rightleftharpoons \text{还原型}$$

$$E=E^{\ominus}+\frac{RT}{zF}\ln\frac{[\text{氧化型}]}{[\text{还原型}]} \tag{4.2.1}$$

此式称为能斯特方程式。式中：E 为电对在某一浓度时的电极电势；$E^{\ominus}$ 为电对的标准电极电势；[氧化型]、[还原型]分别表示电极反应中在氧化型、还原型一侧各物种相对浓度（或相对压力）幂的乘积；R 为摩尔气体常数；T 为热力学温度；F 为法拉第常数；z 为电极反应式中转移的电子数。

疑难解析

当电极电势单位用 V、浓度单位用 mol·L^{-1}、压力用 Pa 表示时，则 $R=$ 8.314 J·K^{-1}·mol^{-1}。

如果将自然对数改为常用对数，R 取 8.314 J·K^{-1}·mol^{-1}，F 取96 485 J·V^{-1}·mol^{-1}，则在 298.15 K 时：

---

❶ 当通过原电池的电流趋于零时，两电极间最大电势差称为该原电池的电动势，亦即原电池两个平衡电极电势之差。

❷ 采用还原电势是 1933 年 IUPAC 所规定的，但在美洲习惯采用氧化电势。对同一电对而言，还原电势与氧化电势其绝对值相等，正、负号相反。

$$\frac{RT}{zF}\ln\frac{[\text{氧化型}]}{[\text{还原型}]}=\frac{0.059\ 2\ \text{V}}{z}\lg\frac{[\text{氧化型}]}{[\text{还原型}]}$$

从能斯特方程式可看出，当体系温度一定时，对确定的电对来说，其电极电势主要与 $E^{\ominus}$ 有关，另外还与[氧化型]/[还原型]的比值大小有关。

［例 4.7］　计算 298.15 K 下，$c(Zn^{2+})=0.100\ \text{mol}\cdot\text{L}^{-1}$ 时的 $E(Zn^{2+}/Zn)$ 值。

解：电极反应为

$$Zn^{2+}+2e^{-}\rightleftharpoons Zn$$

$$E(Zn^{2+}/Zn)=E^{\ominus}(Zn^{2+}/Zn)+\frac{0.059\ 2\ \text{V}}{2}\lg\{c(Zn^{2+})/c^{\ominus}\}$$

$$=-0.762\ 6\ \text{V}+\frac{0.059\ 2\ \text{V}}{2}\lg 0.100$$

$$=-0.792\ 2\ \text{V}$$

即当 $c(Zn^{2+})$ 减小为 $c^{\ominus}(Zn^{2+})$ 的十分之一时，$E(Zn^{2+}/Zn)$ 值比 $E^{\ominus}(Zn^{2+}/Zn)$ 值仅减小0.03 V。

［例 4.8］　计算 298.15 K 下，$c(OH^{-})=0.100\ \text{mol}\cdot\text{L}^{-1}$ 时的 $E(O_2/OH^{-})$ 值。已知 $p(O_2)=10^5$ Pa。

解：电极反应为

$$O_2+2H_2O+4e^{-}\rightleftharpoons 4OH^{-}$$

$$E(O_2/OH^{-})=E^{\ominus}(O_2/OH^{-})+\frac{0.059\ 2\ \text{V}}{4}\lg\frac{p(O_2)/p^{\ominus}}{\{c(OH^{-})/c^{\ominus}\}^4}$$

$$=+0.401\ \text{V}+\frac{0.059\ 2\ \text{V}}{4}\lg\frac{1}{(0.100)^4}$$

$$=+0.460\ \text{V}$$

［例 4.9］　在 298.15 K 下，将 Pt 片浸入 $c(Cr_2O_7^{2-})=c(Cr^{3+})=1.00\ \text{mol}\cdot\text{L}^{-1}$，$c(H^{+})=10.0\ \text{mol}\cdot\text{L}^{-1}$ 溶液中，计算 $E(Cr_2O_7^{2-}/Cr^{3+})$ 值。

解：电极反应为

疑难解析

$$Cr_2O_7^{2-}+14H^{+}+6e^{-}\rightleftharpoons 2Cr^{3+}+7H_2O$$

$$E(Cr_2O_7^{2-}/Cr^{3+})=E^{\ominus}(Cr_2O_7^{2-}/Cr^{3+})+\frac{0.059\ 2\ \text{V}}{z}\lg\frac{\{c(Cr_2O_7^{2-})/c^{\ominus}\}\{c(H^{+})/c^{\ominus}\}^{14}}{\{c(Cr^{3+})/c^{\ominus}\}^2}$$

$$=+1.36\ \text{V}+\frac{0.059\ 2\ \text{V}}{6}\lg\frac{1.00\times(10.0)^{14}}{1.00}$$

$$=+1.50\ \text{V}$$

说明含氧酸盐在酸性介质中其氧化性增强。

由上可见，离子浓度对电极电势虽有影响，但影响一般不大；若 H^{+} 或 OH^{-} 也参与了电极反应，那么溶液的酸度往往对电对电极电势有较大的影响。另外，沉淀和弱电解质的生成对电极电势也有较大的影响（见[例 4.10]和[例 4.11]）。

［例 4.10］　在含有 Ag^{+}/Ag 电对的体系中，电极反应为

$$Ag^{+}+e^{-}\rightleftharpoons Ag;\quad E^{\ominus}(Ag^{+}/Ag)=0.799\ 1\ \text{V}$$

若加入 NaCl 溶液至溶液中 $c(Cl^{-})$ 维持 $1.00\ \text{mol}\cdot\text{L}^{-1}$，试计算 $E(Ag^{+}/Ag)$ 值。

解：当加入 NaCl 溶液，便生成 AgCl 沉淀：

$$Ag^{+}+Cl^{-}\longrightarrow AgCl\downarrow$$

这时

$$c(Ag^{+})=\frac{K_{sp}^{\ominus}(AgCl)\cdot(c^{\ominus})^2}{c(Cl^{-})}$$

当 $c(\mathrm{Cl^-})=1.00\ \mathrm{mol\cdot L^{-1}}$时：

$$c(\mathrm{Ag^+})=\left(\frac{1.77\times10^{-10}}{1.00}\right)\ \mathrm{mol\cdot L^{-1}}=1.77\times10^{-10}\ \mathrm{mol\cdot L^{-1}}$$

把 $c(\mathrm{Ag^+})$值代入下式：

$$\begin{aligned}E(\mathrm{Ag^+/Ag})&=E^{\ominus}(\mathrm{Ag^+/Ag})+\frac{0.059\ 2\ \mathrm{V}}{1}\lg\{c(\mathrm{Ag^+})/c^{\ominus}\}\\&=0.799\ 1\ \mathrm{V}+\frac{0.059\ 2\ \mathrm{V}}{1}\lg1.77\times10^{-10}\\&=0.22\ \mathrm{V}\end{aligned}$$

$E(\mathrm{Ag^+/Ag})$值与 $E^{\ominus}(\mathrm{Ag^+/Ag})$值比较，由于 AgCl 沉淀的生成，$\mathrm{Ag^+}$平衡浓度减小，$\mathrm{Ag^+/Ag}$ 电对的电极电势下降了 0.57 V，使 $\mathrm{Ag^+}$的氧化能力降低。

［例 4.11］ 假若以电对 $\mathrm{Ag^+/Ag}$ 与 AgCl/Ag 组成原电池，在此体系中加入 NaCl 溶液至溶液中 $\mathrm{Cl^-}$平衡浓度保持为 $1.00\ \mathrm{mol\cdot L^{-1}}$，试计算此时的 $E^{\ominus}(\mathrm{AgCl/Ag})$值。

解：　$\mathrm{Ag^+ + e^- \rightleftharpoons Ag}$；　$E(\mathrm{Ag^+/Ag})$

$\mathrm{AgCl(s)+e^- \rightleftharpoons Ag+Cl^-}$；　$E(\mathrm{AgCl/Ag})$

该原电池反应达平衡时两电对的值必然相等，即

$$E(\mathrm{Ag^+/Ag})=E(\mathrm{AgCl/Ag})$$

$$E^{\ominus}(\mathrm{Ag^+/Ag})+\frac{0.059\ 2\ \mathrm{V}}{1}\lg\{c(\mathrm{Ag^+})/c^{\ominus}\}=E^{\ominus}(\mathrm{AgCl/Ag})+\frac{0.059\ 2\ \mathrm{V}}{1}\lg\left\{\frac{1}{c(\mathrm{Cl^-})/c^{\ominus}}\right\}$$

由［例 4.10］计算得知，当 $c(\mathrm{Cl^-})=1.00\ \mathrm{mol\cdot L^{-1}}$时，$c(\mathrm{Ag^+})=1.77\times10^{-10}\ \mathrm{mol\cdot L^{-1}}$，把$c(\mathrm{Cl^-})$、$c(\mathrm{Ag^+})$代入上式，可得

$$E^{\ominus}(\mathrm{AgCl/Ag})=0.22\ \mathrm{V}$$

对照［例 4.10］表明：［例 4.10］计算所得的 $E(\mathrm{Ag^+/Ag})$值实际上正是［例 4.11］求得的 $E^{\ominus}(\mathrm{AgCl/Ag})$值。

［例 4.12］ 在下列体系中：

$$\mathrm{2H^+ + 2e^- \rightleftharpoons H_2};\quad E^{\ominus}(\mathrm{H^+/H_2})=0$$

若加入 NaOAc 溶液即生成 HOAc。当 $p(\mathrm{H_2})=1.00\times10^5\ \mathrm{Pa}$，$c(\mathrm{HOAc})=c(\mathrm{OAc^-})=1\ \mathrm{mol\cdot L^{-1}}$时，试计算 $E(\mathrm{H^+/H_2})$值。

解：

$$c(\mathrm{H^+})=\frac{K_a^{\ominus}(\mathrm{HOAc})\cdot c(\mathrm{HOAc})/c^{\ominus}}{c(\mathrm{OAc^-})/(c^{\ominus})^2}=1.8\times10^{-5}\ \mathrm{mol\cdot L^{-1}}$$

则

$$\begin{aligned}E(\mathrm{H^+/H_2})&=E^{\ominus}(\mathrm{H^+/H_2})+\frac{0.059\ 2\ \mathrm{V}}{2}\lg\frac{\{c(\mathrm{H^+})/c^{\ominus}\}^2}{p(\mathrm{H_2})/p^{\ominus}}\\&=0+\frac{0.059\ 2\ \mathrm{V}}{2}\lg\frac{(1.8\times10^{-5})^2}{1.00\times10^5/1.00\times10^5}\\&=-0.28\ \mathrm{V}\end{aligned}$$

$E(\mathrm{H^+/H_2})$值与 $E^{\ominus}(\mathrm{H^+/H_2})$值比较，由于 HOAc 的生成，$\mathrm{H^+}$平衡浓度减小，$\mathrm{H^+/H_2}$电对的电极电势下降了 0.28 V，使 $\mathrm{H^+}$的氧化能力降低。

同理可知，［例 4.12］计算所得的 $E(\mathrm{H^+/H_2})$值实际上正是 $E^{\ominus}(\mathrm{HOAc/H_2})$的值。

4.2.5 电极电势的应用

1. 判断原电池的正、负极，计算原电池的电动势

在原电池中，电极电势代数值较大的电极为正极，电极电势代数值较小的电极为负极。

［例 4.13］　试判断下列原电池的正、负极，并计算其电动势。

$$Zn\,|\,Zn^{2+}(0.001\,0\ mol\cdot L^{-1})\ ┆┆\ Zn^{2+}(1.0\ mol\cdot L^{-1})\,|\,Zn$$

解：由附录 7 查得 $E^{\ominus}(Zn^{2+}/Zn) = -0.762\,6\ V$

根据能斯特方程可写出：

$$E(Zn^{2+}/Zn) = E^{\ominus}(Zn^{2+}/Zn) + \frac{0.059\,2\ V}{2}\lg\{c(Zn^{2+})/c^{\ominus}\}$$

$$= -0.762\,6\ V + \left(\frac{0.059\,2\ V}{2}\lg 0.001\right)$$

$$= -0.851\ V$$

又根据 E 代数值大的电对作为(+)极，E 代数值小的电对作为(-)极，所以盐桥左边为负极，盐桥右边为正极，即

疑难解析

$$(-)Zn\,|\,Zn^{2+}(0.001\,0\ mol\cdot L^{-1})\ ┆┆\ Zn^{2+}(1.0\ mol\cdot L^{-1})\,|\,Zn(+)$$

$$E = E_{(+)} - E_{(-)}$$

$$= -0.762\,6\ V - (-0.851\ V)$$

$$= 0.088\ V$$

上述原电池的正、负两极电对相同，只是半电池内 $c(Zn^{2+})$ 不同，这种原电池称为浓差电池。

2. 判断氧化剂、还原剂的相对强弱

电极电势代数值的大小反映了电对中氧化型物质得电子和还原型物质失电子能力的强弱，因此，根据电极电势代数值的相对大小，可以比较氧化剂或还原剂的相对强弱。

在附录 7 标准电极电势表中存在下列关系：

在酸性溶液中

电对	氧化还原能力递变规律	$E^{\ominus}$/V
Li^{+}/Li	Li 为还原能力最强的还原型物质	
⋮	氧化型物质氧化能力增强 ↓	
Zn^{2+}/Zn		代数值增大 ↓
⋮		
H^{+}/H_2	↑ 还原型物质还原能力增强	
⋮		
Cu^{2+}/Cu		
⋮	XeF 为氧化能力最强氧化型物质	
XeF/Xe		

在碱性水溶液中

电对	氧化还原能力递变规律	$E^{\ominus}$/V
$Ca(OH)_2/Ca$	Ca 为还原能力最强的还原型物质	
⋮	氧化型物质氧化能力增强 ↓	
$Zn(OH)_2/Zn$		代数值增大 ↓
⋮		
SO_4^{2-}/SO_3^{2-}	↑ 还原型物质还原能力增强	
⋮		
S/S^{2-}		
⋮	O_3 为氧化能力最强氧化型物质	
O_3/OH^{-}		

实验室中常用强氧化剂电对的 $E^{\ominus}$ 值一般都大于 1.0 V，如 $KMnO_4$、$K_2Cr_2O_7$、H_2O_2 等；常用的强还原剂电对的 $E^{\ominus}$ 值一般都小于 0 或稍大于 0，如 Fe、Zn、Sn^{2+} 等。化工生产中采用的氧化剂和还原剂更要综合考虑性能、成本、安全、来源等因素。常用氧化剂、还原剂及其反应产物如附录 8 所示。

3. 计算弱电解质解离常数($K_i^{\ominus}$)

[例 4.14] 已知 $E^{\ominus}(HCN/H_2)=-0.545$ V，计算 $K_a^{\ominus}(HCN)$ 值。

解：电极反应为 $$2HCN+2e^- \rightleftharpoons H_2+2CN^-$$

根据

$$E^{\ominus}(HCN/H_2)=E^{\ominus}(H^+/H_2)+\frac{0.059\ 2\ V}{2}\lg\frac{\{c(H^+)/c^{\ominus}\}^2}{p(H_2)/p^{\ominus}}$$

标准态下 $$p(H_2)=1.00\times10^5\ Pa$$

$$c(HCN)=c(CN^-)=1.0\ mol\cdot L^{-1}$$

则

$$E^{\ominus}(HCN/H_2)=E^{\ominus}(H^+/H_2)+\frac{0.059\ 2\ V}{2}\lg\frac{\{c(H^+)/c^{\ominus}\}^2}{p(H_2)/p^{\ominus}}$$

$$=0+0.059\ 2\ V\ \lg\{c(H^+)/c^{\ominus}\}$$

$$=0.059\ 2\ V\ \lg\frac{K_a^{\ominus}(HCN)\cdot c(HCN)/c^{\ominus}}{c(CN^-)/c^{\ominus}}$$

所以 $$E^{\ominus}(HCN/H_2)=0.059\ 2\ V\ \lg K_a^{\ominus}(HCN)$$

$$\lg K_a^{\ominus}(HCN)=\frac{E^{\ominus}(HCN/H_2)}{0.059\ 2\ V}=\frac{-0.545\ V}{0.059\ 2\ V}=-9.21$$

$$K_a^{\ominus}(HCN)=6.2\times10^{-10}$$

4. 计算难溶电解质溶度积($K_{sp}^{\ominus}$)

[例 4.15] 已知 $E^{\ominus}(PbSO_4/Pb)=-0.356$ V，$E^{\ominus}(Pb^{2+}/Pb)=-0.126$ V，求 $K_{sp}^{\ominus}(PbSO_4)$。

解：$E^{\ominus}(PbSO_4/Pb)=E(Pb^{2+}/Pb)$

$$=E^{\ominus}(Pb^{2+}/Pb)+\frac{0.059\ 2\ V}{2}\lg\{c(Pb^{2+})/c^{\ominus}\}$$

$$=E^{\ominus}(Pb^{2+}/Pb)+\frac{0.059\ 2\ V}{2}\lg\frac{\{c(Pb^{2+})/c^{\ominus}\}\{c(SO_4^{2-})/c^{\ominus}\}}{c(SO_4^{2-})/c^{\ominus}}$$

$$=E^{\ominus}(Pb^{2+}/Pb)+\frac{0.059\ 2\ V}{2}\lg\frac{K_{sp}^{\ominus}(PbSO_4)}{c(SO_4^{2-})/c^{\ominus}}$$

标准态下 $$c(SO_4^{2-})=1.0\ mol\cdot L^{-1}$$

$$E^{\ominus}(PbSO_4/Pb)=E^{\ominus}(Pb^{2+}/Pb)+\frac{0.059\ 2\ V}{2}\lg K_{sp}^{\ominus}(PbSO_4)$$

则

$$\lg K_{sp}^{\ominus}(PbSO_4)=\frac{2\times\{E^{\ominus}(PbSO_4/Pb)-E^{\ominus}(Pb^{2+}/Pb)\}}{0.059\ 2\ V}$$

$$=\frac{2\times\{-0.356-(-0.126)\}\ V}{0.059\ 2\ V}=-7.77$$

$$K_{sp}^{\ominus}(PbSO_4)=1.7\times10^{-8}$$

电极电势最重要的应用是判断氧化还原反应的方向和限度，故下面作专节介绍。

4.3 氧化还原反应的方向和限度

4.3.1 氧化还原反应的方向

如前所述，化学反应自发进行的条件为 $\Delta_r G_m<0$，又因为 $\Delta_r G_m$ 与原电池电动势之间存在如下关系：

疑难解析

$$\Delta_r G_m=-z'FE \qquad (4.3.1)$$

式中：z'为电池反应中转移的电子数；F 为法拉第常数。

当 $\Delta_r G_m<0$ 时，$E>0$，该化学反应能自发进行。可见，原电池电动势（E）值亦可以作为氧化还原反应自发进行的判据。又因为 $E=E_{(+)}-E_{(-)}$，可知只有电极电势代数值较大的电对的氧化型物质才能与电极电势代数值较小的电对的还原型物质反应。氧化还原反应方向的规律是：

较强的氧化剂+较强的还原剂 ⟶ 较弱的还原剂+较弱的氧化剂。

实验视频

［例 4.16］ 试判断下述反应：

$$Pb^{2+}+Sn \rightleftharpoons Pb+Sn^{2+}$$

在（1）标准态；（2）非标准态，且$\dfrac{c(Pb^{2+})}{c(Sn^{2+})}=\dfrac{0.001\ 0}{1.0}$时反应自发进行的方向。

解：（1）标准态时：

$$\begin{aligned}E^{\ominus}&=E^{\ominus}(Pb^{2+}/Pb)-E^{\ominus}(Sn^{2+}/Sn)\\&=-0.126\ V-(-0.136\ V)\\&=0.010\ V>0\end{aligned}$$

上述反应自发向右进行。

（2）非标准态时：

$$\begin{aligned}E&=\left\{E^{\ominus}(Pb^{2+}/Pb)+\frac{0.059\ 2\ V}{2}\lg[c(Pb^{2+})/c^{\ominus}]\right\}-\left\{E^{\ominus}(Sn^{2+}/Sn)+\frac{0.059\ 2\ V}{2}\lg[c(Sn^{2+})/c^{\ominus}]\right\}\\&=E^{\ominus}+\frac{0.059\ 2\ V}{2}\lg\frac{c(Pb^{2+})/c^{\ominus}}{c(Sn^{2+})/c^{\ominus}}=0.010\ V+\frac{0.059\ 2\ V}{2}\lg\frac{0.001\ 0}{1.00}\\&=-0.079\ V<0\end{aligned}$$

所以上述反应的方向发生逆转，即自发地向左进行。

对于某些有含氧酸及其盐（如 $KMnO_4$，$K_2Cr_2O_7$，H_3AsO_4等）参加的氧化还原反应，溶液的酸度有时会导致反应方向的改变。例如，下列可逆反应：

$$H_3AsO_4+2I^-+2H^+ \underset{\text{弱碱性介质}}{\overset{\text{强酸性介质}}{\rightleftharpoons}} HAsO_2+I_2+2H_2O$$

pH≈8 时，I_2可定量地被 AsO_2^- 还原，而在 $c(H^+)$ 等于 4~6 $mol\cdot L^{-1}$时，H_3AsO_4可以定量地被 I^-还原。（读者可以自己通过计算证实。）

判断氧化还原反应的方向，严格来说，应该根据能斯特方程式求得在给定条件下各电对的电极电势值，然后再进行比较和判断。不过浓度（或气体分压）的变化对电对电极电势的影响通常不太大，如果两个电对的标准电极电势相差比较大［$E^{\ominus}$（标准电动势）>0.2 V］，一般可以用标准电极电势来判断氧化还原反应进行的方向；但是，如果相差较小($E^\ominus<0.2\ \mathrm{V}$),离子浓度的变化较大,有可能导致氧化还原反应逆向进行。

[例 4.17] 电子工业制造印刷电路板,采用 $FeCl_3$ 溶液腐蚀铜箔,试问在标准态下此反应能否自发向右进行?

解:
$$2FeCl_3+Cu \longrightarrow CuCl_2+2FeCl_2$$

由附录查得
$$E^\ominus(Fe^{3+}/Fe^{2+})=0.771\ \mathrm{V}$$
$$E^\ominus(Cu^{2+}/Cu)=0.340\ \mathrm{V}$$
$$E^\ominus=E^\ominus(Fe^{3+}/Fe^{2+})-E^\ominus(Cu^{2+}/Cu)$$
$$=0.771\ \mathrm{V}-0.340\ \mathrm{V}=0.431\ \mathrm{V}$$

$E^\ominus>0.2\ \mathrm{V}$,在标准态下该反应能自发向右进行。

4.3.2 氧化还原反应的限度

如前所述,化学反应进行的限度可以用平衡常数来衡量。由 2.3.2 节中式(2.3.5)已知:

疑难解析

$$\lg K^\ominus=-\frac{\Delta_r G_m^\ominus}{2.303RT}$$

在标准态下原电池的 $\Delta_r G_m^\ominus=-z'FE^\ominus$,则

$$\lg K^\ominus=\frac{z'FE^\ominus}{2.303RT}$$

在 298.15 K 下,将 R、F 值代入上式可得

$$\lg K^\ominus=\frac{z'E^\ominus}{0.0592\ \mathrm{V}} \tag{4.3.2}$$

$$\lg K^\ominus=\frac{z'[E^\ominus_{(+)}-E^\ominus_{(-)}]}{0.0592\ \mathrm{V}} \tag{4.3.3}$$

由此可见,氧化还原反应的平衡常数($K^\ominus$)只与标准电动势($E^\ominus$)有关,而与物质浓度无关。$E^\ominus$ 值越大,$K^\ominus$ 值越大,正反应有可能进行得越完全。

[例 4.18] 试计算下列反应在 298.15 K 时的平衡常数($K^\ominus$)。

$$Cu^{2+}+Zn \rightleftharpoons Cu+Zn^{2+}$$

解:由附录查得
$$E^\ominus(Cu^{2+}/Cu)=0.340\ \mathrm{V}$$
$$E^\ominus(Zn^{2+}/Zn)=-0.7626\ \mathrm{V}$$
$$E^\ominus=E^\ominus_{(+)}-E^\ominus_{(-)}=E^\ominus(Cu^{2+}/Cu)-E^\ominus(Zn^{2+}/Zn)$$
$$=[0.340-(-0.7626)]\ \mathrm{V}$$
$$=1.103\ \mathrm{V}$$
$$\lg K^\ominus=\frac{z'E^\ominus}{0.0592\ \mathrm{V}}=\frac{2\times1.103\ \mathrm{V}}{0.0592\ \mathrm{V}}=37.26$$
$$K^\ominus=\frac{c(Zn^{2+})/c^\ominus}{c(Cu^{2+})/c^\ominus}=1.8\times10^{37}$$

平衡常数 $K^\ominus$ 值越大,表明该反应进行得很完全,即达平衡时,Cu^{2+} 几乎都被 Zn 置换,沉积为金属铜。

[例 4.19] 试计算在 298.15 K 时下列反应:

$$Pb^{2+}+Sn \rightleftharpoons Pb+Sn^{2+}$$

的平衡常数；若 Pb^{2+} 的初始浓度为 2.0 $mol \cdot L^{-1}$，反应达平衡后 $c(Pb^{2+})$ 还有多大？

解：

$$E^{\ominus}=E^{\ominus}(Pb^{2+}/Pb)-E^{\ominus}(Sn^{2+}/Sn)$$
$$=(-0.126\ V)-(-0.136\ V)=0.010\ V$$
$$\lg K^{\ominus}=\frac{z'E^{\ominus}}{0.0592\ V}=\frac{2\times0.010\ V}{0.0592\ V}=0.34$$
$$K^{\ominus}=2.2$$
$$Pb^{2+}+Sn \rightleftharpoons Pb+Sn^{2+}$$

平衡浓度/($mol \cdot L^{-1}$)　　$2.0-x$　　　　x

$$K^{\ominus}=\frac{c(Sn^{2+})/c^{\ominus}}{c(Pb^{2+})/c^{\ominus}}=\frac{x}{2.0-x}=2.2$$
$$x=1.4$$
$$c(Pb^{2+})=(2.0-x)\ mol \cdot L^{-1}=0.6\ mol \cdot L^{-1}$$

由于 $K^{\ominus}$ 较小，平衡时 $c(Pb^{2+})$ 仍较大，该反应进行得很不完全。

通过上面讨论可以看出，根据电极电势的相对大小，能够判断氧化还原反应自发进行的方向和限度。但是要指明，电极电势的大小不能判断反应速率的大小。例如：

$$2MnO_4^-+5Zn+16H^+ \longrightarrow 2Mn^{2+}+5Zn^{2+}+8H_2O$$

该反应的 $E^{\ominus}(MnO_4^-/Mn^{2+})=1.51\ V$，$E^{\ominus}(Zn^{2+}/Zn)=-0.7626V$；标准电动势为 $E^{\ominus}=2.27\ V$；计算出反应的平衡常数 $K^{\ominus}=2.7\times10^{383}$。

计算表明，上述反应可以进行完全。然而实验证明，在酸性介质中，如果用纯锌与高锰酸盐作用，因反应速率小而不易察觉，只有在 Fe^{3+} 的催化下，反应才明显进行。

4.4　电势图及其应用

表示同一元素不同氧化数物质氧化还原能力相对强弱的图示法有多种。本节只介绍两种，一种称元素标准电极电势图，又称拉铁莫尔图；另一种称埃布斯沃思图或(Gibbs 标准生成)自由能-氧化数($\Delta_f G_m^{\ominus}-N$)图。

4.4.1　元素标准电极电势图及其应用

许多元素常具有多种氧化数。同一元素的不同氧化数物质其氧化或还原能力是不同的。因此，为了突出表示同一元素各不同氧化数物质的氧化还原能力，以及它们相互之间的关系，W. M. Latimer 建议把同一元素的不同氧化数物质所对应电对的标准电极电势，按该元素的氧化数由高到低的顺序排成以下图式，并在两种氧化数物质之间标出对应电对的标准电极电势。例如，标准态下，氧在酸、碱介质中的标准电极电势图为

氧化数	0		−1		−2
$E_A^{\ominus}/V$	O_2	0.695	H_2O_2	1.763	H_2O
	O_2	1.229			H_2O
$E_B^{\ominus}/V$	O_2	−0.076	HO_2^-	0.867	OH^-
	O_2	0.401			OH^-

这种表示元素各种氧化数物质之间标准电极电势变化的关系图，称为元素标准电极电势图(简称元素电势图)。它清楚地表明了同种元素的不同氧化数物质氧化、还

原能力的相对大小。元素电势图还有以下用途。

1. 根据几个相邻电对的已知标准电极电势，求算其他电对的标准电极电势

例如，有下列元素电势图：

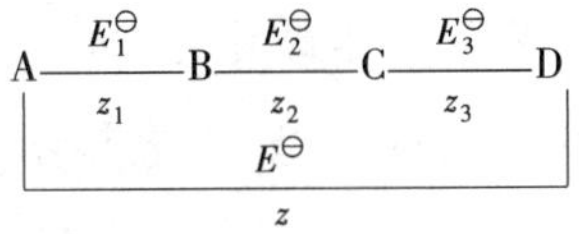

从理论上可导出下列公式：

$$zE^{\ominus}=z_1E_1^{\ominus}+z_2E_2^{\ominus}+z_3E_3^{\ominus}$$

$$E^{\ominus}(\mathrm{A/D})=\frac{z_1E_1^{\ominus}+z_2E_2^{\ominus}+z_3E_3^{\ominus}}{z} \qquad (4.4.1)$$

式中：z_1,z_2,z_3,z 分别为各电对中对应元素氧化型与还原型的氧化数之差（均取正值）。

[例 4.20]　根据下面列出的碱性介质中溴的电势图：

Br 的氧化数　　+5　　+1　　0　　−1

$E_B^{\ominus}$/V

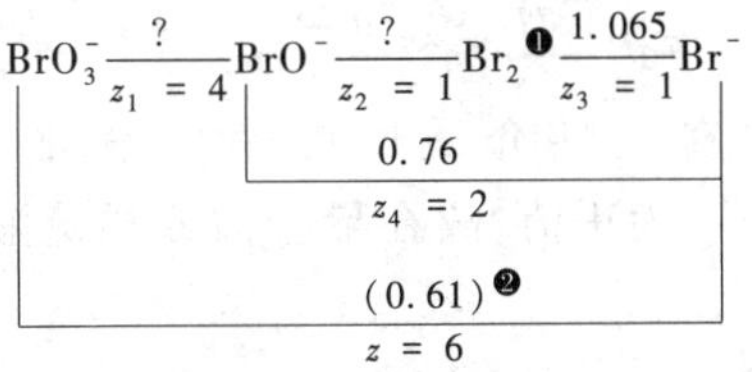

求算 $E_B^{\ominus}(BrO^-/Br_2)$ 和 $E_B^{\ominus}(BrO_3^-/BrO^-)$ 值。

解：根据式(4.4.1)：

$$(1)\ E_B^{\ominus}(BrO^-/Br_2)=\frac{z_4\times E_B^{\ominus}(BrO^-/Br^-)-z_3\times E_B^{\ominus}(Br_2/Br^-)}{z_2}$$

$$=\left(\frac{2\times0.76-1\times1.065}{1}\right)\ \mathrm{V}=0.46\ \mathrm{V}$$

$$(2)\ E_B^{\ominus}(BrO_3^-/BrO^-)=\frac{z\times E_B^{\ominus}(BrO_3^-/Br^-)-z_4\times E_B^{\ominus}(BrO^-/Br^-)}{z_1}$$

$$=\left(\frac{6\times0.61-2\times0.76}{4}\right)\ \mathrm{V}=0.54\ \mathrm{V}$$

2. 判断能否发生歧化反应

歧化反应是一种自身氧化还原反应。例如：

$$2Cu^+ \longrightarrow Cu+Cu^{2+}$$

在此反应中，一部分 Cu^+ 氧化为 Cu^{2+}，另一部分 Cu^+ 还原为金属 Cu。当一种元素处于中间氧化数时，它一部分向高氧化数状态变化（即被氧化），另一部分向低氧化数状态变化（即被还原），这类反应称为歧化反应。

铜的元素电势图为

---

❶ 室温下溴在水中的溶解度达不到 1 mol·L^{-1}，因此实际计算时采用与 Br_2(l) 接触的饱和溶液中的数据。

❷ 本书采用的电极电势数据主要取自兰格手册 15 版（J. A. Dean "Lange's Handbook of Chemistry" 15th ed, 1999），个别数据（如此处 0.61 V）取自化学物理手册 78 版（David R. Lide "CRC Handbook of Chemistry and Physics" 78th ed, 1997~1998）。取自不同手册的电极电势数据代入式(4.4.1)进行计算，所得结果未必完全吻合。

$$E_A^{\ominus}/V \qquad Cu^{2+} \xrightarrow{0.159} Cu^{+} \xrightarrow{0.520} Cu \quad (Cu^{2+} \to Cu: 0.340)$$

因为 $E^{\ominus}(Cu^+/Cu)$ 大于 $E^{\ominus}(Cu^{2+}/Cu^+)$，即 $E^{\ominus}=E^{\ominus}(Cu^+/Cu)-E^{\ominus}(Cu^{2+}/Cu^+)=0.520\ V-0.159\ V=0.361\ V>0$，所以 Cu^+ 容易发生歧化为 Cu^{2+} 和 Cu 的反应。

由个别到一般，歧化反应发生的规律是：当电势图 $\left(M^{2+}\xrightarrow{E_{左}^{\ominus}}M^{+}\xrightarrow{E_{右}^{\ominus}}M\right)$ 中 $E_{右}^{\ominus}>E_{左}^{\ominus}$ 时，M^+ 容易发生如下歧化反应：

$$2M^+ \longrightarrow M^{2+}+M$$

反之，当 $E_{左}^{\ominus}>E_{右}^{\ominus}$ 时，M^+ 虽处于中间氧化数，但不能发生歧化反应，而逆向反应则是可以进行的，即发生如下反应：

$$M^{2+}+M \longrightarrow 2M^+$$

3. 解释元素的氧化还原特性

根据元素电势图，还可以描绘出某一元素的一些氧化还原特性。例如，金属铁在酸性介质中的元素电势图为

$$E_A^{\ominus}/V \qquad Fe^{3+} \xrightarrow{0.771} Fe^{2+} \xrightarrow{-0.44} Fe$$

利用此电势图，可以预测金属铁在酸性介质中的一些氧化还原特性。因为 $E^{\ominus}(Fe^{2+}/Fe)$ 为负值，而 $E^{\ominus}(Fe^{3+}/Fe^{2+})$ 为正值，故在稀盐酸或稀硫酸等非氧化性稀酸中，Fe 主要被氧化为 Fe^{2+} 而非 Fe^{3+}：

$$Fe+2H^+ \longrightarrow Fe^{2+}+H_2\uparrow$$

但是在酸性介质中，Fe^{2+} 也是不稳定的，易被空气中氧所氧化：

因为　$$Fe^{3+}+e^- \rightleftharpoons Fe^{2+};E^{\ominus}(Fe^{3+}/Fe^{2+})=0.771\ V$$

$$O_2+4H^++4e^- \rightleftharpoons 2H_2O;E^{\ominus}(O_2/H_2O)=1.229\ V$$

所以　$$4Fe^{2+}+O_2+4H^+ \longrightarrow 4Fe^{3+}+2H_2O$$

由于 $E^{\ominus}(Fe^{2+}/Fe)<E^{\ominus}(Fe^{3+}/Fe^{2+})$，故 Fe^{2+} 不会发生歧化反应，却可以发生歧化反应的逆反应：

$$Fe+2Fe^{3+} \longrightarrow 3Fe^{2+}$$

因此，在 Fe^{2+} 盐溶液中，加入少量金属铁，能避免 Fe^{2+} 被空气中氧气氧化为 Fe^{3+}。

由此可见，在酸性介质中铁最稳定的离子是 Fe^{3+}，而非 Fe^{2+}。

*4.4.2　$\Delta_f G_m^{\ominus}-N$ 图

1951 年 A. A. Frost 首先提出以氧化还原电对(氧化型/还原型)的 $zE^{\ominus}$ 对氧化数 N 作图，因此称 Frost 图。后来 E. A. V. Ebsworth 考虑到 $z'E^{\ominus}$ 和 $\Delta_r G_m^{\ominus}$ 有正比关系，于是在 1964 年提出 $\Delta_f G_m^{\ominus}-N$ 图，以定性表示同一元素的不同氧化态❶在水溶液中的相对稳定性和氧化还原能力。

元素(从单质出发)在半电池反应中转变成各种氧化态时的 Gibbs 自由能变(正好为 $\Delta_f G_m^{\ominus}$ 值)是不同的。若将该元素一系列的氧化态与对应的 $\Delta_f G_m^{\ominus}$ 作图，并将各点连接成线，即得出 $\Delta_f G_m^{\ominus}-N$ 图。例如，氧的 $\Delta_f G_m^{\ominus}-N$ 图可通过如下步骤做出：

---

❶　元素的氧化态是指原子在得失电子以后所处的状态。氧化数是用来描述元素氧化状态的数值。

$$O_2+2H^++2e^- \longrightarrow H_2O_2;\quad E_A^\ominus(O_2/H_2O_2)=0.695\ \mathrm{V}$$

$$\Delta_r G_m^\ominus=\Delta_f G_m^\ominus(H_2O_2)-\Delta_f G_m^\ominus(O_2)=-zFE_A^\ominus(O_2/H_2O_2)$$

$$\Delta_f G_m^\ominus(H_2O_2)-0=-zFE_A^\ominus(O_2/H_2O_2)$$

按此方法可计算出氧在酸性介质中的几种氧化态（O_2、H_2O_2、H_2O）和碱性介质中几种氧化态（O_2、HO_2^-、OH^-）的 $\Delta_f G_m^\ominus$。然后以 $\Delta_f G_m^\ominus$ 为纵坐标、氧化数为横坐标，绘出氧的 $\Delta_f G_m^\ominus$-N 图（图 4.3）。$\Delta_f G_m^\ominus$-N 图有以下功能：

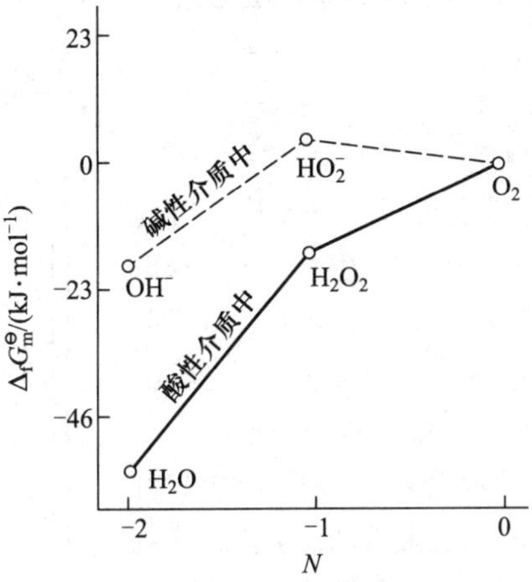

图 4.3　酸性（实线）和碱性（虚线）溶液中氧的 $\Delta_f G_m^\ominus$-N 图

（1）判断某元素的不同氧化态在水溶液中的相对稳定性。$\Delta_f G_m^\ominus$-N 图中各点表示各氧化态的 $\Delta_f G_m^\ominus$ 值。由于处在图中上方位置的氧化态具有较大的 $\Delta_f G_m^\ominus$ 值，有向下方位置的氧化态转变的倾向，因而是热力学的不稳定态；位置较低的氧化态为热力学稳定态，最稳定的氧化态必然处于折线中的最低点（如图 4.3所示酸性溶液中的 H_2O）。

（2）比较各氧化态物质在不同介质中的氧化还原能力。图 4.3 中同一折线上的任意两个氧化态均可构成氧化还原电对。斜率较大（亦即 $E^\ominus$ 代数值较大）的那个电对中的氧化型物质易被还原，如酸性介质中 H_2O_2/H_2O 电对中的 H_2O_2；斜率较小（亦即 $E^\ominus$ 代数值较小）的那个电对中的还原型物质易被氧化，如碱性介质中 O_2/HO_2^- 电对中的 HO_2^-。

（3）预测歧化反应的发生。歧化反应是自氧化还原反应中的一种，当一种元素处在中间氧化数时，反应使它一部分被氧化为较高氧化态，另一部分被还原为低氧化态。例如：

$$2H_2\overset{-1}{O_2} \rightleftharpoons \overset{0}{O_2}+2H_2\overset{-2}{O}$$

在这一反应中，一部分 H_2O_2 作为氧化剂，本身被还原为 H_2O，另一部分 H_2O_2 作为还原剂，本身被氧化为 O_2。

$\Delta_f G_m^\ominus$-N 图中的某氧化态物质对应的点若位于其相邻氧化态连线的上方，则该氧化态物质易发生歧化反应，如图 4.3 所示虚线中的 HO_2^-、实线中的 H_2O_2；反之，若在下方则相邻氧化态物质之间会发生反歧化反应。若某几种氧化态物质所对应的点恰在同一直线上，则表明它们可共存于同一体系中。

4.5 实用电池

化学电源是将物质发生化学反应产生的能量直接转换成电能的一种装置。理论上讲任何一个氧化还原反应都可以设计成一个原电池。但是，要制造一种真正有实用价值的电池就不那么简单了。目前大家熟悉的商品化电池大致有以下几种。

4.5.1 一次电池

1. 锌-锰干电池

人们日常生活中使用最多的干电池，其电容量按体积大小分 5 种型号，电压一般为 1.5 V。1888 年 Gassner 最早制出锌-锰（Zn-Mn）干电池。Zn-Mn 干电池结构如图 4.4所示。用锌皮（负极）作外壳，用一根石墨棒作正极，在石墨棒周围裹上一层 MnO_2、炭黑及 NH_4Cl 溶液的混合物。在混合物和锌皮之间注入由 NH_4Cl、$ZnCl_2$ 和淀粉制成的浆糊状物作为电解液。锌筒上口用松香蜡、沥青等物密封。

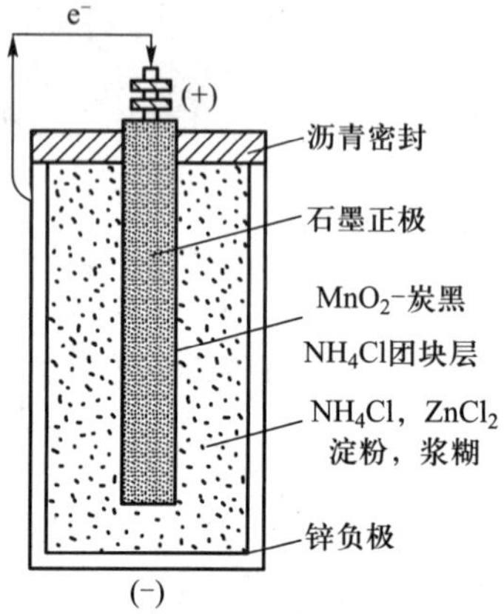

图 4.4 Zn-Mn 干电池

Zn-Mn 干电池的电极和电池反应可简化表达为

负极：　$Zn \longrightarrow Zn^{2+}+2e^-$

正极：　$2NH_4^+ + 2MnO_2 + 2e^- \longrightarrow 2NH_3 + 2MnO(OH)$

电池反应：$Zn + 2MnO_2 + 2NH_4^+ \longrightarrow Zn^{2+} + 2MnO(OH) + 2NH_3$

随着反应的进行，锌皮及 MnO_2 不断被消耗，电池电压不断降低，直至电能殆尽。因此，干电池属一次性电池。

现在常用的干电池是碱性锌-锰干电池，电池使用氢氧化钾（KOH）或氢氧化钠（NaOH）的水溶液作电解质溶液，与传统锌-锰干电池不同的是其负极结构由锌片改为锌粉，外壳改用钢皮，正极仍为石墨和二氧化锰，电解液由原来的中性变为离子导电性更好的碱性，反应面积成倍增长。碱性锌-锰干电池的比能量和放电电流与传统干电池相比有显著的提高。其电极和电池反应为

负极：　$Zn + 2OH^- \longrightarrow ZnO + H_2O + 2e^-$

正极：　$2MnO_2 + 2H_2O + 2e^- \longrightarrow 2MnO(OH) + 2OH^-$

电池反应：$Zn + 2MnO_2 + H_2O \longrightarrow ZnO + 2MnO(OH)$

2. Ag-Zn 微型电池

微型电池是指电子手表、微型照相机及录音机等小型精密仪器内使用的一种体积小、质量轻的“纽扣”电池。其中银锌电池较常见，其电极材料是 Ag_2O 和 Zn，电极和电池反应为

负极：　$Zn + 2OH^- \longrightarrow Zn(OH)_2 + 2e^-$

正极：　$Ag_2O + H_2O + 2e^- \longrightarrow 2Ag + 2OH^-$

电池反应：　$Zn + Ag_2O + 2H_2O \longrightarrow Zn(OH)_2 + 2Ag$

4.5.2 二次电池

与一次电池不同，二次电池（蓄电池）是一类能经历数百次反复放电、充电使用的电池。

1. 铅蓄电池

铅蓄电池是工业上和实验室里用得最多的蓄电池，是 1859 年由 G. Plante 发明的，汽车启动电源也常用它。铅蓄电池的极板是用铅锑合金制作的栅状框架，正极填充 PbO_2，负极填充灰铅。正、负极板交替排列，并浸泡在 30% H_2SO_4溶液（密度为 1.2 $kg\cdot L^{-1}$）中。

放电时，电极和电池反应为

负极（灰铅）：$Pb+SO_4^{2-} \longrightarrow PbSO_4+2e^-$

正极（PbO_2）：$PbO_2+SO_4^{2-}+4H^++2e^- \longrightarrow PbSO_4+2H_2O$

电池反应：$PbO_2+Pb+2H_2SO_4 \underset{充电}{\overset{放电}{\rightleftharpoons}} 2PbSO_4+2H_2O$

铅蓄电池每个单元电压为 2.0 V 左右。放电后，若单元电压降到 1.8 V（或硫酸密度降为 1.05 $kg\cdot L^{-1}$）时就得充电。充电时电极反应恰为放电时的逆过程。

铅蓄电池的主要优点是电压稳定、电容量较大、功率高，价格便宜。老型号的铅蓄电池主要缺点是笨重、不便携带、防震性差、易逸出酸雾、浸出酸液。20 世纪 80 年代后生产的新型铅蓄电池采用玻璃纤维作为隔膜，利用负极过量、贫液等方法，实现了少维护或者免维护。

2. 碱性蓄电池

化学电源中，凡采用碱性电解液（如 KOH、NaOH 等）的电池，均属碱性电池。

与铅蓄电池相比，碱性蓄电池体积小、质量轻、使用寿命长（可反复充、放电 2×10^3 ~ 4×10^3次），但价格较贵，其体积、电压和 Zn-Mn 干电池相近。市售商品有镍镉（Ni-Cd）电池（1899 年瑞典人 Jüngner 发明）和镍铁（Ni-Fe）电池（1900 年 Edison 发明）两类。镍镉电池主要用于电动工具中。镍铁电池最大的优势是价格低廉，但镍铁电池充电效率低。镍铁电池能够长时间小电流放电，所以一般在铁路信号发送及备用电源方面得到广泛的应用。它们的电池反应为

$$Cd+2NiO(OH)+2H_2O \underset{充电}{\overset{放电}{\rightleftharpoons}} 2Ni(OH)_2+Cd(OH)_2$$

$$Fe+2NiO(OH)+2H_2O \underset{充电}{\overset{放电}{\rightleftharpoons}} 2Ni(OH)_2+Fe(OH)_2$$

镍氢电池是被认为可取代镍镉电池的新型碱性蓄电池，其能量密度高，同型号的容量比镍镉电池高 50%~100%，无镉污染，可大电流充放电，电压为1.2 V，与镍镉电池具有互换性。我国研制的高能密封镍氢电池（储氢材料为 $LaNi_5$系合金）用于电动轿车，最高时速 140 $km\cdot h^{-1}$，行程 260 km。

镍氢电池的正极材料为 $Ni(OH)_2$，负极材料为储氢合金（通常为 $LaNi_5$型混合稀土系储氢合金，表示为 M），其电池反应为

$$MH(金属型氢化物)+NiO(OH) \underset{充电}{\overset{放电}{\rightleftharpoons}} Ni(OH)_2+M$$

4.5.3 锂离子电池

锂是金属中密度最小的，Li^+/Li 标准电极电势为 -3.040 V，也是金属中电极电势代数值最小的，所以一直是化学电源领域中关注的热点。自 20 世纪 80 年代以来，各种高比能量锂电池有了很大的发展，安全性和可逆性均优于金属锂负极电池的锂离子二次电池成为应用最为广泛的便携式化学电源。

锂离子电池（标记为 Li-ion）采用可使锂离子嵌入和脱嵌的碳材料（LiC_6）代替金属锂作为负极材料。正极材料常用 Li_xCoO_2，也可用 Li_xNiO_2、Li_xMnO_4 或 Li_xFePO_4。$LiPF_6$-EC（碳酸乙烯酯）-DEC（碳酸二乙酯）非水电解质作为电池电解液。

锂离子电池的充放电过程反应式为

$$LiCoO_2+C_6 \underset{充电}{\overset{放电}{\rightleftharpoons}} CoO_2+LiC_6$$

锂离子电池也称摇椅电池，是指锂离子在正、负极之间摇来摇去。锂离子电池具有高工作电压（平均工作电压 3.6～3.7 V）、高比能量（100 $W\cdot h\cdot g^{-1}$ 以上）、循环寿命长（>1 000 次）及无污染等特点。

4.5.4 燃料电池

随着现代尖端技术的发展，迫切需要研制轻型、高能、长效和对环境不产生污染的新型化学电源，燃料电池就是其中之一。

燃料电池是使燃料与氧起化学反应时，其化学能直接转变为电能的一种原电池。最早的燃料电池是 1893 年 William Grove 发明的，现代的燃料电池其正极和负极都用微孔惰性材料（如铁、碳、镍、银、铂等）制成。负极方面连续送入气态燃料（如氢、天然气、发生炉煤气、水煤气等），正极方面连续送入空气或氧。电解质可用酸、碱或金属氧化物。

碱性的氢-氧燃料电池结构如图 4.5 所示。以多孔的镍电极为电池负极，多孔氧化镍覆盖的镍为正极。用多孔隔膜将电池分成三部分，中间部分盛有 70% KOH 溶液，左侧通入燃料 H_2，右侧通入氧化剂 O_2。气体通过隔膜扩散到 KOH 溶液部分，发生下列电极和电池反应：

负极： $H_2(g)+2OH^- - 2e^- \longrightarrow 2H_2O(l)$

正极： $\frac{1}{2}O_2(g)+H_2O+2e^- \longrightarrow 2OH^-$

电池反应： $H_2(g)+\frac{1}{2}O_2(g) \longrightarrow H_2O(l)$

由于化学能直接转变电能，其能源利用率可高达约 80%，大大超过了火力发电（35%左右），并且燃料电池的产物为水，对环境没有污染。目前，国外已用于公共汽车和载人宇宙飞船。更有趣的是电池产生的水，可供宇航员饮用。

除以上介绍的几种化学电池外，钠硫电池、光电化学电池、导电高聚物电池、超级电容器等新型电池也先后研究开发出来。这些新型电池一般具有电动势较高、比能量高、电容量较大、无污染等优点。

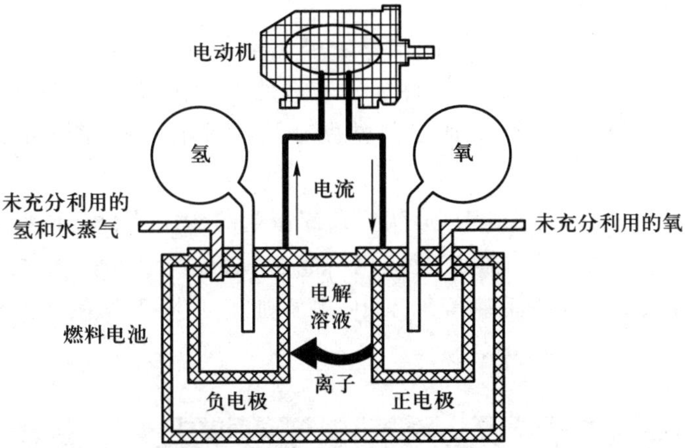

图 4.5 氢-氧燃料电池示意图

*4.6 电解

电解是电化学工业中规模最大的生产工艺。电解过程已广泛用于有色金属冶炼、氯碱和无机盐生产及电解加工方面。

4.6.1 电解精制金属

金属电解的精制,阴极过程是金属离子的阴极还原,阳极过程是可溶性阳极(待精制的金属)的阳极溶解。精制过程中电极电势代数值比待精炼金属更大的杂质将不溶解,而留在阳极泥中;反之,那些电极电势代数值比待精炼金属更小的杂质将发生阳极溶解,进入电解液,但是却不能在阴极析出,而留在电解液中。这样一来,正好实现了分离杂质、提纯金属的目的,这正是电解精制金属的原理。

工业上采用电解法将粗铜精炼除杂,在 $CuSO_4$ 和 H_2SO_4 混合液的电解槽内,以粗铜为阳极,纯铜为阴极进行电解(详见第 14 章拓宽视野)。

4.6.2 电解抛光、加工

1. 电解抛光

电解抛光是金属表面精加工的一种方法。它是以待抛光的金属制品为阳极,通过金属阳极氧化过程中,金属制品表面突出的部分优先溶解,进而消除表面的粗糙状态,使之具有镜面般的外观。与机械抛光相比,电抛光加工后的表面无应力产生。

对于铝及其合金来说,其阳极氧化作用不仅是抛光,而主要是在金属及其合金制品表面形成均匀、致密的氧化保护膜。工艺上只要选择相应的电解液(如硫酸、铬酸等),在特定的工艺条件(如电流密度、温度、时间、搅拌速率等)下,在阳极表面将会形成适宜厚度(比通常氧化膜厚几倍甚至几十倍)的膜。经过处理的铝及其合金材料,其硬度和耐磨性大大提高,其绝缘性、耐热性、抗腐蚀性等也大有改善,从而扩大了它在航空航天和电子工业等多方面的应用。

2. 电解加工

电解加工是利用金属在电解液中发生电化学阳极溶解的原理，将部件加工成形的一种特殊加工方法。加工时，待加工的部件作为阳极，模件工具为阴极，两极间用电解液冲刷，当通电时，待加工部件就会按模件的式样随模件的吃进而溶解下来。

电解加工对于高硬度难加工、形状复杂或薄壁的金属及合金材料的加工具有显著优势。目前，电解加工已获得广泛应用，如在炮管膛线、叶片、整体叶轮、模具、异形孔及异形零件、倒角和去毛刺等加工中，电解加工工艺已占有重要甚至不可替代的地位。

*4.7 电镀

电镀是利用电解方法对镀件进行电沉积的一种工艺。电镀时，欲镀物件作阴极，镀层金属作阳极，镀液中的镀层金属离子在直流电的作用下沉积在镀件表面，形成致密的金属或合金层。

金属电镀的目的主要是使金属增强抗腐蚀能力或表面强度，也有单纯为美观的。电镀时在盛有电镀液的镀槽中，经过清理和特殊预处理的镀件作阴极，镀层金属（在空气或溶液中较稳定的金属，如 Cr、Ni、Zn）作阳极。电镀液由镀层金属的化合物、导电的盐类、缓冲剂、pH 调节剂和添加剂等的水溶液组成。通电后，电镀液中的金属离子在阴极上被还原形成致密的镀层。电镀过程中阳极被氧化生成金属阳离子，镀液中镀层金属阳离子的浓度不变。在有些情况下，如镀铬，是采用铅、铅锑合金制成的不溶性阳极，它只起传递电子、导通电流的作用，因此，电解液中的铬离子浓度，需依靠定期地向镀液中加入铬化合物来维持。电镀时，阳极材料的质量、电镀液的成分、温度、电流密度、通电时间、搅拌强度等都会影响镀层的质量，需要适时进行控制。

电镀方式分为挂镀（或槽镀）、滚镀、连续镀和刷镀等，主要与待镀件的尺寸和批量有关。挂镀适用于一般尺寸的制品，如汽车的保险杠、自行车的车把等；滚镀适用于小零件，如螺母、垫圈等；连续镀适用于成批生产的线材和带材；刷镀适用于局部镀或修复。

以电镀锌为例说明电镀工艺。与其他金属相比，锌是相对易镀覆而又较价廉的金属，故被广泛用于钢铁镀锌，以防止大气腐蚀。以往国内镀锌按电镀溶液可分为氰化物镀锌、硫酸盐镀锌、锌酸盐镀锌、氯化物镀锌四大类。氰化物镀锌固然产品质量好，但由于氰化物剧毒，2002 年国家经贸委已发文要淘汰氰化电镀工艺，国家发改委也已于 2005 年明令要淘汰含氰沉锌工艺，时限为 2006 年底。若用硫酸盐镀锌，优点是成本低廉，但由于 Zn^{2+} 浓度大，沉出速率快，造成镀层粗糙、厚薄不均，而且与基体金属结合欠佳。因此，目前主要采用锌酸盐镀锌和氯化物镀锌工艺。锌酸盐镀锌工艺的优点是镀层经处理后外观光亮、成本较低，但电流效率较低、锌沉积慢、不宜滚镀。氯化物镀锌工艺优点是镀层光亮度高，可与镀铬相媲美，而且电流效率高（节电），但成本相对偏高，也有人对镀层的质量有异议。

*4.8 金属腐蚀与防腐

4.8.1 金属的腐蚀

全世界每年因金属产品腐蚀造成的损失在 7 000 亿美元之上,如何防止金属腐蚀成为困扰人们的一个难题。

金属腐蚀按其作用特点可分为化学腐蚀、生物化学腐蚀和电化学腐蚀。由氧化性物质直接与金属发生化学反应而造成的腐蚀称为化学腐蚀,如金属在干燥气体或不导电的非水溶液中的腐蚀;生物化学腐蚀是由于某些微生物的代谢作用引发的,如硫酸盐还原细菌、铁细菌等的代谢产生的 H_2S、H_2SO_4、CO_2 等"排泄物"都促进了钢铁构件的腐蚀;电化学腐蚀是因为金属与介质之间形成原电池,发生阳极金属材料氧化造成的腐蚀。

电化学腐蚀是金属腐蚀中最普遍、也是最主要的。钢铁在潮湿的空气中所发生的腐蚀是电化学腐蚀最突出的例子。在潮湿的空气中,钢铁表面会 吸附一层薄薄的水膜。如果这层水膜呈较强酸性,H^+ 得电子析出氢气,这种电化学腐蚀称为析氢腐蚀;如果这层水膜呈弱酸性或中性,能溶解较多氧气,则 O_2 得电子而析出 OH^-,这种电化学腐蚀称为吸氧腐蚀,它是造成钢铁腐蚀的主要原因,其原电池反应为

正极:$O_2+4e^-+2H_2O = 4OH^-$(水膜呈弱酸性或中性)

负极:$2Fe-4e^- = 2Fe^{2+}$(水膜呈弱酸性或中性)

电池反应:$2Fe+O_2+2H_2O = 2Fe(OH)_2$

4.8.2 金属腐蚀的预防

金属的腐蚀是由于金属与周围介质发生化学或电化学作用的结果,因此,防止金属腐蚀必须从金属和介质两个角度来考虑。

1. 把金属制成耐腐蚀合金

根据不同用途把金属制成耐腐蚀的合金。例如,铁中加入硅量达 14%时,得到的高硅铁表面因形成氧化硅保护膜,对热硫酸、硝酸等都有较好的耐腐蚀能力。又如,含 18% Cr、8% Ni 的钢,即型号为"18.8"的不锈钢,也具有较好的耐腐蚀能力。

2. 在金属表面覆盖保护层

(1) 最简便的方法是在金属表面涂上耐腐蚀的油漆。

(2) 在金属表面进行喷镀、电镀或化学镀。

(3) 在金属表面进行钝化处理。例如,用浓硝酸处理过的铁丝,其表面被致密的氧化膜覆盖而失去活性。

3. 在介质中加入缓蚀剂

在腐蚀介质中加入少量的缓蚀剂可以明显抑制其对金属的腐蚀。缓蚀剂按组分可分为无机缓蚀剂和有机缓蚀剂两大类。无机缓蚀剂有聚磷酸盐、铬酸盐、硅酸盐等,其作用一般认为是在金属表面形成氧化物等保护膜或吸附层;有机缓蚀剂常用的有乌洛托品(六亚甲基四胺)等含 N、S、O 的有机物。工业生产中的锅炉、容器、管道常采用

缓蚀剂防腐。

4. 电化学保护法

(1) 阳极保护法。以设备作为阳极,从外部通入电流。当阳极电极电势足够大时,在设备表面形成致密的氧化物保护膜,腐蚀速率急速下降,甚至可下降几万倍,从而使设备得到保护。

(2) 阴极保护法。将被保护的金属构件作为阴极与外电源的负极相接,体系中连接一块导电的不溶性物质(如石墨、废钢或高硅铸铁等)作为阳极,在直流电作用下金属构件得到保护(如图4.6所示)。或者采用牺牲阳极的办法,连接一块电极电势较低的金属,例如,在钢铁设备上连接锌、镁或铝等活泼金属作为阳极,由于后者电极电势比较低,作为阳极会逐渐被腐蚀,而作为阴极的钢铁设备获得保护(如图4.7所示)。阴极保护法广泛用于土壤和海水中的金属构件如管道、电缆、钻井平台、码头等的保护,为了延长金属构件的使用寿命,一般与涂料联合应用。

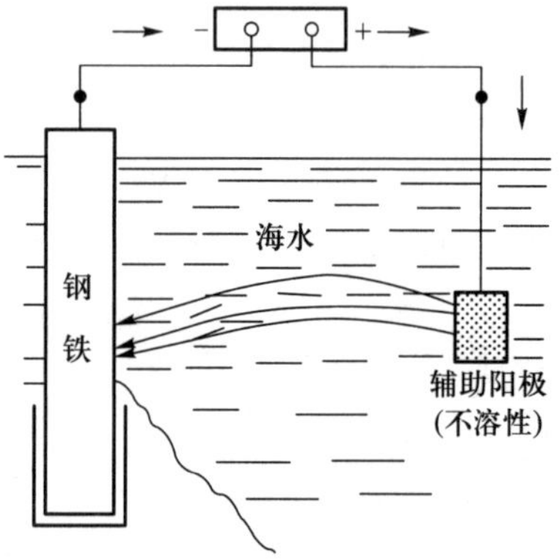

图4.6 外加电流保护法示意图
(箭头方向为电流方向)

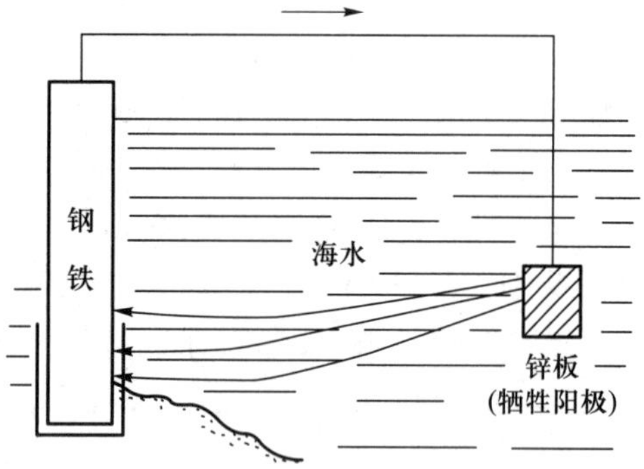

图4.7 牺牲阳极保护法示意图
(箭头方向为电流方向)

[拓宽视野]

无机非水溶液中的无机化学反应

本节之前涉及的酸碱反应(即质子转移反应)、沉淀反应、氧化还原反应(即电子转移反应)都是在水溶液中进行的无机反应,这部分将简要介绍无机非水溶液中的这三类反应。

水是最易获得、价格最低廉的无机溶剂,因此水是人们最常用的、研究得最多的一种无机溶剂。除此以外,常见的无机非水溶剂有 $NH_3(l)$、$SO_2(l)$、$H_2SO_4(l)$、$HF(l)$ 等,由于它们的物理、化学性质与水都有差异,因而决定了各自的适用范围和作为一种溶剂的某些反应规律可能与水溶剂有所不同。

1. 酸碱反应

无机非水溶剂与水有类似的解离平衡:

$$2H_2O(l) \rightleftharpoons H_3O^+ + OH^-$$

$$2H_2SO_4(l) \rightleftharpoons H_3SO_4^+ + HSO_4^-$$

$$2SO_2(l) \rightleftharpoons SO^{2+} + SO_3^{2-}$$

$$2NH_3(l) \rightleftharpoons NH_4^+ + NH_2^-$$

因此,在无机非水溶剂(如液氨)中也会发生类似于水中的中和反应:

$$H_3^+ + H^- \longrightarrow 2H_2$$

$$NH_4^+ + NH_2^- \longrightarrow 2NH_3(l)$$

根据酸碱的质子理论,醋酸在水(极弱酸)中表现为弱酸,在液氨(比水更弱的酸)中表现为强酸,在无水 H_2SO_4(强酸)中则表现为碱。

HOAc、HNO_3、$HClO_4$在某些无机非水溶剂中的酸碱性见表 4.2。

表 4.2 几种溶质在无机非水溶剂中的酸碱性

溶质	溶剂			
	$(H_2O)(l)$	$NH_3(l)$	$H_2SO_4(l)$	$HF(l)$
HOAc	弱酸性	强酸性	碱性	碱性
HNO_3	强酸性	强酸性	弱酸性	酸性
$HClO_4$	强酸性	强酸性	弱酸性	酸性

2. 沉淀反应

根据极性相似者易溶的规律,强极性、离子性溶质是易溶于极性溶剂的。由于水分子的极性比 NH_3、SO_2分子强而比 H_2SO_4、HF 分子弱,因而非极性或弱极性的物质在$NH_3(l)$、$SO_2(l)$中的溶解度和离子性、强极性的物质在 $H_2SO_4(l)$、HF(l)中的溶解度都比在水中的溶解度大。例如,AgCl 的共价成分比 $BaCl_2$大,极性比 $BaCl_2$小,所以

$$2AgNO_3 + BaCl_2(s) \underset{\text{液氨}}{\overset{\text{水}}{\rightleftharpoons}} 2AgCl(s) + Ba(NO_3)_2$$

3. 氧化还原反应

由于同一氧化还原电对在不同溶剂中的标准电极电势($E^\ominus$)值不同,因而同一反应在不同溶剂中进行的方向和限度要作具体考察、判断。例如,某些电极反应在水和液氨中的标准电极电势如表 4.3 所示。

表 4.3 某些电极反应在水和液氨中的标准电极电势(298.15 K)

电极反应	水中的 $E^\ominus$/V	液氨中的 $E^\ominus$/V
$H^+ + e^- \longrightarrow \frac{1}{2}H_2$	0	0
$Li^+ + e^- \rightleftharpoons Li$	-3.040	-2.34
$Na^+ + e^- \rightleftharpoons Na$	-2.714	-1.89
$Mg^{2+} + 2e^- \rightleftharpoons Mg$	-2.356	-1.74
$Zn^{2+} + 2e^- \rightleftharpoons Zn$	-0.762 6	-0.54
$Pb^{2+} + 2e^- \rightleftharpoons Pb$	-0.126	0.28
$Cu^{2+} + e^- \rightleftharpoons Cu^+$	0.159	0.44
$Cu^{2+} + 2e^- \rightleftharpoons Cu$	0.340	0.40
$Cu^+ + e^- \rightleftharpoons Cu$	0.52	0.36
$Ag^+ + e^- \rightleftharpoons Ag$	0.799 1	0.76

续表

电极反应	水中的 $E^{\ominus}$/V	液氨中的 $E^{\ominus}$/V
$Hg^{2+}+2e^- \rightleftharpoons Hg$	0.853 5	0.67
$Cl_2+2e^- \rightleftharpoons 2Cl^-$	1.358 3	1.91
$F_2+2e^- \rightleftharpoons 2F^-$	2.87	3.50

从表4.3中数据可看出，大多数氧化还原电对在液氨中的标准电极电势值比在水中的标准电极电势值有所升高，但也有些是降低的（如 Cu^+/Cu 和 Ag^+/Ag）。

若绘出铜的元素电势图：

$$\text{水中的 } E_A^{\ominus}/V \quad Cu^{2+}\xrightarrow{0.159}Cu^{+}\xrightarrow{0.52}Cu$$

$$\text{液氨中的 } E^{\ominus}/V \quad Cu^{2+}\xrightarrow{0.44}Cu^{+}\xrightarrow{0.36}Cu$$

不难判断下列氧化还原反应方向为

$$2Cu^+ \underset{\text{液氨中}}{\overset{\text{水中}}{\rightleftharpoons}} Cu^{2+}+Cu$$

思考题

1. 分别将元素 Mn、N 在下列两组物质中的氧化数按由低到高的顺序排列。

（1）$KMnO_4$　MnO_2　K_2MnO_4　$MnSO_4$　$MnO(OH)$

（2）N_2　N_2O_5　N_2O　N_2O_3　NO_2　NO　NH_3

2. 试分别写出碳在下列各物质中的共价键数目和氧化数。

CH_3Cl　CH_4　$CHCl_3$　CH_2Cl_2　CCl_4

3. 指出下列物质中各元素的氧化数。

Cs^+　F^-　NH_4^+　H_3O^+　H_2O_2　Na_2O_2（过氧化钠）　KO_2（超氧化钾）

CH_3OH　$Cr_2O_7^{2-}$　$KCr(SO_4)_2\cdot 12H_2O$

4. 判断下列氧化还原反应方程式书写是否正确，并把错误的予以改正。

（1）$3Ag_2S+8HNO_3 \longrightarrow 6AgNO_3+3S\downarrow+2NO\uparrow+4H_2O$

（2）$4MnO_4^-+4H^+ \longrightarrow 4MnO_2+2O_2\uparrow+2H_2O$

（3）$NO_2^-+2H^++2I^- \longrightarrow NO\uparrow+I_2+H_2O$

（4）$K_2Cr_2O_7+6Fe^{2+}+14H^+ \longrightarrow 2Cr^{3+}+6Fe^{3+}+2K^++7H_2O$

（5）$FeS+4HNO_3 \longrightarrow Fe(NO_3)_3+S\downarrow+NO\uparrow+2H_2O$

（6）$Fe^{2+}+NO_3^-+4H^+ \longrightarrow Fe^{3+}+NO+2H_2O$

5. 指出下列各原电池符号的表示式是否正确，并把错误的予以改正。

（1）氧化还原反应：$Fe(s)+Ag^+(aq) \longrightarrow Fe^{2+}(aq)+Ag(s)$

原电池符号：$(-)Ag|Ag^+ \parallel Fe^{2+}|Fe(+)$

（2）氧化还原反应：$2Fe^{3+}(aq)+2I^-(aq) \longrightarrow I_2(s)+2Fe^{2+}(aq)$

原电池符号：$(-)Pt,I_2(s)|I^-(c_1) \parallel Fe^{2+}(c_2)|Fe^{3+}(c_3)(+)$

（3）氧化还原反应：

$$2Fe^{2+}(0.010\ mol\cdot L^{-1})+Cl_2(100\ kPa) \longrightarrow 2Fe^{3+}(0.10\ mol\cdot L^{-1})+2Cl^-(2.0\ mol\cdot L^{-1})$$

原电池符号：

$(-)Pt|Fe^{2+}(0.010\ mol\cdot L^{-1}),Fe^{3+}(0.10\ mol\cdot L^{-1})\ \|$

$Cl_2(100\ kPa)|Cl^-(2.0\ mol\cdot L^{-1}),Pt(+)$

6. 氧化还原电对中当氧化型或还原型物质发生下列变化时，电极电势将发生怎样的变化？

(1) 氧化型物质生成沉淀；

(2) 还原型物质生成弱酸。

7. 填写下列空白。

(1) 下列氧化剂：$KClO_3$、Br_2、$FeCl_3$、$KMnO_4$、H_2O_2，当其溶液中 H^+ 浓度增大时，氧化能力增强的是________，不变的是________。

(2) 下列电对中 $E^\ominus$ 值最小的是________。

H^+/H_2　　H_2O/H_2　　HF/H_2　　HCN/H_2

8. 下列电对中，若 H^+ 浓度增大，电对的电极电势增大、不变或减小？

Cl_2/Cl^-　　$Cr_2O_7^{2-}/Cr^{3+}$　　$Fe(OH)_3/Fe(OH)_2$

9. 下列说法是否正确？

(1) 由于 $E^\ominus(Fe^{2+}/Fe)=-0.44\ V$，$E^\ominus(Fe^{3+}/Fe^{2+})=0.771\ V$，故 Fe^{3+} 与 Fe^{2+} 能发生氧化还原反应；

(2) 因为电极反应 $Ni^{2+}+2e^- \rightleftharpoons Ni$ 的 $E_1^\ominus=-0.257\ V$，故 $2Ni^{2+}+4e^- \rightleftharpoons 2Ni$ 的 $E_2^\ominus=2E_1^\ominus$；

(3) 在氧化还原反应中，若两个电对的 $E^\ominus$ 值相差越大，则反应进行得越快。

10. 试用标准电极电势值，判断下列每组物质能否共存？并说明理由。

(1) Fe^{3+} 和 Sn^{2+}；(2) Fe^{3+} 和 Cu；(3) Fe^{3+} 和 Fe；(4) Fe^{2+} 和 $Cr_2O_7^{2-}$(酸性介质)；(5) Cl^-、Br^- 和 I^-；(6) I_2 和 Sn^{2+}。

11. 回答下列问题：

(1) 化学反应的 $\Delta_r H_m$、$\Delta_r S_m$、$\Delta_r G_m$ 和电池电动势及电极电势值的大小，哪些与化学反应方程式的写法无关？

(2) 为何 H_2S 水溶液不能长期保存？

(3) 能否用铁制容器盛放 $CuSO_4$ 溶液？

(4) 配制 $SnCl_2$ 溶液时，为防止 Sn^{2+} 被空气中氧所氧化，通常在溶液中加入少许 Sn 粒，为什么？

(5) 铁溶于过量盐酸或过量稀硝酸，其氧化产物有何不同？

(6) 为何金属 Ag 不能从稀 H_2SO_4 溶液或 HCl 溶液中置换出 H_2，却能从氢碘酸(HI)中置换出 H_2？

12. 化学试剂厂制备 $FeCl_3\cdot 6H_2O$，首先用盐酸与铁作用制取 $FeCl_2$ 溶液，然后考虑到原料来源、成本、反应速率、产品纯度、设备安全条件等因素选择把 Fe^{2+} 氧化成 Fe^{3+} 的氧化剂。现有过氧化氢、氯气、硝酸三种候选氧化剂，请问采用哪种为宜？

提示：成本：$Cl_2<HNO_3<H_2O_2$

反应速率：$HNO_3>H_2O_2>Cl_2$

13. 根据下列元素电势图：

$$E_A^\ominus/V \quad Cu^{2+}\xrightarrow{0.159}Cu^+\xrightarrow{0.520}Cu$$

$$Ag^{2+}\xrightarrow{1.980}Ag^+\xrightarrow{0.7991}Ag$$

$$Fe^{3+}\xrightarrow{0.771}Fe^{2+}\xrightarrow{-0.44}Fe$$

$$Au^{3+}\xrightarrow{1.36}Au^+\xrightarrow{1.83}Au$$

试问：

(1) Cu^+、Ag^+、Fe^{2+}、Au^+ 离子哪些能发生歧化反应？

（2）在空气中（注意氧气的存在），上述四种元素各自最稳定的是哪种离子？

习　题

1. 指出下列各物质中硫的氧化数：

$$H_2S \quad S \quad SCl_2 \quad SO_2 \quad Na_2S_2O_6 \quad Na_2S_2O_8$$

2. 用氧化数法配平下列各氧化还原方程式：

（1）$Cu+HNO_3$（稀）$\longrightarrow Cu(NO_3)_2+NO$

（2）$Zn+H_2SO_4$（浓）$\longrightarrow ZnSO_4+H_2S$

（3）$KClO_3+FeSO_4+H_2SO_4 \longrightarrow KCl+Fe_2(SO_4)_3$

（4）$Cu_2S+HNO_3 \longrightarrow Cu(NO_3)_2+H_2SO_4+NO$

3. 用离子-电子法配平下列反应方程式：

（1）$I^-+H_2O_2+H^+ \longrightarrow I_2+H_2O$

（2）$Cr_2O_7^{2-}+H_2S+H^+ \longrightarrow Cr^{3+}+S$

（3）$ClO_3^-+Fe^{2+}+H^+ \longrightarrow Cl^-+Fe^{3+}$

（4）$Cl_2+OH^- \longrightarrow Cl^-+ClO^-$

（5）$MnO_4^-+SO_3^{2-}+OH^- \longrightarrow MnO_4^{2-}+SO_4^{2-}$

4. 将下列氧化还原反应设计成原电池，并写出原电池符号。

（1）$Cl_2(g)+2I^- \longrightarrow I_2(s)+2Cl^-$

（2）$MnO_4^-+5Fe^{2+}+8H^+ \longrightarrow Mn^{2+}+5Fe^{3+}+4H_2O$

（3）$Zn+CdSO_4 \longrightarrow ZnSO_4+Cd$

5. 下列物质在一定条件下均可作为氧化剂：$KMnO_4$、$K_2Cr_2O_7$、$FeCl_3$、H_2O_2、I_2、Br_2、Cl_2、F_2、PbO_2。试根据它们在酸性介质中对应的标准电极电势数据，把上述物质按其氧化能力递增顺序重新排列，并写出它们对应的还原产物。

6. 下列物质在一定条件下均可作为还原剂：$SnCl_2$、$FeCl_2$、KI、Zn、H_2、Mg、Al、H_2S。试根据它们在酸性介质中对应的标准电极电势数据，把上述物质按其还原能力递增顺序重新排列，并写出它们对应的氧化产物。

7. 根据给定条件，判断下列反应自发进行的方向。

（1）标准态下根据 $E^\ominus$ 值：

$$2Br^-(aq)+2Fe^{3+}(aq) \rightleftharpoons Br_2(l)+2Fe^{2+}(aq)$$

（2）实验测知 Cu-Ag 原电池 E 值为 0.48 V。

$$(-)Cu \mid Cu^{2+}(0.052\ mol\cdot L^{-1}) \parallel Ag^+(0.50\ mol\cdot L^{-1}) \mid Ag(+)$$

$$Cu^{2+}+2Ag \rightleftharpoons 2Ag^++Cu$$

（3）$H_2(g)+\frac{1}{2}O_2(g) \rightleftharpoons H_2O(l)$；$\Delta_rG_m^\ominus=-237.129\ kJ\cdot mol^{-1}$

8. 已知：$MnO_4^-+8H^++5e^- \rightleftharpoons Mn^{2+}+4H_2O$；　$E^\ominus=1.51\ V$

$$Fe^{3+}+e^- \rightleftharpoons Fe^{2+};\quad E^\ominus=0.771\ V$$

（1）判断下列反应进行的方向：

$$MnO_4^-+5Fe^{2+}+8H^+ \rightleftharpoons Mn^{2+}+5Fe^{3+}+4H_2O$$

（2）将这两个半电池组成原电池，用电池符号表示该原电池的组成，标明正、负极，并计算其标准电动势；

（3）当氢离子浓度为 10.0 mol·L^{-1}，其他各离子浓度均为 1.00 mol·L^{-1}时，计算该电池的电动势。

9. 写出按下列各反应设计成的原电池符号，并计算各原电池的电动势(注：浓度单位均为 $mol \cdot L^{-1}$)。

(1) $Zn(s)+Ni^{2+}(0.080) \longrightarrow Zn^{2+}(0.020)+Ni(s)$

(2) $Cr_2O_7^{2-}(1.0)+6Cl^-(10)+14H^+(10) \longrightarrow 2Cr^{3+}(1.0)+3Cl_2(100\ kPa)\uparrow +7H_2O(l)$

10. 求下列情况下在 298.15 K 时有关电对的电极电势。

(1) 金属铜放在 0.50 $mol \cdot L^{-1}$ 的 Cu^{2+} 溶液中，求 $E(Cu^{2+}/Cu)$ 值；

*(2) 在上述(1)的溶液中加入固体 Na_2S，使溶液中的 $c(S^{2-})=1.0\ mol \cdot L^{-1}$，求 $E(Cu^{2+}/Cu)$ 值；

(3) 100 kPa 氢气通入 0.10 $mol \cdot L^{-1}$ HCl 溶液中，求 $E(H^+/H_2)$ 值；

(4) 在 1.0 L 上述(3)的溶液中加入 0.10 mol 固体 NaOH，求 $E(H^+/H_2)$ 值；

(5) 在 1.0 L 上述(3)的溶液中加入 0.10 mol 固体 NaOAc，求 $E(H^+/H_2)$ 值。

(4)、(5) 均忽略加入固体时引起溶液体积的变化。

11. 已知在 298.15 K 时，下列原电池的电动势为 0.436 V，试计算 Ag^+ 的浓度。

$$(-)Cu \mid Cu^{2+}(0.010\ mol \cdot L^{-1}) \parallel Ag^+(x\ mol \cdot L^{-1}) \mid Ag(+)$$

12. 已知半电池反应：

$$Ag^+ + e^- \rightleftharpoons Ag; \quad E^{\ominus}(Ag^+/Ag)=0.799\ 1\ V$$

$$AgBr(s)+e^- \rightleftharpoons Ag+Br^-; \quad E^{\ominus}(AgBr/Ag)=0.071\ 1\ V$$

试计算 $K_{sp}^{\ominus}(AgBr)$。

***13.** 今有氢电极(氢气压力为 100 kPa)，该电极所用的溶液由浓度均为 1.0 $mol \cdot L^{-1}$ 的弱酸(HA)及其钾盐(KA)所组成。若将此氢电极与另一电极组成原电池，测得其电动势 $E=0.38$ V，并知氢电极为正极，另一电极的 $E=-0.65$ V。问该氢电极中溶液的 pH 和弱酸(HA)的解离常数各为多少？

14. 计算下列反应在 298.15 K 下的标准平衡常数($K^{\ominus}$)。

$$MnO_2+2Cl^-+4H^+ \rightleftharpoons Mn^{2+}+Cl_2+2H_2O$$

15. 在 Ag^+、Cu^{2+} 浓度分别为 $1.0\times10^{-2}\ mol \cdot L^{-1}$ 和 0.10 $mol \cdot L^{-1}$ 的混合溶液中加入 Fe 粉，哪种金属离子先被还原？当第二种离子被还原时，第一种金属离子在溶液中的浓度为多少？

16. 已知反应：$2Ag^+ + Zn \rightleftharpoons 2Ag+Zn^{2+}$

(1) 开始时 Ag^+ 和 Zn^{2+} 的浓度分别为 0.10 $mol \cdot L^{-1}$ 和 0.30 $mol \cdot L^{-1}$，求 $E(Ag^+/Ag)$、$E(Zn^{2+}/Zn)$ 及 E 值；

(2) 计算反应的 $K^{\ominus}$、$E^{\ominus}$ 及 $\Delta_r G_m^{\ominus}$ 值；

(3) 求达平衡时溶液中剩余 Ag^+ 的浓度。

17. 已知锰的元素电势图：

$$E_A^{\ominus}/V \quad MnO_4^- \xrightarrow{0.56} MnO_4^{2-} \xrightarrow{?} MnO_2 \xrightarrow{?} Mn^{3+} \xrightarrow{1.5} Mn^{2+} \xrightarrow{-1.18} Mn$$

$$E_A^{\ominus}(MnO_4^-/MnO_2)=1.70\ V; \quad E_A^{\ominus}(MnO_2/Mn^{2+})=1.23\ V$$

(1) 求 $E_A^{\ominus}(MnO_4^{2-}/MnO_2)$ 和 $E_A^{\ominus}(MnO_2/Mn^{3+})$ 值；

(2) 指出图中哪些物质能发生歧化反应？

(3) 指出金属 Mn 溶于稀 HCl 或 H_2SO_4 中的产物是 Mn^{2+} 还是 Mn^{3+}，为什么？

18. 根据铬在酸性介质中的电势图：

$$E_A^{\ominus}/V \quad Cr_2O_7^{2-} \xrightarrow{1.36} Cr^{3+} \xrightarrow{-0.424} Cr^{2+} \xrightarrow{-0.90} Cr$$

(1) 计算 $E^{\ominus}(Cr_2O_7^{2-}/Cr^{2+})$ 和 $E^{\ominus}(Cr^{3+}/Cr)$；

(2) 判断 Cr^{3+}、Cr^{2+} 在酸性介质中是否稳定。

第 5 章

原子结构与元素周期性

知识拓展

在前面已介绍了化学热力学、化学动力学的基础知识，从宏观角度讨论了解离、水解、沉淀和氧化还原等化学反应的方向、速率及限度问题。本章开始至第 7 章，依次介绍原子、分子和固体的结构知识，从微观角度讨论物质的结构及其与性质的关系。

5.1 原子和元素

人物简介

5.1.1 原子的组成和元素

自 1897 年英国物理学家 J. J. Thomson 发现电子以来，经过了几十年的研究，人们已经认识到原子是一种电中性的粒子，是由一个带若干(Z)正电荷的原子核和 Z 个带负电荷的电子组成的；原子核是由 Z 个带单位正电荷的质子(p)和若干个中子(n)组成的紧密结合体，其直径不及原子的万分之一；电子的直径更小。可见原子核和电子仅占原子体积的极小部分，原子内部绝大部分是“空着的”。

电子、质子、中子、光子，以及在宇宙射线和高能原子核物理实验中发现的一系列粒子，曾统称为基本粒子。

元素是具有相同质子数目的一类单核粒子的总称。同一种元素的原子核里含有相同数目的质子，但可以含有数目不同的中子。根据原子中质子数目的不同，可以区别为不同的元素。不同的元素在元素周期表中各占据不同的位置。不同元素的原子按其质子数目由小到大排列的顺序数，称为原子序数。因此，对每一种原子来说：

$$原子序数(Z)=核内质子数=核电荷数=核外电子数$$

质子数目相同而中子数目不等的同一种元素的原子，有着基本相同的化学性质，且在元素周期表中处于同一个位置，故互称为同位素。具有确定质子数目和中子数目的单核粒子称为核素，例如，氢有三种核素，如表 5.1 所示。除少数几种元素外，绝大多数元素都有两种或两种以上的核素，其中锡的核素多达 10 种。

表 5.1　氢的同位素

核素名称	核素符号	原子核组成		质量数	在自然界的氢中所占的百分数/%
		质子数	中子数		
氢或氕(音“撇”)	^1_1H或 H	1	0	1	≈99.98

续表

核素名称	核素符号	原子核组成		质量数	在自然界的氢中所占的百分数/%
		质子数	中子数		
重氢或氘(音“刀”)	$^{2}_{1}H$ 或 D	1	1	2	0.015
超重氢或氚(音“川”)	$^{3}_{1}H$ 或 T	1	2	3	10^{-16}

根据来源和稳定性,可将核素分为稳定核素(如$^{35}_{17}Cl$、$^{37}_{17}Cl$、$^{12}_{6}C$、$^{13}_{6}C$ 等)❶和放射性核素。放射性核素的原子核不稳定,能放出射线而蜕变成别的元素。目前已发现的核素达两千种左右。

质量数相同而原子序数不同的元素,互称为异序同量素,简称同量素。例如,$^{40}_{18}Ar$、$^{40}_{19}K$和$^{40}_{20}Ca$ 互为同量素。

5.1.2 原子轨道能级

1913 年 N. Bohr 在前人工作的基础上提出了玻尔原子模型,其要点如下:

人物简介

1. 定态轨道概念

氢原子中的电子是在氢原子核的势能场中运动,其运动轨道不是任意的,电子只能在以原子核为中心的某些能量(E_n)确定的圆形轨道上运动。这些轨道的能量状态不随时间而改变,因而被称为定态轨道。电子在定态轨道上运动时,既不吸收也不释放能量。

2. 轨道能级的概念

不同的定态轨道能量是不同的。离核越近的轨道,能量越低,电子被原子核束缚得越牢;离核越远的轨道,能量越高。轨道的这些不同的能量状态,称为能级。氢原子轨道能级如图 5.1 所示。在正常状态下,电子尽可能处于离核较近、能量较低的轨道上,这时原子所处的状态称为基态。在高温火焰、电火花或电弧作用下,基态原子中的电子因获得能量,能跃迁到离核较远、能量较高的空轨道上去,这时原子所处的状态称为激发态。$n\to\infty$ 时,电子所处的轨道能量定为零,意味着电子被激发到这样的能级时,由于获得足够大的能量,可以完全摆脱核势能场的束缚而电离。因此,离核越近的轨道,能级越低,势能值越负。

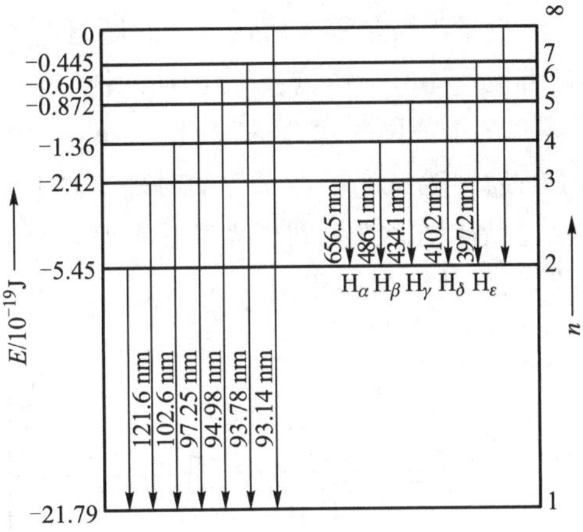

图 5.1 氢原子轨道能级示意图

疑难解析

玻尔原子模型成功地解释了氢原子和类氢原子(如 He^{+}、Li^{2+}、Be^{3+} 等)的光谱现象。时至今日,玻尔提出的关于原子中轨道能级的概念,仍然有用。但是玻尔理论有着严重

❶ 元素符号左上角的数字表示质量数,左下角的数字表示原子序数

的局限性，它只能解释单电子原子（或离子）光谱的一般现象，不能解释多电子原子光谱，其根本原因在于玻尔的原子模型是建立在牛顿的经典力学理论基础上的。它的假设是把原子描绘成一个太阳系，认为电子在核外运动就犹如行星围绕着太阳转一样，会遵循经典力学的运动规律，但实际上电子这样微小、运动速度又极快的粒子在极小的原子体积内的运动，是根本不遵循经典力学的运动定律的。玻尔理论的缺陷，促使人们去研究和建立能描述原子内电子运动规律的量子力学原子模型。

5.2 原子结构的近代概念

人物简介

1926 年奥地利科学家 E. Schrödinger（薛定谔，1887—1961 年，图 5.2）建立起描述微观粒子（如原子、电子等）运动规律的量子力学（又称波动力学）理论。人们运用量子力学理论研究原子结构，逐步形成了原子结构的近代概念。

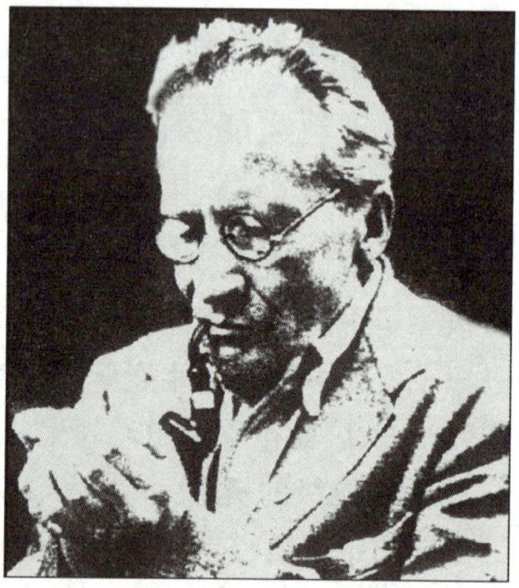

图 5.2 E. Schrödinger

5.2.1 电子的波粒二象性

20 世纪初人们已经发现，光不仅有微观粒子的性质，而且有波动的性质，即具有波粒二象性。前面已经提及，原子中的电子是一种有确定体积（直径约为 10^{-15} m）和质量（$9.109\ 1\times10^{-31}$ kg）的粒子。因此，电子具有粒子性在此无需论证，而且这一点也早为玻尔等人所认识。问题是电子运动时是否也像光子一样，表现出波动的性质。

1927 年美国物理学家 C. J. Davisson 等通过电子衍射实验证实了电子运动时确实具有波动性：如图 5.3 所示，当高速运动的电子束穿过晶体光栅投射到感光底片上时，得到的不是一个感光点，而是明暗相间的衍射环纹，与光的衍射图相似。

实验视频

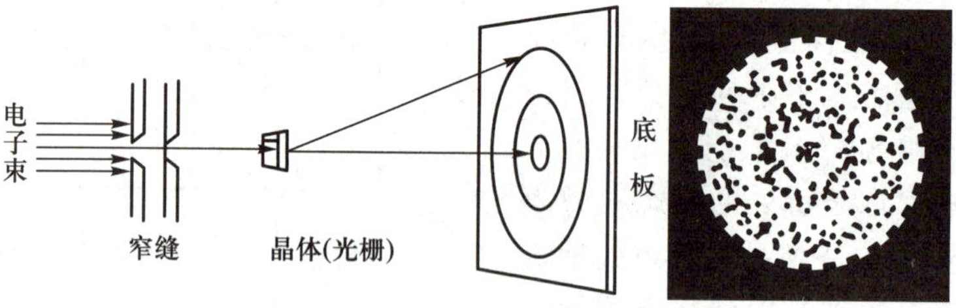

图 5.3 电子衍射实验示意图

后来还相继发现质子、中子等粒子流均能产生衍射现象，具有宏观物体难以表现出来的波动性，而这一特点恰好是经典力学解释不了的。

5.2.2 概率

若用慢射电子枪（可控制射出电子数的电子发射装置）取代电子束进行类似图

5.3 所示的实验,结果发现,每个电子在感光底片上弹着的位置是无法预料的,说明电子运动是没有确定的轨道的;但是当单个的电子不断地发射以后,在感光底片上仍然可以得到明暗相间的衍射环纹,这说明电子运动还是有规律的。亮环纹处无疑衍射强度大,说明电子出现的机会多,亦即概率大;暗环纹处则正好相反。

量子力学认为,原子中个别电子运动的轨迹是无法确定的,亦即没有确定的轨道,这一点是与经典力学有原则的差别。但是原子中电子在原子核外的分布还是有规律的:核外空间某些区域电子出现的概率较大,而另一些区域电子出现的概率较小。

电子在原子核外空间某处单位体积内出现的概率,称为概率密度。

5.2.3　原子轨道

1. 波函数

1926 年薛定谔根据波粒二象性的概念提出了一个描述微观粒子运动的基本方程——薛定谔波动方程。这个方程是一个二阶偏微分方程,其形式如下:

$$\left(\frac{\partial^2\psi}{\partial x^2}+\frac{\partial^2\psi}{\partial y^2}+\frac{\partial^2\psi}{\partial z^2}\right)+\frac{8\pi^2 m}{h^2}(E-V)\psi=0$$

知识拓展

式中:ψ 叫做波函数;h 为普朗克常量,m 为粒子的质量;x、y、z 为粒子的空间坐标。对氢原子体系来说,波函数 ψ 是描述氢核外电子运动状态的数学表示式,是空间坐标 x、y、z 的函数 $\psi=f(x、y、z)$;E 为氢原子的总能量;V 为电子的势能(亦即核对电子的吸引能);m 为电子的质量。解一个体系(如氢原子体系)的薛定谔方程,一般可以得到一系列的波函数 ψ_{1s},ψ_{2s},ψ_{2p_z},…,ψ_i 和相应的一系列能量值 E_{1s},E_{2s},E_{2p},…,E_i。方程式的每一个合理的解 ψ_i 就代表体系中电子的一种可能的运动状态。例如,基态氢原子中电子所处的能态:

$$\psi_{1s}=\sqrt{\frac{1}{\pi a_0^3}}\mathrm{e}^{-r/a_0}\qquad E_{1s}=-2.179\times10^{-18}\ \mathrm{J}$$

疑难解析

式中:r 为电子离原子核的距离;a_0 称玻尔半径[1](53 pm);π 为圆周率;e 为自然对数的底数。

可见,在量子力学中是用波函数和与其对应的能量来描述微观粒子运动状态的。

原子中电子的波函数 ψ 既然是描述电子运动状态的数学表示式,而且又是空间坐标的函数,其空间图像可以形象地理解为电子运动的空间范围,俗称"原子轨道"。这里需要特别提醒注意:此处提到的原子轨道与玻尔原子模型所指的原子轨道截然不同。前者指电子在原子核外运动的某个空间范围,后者是指原子核外电子运动的某个确定的圆形轨道。有时为了避免与经典力学中的玻尔轨道相混淆,又称为原子轨函(原子轨道函数之意),亦即波函数的空间图像就是原子轨道,原子轨道的数学表示式就是波函数。为此,波函数与原子轨道常作同义语混用。

2. 原子轨道的角度分布图

为了求解薛定谔方程,一般需要进行坐标变换,把直角坐标(x、y、z)变换成球坐标(r、θ、φ)。在球坐标下,ψ 是 r、θ、φ 的函数,采用变数分离法可得:

[1] 玻尔应用经典力学计算所得的氢原子半径值。

$$\psi(r、\theta、\varphi)=R(r)\cdot Y(\theta、\varphi)$$

式中：$R(r)$称为波函数的径向波函数，表示波函数在径向 r 上的分布情况；$Y(\theta、\varphi)$称为波函数的角度分布部分或角度波函数，表示波函数是方位角 θ 和 φ 的函数。

波函数的空间图像由角度分布部分决定，因此将波函数 ψ 的角度分布部分 $Y(\theta、\varphi)$ 作图，所得的图像就称为原子轨道的角度分布图，如图 5.4 实线部分所示。

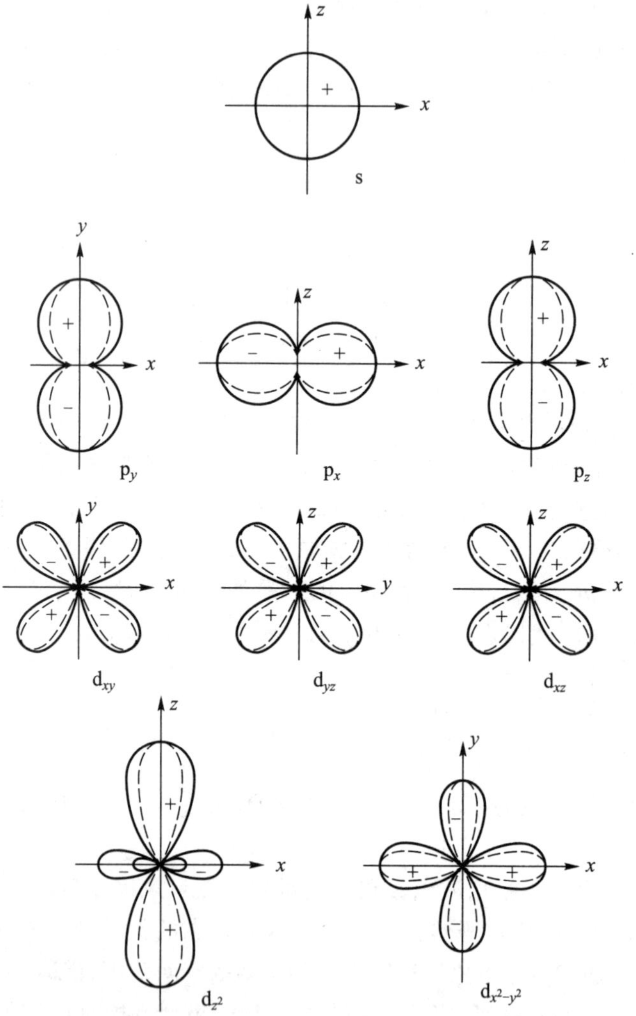

图 5.4　s、p、d 原子轨道（实线部分）、电子云（虚线部分）角度分布剖面图

5.2.4　电子云

疑难解析

1. 概率密度

在光的波动方程中，ψ 代表电磁波的电磁场强度。由于

$$光的强度\propto\frac{光子数目}{V(体积)}=光子密度$$

而光的强度又与电磁场强度（ψ）的绝对值平方成正比：

$$光的强度 \propto |\psi|^2$$

所以,光子密度是与$|\psi|^2$成正比的。同理,在原子核外某处空间,电子出现的概率密度(ρ)也是与该处波函数(ψ)的绝对值平方成正比的:

$$\rho \propto |\psi|^2$$

但在研究ρ时,有实际意义的只是它在空间各处的相对密度,而不是其绝对值本身,故作图时可不考虑ρ与$|\psi|^2$之间的比例常数,因而电子在原子核外某处出现的概率密度可直接用$|\psi|^2$来表示。

2. 电子云

为了形象地表示核外电子运动的概率分布情况,化学上惯用小黑点分布的疏密表示电子出现概率密度的相对大小。小黑点较密的地方,表示概率密度较大,单位体积内电子出现的机会多。用这种方法来描述电子在核外出现的概率密度分布所得的空间图像称为电子云。

既然以小黑点的疏密来表示概率密度大小所得的图像称为电子云,概率密度又可以直接用$|\psi|^2$来表示,那么若以$|\psi|^2$作图,应得到电子云的近似图像。

将$|\psi|^2$的角度分布部分($|Y|^2$)作图,所得的图像就称为电子云角度分布图(如图5.4虚线部分所示)。电子云的角度分布剖面图与相应的原子轨道角度分布剖面图基本相似,但有两点不同:(1) 原子轨道分布图带有正、负号,而电子云角度分布图均为正值(习惯不标出正号);(2) 电子云角度分布图比原子轨道角度分布图要“瘦”些,这是因为Y值一般是小于1的,所以$|Y|^2$值就更小些。

从以上介绍可以看出:原子轨道和电子云的空间图像既不是通过实验、更不是直接观察到的,而是根据量子力学计算得到的数据绘制出来的。

5.2.5 量子数

欲描述某海轮在茫茫大海中的位置,只要知道该海轮的经度和纬度就足够了。但是描述原子中各电子的状态(指电子所在的电子层和原子轨道的能级、形状、伸展方向,以及电子的自旋方向等)则需要四个参数(主量子数、副量子数、磁量子数和自旋量子数)才行。

利用薛定谔方程求解波函数时,为了满足一定的驻态条件(边值条件),波函数自然而然地引入三个量子数n、l、m;对应一组合理的n、l、m取值则有一个确定的波函数$\psi(r,\theta,\varphi)_{n,l,m}$。这些量子数是求解薛定谔方程中自然产生的,并不是人为假定的。

1. 主量子数(n)

知识拓展

主量子数(n)可为零以外的正整数。例如,$n=1,2,3,4,\cdots$,其中每一个n值代表一个电子层:

主量子数(n):	1	2	3	4	5
电　子　层:	第一层	第二层	第三层	第四层	第五层
电子层符号:	K	L	M	N	O

n值越小,该电子层离核越近,其能级越低。

知识拓展

2. 副量子数(l)

n值确定后,副量子数(l)可为0到($n-1$)的正整数。例如,$l=0,1,2,\cdots,(n-1)$,

其中每一个 l 值代表一个电子亚层：

副量子数(l)：0 1 2 3 4 5

电子亚层符号：s p d f g h

对于多电子原子来说，同一电子层中的 l 值越小，该电子亚层的能级越低。例如，2s 亚层的能级比 2p 亚层的低。

知识拓展

3. 磁量子数(m)

磁量子数(m)的取值决定于 l 值，可取($2l+1$)个从 $-l$ 到 $+l$(包括零在内)的整数。每一个 m 值代表一个具有某种空间取向的原子轨道。例如，副量子数(l)为 1 时，磁量子数(m)值只能取 -1、0、+1 三个数值，这三个数值表示 p 亚层上的三个相互垂直的 p 原子轨道。

知识拓展

4. 自旋量子数(m_s)

自旋量子数(m_s)只有 $+\frac{1}{2}$ 或 $-\frac{1}{2}$ 这两个数值，其中每一个数值表示电子的一种自旋方向(如顺时针或逆时针方向)。例如，在原子核外第四电子层上 s 亚层的 4s 轨道内，以顺时针方向自旋为特征的那个电子的运动状态，可以用 $n=4$、$l=0$、$m=0$、$m_s=+\frac{1}{2}$ 四个量子数来描述。

历史逸闻

5.2.6 原子的观察和操纵

自从 1803 年 Dalton 提示原子论开始，人们经过两个多世纪的努力探索，借助高科技手段，科学家们已经初步揭开原子、分子的面纱。

1982 年国际商业机器公司(简称 IBM)苏黎世实验室的 G. Binnig 和 H. Rohrer 研制出世界第一台新型的表面分析仪——扫描隧道显微镜(简称 STM)。由于 STM 能放大亿倍，因此可以观察到单个原子、分子的形象。例如，图 5.5 所示为硅表面原子排列的 STM 图像。

1988 年底中国科学院化学所成功研制国内首台原子级分辨率的原子力显微镜(AFM)，并利用自制的扫描隧道显微镜在石墨表面刻蚀出中国地图。1994 年中国科学院北京真空物理实验室利用 STM 针尖在硅表面上提走部分硅原子，从而获得一张以硅原子整齐排列为背景的显示出“100”字样的照片(图5.6)。这表明我国已经具有观察和操纵原子的高科技。

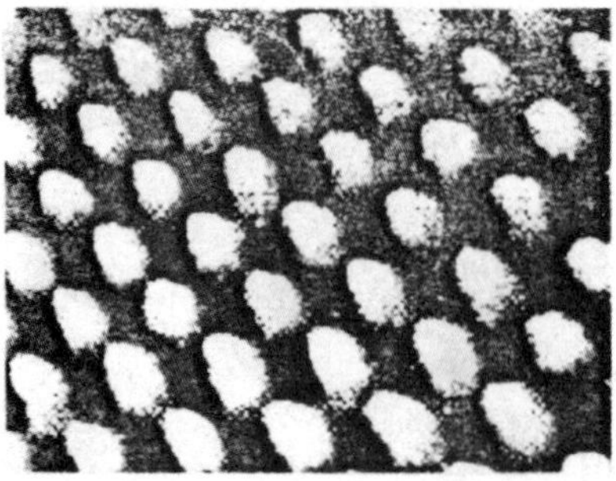

图 5.5 硅表面原子排列的 STM 图像

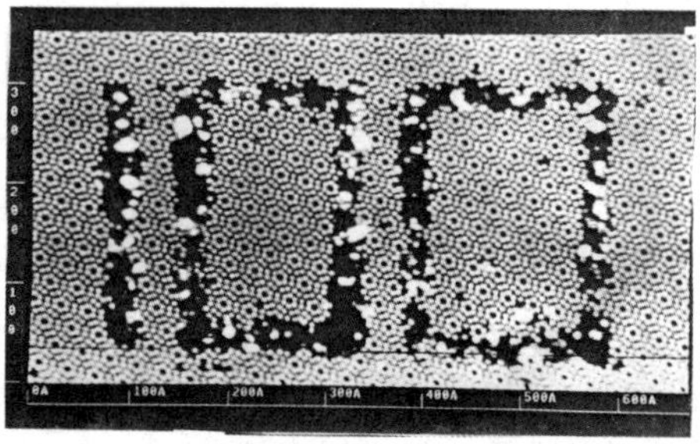

图 5.6 在硅表面按“100”字样移走部分硅原子后的照片

5.3 原子中电子的分布

5.3.1 基态原子中电子分布原理

根据原子光谱实验的结果和对元素周期系的分析、归纳，总结出核外电子分布的基本原理。

1. 泡利(Pauli)不相容原理

在同一原子中，不可能有四个量子数完全相同的电子存在。每一个轨道内最多只能容纳两个自旋方向相反的电子。

人物简介

2. 能量最低原理

多电子原子处在基态时，核外电子的分布在不违反泡利不相容原理的前提下，总是尽先分布在能量较低的轨道，以使原子处于能量最低的状态。

3. 洪德(Hund)规则

原子在同一亚层的等价轨道上分布电子时，将尽可能单独分布在不同的轨道，而且自旋方向相同(或称自旋平行)。这样分布时，原子的能量较低，体系较稳定。例如，N 原子($1s^2 2s^2 2p^3$)的轨道表示式❶为

人物简介

那么，哪些轨道能量较高，哪些轨道能量较低呢？这需要进一步了解原子的能级。

5.3.2 多电子原子轨道的能级

原子轨道的能量主要与主量子数(n)有关。对多电子原子来说(除 H 外其他元素原子的统称)，原子轨道的能量还与副量子数(l)和原子序数有关。

原子中各原子轨道能级的高低主要根据光谱实验确定，但也可从理论上去推算。原子轨道能级的相对高低情况，若用图示法近似表示，就是所谓近似能级图。在无机化学中比较实用的是鲍林(Pauling)近似能级图。

人物简介

某元素只要根据其原子光谱中的谱线所对应的能量，就可以做出该元素原子的原子轨道能级图。1939 年 L. Pauling(图 5.7)对周期系中各元素原子的原子轨道能级图进行分析、归纳，总结出多电子原子中原子轨道能级图，以表示各原子轨道之间能量的相对高低顺序(见图 5.8)。

图 5.7 L. Pauling

在图中每一个小圆圈代表一个原子轨道。每个小圆圈所在的位置的高低就表示这个轨道能量的高低(但并

---

❶ 圆圈中每一个箭号代表一个电子，箭头方向相同的表示电子自旋方向相同。

未按真实比例绘出)。图中还根据各轨道能量大小的相互接近情况,把原子轨道划分为若干个能级组(图中实线方框内各原子轨道的能量较接近,构成一个能级组)。以后我们将会了解:“能级组”与元素周期表的周期是相对应的。

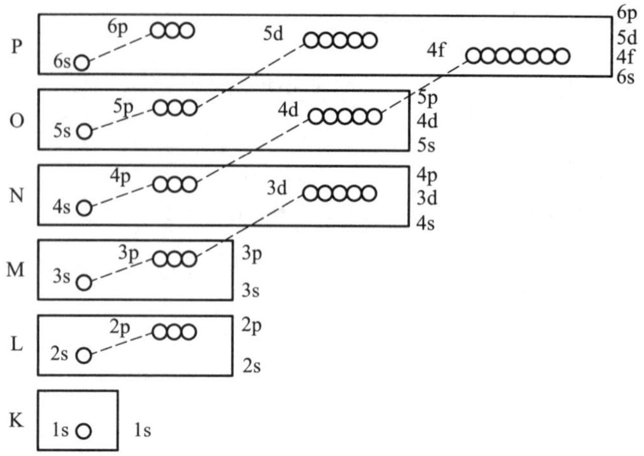

图 5.8 鲍林近似能级图

从图 5.8 中可以看出:

(1) 各电子层能级相对高低为 K<L<M<N<O<⋯;

(2) 同一原子同一电子层内,对多电子原子来说,电子间的相互作用造成同层能级的分裂。各亚层能级的相对高低为 $E_{ns}<E_{np}<E_{nd}<E_{nf}<\cdots$;

(3) 同一电子亚层内,各原子轨道能级相同,如 $E_{np_x}=E_{np_y}=E_{np_z}$;

(4) 同一原子内,不同类型的亚层之间,有能级交错现象,例如:$E_{4s}<E_{3d}<E_{4p}<E_{5s}<E_{4d}<E_{5p}$,$E_{6s}<E_{4f}<E_{5d}<E_{6p}$。

对鲍林近似能级图,需要明确几点:

(1) 如前所述,它是从周期系中各元素原子轨道能级图中归纳出来的一般规律,不可能完全反映出每种元素原子的原子轨道能级相对高低,所以只有近似意义。

(2) 它原意是要反映同一原子内各原子轨道能级之间的相对高低,所以,不能用鲍林近似能级图来比较不同元素原子轨道能级的相对高低。

(3) 经进一步研究发现,鲍林近似能级图实际上只反映同一原子外电子层中原子轨道能级的相对高低,而不一定能完全反映内电子层中原子轨道能级的相对高低。

(4) 电子在某一轨道上的能量,实际上与原子序数(更本质地说与核电荷数)有关。核电荷数越多,对电子的吸引力越大,电子离核越近的结果使其所在轨道能量降得越低。轨道能级之间的相对高低情况,与鲍林近似能级图有所不同。

5.3.3 基态原子中电子的分布

1. 核外电子填入轨道的顺序

核外电子的分布是客观事实,本来不存在人为地向核外原子轨道填入电子,以及填充电子的先后次序问题,但这作为研究原子核外电子运动状态的一种科学假想,对了解原子电子层的结构,事实证明是有益的。

对多电子原子来说，由于紧靠核的电子层一般都布满了电子，所以其核外电子的分布主要看外层电子是怎样分布的。前面已经提到，鲍林近似能级图能反映外电子层中原子轨道能级的相对高低，因此也就能反映核外电子填入轨道的先后顺序。

应用鲍林近似能级图，并根据能量最低原理，可以设计出核外电子填入轨道顺序图(图 5.9)。有了核外电子填入轨道顺序图，再根据泡利不相容原理、洪德规则和能量最低原理，就可以准确无误地写出 91 种元素原子的核外电子分布式来。例如，$_{21}Sc$原子的电子分布式为

$$1s^22s^22p^63s^23p^63d^14s^2$$

在已知的 118 种元素当中，只有 19 种元素(它们是：$_{24}Cr$、$_{29}Cu$、$_{41}Nb$、$_{42}Mo$、$_{44}Ru$、$_{45}Rh$、$_{46}Pd$、$_{47}Ag$、$_{57}La$、$_{58}Ce$、$_{64}Gd$、$_{78}Pt$、$_{79}Au$、$_{89}Ac$、$_{90}Th$、$_{91}Pa$、$_{92}U$、$_{93}Np$、$_{96}Cm$)原子外层电子的分布情况稍有例外。根据原子核外电子分布情况，又可以归纳出一条特殊规律，就是对于同一电子亚层，当电子分布为全充满(p^6或 d^{10}或 f^{14})、半充满(p^3或 d^5或 f^7)或全空(p^0或 d^0或 f^0)时，电子云分布呈球状，原子结构较稳定。亚层全充满分布的例子如$_{29}Cu$，它的电子分布式为$\cdots 3d^{10}4s^1$，而不是$\cdots 3d^94s^2$，此外$_{46}Pd$、$_{47}Ag$、$_{79}Au$ 也有类似情况；亚层半充满的例子如$_{24}Cr$，它的电子分布式为$\cdots 3d^54s^1$，而不是$\cdots 3d^44s^2$，此外$_{42}Mo$、$_{64}Gd$、$_{96}Cm$ 也有类似情况。

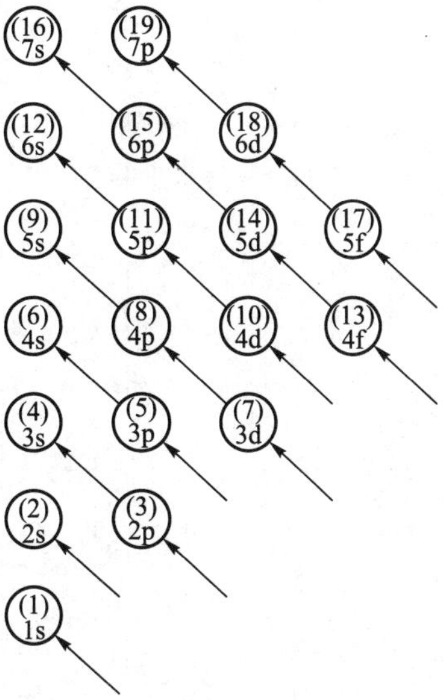

图 5.9 核外电子填入轨道顺序图

2. 基态原子的价层电子构型

价电子所在的亚层统称价层。原子的价层电子构型是指价层的电子分布式，它能反映出该元素原子电子层结构的特征。但价层中的电子并非一定全是价电子，例如，Ag 的价层电子构型为 $4d^{10}5s^1$，而其氧化数只有+1、+2、+3。在书写原子核外电子分布式时，为简便起见，可用该元素前一周期的稀有气体的元素符号作为原子实❶，代替相应电子分布部分，如表 5.2 所示。

疑难解析

表 5.2 基态原子的电子分布

周期序号	原子序数	元素	电子分布式
一	1	H	$1s^1$
	2	He	$1s^2$
二	3	Li	$[He]2s^1$
	4	Be	$[He]2s^2$
	5	B	$[He]2s^22p^1$
	6	C	$[He]2s^22p^2$
	7	N	$[He]2s^22p^3$

❶ 原子实是指原子中除去最高能级组以外的原子实体。

续表

周期序号	原子序数	元素	电子分布式
二	8	O	[He]$2s^22p^4$
	9	F	[He]$2s^22p^5$
	10	Ne	[He]$2s^22p^6$
三	11	Na	[Ne]$3s^1$
	12	Mg	[Ne]$3s^2$
	13	Al	[Ne]$3s^23p^1$
	14	Si	[Ne]$3s^23p^2$
	15	P	[Ne]$3s^23p^3$
	16	S	[Ne]$3s^23p^4$
	17	Cl	[Ne]$3s^23p^5$
	18	Ar	[Ne]$3s^23p^6$
四	19	K	[Ar]$4s^1$
	20	Ca	[Ar]$4s^2$
	21	Sc	[Ar]$3d^14s^2$
	22	Ti	[Ar]$3d^24s^2$
	23	V	[Ar]$3d^34s^2$
	24	Cr	[Ar]$3d^54s^1$
	25	Mn	[Ar]$3d^54s^2$
	26	Fe	[Ar]$3d^64s^2$
	27	Co	[Ar]$3d^74s^2$
	28	Ni	[Ar]$3d^84s^2$
	29	Cu	[Ar]$3d^{10}4s^1$
	30	Zn	[Ar]$3d^{10}4s^2$
	31	Ga	[Ar]$3d^{10}4s^24p^1$
	32	Ge	[Ar]$3d^{10}4s^24p^2$
	33	As	[Ar]$3d^{10}4s^24p^3$
	34	Se	[Ar]$3d^{10}4s^24p^4$
	35	Br	[Ar]$3d^{10}4s^24p^5$
	36	Kr	[Ar]$3d^{10}4s^24p^6$
五	37	Rb	[Kr]$5s^1$
	38	Sr	[Kr]$5s^2$
	39	Y	[Kr]$4d^15s^2$
	40	Zr	[Kr]$4d^25s^2$
	41	Nb	[Kr]$4d^45s^1$
	42	Mo	[Kr]$4d^55s^1$
	43	Tc	[Kr]$4d^55s^2$

续表

周期序号	原子序数	元素	电子分布式
五	44	Ru	$[Kr]4d^7 5s^1$
	45	Rh	$[Kr]4d^8 5s^1$
	46	Pd	$[Kr]4d^{10}$
	47	Ag	$[Kr]4d^{10} 5s^1$
	48	Cd	$[Kr]4d^{10} 5s^2$
	49	In	$[Kr]4d^{10} 5s^2 5p^1$
	50	Sn	$[Kr]4d^{10} 5s^2 5p^2$
	51	Sb	$[Kr]4d^{10} 5s^2 5p^3$
	52	Te	$[Kr]4d^{10} 5s^2 5p^4$
	53	I	$[Kr]4d^{10} 5s^2 5p^5$
	54	Xe	$[Kr]4d^{10} 5s^2 5p^6$
六	55	Cs	$[Xe]6s^1$
	56	Ba	$[Xe]6s^2$
	57	La	$[Xe]5d^1 6s^2$
	58	Ce	$[Xe]4f^1 5d^1 6s^2$
	59	Pr	$[Xe]4f^3 6s^2$
	60	Nd	$[Xe]4f^4 6s^2$
	61	Pm	$[Xe]4f^5 6s^2$
	62	Sm	$[Xe]4f^6 6s^2$
	63	Eu	$[Xe]4f^7 6s^2$
	64	Gd	$[Xe]4f^7 5d^1 6s^2$
	65	Tb	$[Xe]4f^9 6s^2$
	66	Dy	$[Xe]4f^{10} 6s^2$
	67	Ho	$[Xe]4f^{11} 6s^2$
	68	Er	$[Xe]4f^{12} 6s^2$
	69	Tm	$[Xe]4f^{13} 6s^2$
	70	Yb	$[Xe]4f^{14} 6s^2$
	71	Lu	$[Xe]4f^{14} 5d^1 6s^2$
	72	Hf	$[Xe]4f^{14} 5d^2 6s^2$
	73	Ta	$[Xe]4f^{14} 5d^3 6s^2$
	74	W	$[Xe]4f^{14} 5d^4 6s^2$
	75	Re	$[Xe]4f^{14} 5d^5 6s^2$
	76	Os	$[Xe]4f^{14} 5d^6 6s^2$
	77	Ir	$[Xe]4f^{14} 5d^7 6s^2$
	78	Pt	$[Xe]4f^{14} 5d^9 6s^1$
	79	Au	$[Xe]4f^{14} 5d^{10} 6s^1$
	80	Hg	$[Xe]4f^{14} 5d^{10} 6s^2$

续表

周期序号	原子序数	元素	电子分布式
六	81	Tl	$[Xe]4f^{14}5d^{10}6s^26p^1$
	82	Pb	$[Xe]4f^{14}5d^{10}6s^26p^2$
	83	Bi	$[Xe]4f^{14}5d^{10}6s^26p^3$
	84	Po	$[Xe]4f^{14}5d^{10}6s^26p^4$
	85	At	$[Xe]4f^{14}5d^{10}6s^26p^5$
	86	Rn	$[Xe]4f^{14}5d^{10}6s^26p^6$
七	87	Fr	$[Rn]7s^1$
	88	Ra	$[Rn]7s^2$
	89	Ac	$[Rn]6d^17s^2$
	90	Th	$[Rn]6d^27s^2$
	91	Pa	$[Rn]5f^26d^17s^2$
	92	U	$[Rn]5f^36d^17s^2$
	93	Np	$[Rn]5f^46d^17s^2$
	94	Pu	$[Rn]5f^67s^2$
	95	Am	$[Rn]5f^77s^2$
	96	Cm	$[Rn]5f^76d^17s^2$
	97	Bk	$[Rn]5f^97s^2$
	98	Cf	$[Rn]5f^{10}7s^2$
	99	Es	$[Rn]5f^{11}7s^2$
	100	Fm	$[Rn]5f^{12}7s^2$
	101	Md	$[Rn]5f^{13}7s^2$
	102	No	$[Rn]5f^{14}7s^2$
	103	Lr	$[Rn]5f^{14}6d^17s^2$
	104	Rf	$[Rn]5f^{14}6d^27s^2$
	105	Db	$[Rn]5f^{14}6d^37s^2$
	106	Sg	$[Rn]5f^{14}6d^47s^2$
	107	Bh	$[Rn]5f^{14}6d^57s^2$
	108	Hs	$[Rn]5f^{14}6d^67s^2$
	109	Mt	$[Rn]5f^{14}6d^77s^2$
	110	Ds	$[Rn]5f^{14}6d^87s^2$
	111	Rg	$[Rn]5f^{14}6d^97s^2$
	112	Cn	$[Rn]5f^{14}6d^{10}7s^2$
	113	Nh	$[Rn]5f^{14}6d^{10}7s^27p^1$
	114	Fl	$[Rn]5f^{14}6d^{10}7s^27p^2$
	115	Mc	$[Rn]5f^{14}6d^{10}7s^27p^3$
	116	Lv	$[Rn]5f^{14}6d^{10}7s^27p^4$
	117	Ts	$[Rn]5f^{14}6d^{10}7s^27p^5$
	118	Og	$[Rn]5f^{14}6d^{10}7s^27p^6$

5.3.4 简单基态阳离子的电子分布

根据鲍林近似能级图,基态原子外层轨道能级高低顺序为 $E_{ns}<E_{(n-2)f}<E_{(n-1)d}<E_{np}$。若按此顺序,$Fe^{2+}$ 的电子分布式似应为[Ar]$3d^4 4s^2$,但根据实验证实,Fe^{2+} 的电子分布式实为[Ar]$3d^6 4s^0$。原因是阳离子的有效核电荷比原子的多,造成基态阳离子的轨道能级与基态原子的轨道能级有所不同。

通过对基态原子和离子内轨道能级的研究,从大量光谱数据中归纳出如下经验规律:

基态原子外层电子填充顺序:→ns→$(n-2)$f→$(n-1)$d→np

价电子电离顺序:→np→ns→$(n-1)$d→$(n-2)$f

疑难解析

5.3.5 元素周期系与核外电子分布的关系

1. 区

根据元素原子价层电子构型的不同,可以把周期表中的元素所在位置分成 s、p、d、ds 和 f 五个区(图 5.10)。

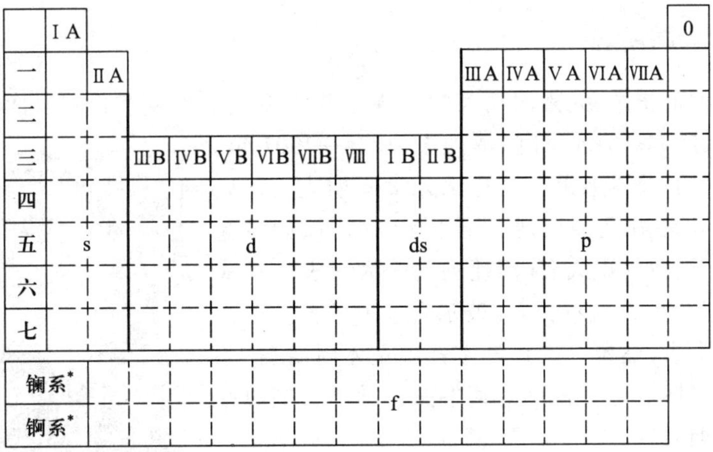

图 5.10 长式周期表元素分区示意图

各区元素原子核外电子层分布的特点,如表 5.3 所示。

表 5.3 各区元素原子电子分布特点

区	原子价层电子构型	最后填入电子的亚层	包括的元素
s	$ns^{1\to2}$	最外层的 s 亚层	ⅠA,ⅡA 族
p	$ns^2np^{1\to6}$	最外层的 p 亚层	ⅢA~ⅦA 族,零族
d	$(n-1)d^{1\to9}ns^{1\to2}$	一般为次外层的 d 亚层	ⅢB~ⅦB 族,Ⅷ族(过渡元素)
ds	$(n-1)d^{10}ns^{1\to2}$	一般为次外层的 d 亚层	ⅠB,ⅡB 族
f	$(n-2)f^{0\to14}(n-1)d^{0\to2}ns^2$	一般为外数第三层的 f 亚层(有个别例外)	镧系元素,锕系元素(内过渡元素)

2. 族

如表 5.3 所示，如果元素原子最后填入电子的亚层为 s 或 p 亚层的，该元素便属于主族元素；如果最后填入电子的亚层为 d 或 f 亚层的，该元素便属于副族元素，又称过渡元素（其中填入 f 亚层的又称内过渡元素）。

书写时，以 A 表示主族元素，以 B 表示副族元素。例如，ⅡA 表示第二主族元素，ⅢB 表示第三副族元素。

表 5.4 元素原子核外电子分布与族数的关系

元素	族数
s、p、ds 区	等于最外层电子数
d 区 （其中Ⅷ族只适用于 Os、Fe、Ru）	等于最外层电子数+次外层的 d 电子数
f 区	都属ⅢB 族

由表 5.4 可见，元素在周期表中的位置（周期、区、族），是由该元素原子核外电子的分布所决定的。

5.3.6 元素周期表

人物简介

在化学发展史中，元素周期表的出现是化学发展的重要里程碑。1869 年 2 月俄国科学家 Д. И. Менделеев（门捷列夫，1834—1907 年，图 5.11）公布了世界上第一张化学元素周期表。以后不断有人提出各种类型周期表不下 170 余种，归纳起来主要有以下类型：短式表（门捷列夫式为代表）、长式表（维尔纳式为代表）、特长表（玻尔塔式为代表）、平面螺线表和圆形表（达姆开夫式为代表）、立体周期表（莱西的圆锥柱立体表为代表）等，其中在教学上长期习用的是长式周期表。

图 5.11 Д. И. Менделеев

另外，1986 年 IUPAC 推荐了“族”的新表示法：原长式周期表由左向右按 18 族排列，如表 5.5 所示。考虑到“族”的旧表示法仍有许多优点，因此，在本书新、旧两种表示法暂时并存。

表 5.5 “族”的新表示法

区	s	d	ds	p
族	1→2	3→10	11→12	13→18

5.4 原子性质的周期性

原子的电子层结构随着核电荷数的递增呈现周期性变化，影响到原子的某些性质，如原子半径、电离能、电子亲和能和电负性[1]等，也呈现周期性的变化。

5.4.1 原子半径

量子力学的原子模型认为，核外电子的运动是按概率分布的，由于原子本身没有鲜明的界面，因此原子核到最外电子层的距离，实际上是难以确定的。通常所说的原子半径是根据该原子存在的不同形式来定义的。常用的有以下三种：

1. 共价半径

两个相同原子形成共价键时，其核间距离的一半，称为原子的共价半径，如果没有特别注明，通常指的是形成共价单键时的共价半径。例如，把 Cl—Cl 分子的核间距的一半（99 pm）定为 Cl 原子的共价半径。

2. 金属半径

金属单质的晶体中，两个相邻金属原子核间距离的一半，称为该金属原子的金属半径。例如，把金属铜中两个相邻 Cu 原子核间距的一半（128 pm）定为 Cu 原子的半径。

3. 范德华半径

在分子晶体中，分子之间是以范德华力（即分子间力）结合的，相邻分子核间距的一半，称为该原子的范德华半径。例如，氖（Ne）的范德华半径为 160 pm。

表 5.6 列出元素周期表中各元素原子半径，其中非金属列出共价半径，金属列出金属半径（配位数为 12），稀有气体列出范德华半径。

原子半径在周期中的变化：

同一周期的主族元素，自左向右，随着核电荷数的增加，原子共价半径变化的总趋势是逐渐减小的。

表 5.6 原子半径（单位：pm）

H 37																	He 122
Li 152	Be 111											B 88	C 77	N 70	O 66	F 64	Ne 160
Na 186	Mg 160											Al 143	Si 117	P 110	S 104	Cl 99	Ar 191
K 227	Ca 197	Sc 161	Ti 145	V 132	Cr 125	Mn 124	Fe 124	Co 125	Ni 125	Cu 128	Zn 133	Ga 122	Ge 122	As 121	Se 117	Br 114	Kr 198
Rb 248	Sr 215	Y 181	Zr 160	Nb 143	Mo 136	Tc 136	Ru 133	Rh 135	Pd 138	Ag 144	Cd 149	In 163	Sn 141	Sb 141	Te 137	I 133	Xe 217
Cs 265	Ba 217	Lu 173	Hf 159	Ta 143	W 137	Re 137	Os 134	Ir 136	Pt 136	Au 144	Hg 160	Tl 170	Pb 175	Bi 155	Po 153		
		La 188	Ce 183	Pr 183	Nd 182	Pm 181	Sm 180	Eu 204	Gd 180	Tb 178	Dy 177	Ho 177	Er 176	Tm 175	Yb 194		

同一周期的 d 区过渡元素，从左向右过渡时，随着核电荷数的增加，原子半径只是略有减小；而且，从 IB 族元素起，由于次外层的 $(n-1)$d 轨道已经充满，较为显著地抵消核电荷对外层 ns 电子的引力，因此原子半径反而有所增大。

[1] 这些原子性质统称为原子参数，对元素的性质往往有重要影响。

同一周期的 f 区内过渡元素，从左向右过渡时，由于新增加的电子填入外数第三层的 $(n-2)$f 轨道上，其结果与 d 区元素基本相似，只是原子半径减小的平均幅度更小。例如，镧系元素从镧（La）到镱（Yb）原子半径收缩不显著。镧系收缩的幅度虽然很小，但它收缩的影响却很大，使镧系后面的过渡元素铪（Hf）、钽（Ta）、钨（W）的原子半径与其同族相应的锆（Zr）、铌（Nb）、钼（Mo）的原子半径极为接近，造成 Zr 与 Hf、Nb 与 Ta、Mo 与 W 的性质十分相似，在自然界往往共生，分离比较困难。

原子半径在族中的变化：

主族元素从上往下，原子半径显著增大。但是副族元素除钪分族外，从上往下原子半径一般略为增大，第五周期和第六周期的同族元素之间，原子半径非常接近。

原子半径越大，核对外层电子的引力越弱，原子就越易失去电子；相反，原子半径越小，核对外层电子的引力越强，原子就越易得到电子。但必须注意，难失去电子的原子，不一定容易得到电子。例如，稀有气体原子得、失电子都不容易。

5.4.2 电离能和电子亲和能

原子失去电子的难易可用电离能（I）来衡量，结合电子的难易可用电子亲和能（E_A）来定性的比较。

疑难解析

1. 电离能（I）

气态原子要失去电子变为气态阳离子（即电离），必须克服核电荷对电子的引力而消耗能量，这种能量称为电离能（I），其单位常采用 $kJ \cdot mol^{-1}$。

由基态（能量最低的状态）的中性气态原子失去一个电子形成气态阳离子所需要的能量，称为原子第一电离能（I_1）；由氧化数为+1 的气态阳离子再失去一个电子形成氧化数为+2 的气态阳离子所需要的能量，称为原子的第二电离能（I_2）；其余以此类推。例如：

$$Mg(g) - e^- \longrightarrow Mg^+(g); \qquad I_1 = \Delta H_1 = 738\ kJ \cdot mol^{-1}$$

$$Mg^+(g) - e^- \longrightarrow Mg^{2+}(g); \qquad I_2 = \Delta H_2 = 1\ 451\ kJ \cdot mol^{-1}$$

…………

显然，元素原子的电离能越小，原子就越易失去电子；反之，元素原子的电离能越大，原子越难失去电子。这样，就可以根据原子的电离能来衡量原子失去电子的难易程度。一般情况下，只应用第一电离能数据即可。

元素原子的电离能，可以通过实验测出。

同一周期主族元素，从左向右过渡时，电离能逐渐增大。副族元素从左向右过渡时，电离能变化不十分规律。

同一主族元素从上往下过渡时，原子的电离能逐渐减小。副族元素从上往下原子半径只是略微增大，而且第五、六周期元素的原子半径又非常接近，核电荷数增多的因素起了作用，电离能变化没有较好的规律。

值得注意，电离能的大小只能衡量气态原子失去电子变为气态离子的难易程度，至于金属在溶液中发生化学反应形成阳离子的倾向，还是应该根据金属的电极电势来进行估量。

2. 电子亲和能（E_A）

与电离能恰好相反，元素原子的第一电子亲和能是指一个基态的气态原子得到一个电子形成气态阴离子所释放出的能量。例如：

$$O(g)+e^- \longrightarrow O^-(g); \qquad E_{A_1}=-141\ kJ\cdot mol^{-1}$$

元素原子的第一电子亲和能一般为负值，因为电子落入中性原子的核场里势能降低，体系能量减少。唯稀有气体原子（ns^2np^6）和ⅡA族原子（ns^2）最外电子亚层已全充满，要加合一个电子，环境必须对体系做功，亦即体系吸收能量才能实现，所以第一电子亲和能为正值。所有元素原子的第二电子亲和能都为正值，因为阴离子本身是个负电场，对外加电子有排斥作用，要再加合电子时，环境也必须对体系做功。例如：

疑难解析

$$O^-(g)+e^- \longrightarrow O^{2-}(g); \qquad E_{A_2}=780\ kJ\cdot mol^{-1}$$

显然，元素原子的第一电子亲和能代数值越小，原子就越容易得到电子；反之元素原子的第一电子亲和能代数值越大，原子就越难得到电子。

由于电子亲和能的测定比较困难，所以目前测得的数据较少（尤其是副族元素尚无完整数据），准确性也较差，有些数据还只是计算值。

无论是在周期或族中，主族元素电子亲和能的代数值一般都是随着原子半径的减小而减小的。因为半径减小，核电荷对电子的引力增大，故电子亲和能在周期中从左向右过渡时，总的变化趋势是减小的。主族元素从上往下过渡时，总的变化趋势是增大的。值得注意：电子亲和能、电离能只能表征孤立气态原子或离子得、失电子的能力。

5.4.3 电负性（χ）

某原子难失去电子，不一定就容易得到电子；反之，某原子难得到电子，也不一定就容易失去电子。为了能比较全面地描述不同元素原子在分子中对成键电子吸引的能力，鲍林提出了电负性的概念。所谓电负性是指分子中元素原子吸引电子的能力。指定最活泼的非金属元素原子的电负性 $\chi_p(F)=4.0$，然后通过热化学方法计算得到其他元素原子的电负性值（见表5.7）。后人经过改进，把 $\chi_p(F)$ 定为3.98，得出另一套鲍林电负性（χ_p）数据。

从表5.7中可见，元素原子的电负性呈周期性变化。同一周期从左向右电负性逐渐增大。同一主族，从上往下电负性逐渐减小；至于副族元素原子，ⅢB～VB族从上往下电负性变小，VIB～ⅡB族从上往下电负性变大。某元素的电负性越大，表示它的原子在分子中吸引成键电子（即习惯说的共用电子）的能力越强。

需要说明几点：(1) 鲍林电负性是一个相对值，本身没有单位；(2) 自从1932年鲍林提出电负性概念后，有不少人对这个问题进行探讨，由于定义及计算方法不同，现在已经有几套元素原子电负性数据，因此，使用数据时要注意出处，并尽量采用同一套电负性数据；(3) 如何定义电负性至今仍在争论中。

5.4.4 元素的氧化数

元素的氧化数与原子的价电子数直接相关。

1. 主族元素的氧化数

由于主族元素原子只有最外层的电子为价电子，能参与成键，因此，主族元素（F、O除外）的最高氧化数等于该原子的价电子总数（亦即族数）。如表5.8所示，随着原子核电荷数的递增，主族元素的氧化数呈现周期性的变化。

表 5.7　元素的电负性(χ_p)

s区		d区								ds区		p区				
H 2.1																
Li 1.0	Be 1.5											B 2.0	C 2.5	N 3.0	O 3.5	F 4.0
Na 0.9	Mg 1.2											Al 1.5	Si 1.8	P 2.1	S 2.5	Cl 3.0
K 0.8	Ca 1.0	Sc 1.3	Ti 1.5	V 1.6	Cr 1.6	Mn 1.5	Fe 1.8	Co 1.9	Ni 1.9	Cu 1.9	Zn 1.6	Ga 1.6	Ge 1.8	As 2.0	Se 2.4	Br 2.8
Rb 0.8	Sr 1.0	Y 1.2	Zr 1.4	Nb 1.6	Mo 1.8	Tc 1.9	Ru 2.2	Rh 2.2	Pd 2.2	Ag 1.9	Cd 1.7	In 1.7	Sn 1.8	Sb 1.9	Te 2.1	I 2.5
Cs 0.7	Ba 0.9	Lu 1.2	Hf 1.3	Ta 1.5	W 1.7	Re 1.9	Os 2.2	Ir 2.2	Pt 2.2	Au 2.4	Hg 1.9	Tl 1.8	Pb 1.9	Bi 1.9	Po 2.0	At 2.2

表 5.8　主族元素的氧化数与价电子数的对应关系

族数	ⅠA	ⅡA	ⅢA	ⅣA	ⅤA	ⅥA	ⅦA
价层电子构型	ns^1	ns^2	ns^2np^1	ns^2np^2	ns^2np^3	ns^2np^4	ns^2np^5
价电子总数	1	2	3	4	5	6	7
主要氧化数	+1	+2	+3 (Tl 还有+1)	+4 +2 (C 有-4)	+5 +3 (N、P 有-3) (N 还有+1,+2,+4)	+6 +4 -2 (O 一般呈-2,-1)	+7 +5 +3 +1 -1 (F 一般只呈-1)
最高氧化数	+1	+2	+3	+4	+5	+6	+7

2. 副族元素的氧化数

ⅢB～ⅦB 族元素原子最外层的 s 亚层和次外层 d 亚层的电子均为价电子，因此，元素的最高氧化数也等于价电子总数，如表 5.9 所示。

但是，IB 和Ⅷ族元素的氧化数变化不规律；ⅡB 族的最高氧化数为+2。

表 5.9　ⅢB～ⅦB 族元素最高氧化数与价电子数的对应关系

族　　数	ⅢB	ⅣB	ⅤB	ⅥB	ⅦB
第四周期元素	Sc	Ti	V	Cr	Mn
价层电子构型	$3d^14s^2$	$3d^24s^2$	$3d^34s^2$	$3d^54s^1$	$3d^54s^2$
价电子数	3	4	5	6	7
最高氧化数	+3	+4	+5	+6	+7

5.4.5 元素的金属性和非金属性

在已经发现和合成的元素中，金属元素约占4/5。凡是金属都不同程度地具有不透明、金属光泽、导电传热和延展性等特点。从化学角度说，金属最突出的特性是指它在化学反应中容易失去电子。因此，在化学反应中，某元素原子如果容易失去电子变为低正氧化数阳离子，就表示它的金属性强；反之，若容易得到电子变为阴离子，就表示它的非金属性强。

元素金属性和非金属性的相对强弱，可以应用原子参数进行比较。元素原子的电离能越小或电负性越小，元素的金属性越强；元素原子的电子亲和能的代数值越小或电负性越大，元素的非金属性越强。

同一周期的元素，由左向右过渡，元素原子的电负性增大，元素的金属性逐渐减弱，元素的非金属性逐渐增强。

同一主族的元素由上往下过渡，元素原子的电负性减小，元素的金属性逐渐增强，元素的非金属性逐渐减弱。副族元素由上往下，ⅢB～VB族电负性减小，金属性增强，ⅥB～ⅡB族电负性增大，金属性减弱。

[拓宽视野]

微观物质的深层次剖示

1. 关于基本粒子概念的演化

在公元前三百多年古希腊哲学家德谟克利特(Democritus)认为万物都是由被称为原子的不可分割的粒子组成的；1897年英国人汤姆孙(J. J. thomson)通过阴极射线实验发现了从原子中释放出来的电子；1911年英国物理学家卢瑟福(E. Rutherford)用α射线“轰开”了原子的大门，科学家们先后从原子核中发现了质子(1919年)和中子(1932年)。质子和中子被称为核子，当时与电子、光子一起被认为是构成物质的基本粒子。但是，后来随着天体物理学的研究和高能加速器的应用，科学家们陆续发现了一大批(至今多达三百多种)比原子核更小，像质子、中子那样的下一个物质层次被称为亚原子的粒子。这些粒子绝大多数在自然界中不存在，是在高能实验室内“制造”出来的。

根据作用力不同，这些亚原子粒子被分为强子、轻子和传播子三大类，见表5.10。

表5.10 亚原子粒子的分类

类别	作用力	粒子名称(发现年代)
强子	参与强力(或核力)作用	现有的绝大部分亚原子粒子，如质子(1919年)、中子(1932年)、π介子(1947年)
轻子	参与弱力、电磁力、引力作用	电子(1897年) 电子中微子(1956年) μ子(1936年) μ子中微子(1988年) τ子(1975年) τ子中微子(1998年)
传播子	传递强作用和弱作用	强作用:8种胶子(1979年) 弱作用:W^+、W^-、Z^0中间玻色子(1983年)

进一步研究发现，强子类的亚原子粒子是由更小的夸克和胶子组成的。夸克已发现6种：上夸克、下夸克、奇异夸克（1964年提出）；粲（音灿）夸克（1974年）；底（或"美"）夸克（1977年）；顶夸克（1994年）。例如，质子是由两个上夸克和1个下夸克组成的。

夸克、胶子在自然界中不能以自由的、孤立的形式存在。事实上宇宙中超过99.9%的可见物质是以原子核的形式凝聚的。综上所述，由粒子物理学理论建立起来的标准模型，就目前的认识水平，只把夸克、轻子看作基本粒子。然而，夸克、轻子是否还能再"分"下去，这有待粒子物理学的进一步去研究。

2. 关于反粒子

1928年英国物理学家保罗·狄拉克（Paul Dirac）应用波动方程描述电子时，导致涉及产生反物质的概念，即每个粒子都有它的反粒子，反粒子与它的（正）粒子有相同的质量，但其他所有量（如电荷、自旋）的符号却相反。

1932年美国物理学家卡尔·安德森（C. Anderson）在宇宙线实验中发现了与电子质量相同但带单位正电荷的粒子——反电子（e^+）；1956年美国物理学家张伯伦（O. Chamberlain）等在加速器实验中发现了质量与正质子（p^+）相同但带单位负电荷的粒子——反质子（p^-）。以后又陆续发现了许多类似的情况，证实一切粒子都有与之相对应的反粒子。例如，中子不带电荷但有一定的磁性，反中子则呈相反的磁性；又如，1974年丁肇中和美国物理学家伯顿·里克特（Burton Richter）分别独立发现的J（或ψ）粒子，是由粲夸克和反粲夸克组成的。

据报道，欧洲核子研究中心的德国和意大利科学家从1995年9月开始的实验，已经成功地获得了反氢原子（由一个反质子 p^- 和一个反电子 e^+ 结合而成），亦即获得了反物质。尽管这种反氢原子只能存在极短瞬间，但这项实验不仅为系统地探索反物质世界打开了大门，而且为自然辩证法提供了极为有力的佐证，具有重大的理论和实际意义。从哲学的角度而言，往小看物质是无限可分的，往大看宇宙是无限延伸的。微观粒子之小与宇宙之大是物质世界的两个极端。

思考题

1. 量子力学的轨道概念与玻尔原子模型的轨道有什么区别和联系？

2. 量子力学原子模型是如何描述核外电子运动状态的？

3. 下列各组量子数哪些是不合理的？为什么？

	n	l	m
(1)	2	1	0
(2)	2	2	−1
(3)	3	0	+1

4. 为什么任何原子的最外层最多只能有8个电子，次外层最多只能有18个电子？

5. 为什么周期表中各周期的元素数目并不一定等于原子中相应电子层的电子最大容量数（$2n^2$）？

6. 量子数 $n=3$、$l=1$ 的原子轨道的符号是怎样的？该类原子轨道的形状如何？有几种空间取向？共有几个轨道？可容纳多少个电子？

7. 在下列各组电子分布中哪种属于原子的基态？哪种属于原子的激发态？哪种纯属错误？

（1）$1s^22s^1$ （2）$1s^22s^22d^1$ （3）$1s^22s^22p^43s^1$ （4）$1s^22s^42p^2$

8. （1）试写出s区、p区、d区及ds区元素的价层电子构型。

（2）具有下列价层电子构型的元素位于周期表中哪一个区？它们各是金属还是非金属？

ns^2　ns^2np^5　$(n-1)d^2ns^2$　$(n-1)d^{10}ns^2$

9. 已知某副族元素的 A 原子，电子最后填入 3d 轨道，最高氧化数为+4；元素 B 的原子，电子最后填入 4p 轨道，最高氧化数为+5。回答下列问题：

（1）写出 A、B 元素原子的电子分布式；

（2）根据电子分布，指出它们在周期表中的位置（周期、区、族）。

10. 不参看周期表，试推测下列每一对原子中哪一个原子具有较高的第一电离能和较大的电负性值？

（1）19 和 29 号元素原子；

（2）37 和 55 号元素原子；

（3）37 和 38 号元素原子。

11. 根据原子结构理论试预测：

（1）114 号元素原子的电子分布，并指出它将属于哪个周期、哪个族？可能与哪种已知元素的性质最为相似？

（2）原子核外出现第一个 5g 电子的元素原子序数是多少？

（3）第七周期最后一种元素的原子序数是多少？

（4）第八周期将包括多少种元素？

习　题

1. 在下列各组量子数中，恰当填入尚缺的量子数。

（1）$n=?$　$l=2$　$m=0$　$m_s=+\frac{1}{2}$

（2）$n=2$　$l=?$　$m=-1$　$m_s=-\frac{1}{2}$

（3）$n=4$　$l=2$　$m=0$　$m_s=?$

（4）$n=2$　$l=0$　$m=?$　$m_s=+\frac{1}{2}$

2. 在$_{26}$Fe 原子核外的 3d、4s 轨道内，下列电子分布哪个正确？哪个错误？为什么？

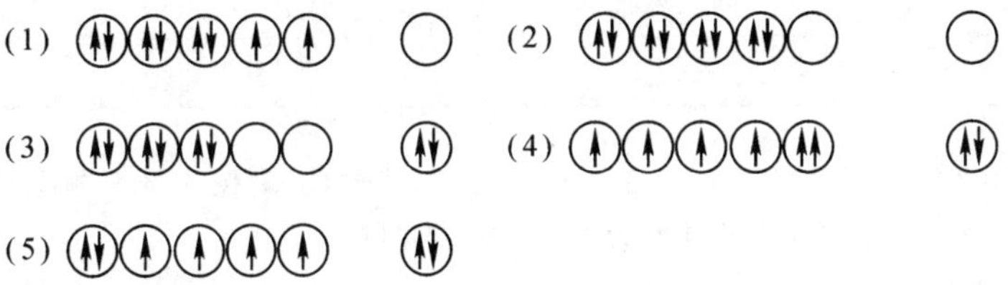

3. （1）下列轨道中哪些是等价轨道？

2s　3s　$3p_x$　$4p_x$　$2p_x$　$2p_y$　$2p_z$

（2）量子数 $n=4$ 的电子层有几个亚层？各亚层有几个轨道？第四电子层最多能容纳多少个电子？

4. 以（1）为例，完成下列（2）～（6）题。

（1）Na（$Z=11$）　$1s^22s^22p^63s^1$

（2）________　$1s^22s^22p^63s^23p^3$

（3）Ca（$Z=20$）　________

（4）____（$Z=24$）　[?]$3d^54s^1$

（5）________　[Ar]$3d^{10}4s^1$

（6）Kr（$Z=36$）　[?]$3d^?$ $4s^?$ $4p^?$

5. 写出下列离子的电子分布式。

S^{2-} K^{+} Pb^{2+} Ag^{+} Mn^{2+} Co^{2+}

6. 试填出下表空格：

原子序数	电子分布式	各层电子数	周期	族	区	金属还是非金属
11						
21						
53						
60						
80						

7. 试填出下表空格：

元素	周期	族	最高氧化数	价层电子构型	电子分布式	原子序数
甲	3	ⅡA				
乙	6	ⅦB				
丙	4	ⅣA				
丁	5	ⅡB				

8. 试填出下表空格：

原子序数	电子分布式	价层电子构型	周期	族	区
49					
	$1s^22s^22p^6$				
		$4d^55s^1$			
			6	ⅡB	

9. 有第四周期的 A、B、C 三种元素，其价电子数依次为 1、2、7，其原子序数按 A、B、C 顺序增大。已知 A、B 次外层电子数为 8，而 C 的次外层电子数为 18，根据结构判断：

(1) 哪些是金属元素？

(2) C 与 A 的简单离子是什么？

(3) 哪一元素的氢氧化物碱性最强？

(4) B 与 C 两元素间能形成何种化合物？试写出化学式。

10. 元素原子的最外层仅有一个电子，该电子的量子数是 $n=4$、$l=0$、$m=0$、$m_s=+\frac{1}{2}$，试问：

(1) 符合上述条件的元素可以有几种？原子序数各为多少？

(2) 写出相应元素原子的电子分布式，并指出在周期表中的位置。

11. 设有元素 A、B、C、D、E、G、M，试按下列所给的条件，推断它们的元素符号及在周期表中的位置（周期、族），并写出它们的价层电子构型。

(1) A、B、C 为同一周期的金属元素，已知 C 有三个电子层，它们的原子半径在所属周期中排前三位，并且 A>B>C；

（2）D、E 为非金属元素，与氢化合生成 HD 和 HE，在室温时 D 的单质为液体，E 的单质为固体；

（3）G 是所有元素中电负性最大的元素；

（4）M 为金属元素，它有四个电子层，它的最高氧化数与氯的最高氧化数相同。

12. 有 A、B、C、D 四种元素，其价电子数依次为 1、2、6、7，其电子层数依次减少。已知 D^- 的电子层结构与 Ar 原子相同，A 和 B 次外层各只有 8 个电子，C 次外层有 18 个电子。试判断这四种元素：

（1）原子半径由小到大的顺序；

（2）第一电离能由小到大的顺序；

（3）电负性由小到大的顺序；

（4）金属性由弱到强的顺序。

第 6 章

分子的结构与性质

本章是在原子结构理论的基础上，介绍分子结构的基本理论，其中着重阐述共价键理论。对分子间力与氢键也做简单介绍。至于金属键将在第 7 章固体结构中做简要介绍。

在自然界里，人们通常所遇到的物质，除稀有气体外，都不是以单原子分子的形式存在的，而是以原子之间相互结合而成的分子或固体的形式存在的。例如，氧气是以两个氧原子结合而成的氧分子存在，金属铜是以为数众多的铜原子结合而成的金属晶体存在。

在第五章里，介绍了原子结构方面的知识。根据物质的原子结构可以解释物质的一些宏观性质，如元素金属性、非金属性及其递变规律。但仅此是很不够的，譬如根据原子结构还无法解释物质的同素异性、同分异构现象。这是因为物质的性质不仅与原子的结构有关，还与物质的分子结构或晶体结构有关。

所谓分子结构，通常包括两个方面：

1. 分子的几何构型

实验证实，分子中的原子不是杂乱无章地堆积在一起，而是按照一定的规律结合成整体的，这使分子在空间呈现出一定的几何形状（即几何构型）。

2. 化学键

分子或晶体既然能存在，说明了分子或晶体内原子（或离子）之间必定存在着某种较强的相互吸引作用。化学上把分子或晶体内相邻原子（或离子）间强烈的相互吸引作用称为**化学键**。化学键现在可大致区分为电价键（主要形式为离子键）、共价键（或称原子键）和金属键三种基本类型。

此外，在分子之间还普遍存在着一种较弱的相互吸引作用，通常称为分子间力或范德华力。有时分子间或分子内的某些基团之间还可能形成氢键。

6.1 键参数

化学键的性质可以用某些物理量来描述。例如，比较键极性的相对强弱可以用成键两元素电负性差值来衡量；比较键的强度可以用键能。总之，凡能表征化学键性质的量都可称为**键参数**。在此着重介绍键能、键长和键角。

6.1.1 键能

化学反应中旧键的断裂或新键的形成，都会引起体系热力学能的变化。计算化学反应的能量变化时,严格来说应计算热力学能的变化(即 $\Delta U=\Delta H-p\Delta V$)。但考虑到一般化学反应中体积功($p\Delta V$)很小,因此可用反应过程的焓变($\Delta_r H_m$)近似表示热力学能的变化。例如:

$$HCl(g)\xrightarrow[\text{标准态下}]{298.15\ K}H(g)+Cl(g)$$

$$\Delta U^{\ominus}_{298.15}\approx\Delta H^{\ominus}_{298.15}=431\ kJ\cdot mol^{-1}$$

粗略而言,**键能**是指气体分子每断裂单位物质的量的某键(6.022×10^{23}个化学键)时的焓变。例如,298.15 K、标准态下,H—Cl 键的键能 $E^{\ominus}$(H—Cl)为 431 kJ·mol^{-1}。

根据能量守恒定律,断裂一个化学键所需的能量与形成该键时所释放出来的能量是一样的。因此,键能可作为衡量化学键牢固程度的键参数,键能越大,键越牢固。

对双原子分子来说,键能在数值上就等于**键解离能**(D)。例如:

$$H_2(g)\xrightarrow[\text{标准态下}]{298.15\ K}2H(g)$$

$$E^{\ominus}(H—H)=D^{\ominus}(H—H)=436\ kJ\cdot mol^{-1}$$

多原子分子(如 CH_4)中若某键不止一个,则该键键能为同种键逐级解离能的平均值。

除可通过光谱实验测定键解离能以确定键能外,还可利用生成焓计算键能。

6.1.2 键长

分子内成键两原子核间的平衡距离称为**键长**(L_b)。键长可以用分子光谱或 X 射线衍射方法测得。一些双原子分子的键长如表 6.1 所示。

表 6.1 一些双原子分子的键长

键	L_b/pm	键	L_b/pm
H—H	74.0	H—F	91.8
Cl—Cl	198.8	H—Cl	127.4
Br—Br	228.4	H—Br	140.8
I—I	266.6	H—I	160.8

分析大量实验数据发现,同一种键在不同分子中的键长数值基本上是个定值。这说明一个键的性质主要取决于成键原子的本性。

两个确定的原子之间,如果形成不同的化学键,其键长越短,键能就越大,键就越牢固,如表 6.2 所示。

表 6.2 若干化学键的键长与键能

化学键	C—C	C═C	C≡C	N—N	N═N	N≡N	C—N	C═N	C≡N
L_b/pm	154	134	120	146	125	109.8	147	132	116
$E^{\ominus}$/(kJ·mol^{-1})	356	598	813	160	418	946	285	616	866

两个相同原子所组成的共价单键键长的一半长度,即为该原子的共价半径(有时

又简称原子半径）。A—B 键的键长约等于 A 和 B 共价半径之和。

6.1.3　键角

在分子中两个相邻化学键之间的夹角称为**键角**。

像键长一样，键角数据可以用分子光谱或 X 射线衍射法测得。

如果知道了某分子内全部化学键的键长和键角数据，那么这个分子的几何构型就确定了，如图 6.1 所示。

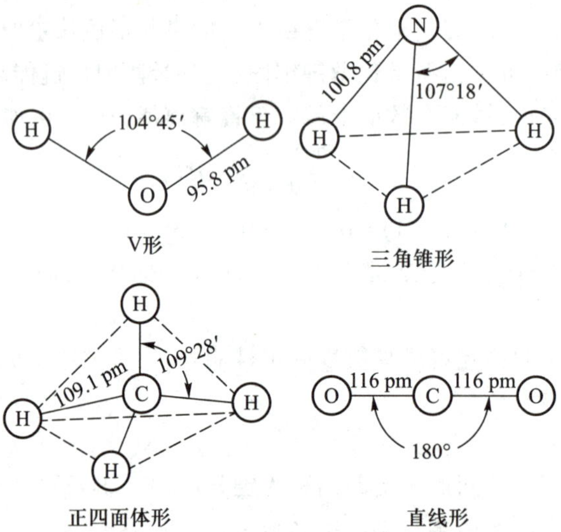

图 6.1　H_2O、NH_3、CH_4、CO_2 分子的几何构型

可见，键角和键长是描述分子几何结构的两个要素。

6.2　价键理论

对于两个相同的原子或电负性相差不大的原子之间的成键问题，早在 1914—1916 年，G. N. Lewis 就提出了“共价键”的设想，认为这类原子之间是通过共用电子对结合成键的。到了 1927 年，W. Heitler 和 F. London 应用量子力学研究氢分子的结构以后，对共价键的本质有了初步了解。现代共价键理论是以量子力学为基础的，但因分子的薛定谔方程比较复杂，对它严格求解至今还是极为困难的，为此只好采用某些近似的假定以简化计算。不同的假定产生了不同的物理模型。一种认为成键电子只能在以化学键相连的两原子间的区域内运动；另一种认为成键电子可以在整个分子的区域内运动。前者在 L. Pauling 等人努力下，1930 年发展为价键理论，后者则由 R. S. Mulliken 和 F. Hund 发展为分子轨道理论。

人物简介

6.2.1　共价键

实验视频

1. 共价键的形成

下面以 H_2 分子的形成为例说明之。

实验测知，H_2 分子的核间距（d）为 74 pm，而 H 原子的玻尔半径却为 53 pm，可见

H_2分子的核间距比两个 H 原子玻尔半径之和要小。这一事实表明，在 H_2分子中两个 H 原子的 1 s 轨道必然发生重叠。正是成键电子的轨道重叠的结果，使两核间形成了一个电子出现的概率密度较大的区域。这样，不仅削弱了两核间的正电荷排斥力，而且还增强了核间电子云对两氢核的吸引力，使体系能量得以降低，从而形成共价键。如图 6.2 所示。

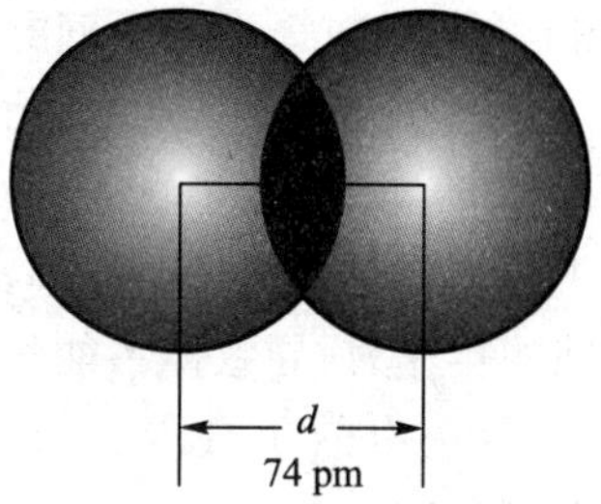

图 6.2 H_2 分子的核间距

由此可见，所谓共价键是指原子间由于成键电子的原子轨道重叠而形成的化学键。

示意图片

2. 价键理论要点

价键理论（俗称电子配对法）的基本要点是：

（1）两原子接近时，自旋方向相反的未成对的价电子可以配对，形成共价键。

实验视频

（2）成键电子的原子轨道如能重叠越多，则所形成的共价键就越牢固——最大重叠原理。

3. 共价键的特征

根据以上要点，可以推知共价键具有饱和性和方向性。

按要点(1) 可推知，原子的一个未成对电子，如果跟另一个原子的自旋方向相反的电子配对成键后，就不能跟第三个原子的电子配对成键。一个原子有几个未成对的价电子，一般就只能和几个自旋方向相反的电子配对成键。例如，N 原子因为含有三个未成对的价电子，因此两个 N 原子间最多只能形成叁键，即形成 N≡N 分子。这说明一个原子形成共价键的能力是有限的，即共价键具有饱和性。

实验视频

至于稀有气体，由于原子没有未成对电子，原子间不成键，因此以单原子分子的形式存在。但是，原子中有些本来成对的价电子，在特定条件下❶也有可能被拆为单电子而参与成键。例如，硫原子（$1s^22s^22p^63s^23p^4$）的价层中原来只有两个未成对电子：

实验视频

当遇电负性大的 F 原子时，价电子对可以拆开，使未成对电子数增至 6 个：

从而可与 6 个 F 原子的未成对电子配对成键，形成 SF_6分子：

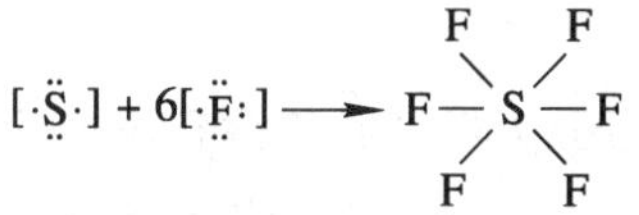

按要点(2)可推知，形成共价键时，成键电子的原子轨道只有沿着轨道伸展的方向进行重叠（s 轨道与 s 轨道重叠例外），才能实现最大限度的重叠，这就决定了共价

❶ 根据实验材料归纳，这个特定条件应该是：这个原子的外电子层上有空轨道，可容纳因拆开电子对而增加的成单电子；同它相化合的原子必须是电负性大的元素原子，有很强的结合电子的能力。

键具有方向性。

4. 原子轨道的重叠

是否任意的原子轨道重叠,两原子间都会成键呢?答案是否定的。只有当原子轨道对称性相同的部分重叠,两原子间电子出现的概率密度才会增大,才能形成化学键(称为对称性原则)。现以 A、B 原子的两个原子轨道沿着 x 轴方向重叠为例,具体说明之。

示意图片

(1) 当两个原子轨道以对称性相同的部分(即"+"与"+","−"与"−")相重叠时,由于原子间电子出现的概率密度比重叠前增大的结果,使两个原子间的结合力大于两核间的排斥力,导致体系能量降低,从而可能形成共价键。显然,这种重叠对成键是有效的,称为有效重叠或正重叠。由于原子轨道角度分布突出处往往是有利于实现最大重叠的地方,所以讨论问题时,常常借用原子轨道角度分布图来表示原子轨道。图 6.3 所示为原子轨道几种正重叠的示意图。

示意图片

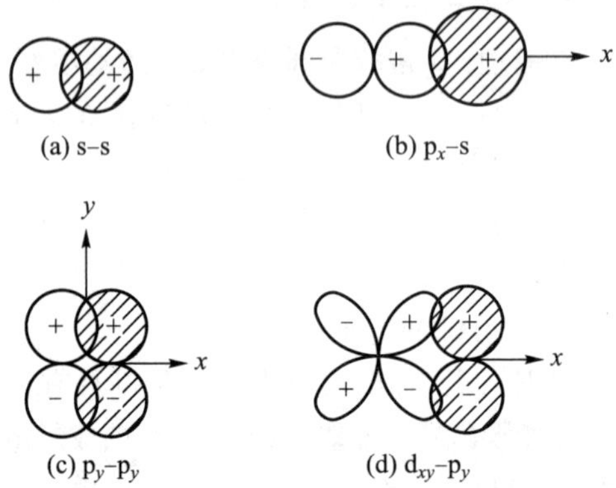

图 6.3　原子轨道几种正重叠示意图

(2) 当两个原子轨道以对称性不同部分(即"+"与"−")相重叠时,两原子间电子出现的概率密度比重叠前减小的结果,在两原子核之间形成了一个垂直于 x 轴的、电子的概率密度几乎等于零的平面(称节面),由于核间排斥力占优势,使体系能量升高,难以成键。显然,这种重叠对成键是无效的,称为非有效重叠或负重叠。图 6.4 所示为原子轨道几种负重叠的示意图。

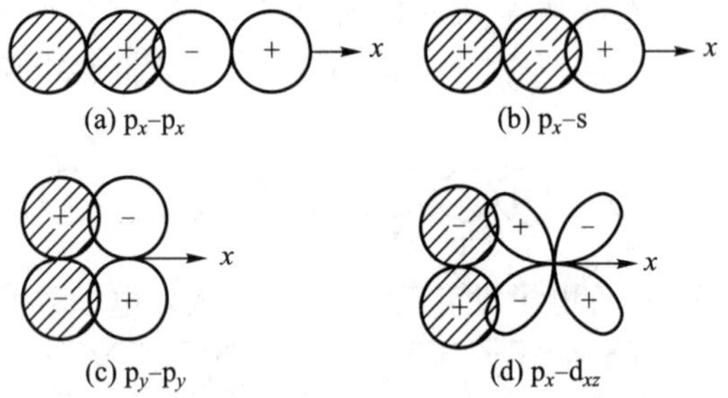

图 6.4　原子轨道几种负重叠示意图

5. 共价键的类型

共价键若按是否有极性,可分为极性共价键和非极性共价键两大类型:

共价键
- 极性共价键
  - 强极性键:如 H_2O、HCl 中的共价键
  - 弱极性键:如 H_2S、HI 中的共价键
- 非极性共价键:如 H_2、Cl_2、N_2 中的共价键

在此,着重根据原子轨道重叠部分所具有的对称性进行分类。

(1) σ 键。若原子轨道的重叠部分,对键轴(两原子的核间连线)具有圆柱形对称性,所形成的键就称为 σ 键。

例如，两个原子的 p_x 轨道与 p_x 轨道对称性相同的部分，若以"头碰头"的方式，沿着 x 轴的方向靠近、重叠，其重叠部分绕 x 轴无论旋转任何角度，形状和符号都不会改变，亦即对键轴（这里指 x 轴）具有圆柱形对称性。这样重叠所形成的键，即为 σ 键。卤素分子中的键，就属于这种（p_x-p_x）σ 键。形成 σ 键的电子叫做 σ 电子。

实验视频

图 6.5 给出了几种不同组合形成的 σ 键示意图。

实验视频

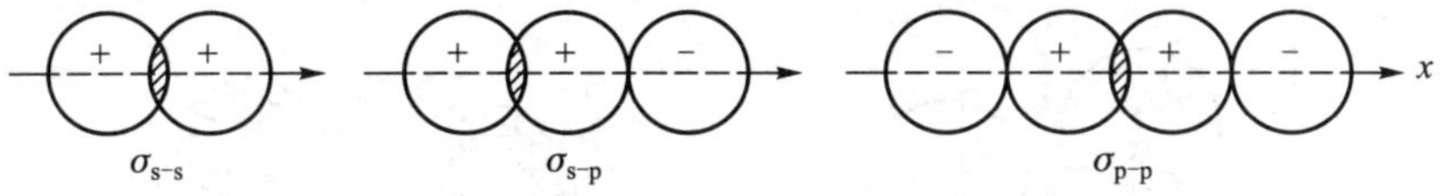

图 6.5　σ 键

实验视频

（2）π 键。若原子轨道的重叠部分，对键轴所在的某一特定平面具有反对称性，所形成的键就称为 π 键。

例如，两个原子的 p_z 轨道与 p_z 轨道对称性相同的部分，若以"肩并肩"的方式，沿着 x 轴的方向靠近、重叠（图 6.6），其重叠部分对等地处在包含键轴（这里指 x 轴）的 xy 平面的上、下两侧，形状相同而符号相反，亦即对 xy 平面具有反对称性，这样的重叠所形成的键，即为 π 键。形成 π 键的电子叫 π 电子。

实验视频

在具有双键或叁键的 2 个原子之间，常常既有 σ 键又有 π 键。例如，N_2 分子内 N 原子之间就有 1 个 σ 键和 2 个 π 键。N 原子的价层电子构型是 $2s^2 2p^3$，形成 N_2 分子时用的是 2p 轨道上的 3 个单电子。这 3 个 2p 电子分别分布在 3 个相互垂直的 $2p_x$、$2p_y$、$2p_z$ 轨道内。当 2 个 N 原子的 p_x 轨道沿着 x 轴方向以"头碰头"的方式重叠时，随着 σ 键的形成，2 个 N 原子将进一步靠近，这时垂直于键轴（这里指 x 轴）的 $2p_y$ 和 $2p_z$ 轨道也分别以"肩并肩"的方式俩俩重叠，形成 2 个 π 键。图 6.7 所示即为 N_2 分子中化学键示意图。

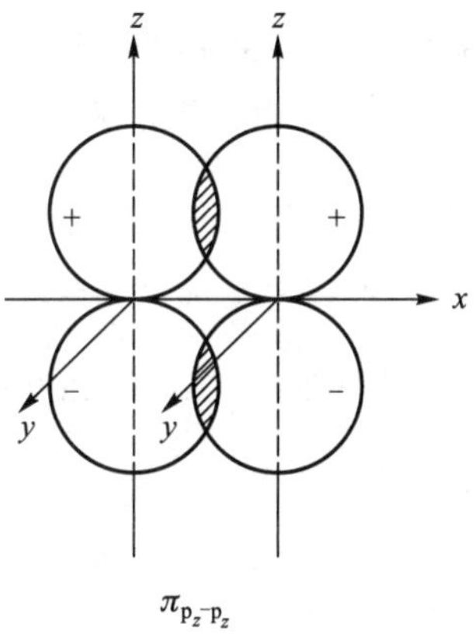

图 6.6　π 键

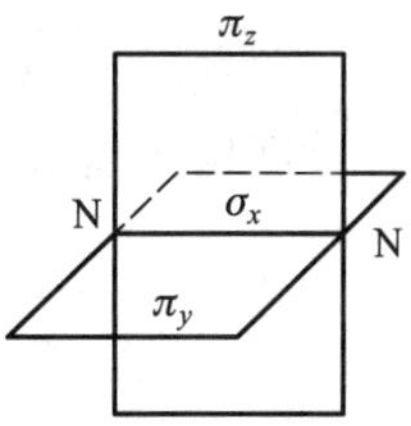

图 6.7　N_2 分子中化学键示意图

疑难解析

疑难解析

N_2 分子的价键结构可用下式表示：

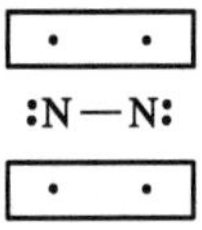

式中：短横线表示 σ_x 键；两个长方框分别表示 π_y、π_z 键；框内点表示 π 电子；元素符号侧旁的电子表示 2s 轨道上未成键的孤电子对。

(3) δ 键。凡是一个原子的 d 轨道与另一个原子相匹配的 d 轨道（如 d_{xy} 与 d_{xy}）以“面对面”的方式重叠（通过键轴有两个节面），所成的键就称为 δ 键❶（图 6.8 所示）。

知识拓展

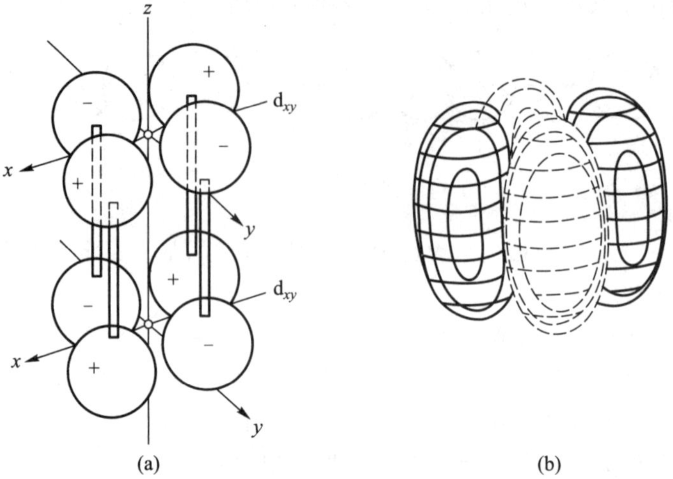

图 6.8　由两个 d_{xy} 轨道重叠而成的 δ 轨道

图(b)为叠加后的轨道轮廓图（实线代表正值，虚线代表负值）

6. 配位共价键

凡共用电子对由一个原子单方面提供而形成的共价键称为配位共价键，简称配位键或配价键。下面以 CO 分子为例，说明配位键的形成。

C 原子价层内有一对 s 电子，还有 2 个未成对的 p 电子和 1 个空的 p 轨道；O 原子价层内也有一对 s 电子，还有 2 个未成对的 p 电子和一对 p 电子。化合时，除 C 原子 2 个未成对的 p 电子和 O 原子 2 个未成对的 p 电子形成 1 个 σ 键和 1 个 π 键外，O 原子的 p 电子对还可以和 C 原子空的 p 轨道形成 1 个 π 配键。

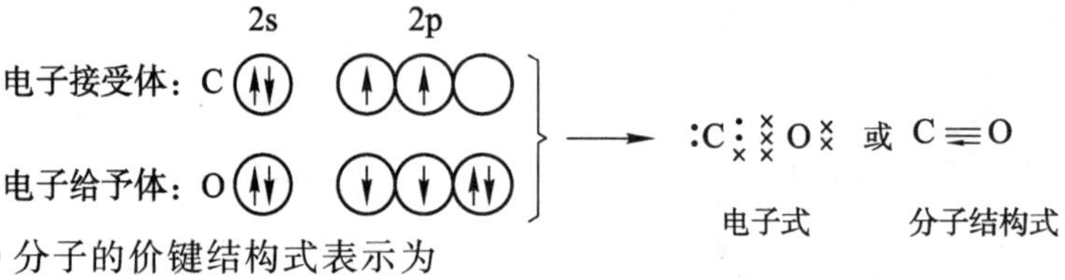

CO 分子的价键结构式表示为

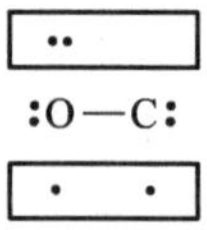

式中：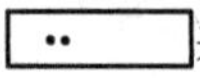表示 π 配键，长方框内的电子对点在 O 原子的上方，表示此配位键的共用电子对是由 O 原子单方面提供的。

从上例可见，形成配位键必须具备两个条件：(1) 一个原子其价层有未共用的电

❶　δ 键在讨论金属原子间成键及多核配合物结构时有用。

子对(又称孤电子对);(2) 另一个原子其价层有空轨道。只要具备这两个条件,分子内、分子间、离子间及分子与离子间均有可能形成配位键。

6.2.2 离子键

1. 离子键

1916 年 W. Kossel 提出离子键的概念,他认为离子键的本质是阳、阴离子之间的静电引力。离子键可存在于气体分子内(如 Na^+Cl^- 离子型分子),但大量存在于离子晶体中。

离子键的特征是既无方向性又无饱和性。由于离子电场具有球形对称性,阳、阴离子之间的静电引力与方向无关,离子在其任何方向上均可与相反电荷的离子相互吸引而形成离子键,因此离子键无方向性。当两个异电荷离子(如 Na^+ 和 Cl^-)彼此吸引形成 Na^+Cl^- 离子型分子后,由于离子的电场力无方向性,各自仍具有吸引异电荷离子的能力,只要空间条件许可(俗话说"挤得下"),每种离子均可结合更多的异电荷离子,以至形成离子晶体,因此离子键无饱和性。

2. 键型过渡

两原子的结合是形成共价键还是离子键,取决于两原子吸引电子能力差别的大小。例如,活泼的金属原子和活泼的非金属原子化合成键,成键电子有可能完全转移到吸电子能力强的原子上去,从而形成离子键;反之,若没有差别,则形成非极性键。因此,从键的极性角度来说,离子键可以看成是强极性键的极限。

如果把离子键看成是强极性键的极限,把非极性共价键看成是弱极性键的极限,那么如图 6.9 所示,极性键可以视为介于非极性键与离子键之间的一种过渡键型。

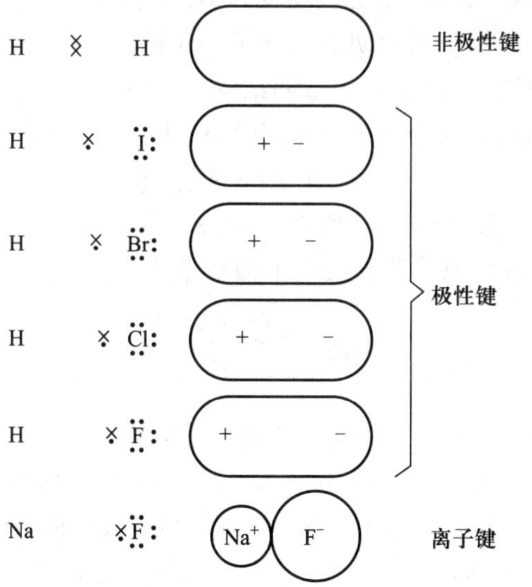

图 6.9 键型过渡示意图

从表 6.3 可以看出,成键两元素的电负性差值($\Delta\chi$)越大,键的极性越强。

若把非极性键看作纯粹的 100% 的共价键,把理想中的纯粹的离子键看作为 100% 的离子键,那么,从键型过渡的角度来说,极性共价键又可以看作为含有小部分离子键成分和大部分共价键成分的中间类型的化学键。当极性键向离子键过渡时，共价键成分（又称共价性）逐渐减少，而离子键成分（又称离子性）逐渐增加。因此，从这个意义上来说，绝大多数的离子键都不是典型的，只是离子性占优势而已。

表 6.3 键的极性与电负性的关系

键	电负性差值 $\chi_A-\chi_B=\Delta\chi$	键型过渡
H—H	2.1−2.1=0	非极性键
H—I	2.5−2.1=0.4	极性键（键极性越强）
H—Br	2.8−2.1=0.7	极性键（键极性越强）
H—Cl	3.0−2.1=0.9	极性键（键极性越强）
H—F	4.0−2.1=1.9	极性键（键极性越强）
Na^+F^-	4.0−0.9=3.1	离子键

6.3 分子的几何构型

6.3.1 经典价键理论的局限性

如前所述，价键理论较好地说明了不少双原子分子（如 H_2、Cl_2、N_2、CO、HCl 等）价键的形成。随着近代物理技术的发展（如 X 射线衍射、电子衍射、旋光、红外光谱等），许多分子的几何构型已经被实验所确定。当运用价键理论去说明多原子分子的价键形成及几何构型时，遇到了困难。以甲烷（CH_4）为例，经实验测知，CH_4分子的空间结构如图 6.10 所示。图中实线代表 C—H 键，虚线表示出 CH_4分子具有正四面体的空间结构。C 原子位于正四面体的中心，而 4 个 H 原子则分别位于正四面体的 4 个顶点上。4 个 C—H 键都是等同的（键长和键能都相等），其夹角（即键角）均为 109°28′。对 CH_4分子来说，由于基态 C 原子的价层电子构型是 $2s^22p^2$：

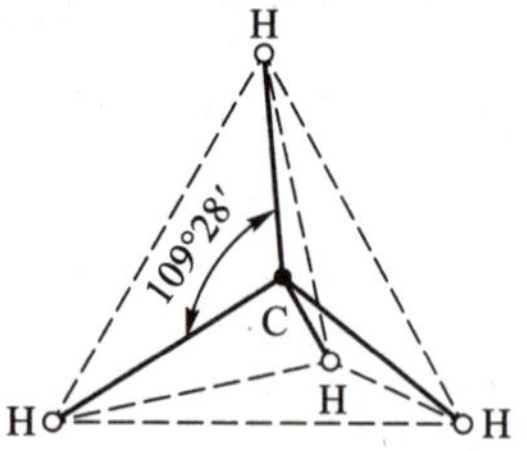

图 6.10 CH_4 分子的空间结构

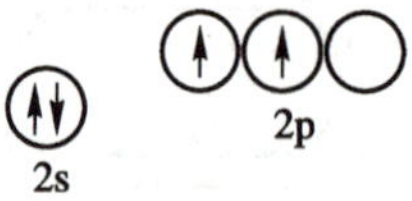

按照这个结构，C 原子只能提供 2 个未成对电子，与 H 原子形成 2 个 C—H 键，而且键角应该是 90°左右，显然，这与上述实验事实不符。即使考虑到 C 原子价层有一个空的 2p 轨道，且能量比 2s 轨道只稍高一些，如果设想在成键时有一个 2s 电子会被激发到 2p 的一个空轨道上去，而使价层内具有 4 个未成对电子，即

这样，可以和 H 原子形成 4 个 C—H 键。因为从能量的观点来说，2s 电子被激发到 2p 所需要的能量，可以被形成 4 个 C—H 键后放出的能量补偿而有余。但是这样形成的

4 个 C—H 键将是不完全等同的：由于 2p 轨道较 2s 轨道角度分布有一突出的部分，和相邻原子轨道重叠较大一些，因而由 p 电子构成的 C—H 键其键能理应较大一些，而由 s 电子所构成的 C—H 键其键能理应较小一些；由 p 电子所构成的 3 个 C—H 键理应互相垂直。显然，由以上假设并经过推理所得出的结论仍然与实验事实不符，说明价键理论是有局限性的，难以解释一般多原子分子的价键形成和几何构型问题。

6.3.2 杂化轨道理论

1. 杂化轨道理论的要点

为了解决以上矛盾，鲍林在价键理论中引进了杂化轨道的概念，并发展为杂化轨道理论。杂化轨道理论的要点如下：

知识拓展

(1) 某原子成键时，在键合原子的作用下，价层中若干个能级相近的原子轨道有可能改变原有的状态，"混杂"起来并重新组合成一组利于成键的新轨道（称杂化轨道），这一过程称为原子轨道的杂化（简称杂化[1]）。

(2) 同一原子中能级相近的 n 个原子轨道，组合后只能得到 n 个杂化轨道。例如，同一原子的 1 个 ns 轨道和 1 个 np 轨道，只能杂化成 2 个 sp 杂化轨道。这 2 个 sp 杂化轨道的形成过程以图 6.11 表示。

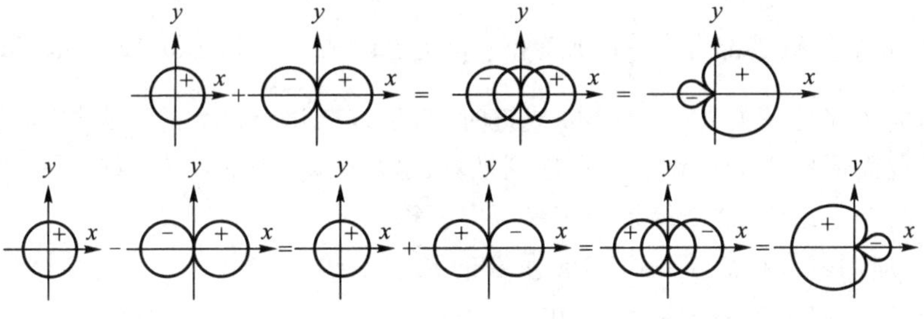

图 6.11 sp 杂化轨道的形成示意图

如果把这 2 个 sp 杂化轨道图形合绘在一起，则得图 6.12。为了看得清楚，这 2 个 sp 杂化轨道分别用虚、实线表示。由此可见，2 个 sp 杂化轨道的形状一样，但其角度分布最大值在 x 轴上的取向相反。

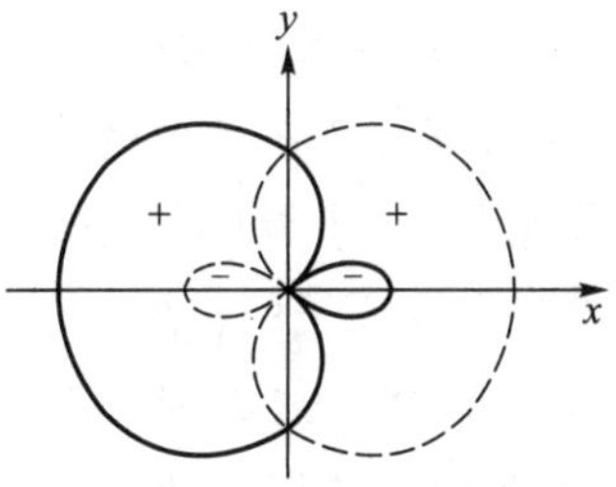

图 6.12 两个 sp 杂化轨道

(3) 杂化轨道比原来未杂化的轨道成键能力强，形成的化学键键能大，使形成的分子更稳定。

由于成键原子轨道杂化后，轨道角度分布图的形状发生了变化（一头大，一头小），杂化轨道在某些方向上的角度分布，比未杂化的 p 轨道和 s 轨道的角度分布大得多，成键时从分布比较集中的一方（大的一头）与别的原子成键轨道重叠，能得到更大程度的重叠，因而形成的化学键比较牢固。

[1] "杂化"一词源于拉丁文 hybrid，表示"混合"之意。

2. 杂化类型与分子几何构型

实验视频

(1) sp 杂化。同一原子内由 1 个 *n*s 轨道和 1 个 *n*p 轨道发生的杂化，称为 sp 杂化。杂化后组成的轨道称为 sp 杂化轨道。sp 杂化可以而且只能得到 2 个 sp 杂化轨道。

实验测知，气态 $BeCl_2$是一个直线形的共价分子。Be 原子位于 2 个 Cl 原子的中间，键角为 180°，2 个 Be—Cl 键的键长和键能都相等：Cl—Be—Cl。

基态 Be 原子的价层电子构型为 $2s^2$，表面看来似乎是不能形成共价键的。但杂化轨道理论认为，成键时 Be 原子中的 1 个 2s 电子可以被激发到 2p 空轨道上去，使基态 Be 原子转变为激发态 Be 原子($2s^12p^1$)：

与此同时，Be 原子的 2s 轨道和刚跃进电子的 2p 轨道发生 sp 杂化，形成两个能量等同的 sp 杂化轨道：

其中每个 sp 杂化轨道都含有$\frac{1}{2}$s 轨道和$\frac{1}{2}$p 轨道的成分。如图 6.12 所示，每个 sp 杂化轨道的形状都是一头大，一头小。成键时，都是以杂化轨道大的一头与 Cl 原子的成键轨道重叠而形成 2 个 σ 键。根据理论推算，这 2 个 sp 杂化轨道正好互成 180°，亦即在同一直线上。这样，推断结果与实验事实相符。

此外，周期表 Ⅱ B 族 Zn、Cd、Hg 元素的某些共价化合物，其中心原子也多采取 sp 杂化。

实验视频

(2) sp^2杂化。同一原子内由 1 个 *n*s 轨道和 2 个 *n*p 轨道发生的杂化，称为 sp^2杂化。杂化后组成的轨道称为 sp^2杂化轨道。

实验测知，气态氟化硼(BF_3)具有平面三角形的结构。B 原子位于三角形的中心，3 个B—F键是等同的，键角为 120°，如图 6.13 所示。

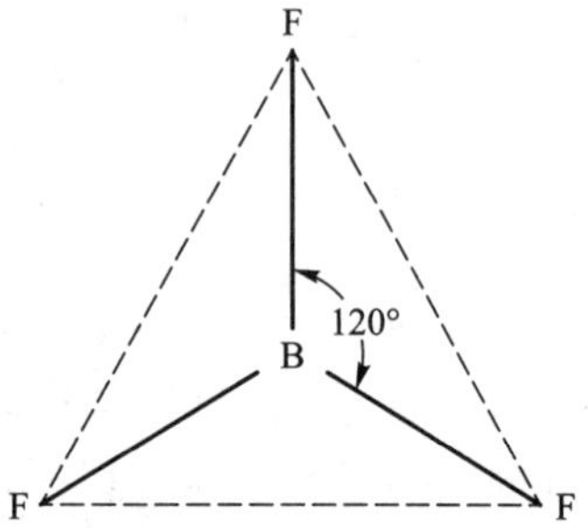

图 6.13　BF_3 分子的空间结构

基态 B 原子的价层电子构型为 $2s^22p^1$，表面看来似乎只能形成一个共价键。但杂化轨道理论认为，成键时 B 原子中的 1 个 2s 电子可以被激发到 1 个空的 2p 轨道上去，使基态的 B 原子转变为激发态的 B 原子($2s^12p^2$)；与此同时，B 原子的 2s 轨道与各填有 1 个电子的 2 个 2p 轨道发生 sp^2杂化，形成 3 个能量等同的 sp^2杂化轨道：

实验视频

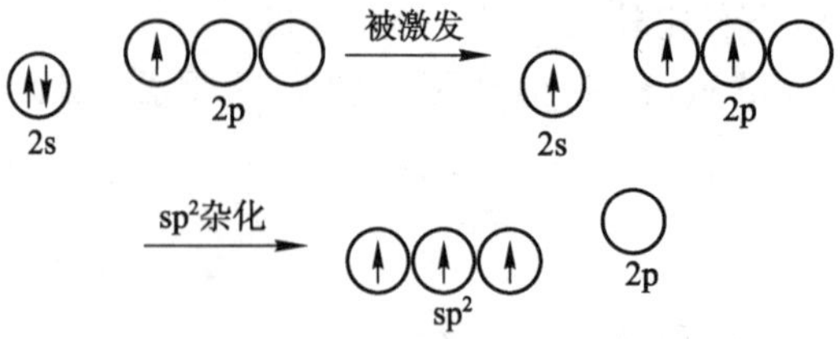

其中每个 sp^2 杂化轨道都含有 $\frac{1}{3}$s 轨道和 $\frac{2}{3}$p 轨道的成分。sp^2 杂化轨道的形状和 sp 杂化轨道的形状类似，如图 6.14 所示。只是由于所含的 s 轨道和 p 轨道成分不同，在形状的"肥瘦"上有所差异。成键时，以杂化轨道大的一头与 F 原子的成键轨道重叠而形成 3 个 σ 键。根据理论推算，键角为 120°，BF_3 分子中的 4 个原子都在同一平面上。这样，推断结果与实验事实相符。

除 BF_3 气态分子外，其他气态卤化硼分子内，B 原子也是采取 sp^2 杂化的方式成键的。

（3）sp^3 杂化。同一原子内由 1 个 ns 轨道和 3 个 np 轨道发生的杂化，称为 sp^3 杂化，杂化后组成的轨道称为 sp^3 杂化轨道。sp^3 杂化可以而且只能得到 4 个 sp^3 杂化轨道。

实验视频

CH_4 分子的结构经实验测知为正四面体结构，4 个 C—H 键均等同，键角为 109°28′。这样的实验结果，是电子配对法所难以解释的，但杂化轨道理论认为，激发态 C 原子（$2s^12p^3$）的 2s 轨道与 3 个 2p 轨道可以发生 sp^3 杂化，从而形成 4 个能量等同的 sp^3 杂化轨道：

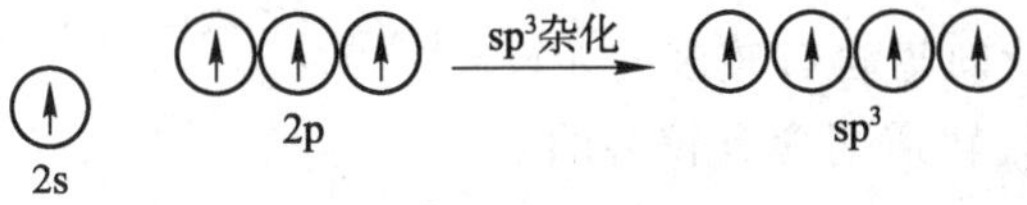

其中每个 sp^3 杂化轨道都含 $\frac{1}{4}$s 轨道和 $\frac{3}{4}$p 轨道的成分。如图 6.15 所示，sp^3 杂化轨道的形状和 sp 杂化轨道类似。成键时，以杂化轨道大的一头与 H 原子的成键轨道重叠而形成 4 个 σ 键。根据理论推算，键角为 109°28′，表明 CH_4 分子为正四面体结构，与实验测得的完全相符。

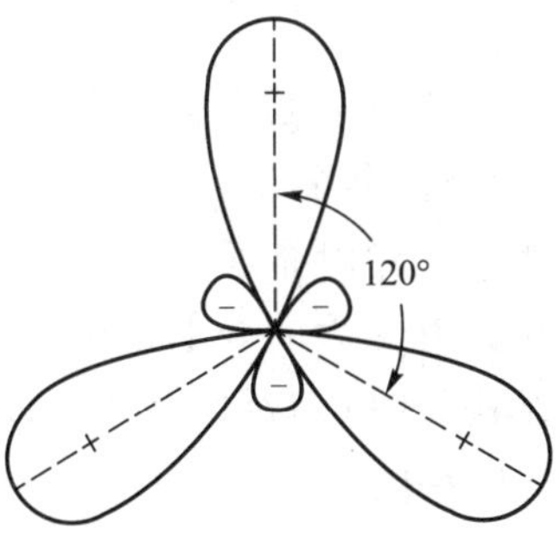

图 6.14　sp^2 杂化轨道

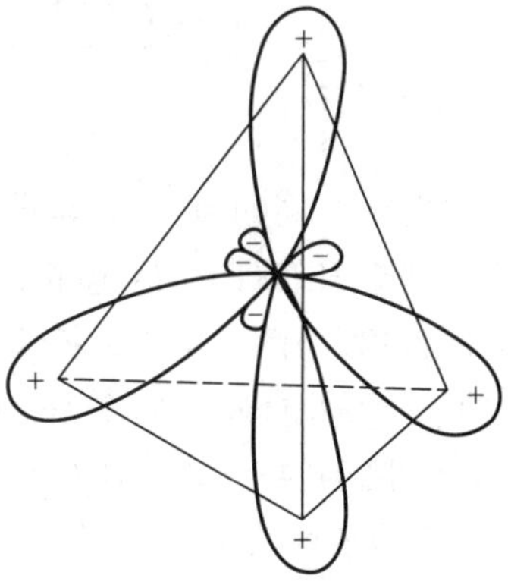

图 6.15　sp^3 杂化轨道

实验视频

除 CH_4 分子外，CCl_4、CF_4、SiH_4、$SiCl_4$、$CeCl_4$ 等分子也是采取 sp^3 杂化的方式成键的。

另外，有些分子的成键，表面来看与 CH_4 分子的成键毫无共同之处。例如，NH_3 分子的成键似乎与 BF_3 分子类似，中心原子也将采取 sp^2 杂化的方式成键，键角也应为 120°，但实测结果键角却为 107°18′，与 109°28′更为接近些。又如，H_2O 分子的成键似乎与 $BeCl_2$ 分子类似，中心原子也将采取 sp 杂化的方式成键，键角也应为 180°，但实测结果键角却为 104°45′，与 109°28′也更为接近些。人们经过深入研究认为，在 NH_3 分子和 H_2O 分子的成键过程中，中心原子也像 CH_4 分子中的 C 原子一样，是采取 sp^3 杂化的方式成键的。

实验视频

N 原子的价层电子构型为 $2s^22p^3$，成键时这 4 个价电子轨道发生 sp^3 杂化：

形成了 4 个 sp^3 杂化轨道。其中 3 个 sp^3 杂化轨道各有 1 个未成对电子，1 个 sp^3 杂化轨道为一对电子所占据。成键时，有 3 个 sp^3 杂化轨道分别与 3 个 H 原子的 1s 轨道重叠，形成 3 个 N—H 键；其余 1 个 sp^3 杂化轨道上的电子对没有参加成键，如图 6.16(a) 所示。这对孤电子对因靠近 N 原子，其电子云在 N 原子外占据着较大的空间，对 3 个 N—H 键的电子云有较大的静电排斥力，使键角从 109°28′被压缩到 107°18′，以至 NH_3 分子呈三角锥形，如图 6.16(b) 所示。由于孤电子对的电子云比较集中于 N 原子的附近，因而其所在的杂化轨道含有较多的 s 轨道成分，其余 3 个杂化轨道则含有较多的 p 轨道成分，使这 4 个 sp^3 杂化轨道不完全等同。这种产生不完全等同轨道的杂化称为不等性杂化。

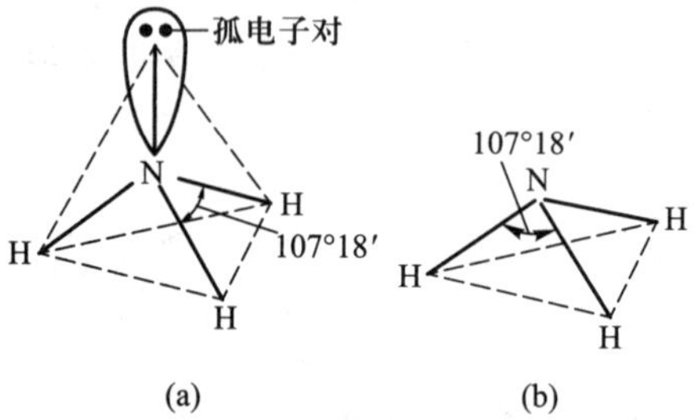

图 6.16 NH_3 分子的空间构型

至于 H_2O 分子，O 原子的价层电子构型为 $2s^22p^4$，成键时这 4 个价电子轨道也是发生 sp^3 不等性杂化：

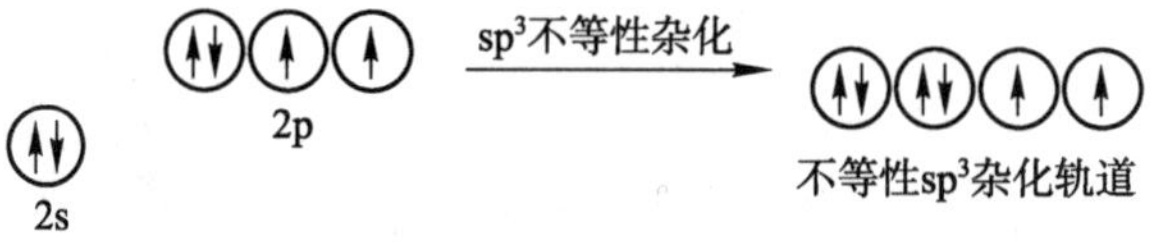

形成了 4 个不完全等同的 sp^3 杂化轨道，其中 2 个 sp^3 杂化轨道各有 1 个未成对电子，其电子分别与 2 个 H 原子的 1s 电子形成 2 个 O—H 键，其余 2 个 sp^3 杂化轨道各为一对孤电子对所占据，如图 6.17(a) 所示。这两对孤电子对因靠近 O 原子，其电子云在 O 原子外占据更大的空间，对两个 O—H 键的电子云有更大的静电排斥力，使键角从 109°28′被压缩到 104°45′，以至 H_2O 分子的空间结构如图 6.17(b) 所示。以上介绍了 s 轨道和 p 轨道的三种杂化形式，现简要归纳于表 6.4 中。

实验视频

疑难解析

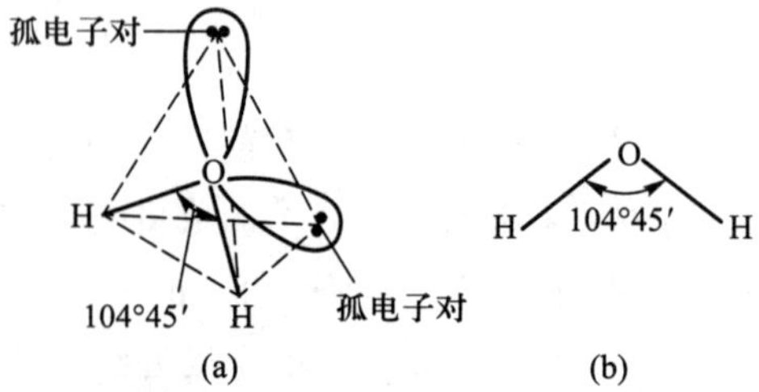

图 6.17 H_2O 分子的空间结构

表 6.4 s-p 杂化与分子几何构型

杂化类型	sp	sp^2	sp^3		
杂化轨道几何构型	直线形	三角形	四面体		
杂化轨道中孤电子对数	0	0	0	1	2
分子几何构型	直线形	正三角形	正四面体形	三角锥形	折线(V)形
实例	$BeCl_2$, CO_2	BF_3, SO_3	CH_4, CCl_4, SiH_4	NH_3	H_2O
键角	180°	120°	109°28′	107°18′	104°45′
分子极性	无	无	无	有	有

示意图片

疑难解析

实验视频

第三周期及其后的元素原子，价层中有 d 轨道，若$(n-1)$d 或 nd 轨道与 ns、np 轨道能级比较接近，成键时有可能发生 s-p-d(或 d-s-p)型杂化。例如，SF_6分子中的 S 采取 sp^3d^2杂化成键，如图 6.18 所示。

第六周期及其后的元素原子，价层中有 f 轨道，成键时还可能发生 f-d-s-p 型杂化。我国科学家唐敖庆教授对此作了卓有成效的研究，使杂化轨道理论更臻完善，由此可阐明更复杂的化合物的结构。

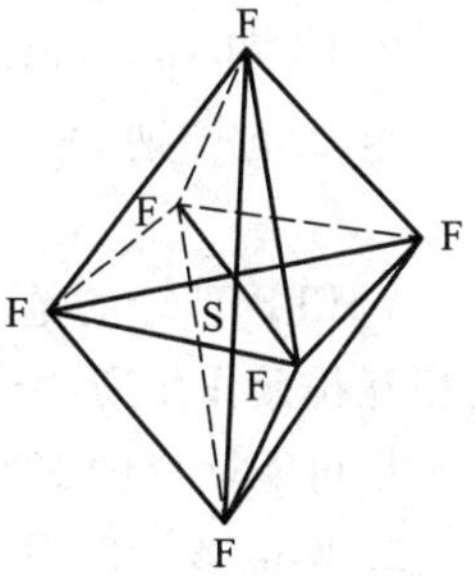

图 6.18 SF_6 分子的空间结构

从以上讨论可以看出，当多原子分子的几何构型被实验确定后，杂化轨道理论是能给以较好解释的。但是，就一般并非专门从事结构化学研究的人们来说，由于对不同轨道之间能级差别的大小缺乏了解，难以对某些轨道杂化的可能性作出判断。因此，如果直接应用杂化轨道理论去预测分子的几何构型，未必都能得到满意的结果。因此，继杂化轨道理论之后，历史上又出现了各种理论或方法来解释实验事实，确定并预测分子的几何构型，如价层电子对互斥理论等。

*6.3.3 价层电子对互斥理论

1. 价层电子对互斥理论

对 AX_nE_m型分子(或离子，以下略)来说：A 代表中心原子，X 为配体，n 为配位的数目，E 代表 A 原子价层内孤电子对，m 为孤电子对数。所谓价层电子对是指在 AX_nE_m 分子中 A原子价层内的成键电子对(简称键电子对)和孤电子对。价层电子对的数目简称价层电子对数(以 VP 表示)。例如，CH_4分子中 C 原子的价层电子对数为 4，这 4 对价层电子均为键电子对；又如，NH_3分子中 N 原子的价层电子对数也是 4，但其中有 3 对为键电子对，1 对为孤电子对。

```
     H              H
     ‥              ‥
 H : C : H      H : N : H
     ‥              ‥
     H
```

分子内价层电子对之间存在着互相排斥的作用。1940 年 N. V. Sidgwick 和

H. Powell 首先提出了分子的几何构型与价层电子对互斥作用有关的假说。例如，对 BeH_2分子来说：

$$H : Be : H$$

在 Be 原子价层内有两对键电子对，显然，这两对电子只有当它们彼此处在 Be 原子核相对的两侧位置时：

$$: —Be— :$$

才能使排斥力达到尽可能的最小值，这时即为 BeH_2 分子最稳定的状态，因而可以推断，BeH_2应为直线形的分子：

$$H—Be—H$$

实验完全证实了这种推断的正确性。

当中心原子的价层电子对数>2 时：若把价层的形状近似看作球面，根据上述推断方法，只有当各价层电子对在球面上都处在相距最远的位置时，才能使价层电子对之间的排斥力达到尽可能的最小值。由纯几何学的方法不难找出表 6.5 中的对应关系。价层电子对数超过 6 时，价层电子对分布的几何图形比较复杂，在此不再列出。

人物简介

R. J. Gillespie 和 R. S. Nyholm 在 Sidgwick 和 Powell 假说的基础上进行了大量的研究工作，经过归纳、整理，终于在 1957 年正式提出了价层电子对互斥理论（简写 VSEPR 理论）。

VSEPR 理论的基本要点为：AX_nE_m型分子的几何构型主要由 A 原子价层电子对的相互排斥作用所决定，采取电子对相互斥力最小的几何分布（亦即采取电子对彼此相距尽可能远离的那种结构）。

2. 影响 AX_nE_m分子结构的因素

（1）键电子对数（BP）。价层电子对全为键电子对的 AX_n分子，根据 A 原子的键电子对数，分别具有表 6.5 所列相对应的几何构型。

表 6.5　中心原子价层电子对的理想几何分布

价层电子对数（VP）	价层电子对的理想几何分布	排布形式
2	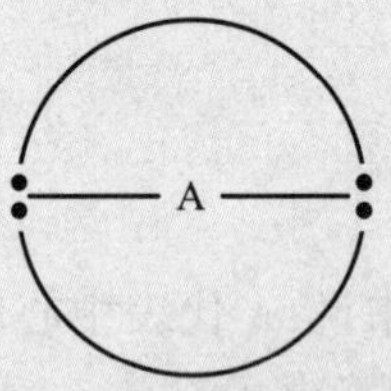 球体直径的两端	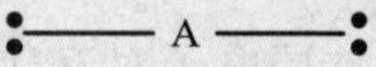 直线形
3	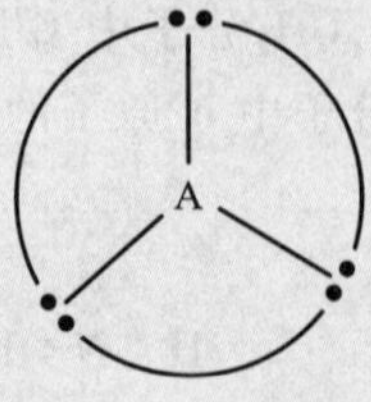 通过球心的内接三角形的顶点	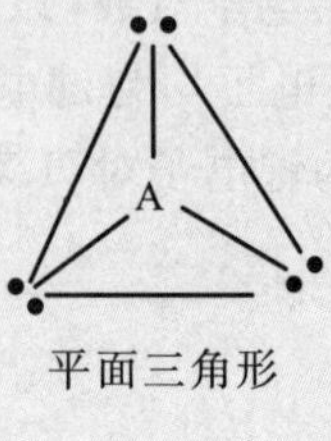 平面三角形

续表

价层电子对数(VP)	价层电子对的理想几何分布	排布形式
4	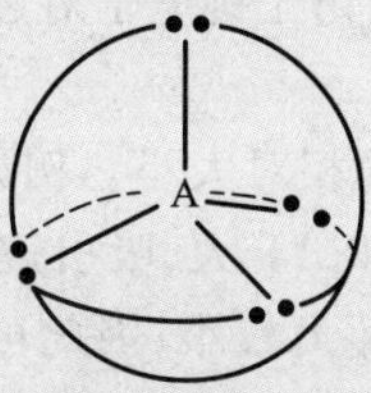 内接四面体的四个顶点	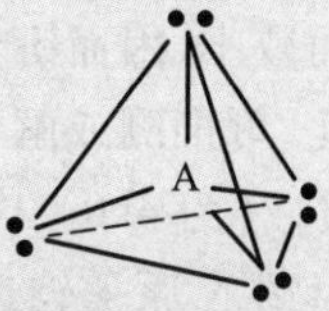 四面体形
5	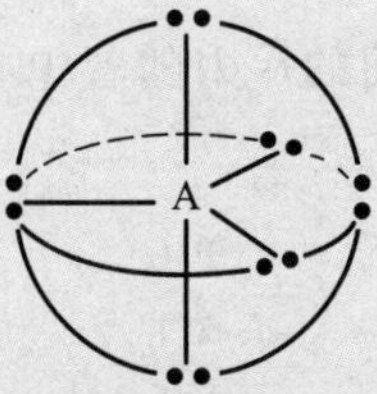 内接三角双锥的五个顶点	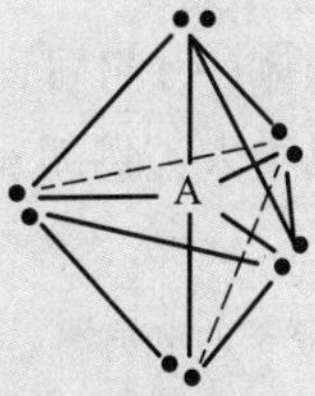 三角双锥形
6	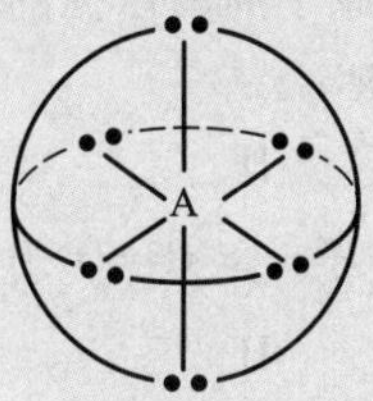 内接八面体的六个顶点	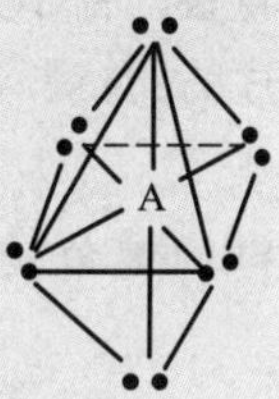 八面体形

（2）孤电子对数(LP)。价层中如有孤电子对存在，由于孤电子对的电子云在中心原子 A 周围占据着较大的空间，对邻近电子对的排斥作用大，往往会使键角变小。NH_3和 H_2O 分子是典型例子。

不同种类价层电子对之间斥力大小顺序为：孤电子对之间>孤电子对与键电子对之间>键电子对之间。据此，可推断稀有气体化合物 XeF_2分子的几何构型。基态 Xe 原子价层已有 8 个价电子，如与氟原子结合成 XeF_2：

$$:\ddot{\underset{..}{Xe}}: + 2\cdot\ddot{\underset{..}{F}}: \longrightarrow :\ddot{\underset{..}{F}}:\ddot{\underset{....}{Xe}}:\ddot{\underset{..}{F}}:$$

在 XeF_2中 Xe 原子价层内则有 5 对价电子对(其中有 2 对是键电子对，3 对是孤电子对)，其几何分布应为三角双锥形，各价电子对和成键原子的相对位置则可能有三种不同的排布方式：

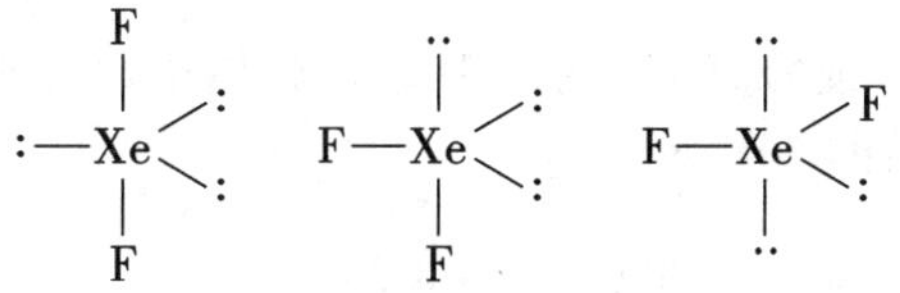

(a) (b) (c)

与(b)、(c)两种方式相比较,由于(a)种排布方式的孤电子对之间相距最远(夹角均为120°),分子体系的能量最低,因此,可以推断 XeF_2 分子的稳定结构应为直线形。

(3) 电负性。若中心原子(A)相同,由于键电子对之间的斥力随着配位原子电负性增加而减小,因而键角也减小。

据此,可推测或解释某些分子键角的相对大小。例如,NF_3 与 NH_3 分子比较,由于 F 的电负性(为 4.0) 比 H 的电负性(为 2.1) 大,吸引键电子对的能力强,NF_3 分子中键电子对离 N 原子较远,键电子对之间斥力较小,因此可推测 NF_3 分子中的键角理应比 NH_3 分子中的键角小些。实验测知 NF_3 分子的键角(102°6′)确比 NH_3 分子的键角(107°18′)小些。

若配体(X)相同,由于键电子对之间的斥力随着中心原子电负性增加而增大,因而键角也增大。例如:

分子	SbH_3	AsH_3	PH_3	NH_3
中心原子的电负性	1.9	2.0	2.1	3.0
键角	91°18′	91°50′	93°18′	107°18′

(4) 重键。由于重键电子云在中心原子周围占据的空间比单键电子云大些,使斥力大小顺序为:叁键　>　双键　>　单键。

因而含重键的键角较大。例如,甲醛分子 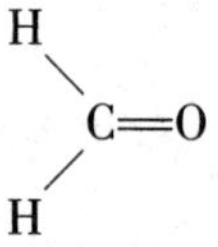 中各键角为:∠HCO = 122°6′,∠HCH = 115°48′。但在推测 AX_nE_m 分子的大致构型时,可忽略重键和单键的区别,把重键当作单键处理。例如:

化合物名称	氢氰酸	二氧化硫	甲醛
分子结构式	H—C≡N	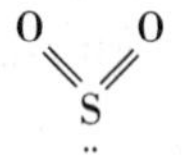	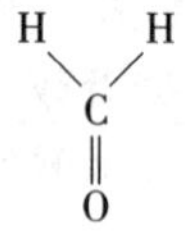
分子大致几何构型	直线形	V 形	三角形

3. 推测 AX_nE_m 分子几何构型的步骤

(1) 确定中心原子(A)的价层电子对数。若 AX_nE_m 为分子,则 VP = BP + LP。如果配体 X 中只含 1 个配位原子,BP = n,LP 值的计算式为:

LP = 1/2(中心原子价电子总数 − n 个基态配位原子未成对价电子数)

例如,SO_2 分子内,中心 S 原子的价电子总数为 6,基态氧原子未成对价电子数为 2,则 $BP = n = 2$, $LP = \frac{1}{2}(6-2\times2) = 1$, $VP = BP + LP = 2+1 = 3$。

若 AX_nE_m 为阴离子(或阳离子),中心原子的价电子数还应加上(或减去)与离子电荷相应的电子数。例如:

离子	离子电荷	中心原子价电子数	BP	LP	VP
PO_4^{3-}	−3	5+3 = 8	4	0	4
NH_4^+	+1	5−1 = 4	4	0	4

(2) 推测中心原子(A)价层电子对理想几何分布。根据中心原子(A)的 VP 值和表 6.6,可推出该分子或离子的中心原子(A)价层电子对理想几何分布。

表 6.6 价层电子对与分子几何构型的对应关系

价层电子对数	价层电子对几何分布	键电子对数	孤电子对数	分子类型	分子几何构型	实例
2	直线形	2	0	AX_2	直线形	$HgCl_2$、CO_2
3	平面三角形	3	0	AX_3	平面三角形	BF_3、SO_3
		2	1	AX_2E	V 形	$PbCl_2$、SO_2
4	四面体形	4	0	AX_4	四面体形	CH_4、SO_4^{2-}
		3	1	AX_3E	三角锥形	NH_3、SO_3^{2-}
		2	2	AX_2E_2	V 形	H_2O、ClO_2^-
5	三角双锥形	5	0	AX_5	三角双锥形	PCl_5、AsF_5
		4	1	AX_4E	四面体形	SF_4、$TeCl_4$
		3	2	AX_3E_2	T 形	ClF_3、BrF_3
		2	3	AX_2E_3	直线形	XeF_2、I_3^-
6	八面体形	6	0	AX_6	八面体形	SF_6、$[FeF_6]^{3-}$
		5	1	AX_5E	四棱锥形	IF_5、$[SbF_5]^{2-}$
		4	2	AX_4E_2	四方形	XeF_4、ICl_4^-

(3) 推测 AX_nE_m 分子几何构型。应用 VSEPR 理论,即可推测该分子的几何构型。

[例 6.1] 推测 ClF_3 分子的几何构型。

解:中心原子 Cl 的 BP = n = 3,则

$$LP=\frac{1}{2}(7-3\times1)=2$$

$$VP=BP+LP=3+2=5$$

按表 6.7 可推测 ClF_3 分子内中心原子 Cl 价层电子对理想几何分布为三角双锥形。但键电子对和孤电子对的相对位置可能有三种不同的排布方式:电子对与中心原子连线之间有三种不同的夹角(90°、120°、180°),其中以夹角最小的电子对之间斥力最大,各种电子对在 ClF_3 分子中处于 90°夹角位置的机会如表 6.7 所示。

表 6.7 电子对在分子中处于 90°夹角位置的机会

ClF_3 可能的空间结构	处于 90°夹角位置的机会		
	孤电子对间	孤电子对-键电子对间	键电子对间
(a)	0	4	2
(b)	1	3	2
(c)	0	6	0

考虑到图 6.19(a)、(c)结构中孤电子对间均无 90°夹角的排斥机会,而且(a)结构中孤电子对

与键电子对间的排斥机会又比(c)结构少,因此在(a)、(b)、(c)三种可能结构中,以(a)结构最稳定,可以推测 ClF_3分子采取(a)结构可能性最大。另外,(a)结构中由于处于对称位置的键电子对受孤电子对的斥力比与孤电子对处于同一平面的键电子对的大,可以推测处于对称位置的 Cl—F 键的键长要长些,而且它们与处于平面的 Cl—F 键之间的键角∠FClF应小于 90°。

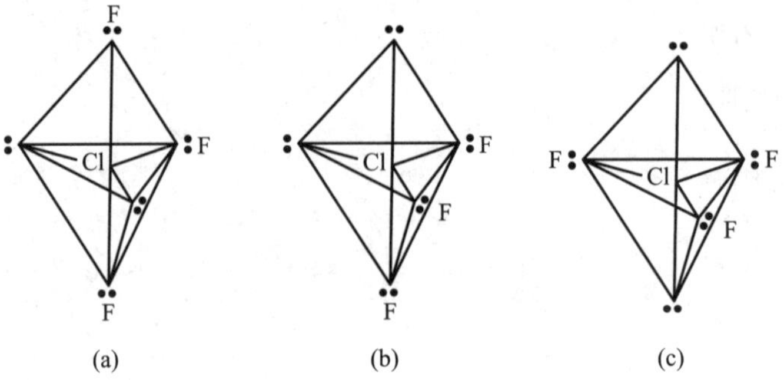

图 6.19　ClF_3的三种可能空间构型

以上推测为实验测定所证实,ClF_3分子近似于 T 形结构。

从以上介绍可以看出,前面介绍过的杂化轨道理论和价层电子对互斥理论是从不同的角度(前者从原子轨道的杂化,后者从价层电子对的互斥作用),来探讨分子的几何构型,而所得的结果大致相同。

价层电子对互斥理论在推断 AX_nE_m型分子(或离子)的几何构型上确实是很有用的。但正如任何理论都有它的适用范围一样,价层电子对互斥理论也有一定的局限性:

(1) 它主要适用于讨论中心原子是主族元素的 AX_nE_m型分子(或离子)。至于副族元素,由于价层内 d 电子多,电子云的空间分布错综复杂,对分子的几何构型往往会产生影响。除非价层的 d 亚层恰好是全空、半满或全满(即 d^0,d^5,d^{10}),因为在这三种状态下,d 电子云可以近似认为是球形对称的,对分子的空间构型影响不大。

(2) 它只适用于讨论孤立的分子(或离子),而不适用于讨论固体的空间结构。

(3) 它只能对分子的构型做定性的描述,而不能得出定量的结果(如不能给出键角、键长的数据)。

6.4　分子轨道理论

前面介绍了共价键理论中的价键理论,价键理论由于袭用了早期经典化学键理论中的价键概念(如两原子间电子配对成键等),比较直观,易为化学家所接受,因此,长期以来在化学界影响很深,直至目前在不少场合下,人们仍用它来说明一些分子的价键形成和空间构型。但是,实际上还有许多分子的结构和性质,价键理论是难以解释的。例如,按价键理论,O_2分子中的电子都是成对的,应有一个 σ 键和一个 π 键,其结构式应为

$$\underset{..}{\overset{..}{O}}::\underset{..}{\overset{..}{O}} \quad 或 \quad \underset{..}{\overset{..}{O}}=\underset{..}{\overset{..}{O}}$$

但是,对 O_2分子的磁性研究❶表明,O_2分子有两个自旋方向相同的成单电子,这

❶　经实验获悉,液态和固态氧极易为磁铁所吸引,而且物质的这种磁性是含有未成对电子的分子所具有的特性。

是价键理论无法解释的。又如,经光谱实验证实,只有一个电子的氢分子离子 H_2^+ 是可以稳定存在的:

$$(H \cdot H)^+$$

此两例均与价键理论的基本观点相违背,暴露了价键理论的局限性。

为了克服价键理论所遇到的困难,分子轨道理论应运而生。近年来,由于电子计算机的应用,分子轨道理论发展较快,已成功地说明很多分子的结构和反应性能问题,因此在共价键理论中占有非常重要的地位。

6.4.1 分子轨道的基本概念

分子轨道理论是把原子电子层结构的主要概念,推广到分子体系而形成的一种分子结构的理论。

在描述电子在原子中的状态时,原子结构理论把原子核作为原子的核心,电子按照一定的原理(泡利不相容原理、能量最低原理)和规则(洪德规则)分布在原子核外若干个原子轨道内。分子轨道理论在描述电子在分子中的状态时与此十分相似。分子轨道理论把组成分子的各原子核(在分子中各有一定的平衡位置)作为分子的骨架,所有电子按照相同的原理和规则分布在骨架附近的若干个分子轨道内,即:每个分子轨道内最多只能容纳两个自旋方向相反的电子;每一个分子轨道都有各自相应的能量,在不违背泡利不相容原理的前提下,电子尽先占据能量最低的分子轨道;电子填入等价分子轨道(指能量相同的分子轨道)时,将尽先单个地分别占据不同的等价分子轨道,且自旋平行。电子进入分子轨道后,若体系总能量有所降低,即能成键。

6.4.2 分子轨道的形成

量子力学认为,分子轨道由组成分子的各原子轨道组合而成。分子轨道总数等于组成分子的各原子轨道数目的总和。例如,当 2 个 H 原子形成 1 个 H_2分子时,2 个 1s 原子轨道可以而且只能形成 2 个分子轨道;2 个 N 原子形成 1 个 N_2分子时,2 个 1s 原子轨道可以形成 2 个分子轨道,2 个 2s 原子轨道可以形成 2 个分子轨道,6 个 2p 原子轨道可以形成 6 个分子轨道。

分子轨道的形状可以通过原子轨道的重叠,分别近似的描述。

1. s-s 原子轨道的组合

一个原子的 ns 原子轨道与另一个原子的 ns 原子轨道组合成 2 个分子轨道的情况,如图 6.20 所示。

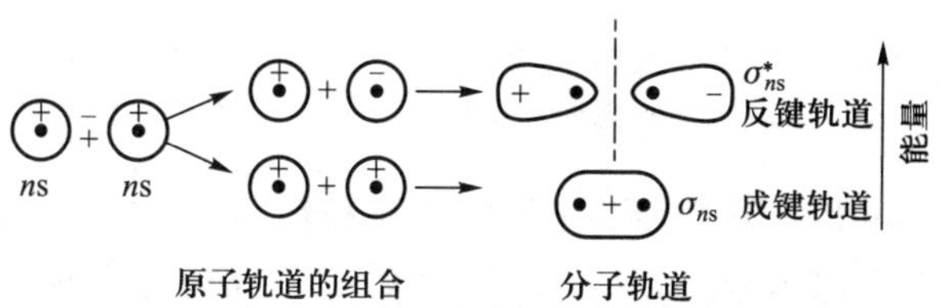

图 6.20 s-s 原子轨道组合成分子轨道示意图

由图 6.20 所示的 2 个分子轨道的形状可以看出:电子若进入上面那种分子轨道,其电子云的分布偏于两核外侧,在核间的分布稀疏,不能抵消两核之间的斥力,对分子的稳定不利，对分子中原子的键合会起反作用，因此上面这种分子轨道称为反键分子轨道（简称反键轨道）；电子若进入下面那种分子轨道，其电子云在核间的分布密集，对两核的吸引能有效地抵消两核之间的斥力，对分子的稳定有利，使分子中原子间发生键合作用，因此下面这种分子轨道称为成键分子轨道（简称成键轨道）。

由 s-s 原子轨道组合而成的这两种分子轨道，其电子云沿键轴（两原子核间的连线）对称分布，这类分子轨道称为 σ 分子轨道。为了进一步把这两种分子轨道区别开来，图 6.20 中上面那种称 σ^*_{ns}反键分子轨道，下面那种称为 σ_{ns}成键分子轨道。通过理论计算和实验测定可知 σ^*_{ns}分子轨道的能量比组合该分子轨道的 ns 原子轨道的能量要高；而 σ_{ns}分子轨道的能量则比ns原子轨道的能量要低。电子进入 σ^*_{ns}反键轨道会使体系能量升高，电子进入 σ_{ns}成键轨道则会使体系能量降低，在 σ 轨道上的电子称为 σ 电子。

例如，氢分子轨道和氢原子轨道能量关系可用图 6.21 表示。图中每一实线表示 1 个轨道。当来自 2 个氢原子的自旋方向相反的 2 个 1s 电子成键时，根据能量最低原理，将进入能量较低的 σ_{1s}成键分子轨道，体系能量降低的结果形成 1 个以 σ 键结合的 H_2分子。H_2的分子轨道式可表示为：$H_2[(\sigma_{1s})^2]$。

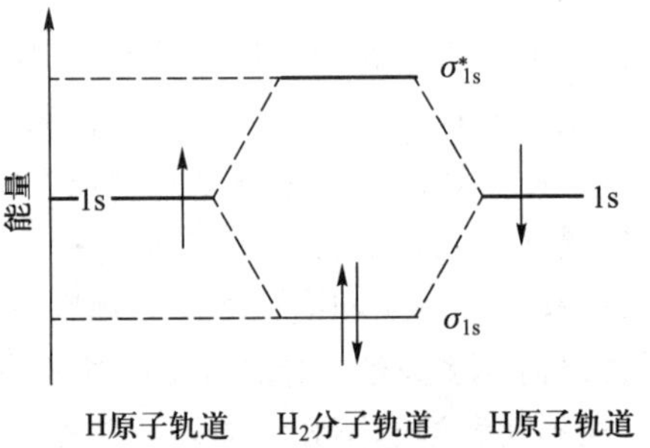

图 6.21 H_2 分子轨道能级示意图

2. p-p 原子轨道的组合

一个原子的 p 原子轨道和另一个原子的 p 原子轨道组合成分子轨道，可以有“头碰头”和“肩并肩”两种组合方式。

当一个原子的 np_x原子轨道与另一个原子的 np_x原子轨道沿键轴方向相互接近，如图 6.22 所示，所形成的 2 个分子轨道，其电子云沿键轴对称分布，其中一个称 σ_{np_x}成键分子轨道，另一个称 $\sigma^*_{np_x}$反键分子轨道。$\sigma^*_{np_x}$分子轨道的能量比组合该分子轨道的 np_x 原子轨道的能量要高，而 σ_{np_x}分子轨道的能量比组合该分子轨道的 np_x原子轨道的能量要低。这种 p_x-p_x原子轨道组合成 σ 分子轨道的方式，体现在卤素单质的分子（X_2）中。

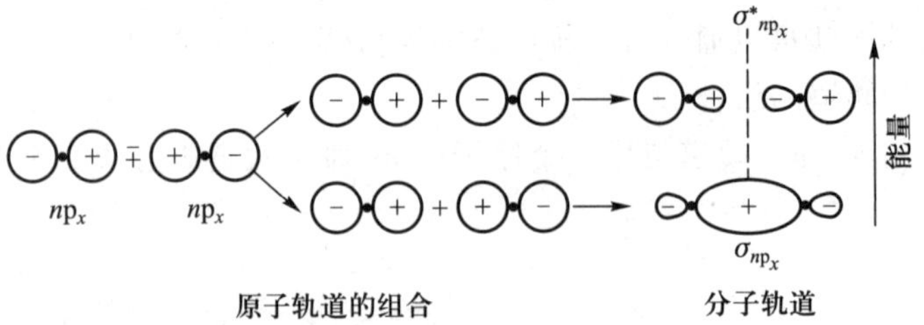

图 6.22 p_x-p_x 原子轨道组合成 σ 分子轨道示意图

当 2 个原子的 np_z原子轨道沿着 x 轴的方向相互接近，如图 6.23 所示，也可以组合成 2 个分子轨道，其电子云的分布有一对称面，此平面通过 x 轴，电子云则对称地分布在此平面的两侧，这类分子轨道称为 π 分子轨道。在这 2 个 π 分子轨道中，能量比组合该分子轨道的 np_z原子轨道高的称 $\pi^*_{np_z}$反键分子轨道；而能量比组合该分子轨道的 np_z原子轨道低的，称 π_{np_z}成键分子轨道。

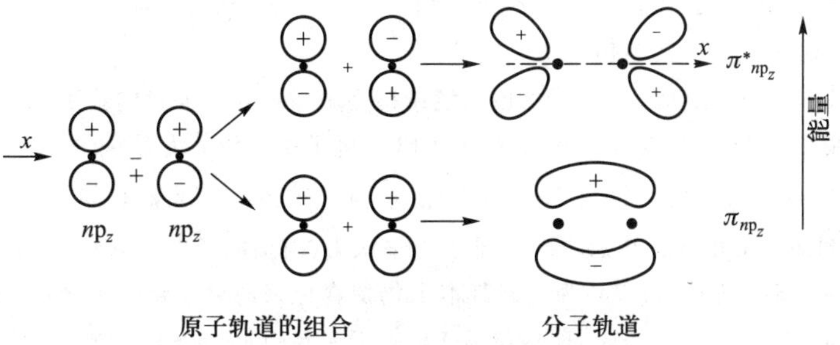

图 6.23　p_z-p_z原子轨道组合成 π 分子轨道示意图

同样道理，当 2 个原子的 np_y原子轨道沿着 x 轴的方向相互接近，可组合成 π_{np_y}成键分子轨道和 $\pi^*_{np_y}$反键分子轨道。π_{np_y}轨道与 π_{np_z}轨道，$\pi^*_{np_y}$轨道与 $\pi^*_{np_z}$轨道，其形状相同，能量相等，只是空间取向互成 90°角。

6.4.3　分子轨道的能级

每种分子的每个分子轨道都有确定的能量；不同种分子的分子轨道能量是不同的。由于分子轨道能量理论计算很复杂，目前主要借助光谱实验来确定。

示意图片

如图 6.24(b)所示，对于第一、二周期元素所组成的多数同核双原子分子(除 O_2、F_2外)，其分子轨道能量高低次序大体可以排列如下：

$$\sigma_{1s}<\sigma^*_{1s}<\sigma_{2s}<\sigma^*_{2s}<\pi_{2p_y}=\pi_{2p_z}<\sigma_{2p_x}<\pi^*_{2p_y}=\pi^*_{2p_z}<\sigma^*_{2p_x}$$

O_2、F_2分子有所不同，分子中 π_{2p}分子轨道的能量比 σ_{2p}分子轨道的能量稍高些，如图 6.24(a)所示。但是总的来说，σ_{2p}和 π_{2p}轨道能量是比较接近的。

疑难解析

示意图片

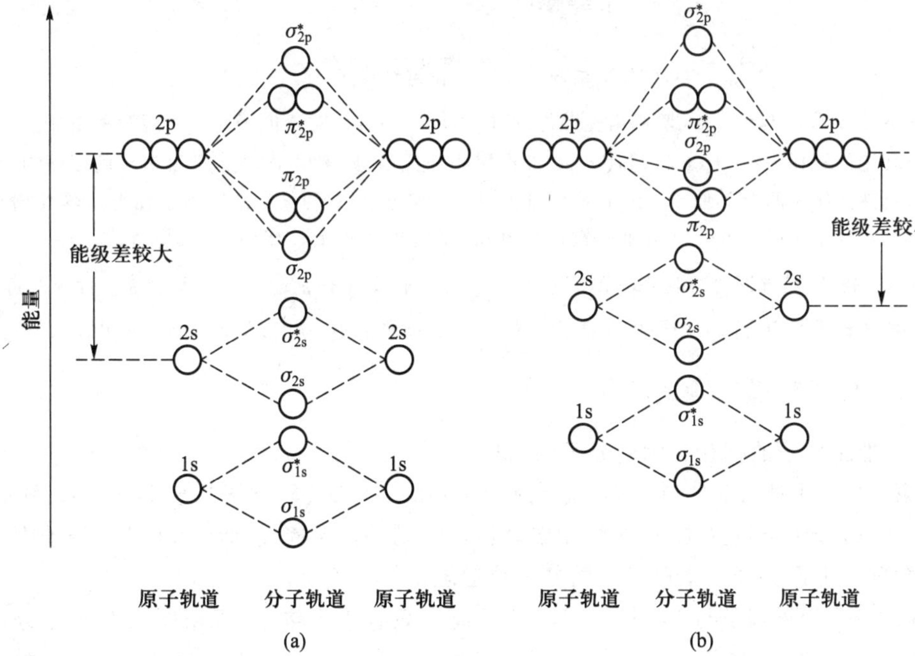

图 6.24　$n=2$ 的同核双原子分子轨道相对能级示意图

下面应用分子轨道理论来描述某些同核双原子分子的结构。

［例 6.2］ 说明 F_2 分子的结构。

F_2 分子由 2 个 F 原子组成。F 原子的电子层结构为 $1s^22s^22p^5$。通过实验知道，F_2 分子轨道能量的相对高低可用图 6.24(a)来表示。F_2 分子中的 18 个电子在各分子轨道中的分布为

$$F_2[(\sigma_{1s})^2(\sigma^*_{1s})^2(\sigma_{2s})^2(\sigma^*_{2s})^2(\sigma_{2p_x})^2(\pi_{2p_y})^2(\pi_{2p_z})^2(\pi^*_{2p_y})^2(\pi^*_{2p_z})^2]$$

其中 σ_{1s} 和 σ^*_{1s} 轨道上的电子为内层电子。量子力学认为，内层电子由于离核近，受到核的束缚，在形成分子时实际上不起作用，可以认为它们基本上仍留在原来的原子轨道中运动。因此 F_2 分子中电子的排布有时不写 σ_{1s} 和 σ^*_{1s} 轨道，而用符号 KK 表示。其中每一个 K 代表 K 层原子轨道上的 2 个电子。这样 F_2 分子的分子轨道式又可表达为

$$F_2[KK(\sigma_{2s})^2(\sigma^*_{2s})^2(\sigma_{2p_x})^2(\pi_{2p_y})^2(\pi_{2p_z})^2(\pi^*_{2p_y})^2(\pi^*_{2p_z})^2]$$

其中 $(\sigma_{2s})^2$ 与 $(\sigma^*_{2s})^2$，$(\pi_{2p_y})^2$ 与 $(\pi^*_{2p_y})^2$，$(\pi_{2p_z})^2$ 与 $(\pi^*_{2p_z})^2$，一为成键，一为反键，能量变化一降一升。对成键起作用的主要是 (σ_{2p_x}) 轨道上的 2 个 σ 电子，成键的 $(\sigma_{2p_x})^2$ 表示有 1 个 σ 键，所以 F_2 分子中 2 个 F 原子之间是以 1 个 σ 键结合的，这一点和价键理论的看法一致。

［例 6.3］ 说明 N_2 分子的结构。

N_2 分子由 2 个 N 原子组成。N 原子的电子层结构为 $1s^22s^22p^3$。通过实验知道，N_2 分子轨道能量的相对高低可用图 6.24(b)来表示。N_2 分子中的 14 个电子，在分子轨道中分布为

$$N_2[KK(\sigma_{2s})^2(\sigma^*_{2s})^2(\pi_{2p_y})^2(\pi_{2p_z})^2(\sigma_{2p_x})^2]$$

其中有 4 个内层电子；$(\sigma_{2s})^2$ 和 $(\sigma^*_{2s})^2$，一为成键，一为反键，对成键起作用的主要是 (π_{2p_y})、(π_{2p_z}) 轨道上的 4 个 π 电子和 σ_{2p_x} 轨道上的 2 个 σ 电子，即 N_2 分子中 2 个原子间形成了 2 个 π 键和 1 个 σ 键，或者说形成了叁键，这一点和价键理论的看法也是一致的。而且，N_2 分子的结构仍然可以采用与电子配对法相同的形式：

:N≡N:

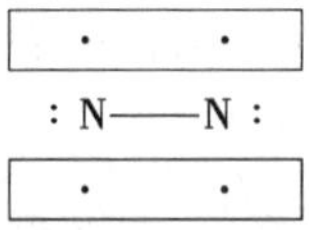

分子结构式　　价键结构式

在 N_2 的分子结构式子中，除画出叁键外，还标明价层中有两对孤电子对。这两对孤电子对，分子轨道理论的解释为：由于 $(\sigma_{2s})^2$ 和 $(\sigma^*_{2s})^2$ 的作用相互抵消，原来属于 2s 原子轨道上的电子对，可以看成仍然分属于两个 N 原子。至于 K 层电子因是内层电子，在写结构式时不予标出。在 N_2 分子的价键结构式中还进一步把 σ 键和 π 键区别开来，即以短线表示 σ 键，两个长方框表示 (π_{2p_y}) 和 (π_{2p_z}) 分子轨道，长方框内的电子表示 π 电子，[· ·] 表示双电子 π 键。至于由主量子数为 3 或 3 以上的原子轨道所组合而成的同核双原子分子轨道，其能量大小一般顺序至今尚不够明确。

疑难解析

6.4.4 分子轨道理论的应用

1. 推测分子的存在和阐明分子的结构

第一、二周期元素的同核双原子分子中：H_2、N_2、O_2、F_2 分子早已熟悉；H_2^+、He_2^+、Li_2、B_2 及 C_2 分子虽较少见，但在气相中已被观测到并被研究过；而 Be_2 和 Ne_2 分子则至今未发现。下面选择几个例子应用分子轨道理论加以说明。

(1) H_2^+ 分子离子与 Li_2 分子。H_2^+ 分子离子只有 1 个电子，根据同核双原子分子轨道能级图可写出其分子轨道式：$H_2^+[(\sigma_{1s})^1]$。由于有 1 个电子进入 (σ_{1s}) 成键轨道，体系能量降低了，因此从理论上推测 H_2^+ 分子离子是可能存在的。$[H\cdot H]^+$ 分子离

子中的键称单电子 σ 键。Li_2 分子有 6 个电子，同理可写出其分子轨道式：$Li_2[KK(\sigma_{2s})^2]$，由于有 2 个价电子进入(σ_{2s})轨道，体系能量也降低，因此从理论上推测 Li_2分子也是可能存在的。Li∶Li 分子中的键称单(σ)键。

H_2^+ 分子离子和 Li_2^+分子离子的存在，实验已经证实，对于解释这类化学事实，价键理论是无能为力的。

(2) Be_2分子。Be_2分子有 8 个电子。假如这种分子能存在，根据同核双原子分子轨道能级图可写出它的分子轨道式：

$$Be_2[KK(\sigma_{2s})^2(\sigma_{2s}^*)^2]$$

由于进入成键轨道和反键轨道的电子数目一样多，能量变化上相互抵消，因此从理论上推测 Be_2分子不是高度不稳定就是根本不存在。事实上 Be_2分子至今尚未被发现。

(3) He_2 分子与He_2^+ 分子离子。He_2分子有 4 个电子。假如 He_2分子能存在，同理可写出其分子轨道式：

$$He_2[(\sigma_{1s})^2(\sigma_{1s}^*)^2]$$

由于进入(σ_{1s})和(σ_{1s}^*)轨道的电子均为 2 个，对体系能量的影响相互抵消，因此，与 Be_2分子一样，从理论上可以预言 He_2分子是不存在的，这正是稀有气体为单原子分子的原因所在。

尽管 He_2分子是不存在的，但He_2^+ 分子离子的存在已经为光谱实验所证实。由于He_2^+ 分子离子比 2 个 He 原子少 1 个电子，从He_2^+ 分子离子的分子轨道式：$He_2^+[(\sigma_{1s})^2(\sigma_{1s}^*)^1]$可以看出，进入$(\sigma_{1s})$成键轨道的电子有 2 个，而进入$(\sigma_{1s}^*)$反键轨道的电子只有 1 个，体系总的能量还是降低了，说明He_2^+ 分子离子是可以存在的。为了区别于单电子 σ 键，$[He\vdots He]^+$分子离子中的化学键称为三电子 σ 键。

*2. 描述分子的结构稳定性

分子轨道理论中引入一个键参数——键级，来描述分子的结构稳定性。键级定义为分子中净成键电子数的一半：

$$键级=\frac{净成键电子数}{2}=\frac{成键轨道的电子数-反键轨道的电子数}{2}$$

键级的多少与键能的大小有关。例如：

分子	He_2	H_2^+	H_2	N_2
键级	$\frac{2-2}{2}=0$	$\frac{1-0}{2}=\frac{1}{2}$	$\frac{2-0}{2}=1$	$\frac{10-4}{2}=3$
键能/$(kJ\cdot mol^{-1})$	0	256	436	946

可见，一般来说，键级越多，键能越大，分子结构越稳定。键级为零，分子不可能存在。

但是，需要指出的是键级只能定性地推断键能的大小，粗略地估计分子结构稳定性的相对大小。事实上键级相同的分子其稳定性也可能有差别。

3. 预言分子的顺磁性与反磁性

物质的磁性实验发现，凡有未成对电子的分子，在外加磁场中必顺着磁场方向排列。分子的这种性质叫做顺磁性。具有这种性质的物质叫做顺磁性物质。反之，电子完全配对的分子则具有反磁性。

若按价键理论，O_2分子的结构应为

$$:\ddot{O}::\ddot{O}: \qquad O{=}O$$

电子式　　　分子结构式

亦即 O_2分子是以双键结合的，分子中无未成对电子，应具有反磁性。但磁性实验说明 O_2分子具有顺磁性，而且光谱实验还指出 O_2分子中确实含有两个自旋平行的未成对电子。

若按照分子轨道理论来处理，O_2分子轨道式为

$$O_2[KK(\sigma_{2s})^2(\sigma_{2s}^*)^2(\sigma_{2p_x})^2(\pi_{2p_y})^2(\pi_{2p_z})^2(\pi_{2p_y}^*)^1(\pi_{2p_z}^*)^1]$$

如上式所列，当 O_2分子中的 16 个电子依次填入到(π_{2p})轨道以后，还剩余 2 个电子，这 2 个电子要填入(π_{2p}^*)轨道上去，由于$(\pi_{2p_y}^*)$轨道与$(\pi_{2p_z}^*)$轨道的能量是相等的，根据洪德规则，这 2 个电子以自旋平行的方式分别填入$(\pi_{2p_y}^*)$和$(\pi_{2p_z}^*)$轨道，也就是说，O_2分子中含有两个自旋平行的未成对电子，所以 O_2分子具有顺磁性，O_2分子的价键结构式应为

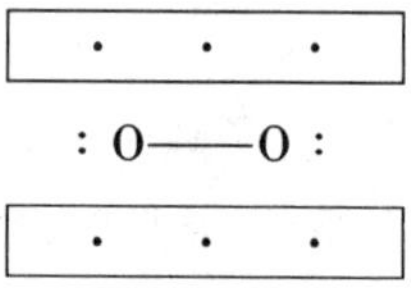

[· · ·]表示$(\pi_{2p})^2$与$(\pi_{2p}^*)^1$构成的三电子 π 键。

由此可见，分子轨道理论能预言分子的顺磁性与反磁性，这是价键理论所办不到的。

正如本节前言提到的，价键理论和分子轨道理论是处理分子结构的两种近似方法，如果把这两种理论加以对比，不难看出两者各有优缺点。

价键理论简明直观，价键概念突出，在描述分子的几何构型方面有其独到之处，容易为人们所掌握。但是价键理论把成键局限于两个相邻原子之间，构成定域键，而且该理论严格限定只有自旋方向相反的两个电子配对才能成键，这就使得它的应用范围比较狭窄，对许多分子的结构和性能不能给出确切的解释。

分子轨道理论恰好克服了价键理论的缺点，它提出分子轨道的概念，把分子中电子的分布统筹安排，使分子具有整体性，这样成键就可以不局限于两个相邻原子之间，亦即还可以构成非定域键；而且该理论把成键条件放宽，认为单电子进入分子轨道后，只要分子体系的总能量得以降低也可以成键，这就使得它的应用范围比较宽广，能阐明一些价键理论不能解释的问题。但是分子轨道理论价键概念不明显，计算方法也比较复杂，不易为一般学习者运用和掌握，而且在描述分子的几何构型方面也不够直观。

由于电子计算机的应用，分子轨道理论发展得很快，应用也越来越广泛；同时价键理论也在不断地改进和演变。这两种理论取长补短，相辅相成，在新的更为成熟的分子结构理论尚未正式创立之前，无论对价键理论或者分子轨道理论，均不可偏废。

6.5 分子间力和氢键

水蒸气可凝聚成水,水可凝固成冰,这一过程表明分子间还存在着一种相互吸引作用。van der Waals 早在 1873 年就注意到这种作用力的存在并且进行了卓有成效的研究,所以后人把分子间力叫做范德华力。分子间力是决定物质的沸点、熔点、汽化热、熔化热、溶解度、表面张力及黏度等物理性质的主要因素。

由于分子间力本质上属于电学性质的范畴,因此在介绍分子间力之前,先熟悉分子的两种电学性质——分子的极性和变形性。

6.5.1 分子的极性和变形性

1. 分子的极性

我们知道,每个分子都有带正电荷的原子核和带负电荷的电子,由于正、负电荷数量相等,整个分子是电中性的。但是对每一种电荷(正电荷或负电荷)量来说,都可以设想各集中于某点上,就像任何物体的质量可被认为集中在其重心上一样。我们把电荷的这种集中点叫做“电荷中心”。在分子中如果正、负电荷中心不重合在同一点上,那么这两个中心又可称作为分子的两个极(正极和负极),这样的分子就具有极性。

对于双原子分子来说,问题比较简单。在由两个相同原子构成的分子如 H_2分子中,由于分子的正、负电荷中心重合于一点[如图6.25(a)所示。图中+、-表示正、负电荷中心],整个分子并不存在正、负两极,即分子不具有极性,这种分子叫做非极性分子。

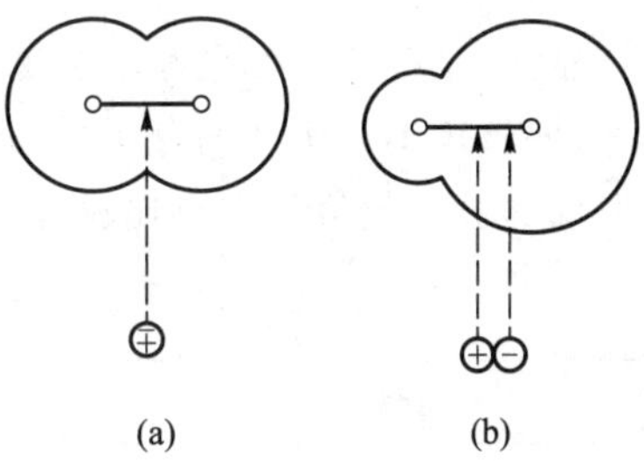

图 6.25 H_2和 HCl 分子电荷分布示意图

在两个不同原子构成的分子如 HCl 分子中,由于成键电子云偏向于电负性较大的氯原子,使分子的负电荷中心比正电荷中心更偏向于氯,如图 6.25(b)所示。这种正、负电荷中心不重合的分子中就有正、负两极,分子具有极性,叫做极性分子。由此可见,对双原子分子来说,分子是否具有极性,决定于所形成的键是否具有极性。即有极性键的分子一定是极性分子,极性分子内一定含有极性键。

对于多原子分子来说,情况稍微复杂些。分子是否有极性,不能单从键的极性来判断。因为含有极性键的多原子分子可能是极性分子,也可能是非极性分子,要视分子的组成和分子的几何构型而定。例如,H_2O 分子中 O—H 键为极性键,而且由于 H_2O 分子不是直线形分子,H_2O 分子中正、负电荷中心不重合,因此,水分子是极性分子,如图 6.26 所示。又如,在二

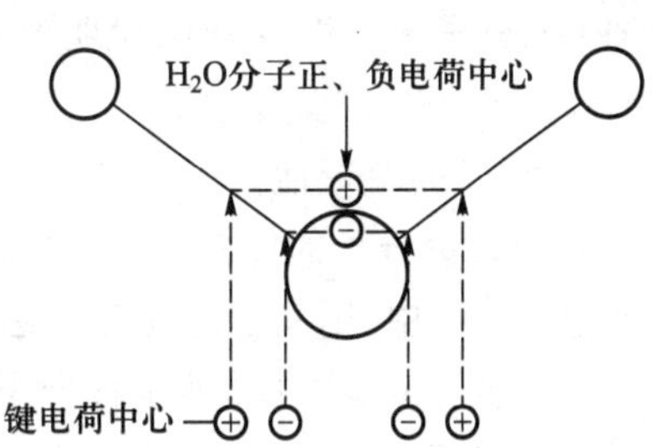

图 6.26 H_2O 分子中的电荷分布示意图

氧化碳（O ═C ═O）分子中，虽然 C ═O 键为极性键，由于 CO_2 是一个直线形分子，2个 C ═O 键的极性互相抵消，整个 CO_2 分子中正、负电荷中心重合，所以 CO_2 分子则是非极性分子。

总之，共价键是否有极性，决定于相邻两原子间共用电子对是否偏移；而分子是否有极性，决定于整个分子正、负电荷中心是否重合。

按照极性强弱，分子可以分为三种类型，如图 6.27 所示。

为了衡量分子极性的大小，需要介绍一个描述分子极性的物理量——分子的偶极矩（图 6.28）。

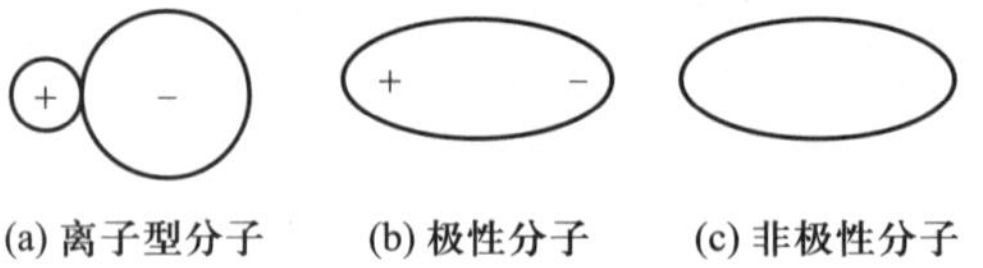

图 6.27　分子的类型

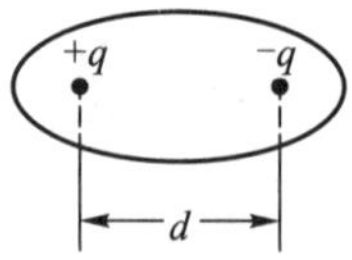

图 6.28　分子的偶极矩

偶极矩（μ）定义为分子中电荷中心（正电荷中心或负电荷中心）上的电荷量（q）与正、负电荷中心之间距离（d）的乘积：

$$\mu = q \cdot d$$

d 又称为偶极长度。分子偶极矩的具体数值可以通过实验测出，它的单位是库·米（C·m）。

显然，某种分子如果经实验测知其偶极矩等于 0，那么这种分子即为非极性分子；反之，偶极矩不等于 0 的分子，就是极性分子。偶极矩越大，分子的极性越强。因而可以根据偶极矩数值的大小比较分子极性的相对强弱，如表6.8所示。

表 6.8　偶极矩与分子极性的关系

HX	$\mu/(10^{-30}$ C·m)	分子极性
HF	6.40	依次减弱 ↓
HCl	3.61	
HBr	2.63	
HI	1.27	

此外，还可以根据偶极矩数值验证和推断某些分子的几何构型。例如，通过实验测知 CS_2 分子的偶极矩为 0，说明 CS_2 分子中的正、负电荷中心是重合的，由此可以推断 CS_2 分子应为直线形分子。

2. 分子的变形性

前面讨论分子的极性时，只是考虑孤立分子中电荷的分布情况，如果把分子置于外加电场（E）中，则其中电荷分布还可能发生某些变化。

实验视频

为了便于讨论，先从非极性分子在电场作用下分子内电荷分布的变化情况谈起。如果把一非极性分子［图6.29（a）］，置于电容器的两个极板之间［图6.29（b）］，分子中带正电荷的原子核被吸引向负电极，而电子云被吸引向正电极，其结果，电子云与核发生相对位移，造成分子的形变（此过程称为分子变形极化），这使原来重合的正、负电荷中心彼此分离，分子出现了偶极，这种偶极称为**诱导偶极**（$\mu_{诱导}$）。电场越强，分子的变形越显著，诱导偶极越大。当外电场撤除后，诱导偶极自行消失，分子重新复原为非极性分子。

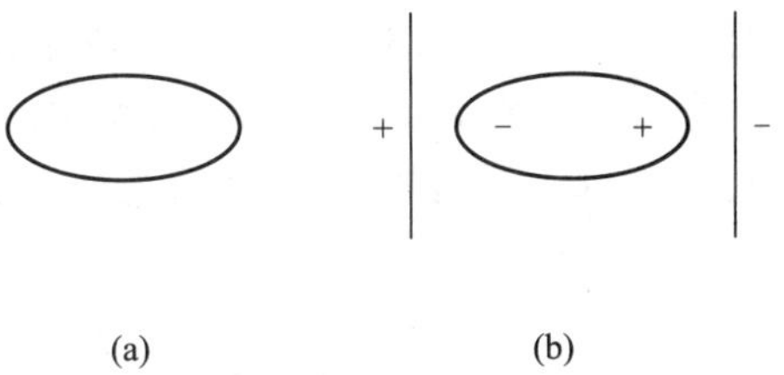

图 6.29 非极性分子在电场中的变形极化

实验视频

实验视频

由此可知：$\mu_{诱导} \propto E$。引入比例常数 α，使 $\mu_{诱导}=\alpha \cdot E$，显然 α 可作为衡量分子在电场作用下变形性大小的标度，叫做分子的诱导极化率，简称极化率。在一定强度的电场作用下，α 越大的分子，$\mu_{诱导}$ 越大，分子的变形性也就越大。

实验视频

对于极性分子来说，本身就存在着偶极，这种偶极叫做固有偶极或永久偶极。在气态及液态时，如果没有外电场的作用，它们一般都做不规则的热运动[如图 6.30(a)]。但在外电场作用下，极性分子的正极一端将转向负电极，负极一端则转向正电极，亦即都顺着电场的方向整齐的排列[如图 6.30(b)]，这一过程叫做分子的定向极化。而且在电场的进一步作用下，产生诱导偶极。这时，分子的偶极为固有偶极和诱导偶极之和，分子的极性有所增强[如图 6.30(c)]。

实验视频

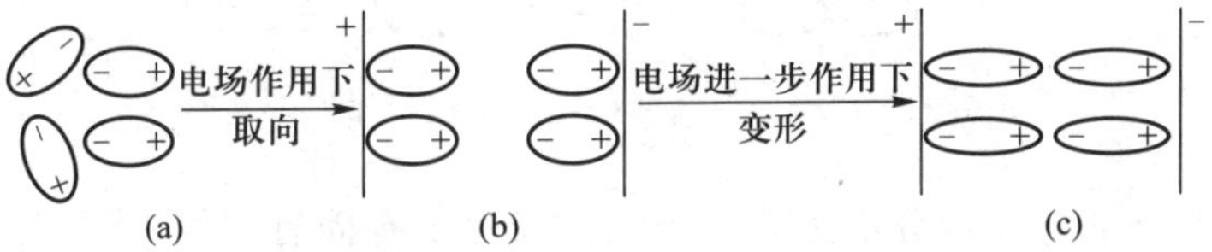

图 6.30 极性分子在电场中的极化

由此可见，极性分子在电场中的极化包括分子的定向极化和变形极化两方面。

另外，分子的极化不仅能在电容器的极板间发生，由于极性分子自身就存在着正、负两极，作为一个微电场，极性分子与极性分子之间，极性分子与非极性分子之间同样也会发生极化作用。这种极化作用对分子间力的产生有重要影响。

6.5.2 分子间力

1. 分子之间的相互吸引作用

假定分子间不发生化学反应的前提下进行如下讨论。

(1) 非极性分子和非极性分子之间。室温下溴为液体，碘、萘为固体，H_2、O_2、N_2 等非极性气体分子在低温下也会被液化甚至固化。这些物质能维持某种聚集状态，说明在非极性分子之间存在着一种相互作用力。

知识拓展

非极性分子之间的这种作用力是怎样产生的？在非极性分子如氩分子中，在一段时间内，总的来说其电荷是对称分布的，所以其正、负电荷中心是重合的，分子没有极性[图 6.31(a)]。但是，由于每个分子中的电子都在不断地运动，原子核都在不停地振动，使电子云与原子核之间经常发生瞬时的相对位移，分子的正、负电荷中心暂时不重合，产生瞬时偶极。每一个瞬时偶极存在的时间尽管是极为短暂的，但由于电子和原子核时刻都在运动，瞬时偶极不断地出现，异极相邻的状态不断地重现[图 6.31(b)、图 6.31(c)],使非极性分子之间只要接近到一定距离,就始终存在着一种持续不断的相互吸引作用。分子之间由于瞬时偶极而产生的作用力称为色散力,非极性物质分子之间正是由于色散力的作用才能凝聚为液体、凝固为固体的。

知识拓展

实验视频

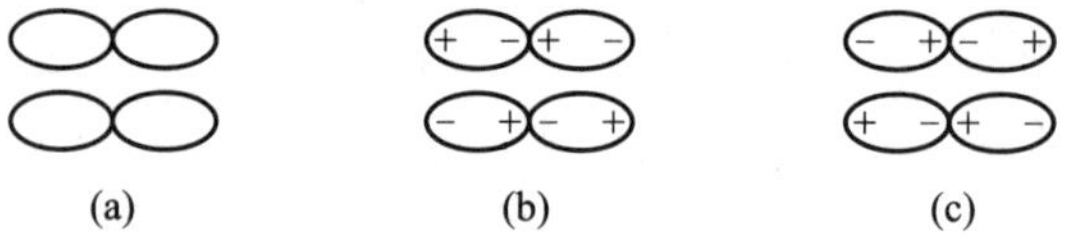

图 6.31 非极性分子相互作用示意图

(2) 非极性分子和极性分子之间。由于电子与原子核的相对运动,不仅非极性分子内部会出现瞬时偶极,极性分子内部也会出现瞬时偶极,因此非极性分子和极性分子之间也同样存在着色散力。除此之外,还应该注意到,非极性分子在极性分子固有偶极作用下会发生变形极化,产生诱导偶极(如图 6.32 所示),使非极性分子与极性分子之间还产生一种相互吸引作用,这种诱导偶极与固有偶极之间的作用力称为诱导力。

知识拓展

实验视频

图 6.32 极性分子和非极性分子相互作用示意图

(3) 极性分子与极性分子之间。极性分子由于有固有偶极,当极性分子相互靠近时,如前所述会发生定向极化,由于固有偶极的取向而产生的作用力称为取向力。另外,极性分子定向排列后还会进一步发生变形极化,产生诱导偶极。因此,极性分子之间还存在着诱导力。最后,应该特别提到的是极性分子之间也存在着色散力。

知识拓展

总之,在非极性分子之间只有色散力;在非极性分子和极性分子之间有色散力和诱导力;在极性分子之间有色散力、取向力和诱导力。由此可见,色散力存在于一切分子之间。

实验视频

2. 分子间力的特点和影响因素

分子间力有以下几个特点:

(1) 它是存在于分子间的一种电性作用力。

(2) 它是短程力,作用范围仅为几百皮米(pm)。当分子间距离为分子本身直径的 4~5 倍时,作用力就减弱到几乎可以忽略不计。

知识拓展

(3) 它的作用能一般是每摩尔几千焦到几十千焦。虽然比化学键键能约小 1~2 个数量级,但这对由共价型分子所组成的物质的一些物理性质影响很大。

(4) 它一般没有方向性和饱和性。

(5) 在三种作用力中,如表 6.9 所示,除了极性很大而且分子间存有氢键的分子(如 H_2O)之外,对大多数分子来说,色散力是分子间主要的作用力。三种力的相对大小一般为

$$\text{色散力} \gg \text{取向力} > \text{诱导力}$$

表 6.9 一些物质的分子间作用能(分子间距离为 500 pm,温度为 298.15 K)

分子	$\frac{E_{取向}}{kJ \cdot mol^{-1}}$	$\frac{E_{诱导}}{kJ \cdot mol^{-1}}$	$\frac{E_{色散}}{kJ \cdot mol^{-1}}$	$\frac{E_{总}}{kJ \cdot mol^{-1}}$
Ar	0.000	0.000	8.49	8.49
CO	0.003	0.008	8.74	8.75
HI	0.025	0.113	25.8	25.9
HBr	0.686	0.502	21.9	23.1
HCl	3.30	1.00	16.8	21.1
NH_3	13.3	1.55	14.9	29.8
H_2O	36.3	1.92	8.99	47.2

无论是取向力、诱导力或是色散力,都与分子间的距离有关。随着分子间距离的增大,作用力迅速减弱。

另外,取向力还与温度和分子的极性强弱(或偶极矩大小)有关。温度越高,分子取向越困难,取向力越弱;分子的偶极矩越大,取向力越强。

疑难解析

诱导力与极性分子的极性强弱和非极性分子的变形性大小有关。极性分子的偶极矩越大,非极性分子的极化率越大,诱导力也越强。

色散力主要与分子的变形性有关。分子的极化率越大,色散力也就越强。

3. 分子间力对物质物理性质的影响

分子间力对物质物理性质的影响是多方面的。液态物质分子间力越大,汽化热就越大,沸点就越高;固态物质分子间力越大,熔化热就越大,熔点就越高。一般来说,结构相似的同系列物质相对分子质量越大,分子变形性也越大,分子间力越强,物质的沸点、熔点也就越高。例如,稀有气体、卤素等,其沸点和熔点就是随着相对分子质量的增大而升高的。相对分子质量相等或近似而体积大的分子,电子位移可能性大,有较大的变形性,此类物质有较高的沸点、熔点。

分子间力对液体的互溶度,以及固态、气态非电解质在液体中的溶解度也有一定影响。溶质或溶剂(指同系物)的极化率越大,分子变形性和分子间力越大,溶解度也越大(见表 6.10)。

另外,分子间力对分子型物质的硬度也有一定的影响。分子极性小的聚乙烯、聚异丁烯等物质,分子间力较小,因而硬度不大;含有极性基团的有机玻璃等物质,分子间引力较大,具有一定的硬度。

表 6.10 稀有气体的熔点、沸点、溶解度与极化率的关系

稀有气体	$\frac{\alpha}{10^{-40}\ C \cdot m^2 \cdot V^{-1}}$	熔点/℃	沸点/℃	溶解度(溶质的摩尔分数)		
				H_2O	乙醇(0 ℃)	丙醇(0 ℃)
He	0.225	-272.2	-268.9	0.137	0.599	0.684
Ne	0.436	-248.67	-245.9	0.174	0.857	1.15

续表

稀有气体	$\frac{\alpha}{10^{-40}\ C\cdot m^2\cdot V^{-1}}$	熔点/℃	沸点/℃	溶解度(溶质的摩尔分数)		
				H_2O	乙醇(0 ℃)	丙醇(0 ℃)
Ar	1.813	−189.2	−185.7	0.414	6.54	8.09
Kr	2.737	−156.0	−152.3	0.888	—	—
Xe	4.451	−111.9	−107	1.94	—	—
Rn	6.029	−71	−61.8	4.14	211.2	254.9
$\alpha/(10^{-40}\ C\cdot m^2\cdot V^{-1})$				1.65	5.89	7.33

6.5.3 氢键

知识拓展

前面已提及,结构相似的同系列物质的熔点、沸点一般随着相对分子质量的增大而升高。但在氢化物中唯有 NH_3、H_2O、HF 的熔点、沸点明显偏高(如图6.33所示),原因是这些分子之间除有分子间力外,还有氢键。

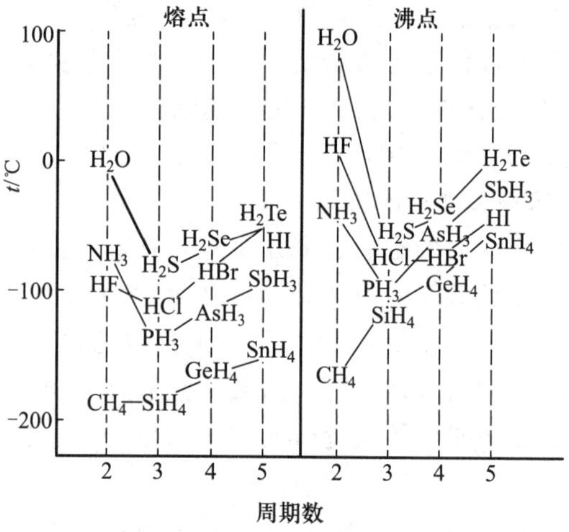

图 6.33 ⅣA～ⅦA 氢化物熔点、沸点递变情况

1. 氢键的形成

现以 HF 为例说明氢键的形成。在 HF 分子中,由于 F 的电负性(4.0) 很大,共用电子对强烈偏向 F 原子一边,而 H 原子核外只有 1 个电子,其电子云向 F 原子偏移的结果,使得它几乎要呈质子状态。这个半径很小、无内层电子的带部分正电荷的氢原子,使附近另一个 HF 分子中含有孤电子对并带部分负电荷的 F 原子有可能充分靠近它,从而产生静电吸引作用。这个静电吸引作用力就是所谓氢键。例如:

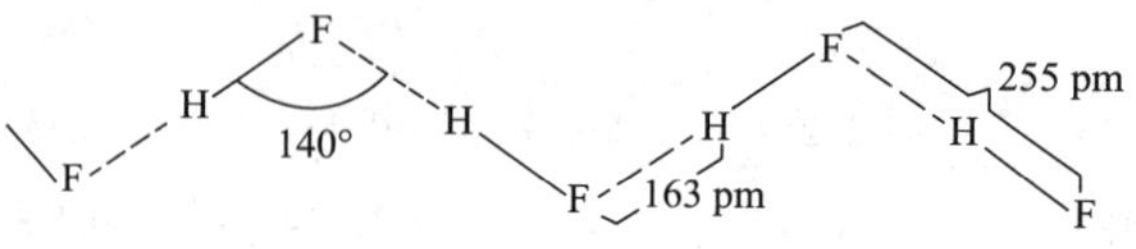

不仅同种分子之间可以存在氢键，某些不同种分子之间也可能形成氢键。例如，NH_3与 H_2O 之间：

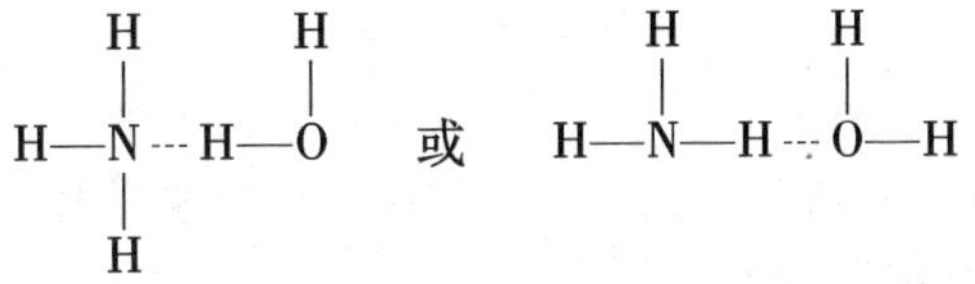

氢键结合的情况如果写成通式，可用 X—H---Y 表示。式中：X 和 Y 代表 F、O、N 等电负性大而原子半径较小的非金属原子。X 和 Y 可以是相同的元素，也可以是两种不同的元素。氢键存在虽然很普遍，对它的研究也在逐步深入，但是人们对氢键的定义至今仍有两种不同的理解。第一种把 X—H---Y 整个结构叫氢键，因此氢键的键长就是指 X 与 Y 之间的距离，如 F—H---F 的键长为255 pm。第二种把 H---Y 叫做氢键，这样 H---F 之间的距离 163 pm 才算是氢键的键长。这种差别，在选用氢键键长数据时要加以注意。不过，对氢键键能的理解上是一致的，都是指把 X—H---Y—H 分解成为 HX 和 HY 所需的能量。

2. 氢键的强度

氢键的牢固程度——键强度也可以用键能来表示。粗略而言，氢键键能是指每拆开单位物质的量的 H---Y 键所需的能量。氢键的键能一般都在42 $kJ\cdot mol^{-1}$以下，比共价键的键能小得多，而与分子间力更为接近些。例如，H_2O 分子中 O—H 键的键能为 463 $kJ\cdot mol^{-1}$；O—H---O 中氢键的键能为18.83 $kJ\cdot mol^{-1}$。而且，氢键形成的空间条件较易出现，所以在物质不断运动情况下，氢键可以不断形成和断裂。

3. 分子内氢键

某些分子内，如 HNO_3、邻硝基苯酚分子可以形成分子内氢键（如图 6.34 所示）。分子内氢键由于受环状结构的限制，X—H---Y 往往不能在同一直线上。

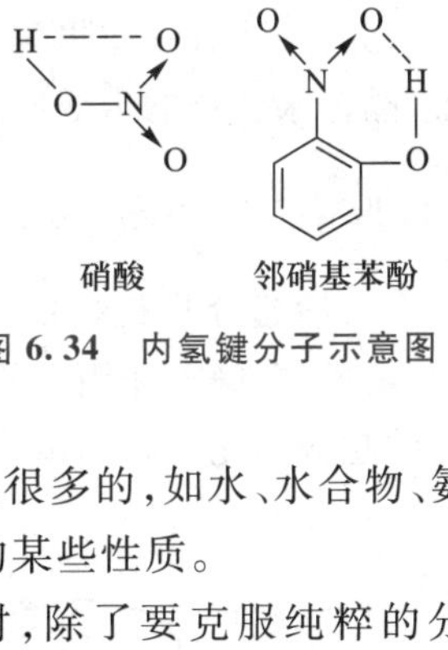

图 6.34 内氢键分子示意图

4. 氢键形成对物质性质的影响

氢键通常是物质在液态时形成的，但形成后有时也能继续存在于某些晶态甚至气态物质之中。例如，在气态、液态和固态的 HF 中都有氢键存在。能够形成氢键的物质是很多的，如水、水合物、氨合物、无机酸和某些有机化合物。氢键的存在，影响到物质的某些性质。

(1) 熔点、沸点。分子间有氢键的物质熔化或汽化时，除了要克服纯粹的分子间力外，还必须提高温度，额外地供应一份能量来破坏分子间的氢键，所以这些物质的熔点、沸点比同系列氢化物的熔点、沸点高。分子内生成氢键，熔点、沸点常降低。例如，有分子内氢键的邻硝基苯酚熔点（45 ℃）比有分子间氢键的间位硝基苯酚的熔点（96 ℃）和对位硝基苯酚的熔点（114 ℃）都低。

(2) 溶解度。在极性溶剂中，如果溶质分子与溶剂分子之间可以形成氢键，则溶质的溶解度增大。HF 和 NH_3在水中的溶解度比较大，就是这个缘故。

(3) 黏度。分子间有氢键的液体，一般黏度较大。例如，甘油、磷酸、浓硫酸等多羟基化合物，由于分子间可形成众多的氢键，这些物质通常为黏稠状液体。

(4) 密度。液体分子间若形成氢键，有可能发生缔合现象。例如，液态 HF，在通常条件下，除了正常简单的 HF 分子外，还有通过氢键联系在一起的复杂分子 $(HF)_n$：

$$n\mathrm{HF} \xrightleftharpoons{\text{缔合}} (\mathrm{HF})_n$$

其中 n 可以是 2,3,4,…。这种由若干个简单分子联成复杂分子而又不会改变原物质化学性质的现象，称为**分子缔合**。分子缔合的结果会影响液体的密度。

H_2O 分子之间也有缔合现象：

$$n\mathrm{H_2O} \xrightleftharpoons{\text{缔合}} (\mathrm{H_2O})_n$$

常温下液态水中除了简单 H_2O 分子外，还有 $(H_2O)_2$，$(H_2O)_3$，…，$(H_2O)_n$ 等缔合分子存在。降低温度，有利于水分子的缔合。温度降至 0 ℃时，全部水分子结成巨大的缔合物——冰。

*5. 非常规氢键

(1) X—H---M 氢键。价层 d 轨道充满电子的过渡金属(M)如 Pt 等，与 X—H 基团相遇时，能作为质子(H^+)的受体，形成氢键体系，如 N—H---Pt 氢键。

(2) X—H---H—Y 双氢键。自 20 世纪 90 年代以来先后发现不少如 H_3N—BH_3的分子，其分子没有孤电子对，分子间按理说不存在形成常规氢键的可能性，但事实上其熔点居然高达 104 ℃，显示出 H_3N—BH_3晶体内分子间存在较强的作用力。通过对含 NH---HB 体系的晶体进行结构分析及计算表明，NH---HB 键的键能远大于水分子间氢键的键能($18.83\ \mathrm{kJ\cdot mol^{-1}}$)；又如 BH_4^----HCN 键的键能高达 $75.44\ \mathrm{kJ\cdot mol^{-1}}$，也远大于常规氢键的键能，从而论证了 X—H---H—Y 双氢键的存在。

此外，还有一些更为复杂的氢键存在于化合物中，对分子的聚合、晶体的形成及溶解、晶体水合物的形成有重要作用。

*6.5.4 拓扑键和超分子

所谓**超分子**是指由两个或多个独立的分子通过分子间的弱相互作用(如范德华力、氢键、弱静电作用等)形成非共价键合的分子集合体。图 6.35 所示为几种比较新颖的超分子化合物的示意图。

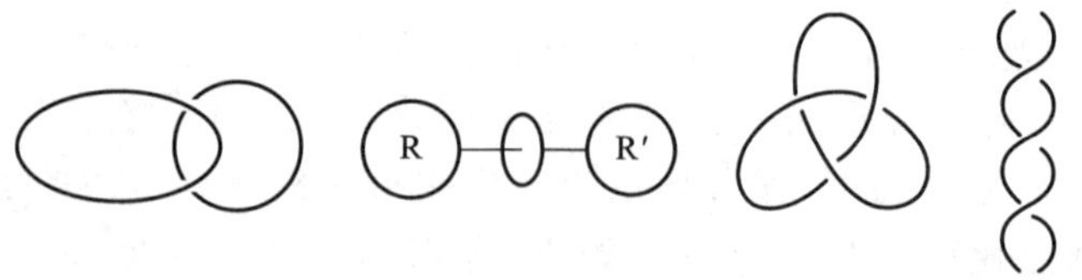

二环索烃　　轮烃　　绳结烃　　螺旋烃

图 6.35 几种超分子化合物示意图

例如，其中二环索烃是一种由两个独立的环状分子(相同的或不相同的)连环套在一起形成的超分子体系，环与环之间不形成共价键，而是以弱相互作用联系；轮烃是由一个(或多个)独立的环状分子(相同的或不相同的)套在一个线形分子上，在线形分子两端各有一个大基团加以封闭形成的超分子体系，环与线形分子间也是以弱相互作用相联系。当超分子运动时超分子体系内的各组元分子可能会变形，但其结构、性质（如联结方式、相对分子质量等）不变。超分子体系内的这种结构称为拓扑❶结构，各组元分子间的弱相互作用又称为**拓扑键**。

研究超分子的意义重大。百年前人们就发现了超分子，近代科学家们发现生物体系内的组织有不少是超分子体系。例如，遗传物质脱氧核糖核酸（DNA）双螺旋结构正是较复杂的超分子体系。不少结构化学家们的注意力开始从非生命分子内的共价键研究转移到生命体内广泛存在于超分子体系内的非共价键合上，以合成新的能储存、转移信息的超分子化合物。美国化学家 J. Pedersen 和 D. J. Cram 及法国化学家 J. M. Lehn 正是由于在超分子化学方面的研究成果获得 1987 年诺贝尔化学奖，这意味着化学研究由分子化学进入超分子化学时代。

人物简介

人物简介

人物简介

*6.5.5 分子组成、结构的测定和分子工程学

从自然界分离出或在实验室合成出新的物质分子，要想知道其组成及结构，最快捷的方法是使用质谱仪（NMR）来进行测定，它可以测出该分子的相对分子质量，确定其分子组成，揭示分子中各种原子的连接方式，推断出简单分子里原子的排列方式。此外，红外吸收光谱是鉴定官能团的常用方法；紫外吸收光谱特别用于鉴定含有不饱和键（π 电子）的官能团。对于分子晶体物质，还可以应用 X 射线衍射来测定分子的结构。

"分子设计"是指根据某种特定需要，设计出具有该性能的分子结构。目前已积累了大量的分子结构、晶体结构、能谱及各种物化数据，并编制成数据库；量子化学、分子动力学、分子热力学等理论同先进计算机技术与图像显示技术相结合，为分子设计提供了进行高效理论计算和结构表达的条件。因此，化合物分子设计、药物设计、催化剂设计、材料设计、生物活性物质设计等方面发展较快。例如，天然蛋白质在人为条件下（如工业生产常用的高温高压条件）往往显示不出其在自然条件下的最佳功能，因而需要对蛋白质进行改性（如提高耐热、耐酸稳定性和活性，降低副作用等）设计。据报道 1993 年北京大学结构化学教研室已着手研制蛋白质分子设计系统，内含蛋白质结构信息相关数据库和蛋白质分子设计程序包两部分。

"分子工程"泛指根据某种特定需要，在分子水平上实现结构的设计和施工（亦即从分子结构出发，研制乃至投产）。例如，吉林大学徐如人教授根据我国炼油工业、石油化工与精细化工的实际需要，以及催化反应对催化材料微孔晶体结构的要求，设计出晶体孔道模型，再借孔道数据库的帮助来选择与制定晶体孔道理想结构模型及相应的理论图谱，并根据设计的合成方案在非水体系中合成出目前国际上具有最大环数孔道结构的磷酸铝（JDF—20）晶体，为进一步设计合成具有特大孔道结构的硅铝酸盐分子筛催化材料创造了条件。

❶ 拓扑一词源自数学的一个分支——拓扑学。几何图形在一对一的双方连续变换下不变的性质称为拓扑性质。例如，画在橡皮膜上的图形当橡皮膜受到变形但不破裂或折叠时，曲线的闭合性、两曲线的相交性等性质还是保持不变的。

拓宽视野

分子概念的拓展与化学定义的演化

随着时代前进和学科的发展，分子的概念与化学的研究对象在拓展。

回顾化学发展史，1803 年英国人道尔顿（J. Dalton）提出原子学说；1811 年意大利人阿伏加德罗（A. Avogadro）提出分子假说。1860 年意大利人康尼查罗（S. Cannizzaro）建立原子-分子论。当时化学界认为：分子是由原子组成的，分子是保持物质物理性质的最小粒子；原子是参加化学反应的最小粒子，不同物质之间的化学反应是原子的重新排列、组合。为此，1880 年恩格斯曾认为"化学是关于原子运动的科学"。

进入 20 世纪，化学家们更多关注的是物质的化学变化（亦即化学反应），而化学反应是物质的组成、结构、性质的变化过程，因此，从化学的研究对象角度考虑，化学的内涵被认为是"研究物质的组成、结构、性质及其变化的科学"。对于这个被化学教科书沿用了近半个多世纪的定义，化学界早有微词，例如，有人认为原定义太笼统，理由是化学的研究对象仅限于宏观物质，而且是宏观物质中的化学物质（或化学物种）。到了 20 世纪下半叶，超分子化学的崛起拓展了分子的概念，纳米材料的出现突破了化学仅限于研究宏观化学物种的界限，于是有人提出"化学是一门研究分子和超分子层次的化学物种的组成、结构、性质和变化的自然科学"；也有人提出"化学是在原子和分子水平上研究元素、化合物和材料等物质的组成、制备、性质、结构、应用和互相转化规律的科学"。

面向 21 世纪，化学家们注意到化学的研究对象已经涉及 10 个层次：原子、分子碎片、结构单元、分子、超分子、高分子、生物分子、纳米分子和纳米聚集体、原子和分子的宏观聚集体、复杂分子体系及其组装体，于是化学家们仿照泛太平洋会议、泛美航空公司的提法，把上列的 21 世纪化学的研究对象统称为"泛分子"，这样一来，21 世纪的化学就是研究泛分子的科学。1997 年我国化学家在北京召开了以"化学学科发展与优先领域讨论会"为主题的第 128 届香山会议，会上对化学提出了一个颇有影响的定义："化学是主要研究从原子、分子片、分子、超分子到分子和原子各种尺度和不同复杂程度的聚集态和组装态的合成和反应、分离和分析、结构和形态、物理性质和生物活性及其规律和应用的自然科学"。下面本书编者试解读其意：

化学是研究泛分子的	各种尺度 不同复杂程度	的	聚集态 和 组装态	的	合成与反应 分离与分析 结构与形态 物理性质与 生物活性	及其	规律 和 应用	的自然科学

思考题

1. 根据元素在周期表中的位置，试推测哪些元素原子之间易形成离子键，哪些元素原子之间易形成共价键。

2. 试指出下列说法中哪些是不正确的，并说明理由。

（1）对双原子分子来说：键能越大，键越牢固，分子也越稳定；

（2）对双原子分子来说：共价键的键长等于成键原子共价半径之和；

（3）sp^2杂化轨道是由某个原子的 1s 轨道和 2p 轨道混合形成的；

（4）中心原子中的几个原子轨道杂化时，必形成数目相同的杂化轨道；

(5) 在 CCl_4、$CHCl_3$和 CH_2Cl_2分子中,碳原子都采用 sp^3杂化,因此这些分子都呈正四面体构型;

(6) 原子在基态时没有未成对电子,就一定不能形成共价键;

(7) 杂化轨道的几何构型决定了分子的几何构型。

3. 试指出下列分子中哪些含有极性键?

Br_2　　CO_2　　H_2O　　H_2S　　CH_4

4. BF_3分子具有平面三角形构型,而 NF_3分子却是三角锥形构型,试用杂化轨道理论加以解释。

5. CH_4、H_2O、NH_3分子中键角最大的是哪种分子? 键角最小的是哪种分子? 为什么?

***6.** 已知 AX_nE_m型分子的中心原子 A 的价层上有六对电子,试预测 A 原子价层 LP 值分别为 1、2、3 时各分子的几何构型。

***7.** 解释下列各组物质分子中键角的变化(括号内为键角数值)。

(1) PF_3(97.8°)、PCl_3(100.3°)、PBr_3(101.5°)

(2) H_2O(104°45′)、H_2S(92°16′)、H_2Se(91°)

8. (1) 试用分子轨道法写出下列分子或离子的分子轨道表示式,并指出其中有哪几种键,是顺磁性还是反磁性?

O_2　　O_2^{2-}　　N_2　　N_2^{2-}

(2) Ne_2分子至今尚未发现,无论应用图 6.24(a)或图 6.24(b)能级图处理,结论相符。为什么?

9. 解释下列各对分子为什么极性不同? 括号内为偶极矩数值(单位是 10^{-30} C·m)。

(1) CH_4(0) 与 $CHCl_3$(3.50)

(2) H_2O(6.23)与 H_2S(3.67)

10. 用分子间力说明以下事实。

(1) 常温下 F_2、Cl_2是气体,Br_2是液体,I_2是固体;

(2) HCl、HBr、HI 的熔点、沸点随相对分子质量的增大而升高;

(3) 稀有气体 He、Ne、Ar、Kr、Xe 的沸点随着相对分子质量的增大而升高。

11. 判断下列物质熔点、沸点的相对高低。

(1) C_2H_6(偶极矩为 0) 和 C_2H_5Cl(偶极矩为 6.84×10^{-30} C·m);

(2) 乙醇(C_2H_5OH)和乙醚($C_2H_5OC_2H_5$)。

12. 试解释:

(1) 为什么水的沸点比同族元素氢化物的沸点高?

(2) 为什么 NH_3易溶于水,而 CH_4则难溶于水?

(3) HBr 的沸点比 HCl 高,但又比 HF 的低?

(4) 为什么室温下 CCl_4是液体,CH_4和 CF_4是气体,而 CI_4是固体?

13. 举例说明下列说法是否正确?

(1) 两个单键就组成一个双键;

(2) 非极性分子中只有非极性键;

(3) 同类分子,分子越大,分子间力也就越大;

(4) 色散力只存在于非极性分子之间;

(5) 一般来说,分子间作用力中,色散力是主要的;

(6) 所有含氢化合物的分子之间,都存在着氢键;

(7) 浓硫酸、甘油等液体黏度大,是由于它们分子间可形成众多的氢键;

(8) 相同原子间的叁键键能是单键键能的三倍;

(9) 对多原子分子来说,其中键的键能就等于它的解离能。

14. 试用对比的方式总结下列各组结构化学的名词、术语。

（1）电子：孤电子对、键电子对

s 电子、p 电子、d 电子

成键电子、反键电子

σ 电子、π 电子

（2）轨道：原子轨道、分子轨道

成键轨道、反键轨道、σ 轨道、π 轨道

（3）键：离子键、共价键、极性键、非极性键

σ 键、π 键、强极性键、弱极性键

单键、单电子键、叁键、三电子键

（4）结构式：

原子：电子结构式、电子分布式、原子轨道表示式

分子：分子式、化学式、分子结构式、价键结构式

分子轨道表示式、化学键示意图

（5）偶极：固有偶极、诱导偶极、瞬时偶极

（6）分子极化：定向极化、变形极化

极化力、极化率

（7）分于间力：色散力、诱导力、取向力

习 题

1. C—C、N—N、N—Cl 键的键长分别为 154 pm、145 pm、175 pm，试粗略估计 C—Cl 键的键长。

2. 已知 H—F、H—Cl、H—Br 及 H—I 键的键能分别为 569 $kJ\cdot mol^{-1}$、431 $kJ\cdot mol^{-1}$、366 $kJ\cdot mol^{-1}$ 及 299 $kJ\cdot mol^{-1}$，试比较 HF、HCl、HBr 及 HI 气体分子的热稳定性。

3. 根据电子配对法，写出下列各物质的分子结构式。

BBr_3　CS_2　SiH_4　PCl_5　C_2H_4

4. 写出下列物质的分子结构式并指明 σ 键、π 键。

HClO　BBr_3　C_2H_2

5. 指出下列分子或离子中的共价键哪些是由成键原子的未成对电子直接配对成键的？哪些是由电子激发后配对成键的？哪些是配位键？

PH_3　NH_4^+　$[Cu(NH_3)_4]^{2+}$　AsF_5　PCl_5

6. 根据电负性数据，在下列各对化合物中，判断哪一个化合物内键的极性相对较强些？

（1）ZnO 与 ZnS　（2）NH_3 与 NF_3　（3）AsH_3 与 NH_3

（4）H_2O 与 OF_2　（5）IBr 与 ICl

7. 按键的极性由强到弱的次序重新排列以下物质。

O_2　H_2S　H_2O　H_2Se　Na_2S

8. 试用杂化轨道理论，说明下列分子的中心原子可能采取的杂化类型，并预测其分子或离子的几何构型。

BBr_3　PH_3　H_2S　$SiCl_4$　CO_2　NH_4^+

***9.** 用价层电子对互斥理论推测下列离子或分子的几何构型。

$PbCl_2$　BF_3　NF_3　PH_4^+　BrF_5

SO_4^{2-}　NO_3^-　XeF_4　$CHCl_3$

***10.** 试用价层电子对互斥理论推断下列各分子的几何构型，并用杂化轨道理论加以说明。

$SiCl_4$　CS_2　BBr_3　PF_3　OF_2　SO_2

11. 应用同核双原子分子轨道能级图,从理论上推断下列分子或离子是否可能存在,并指出它们各自成键的名称和数目,写出价键结构式或分子结构式。

H_2^+　He_2^+　C_2　Be_2　B_2　N_2^+　O_2^+

***12.** 通过计算键级,比较下列物质的结构稳定性。

O_2^+　O_2　O_2^-　O_2^{2-}　O_2^{3-}

13. 根据分子轨道理论说明:

(1) He_2分子不存在;

(2) N_2分子很稳定且具有反磁性;

(3) O_2^- 具有顺磁性。

14. 根据键的极性和分子的几何构型,判断下列分子哪些是极性分子?哪些是非极性分子?

Ne　Br_2　HF　NO　H_2S(V形)　CS_2(直线形)

$CHCl_3$(四面体)　CCl_4(正四面体)　BF_3(正三角形)　NF_3(三角锥形)

15. 判断下列每组物质中不同物质分子之间存在着何种成分的分子间力。

(1) 苯和四氯化碳　(2) 氦气和水　(3) 硫化氢和水

第 7 章

固体的结构与性质

物质通常呈气、液、固三种聚集态。固态物质又分为晶体(crystal,缩写符号为 Cr)和非晶体。自然界中大多数固体物质是晶体,如岩石、砂石、沙子、冰等。本章主要介绍晶体物质的结构及其与物理性质的关系。

7.1 晶体和非晶体

7.1.1 晶体的特征

与非晶体相比较,晶体通常有如下特征。

1. 有一定的几何外形

从外观看,晶体一般都具有一定的几何外形。如图 7.1 所示,食盐晶体是立方体,石英(SiO_2)晶体是六角柱体,方解石($CaCO_3$)晶体是棱面体。

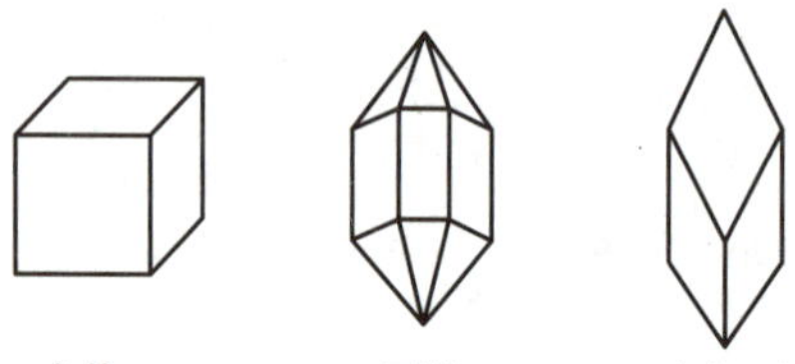

图 7.1 几种晶体的外形

非晶体如玻璃、松香、石蜡、动物胶、沥青、琥珀等,因没有一定的几何外形,所以又叫无定形体(amorphous substance,缩写符号为 am)。

有一些物质(如炭黑和化学反应中刚析出的沉淀等)从外观看虽然不具备整齐的外观,但结构分析表明,它们是由极微小的晶体组成的,物质的这种状态称为微晶体。微晶体仍然属于晶体的范畴。

2. 有固定的熔点

在一定压力下将晶体加热,只有达到某一温度(熔点)时,晶体才开始熔化,在晶体没有全部熔化之前,即使继续加热,温度仍保持恒定不变,这时所吸收的热能都消耗在使晶体从固态转变为液态上,直至晶体完全熔化后温度才继续上升,这说明晶体都具有固定的熔点。例如,常压下冰的熔点为 0 ℃。非晶体则不同,加热时先软化成黏度很大的物质,随着温度的升高黏度不断变小,最后成为流动性的熔体,从开始软化到完全熔化的过程中,温度是不断上升的,没有固定的熔点,只能说有一段软化的温度范围。例如,松香在 50~70 ℃之间软化,70 ℃以上才基本成为熔体。

3. 各向异性

一块晶体的某些性质,如光学性质、力学性质、导热导电性、机械强度、溶解性等,从晶体的不同方向去测定时,常常是不同的。例如,云母特别容易按纹理面(称解理面)的方向裂成薄片;石墨晶体内,平行于石墨层方向比垂直于石墨层方向的热导率要大 4~6 倍,电导率要大 5 000 倍左右。晶体的这种性质称为各向异性。非晶体是各向同性的。

晶体和非晶体性质上的差异,反映了两者内部结构的差别。应用 X 射线研究表明,晶体内部粒子(原子、离子或分子)的排列是有次序的、有规律的,它们总是在不同方向上按某些确定的规则重复性地排列,这种有次序的、周期性的排列规律贯穿于整个晶体内部(粒子分布的这种特点称为远程有序),而且在不同方向上的排列方式往往不同,因而造成晶体的各向异性。非晶体内部粒子的排列是无次序的、不规律的。图 7.2 所示为石英晶体和石英玻璃(非晶体)中粒子排列示意图。

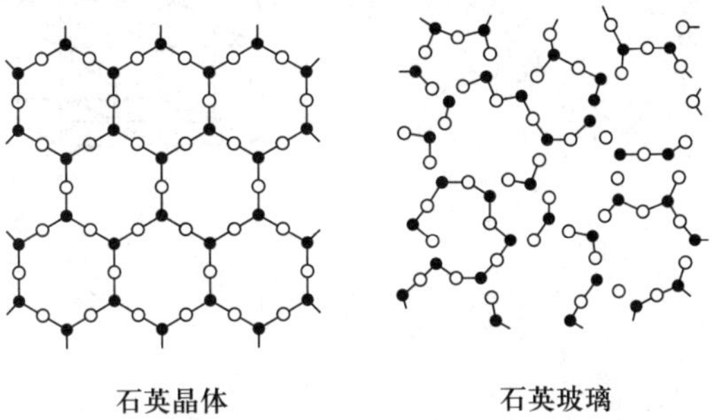

图 7.2 石英晶体与石英玻璃结构特点示意图

7.1.2 晶体的内部结构

1. 晶格

为了便于研究晶体中粒子(原子、分子或离子)的排列规律,法国结晶学家 A. Bravais 提出:把晶体中规则排列的粒子抽象为几何学中的点,并称为结点。这些结点的总和称为空间点阵。沿着一定的方向按某种规则把结点联结起来,则可以得到描述各种晶体内部结构的几何图像——晶体的空间格子(简称为晶格),图 7.3 为最简单的立方晶格示意图。

按照晶格结点在空间的位置,晶格可有各种形状。其中立方体晶格具有最简单的结构,它可分为三种类型(见图 7.4)。

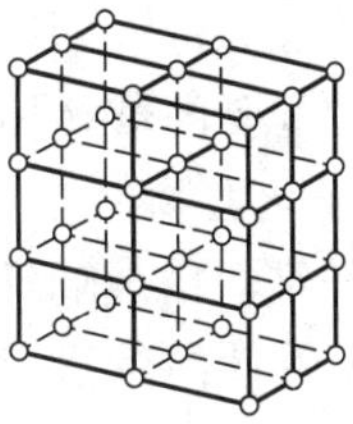

图 7.3 晶格

图 7.4 立方晶格

2. 晶胞

在晶格中,能表现出其结构的一切特征的基本重复单位称为晶胞。整个晶体就是

按晶胞的组成、结构在三维空间重复排列。晶胞可看作为晶体的缩影。作为晶胞它必须是:

(1) 晶体的基本重复单位;

(2) 能代表晶体的化学组成;

(3) 必然为平行六面体。

NaCl 晶体的晶胞如图 7.5 所示。

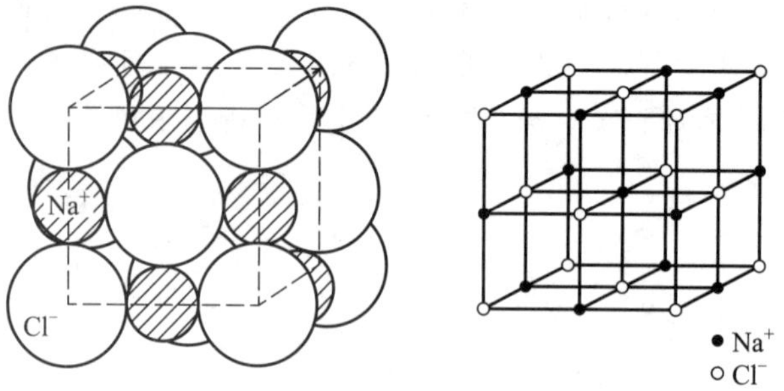

图 7.5 NaCl 的晶体结构

7.1.3 单晶体和多晶体

晶体可分为单晶体和多晶体两种。单晶体是由一个晶核(微小的晶体)各向均匀生长而成的,其晶体内部的粒子基本上按照某种规律整齐排列。例如,单晶冰糖、单晶硅就是单晶体。单晶体要在特定的条件下才能形成,因而在自然界较少见(如宝石、金刚石等),但可人工制取。通常所见的晶体是由很多单晶颗粒杂乱地聚结而成的,尽管每颗小单晶的结构是相同的,是各向异性的,但由于单晶之间排列杂乱,各向异性的特征消失,使整个晶体一般不表现各向异性,这种晶体称为多晶体。多数金属和合金都是多晶体。

根据晶格结点上粒子种类及粒子间结合力不同,晶体又可分为离子晶体、原子晶体、分子晶体和金属晶体等基本类型。

7.1.4 非晶体物质

简言之,非晶体物质是指结构长程无序(近程可能有序)的固体物质。它是由不呈周期性排列的原子或分子凝聚而成,其外形依形成条件不同可能呈粉末、薄膜、块状、凝胶。玻璃体是典型的非晶固体,所以非晶固态又称玻璃态。重要的玻璃体物质有四大类:氧化物玻璃(简称玻璃)、金属玻璃、非晶半导体和高分子化合物。

玻璃体整体质地均匀,拉伸而成的玻璃纤维其强度大于尼龙纤维。由玻璃纤维织的布,被热熔性塑料黏结成的玻璃钢,可用于制造质轻、耐腐蚀、无磁性的管道、容器。以石英玻璃为主,添加 GeO_2、P_2O_5、B_2O_3组成的光导纤维已用于长距离的光通讯。氧化硅胶($mSiO_2 \cdot nH_2O$)内表面积大,常用于气体吸收、干燥。硅海绵气凝胶比玻璃轻 1 000 倍,而隔热效率却是玻璃的 39 倍,是宇宙飞船理想的隔热材料。半导体非晶硅对阳光吸收能力比单晶硅强得多,可用作高效、经济的太阳能电池材料。光导纤维用作通讯光缆。目前人们的注意力更多地放在寻找价格低、某些性能(如导电性、可塑性、光学性、化学活性等）优于晶体的非晶态物质，而价格昂贵、制备困难的晶态物质一般只限于必须使用单晶体的场合。

晶体与非晶体之间并不存在不可逾越的鸿沟。在一定条件下，晶体与非晶体可以相互转化。例如，把石英晶体熔化并迅速冷却，可以得到石英玻璃。又如，涤纶熔体若迅速冷却，可得无定形体；若慢慢冷却，则可得晶体。由此可见，晶态和非晶态是物质在不同条件下形成的两种不同的固体状态。从热力学角度说，晶态比非晶态稳定，非晶态物质有自发转变为晶态物质的倾向。

7.1.5 液晶

有些有机物质的晶体熔化后在一定温度范围内粒子分布部分地保留着长程有序性，因而部分地仍具有各向异性，这种介于液态和晶态之间的各向异性的凝聚流体称为**液晶**，如图 7.6 所示。

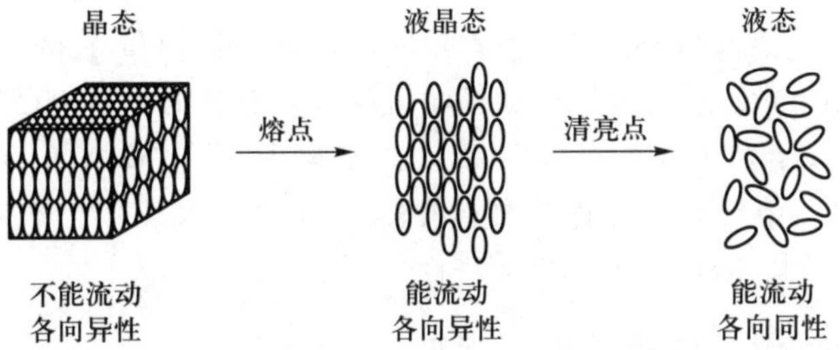

图 7.6 具有液晶态物质熔化过程示意图

液晶态物质能流动、不能承受应切力的性质有些近似液态；但其介电常数、折射率、电导率等性质各向异性，又有些近似晶态。

已知的液晶物质都是有机化合物，目前发现、合成出来的有 6 000~7 000 种，人体中的大脑、肌肉、神经髓鞘、眼睛的视网膜等可能存在液晶组织。液晶由于对光、电、磁、热、机械压力及化学环境变化都非常敏感，作为各种信息的显示和记忆材料，被广泛应用于科技领域中（如电子表、计算器、计算机、电视、仪表数字显示等），对生命科学的研究更有特殊意义。

知识拓展

7.2 离子晶体及其性质

7.2.1 离子晶体的特征和性质

凡靠离子间引力结合而成的晶体统称为**离子晶体**。离子化合物在常温下均为离子晶体，如 CsI、LiF、NaF 等。

离子晶体中，晶格结点上有规则地交替排列着阴、阳离子。例如，NaCl 晶体就是一种典型的离子晶体，如图 7.5 所示，Na^+ 和 Cl^- 按一定的规则在空间相隔排列着，每一个 Na^+ 的周围有 6 个 Cl^-，而每一个 Cl^- 的周围也有 6 个 Na^+。通常把晶体内（或分子内）某一粒子周围最接近的粒子数目，称为该粒子的配位数。NaCl 晶体内，Na^+ 和 Cl^- 的配位数都是 6，Na^+ 和 Cl^- 数目比为 1∶1，其化学组成习惯上以“NaCl”表示。所以

NaCl 叫化学式比叫分子式更确切。

离子晶体中晶格结点上阴、阳离子间静电引力较大，破坏离子晶体就需要克服这种引力，因而离子晶体物质一般熔点较高，硬度较大，难于挥发。例如：

离子化合物	硬度	熔点
NaF	2~2.5	993 ℃
MgF_2	5	1 261 ℃

离子晶体物质质脆，原因是当离子晶体物质受机械力作用时，若晶格结点上离子发生了位移，原来异性离子相间排列的稳定状态变为同性离子相邻接触的排斥状态，晶体结构即被破坏。

离子晶体物质一般易溶于水，其水溶液或熔融态都能导电，导电时阴、阳离子同时向相反方向迁移，是典型的电解质。但是，科学家们发现有一类固体电解质，如 AgI 晶体受热时，因 Ag^+ 与 I^- 的有效质量不同和相互极化的影响，它们在晶格中振幅变化不同，到一定温度时有效质量较低的 Ag^+ 先行脱落，在 I^- 骨架（亚晶格）中可以无序地移动，若在电场作用下 Ag^+ 可以大规模迁移而造成单离子导电。目前已发现数百种固体电解质（又称为固体离子导体），室温传导离子有 H^+、Li^+、Cu^{2+} 等，高温传导离子有 Cl^-、F^-、O^{2-} 等，这些传导离子比骨架离子的体积小、质量轻。固体电解质这类特殊材料在能源、电解、环保、冶金等方面有着广泛应用。

7.2.2 离子晶体中最简单的结构类型

离子晶体中阳、阴离子在空间的排列情况是多种多样的。这里主要介绍 AB 型（只含有一种阳离子和一种阴离子，且两者电荷数相同）离子晶体中三种典型的结构类型：NaCl 型、CsCl 型和立方 ZnS 型。

1. NaCl 型

实验视频

NaCl 型是 AB 型离子晶体中最常见的结构类型。如图 7.7(a) 所示，它的晶胞形状是正立方体，阳、阴离子的配位数均为 6。许多晶体如 KI、LiF、NaBr、MgO、CaS 等均属 NaCl 型。

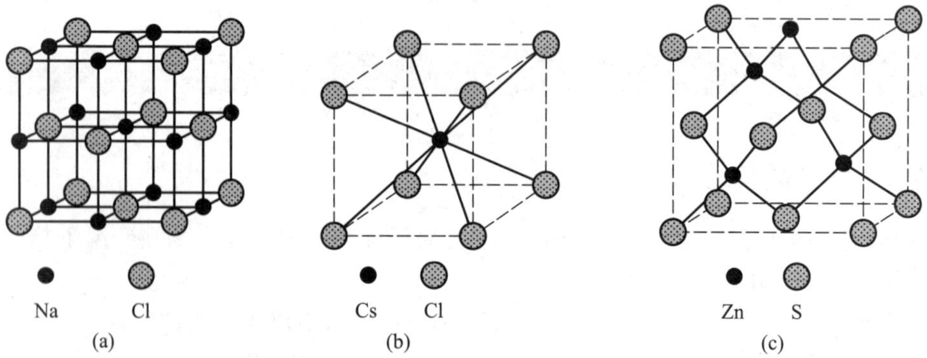

图 7.7 NaCl 型、CsCl 型和立方 ZnS 型晶体结构

实验视频

2. CsCl 型

如图 7.7(b) 所示，CsCl 型晶体的晶胞也是正立方体，其中每个阳离子周围有 8 个

阴离子，每个阴离子周围同样也有 8 个阳离子，阴、阳离子的配位数均为 8。许多晶体如 TlCl、CsBr、CsI 等均属 CsCl 型。

3. 立方 ZnS 型❶

如图 7.7(c) 所示，立方 ZnS 型晶体的晶胞也是正立方体，但粒子排列较复杂，阴、阳离子配位数均为 4。BeO、ZnSe 等晶体均属立方 ZnS 型。

离子晶体的构型与外界条件有关。当外界条件变化时，晶体构型也可能改变。例如，最简单的 CsCl 晶体，在常温下是 CsCl 型的，但在高温下可以转变为 NaCl 型。这种化学组成相同而晶体构型不同的现象称为同质多晶现象。

实验视频

实验视频

7.2.3 离子晶体的稳定性

1. 离子晶体的晶格能

粗略而言，标准态下，拆开单位物质的量的离子晶体使其变为气态组分离子所需吸收的能量，称为离子晶体的**晶格能**（U）。例如，298.15 K、标准态下拆开单位物质的量的 NaCl 晶体所需吸收的能量为 786 kJ·mol^{-1}。

$$\mathrm{NaCl(Cr)} \xrightarrow[\text{标准态下}]{298.15\ \mathrm{K}} \mathrm{Na^+(g)+Cl^-(g)}; \quad U=786\ \mathrm{kJ\cdot mol^{-1}}$$

疑难解析

由于实验技术上的困难，至今大多数离子晶体物质的晶格能是用热化学循环法间接计算出来的。以 NaCl 晶体为例，设计以下循环过程：

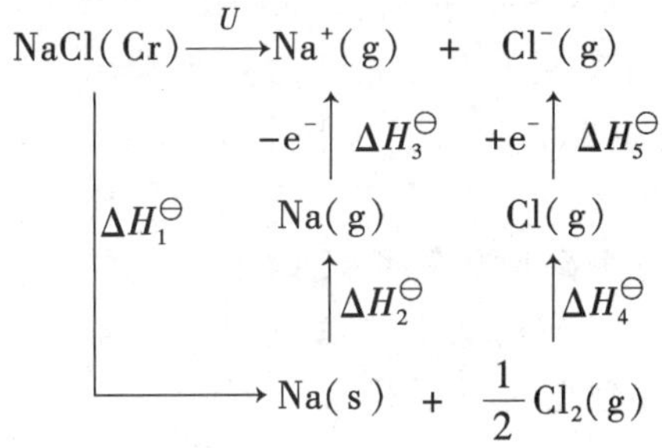

疑难解析

根据赫斯定律：

$$\begin{aligned} U &= \Delta H_1^{\ominus}+\Delta H_2^{\ominus}+\Delta H_3^{\ominus}+\Delta H_4^{\ominus}+\Delta H_5^{\ominus} \\ &= -\Delta_f H_m^{\ominus}+\Delta H_{\text{升华}}^{\ominus}+I_1+\frac{1}{2}D(\mathrm{Cl—Cl})+E_{A_1} \\ &= [-(-411)+106+495.8+121.3-348.7]\ \mathrm{kJ\cdot mol^{-1}} \\ &= 785.4\ \mathrm{kJ\cdot mol^{-1}} \end{aligned}$$

关于晶格能的定义，目前并不统一。有些教材把标准态下由气态阳离子和气态阴离子结合成单位物质的量的离子晶体所放出的能量称为晶格能，这样定义的晶格能为负值。本书采用的定义所导致的晶格能为正的数值，与国际规定的“体系吸热”$Q>0$ 是一致的。

疑难解析

2. 离子晶体的稳定性

对晶体构型相同的离子化合物，离子电荷数越多，核间距越短，晶格能就越大。熔

❶ ZnS 本身是共价化合物，但因某些 AB 型离子晶体内离子分布与其相似，结晶化学习惯上把此类型的离子晶体称为 ZnS 型。

化或压碎离子晶体要消耗能量，晶格能大的离子晶体，必然是熔点较高，硬度较大。从表 7.1 可以看到一些离子晶体物质的物理性质与晶格能的对应关系。

因此，利用晶格能数据可以解释和预测离子晶体物质的某些物理性质。晶格能值的大小可作为衡量某种离子晶体稳定性的标志，晶格能越大，该离子晶体越稳定。

实验视频

表 7.1 物理性质与晶格能

NaCl 型晶体	NaI	NaBr	NaCl	NaF	BaO	SrO	CaO	MgO
离子电荷	1	1	1	1	2	2	2	2
核间距/pm	318	294	279	231	277	257	240	210
晶格能/($kJ\cdot mol^{-1}$)	704	747	785	923	3 054	3 223	3 401	3 791
熔点/℃	661	747	801	993	1 918	2 430	2 614	2 852
硬度(金刚石 = 10)	—	—	2.5	2~2.5	3.3	3.5	4.5	5.5

7.3 原子晶体和分子晶体

7.3.1 原子晶体

有一类晶体物质，晶格结点上排列的是原子，原子之间通过共价键结合。凡靠共价键结合而成的晶体统称为**原子晶体**。例如，金刚石就是一种典型的原子晶体。

在金刚石晶体中，每个碳原子都被相邻的 4 个碳原子包围（配位数为 4），处在 4 个碳原子的中心，以 sp^3 杂化形式与相邻的 4 个碳原子结合，成为正四面体的结构（如图 7.8 所示）。由于每个碳原子都形成四个等同的 C—C 键（σ 键），把晶体内所有的碳原子联结成一个整体，因此在金刚石内不存在独立的小分子。

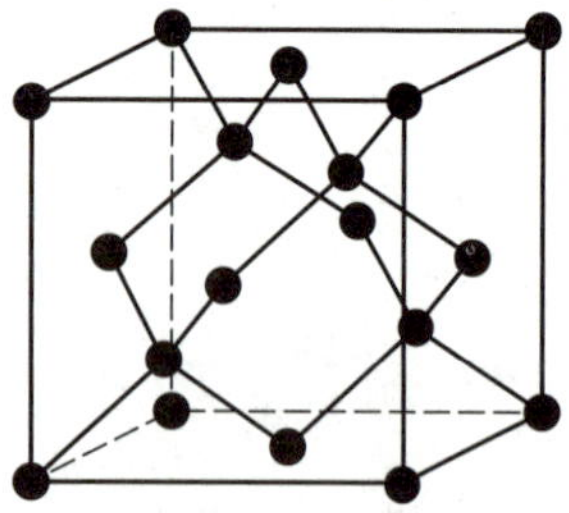

图 7.8 金刚石的晶体结构

不同的原子晶体，原子排列的方式可能有所不同，但原子之间都是以共价键相结合的。由于共价键的结合力强，因此原子晶体熔点高，硬度大。例如：

原子晶体物质	硬度	熔点
金刚石	10	>3 550 ℃
金刚砂(SiC)	9.5	2 700 ℃

原子晶体物质一般多为绝缘体，即使熔化也不能导电。

属于原子晶体的物质为数不多。除金刚石外，单质硅(Si)、单质硼(B)、碳化硅(SiC)、石英(SiO_2)、碳化硼(B_4C)、氮化硼(BN)和氮化铝(AlN)等，亦属原子晶体。

7.3.2 分子晶体

凡靠分子间力（有时还可能有氢键）结合而成的晶体统称为**分子晶体**。分子晶体中晶格结点上排列的是分子（也包括像稀有气体那样的单原子分子）。干冰（固体 CO_2）就是一种典型的分子晶体。如图 7.9 所示，在 CO_2 分子内原子之间以共价键结

合成 CO_2分子，然后以整个分子为单位，占据晶格结点的位置。不同的分子晶体，分子的排列方式可能有所不同，但分子之间都是以分子间力相结合的。由于分子间力比离子键、共价键要弱得多，所以分子晶体物质一般熔点低、硬度小、易挥发、不导电。例如，白磷的熔点为 44.1 ℃，天然硫黄的熔点为 112.8C；有些分子晶体物质，如干冰（固态 CO_2），在常温常压下即以气态 CO_2存在；有些分子晶体物质（如碘、萘等）甚至可以不经过熔化阶段而直接升华。

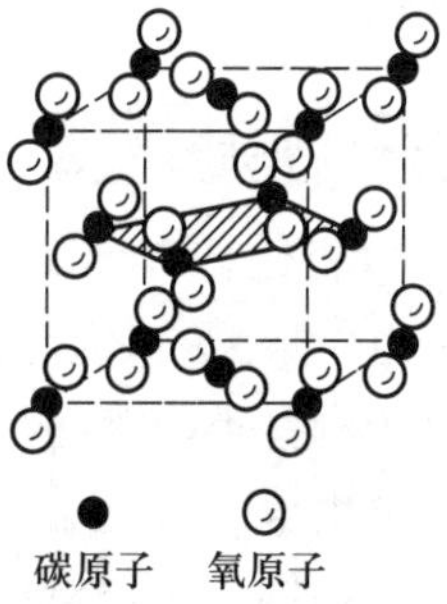

图 7.9 干冰的晶体结构

稀有气体、大多数非金属单质（如氢气、氮气、氧气、卤素单质、磷、硫黄等）和非金属之间的化合物（如 HCl、CO_2等），以及大部分有机化合物，在固态时都是分子晶体。

有一些分子晶体物质，分子之间除了存在着分子间力外，还同时存在着更为重要的氢键作用力。例如，冰、草酸、硼酸、间苯二酚等均属于氢键型分子晶体。

7.4 金属晶体

7.4.1 金属晶体的内部结构

金属晶体中，晶格结点上排列的粒子就是金属原子、金属阳离子。对于金属单质而言，晶体中原子在空间的排布情况，可以近似地看成是等径圆球的堆积。为了形成稳定的晶体结构，金属原子将采取尽可能紧密的方式堆积起来，所以金属一般密度较大，而且每个原子都被较多的相同原子包围着，配位数较大。

实验视频

根据研究，等径圆球的密堆积有三种基本构型：面心立方密堆积、六方密堆积和体心立方密堆积（图 7.10）。

实验视频

实验视频

实验视频

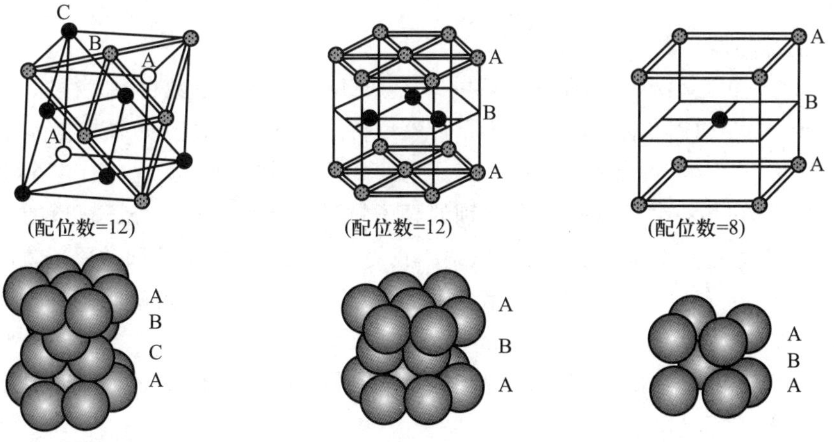

(a) 面心立方密堆积　(b) 六方密堆积　(c) 体心立方密堆积

图 7.10 金属晶体的密堆积构型

有些金属可以有几种不同的构型，例如，α-Fe 是体心立方密堆积，γ-Fe 是面心立方密堆积。

7.4.2　金属键

人物简介

20 世纪初 P. Drude 和 H. A. Lorentz 就金属及其合金中电子的运动状态，提出了自由电子模型，认为金属原子电负性、电离能较小，价电子容易脱离原子的束缚，这些价电子有些类似理想气体分子，在阳离子之间可以自由运动，形成了离域的自由电子气。自由电子气把金属阳离子“胶合”成金属晶体。金属晶体中金属原子间的结合力称为**金属键**。金属键没有方向性和饱和性。

自由电子气的存在使金属具有良好的导电性、导热性和延展性。但金属晶体结构毕竟是很复杂的，致使某些金属的熔点、硬度相差很大。例如：

金属	熔点	金属	硬度
汞	−38.87 ℃	钠	0.4
钨	3 410 ℃	铬	9.0

7.4.3　金属键的能带理论

应用分子轨道理论研究金属晶体中金属原子之间的结合力后，逐步发展形成了金属键的能带理论。能带理论的基本内容简述如下。

1. 金属晶体块的大分子概念

能带理论把任何一块金属晶体都可看作为一个大分子，然后应用分子轨道理论来描述金属晶体内电子的运动状态。

首先假定原子核都位于金属晶体内晶格结点上，构成一个联合核势场；然后电子也是按照分子模型的建造原理分布在这种核势场中的分子轨道内。其中价电子作为自由电子，不隶属于任何一个特定的原子，可以在金属晶体内金属原子间运动，是所谓离域电子。

2. 能带的概念

实验视频

原子的体积是很小的，即使很小的一块金属，所含有的原子数目也大得惊人。例如，每立方厘米的金属锂晶体，所含的 Li 原子数目将近 4.6×10^{22} 个。如果根据 n 个原子轨道可以组成 n 个分子轨道的原则，对 Li 原子的 2s 原子轨道来说，就会有 4.6×10^{22} 个 2s 原子轨道组成 4.6×10^{22} 个能量稍有差别的分子轨道。每两个相邻分子轨道的能量差极微小，因此这些能级实际上已经分不清楚。我们就把由 n 条能级相同的原子轨道组成能量几乎连续的 n 条分子轨道总称**能带**。由 2s 原子轨道组成的能带就叫做 2s 能带。

实验视频

3. 能带的种类

按照组合能带的原子轨道能级及电子在能带中分布的不同，有满带、导带和禁带等多种能带（图 7.11）。

满带：由于能带内所含分子轨道数与参加组合的原子轨道数是相同的，同时每一个分子轨道最多也只能容纳 2 个电子，所以参加组合的原子轨道如完全为电子所充满，则组合的分子轨道群（能带）也必然完全为电子所充满。充满电子的低能量能带叫做**满带**。例如，金属锂（$1s^2 2s^1$）的 $1s^2$ 能带就是满带。

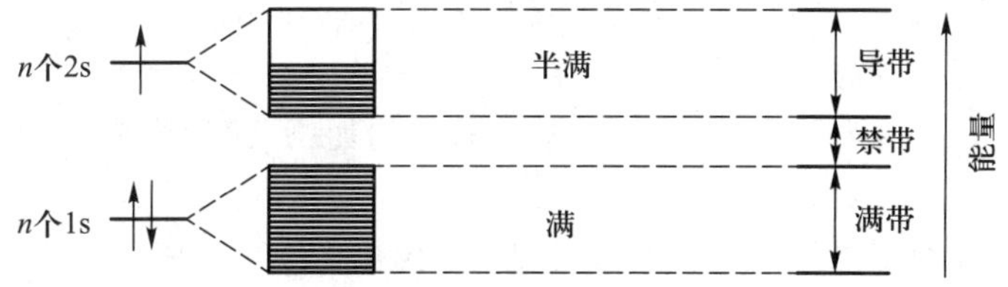

图 7.11 锂金属晶体内能带示意图

导带:参加组合的原子轨道如未充满电子,则形成的能带也是未充满的,还有空的分子轨道存在。在这种能带上的电子,只要吸收微小的能量就能跃迁到带内能量稍高的空轨道上运动,从而使金属具有导电、导热作用。未充满电子的高能量能带叫做**导带**。例如,金属锂的2s能带就是导带。

禁带:正如原子中各个能级间有能量差别一样。金属晶体中各个能带之间也有能量差别,这使相邻能带之间一般都有间隙,此间隙叫带隙。在相邻原子轨道间隙之中,电子是不能停留的;同样在金属晶体能带的带隙中,电子也不能停留。带隙是电子的禁区,所以又叫禁带。如果禁带不太宽,电子获得能量后,可以从满带越过禁带而跃迁到导带上去;如果禁带很宽,这种跃迁就很困难,甚至不可能实现。

能带存在的真实性已经被 X 射线发射光谱所证实。

4. 能带的重叠

金属的紧密堆积结构使金属原子核间距一般都很小,使形成的能带之间的带隙一般也都很小。尤其是当金属原子相邻亚层原子轨道之间能级相近时,形成的能带会出现重叠现象。

能带理论可以用来阐明金属的一些物理性质。在外加电场作用下,金属导体内导带中的电子在能带中做定向运动,形成电流,所以金属能够导电,如图7.12(a)所示。光照时导带中的电子可以吸收光能跃迁到能量较高的能带上,当电子跃回时把吸收的能量又发射出来,使金属具有金属光泽。局部加热时,电子运动和核的振动可以传热,使金属具有导热性。受机械力作用时,原子在导带中自由电子的润滑下可以相互滑动,而能带并不因此被破坏,所以金属具有良好的延展性。

实验视频

能带理论不仅应用于金属晶体,也能用来阐述其他晶体的导电性能。

非金属绝缘体由于电子都在满带上,而且禁带较宽,如图 7.12(b)所示,即使有外电场的作用,满带的电子也难以越过禁带而跃迁到导带上去,因而绝缘体不能导电。还有一类物质(如锗、硅、硒等),在常温下导带上只有少量激发电子,因此导电性能不好。它们的导电能力介于导体与绝缘体之间,因而叫做**半导体**。半导体在温度升高时,由于禁带较窄,如图 7.12(c)所示,满带中的电子容易被激发,能够越过禁带跃迁到导带上去,从而起到增强导电能力

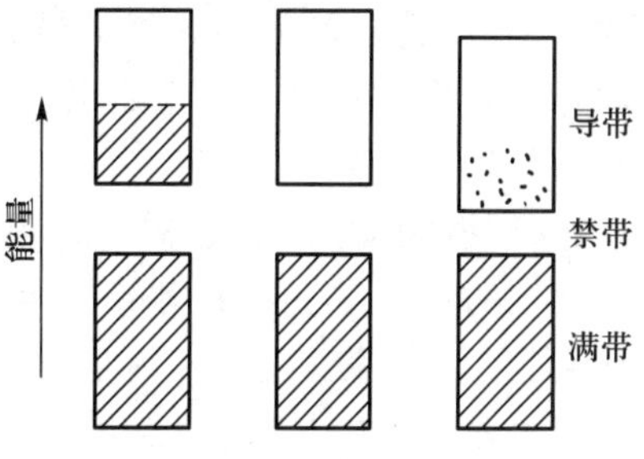

图 7.12 导体、绝缘体和半导体的能带

实验视频

疑难解析

的作用(这种作用远远超过热运动加剧使电阻增大的作用)。而一般金属导体则不是这样,由于禁带宽,升高温度时不仅不能使满带中的电子跃入导带,以增加导带中的电子数目,相反,由于金属原子和金属阳离子的振动加剧,使导带中自由电子的流动受阻,从而减弱了导电能力。

以上先后介绍了晶体的四种基本类型,现小结于表 7.2 中。

疑难解析

表 7.2 晶体的四种基本类型对比

晶体类型	晶格结点上粒子的种类	粒子间的作用力	晶体的一般性质	物质示例
离子晶体	阳、阴离子	静电引力	熔点较高、略硬而脆。除固体电解质外,固态时一般不导电(熔化或溶于水时能导电)	活泼金属的氧化物和盐类等
原子晶体	原子	共价键	熔点高、硬度大、不导电	金刚石、单质硅、单质硼、碳化硅(SiC)、石英(SiO_2)、氮化硼(BN)等
分子晶体	分子	分子间力、氢键	熔点低、易挥发、硬度小、不导电	稀有气体、多数非金属单质、非金属之间化合物、有机化合物等
金属晶体	金属原子 金属阳离子	金属键	导电性、导热性、延展性好,有金属光泽,熔点、硬度差别大	金属或合金

7.5 混合型晶体和晶体的缺陷

7.5.1 混合型晶体

实验视频

有一些晶体,晶体内可能同时存在着若干种不同的作用力,具有若干种晶体的结构和性质,这类晶体称为**混合型晶体**。石墨晶体就是一种典型的混合型晶体。

石墨晶体具有层状结构。如图 7.13 所示,处在平面层的每个碳原子采用 sp^2 杂化轨道与相邻的 3 个碳原子以 σ 键相连接,键角为 120°,形成由无数个正六角形连接起来的、相互平行的平面网状结构层。每个碳原子还剩下一个 p 电子,其轨道与杂化轨道平面垂直,这些 p 电子都参与形成同层碳原子之间的 π 键。这种由多个原子共同形成的 π 键

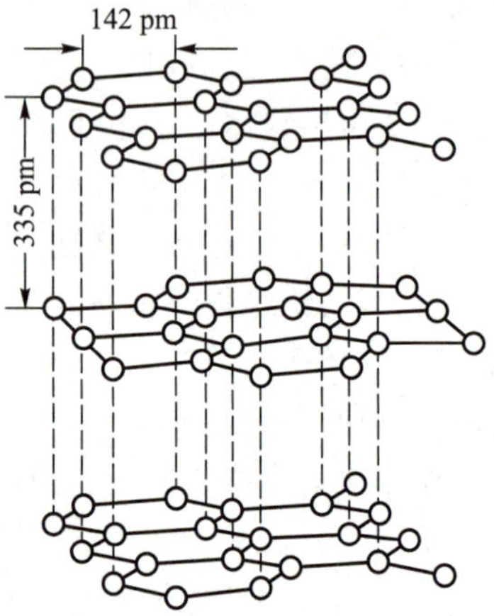

图 7.13 石墨层状结构

叫做大 π 键。大 π 键中的电子沿层面方向的活动能力很强，与金属中的自由电子有某些类似之处（石墨可作电极材料），故石墨沿层面方向电导率大。石墨层内相邻碳原子之间的距离为 142 pm，以共价键结合。相邻两层间的距离为 335 pm，相对较远，因此层与层之间引力较弱，与分子间力相仿。正由于层间结合力弱，当石墨晶体受到与石墨层相平行的力的作用时，各层较易滑动，裂成鳞状薄片，故石墨可用作铅笔芯和润滑剂。总之，石墨晶体内既有共价键，又有类似金属键那样的非定域键（成键电子并不定域于两个原子之间）和分子间力共同起作用，可称为混合键型的晶体。

除石墨外，滑石、云母、黑磷等也都属于层状过渡型晶体。另外，纤维状石棉属链状过渡型晶体，链中 Si 和 O 间以共价键结合，硅氧链与阳离子以离子键结合，结合力不及链内共价键强，故其容易被撕成纤维。

7.5.2 实际晶体的缺陷及其影响

晶体内每一个粒子的排列完全符合某种规律的晶体可谓理想晶体。但是，这种完美无缺的晶体实际上是难以形成的。由于晶体生成条件（如物质的纯度、溶液的浓度和结晶温度等）难以控制到理想的程度，实际制得的真实晶体，无论外形上、内部结构上都会有这样或那样的缺陷。

疑难解析

从晶体外形看，由于结晶时通常总是数目众多的微晶体聚集在一起同时生长，而各微晶体的晶面取向又不可能完全相同，这就使得长成的晶体外形发生不规则的变化。晶体在生长过程中，若某个晶面上吸附了结晶母液中的杂质，该晶面成长受到阻碍，也会使最后长成的晶体外形发生变化。

从几何学的角度划分，晶体缺陷可分为点、线、面、体四类缺陷，其中点缺陷最为直观和普遍。

晶体内部结构上的点缺陷类型大致分为空穴缺陷、置换缺陷和间充缺陷。

1. 空穴缺陷

晶体内某些晶格结点位置上缺少粒子，使晶体内出现空穴[图 7.14(a)]。

(1) 晶体中某金属元素（如过渡金属元素）若有多种氧化态，当低氧化态阳离子被高氧化态阳离子取代，晶格结点上将会造成阳离子空穴缺陷。例如，硫化亚铁晶体中，若部分 Fe^{2+} 被 Fe^{3+} 代替，根据电中性原则，每 2 个 Fe^{3+} 即可代替 3 个 Fe^{2+}，并造成一个阳离子空穴。这样 Fe 与 S 原子数之比不再是 1∶1，其组成可以表示为

$$Fe^{2+}_{(1-x)} \cdot S \cdot Fe^{3+}_{2x/3}$$

或者

$$Fe^{2+}_{(1-3x/2)} \cdot S \cdot Fe^{3+}_{x}$$

(2) 晶体中若掺入某种相同原子，晶格结点上会瞬时出现阴离子空穴，但立刻被从原子电离出来的电子所占据。例如：

$$NaCl(Cr) + xNa(g) \xrightarrow{\triangle} Na_{(1+x)}Cl(s) + xe^-$$

$$ZnO(Cr) + xZn(g) \xrightarrow{\triangle} Zn_{(1+x)}O(s) + 2xe^-$$

2. 置换缺陷

晶体内组成晶体的某些粒子被少量其他粒子取代而造成的晶体缺陷[图 7.14(b)]。

若晶体中掺入杂质,会造成置换缺陷。例如,NiO 中渗入少量 Li_2O 杂质,每渗入 1 个 Li^+,必须有 1 个 Ni^{2+}转变为 1 个 Ni^{3+},并且再要少 1 个 Ni^{2+},才能符合电中性原则,这样其组成可表示为

$$Li_x^+ \cdot Ni^{2+}_{(1-2x)} \cdot Ni_x^{3+}$$

又如,AgCl 晶体中渗入 Cd^{2+},会造成置换缺陷和空穴缺陷:

$$AgCl(Cr) + xCd^{2+} \longrightarrow Cd_x^{2+} \cdot Ag^+_{(1-2x)} \cdot Cl + x(Ag^+\text{空穴})$$

3. 间充(或填隙)缺陷

晶体内组成晶体粒子堆积的空隙位置被外来粒子所填充[图 7.14(c)]。

例如,由于氢原子、氢分子很小,可以渗入镧镍合金如 $LaNi_5$晶体内晶格的空隙形成 $LaNi_5H_x$。

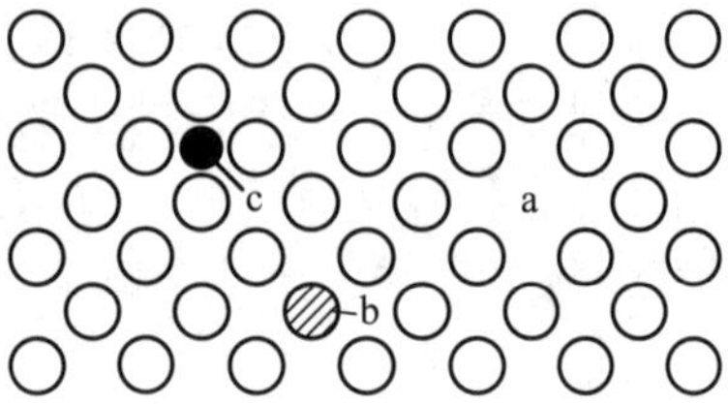

(a) 空穴 (b) 置换 (c) 间充

图 7.14 晶体点缺陷示意图

晶体中的缺陷对晶体的物理、化学性质产生影响,如影响晶体的光、电、磁、声、力、热学等方面的物理性质和化学活性。晶体缺陷对晶体性质的影响有负面的,但更多的是正面的。例如,缺陷可能会造成晶体机械强度降低,对有些实用材料是需要克服的;但也有可能使实用材料性质有所改善,甚至获得某种特异性质。某些晶体缺陷在材料科学、多相反应动力学的领域中具有重要的理论意义和应用价值。例如,纯铁中加入少量碳或某些金属可制得各种性能优良的合金钢;纯锗中加入微量镓或砷,可以强化锗的半导体性能;晶体表面的缺陷位置往往正是多相催化反应催化剂的活性中心。

7.5.3 非化学计量化合物

非化学计量化合物是指其组成可在一个较小范围内变动,而又保持基本结构不变的固态化合物,这类化合物偏离了原子互为整数比的关系,因此又称非整比化合物或贝多莱体。现代结晶化学研究发现,化合物组成偏离整数比是很普遍的现象。尤其是过渡元素的二元化合物,如氧化物、氢化物、硫化物等,其组成易发生非整比性。

氧化物	氢化物	硫化物
$TiO_{(0.7\sim1.25)}$	$TiH_{(1\sim2)}$	$ZrS_{(0.9\sim1.0)}$
$VO_{(0.9\sim1.20)}$	$ZrH_{(1.5\sim1.6)}$	$YS_{(0.9\sim1.0)}$
$NbO_{(0.9\sim1.04)}$	$HfH_{(1.7\sim1.8)}$	
$Fe_{(0.89\sim0.96)}O$	$NbH_{(0.64\sim1.0)}$	

除了人为"掺杂"外,晶体自身的缺陷也是非化学计量化合物的成因。组成基本相同的非化学计量化合物与化学计量化合物,在基本化学性质方面差别不大,但在化学活性及光学性质、导电性、磁性方面有明显差别,正是这些差别,使人们对非化学计量化合物的研究和应用产生了巨大的兴趣并已取得可喜的成果。例如,1987 年合成得到高温超导 $YBa_2Cu_3O_{7-x}$就是一种非化学计量化合物。

7.5.4 实际晶体的键型变异

实际晶体中,晶体各结点粒子间的结合力只有少数属于纯粹离子键、共价键、金属键或分子间力中的一种。多数晶体物质实际上是混合键型或过渡键型(又称杂化键

型)。键型过渡现象又称为**键型变异**。

实际晶体中,不仅存在着离子键与共价键之间的过渡键型,而且存在着各种结合力之间的过渡键型,有的甚至很难确定究竟形成什么键,这说明物质结构的复杂性。图 7.15 所示为按周期规律排列的若干化合物的键型示意图,图中除三角形 3 个顶点上所标明的化合物的键型分别为离子键、共价键及金属键外,其余的化合物的键型实际上均属过渡键型。

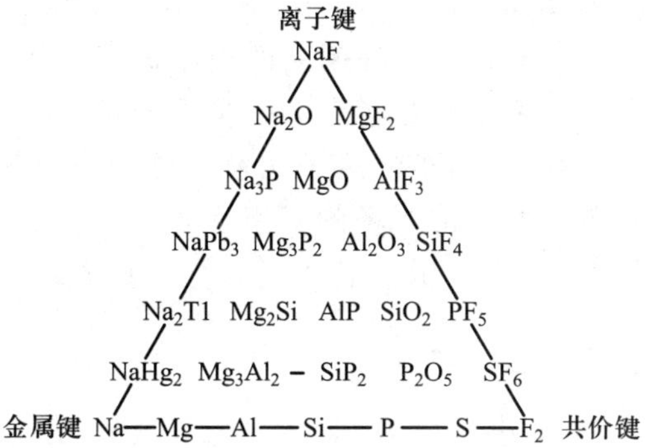

图 7.15　若干化合物的键型

北京大学唐有祺教授在 1963 年提出了键型变异原理,认为键型变异和离子极化、电子离域及轨道重叠成键等因素有关。

7.6　离子极化对物质性质的影响

研究离子晶体发现,有些离子电荷相同、离子半径极为相近的物质,性质上却差别很大。例如,NaCl 和 CuCl 晶体的阳、阴离子电荷都相同,Na^+的半径(95 pm)与 Cu^+的半径(96 pm)又极为相近,但这两种晶体在性质上却有很大的差别。如 NaCl 在水中溶解度很大,而 CuCl 却很小,这种现象表明除离子电荷、离子半径以外,还有别的因素也会影响离子晶体的性质,如离子的电子构型。

7.6.1　离子的电子构型

所有简单阴离子(如 F^-、Cl^-、S^{2-}等)的最外电子层,都有 8 个电子(ns^2np^6),即具有 8 电子构型。然而,对阳离子来说,情况就比较复杂。除有 8 电子构型的阳离子外,还有其他构型的阳离子存在(见表 7.3)。

表 7.3　离子的电子构型

离子最外电子层电子分布通式	离子的电子构型	阳离子实例
$1s^2$	2(稀有气体型)	Li^+　Be^{2+}
ns^2np^6	8(稀有气体型)	Na^+　Mg^{2+}　Al^{3+}　Sc^{3+}　Ti^{4+}
$ns^2np^6nd^{1\sim9}$	9~17	Cr^{3+}　Mn^{2+}　Fe^{2+}　Fe^{3+}　Cu^{2+}
$ns^2np^6nd^{10}$	18	Ag^+　Zn^{2+}　Cd^{2+}　Hg^{2+}
$(n-1)s^2(n-1)p^6(n-1)d^{10}ns^2$	18+2	Sn^{2+}　Pb^{2+}　Sb^{3+}　Bi^{3+}

2 电子和 8 电子构型的离子，由于都具有稀有气体原子的电子层结构，自然可以稳定存在。但是，实际上，其他几种非稀有气体构型的离子，也有一定程度的稳定性。

离子的电子构型如何影响离子晶体的性质，需要从离子极化的角度来说明。

7.6.2 离子极化的概念

1. 离子极化

分子极化的概念推广到离子体系，可以引出离子极化的概念。

实验视频

离子和分子一样，也有变形性。对孤立的简单离子来说，离子的电荷分布基本上是球形对称的，离子本身正、负电荷中心是重合的，不存在偶极（如图 7.16 所示）。但当离子置于电场中，离子的原子核就会受到正电场的排斥和负电场的吸引，而离子中的电子则会受到正电场的吸引和负电场的排斥，离子就会发生变形而产生诱导偶极（如图 7.17 所示），这种过程称为**离子的极化**。

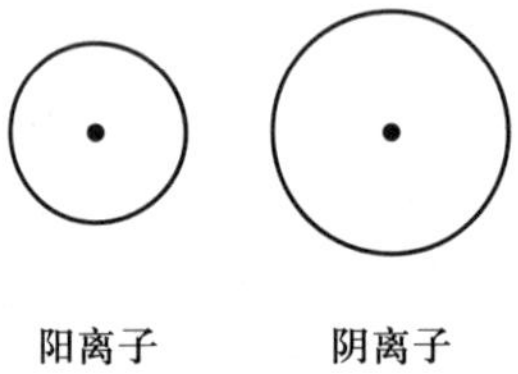

图 7.16 未极化的简单离子示意图

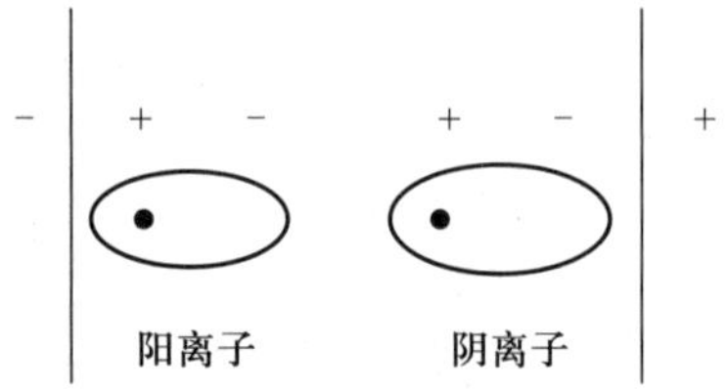

图 7.17 离子在电场中的极化

在离子晶体中，每个离子作为带电的粒子，本身就会在其周围产生相应的电场，所以离子极化现象普遍存在于离子晶体之中。阳离子的电场使阴离子发生极化（即阳离子吸引阴离子的电子云而引起阴离子变形），阴离子的电场则使阳离子发生极化（即阴离子排斥阳离子的电子云而引起阳离子变形），如图 7.18 所示。显然，离子极化的强弱决定于两个因素：一是离子的极化力，二是离子的变形性。

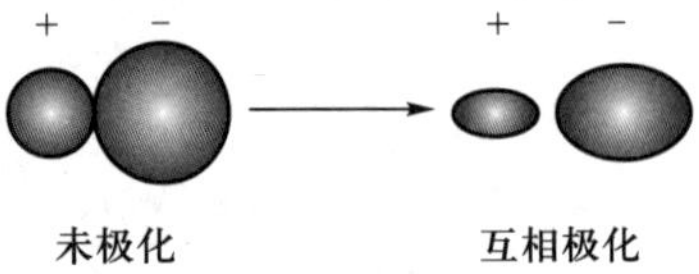

图 7.18 离子相互极化

2. 离子的极化力

离子极化力与离子的电荷、离子的半径及离子的电子构型等因素有关。离子的电荷越多、半径越小，产生的电场强度越强，离子的极化力越强。当离子电荷相同，半径相近时，离子的电子构型对离子极化力就起决定性的影响。18 电子（如 Cu^{+}、Ag^{+}、Hg^{2+}等）、(18+2) 电子（如 Sn^{2+}、Pb^{2+}、Bi^{3+}等）及 2 电子构型的离子（如 Li^{+}、Be^{2+}）具有强的极化力；(9~17) 电子构型（即过渡型）的离子（如 Fe^{2+}、Cu^{2+}、Mn^{2+}等）次之；8 电子构型（即稀有气体构型）的离子（如 Na^{+}、K^{+}、Ca^{2+}、Ba^{2+}等）极化力最弱。

3. 离子的变形性

离子变形性主要取决于离子半径的大小。离子半径大，外层电子与核距离远，联系不牢固，在外电场作用下，外层电子与核容易产生相对位移，所以一般来说变形性也大。

电子构型相同的离子，阳离子的电子数少于核电荷数，外层电子与核的联系较牢固;而阴离子的电子数多于核电荷数,外层电子与核的联系较差,所以阴离子一般比阳离子容易变形。

当离子电荷相同、离子半径相近时,离子的电子构型对离子的变形性就产生决定性影响。非稀有气体构型的离子(即外层具有 9~17、18 和 18+2 个电子的离子),其变形性比稀有气体构型(即 8 电子构型)的大得多。

离子变形性大小可用离子极化率来量度。离子极化率(α)定义为离子在单位电场中被极化所产生的诱导偶极矩(μ)。

$$\alpha=\frac{\mu}{E}$$

显然,E 一定时,μ 越大,α 也越大,亦即离子变形性越大。表 7.4 为由实验测得的一些常见离子的极化率。

表 7.4 离子的极化率

离子	$\frac{\alpha}{10^{-40}\ C\cdot m^2\cdot V^{-1}}$	离子	$\frac{\alpha}{10^{-40}\ C\cdot m^2\cdot V^{-1}}$	离子	$\frac{\alpha}{10^{-40}\ C\cdot m^2\cdot V^{-1}}$
Li^+	0.034	Ca^{2+}	0.52	OH^-	1.95
Na^+	0.199	Sr^{2+}	0.96	F^-	1.16
K^+	0.923	B^{3+}	0.003 3	Cl^-	4.07
Rb^+	1.56	Al^{3+}	0.058	Br^-	5.31
Cs^+	2.69	Hg^{2+}	1.39	I^-	7.9
Be^{2+}	0.009	Ag^+	1.91	O^{2-}	4.32
Mg^{2+}	0.105	Zn^{2+}	0.317	S^{2-}	11.3

由表 7.4 可见,最容易变形的是体积大的阴离子和 18 及(18+2)电子构型、少电荷的阳离子;最不容易变形的是半径小、电荷数多的稀有气体构型的阳离子。

4. 离子极化的规律

一般来说,阳离子由于带正电荷,外电子层上少了电子,所以极化力较强,变形性一般不大;而阴离子半径一般较大,外层上又多了电子,所以容易变形,极化力较弱。因此,当阳、阴离子相互作用时,多数情况下,阴离子对阳离子的极化作用可以忽略,而仅考虑阳离子对阴离子的极化作用,即阳离子使阴离子发生变形,产生诱导偶极。一般规律如下:

(1) 阴离子半径相同时,阳离子的电荷越多,阴离子越容易被极化,产生的诱导偶极越大[图 7.19(a)];

(2) 阳离子的电荷相同时,阳离子越大,阴离子被极化程度越小,产生的诱导偶极越小[图 7.19(b)];

(3) 阳离子的电荷相同、大小相近时,阴离子越大,越容易被极化,产生的诱导偶极越大[图 7.19(c)]。

5. 离子的附加极化作用

当阳离子与阴离子一样,也容易变形时,除要考虑阳离子对阴离子的极化作用外,还必须考虑阴离子对阳离子的极化作用。

如图 7.20 所示,阴离子被极化所产生的诱导偶极会反过去诱导变形性大的非稀有气体型阳离子,使阳离子也发生变形,阳离子所产生的诱导偶极会加强阳离子对阴离子的极化能力,使阴离子诱导偶极增大,这种效应叫做附加极化作用。

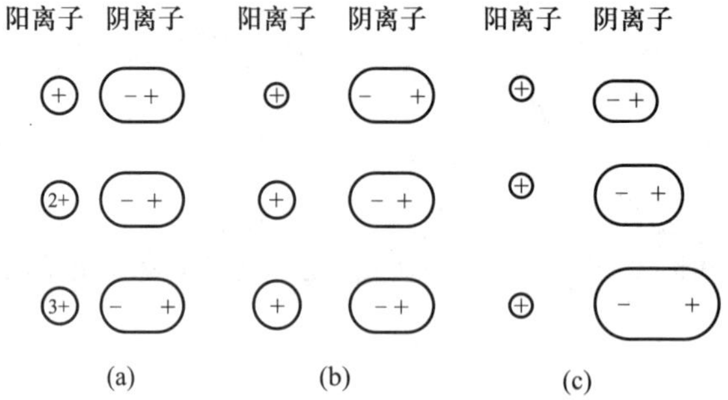

图 7.19 阴离子极化规律示意图

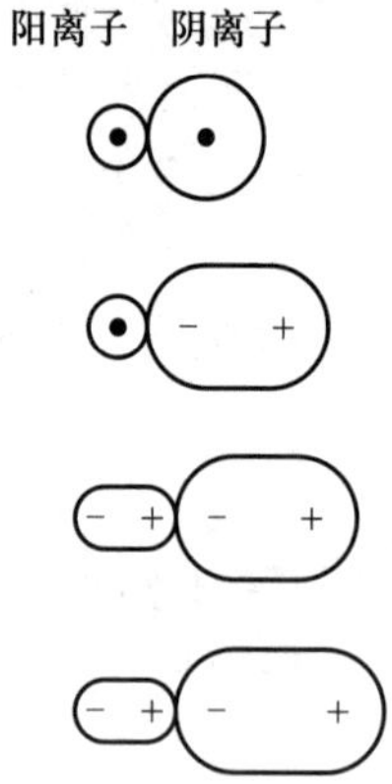

图 7.20 离子附加极化作用示意图

在离子晶体中,每个离子的总极化能力等于该离子固有的极化力和附加极化力之和。

7.6.3 离子极化对物质结构和性质的影响

1. 离子极化对键型的影响

阳、阴离子结合时,如果相互间完全没有极化作用,则形成的化学键纯属离子键。但实际上,离子极化作用不同程度地存在于阳、阴离子之间。

当极化力强、变形性又大的阳离子与变形性大的阴离子相互接触时,由于阳、阴离子相互极化作用显著,阴离子的电子云便会向阳离子方面偏移,同时阳离子的电子云也会发生相应变形。这样导致阳、阴离子外层轨道不同程度地发生重叠现象,阳、阴离子的核间距缩短(即键长缩短),键的极性减弱,从而使键型有可能发生从离子键向共价键过渡的变化(如图 7.21 所示)。

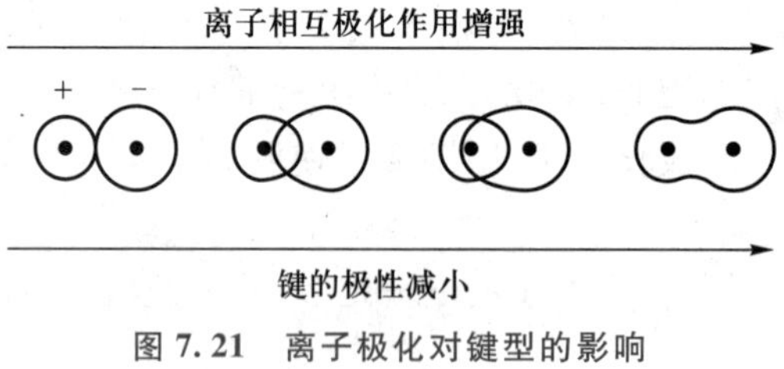

图 7.21 离子极化对键型的影响

下面以卤化银为例说明之,表 7.5 列出了卤化银的键型。

表 7.5 卤化银的键型

卤化银	AgF	AgCl	AgBr	AgI
卤素离子半径/pm	136	181	195	216
阳、阴离子半径之和/pm	262	307	321	342
实测键长/pm	246	277	288	299
键型	离子键	过渡键型	过渡键型	共价键

Ag^+是 18 电子构型的离子，极化力强，变形性较大。对 AgF 来说，由于 F^- 的离子半径较小，变形性不大，Ag^+与 F^-之间相互极化作用不明显，因此，所形成的化学键属离子键。但是 X^-随着 Cl^-、Br^-、I^-离子半径依次递增，Ag^+与 X^-之间相互极化作用不断增强，所形成化学键的极性不断减弱，对 AgI 来说，已经是以共价键结合了。

从图 7.21 可以看出，由离子键逐步过渡到共价键，中间经过一系列同时含有部分离子性和部分共价性的过渡键型的阶段。在无机化合物中，实际上有不少化学键就是属于过渡键型。

2. 离子极化对晶体构型的影响

物质总是在不停地运动，晶体中的离子也不例外，总是在其平衡位置附近不断振动着[如图 7.22(a)所示]。当离子离开其正常位置而稍偏向某异电荷离子时[如图 7.22(b)所示]，该离子将产生诱导偶极。在阳离子极化力不大，阴离子变形性也不大的情况下，极化作用不显著，这样，由于诱导偶极的出现，该离子与它最邻近的异电荷离子之间所产生的附加引力，不足以破坏离子固有的振动规律，因此，在热运动作用下，该离子将能回到原来的正常位置，离子晶体的晶体构型维持不变。

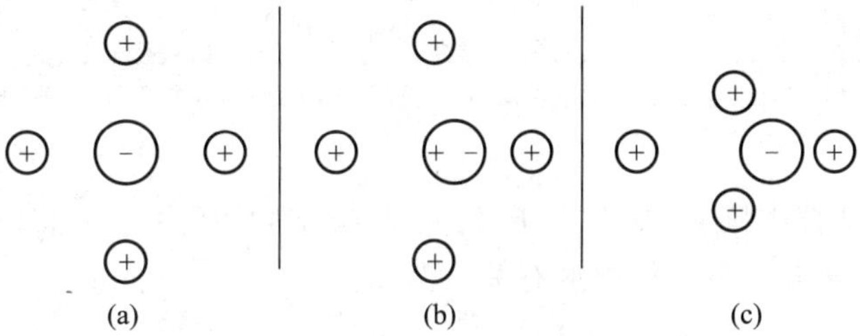

图 7.22 离子极化对晶体构型的影响

但是，如果阳离子极化作用很强、阴离子变形性大时，足够大的诱导偶极所产生的附加引力，就会破坏离子固有的振动规律，缩短了离子间的距离，使晶体向配位数减小的晶体构型转变，如图 7.22(c)所示。

下面还是以卤化银为例说明之。

由于 AgI 晶体内离子间的极化作用比 AgCl、AgBr 要强得多，核间距离大为缩短了(从表 7.5 数据可知)，这样使晶体从 NaCl 型突变为 ZnS 型。

既然离子极化对物质的结构能产生较显著的影响，那么，对物质的性质自然也会产生影响，CuCl 在水中的溶解度比 NaCl 小得多，原因正是 Cu^+是 18 电子构型而 Na^+是 8 电子构型，Cu^+比 Na^+极化力要强得多，CuCl 是共价键结合，而 NaCl 则是离子键结合。

*7.7 固体的物性

7.7.1 解理性

晶体在外力作用(如敲打、挤压)下沿特定的结晶方向裂开成较光滑面的性质称为解理性。解理主要决定于晶体结构，若晶体内结合力不止一种，解理时断裂的是最弱的化学键或结合力。例如,白云母 $KAl_2(AlSi_3O_{10})\cdot(OH)_2$解理成薄片,断裂的是层间的 K—O 键;石膏 $CaSO_4\cdot 2H_2O$ 解理时断裂的是层间的弱氢键。沿解理面可劈开金刚石,这是古代工匠的秘诀。

7.7.2 硬度

固体抵抗外来机械力(如刻划、压入、研磨)的程度称为**硬度**。1822 年德国矿物学家 F. Mohs 把 10 种物质按彼此间抵抗刻划能力的大小顺序排列,将硬度分为 10 个等级(见表 7.6)。

表 7.6 莫氏硬度表

矿 物	硬度	矿 物	硬度
滑石 $Mg_3(OH)_2[Si_2O_5]_2$	1	正长石 $KAl[Si_3O_8]$	6
石膏 $CaSO_4\cdot 2H_2O$	2	石英 SiO_2	7
方解石 $CaCO_3$	3	托帕石(黄玉)$Al_2(F 或 OH)_2SiO_4$	8
萤石 CaF_2	4	刚玉 Al_2O_3	9
磷灰石 $Ca_5F(PO_4)_3$	5	金刚石 C	10

注:10 种标准矿物等级之间只表示硬度相对大小,各等级之间的差别并非均等。表中排在后面的矿物能刻划其前面的矿物。

硬度大小由固体中粒子(原子、分子、离子)间结合强度所决定,并有以下经验规律:

(1) 物质硬度大小与晶体类型有关。例如:

物质	干冰	冰	石膏	金刚石
晶体类型	分子晶体	氢键型分子晶体	离子晶体	原子晶体
硬度变化	小 ⟶			大

(2) 晶体类型相同的物质,离子电荷越多,核间距越短,该物质的硬度越大(如表 7.1 所示)。

(3) 物质硬度大小与密度有关。例如:

物质	沸石	正长石	石英
密度/$(g\cdot cm^{-3})$	2.2	2.56	2.65
硬度	5	6	7

(4) 各向异性的物质(如石墨等),往往是熔点较高而硬度较小。其原因在于熔点主要取决于最强的键,而硬度却取决于最弱的键。

(5) 物质的硬度随温度的升高而变小。

7.7.3 非线性光学效应

在传统的线性光学范围内,一束或多束频率不同的光通过晶体后,光的频率不会改变,这种效应称为**线性光学效应**。反之,光通过晶体后除含有原频率(ν)的光外,还产生由部分能量转换成的倍频($n\nu$)的光或不同频率的两种光($\nu=\nu_1+\nu_2$),这种效应称为非线性光学效应。能产生非线性光学效应的晶体称为**非线性光学晶体**。例如,铌酸钡钠($Ba_2NaNb_5O_{15}$)等可用来制造倍频激光器、红外探测器、激光调制器。

7.7.4 超导性

1911 年荷兰物理学家 H. K. Onnes 发现,当温度降至 4.2 K 时,水银(Hg)的直流电阻消失。这种现象被称为超导性,具有超导性的物质称为超导体。物质所处的零电阻状态叫超导态,电阻突然消失的温度称为临界温度(T_c)。

在 1986 年以前人们发现的超导体的 T_c 都较低,需要使用价格较贵的液氦(沸点为 4.25 K)作为制冷剂,因而研究工作进展缓慢。1987 年,由于高 T_c 的氧化物超导性的研究取得突破性进展,在全世界范围内出现了超导热。例如,1987 年中国科学院赵忠贤等和美国休斯敦大学朱经武等分别独立地发现了 T_c 达95 K的 Y-Ba-Cu-O 超导氧化物后,超导研究只要采用液氮(沸点为77.36 K)作制冷剂即可,因而研究工作进展很快,超导研究从"液氦时代"走进"液氮时代"。近年来陆续发现了 T_c 达到 105 K 的 $Bi_2Sr_2Ca_2Cu_3O_{10}$ 和 $TlBa_2Ca_3Cu_4O_{11}$ 超导体,110 K 的 $Tl_2Ba_2CaCu_2O_8$ 及 125 K 的 $Tl_2Ba_2Ca_2Cu_3O_{10}$ 超导体,还有报道发现 T_c 达 160 K 的超导体。至今为止,已发现三十多种元素(主要是导电性较差的金属元素)和上千种合金、化合物具有超导性,而 Ag、Au、Pt 等良导体(Cu 例外),具有铁磁性的 Fe、Co、Ni 及多数碱金属和碱土金属不具有超导性。

对于低 T_c 超导体的超导机理,一般认为是在低温下,超导态时晶格振动小,电子之间的排斥力也很小,易形成库珀(Cooper)电子对,而这些电子对比单电子受到的散射少,能通行无阻地定向移动的缘故。相反,良导体则不易形成库珀电子对。有关超导机理尤其是高 T_c 超导机理,目前尚不清楚。

超导体的应用前景非常诱人。基于超导材料的电阻趋于零,人们期望能制造超导电缆,以减少输电的能量损耗。超导电力输送一旦成功,将彻底改变目前电力工业的面貌。磁悬浮列车(图 7.23)是利用磁场同极相斥作用使列车悬浮离轨,又利用磁场异极相吸作用使列车前进的新型列车,具有高速(目前技术时速已达 550 km)、静音、平稳、节能、环保等优点。2002 年 12 月 31 日,中德合作建设的世界上第一条商业磁悬浮运营线在上海建成通车,30 km 的距离 8 min 到达,最高时速可达 430 km。

7.7.5 纳米物质的特异性

如前 1.1.2 所述,在宏观物体和微观粒子之间还存在一些介观层次的物质。其中以纳米粒子($1\ nm = 10^{-9}\ m$)最为重要。纳米粒子是超细微的,单位体积内粒子数多,表面积大,而且处于粒子界面上的原子达总原子数的 50%,这使纳米材料具有不寻常的表面效应、界面效应,具有与宏观材料决然不同的奇特的光、电、磁、热、力和化学性质。例如:

1. 催化能力增强

由于表面积大,活性中心多,催化能力增强。例如,纳米铂黑作为催化剂,能有效降低反应活化能,使乙烯氢化反应温度从 600 ℃降至室温。

2. 熔点降低

例如:

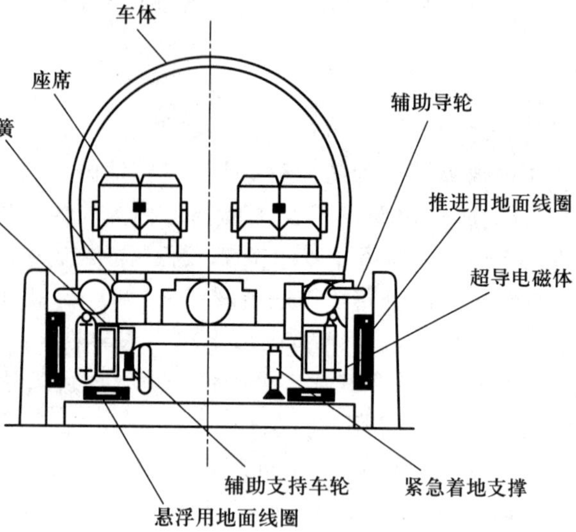

图 7.23　磁悬浮列车的结构

物质	常态熔点	纳米态熔点
金(Au)	1 064.18 ℃	330 ℃
银(Ag)	961.78 ℃	100 ℃

3. 吸光率提高,反射率降低

纳米颗粒越细,对光和电磁波吸收越多,反射率可降至10%左右。据此纳米金属材料可用作红外线吸收、检测材料和隐形飞机防雷达吸波材料。

4. 韧性增强

例如,纳米 TiO_2 陶瓷在室温下可以弯曲;纳米铁抗断裂应力比常态铁提高12倍等。

[拓宽视野]

固相反应

传统的无机化学课程,主要介绍无机物在水溶液中的性质和化学反应,这与水是最廉价、最易获得的溶剂不无关系。但是,事实上除水溶液化学外,从古代陶瓷、砖瓦、玻璃的制作到现代的金属、合金及光、热、电、磁性等材料却与固体化学密切相关。为此,有必要在此介绍一些固相反应的知识。

1. 固相反应的特点、分类及影响因素

固相反应是指那些有固态物质参加,而且至少有一种反应产物为固态物质的化学反应。固相反应大致可归纳成几类:(1) 一种固态物质的反应(如固体物质热分解、聚合);(2) 气-固相反应(如金属的锈蚀);(3) 液-固相反应;(4) 固-固相反应(如固体复分解反应、烧结反应);(5) 固态物质表面上的反应(如固相催化反应)。

固相反应不同于溶液反应,除了化学反应的一般规律外,还必须考虑固态反应物质的晶体结构类型、固体内部(又称体相)的缺陷、固体表面(又称表相)的结构、固体粒度及反应温度等。

2. 固态物质热分解反应

固体表层的化学组成及粒子（原子、离子、分子）的配位数和体相的是不同的。而且，从原子水平看，一般固体表面不可能像理想的二维点阵结构那样均匀、光滑，表层上粒子的活化状态也有所差别。再者，固体体相内大多存在点缺陷、位错、杂质等。正是在固体表相和体相中缺少对称性之处，容易成为分解反应的核心，先行形成固态产物的晶核。例如，碳酸钙、高氯酸钾的热分解等即属于这类反应。

3. 固-固相反应

在任何聚集态的物质中，由于热运动的影响，即便是处于晶格结点上的分子、原子或离子，或多或少都有可能瞬间偏离正常的平衡位置，这些粒子（甚至空穴）在浓差因素驱动下会产生扩散。例如，两块经磨平抛光的铜、锌片在 493 K 下紧密接触 12 h 后，发现在接触面上形成约 0.3 mm 厚的扩散层。固态反应物粒子的接触和扩散，是固态产物晶核得以形成并不断生长的重要条件。

例如，下列固-固相反应：

$$MgO(s)+Al_2O_3(s)\xrightarrow{1\ 773\ K}MgAl_2O_4(s)$$

如图 7.24 所示，由于 O^{2-} 半径较大、扩散慢，可假定阳离子为扩散迁移主体。

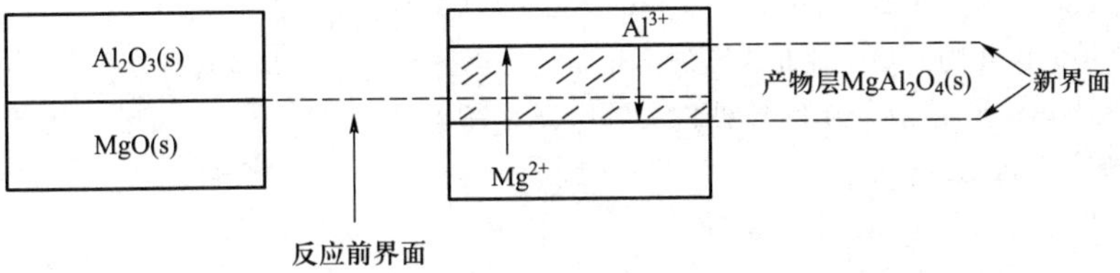

图 7.24 固-固相反应机理示意图

在 1 773 K 下，首先在 Al_2O_3和 MgO 晶粒界面上或邻近界面的反应物晶格中形成 $MgAl_2O_4$晶核，然后反应物晶格中的 Mg^{2+}、Al^{3+}相对扩散到 $MgAl_2O_4$晶核附近使晶核不断生长，同时形成更多的晶核，随着产物层的加厚，固相反应进行完全。

非金属陶瓷功能材料的制作工艺，先是在室温下将固态氧化物充分粉碎、混合均匀，再在钢模中挤压成型，然后高温烧结反应。高温条件无疑有利于破坏固态反应物的晶格和促进反应物粒子的扩散。但是必须注意，对有些反应体系采用不同的反应温度，有时会得到不同的反应产物。

氧化物、硅酸盐等物质的原子、离子间主要以共价键或离子键结合，结构稳定、粒子扩散慢，因此它们的固相反应常要在高温条件下进行；而大多数有机化合物和配位化合物（下章介绍）在高温下不稳定，只能在室温或较低温度（<100 ℃）下合成。过去室温或较低温度下的固相反应一直未引起重视，近年来南京大学忻新泉教授等利用室温或较低温度固相反应法，已合成出许多新的化合物。例如，20 ℃下将浅蓝色的 $CuCl_2·2H_2O$（分析纯）和白色的对甲基苯胺（C_7H_9N）分别研磨、过筛（100 目）后，按 1∶2 的物质的量之比装入带塞的小试管中，摇动试管数秒钟后固体反应物即转变为褐色的 $CuCl_2(C_7H_9N)_2$：

$$CuCl_2·2H_2O(s)+2C_7H_9N(s)\longrightarrow CuCl_2(C_7H_9N)_2(s)+2H_2O$$

尽管许多室温或较低温度下的固相反应与溶液中发生的反应类似，但也有很多例外。例如：

(1) $K_3[Fe(CN)_6]+KI\xrightarrow{\text{液相中}}$ 不反应

$$2K_3[Fe(CN)_6](s)+2KI(s)\xrightarrow{\text{固相反应}}2K_4[Fe(CN)_6](s)+I_2(s)$$

(2) $NiCl_2(s)+[(CH_3)_4N]Cl(s) \xrightarrow{\text{液相中}} [(CH_3)_4N]NiCl_3(s)$

$NiCl_2(s)+2[(CH_3)_4N]Cl(s) \xrightarrow{\text{固相反应}} [(CH_3)_4N]_2NiCl_4(s)$

固相反应不使用溶剂，具有高选择性、高产率、工艺过程简单等优点，已成为人们制备新型固体材料的重要方法。

思考题

1. 常用的硫粉是硫的微晶，熔点为 112.8 ℃，溶于 CS_2、CCl_4 等溶剂中，试判断它属于哪一类晶体？

2. 已知下列两类晶体的熔点：

(1)	物质	NaF	NaCl	NaBr	NaI
	熔点/℃	993	801	747	661
(2)	物质	SiF_4	$SiCl_4$	$SiBr_4$	SiI_4
	熔点/℃	−90.2	−70	5.4	120.5

为什么钠的卤化物的熔点比相应硅的卤化物的熔点高？而且熔点递变趋势相反？

3. 当气态离子 Ca^{2+}、Sr^{2+} 与 F^- 分别形成 CaF_2、SrF_2 晶体时，何者放出的能量多？为什么？

4. 解释下列问题：

(1) NaF 的熔点高于 NaCl；

(2) BeO 的熔点高于 LiF；

(3) SiO_2 的熔点高于 CO_2；

(4) 冰的熔点高于干冰（固态 CO_2）；

(5) 石墨软而导电，而金刚石坚硬且不导电。

5. 下列说法是否正确？

(1) 稀有气体是由原子组成的，属原子晶体；

(2) 熔化或压碎离子晶体所需要的能量，数值上等于晶格能；

(3) 溶于水能导电的晶体必为离子晶体；

(4) 共价化合物呈固态时，均为分子晶体，因此熔点、沸点都低；

(5) 离子晶体具有脆性，是由于阳、阴离子交替排列，不能错位的缘故。

6. 解释下列事实：

(1) MgO 可作为耐火材料；

(2) 金属 Al 和 Fe 都能压成片、抽成丝，而石灰石则不能；

(3) 在卤化银中，AgF 可溶于水，其余卤化银则难溶于水，且从 AgCl 到 AgI 溶解度减小；

(4) NaCl 易溶于水，而 CuCl 难溶于水。

7. 下列物质的键型有何不同？

Cl_2　　HCl　　AgI　　LiF

8. 已知 AlF_3 为离子键型，$AlCl_3$、$AlBr_3$ 为过渡键型，AlI_3 为共价键型，试说明它们键型差别的原因。

9. 实际晶体内部结构上的点缺陷有几种类型？晶体内部结构上的缺陷对晶体的物理、化学性质有无影响？

10. 试用能带理论说明金属导体、半导体和绝缘体的导电性能。

11. 离子半径 $r(Cu^+)<r(Ag^+)$，所以 Cu^+ 的极化力大于 Ag^+，但 Cu_2S 的溶解度却大于 Ag_2S，

何故？

12. (1) 今有元素 X、Y、Z，其原子序数分别为 6、38、80，试写出它们的电子分布式，并说明它们在周期表中的位置；

(2) X、Y 两元素分别与氯形成的化合物的熔点哪一个高？为什么？

(3) Y、Z 两元素分别与硫形成的化合物的溶解度哪一个小？为什么？

(4) X 元素与氯形成的化合物其分子偶极矩等于零，试用杂化轨道理论解释。

习 题

1. 已知下列各晶体：NaF、ScN、TiC、MgO，它们的核间距相差不大，试推测并排出这些化合物熔点高低、硬度大小的次序。

2. 试推测下列物质中何者熔点最低？何者最高？

(1) NaCl　　KBr　　KCl　　MgO

(2) N_2　　Si　　NH_3

3. 写出下列各种离子的电子分布式，并指出它们各属于何种电子构型？

Fe^{3+}　　Ag^{+}　　Ca^{2+}　　Li^{+}　　S^{2-}　　Pb^{2+}　　Pb^{4+}　　Bi^{3+}

4. 试推测下列物质分别属于哪一类晶体？

物质	B	LiCl	BCl_3
熔点/ ℃	2 300	605	-107.3

5. (1) 试推测下列物质可形成何种类型的晶体？

O_2　　H_2S　　KCl　　Si　　Pt

(2) 下列物质熔化时，要克服何种作用力？

AlN　　Al　　HF(s)　　K_2S

6. 根据所学晶体结构知识，填写下表。

物质	晶格结点上的粒子	晶格结点上粒子间的作用力	晶体类型	预测熔点（高或低）
N_2				
SiC				
Cu				
冰				
$BaCl_2$				

7. 用下列给出的数据，计算 $AlF_3(s)$ 的晶格能(U)。

$$Al(s) \longrightarrow Al(g); \quad \Delta_{sub}H_m^\ominus = 326.4\ kJ\cdot mol^{-1}$$

$$Al(g) - 3e^- \longrightarrow Al^{3+}(g); \quad I = I_1 + I_2 + I_3 = 5\ 139.1\ kJ\cdot mol^{-1}$$

$$Al(s) + \frac{3}{2}F_2(g) \longrightarrow AlF_3(s); \quad \Delta_f H_m^\ominus = -1\ 510\ kJ\cdot mol^{-1}$$

$$F_2(g) \longrightarrow 2F(g); \quad D^\ominus(F-F) = 156.9\ kJ\cdot mol^{-1}$$

$$F(g) + e^- \longrightarrow F^-(g); \quad E_{A_1} = -322\ kJ\cdot mol^{-1}$$

8. 已知 KI 的晶格能 $U = 649\ kJ\cdot mol^{-1}$，K 的升华热 $\Delta_{sub}H_m^\ominus = 90\ kJ\cdot mol^{-1}$，K 的电离能 $I_1 = 418.9\ kJ\cdot mol^{-1}$，$I_2$ 的解离能 $D^\ominus(I—I) = 152.549\ kJ\cdot mol^{-1}$，I 的电子亲和能 $E_{A_1} = -295\ kJ\cdot mol^{-1}$，$I_2$ 的升华热 $\Delta_{sub}H_m^\ominus = 62.4\ kJ\cdot mol^{-1}$，求 KI 的标准摩尔生成焓 $\Delta_f H_m^\ominus$。

9. 将下列两组离子分别按离子极化力及变形性由小到大的次序重新排列。

（1）Al^{3+}　Na^{+}　Si^{4+}

（2）Sn^{2+}　Ge^{2+}　I^{-}

10. 试按离子极化作用由强到弱的顺序重新排出下列物质的次序。

$MgCl_2$　$SiCl_4$　$NaCl$　$AlCl_3$

11. 比较下列各组中化合物的离子极化作用的强弱，并预测溶解度的相对大小。

（1）ZnS　CdS　HgS

（2）$PbCl_2$　$PbBr_2$　PbI_2

（3）CaS　FeS　ZnS

第 8 章

配合物的结构和性质

配位化合物(简称"配合物")是指形成体与配体以配位键结合形成的复杂化合物,旧称"络合物"。1704 年德国人 Diesbach 合成并作为染料和颜料使用的普鲁士蓝是最早有记载的配合物(后来证实其组成为 $K[Fe^{II}Fe^{III}(CN)_6]\cdot H_2O$),但通常认为配位化学始于 1798 年 $CoCl_3\cdot 6NH_3$ 的发现。1893 年 A. Werner(1866—1919 年,法国-瑞士化学家)提出了配合物的正确化学式和成键本质,被看作是近代配位化学的创始人。几乎所有的化学元素都能形成配合物,其数量远远超过一般简单的无机化合物。配合物具有种种独特的性能,在各个领域的应用极为广泛,其研究也越来越深入,使配位化学成为化学中最活跃的研究领域之一,并渗透到材料、生物、医学等许多学科中。

人物简介

8.1 配合物的基本概念

8.1.1 配合物的组成

向硫酸铜溶液中加入过量氨水,形成 $[Cu(NH_3)_4]^{2+}$,四个 NH_3 通过 N 与 Cu^{2+} 以配位键结合,这种复杂离子称为**配离子**,为配合物的**内界**;SO_4^{2-} 仍为游离的离子,为配合物的**外界**。内界为配合物的特征部分,是中心离子(或原子)和配体之间通过配位键结合而成的一个稳定的整体,在配合物化学式中用方括号标明。方括号外的外界离子,离中心较远。内界与外界之间以离子键结合。

实验视频

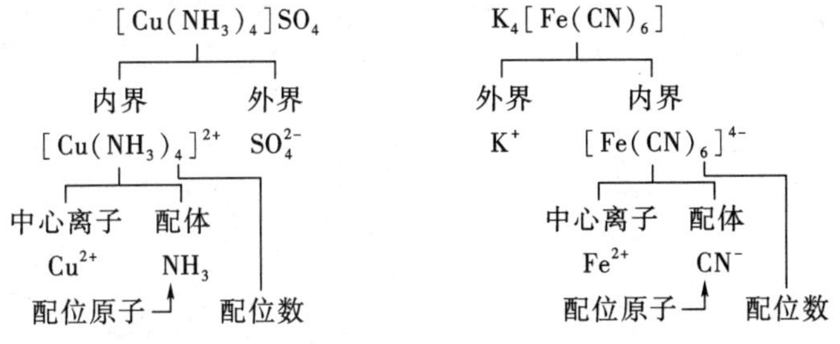

有些配合物不存在外界,如 $[PtCl_2(NH_3)_2]$、$[CoCl_3(NH_3)_3]$ 等。另外,有些配合物是由中心原子与配体构成,如 $[Ni(CO)_4]$、$[Fe(CO)_5]$ 等。

1. 形成体

中心离子(或中心原子)称为配合物的形成体。中心离子大多数是带正电荷的金属阳离子,其中以过渡金属离子居多,如 Mn^{2+}、Fe^{3+}、Co^{2+}、Ni^{2+}、Cu^{2+}、Ag^{+} 等;少数高氧化态的非金属元素也可作中心离子,如 $[BF_4]^-$、$[SiF_6]^{2-}$ 中的B(Ⅲ)、Si(Ⅳ)等。中心原子如 $[Ni(CO)_4]$、$[Fe(CO)_5]$ 中的 Ni、Fe 原子。

2. 配位个体、配体及配位原子

由形成体结合一定数目的配体所形成的结构单元称为配位个体,即配合物的核心部分,如 $[Cu(NH_3)_4]^{2+}$(也称为配离子)、$[Ni(CO)_4]$ 等。

在配合物中与形成体结合的离子或中性分子称为配体,如 $[Cu(NH_3)_4]^{2+}$ 中的 NH_3、$[Fe(CN)_6]^{3-}$ 中的 CN^- 等。

在配体中提供孤电子对与形成体形成配位键的原子称为配位原子,如配体 NH_3 中的 N。常见的配位原子为电负性较大的非金属原子,如 N、O、S、C、P 和卤素等原子。

根据一个配体中所含配位原子数目的不同,可将配体分为单齿配体和多齿配体。单齿配体:一个配体中只有一个配位原子,如 NH_3、OH^-、X^-、CN^-、SCN^- 等。多齿配体:一个配体中有两个或两个以上的配位原子,如表 8.1 所示。

表 8.1 常见的配体

	中性分子配体	配位原子	阴离子配体	配位原子	阴离子配体	配位原子
单齿配体	H_2O 水	O	F^- 氟	F	CN^- 氰	C
	NH_3 氨	N	Cl^- 氯	Cl	NO_2^- 硝基	N
	CO 羰基	C	Br^- 溴	Br	ONO^- 亚硝酸根	O
	CH_3NH_2 甲胺	N	I^- 碘	I	SCN^- 硫氰酸根	S
			OH^- 羟基	O	NCS^- 异硫氰酸根	N

	分子式	名称	缩写符号
多齿配体	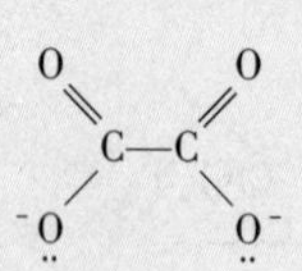	草酸根	(ox)
	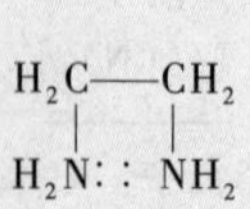	乙二胺	(en)
	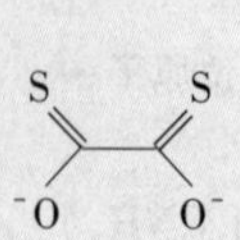	二硫代草酸根	(dto)

续表

	分子式	名称	缩写符号
多齿配体	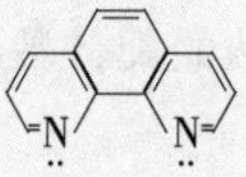	邻菲咯啉	(o-phen)
	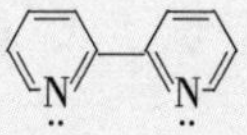	联吡啶	(bpy)
	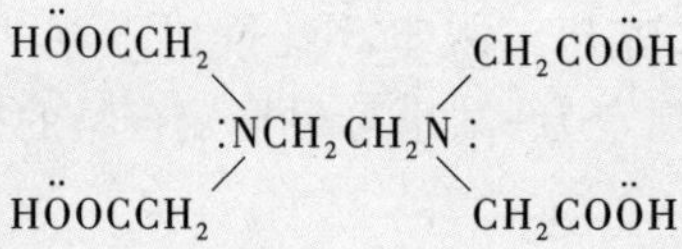	乙二胺四乙酸	(H_4edta)

3. 配位数

在配位个体中与一个形成体形成配位键的配位原子的总数称为该形成体的配位数。例如，$[Cu(NH_3)_4]^{2+}$中 Cu^{2+}的配位数为 4；$[CoCl_3(NH_3)_3]$中 Co^{3+}的配位数为 6。目前已知的配位数有 1 到 14，其中最常见的配位数为 6。由单齿配体形成的配合物，中心离子的配位数等于配体的数目；若配体是多齿的，那么配体的数目不等于中心离子的配位数。例如，$[Cu(en)_2]^{2+}$中的乙二胺(en)是双齿配体，即每 1 个 en 有 2 个 N 原子与中心离子 Cu^{2+}配位，Cu^{2+}的配位数是 4。

知识拓展

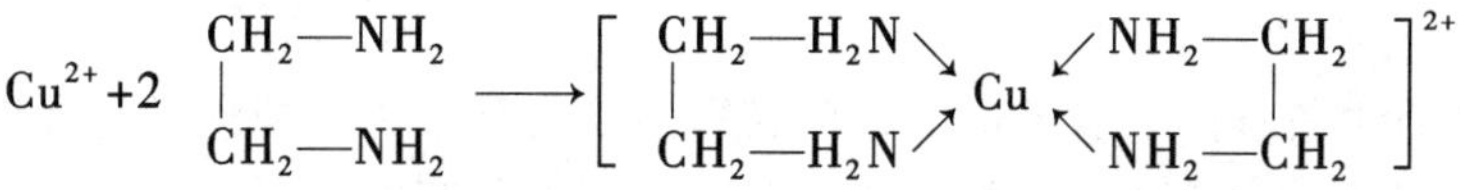

表 8.2 列出一些常见金属离子的配位数。

表 8.2 常见金属离子(M^{n+})的配位数(n)

M^+	n	M^{2+}	n	M^{3+}	n	M^{4+}	n
Cu^+	2,4	Cu^{2+}	4,6	Fe^{3+}	6	Pt^{4+}	6
Ag^+	2	Zn^{2+}	4,6	Cr^{3+}	6		
Au^+	2,4	Cd^{2+}	4,6	Co^{3+}	6		
		Pt^{2+}	4	Sc^{3+}	6		
		Hg^{2+}	2,4	Au^{3+}	4		
		Ni^{2+}	4,6	Al^{3+}	4,6		
		Co^{2+}	4,6				

形成体配位数的多少一般取决于形成体和配体的性质(如它们的电荷、半径和核外电子分布等)。由表 8.2 可见：

(1) 中心离子正电荷越多，配位数越大，因为此时中心离子对配体的吸引能力强，容易形成高配位的配合物。中心离子半径较大时，其周围可容纳较多的配体，易形成高配位的配合物(第五、第六周期的原子或离子易形成高配位的配合物)。但是中心离子半径若过大时，它对配体的引力减小，有时配位数反而减小。例如，Hg^{2+}(101 pm)

只能形成配位数为4的配离子（如$[HgCl_4]^{2-}$）。

（2）配体的负电荷越多，虽然增加了与中心离子的引力，但同时也增加了配体之间的斥力，配位数反而减小。例如，$[SiO_4]^{4-}$中Si（IV）的配位数比$[SiF_6]^{2-}$中Si（IV）的配位数小。配体的半径增大时，中心离子周围可容纳的配体数减少，故配位数减小。例如，$[AlCl_4]^-$与$[AlF_6]^{3-}$相比即为一例。

配位数还与配体浓度、反应温度等有关。配体浓度大、反应温度低，易形成高配位配合物。

4. 配离子的电荷

配离子的电荷为形成体和配体电荷的代数和。例如，$K_3[Fe(CN)_6]$中配离子的电荷数可根据Fe^{3+}和6个CN^-电荷的代数和判定为-3，也可根据配合物的外界离子（3个K^+）电荷数判定$[Fe(CN)_6]^{3-}$的电荷数为-3。

8.1.2　配合物的化学式及命名

1. 配合物的化学式

配合物的组成比较复杂，书写配合物的化学式应遵循两条原则：

（1）含配离子的配合物，其化学式中阳离子写在前，阴离子写在后。

（2）配位个体中，先列出形成体的元素符号，再依次列出阴离子和中性配体❶；无机配体列在前面，有机配体列在后面，将整个配位个体的化学式括在方括号内。在括号内同类配体的次序，以配位原子元素符号的英文字母次序为准。例如，NH_3、H_2O两种中性分子配体的配位原子分别为N原子和O原子，因而NH_3写在H_2O之前。

2. 配合物的命名

配合物的命名遵循一般**无机物的命名原则**。若配合物为配离子化合物，则命名时阴离子在前，阳离子在后，与无机盐的命名一样。若为配阳离子化合物，则叫做某化某或某酸某。若为配阴离子化合物，则在配阴离子与外界阳离子之间用“酸”字连接；若外界为氢离子，则在配阴离子之后缀以“酸”字。

配位个体按照以下原则进行命名：

（1）配体名称列在形成体名称之前。不同配体名称的顺序同书写顺序，相互之间以黑点“·”分开，在最后一个配体名称之后缀以“合”字。

（2）同类配体的名称按配位原子元素符号的英文字母顺序排列。

（3）配体个数用倍数词头二、三、四等数字表示。形成体的氧化数用带圆括号的罗马数字表示。

3. 配体的命名

（1）带倍数词头的无机含氧酸根阴离子配体，命名时要用括号括起来，如：（三磷酸根）。有的无机含氧酸阴离子，即使不含倍数词头，但含有一个以上代酸原子，也要用括号，如：（硫代硫酸根）。

（2）有些配体具有相同的化学式，但由于配位原子不同而有不同的命名。另外，某些分子或基团，作配体后读法有所改变。例如，表8.1中配体ONO^-（O为配位原子）称亚硝酸

---

❶ 但是，有时对某些配合物因习惯不按此规定写出。例如，把二氯·二氨合铂（Ⅱ）写成$[Pt(NH_3)_2Cl_2]$。

根，而 NO_2^-（N 为配位原子）称硝基；SCN^-（S 为配位原子）称硫氰酸根，而 NCS^-（N 为配位原子）称异硫氰酸根；CO 作配体称羰基、OH^- 作配体称羟基等。

下面列举一些配合物命名的实例。

表 8.3　一些配合物的化学式、系统命名示例

类别	化学式	系统命名
配位酸	$H_2[SiF_6]$	六氟合硅(Ⅳ)酸
	$H_2[PtCl_6]$	六氯合铂(Ⅳ)酸
配位碱	$[Ag(NH_3)_2](OH)$	氢氧化二氨合银(Ⅰ)
配位盐	$[Cu(NH_3)_4]SO_4$	硫酸四氨合铜(Ⅱ)
	$[CrCl_2(H_2O)_4]Cl$	一氯化二氯·四水合铬(Ⅲ)
	$[Co(NH_3)_5(H_2O)]Cl_3$	三氯化五氨·一水合钴(Ⅲ)
	$K_4[Fe(CN)_6]$	六氰合铁(Ⅱ)酸钾
	$Na_3[Ag(S_2O_3)_2]$	二(硫代硫酸根)合银(Ⅰ)酸钠
	$K[PtCl_5(NH_3)]$	五氯·一氨合铂(Ⅳ)酸钾
	$NH_4[Cr(NCS)_4(NH_3)_2]$	四(异硫氰酸根)·二氨合铬(Ⅲ)酸铵
中性分子	$[Fe(CO)_5]$	五羰基合铁
	$[PtCl_4(NH_3)_2]$	四氯·二氨合铂(Ⅳ)
	$[Co(NO_2)_3(NH_3)_3]$	三硝基·三氨合钴(Ⅲ)

疑难解析

8.2　配合物的化学键理论

配合物中的化学键是指形成体与配体间的化学键，阐释这种键的理论有价键理论、晶体场理论、配位场理论和分子轨道理论等，在此仅对前两种理论作简单介绍。

8.2.1　价键理论

1931 年美国化学家 L. Pauling 把杂化轨道理论应用于研究配合物的结构。后经他人修正、补充和完善，形成近代配合物价键理论。

该理论认为：形成配合物时，形成体（M）的某些价层原子轨道在配体（L）作用下进行杂化，用空的杂化轨道接受配体提供的孤电子对，形成 σ 配位键（M←：L）。从近代结构理论的观点来说，亦即形成体的杂化轨道与配位原子的某个孤电子对原子轨道相互重叠，形成配位键。因而，配合物是由形成体与配体以配位键结合而成的复杂化合物。

1. 配合物的几何构型和配位键类型

(1) 几何构型。由于形成体的杂化轨道具有一定的方向性，所以配合物具有一定

的几何构型,如表 8.4 所示。

表 8.4　轨道杂化类型与配位个体的几何构型

配位数	杂化类型	几何构型	实　例
2	sp	直线形 	$[Ag(NH_3)_2]^+$、$[Ag(CN)_2]^-$、$[CuCl_2]^-$
3	sp^2	平面等边三角形 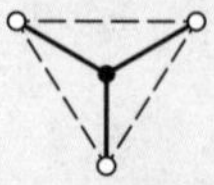	$[CuCl_3]^{2-}$、$[HgI_3]^-$
4	sp^3	正四面体形 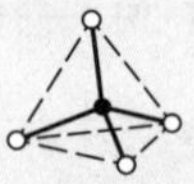	$[Ni(NH_3)_4]^{2+}$、$[Zn(NH_3)_4]^{2+}$、$[HgI_4]^{2-}$、$[Ni(CO)_4]$、$[CoCl_4]^{2-}$
	dsp^2	正方形 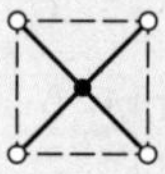	$[Ni(CN)_4]^{2-}$、$[Cu(NH_3)_4]^{2+}$、$[PtCl_4]^{2-}$、$[Cu(CN)_4]^{2-}$、$[PtCl_2(NH_3)_2]$
5	dsp^3	三角双锥形 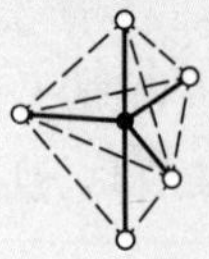	$[Fe(CO)_5]$、$[Co(CN)_5]^{3-}$
6	sp^3d^2	正八面体形 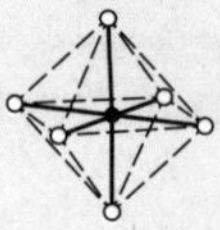	$[FeF_6]^{3-}$、$[Fe(H_2O)_6]^{3+}$、$[CoF_6]^{3-}$
	d^2sp^3		$[Fe(CN)_6]^{3-}$、$[Fe(CN)_6]^{4-}$、$[Co(NH_3)_6]^{3+}$、$[PtCl_6]^{2-}$

注:●为形成体,○为配体

例如,Co^{3+}的价层电子结构为

当 Co^{3+}与 6 个 F^-结合为$[CoF_6]^{3-}$时,由于 F^-的作用,Co^{3+}的 6 个原子轨道(1 个 4s、3 个 4p 和 2 个 4d)进行杂化,组成 6 个 sp^3d^2 杂化轨道,接受 6 个 F^-提供的 6 对孤电子对而形成 6 个配位键。所以$[CoF_6]^{3-}$的几何构型为正八面体形。

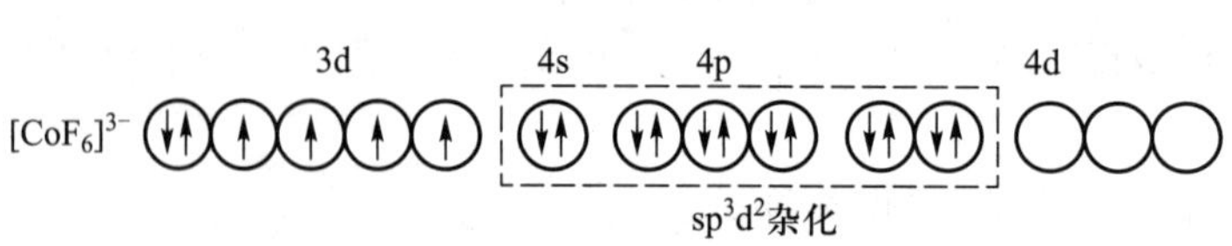

而当 Co^{3+} 与 6 个 NH_3 结合为 $[Co(NH_3)_6]^{3+}$ 时，由于配体 NH_3 的作用，导致 Co^{3+} 的价层电子结构重排，3d 轨道中的 6 个电子形成 3 对，空出 2 个 3d 轨道，这样 Co^{3+} 的 2 个 3d 与 1 个 4s 和 3 个 4p 轨道进行杂化，形成 6 个 d^2sp^3 杂化轨道，接受 6 个 NH_3 中 N 原子提供的 6 对孤电子对而形成 6 个配位键。所以 $[Co(NH_3)_6]^{3+}$ 的几何构型为正八面体形。

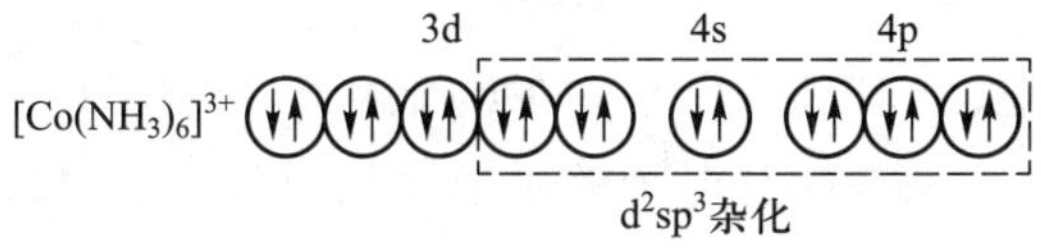

（2）配合物中配位键的类型。形成体杂化轨道类型不仅决定配位个体的几何构型，而且决定其配位键的类型。H. Taube 提出**内轨配键**和**外轨配键**的概念：若形成体全以最外层轨道（ns、np、nd）杂化成键，此配位键称为**外轨配键**，形成的配合物称为**外轨型配合物**，如 $[CoF_6]^{3-}$、$[Ni(NH_3)_4]^{2+}$ 等；若形成体用了次外层轨道 $(n-1)d$ 与外层轨道 ns、np 杂化成键，所成的配位键称为**内轨配键**，形成的配合物称为**内轨型配合物**，如 $[Fe(CN)_6]^{3-}$、$[Co(NH_3)_6]^{3+}$ 等。

配合物是内轨型还是外轨型与中心离子（电子构型、电荷）和配位原子的性质（电负性）有关。具有 d^{10} 构型的离子，只能用外层轨道形成外轨型配合物；具有 d^8 构型的离子（如 Ni^{2+}、Pd^{2+}、Pt^{2+} 等），大多数情况下形成内轨型配合物；具有 $d^4 \sim d^7$ 构型的离子，既可形成内轨型配合物，也可形成外轨型配合物。

中心离子的电荷增多有利于形成内轨型配合物。因为中心离子的电荷较多时，它对配位原子的孤电子对引力增强，有利于以其内层 $(n-1)d$ 轨道参与成键。例如，$[Co(NH_3)_6]^{2+}$ 为外轨型，而 $[Co(NH_3)_6]^{3+}$ 为内轨型。

电负性大的原子（如 F、O 等），与电负性较小的 C 原子比较，通常不易提供孤电子对，它们作为配位原子时，中心离子以外层轨道与之成键，因而形成外轨型配合物。C 原子作为配位原子时（如 CN^-）则常形成内轨型配合物。

2. 配合物的稳定性、磁性与键型的关系

由前面讨论可知，以 sp^3d^2 或 sp^3 杂化轨道成键的配合物为外轨型，而以 $(n-1)d^2sp^3$ 或 $(n-1)dsp^2$ 杂化轨道成键的配合物为内轨型。对于相同中心离子，由于 sp^3d^2 杂化轨道能量比 $(n-1)d^2sp^3$ 杂化轨道能量高，以及 sp^3 杂化轨道能量比 $(n-1)dsp^2$ 杂化轨道能量高，当形成相同配位数的配离子时，如 $[FeF_6]^{3-}$ 和 $[Fe(CN)_6]^{3-}$，以及 $[Ni(NH_3)_4]^{2+}$ 和 $[Ni(CN)_4]^{2-}$ 其稳定性是不同的，一般内轨型比外轨型稳定。

价键理论不仅成功地说明了配合物的几何构型，而且也能根据配合物中未成对电子数的多少，较好地解释配合物的磁性。

物质的磁性与物质的原子、分子或离子中电子自旋运动有关。磁性强弱用磁矩 μ 表示，磁矩的单位为玻尔磁子（μ_B）[1]。根据磁学理论，μ 与物质内部未成对电子数（n）之间存在如下关系：

$$\mu = \sqrt{n(n+2)}\,\mu_B$$

[1] μ_B 为非法定计量单位，$1\mu_B = 9.274\ 01 \times 10^{-24}\ J \cdot T^{-1}$。

根据上式可估算出未成对电子数 $n=0\sim5$ 的 μ 值，从而可以确定该配合物的磁性（$\mu>0$ 的具有顺磁性，$\mu=0$ 的具有反磁性）。反之，测定配合物的磁矩，也可以了解中心离子未成对电子数，进一步推断配合物是内轨型还是外轨型的。

例如，实验测得 $K_3[FeF_6]$ 的磁矩为 5.90 μ_B，由表 8.5 可知，在 $[FeF_6]^{3-}$ 中，仍有 5 个未成对电子，与简单 Fe^{3+} 的未成对电子数相同，说明 Fe^{3+} 以 sp^3d^2 杂化轨道与配位原子（F）形成外轨配位键，则 $[FeF_6]^{3-}$ 属外轨型；而由实验测得 $K_3[Fe(CN)_6]$ 的磁矩为 2.0 μ_B，此数值与具有一个未成对电子的磁矩理论值 1.73 μ_B 相近，表明在成键过程中，中心离子的未成对 d 电子数减少，d 电子重新分布，腾出 2 个空 d 轨道，而以 d^2sp^3 杂化轨道与配位原子（C）形成内轨配键，所以 $[Fe(CN)_6]^{3-}$ 属内轨型。

表 8.5　磁矩的理论值

未成对电子数	$\mu_{理}/\mu_B$
0	0
1	1.73
2	2.83
3	3.87
4	4.90
5	5.92

又如，配位数为 4 的配离子 $[Ni(NH_3)_4]^{2+}$ 和 $[Ni(CN)_4]^{2-}$ 也可通过磁性实验来确定它们属于内轨型还是外轨型。实验测得前者 μ 接近于 2.83 μ_B，而 $[Ni(CN)_4]^{2-}$ 的 μ 等于 0，表明前者属外轨型而后者属内轨型。

实验视频

由于价键理论简单明了，又能解决一些问题，如它可以解释配离子的几何构型、形成体的配位数及配合物的某些化学性质和磁性，所以它有一定的用途。但是，这个理论也有缺陷，它忽略了配体对形成体的作用，而且到目前为止还不能定量地说明配合物的性质，如无法定量地说明过渡金属配离子的稳定性，也不能解释配离子的吸收光谱和特征颜色等。

*8.2.2 晶体场理论

人物简介

晶体场理论最初由物理学家 H. A. Bethe 和 J. H. van Vleck 分别在 1929 年和 1932 年提出，用于解释离子晶体的性质，直到 1953 年化学家把它应用到过渡金属配合物，成功地解释了过渡金属配合物的光谱性质和其他一些性质后，这一理论在化学界才真正受到重视，并得到了充分发展。

1. 晶体场理论要点

人物简介

（1）中心离子和配体阴离子（或极性分子）之间的相互作用，类似离子晶体中阳、阴离子之间（或离子与偶极分子之间）的静电作用。

（2）中心离子的 5 个能量相同的 d 轨道，由于受周围配体负电场不同程度的排斥作用，能级发生分裂，有些轨道能量升高较大，有些轨道能量升高较小，发生能级分裂。

(3) 由于 d 轨道能级的分裂，d 轨道上的电子将重新分布，体系总能量降低，变得比未分裂时稳定。

下面首先介绍中心离子 d 轨道能级分裂情况。

2. 正八面体场中 d 轨道能级的分裂

配体作用前，作为中心离子的 5 个 d 轨道虽然空间取向不同(见图 5.4)，但具有相同的能量(E_0)，如图 8.1(a)所示。如果中心离子处在一个带负电荷的球形场中心，则中心离子的 5 个 d 轨道都垂直地指向球壳，并受到球形场(均匀电场)的静电排斥，各个 d 轨道的能量都升高到 E_s，如图 8.1(b)所示，由于受到静电排斥的程度相同，因而能级升高但并不发生分裂。

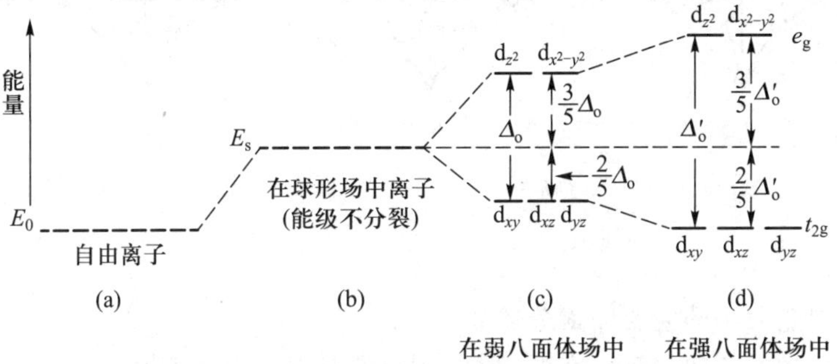

图 8.1　在正八面体场中中心离子 d 轨道能级的分裂

当中心离子形成配位数为 6 的配合物时，假定中心离子位于坐标原点，如果有 6 个相同的配体 L，沿着 x，y，z 坐标轴分别从正向和反向接近中心离子，形成正八面体配离子(见图 8.2)，带正电荷的中心离子与配体阴离子(或极性分子带负电荷的一端)相互吸引；但同时中心离子 d 轨道上的电子受到配体负电性的排斥，5 个 d 轨道的能量相对于前面所述的 E_0 皆升高。由于 $d_{x^2-y^2}$ 和 d_{z^2} 轨道处于和配体迎头相碰的位置，因而这两个 d 轨道中的电子受到静电斥力较大，这两个 d 轨道的能量比球形对称场的能量高；而 d_{xy}、d_{yz}、d_{xz} 这三个轨道正好插在配体的空隙中间，因而处于这些轨道中的电子受到静电排斥力较小，它们的能量比球形对称场的能量低。即在配体的影响下，原来能量相等的 d 轨道能级分裂为两组，如图 8.1(c)所示：一组为能量较高的 $d_{x^2-y^2}$ 和 d_{z^2} 轨道，称为 e_g 轨道，它们二者的能量相等；另一组为能量较低的 d_{xy}、d_{yz}、d_{xz} 轨道，称为 t_{2g} 轨道，它们三者的能量相等。

必须指出：

(1) 配体场越强，d 轨道能级分裂程度越大[如图 8.1(d)所示]；

(2) 在不同构型的配合物中，中心离子 d 轨道能级分裂情况不同。

3. 分裂能及其影响因素

中心离子的 d 轨道受不同构型配体电场的影响，能级发生分裂，分裂后最高能级和最低能级之差称为分裂能，以 Δ 表示。如在正八面体场中分裂能(通常用 Δ_o 表示)为 $E_{e_g}-E_{t_{2g}}$，即

$$\Delta_o = E_{e_g} - E_{t_{2g}}$$

这相当于一个电子由 t_{2g} 轨道跃迁到 e_g 轨道所需要的能量。分裂能可通过配合物的光

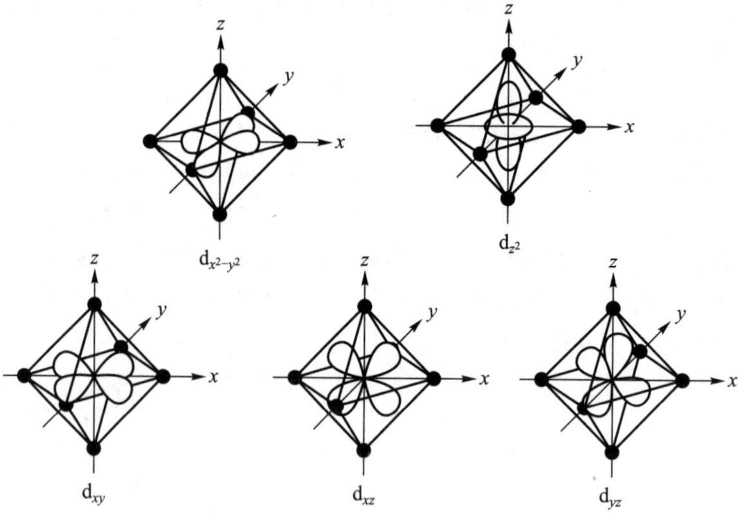

图 8.2　正八面体配合物内中心离子 d 轨道和配体的相对位置示意图

谱实验测得。

影响分裂能大小的主要因素分述如下：

（1）配合物的几何构型。在同种配体中，接近中心离子距离相同的条件下，根据计算得出，正四面体场中 d 轨道的分裂能（Δ_t）仅为正八面体场的 4/9，即

$$\Delta_t = \left(\frac{4}{9}\right)\Delta_o$$

（2）配体的性质。同种中心离子，与不同配体形成相同构型的配离子时，其分裂能 Δ 值随配体场强弱不同而变化。表 8.6 列出 Cr^{3+} 与不同配体形成八面体配离子时分裂能的大小。

表 8.6　不同配体的晶体场分裂能

配离子	$[CrCl_6]^{3-}$	$[CrF_6]^{3-}$	$[Cr(H_2O)_6]^{3+}$
分裂能 $\Delta_o/(kJ\cdot mol^{-1})$	158	182	208
配离子	$[Cr(NH_3)_6]^{3+}$	$[Cr(en)_3]^{3+}$	$[Cr(CN)_6]^{3-}$
分裂能 $\Delta_o/(kJ\cdot mol^{-1})$	258	262	314

由表 8.6 可看出，Cl^- 作为配体时，Δ_o 值小，即它对中心离子 3d 电子的排斥作用较小；CN^- 作配体时，Δ_o 值大，即在 CN^- 的八面体场中，中心离子 3d 电子强烈地被 CN^- 排斥。显然 Cl^- 为弱场配体，CN^- 为强场配体。配体场强愈强，Δ_o 值就愈大。配体场强的强弱顺序排列如下：

弱场配体　　　　　　　　　　　　　　强场配体

————————————→场强增强

$I^- < Br^- < S^{2-} < SCN^- \sim Cl^- < F^- < OH^- < ONO^- < C_2O_4^{2-} < H_2O < NCS^- < edta < NH_3 < en < NO_2^- < CN^- \sim CO$

这个顺序是通过配合物的光谱实验确定的，故称为**光谱化学序列**。光谱化学序列中大体上可以将 H_2O、NH_3 作为分界弱场配体（如 I^-、Br^-、Cl^-、F^- 等）和强场配体（如 NO_2^-、CN^- 等）的界限。

（3）中心离子的电荷。同种配体与同一过渡元素中心离子形成的配合物，中心离子正电荷越多，其 Δ_o 值越大。这是由于随着中心离子正电荷的增多，配体更靠近中心离子，中心离子外层 d 电子与配体之间的斥力增大，从而使 Δ_o 值增大。表 8.7 列出第四周期某些 M^{2+} 和 M^{3+} 六水合离子的分裂能 Δ_o 值。

表 8.7　$[M(H_2O)_6]^{2+}$ 和 $[M(H_2O)_6]^{3+}$ 的分裂能

氧化数		过渡元素	Ti	V	Cr	Mn	Fe	Co	Ni	Cu
氧化数	+2	中心离子 d 电子数	2	3	4	5	6	7	8	9
		$\Delta_o/(kJ\cdot mol^{-1})$	—	151	166	93	124	111	102	151
	+3	中心离子 d 电子数	1	2	3	4	5	6	7	8
		$\Delta_o/(kJ\cdot mol^{-1})$	243	211	208	251	164	—	—	—

（4）元素所在周期数。同种配体与相同氧化数同族过渡元素离子所形成的配合物，其 Δ_o 值随中心离子在周期表中所处的周期数而递增（见表 8.8）。一般第二过渡系比第一过渡系的 Δ_o 大 40%～50%，第三过渡系比第二过渡系大20%～25%。这主要是由于后两过渡系金属离子的 d 轨道比较扩展，受配体场的作用较强烈。

表 8.8　不同周期元素的分裂能

周期	配离子	分裂能 $\Delta_o/(kJ\cdot mol^{-1})$
四	$[Co(NH_3)_6]^{3+}$	274
五	$[Rh(NH_3)_6]^{3+}$	408
六	$[Ir(NH_3)_6]^{3+}$	490

4. 电子成对能和配合物高、低自旋的预测

在八面体场中，中心离子的 d 轨道能级分裂为两组（t_{2g} 和 e_g），由于 t_{2g} 轨道比 e_g 轨道能量低，按照能量最低原理，电子将优先分布在 t_{2g} 轨道上。

对于具有 d^1～d^3 构型的离子，当其形成八面体配合物时，根据能量最低原理和洪德规则，d 电子应分布在 t_{2g} 轨道上。例如，Cr^{3+}（d^3 构型）的 3 个 d 电子分布方式只有一种：

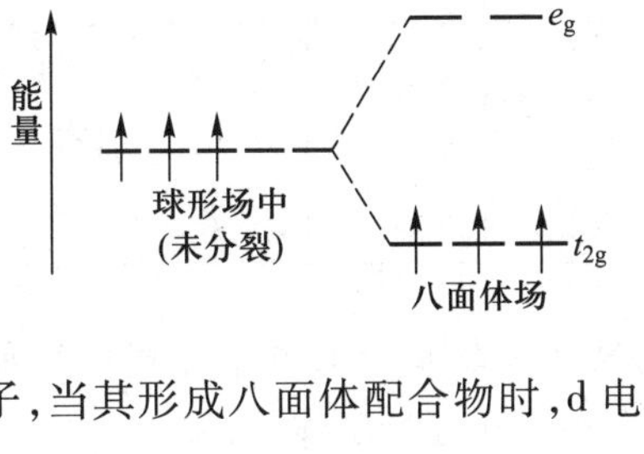

实验视频

对于 d^4～d^7 构型的离子，当其形成八面体配合物时，d 电子可以有两种分布方式：

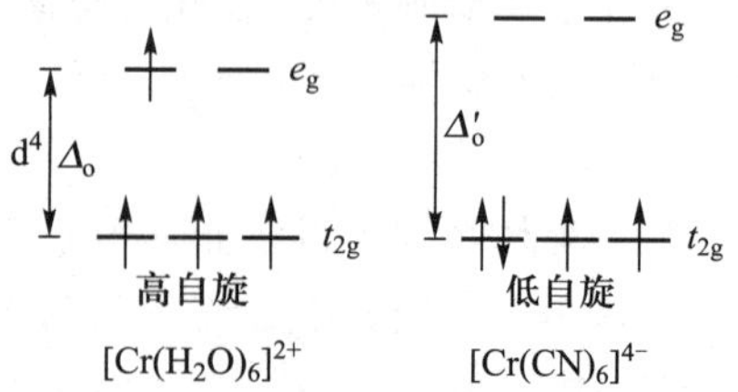

实验视频

实验视频

具有 d^4 构型的离子（如 Cr^{2+}、Mn^{3+}），其第 4 个电子可进入 e_g 轨道，形成高自旋配合物（自旋平行电子数相对较多），此时需要克服分裂能 Δ_o；这个电子也可进入已被 d 电子占据的 t_{2g} 轨道之一，并和原来占据该轨道的电子成对，形成低自旋配合物（自旋平行电子数相对较少），此时需要克服电子成对能。**电子成对能（*P*）**是指当一个轨道上已有一个电子时，如果另有一个电子进入该轨道与之成对，为克服电子间的排斥作用所需要的能量。

当 d 轨道分裂能较小时（$\Delta_o<P$），电子尽可能占据较多的 d 轨道，保持较多的自旋平行电子，形成**高自旋型配合物**。

当 d 轨道分裂能较大时（$\Delta_o>P$），电子尽可能占据能量低的 t_{2g} 轨道而自旋配对，成单电子数减少，形成**低自旋型配合物**。

具有 d^5、d^6、d^7 构型的离子的 d 电子也有高自旋和低自旋两种分布方式。而具有 d^8、d^9、d^{10} 构型的离子，其 d 电子分别只有一种分布方式，无高低自旋之分。

在八面体场中，中心离子的 d 电子在 t_{2g} 和 e_g 轨道中的分布如表 8.9 所示。

表 8.9　八面体场中中心离子的 d 电子在 t_{2g} 和 e_g 轨道中的分布

	弱场			强场		
	t_{2g}	e_g	未成对电子数	t_{2g}	e_g	未成对电子数
d^1	↑		1	↑		1
d^2	↑ ↑		2	↑ ↑		2
d^3	↑ ↑ ↑		3	↑ ↑ ↑		3
d^4	↑ ↑ ↑	↑	4	↑↓ ↑ ↑		2
d^5	↑ ↑ ↑	↑ ↑	5	↑↓ ↑↓ ↑		1
d^6	↑↓ ↑ ↑	↑ ↑	4	↑↓ ↑↓ ↑↓		0
d^7	↑↓ ↑↓ ↑	↑ ↑	3	↑↓ ↑↓ ↑↓	↑	1
d^8	↑↓ ↑↓ ↑↓	↑ ↑	2	↑↓ ↑↓ ↑↓	↑ ↑	2
d^9	↑↓ ↑↓ ↑↓	↑↓ ↑	1	↑↓ ↑↓ ↑↓	↑↓ ↑	1
d^{10}	↑↓ ↑↓ ↑↓	↑↓ ↑↓	0	↑↓ ↑↓ ↑↓	↑↓ ↑↓	0

由以上讨论可知，中心离子 d 轨道上的电子究竟按哪种方式分布，取决于分裂能 Δ 和电子成对能 P 的相对大小。在强场配体（如 CN^-）作用下，分裂能 Δ 值较大，此时

$\Delta>P$，易形成低自旋配合物。在弱场配体（如 H_2O、F^-）作用下，分裂能 Δ 值较小，此时 $\Delta<P$，则易形成高自旋配合物。

除上述两种情况外，少数情况下，Δ 值和 P 值相近，这时高自旋和低自旋两种状态具有相近的能量，在外界条件（如温度、溶剂等）的影响下，这两种状态可以互变。

5. 晶体场稳定化能

中心离子 d 轨道在八面体场中能级分裂为两组（t_{2g} 和 e_g）。d 轨道在分裂前后总能量应当不变，若以分裂前的球形场中的离子为基准（设其能量 $E_s=0$），则

$$2E_{e_g}+3E_{t_{2g}}=0$$

而 t_{2g} 和 e_g 能量差等于分裂能：

$$E_{e_g}-E_{t_{2g}}=\Delta_o$$

由上二式可以解出：

$$E_{e_g}=+\frac{3}{5}\Delta_o=+0.6\Delta_o$$

$$E_{t_{2g}}=-\frac{2}{5}\Delta_o=-0.4\Delta_o$$

即在八面体场中 d 轨道能级分裂的结果，与球形场中未分裂前比较，e_g 轨道的能量上升了 $0.6\Delta_o$，而 t_{2g} 轨道的能量下降了 $0.4\Delta_o$。d 电子进入分裂的轨道比处于未分裂轨道时的总能量有所降低。其总能量降低值称为晶体场稳定化能（crystal field stabilization energy，用符号 CFSE 表示）。例如，Ti^{3+}（d^1）在八面体场中，其电子分布为 t_{2g}^1，相应的晶体场稳定化能 CFSE $=1\times(-0.4\Delta_o)=-0.4\Delta_o$；$Cr^{3+}$（$d^3$）在八面体场中，其电子分布为 t_{2g}^3，相应的晶体场稳定化能 CFSE $=3\times(-0.4\Delta_o)=-1.2\Delta_o$。但中心离子的 d 电子数为 4~7 时，在强场中晶体场稳定化能还应扣除电子成对能 P。八面体场的晶体场稳定化能（CFSE）如表 8.10 所示。

疑难解析

表 8.10　八面体场的晶体场稳定化能（CFSE）

d^n	弱场			强场		
	d 电子分布	未成对电子数	CFSE	d 电子分布	未成对电子数	CFSE
d^1	t_{2g}^1	1	$-0.4\Delta_o$	t_{2g}^1	1	$-0.4\Delta_o$
d^2	t_{2g}^2	2	$-0.8\Delta_o$	t_{2g}^2	2	$-0.8\Delta_o$
d^3	t_{2g}^3	3	$-1.2\Delta_o$	t_{2g}^3	3	$-1.2\Delta_o$
d^4	$t_{2g}^3\ e_g^1$	4	$-0.6\Delta_o$	t_{2g}^4	2	$-1.6\Delta_o+P$
d^5	$t_{2g}^3\ e_g^2$	5	$0\Delta_o$	t_{2g}^5	1	$-2.0\Delta_o+2P$
d^6	$t_{2g}^4\ e_g^2$	4	$-0.4\Delta_o$	t_{2g}^6	0	$-2.4\Delta_o+2P$
d^7	$t_{2g}^5\ e_g^2$	3	$-0.8\Delta_o$	$t_{2g}^6\ e_g^1$	1	$-1.8\Delta_o+P$
d^8	$t_{2g}^6\ e_g^2$	2	$-1.2\Delta_o$	$t_{2g}^6\ e_g^2$	2	$-1.2\Delta_o$
d^9	$t_{2g}^6\ e_g^3$	1	$-0.6\Delta_o$	$t_{2g}^6\ e_g^3$	1	$-0.6\Delta_o$
d^{10}	$t_{2g}^6\ e_g^4$	0	$0\Delta_o$	$t_{2g}^6\ e_g^4$	0	$0\Delta_o$

晶体场稳定化能与中心离子的 d 电子数有关,也与晶体场的场强有关,此外还与配合物的几何构型有关。晶体场稳定化能越负(代数值越小),体系越稳定。

6. 晶体场理论的应用

由于电子成对能 P 和分裂能 Δ 可通过光谱实验数据求得,从而可推测配合物中心离子的电子分布及自旋状态。例如,Co^{3+}(d^6 构型)与弱场配体 F^-形成$[CoF_6]^{3-}$,测知其 $\Delta_o = 155\ kJ\cdot mol^{-1}$,$P = 251\ kJ\cdot mol^{-1}$,根据 $\Delta_o < P$,可推知中心离子 Co^{3+}的 d 电子处于高自旋状态,d 电子分布方式为

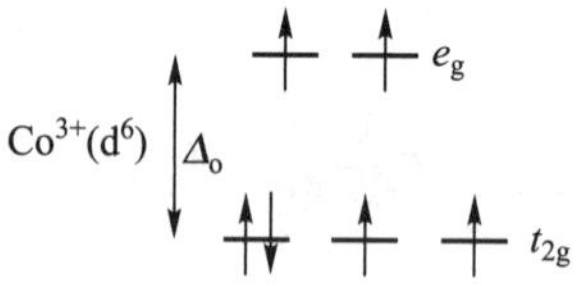

未成对电子有 4 个,根据 μ 与 n 的关系,还可估算$[CoF_6]^{3-}$的磁矩为 4.90 μ_B。

疑难解析

晶体场理论能较好地解释配合物的颜色。过渡元素水合离子为配离子,其中心离子在配体水分子的影响下,d 轨道能级分裂。而 d 轨道又常没有填满电子,当配离子吸收可见光区某一部分波长的光时,d 电子可从能级低的 d 轨道跃迁到能级较高的 d 轨道(如八面体场中由 t_{2g}轨道跃迁到 e_g轨道),这种跃迁称为 **d-d 跃迁**。发生 d-d 跃迁所需的能量即为轨道的分裂能 Δ_o。吸收光的波长越短,表示电子被激发而跃迁所需要的能量越大,即分裂能 Δ_o值越大。例如,$[Ti(H_2O)_6]^{3+}$中心离子 Ti^{3+}因吸收可见光后 d 电子发生 d-d 跃迁,其吸收光谱(图 8.3)显示最大吸收峰在 490 nm 处(蓝绿光),最少吸收的光区为紫区和红区,所以它呈现与蓝绿光相应的补色——紫红色。对于不同的中心离子,虽然配体相同(都是水分子),但 t_{2g}与 e_g能级差不同,d-d 跃迁时吸收不同波长的可见光,故显不同颜色,见表 8.11。如果中心离子 d 轨道全空(d^0)或全满(d^{10}),则不可能发生上面所讨论的那种 d-d 跃迁,故其水合离子是无色的(如$[Zn(H_2O)_6]^{2+}$、$[Sc(H_2O)_6]^{3+}$等)。

疑难解析

表 8.11　吸收波长与显色的关系

能量/($kJ\cdot mol^{-1}$)		301		241	199		169	151
波长/nm		400		500	600		700	800
被吸收的颜色	不可见光区	可见光区						不可见光区
	紫外区	紫	蓝	绿	黄	橙	红	红外区
观察到的颜色	无色	黄绿	黄	紫红	蓝	绿蓝	蓝绿	无色

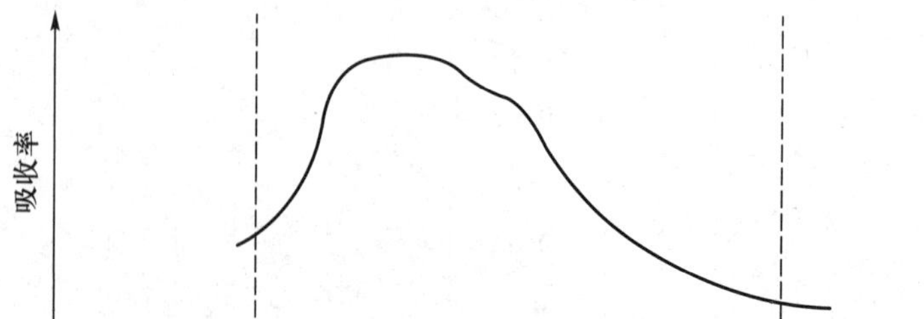

图 8.3　$[Ti(H_2O)_6]^{3+}$的吸收光谱

前面已介绍，八面体场中中心离子的分裂能随中心离子正电荷的增多而增大，因此高氧化态的中心离子易形成低自旋配合物，低氧化态的中心离子易形成高自旋配合物。例如，$[Co(NH_3)_6]^{2+}$为高自旋，而$[Co(NH_3)_6]^{3+}$为低自旋。

晶体场理论能较好地解释配合物的构型、稳定性、磁性、颜色等，因而从20世纪50年代以来有了很大的发展。但是它假设配体是点电荷或偶极子，只考虑中心离子与配体间的静电作用，相当于只考虑离子键作用，没有考虑二者之间有一定程度的共价结合。因此，对$[Ni(CO)_4]$、$[Fe(C_5H_5)_2]$类配合物无法说明；也不能完全满意地解释光谱化学序列，如为什么 NH_3 分子的场强比卤素阴离子强，以及为什么 CN^- 及 CO 配体场强最强，这些可用配位场理论阐明，但已超出本教材范围。

8.3 配合物在水溶液中的稳定性

含配离子的可溶性配合物在水中的解离有两种情况：一种发生在内界与外界之间——全部解离；另一种发生在配离子的中心离子与配体之间——部分解离（类似弱电解质）。

8.3.1 配位-解离平衡及其平衡常数

在$[Cu(NH_3)_4]SO_4$ 溶液中，加 $BaCl_2$ 溶液，会产生 $BaSO_4$ 白色沉淀；若加入少量 NaOH 溶液，却得不到 $Cu(OH)_2$ 沉淀；若加入 Na_2S 溶液，则可得到黑色的 CuS 沉淀。可见，$[Cu(NH_3)_4]^{2+}$在水溶液中只能微弱地解离出 Cu^{2+}和 NH_3。在$[Cu(NH_3)_4]SO_4$ 溶液中，实际上存在着如下平衡：

$$[Cu(NH_3)_4]^{2+} \rightleftharpoons Cu^{2+} + 4NH_3; \qquad K_d^\ominus = K_{不稳}^\ominus = \frac{c(Cu^{2+}) \cdot [c(NH_3)]^4}{c([Cu(NH_3)_4]^{2+})}$$

$$Cu^{2+} + 4NH_3 \rightleftharpoons [Cu(NH_3)_4]^{2+}; \qquad K_f^\ominus = K_{稳}^\ominus = \frac{c([Cu(NH_3)_4]^{2+})}{c(Cu^{2+}) \cdot [c(NH_3)]^4}$$

前者是配离子的**解离反应**，后者则是配离子的**生成反应**。与之相应的标准平衡常数分别叫做配离子的**解离常数**和**生成常数**，分别用符号 $K_d^\ominus$ 和 $K_f^\ominus$ 表示（为了书写简便，此处及以后在平衡常数表达式中均省略了 $c^\ominus$）。$K_d^\ominus$ 是配离子不稳定性的量度，对相同配位数的配离子来说，$K_d^\ominus$ 越大，表示配离子越易解离；$K_f^\ominus$ 是配离子稳定性的量度，$K_f^\ominus$ 值越大，表示该配离子在水中越稳定。因而 $K_d^\ominus$ 和 $K_f^\ominus$ 又分别称为**不稳定常数**和**稳定常数**。显然任何一个配离子的 $K_f^\ominus$ 与 $K_d^\ominus$ 互为倒数关系：

$$K_f^\ominus = \frac{1}{K_d^\ominus}$$

在溶液中配离子的生成是分步进行的，每一步都有一个对应的稳定常数，称之为**逐级稳定常数**（或**分步稳定常数**）。例如：

$$Cu^{2+} + NH_3 \rightleftharpoons [Cu(NH_3)]^{2+}; K_1^\ominus = \frac{c([Cu(NH_3)]^{2+})}{c(Cu^{2+}) \cdot c(NH_3)} = 10^{4.31}$$

$$[Cu(NH_3)]^{2+} + NH_3 \rightleftharpoons [Cu(NH_3)_2]^{2+}; K_2^\ominus = \frac{c([Cu(NH_3)_2]^{2+})}{c([Cu(NH_3)]^{2+}) \cdot c(NH_3)} = 10^{3.67}$$

$$[Cu(NH_3)_2]^{2+}+NH_3 \rightleftharpoons [Cu(NH_3)_3]^{2+};K_3^{\ominus}=\frac{c([Cu(NH_3)_3]^{2+})}{c([Cu(NH_3)_2]^{2+})\cdot c(NH_3)}=10^{3.04}$$

$$[Cu(NH_3)_3]^{2+}+NH_3 \rightleftharpoons [Cu(NH_3)_4]^{2+};K_4^{\ominus}=\frac{c([Cu(NH_3)_4]^{2+})}{c([Cu(NH_3)_3]^{2+})\cdot c(NH_3)}=10^{2.3}$$

多配体配离子的**总稳定常数**(或**累积稳定常数**)等于逐级稳定常数的乘积。例如:

$$Cu^{2+}+4NH_3 \rightleftharpoons [Cu(NH_3)_4]^{2+};\ K_f^{\ominus}=K_1^{\ominus}\cdot K_2^{\ominus}\cdot K_3^{\ominus}\cdot K_4^{\ominus}=10^{13.32}$$

一些常见配离子的稳定常数列于表 8.12 中。

在溶液中配离子的解离也是分步进行的。因此在$[Cu(NH_3)_4]SO_4$溶液中,除含有$[Cu(NH_3)_4]^{2+}$、Cu^{2+}、SO_4^{2-}外,还含有$[Cu(NH_3)]^{2+}$、$[Cu(NH_3)_2]^{2+}$、$[Cu(NH_3)_3]^{2+}$等,溶液中$c(Cu^{2+})$与$c(NH_3)$之比不是 1∶4 的关系。

疑难解析

表 8.12 一些常见配离子的稳定常数

配离子	$K_f^{\ominus}$	配离子	$K_f^{\ominus}$
$[AgCl_2]^-$	1.1×10^{5}	$[Cu(en)_2]^{2+}$	1.0×10^{20}
$[AgI_2]^-$	5.5×10^{11}	$[Cu(NH_3)_2]^+$	7.24×10^{10}
$[Ag(CN)_2]^-$	1.26×10^{21}	$[Cu(NH_3)_4]^{2+}$	2.09×10^{13}
$[Ag(NH_3)_2]^+$	1.12×10^{7}	$[Fe(NCS)_2]^+$	2.29×10^{3}
$[Ag(SCN)_2]^-$	3.72×10^{7}	$[Fe(CN)_6]^{4-}$	1.0×10^{35}
$[Ag(S_2O_3)_2]^{3-}$	2.88×10^{13}	$[Fe(CN)_6]^{3-}$	1.0×10^{42}
$[AlF_6]^{3-}$	6.9×10^{19}	$[FeF_6]^{3-}$	2.04×10^{14}
$[Au(CN)_2]^-$	1.99×10^{38}	$[HgCl_4]^{2-}$	1.17×10^{15}
$[Ca(edta)]^{2-}$	1.0×10^{11}	$[HgI_4]^{2-}$	6.76×10^{29}
$[Cd(en)_2]^{2+}$	1.23×10^{10}	$[Hg(CN)_4]^{2-}$	2.51×10^{41}
$[Cd(NH_3)_4]^{2+}$	1.32×10^{7}	$[Mg(edta)]^{2-}$	4.37×10^{8}
$[Co(NCS)_4]^{2-}$	1.0×10^{3}	$[Ni(CN)_4]^{2-}$	1.99×10^{31}
$[Co(NH_3)_6]^{2+}$	1.29×10^{5}	$[Ni(NH_3)_6]^{2+}$	5.50×10^{8}
$[Co(NH_3)_6]^{3+}$	1.58×10^{35}	$[Zn(CN)_4]^{2-}$	5.01×10^{16}
$[Cu(CN)_2]^-$	1.0×10^{24}	$[Zn(NH_3)_4]^{2+}$	2.88×10^{9}

8.3.2 配离子稳定常数的有关计算

利用配离子的稳定常数,可以计算配合物溶液中有关离子的浓度,判断配离子与沉淀之间、配离子之间转化的可能性,此外还可利用$K_f^{\ominus}$值计算有关电对的电极电势。

1. 计算配合物溶液中有关离子的浓度

[**例 8.1**] 计算溶液中与 $1.0\times10^{-3}\ mol\cdot L^{-1}$ $[Cu(NH_3)_4]^{2+}$和 $1.0\ mol\cdot L^{-1}$ NH_3 处于平衡状态时游离 Cu^{2+}的浓度。

解:设平衡时 $c(Cu^{2+})=x\ mol\cdot L^{-1}$,

$$Cu^{2+}+4NH_3 \rightleftharpoons [Cu(NH_3)_4]^{2+}$$

平衡浓度/($mol\cdot L^{-1}$) x 1.0 1.0×10^{-3}

已知$[Cu(NH_3)_4]^{2+}$的 $K_f^{\ominus}=2.09\times10^{13}$,将上述各项代入累积稳定常数表示式:

$$K_f^{\ominus}=\frac{c([Cu(NH_3)_4]^{2+})}{c(Cu^{2+})\cdot[c(NH_3)]^4}=\frac{1.0\times10^{-3}}{x(1.0)^4}=2.09\times10^{13}$$

$$x=\frac{1.0\times10^{-3}}{1\times2.09\times10^{13}}=4.8\times10^{-17}$$

$$c(Cu^{2+})=4.8\times10^{-17}\ mol\cdot L^{-1}$$

由于一般配离子的逐级稳定常数彼此相差不太大,因此在计算配离子溶液中有关离子浓度时,应考虑各级配离子的存在,但在实际工作中,往往加入过量配位剂,此时中心离子基本上处于最高配位状态,而低级配离子可以忽略不计,这样一来可以根据总的稳定常数 $K_f^{\ominus}$ 来计算。

[例 8.2] 将 10.0 mL、0.20 $mol\cdot L^{-1}$ $AgNO_3$溶液与 10.0 mL、1.0 $mol\cdot L^{-1}$ $NH_3\cdot H_2O$ 混合,计算溶液中游离 Ag^+的浓度。

解:两种溶液混合后,因溶液中 NH_3 过量,Ag^+基本上转化为$[Ag(NH_3)_2]^+$,由于$[Ag(NH_3)_2]^+$的 $K_f^{\ominus}$ 较大,$[Ag(NH_3)]^+$可忽略不计,且每形成 1 mol $[Ag(NH_3)_2]^+$要消耗2 mol NH_3。

$$Ag^+ \quad + \quad 2NH_3 \quad \rightleftharpoons \quad [Ag(NH_3)_2]^+$$

起始浓度/($mol\cdot L^{-1}$) 0.10 0.50 0

平衡浓度/($mol\cdot L^{-1}$) x $0.50-2\times0.10+2x$ $0.10-x$

x 很小,故 $0.50-2\times0.10+2x\approx0.30$,$0.10-x\approx0.10$

$$x=\frac{c([Ag(NH_3)_2]^+)}{[c(NH_3)]^2\cdot K_f^{\ominus}}=\frac{0.10}{(0.30)^2\times1.12\times10^7}=9.9\times10^{-8}$$

$$c(Ag^+)=9.9\times10^{-8}\ mol\cdot L^{-1}$$

2. 判断配离子与沉淀之间转化的可能性

[例 8.3] 在 1 L 如例 8.1 所述的溶液中,加入 0.001 mol NaOH,问有无 $Cu(OH)_2$ 沉淀生成?若加入 0.001 mol Na_2S,有无 CuS 沉淀生成?(设溶液体积基本不变。)

解:(1) 当加入 0.001 mol NaOH 后,溶液中的 $c(OH^-)=0.001\ mol\cdot L^{-1}$,已知$Cu(OH)_2$的 $K_{sp}^{\ominus}=2.2\times10^{-20}$。

该溶液中有关离子浓度的乘积:

$$c(Cu^{2+})\cdot[c(OH^-)]^2/(c^{\ominus})^3=4.8\times10^{-17}\times(10^{-3})^2=4.8\times10^{-23}$$

$$4.8\times10^{-23}<K_{sp}^{\ominus}(Cu(OH)_2)=2.2\times10^{-20}$$

故加入 0.001 mol NaOH 后无 $Cu(OH)_2$ 沉淀生成。

(2) 若加入 0.001 mol Na_2S,溶液中 $c(S^{2-})=0.001\ mol\cdot L^{-1}$(未考虑 S^{2-}的水解)

已知 $K_{sp}^{\ominus}(CuS)=6.3\times10^{-36}$,则溶液中有关离子浓度乘积:

$$c(Cu^{2+})\cdot c(S^{2-})/(c^{\ominus})^2=4.8\times10^{-17}\times10^{-3}=4.8\times10^{-20}$$

$$4.8\times10^{-20}>K_{sp}^{\ominus}(CuS)=6.3\times10^{-36}$$

故加入 0.001 mol Na_2S 后有 CuS 沉淀产生。

3. 判断配离子之间转化的可能性

配离子之间的转化,与沉淀之间的转化类似,反应向着生成更稳定的配离子的方向进行。两种配离子的稳定常数相差越大,转化越完全。例如,向含有$[Zn(NH_3)_4]^{2+}$

的溶液中加入 KCN,此时可能发生下列反应:

$$[Zn(NH_3)_4]^{2+}+4CN^- \rightleftharpoons [Zn(CN)_4]^{2-}+4NH_3$$

根据平衡常数表示式可写出:

$$K^{\ominus}=\frac{c([Zn(CN)_4]^{2-})\cdot[c(NH_3)]^4}{c([Zn(NH_3)_4]^{2+})\cdot[c(CN^-)]^4}$$

分子分母同乘 $c(Zn^{2+})$后可得:

$$K^{\ominus}=\frac{c([Zn(CN)_4]^{2-})\cdot[c(NH_3)]^4\cdot c(Zn^{2+})}{c([Zn(NH_3)_4]^{2+})\cdot[c(CN^-)]^4\cdot c(Zn^{2+})}=\frac{K_f^{\ominus}([Zn(CN)_4]^{2-})}{K_f^{\ominus}([Zn(NH_3)_4]^{2+})}$$

已知$[Zn(NH_3)_4]^{2+}$和$[Zn(CN)_4]^{2-}$的 $K_f^{\ominus}$ 分别为 2.88×10^9 和 5.01×10^{16},则

$$K^{\ominus}=(5.01\times10^{16})/(2.88\times10^9)=1.74\times10^7$$

$K^{\ominus}$值很大说明转化反应能进行完全,$[Zn(NH_3)_4]^{2+}$可以完全转化为$[Zn(CN)_4]^{2-}$。

配离子的转化具有普遍性,金属离子在水溶液中的配合反应,也是配离子之间的转化。例如:$[Cu(H_2O)_4]^{2+}+4NH_3 \rightleftharpoons [Cu(NH_3)_4]^{2+}+4H_2O$。

4. 计算有金属配离子生成的半反应的电极电势

氧化还原电对的电极电势随着配合物的形成会发生改变。

[例 8.4]　已知 $E^{\ominus}(Ag^+/Ag)=0.799\ 1$ V,$[Ag(CN)_2]^-$的 $K_f^{\ominus}=1.26\times10^{21}$,计算 $E^{\ominus}([Ag(CN)_2]^-/Ag)$值。

解:首先计算$[Ag(CN)_2]^-$在标准状态下平衡时解离出的 Ag^+的浓度。

$$[Ag(CN)_2]^- \rightleftharpoons Ag^+ +2CN^-$$

根据题意,配离子和配体的浓度均为 1 $mol\cdot L^{-1}$,则

$$c(Ag^+)=\frac{1}{K_f^{\ominus}([Ag(CN)_2]^-)}=7.94\times10^{-22}\ mol\cdot L^{-1}$$

将 $c(Ag^+)$代入能斯特方程式:

$$\begin{aligned}E^{\ominus}([Ag(CN)_2]^-/Ag)&=E^{\ominus}(Ag^+/Ag)+0.059\ 2\ V\ \lg[c(Ag^+)]\\&=(0.799\ 1+0.059\ 2\ \lg10^{-21.1})\ V\\&=(0.799\ 1-1.25)\ V=-0.45\ V\end{aligned}$$

由此例可以看出,当 Ag^+形成配离子以后,$E^{\ominus}([Ag(CN)_2]^-/Ag)<E^{\ominus}(Ag^+/Ag)$,即在有配体 CN^-存在时,单质银的还原能力增强,易被氧化为$[Ag(CN)_2]^-$。

一般形成配离子后,金属离子氧化性减弱,而对应的金属还原能力增强。

一种配体和同一元素不同氧化数的离子形成配位数相同的两种配离子,如$[Co(NH_3)_6]^{2+}$和$[Co(NH_3)_6]^{3+}$,可利用它们的 $K_f^{\ominus}$ 值求出 $E^{\ominus}([Co(NH_3)_6]^{3+}/[Co(NH_3)_6]^{2+})$值。

[例 8.5]　已知 $E^{\ominus}(Co^{3+}/Co^{2+})=+1.92$ V,$K_f^{\ominus}([Co(NH_3)_6]^{3+})=1.58\times10^{35}$,$K_f^{\ominus}([Co(NH_3)_6]^{2+})=1.29\times10^5$,求 $E^{\ominus}([Co(NH_3)_6]^{3+}/[Co(NH_3)_6]^{2+})$值。

解:根据已知条件,可以设计成一个原电池:

$$(-)Pt\mid[Co(NH_3)_6]^{2+},[Co(NH_3)_6]^{3+},NH_3\ \|\ Co^{3+},Co^{2+}\mid Pt(+)$$

该电池反应为　$Co^{3+}+[Co(NH_3)_6]^{2+} \rightleftharpoons [Co(NH_3)_6]^{3+}+Co^{2+}$

反应的平衡常数为

$$K^{\ominus}=\frac{c(Co^{2+})\cdot c([Co(NH_3)_6]^{3+})\cdot[c(NH_3)]^6}{c(Co^{3+})\cdot c([Co(NH_3)_6]^{2+})\cdot[c(NH_3)]^6}$$

$$=\frac{K_f^{\ominus}([Co(NH_3)_6]^{3+})}{K_f^{\ominus}([Co(NH_3)_6]^{2+})}=\frac{1.58\times10^{35}}{1.29\times10^{5}}=1.22\times10^{30}$$

再根据氧化还原反应的平衡常数与电极电势的关系：

$$\lg K^{\ominus}=\frac{z'(E_{(+)}^{\ominus}-E_{(-)}^{\ominus})}{0.059\ 2\ V}$$

即

$$\lg(1.22\times10^{30})=\frac{1\times(1.92\ V-E_{(-)}^{\ominus})}{0.059\ 2\ V}$$

$$E_{(-)}^{\ominus}=E^{\ominus}([Co(NH_3)_6]^{3+}/[Co(NH_3)_6]^{2+})=0.14\ V$$

此值与 $E^{\ominus}(Co^{3+}/Co^{2+})$ 值(1.92 V)比较，可以推测 $[Co(NH_3)_6]^{2+}$ 的还原性比 Co^{2+} 强。空气中的氧即可将 $[Co(NH_3)_6]^{2+}$ 氧化为 $[Co(NH_3)_6]^{3+}$，而 Co^{2+} 在相同的条件下却很稳定；$[Co(NH_3)_6]^{3+}$ 的氧化能力极弱，而 Co^{3+} 却有极强的氧化性。

8.4 几类典型的配合物

配合物涉及的范围很广，在此简单介绍以下几类典型的配合物。

8.4.1 简单配合物

简单配合物是一类由单齿配体(如 NH_3、H_2O、X^- 等)与中心离子直接配位形成的配合物，如 $[Cu(NH_3)_4]SO_4$、$[Ag(NH_3)_2]Cl$、$K_2[PtCl_4]$ 和 $Na_3[AlF_6]$ 等。另外，大量水合物就是以水为配体的简单配合物，例如，$CuSO_4\cdot5H_2O$ 即 $[Cu(H_2O)_4]SO_4\cdot H_2O$，$FeSO_4\cdot7H_2O$ 即 $[Fe(H_2O)_6]SO_4\cdot H_2O$，$CrCl_3\cdot6H_2O$ 即 $[Cr(H_2O)_6]Cl_3$。这些简单配合物称为维尔纳型配合物。

8.4.2 螯合物

螯合物(旧称内络盐)是由中心离子和**多齿配体**结合而成的具有**环状结构**的配合物。通常把形成螯合物的配合剂称为**螯合剂**。例如，乙二胺四乙酸(H_4edta)与大多数金属离子都能形成很稳定的螯合物。$[Ca(edta)]^{2-}$ 的结构如图 8.4 所示。

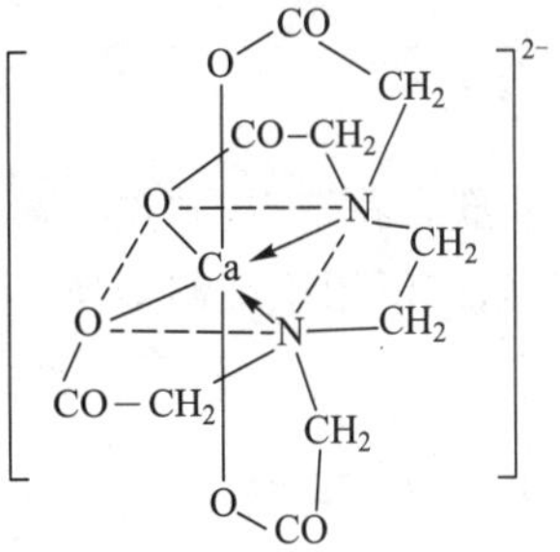

图 8.4 $[Ca(edta)]^{2-}$ 的结构

疑难解析

疑难解析

螯合物具有特殊的稳定性。表 8.13 列出一些金属离子分别与乙二胺形成的螯合物和一般配合物的稳定常数。

表 8.13 某些配合物的稳定常数

螯合物	$K_f^{\ominus}$	一般配合物	$K_f^{\ominus}$
$[Cu(en)_2]^{2+}$	1.0×10^{20}	$[Cu(NH_3)_4]^{2+}$	2.09×10^{13}
$[Zn(en)_2]^{2+}$	6.76×10^{10}	$[Zn(NH_3)_4]^{2+}$	2.88×10^{9}
$[Co(en)_3]^{2+}$	6.6×10^{13}	$[Co(NH_3)_6]^{2+}$	1.29×10^{5}
$[Ni(en)_3]^{2+}$	2.14×10^{18}	$[Ni(NH_3)_6]^{2+}$	5.50×10^{8}

事实表明，螯合物比结构相似且配位原子相同的非螯形配合物稳定。螯合物的稳定性还与螯环的大小和多少有关。一般五元环或六元环的螯合物最稳定，而且一个多齿配体与中心离子形成的螯环数越多，螯合物越稳定。例如，在螯合离子$[Ca(edta)]^{2-}$中有 5 个五元环，因而它很稳定。

8.4.3 羰合物

以 CO 为配体的配合物称为**羰基配合物**（简称**羰合物**）。CO 几乎可以和全部过渡金属形成稳定的配合物，如 $Fe(CO)_5$、$Ni(CO)_4$、$Co_2(CO)_8$ 等。羰合物在结构和性质上都是比较特殊的一类配合物。

在羰合物中，C 原子提供孤电子对给予中心金属原子的空轨道以形成 σ 配键[图 8.5(a)]；另一方面，CO 分子以空的 $\pi^*(2p)$ 反键轨道接受金属原子 d 轨道上的孤电子对，形成反馈$(d\rightarrow p)\pi$ 键[图 8.5(b)]，这双方的键合称为 $\sigma-\pi$ 配键，双方的电子授受作用正好互相结合，其结果使 M—C 键比共价单键略强。由此类配体形成的化合物中，金属原子常处于低正氧化态、零氧化态甚至负氧化态。

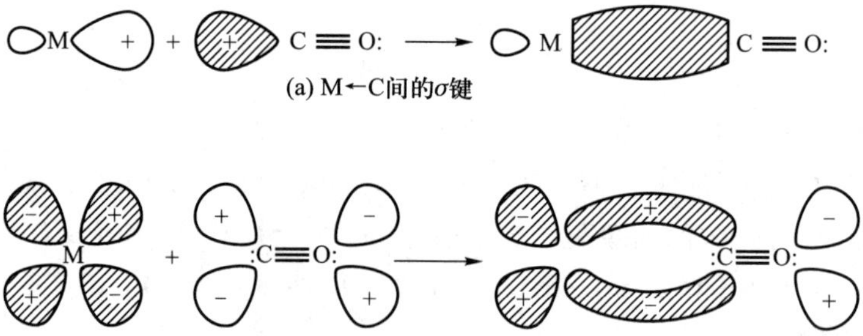

(a) M←C间的σ键

(b) M→C的反馈π键

图 8.5 过渡金属 M 和 CO 间的化学键的形成

羰合物熔点、沸点一般不高，较易挥发（注意有毒！），不溶于水，一般易溶于有机溶剂，广泛用于纯制金属。羰基配合物与其他过渡金属有机化合物在配位催化领域应用广泛。

8.4.4 配合物形成体和配位原子在周期系中的分布

知识拓展

在周期表中几乎所有的金属元素均可作为配合物的形成体。一般来说，具有 9~17、18 电子构型的离子，是最好的形成体，既可形成螯合物，又可生成稳定的非螯形配合物。具有 8 电子稀有气体构型的离子，是配位能力较弱的形成体，仅能生成少数螯合物。在周期表中，位于左端的元素，是配位能力较弱的形成体；而位于周期表中部的元素，是配位能力很强的形成体。

作为配位原子，一般是电负性较大的、位于周期表右端的非金属元素，如 C、N、O、S 等。

配合物形成体和配位原子在周期表中的分布情况如表 8.14 所示。表中实线以内的 22 种元素能形成相当稳定的非螯形配合物和螯合物。表中实线以外点线以内的元素，形成的非螯形配合物不稳定，而其螯合物稳定。表中左侧虚线以内的元素仅能形成少数螯合物。由表可知，与螯合剂形成螯合物的元素多于形成非螯形配合物的元素。在元素周期表中所有金属元素及部分非金属元素都能形成螯合物。可做配位原子的元素一般分布在表中右侧虚线内。

表 8.14 配合物形成体和配位原子在周期表中的分布情况

H																	He
Li	Be											B	C	N	O	F	Ne
Na	Mg											Al	Si	P	S	Cl	Ar
K	Ca	Sc	Ti	V	Cr	Mn	Fe	Co	Ni	Cu	Zn	Ga	Ge	As	Se	Br	Kr
Rb	Sr	Y	Zr	Nb	Mo	Tc	Ru	Rh	Pd	Ag	Cd	In	Sn	Sb	Te	I	Xe
Cs	Ba	La系	Hf	Ta	W	Re	Os	Ir	Pt	Au	Hg	Tl	Pb	Bi	Po	At	Rn
Fr	Ra	Ac系															

8.5 配位化学的应用

配位化学已成为当代化学最活跃的前沿领域之一，它的发展打破了传统的无机化学和有机化学之间的界限，其新奇的特殊性能在科学研究、生产实践和社会生活中得到了广泛应用。下面从几个方面作简要介绍。

1. 在分析化学方面

(1) 离子的鉴定。可通过在溶液中形成有色配离子或难溶有色配合物鉴定离子。

形成有色配离子：例如，在溶液中 NH_3 与 Cu^{2+} 能形成深蓝色的 $[Cu(NH_3)_4]^{2+}$，借此配位反应可鉴定 Cu^{2+}。

形成难溶有色配合物：例如，丁二肟在弱碱性介质中与 Ni^{2+} 可形成鲜红色的难溶二(丁二肟)合镍(Ⅱ)沉淀：

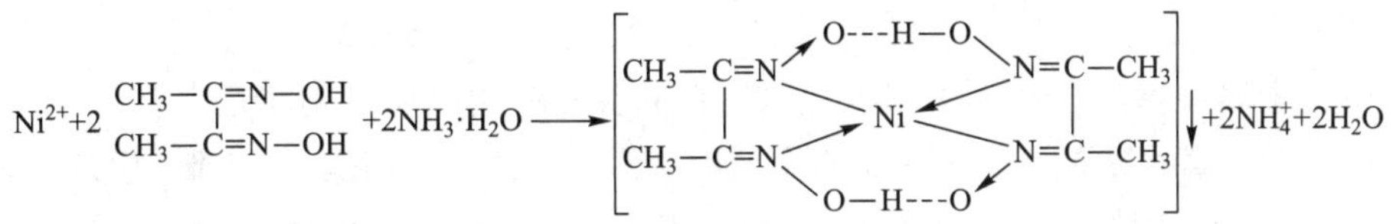

鲜红色

借此以鉴定 Ni^{2+}，也可用于 Ni^{2+} 的定量测定。

(2) 离子的分离。例如，在含有 Zn^{2+} 和 Al^{3+} 的溶液中加入过量氨水：

$$(Zn^{2+}、Al^{3+}) \xrightarrow{\text{过量 } NH_3\cdot H_2O} \begin{cases}[Zn(NH_3)_4]^{2+}(aq) \\ Al(OH)_3\downarrow\end{cases}$$

可达到 Zn^{2+} 与 Al^{3+} 分离的目的。

(3) 离子的掩蔽。例如，加入配位剂 KSCN 鉴定 Co^{2+} 时，在丙酮溶液中，Co^{2+} 与配位剂将发生下列的反应：

$$\underset{\text{(粉红)}}{[Co(H_2O)_6]^{2+}} + 4SCN^- \xrightarrow{\text{丙酮}} \underset{\text{(艳蓝)}}{[Co(NCS)_4]^{2-}} + 6H_2O$$

但是如果溶液中同时含有 Fe^{3+}，Fe^{3+} 也可与 SCN^- 反应，形成血红色的

$[Fe(NCS)]^{2+}$，妨碍了对 Co^{2+} 的鉴定。若事先在溶液中加入足量的配位剂 NaF（或 NH_4F），使 Fe^{3+} 形成更为稳定的无色配离子 $[FeF_6]^{3-}$，这样就可以排除 Fe^{3+} 对鉴定 Co^{2+} 的干扰作用。在分析化学上，这种排除干扰作用的效应称为**掩蔽效应**，所用的配位剂称为**掩蔽剂**。

2. 在配位催化方面

在有机合成中，凡利用配位反应而产生的催化作用，称为**配位催化**。其含义是指单体分子先与催化剂活性中心配位，接着在配位内界进行反应。由于催化活性高，选择性专一及反应条件温和，配位催化被广泛应用于石油化学工业生产中。例如，用 Wacker 法由乙烯合成乙醛采用 $PdCl_2$ 和 $CuCl_2$ 的稀盐酸溶液催化，首先 C_2H_4、H_2O 和 Pd^{2+} 配合生成 $[PdCl_2(H_2O)(C_2H_4)]$，然后它水解成中间产物 $[PdCl_2(OH)(C_2H_4)]^-$，由于 C_2H_4 分子与 Pd^{2+} 配位后，其中的双键 $\left[\,\gt C{=}C\lt\,\right]$ 在 Pd^{2+} 的影响下被削弱而活化，有利于双键的打开并加成，在常温常压下乙烯就能比较容易地氧化成乙醛，转化率高达 95%。其反应式为

$$C_2H_4+\frac{1}{2}O_2\xrightarrow[\text{HCl 溶液}]{PdCl_2+CuCl_2}CH_3CHO$$

3. 在冶金工业方面

（1）高纯金属的制备。绝大多数过渡元素都能与 CO 形成金属羰基配合物。与常见的相应金属化合物比较，它们容易挥发，受热易分解成金属和一氧化碳。利用上述特性，工业上采用羰基化精炼技术制备高纯金属。先将含有杂质的金属制成羰基配合物并使之挥发以与杂质分离；然后加热分解制得纯度很高的金属。例如，制造铁芯和催化剂用的高纯铁粉，正是采用这种技术生产的：

$$\underset{\text{（细粉）}}{Fe}+5CO\xrightarrow[20\ MPa]{200\ ℃}[Fe(CO)_5]\xrightarrow{200\sim250\ ℃}\underset{\text{（高纯）}}{Fe}+5CO$$

由于金属羰基配合物大多剧毒、易燃，在制备和使用时应特别注意安全。

（2）贵金属的提取。众所周知，贵金属难氧化，从其矿石中提取有困难。但是当有合适的配位剂存在，例如，在 NaCN 溶液中，由于 $E^{\ominus}([Au(CN)_2]^-/Au)$ 值比 $E^{\ominus}(O_2/OH^-)$ 值小得多，Au 的还原性增强，容易被 O_2 氧化，形成 $[Au(CN)_2]^-$ 而溶解，然后用锌粉从溶液中置换出金。

4. 在电镀工业方面

欲获得牢固、均匀、致密、光亮的镀层，金属离子在阴极镀件上的还原速率不应太快，为此要控制镀液中有关金属离子的浓度。几十年来，镀 Cu、Ag、Au、Zn、Sn 等工艺中用 NaCN 使有关金属离子转变为氰合配离子，以降低镀液中简单金属离子的浓度。由于氰化物剧毒，20 世纪 70 年代以来人们开始研究无氰电镀工艺，目前已研究出多种非氰配位剂。例如，1-羟基亚乙基-1,1-二膦酸便是一种较好的电镀通用配位剂，它与 Cu^{2+} 可形成羟基亚乙基二膦酸合铜（Ⅱ）配离子，电镀所得镀层达到质量标准。

5. 在生物、医药学方面

生物体内各种各样起特殊催化作用的酶，几乎都与有机金属配合物密切相关。例

如,植物进行光合作用所必需的叶绿素,是以 Mg^{2+} 为中心的复杂配合物;植物固氮酶是铁、钼的蛋白质配合物。

在医学上,常利用配合反应除去进入人体中的某些有毒元素。例如,edta 的钙盐是人体铅中毒的高效解毒剂。对于铅中毒病人,可注射溶于生理盐水或葡萄糖溶液的 $Na_2[Ca(edta)]$,反应如下:

前沿介绍

$$Pb^{2+}+[Ca(edta)]^{2-} \longrightarrow [Pb(edta)]^{2-}+Ca^{2+}$$

$[Pb(edta)]^{2-}$ 及剩余的 $[Ca(edta)]^{2-}$ 均可随尿排出体外,从而达到解铅毒的目的。但是切不可用 Na_2H_2edta 代替 $Na_2[Ca(edta)]$ 作注射液,它会使人体缺钙。

另外,治疗糖尿病的胰岛素,治疗血吸虫病的酒石酸锑钾及抗癌药顺铂、二氯茂钛等都属于配合物。现已证实多种顺铂($[PtCl_2(NH_3)_2]$)及其一些类似物对子宫癌、肺癌、睾丸癌有疗效。最近还发现金的配合物 $[Au(CN)_2]^-$ 有抗病毒作用。

[拓宽视野]

配位化学发展前景

配位化学是在无机化学基础上发展起来的一门边缘学科。它所研究的主要对象为配位化合物。早期的配位化学研究集中在以金属阳离子受体为中心(作为酸)和以含 N、O、S、P 等给电子体原子的配体(作为碱)而形成的所谓"Werner 配合物"。1951 年对二茂铁的研究打破了传统无机物和有机化合物的界限,从而开始了无机化学的复兴。

当代的配位化学沿着深度、广度和应用三个方向发展。在深度上表现在有众多与配位化学有关的学者获得了诺贝尔奖,在以他们为代表的开创性成就的基础上,配位化学在其合成、结构、性质和理论的研究方面取得了一系列进展。配位化合物还以其花样繁多的价键形式和空间结构促进了化学基础理论的发展。在广度上表现在自 Werner 创立配位化学以来,配位化学处于无机化学研究的主流,在与其他学科的相互渗透中,成为众多学科的交叉点。在应用方面,结合生产实践,配合物的传统应用继续得到发展,例如,金属簇合物作为均相催化剂;在能源开发中 C_1 化学和烯烃等小分子的活化;螯合物稳定性差异在湿法冶金和元素分析、分离中的应用等。随着高新技术的日益发展,具有特殊物理、化学和生物化学功能的所谓功能配合物在国际上得到蓬勃的发展。

我国配位化学的研究在中华人民共和国成立前几乎属于空白。1949 年后随着国家经济建设的发展,仅在个别重点高等院校及科研单位开展了这方面的教学和科研工作。20 世纪 60 年代中期以前,主要工作集中在简单配合物的合成、性质、结构及其应用方面的研究,特别是在溶液配合物的平衡理论、混合和多核配合物的稳定性、取代动力学、过渡金属配位催化,以及稀土、W、Mo 等我国丰产元素的分离提纯和配位场理论的研究。除了个别方面的研究外,总体来说与国际水平差距还较大。

80 年代后,我国的配位化学取得了突飞猛进的发展。我国无机化学工作者在环顾了国际上的最新进展后,除了对传统的配合物体系继续发展之外,还开始填补了一些诸如生物无机、有机金属、大环配位化学等原属空白的分支学科。从此我国配位化学研究步入国际先进行列,研究水平大为提高。20 世纪末起,国家优先发展如下领域:(1) 新型大环、大分子配体配合物及特异结构性能模型配合物;(2) 主族元素和过渡元素金属有机化合物、簇合物及多核配合物;(3) 具有光、电、热、磁等特性的新型配合物及其功能的微观机理;(4) 配合物的光化学和电化学、固体和界面配位化学;(5) 超分子配位化学和分子识别与组装。在研究对象上日益重视与材料科学和生命科学相结合。在从分子到材料合成的研究中更加重视功能体系的分子设计。

配位化学日益和其他相关学科相互渗透和交叉。超分子化学可以看做是广义的配位化学，另一方面，配位化学又是包含在超分子化学概念之中。配位化学的原理和规律，无疑将在分子水平上对未来复杂的分子层次以上聚集态体系的研究起着重要作用，其概念及方法也将超越传统学科的界限。我国化学家在进一步促进配位化学和有机化学、物理化学、分析化学、高分子化学、环境化学、材料化学、生物化学，以及凝聚态物理、分子电子学等学科的结合方面有了很好的开端，一些薄弱领域如配位光化学、界面配位化学、纳米配位化学、新型功能配合物及配位超分子化合物、金属配合物等的研究有明显的应用价值，进一步的发展必将给配位化学带来新的发展前景。

思考题

1. 以下配合物中心离子的配位数为 6，假定它们的浓度均为 0.001 $mol\cdot L^{-1}$，指出各溶液导电能力强弱的顺序，并把配离子写在方括号内。

(1) $Pt(NH_3)_6Cl_4$　(2) $Cr(NH_3)_4Cl_3$　(3) $Co(NH_3)_6Cl_3$　(4) K_2PtCl_6

2. $PtCl_4$ 和氨水反应，生成化合物的化学式为 $Pt(NH_3)_4Cl_4$。将 1 mol 此化合物用 $AgNO_3$ 处理，得到 2 mol AgCl。试推断配合物内界和外界的组分，并写出其结构式。

3. 下列说法哪些不正确？说明理由。

(1) 配合物由内界和外界两部分组成；

(2) 只有金属离子才能作为配合物的形成体；

(3) 配体的数目就是形成体的配位数；

(4) 配离子的电荷数等于中心离子的电荷数；

(5) 配离子的几何构型取决于中心离子所采用的杂化轨道类型。

4. 实验测得下列配合物的磁矩数据(μ_B)如下：

$[CoF_6]^{3-}$　4.5　$[Ni(NH_3)_4]^{2+}$　3.0　$[Ni(CN)_4]^{2-}$　0

$[Fe(CN)_6]^{4-}$　0　$[Cr(NH_3)_6]^{3+}$　3.9　$[Mn(CN)_6]^{4-}$　1.8

试判断它们的几何构型，并指出哪些属于内轨型配合物，哪些属于外轨型配合物。

5. 下列配离子中哪个磁矩最大？

$[Fe(CN)_6]^{3-}$　$[Fe(CN)_6]^{4-}$　$[Co(CN)_6]^{3-}$　$[Ni(CN)_4]^{2-}$　$[Mn(CN)_6]^{3-}$

6. 下列配离子(或中性配合物)中，哪个为平面正方形构型？哪个为正八面体构型？哪个为正四面体构型？

$[PtCl_4]^{2-}$　$[Zn(NH_3)_4]^{2+}$　$[Fe(CN)_6]^{3-}$　$[HgI_4]^{2-}$　$[Ni(H_2O)_6]^{2+}$　$[Cu(NH_3)_4]^{2+}$

***7**. 用价键理论和晶体场理论分别描述下列配离子的中心离子价层电子分布。

(1) $[Ni(NH_3)_6]^{2+}$　(外轨型)

(2) $[Co(en)_3]^{3+}$　(低自旋)

***8**. 构型为 $d^1 \sim d^{10}$ 的过渡金属离子，在八面体配合物中，哪些有高、低自旋之分？哪些没有？

9. 试解释下列事实：

(1) 用王水可溶解 Pt、Au 等惰性较大的贵金属，但单独用硝酸或盐酸则不能溶解；

*(2) $[Fe(CN)_6]^{4-}$ 为反磁性，而 $[Fe(CN)_6]^{3-}$ 为顺磁性；

*(3) $[Fe(CN)_6]^{3-}$ 为低自旋，而 $[FeF_6]^{3-}$ 为高自旋；

*(4) $[Co(H_2O)_6]^{3+}$ 的稳定性比 $[Co(NH_3)_6]^{3+}$ 差得多。

10. 下列说法中哪些不正确？说明理由。

(1) 某一配离子的 $K_f^{\ominus}$ 值越小，该配离子的稳定性越差；

(2) 某一配离子的 $K_d^\ominus$ 值越小，该配离子的稳定性越差；

(3) 对于不同类型的配离子，$K_f^\ominus$ 值越大，配离子越稳定；

(4) 配位剂浓度越大，生成的配离子的配位数越大。

11. 向含有 $[Ag(NH_3)_2]^+$ 的溶液中分别加入下列物质：

(1) 稀 HNO_3　(2) $NH_3 \cdot H_2O$　(3) Na_2S 溶液

试问下列平衡的移动方向？

$$[Ag(NH_3)_2]^+ \rightleftharpoons Ag^+ + 2NH_3$$

12. AgI 在下列相同浓度的溶液中，溶解度最大的是哪一个？

KCN　$Na_2S_2O_3$　KSCN　$NH_3 \cdot H_2O$

13. 根据配离子的 $K_f^\ominus$ 值判断下列 $E^\ominus$ 值哪个最小？哪个最大？

(1) $E^\ominus(Ag^+/Ag)$　(2) $E^\ominus([Ag(NH_3)_2]^+/Ag)$

(3) $E^\ominus([Ag(S_2O_3)_2]^{3-})/Ag)$　(4) $E^\ominus([Ag(CN)_2]^-/Ag)$

14. 判断下列转化反应能否进行。

(1) $[Cu(NH_3)_4]^{2+} + 4H^+ \longrightarrow Cu^{2+} + 4NH_4^+$

(2) $AgI + 2NH_3 \longrightarrow [Ag(NH_3)_2]^+ + I^-$

(3) $Ag_2S + 4CN^- \longrightarrow 2[Ag(CN)_2]^- + S^{2-}$

(4) $[Ag(S_2O_3)_2]^{3-} + Cl^- \longrightarrow AgCl + 2S_2O_3^{2-}$

习　题

1. 指出下列配离子的形成体、配体、配位原子及中心离子的配位数。

配离子	形成体	配体	配位原子	配位数
$[Cr(NH_3)_6]^{3+}$				
$[Co(H_2O)_6]^{2+}$				
$[Al(OH)_4]^-$				
$[Fe(OH)_2(H_2O)_4]^+$				
$[PtCl_5(NH_3)]^-$				

2. 命名下列配合物，并指出配离子的电荷数和形成体的氧化数。

配合物	名称	配离子电荷数	形成体的氧化数
$[Cu(NH_3)_4][PtCl_4]$			
$Cu[SiF_6]$			
$K_3[Cr(CN)_6]$			
$[Zn(OH)(H_2O)_3]NO_3$			
$[CoCl_2(NH_3)_3(H_2O)]Cl$			
$[PtCl_2(en)]$			

3. 写出下列配合物的化学式。

(1) 三氯·一氨合铂(Ⅱ)酸钾

（2）高氯酸六氨合钴（Ⅱ）

（3）二氯化六氨合镍（Ⅱ）

（4）四异硫氰酸根·二氨合铬（Ⅲ）酸铵

（5）一羟基·一草酸根·一水·一乙二胺合铬（Ⅲ）

（6）五氰·一羰基合铁（Ⅲ）酸钠

4. 有下列三种铂的配合物，用实验方法确定它们的结构，其结果如下：

物质	Ⅰ	Ⅱ	Ⅲ
化学组成	$PtCl_4 \cdot 6NH_3$	$PtCl_4 \cdot 4NH_3$	$PtCl_4 \cdot 2NH_3$
溶液的导电性	导电	导电	不导电
可被 $AgNO_3$ 沉淀的 Cl^- 数	4	2	不发生
配合物化学式			

根据上述结果，写出上列三种配合物的化学式。

5. 根据下列配离子中心离子未成对电子数及杂化类型，试绘制中心离子价层 d 电子分布示意图。

配离子	未成对电子数	杂化类型
$[Cu(NH_3)_4]^{2+}$	1	dsp^2
$[CoF_6]^{3-}$	4	sp^3d^2
$[Ru(CN)_6]^{4-}$	0	d^2sp^3
$[Co(NCS)_4]^{2-}$	3	sp^3

6. 已知$[MnBr_4]^{2-}$和$[Mn(CN)_6]^{3-}$的磁矩分别为 $5.9\mu_B$ 和 $2.8\mu_B$，试根据价键理论推测这两种配离子价层 d 电子分布情况及它们的几何构型。

7. 在 50 mL 0.20 $mol \cdot L^{-1}$ $AgNO_3$ 溶液中加入等体积的 1.0 $mol \cdot L^{-1}$的 $NH_3 \cdot H_2O$，计算达平衡时溶液中 Ag^+、$[Ag(NH_3)_2]^+$和 $NH_3 \cdot H_2O$ 的浓度。

8. 10 mL 0.10 $mol \cdot L^{-1}$ $CuSO_4$ 溶液与 10 mL 6.0 $mol \cdot L^{-1}$ $NH_3 \cdot H_2O$ 混合并达平衡，计算溶液中 Cu^{2+}、$NH_3 \cdot H_2O$ 及$[Cu(NH_3)_4]^{2+}$的浓度。若向此混合溶液中加入0.010 mol NaOH 固体，问是否有 $Cu(OH)_2$ 沉淀生成？

9. 通过计算比较 1.0 L 6.0 $mol \cdot L^{-1}$氨水与 1.0 L 1.0 $mol \cdot L^{-1}$ KCN 溶液，哪一个可溶解较多的 AgI？

10. 0.10 g AgBr 固体能否完全溶解于 100 mL 1.0 $mol \cdot L^{-1}$氨水中？

11. 在 50.0 mL 0.100 $mol \cdot L^{-1}$ $AgNO_3$ 溶液中加入密度为 0.932 $g \cdot cm^{-3}$、含 NH_3 18.2%的氨水 30.0 mL 后，再加水稀释到 100 mL。

（1）计算溶液中 Ag^+、$[Ag(NH_3)_2]^+$和 $NH_3 \cdot H_2O$ 的浓度；

（2）向此溶液中加入 0.074 5 g 固体 KCl，有无 AgCl 沉淀析出？如欲阻止 AgCl 沉淀生成，在原来 $AgNO_3$ 和 $NH_3 \cdot H_2O$ 的混合溶液中，$NH_3 \cdot H_2O$ 的最低浓度应是多少？

（3）如加入 0.120 g 固体 KBr，有无 AgBr 沉淀生成？如欲阻止 AgBr 沉淀生成，在原来 $AgNO_3$和 $NH_3 \cdot H_2O$ 的混合溶液中，$NH_3 \cdot H_2O$ 的最低浓度应是多少？根据（2）、（3）的计算结果，可得出什么结论？

12. 计算下列反应的平衡常数，并判断反应进行的方向。

(1) $[HgCl_4]^{2-}+4I^- \rightleftharpoons [HgI_4]^{2-}+4Cl^-$

已知 $K_f^\ominus([HgCl_4]^{2-})=1.17\times10^{15}$，$K_f^\ominus([HgI_4]^{2-})=6.76\times10^{29}$。

(2) $[Cu(CN)_2]^-+2NH_3\cdot H_2O \rightleftharpoons [Cu(NH_3)_2]^++2CN^-+2H_2O$

已知 $K_f^\ominus([Cu(CN)_2]^-)=1.0\times10^{24}$，$K_f^\ominus([Cu(NH_3)_2]^+)=7.24\times10^{10}$。

(3) $[Fe(NCS)_2]^++6F^- \rightleftharpoons [FeF_6]^{3-}+2SCN^-$

已知 $K_f^\ominus([Fe(NCS)_2]^+)=2.29\times10^3$，$K_f^\ominus([FeF_6]^{3-})=2.04\times10^{14}$。

13. 已知 $E^\ominus(Ni^{2+}/Ni)=-0.257$ V，$E^\ominus(Hg^{2+}/Hg)=0.853\ 5$ V，计算下列电极反应的 $E^\ominus$ 值。

(1) $[Ni(CN)_4]^{2-}+2e^- \rightleftharpoons Ni+4CN^-$

(2) $[HgI_4]^{2-}+2e^- \rightleftharpoons Hg+4I^-$

***14.** 已知 $E^\ominus(Cu^{2+}/Cu)=0.340$ V，计算出电对 $[Cu(NH_3)_4]^{2+}/Cu$ 的 $E^\ominus$ 值，并根据有关数据说明：在空气存在下，能否用铜制容器储存 1.0 mol·L^{-1}的氨水？假设 $p(O_2)=100$ kPa 且 $E^\ominus(O_2/OH^-)=0.401$ V。

***15.** 已知 $E^\ominus(Ag^+/Ag)=0.799\ 1$ V，$K_f^\ominus([Ag(NH_3)_2]^+)=1.12\times10^7$，$K_f^\ominus([Ag(CN)_2]^-)=1.26\times10^{21}$，试通过计算比较 $[Ag(NH_3)_2]^+$ 和 $[Ag(CN)_2]^-$ 氧化能力的相对强弱。

***16.** 通过有关电对的 $E^\ominus$ 值，计算下列电对中 $[Fe(CN)_6]^{3-}$ 的 $K_f^\ominus$ 值。

$[Fe(CN)_6]^{3-}+e^- \rightleftharpoons [Fe(CN)_6]^{4-}$；　$E^\ominus(Fe^{3+}/Fe^{2+})=0.771$ V

且 $E^\ominus([Fe(CN)_6]^{3-}/[Fe(CN)_6]^{4-})=0.361$ V，　$K_f^\ominus([Fe(CN)_6]^{4-})=1.0\times10^{35}$

***17.** 已知下列原电池：

$$(-)Zn\,|\,Zn^{2+}(1.00\ mol\cdot L^{-1})\ \|\ Cu^{2+}(1.00\ mol\cdot L^{-1})\,|\,Cu(+)$$

(1) 先向右半电池中通入过量 NH_3，使游离 NH_3 的浓度达到 1.00 mol·L^{-1}，此时测得电动势 $E_1=0.708\ 3$ V，求 $K_f^\ominus([Cu(NH_3)_4]^{2+})$（假定 NH_3 的通入不改变溶液的体积）；

(2) 然后向左半电池中加入过量 Na_2S，使 $c(S^{2-})=1.00$ mol·L^{-1}，求算原电池的电动势 E_2[已知 $K_{sp}^\ominus(ZnS)=1.6\times10^{-24}$，假定 Na_2S 的加入也不改变溶液的体积]；

(3) 用原电池符号表示经(1)、(2)处理后的新原电池，并标出正、负极；

(4) 写出新原电池的电极反应和电池反应；

(5) 计算新原电池反应的平衡常数 $K^\ominus$ 和 $\Delta_r G_m^\ominus(298.15\ K)$。

第9章

氢、稀有气体

本章概述了元素的分类和存在形态;元素的自然资源;稀有气体的性质和用途;氢气的制备、性质及用途。

9.1 元素概述

9.1.1 元素的分类

迄今为止,在人类可能探测的宇宙范围,已经发现的元素和人工合成的元素加在一起,共有118种,其中地球上天然存在的元素有92种,其余为人工合成元素。

历史逸闻

已确认的118种元素按其性质可以分为金属元素和非金属元素,其中金属元素93种,非金属元素25种,金属元素约占元素总数的4/5。它们在长式周期表中的位置可以通过硼—硅—砷—碲—砹和铝—锗—锑—钋之间的对角线来划分。位于这条对角线左下方的单质都是金属;右上方的都是非金属。这条对角线附近的锗、砷、锑、碲等称为准金属。所谓准金属是指性质介于金属和非金属之间的单质。准金属大多数可作半导体。

在化学上将元素分为普通元素和稀有元素。所谓稀有元素一般指在自然界中含量少或分布稀散;被人们发现较晚;难从矿物中提取的或在工业上制备和应用较晚的元素。例如钛,由于冶炼技术要求较高,难以制备,长期以来人们对它的性质了解得很少,被列为稀有元素,但它在地壳中的含量排第十位;而有些元素储量并不多但矿物比较集中,如硼、金等已早被人们所熟悉,被列为普通元素。因此,普通元素和稀有元素的划分不是绝对的。

稀有元素一般分为以下几类:

(1) 轻稀有元素:锂(Li)、铷(Rb)、铯(Cs)、铍(Be);

(2) 分散性稀有元素:镓(Ga)、铟(In)、铊(Tl)、硒(Se)、碲(Te);

(3) 高熔点稀有元素:钛(Ti)、锆(Zr)、铪(Hf)、钒(V)、铌(Nb)、钽(Ta)、钼(Mo)、钨(W);

(4) 铂系元素:钌(Ru)、铑(Rh)、钯(Pd)、锇(Os)、铱(Ir)、铂(Pt);

(5) 稀土元素:钪(Sc)、钇(Y)、镧(La)及镧系元素;

(6) 放射性稀有元素:锕(Ac)及锕系元素、钫(Fr)、镭(Ra)、锝(Tc)、钋(Po)等;

(7) 稀有气体:氦(He)、氖(Ne)、氩(Ar)、氪(Kr)、氙(Xe)、氡(Rn)。

随着稀有元素的应用日益广泛，新矿源的开发和研究工作的进展，稀有元素与普通元素之间有些界限已越来越不明显。

9.1.2 元素在自然界中的存在形态

元素在自然界中物种的存在形态主要有游离态（单质）和化合态（化合物）。除了一些化学活泼性较差的元素在自然界中可能以游离态形式存在以外，大多数元素在地球演化漫长的岁月中已经自发地达到吉布斯自由能较低的化合状态。

1. 游离态

在自然界中以游离态存在的元素比较少，大致有三种情况：

(1) 气态非金属单质，如 N_2、O_2、H_2、稀有气体（He、Ne、Ar、Kr、Xe）等；

(2) 固态非金属单质，如碳（石墨、金刚石）、自然硫、硒；

(3) 金属单质，如自然 Hg、Ag、Au、Sb、Bi 及铂系元素（Ru、Rh、Pd、Os、Ir、Pt）单质，还有由陨石❶引进的天然铜和铁。

2. 化合态

大多数元素以化合态（氧化物、硫化物、卤化物、碳酸盐、磷酸盐、硫酸盐、硅酸盐、硼酸盐、铬酸盐、钨酸盐、钼酸盐等）存在，广泛存在于矿物及海水中。例如：

(1) 活泼金属元素（ⅠA 族和ⅡA 族中的 Mg）与ⅦA 族（卤素）元素形成的离子型卤化物，存在于海水、盐湖水、地下卤水、气井水及岩盐矿中，如钠盐（NaCl）、钾盐（KCl）、光卤石（$KCl\cdot MgCl_2\cdot 6H_2O$）、萤石（$CaF_2$）等。

(2) ⅡA 族元素还常以难溶碳酸盐形式存在于矿物中，如石灰石（$CaCO_3$）、菱镁矿（$MgCO_3$）、白云石[$CaMg(CO_3)_2$]、方解石（$CaCO_3$）等；以硫酸盐形式存在的有石膏（$CaSO_4$）、重晶石（$BaSO_4$）、芒硝（$Na_2SO_4\cdot 10H_2O$）等。

(3) 准金属元素（B 除外）及ⅠB、ⅡB 族元素常以难溶硫化物形式存在，如辉锑矿（Sb_2S_3）、辉铜矿（Cu_2S）、闪锌矿（ZnS）、辰砂矿（HgS）等。

(4) ⅢB～ⅦB 族过渡元素主要以稳定的氧化物形式存在，如金红石（TiO_2）、铬铁矿（$FeO\cdot Cr_2O_3$）、软锰矿（MnO_2）、磁铁矿（Fe_3O_4）、赤铁矿（Fe_2O_3）等。

从存在的物理形态来看，在常温常压下自然界中元素的单质以气态存在的有 11 种，即 N_2、O_2、H_2、Cl_2、F_2 和 He、Ne、Ar、Kr、Xe、Rn；以液态存在的有 2 种，即 Hg、Br_2；还有 2 种单质，熔点很低，易形成过冷状态，即 Cs（熔点为 28.5 ℃）、Ga（熔点为 30 ℃）；其余元素的单质呈固态。

9.1.3 元素的分布和我国的自然资源

元素在地壳中的含量称为丰度，丰度可用质量分数或原子分数❷来表示。地壳中分布最广的 10 种元素的质量分数如下：

---

❶ 陨石为“天外来客”。目前全世界搜集到 3 000 多次的陨石标本，我国有 80 余次。1976 年 3 月 8 日 15 时当代最大的“陨石雨”在我国吉林省“突降”，搜集到两百多块陨石，总质量达 2.7 t，其中最大一块为 1.77 t。

❷ 一种元素的丰度是指它在自然界中的平均相对含量。美国地球化学家 F. W. Clark 总结了世界各地 5 759 个矿样分析数据，首次提出元素在地壳中平均含量值，又称克拉克值，通常用质量分数或原子分数来表示。

O	Si	Al	Fe	Ca
45.50%	27.20%	8.300%	6.200%	4.660%
Mg	Na	K	Ti	H
2.764%	2.270%	1.840%	0.633%	0.152%

从以上数据可以看出，这10种元素的总质量占地壳的99%以上，而其余所有元素的含量总共不到1%，可见大多数元素的丰度是很小的。

地壳中的元素存在于矿物和天然水系（海水、河水、湖水及地下水）中。我国的矿物资源比较丰富。金属矿物如钨、锑、稀土居世界之首，锂、锡、钼、铋、铅、汞、铌、钽、铍等矿物储量均居世界前列。非金属矿物资源中，磷、硫、石墨矿储量高。菱镁矿、萤石、硅石、白云岩和石灰岩等重要冶金辅助原料也不少。非金属建材矿产如石棉、滑石、水泥原料、珍珠岩、大理石、膨润土、石膏等也有相当储量。煤、镍、锑、食盐、氟石、重晶石、滑石、铅矿砂、钨矿砂等成为我国重要的出口矿藏。我国重要的超大型矿床概况如表9.1所示。

我国近年发现矿产地800余处，其中大型以上60余处，主要是铜、铅锌、铁矿石、钾盐、磷矿石。值得一提的是自2007年，我国黄金产量已经超过南非居世界第一。但我国铁矿（90%以上）、铜矿、磷矿多为贫矿；钾盐、天然碱、天然硫、金刚石等资源不足；银、铂等更为稀少。共生、伴生矿多，而且地区分布不均，因此要依靠科学技术，加强综合勘探，重视资源的综合利用。

表9.1 我国重要的超大型矿床概况[1]

矿床名称	主要组分	伴生组分	主要组分储量占我国总储量的质量分数/%
内蒙古白云鄂博稀土-铁-铌矿	RE、Fe、Nb		RE_2O_3(60)、Nb_2O_5(29)、Fe(2)
内蒙古801稀土-铍-锆矿	RE、Nb、Zr、Be、Ta		Nb_2O_5(10.4)、Ta_2O_5(24)、ZrO_2(99.9)、BeO(27.2)
云南金顶铅锌矿	Pb、Zn	Cd、Tl、Ag、Sr	(Pb+Zn)(12.3)
广西大厂锡矿	Sn	Pb、Zn、Sb	Sn(17.7)
湖南柿竹园钨-钼-铋矿	W、Sn、Bi、Mo	Nb、Ta、Sc	WO_3(13.8)、Bi(54.2)、Mo(1)
湖南锡矿山锑矿	Sb	S	Sb(41.6)
甘肃金川铜镍矿	Cu、Ni	Co、Pt	Ni(70)、Cu(6)
云南个旧锡矿	Sn	Pb、Zn、Cu	Sn(23)
广东云浮硫铁矿	S	Tl、Pb、Zn	硫铁矿(5)
贵州大河边重晶石矿	$BaSO_4$		$BaSO_4$(29.7)
辽宁大石桥菱镁矿	$MgCO_3$		$MgCO_3$(60.7)

矿藏资源的形成至少要经历数千万年地质年代，而工业革命几百年时间就把地表很多资源消耗殆尽。为寻找新的资源，世界不少国家的科学家除了呼吁节约资源以

[1] 国家自然科学基金委员会．地球化学．北京：科学出版社，1996.

外，还开始向地球深处进军。以目前物理勘探手段而言，人们借助超深钻技术最多只能采集到地下 13 km 处（这仅相当于地球半径的 0.2%）的岩芯标本。

海水里除组成水的 H、O 外，还含有 Cl、Na、K、Mg、Ca、Br、I 等数十种元素。海洋中的元素大多数以离子形式存在于海水中；也有些沉积在海底，如太平洋海底的锰结核矿。

此外，在地球表面周围还有约 100 km 厚、总质量达 5×10^6 亿吨的大气层。大气中的主要成分是 N_2、O_2 和稀有气体，其中 N_2 多达 $3.864\,8\times10^6$ 亿吨，可见大气层也是元素资源的一个巨大宝库。目前世界各国每年从大气中提取数以百万吨计的 O_2、N_2 及稀有气体等物质。

自然资源是有限的，尤其是像石油、天然气、煤炭、淡水及铁、铜、铬、镍等矿物资源，而且这些资源的开发又极易造成环境污染。要建设资源节约型、环境友好型社会，必须学习科学发展观，合理开发和综合利用资源。

9.1.4　单质的制取方法

单质的制备大致有五种方法：物理分离法、热分解法、电解法、还原法及氧化法。

1. 物理分离法

物理分离法适用于分离、提取那些以单质状态存在，与其杂质在某些物理性质（如密度、沸点等）上有显著差异的元素。例如，淘洗黄金是利用金密度大的性质将金提取出来；又如，氧气、氮气则是根据液氧、液氮沸点的不同将液态空气分馏而制得。

2. 热分解法

热稳定性差的某些金属化合物（如 Ag_2O、Au_2O_3、HgS、ZrI_4、$[Ni(CO)_4]$等）直接加热即可分解为金属单质。例如：

$$2Ag_2O \xrightarrow{\triangle} 4Ag(s)+O_2$$

$$HgS(s)+O_2 \xrightarrow{\triangle} Hg(l)+SO_2(g)$$

热分解法还常用于制备一些高纯单质，例如，将粗 Zr 和 I_2 在装有炽热钽丝的密闭容器中加热到 600 ℃ 生成 ZrI_4，ZrI_4 在 1 800 ℃ 又可分解为纯 Zr 和 I_2（I_2 可循环使用）：

$$Zr(粗)+2I_2 \xrightarrow{600\ ℃} ZrI_4 \xrightarrow{1\,800\ ℃} Zr(纯)+2I_2$$

3. 还原法

使用还原剂制取单质的方法称为还原法。一般根据生产规模、实验要求、环境保护、安全因素、原料来源及价格等选用合适的还原剂。例如：

$$MgO(s)+C \xrightarrow{\triangle} Mg+CO\uparrow$$

$$WO_3+3H_2 \xrightarrow{\triangle} W+3H_2O$$

$$MnO_2+2CO \xrightarrow{\triangle} Mn+2CO_2\uparrow$$

$$Fe_2O_3+2Al \xrightarrow{\triangle} 2Fe+Al_2O_3$$

$$2Ca_3(PO_4)_2+10C+6SiO_2 \xrightarrow{\triangle} 6CaSiO_3+10CO\uparrow+P_4\uparrow$$

4. 电解法

活泼金属和非金属单质的制备，可采用电解法。例如，电解饱和 NaCl 水溶液制取 H_2 和 Cl_2；电解金属熔融盐制备 Li、Na、Mg、Al 等金属：

$$2NaCl+2H_2O \xrightarrow{电解} 2NaOH+H_2\uparrow+Cl_2\uparrow$$

$$2LiCl\,(熔体) \xrightarrow[KCl,420\sim430\ ℃]{电解} 2Li+Cl_2\uparrow$$

$$2NaCl\,(熔体) \xrightarrow[CaCl_2,580\sim590\ ℃]{电解} 2Na+Cl_2\uparrow$$

$$2Al_2O_3\,(熔体) \xrightarrow[Na_3AlF_6,960\ ℃]{电解} 4Al+3O_2\uparrow$$

5. 氧化法

使用氧化剂制取单质的方法称为氧化法。例如，用空气氧化法从黄铁矿中提取硫：

$$3FeS_2+6C+8O_2 \xrightarrow{\triangle} Fe_3O_4+6CO_2\uparrow+6S\uparrow$$

冷却硫蒸气可得粉末状的硫。也可从天然气分离出的 H_2S 来制取硫：

$$2H_2S+3O_2 \longrightarrow 2SO_2+2H_2O$$

$$2H_2S+SO_2 \xrightarrow[300\ ℃]{催化剂(Al_2O_3\ 或\ Fe_2O_3)} 3S+2H_2O$$

元素化学的研究对象，一般都要从本国实际出发，根据自然资源情况、经济实力、工农业的需要和尖端技术的要求有所选择和侧重。我国元素化学的研究重点是在其资源丰富的前过渡元素（如钨、钒、铌、钽、钛等）和储量居世界前茅的稀土元素、稀散元素及盐湖资源化学方面；另外，各种元素自然资源的综合利用和绿色化学工艺的研究也应成为研究工作的重要内容。

9.2　氢

氢是宇宙间所有元素中含量最丰富的元素，估计占所有原子总数的 75% 以上。幼年星体几乎 100% 是氢，但在地球上空气中氢气的含量极微，体积分数约为 1%，在自然界中氢主要以化合态形式存在。水、碳氢化合物及所有生物的组织中都含有氢。

9.2.1　氢原子的性质及其成键特征

氢是周期系中第一号元素，在所有元素原子中氢原子的结构是最简单的，氢的电子层结构为 $1s^1$。已知氢有三种同位素，其中 ${}^1_1H$（氕，符号 H）占其总量的 99.98%，${}^2_1H$（氘，符号 D）占 0.016%，${}^3_1H$（氚，符号 T）占总量的 0.004%❶。由于它们的质子数相同而中子数不同，因而它们的单质和化合物的化学性质基本相同，物理性质则有所不同。氢的一些重要性质列于表 9.2 中。

知识拓展

❶ 目前世界各地建造的实验性聚变反应堆，使用的是一种由氘和氚构成的等离子体燃料。

表 9.2 氢的性质

价层电子构型	$1s^1$	电离能/($kJ\cdot mol^{-1}$)	1 312
氧化数	-1,0,+1	电子亲和能/($kJ\cdot mol^{-1}$)	-72.8
原子半径/pm	37	电负性	2.20

从表 9.2 可看出,氢的电离能并不小(比碱金属几乎大 2~3 倍);电子亲和能代数值也不太小;电负性在元素中处于中间地位,所以氢与非金属和金属都能化合。它的成键方式主要有以下几种情况:

1. 失去价电子

氢原子失去 1 s 电子就成为 H^+,H^+实际上是氢原子的核即质子。由于质子的半径为氢原子半径的几万分之一,因此质子具有很强的电场,能使邻近的原子或分子强烈的变形。

2. 结合一个电子

氢原子可以结合一个电子而形成具有氦原子 $1s^2$ 结构的 H^-,这是氢和活泼金属相化合形成离子型氢化物(如 NaH、CaH_2 等)时的价键特征。

3. 形成共价化合物

氢很容易同其他非金属通过共用电子对相结合,形成共价型氢化物(如 HCl、H_2S、NH_3 等)。

从氢的原子结构和成键特征来看,氢在周期表中的位置是不易确定的。氢与ⅠA 族、ⅦA 族元素相比在性质上有所不同,但考虑氢原子失去一个电子后变成 H^+,与碱金属相似,因此有人将氢归入ⅠA 族中;如考虑氢原子得到一个电子后变成 H^-,与卤素相似,所以也有人将氢归入ⅦA 族中。可见,氢的化学性质有其特殊性。

9.2.2 氢气的性质和用途

氢气的主要物理性质列入表 9.3 中。

表 9.3 氢气的主要物理性质

熔点/℃	-259.23	熔化热/($J\cdot mol^{-1}$)	117.15
沸点/℃	-252.77	汽化热/($J\cdot mol^{-1}$)	903.74
气体密度/($g\cdot cm^{-3}$)	8.988×10^{-5} (为空气的 1/14 倍)	热导率/($W\cdot m^{-1}\cdot K^{-1}$)	0.187 (为空气的 5 倍)

氢气是无色、无臭、无味的气体,是所有气体中最轻的,可用以填充气球。氢气球可以携带仪器做高空探测。在农业上,使用氢气球携带干冰、碘化银等试剂在云层中喷撒,进行人工降雨。

氢的扩散性最好,导热性强。由于氢分子之间引力小,致使 H_2 熔点、沸点极低(可利用液态氢获得低温),很难液化。通常是将氢压缩在钢瓶中以供使用。若用液态空气将氢气冷却、压缩,再使其膨胀,可将氢气液化。液氢是超低温制冷剂,可将除氦外的所有气体冷冻成固体。液氢又是重要的高能燃料,美国宇宙航天飞机和我国

知识拓展

"长征"三号火箭均用到液氢燃料。在减压情况下，使液氢蒸发、凝固，可得固态氢（11 K时密度为 0.070 8 $g\cdot cm^{-3}$）。另外，早在 20 世纪 70 年代已有关于在 20 K、2.8×10^3 MPa 条件下固态氢可以变为金属氢（密度为1.3 $g\cdot cm^{-3}$）的报道❶，揭示了金属元素与非金属元素之间并无不可逾越的界限。

氢在水中的溶解度很小，0 ℃时每升水只能溶解 19.9 mL 氢，但它却能大量地被过渡金属镍、钯、铂等所吸收。若在真空中把吸有氢气的金属加热，氢气即可放出。利用这种性质可以获得极纯的氢气。

氢分子在常温下不活泼。由于氢原子半径特别小，又无内层电子，因而氢分子中共用电子对直接受核的作用，形成的 σ 键相当牢固，故 H_2 的解离能相当大：

$$H_2 \longrightarrow 2H;\quad D^{\ominus}(H—H) = 436\ kJ\cdot mol^{-1}$$

相反，当已解离的氢原子重新结合为分子时，将放出同样多的热量，利用这种性质可以设计能获得 3 500 ℃高温的原子氢吹管，用以熔化最难熔的金属（如 W、Ta 等）。

氢气可在氧气或空气中燃烧，得到的氢氧焰温度可高达 3 000 ℃，适用于金属切割或焊接。其反应为

$$H_2+\frac{1}{2}O_2 \longrightarrow H_2O(l);\quad \Delta_r H_m^{\ominus} = -285.830\ kJ\cdot mol^{-1}$$

在点燃氢气或加热氢气时，必须确保氢气的纯净，以免发生爆炸事故。使用氢气的厂房要严禁烟火，加强通风。

加热时，氢气可与许多金属或非金属反应，形成各类氢化物。在高温下，氢作为还原剂与氧化物或氯化物反应，将某些金属或非金属还原出来。电气工业需要的高纯钨和硅就是用这种方法制取的：

$$WO_3+3H_2 \xrightarrow{\text{高温}} W+3H_2O$$

$$SiHCl_3+H_2 \xrightarrow{\text{高温}} Si+3HCl$$

氢气能使粉红色的 $PdCl_2$ 水溶液迅速变黑（析出金属钯粉），借此反应可检出 H_2：

$$PdCl_2(aq)+H_2(g) \longrightarrow Pd(s)\downarrow +2HCl(aq)$$

高温下（如 2 000 K 以上），氢分子可分解为原子氢。太阳中存在的主要是原子氢。原子氢比分子氢性质活泼得多，能在常温下将铜、铁、铋、汞、银等的氧化物或氯化物还原为金属：

$$2H+CuCl_2 \longrightarrow Cu+2HCl$$

氢气是化工和其他工业的重要原料。据估计，目前世界氢气的年产量在标准状况下的体积大致为 $10^{11}\sim10^{12}\ m^3$，主要用于化工、冶金、食品、电子、建材和航天等工业。例如，在化学工业上，氢气除大量用于合成氨以生产氮肥外，还用于合成甲醇：

$$CO(g)+2H_2(g) \xrightarrow[\text{ZnO-Cr}_2\text{O 催化}]{300\sim400\ ℃,\ 2\times10^4\ kPa} CH_3OH$$

又如，在食品工业上，液态不饱和植物油通过催化加氢变为固态的人造黄油，或把烯类加氢变为醛、醇：

---

❶ 超高压下不仅可以使分子、原子间距缩小，还可使原子壳层发生变化，从而导致物质化学和电学性质发生变化。碘、磷、碲、硒、硫、氙在超高压下可以金属化（变为导体）。

$$RCH=CH_2+CO+H_2 \xrightarrow[\text{钴催化剂}]{\text{高温、高压}} RCH_2CH_2CHO \xrightarrow[\text{催化剂}]{H_2} RCH_2CH_2CH_2OH$$

由于氢气燃烧后只产生水，不会污染环境，可谓理想的绿色燃料，在动力领域如汽车、飞机、航天器等都已经或将要采用氢能源。为了提高氢能利用率和使用上方便，还可以做成氢-空气燃料电池，或先把氢储存于储氢材料、含氢化合物中待用。

9.2.3 氢气的制备方法

实验室中通常是用锌与盐酸或稀硫酸作用制取氢气：

$$Zn+2H^+ \longrightarrow Zn^{2+}+H_2\uparrow$$

军事上使用的信号气球和气象气球所充的氢气，常用离子型氢化物同水的反应来制取：

$$CaH_2+2H_2O \longrightarrow Ca(OH)_2+2H_2\uparrow$$

由于 CaH_2 便于携带，而水又易得，所以此法很适用于野外作业制氢。

氢的工业制法主要有：

1. 矿物燃料转化法

在催化剂存在下，天然气（主要成分为 CH_4）或焦炭与水蒸气作用，可以得到水煤气（CO 和 H_2 的混合气）：

$$CH_4(g)+H_2O(g) \xrightarrow[700\sim870\ ^\circ C]{\text{Ni-Co 催化剂}} CO(g)+3H_2(g)$$

$$C+H_2O(g) \xrightarrow{1\ 000\ ^\circ C} CO(g)+H_2(g)$$

将水煤气再与水蒸气反应，在铁铬催化剂的存在下，变成二氧化碳和氢的混合气：

$$CO(g)+H_2O(g) \xrightarrow[\text{催化剂}]{400\sim600\ ^\circ C} CO_2(g)+H_2(g)$$

除去 CO_2后可以得到氢气。该法制氢伴有大量 CO_2 排出，近年来已开发的无 CO_2 排放的矿物燃料制氢技术，将 CO_2 转化为固体炭，减轻了对大气的污染，且制得纯度较高的氢气。

2. 电解法

用直流电电解 15%～20%氢氧化钠溶液，在阴极上放出氢气，在阳极上放出氧气：

$$\text{阴极：}2H^++2e^- \longrightarrow H_2\uparrow$$

$$\text{阳极：}4OH^--4e^- \longrightarrow 2H_2O+O_2\uparrow$$

阴极上产生的氢气纯度达 99.5%～99.9%，所以工业上氢化反应用的氢气常通过电解法制得。另外，氯碱工业中电解食盐溶液制备 NaOH 时，产生大量的 H_2。

据统计，目前世界上的氢气产量约有 96%是由天然气、煤、石油等矿物燃料转化生产的，电解法制氢因耗电大、成本高，只占 4%。近年来制氢的研究进展较快，许多高新技术用于制氢，如利用太阳能光化学催化分解水、高温电解水蒸气及热化学循环分解水等工艺。此外，科学工作者还发现，某些微生物在太阳光作用下能产生氢气，因而探讨微生物产生氢气的原理及如何提高微生物产氢的能力是目前的一个研究课题。等离子体化学法制氢的研究也极引人注目，一旦工艺成熟，将成为工业制氢的重要途径之一。

9.3　稀有气体

9.3.1　稀有气体的存在与发现

在地球上，稀有气体主要来源是空气，此外氦(He)也存在于某些天然气中，氡(Rn)是某些放射性元素蜕变的产物。至于月球，那是氦的“聚集地”，据粗略估算，其氦储量为 300 万~500 万吨。稀有气体中首先被发现的是氦。1868 年法国天文学家 P. Janssen 和英国天文学家 J. N. Lockyer 在观察日全食时，发现太阳光谱上有一条当时地球上尚未发现的橙黄色谱线，这条谱线不属于任何已知元素。英国化学家 S. E. Frankland 认为这条橙黄色谱线对应于太阳外围气氛中的一种新的元素，并称之为氦(helium，希腊文原意是“太阳”)。1895 年英国化学家 W. Ramsay 把钇铀矿放在硫酸中加热，从产生的气体光谱中又看到了这条谱线，亦即在地球上第一次找到氦。1894 年以前，人们一直认为空气只是氮气和氧气的混合物。1894 年英国物理学家 J. W. Rayleigh 和 W. Ramsay 发现，从空气中除去氧以后制得氮的密度为 1.257 2 $g\cdot L^{-1}$，而从化合物制得的氮的密度为 1.250 2 $g\cdot L^{-1}$，两者差异是由于空气中尚有某种比氮更重的未知气体造成的，此种气体能产生自己特有的发射光谱，因而被确定是一种新的元素。这种元素因其惰性而被命名为氩(Argon，希腊文表示“懒”的意思)。

人物简介

氦、氩发现后，由于它们性质很相似，而和周期系中已发现的元素差异很大，W. Ramsay 认为应属于周期系中新的一族，因而还应该有性质类似的新元素存在。1898 年 W. Ramsay 又从液态空气中分离出和氩性质相似的三种元素：氖(Neon，希腊文表示“隐藏”的意思)、氪(Krypton，希腊文表示“新”的意思)、氙(Xenon，希腊文表示“陌生人”的意思)。1900 年德国物理学家 F. E. Dorn 在放射性镭的蜕变产物中发现了氡(Radon)。2006 年美国劳伦斯利弗莫尔国家实验室和俄罗斯科学家联合合成了第 118 号元素。2016 年，国际纯粹与应用化学联合会(IVPAC)宣布，将第 118 号元素命名为 Oganesson(Og)。2017 年，确认其中文名称为鿫，其在周期系中排在氡之下。至此，稀有气体元素氦、氖、氩、氪、氙、氡、鿫全部被发现或人工合成，构成了周期系中的零族元素。

人物简介

9.3.2　稀有气体的结构、性质和用途

稀有气体的价层电子构型是稳定的 8 电子构型(氦为 2 电子)，电离能较大，难以形成电子转移型的化合物；若不拆开成对电子，则不能形成共价键。所以稀有气体在一般条件下不具备化学活性，因而在 1962 年以前一直将稀有气体称为“惰性气体”。这些气体在自然界中以原子的形式存在，都是无色、无臭、无味的，微溶于水。

稀有气体原子间存在着微弱的色散力，其作用力随着原子序数的增加而增大。因而稀有气体的物理性质如熔点、沸点、临界温度、溶解度等也随着原子序数的增加而递增。稀有气体在低温下可被液化，而且除氦外，均可在足够低的温度下凝固。氦则需要在 0~1 K，25 倍以上标准压力下才能凝固，其熔点极低(-272.15 ℃)。

稀有气体的很多用途是基于这些元素的化学惰性和某些物理特性。稀有气体最初是在光学上获得广泛的应用,近年来又逐步扩展到冶炼、医学及一些重要工业部门。

1. 氦($_{2}He$)

除氢以外,氦是最轻的气体,常用它取代氢气充填气球和气艇。氦在血液中的溶解度比氮小得多,利用氦和氧的混合物制成“人造空气”供潜水员呼吸,以防止潜水员出水时,由于压力骤然下降使原来溶在血液中的氮气逸出,阻塞血管而得“潜水病”。另外,氦的密度、黏度均小,对呼吸困难者,使用氦-氧混合呼吸气有助于吸氧、排出CO_2。氦能扩散透过橡胶、聚氯乙烯及大多数玻璃。所有物质中,氦的沸点(4.2 K)最低,液态氦蒸发曾得到比热力学零度只高出十分之几摄氏度的低温,因而广泛用作超低温研究中的制冷剂。氦还适合作为低温温度计(如测量 1~80 K)的填充气体。氦在金属冶炼、电弧焊接中用作惰性保护气体。$^{3}_{2}He$ 被认为是较安全的高效聚变反应原料。

知识拓展

知识拓展

2. 氖($_{10}Ne$)和氩($_{18}Ar$)

当电流通过充氖的灯管时,能产生鲜艳的红光,充氩则产生蓝光,因而氖和氩常用于霓虹灯、灯塔等照明工程。氩的导电性和导热性都很小,可用氩和氮的混合气体来充填灯泡。液氖可用作冷冻剂(制冷温度 25~40 K)。氩也常用作保护气体。

知识拓展

3. 氪($_{36}Kr$)和氙($_{54}Xe$)

氪和氙用于制造特种光源。放电时氪发出黄绿色的辉光,在高效灯泡中常填充氪用作保护气体。氙有极高的发光强度,可用以填充光电管和闪光灯。这种氙灯放电强度高、光线强,有“小太阳”之称。氙与氧气按比例混合使用,可作为无副作用的麻醉剂,用于外科手术,但高浓度氙会使人窒息。此外,氪和氙的同位素常用于医学测量。

知识拓展

4. 氡($_{86}Rn$)

氡溶于水、血、煤油、CS_2 及甲苯,易被橡胶、硅胶、活性炭吸附,是核动力工厂和自然界 U 和 Th 放射性聚变的产物,是人类在自然界中可能接触到的气态放射性元素,其在衰变过程中放出的射线,易诱发癌症、白血病、不孕不育症、胎儿畸形等。在矿物中形成的氡大部分仍留在矿物中,只有少量的氡扩散出来。在地表、湖泊、河流、洞穴、深井中检测到的氡,正是从含有铀的土壤、岩石中渗出的。家居中若氡超标,必须认真检查房基土壤、建材及装饰材料是否有问题。在医学上氡用于恶性肿瘤的放射性治疗。

知识拓展

知识拓展

9.3.3 稀有气体化合物

稀有气体由于具有稳定的电子层结构,过去很长时间以来人们一直认为这些气体的化学性质是“惰性”的,不会发生化学反应,因此在化学键理论中,曾经把“稳定的八隅体”作为化合成键的一种趋势。这种简单的价键概念对稀有气体化合物的合成起到一定的阻碍作用。

第一个稀有气体化合物 $Xe^{+}[PtF_6]^{-}$[六氟合铂(V)酸氙],于 1962 年被英国化学家 N. Bartlett 合成得到:

$$\underset{\text{(无色)}}{Xe(g)} + \underset{\text{(红色)}}{PtF_6(g)} \longrightarrow \underset{\text{(橙黄色)}}{Xe^{+}[PtF_6]^{-}(s)}$$

人物简介

Bartlett 研制 $Xe^{+}[PtF_6]^{-}$的思路和实践令人寻味且富有启发性。1962 年，当年仅 29 岁的英国化学家 Bartlett 通过下列实验：

$$O_2(g)+PtF_6(g) \longrightarrow O_2^{+}[PtF_6]^{-}(s)$$

合成了 $O_2^{+}[PtF_6]^{-}$，证实 PtF_6 能氧化 O_2 后，联想到 Xe 的第一电离能与 O_2 的第一电离能极为相近的事实，就提出 PtF_6 或许也能氧化 Xe，形成类似$Xe^{+}[PtF_6]^{-}$稀有气体化合物的大胆设想，并通过热力学的近似计算，从理论上推测到合成反应的可能性。然后，他精心设计实验，勇于涉足禁区，在常温常压下用 PtF_6 与 Xe 反应，得到一种橙黄色固体，经分析该物质确为一种稀有气体化合物 $Xe^{+}[PtF_6]^{-}$。

示意图片

不久，人们利用相似的方法又合成了 $XeRuF_6$ 和 $XeRhF_6$ 等。至今已制成数百种稀有气体化合物，如卤化物（XeF_2、XeF_4、$XeCl_2$、KrF_2）、氧化物（XeO_3、XeO_4）、氟氧化物（$XeOF_2$、$XeOF_4$）、含氧酸盐[M(Ⅰ)$HXeO_4$、M(Ⅰ)$_4XeO_6$]和一些复合物、加合物等，其中简单化合物甚少，大多数化合物的制备都与氟化物的反应有关，某些化合物可看作是氟化物的衍生物。

示意图片

在密闭的镍容器内，将氙和氟加热到高于 250 ℃时，依氟的用量不同及反应时间的长短，可分别制得 XeF_2、XeF_4、XeF_6：

Xe 过量 $\quad Xe(g)+F_2(g) \longrightarrow XeF_2(g)$

$Xe : F_2 = 1 : 5$ $\quad Xe(g)+2F_2(g) \xrightarrow{\text{控制反应时间}} XeF_4(g)$

$Xe : F_2 = 1 : 20$ $\quad Xe(g)+3F_2(g) \xrightarrow{\text{反应时间长}} XeF_6(g)$

示意图片

反应要严格防止湿气进入，以免产生易爆炸的 XeO_3。这三种氙的氟化物均为稳定的白色结晶状的共价化合物。XeF_2 能与水反应生成氙：

$$2XeF_2+2H_2O \longrightarrow 2Xe+4HF+O_2\uparrow$$

示意图片

而 XeF_4、XeF_6 的水解反应很猛烈，生成易爆炸的固态 XeO_3：

$$6XeF_4+12H_2O \longrightarrow 2XeO_3+4Xe+24HF+3O_2\uparrow$$

$$XeF_6+3H_2O \longrightarrow XeO_3+6HF$$

Xe 的氟化物是优良的氟化剂。例如：

$$UF_4+XeF_2 \longrightarrow UF_6+Xe$$

$$Pt+XeF_4 \longrightarrow PtF_4+Xe$$

$$SiO_2+2XeF_6 \longrightarrow SiF_4+2XeOF_4$$

这三种氙的氟化物均为强氧化剂。例如：

$$XeF_2+H_2O_2 \longrightarrow Xe+2HF+O_2\uparrow$$

$$4Hg+XeF_4 \xrightarrow{20\ ℃} Xe+2Hg_2F_2$$

$$6HCl+XeF_6 \longrightarrow Xe+6HF+3Cl_2\uparrow$$

此外，H_4XeF_6 和 XeO_3 也都是强氧化剂，能将 NH_3、H_2O_2、Cl^-、Br^-、I^-、Mn^{2+}等氧化，分别形成 N_2、O_2、Cl_2、Br_2、I_2、MnO_2（或 MnO_4^-）等。由于大多数情况下，氙化物的还原产物仅是单质 Xe，不会给反应体系引进额外的杂质，且还原产物 Xe 又可循环使用，所以氙的化合物是值得重视的氧化剂。

[拓宽视野]

元素的起源和演化

元素是怎样诞生的？许多宇宙学家倾向于由俄裔美国籍著名天体物理学家乔治·加莫夫提出来“宇宙大爆炸”的假说。这一假说认为，宇宙起源于一个密度极大、体积极小、无限热的时空奇点原始核发生的大爆炸。大爆炸后温度降低到约为 10^{10} K 高温时产生了质子、电子和中子、反中微子。随后当温度降到 10^9 K 时，产生了氢原子和氦原子。在漫长的岁月里，随着核反应不断进行，散落在空间的物质便开始局部地凝聚而成为星云、星体、星系。

1. 氢核聚变为氦

大爆炸后形成的星际物质主要组成是氢，这些星际物质靠彼此的引力作用而收缩形成原始恒星，同时放出引力势能使原始恒星内部的温度上升，引发了氢核聚变为氦的核反应。当恒星核心的氢全部转变为氦后，核心的氢核聚变反应停止。

2. 氦核聚变为 ^{12}C

引力收缩使氦核心的温度升高，引发氦核的聚变反应，氦燃烧主要进行的是三个 ^4He 合成一个 ^{12}C 的核聚变反应。

3. α 粒子核的形成

生成的 ^{12}C 可与 ^4He 进行聚变反应生成 ^{16}O。这一过程的结果使恒星的核心变成 ^{12}C 和 ^{16}O。若核心进一步收缩，温度升高，又开始了碳和氧燃烧反应。碳和氧燃烧能产生多种元素的核，如 ^{24}Mg、^{23}Na、^{29}Ne、^{32}S、^{31}S、^{28}Si、^{31}P，同时释放大量的高能粒子。反应释放出的 α 粒子被比 Mg 更重的核俘获发生核聚变反应，从而生成 ^{28}Si、^{32}S、^{36}Ar、^{40}Ca、^{44}Ca、^{48}Ti 等 $A_r=4N$（N 为整数）的所谓 α 粒子核。以上过程的产物主要是 ^{28}Si，恒星形成以硅为主的核心。

4. 重 α 粒子核的形成

当碳和氧消耗殆尽时，新一轮的收缩升温引发了以硅为燃料的核反应。硅燃烧时发生的核反应和碳氧燃烧的核反应不同：重核不是直接由 ^{28}Si 核通过聚变产生的。当体系温度高达 2×10^9 K 以上，产生的高能光子足可以使 ^{28}Si 核光裂解成较小的核，然后与另一个 ^{28}Si 核发生核聚变。其他的核如 ^{24}Mg、^{32}S 也可以发生类似的过程。这一过程可以生成重 α 粒子核，直到 ^{56}Fe。若进一步升温到 4×10^9 K 以上，则可以在几分钟甚至几秒钟内生成 V、Cr、Mn、Fe、Co、Ni 等元素。这时进行的核反应是多样的，一些重核反应也都能发生。

5. 重元素的形成

比 Ni 更重的核不是由聚变反应生成的，而是由较重的核连续俘获中子或质子而生成的。中子被一些较重的核俘获后，主要生成 63～209 的核素。事实上，一些最简单的分子如 CO、CN 等在恒星大气中已开始形成。人们已经在星际空间又发现了许多种星际分子，如 H_2O、NH_3、HCN、CH_3OH、HCOOH、CH_3CHO、H_2S、CH_3NH_2 等。更复杂的分子则在行星演化过程中形成，对于条件适宜的行星，可进一步发展到生命及生命进化。值得注意的是形成有机体的所谓生命元素——H、C、N、O、S、P，以及少量的 Ca、Mg、Fe 等都是恒星演化过程中最早生成的、丰度最大的几种元素（大多是 α 粒子核）。而一些能够衍生生命的原始分子——H_2O、NH_3、CH_4、CO_2、CH_3CHO 等在行星形成之前的星际空间已经形成了。显然，元素的演化是物质世界演化的无穷链条上的一个重要环节。

“宇宙爆炸”假说认为宇宙不断在膨胀，温度虽有起伏但总体在降低，由于获得可靠的观察事实支持和理论依据，发展成为“宇宙大爆炸理论”。但是，宇宙的运动是很复杂的，至今仍有许多难解之谜，大爆炸理论是否为宇宙、元素起源的终极理论，目前尚难做定论。

思考题

1. 工业生产中所需大量氢气，你认为是用什么方法制备的？

2. 你会选择哪一种稀有气体作为

（1）最低温的冷冻剂；

（2）电离能低又安全的放电光源；

（3）最廉价的惰性气氛。

3. 用价层电子对互斥理论推测 XeF_2、XeF_4、XeF_6 分子的几何构型。

习　题

1. 举出能从（1）冷水、（2）热水、（3）水蒸气、（4）酸、（5）碱中置换出氢气的五种金属，并写出有关的反应方程式（注明必要的反应条件）。

2. 完成下列反应方程式：

（1）$WO_3+H_2 \xrightarrow{\text{高温}}$

（2）$SiHCl_3+H_2 \xrightarrow{\text{高温}}$

（3）$XeF_2+H_2O \longrightarrow$

（4）$XeF_2+H_2O_2 \longrightarrow$

（5）$XeF_6+H_2O \longrightarrow$

（6）$XeF_6+SiO_2 \longrightarrow$

（7）$Xe+PtF_6 \longrightarrow$

3. 已知 $\Delta_f H_m^\ominus(XeF_4,s)=-261.5\ kJ \cdot mol^{-1}$，$XeF_4(s)$ 的升华焓为 47 $kJ \cdot mol^{-1}$，试计算 $\Delta_f H_m^\ominus(XeF_4,g)$。

4. 如本章 9.3.3 所述，1962 年 Bartlett 合成得到稀有气体的第一个化合物。请重复 Bartlett 的热力学计算，并根据计算（常温下 $T\Delta_r S_m^\ominus$ 值小，可忽略）所得的 $\Delta_r G_m^\ominus(XePtF_6)$ 值，从理论上论证反应的可能性。已知：

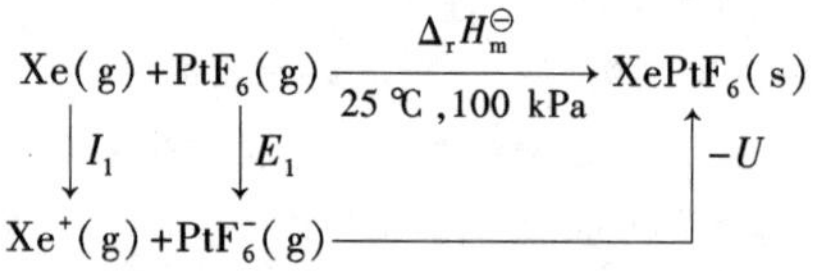

$I_1=1\,170\ kJ \cdot mol^{-1}$

$E_1=-771\ kJ \cdot mol^{-1}$

$U=459\ kJ \cdot mol^{-1}$

第10章

碱金属和碱土金属元素

本章将重点介绍碱金属和碱土金属单质、氧化物、氢氧化物、盐类的性质及几种典型盐的生产。

知识拓展

知识拓展

矿物图片

矿物图片

10.1 s区元素概述

s区元素包括周期表中ⅠA和ⅡA族。ⅠA族由锂、钠、钾、铷、铯和钫六种元素组成。由于钠和钾的氢氧化物是典型的“碱”,故本族元素有碱金属之称。锂、铷、铯是轻稀有金属,钫是放射性元素。ⅡA族由铍、镁、钙、锶、钡和镭六种元素组成。由于钙、锶、钡的氧化物性质介于“碱”族与“土”族元素之间,故有碱土金属之称。现在习惯上把铍和镁也包括在碱土金属之内。铍也属于轻稀有金属,镭是放射性元素。锂最重要的矿石是锂辉石($LiAlSi_2O_6$)。钠主要以 NaCl 形式存在于海洋、盐湖及岩石中。钾的主要矿物是钾石盐(KCl 与 NaCl 的混合物),我国青海钾盐储量原占全国95%,现又发现新疆罗布泊钾盐资源 7 000 万吨,成为重要的钾盐生产基地。铍的主要矿物是绿柱石($3BeO\cdot Al_2O_3\cdot 6SiO_2$)。镁主要以菱镁矿($MgCO_3$)、橄榄石[$Mg_2Fe_2(SiO_4)_2$]、白云石[$MgCa(CO_3)_2$]形式存在。钙、锶、钡以碳酸盐、硫酸盐形式存在,如方解石($CaCO_3$)、石膏($CaSO_4\cdot 2H_2O$)、天青石($SrSO_4$)、重晶石($BaSO_4$)。

10.2 碱金属和碱土金属的性质

碱金属和碱土金属元素的一些基本性质,分别列于表10.1和表10.2中。

表10.1 碱金属元素的性质

元素	锂(Li)	钠(Na)	钾(K)	铷(Rb)	铯(Cs)
原子序数	3	11	19	37	55
价层电子构型	$2s^1$	$3s^1$	$4s^1$	$5s^1$	$6s^1$
主要氧化数	+1	+1	+1	+1	+1
密度(20 ℃)/($g\cdot cm^{-3}$)	0.53	0.97	0.86	1.53	1.88
熔点/℃	180.5	97.82	63.25	38.89	28.40
沸点/℃	1 342	882.9	760	686	669.3

续表

元素	锂(Li)	钠(Na)	钾(K)	铷(Rb)	铯(Cs)
硬度(金刚石=10)	0.6	0.4	0.5	0.3	0.2
金属半径/pm	152	186	227	248	265
离子半径❶/pm	59	102	138	152	167
第一电离能 $I_1/(kJ\cdot mol^{-1})$	520	496	419	403	376
第二电离能 $I_2/(kJ\cdot mol^{-1})$	7 298	4 562	3 051	2 632	2 234
电负性(χ_P)	1.0	0.9	0.8	0.8	0.7
$E^\ominus(M^+/M)/V$	-3.040	-2.713	-2.924	(-2.98)	(-3.026)

表 10.2 碱土金属元素的性质

元素	铍(Be)	镁(Mg)	钙(Ca)	锶(Sr)	钡(Ba)
原子序数	4	12	20	38	56
价层电子构型	$2s^2$	$3s^2$	$4s^2$	$5s^2$	$6s^2$
主要氧化数	+2	+2	+2	+2	+2
密度(20 ℃)/$(g\cdot cm)^{-3}$	1.85	1.74	1.54	2.6	3.51
熔点/℃	1 278	648.8	839	769	725
沸点/℃	2 970	1 107	1 484	1 384	1 640
硬度(金刚石=10)	4	2.0	1.5	1.8	—
金属半径/pm	111	160	197	215	217
离子半径/pm	27	72	100	118	136
第一电离能 $I_1/(kJ\cdot mol^{-1})$	899	738	590	549	503
第二电离能 $I_2/(kJ\cdot mol^{-1})$	1 757	1 451	1 145	1 064	965
第三电离能 $I_3/(kJ\cdot mol^{-1})$	14 849	7 733	4 912	4 138	—
电负性(χ_P)	1.5	1.2	1.0	1.0	0.9
$E^\ominus(M^{2+}/M)/V$	-1.99	-2.356	-2.84	-2.89	-2.92

ⅠA 族和ⅡA 族元素的原子最外层分别只有 1~2 个 s 电子,在同一周期中这些原子具有较大的原子半径和较少的核电荷,故ⅠA 族、ⅡA 族金属晶体中的金属键很不牢固,单质的熔、沸点较低,硬度较小。由于碱土金属比碱金属原子半径小,核电荷多,因此碱土金属的熔点和沸点都比碱金属高,密度和硬度比碱金属大。Li 的密度为 0.53 $g\cdot cm^{-3}$,是最轻的金属。碱金属和 Ca、Sr、Ba 均可用刀切割,其中最软的是 Cs。

❶ 表 10.1 和表 10.2 中 Li^+、Be^{2+} 的离子半径以 4 配位的数据计算得到,而其他离子的半径以 6 配位的数据得到。

碱金属和碱土金属表面都具有银白色光泽，在同周期中碱金属是金属性最强的元素，碱土金属逊于碱金属；在同族元素中随原子序数增加，元素的金属性依次递增。碱金属尤其是 Cs 和 Rb，失去电子的倾向很大，当受到光的照射时，金属表面的电子易逸出，因此，常用来制造光电管。例如，铯光管制成的自动报警装置，可报告远处火警；制成的天文仪器可根据由星光转变的电流大小测出太空中星体的亮度，推算出星体与地球的距离。

疑难解析

ⅠA 族和ⅡA 族元素常见的氧化数分别为+1 和+2，这与它们的族号相一致。常见的ⅠA、ⅡA 族元素的化合物以离子型为主。由于 Li^+、Be^{2+} 的半径远小于同族其他阳离子，故 Li、Be 的化合物具有一定程度的共价性。碱金属和碱土金属同族元素的标准电极电势随原子序数增加而降低，但 Li 的标准电极电势却比 Cs 还低，这是由于 Li 有较小的半径，易与水分子结合生成水合离子而释放出较多能量（即水合焓 $\Delta_h H_m^\ominus$ 代数值最小）造成的。

疑难解析

用焓变可粗略估计金属锂电极电势的大小。

假设原电池：

$$(-)\,M\,|\,M^+(1\ mol\cdot L^{-1})\ \|\ H^+(1\ mol\cdot L^{-1})\,|\,H_2(100\ kPa),Pt(+)$$

原电池反应：

$$M(s)+H^+(aq) \longrightarrow M^+(aq)+\frac{1}{2}H_2(g)$$

$$\Delta_r G_m^\ominus = -z'F\{E^\ominus(H^+/H_2)-E^\ominus(M^+/M)\} = z'FE^\ominus(M^+/M)$$

对于碱金属如不考虑 $\Delta_r S_m^\ominus$ 的影响，可以近似用反应的焓变（$\Delta_r H_m^\ominus$）代替反应的吉布斯自由能变 $\Delta_r G_m^\ominus$ 来加以说明。为求 $\Delta_r H_m^\ominus$，可设计如下过程：

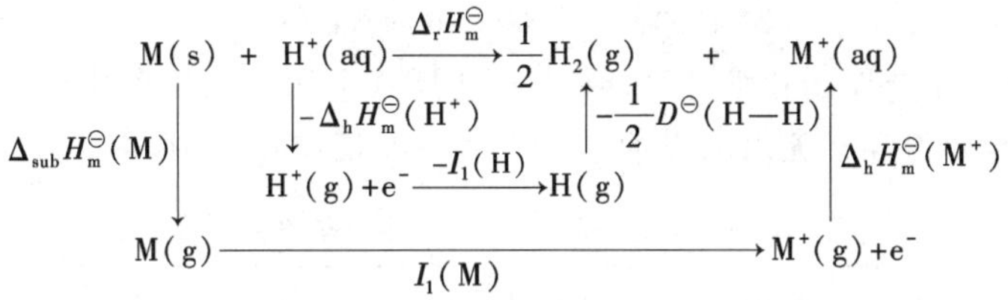

$$\Delta_r H_m^\ominus = [\Delta_{sub} H_m^\ominus(M)+I_1(M)+\Delta_h H_m^\ominus(M^+)]+[-\Delta_h H_m^\ominus(H^+)-I_1(H)-\frac{1}{2}D^\ominus(H—H)]$$

根据以上公式，可以计算出碱金属在水溶液中转变为水合离子过程的焓变数值。现把有关数据列于表 10.3 中。

表 10.3 碱金属转变为水合离子过程的有关数据

	Li	Na	K	Rb	Cs
$\Delta_{sub} H_m^\ominus(M)/(kJ\cdot mol^{-1})$	161	108.7	90	85.8	78.8
$I_1(M)/(kJ\cdot mol^{-1})$	520	496	419	403	376
$\Delta_h H_m^\ominus(M^+)/(kJ\cdot mol^{-1})$	−519	−409	−322	−293	−264
$\Delta_r H_m^\ominus/(kJ\cdot mol^{-1})$	−275.0	−241.3	−250.0	−241.2	−246.2

从表 10.3 中数据可看出，$\Delta_r H_m^{\ominus}(Li)$是同族元素中最小的。这是因为尽管 Li 的升华和电离过程吸收的能量较大，但由于 Li^+的半径最小，对水分子的作用力大，使水合过程所放出的能量特别大，从而导致整个过程焓变代数值最小，放出的能量最多，足以补偿 Li(s)升华时和 Li(g)电离时所吸收的热量。亦即 Li 形成 $Li^+(aq)$的倾向最大，可以粗略估计 Li 的 $E^{\ominus}(Li^+/Li)$值在碱金属中是最小的。

碱金属和碱土金属（铍、镁除外）均可溶于液氨，生成溶剂合电子和阳离子，形成具有导电性的深蓝色溶液：

碱金属 $M(s)+(x+y)NH_3 \rightleftharpoons M^+(NH_3)_x+e^-(NH_3)_y$（蓝色）

碱土金属 $M(s)+(x+2y)NH_3 \rightleftharpoons M^{2+}(NH_3)_x+2e^-(NH_3)_y$（蓝色）

碱金属和碱土金属氨溶液具有较高的导电性，并可发生与金属本身类似的化学反应。稀的碱金属氨溶液是优良的还原剂，如钾的液氨溶液可还原 Ni(Ⅱ)，制得 Ni(Ⅰ)配合物：

$$2K_2[Ni(CN)_4]+2K^+(NH_3)+2e^-(NH_3) \xrightarrow[NH_3(l)]{-33\ ℃以下} K_4[Ni_2(CN)_6](NH_3)_4+2KCN$$

碱金属和碱土金属氨溶液不稳定，特别是过渡金属化合物的存在可催化其分解为氨基化物。例如：

$$Na^+(NH_3)+e^-(NH_3) \xrightarrow{铁的氧化物} NaNH_2(NH_3)+\frac{1}{2}H_2(g)$$

但在无水、不接触空气及不存在过渡金属化合物的条件下，其溶液可在液氨沸点温度（-33 ℃）下长时间保存。

碱金属还可溶于醚和烷基胺中，金属钠在乙二胺中的溶解可用下式表示：

$$2Na(s) \longrightarrow Na^+(en)+Na^-(en)$$

碱金属和碱土金属的化学性质活泼，尤其是碱金属可与空气中氧、水及许多非金属直接反应，需要保存在无水的煤油中。一些重要反应见表 10.4。

表 10.4 碱金属和碱土金属的一些重要反应

金属	直接与金属反应的物质	反应式
碱金属 碱土金属	H_2	$2M+H_2 \longrightarrow 2MH$ $M+H_2 \longrightarrow MH_2$
碱金属 Ca、Sr、Ba Mg	H_2O	$2M+2H_2O \longrightarrow 2MOH+H_2$ $M+2H_2O \longrightarrow M(OH)_2+H_2$ $M+H_2O(g) \longrightarrow MO+H_2$
碱金属 碱土金属	卤素	$2M+X_2 \longrightarrow 2MX$ $M+X_2 \longrightarrow MX_2$
Li Mg、Ca、Sr、Ba	N_2	$6Li+N_2 \longrightarrow 2Li_3N$ $3M+N_2 \longrightarrow M_3N_2$
碱金属 Mg、Ca、Sr、Ba	S	$2M+S \longrightarrow M_2S$ $M+S \longrightarrow MS$

实验视频

续表

金属	直接与金属反应的物质	反应式
Li		$4Li+O_2 \longrightarrow 2Li_2O$
Na		$2Na+O_2 \longrightarrow Na_2O_2$
K、Rb、Cs	O_2	$M+O_2 \longrightarrow MO_2$
碱土金属		$2M+O_2 \longrightarrow 2MO$
Ca、Sr、Ba		$M+O_2 \longrightarrow MO_2$

疑难解析

10.3 氢化物

碱金属和碱土金属（铍、镁除外）在加热时能与氢直接化合，生成离子型氢化物：

$$2M+H_2 \longrightarrow 2MH（M 代表碱金属）$$

$$M+H_2 \longrightarrow MH_2（M 代表 Ca、Sr、Ba）$$

所有纯的离子型氢化物都是白色晶体，不纯的通常为浅灰色至黑色，其性质类似盐，故又称为类盐型氢化物。这类氢化物具有离子化合物特征，如熔点、沸点较高，熔融时能够导电等。其密度都比相应的金属的密度大得多，例如，K 的密度是 $0.86\ g\cdot cm^{-3}$，而 KH 的密度为 $1.43\ g\cdot cm^{-3}$。

离子型氢化物在受热时可以分解为氢气和游离金属：

$$2MH \xrightarrow{\triangle} 2M+H_2\uparrow$$

$$MH_2 \xrightarrow{\triangle} M+H_2\uparrow$$

离子型氢化物易与水反应而产生氢气，原因是 H^- 与水解离出的 H^+ 结合成为 H_2。例如：

$$LiH+H_2O \longrightarrow LiOH+H_2\uparrow$$

$$CaH_2+2H_2O \longrightarrow Ca(OH)_2+2H_2\uparrow$$

离子型氢化物都是极强的还原剂，$E^{\ominus}(H_2/H^-)=-2.23\ V$。例如，在 400 ℃时，NaH 可以从 $TiCl_4$ 中还原出金属钛：

$$TiCl_4+4NaH \longrightarrow Ti+4NaCl+2H_2\uparrow$$

LiH、CaH_2、SrH_2 在干燥空气中尚稳定，但其他离子型氢化物在空气中会自燃。LiH 能在乙醚中同 B^{3+}、Al^{3+}、Ga^{3+} 等的无水氯化物结合成复合氢化物，如氢化铝锂的生成：

$$4LiH+AlCl_3 \xrightarrow{\text{乙醚}} Li[AlH_4]+3LiCl$$

这类化合物包括 $Na[BH_4]$、$Li[AlH_4]$等，其中 $Li[AlH_4]$是重要的还原剂。

氢化铝锂在干燥空气中较稳定，遇水则发生猛烈的反应：

$$Li[AlH_4]+4H_2O \longrightarrow LiOH\downarrow+Al(OH)_3\downarrow+4H_2\uparrow$$

最有实用价值的离子型氢化物是 CaH_2、LiH 和 NaH。由于 CaH_2 反应性能最弱（较安全），在工业规模的还原反应中用作氢气源，制备硼、钛、钒和其他单质，而且也可用作微量水的干燥剂。$Li[AlH_4]$在有机合成工业中用于有机官能团的还原，例如，将醛、酮、羧酸等还原为醇，将硝基还原为氨基等，在高分子化学工业中用作某些高分子聚合反应的引发剂。离子型氢化物在其他化学工业中和科学研究中都有广泛的应用。

10.4 氧化物

碱金属和碱土金属能形成多种类型的氧化物：正常氧化物（含有 O^{2-}）、过氧化物（含有 O_2^{2-}）、超氧化物（含有 O_2^-）、臭氧化物（含有 O_3^-）及低氧化物。s 区元素所形成的氧化物列于表 10.5 中。

表 10.5 s 区元素形成的氧化物

氧化物类型	在空气中直接形成	间接形成
正常氧化物	Li、Be、Mg、Ca、Sr、Ba	ⅠA、ⅡA 族所有元素
过氧化物	Na	除 Be 外的所有元素
超氧化物	Na、K、Rb、Cs	除 Be、Mg、Li 以外的所有元素

10.4.1 正常氧化物

碱金属中的锂和所有碱土金属在空气中燃烧时，分别生成正常氧化物 Li_2O 和 MO。其他碱金属的正常氧化物是用金属与它们的过氧化物或硝酸盐相作用而制得。例如：

$$Na_2O_2+2Na \longrightarrow 2Na_2O$$

$$2KNO_3+10K \longrightarrow 6K_2O+N_2\uparrow$$

碱土金属氧化物也可以由它们的碳酸盐或硝酸盐加热分解而得到。例如：

$$CaCO_3 \xrightarrow{\triangle} CaO+CO_2\uparrow$$

$$2Sr(NO_3)_2 \xrightarrow{强热} 2SrO+4NO_2\uparrow+O_2\uparrow$$

碱金属和碱土金属氧化物的一些性质分别列于表 10.6 和表 10.7 中。

表 10.6 碱金属氧化物的性质

碱金属氧化物	Li_2O	Na_2O	K_2O	Rb_2O	Cs_2O
颜色	白色	白色	淡黄色	亮黄色	橙红色
熔点/℃	>1 700	1 275	350（分解）	400（分解）	400（分解）

表 10.7 碱土金属氧化物的性质

碱土金属氧化物	BeO	MgO	CaO	SrO	BaO
熔点/℃	2 530	2 852	2 614	2 430	1 918
硬度（金刚石＝10）	9	5.6	4.5	3.5	3.3
M—O 核间距/pm	165	210	240	257	277

碱土金属的氧化物均为白色粉末，一般来说在水中溶解度较小。除 BeO 为 ZnS 型晶体外，其余均为 NaCl 型晶体。由于阴、阳离子都是带有两个单位电荷，而且 M—O 核间距又较小，故 MO 具有较大晶格能，因此它们的硬度和熔点都很高。根据这种特性，BeO 和 MgO 常用来制造耐火材料和金属陶瓷。特别是 BeO，还具有反射放射性射线的能力，常用作原子反应堆外壁砖块材料。

氧化镁按制取工艺及产品的致密程度不同，有重质和轻质之分：

$$\underset{\text{(天然苦土粉)}}{MgO} + H_2O \longrightarrow Mg(OH)_2 \xrightarrow{\triangle} \underset{\text{(重质)}}{MgO} + H_2O$$

$$5MgCl_2 + 5Na_2CO_3 + H_2O \longrightarrow 4MgCO_3 \cdot Mg(OH)_2 + 10NaCl + CO_2\uparrow$$

$$\xrightarrow{\triangle} \underset{\text{(轻质)}}{5MgO} + 4CO_2\uparrow + H_2O\uparrow$$

重质氧化镁水泥是一种很好的建筑材料，和木屑、刨花一起，可制成质轻、隔音、绝热、耐火的纤维板。轻质氧化镁价格比重质的贵，是制坩埚的原料和油漆、纸张的填料。氧化钙是重要的建筑材料，在冶炼厂中用作助熔剂，以除去硫、磷、硅等杂质，在化工中用作制取电石(CaC_2)的原料，还可用作生产钙的化学试剂，用于污水处理、造纸等，其产量仅次于硫酸。

10.4.2 过氧化物和超氧化物

过氧化物是含有过氧基(—O—O—)的化合物，可看作是 H_2O_2 的衍生物。除铍外，所有碱金属和碱土金属都能形成离子型过氧化物。

除了锂、铍、镁外，碱金属和碱土金属都能形成超氧化物。其中钠、钾、铷、铯在过量的氧气中燃烧可直接生成超氧化物。例如：

$$K + O_2 \longrightarrow KO_2$$

Na_2O_2 是化工中最常用的碱金属过氧化物。纯的 Na_2O_2 为白色粉末，工业品一般为浅黄色。工业上制备 Na_2O_2 是用熔钠与已除去二氧化碳的高速压缩干燥空气流反应：

$$2Na + O_2 \xrightarrow{300\sim350\ ^\circ C} Na_2O_2$$

纯净的 $Na_2O_2 \cdot 8H_2O$ 是用饱和 NaOH(纯级)溶液和 42% H_2O_2 混合制得：

$$2NaOH + H_2O_2 \xrightarrow{0\ ^\circ C} Na_2O_2 + 2H_2O$$

Na_2O_2 在碱性介质中是强氧化剂，常用作熔矿剂，以使既不溶于水又不溶于酸的矿石被氧化分解为可溶于水的化合物。例如：

$$2Fe(CrO_2)_2 + 7Na_2O_2 \longrightarrow 4Na_2CrO_4 + Fe_2O_3 + 3Na_2O$$

Na_2O_2 也用于纸浆的漂白。Na_2O_2 在熔融时几乎不分解，但遇到棉花、木炭或铝粉等还原性物质时，就会发生爆炸，故使用 Na_2O_2 时要特别小心。

室温下，过氧化物、超氧化物与水或稀酸反应生成过氧化氢，过氧化氢又分解而放出氧气：

$$Na_2O_2 + 2H_2O \longrightarrow 2NaOH + H_2O_2$$

$$Na_2O_2 + H_2SO_4 \longrightarrow Na_2SO_4 + H_2O_2$$

$$2KO_2+2H_2O \longrightarrow 2KOH+H_2O_2+O_2\uparrow$$
$$2KO_2+H_2SO_4 \longrightarrow K_2SO_4+H_2O_2+O_2\uparrow$$
$$2H_2O_2 \longrightarrow 2H_2O+O_2\uparrow$$

过氧化物和超氧化物与二氧化碳反应放出氧气：

$$2Na_2O_2+2CO_2 \longrightarrow 2Na_2CO_3+O_2\uparrow$$
$$4KO_2+2CO_2 \longrightarrow 2K_2CO_3+3O_2\uparrow$$

因此，过氧化物和超氧化物常用作防毒面具、高空飞行、潜水的供氧剂，还可用于漂白剂、消毒剂、去臭剂、氧化剂等。

10.4.3 臭氧化物和*低氧化物

在低温下通过 O_3 与粉末状无水碱金属（除 Li 外）氢氧化物反应，并用液氨提取，即可得到红色的 MO_3 固体：

$$3MOH(s)+2O_3(g) \longrightarrow 2MO_3(s)+MOH\cdot H_2O(s)+\frac{1}{2}O_2(g)$$

室温下，臭氧化物缓慢分解为 MO_2 和 O_2：

$$MO_3 \longrightarrow MO_2+\frac{1}{2}O_2\uparrow$$

臭氧化物与水反应，则生成 MOH 和 O_2：

$$4MO_3+2H_2O \longrightarrow 4MOH+5O_2\uparrow$$

Rb 和 Cs 除可形成以上氧化物外，还可形成低氧化物。例如，低温时，Rb 发生不完全氧化可得到 Rb_6O，它在 -7.3 ℃以上时分解为 Rb_9O_2：

$$2Rb_6O \xrightarrow{\geqslant -7.3\ ℃} Rb_9O_2+3Rb$$

Cs 可形成一系列低氧化物，如 Cs_7O（青铜色）、Cs_4O（红紫色）、$Cs_{11}O_3$（紫色晶体）、$Cs_{3+x}O$（为非化学计量物质）等。

10.5 氢氧化物

碱金属和碱土金属的氧化物（除 BeO、MgO 外）与水作用，即可得到相应的氢氧化物，并伴随着释放出大量热：

$$M_2O+H_2O \longrightarrow 2MOH$$
$$MO+H_2O \longrightarrow M(OH)_2$$

碱金属和碱土金属的氢氧化物均为白色固体，易潮解，在空气中吸收 CO_2 生成碳酸盐。由于碱金属氢氧化物对纤维、皮肤有强烈的腐蚀作用，故称为苛性碱。

10.5.1 碱金属和碱土金属氢氧化物的碱性

碱金属和碱土金属氢氧化物[除 $Be(OH)_2$ 外]均呈碱性，同族元素氢氧化物的碱性均随金属元素原子序数的增加而增强：

LiOH	NaOH	KOH	RbOH	CsOH
中强碱	强碱	强碱	强碱	强碱
$Be(OH)_2$	$Mg(OH)_2$	$Ca(OH)_2$	$Sr(OH)_2$	$Ba(OH)_2$
两性	中强碱	强碱	强碱	强碱

其中 $Be(OH)_2$ 是两性的氢氧化物，它既溶于酸也溶于碱：

$$Be(OH)_2+2H^+ \longrightarrow Be^{2+}+2H_2O$$

$$Be(OH)_2+2OH^- \longrightarrow [Be(OH)_4]^{2-}$$

氢氧化物酸碱性递变规律可用 R—O—H 规则来说明。氧化物的水合物都可以通式 $R(OH)_n$ 表示，其中 R 代表成碱或成酸元素的离子（即代表 R^{n+}）。R—O—H 在水中有两种解离方式：

$$\underset{\text{酸式解离}}{RO^-+H^+} \longleftarrow R—O—H \longrightarrow \underset{\text{碱式解离}}{R^++OH^-}$$

R—O—H 究竟进行酸式解离还是碱式解离，与阳离子的极化作用有关。G. H. Cartledge 提出以"离子势"来衡量阳离子极化作用的强弱：

$$\text{离子势}(\phi)=\frac{\text{阳离子电荷}(z)}{\text{阳离子半径}(r)}$$

式中：r 的单位为 pm。在 R—O—H 中，若 R 的 ϕ 值大，R 的电场强，其极化作用强，氧原子的电子云将偏向 R，使 O—H 键被削弱，则 R—O—H 按酸式解离；若 R 的 ϕ 值小，R 的电场弱，R 对氧原子上电子云的吸引力变弱，使 O—H 键较强，H^+ 不易解离，则 R—O—H 按碱式解离。据此，有人提出用 $\sqrt{\phi}$ 值作为判断 R—O—H 酸、碱性的标度。

$\sqrt{\phi}$ 值	<0.22	0.22~0.32	>0.32
R—O—H 酸碱性	碱性	两性	酸性

现以第三周期元素氧化物的水合物为例，说明它们的酸碱性递变与 $\sqrt{\phi}$ 值的关系（见表 10.8）。

表 10.8 第三周期元素氧化物水合物的酸碱性

元素	Na	Mg	Al	Si	P	S	Cl
氧化物的水合物	NaOH	$Mg(OH)_2$	$Al(OH)_3$	H_2SiO_3	H_3PO_4	H_2SO_4	$HClO_4$
R^{n+} 半径/pm	102	72	53.5	40	38	29	27
$\sqrt{\phi}$ 值	0.1	0.17	0.24	0.32	0.36	0.45	0.51
酸碱性	强碱	中强碱	两性	弱酸	中强酸	强酸	最强酸

同一族元素，如ⅡA 族元素的氢氧化物 $M(OH)_2$，从表 10.9 所列的 $\sqrt{\phi}$ 值可见，$Be(OH)_2$ 为两性氢氧化物，其余都是碱性氢氧化物，而且碱性依 Be 到 Ba 的顺序逐渐增强。

离子势判断氧化物水合物的酸碱性只是一个统计性的经验规律。事实表明，某些物质的酸碱性不符合此规律，例如，$Zn(OH)_2$ 的 Zn^{2+} 离子半径为 74 pm，$\sqrt{\phi}=0.16$，按酸碱性的标度 $Zn(OH)_2$ 应为碱性，而实际上 $Zn(OH)_2$ 为两性，这说明除了离子电荷、半径外，还有别的因素如离子的电子构型等，会影响氧化物水合物的酸碱性。

表 10.9 碱土金属元素氢氧化物的酸碱性

元素	Be	Mg	Ca	Sr	Ba
氢氧化物	$Be(OH)_2$	$Mg(OH)_2$	$Ca(OH)_2$	$Sr(OH)_2$	$Ba(OH)_2$
R^{2+}半径/pm	27	72	100	118	136
$\sqrt{\phi}$值	0.27	0.17	0.14	0.13	0.12
酸碱性	两性	中强碱	强碱	强碱	强碱

10.5.2 碱金属和碱土金属氢氧化物的溶解性

碱金属的氢氧化物都易溶于水,唯 LiOH 溶解度较小。碱土金属氢氧化物在水中的溶解度比碱金属氢氧化物小得多,并且同族元素的氢氧化物的溶解度从上往下逐渐增大,这是因为随着阳离子半径的增大,阳离子和阴离子之间的吸引力逐渐减小,容易被水分子拆开的缘故。同理,在同一周期内,从 M(Ⅰ)到M(Ⅱ)随着离子半径的减小和离子电荷数的增多,氢氧化物的溶解度减小。

碱土金属氢氧化物中,较重要的是氢氧化钙 $Ca(OH)_2$(即熟石灰)。它的溶解度不大,且随温度升高而减小。如果配成石灰水,因浓度小而碱性弱,不便使用;若配成石灰乳,在石灰乳中由于存在着如下平衡:

$$Ca(OH)_2(s) \rightleftharpoons Ca^{2+} + 2OH^-$$

使用时,随着 OH^-的消耗,平衡就向右移动,石灰乳中的固体小颗粒能继续溶解,供给 OH^-。当我们需要碱时,如果不需要高浓度 OH^-,而且 Ca^{2+}的存在并不妨碍所进行的反应时,则可以使用价廉易得的 $Ca(OH)_2$。

10.6 盐类

10.6.1 盐类的性质

碱金属、碱土金属最常见的盐有卤化物、硫酸盐、硝酸盐、碳酸盐和磷酸盐。在此着重介绍它们的共性和锂盐、铍盐的特殊性。

1. 晶体类型

绝大多数碱金属、碱土金属盐类的晶体属于离子晶体,它们具有较高的熔点和沸点。常温下是固体,熔化时能导电。只有 Be^{2+}半径小,电荷较多,极化力较强,当它与易变形的阴离子如 Cl^-、Br^-、I^-结合时,其化合物过渡为共价化合物。例如,$BeCl_2$ 有较低的熔点,易于升华,能溶于有机溶剂中,这些性质表明 $BeCl_2$ 为共价化合物。

2. 颜色

碱金属离子(M^+)和碱土金属离子(M^{2+})都是无色的。只要阴离子是无色的,如 X^-(卤素离子)、O^{2-}、NO_3^-、ClO_3^-、SO_4^{2-}、CO_3^{2-} 等,它们的化合物就是无色或白色的(少数氧化物例外);若阴离子是有色的,则它们的化合物通常显阴离子的颜色,例如,CrO_4^{2-} 是黄色的,$BaCrO_4$ 和 K_2CrO_4 也是黄色;MnO_4^- 是紫红色的,$KMnO_4$ 也是紫红色。

碱金属和碱土金属化合物在高温火焰中部分电子获得能量受激发到高能级轨道上，而当电子从高能级轨道回到低能轨道时，将会发射出某种特定波长的光，使火焰呈现特征的颜色：

Li——深红	Cs——蓝
Na——黄	Ca——橙红
K——紫	Sr——洋红
Rb——紫红	Ba——绿

此焰色反应曾被利用来制造烟花、信号弹。

3. 热稳定性

一般来说，碱金属盐具有较高的热稳定性。卤化物在高温时挥发而不分解；硫酸盐在高温时既不挥发，又难分解；碳酸盐除 Li_2CO_3 在 1 000 ℃以上部分地分解为 Li_2O 和 CO_2 外，其余均不分解；唯有硝酸盐的热稳定性较差，加热到一定温度即分解：

$$4LiNO_3 \xrightarrow{650\ ℃} 2Li_2O + 4NO_2\uparrow + O_2\uparrow$$

$$2NaNO_3 \xrightarrow{830\ ℃} 2NaNO_2 + O_2\uparrow$$

$$2KNO_3 \xrightarrow{630\ ℃} 2KNO_2 + O_2\uparrow$$

碱土金属的碳酸盐在常温下是稳定的（$BeCO_3$ 除外），只是在强热时，才分解为相应的 MO 和 CO_2。

4. 溶解度

碱金属的盐类一般都易溶于水。仅有少数碱金属盐微溶于水，一类是若干锂盐，如 LiF、Li_2CO_3、Li_3PO_4 等；另一类是 K^+、Rb^+、Cs^+（以及 NH_4^+）同某些较大阴离子所成的盐，如高氯酸钾（$KClO_4$）、六氯合铂（Ⅳ）酸钾（K_2PtCl_6）、四苯硼酸钾[$KB(C_6H_5)_4$]、六氯合锡（Ⅳ）酸铷（Rb_2SnCl_6）等。

碱土金属中，多数铍盐易溶，镁盐有部分易溶，而钙、锶、钡盐则多难溶。其中依 Ca—Sr—Ba 的顺序，硫酸盐和铬酸盐的溶解度递减，氟化物的溶解度递增。

铍盐和可溶性钡盐均有毒。

5. K^+、Na^+、Mg^{2+}、Ca^{2+}、Ba^{2+} 的鉴定

K^+、Na^+、Mg^{2+}、Ca^{2+}、Ba^{2+} 的鉴定反应见表 10.10。

表 10.10　K^+、Na^+、Mg^{2+}、Ca^{2+}、Ba^{2+} 的鉴定

离子	鉴定试剂	鉴定反应
Na^+	KH_2SbO_4	$Na^+ + H_2SbO_4^- \xrightarrow{中性或弱碱性} NaH_2SbO_4\downarrow$（白色）
K^+	$Na_3[Co(NO_2)_6]$	$2K^+ + Na^+ + [Co(NO_2)_6]^{3-} \xrightarrow{中性或弱酸性} K_2Na[Co(NO_2)_6]\downarrow$（亮黄）
Mg^{2+}	镁试剂	Mg^{2+}+镁试剂 $\xrightarrow{碱性}$ 天蓝色↓
Ca^{2+}	$(NH_4)_2C_2O_4$	$Ca^{2+} + C_2O_4^{2-} \longrightarrow CaC_2O_4\downarrow$（白色）
Ba^{2+}	K_2CrO_4	$Ba^{2+} + CrO_4^{2-} \longrightarrow BaCrO_4\downarrow$（黄色）

实验视频

实验视频

10.6.2 某些盐类的生产和用途

1. 碳酸钠

碳酸钠(Na_2CO_3),俗名纯碱或碱面,是重要的基本化工产品之一。除用作化工原料外,还用于玻璃、造纸、肥皂、洗涤剂的生产及水处理等。

自然界的碳酸钠,主要存在于盐碱地及碱湖里。18 世纪实现了工业化生产,当时主要采用氨碱法来生产碳酸钠。该法以食盐、氨气(来自炼焦副产品)和二氧化碳(来自碳酸钙)为原料,通过一系列反应制取碳酸钠:

$$CaCO_3 \xrightarrow{\text{煅烧}} CaO + CO_2\uparrow$$

$$NaCl + NH_3 + CO_2 + H_2O \xrightarrow{\text{冷}} NaHCO_3 + NH_4Cl$$

$$2NaHCO_3 \xrightarrow{\text{煅烧}} Na_2CO_3 + CO_2\uparrow + H_2O$$

析出 $NaHCO_3$ 后,母液中的 NH_4Cl 用消石灰处理,回收的氨循环使用:

$$2NH_4Cl + Ca(OH)_2 \longrightarrow 2NH_3\uparrow + CaCl_2 + 2H_2O$$

氨碱法具有原料来源丰富、价廉,技术成熟、产品纯度高等优点,但食盐利用率低(约 70%),氨损失大,大量 $CaCl_2$ 废渣造成环境污染。我国杰出的化工专家侯德榜对氨碱法做了重大改革,将制碱与合成氨创造性地联为一体,于 1942 年发明了“侯氏联合制碱法”。该法先采用半煤气转化得到的 H_2 和 N_2 来合成氨,CO_2 是由合成氨原料气中的 CO(H_2 和 CO 混合气)转化而成;再采用该系统提供的 NH_3 和 CO_2 来制碱,所得副产品 NH_4Cl 则作为化肥。此法使 NaCl 的利用率提高到 96%以上,同时省去了煅烧石灰石生成 CO_2 的工业过程,降低了能耗和成本,实现了连续化生产,体现了综合利用原料、减少环境污染等优点,对世界制碱工业做出了重大贡献。从天津塘沽永利碱厂到天津碱厂,几十年排放出来堆积成山的碱渣,除筑路用作垫土外,其余的已被巧妙地设计、建造成一个美丽的碱渣山紫云公园。目前我国生产纯碱的基地主要在天津、大连、青岛、湖北和四川自贡。

2. 氯化钠

氯化钠(NaCl)是日常生活和工业生产中不可缺少的物质,除供食用外,大量用于化工、食品、石油、纺织工业。例如,化学工业以 NaCl 为原料,生产金属钠、烧碱、纯碱、氯气、盐酸、次氯酸钠等化工产品。还大量用作雪后道路的融雪剂,不过由于它对路面有腐蚀作用,也会对环境带来污染,宜应尽量少用或不用。

我国有众多适合于晒盐❶的海岸和丰富的内陆盐湖资源。除海盐外,我国有青海察尔汗、新疆罗布泊、内蒙古乾安、西藏班戈等 700 多个盐湖,还有四川自贡地区含有大量食盐的地下卤水,以及储量比自贡大 10 倍的江苏淮阴地区的大盐矿等,为我国人民生活和工业用盐提供了丰富的原料。

NaCl 的提取方法根据来源、用途不同而异。例如,英国 80%是以盐水形式直接供

---

❶ 请思考:何种地理、地貌、气候条件的海岸适宜建立盐田?

化学工业应用的，只有 1% 由盐水晒制成粗盐。粗盐含有硫酸钙、硫酸镁等杂质。要想获得精盐可把粗盐溶于水，加入适量 $BaCl_2$（或氢氧化钡）、Na_2CO_3 和 NaOH，使其杂质沉淀析出，经过滤、蒸发、浓缩，即可得到精盐。其沉淀反应为

$$Ba^{2+}+SO_4^{2-} \longrightarrow BaSO_4\downarrow$$

$$Ca^{2+}+CO_3^{2-} \longrightarrow CaCO_3\downarrow$$

$$Mg^{2+}+2OH^- \longrightarrow Mg(OH)_2\downarrow$$

$$Ba^{2+}+CO_3^{2-} \longrightarrow BaCO_3\downarrow$$

3. 氯化钾

氯化钾的天然矿物主要有钾盐矿（KCl）、光卤石（$KCl\cdot MgCl_2\cdot 6H_2O$）及钾石盐（KCl）。某些内陆湖泊（如死海、察尔汗湖）也含有较丰富的 KCl，如约旦死海钾盐厂早在 20 世纪 80 年代年产量已达 120 万吨以上；又如我国青海察尔汗盐湖（湖区面积达 1 600 km^2，盐沉积厚 30 m）含有大量光卤石和含钾卤水。

KCl 为白色晶体，除大量用作钾肥外，主要用于生产金属钾、KOH、$KClO_3$ 等化工产物。医疗上用作补钾、利尿剂和生理盐水（1 L 中含有 8.6 g NaCl、0.3 g KCl、0.33 g $CaCl_2$）。

4. 碳酸锂

工业生产方法是在 250 ℃下用硫酸处理锂矿石，经沥滤得到硫酸锂溶液，再用碳酸钠处理即可得到碳酸锂（Li_2CO_3），它是锂系列产品中产量最大的。

碳酸锂为白色晶体，微溶于水，加热时溶解度反而降低。工业上 Li_2CO_3 用于钢化玻璃和陶瓷上釉，在电解铝生产中用作助熔剂并可减少氟的散发。1948 年发现适量的 Li_2CO_3 有防止和治疗忧郁病的效果，有人认为可能是它能调节神经细胞内外离子平衡，确切原因至今不详。但是若服用超量会导致肾功能障碍、昏睡直至死亡。

5. 硫酸钙

二水硫酸钙（$CaSO_4\cdot 2H_2O$）称为石膏，又称生石膏，为白色粉末，微溶于水。半水硫酸钙（$CaSO_4\cdot\frac{1}{2}H_2O$）又称熟石膏，也为白色粉末，有吸潮性，熟石膏粉末与水混合，可形成塑性易浇砌浆体，隔一定时间后硬化成坚固石状体，并微量膨胀、放热，故可用来制造模型、塑像、粉笔和石膏绷带等，还用于生成某些涂料、陶器。

工业上用氯化钙与硫酸铵反应，得到二水硫酸钙：

$$CaCl_2+(NH_4)_2SO_4+2H_2O \longrightarrow CaSO_4\cdot 2H_2O+2NH_4Cl$$

二水硫酸钙在 120 ℃下经煅烧、部分脱水，可得到半水硫酸钙。

10.7 配合物

碱金属离子（Na^+、K^+、Rb^+、Cs^+）因其电荷数少，半径大，形成配合物的倾向小。唯有与配位能力较强的螯合剂作用，能形成螯合物或大环配合物，如与水杨醛反应，生成配位数为 6 或 4 的配合物：

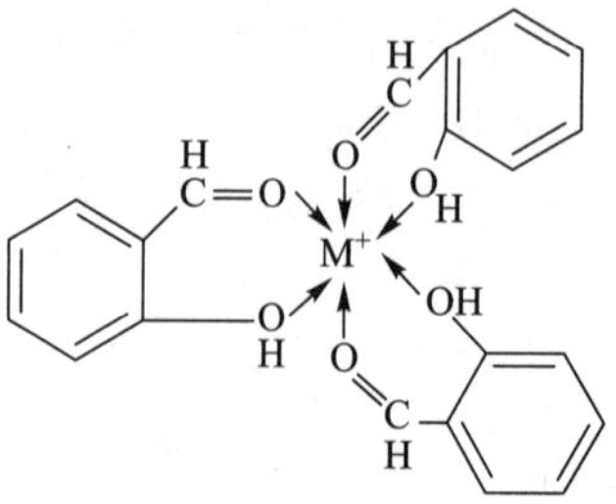

Na^+可与苯并-15-冠-5(为大环多醚)形成冠醚配合物(见图10.1、图10.2)。冠醚是由于其形状很像皇冠而得名,其特点是既有疏水的外部结构,又具有亲水的可与金属离子成键的内腔。不同的冠醚,由于其空腔大小和电荷分布不同,对半径不同的金属离子具有配位选择性。

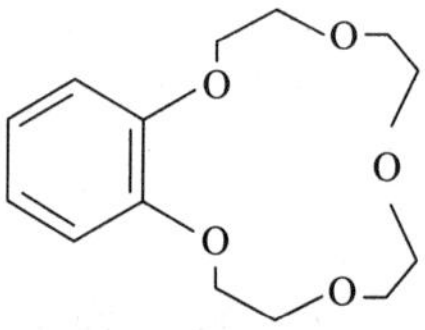

图10.1 苯并-15-冠-5

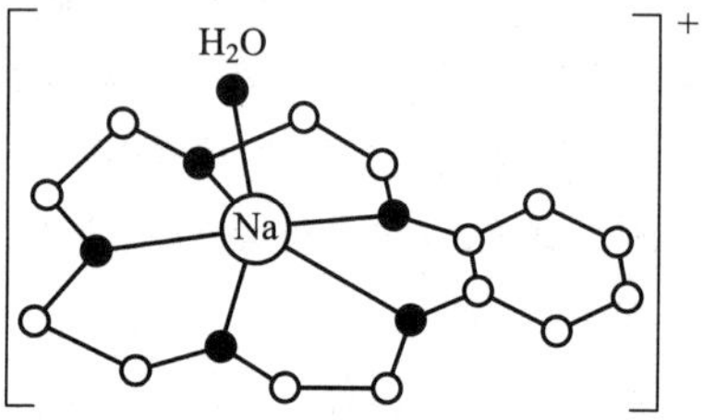

图10.2 冠醚配合物

碱土金属半径较大的离子(如Ca^{2+}、Sr^{2+}、Ba^{2+})也可与冠醚形成配合物,还可与多齿配体(如EDTA)形成螯合物。

叶绿素即为镁的一种配合物,是含镁的卟啉衍生物。叶绿素a分子如图10.3所示,Mg^{2+}处在卟啉平面有机环的中心位置,与相邻4个N结合。叶绿素是绿色植物叶绿体中接受光能、参与光合作用的催化剂:

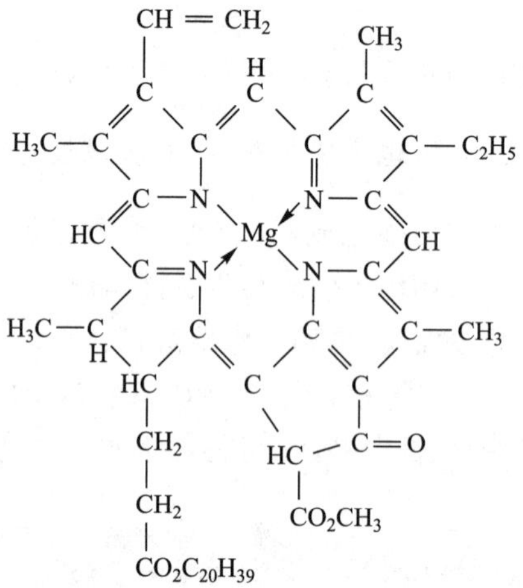

图10.3 Mg^{2+}在叶绿素中配位

$$6CO_2+6H_2O \xrightarrow[\text{叶绿素}]{h\nu} C_6H_{12}O_6+6O_2$$

(葡萄糖)

叶绿素溶于乙醇、乙醚、丙酮、氯仿和苯，提取出来后可作为肥皂、油蜡、食品、化妆品的无毒色素。

[拓宽视野]

我国盐湖资源的开发

若按湖水含盐总量多少，湖可分四类：

含盐总量/($g\cdot L^{-1}$)	<1	1~35	35~50	>50
类别	淡水湖	半咸水湖	咸水湖	盐湖

我国盐湖资源丰富，类型齐全(有氯化物、碳酸盐、硫酸盐、硼酸盐和硝酸盐五大类型)，盐矿种类近 70 种。青海、西藏、新疆的盐湖是我国的资源宝库，拥有我国钾盐储量的 98%、镁储量的 57%、锂储量的 62%、硼储量的 39%，此外还有巨量的钠盐，大量的芒硝、天然碱等。西部盐湖的开发利用对我国钾、镁、锂、硼矿产资源的可持续发展有着重要的意义，同时也关系到我国西部经济的可持续发展。这些盐湖位于海拔 3 000 m 以上高寒地带，蒸发量大，降水量小，有利于盐卤蒸发成盐，如察尔汗盐湖白天可以日晒含光卤石和水氯镁石的盐卤水，而冬天夜里(最低气温可达-30 ℃)又创造了理想的天然冷冻析晶条件，它已成为我国无机盐研究和生产的战略基地之一。青海盐湖研究所名誉所长柳大纲是中国盐湖化学的开拓者与奠基人，1957 年在他组织、领导下，中国科学院盐湖科学调查队在察尔汗发现了我国最大的钾盐矿床；在柴达木湖发现了我国最大的硼镁矿资源。并且，在他的指导下开展了盐湖化学研究，发明了新工艺并建立了相关的钾肥厂。

盐湖矿的最大特点是，除钠盐外，还常有镁盐、硼酸盐、锂盐、天然碱、芒硝等多种有用组分，这一特点使得开发盐湖时必须考虑综合利用问题。例如，利用盐湖卤水盐田析出的钾混盐生产钾镁肥，盐田浓缩老卤生产硼酸，再利用硼酸工厂提硼后的酸化液生产碳酸锂，实现了原料的逐级利用。生产的剩余物质重新排回盐田，与卤水混合后可以再次循环利用，在盐田内形成一个完整的、封闭的生产线，可做到环境友好、零排放。

我国盐湖资源的开发，为锂、钾、镁、硼化学的研究开拓了广阔的天地，也为生产其系列化工产品提供了丰富的资源。

思考题

1. 钠和钾在地壳中的丰度相近(2.74%)，但为什么海洋中钾的含量远小于钠？(参看牟保磊编《元素地球化学》第 26 页，北京大学出版社 1999 年出版；曹素忱编《无机化学》第 283 页，高等教育出版社 1993 年出版)

2. 碱金属及其氢氧化物为什么不能在自然界中存在？

3. 金属钠着火时能否用 H_2O、CO_2、石棉毯扑灭？为什么？

4. 为什么人们常用 Na_2O_2 作供氧剂？

5. 某地的土壤显碱性主要是由 Na_2CO_3 引起的，加入石膏为什么有降低碱性的作用？

6. 盛 $Ba(OH)_2$ 溶液的瓶子，在空气中放置一段时间后，其内壁会被蒙上一层白色薄膜，这层薄膜是什么物质？欲除去应采用下列何种物质来洗涤？说明理由。

(1) 水　　(2) 盐酸　　(3) 硫酸

7. 如何解释下列事实：

（1）锂的电离能比铯大，但 $E^{\ominus}(Li^+/Li)$ 却比 $E^{\ominus}(Cs^+/Cs)$ 小；

（2）$E^{\ominus}(Li^+/Li)$ 比 $E^{\ominus}(Na^+/Na)$ 小，但锂同水的作用不如钠激烈；

（3）LiI 比 KI 易溶于水，而 LiF 比 KF 难溶于水；

（4）$BeCl_2$ 为共价化合物，而 $CaCl_2$ 为离子化合物；

（5）金属钙与盐酸反应剧烈，但与硫酸反应缓慢；

（6）消防队员的空气背包中放有 KO_2。

8. 为什么商品 NaOH 中常含有 Na_2CO_3？怎样简单地检验和除去？

9. 工业 NaCl 和 Na_2CO_3 中都含有杂质 Ca^{2+}、Mg^{2+}、Fe^{3+}，通常采用沉淀法除去。试问为什么在 NaCl 溶液中除加 NaOH 外还要加 Na_2CO_3？在 Na_2CO_3 溶液中要加 NaOH？

10. 用联碱法制纯碱，可使 NaCl 的利用率由 73%提高到 96%，试计算每生产 5 万吨纯碱，可节约 NaCl 多少吨？由所节约的 NaCl 可制得无水 Na_2CO_3 多少吨？

习　题

1. 完成下列反应方程式：

（1）$Na+NH_3 \longrightarrow$　　（2）$Na_2O_2+H_2O \longrightarrow$

（3）$KO_2+H_2O \longrightarrow$　　（4）$Na_2O_2+CO_2 \longrightarrow$

（5）$KO_2+CO_2 \longrightarrow$　　（6）$Be(OH)_2+OH^- \longrightarrow$

（7）$Mg(OH)_2+NH_4^+ \longrightarrow$　　（8）$BaO_2+H_2SO_4$（稀）$\longrightarrow$

（9）$Na+H_2 \xrightarrow{\triangle}$　　（10）$CaH_2+H_2O \longrightarrow$

（11）$TiCl_4+NaH \longrightarrow$　　（12）$LiH+AlCl_3 \xrightarrow{\text{乙醚}}$

2. 试以食盐、空气、碳、水为原料，制备下列物质（写出反应方程式并注明反应条件）。

（1）Na　（2）Na_2O_2　（3）NaOH　（4）Na_2CO_3

3. 有一份白色固体混合物，其中可能含有 KCl、$MgSO_4$、$BaCl_2$、$CaCO_3$，根据下列实验现象，判断混合物中有哪几种化合物？

（1）混合物溶于水，得透明澄清溶液；

（2）对溶液做焰色反应，通过钴玻璃观察到紫色；

（3）向溶液中加入碱，产生白色胶状沉淀。

4. 如何鉴别下列各组物质：

（1）Na_2CO_3　$NaHCO_3$　NaOH

（2）$CaSO_4$　$CaCO_3$

（3）Na_2SO_4　$MgSO_4$

（4）$Al(OH)_3$　$Mg(OH)_2$　$MgCO_3$

5. 如何将粗食盐中常含有的杂质 Ca^{2+}、Mg^{2+} 和 SO_4^{2-} 除去？试以反应方程式表示。

6. 现有五瓶无标签的白色固体粉末，它们分别是 $MgCO_3$、$BaCO_3$、无水 Na_2CO_3、无水 $CaCl_2$ 及 Na_2SO_4，试设法加以区别。

7. 某固体混合物中可能含有 $MgCO_3$、Na_2SO_4、$Ba(NO_3)_2$、$AgNO_3$ 和 $CuSO_4$。此固体溶于水后可得无色溶液和白色沉淀。无色溶液遇 HCl 无反应，其焰色反应呈黄色；白色沉淀溶于稀盐酸并放出气体。试判断存在、不存在的物质各是什么？

8. 向一含有 Ba^{2+} 和 Sr^{2+}（均为 $0.10\ mol\cdot L^{-1}$）的溶液中，滴加 K_2CrO_4 溶液。试问首先析出的沉淀是什么物质？通过计算说明能否将 Ba^{2+} 和 Sr^{2+} 分离（假设反应过程中溶液体积不变）。

9. 在下图各箭头处填入适当的试剂和条件，以实现各物质的转变。

(1) 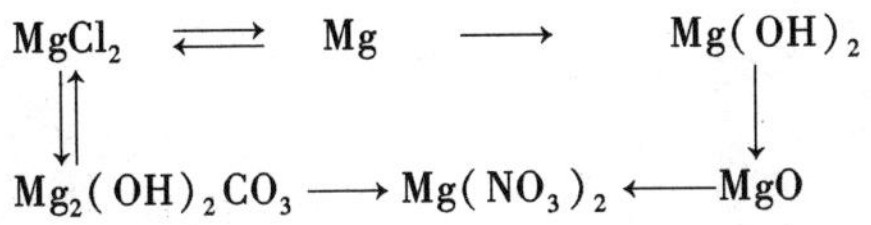

(2) 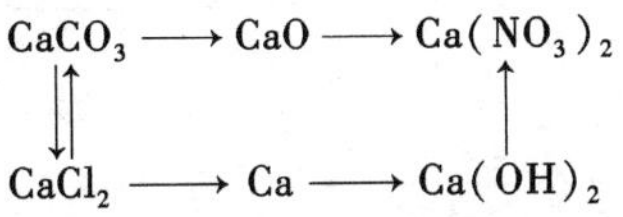

10. CaH_2 与冰反应可释放出 H_2，因此 CaH_2 可用作高寒山区野外作业时的生氢剂。试计算 1.00 g CaH_2 与冰反应最多可制得 0 ℃、101.325 kPa 下的 H_2 体积。

11. 试计算 298.15 K、标准态下金属镁在 CO_2 中燃烧反应的焓变，并根据计算结果判断镁着火时能否用 CO_2 来灭火。

12. 计算下列反应：

$$MgO(s) + C\ (石墨) \longrightarrow CO(g) + Mg(s)$$

在 298.15 K 下的 $\Delta_r H_m^\ominus$、$\Delta_r S_m^\ominus$ 与 $\Delta_r G_m^\ominus$，以及该反应自发进行的最低温度。

	MgO(s)	C(石墨)	CO(g)	Mg(s)
$\Delta_f H_m^\ominus/(kJ\cdot mol^{-1})$	-601.70	0	-110.525	0
$S_m^\ominus/(J\cdot mol^{-1}\cdot K^{-1})$	26.94	5.740	197.674	32.68
$\Delta_f G_m^\ominus/(kJ\cdot mol^{-1})$	-569.43	0	-137.168	0

第11章

卤素和氧族元素

本章重点介绍卤素的通性、单质的制备及性质；卤化氢的制备及性质的递变规律；氯的含氧酸及其盐的性质和它们的递变规律；臭氧、过氧化氢分子的结构及性质；硫化氢和多硫化物的性质、金属硫化物的溶解性；硫酸分子的结构；亚硫酸及其盐、硫酸及其盐的性质；硫代硫酸盐、过二硫酸盐、焦硫酸盐的性质。

11.1 p区元素概述

p区元素包括周期表中的ⅢA～ⅦA和零族元素，该区元素沿B-Si-As-Te-At对角线将其分为两部分，对角线右上角为非金属元素（含对角线上的元素），对角线左下角为10种金属元素。除氢外，所有非金属元素全部集中在该区。

p区元素具有以下特点：

（1）与s区元素相似，p区同族元素从上往下原子半径逐渐增大，元素的金属性逐渐增强，非金属性逐渐减弱。除ⅦA和零族外，都是由典型的非金属元素经准金属过渡到典型的金属元素。

（2）p区元素（零族除外）原子的价层电子构型为$ns^2np^{1\sim5}$。ns、np电子均可参与成键，由此它们具有多种氧化数，这点不同于s区元素。并且随着价层np电子的增多，失电子趋势减弱，逐渐变为共用电子，甚至变为得电子。因此，p区非金属元素除有正氧化数外，还有负氧化数。ⅢA～ⅤA族同族元素从上往下低氧化数化合物的稳定性增强，高氧化数化合物的稳定性减弱，这种现象称为“惰性电子对效应”。

（3）p区金属的熔点一般较低。例如：

	Al	Ga	In	Tl	Ge	Sn	Pb	Sb	Bi
熔点/℃	660.4	29.78	156.6	303.5	973.4	231.88	327.5	630.5	271.3

这些金属彼此可形成低熔合金。

（4）p区某些金属具有半导体性质，是制造半导体的重要原料，如超纯锗、砷化镓、锑化镓等（其中砷化镓是最重要的半导体材料）。

11.2 卤族元素

11.2.1 卤族元素通性

卤族元素又称为卤素，是周期系ⅦA族元素，即氟（F）、氯（Cl）、溴（Br）、碘（I）、砹

(At)、砷(Ts)的总称。卤素的希腊文原意为成盐元素。在自然界,氟主要以萤石(CaF_2)和冰晶石(Na_3AlF_6)等矿物存在;氯、溴、碘主要以钠、钾、钙、镁的无机盐形式存在于海水中,碘因被海藻类植物所吸收而富集;砹为放射性元素,仅以微量且短暂地存在于铀和钍的蜕变物中,砷为人工合成元素。有关卤族元素的一些基本性质列于表 11.1 中。

表 11.1 卤族元素的基本性质

元素	氟(F)	氯(Cl)	溴(Br)	碘(I)
原子序数	9	17	35	53
价层电子构型	$2s^22p^5$	$3s^23p^5$	$4s^24p^5$	$5s^25p^5$
主要氧化数	-1、0	-1、0、+1、+3、+5、+7	-1、0、+1、+3、+5、+7	-1、0、+1、+3、+5、+7
原子半径/pm	64	99	114	133
第一电离能 $I_1/(kJ\cdot mol^{-1})$	1 681	1 251	1 140	1 008
电子亲和能 $E_{A_1}/(kJ\cdot mol^{-1})$	-327.9	-349	-324.7	-295.1
电负性(χ_P)	4.0	3.0	2.8	2.5

卤素原子的价层电子构型为 ns^2np^5,与稳定的 8 电子构型(ns^2np^6)比较,仅缺少 1 个电子;其核电荷是同周期元素中最多的(稀有气体除外),原子半径是同周期元素中最小的,故它们最容易取得电子。卤素和同周期元素相比较,其非金属性是最强的;在本族内由于从上往下电负性逐渐减小,因而从氟到碘非金属性依次减弱。

从表 11.1 数据看,卤素原子的第一电离能都很大,这决定了卤素原子在化学变化中要失去电子成为阳离子是困难的。事实上在卤素中只有电离能最小、半径最大的碘才有这种可能。例如,可以形成碘盐 $I(CH_3COO)_3$、$I(ClO_4)_3$等。

卤素在化合物中最常见的氧化数是-1。由于氟的电负性最大,所以不可能表现出正氧化数。其他卤族元素,若与电负性较大的元素化合(如形成卤素的含氧酸及其盐或卤素互化物❶),可以表现出正氧化数:+1、+3、+5 和+7,而且相邻氧化数之间的差数均为 2,这是由于卤素原子的价层电子排布为 ns^2np^5,其中 6 个电子已成对,1 个电子未成对,所以当参加反应时,先是未成对的电子参与成键,以后每拆开一对电子就可多形成两个共价键。

11.2.2 卤素单质

1. 物理性质

卤素单质皆为双原子分子,固态时为分子(非极性)晶体,因此熔点、沸点都比较低。随着卤素原子半径增大和核外电子数目增多,卤素分子之间的色散力逐渐增大,

❶ 由两种卤素单质组成的二元化合物称为卤素互化物,它们的组成可用 XX'_n 表示(n=1,3,5,7),其中 X′ 的电负性大于 X,两者的电负性相差越大,n 值也越大。由于它们均为卤素,电负性差值不会很大,所以它们之间形成共价化合物。

因而卤素单质的熔点、沸点、汽化焓和相对密度等物理性质按F—Cl—Br—I顺序依次递增。卤素单质的一些物理性质列于表 11.2 中。

知识拓展

在常温下,氟、氯是气体,溴是易挥发的液体,碘是固体。氯在常温下加压便成为黄色液体,利用这一性质,可将氯液化装在钢瓶中储运。固态碘在熔化前已具有相当大的蒸气压,适当加热即可升华,利用碘的这一性质,可将粗碘进行精制。

表 11.2 卤素单质的物理性质

卤素单质	氟	氯	溴	碘
聚集状态	气	气	液	固
颜色	浅黄	黄绿	红棕	紫黑
熔点/℃	-219.6	-101	-7.2	113.5
沸点/℃	-188	-34.6	58.78	184.3
$\Delta_{vap}H_m^{\ominus}/(kJ\cdot mol^{-1})$	6.32	20.41	30.71	46.61
溶解度/[$g\cdot(100\ g\ H_2O)^{-1}$]	分解水	0.732	3.58	0.029
密度/($g\cdot cm^{-3}$)	1.11(l)	1.57(l)	3.12(l)	4.93(s)

知识拓展

卤素单质均有颜色。随着相对分子质量的增大,卤素单质颜色依次加深。

卤素单质在水中的溶解度不大(氟与水激烈反应除外)。氯、溴、碘的水溶液分别称为氯水、溴水、碘水。卤素单质在有机溶剂中的溶解度比在水中的溶解度大得多。溴可溶于乙醇、乙醚、氯仿、四氯化碳、二硫化碳等溶剂中,溴溶液的颜色随着溴浓度的增大而从黄到棕红。碘溶液的颜色随溶剂的不同而有所差异,一般来说,在介电常数较大的溶剂(如水、醇、醚和酯)中,碘呈棕色或红棕色;在介电常数较小的溶剂(如四氯化碳和二硫化碳)中,则呈本身蒸气的紫色。碘溶液颜色的不同是由于碘在极性溶剂中形成溶剂化物,而在非极性或弱极性溶剂中碘难以发生溶剂化作用,溶解的碘大部分以分子状态存在。

知识拓展

知识拓展

碘难溶于水,但易溶于碘化物溶液(如碘化钾)中,这主要是由于生成 I_3^- 的缘故:

$$I_2+I^- \rightleftharpoons I_3^-$$

此反应是因为 I^- 接近 I_2 分子时,使 I_2 分子极化产生诱导偶极,然后彼此以静电吸引形成 I_3^-。I_3^- 可以解离而生成 I_2,故多碘化物溶液的性质实际上和碘溶液相同。实验室常用此反应以获得较高浓度的碘水溶液。氯和溴也能形成 Cl_3^- 和 Br_3^-,不过这两种离子都很不稳定。

气态卤素单质均有刺激性气味,强烈刺激眼、鼻、气管等黏膜,吸入较多蒸气会严重中毒(其毒性从氟到碘依次减小),甚至会造成死亡,所以使用卤素单质时应特别小心。若不慎猛吸入氯气,当即会窒息、呼吸困难。此时应立即供给新鲜空气,尽早吸氧,严重的须及时送医院抢救。液溴对皮肤有烧灼作用,若溅到身上,应立即用大量水冲洗,再用 5% $NaHCO_3$溶液淋洗后敷上油膏。

知识拓展

2. 化学性质

卤素原子都有取得 1 个电子而形成卤素阴离子的强烈趋势:

$$\frac{1}{2}X_2+e^- \longrightarrow X^-$$

故卤素单质最突出的化学性质是氧化性。除 I_2外,其他均为强氧化剂。由标准电极电势 $E^{\ominus}(X_2/X^-)$可以看出,F_2是最活泼的非金属,是卤素单质中最强的氧化剂,炭、木材、橡胶等物质在氟气流中会燃烧。随着 X 原子半径的增大,卤素的氧化能力依次减弱:

$$F_2>Cl_2>Br_2>I_2$$

(1) 卤素与单质的反应。卤素单质都能与氢反应:

$$X_2+H_2 \longrightarrow 2HX$$

反应条件和反应程度如表 11.3 所示。

表 11.3 卤素与氢反应情况

卤素	反应条件	反应速率及程度
F_2	阴冷	爆炸、放出大量热
Cl_2	常温 强光照射	缓慢 爆炸
Br_2	常温	不如氯,需催化剂
I_2	高温	缓慢、可逆

氟易氧化所有金属及除氮、氧和某些稀有气体以外的非金属单质,而且反应非常激烈,常伴随着燃烧和爆炸。氟与铜、镍作用时,由于生成金属氟化物保护膜,可阻止进一步被氧化,因此氟可以储存在铜、镍制成的容器中。氯也能发生类似的反应,但反应比氟平稳得多。氯在干燥的情况下不与铁作用,因此可将氯储存于铁罐中。溴和碘在常温下可以和活泼金属直接作用,与其他金属的反应需在加热情况下进行。

(2) 卤素与水的反应。卤素与水可发生两类反应。第一类是卤素对水的氧化作用:

$$2X_2+2H_2O \longrightarrow 4HX+O_2\uparrow$$

第二类是卤素的水解作用,即卤素的歧化反应:

$$X_2+H_2O \rightleftharpoons H^++X^-+HXO$$

F_2氧化性强,只能与水发生第一类反应,且反应激烈:

$$2F_2+2H_2O \longrightarrow 4HF+O_2\uparrow$$

Cl_2在日光下缓慢地置换水中的氧。Br_2与水非常缓慢地反应而放出氧气,但当溴化氢浓度高时,反应会逆向进行而析出 Br_2。碘非但不能置换水中的氧,相反,氧作用于 HI 溶液使 I_2析出:

$$2I^-+2H^++\frac{1}{2}O_2 \longrightarrow I_2+H_2O$$

Cl_2、Br_2、I_2与水主要发生第二类反应,此类歧化反应是可逆的,25 ℃时反应的平衡常数为

	Cl_2	Br_2	I_2
$K^{\ominus}$	4.2×10^{-4}	7.2×10^{-9}	2.0×10^{-13}

可见,从 Cl_2 到 I_2 反应进行程度越来越小。从其水解反应式可知,加酸能抑制卤素的水解;加碱则促进水解,生成卤化物和次卤酸盐。

(3) 卤素的制备和用途。卤素在自然界中以化合物的形式存在。卤素的制备可归纳为卤素阴离子的氧化:

$$2X^- - 2e^- \longrightarrow X_2$$

X^- 失去电子能力的大小顺序为 $I^- > Br^- > Cl^- > F^-$。根据 X^- 还原性和产物 X_2 氧化性的差异,决定了不同卤素的制备方法。

对 F^- 来说,用一般的氧化剂是不能使其氧化的。因此一个多世纪以来,制取 F_2 一直采用电解法。通常是电解三份氟氢化钾(KHF_2)和两份无水氟化氢的熔融混合物:

$$2KHF_2 \xrightarrow{\text{电解}} 2KF + \underset{(\text{阴极})}{H_2} \uparrow + \underset{(\text{阳极})}{F_2} \uparrow$$

直到 1986 年才由化学家 K. Christe 设计出制备 F_2 的化学反应:

$$K_2MnF_6 + 2SbF_5 \xrightarrow{150\ ℃} 2KSbF_6 + MnF_3 + \frac{1}{2}F_2 \uparrow$$

但目前尚未能取代电解法。

工业上,氯气是电解饱和食盐水溶液制烧碱的副产品,也是氯化镁熔盐电解制镁及电解熔融 NaCl 制钠的副产品。例如:

$$MgCl_2(\text{熔融}) \xrightarrow{\text{电解}} \underset{(\text{阴极})}{Mg} + \underset{(\text{阳极})}{Cl_2} \uparrow$$

实验室需要少量氯气时,可用 MnO_2、$KMnO_4$、$K_2Cr_2O_7$、$KClO_3$ 等氧化剂与浓盐酸反应的方法来制取:

$$MnO_2 + 4HCl(\text{浓}) \longrightarrow MnCl_2 + Cl_2 \uparrow + 2H_2O$$

$$2KMnO_4 + 16HCl(\text{浓}) \longrightarrow 2MnCl_2 + 2KCl + 5Cl_2 \uparrow + 8H_2O$$

制备溴时,可用氯气氧化溴化钠中的溴离子而得到:

$$Cl_2 + 2Br^- \longrightarrow 2Cl^- + Br_2 \qquad (a)$$

工业上从海水中提取溴时,首先通氯气于 pH 为 3.5 左右晒盐后留下的苦卤(富含 Br^-)中,从而置换出 Br_2。然后用空气把 Br_2 吹出,并用 Na_2CO_3 溶液吸收富集,即得较浓的 $NaBrO_3$ 溶液:

$$3CO_3^{2-} + 3Br_2 \longrightarrow 5Br^- + BrO_3^- + 3CO_2 \uparrow \qquad (b)$$

最后,用硫酸将溶液酸化,Br_2 即从溶液中游离出来:

$$5Br^- + BrO_3^- + 6H^+ \longrightarrow 3Br_2 + 3H_2O \qquad (c)$$

为了除去残存的游离氯,可加入少量 KBr,然后加热蒸出溴,盛入陶瓷罐储存。反应式(b)和反应式(c)的方向恰好相反,这可根据下列元素电势图进行解释:

$$E_A^{\ominus}/V \qquad BrO_3^- \xrightarrow{1.50} Br_2 \xrightarrow{1.065} Br^-$$

$$E_B^{\ominus}/V \qquad BrO_3^- \xrightarrow{0.52} Br_2 \xrightarrow{1.065} Br^-$$

在碱性溶液中 $E_{\text{右}}^{\ominus} > E_{\text{左}}^{\ominus}$,故歧化反应式(b)可以发生;而在酸性溶液中 $E_{\text{左}}^{\ominus} > E_{\text{右}}^{\ominus}$,故反应式(c)可以发生。显然,这是利用调节溶液酸度的方法来改变氧化还原反应的方向。

碘可以从海藻中提取,将适量氯气通入用水浸取海藻所得的溶液,则 I^- 被氧化为 I_2:

$$Cl_2+2I^- \longrightarrow 2Cl^-+I_2$$

$$I_2+I^- \rightleftharpoons I_3^-$$

然后用离子交换树脂加以浓缩。

在我国四川地下天然卤水中含有丰富的碘化物(每升含碘 0.5~0.7 g),向这种卤水通氯气,即可把碘置换出来。用此法制碘应避免通入过量的氯气,因为过量的氯气可将碘进一步氧化成碘酸:

$$I_2+5Cl_2+6H_2O \longrightarrow 2IO_3^-+10Cl^-+12H^+$$

碘还可以从碘酸钠制取,方法是把从智利硝石提取 $NaNO_3$ 后剩下的母液(含 $NaIO_3$),用酸式亚硫酸盐处理,则析出碘:

$$2IO_3^-+5HSO_3^- \longrightarrow I_2+3HSO_4^-+2SO_4^{2-}+H_2O$$

氟用于制备六氟化铀(UF_6),它是富集核燃料的重要化合物。含氟化合物的应用在 20 世纪有了显著的发展,聚四氟乙烯[$\text{-(}CF_2\text{—}CF_2\text{)}_n\text{-}$]是耐高温、抗腐蚀、高强度的"塑料之王";氟化烃可作血液的临时代用品,以挽救病人的生命;含 C—F 键的全氟烃广泛用于炒锅、铲雪车的防粘涂层;在原子能工业中氟化石墨[$(CF)_n$]是一种性能优异的无机高聚物,与金属锂可制成高能量电池;用氟化物玻璃(主要成分为 ZrF_4、BaF_2、NaF)制成的光导纤维,可大大提高光纤通信质量。

氯是一种重要的工业原料,主要用于合成盐酸、聚氯乙烯、漂白粉、农药、有机氯化物、橡胶、塑料、染料等。

溴用于染料、感光材料;溴化钠、溴化钾在医药中用作镇静剂和安眠药;某些烷基溴化物(如二溴乙烷)可用作抗震汽油添加剂的制备。

碘化物是重要的化学试剂,碘和碘化钾的酒精溶液(碘酒)在医药上用作消毒剂;碘仿(CHI_3)用作防腐剂;KIO_3添加到食盐中配成的碘盐,用于防治甲状腺肿大;碘化银用于制造照相底片和人工降雨时造云的"晶种"。

11.2.3 卤化氢和氢卤酸

1. 制备

卤化氢的制备一般可采用由单质合成、复分解和非金属卤化物水解等方法。工业上合成盐酸是用氢气流在氯气中燃烧的方法,生成的氯化氢气经冷却后用水吸收即成盐酸,反应式如下:

$$H_2+Cl_2 \longrightarrow 2HCl$$

其他的卤化氢和氢卤酸不宜用直接合成法生产。因为氟气和氢气反应太激烈,并且氟的成本高,所以该法没有使用价值。溴和碘与氢气反应很不完全,产率低,并且反应速率缓慢,也无工业生产价值。

制备氟化氢及少量氯化氢时,可用浓硫酸与相应的卤化物作用:

$$CaF_2+2H_2SO_4(浓) \xrightarrow{\triangle} Ca(HSO_4)_2+2HF\uparrow$$

$$NaCl+H_2SO_4(浓) \xrightarrow{\triangle} NaHSO_4+HCl\uparrow$$

但溴化氢和碘化氢不能用浓硫酸来制取,因为浓硫酸可将溴化氢和碘化氢部分氧化为单质:

$$H_2SO_4(浓)+2HBr \xrightarrow{\triangle} Br_2+SO_2\uparrow+2H_2O$$

$$H_2SO_4(浓)+8HI \xrightarrow{\triangle} 4I_2+H_2S\uparrow+4H_2O$$

由于磷酸为高沸点的非氧化性酸，能代替硫酸反应制备溴化氢和碘化氢，但因磷酸的成本高而较少使用。

实验室中常用非金属卤化物水解的方法制备溴化氢和碘化氢。例如，将水滴入三溴化磷和三碘化磷表面即可产生溴化氢和碘化氢。实际使用时，并不需要先制成非金属卤化物，而是将溴逐滴加入到磷与少量水的混合物中，或将水逐滴加入到碘与磷的混合物中，这样，溴化氢或碘化氢即可不断产生：

$$3Br_2+2P+6H_2O \longrightarrow 2H_3PO_3+6HBr\uparrow$$

$$3I_2+2P+6H_2O \longrightarrow 2H_3PO_3+6HI\uparrow$$

此方法比较经济、方便。

2. 性质

卤化氢均为具有强烈刺激性的无色气体，在空气中易与水蒸气结合而形成白色酸雾。卤化氢是极性分子，极易溶于水，其水溶液称为氢卤酸。浓的氢卤酸打开瓶盖就“冒烟”。液态卤化氢不导电，这表明它们是共价型化合物而非离子型化合物。卤化氢的一些重要性质列于表 11.4 中。

表 11.4 卤化氢的某些性质

卤化氢	HF	HCl	HBr	HI
熔点/℃	-83.1	-114.8	-88.5	-50.8
沸点/℃	19.54	-84.9	-67	-35.38
$\Delta_f H_m^\ominus/(kJ\cdot mol^{-1})$	-271.1	-92.307	-36.4	+26.48
键能/$(kJ\cdot mol^{-1})$	568.6	431.8	365.7	298.7
$\Delta_{vap} H_m^\ominus/(kJ\cdot mol^{-1})$	30.31	16.12	17.62	19.77
分子偶极距 $\mu/(10^{-30}\ C\cdot m)$	6.40	3.61	2.65	1.27
表观解离度($0.1\ mol\cdot L^{-1}$,18 ℃)/%	10	93	93.5	95
溶解度/$[g\cdot(100\ g\ H_2O)^{-1}]$	35.3	42	49	57

从表中数据可以看出，卤化氢的性质依 HCl—HBr—HI 的顺序有规律地变化。唯 HF 在许多性质上表现出例外，如熔点、沸点和汽化焓偏高。HF 这些独特性质与其分子间存在着氢键、形成缔合分子有关。从化学性质来看，氢卤酸也表现出规律的变化，同样氢氟酸也表现出一些特殊性。

(1) 氢卤酸的酸性。在氢卤酸中，氢氯酸(盐酸)、氢溴酸和氢碘酸均为强酸，并且酸性依次增强，只有氢氟酸为弱酸。实验表明，氢氟酸的解离度随浓度的增大而增加，浓度大于 $5\ mol\cdot L^{-1}$ 时，已变成强酸。这一反常现象其原因是生成了缔合离子 HF_2^-、$H_2F_3^-$ 等，促使 HF 进一步解离，故溶液酸性增强。

$$HF \rightleftharpoons H^++F^-;\ K^\ominus(HF)=6.3\times10^{-4}$$

$$F^-+HF \rightleftharpoons HF_2^-;\ K^\ominus=5.1$$

对于氢卤酸酸性强弱的规律性，可从热力学角度加以说明。氢卤酸解离过程的热力学循环如下所示：

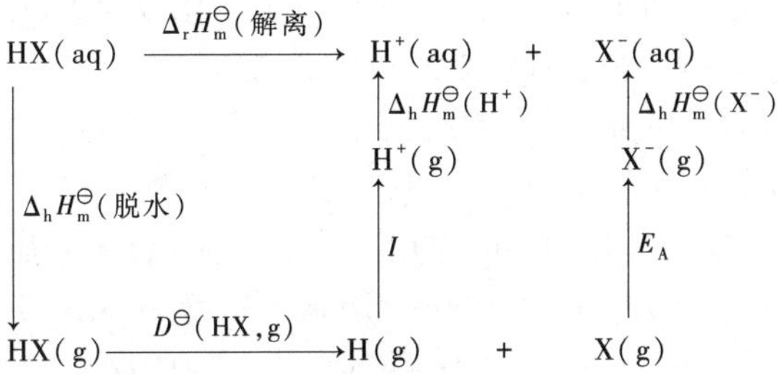

$\Delta_r H_m^\ominus$(解离) = $\Delta_h H_m^\ominus$(脱水) + $D^\ominus$(HX,g) + I + E_A + $\Delta_h H_m^\ominus(H^+)$ + $\Delta_h H_m^\ominus(X^-)$ HX(aq)解离过程有关的热力学数据如表 11.5 所示。

表 11.5 氢卤酸解离过程有关的热力学数据

氢卤酸	HF	HCl	HBr	HI
$\Delta_h H_m^\ominus$(脱水)/(kJ·mol^{-1})	48	18	21	23
$D^\ominus$(HX,g)/(kJ·mol^{-1})	568.6	431.8	365.7	298.7
I(H)/(kJ·mol^{-1})	1 311	1 311	1 311	1 311
E_A(X)/(kJ·mol^{-1})	−322	−348	−324	−295
$\Delta_h H_m^\ominus(H^+)$/(kJ·mol^{-1})	−1 091	−1 091	−1 091	−1 091
$\Delta_h H_m^\ominus(X^-)$/(kJ·mol^{-1})	−515	−381	−347	−305
$\Delta_r H_m^\ominus$(解离)/(kJ·mol^{-1})	−3	−60	−64	−58
$T\Delta S_m^\ominus$/(kJ·mol^{-1})	−29	−13	−4	+4
$\Delta_r G_m^\ominus$/(kJ·mol^{-1})	+26	−47	−60	−62

根据 $\Delta G_m^\ominus = -RT\ln K^\ominus$，可以分别算出 HF、HCl、HBr 和 HI 在 298.15 K 时的 $K_a^\ominus$ 依次等于 10^{-4}、10^{8}、10^{10}、10^{11}。

从表中的热力学数据不难看出氢氟酸是弱酸的原因。首先，在 HX 系列中，HF 解离过程焓变的代数值最大（放热最少），这是因为 HF 键解离能大、脱水焓大（HF 溶液中存在氢键），以及氟的电子亲和能的代数值比预期值偏高的缘故；其次，熵变代数值最小，这些均导致 $\Delta_r G_m^\ominus$(HF)最大，$K^\ominus$(HF) ≪1。

在生产上，用盐酸、氢溴酸、氢碘酸和碳酸盐作用制备某些卤化物时，其复分解反应十分顺利。而氢氟酸则远不如，往往需要加热、保温，协助赶走 CO_2，反应才能顺利进行。

（2）还原性。HX 还原能力的递变顺序为：HI>HBr>HCl>HF。

事实上 HF 不能被一般氧化剂所氧化；HCl 较难被氧化，与一些强氧化剂如 F_2、MnO_2、$KMnO_4$、PbO_2等反应才显还原性；Br^- 和 I^- 的还原性较强，空气中氧气就可以使它们氧化为单质。溴化氢溶液在日光、空气作用下即可变为棕色；而碘化氢溶液即使在阴暗处，也会逐渐变为棕色。

（3）热稳定性。卤化氢的热稳定性是指其受热是否易分解为单质：

$$2HX \xrightarrow{\triangle} H_2 + X_2$$

卤化氢的热稳定性大小可由生成焓来衡量。从表 11.4 数据看出，随卤化氢分子生成焓代数值的依次增大，它们的热稳定性依 HF 到 HI 顺序急剧下降。HI(g)最易分解，加热到 200 ℃左右就明显分解，而 HF(g)在 1 000 ℃还能稳定地存在。另一方面，也可从键能来判断同一系列化合物的热稳定性，通常键能大的化合物比键能小的化合物更稳定。

氢卤酸中以盐酸和氢氟酸有较大的实用意义。

常用的浓盐酸的质量分数为 37%，相对密度为 1.19，浓度为 12 $mol\cdot L^{-1}$。盐酸是一种重要的工业原料和化学试剂，用于制造各种氯化物。在皮革工业、焊接、电镀、搪瓷和医药部门也有广泛应用。此外，也用于食品工业（合成酱油、味精等）。

氢氟酸（或 HF 气体）有强烈的腐蚀性和毒性。能和 SiO_2反应生成气态 SiF_4：

$$SiO_2+4HF \longrightarrow SiF_4\uparrow +2H_2O$$

利用这一反应，氢氟酸被广泛应用于分析化学中，用以测定矿物或钢样中 SiO_2的含量，还用在玻璃器皿上刻蚀标记和花纹，毛玻璃和灯泡的“磨砂”也是用氢氟酸腐蚀的。通常氢氟酸储存在塑料容器里。氟化氢有氟源之称，利用它可制取单质氟和许多氟化物。氟化氢对皮肤会造成难以治疗的灼伤（对指甲也有强烈的腐蚀作用），使用时要戴乳胶手套，千万注意安全。

11.2.4 卤化物

1. 键型

卤素与电负性较小的元素所形成的化合物称为卤化物，如卤素与ⅠA、ⅡA 族的绝大多数金属形成离子型卤化物，这些卤化物具有高熔点、高沸点和低挥发性，熔融时能导电。但广义来说，卤化物也包括卤素与非金属、卤素与氧化数较高的金属所形成的共价型卤化物。共价型卤化物一般熔点、沸点低，熔融时不导电，并具有挥发性。但是离子型卤化物与共价型卤化物之间没有严格的界限，例如，$FeCl_3$是易挥发的共价型卤化物，它在熔融时能导电。

卤化物化学键的类型与成键元素的电负性、原子或离子的半径及金属离子的电荷有关。一般来说，碱金属（Li 除外）、碱土金属（Be 除外）和大多数镧系、锕系元素的卤化物基本上是离子型化合物。其中电负性最大的氟与电负性最小、离子半径最大的铯化合形成的氟化铯（CsF），是最典型的离子型化合物。随着金属离子半径的减小，离子电荷的增加及卤素离子半径的增大，键型由离子型向共价型过渡的趋势增强。

大多数卤化物易溶于水。氯、溴、碘的银盐（AgX）、铅盐（PbX_2）、亚汞盐（Hg_2X_2）、亚铜盐（CuX）是难溶的。氟化物的溶解度表现有些反常。例如，CaF_2难溶，而其他 CaX_2易溶；AgF 易溶，而其他 AgX 难溶。这是因为钙的卤化物基本上是离子型的，F^-半径小，与 Ca^{2+}吸引力强，CaF_2的晶格能大，致使其难溶；而在 AgX 系列中，虽然 Ag^+的极化力和变形性都大，但 F^-半径小难以被极化，故 AgF 基本上是离子型而易溶，在 AgX 中，从 Cl^-到 I^-，变形性增大，与 Ag^+相互极化作用增加，键的共价性随之增加，故它们均难溶，且溶解度越来越小。

2. 金属卤化物的制备举例

(1) 湿法。最常用的方法是用盐酸与活泼金属（如镁、铁、铝、锌等）反应。例如：

$$Zn+2HCl \longrightarrow ZnCl_2+H_2\uparrow$$

此法的后处理主要是除去原料中带入的铁。除铁方法是保持金属原料过量，或者加入适量该金属的氧化物。（为什么？）

对电极电势为正值的某些金属(如铜),只要在盐酸中加入适当的氧化剂,仍有可能制得相应氯化物。例如:

$$Cu+H_2O_2+2HCl \longrightarrow CuCl_2+2H_2O$$

此外,用盐酸与氧化物、氢氧化物、碳酸盐反应,亦可制得相应的金属氯化物。例如:

$$ZnO+2HCl \longrightarrow ZnCl_2+H_2O$$

$$LiOH+HCl \longrightarrow LiCl+H_2O$$

$$CaCO_3+2HCl \longrightarrow CaCl_2+CO_2+H_2O$$

但强烈水解的氯化物(如 $SnCl_4$、$SiCl_4$等)只能采用干法合成。

(2) 干法。由于绝大多数氯化物的 $\Delta_f G_m^\ominus$ 为负值,且代数值较小,因此,从理论上说,一般可用元素单质与氯气直接反应合成氯化物。但是,要使反应能继续下去,必须及时把产物从反应体系中分离出去。例如,铝、铁与氯气反应的产物——$AlCl_3$、$FeCl_3$ 均可升华,故可用干法。又如,欲制备纯的 $SnCl_4$,可用熔态锡与氯气反应。考虑到 $SnCl_4$的沸点(114 ℃)比 $SnCl_2$的沸点(652 ℃)低,只要控制反应温度在 114~652 ℃,即可使 $SnCl_4(g)$从反应器顶部导出而与 $SnCl_2(l)$分离。

此外,许多金属氧化物氯化反应的 $\Delta_r G_m^\ominus$ 亦为负值,且代数值较小,因而易于把这些氧化物转变为氯化物。例如:

$$Na_2O(s)+Cl_2(g) \longrightarrow 2NaCl(s)+\frac{1}{2}O_2(g);\ \Delta_r G_m^\ominus=-392.7\ kJ\cdot mol^{-1}$$

但是不要以为 $\Delta_r G_m^\ominus$ 为正值的氯化反应就一定不能进行。例如:

$$\frac{1}{2}TiO_2(s)+Cl_2(g) \longrightarrow \frac{1}{2}TiCl_4(l)+\frac{1}{2}O_2(g);\ \Delta_r G_m^\ominus=74.8\ kJ\cdot mol^{-1}$$

只要加入吸氧剂(如碳,在加热情况下吸氧转变为 CO_2),反应仍有可能实现:

$$TiO_2(s)+C(s)+2Cl_2(l) \longrightarrow TiCl_4(l)+CO_2(g);\ \Delta_r G_m^\ominus=-224\ kJ\cdot mol^{-1}$$

11.2.5 氯的含氧酸及其盐

1. 概述

除氟外❶,卤素均可形成正氧化数的含氧酸及其盐,表 11.6 列出了已知的卤素含氧酸。

表 11.6 卤素的含氧酸

氧化数	氯	溴	碘	名称
+1	$HClO$	$HBrO$	HIO	次卤酸
+3	$HClO_2$	$HBrO_2$	—	亚卤酸
+5	$HClO_3$	$HBrO_3$	HIO_3	卤 酸
+7	$HClO_4$	$HBrO_4$	HIO_4、H_5IO_6	高卤酸

卤素含氧酸不稳定,大多只能存在于水溶液中而尚未得到游离的纯酸,如各种次卤酸、亚卤酸、卤酸中的氯酸和溴酸、高卤酸中的高溴酸等。

❶ 据报道,1971 年曾在-40 ℃的反应条件下首次制得 HOF,但极不稳定。

卤素电势图如下：

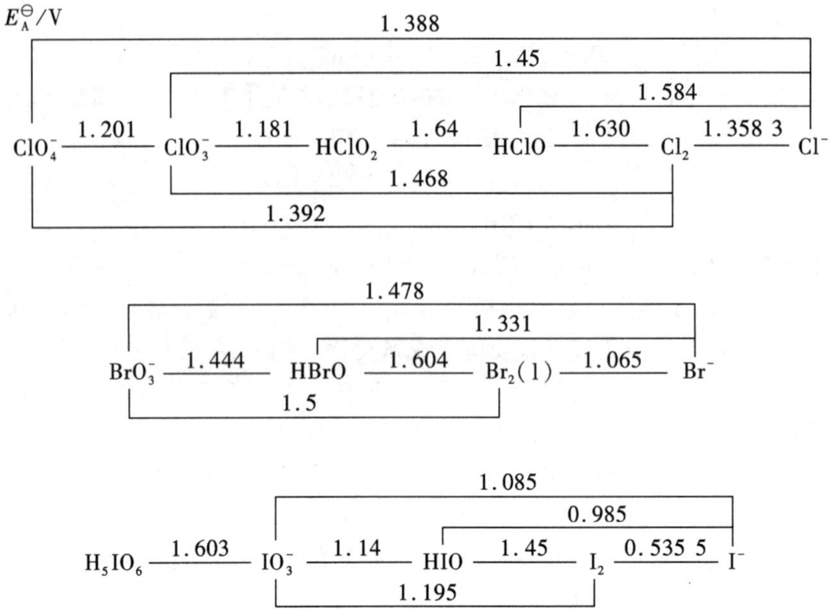

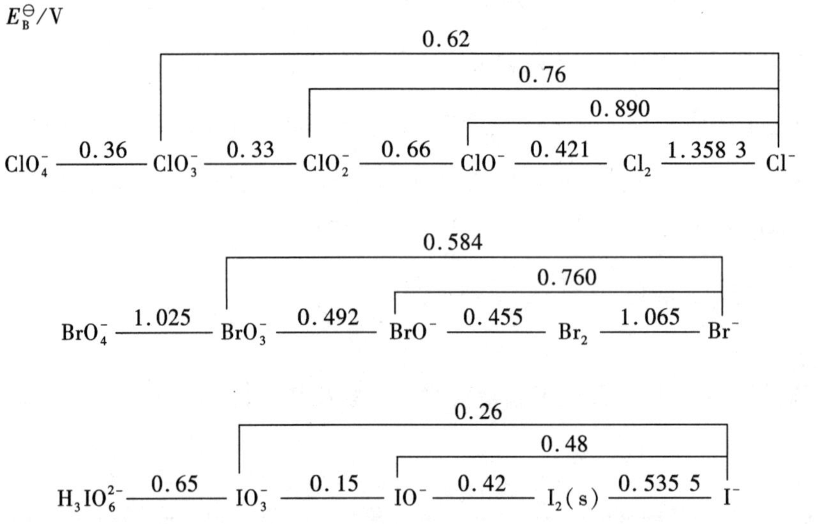

从卤素电势图可以看出：

(1) 在 $E_A^\ominus$ 图中，几乎所有电对的电极电势都有较大的正值，表明在酸性介质中，卤素单质及各种含氧酸均有较强的氧化性，它们作氧化剂时的还原产物一般为 X^-。

(2) 在 $E_B^\ominus$ 图中，除 X_2/X^- 电对的电极电势与 $E_A^\ominus$ 值相同外（为什么?），其余电对的电极电势虽为正值，但均相应变小，表明在碱性介质中，卤素各种含氧酸盐的氧化性已大为降低（NaClO 除外），说明含氧酸的氧化性强于其盐。

(3) 许多中间氧化数物质由于 $E_{右}^\ominus > E_{左}^\ominus$，因而存在着发生歧化反应的可能性。

2. 次氯酸及其盐

氯气和水作用生成次氯酸：

$$Cl_2+H_2O \rightleftharpoons HClO+HCl$$

上述反应为可逆反应,所得的次氯酸浓度很低,如果往氯水中加入能和 HCl 作用的物质(如 HgO、Ag_2O、$CaCO_3$等),则可使反应继续向右进行,从而得到浓度较大的次氯酸溶液。例如:

$$2Cl_2+2HgO+H_2O \longrightarrow HgO\cdot HgCl_2\downarrow+2HClO$$

次氯酸是很弱的酸($K_a^\ominus=2.9\times10^{-8}$),比碳酸还弱,且很不稳定,只存在于稀溶液中,其分解方式有以下三种方式:

$$2HClO \xrightarrow{光} 2HCl+O_2\uparrow(分解)$$

$$3HClO \xrightarrow{\triangle} 2HCl+HClO_3(歧化)$$

$$2HClO \xrightarrow{脱水剂} Cl_2O+H_2O(脱水)$$

把氯气通入冷碱溶液,可生成次氯酸盐,反应如下:

$$Cl_2+2NaOH \longrightarrow NaClO+NaCl+H_2O$$

$$2Cl_2+3Ca(OH)_2 \xrightarrow{40\ ℃以下} Ca(ClO)_2+CaCl_2\cdot Ca(OH)_2\cdot H_2O+H_2O$$

漂白粉是次氯酸钙和碱式氯化钙的混合物,有效成分为其中的次氯酸钙[$Ca(ClO)_2$]。次氯酸盐(或漂白粉)的漂白作用主要是基于次氯酸的氧化性。漂白粉使用时必须加酸,使之转变成次氯酸后才能有强氧化性,发挥其漂白、消毒作用。例如,棉织物的漂白是先将其浸入漂白粉液,然后再用稀酸溶液处理。二氧化碳可从漂白粉中将次氯酸置换出来:

$$Ca(ClO)_2+CaCl_2\cdot Ca(OH)_2\cdot H_2O+2CO_2 \longrightarrow 2CaCO_3\downarrow+CaCl_2+2HClO+H_2O$$

所以浸泡过漂白粉的织物,在空气中晾晒也能达到漂白效果。漂白粉对呼吸系统有损害;与易燃物混合易引起燃烧、爆炸。

3. 氯酸及其盐

用氯酸钡与稀硫酸反应可制得氯酸溶液:

$$Ba(ClO_3)_2+H_2SO_4 \longrightarrow BaSO_4\downarrow+2HClO_3$$

氯酸仅存在于溶液中,若将其含量提高到 40% 即分解,含量再高,就会迅速分解并发生爆炸:

$$8HClO_3 \longrightarrow 4HClO_4+3O_2\uparrow+2Cl_2\uparrow+2H_2O$$

氯酸是强酸,其强度接近于盐酸;氯酸又是强氧化剂,它能将碘氧化为碘酸:

$$2HClO_3+I_2 \longrightarrow 2HIO_3+Cl_2\uparrow$$

氯酸钾是最重要的氯酸盐,它是无色晶体或白色粉末,在催化剂存在时,200 ℃下氯酸钾即可分解为氯化钾和氧气:

$$2KClO_3 \xrightarrow{MnO_2} 2KCl+3O_2\uparrow$$

在 400 ℃左右,如果没有催化剂,主要分解成高氯酸钾和氯化钾:

$$4KClO_3 \longrightarrow 3KClO_4+KCl$$

固体 $KClO_3$是强氧化剂,与硫、磷、碳等还原性物质及有机物、可燃物混合后,经摩擦或撞击就会发生燃烧和爆炸,因此可用来制造炸药、火柴及烟火等。

氯酸盐通常在酸性溶液中显氧化性。例如,$KClO_3$在中性溶液中不能氧化 KI,但酸化后，即可将 I^- 氧化成 I_2：

$$ClO_3^- + 6I^- + 6H^+ \longrightarrow 3I_2 + Cl^- + 3H_2O$$

实验视频

氯酸钾有毒，能使血红蛋白变为变性血红蛋白，并使血红细胞分解，误食会引起急性中毒，致死量为 10 克。

工业上制备氯酸钾采用新型金属阳极电解槽电解饱和食盐水溶液的方法。先制得 $NaClO_3$，然后再与 KCl 反应，得到 $KClO_3$，降温至 35 ℃以下 $KClO_3$溶解度变小，即可从 NaCl 溶液中分离出来：

$$NaCl + 3H_2O \xrightarrow{电解} NaClO_3 + 3H_2\uparrow$$

$$NaClO_3 + KCl \xrightarrow{冷却} KClO_3 + NaCl$$

4. 高氯酸及其盐

用浓硫酸与高氯酸钾作用，可制得高氯酸：

$$KClO_4 + H_2SO_4 \longrightarrow HClO_4 + KHSO_4$$

然后用减压蒸馏方法，把高氯酸从反应混合物中分离出来。

工业上采用电解法氧化氯酸盐以制备高氯酸。在阳极区生成高氯酸盐，酸化后，再蒸发浓缩可得市售的高氯酸(60%)：

$$NaClO_3 + H_2O \xrightarrow{电解} \underset{(阳极)}{NaClO_4} + \underset{(阴极)}{H_2\uparrow}$$

$$NaClO_4 + HCl \longrightarrow HClO_4 + NaCl$$

无水高氯酸是无色、微发烟液体，冷的稀溶液比较稳定，浓高氯酸不稳定，受热分解：

$$4HClO_4 \xrightarrow{\triangle} 2Cl_2\uparrow + 7O_2\uparrow + 2H_2O$$

浓高氯酸(>60%)与易燃物相遇会发生猛烈爆炸，但冷的稀酸没有明显的氧化性。高氯酸是常见的最强无机酸。

高氯酸盐则比较稳定，$KClO_4$的热分解温度高于 $KClO_3$。高氯酸盐一般是可溶的，但 K^+、Rb^+、Cs^+、NH_4^+的高氯酸盐溶解度却很小。有些高氯酸盐有较显著的水合作用，如无水高氯酸镁[$Mg(ClO_4)_2$]可作高效干燥剂。

现将氯的含氧酸及其盐的氧化性、热稳定性和酸性变化的一般规律总结如下：[1]

疑难解析

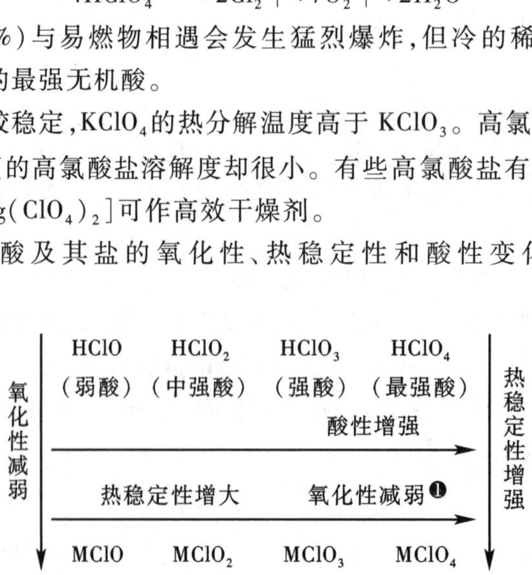

[1] 其中 $HClO_2$ 表现不规则。

11.2.6 拟卤素化合物、离子及其盐

某些原子团形成的分子与卤素单质有相似的性质，它们的离子也与卤素离子的性质相似，这些原子团称为拟卤素。重要的拟卤素有氰$(CN)_2$、硫氰$(SCN)_2$和氧氰$(OCN)_2$等。

氰$(CN)_2$是无色可燃气体，剧毒，有苦杏仁味。

氰化氢(HCN)为挥发性(沸点 26 ℃)的无色液体，剧毒，分子结构式为$H—C\equiv N$，能与水互溶，其水溶液称为氢氰酸。氢氰酸是极弱的酸($K_a^\ominus=6.2\times10^{-10}$)。

氢氰酸的盐又称氰化物。常见的氰化物有氰化钠和氰化钾，它们均易溶于水。氰化物与一些金属离子(如 Au^+、Ag^+等)形成稳定的配合物。基于这种性质，氰化物可用于从矿石中提炼金、银及用于电镀。氰化物在医药、农药、有机合成中也应用广泛，是实验室和科研中常用的化学试剂。

氰、氰化氢、氢氰酸和氰化物均为剧毒品，毫克数量级剂量即可致死。中毒的途径可以通过呼吸、误食及皮肤渗透。由于氰化物的毒性很大，所以工业废水中的氰化物排放标准应控制在 $0.05\ mg\cdot L^{-1}$以下。利用氰离子的强配合性和还原性，可以对含氰离子废水进行处理。在废水中加入硫酸亚铁和消石灰，将氰化物转化为无毒的铁氰化物：

$$6CN^-+Fe^{2+}\longrightarrow[Fe(CN)_6]^{4-}$$

$$[Fe(CN)_6]^{4-}+2Ca^{2+}\longrightarrow Ca_2[Fe(CN)_6]\downarrow$$

$$[Fe(CN)_6]^{4-}+2Fe^{2+}\longrightarrow Fe_2[Fe(CN)_6]\downarrow$$

也可用氯气氧化废水中的氰化物：

$$2CN^-+8OH^-+5Cl_2\longrightarrow 2CO_2\uparrow+N_2\uparrow+10Cl^-+4H_2O$$

11.3 氧族元素

11.3.1 氧族元素概述

周期系第ⅥA 族包括氧、硫、硒、碲、钋、铊六种元素，这些元素统称为氧族元素。

在自然界中氧和硫能以单质存在。由于很多金属在地壳中以氧化物和硫化物的形式存在，故这两种元素常称为成矿元素。硒和碲为分散稀有元素，常伴生于重金属的硫化物矿中，在自然界中不存在碲单质。它们都是半导体材料。钋是一种放射性元素；铊是一种人工合成元素。自然界中存在的氧族元素的一些基本性质列于表 11.7 中。

表 11.7 氧族元素的性质

元素	氧(O)	硫(S)	硒(Se)	碲(Te)	钋(Po)
原子序数	8	16	34	52	84
价层电子构型	$2s^22p^4$	$3s^23p^4$	$4s^24p^4$	$5s^25p^4$	$6s^26p^4$

知识拓展

续表

元素		氧(O)	硫(S)	硒(Se)	碲(Te)	钋(Po)
主要氧化数		-1、-2、0	-2、0、+4、+6	-2、0、+2、+4、+6	-2、0、+2、+4、+6	—
原子半径/pm		66	104	117	137	153
离子半径	$r(M^{2-})$/pm	140	184	198	221	—
	$r(M^{6+})$/pm	—	29	42	56	67
第一电离能 $I_1/(kJ\cdot mol^{-1})$		1 314	1 000	941	869	812
电子亲和能 $E_{A_1}/(kJ\cdot mol^{-1})$		-141	-200.4	-195	-190.2	-173.7
电负性(χ_P)		3.5	2.5	2.4	2.1	2.0

知识拓展

知识拓展

从表 11.7 可以看出，氧族元素从上往下原子半径和离子半径逐渐增大，电离能和电负性逐渐变小。因而随着原子序数的增加，元素的金属性逐渐增强，而非金属性逐渐减弱。氧和硫是典型的非金属元素，硒和碲是准金属元素，而钋是金属元素。

氧族元素的价层电子构型为 ns^2np^4，其原子有获得两个电子达到稀有气体的稳定电子层结构的趋势，表现出较强的非金属性。它们在化合物中的常见氧化数为-2。由于氧在ⅥA 族中的电负性最大（仅次于氟），因而可以和大多数金属元素形成二元离子型化合物。硫、硒、碲与大多数金属元素化合时主要形成共价化合物。氧族元素与非金属元素或金属性较弱的元素化合时皆形成共价化合物。硫、硒、碲的原子外层存在着可利用的 d 轨道，它们有可能形成氧化数为+2、+4、+6的化合物。氧除了与氟化合时显正氧化数外，其氧化数一般表现为-2，在过氧化物中为-1。

11.3.2 氧和臭氧

知识拓展

1. 氧

氧单质有两种同素异形体，即 O_2 和 O_3（臭氧）。在 30 亿年前空气中的氧气很少，它是随着绿色植物的诞生、生长而逐渐增多的。

氧是无色、无味、无臭的气体，在-183 ℃凝结为淡蓝色液体，常以 15 MPa 压力把氧气装入钢瓶内储存。氧气在水中的溶解度虽然很小（$49.1\ mL\cdot L^{-1}$），但这是水中各种生物赖以生存的重要条件。

氧分子的解离能较大：

$$O_2 \longrightarrow 2O; \qquad D^{\ominus}(O_2) = 498.34\ kJ\cdot mol^{-1}$$

所以在常温下，氧的反应性能较差，仅能使一些还原性强的物质（如 NO、$SnCl_2$、H_2SO_3、KI 等）氧化。在加热条件下，除卤素、少数贵金属（如 Au、Pt 等）及稀有气体外，氧气几乎可与所有的元素直接化合成相应的氧化物。

液态氧的化学活性相当高，可与许多金属、非金属反应，特别是与有机物接触时，易发生爆炸性反应。因此储存、运输和使用液氧时须格外小心。

氧是生命元素，在自然界是循环的。氧有广泛的用途，富氧空气或纯氧用于医疗和高空飞行。大量的纯氧用于炼钢。氢氧焰和氧炔焰用来切割和焊接金属。液氧常用作制冷剂和火箭发动机的助燃剂。

2. 臭氧

(1) 臭氧层的作用。氧分子通过电子流、质子流或短波辐射的作用及在原子氧的产生过程(如 H_2O_2的分解)中都可能有臭氧生成,如高空中 O_2受阳光中的紫外线照射会形成 O_3:

$$O_2 \xrightarrow{h\nu} 2O$$

$$O_2 + O \longrightarrow O_3$$

雷雨季节,空气中的氧气经电火花的作用,也可产生少量臭氧,臭氧也可以通过无声放电来制取。

在离地面 20~40 km 的高空处,尤其是在 20~25 km,存在较多的臭氧,形成薄薄的臭氧层。它能吸收太阳光的紫外辐射,为保护地面上一切生物免受太阳强烈辐射提供了一个防御屏障——臭氧保护层(详见 17.2.1)。

近年来,由于人类大量使用了矿物燃料(如汽油、柴油)和氯氟烃,大气中 NO、NO_2 等氮氧化物和氯氟化碳($CFCl_3$、CF_2Cl_2)等含量过多,引起臭氧过多分解,使臭氧层遭到破坏,因此,应采取积极措施保护臭氧层。

(2) 臭氧的分子结构。组成臭氧分子的 3 个氧原子呈 V 形排列,如图 11.1 所示。

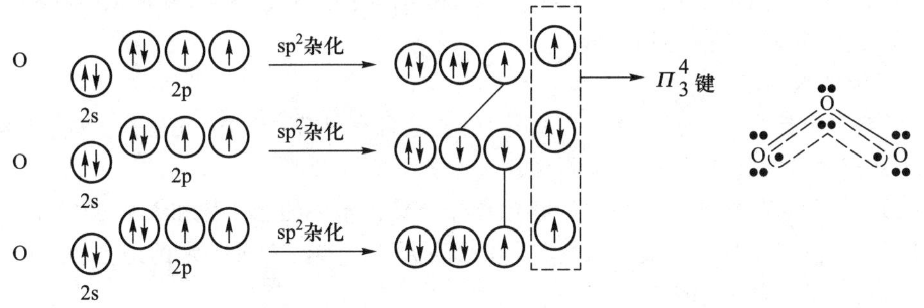

图 11.1 O_3 的分子结构

这 3 个氧原子均采取 sp^2杂化,中心氧原子的 1 个 sp^2杂化轨道为孤电子对所占,另外 2 个未成对电子则分别与两旁氧原子的 sp^2杂化轨道上未成对电子形成 2 个(sp^2-sp^2)σ 键。中心氧原子未参与杂化的 p 轨道上有一对电子,两旁的氧原子未参与杂化的 p 轨道上各有 1 个电子,这些未参与杂化的 p 轨道互相平行,彼此重叠形成了垂直于分子平面的三中心四电子大 π 键,以 Π_3^4表示。这种大 π 键是不定域(或离域)π 键,成键电子不固定在 2 个原子之间。

疑难解析

臭氧分子中无单电子,故为反磁性物质。

(3) 大 π 键形成条件。凡有 3 个或 3 个以上原子形成的 π 键称为大 π 键。在 3 个或 3 个以上用 σ 键联结起来的原子之间,要形成大 π 键,必须满足下列三个条件:

① 这些原子都在同一平面上;

② 每一原子有一互相平行的 p 轨道;

③ p 轨道数目的两倍大于 p 电子数。

大 π 键用符号 Π_a^b 来表示。其中 a 为组成大 π 键的原子数,b 为组成大 π 键的电子数。

(4) 臭氧的性质和用途。臭氧是蓝色气体,有特殊的鱼腥臭味。臭氧在-112 ℃凝结为深蓝色液体,在-192.7 ℃凝固成黑紫色固体。臭氧比氧气易溶于水,在常温下缓慢分解,200 ℃以上分解较快。臭氧分解时放热:

$$2O_3 \longrightarrow 3O_2;\quad \Delta_r H_m^{\ominus} = -286\ kJ \cdot mol^{-1}$$

纯臭氧易爆炸。

知识拓展

O_3的氧化性比 O_2强[$E_A^{\ominus}(O_3/O_2) = 2.03\ V$],能氧化许多不活泼单质如 Hg、Ag、S 等。可从碘化钾溶液中使碘析出,此反应常作为 O_3的鉴定反应:

$$O_3 + 2I^- + 2H^+ \longrightarrow I_2 + O_2 \uparrow + H_2O$$

臭氧的强氧化性和不易导致二次污染的优点,被用作无污染消毒灭菌剂。臭氧还可用作棉、麻、纸张的漂白剂和皮毛的脱臭剂。空气中微量的臭氧不仅能杀菌,还能刺激中枢神经、加速血液循环。但地表空气中臭氧含量超过1 $mg \cdot m^{-3}$时就有损人体健康和植物生长。

11.3.3　水

水是地球上天然存在量最多的化合物,它是宇宙生命之源,与生物的起源、生存、演化、发展密不可分。由于水中或多、或少总含有某些杂质,人们通常根据生活和生产的实际需要,对水进行不同的处理。

1. 天然水的净化

天然水中除含有一些固体悬浮物外,可能还含有可溶性气体、无机盐、有机物及污染物,甚至微生物如细菌等,因而在使用前常常先行净化。

(1) 饮用水的净化。饮用水的净化首先要除去水中的悬浮物和细菌、病毒。悬浮物可用自然沉降或加入混凝剂、过滤的方法除去。一些没有自来水的地方,常用的混凝剂为石灰乳和硫酸铝[1]:

$$3Ca(OH)_2 + 2Al^{3+} \longrightarrow 2Al(OH)_3 + 3Ca^{2+}$$

产生的氢氧化铝胶状沉淀吸附水中较小的悬浮物和大部分细菌,并沉降而除去。工业用水还有用聚氯化铝、硫酸铁、聚丙烯酰胺作为混凝剂的。

除菌常采用充气(氧化有机物)、日光或紫外线辐射、煮沸、氯化(近年欧美趋向用 ClO_2)、臭氧化(为多国采用)等方法。

自来水公司正是通过"混凝沉降—澄清过滤—杀菌消毒"过程,使水达到国家饮用水标准,向城乡居民提供生活饮用水的。若需要较纯的水,可在净化基础上,再进一步纯化为纯净水。纯净水被定义为:"以符合生活饮用水卫生标准的水为原料,通过电渗析法、离子交换法、反渗透法、蒸馏法及其他适当的加工方法制得的,密封于容器中且不含任何添加物可直接饮用的水"。目前市场上销售的瓶装饮用水主要分两大类——纯净水和矿泉水,其他的纯水、高纯水、超纯水、太空水、宇宙水、磁化水、电解水、蒸馏水、去离子水、活性水、高氧水等基本属于"纯净水"范畴。饮用纯净水还是矿泉水好,其实各有利弊。2000 年 12 月在美国曾经召开过一次主题为"21 世纪人类需

[1] 用含铝混凝剂处理饮用水对人体健康是否合适有不同意见。

要什么样的饮用水”的研讨会,最后专家们的意见为:人类需要的是洁净的天然水❶。

(2) 硬水软化。含可溶性钙盐、镁盐较多的水称为硬水。其中若钙、镁是以酸式盐形式存在,则称为暂时硬水。暂时硬水用煮沸即可使其沉淀析出:

$$Ca^{2+}+2HCO_3^- \xrightarrow{\triangle} CaCO_3\downarrow+CO_2\uparrow+H_2O$$

$$Mg^{2+}+2HCO_3^- \xrightarrow{\triangle} MgCO_3\downarrow+CO_2\uparrow+H_2O$$

若钙、镁是以硫酸盐或氯化物形式存在,用加热方法不能使其除去的,这种水叫永久硬水。

因钙、镁的碳酸盐、酸式碳酸盐的存在而显示的硬度为暂时硬度;因钙、镁的硫酸盐、氯化物的存在而显示的硬度为永久硬度。天然水的硬度为暂时硬度与永久硬度之和。

饮用水的硬度过高易造成肠胃功能紊乱。一般硬水可以饮用,但不宜用于洗涤,因钙、镁离子会与肥皂中的硬脂酸钠形成难溶性物,例如:

$$Ca^{2+}+2C_{17}H_{35}COO^- \longrightarrow Ca(C_{17}H_{35}COO)_2\downarrow$$

生成的难溶物黏附在纺织物表面形成斑点,使纺织物色泽暗淡。另外,硬水更不能作为锅炉用水,因为产生的钙、镁盐会形成埚垢,不仅有碍传热、增大能耗,甚至会由于堵塞管道及受热不均匀而引起锅炉爆炸。

使硬水软化的方法较多,除了用加热办法使暂时硬水软化外,常用的有化学法和离子交换法。

化学法:如加入石灰乳和碳酸钠作为基本软化剂,使钙、镁离子形成沉淀析出:

$$Ca^{2+}+CO_3^{2-} \longrightarrow CaCO_3\downarrow$$

$$2Mg^{2+}+CO_3^{2-}+2OH^- \longrightarrow Mg_2(OH)_2CO_3\downarrow$$

有时还加入少量磷酸钠作为辅助软化剂:

$$3Ca^{2+}+2PO_4^{3-} \xrightarrow{\triangle} Ca_3(PO_4)_2\downarrow$$

离子交换法:用钠型强酸性阳离子交换树脂 $R—SO_3^-Na^+$ 除去水中的 Ca^{2+}、Mg^{2+} 等离子,例如:

$$2R—SO_3^-Na^++Ca^{2+} \underset{再生}{\overset{交换}{\rightleftharpoons}} (R—SO_3^-)_2Ca^{2+}+2Na^+$$

离子交换反应为可逆过程,被 Ca^{2+}、Mg^{2+} 等离子饱和后的树脂可用浓盐水处理再生。

(3) 海水淡化。20 世纪以来,由于工农业的发展和人口的增长使世界淡水资源面临严重短缺,而人类自身的盲目性造成的江河湖水污染、湖泊缩小、地下水位下降、水土流失等更使淡水资源短缺问题雪上加霜。目前世界上约有 43 个国家和地区缺水,占全球陆地面积的 60%,约 20 亿人口用水紧张。现在人类要想在地球上继续生存和发展,一是必须采取有效措施治理环境、保护水资源;二是加紧海水淡化的研究和发展。阿拉伯半岛上的干旱地区供水已全部靠海水淡化(成本很高)。海水淡化是指用化学或物理方法除去海水中所含盐分,以获得淡水。海水淡化目前

---

❶ 杨小红,等. 健康化学. 合肥:合肥工业大学出版社,2004 年。

主要有蒸馏脱盐法、冷却结晶法、离子交换脱盐法、电渗析法和反渗透脱盐法。反渗透法主要使用一种选择性薄膜（如醋酸纤维素膜），当将海水加压超过其渗透压时，因盐不能通过薄膜而水可以穿过，从而实现海水淡化。目前，反渗透法已成为海水淡化的主流技术。

2. 水合作用

水为强极性分子，可与许多物质发生水合作用，若水与氨分子发生水合作用，则形成水合分子，即

$$NH_3(g) \xrightarrow{H_2O} NH_3(aq)$$

若水与离子发生水合作用，则形成水合离子，如：

$$HCl(g) \xrightarrow{H_2O} H^+(aq) + Cl^-(aq)$$

含有水的晶态物质称为结晶水合物，其中的水叫结晶水。在结晶水合物中，水以不同形式存在：

（1）羟基水。水在化合物中以 OH^- 形式存在［如 $Mg(OH)_2$、$Al(OH)_3$］，它们是氧化物的水合物，即为 $MgO \cdot H_2O$、$Al_2O_3 \cdot 3H_2O$；

（2）配位水。水在化合物中以配体形式存在，如 $BeSO_4 \cdot 4H_2O$ 中存在 $[Be(H_2O)_4]^{2+}$ 离子、$NiSO_4 \cdot 6H_2O$ 中存在 $[Ni(H_2O)_6]^{2+}$ 离子；

（3）阴离子水。水通过氢键与阴离子相结合，如 $CuSO_4 \cdot 5H_2O$ 中，4 个水分子以配位水的形式存在，而另一个水分子却以氢键与配位水及 SO_4^{2-} 相结合；

（4）晶格水。水分子位于水合物的晶格中，不与阳、阴离子直接连接，如 $MgSO_4 \cdot 7H_2O$ 中，6 个水分子为配位水，而另一个水分子占据晶格上位置，为晶格水；

（5）沸石水。这种水分子在某种物质（如沸石）的晶格中占据相对无规律的位置，当加热脱除这种水分子时，物质的晶格不被破坏。

11.3.4　过氧化氢

1. 过氧化氢的分子结构

过氧化氢分子中有一过氧基（—O—O—），每个氧原子各连着一个氢原子。两个氢原子和氧原子不在一平面上。在气态时，H_2O_2 的空间结构如图 11.2 所示，两个氢原子像在半展开书本的两页纸上，两面的夹角为 111.5 °，氧原子在书的夹缝上，键角∠OOH 为 94.8°，O—O和 O—H 的键长分别为 147.5 pm 和 95 pm。

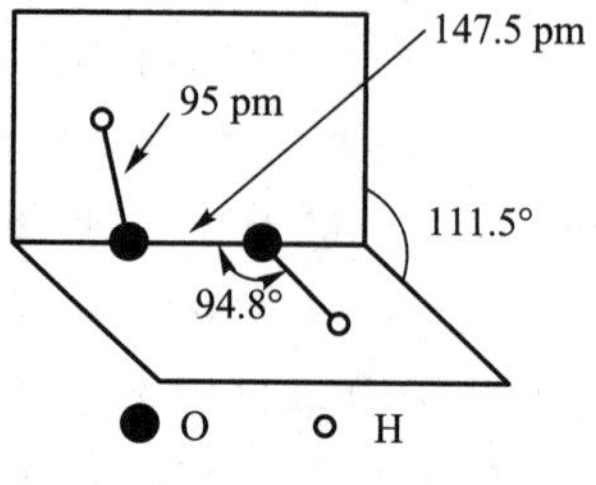

图 11.2　H_2O_2 分子的空间结构示意图

2. 过氧化氢的性质

纯过氧化氢是近乎无色的黏稠液体,分子间有氢键,由于极性比水强,在固态和液态时分子缔合程度比水大,所以沸点(150 ℃)远比水高。过氧化氢与水可以任何比例互溶,通常所用的双氧水为过氧化氢的水溶液,商品质量分数有 30%和 3%两种。

过氧化氢的化学性质主要表现为对热不稳定性、强氧化性、弱还原性和极弱的酸性。

(1) 不稳定性。由于过氧基—O—O—内过氧键的键能较小,因此过氧化氢分子不稳定,易分解:

$$2H_2O_2(l) \longrightarrow 2H_2O(l)+O_2(g); \quad \Delta_r H_m^{\ominus}=-196.06\ kJ\cdot mol^{-1}$$

纯过氧化氢在避光和低温下较稳定,常温下分解缓慢,153 ℃时发生爆炸式分解。过氧化氢在碱性介质中分解较快。微量杂质、重金属离子(Fe^{3+}、Mn^{2+}、Cr^{3+}、Cu^{2+})、MnO_2等,以及粗糙活性表面均能加速过氧化氢的分解。为防止过氧化氢分解,通常将其储存在光滑塑料瓶或棕色玻璃瓶中并置于阴凉处,若能再放入一些稳定剂,如微量的锡酸钠、焦磷酸钠和 8-羟基喹啉等,则效果更好。

(2) 弱酸性。过氧化氢具有极弱的酸性:

$$H_2O_2 \rightleftharpoons H^+ + HO_2^-; \quad K_{a(1)}^{\ominus}=2.3\times10^{-12}$$

其 $K_{a(2)}^{\ominus}$ 约为 10^{-25}。

过氧化氢可与碱反应,如:

$$H_2O_2+Ba(OH)_2 \longrightarrow \underset{(过氧化钡)}{BaO_2}+2H_2O$$

为此 BaO_2可视为 H_2O_2的盐。

(3) 氧化还原性。过氧化氢中氧的氧化数为-1(处于中间氧化数),因此过氧化氢既有氧化性又有还原性。在酸性和碱性介质中其标准电极电势如下:

疑难解析

酸性介质:

$$H_2O_2+2H^++2e^- \rightleftharpoons 2H_2O; \quad E_A^{\ominus}=1.763\ V$$

$$O_2+2H^++2e^- \rightleftharpoons H_2O_2; \quad E_A^{\ominus}=0.695\ V$$

碱性介质:

$$HO_2^-+H_2O+2e^- \rightleftharpoons 3OH^-; \quad E_B^{\ominus}=0.867\ V$$

$$O_2+H_2O+2e^- \rightleftharpoons HO_2^-+OH^-; \quad E_B^{\ominus}=-0.076\ V$$

实验视频

从电极电势数值可以看出,无论在酸性介质还是碱性介质中过氧化氢均有氧化性,尤其在酸性介质中氧化性更为突出。例如,在酸性溶液中可以将 I^- 氧化为单质 I_2:

$$H_2O_2+2I^-+2H^+ \longrightarrow I_2+2H_2O$$

实验视频

过氧化氢可将黑色的 PbS 氧化为白色的 $PbSO_4$:

$$PbS+4H_2O_2 \longrightarrow PbSO_4+4H_2O$$

这一反应用于油画的漂白。在碱性介质中过氧化氢可以把$[Cr(OH)_4]^-$氧化为CrO_4^{2-}:

$$2[Cr(OH)_4]^-+3H_2O_2+2OH^- \longrightarrow 2CrO_4^{2-}+8H_2O$$

实验视频

过氧化氢还原性较弱,只有遇到强的氧化剂时才表现出还原性。例如:

$$2MnO_4^-+5H_2O_2+6H^+ \longrightarrow 2Mn^{2+}+5O_2\uparrow+8H_2O$$

实验视频

$$Cl_2+H_2O_2 \longrightarrow 2HCl+O_2\uparrow$$

前一反应用来测定过氧化氢的含量，后一反应在工业上常用于除氯。

一般来说，过氧化氢的氧化性比还原性要显著得多，因此，它主要用作氧化剂。过氧化氢作为氧化剂的主要优点是其还原产物为水，不会给反应体系引入新的杂质，而且过量部分很容易在加热下分解成 H_2O 及 O_2，O_2 可从体系中逸出也不会增加新的物种。

3. 过氧化氢的制备和用途

实验室中可用冷的稀硫酸或稀盐酸与过氧化钠反应制备过氧化氢：

$$Na_2O_2+H_2SO_4+10H_2O \xrightarrow{\text{低温}} Na_2SO_4\cdot 10H_2O+H_2O_2$$

工业上制备过氧化氢目前主要有两种方法：电解法和蒽醌法。

电解法：首先电解硫酸氢铵饱和溶液制得过二硫酸铵：

$$2NH_4HSO_4 \xrightarrow{\text{电解}} \underset{\text{（阳极）}}{(NH_4)_2S_2O_8}+\underset{\text{（阴极）}}{H_2}\uparrow$$

然后加入适量硫酸在减压下进行水解、蒸馏、浓缩分离、除去酸雾，再经精馏，制得过氧化氢：

$$(NH_4)_2S_2O_8+2H_2O \xrightarrow{H_2SO_4} 2NH_4HSO_4+H_2O_2$$

生成的硫酸氢铵可循环使用。

蒽醌法：以 H_2 和 O_2 为原料，在有机溶剂（重芳烃和氢化萜松醇）中借助 2-乙基蒽醌和钯(Pd)的作用制得过氧化氢，其反应可分为两步：

$$\underset{\text{（2-乙基蒽醌）}}{C_{16}H_{12}O_2}+H_2 \xrightarrow{\text{Pd 催化}} \underset{\text{（2-乙基蒽醇）}}{C_{16}H_{12}(OH)_2}$$

$$C_{16}H_{12}(OH)_2+O_2 \longrightarrow C_{16}H_{12}O_2+H_2O_2$$

其中 2-乙基蒽醌循环使用，总反应如下：

$$H_2+O_2 \xrightarrow[\text{Pd 催化}]{\text{2-乙基蒽醌}} H_2O_2$$

与电解法相比，蒽醌法能耗低，乙基蒽醌能重复使用，合成过程只消耗氢气和氧气，而所使用的氧气可取之于空气，是典型的绿色化学工艺，所以此法用者众多。不过，对于电价低廉地区，亦不排斥用电解法。

过氧化氢的用途主要是基于它的氧化性，3%（稀）和 30%的过氧化氢溶液是实验室常用的氧化剂。目前生产的过氧化氢约有半数以上用作漂白剂，用于漂白纸浆、织物、油画、油脂、象牙及合成物等。化工生产上过氧化氢用于制取过氧化物（如过硼酸钠、过醋酸等）、环氧化合物、氢醌及药物（如头孢菌素），也用于有毒废水的处理，食品行业中作氧化剂、淀粉变性剂、防腐剂、纸塑和罐装机的杀菌等。

11.3.5　硫化氢、硫化物和多硫化物

知识拓展

1. 硫化氢和氢硫酸

硫蒸气能和氢气直接化合生成硫化氢(H_2S)。实验室中常用硫化亚铁与稀盐酸

作用来制备硫化氢气体：

$$FeS+2H^{+} \longrightarrow Fe^{2+}+H_2S\uparrow$$

H_2S 是无色有腐蛋臭味的有毒气体，有麻醉中枢神经作用，吸入 H_2S 过量会因中毒而造成昏迷甚至死亡。H_2S 在空气中的最大允许含量为 0.01 $mg\cdot L^{-1}$。

由于 H_2S 有毒，存放和使用不方便，所以分析化学中常以硫代乙酰胺（CH_3CSNH_2）作代用品。这是由于硫代乙酰胺缓慢水解：

$$CH_3CSNH_2+2H_2O \longrightarrow CH_3COO^{-}+NH_4^{+}+H_2S\uparrow$$

产生的 H_2S 在溶液中可即时反应，减少对空气的污染。

H_2S 是极性分子，但极性比水弱。由于分子间形成氢键的倾向很小，因此熔点（−86 ℃）、沸点（−71 ℃）比水低得多。

完全干燥的 H_2S 稳定，不与空气中氧作用。H_2S 在空气中燃烧，生成二氧化硫和水；若空气供应不足，则生成硫和水：

$$2H_2S+3O_2 \longrightarrow 2SO_2\uparrow+2H_2O$$

$$2H_2S+O_2 \longrightarrow 2S\downarrow+2H_2O$$

硫化氢气体能溶于水，在 20 ℃时，1 体积水能溶解 2.6 体积的硫化氢。硫化氢饱和溶液的浓度约为 0.1 $mol\cdot L^{-1}$，其溶液叫硫化氢水或氢硫酸。氢硫酸是很弱的二元酸，在水溶液中有如下解离作用：

$$H_2S \rightleftharpoons H^{+}+HS^{-};\quad K_{a(1)}^{\ominus}=1.1\times10^{-7}$$

$$HS^{-} \rightleftharpoons H^{+}+S^{2-};\quad K_{a(2)}^{\ominus}=1.3\times10^{-13}$$

硫化氢中硫原子处于低氧化数（−2）状态，因此硫化氢具有还原性。由标准电极电势数据可以看出，无论是酸性介质还是碱性介质中，S^{2-} 均具有还原性，且在碱性介质中还原性稍强：

酸性介质：$S+2H^{+}+2e^{-} \rightleftharpoons H_2S;\qquad E_A^{\ominus}=0.144\ V$

碱性介质：$S+2e^{-} \rightleftharpoons S^{2-};\qquad E_B^{\ominus}=-0.407\ V$

S^{2-} 一般被氧化为 S。

当硫化氢溶液在空气中放置时，容易被空气中氧所氧化而析出单质硫，使溶液变浑浊。

实验视频

在酸性介质中，I_2、Fe^{3+} 等可将 S^{2-} 氧化为 S。例如：

$$H_2S+2FeCl_3 \longrightarrow S\downarrow+2FeCl_2+2HCl$$

但遇强氧化剂时，可被氧化为 H_2SO_4。例如：

$$H_2S+4Cl_2+4H_2O \longrightarrow H_2SO_4+8HCl$$

2. 硫化物

氢硫酸可形成正盐和酸式盐，酸式盐均易溶于水，而正盐中除碱金属、NH_4^{+} 的硫化物和 BaS 易溶于水，碱土金属硫化物微溶于水（BeS 难溶），其他金属硫化物大多难溶于水，并具有特征的颜色。

大多数金属硫化物难溶主要是 S^{2-} 的半径比较大，变形性较大，在与重金属离子结合时，由于离子相互极化作用，使这些金属硫化物中的 M—S 键显共价性，造成此类硫化物难溶于水。显然，金属离子的极化作用越强，其硫化物溶解度越小。根据硫化物在酸中的溶解情况，将其分为四类。见表 11.8。

实验视频

表 11.8　硫化物的分类

溶于稀盐酸（0.3 mol·L^{-1} HCl）		难溶于稀盐酸				
		溶于浓盐酸		难溶于浓盐酸		
				溶于浓硝酸		仅溶于王水
MnS（肉色）	CoS（黑色）	SnS（褐色）	Sb_2S_3（橙色）	CuS（黑色）	As_2S_3（浅黄）	HgS（黑色）
ZnS（白色）	NiS（黑色）	SnS_2（黄色）	Sb_2S_5（橙色）	Cu_2S（黑色）	As_2S_5（浅黄）	Hg_2S（黑色）
FeS（黑色）		PbS（黑色）	CdS（黄色）	Ag_2S（黑色）		
		Bi_2S_3（暗棕）				

现以 MS 型硫化物为例，结合上述分类情况进行讨论。

（1）难溶于水，但溶于稀盐酸的硫化物。此类硫化物的 $K_{sp}^{\ominus}>10^{-24}$，与稀盐酸反应即可有效地降低 S^{2-} 浓度而使之溶解。例如：

$$ZnS+2H^+ \longrightarrow Zn^{2+}+H_2S\uparrow$$

（2）难溶于水和稀盐酸，但溶于浓盐酸的硫化物。此类硫化物的 $K_{sp}^{\ominus}$ 在 10^{-25} ~ 10^{-30}，与浓盐酸作用除产生 H_2S 气体外，还生成配合物，降低了金属离子的浓度。例如：

$$PbS+4HCl \longrightarrow H_2[PbCl_4]+H_2S\uparrow$$

（3）难溶于水和盐酸，但溶于浓硝酸的硫化物。此类硫化物的 $K_{sp}^{\ominus}<10^{-30}$，与浓硝酸可发生氧化还原反应，溶液中的 S^{2-} 被氧化为 S，S^{2-} 浓度大为降低而导致硫化物的溶解。例如：

$$3CuS+8HNO_3 \longrightarrow 3Cu(NO_3)_2+3S\downarrow+2NO\uparrow+4H_2O$$

（4）仅溶于王水的硫化物。对于 $K_{sp}^{\ominus}$ 更小的硫化物如 HgS，必须用王水才能溶解。因为王水不仅能使 S^{2-} 氧化，还能使 Hg^{2+} 与 Cl^- 结合，从而使硫化物溶解。反应如下：

$$3HgS+2HNO_3+12HCl \longrightarrow 3H_2[HgCl_4]+3S\downarrow+2NO\uparrow+4H_2O$$

由于氢硫酸是弱酸，故硫化物都有不同程度的水解性。碱金属硫化物如 Na_2S 溶于水，因水解而使溶液显碱性。工业上常用价廉的 Na_2S 代替 NaOH 作为碱使用，所以硫化钠俗称“硫化碱”。其水解反应式如下：

$$S^{2-}+H_2O \rightleftharpoons HS^-+OH^-$$

碱土金属硫化物遇水也会水解，例如：

$$2CaS+2H_2O \rightleftharpoons Ca(HS)_2+Ca(OH)_2$$

某些氧化数较高金属的硫化物如 Al_2S_3、Cr_2S_3 等遇水发生完全水解：

$$Al_2S_3+6H_2O \longrightarrow 2Al(OH)_3\downarrow+3H_2S\uparrow$$

$$Cr_2S_3+6H_2O \longrightarrow 2Cr(OH)_3\downarrow+3H_2S\uparrow$$

因此这些金属硫化物在水溶液中是不存在的。制备这些硫化物必须用干法，如用金属铝粉与硫粉直接化合生成 Al_2S_3。

可溶性硫化物可用作还原剂，制造硫化染料、脱毛剂、农药和鞣革，也用于制荧光粉。

3. 多硫化物

在可溶硫化物的浓溶液中加入硫粉时，硫溶解生成相应的多硫化物。例如：

$$Na_2S+(x-1)S \longrightarrow Na_2S_x(x=2\sim6)$$

其中，S_x^{2-} 叫多硫离子。随着硫原子数(x)的增加，其颜色从黄色经过橙黄而变为红色。实验室配制的$(NH_4)_2S$ 溶液，久置时颜色会由无色变为黄色、橙色甚至红色，就是由于$(NH_4)_2S$ 被空气氧化，产物 S 溶于$(NH_4)_2S$ 生成$(NH_4)_2S_x$(多硫化铵)所致。反应如下：

$$2(NH_4)_2S+O_2+2H_2O \longrightarrow 2S\downarrow+4NH_3\cdot H_2O$$

$$(NH_4)_2S+(x-1)S \longrightarrow (NH_4)_2S_x$$

故使用$(NH_4)_2S$ 溶液应现用现配。

多硫化氢 H_2S_x为黄色液体，将酸作用于多硫化钠(如 Na_2S_2)即可生成不稳定的 H_2S_2。H_2S_2与 H_2O_2分子的形状相似，其盐 BaS_2也与 BaO_2相似。自然界中的黄铁矿(FeS_2)即为铁的多硫化物。

多硫化物与过氧化物相似，都具有氧化性和还原性。例如：

氧化性：$SnS+S_2^{2-} \longrightarrow SnS_3^{2-}$(硫代锡酸根)

还原性：$4FeS_2+11O_2 \longrightarrow 2Fe_2O_3+8SO_2\uparrow$

多硫化物在酸性溶液中很不稳定，易歧化分解为硫化氢和单质硫：

$$S_2^{2-}+2H^+ \longrightarrow H_2S_2 \longrightarrow S\downarrow+H_2S\uparrow$$

多硫化物在分析化学中是常用的试剂；在制革工业中用于生皮的脱毛及鞣革；农业上用作杀虫剂。

11.3.6 硫的氧化物、含氧酸及其盐

1. 硫的氧化物

硫的氧化物主要有两种，即二氧化硫和三氧化硫。

SO_2为无色具有强烈刺激性气味的有毒气体，易液化。液态 SO_2是一种良好的无机非水溶剂，可生成 $SnBr_4\cdot SO_2$、$2TiCl_4\cdot SO_2$等溶剂化物。

在 SO_2中，S 的氧化数为+4，所以 SO_2既有氧化性又有还原性，但还原性较为显著，例如，用接触法制硫酸时，SO_2就为空气所氧化。SO_2只有在强还原剂作用下才表现出氧化性，例如，500 ℃时，SO_2在铝矾土的催化作用下可被 CO 还原：

$$SO_2+2CO \longrightarrow 2CO_2+S\downarrow$$

从焦炉气中回收单质硫就是利用这一反应。

有些有机物能与 SO_2或 H_2SO_3发生加成反应，生成一种无色的加成物而使有机物褪色，故 SO_2具有漂白作用。

大气中的 SO_2 遇水蒸气形成的酸雾随雨水降落，雨水的 pH<5 故称为酸雨。酸雨能使树叶中的养分、土壤中的碱性养分失去，对人类的健康、自然界的生态平衡威胁极大。当空气中 SO_2 含量超过 $0.01\ g\cdot m^{-3}$ 时，就可造成严重危害，可以使人、畜死亡，农作物减产，毁坏森林，腐蚀建筑物等。我国的能源主要依靠煤炭和石油，而我国的煤炭和石油一般含硫量均较高，因此，火力发电厂、钢铁厂、化工厂和炼油厂所排放出的大量的 CO_2 和 SO_2，是造成我国大气污染的主要原因。为了消除大气污染，可以利用燃烧不完全的产物 CO 将工厂烟道中的 SO_2 还原成硫，这样，既可防止 CO 及 SO_2 对大气的污染，又可回收硫。另外也可用石灰乳吸收(详见 17.2.1)：

$$Ca(OH)_2+SO_2 \longrightarrow CaSO_3+H_2O$$

熔点下的 SO_3 是易挥发的无色固体，它是强氧化剂，可以使单质磷燃烧；将碘化物氧化为单质碘：

示意图片

$$10SO_3+P_4 \longrightarrow 10SO_2+P_4O_{10}$$

$$SO_3+2KI \longrightarrow K_2SO_3+I_2$$

SO_3 在工业上主要用来生产硫酸。

2. 硫的含氧酸及其盐

根据硫含氧酸的结构❶类似性可将其分为四个系列：亚硫酸系列、硫酸系列、连硫酸系列和过硫酸系列。见表 11.9。

疑难解析

表 11.9 硫的若干含氧酸

分类	名称	化学式	硫的平均氧化数	结构式	存在形式
亚硫酸系列	亚硫酸	H_2SO_3	+4	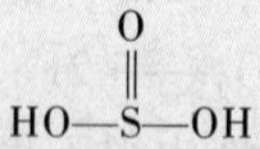	盐
	连二亚硫酸	$H_2S_2O_4$	+3	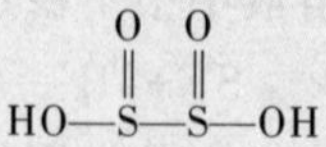	盐
硫酸系列	硫酸	H_2SO_4	+6	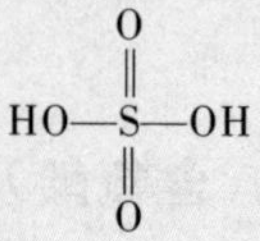	酸，盐
	硫代硫酸	$H_2S_2O_3$	+2	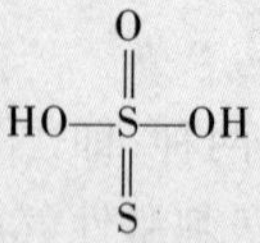	盐
	焦硫酸	$H_2S_2O_7$	+6	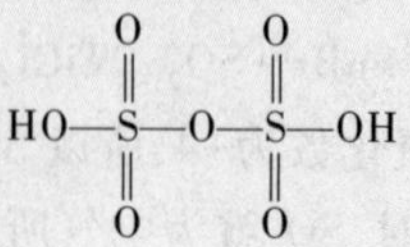	酸，盐

❶ 根据无机含氧酸的组成及结构的不同可分为“焦”、“代”、“连”、“过”酸等类型。

所谓“焦酸”是指两个含氧酸分子失去一分子水所得的产物，如焦硫酸是指两个硫酸分子脱去一分子水的产物。“代酸”是指氧原子被其他原子取代的含氧酸，如硫代硫酸就是硫酸中的一个氧原子被硫原子取代。“连酸”是指中心原子相互连在一起的含氧酸，如连多硫酸就属此类。“过酸”是指含有过氧基的含氧酸。

续表

分类	名称	化学式	硫的平均氧化数	结构式	存在形式
连硫酸系列	连四硫酸	$H_2S_4O_6$	+2.5	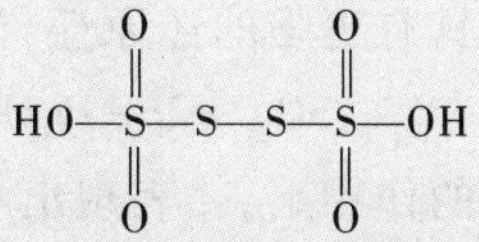	盐
	连多硫酸	$H_2S_xO_6$ ($x=3\sim6$)		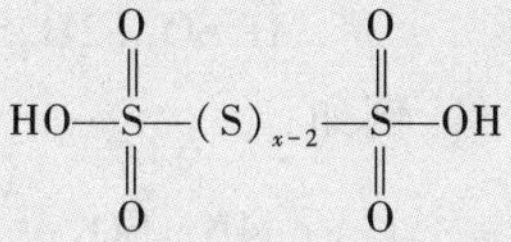	盐
过硫酸系列	过一硫酸	H_2SO_5	+6	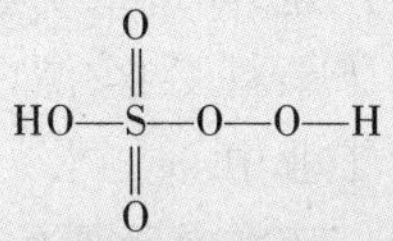	酸,盐
	过二硫酸	$H_2S_2O_8$	+6	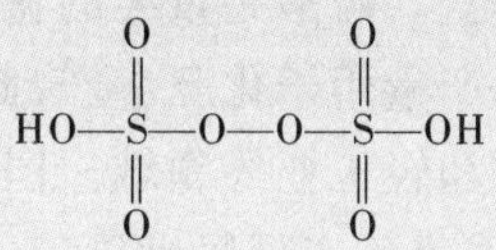	酸,盐

示意图片

实验视频

(1) 亚硫酸及其盐。SO_2 溶于水生成很不稳定的亚硫酸。亚硫酸只存在于水溶液中,游离状态的亚硫酸尚未制得。SO_2溶于水的反应为

$$SO_2+H_2O \rightleftharpoons H_2SO_3$$

有人认为 SO_2在水溶液中基本上是以 $SO_2\cdot H_2O$ 形式存在。

亚硫酸为中强酸,在溶液中分步解离:

$$H_2SO_3 \rightleftharpoons H^++HSO_3^-;\quad K_{a(1)}^{\ominus}=1.3\times10^{-2}$$

$$HSO_3^- \rightleftharpoons H^++SO_3^{2-};\quad K_{a(2)}^{\ominus}=6.2\times10^{-8}$$

当酸与亚硫酸盐作用时,平衡向左移动,产生 SO_2,这是实验室制取 SO_2的方法,也是鉴定 SO_3^{2-}的方法。

亚硫酸可形成两系列盐,即正盐和酸式盐。绝大多数的正盐(K^+、Na^+、NH_4^+除外)都难溶于水,酸式盐都溶于水。在含有难溶性钙盐的溶液中通入 SO_2,可使其转变为可溶性的酸式盐:

$$CaSO_3+SO_2+H_2O \longrightarrow Ca(HSO_3)_2$$

亚硫酸及其盐中硫的氧化数为+4,既有氧化性又有还原性,从它们的电势图可以看出:

$E_A^{\ominus}/V$

$$S_2O_8^{2-}\xrightarrow{1.96}SO_4^{2-}\xrightarrow{0.158}H_2SO_3\xrightarrow{0.400}H_2S_2O_3\xrightarrow{0.50}S\xrightarrow{0.144}H_2S$$

H_2SO_3 — S: 0.449

$E_B^{\ominus}/V$

$$SO_4^{2-}\xrightarrow{-0.936}SO_3^{2-}\xrightarrow{-0.576}S_2O_3^{2-}\xrightarrow{-0.74}S\xrightarrow{-0.407}S^{2-}$$

SO_3^{2-} — S^{2-}: 0.61

SO_3^{2-} — S: −0.59

它们以还原性为主，例如：

$$H_2SO_3+I_2+H_2O \longrightarrow H_2SO_4+2HI$$

$$2H_2SO_3+O_2 \longrightarrow 2H_2SO_4$$

亚硫酸盐比亚硫酸具有更强的还原性，例如：

$$SO_3^{2-}+Cl_2+H_2O \longrightarrow SO_4^{2-}+2Cl^-+2H^+$$

只有在较强还原剂的作用下，才表现出氧化性，例如：

$$H_2SO_3+2H_2S \longrightarrow 3S\downarrow+3H_2O$$

亚硫酸盐受热易分解，例如：

$$4Na_2SO_3 \xrightarrow{\triangle} 3Na_2SO_4+Na_2S$$

亚硫酸盐有很多用途，如造纸工业上用 $Ca(HSO_3)_2$溶解木质素以制造纸浆；亚硫酸钠和亚硫酸氢钠用于染料工业；漂白织物时用作去氯剂；此外，还广泛用于香料、皮革、食品加工、医药等工业中。

(2) 硫酸及其盐。硫酸是重要的化工产品，大约有上千种化工产品需要硫酸为原料。硫酸近一半的产量用于化肥生产，此外还大量用于农药、染料、医药、化学纤维，以及石油、冶金、国防和轻工业等领域。国际上习惯用硫酸的年产量来衡量一个国家的化工生产能力，我国硫酸产量居世界第二位。

工业上主要采用接触法制取硫酸。主要原料有黄铁矿、硫黄、冶铁厂的烟道气。黄铁矿或硫黄在空气中焙烧制得 SO_2：

$$4FeS_2+11O_2 \xrightarrow{\triangle} 2Fe_2O_3+8SO_2\uparrow$$

$$S+O_2 \xrightarrow{\triangle} SO_2\uparrow$$

在 450 ℃左右通过催化剂(V_2O_5)，使 SO_2氧化为 SO_3，然后用 98.3%浓硫酸吸收 SO_3，即得发烟硫酸。美、英等国主要用硫黄；日本主要用冶铁厂的烟道气；我国黄铁矿少，各地的冶铁厂(如贵溪、铜陵等冶铁厂)都已重视回收 SO_2制硫酸，原以黄铁矿为原料制取硫酸的旧工艺逐步被淘汰。

硫酸的结构 H_2SO_4呈四面体形，S—O 键的键长显著地比共价单键的键长要短。原因是硫与氧形成 σ 键的同时，中心硫原子的 d 轨道与氧原子的 p 轨道互相重叠，形成附加的(p-d)π 键，使 S—O 键具有某种程度的双键性质。H_2SO_4的成键过程和分子结构如图 11.3 所示。

中心硫原子的 3s、3p 轨道上的成对电子中的 1 个被激发，同时进行 sp^3杂化，4 个 sp^3杂化轨道与 4 个氧原子形成 4 个 σ 键，其中未与 H 相连的 2 个氧原子还可与硫原子的 3d 电子形成(p-d)π 键。这 2 个氧原子与硫之间的键可近似地看作双键[1 个 σ 键、1 个(p-d)π 键]。

含氧酸根 ClO_4^-、PO_4^{3-}、SiO_4^{4-} 等的结构与SO_4^{2-} 的结构类似。

硫酸的性质 纯硫酸是无色油状液体，10.4 ℃时凝固，98%的硫酸沸点是338 ℃，利用浓硫酸沸点高的性质，与某些挥发性酸的盐共热，可以将挥发性酸置换出来。例如，浓硫酸分别与固体硝酸盐、氯化物反应，可以制备挥发性的硝酸和盐酸：

$$NaNO_3(s)+H_2SO_4 \xrightarrow{\triangle} NaHSO_4+HNO_3\uparrow$$

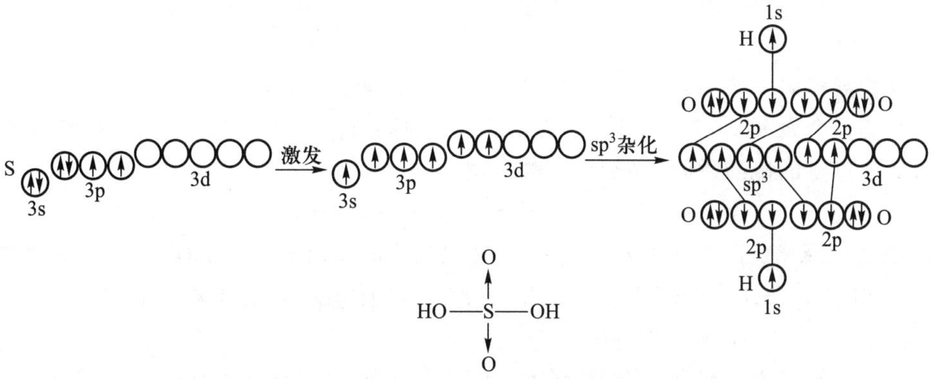

图 11.3　H_2SO_4 的分子结构示意图

示意图片

$$NaCl(s)+H_2SO_4 \xrightarrow{\triangle} NaHSO_4+HCl\uparrow$$

硫酸是二元酸中酸性最强的。它的第一步解离是完全的,第二步解离并不完全,HSO_4^-相当于中强电解质:

$$H_2SO_4 \longrightarrow H^+ + HSO_4^-$$

$$HSO_4^- \rightleftharpoons H^+ + SO_4^{2-}; \qquad K_a^\ominus = 1.0\times10^{-2}$$

在含氧酸中 H_2SO_4是比较稳定的,在一般温度下并不分解,但在其沸点以上的高温下可分解为 SO_3和 H_2O。

浓硫酸有强吸水性。它与水混合时,形成水合物并放出大量的热,可使水局部沸腾而飞溅,所以要配制稀硫酸时,只能在搅拌下将浓硫酸慢慢倒入水中,切不可将水倒入浓硫酸中。

利用浓硫酸的吸水能力,可用来干燥不与其起反应的各种气体,如氯气、氢气、二氧化碳等。浓硫酸不仅可以吸收气体中的水分,而且还能从一些有机化合物中夺取与水分子组成相当的氢和氧,使这些有机物炭化。例如,蔗糖被浓硫酸脱水:

$$C_{12}H_{22}O_{11} \longrightarrow 12C+11H_2O$$

因此,浓硫酸能严重地破坏动植物组织,如损坏衣服和烧坏皮肤等,使用时必须注意安全。万一浓硫酸溅到皮肤上,应立即用大量水冲洗,然后再用 2% 小苏打或稀氨水冲洗。

热、浓 H_2SO_4是较强的氧化剂,可与许多金属或非金属反应,一般被还原为 SO_2。例如:

$$Cu+2H_2SO_4(浓) \longrightarrow CuSO_4+SO_2\uparrow+2H_2O$$

$$C+2H_2SO_4(浓) \xrightarrow{\triangle} CO_2\uparrow+2SO_2\uparrow+2H_2O$$

$$Zn+2H_2SO_4(浓) \longrightarrow ZnSO_4+SO_2\uparrow+2H_2O$$

实验视频

由于 Zn 的强还原性,同时还会进行下列反应:

$$3Zn+4H_2SO_4(浓) \longrightarrow 3ZnSO_4+S\downarrow+4H_2O$$

$$4Zn+5H_2SO_4(浓) \longrightarrow 4ZnSO_4+H_2S\uparrow+4H_2O$$

但 Al、Fe、Cr 在冷、浓 H_2SO_4中被钝化。以上所说的浓 H_2SO_4 具有氧化性,是指成酸元素中硫的氧化性,而稀 H_2SO_4 的氧化作用是由于 H_2SO_4中所解离出来的 H^+夺电子所致，故稀 H_2SO_4 只能与电极电势顺序在氢以前的金属如 Zn、Mg、Fe 等反应放出 H_2。

疑难解析

硫酸盐和矾　硫酸是二元酸，所以能生成两种盐：正盐和酸式盐。在酸式盐中，仅最活泼的碱金属元素（如 Na、K）才能形成稳定的固态酸式硫酸盐。例如，在硫酸钠溶液内加入过量的硫酸，即结晶析出硫酸氢钠：

$$Na_2SO_4+H_2SO_4 \longrightarrow 2NaHSO_4$$

酸式硫酸盐大部分易溶于水。硫酸盐中除 $BaSO_4$、$PbSO_4$、$CaSO_4$、$SrSO_4$ 等难溶、Ag_2SO_4 稍溶于水外，其余都易溶于水，可溶性硫酸盐从溶液中析出时常带有结晶水，如 $CuSO_4 \cdot 5H_2O$、$FeSO_4 \cdot 7H_2O$ 等。

这种带结晶水的过渡金属硫酸盐俗称矾。例如，$CuSO_4 \cdot 5H_2O$ 称为胆矾或蓝矾，$FeSO_4 \cdot 7H_2O$ 称为绿矾，$ZnSO_4 \cdot 7H_2O$ 称为皓矾等。但严格来说化学上真正能称为矾类的应为符合下列通式的复盐：$M(\text{I})_2SO_4 \cdot M(\text{II})SO_4 \cdot 6H_2O$ 和 $M(\text{I})_2SO_4 \cdot M(\text{III})_2(SO_4)_3 \cdot 24H_2O$。符合前一通式的有著名的莫尔盐 $(NH_4)_2SO_4 \cdot FeSO_4 \cdot 6H_2O$，符合后一通式的有常见的明矾（或铝钾矾）$K_2SO_4 \cdot Al_2(SO_4)_3 \cdot 24H_2O$（简式为 $KAl(SO_4)_2 \cdot 12H_2O$）。

经验表明，体积较大的 M^+（半径>100 pm）和体积较小的 M^{3+}（半径 50~70 pm）比较容易形成矾晶体。M^+ 可以是碱金属离子或 NH_4^+、Tl^+ 等离子；M^{3+} 可以是 Al^{3+}、Fe^{3+}、Co^{3+}、Cr^{3+}、Ti^{3+} 等离子，因为这些离子的半径相近，在晶格中可以互相替代。而 Li^+ 半径较小，镧系元素的 M^{3+} 半径较大，所以它们都不能形成矾。

矾类都是类质同晶物质❶，当这类物质存在于同一溶液中时，它们能一起结晶出来。例如，将无色的铝钾矾 $[KAl(SO_4)_2 \cdot 12H_2O]$ 和深紫色的铬钾矾 $[KCr(SO_4)_2 \cdot 12H_2O]$ 的混合物溶于水中，静置溶液使之结晶，得到的是层状混合晶体（即共晶）。

活泼金属的硫酸盐在高温下是稳定的，如 Na_2SO_4、K_2SO_4、$BaSO_4$ 等，在1 000 ℃时也不会分解。一些重金属的硫酸盐（如 $CuSO_4$、Ag_2SO_4 等）会分解成金属氧化物或单质，如：

$$CuSO_4 \xrightarrow{\triangle} CuO+SO_3\uparrow$$

$$2Ag_2SO_4 \xrightarrow{\triangle} 4Ag+2SO_3\uparrow+O_2\uparrow$$

许多硫酸盐具有重要的用途，如明矾是常用的净水剂、媒染剂；胆矾是消毒杀菌剂和农药；绿矾是农药、药物和制墨水的原料；芒硝（$Na_2SO_4 \cdot 10H_2O$）是重要的化工原料。

（3）焦硫酸及其盐。焦硫酸是一种无色晶状固体，熔点 35 ℃。由等物质的量的三氧化硫和纯硫酸化合而成：

$$SO_3+H_2SO_4 \longrightarrow H_2S_2O_7$$

它可看作是由两分子硫酸脱去一分子水的产物：

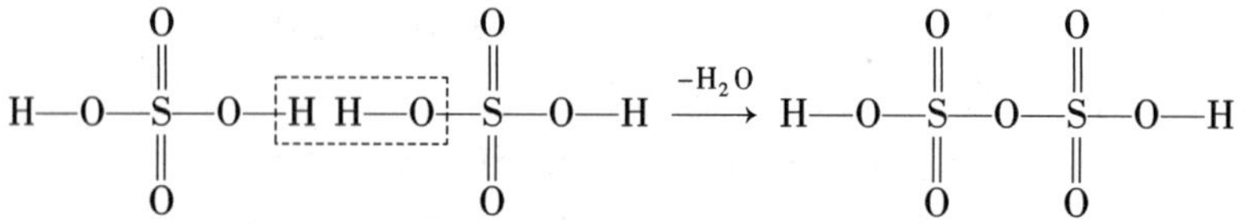

❶　某些组成不同而结晶相似的物质，能生成形状完全相同的晶体，这种现象叫做类质同晶现象，这种物质叫做类质同晶物质。

焦硫酸与水作用又可生成硫酸：

$$H_2S_2O_7+H_2O \longrightarrow 2H_2SO_4$$

焦硫酸比硫酸具有更强的氧化性、吸水性和腐蚀性。它还是良好的磺化剂，应用于制造某些染料、炸药和其他有机磺酸类化合物。酸式硫酸盐受热到熔点以上时，首先脱水转变为焦硫酸盐：

$$2KHSO_4 \xrightarrow{\triangle} K_2S_2O_7+H_2O$$

把焦硫酸盐进一步加热，则失去 SO_3，生成硫酸盐：

$$K_2S_2O_7 \xrightarrow{\triangle} K_2SO_4+SO_3\uparrow$$

为了使某些难溶于水也难溶于酸的金属矿物（如 Cr_2O_3、Al_2O_3等）溶解，常用 $KHSO_4$或 $K_2S_2O_7$与这些金属氧化物共熔，而生成可溶性的该金属的硫酸盐。例如：

$$Al_2O_3+3K_2S_2O_7 \xrightarrow{\triangle} Al_2(SO_4)_3+3K_2SO_4$$

$$Cr_2O_3+3K_2S_2O_7 \xrightarrow{\triangle} Cr_2(SO_4)_3+3K_2SO_4$$

分析化学中用硫酸氢钾或焦硫酸盐作为熔矿剂，即基于此性质。

（4）硫代硫酸及其盐。硫代硫酸钠（$Na_2S_2O_3\cdot 5H_2O$）商品名为海波，俗称大苏打。将硫粉溶于沸腾的亚硫酸钠溶液中便可制得：

$$Na_2SO_3+S \xrightarrow{\triangle} Na_2S_2O_3$$

$S_2O_3^{2-}$ 可看作是SO_4^{2-} 中的一个 O 原子被 S 原子取代：

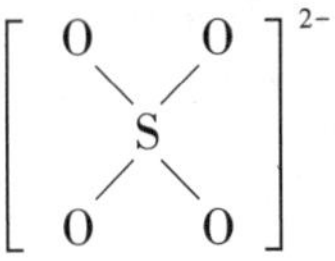

SO_4^{2-}

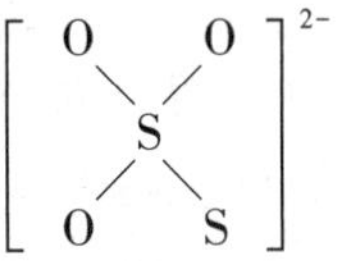

$S_2O_3^{2-}$

硫代硫酸钠是无色透明晶体，易溶于水，其水溶液呈弱碱性。它在中性、碱性溶液中很稳定，在酸性溶液中不稳定，易分解成单质硫和二氧化硫：

$$S_2O_3^{2-}+2H^+ \longrightarrow S\downarrow+SO_2\uparrow+H_2O$$

常用此反应鉴定 $S_2O_3^{2-}$ 的存在。

实验视频

硫代硫酸钠是中强还原剂，与强氧化剂（如氯、溴等）作用被氧化成硫酸钠；与较弱的氧化剂（如碘）作用被氧化成连四硫酸钠：

$$S_2O_3^{2-}+4Cl_2+5H_2O \longrightarrow 2SO_4^{2-}+8Cl^-+10H^+$$

$$2S_2O_3^{2-}+I_2 \longrightarrow S_4O_6^{2-}+2I^-$$

实验视频

在纺织和造纸工业中，利用前一反应除去残氯；在分析化学的“碘量法”中，利用后一反应来定量测定碘。

$S_2O_3^{2-}$是一个比较强的配体。例如：

$$AgX+2S_2O_3^{2-} \longrightarrow [Ag(S_2O_3)_2]^{3-}+X^- \quad (X 为 Cl、Br)$$

实验视频

在传统的照相技术中，常用硫代硫酸钠将未曝光的溴化银溶解。

重金属的硫代硫酸盐难溶且不稳定。例如，Ag^+与 $S_2O_3^{2-}$ 生成的白色沉淀 $Ag_2S_2O_3$，在溶液中迅速分解，颜色经黄色、棕色，最后成黑色 Ag_2S。用此反应可鉴定 $S_2O_3^{2-}$：

实验视频

$$S_2O_3^{2-}+2Ag^+ \longrightarrow Ag_2S_2O_3\downarrow$$

$$Ag_2S_2O_3+H_2O \longrightarrow Ag_2S\downarrow+H_2SO_4$$

硫代硫酸钠主要用作化工生产中的还原剂，纺织、造纸工业中的脱氯剂，传统照相工艺的定影剂，还用于电镀、鞣革等部门。

（5）过硫酸及其盐。硫的含氧酸中含有过氧基（—O—O—）者称为过硫酸。过硫酸可视为过氧化氢的衍生物。

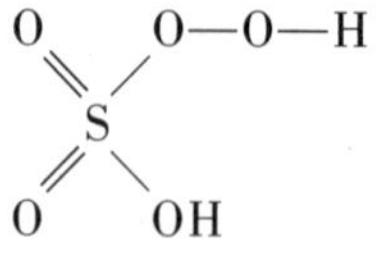

过一硫酸

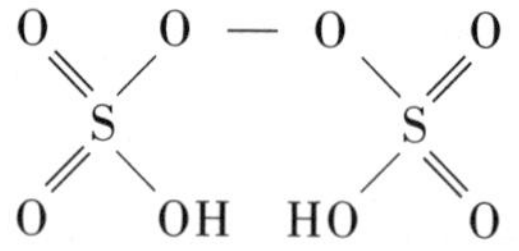

过二硫酸

过二硫酸是无色晶体，在 65 ℃时熔化并分解，有强的吸水性，能使有机物炭化。过二硫酸不稳定，易水解生成硫酸和过氧化氢：

$$H_2S_2O_8+H_2O \longrightarrow H_2SO_4+H_2SO_5$$

$$H_2SO_5+H_2O \longrightarrow H_2SO_4+H_2O_2$$

$K_2S_2O_8$和$(NH_4)_2S_2O_8$是重要的过二硫酸盐，均为强氧化剂：

$$S_2O_8^{2-}+2e^- \rightleftharpoons 2SO_4^{2-};\quad E_A^\ominus=1.96\ V$$

过二硫酸盐在 Ag^+催化作用下，能将 Mn^{2+}氧化成紫红色的MnO_4^-：

$$2Mn^{2+}+5S_2O_8^{2-}+8H_2O \xrightarrow{Ag^+} 2MnO_4^-+10SO_4^{2-}+16H^+$$

此反应在钢铁分析中用于测定锰的含量。

过硫酸及其盐不稳定，如 $K_2S_2O_8$受热易分解：

$$2K_2S_2O_8 \xrightarrow{\triangle} 2K_2SO_4+2SO_3+O_2\uparrow$$

（6）连二亚硫酸钠。连二亚硫酸钠（$Na_2S_2O_4$）是一种白色粉状固体，以二水合物形式存在（$Na_2S_2O_4\cdot 2H_2O$），俗称保险粉。在无氧条件下，用锌粉还原亚硫酸氢钠即可制得连二亚硫酸钠：

$$2NaHSO_3+Zn \longrightarrow Na_2S_2O_4+Zn(OH)_2$$

它能溶于冷水，但其水溶液很不稳定，易按下式分解：

$$2S_2O_4^{2-}+H_2O \longrightarrow S_2O_3^{2-}+2HSO_3^-$$

连二亚硫酸钠是很强的还原剂：

$$2SO_3^{2-}+2H_2O+2e^- \rightleftharpoons S_2O_4^{2-}+4OH^-;\ E_B^\ominus=-1.12\ V$$

能还原碘、碘酸盐、O_2、Ag^+、Cu^{2+}等。例如：

$$Na_2S_2O_4+O_2+H_2O \longrightarrow NaHSO_3+NaHSO_4$$

此反应在气体分析中用于分析氧气。

连二亚硫酸钠主要用于印染工业，它能保证印染织品色泽鲜艳，不致被空气中氧所氧化，因而称为保险粉；也用于医药、选矿、铜板印刷；还用于食品工业的漂白剂、防腐剂、抗氧化剂。

[拓宽视野]

海洋资源的综合利用

海洋覆盖了71%的地球表面积，所含有的海水占地球总储水量的97%。海洋的水体蕴含着丰富的生物资源、矿物资源和能源，海滩、海底地壳也蕴藏着丰富的矿物质，因此海洋也被誉为“蓝色的聚宝盆”。

海洋矿物：海洋是一个含有多种物质的复杂而又庞大的水溶液体系。除了海洋生物和悬浮物外，还溶有大量的无机盐和气体。这些矿物质涵盖数十种化学元素，除了组成水的O、H外，Cl、Na、Mg、Si、S、Ca、K、Br、C、Sr、B和F等元素的含量大于1 $mg\cdot L^{-1}$，占海水中可溶盐的99.9%。此外，海水中还含有Li、Rb、I、Ba、U、Cu、Au等多种元素。由计算得知，如果将1 km^3 海水中溶解的物质全部提取出来，可生产食盐3 052万吨、石膏244.2万吨、镁236.9万吨、钾82.5万吨、溴6.7万吨，以及碘、铀、金、银等，由此可见海洋资源的价值。

海洋食物：海洋拥有大量的生物资源，仅位于近海水域自然生长的海藻，年产量就相当于目前世界年产小麦总量的15倍以上。另外，海洋中还有丰富的肉眼看不见的、大量的浮游生物。有些藻类、浮游生物富含蛋白质、维生素及人体所需的矿物质，如果加工成食品可满足300亿人的需要。海洋中还有众多的鱼虾，是人类未来的粮仓。

海洋药物：有很多海洋生物具有一定的药用价值。例如，珍珠粉可止血、消炎、解毒、生肌等，人们常用它滋阴养颜；由海洋生物提取的深海鱼油可预防和治疗心脑血管病；海蛇毒汁可治疗半身不遂及坐骨神经痛等；另外海洋生物还是天然药物化学物质的宝库，人们已经从海洋生物中成功地提取出了一些复杂的化合物，用于治疗高血压、白血病、骨折、肠道溃疡和某些癌症。

海水能源：海水在不断的运动，包括潮汐运动、波浪运动、洋流运动，合理运用海水运动的机械能可为我们提供电能。另外，海水中还含有大量的铀和氘。虽然铀在海水中的浓度较低，但储量十分可观，总量可达45亿吨左右，相当于陆地总储量的4 500倍；海水中所含大量的氘也是核聚变重要原料之一，按燃烧发生的热量计算，这些物质至少可供全世界使用1万年。

海底矿物资源：大陆边缘沉积物成分以石英（SiO_2）为主，也有锆石（$ZrSO_4$）、独居石（$CeThPO_4$）、金和锡石等密度大的矿物分布。在离海岸较近的浅海带，沉积物主要有碳酸盐、海绿石（含Fe、Al、Mg的硅酸盐）、钙磷石[$Ca_5(PO_4)_3(OH,F)$]、黄铁矿（FeS_2）和重晶石（$BaSO_4$）等密度较小的矿物质，而耐磨性很强却又相对较轻的金刚石则被冲到几百公里远的地方，然后沉积成矿。深海（指深度大于2 km）海底沉积物中最重要的是锰结核。锰结核是一种黑褐色凝块矿物，含Fe（2.4%～26.6%）、Mn（8.2%～48%）和Cu、Co、Ni等76种元素，常分布于4 000～6 000 m的大洋海底。据估计，世界大洋海底有大量的金属结核矿，其中含锰2 000亿吨，镍164亿吨、铜88亿吨、钴58亿吨，相当于陆地上储量的40～1 000倍。另外，海底还大量存在一种被称为“可燃冰”的天然气水合物，这种天然气水合物被西方学者称为“21世纪能源”或“未来新能源”。可燃冰在世界各大洋中均有分布。目前，世界上已发现的可燃冰分布区多达116处，其矿层之厚、规模之大，是常规天然气田无法相比的。科学家初步估算，可燃冰在海底的分布面积可达4 000万平方千米，占地球海洋总面积的1/4，所储存的甲烷总量约1.8亿亿立方米（$18\ 000\times10^{12}$ m^3），约合1.1万亿吨（11×10^{12} t）。目前，世界已探明的可燃冰储量相当于全球传统化石能源（煤、石油、天然气、油页岩等）储量的两倍以上，其中海底可燃冰的储量够人类使用1 000年，所蕴藏的能源是人类未来发展的希望。我国除了在南海海域发现过可燃冰外，2009年9月国土资源部宣布，我国于2008年11月在青海省祁连山南缘永久冻土带发现并钻获可燃冰的实物样品。海底还蕴藏着丰富的石油资源，据科学勘察和推算，海底石油储量约占世界可开采石油储量的45%。目前，举世闻名的波斯湾，是世界上海底石油储量最丰富的地区之一。

在经过上百年的工业化后，当今世界人类正在面临陆地资源短缺和能源日趋严峻的危机，严重地威胁着各国未来经济的可持续发展。世界各国都把经济进一步发展的希望寄托在海洋资源的合理、有序的综合开发利用上，把开发利用海洋资源和能源，以及保护海洋环境作为生存、发展的基本国策。因此，21 世纪将是海洋新世纪，是发展海洋经济的新时代。我国是一个发展中国家，“地大而物薄”，人均资源量相对于世界平均标准低很多。现在我国很多陆地资源由于无节制地开发利用，已近枯竭（截止到 2009 年，我国已累计 118 座城市被列为资源枯竭型城市）。在 21 世纪，资源短缺问题将严重制约中国国民经济的可持续发展。作为世界上最大的发展中国家，我国海洋面积辽阔，有 472.7 万平方千米，岛屿众多，海岸线长达 32 万千米，因此未来经济的可持续发展必将寄托于海洋资源的综合开发上，使之形成产业链、实现资源综合利用。

思考题

1. 解释下列现象：

（1）在卤素化合物中，Cl、Br、I 可呈现多种氧化数；

（2）KI 溶液中通入氯气时，开始溶液呈现红棕色，继续通入氯气，颜色褪去。

2. 在氯水中分别加入下列物质，对氯与水的可逆反应有何影响？

（1）稀硫酸　　（2）苛性钠　　（3）氯化钠

3. 怎样除去工业溴中少量 Cl_2？

4. 将 Cl_2 通入熟石灰中得到漂白粉，而向漂白粉中加入盐酸却产生 Cl_2，试解释之。

5. 试用三种简便的方法鉴别 NaCl、NaBr、NaI。

6. 下列两个反应在酸性介质中均能发生，如何解释？

（1）$Br_2+2I^- \longrightarrow 2Br^-+I_2$

（2）$2BrO_3^-+I_2 \longrightarrow 2IO_3^-+Br_2$

7. 解释下列现象：

（1）I_2 在水中的溶解度小，而在 KI 溶液中或在苯中的溶解度大；

（2）I^- 可被 Fe^{3+} 氧化，但加入 F^- 后就不被 Fe^{3+} 氧化；

（3）漂白粉在潮湿空气中逐渐失效。

8. 根据元素电势图判断下列歧化反应能否发生：

（1）$Cl_2+OH^- \longrightarrow Cl^-+ClO^-+H_2O$

（2）$I_2+H_2O \longrightarrow IO_3^-+I^-+H^+$

（3）$HIO \rightarrow IO_3^-+I^-+H_2O$

9. 有两种白色晶体 A 和 B，它们均为钠盐且溶于水。A 的水溶液呈中性，B 的水溶液呈碱性。A 溶液与 $FeCl_3$ 溶液作用呈红棕色，与 $AgNO_3$ 溶液作用出现黄色沉淀。晶体 B 与浓盐酸反应产生黄绿色气体，该气体与冷 NaOH 溶液作用得到含 B 的溶液。向 A 溶液中开始滴加 B 溶液时，溶液呈红棕色，若继续滴加过量 B 溶液，则溶液的红棕色消失。问 A 和 B 各为何物？写出上述有关的反应方程式。

10. 从卤化物制取各种 HX（X = F、Cl、Br、I），各应采用什么酸？为什么？

11. 设法除去（1）KCl 中的 KI 杂质；（2）$CaCl_2$ 中的 $Ca(ClO)_2$ 杂质；（3）$FeCl_3$ 中的 $FeCl_2$ 杂质。

12. 若误将少量 KCN 排入下水道，应立即采取什么措施以消除污染？

13. 实验室中制备 H_2S 气体为什么不用 HNO_3 或 H_2SO_4 而用 HCl 与 FeS 作用？

14. H_2S 气体通入 $MnSO_4$ 溶液中不产生 MnS 沉淀。若 $MnSO_4$ 溶液中含有一定量的氨水，再通入

H_2S 时即有 MnS 沉淀产生。为什么？

15. 下列各组物质能否共存？为什么？

(1) H_2S 与 H_2O_2　　(2) MnO_2 与 H_2O_2

(3) H_2SO_3 与 H_2O_2　　(4) PbS 与 H_2O_2

16. 全球工业生产每年向大气排放约 1.46 亿吨的 SO_2，试提出几种可能的化学方法以消除 SO_2 对大气的污染。

17. 浓硫酸能干燥下列何种气体？

H_2S　NH_3　H_2　Cl_2　CO_2

18. $AgNO_3$ 溶液中加入少量 $Na_2S_2O_3$，与 $Na_2S_2O_3$ 溶液中加入少量 $AgNO_3$，反应有何不同？

19. 试在下列关联图的箭头上填写适当的试剂和条件，以实现各物质之间的转变。

(1)

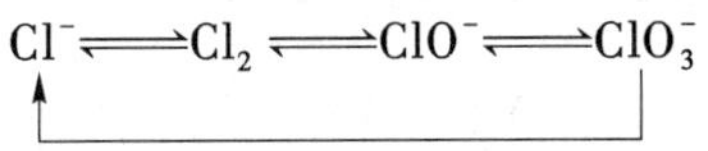

(2)

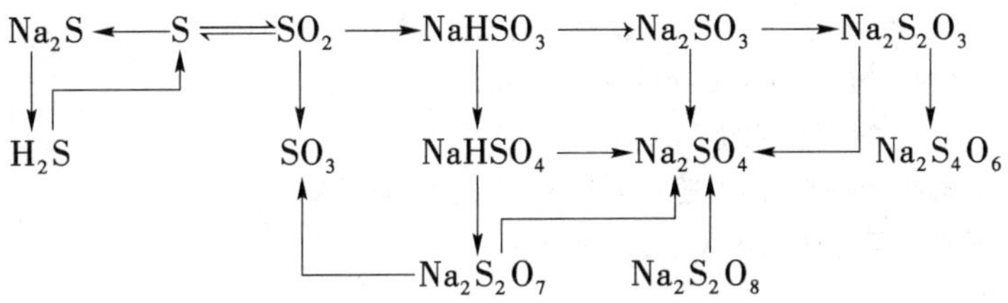

习　题

1. 工业上是如何从海水中制备 Cl_2 和 Br_2 的？写出有关反应方程式。

2. 用反应方程式表示下列反应：

(1) 氯水逐滴加入 KBr 溶液中；

(2) 氯气通入热的石灰乳中；

(3) 用 $HClO_3$ 处理 I_2；

(4) 氯酸钾在无催化剂存在时加热分解。

3. 试写出下列制备过程的有关反应方程式：

(1) 以食盐为基本原料制备 NaClO、$Ca(ClO)_2$、$KClO_3$、$HClO_4$；

(2) 以萤石(CaF_2)为基本原料制备 F_2；

(3) 以 KI 为基本原料制备 KIO_3。

4. 完成下列反应方程式：

(1) Cl_2+KOH(冷)$\longrightarrow$　　(2) Cl_2+KOH(热)$\longrightarrow$

(3) $KClO_3+HCl \longrightarrow$　　(4) $I_2+H_2O_2 \longrightarrow$

(5) $KClO_3+KI+H_2SO_4 \longrightarrow$

5. 下列各对物质在酸性溶液中能否共存？为什么？

(1) $FeCl_3$ 与 Br_2 水　　(2) $FeCl_3$ 与 KI 溶液

(3) KI 与 KIO_3 溶液

6. 根据多重平衡规则，利用下列数据：

$Cl_2+H_2O \rightleftharpoons Cl^-+H^++HClO$；　$K_1^\ominus=3\times10^{-5}$

$HClO \rightleftharpoons H^+ + ClO^-$;　　$K_a^\ominus = 2.9\times10^{-8}$

$H_2O \rightleftharpoons H^+ + OH^-$;　　$K_w^\ominus = 1.0\times10^{-14}$

计算 $Cl_2+2OH^- \rightleftharpoons ClO^-+Cl^-+H_2O$ 的平衡常数 $K^\ominus$。

7. 根据有关物质的 $\Delta_f H_m^\ominus$，计算下列反应的标准焓变。并估计增加总压力、升高温度对平衡及平衡常数的影响。

$$2Cl_2(g)+2H_2O(l) \rightleftharpoons 4HCl(g)+O_2(g)$$

8. 试根据卤素在酸性溶液中的电势图，判断能否用下列反应来制备高氯酸盐，并计算该反应的标准平衡常数。

$$4\,ClO_3^- \rightleftharpoons 3\,ClO_4^-+Cl^-$$

9. 已知下列热化学反应方程式及标准焓变值，求 298.15 K 时液态过氧化氢的标准生成焓。

$H_2(g)+\frac{1}{2}O_2(g) \longrightarrow H_2O(g)$;　　$\Delta_r H_m^\ominus(1) = -241.82\ kJ\cdot mol^{-1}$

$2H(g)+O(g) \longrightarrow H_2O(g)$;　　$\Delta_r H_m^\ominus(2) = -926.92\ kJ\cdot mol^{-1}$

$2H(g)+2O(g) \longrightarrow H_2O_2(g)$;　　$\Delta_r H_m^\ominus(3) = -1\,070.6\ kJ\cdot mol^{-1}$

$2O(g) \longrightarrow O_2(g)$;　　$\Delta_r H_m^\ominus(4) = -498.34\ kJ\cdot mol^{-1}$

$H_2O_2(l) \longrightarrow H_2O_2(g)$;　　$\Delta_r H_m^\ominus(5) = 51.46\ kJ\cdot mol^{-1}$

10. 某物质 A 的水溶液，既有氧化性又有还原性：

(1) 向此溶液加入碱时生成盐；

(2) 将(1)所得溶液酸化，加入适量 $KMnO_4$，可使 $KMnO_4$ 褪色；

(3) 在(2)所得溶液中加入 $BaCl_2$ 得白色沉淀。

试判断 A 为何物。

11. 一种无色透明的盐 A 溶于水，在水溶液中加入稀 HCl 有刺激性气体 B 产生，同时有淡黄色沉淀 C 析出。若通入 Cl_2 于 A 溶液中，并加入可溶性钡盐，则产生白色沉淀 D。问 A、B、C、D 各为何物？并写出有关反应方程式。

12. 有一白色固体 A，加入油状无色液体 B，可得紫黑色固体 C；C 微溶于水，加入 A 后，C 的溶解度增大，得一棕色溶液 D。将 D 分成两份，一份中加入一种无色溶液 E，另一份通入气体 F，都变成无色透明溶液；E 遇酸则有淡黄色沉淀产生；将气体 F 通入溶液 E，在所得溶液中加入 $BaCl_2$ 溶液有白色沉淀，后者难溶于 HNO_3。问 A、B、C、D、E、F 各代表何物？并写出有关反应方程式。

13. 用一简便方法，将下列五种固体加以鉴别，并写出有关反应式。

$$Na_2S\quad Na_2S_2\quad Na_2SO_3\quad Na_2SO_4\quad Na_2S_2O_3$$

14. 完成并配平下列反应方程式(尽可能写出离子反应方程式)：

(1) $H_2O_2 \xrightarrow{\Delta}$　　(2) $H_2O_2+KI+H_2SO_4 \longrightarrow$

(3) $H_2O_2+KMnO_4+H_2SO_4 \longrightarrow$　　(4) $H_2S+FeCl_3 \longrightarrow$

(5) $Na_2S_2O_3+I_2 \longrightarrow$　　(6) $Na_2S_2O_3+Cl_2+H_2O \longrightarrow$

(7) $H_2S+H_2SO_3 \longrightarrow$　　(8) $Al_2O_3+K_2S_2O_7 \xrightarrow{共熔}$

(9) $Na_2S_2O_8+MnSO_4+H_2O \xrightarrow{Ag^+}$　　(10) $AgBr+Na_2S_2O_3 \longrightarrow$

15. 现欲用废铁屑制取硫酸铁铵复盐 $(NH_4)Fe(SO_4)_2\cdot 6H_2O$，有下列氧化剂可供选用：$H_2O_2$、$(NH_4)_2S_2O_8$、$HNO_3$、$O_2$，你认为选用哪种氧化剂最为合理？写出制取过程的全部化学反应方程式。

第12章

氮族、碳族和硼族元素

本章重点叙述氨及铵盐、硝酸及其盐、亚硝酸及其盐、磷酸及其盐的性质；砷、锑、铋氧化物及其水合物的性质和性质的递变规律；硅酸、碳酸及其盐、锡和铅的氢氧化物及其盐的性质；乙硼烷、硼酸、硼砂、氢氧化铝和铝盐的性质；对角关系。

12.1 氮族元素

知识拓展

12.1.1 氮族元素概述

周期系中第ⅤA族的氮、磷、砷、锑、铋、镆六种元素，统称为氮族元素。绝大部分的氮以单质状态存在于空气中，而磷主要以化合状态存在于自然界中。最重要的磷矿石为磷灰石，其主要成分为 $Ca_3(PO_4)_2$。我国磷矿资源丰富，但分布不均，主要在云南、贵州、湖南、湖北等省。砷、锑、铋是亲硫元素，其主要的矿石为硫化物矿，如雄黄(As_4S_4)、雌黄(As_2S_3)、辉锑矿(Sb_2S_3)、辉铋矿(Bi_2S_3)。我国锑矿储量居世界首位，主要分布在湖南锡矿山、广西大厂、甘肃崖湾、云南木利、贵州晴隆等地。氮族元素在我国国民经济中有着重要的意义。

矿物图片

矿物图片

氮和磷是动植物体内不可缺少的元素，在植物体中磷主要存在于种子的蛋白质中，在动物体中则含于脑、血液和神经组织的蛋白质中。磷有多种同素异形体，主要有白磷(或黄磷)、红磷和黑磷。黄磷主要用于制造高纯度磷酸，生产有机磷杀虫剂、烟幕弹；红磷可用于火柴生产，火柴盒侧面涂的物质就是红磷与 Sb_2S_3 等的混合物。砷、锑、铋主要用于制造合金，铋的熔点(271 ℃)和沸点(1 740 ℃)相差较大，可作原子能反应堆中的冷却剂。镆是一种人工合成的放射性金属元素。氮族元素的基本性质列于表 12.1 中。

矿物图片

矿物图片

矿物图片

表 12.1　氮族元素的基本性质

元素	氮(N)	磷(P)	砷(As)	锑(Sb)	铋(Bi)
原子序数	7	15	33	51	83
价层电子构型	$2s^22p^3$	$3s^23p^3$	$4s^24p^3$	$5s^25p^3$	$6s^26p^3$
主要氧化数	-3、0、+1、+2、+3、+4、+5	-3、0、+3、+5	-3、0、+3、+5	(-3)、0、+3、+5	(-3)、0、+3、+5
原子半径/pm	70	110	121	141	155

续表

元素		氮(N)	磷(P)	砷(As)	锑(Sb)	铋(Bi)
离子半径	$r(M^{3-})$/pm	171	212	222	245	213
	$r(M^{3+})$/pm	16	44	58	76	103
	$r(M^{5+})$/pm	13	38	46	60	76
第一电离能 I_1/(kJ·mol^{-1})		1 402	1 012	947	834	703
电子亲和能 E_{A_1}/(kJ·mol^{-1})		(0±6.7)	-72	-78.1	-103.2	-91.3
电负性(χ_P)		3.0	2.1	2.0	1.9	1.9

本族元素中氮和磷为典型的非金属,砷和锑表现为准金属,铋为金属元素,即氮族元素从氮到铋由典型的非金属元素过渡到典型的金属元素。

氮族元素的价层电子构型为 ns^2np^3,与ⅦA 和ⅥA 两族元素相比,形成正氧化数化合物的趋势较明显。它们和电负性较大的元素结合时,氧化数主要为+3 和+5,也存在惰性电子对效应,即自上往下氧化数为+3 的物质稳定性增加,而氧化数为+5 的物质稳定性降低。ⅢA、ⅣA 族元素也存在这种现象。氮族元素的原子与其他元素原子化合时主要以共价键结合,而且氮族元素原子越小,形成共价键的趋势越大。活泼金属的氮化物和磷化物是离子型的(详见15.2.5),如 Mg_3N_2、Ca_3P_2 等,含有 N^{3-} 和 P^{3-}。另外,原子序数较大的氮族元素与氟也可形成离子型化合物。

疑难解析

12.1.2 氮气

1. 氮气的制备和化学模拟固氮

实验室里需要少量氮气时,可把固体亚硝酸钠放入氯化铵溶液中,然后加热:

$$NH_4Cl+NaNO_2 \longrightarrow NH_4NO_2+NaCl$$

$$NH_4NO_2 \xrightarrow{\triangle} N_2\uparrow +2H_2O$$

工业用氮气主要是通过液态空气分馏得到。近来膜分离(采用 O_2渗透压比 N_2大的膜材料达到氮和氧分离)、吸附纯化等新技术的应用,可以获得较纯的氮气。

由于自然界中氮的无机化合物较少,如何使空气中的氮气转化为氮的化合物(此过程称为固氮)是化学研究中的热门课题。科学家们发现自然界中某些微生物(如豆科植物根部的根瘤菌)和某些藻类植物在常温、常压下能将空气中的氮气转变为氨。为此,目前国内外都在大力开展"化学模拟生物固氮"的研究。固氮的原理是使 N_2分子活化,削弱 N≡N 分子中的三重键,使其易发生化学反应。近几年来这方面的工作主要有过渡金属配合物催化固氮、分子氮配合物及固氮酶活化中心模型化合物等方面的研究,虽取得一些成绩,但仍处于研究阶段。

2. 氮气的稳定性和等电子体

氮气是双原子分子,两个氮原子以叁键结合,键能(946 kJ·mol^{-1})相当大,所以氮气分子具有特殊的稳定性。在常温下化学性质很不活泼,表现出高的化学惰性,常用作保护气体。

具有相同原子数和电子数的分子(或离子)称为等电子体。等电子体具有相似的结构和类似的性质,如 N_2和 CO 都是由两个原子组成的分子,并且均含有 14 个电子,为等电子体,它们的分子结构和一些性质见表 12.2。

表 12.2 N_2 和 CO 的分子结构和性质

分子	N_2	CO
分子结构	$:\mathrm{N}\equiv\mathrm{N}:$	$:\mathrm{C}\overset{\leftarrow}{=}\mathrm{O}:$
沸点/℃	−195.8	−191.5
熔点/℃	−210	−199
溶解度(0 ℃)/[mL·(1LH_2O)$^{-1}$]	23.3	35.2
$\Delta_{vap}H_m$/(kJ·mol^{-1})	6.233	6.750
$\Delta_{fus}H_m$/(kJ·mol^{-1})	0.720 4	0.835 2

12.1.3 氨及铵盐

1. 氨

氨是氮的重要化合物之一,几乎所有含氮的化合物都可以由它来制取。如前所述,在工业上制备氨是在高温、高压和催化剂存在下用氮气和氢气合成的:

示意图片

$$N_2+3H_2 \xrightarrow[\text{催化剂}]{\text{高温、高压}} 2NH_3$$

高温是为了使 N_2分子活化。目前,正在进行应用等离子技术合成氨的研究,它是采用微波等离子体使 N_2 和 H_2 激发,处于激发态的氮具有很高的活性,可在反应器壁(Fe、Al、Pb 等)发生解离、吸附,然后与激发态氢合成氨:

$$\left.\begin{matrix}N_2\\H_2\end{matrix}\right] \xrightarrow[\text{激发}]{\text{微波等离子体}} \left[\begin{matrix}N_2^* \xrightarrow{\text{解离、吸附}} 2N(a)\\ H_2^* \xrightarrow{\text{解离、吸附}} 2H(a)\end{matrix}\right] \xrightarrow{\text{表面反应}} NH_3$$

据报道,与传统的高温、高压法相比,此法合成氨效率高,还可节能 20%,现有待尽快产业化。

在实验室需要少量氨气时,通常用铵盐和碱反应:

$$2NH_4Cl+Ca(OH)_2 \xrightarrow{\triangle} CaCl_2+2NH_3\uparrow+2H_2O$$

氨是一种无色、有刺激性臭味的气体,吸入过量会中毒,无论使用或运输都要防止泄漏。它在常温下易被加压液化,具有较大的蒸发潜热,常用作冷冻机的循环制冷剂。大部分用作化肥及制备硝酸,还用于药物、染料等的生产。

液氨与水类似,也是一种良好的溶剂,有微弱的解离作用:

$$2NH_3(l) \rightleftharpoons NH_4^+ + NH_2^-; \qquad K^{\ominus}(NH_3,l)=10^{-30}(-50\ ℃)$$

液氨能溶解碱金属和碱土金属。

氨能发生如下三类反应:

(1) 加合反应。因为 NH_3分子中 N 原子上有孤电子对,可发生一系列的加合反应。氨能与水形成氨的水合物 $NH_3\cdot H_2O$ 和 $2NH_3\cdot H_2O$,故氨在水中的溶解度较大。氨水冷却到低温可以得到氨的水合物晶体。

氨水溶液中存在下列平衡：

$$NH_3+H_2O \rightleftharpoons NH_3 \cdot H_2O \rightleftharpoons NH_4^+ + OH^-; \qquad K_b^\ominus = 1.8\times10^{-5}$$

氨还能与酸、许多金属离子及一些分子加合。例如：

$$NH_3+H^+ \longrightarrow NH_4^+$$

$$Cu^{2+}+4NH_3 \longrightarrow [Cu(NH_3)_4]^{2+}$$

$$Ag^+ +2NH_3 \longrightarrow [Ag(NH_3)_2]^+$$

$$CaCl_2+8NH_3 \longrightarrow CaCl_2 \cdot 8NH_3$$

（2）取代反应。在一定条件下，氨分子中的氢原子可依次被取代，生成一系列氨的衍生物：氨基化物（$-NH_2$），如 $NaNH_2$；亚氨基化物（$=NH$），如 Li_2NH；氮化物（$\equiv N$），如AlN。

取代反应的另一种形式是氨以氨基的形式取代其他化合物中的原子或原子团，如：

$$HgCl_2+2NH_3 \longrightarrow Hg(NH_2)Cl\downarrow + NH_4Cl$$

氨基氯化汞

$$COCl_2+4NH_3 \longrightarrow CO(NH_2)_2+2NH_4Cl$$

光气 尿素

（3）氧化反应。氨分子中的氮处于最低氧化数（-3）而具有还原性，在一定条件下，可被氧化剂氧化成氮气或氧化数比较高的氮的化合物。

氨与氧的反应随反应条件的不同产物亦异：

$$4NH_3+3O_2 \xrightarrow{400\ ℃} 2N_2\uparrow +6H_2O$$

$$4NH_3+5O_2 \xrightarrow[\text{Pt-Rh}]{800\ ℃} 4NO\uparrow +6H_2O$$

后者是工业上制造硝酸的基础反应。NH_3在空气中爆炸的体积极限为 16% ~ 27%，因此操作场所应严禁烟火。

氨能与某些氧化物反应，如：

$$3CuO+2NH_3 \xrightarrow{\triangle} 3Cu+N_2\uparrow +3H_2O$$

氨能与 Cl_2、Br_2反应，如：

$$3Cl_2+2NH_3 \longrightarrow N_2\uparrow +6HCl$$

产生的 HCl 和剩余的 NH_3进一步反应形成 NH_4Cl 白烟，工业上用此来检查氯气管道是否漏气。

2. 铵盐

铵盐是氨和酸进行加合反应的产物。NH_4^+ 的离子半径（143pm）与 K^+的离子半径（133pm）差别不大；NH_4^+(aq)的离子半径（537pm）与 K^+(aq)的离子半径（530pm）更为接近，故铵盐在晶型、颜色、溶解度等方面都与相应的钾盐类似，为此在化合物的分类上往往把铵盐和碱金属盐列在一起。

铵盐一般为无色晶体（若阴离子无色），易溶于水。在铵盐溶液中加入强碱并加热，就会释放出氨来：

实验视频

$$NH_4^+ +OH^- \xrightarrow{\triangle} NH_3\uparrow +H_2O$$

这是鉴定铵盐的常用方法。

固态铵盐加热极易分解，其分解产物与铵盐中阴离子对应酸的性质及分解温度有关。挥发性酸组成的铵盐，分解产物一般为氨和相应的酸：

$$NH_4HCO_3 \xrightarrow{\text{常温}} NH_3\uparrow + H_2CO_3$$

$$H_2CO_3 \longrightarrow CO_2\uparrow + H_2O$$

$$NH_4Cl \xrightarrow{\triangle} NH_3\uparrow + HCl\uparrow \text{（遇冷又结合成 } NH_4Cl\text{）}$$

非挥发性酸组成的铵盐，则逸出氨：

$$(NH_4)_2SO_4 \xrightarrow{\triangle} NH_3\uparrow + NH_4HSO_4$$

$$(NH_4)_3PO_4 \xrightarrow{\triangle} 3NH_3\uparrow + H_3PO_4$$

氧化性酸组成的铵盐，分解产物为 N_2 或氮的氧化物：

$$NH_4NO_2 \xrightarrow{\triangle} N_2\uparrow + 2H_2O$$

$$(NH_4)_2Cr_2O_7 \xrightarrow{\triangle} N_2\uparrow + Cr_2O_3 + 4H_2O$$

$$NH_4NO_3 \xrightarrow{\sim 210\ ℃} N_2O\uparrow + 2H_2O$$

$$2NH_4NO_3 \xrightarrow{>300\ ℃} 2N_2\uparrow + O_2\uparrow + 4H_2O\uparrow$$

实验视频

由于反应产生大量的气体和热量，气体受热体积又急剧膨胀，所以如果在密闭容器中进行时就会发生爆炸。因此硝酸铵用于制造炸药（称硝铵炸药），矿山爆炸、开山劈岭用的多为这种炸药。这类铵盐，无论制备、储存或运输都要格外小心，避免受热、碰撞，以防爆炸。

氯化铵常用于染料工业、焊接及干电池的制造。硝酸铵、硫酸铵和碳酸氢铵可用作化学肥料。

12.1.4 氮的氧化物、含氧酸及其盐

1. 氮的氧化物

氮可形成多种氧化物：N_2O、NO、N_2O_3、NO_2（或 N_2O_4）、N_2O_5。在氧化物中氮的氧化数可以从+1 到+5，其中以 NO 和 NO_2 较为重要。现将这些氧化物的性质列于表 12.3 中。

示意图片

表 12.3 氮氧化物的主要性质

名称	化学式	状态（颜色）	化学性质	熔点/℃	沸点/℃
一氧化二氮	N_2O	气体（无色）	稳定	-90.8	-88.5
一氧化氮	NO	气体（无色）	反应性能适中	-163.6	-151.8
		液体和固体（蓝色）			
三氧化二氮	N_2O_3	液体（蓝色）	分解为 NO_2 和 NO	-102	3.5（分解）
二氧化氮	NO_2	气体（红棕色）	强氧化性	-11.2	21.2
四氧化二氮	N_2O_4	气体（无色）	强烈地分解成 NO_2	-9.2	21.3
五氧化二氮	N_2O_5	固体（无色）	不稳定	30	47

工业尾气、燃料废气及汽车尾气中均含 NO_x（主要是 NO_2）。NO_2是污染空气的主要气体之一。

2. 氮的含氧酸及其盐

（1）亚硝酸及其盐。将等物质的量的 NO 和 NO_2的混合物溶解在冷水中，或在亚硝酸盐的冷水溶液中加入硫酸，均可生成亚硝酸：

$$NO+NO_2+H_2O \xrightarrow{冷} 2HNO_2$$

$$Ba(NO_2)_2+H_2SO_4 \longrightarrow BaSO_4\downarrow +2HNO_2$$

亚硝酸是弱酸，酸性比醋酸略强：

$$HNO_2 \rightleftharpoons H^+ +NO_2^-; \qquad K_a^\ominus = 7.2\times10^{-4}$$

亚硝酸很不稳定，仅存在于冷的稀溶液中，从未制得游离酸，其溶液浓缩或加热时按下式分解：

$$2HNO_2 \rightleftharpoons \underset{(蓝色)}{N_2O_3}+H_2O \rightleftharpoons NO\uparrow +\underset{(红棕色)}{NO_2}\uparrow +H_2O$$

实验视频

亚硝酸盐遇到强酸生成不稳定的 HNO_2，后者马上分解为 N_2O_3，使水溶液呈浅蓝色；N_2O_3又分解为 NO 和 NO_2，使气相出现 NO_2的红棕色。这个反应用于 NO_2^- 的鉴定。

亚硝酸盐，特别是碱金属和碱土金属的亚硝酸盐，热稳定性较高。用金属在高温下还原固态硝酸盐，可以得到亚硝酸盐。例如：

$$Pb(粉)+KNO_3 \longrightarrow KNO_2+PbO$$

合成硝酸尾气中 NO 和 NO_2的混合气体用 NaOH 或 Na_2CO_3溶液来吸收，可以得到亚硝酸钠。

亚硝酸盐一般易溶于水，但淡黄色的 $AgNO_2$难溶。

在亚硝酸及其盐中，氮的氧化数处于中间状态，因此，它既具有氧化性又有还原性。亚硝酸盐在酸性溶液中是强氧化剂。例如，它可以氧化 Fe^{2+} 和 I^- 等，本身被还原为 NO：

实验视频

$$NO_2^- +Fe^{2+} +2H^+ \longrightarrow NO\uparrow +Fe^{3+} +H_2O$$

$$2NO_2^- +2I^- +4H^+ \longrightarrow 2NO\uparrow +I_2+2H_2O$$

实验视频

后一反应可用于定量测定亚硝酸盐。

亚硝酸及其盐与强氧化剂作用时，可被氧化成 NO_3^-。例如：

$$5NO_2^- +2MnO_4^- +6H^+ \longrightarrow 5NO_3^- +2Mn^{2+} +3H_2O$$

由于 NO_2^- 中的氮和氧原子上都含有孤电子对，故 NO_2^- 是一种很好的配体，如形成 $[Co(NO_2)_6]^{3-}$。

实验视频

KNO_2和 $NaNO_2$大量用于各种染料和有机颜料合成工业，还用于医药工业、丝绸和亚麻的漂白、金属热处理和电镀缓蚀剂等。亚硝酸盐均具有毒性，易转化为致癌物质亚硝胺。农村制作咸菜、酸菜、泡菜的容器下层，因处于缺氧状态，利于细菌繁殖，会自行产生亚硝酸盐；鱼、肉加工制作过程为防腐保鲜加入亚硝酸盐，必须严格控制最大容许使用量和残留量；若把工业用盐（含大量亚硝酸盐）误作食盐使用更有生命危险。亚硝酸盐味甜而不咸，应注意识别。

疑难解析

（2）硝酸及其盐。硝酸是三大无机酸之一，在国民经济和国防工业中都有极为重要的用途，世界年产量以百万吨计。工业上硝酸的制备普遍采用氨催化氧化法：

$$4NH_3+5O_2 \xrightarrow[\text{Pt-Rh}(5\%\sim10\%\text{Rh})]{\text{常压},800\ ℃} 4NO\uparrow+6H_2O$$

$$2NO+O_2 \longrightarrow 2NO_2$$

$$3NO_2+H_2O \longrightarrow 2HNO_3+NO$$

反应所得的硝酸浓度仅为 50%～55%，需在脱水剂（如硝酸镁或浓 H_2SO_4等）的存在下，经提纯、精馏、冷凝、漂白等工序制得浓硝酸。

硝酸与相应的金属或金属氧化物作用可制得硝酸盐。

必须提醒的是，生产实际的问题要比反应原理内容丰富得多，也复杂得多。例如，就生产安全而言，氨-空气或氨-氧混合物中氨含量大于 14%，温度高于 800 ℃时是具有爆炸危险的。温度越高、压力越大、氧含量越高越易发生爆炸，可燃性混合气杂质的存在更会增加爆炸速度和威力；而反应器散热越快或在氨-空气混合物中加入一定量水蒸气可减少爆炸危险。

① 硝酸及硝酸根的结构　在硝酸分子中，3 个氧原子围绕着氮原子分布在同一平面上，呈平面三角形结构，如图 12.1 所示。

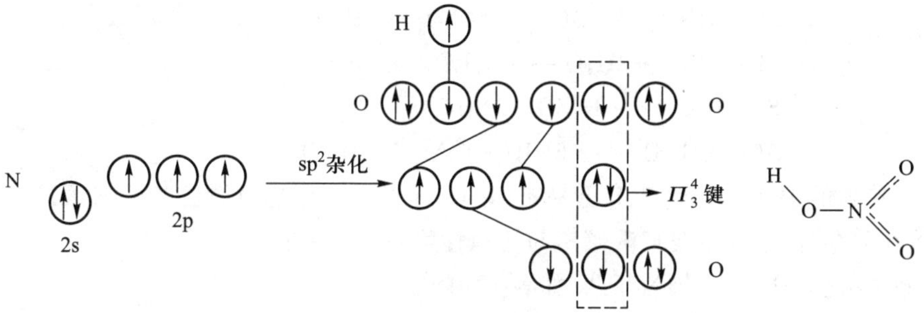

示意图片

图 12.1　HNO_3结构示意图

其中氮原子采用 sp^2杂化轨道与 3 个氧原子形成 3 个 σ 键，氮原子上孤电子对则与两个非羟基氧原子的另一个 2p 轨道上未成对的电子形成一个三中心四电子大 π 键，表示为 Π_3^4。结构如图 12.1 所示，这个 π 键在图中用虚线表示。

在 NO_3^- 中，N 仍然是采取 sp^2杂化。除与 3 个氧原子形成 3 个 σ 键外，还与 3 个氧原子形成一个垂直于 3 个 σ 键所在平面的大 π 键，形成该大 π 键的电子除了由 N 与 3 个氧原子提供外，还有决定硝酸根离子电荷的那个外来电子，共同组成一个四中心六电子大 π 键（Π_4^6），如图 12.2 所示。

② 硝酸性质　纯硝酸是无色液体，沸点 83 ℃，易挥发，属腐蚀性强酸。它能与水以任意比例互溶。实验室常用的市售硝酸含 HNO_3 65%～68%，密度约为 1.4 $g\cdot cm^{-3}$，相当于 15 $mol\cdot L^{-1}$。工业上使用的溶有 NO_2（10%～15%）的浓硝酸（含 $HNO_3$98%以上），称为发烟硝酸。发烟硝酸浓度高、氧化力极强，可存于铝罐储运（铝罐质轻且被 HNO_3钝化）。硝酸受热或光照时分解产生的 NO_2溶于 HNO_3中，使硝酸呈黄到棕色。溶解的 NO_2越多，硝酸颜色越深。硝酸热分解反应如下：

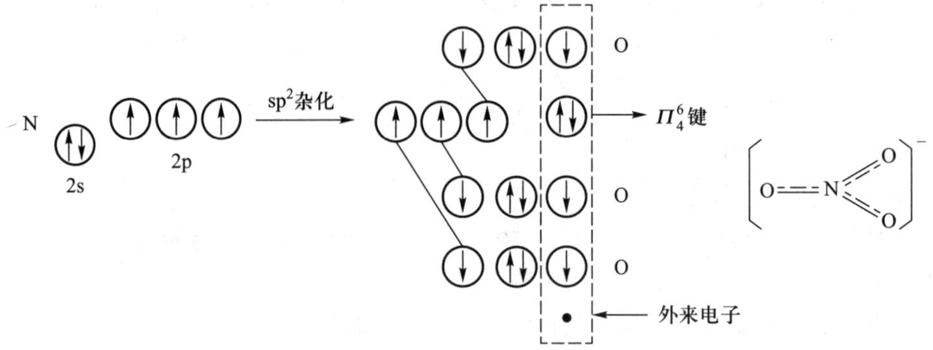

图 12.2 NO_3^-结构示意图

$$4HNO_3 \xrightarrow{\text{热或光}} 4NO_2\uparrow + O_2\uparrow + 2H_2O$$

硝酸的重要化学性质除了强酸性外，主要表现为强氧化性和硝化作用。

硝酸中的氮呈最高氧化数(+5)，故硝酸尤其是发烟硝酸具有强氧化性。很多非金属元素如碳、磷、硫、碘等都能被浓硝酸氧化成相应的氧化物或含氧酸，而硝酸被还原为 NO。例如：

$$3C + 4HNO_3 \longrightarrow 3CO_2\uparrow + 4NO\uparrow + 2H_2O$$

$$3P + 5HNO_3 + 2H_2O \longrightarrow 3H_3PO_4 + 5NO\uparrow$$

$$S + 2HNO_3 \longrightarrow H_2SO_4 + 2NO\uparrow$$

$$3I_2 + 10HNO_3 \longrightarrow 6HIO_3 + 10NO\uparrow + 2H_2O$$

实验视频

还原性较强的 H_2S、HI，比 S、I_2 更易被 HNO_3 所氧化。有机物如松节油遇浓硝酸则燃烧，故在储存时，千万不要把浓硝酸与还原性物质放在一起。

硝酸与金属的反应较为复杂，如表 12.4 所示。

表 12.4 硝酸与金属的反应

金属	Ca Ag Cu	Sn W Sb	Al Fe Cr Ni V Ti	贵金属(Au、Pt、 Rh、Ta、Ir 等)
反应产物及情况	$Ca(NO_3)_2$ $AgNO_3$ $Cu(NO_3)_2$ 生成可溶性盐	SnO_2 WO_3 $Sb_2O_5 \cdot xH_2O$ 生成难溶氧化物或其水合物	在冷、浓硝酸中钝化	不反应

Au、Pt 等贵金属可用王水(浓硝酸和浓盐酸体积比=1∶3 的混合物)溶解，是因为金属离子能形成稳定的配离子，如$[AuCl_4]^-$、$[PtCl_6]^{2-}$等，使 Au 或 Pt 的电极电势减小，因此在浓硝酸作用下，反应有可能向 Au、Pt 溶解的方向进行：

$$Au + HNO_3 + 4HCl \longrightarrow H[AuCl_4] + NO\uparrow + 2H_2O$$

$$3Pt + 4HNO_3 + 18HCl \longrightarrow 3H_2[PtCl_6] + 4NO\uparrow + 8H_2O$$

硝酸作为氧化剂，其被还原的产物有多种，如：NO_2、HNO_2、NO、N_2O、N_2、NH_4NO_3，而且往往是多种气体混合物。

硝酸被金属的还原程度主要取决于硝酸的浓度和金属的活泼性，如表12.5所示。

表 12.5 硝酸的主要还原产物

	活泼金属	不活泼金属
浓硝酸	NO_2	NO_2
稀硝酸	N_2O	NO
极稀硝酸	NH_4NO_3	……

例如：

$$Cu+4HNO_3(浓) \longrightarrow Cu(NO_3)_2+2NO_2\uparrow+2H_2O$$

$$3Cu+8HNO_3(稀) \longrightarrow 3Cu(NO_3)_2+2NO\uparrow+4H_2O$$

$$4Zn+10HNO_3(稀) \longrightarrow 4Zn(NO_3)_2+N_2O\uparrow+5H_2O$$

$$4Zn+10HNO_3(很稀) \longrightarrow 4Zn(NO_3)_2+NH_4NO_3+3H_2O$$

由上述反应式可以看出，与同种金属反应，硝酸越稀，氮被还原的程度越大[1]（这不能说明稀 HNO_3 的氧化性比浓 HNO_3 强，为什么？）；与同浓度 HNO_3 反应，金属越活泼，HNO_3 被还原程度越大。

疑难解析

实际上随着反应进行，硝酸浓度不断减少，反应体系的温度也不断变化（因反应有热效应），HNO_3 被还原的情况十分复杂，而且加酸速度快慢会影响产品的纯度和硝酸的消耗定额。

[例 **12.1**] 用硝酸和金属镍反应合成硝酸镍。

如果加酸速度慢，反应按下式进行：

$$4Ni+10HNO_3 \longrightarrow 4Ni(NO_3)_2+NH_4NO_3+3H_2O$$

这样，$Ni(NO_3)_2$ 产品中将混有 NH_4NO_3 杂质。

[例 **12.2**] 用硝酸和金属锰反应合成硝酸锰。

如果加酸速度快，有黄烟逸出，反应按(a)式进行：

$$Mn+4HNO_3 \longrightarrow Mn(NO_3)_2+2NO_2\uparrow+2H_2O \qquad (a)$$

如果加酸速度适当，逸出的气体无色，不呛鼻，产品中 NH_4^+ 的含量也不大，据判断反应按(b)式进行：

$$5Mn+12HNO_3 \longrightarrow 5Mn(NO_3)_2+N_2\uparrow+6H_2O \qquad (b)$$

比较(a)、(b)两式不难看出，若加酸速度适当，反应按(b)式进行，硝酸的消耗定额将节省 40%。加酸速度究竟如何控制，还需不断从理论和实践中去学习、探索、求知。

硝酸能与有机化合物发生硝化反应，生成硝基化合物。例如：

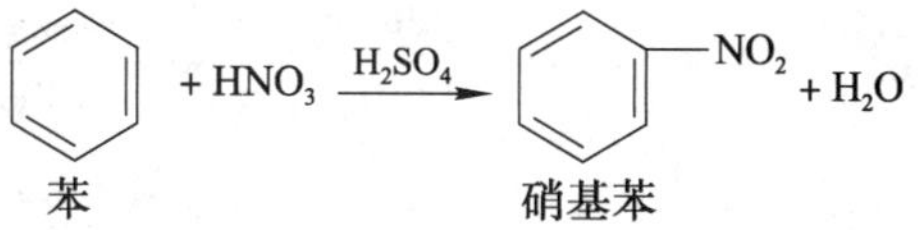

苯 硝基苯

利用硝酸的硝化作用可以制造许多含氮染料、塑料、药物，并已用于火箭的推进剂，也可以制造硝化甘油、三硝基甲苯（TNT）、三硝基苯酚（苦味酸）等烈性含氮炸药。硝基化合物大多数为黄色，如皮肤与浓硝酸接触后显黄色，是硝酸与蛋白质作

[1] 有人认为可能是存在下列平衡：$NO + 2HNO_3 \rightleftharpoons 3NO_2 + H_2O$，$HNO_3$ 浓度越小，平衡越向左移动，则氮被还原程度越大；也有认为浓 HNO_3 可进一步氧化低氧化数的还原产物。

用生成黄蛋白酸的结果。

③ 硝酸盐　硝酸与相应的金属或金属氧化物作用可制得硝酸盐。大多数硝酸盐是无色、易溶于水的离子晶体，其水溶液没有氧化性。硝酸盐在常温下比较稳定，但在高温时，固体硝酸盐都会分解而显氧化性，分解的产物因金属离子的不同而有差别。

除硝酸铵外，硝酸盐受热分解有三种情况：

碱金属和碱土金属（Li、Be、Mg 除外）的硝酸盐分解产生亚硝酸盐和氧气，如：

$$2NaNO_3 \xrightarrow{\triangle} 2NaNO_2 + O_2\uparrow$$

活泼性较小的金属（活泼性在 Mg 与 Cu 之间，包括 Li、Be、Mg、Cu）的硝酸盐热分解时得到相应的金属氧化物、NO_2 和 O_2，如：

$$2Pb(NO_3)_2 \xrightarrow{\triangle} 2PbO + 4NO_2\uparrow + O_2\uparrow$$

活泼性更小的金属（活泼性比 Cu 差）的硝酸盐则分解为金属单质、NO_2 和 O_2，如：

$$2AgNO_3 \xrightarrow{\triangle} 2Ag + 2NO_2\uparrow + O_2\uparrow$$

由于硝酸盐在高温时容易放出氧，所以它们和可燃物质混合会迅速燃烧，根据这种性质，硝酸盐可用来制造烟火及黑火药。

NO_3^- 可用棕色环实验鉴定。方法是：在装有硝酸盐溶液的试管中加入少量硫酸亚铁晶体，沿试管壁小心加入浓硫酸，由于生成了棕色的配离子 $[Fe(NO)(H_2O)_5]^{2+}$，在浓硫酸与溶液的界面处会出现"棕色环"，有关反应为

$$3Fe^{2+} + NO_3^- + 4H^+ \longrightarrow 3Fe^{3+} + NO + 2H_2O$$

$$[Fe(H_2O)_6]^{2+} + NO \longrightarrow \underset{(棕色)}{[Fe(NO)(H_2O)_5]^{2+}} + H_2O$$

实验视频

NO_2^- 也有上述类似的反应，但得到的是棕色溶液，而观察不到棕色环。但 NO_2^- 可在醋酸溶液中与 $FeSO_4$ 反应生成 $[Fe(NO)(H_2O)_5]SO_4$，使溶液呈棕色，用这一反应可鉴定 NO_2^-。由此可见，NO_2^- 的存在会干扰 NO_3^- 的鉴定，为了排除干扰可先加入 NH_4Cl 共热，以破坏 NO_2^-：

疑难解析

$$NH_4^+ + NO_2^- \longrightarrow N_2\uparrow + 2H_2O$$

12.1.5　磷的含氧酸及其盐

知识拓展

磷有多种含氧酸，现将其中较重要的列于表 12.6 中。

表 12.6　磷的含氧酸

名称	正磷酸	焦磷酸	三聚磷酸	偏磷酸	亚磷酸	次磷酸
化学式	H_3PO_4	$H_4P_2O_7$	$H_5P_3O_{10}$	HPO_3	H_3PO_3	H_3PO_2
磷的氧化数	+5	+5	+5	+5	+3	+1
结构示意图	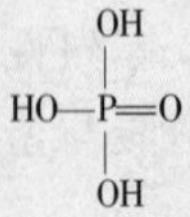	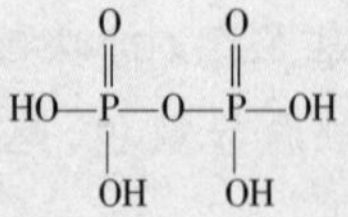	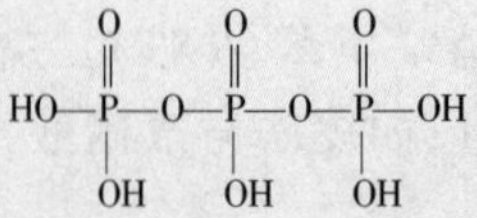	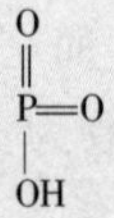	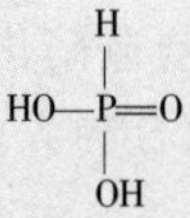	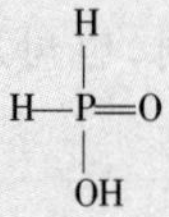
n 元酸	3	4	5	1	2	1

示意图片

知识拓展

1. (正)磷酸

磷酸的几何结构如图 12.3 所示,它是由单一的磷氧四面体构成的。与H_2SO_4类似,H_3PO_4分子中也含有(p-d)π 键。

工业上通常用 76%左右的硫酸分解磷灰石来制取磷酸:

$$Ca_3(PO_4)_2+3H_2SO_4 \longrightarrow 2H_3PO_4+3CaSO_4$$

这种方法制得的磷酸不纯,纯的磷酸可用磷酐(P_4O_{10})与水作用制取。

纯磷酸是无色透明黏稠液体或晶体,熔点42.35 ℃。市售的磷酸为黏稠状液体(含 H_3PO_4约 83%,密度是 1.6 $g \cdot cm^{-3}$,相当于 14 $mol \cdot L^{-1}$)。磷酸是一种无氧化性、不挥发的三元中强酸:

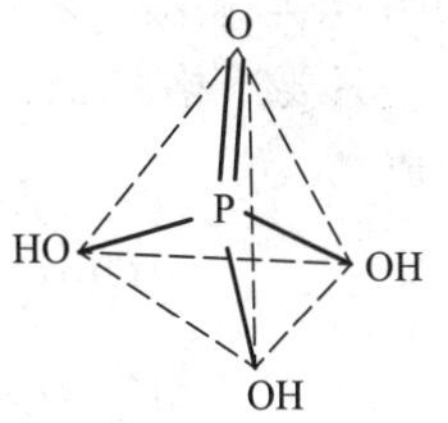

图 12.3 H_3PO_4的几何结构

示意图片

疑难解析

$$H_3PO_4 \rightleftharpoons H^+ + H_2PO_4^-; \quad K^{\ominus}_{a(1)} = 7.1\times10^{-3}$$

$$H_2PO_4^- \rightleftharpoons H^+ + HPO_4^{2-}; \quad K^{\ominus}_{a(2)} = 6.3\times10^{-8}$$

$$HPO_4^{2-} \rightleftharpoons H^+ + PO_4^{3-}; \quad K^{\ominus}_{a(3)} = 4.8\times10^{-13}$$

磷酸有很强的配位能力,能与许多金属离子形成配合物。分析化学中为了掩蔽 Fe^{3+}的干扰,常加 H_3PO_4与 Fe^{3+}生成无色可溶性配合物 $H_3[Fe(PO_4)_2]$、$H[Fe(HPO_4)_2]$等。

磷酸具有缩合作用❶,例如:

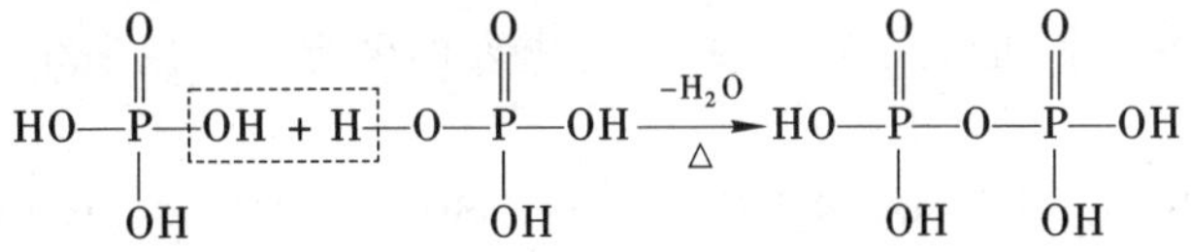

焦磷酸

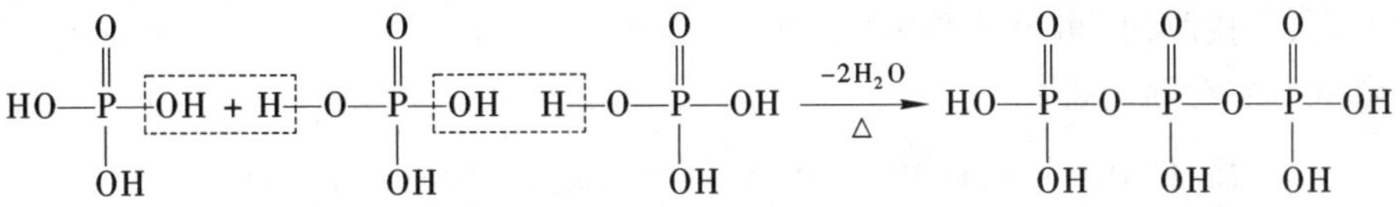

三聚磷酸

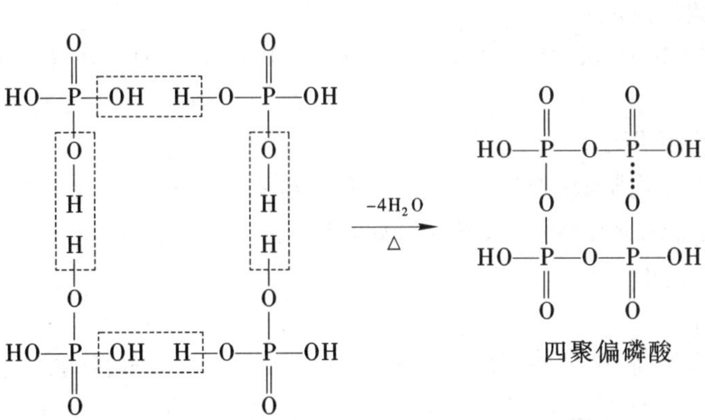

四聚偏磷酸

❶ 几个简单分子经过失去水分子而连接在一起的作用,称为缩合作用。若干个酸分子经脱水通过氧原子连接起来的酸称为缩合酸。

焦磷酸、三聚磷酸和四聚偏磷酸都是多聚磷酸（同多酸）。多聚磷酸为缩合酸，一般缩合酸的酸性比正酸的酸性强。

磷酸是一种重要的无机酸。工业磷酸用于制备磷酸盐，还可用于钢铁构件的磷化处理❶。

2. 磷酸盐

磷酸盐有三种类型，即磷酸正盐，如 Na_3PO_4、$Ca_3(PO_4)_2$ 等；磷酸一氢盐，如 Na_2HPO_4、$CaHPO_4$ 等；磷酸二氢盐，如 NaH_2PO_4、$Ca(H_2PO_4)_2$ 等。

只要严格控制溶液的酸碱度，H_3PO_4 的三种钠盐均可由 H_3PO_4 和 NaOH 反应合成：

$$H_3PO_4+NaOH \xrightarrow{pH=4.0\sim4.2} NaH_2PO_4+H_2O$$

$$H_3PO_4+2NaOH \xrightarrow{pH=8.0\sim8.4} Na_2HPO_4+2H_2O$$

$$H_3PO_4+3NaOH \xrightarrow{\text{强碱性}} Na_3PO_4+3H_2O$$

化工生产上考虑到 Na_2CO_3 比 NaOH 成本低、腐蚀性小、使用方便安全，生产 NaH_2PO_4 和 Na_2HPO_4 时都选用 Na_2CO_3 原料，但生产 Na_3PO_4 时要用 NaOH 原料。（为什么？）

磷酸二氢盐（$H_2PO_4^-$）均溶于水，而其他两种类型的盐，除 K^+、Na^+、NH_4^+ 外，一般难溶于水。可溶性磷酸盐在水中都有不同程度的水解，使溶液显示不同的 pH，利用磷酸盐的这种性质，可配制几种不同 pH 的标准缓冲溶液。

磷酸二氢钙溶于水，能为植物所吸收，是重要的磷肥。若用适量硫酸处理磷酸钙矿粉：

$$Ca_3(PO_4)_2+2H_2SO_4+4H_2O \longrightarrow 2(CaSO_4\cdot 2H_2O)+Ca(H_2PO_4)_2$$

生成的磷酸二氢钙和石膏的混合物能直接用作肥料（称过磷酸钙或普钙）。“普钙”含磷量不高，近代改用“重过磷酸钙（重钙）”，其成分为 $Ca(H_2PO_4)_2$，是用磷酸代替硫酸处理磷灰石矿粉而制得：

$$Ca_5F(PO_4)_3+7H_3PO_4+5H_2O \xrightarrow{\triangle} 5Ca(H_2PO_4)_2\cdot H_2O+HF\uparrow$$

在含有硝酸的水溶液中，将 PO_4^{3-} 与过量的钼酸铵 $(NH_4)_2MoO_4$ 混合、加热，可慢慢析出黄色磷钼酸铵沉淀：

$$PO_4^{3-}+12MoO_4^{2-}+24H^++3NH_4^+ \longrightarrow \underset{\text{（黄色）}}{(NH_4)_3PO_4\cdot 12MoO_3\cdot 6H_2O}\downarrow+6H_2O$$

实验视频

此反应可用于鉴定 PO_4^{3-}。

磷酸盐可用作化肥、动物饲料的添加剂，在电镀和有机合成上也有用途。对一切生物来说，磷酸盐在所有能量传递过程，如新陈代谢、光合作用、神经功能和肌肉活动中，都起着重要作用。

3. 化学肥料

化肥具有养分高、肥效快、储运和施用方便等优点，并可有目的地利用它来调节土壤中养分含量的比例，促进农作物的稳产和高产。但是，化肥在改良土壤结构和使土壤团粒化等作用上远不及农家肥料，因而，化肥必须与农家肥配合施用，才能更好地发

---

❶ 使钢铁表面形成磷酸盐保护层。

挥它们对农作物的增产作用。

目前生产的化肥品种很多。按化肥所含的营养元素分,可分为单一肥料和多效肥料。化肥的主要品种和分类见表 12.7。

表 12.7　化肥的主要品种和分类

单一肥料			多效肥料		
氮肥	磷肥	钾肥	中级元素肥料（钙、镁、硫肥）	微量元素肥料	复合肥料
尿素、硝酸铵 氯化铵 硫酸铵 碳酸氢铵 石灰氮 （氰氨化钙） 硝酸钠、液氨 氨水	普通过磷酸钙 富过磷酸钙 重过磷酸钙 沉淀磷酸钙 偏磷酸钙 钙镁磷肥 脱氟磷肥 熔融磷肥 钢渣磷肥	氯化钾 硫酸钾 窑灰钾肥	碳酸钙 白云石 硫酸钙 磷磺硅酸镁	铁、锰、铜 锌、钼、硼 等的化合物	磷酸铵类肥料 硝酸磷肥 磷酸二氢钾 偏磷酸钾 偏磷酸铵 硝酸钾 尿素磷铵 各种规格的氮磷、磷钾和氮磷钾复合肥料

近年来我国又发展了腐植酸类肥料,如腐植酸铵、腐植酸类磷肥、腐植酸类钾肥等,它们均属于有机肥料。

12.1.6　砷、锑、铋及其重要化合物

1. 砷、锑、铋单质

知识拓展

砷、锑、铋的价层电子构型为 ns^2np^3,次外层有 18 个电子,它们的阳离子为 18 电子或 18+2 电子构型,具有较强的极化能力和较大的变形性,主要以硫化物形式存在于自然界。砷、锑具有两性和准金属的性质,而铋则呈金属性。它们的熔点较低且易挥发,在气态时以多原子分子形式存在,如 As_4、As_2、Sb_4、Sb_2、Bi_2 等。

它们单质的制备是先将硫化物矿煅烧成氧化物,然后用还原剂(如 C、CO 等)将氧化物还原,如:

$$2Sb_2S_3+9O_2 \longrightarrow 2Sb_2O_3+6SO_2$$

$$Sb_2O_3+3C \longrightarrow 2Sb+3CO$$

砷、锑、铋单质可与很多金属化合,如砷、锑、铋与ⅢA 族形成的 GaAs、GaSb、InAs、AlSb 等是具有半导体性能的材料。特别是 GaAs,它是继 Si 后最重要的半导体信息材料。GaAs 可在高温下工作,掺杂某些元素可制作大功率的电子元件;用 GaAs 制成的晶体管可制造功能强、速度快的计算机;另外 GaAs 具有光电转换效应,可制作半导体激光器和发光二极管等。在 Pb 中加入 Sb 能使 Pb 的硬度增大,适用于制造子弹和轴承。含有一定比例 Bi、Sn、Cd 和 Pb 的合金(伍德合金)熔点低,可用作自动灭火设备和蒸汽锅炉安全装置上的保险丝。

2. 砷、锑、铋的氧化物及其水合物

砷、锑、铋有氧化数为+3 和+5 两个系列的氧化物。即

As_2O_3	Sb_2O_3	Bi_2O_3	As_2O_5	Sb_2O_5	Bi_2O_5
（白色）	（白色）	（黄色）	（白色）	（淡红色）	（红棕色）

三氧化二砷（俗称砒霜）为白色粉末状剧毒物❶，致死量约为 0.1 g，它主要用于制造杀虫剂、除草剂及含砷药物。三氧化二砷微溶于水，在热水中溶解度稍大，溶解后生成亚砷酸（H_3AsO_3）。As_2O_3是两性偏酸性的化合物，易溶于碱生成亚砷酸盐，溶于浓盐酸生成 As(Ⅲ)盐：

$$As_2O_3+6NaOH \longrightarrow 2Na_3AsO_3+3H_2O$$

$$As_2O_3+6HCl \longrightarrow 2AsCl_3+3H_2O$$

Sb_2O_3和 Bi_2O_3都难溶于水。Sb_2O_3具有明显的两性，Bi_2O_3为弱碱性化合物，不溶于碱。它们氧化物的水合物，按 H_3AsO_3—$Sb(OH)_3$—$Bi(OH)_3$的顺序，酸性依次减弱，碱性依次增强。H_3AsO_3仅存在于溶液中，而 $Sb(OH)_3$和$Bi(OH)_3$都是难溶于水的白色沉淀物。

氧化数为+5 的砷、锑、铋的氧化物都呈酸性，其酸性比氧化数为+3 的氧化物强。它们的氧化物与水反应可形成砷酸（H_3AsO_4）和锑酸｛$H[Sb(OH)_6]$｝，但得不到铋酸。铋酸钠可以通过下列反应制得：

$$Bi(NO_3)_3+NaClO+4NaOH \xrightarrow[\text{保温数小时}]{90\ ℃} \underset{（黄色）}{NaBiO_3\downarrow}+3NaNO_3+NaCl+2H_2O$$

按 As—Sb—Bi 的顺序：As(Ⅲ)—Sb(Ⅲ)—Bi(Ⅲ)化合物的还原性减弱，而 As(Ⅴ)—Sb(Ⅴ)—Bi(Ⅴ)化合物的氧化性增强。

砷酸盐、锑酸盐在强酸性溶液中才显出明显的氧化性，如：

$$H_3AsO_4+2H^++2I^- \longrightarrow H_3AsO_3+I_2+H_2O$$

这个反应的方向强烈依赖于溶液的酸度，酸性较强时，H_3AsO_4可以氧化 I^-；酸性较弱时，AsO_3^{3-} 可以还原 I_2。

下面可以通过（H_3AsO_4/H_3AsO_3）和（I_2/I^-）体系的 E-pH 图（图 12.4）说明之。

上述反应是由下列两个半反应组成：

$$H_3AsO_4+2H^++2e^- \rightleftharpoons H_3AsO_3+H_2O; \qquad E^\ominus=0.560\ V$$

$$I_2+2e^- \rightleftharpoons 2I^-; \qquad E^\ominus=0.535\ 5\ V$$

I_2/I^-电对的电极电势不随溶液 pH 而改变（pH 大于 9，I_2 本身歧化），E-pH 图是一条水平的直线，H_3AsO_4/H_3AsO_3电对的电极电势与 H^+的浓度关系如下：

$$E=E^\ominus+\frac{0.059\ 2\ V}{2}\lg\frac{[c(H_3AsO_4)/c^\ominus][c(H^+)/c^\ominus]^2}{c(H_3AsO_3)/c^\ominus}$$

若
$$c(H_3AsO_4)=c(H_3AsO_3)=1\ mol\cdot L^{-1}$$

则
$$E=E^\ominus+\frac{0.059\ 2\ V}{2}\lg\left[\frac{c(H^+)}{c^\ominus}\right]^2=(0.560-0.059\ 2pH)\ V$$

❶ As_2O_3 中毒时，可服用新配制的 $Fe(OH)_2$（将 MgO 溶于 $FeSO_4$ 溶液中强烈摇动制得）悬浮液解毒。

可见，H_3AsO_4/H_3AsO_3电对的电极电势将随 pH 增大而降低，如图 12.4 所示。

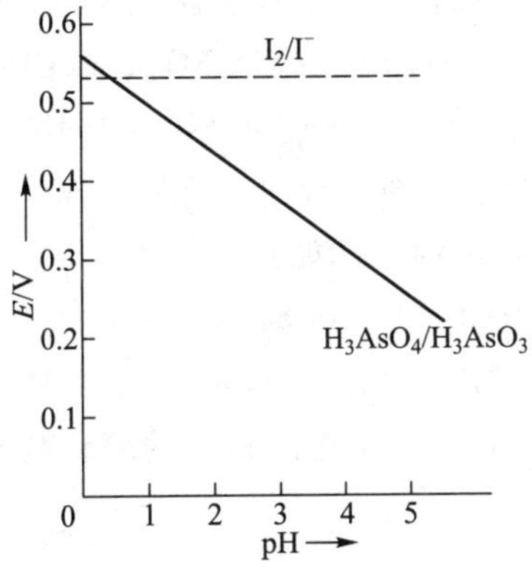

图 12.4 （H_3AsO_4/H_3AsO_3）和（I_2/I^-）体系的 E-pH 图

当溶液酸性较强时（如 pH<0.5），$E(H_3AsO_4/H_3AsO_3)$值大于 $E(I_2/I^-)$，H_3AsO_4可氧化 I^-，反应正向进行；而当溶液酸性较弱时（如 pH>1），$E(H_3AsO_4/H_3AsO_3)$值低于 $E(I_2/I^-)$，H_3AsO_3可还原 I_2，反应逆向进行。此反应的方向受 pH 影响，这与 $E(H_3AsO_4/H_3AsO_3)$、$E(I_2/I^-)$两值接近有关。

实验视频

铋酸盐在酸性溶液中是很强的氧化剂，可将 Mn^{2+}氧化成 MnO_4^-：

$$2Mn^{2+}+5NaBiO_3+14H^+ \longrightarrow 2MnO_4^-+5Bi^{3+}+5Na^++7H_2O$$

此反应可用来鉴定 Mn^{2+}。

现将砷、锑、铋的氧化物及其水合物的性质变化规律概括如下：

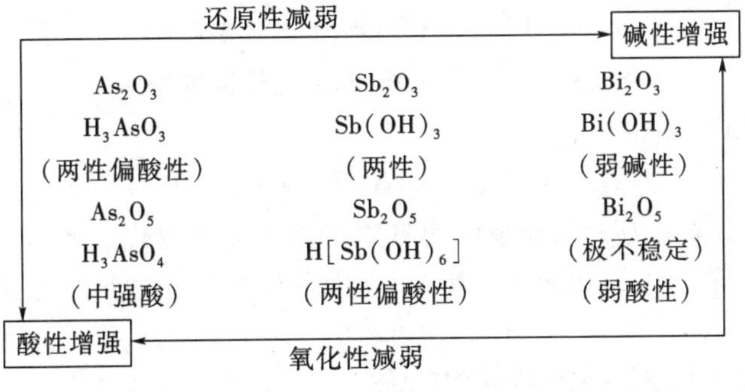

3. 砷、锑、铋的盐

从砷、锑、铋的氧化物及其水合物的酸碱性可知，砷、锑、铋的盐类有两种形式，即阴离子盐（MO_3^{3-}、MO_4^{3-}）及阳离子盐（M^{3+}、M^{5+}）。对砷和锑来说，主要形成 MO_3^{3-} 类型的盐，只有少数的卤化物及硫化物能形成 As^{5+}、Sb^{5+}盐。铋主要形成 Bi^{3+}类型的盐。

实验视频

As(Ⅲ)、Sb(Ⅲ)、Bi(Ⅲ)的氯化物在水中极易水解。其中 $AsCl_3$水解生成 H_3AsO_3；$SbCl_3$、$BiCl_3$都水解生成白色碱式盐沉淀：

实验视频

$$AsCl_3+3H_2O \longrightarrow H_3AsO_3+3HCl$$

$$SbCl_3+H_2O \longrightarrow SbOCl\downarrow +2HCl$$

$$BiCl_3+H_2O \longrightarrow BiOCl\downarrow +2HCl$$

故配制这些盐的溶液时，要加相应的酸，以抑制其水解。

Sb(Ⅲ)、Bi(Ⅲ)的硝酸盐在水中也极易水解，生成相应的碱式盐沉淀：

$$Sb(NO_3)_3+H_2O \longrightarrow SbONO_3\downarrow+2HNO_3$$

$$Bi(NO_3)_3+H_2O \longrightarrow BiONO_3\downarrow+2HNO_3$$

向砷、锑、铋的 M^{3+}、M^{5+}盐溶液中或者向酸化后的 MO_3^{3-}、MO_4^{3-} 溶液中通入 H_2S，都可以得到有颜色的相应硫化物沉淀。例如：

$$2As^{3+}+3H_2S \longrightarrow As_2S_3\downarrow+6H^+$$

$$2AsO_3^{3-}+3H_2S+6H^+ \longrightarrow As_2S_3\downarrow+6H_2O$$

砷、锑、铋硫化物与酸、碱的反应和它们相应的氧化物类似，表现出酸碱性。详见表12.8。

表 12.8 砷、锑、铋的硫化物

硫化物	As_2S_3	As_2S_5	Sb_2S_3	Sb_2S_5	Bi_2S_3
颜色	黄色	黄色	橙红色	橙红色	黑色
酸碱性	两性	两性偏酸	两性	两性	碱性
在 Na_2S 或 $(NH_4)_2S$ 中	溶解	溶解	溶解	溶解	不溶解

砷、锑的氧化物能溶于强碱溶液中生成相应的含氧酸盐：

$$M_2O_3+6OH^- \longrightarrow 2MO_3^{3-}+3H_2O \qquad (M=As、Sb)$$

与此相似，砷、锑的硫化物能溶于碱性硫化物[如 Na_2S 或 $(NH_4)_2S$]中生成相应的硫代酸盐：

$$As_2S_3+3S^{2-} \longrightarrow 2AsS_3^{3-}(\text{硫代亚砷酸根})$$

$$Sb_2S_3+3S^{2-} \longrightarrow 2SbS_3^{3-}(\text{硫代亚锑酸根})$$

$$As_2S_5+3S^{2-} \longrightarrow 2AsS_4^{3-}(\text{硫代砷酸根})$$

$$Sb_2S_5+3S^{2-} \longrightarrow 2SbS_4^{3-}(\text{硫代锑酸根})$$

As_2S_3还能溶于 KOH 溶液中：

$$As_2S_3+6OH^- \longrightarrow AsS_3^{3-}+AsO_3^{3-}+3H_2O$$

硫代酸根可以看作是含氧酸根中的氧原子被硫原子取代的产物。硫代酸盐与酸反应生成相应的硫代酸，硫代酸很不稳定，立即分解为相应的难溶硫化物并放出硫化氢气体：

$$2AsS_3^{3-}+6H^+ \longrightarrow 2H_3AsS_3 \longrightarrow As_2S_3\downarrow+3H_2S\uparrow$$

$$2AsS_4^{3-}+6H^+ \longrightarrow 2H_3AsS_4 \longrightarrow As_2S_5\downarrow+3H_2S\uparrow$$

在分析化学上常用硫代酸的生成和分解将砷、锑的硫化物与其他金属硫化物分离开来。

12.2 碳族元素

12.2.1 碳族元素概述

碳族元素是周期系第ⅣA 族元素，包括碳、硅、锗、锡、铅和𫓧六种元素。碳和硅在自然界中分布很广，碳的含量并不多，但它是地球上化合物种类最多的元素之一，动植物机体也是多种含碳的有机化合物，所以碳也是生物界的主要元素。硅在地壳中的含量仅次于氧，它主要以硅酸盐矿和石英矿存在于自然界。锗常以硫化物伴生在其他金属硫化物矿中。锡主要以锡石（SnO_2）形式存在，我国云南省个旧市因蕴藏有丰富的锡矿而被称为锡都。铅主要以方铅矿（PbS）形式存在。鈇为人工合成元素。

矿物图片

锗是暗灰色、重而软的金属，晶态锗是重要的半导体材料。锡是银白色金属，质较软，延展性好，无毒，耐腐蚀。锡有三种同素异形体：灰锡是金刚石型晶体，白锡和脆锡是金属型晶体。各同素异形体之间能相互转变：

$$\text{灰锡}(\alpha\text{-Sn}) \xrightleftharpoons{>13\ ^\circ\text{C}} \text{白锡}(\beta\text{-Sn}) \xrightleftharpoons{>161\ ^\circ\text{C}} \text{脆锡}(\gamma\text{-Sn})$$

当温度在-30～-40 ℃时，白锡会迅速转变为粉末状的灰锡，这一现象叫“锡疫”。

常温下，锡表面生成一种保护膜，故锡在空气中是稳定的。将锡镀在铁的表面可以保护铁，马口铁（镀锡铁皮）是食品罐头材料，锡箔是常用的包装材料。锡还用于制造焊锡（Sn-Pb 合金）和青铜（Cu-Sn 合金）。铅是较软的重金属，由于它能挡住 X 射线和 γ 射线，可用于制造铅玻璃、铅围裙、铅罐等防护用品。铅还用作电缆、铅蓄电池、耐酸设备、低熔合金（Bi-Pb-Sn-Cd）和放射线的屏蔽材料。有关碳族元素的一些基本性质列于表 12.9 中。

表 12.9 碳族元素的基本性质

碳族元素		碳(C)	硅(Si)	锗(Ge)	锡(Sn)	铅(Pb)
原子序数		6	14	32	50	82
价层电子构型		$2s^22p^2$	$3s^23p^2$	$4s^24p^2$	$5s^25p^2$	$6s^26p^2$
主要氧化数		0、+2、+4	0、+2、+4	0、(+2)、+4	0、+2、+4	0、+2、+4
原子半径/pm		77	117	122	141	175
离子半径	$r(M^{4+})$/pm	16	40	53	69	78
	$r(M^{2+})$/pm	—	—	73	118	119
第一电离能 I_1/(kJ·mol^{-1})		1 086	786	763	709	716
电子亲和能 E_{A_1}/(kJ·mol^{-1})		-121.9	-133.6	-115.8	-115.8	-35.1
电负性(χ_P)		2.5	1.8	1.8	1.8	1.9

碳族元素自上而下是由典型的非金属元素（碳、硅）经过准金属元素（锗），过渡到典型的金属元素（锡和铅）。

碳族元素的原子价层电子构型为 ns^2np^2，能形成氧化数为+2、+4 的化合物。碳和硅的 M(Ⅱ)化合物很不稳定，主要形成氧化数为+4 的化合物，碳有时还能形成氧化数为 0、-2、-4 的化合物。锗和锡的 M(Ⅱ)化合物具有强还原性，而 Pb(Ⅳ)化合物有强氧化性，易被还原为 Pb(Ⅱ)。

12.2.2 碳及其重要化合物

知识拓展

1. 碳的同素异形体

金刚石、石墨和富勒烯碳是碳的主要同素异形体。通常所说的无定形碳如木炭、炭黑、活性炭、焦炭等实际上都是石墨的微晶体。

金刚石是原子晶体，熔点高(3 550 ℃)、硬度最大(10)，在室温下惰性，但在空气中加热至 827 ℃(1 100 K)时，可燃烧生成 CO_2。金刚石除可作装饰品外，在工业上主要用作钻头、刀具及精密轴承等。金刚石薄膜因其优异的力学、热传导和光学等物性，分别用于制作手术刀、集成电路、散热芯片及各种敏感器件。由于金刚石具有特殊的性能和用途，天然金刚石供不应求。从 1954 年开始，人们用石墨做原料，采用下列方法人工合成金刚石：

$$\text{C(石墨)} \xrightarrow[6\times10^3\ \text{MPa},1\ 600\sim1\ 800\ \text{K}]{\text{Cr-Ni-Fe-Mn 合金}} \text{C(金刚石)}$$

前沿介绍

石墨具有层状结构，质软，有金属光泽，能导电，可作电极、坩埚、润滑剂、铅笔芯等。通常情况下，石墨比金刚石稳定。

1985 年起科学家们陆续发现了碳的第三种晶体形态——富勒烯❶(Fullerene)碳原子簇：C_{28}、C_{30}、C_{50}、C_{60}、C_{70}、C_{76}、C_{80}、C_{90}、C_{94}、…、C_{240}、C_{540}、C_{960}等，其中 C_{60}比较稳定，它是由 60 个碳原子组成的、具有 32 面体的空心球结构(图 12.5)。由于它的中心有一个直径为 360 pm 的空腔，可以容纳其他原子，如将碱金属掺入 C_{60}晶体中，可制造出一系列超导材料(北京大学和中科院已分别制出掺 K、Rb、Tl、Ga 的 C_{60}超导体)；同时 C_{60}分子有 30 个双键，可以合成各种化合物。它能加氢生成 $C_{60}H_{36}$和 $C_{60}H_{18}$，加成物又能脱氢成为 C_{60}；它可以氟化成 $C_{60}F_{42}$、$C_{60}F_{60}$等，这些白色粉末可以作为高温润滑剂、耐热和防水材料。C_{60}及其衍生物在酶抑制、抗病毒、DNA 切割、光动力医疗法等方面有着广泛的应用前景。可以肯定地说，C_{60}球形结构的发现，开辟了碳的新纪元。

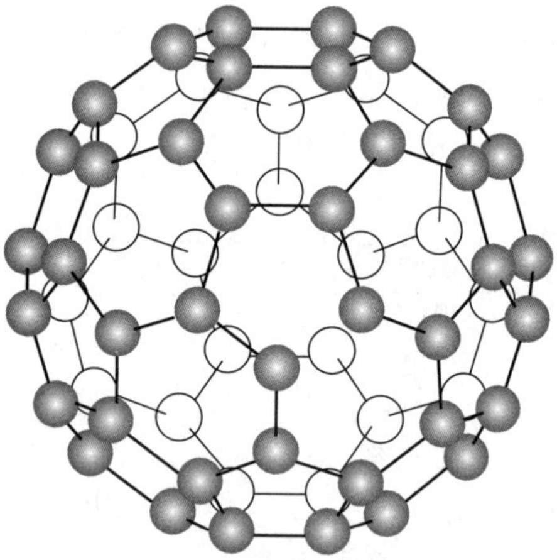

图 12.5 C_{60}的分子结构模型

2. 碳的氧化物

CO 和 CO_2是碳的主要氧化物。

CO 是无色、无臭、有毒的气体，是由含碳可燃物在空气不充分条件下燃烧产生的。空气中 CO 的含量仅为 0.1%(体积分数)时，即会使人中毒，原因是它能与血液中携带 O_2的血红蛋白结合，破坏血液的输 O_2功能。CO 是良好的气体燃料，也是重要的化工原料，冶金工业上用作还原剂。CO 有加合性，在一定条件下能以 C 原子上的孤电子对配位，与某些金属单质形成金属羰基化合物，如[$Ni(CO)_4$]、[$Fe(CO)_5$]等。

CO_2是无色、无臭的气体，不助燃，易液化。大气中正常含量的体积分数约为 0.03%。CO_2主要来自煤、石油气及其他含碳化合物的燃烧，碳酸钙的分解，动物的呼吸过程及发酵过程。自然界通过植物的光合作用和海洋中浮游生物可将 CO_2转变为 O_2，维持大气中 O_2与 CO_2的平衡。

❶ 富勒烯碳是因为它们的形状类似于建筑学家 Buckminster Fuller 设计的圆屋顶建筑物而得名。

固态 CO_2称为干冰。干冰不经熔化而直接升华，可用作制冷剂（其冷冻温度可达 -70 ℃）。CO_2大量用于生产 Na_2CO_3、$NaHCO_3$和 NH_4HCO_3，也可用作灭火剂、防腐剂和灭虫剂。近年来，应用 CO_2替代光气在合成碳酸酯、异氰酸酯的技术中已有重大突破，不仅避免了光气对人的危害，而且还减少了 CO_2在大气中的排放，对缓解“温室效应”有重要意义。

3. 碳酸及其盐

（1）碳酸。二氧化碳溶于水形成碳酸。20 ℃时，1 L 水能溶解 0.9 L CO_2，浓度为 $0.04\ mol\cdot L^{-1}$。碳酸极不稳定，只存在水溶液中，至今尚未制得过纯碳酸。

碳酸是二元弱酸，一般手册提供的解离常数为

$$H_2CO_3 \rightleftharpoons H^+ + HCO_3^-; \qquad K^{\ominus}_{a(1)} = 4.5\times10^{-7}$$

$$HCO_3^- \rightleftharpoons H^+ + CO_3^{2-}; \qquad K^{\ominus}_{a(2)} = 4.7\times10^{-11}$$

这两个解离常数值是假定溶于水的 CO_2全部转化为 H_2CO_3而计算出来的。实际上大部分 CO_2是以水合分子（$CO_2\cdot H_2O$）的形式存在的，只有约 1/600 CO_2分子转化为 H_2CO_3，若按照 H_2CO_3的实际浓度进行计算的话，$K^{\ominus}_{a(1)}$值约为2×10^{-4}。

（2）碳酸盐。碳酸能形成两种类型的盐，即正盐（碳酸盐）和酸式碳酸盐（碳酸氢盐）。

① 溶解性　除铵和碱金属（锂除外）的碳酸盐外，多数碳酸盐难溶于水；大多数酸式碳酸盐易溶于水。对难溶碳酸盐来说，其相应的酸式盐比正盐的溶解度大，如：

$$\underset{\text{（难溶）}}{CaCO_3} + CO_2 + H_2O \longrightarrow \underset{\text{（易溶）}}{Ca(HCO_3)_2}$$

自然界中的石灰石、大理石、方解石、珍珠、贝壳等的主要成分都是碳酸钙，它们在 CO_2和 H_2O 的共同作用下发生上述反应，生成易溶 $Ca(HCO_3)_2$；随着自然条件的长期变化（如受热或减压），上述反应又可以逆转，重新析出 $CaCO_3$，亦即 $CaCO_3$可随水迁移。自然界中钟乳石和石笋的形成就是这个道理。

对易溶的碳酸盐来说，它们相应的酸式碳酸盐的溶解度却相对较小。例如，向浓碳酸钠溶液中通入 CO_2至饱和，可以析出碳酸氢钠：

$$2Na^+ + CO_3^{2-} + CO_2 + H_2O \longrightarrow 2NaHCO_3$$

② 水解性　$M(\text{I})_2CO_3$（如Na_2CO_3）水溶液呈碱性，$M(\text{I})HCO_3$（如$NaHCO_3$）水解呈微碱性。基于碳酸盐的水解性，常把碳酸盐当作碱使用。例如，无水碳酸钠叫纯碱，十水碳酸钠（$Na_2CO_3\cdot10H_2O$）叫做洗涤碱，它们都是常用的廉价碱。在实际工作中可溶性碳酸盐可以既作为碱又作为沉淀剂，用于分离溶液中某些金属离子。

金属离子与可溶性碳酸盐的作用，有以下三种沉淀形式：

若金属[如 Al(Ⅲ)、Fe(Ⅲ)、Cr(Ⅲ)等]氢氧化物的溶解度小于相应的碳酸盐，则生成氢氧化物沉淀，如：

实验视频

$$2Fe^{3+} + 3CO_3^{2-} + 3H_2O \longrightarrow 2Fe(OH)_3\downarrow + 3CO_2\uparrow$$

$$2Al^{3+} + 3CO_3^{2-} + 3H_2O \longrightarrow 2Al(OH)_3\downarrow + 3CO_2\uparrow$$

若金属[如 Bi(Ⅲ)、Cu(Ⅱ)、Mg(Ⅱ)、Pb(Ⅱ)等]氢氧化物与相应的碳酸盐溶解度相差不大，则生成碱式碳酸盐沉淀，如：

实验视频

$$2Cu^{2+} + 2CO_3^{2-} + H_2O \longrightarrow Cu_2(OH)_2CO_3\downarrow + CO_2\uparrow$$

若金属[如 Ca(Ⅱ)、Sr(Ⅱ)、Ba(Ⅱ)、Ag(Ⅰ)、Cd(Ⅱ)、Mn(Ⅱ)等]氢氧化物的溶解度大于相应的碳酸盐，则生成碳酸盐沉淀，如：

$$Ba^{2+}+CO_3^{2-} \longrightarrow BaCO_3\downarrow$$

③ 热稳定性 不同的碳酸盐分解温度相差很大。表 12.10 列出了一些常见碳酸盐的分解温度，从中可以看出，金属离子的极化能力越强，其碳酸盐热稳定性越差。

表 12.10 一些碳酸盐的分解温度

M^{n+}	Li^+	Na^+	Mg^{2+}	Ca^{2+}	Sr^{2+}	Ba^{2+}	Fe^{2+}	Cd^{2+}	Pb^{2+}	Ag^+
离子半径/pm	60	95	65	99	113	135	74	97	120	126
离子电子构型	2	8	8	8	8	8	9~17	18	18+2	18
分解温度/℃	1 100	1 800	402	814	1 098	1 277	282	360	315	218

疑难解析

疑难解析

示意图片

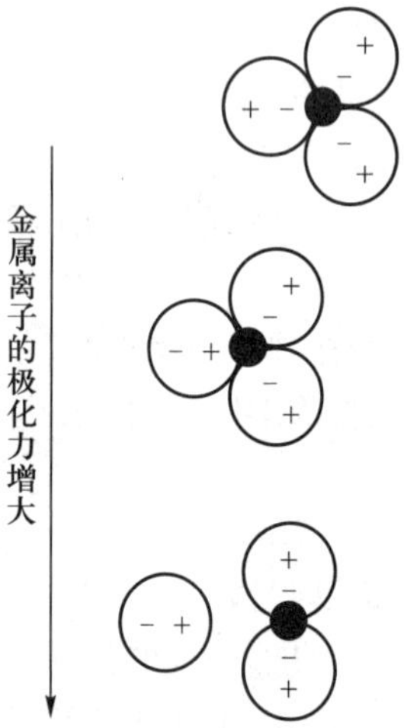

图 12.6 金属离子对 CO_3^{2-} 的反极化作用示意图

碳酸盐热稳定性的一般规律：碱金属盐>碱土金属盐>过渡金属盐>铵盐；碳酸盐>碳酸氢盐>碳酸。这一规律可用离子极化的概念加以说明。当没有外电场影响时，CO_3^{2-} 中 3 个 O^{2-} 已被 C^{4+} 所极化而变形；金属离子可以看成是外电场，只极化邻近一个 O^{2-}，由于金属离子对其极化的偶极方向与 C^{4+} 对 O^{2-} 极化所产生的偶极方向相反，使这个 O^{2-} 原来的偶极矩变小甚至反向，从而削弱了碳氧间的键，这种作用称反极化作用，如图 12.6 所示。当反极化作用相当强烈时，可以超过 C^{4+} 对 O^{2-} 的极化作用，最后导致碳酸根的破裂，MCO_3 分解成 MO 和 CO_2。

显然，金属离子的极化力越强，它对碳酸根的反极化作用也越强，碳酸盐也就越不稳定。比较表 12.10 数据可以看出：

(a) 碱金属离子的电荷少，半径较大，又是 8 电子构型，极化力小，因此它们对 CO_3^{2-} 中与其邻近 O^{2-} 的反极化作用也小，所以它们的碳酸盐很稳定，难于分解。

(b) 碱土金属离子的电荷为+2，半径较同周期的碱金属小，对碳酸根有较大的反极化作用，因此碱土金属碳酸盐较碱金属碳酸盐的分解温度低。同一族内由上往下，金属离子的电荷数相同，但离子半径逐渐增大，反极化作用依次减弱，因此它们的碳酸盐的热稳定性依次递增。

(c) 过渡金属离子具有非 8 电子构型(9~17、18、18+2 电子构型)，极化力较强，对碳酸根的反极化作用也较强，因而它们的碳酸盐稳定性较差。

(d) 碳酸氢盐比碳酸盐容易分解，碳酸比碳酸盐更容易分解，这是因为 H^+ 强极化作用的结果。

12.2.3 硅及其重要化合物

1. 单质硅

硅有晶体和无定形体两种形态。晶体硅的结构与金刚石类似，熔点、沸点较高，硬而脆。无定形硅是灰黑色粉末，性质较晶体硅活泼。

疑难解析

硅的化学性质不活泼，室温时不与氧、水、氢卤酸反应，但能与强碱或硝酸和氢氟酸的混合物溶液反应：

$$Si+2NaOH+H_2O \longrightarrow Na_2SiO_3+2H_2\uparrow$$

$$3Si+4HNO_3+12HF \longrightarrow 3SiF_4\uparrow+4NO\uparrow+8H_2O$$

知识拓展

高纯硅是最重要的半导体材料，集成电路元件、电子计算机元件和工业自动化用的可控硅都是半导体硅制成的。作为半导体材料用的硅，不仅要求纯度高（纯度在 9 个 9 以上，即 99.999 999 9%以上），而且要求是单晶体。高纯度单晶硅的制法按如下步骤进行：

$$SiO_2 \xrightarrow[\text{电炉}]{\text{焦炭}} Si(\text{粗}) \xrightarrow{Cl_2} SiCl_4 \xrightarrow{\text{精馏}} SiCl_4(\text{纯}) \xrightarrow[1\ 200\ ℃]{H_2} Si(\text{纯})$$

所得纯硅再经区域熔炼法进一步提纯并制成单晶硅。

2. 硅烷

硅烷的组成可以用通式 Si_nH_{2n+2}表示。与烷烃相比较，硅烷的数目是有限的，它包括 $n=1\sim6$ 的硅烷，目前尚未制得与烯烃和炔烃类似的不饱和化合物。

硅烷在常温下大多为液体或气体，能溶于有机溶剂，性质较烷烃活泼。硅甲烷是主要的硅烷，它是无色气体，常温下稳定，但遇到空气能自燃，并放出大量的热：

$$SiH_4(g)+2O_2(g) \longrightarrow SiO_2(s)+2H_2O(g);\quad \Delta_rH_m^{\ominus}=-1\ 421.42\ kJ\cdot mol^{-1}$$

SiH_4在纯水和微酸性溶液中不水解，但当水中有微量碱起催化作用时即迅速水解：

$$SiH_4+(n+2)H_2O \xrightarrow{OH^-} SiO_2\cdot nH_2O\downarrow+4H_2\uparrow$$

SiH_4大量用于制高纯硅。

3. 卤化物

硅的卤化物都是无色的，其分子式可用通式 SiX_4表示。常温下，SiF_4是气体，$SiCl_4$和 $SiBr_4$是液体，SiI_4是固体，其中以 SiF_4较为重要。

氟化硅可以用二氧化硅与氢氟酸作用，或用硫酸处理萤石和石英砂的混合物来制备：

$$2CaF_2+SiO_2+2H_2SO_4 \xrightarrow{\triangle} 2CaSO_4+SiF_4\uparrow+2H_2O$$

SiF_4进一步与 HF 反应生成氟硅酸：

$$2HF+SiF_4 \longrightarrow H_2[SiF_6]$$

其他卤化硅不能形成这类化合物，这是因为氟原子半径比其他卤素原子半径小得多的缘故。纯氟硅酸是不存在的，但在水溶液中则很稳定，它的酸性与硫酸相近。$Na_2[SiF_6]$是一种农业杀虫灭菌剂、木料防腐剂，并用于制造抗酸水泥和搪瓷等。

将硅与氯加热，或将二氧化硅与氯、碳一起加热，均可制得四氯化硅：

$$Si+2Cl_2 \xrightarrow{\triangle} SiCl_4$$

$$SiO_2+2C+2Cl_2 \xrightarrow{\triangle} SiCl_4+2CO\uparrow$$

$SiCl_4$是有刺激性的无色液体，易水解，因此在潮湿空气中会产生浓烟，其水解反应如下：

$$SiCl_4+3H_2O \longrightarrow H_2SiO_3+4HCl$$

若使氨与 $SiCl_4$ 同时蒸发，所形成的烟雾更浓，因为 NH_3 与 HCl 结合成氯化铵雾，这一性质可利用来做烟幕。

$SiCl_4$ 主要用于制造高纯硅、硅酸酯类有机硅单体、高温绝缘漆和硅橡胶等。

4. 二氧化硅

二氧化硅又称硅石，它在自然界中有晶体和无定形体两种形态，硅藻土是无定形的二氧化硅，石英是常见的二氧化硅晶体。目前至少已知有 12 种“纯”二氧化硅晶型。无色透明的纯石英叫水晶。例如，紫水晶（含微量 Mn、Fe）、烟水晶（含微量 Al）、玉髓（含微量 Cr 或 Ni）等都是含有杂质的有色的石英晶体；蛋白石（猫眼石）是一种含部分水合石英的晶体聚集体；普通砂粒是混有杂质的石英细粒。水晶的产地很多，巴西是世界上最大水晶产出国，占世界出口量的 90%，号称“水晶之王”。在巴西博物馆收藏着世界上最大的一块重达 350 t 的紫水晶晶簇，目前我国紫水晶大多从巴西进口。世界上最大的水晶（187 t）产自马达加斯加。我国各省、自治区均有水晶矿藏，其中江苏北部东海县为我国最大水晶产地，有“水晶之都”之称，1953 年在该县房山镇柘塘村曾挖出一块重 3 500 kg 的大水晶，这块中国的“水晶王”现被中国地质博物馆收藏。

实验视频

矿物图片

石英在 1 600 ℃时熔化成黏稠液体，其内部结构变为不规则状态，若急剧冷却，因黏度大不易再结晶而形成石英玻璃。石英玻璃具有许多特殊性能，如加热至 1 400 ℃时也不软化（普通玻璃热至 600~900 ℃即软化）；热膨胀系数小，所制容器骤冷、骤热均不易破裂；可透过可见光和紫外光，因而可用于制造高级化学器皿和光学仪器；石英玻璃的另一个重要用途是制造光导纤维，用在光导通讯上，石英光导纤维是光通讯的重要原料，它将逐步取代电缆。

二氧化硅与一般的酸不起反应，但能与氢氟酸反应：

$$SiO_2+4HF \longrightarrow SiF_4\uparrow+2H_2O$$

二氧化硅与氢氧化钠或纯碱共熔可制得硅酸钠：

$$SiO_2+2NaOH \xrightarrow{\triangle} Na_2SiO_3+H_2O$$

$$SiO_2+Na_2CO_3 \xrightarrow{\triangle} Na_2SiO_3+CO_2\uparrow$$

5. 硅酸和硅胶

硅酸的形式很多，其组成（常以通式 $x\mathrm{SiO_2}\cdot y\mathrm{H_2O}$ 来表示）随形成时的条件不同而异。已知在一定条件下能稳定存在的硅酸如表 12.11 所示。其中 $x\geqslant 2$ 的硅酸统称为多硅酸。因为在各种硅酸中，以偏硅酸的组成最简单，所以常以 H_2SiO_3 的简式代表硅酸。

表 12.11 硅酸的种类

硅酸名称	化学式	x	y
正硅酸	H_4SiO_4	1	2
偏硅酸	H_2SiO_3	1	1
二偏硅酸	$H_2Si_2O_5$	2	1
三偏硅酸	$H_4Si_3O_8$	3	2
焦硅酸	$H_6Si_2O_7$	2	3

硅酸为二元弱酸，$K^{\ominus}_{a(1)}=2.5\times10^{-10}$，$K^{\ominus}_{a(2)}=1.6\times10^{-12}$，在实验室中，用盐酸与可溶性硅酸盐作用即可制得：

实验视频

$$SiO_3^{2-}+2H^+ \longrightarrow H_2SiO_3$$

虽然硅酸在水中溶解度不大，但它刚形成时不一定立即沉淀，这是因为开始生成的是可溶于水的单硅酸，且这些单硅酸还会逐步缩合成硅酸溶胶❶：

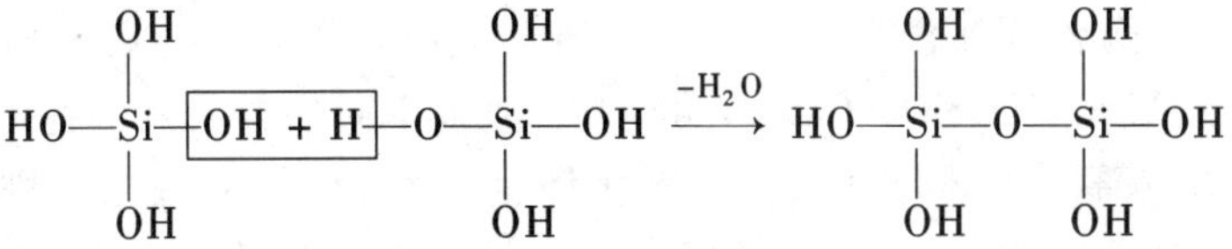

若在稀的硅酸溶胶内加入电解质，或者在适当浓度的硅酸盐溶液中加酸，则生成硅酸胶状沉淀（即凝胶）。

实验视频

硅酸凝胶为多硅酸，其含水量高，软而透明，有弹性。如果将硅酸凝胶中大部分水脱去，则得到硅酸干胶（即硅胶）。

硅胶是一种稍透明的白色固态物质。硅胶内有很多微小孔隙，内比表面积很大（可达 800~900 $m^2\cdot g^{-1}$），因此硅胶有很强的吸附性能，可作吸附剂、干燥剂和催化剂的载体。例如，实验室常用变色硅胶作精密仪器的干燥剂。变色硅胶内含有氯化钴，无水时 $CoCl_2$ 呈蓝色，含水时 $[Co(H_2O)_6]^{2+}$ 呈粉红色，氯化钴颜色的变化，可显示硅胶的吸湿情况。粉红色的硅胶已失去吸湿能力，需要烘烤、脱水，再变为蓝色后，才能重新恢复吸湿能力。

矿物图片

矿物图片

6. 硅酸盐

二氧化硅与不同比例的碱性氧化物共熔，可得到若干确定组分的硅酸盐，其中最简单的是偏硅酸盐和正硅酸盐。例如，碱金属的硅酸盐：

$$SiO_2+M_2O \longrightarrow M_2SiO_3$$

$$SiO_2+2M_2O \longrightarrow M_4SiO_4$$

所有硅酸盐中，仅碱金属的硅酸盐可溶于水，重金属的硅酸盐难溶于水，并有特征颜色，如：

$CuSiO_3$	$CoSiO_3$	$MnSiO_3$	$Al_2(SiO_3)_3$	$NiSiO_3$	$Fe_2(SiO_3)_3$
蓝绿色	紫色	浅红色	无色透明	翠绿色	棕红色

如果在透明的 Na_2SiO_3 溶液中，分别加入颜色不同的重金属盐类，静置几分钟后，可以看到各种颜色的难溶重金属硅酸盐犹如“树”“草”一样不断生长，形成美丽的“水中花园”。

实验视频

工业上将石英砂与碳酸钠熔融即得玻璃状的硅酸钠熔体，它能溶于水，其水溶液俗称为水玻璃，又称“泡花碱”。市售的水玻璃通常为黏稠状溶液，Na_2O 与 SiO_2 的物质的量之比一般为 1∶3.3，故水玻璃实际上为多硅酸钠。水玻璃的用途非常广泛，它是纺织、造纸、制皂、铸造等工业的重要原料，此外，还可作清洁剂、黏合剂、胶合剂、耐

---

❶ 含有胶态溶质的体系称为溶胶。胶态溶液是悬浊液与分子溶液（真溶液）之间的中间状态。溶质粒子的大小对比如下：

溶液	真溶液	胶态溶液	悬浊液
颗粒大小/nm	0.1~1.0	1.0~100	>100

熔抗酸的胶结及密封胶等的材料。

由于硅酸的酸性很弱，所以硅酸钠在水溶液中强烈水解并呈碱性，当在含 SiO_3^{2-} 的溶液中加入 NH_4Cl 时，发生完全水解，有 H_2SiO_3 沉淀生成和氨气放出：

实验视频

$$SiO_3^{2-}+2NH_4^{+}+2H_2O \longrightarrow H_2SiO_3\downarrow +2NH_3\cdot H_2O$$

$$NH_3\cdot H_2O \longrightarrow 2NH_3\uparrow + 2H_2O$$

玻璃、水泥、陶瓷等都含有硅酸盐。普通玻璃是用 Na_2CO_3、石灰石和 SiO_2 共熔得到的，大致组成为：$Na_2SiO_3\cdot CaSiO_3\cdot 4SiO_2$。加入不同的金属氧化物可得到不同颜色的玻璃，如加入氧化钴呈蓝色；加入氧化铈呈浅红色；加入氧化铁则呈黄色。陶瓷是用适当的黏土矿物配料成型，经高温煅烧制得的。水泥则是用石灰石和黏土在 1 400 ℃左右煅烧而成，它是铝酸钙和硅酸钙的混合物。市场上出售的翡翠，成分为 $NaAl(SiO_3)_2$。

天然硅酸盐种类繁多，结构十分复杂，为了便于表示其组成，通常把它们看作是硅酐和金属氧化物相结合的化合物。常见的有：

正长石	$K_2O\cdot Al_2O_3\cdot 6SiO_2$
高岭土	$Al_2O_3\cdot 2SiO_2\cdot 2H_2O$
白云母	$K_2O\cdot 3Al_2O_3\cdot 6SiO_2\cdot 2H_2O$
石棉	$CaO\cdot 3MgO\cdot 4SiO_2$
泡沸石	$Na_2O\cdot Al_2O_3\cdot 2SiO_2\cdot nH_2O$
滑石	$3MgO\cdot 4SiO_2\cdot H_2O$

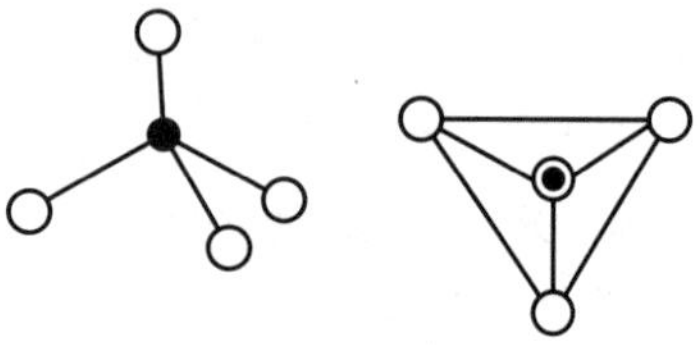

(a) (b)

○ 氧 ● 硅

图 12.7 SiO_4 四面体

天然硅酸盐晶体的基本结构单元都是 SiO_4 四面体［图 12.7，其中(b)为俯视图］，SiO_4 四面体的排列方式不同，则形成不同结构的硅酸盐。其中泡沸石是一种天然的分子筛。分子筛能让气体或液体混合物中直径比孔穴直径小的分子进入孔穴，直径大的分子留在孔外，起到“筛选”分子的作用。分子筛的通式为

$$M_{x/n}[(AlO_2)_x(SiO_2)_y]\cdot mH_2O$$

式中：M 为金属阳离子，一般为 Na^+、K^+、Ca^{2+}；n 为金属阳离子的电荷数；(x/n) 为金属阳离子的个数。

人们模拟天然分子筛，以氢氧化钠、铝酸钠和水玻璃为原料制成合成分子筛。分子筛分为 A 型、X 型、Y 型等不同类型，如 4A、13X、Y 及丝光沸石型分子筛的化学组成如下：

4A 型	$Na_{12}[Al_{12}Si_{12}O_{48}]\cdot 27H_2O$
13X 型	$Na_{86}[Al_{86}Si_{106}O_{384}]\cdot 264H_2O$
Y 型	$Na_{56}[Al_{56}Si_{136}O_{384}]\cdot 250H_2O$
丝光沸石型	$Na_8[Al_8Si_{40}O_{96}]\cdot 24H_2O$

合成分子筛的原料价格便宜，工艺简单，易于再生（可重复使用），目前已为许多工业部门广泛使用。A 型分子筛多用于气体的干燥、吸收、净化分离。X 型和 Y 型分子筛多用于石油产品的催化裂化、催化加氢或作为催化剂的载体。丝光沸石型分子筛

由于具有耐酸和耐热的特殊稳定性,可在高温和强酸介质中使用。

12.2.4 锡、铅的重要化合物

1. 锡、铅的氧化物和氢氧化物

锡和铅有两类氧化物(MO 和 MO_2)和相应的氢氧化物[$M(OH)_2$和$M(OH)_4$]。它们的酸碱性递变规律见表 12.12。

知识拓展

表 12.12 锡、铅的主要氧化物和氢氧化物

氧化数	+2	SnO(黑色) $Sn(OH)_2$(白色) 两性偏碱	PbO(黄色或黄红色) $Pb(OH)_2$(白色) 两性偏碱
	+4	SnO_2(白色) $Sn(OH)_4$(白色) 两性偏酸	PbO_2(棕黑色) $Pb(OH)_4$(棕色) 两性偏酸

(由上至下:酸性增强 碱性减弱)

酸性减弱、碱性增强(由左至右)

铅的氧化物除 PbO(密陀僧)和 PbO_2外,还有常见的"混合氧化物":鲜红色的 Pb_3O_4(铅丹)和橙色的 Pb_2O_3。Pb_3O_4 可以看作是正铅酸的铅盐{$Pb_2[PbO_4]$},或者说它是氧化铅和二氧化铅的"混合氧化物"($2PbO\cdot PbO_2$)。Pb_2O_3可以看成是偏铅酸的铅盐($PbPbO_3$),或者说它也是氧化铅和二氧化铅的"混合氧化物"($PbO\cdot PbO_2$)。

铅丹和稀硝酸反应如下:

$$\underset{(2PbO\cdot PbO_2)}{Pb_2[PbO_4]}+4HNO_3 \longrightarrow 2Pb(NO_3)_2+PbO_2\downarrow+2H_2O$$

可以看成其中呈碱性的 PbO 与酸反应,留下呈酸性的不溶物 PbO_2。

三氧化二铅和稀硝酸反应如下:

$$PbPbO_3+2HNO_3 \longrightarrow Pb(NO_3)_2+PbO_2\downarrow+H_2O$$

可见 Pb_3O_4和 Pb_2O_3中的铅具有两种不同的氧化数。

铅丹的化学性质较稳定,用作防锈漆。

$Sn(OH)_2$、$Pb(OH)_2$是 Sn、Pb 的主要氢氧化物,它们既溶于酸又溶于碱:

$$Sn(OH)_2+2H^+ \longrightarrow Sn^{2+}+2H_2O$$

$$Sn(OH)_2+2OH^- \longrightarrow [Sn(OH)_4]^{2-}$$

$$Pb(OH)_2+2H^+ \longrightarrow Pb^{2+}+2H_2O$$

$$Pb(OH)_2+2OH^- \longrightarrow [Pb(OH)_4]^{2-}$$

在 Sn(Ⅳ)化合物的溶液中,若加入碱金属氢氧化物,可生成白色胶状沉淀正锡酸 $Sn(OH)_4$。正锡酸易失水成为偏锡酸 H_2SnO_3。H_2SnO_3有 $\alpha-H_2SnO_3$和 $\beta-H_2SnO_3$两种。在 Na_2SnO_3溶液中,若加入适量的盐酸,可得到 $\alpha-H_2SnO_3$($SnO_2\cdot xH_2O$),$\alpha-H_2SnO_3$是无定形体凝胶,它易溶于过量的浓盐酸及碱溶液。$\beta-H_2SnO_3$是由浓硝酸和锡作用而生成的白色微晶,它既难溶于酸也难溶于碱。$\alpha-H_2SnO_3$经长时间放置则向

β-H_2SnO_3转变。

2. 锡和铅的盐类

(1) 锡(Ⅱ)的还原性和铅(Ⅳ)的氧化性。锡和铅都有氧化数为+2 和+4 的化合物。

由于惰性电子对效应,锡的高氧化数状态较稳定,因此 Sn(Ⅱ)显还原性。铅的低氧化数状态较稳定,因此 Pb(Ⅳ)显氧化性。有关电势图如下:

$E_A^\ominus$/V

$$Sn^{4+} \xrightarrow{0.154} Sn^{2+} \xrightarrow{-0.136} Sn$$

$$PbO_2 \xrightarrow{1.46} Pb^{2+} \xrightarrow{-0.126} Pb$$

$E_B^\ominus$/V

$$[Sn(OH)_6]^{2-} \xrightarrow{-0.93} [Sn(OH)_4]^{2-} \xrightarrow{-0.91} Sn$$

$$PbO_2 \xrightarrow{0.28} PbO \xrightarrow{-0.58} Pb$$

实验视频

从上面的电势图可以看出,Sn(Ⅱ)无论在酸性或碱性介质中都有还原性,且在碱性介质中$[Sn(OH)_4]^{2-}$的还原性更强。例如,在碱性溶液中$[Sn(OH)_4]^{2-}$可以将铋盐还原成黑色的金属铋,这是鉴定 Bi^{3+}的一种方法:

$$2Bi^{3+}+6OH^-+3[Sn(OH)_4]^{2-} \longrightarrow 2Bi\downarrow+3[Sn(OH)_6]^{2-}$$

实验视频

$SnCl_2$是重要的还原剂,它能将汞盐还原成白色的亚汞盐:

$$2HgCl_2+SnCl_2 \longrightarrow Hg_2Cl_2\downarrow+SnCl_4$$

这一反应可用来鉴定溶液中的 Sn^{2+}。如果用过量的 $SnCl_2$,还可以把 Hg_2Cl_2进一步还原为黑色的金属汞:

实验视频

$$Hg_2Cl_2+SnCl_2 \longrightarrow 2Hg\downarrow+SnCl_4$$

PbO_2在酸性介质中是一种强氧化剂,可以把 Cl^-氧化为氯气,把 Mn^{2+}氧化为紫色的 MnO_4^-,还可以与浓 H_2SO_4作用放出 O_2:

$$PbO_2+4HCl(浓) \longrightarrow PbCl_2+Cl_2\uparrow+2H_2O$$

$$2Mn^{2+}+5PbO_2+4H^+ \longrightarrow 2MnO_4^-+5Pb^{2+}+2H_2O$$

$$2PbO_2+2H_2SO_4(浓) \longrightarrow 2PbSO_4+O_2\uparrow+2H_2O$$

实验视频

在工业上 PbO_2主要用于制造铅蓄电池。蓄电池放电时的电极反应可表示如下:

负极(Pb) $Pb+SO_4^{2-}-2e^- \rightleftharpoons PbSO_4$; $E^\ominus(-)=-0.356$ V

正极(PbO_2) $PbO_2+SO_4^{2-}+4H^++2e^- \rightleftharpoons PbSO_4+2H_2O$; $E^\ominus(+)=1.69$ V

铅蓄电池的总反应式:

$$PbO_2+Pb+2H_2SO_4 \underset{充电}{\overset{放电}{\rightleftharpoons}} 2PbSO_4+2H_2O; \qquad E^\ominus=2.05\ V$$

电池以硫酸作为电解质溶液,放电时,由于消耗硫酸使硫酸的浓度降低、溶液密度减小,并且电池反应是定量进行的,所以,可以通过测定溶液的密度了解电池的放电程度,以决定是否需要充电。

近年来发展的密封式铅蓄电池,在结构、材质和工艺上有了重大改进,凝胶电解质技术和多孔超细玻璃纤维隔板在电池中的应用,实现了全密闭,减少了污染,操作安全，达到了低维修和免维修的要求。

（2）锡和铅盐的水解性。锡（Ⅱ）盐和含氧酸盐均易水解生成碱式盐和氢氧化亚锡沉淀：

$$Sn^{2+}+Cl^-+H_2O \longrightarrow Sn(OH)Cl\downarrow +H^+$$

$$SnO_2^{2-}+2H_2O \longrightarrow Sn(OH)_2\downarrow +2OH^-$$

配制 $SnCl_2$溶液时，通常把 $SnCl_2$固体溶在浓盐酸中，待完全溶解后，加水稀释至所需要的浓度。由于 Sn^{2+}盐在空气中容易被氧化：

$$2Sn^{2+}+O_2+4H^+ \longrightarrow 2Sn^{4+}+2H_2O$$

在配制 $SnCl_2$溶液时常加入一些锡粒，使可能已被氧化的 Sn^{4+}还原为 Sn^{2+}：

$$Sn^{4+}+Sn \longrightarrow 2Sn^{2+}$$

$SnCl_4$是典型的共价化合物，无色液体，遇水剧烈水解，在潮湿空气中会冒白烟，所以制备、保存时要采取密封装置。

Pb（Ⅱ）水解不显著。$PbCl_4$是黄色液体，极不稳定，只在低温时存在，常温下即容易分解为 $PbCl_2$和 Cl_2。

（3）铅盐的难溶性。绝大多数铅盐难溶于水。卤化铅中以金黄色的 PbI_2溶解度最小，但它可溶于沸水，而且由于能生成配合物而溶解于 KI 溶液：

$$PbI_2+2KI \longrightarrow K_2[PbI_4]$$

$PbCl_2$难溶于冷水，易溶于热水。在浓盐酸中，由于能形成配合物而溶解：

$$PbCl_2+2HCl(\text{浓}) \longrightarrow H_2[PbCl_4]$$

$PbSO_4$难溶于水，但易溶于浓 H_2SO_4。在饱和的 NH_4OAc 溶液中由于能生成难解离的 $Pb(OAc)_2$（俗称铅糖）而溶解：

$$PbSO_4+H_2SO_4(\text{浓}) \longrightarrow Pb(HSO_4)_2$$

$$PbSO_4+2OAc^- \longrightarrow Pb(OAc)_2+SO_4^{2-}$$

硝酸铅易水解，在其盐溶液中加入碳酸钠溶液可得到碱式碳酸铅沉淀：

$$2Pb^{2+}+2CO_3^{2-}+H_2O \longrightarrow Pb_2(OH)_2CO_3\downarrow +CO_2\uparrow$$

碱式碳酸铅是一种覆盖力很强的白色颜料，俗称铅白。

Pb^{2+}与 CrO_4^{2-} 反应能生成黄色的铬酸铅沉淀：

$$Pb^{2+}+CrO_4^{2-} \longrightarrow PbCrO_4\downarrow$$

实验视频

这一反应用来鉴定 Pb^{2+}或 CrO_4^{2-}。$PbCrO_4$可溶于过量碱生成 $[Pb(OH)_4]^{2-}$：

$$PbCrO_4+4OH^- \longrightarrow [Pb(OH)_4]^{2-}+CrO_4^{2-}$$

$PbCrO_4$为黄色颜料，俗称铬黄。

铅盐有毒，其毒性是由于 Pb^{2+}和蛋白质分子中的半胱氨酸的巯基（—SH）作用，生成难溶物。若铅中毒，可注射 edta-HOAc 钠盐溶液解毒。

3. 锡和铅的硫化物

锡和铅能生成 MS 和 MS_2两类硫化物。用硫化氢作用于相应的盐溶液可得到硫化物沉淀，铅（Ⅳ）的硫化物 PbS_2却不能稳定存在[Pb（Ⅳ）的强氧化性与 S^{2-}的还原性所致]。

SnS	SnS_2	PbS
棕色	黄色	黑色
碱性	酸性	碱性

SnS_2与碱金属硫化物(或硫化铵)反应,由于生成硫代锡酸盐而溶解:

$$SnS_2+S^{2-} \longrightarrow SnS_3^{2-}$$

SnS 能溶于多硫化铵生成硫代锡酸盐:

$$SnS+S_2^{2-} \longrightarrow SnS_3^{2-}$$

硫代锡酸盐不稳定,遇酸分解:

$$SnS_3^{2-}+2H^+ \longrightarrow SnS_2\downarrow+H_2S\uparrow$$

PbS 不溶于非氧化性稀酸和碱金属硫化物,但可溶于稀硝酸和浓盐酸:

$$3PbS+8H^++2NO_3^- \longrightarrow 3Pb^{2+}+3S\downarrow+2NO\uparrow+4H_2O$$

$$PbS+4HCl(浓) \longrightarrow H_2[PbCl_4]+H_2S\uparrow$$

12.3 硼族元素

12.3.1 硼族元素概述

矿物图片

硼族元素是周期系第ⅢA 族元素,包括硼、铝、镓、铟、铊、鉨六种元素。自然界没有游离态的硼。硼的矿石有硼砂矿($Na_2B_4O_7\cdot10H_2O$)、硼镁矿($Mg_2B_2O_5\cdot H_2O$)、方硼矿($2Mg_3B_8O_{15}\cdot MgCl_2$)等,我国西藏盛产硼砂,吉林、辽宁等省都有硼矿。铝是地壳中蕴藏最丰富的金属元素,主要以铝土矿($Al_2O_3\cdot xH_2O$)存在。镓、铟、铊都比较分散,作为与其他矿共生的组分而存在,故称为稀散元素。铝、铟、铊为银白色金属,固体镓为蓝灰色,它们都质软、轻而富有延展性。镓的熔点、沸点相差近 2 220 ℃,可用作高温温度计。镓、铟易与许多金属形成合金,常用于制低熔合金,如含 25%铟的镓合金,在 16 ℃时即可熔化,可用于自动灭火装置中。铊及其化合物都有毒,误食少量的铊盐可使毛发脱落,工业废水中不容许含铊元素。鉨是一种人工合成的具有放射性的不稳定的超重元素。

有关硼族元素的一些基本性质列于表 12.13 中。

表 12.13 硼族元素的基本性质

硼族元素	硼(B)	铝(Al)	镓(Ga)	铟(In)	铊(Tl)
原子序数	5	13	31	49	81
价层电子构型	$2s^22p^1$	$3s^23p^1$	$4s^24p^1$	$5s^25p^1$	$6s^26p^1$
主要氧化数	0、+3	0、+3	0、+1、+3	0、+1、+3	0、+1、(+3)
原子半径/pm	88	143	122	163	170
离子半径(M^{3+})/pm	27	50	62	80	88.6
第一电离能 $I_1/(kJ\cdot mol^{-1})$	801	578	579	558	589
电子亲和能 $E_{A_1}/(kJ\cdot mol^{-1})$	-26.7	-42.5	-28.9	-28.9	-19.3
电负性(χ_P)	2.0	1.5	1.6	1.7	1.8

在硼族元素中,除硼外其他均为金属元素。硼族元素原子的价层电子构型为 ns^2np^1,

它们的最高氧化数为+3。硼、铝一般只形成氧化数为+3 的化合物。从镓到铊，由于 ns^2 惰性电子对效应，氧化数为+3 的化合物的稳定性降低，而氧化数为+1 的化合物的稳定性增加。铊(Ⅰ)的化合物比铊(Ⅲ)的稳定。

硼的原子半径小，电负性较大，其化合物均属共价型。硼族元素原子的价电子数为 3，而价电子轨道数为 4，是缺电子原子，可形成缺电子化合物。缺电子化合物因有空的价电子轨道，能接受电子对，故易形成聚合分子(如 Al_2Cl_6)和配合物{如 $H[BF_4]$}。

知识拓展

12.3.2 硼的氢化物

硼的氢化物的物理性质与碳的氢化物(烷烃)、硅的氢化物相似，硼的氢化物称为硼烷。现已合成出 20 多种硼烷，硼烷可分为两大类，通式分别为 B_nH_{n+4} 和 B_nH_{n+6}，最简单的是 B_2H_6(乙硼烷)。

1. 乙硼烷的结构

B_2H_6分子中具有桥状结构，分子内原子的成键情况如图 12.8 所示。

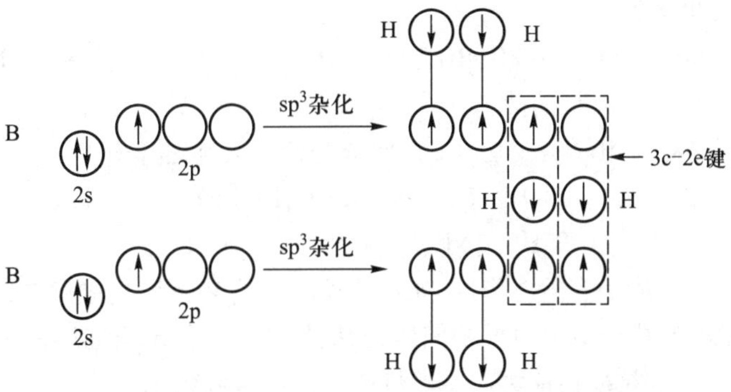

图 12.8 B_2H_6分子形成示意图

在 B_2H_6分子中，B 原子采取不等性 sp^3 杂化，每个 B 原子的 4 个 sp^3 杂化轨道中有两个用于与两个 H 原子的 s 轨道形成正常的 σ 键，位于两侧的这 4 个 H 原子和 2 个 B 原子处在同一平面上；2 个 B 原子之间利用每个 B 原子另 2 个 sp^3 杂化轨道(一个有电子，另一个没有电子)同另 2 个 H 原子的 s 轨道形成 2 个 $\overset{H}{B\quad B}$ 键，犹如 2 个 B 原子通过氢原子作为桥梁连接，故 $\overset{H}{B\quad B}$ 也称为氢桥键(氢桥键与氢键不同)。两个氢桥键位于平面上、下两侧，并垂直于平面，如图 12.9 所示。氢桥键由于是由 2 个电子把 3 个原子键合起来的，所以叫做三中心二电子键(简称三中心键)，简写为 3c-2e。

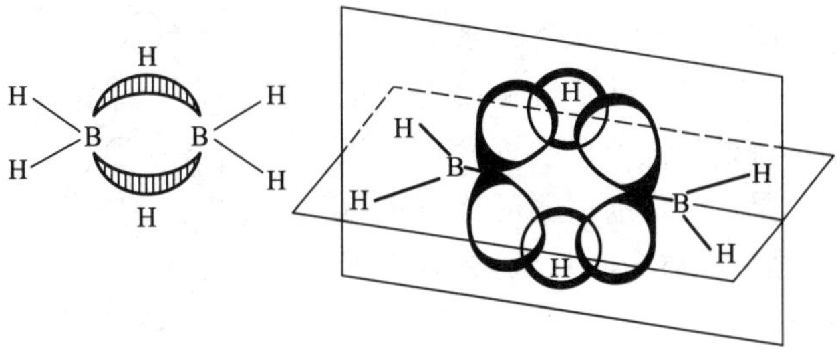

图 12.9 乙硼烷的结构

知识拓展

三中心键是多中心键的一种形式。所谓多中心键是指 3 个或 3 个以上原子之间结合所形成的共价键，它是一种非定域键。多中心键是缺电子原子的一种特殊成键形式，它普遍存在于硼烷之中。三中心键的强度只有一般共价键的一半，故硼烷的化学性质比烷烃活泼。

知识拓展

2. 硼烷的性质

在常温下，B_2H_6及 B_4H_{10}为气体，B_5H_9及 B_6H_{10}为液体，$B_{10}H_{14}$及其他高硼烷为固体。随着原子数目的增加和相对分子质量的增大，分子变形性增大，熔点、沸点升高。它们的物理性质与具有相应组成的碳烷很相似，但化学性质接近硅烷，在通常情况下，比硅烷更不稳定。乙硼烷在空气中能自燃，燃烧时生成三氧化二硼和水，并放出大量的热：

$$B_2H_6(g)+3O_2 \longrightarrow B_2O_3(s)+3H_2O(g);\qquad \Delta_r H_m^\ominus=-2\ 033.79\ kJ\cdot mol^{-1}$$

由于硼烷燃烧时放出大量的热，且反应速率快，因此人们曾一度想用作火箭或导弹的高能燃料，但由于所有的硼烷都有很大的毒性（远大于氰化氢、光气）而作罢。

硼烷遇水发生水解作用：

$$B_2H_6(g)+6H_2O(l) \longrightarrow 2H_3BO_3(aq)+6H_2(g);\qquad \Delta_r H_m^\ominus=-465\ kJ\cdot mol^{-1}$$

此反应产生氢气并放出大量的热。

NH_3、CO 是具有孤电子对的分子，它们能与硼烷发生加合作用：

$$B_2H_6+2CO \longrightarrow 2[H_3B\leftarrow CO]$$

$$B_2H_6+2NH_3 \longrightarrow 2[H_3B\leftarrow NH_3]$$

乙硼烷在有机合成中有重要作用，如乙硼烷与不饱和烃可生成烃基硼烷（即硼氢化反应），烃基硼烷是有机合成的重要中间体；乙硼烷还可以使单质硼均匀地涂覆在金属表面，增加金属抗腐蚀和抗磨损能力。癸硼烷能促进硅橡胶熟化。

12.3.3　硼酸及其盐

1. （正）硼酸

硼的含氧酸包括偏硼酸、正硼酸和多硼酸（$xB_2O_3\cdot yH_2O$）等。正硼酸脱水后得到偏硼酸，若再进一步脱水可得到硼酐。游离的四硼酸尚未制得。如果将硼酐、偏硼酸溶于水，它们又重新生成硼酸：

$$H_3BO_3 \underset{H_2O}{\overset{\triangle}{\rightleftharpoons}} HBO_2 \underset{H_2O}{\overset{\triangle}{\rightleftharpoons}} B_2O_3$$

硼酸的晶体结构单位 $B(OH)_3$为平面三角形，硼原子位于三角形的中心，硼酸晶体的片状结构如图 12.10 所示。分子内每个硼原子通过 sp^2杂化与 3 个氧原子以共价键结合形成平面三角形结构；分子间再通过氢键形成接近六角形的对称层状结构，层与层之间借助微弱的范德华力联系在一起。因此硼酸晶体为鳞片状，具有解理性，可用作润滑剂。

疑难解析

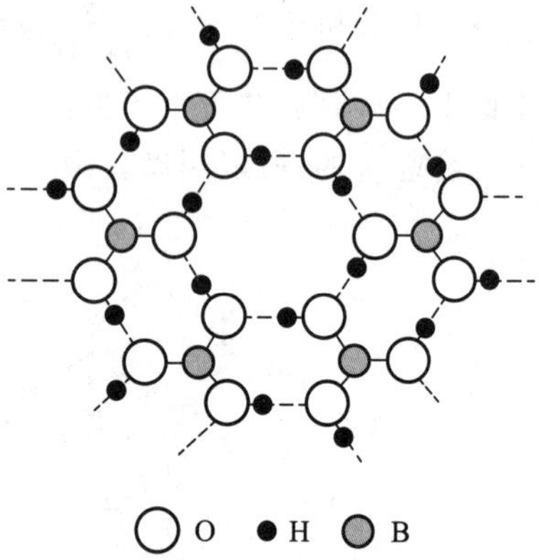

图 12.10　硼酸的晶体结构

硼酸是一种固体酸，微溶于冷水，随着温度

的升高，硼酸中的部分氢键断裂，故在热水中的溶解度明显增大。

硼酸是一元弱酸（$K_a^\ominus=5.8\times10^{-10}$），在水中之所以呈酸性，是由于硼酸中的硼原子是缺电子原子，具有空轨道，能接受水中解离出的具有孤电子对的 OH^-，以配位键形式加合生成 $[B(OH)_4]^-$：

$$H_3BO_3+H_2O \rightleftharpoons [B(OH)_4]^-+H^+$$

硼酸主要用于搪瓷和玻璃工业，还是一种防腐剂和医药用的消毒剂。

2. 硼酸盐

硼酸盐有偏硼酸盐、正硼酸盐和多硼酸盐等多种。最重要的硼酸盐是四硼酸钠，俗称硼砂。硼砂的化学式为 $Na_2B_4O_5(OH)_4\cdot8H_2O$，但习惯上常写成 $Na_2B_4O_7\cdot10H_2O$。硼砂是无色透明的晶体，在空气中易风化失水。受热时先失去结晶水成为蓬松状物质，体积膨胀；加热至 350～400 ℃时，阴离子将脱水而成为无水盐 $Na_2B_4O_7$；在 878 ℃时熔融，冷却后成为透明的玻璃状物质（称为硼砂玻璃）。铁、钴、镍、锰等金属氧化物，可以溶解在硼砂的熔体中，并依金属的不同而显不同的特征颜色。例如：

$$Na_2B_4O_7+CoO \longrightarrow Co(BO_2)_2\cdot2NaBO_2$$

（蓝色）

$$Na_2B_4O_7+MnO \longrightarrow Mn(BO_2)_2\cdot2NaBO_2$$

（绿色）

分析化学中常利用硼砂的这一性质，鉴定某些金属离子（称为硼砂珠实验）。若将熔融时的 $Na_2B_4O_7$ 看成是 $2NaBO_2\cdot B_2O_3$，则上述反应可以看作是碱性氧化物 CoO、MnO 和酸性氧化物 B_2O_3 结合成盐的反应。

硼砂在水中的溶解度很大，且随温度的升高而增加。在水溶液中易水解，水溶液呈碱性，硼酸盐的水解反应如下：

$$4BO_2^-+H_2O \rightleftharpoons B_4O_7^{2-}+2OH^-$$

$$B_4O_7^{2-}+7H_2O \rightleftharpoons 4H_3BO_3+2OH^-$$

硼砂是一种用途广泛的重要化工原料，很多用途是基于它在高温下同金属氧化物的作用，如用于陶瓷和搪瓷工业（点釉）、玻璃工业（特种玻璃）、烧焊技术等方面，还用于珠宝的黏结剂、印染、洗涤、金的精制、化妆品、农药、消毒剂等。在实验室中常用硼砂作为校准酸浓度的基准物质及制备缓冲溶液的试剂。此外，在农业上用作微量元素肥料，对小麦、棉花、麻等有增产效果。

12.3.4 氧化铝和氢氧化铝

1. 氧化铝

Al_2O_3 主要有两种变体，即 α-Al_2O_3 和 γ-Al_2O_3。金属铝表面的氧化铝是氧化铝的另一种变体。自然界中的刚玉属于 α-Al_2O_3，硬度高（仅次于金刚石）、密度大、化学性质稳定，可作为高硬质材料、耐磨材料和耐火材料。如果达到宝石级标准的刚玉中含微量 Cr(Ⅲ)则称为红宝石；含 Fe(Ⅱ)、Fe(Ⅲ)和 Ti(Ⅳ)则称为蓝宝石；含少量 Fe_3O_4 则称为刚玉粉，用刚玉粉制的坩埚可烧至1 800 ℃。人造宝石是将铝矾土（$Al_2O_3\cdot xH_2O$）熔融制得的。α-Al_2O_3 不溶于酸或碱，只能用 $K_2S_2O_7(s)$ 使之转化为

知识拓展

可溶性硫酸铝。在较低温度下加热$Al(OH)_3$，可制得γ-Al_2O_3。γ-Al_2O_3硬度小、质轻，不溶于水，但溶于酸和碱，并具有很大的比表面积（200~600 $m^2 \cdot g^{-1}$，比同质量的活性炭比表面积大 2~4 倍）。γ-Al_2O_3具有很强的吸附能力和催化活性，又名活性氧化铝，可作为吸附剂和催化剂。

2. 氢氧化铝

在铝酸盐溶液中通入 CO_2，得到白色晶态氢氧化铝 $Al(OH)_3$沉淀；而用铝盐加入氨水或适量碱则得到白色的凝胶状 $Al(OH)_3$沉淀，这种沉淀实为含水量不定的 $Al_2O_3 \cdot xH_2O$，故称为水合氧化铝。习惯上把水合氧化铝也称为氢氧化铝。这种无定形水合氧化铝经长时间静置可转变为晶态的 AlO(OH)，温度越高，这种转变越快。

氢氧化铝不溶于水，是两性氢氧化物，其碱性略强于酸性：

$$Al(OH)_3+3H^+ \longrightarrow Al^{3+}+3H_2O$$

$$Al(OH)_3+OH^- \longrightarrow [Al(OH)_4]^-$$

经光谱实验证实，氢氧化铝溶于碱溶液后，生成的化合物是$Na[Al(OH)_4]$，而非 $NaAlO_2$或 Na_3AlO_3。固态 $NaAlO_2$要用 Al_2O_3与氢氧化钠或碳酸钠固体共熔的方法制备：

$$Al_2O_3(s)+2NaOH(s) \xrightarrow{\text{熔融}} 2NaAlO_2(s)+H_2O(g)$$

$$Al_2O_3(s)+Na_2CO_3(s) \xrightarrow{\text{熔融}} 2NaAlO_2(s)+CO_2(g)$$

12.3.5　铝盐

1. 三氯化铝

铝的卤化物（AlX_3）中，AlF_3为离子化合物，$AlCl_3$、$AlBr_3$及 AlI_3均为共价化合物。

卤化铝中最重要的是 $AlCl_3$。由于铝盐容易水解，所以在水溶液中不能制得无水 $AlCl_3$，即使把铝盐溶于浓盐酸中也只能得到组成为 $AlCl_3 \cdot 6H_2O$ 的无色晶体。为此，无水 $AlCl_3$只能用干法制取：

$$2Al+3Cl_2 \xrightarrow{\triangle} 2AlCl_3$$

$$Al_2O_3+3C+3Cl_2 \xrightarrow{\triangle} 2AlCl_3+3CO$$

无水 $AlCl_3$能溶于几乎所有的有机溶剂；在水中会发生强烈的水解作用，甚至在空气中遇到水汽也会猛烈地冒烟。常温下纯 $AlCl_3$为无色晶体，加热到 180 ℃时升华，在 400 ℃时气态 $AlCl_3$具有双聚分子的缔合结构，如图 12.11 所示。

$AlCl_3$中的 Al 是缺电子原子，存在着空轨道，Cl 原子有孤电子对，因此可以通过配位键形成具有桥式结构的双聚分子 Al_2Cl_6。Al_2Cl_6分子中每个 Al 原子以不等性 sp^3杂化轨道和 4 个 Cl 原子形成四面体结构，2 个 Al 原子与两侧的 4 个 Cl 原子在同一平面上，中间的 2 个 Cl 原子位于该平面的两侧。Al_2Cl_6分子中有 4 个 σ 键和 2 个 3c-4e 键。在 800 ℃时双聚分子即完全分解为单分子。

实验视频

无水 $AlCl_3$最重要的工业用途是作为有机合成和石油工业的催化剂。

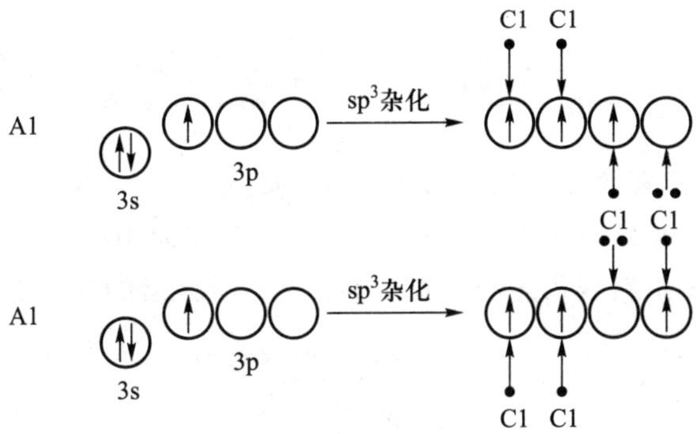

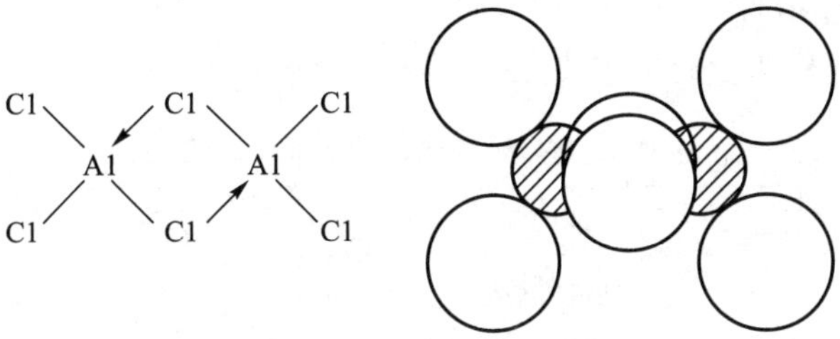

图 12.11 Al_2Cl_6结构示意图

聚合氯化铝也称碱式氯化铝或 PAC，是一种无机高分子材料，组成为 $[Al_2(OH)_nCl_{6-n}]_m(1\leqslant n\leqslant 5, m\leqslant 10)$。它是一种多羟基多核配合物，是自来水净化和废水处理中广泛应用的无机絮凝剂，其净化沉降效率高。

2. 硫酸铝

无水硫酸铝为白色粉末。用纯的氢氧化铝溶于热的浓硫酸中或用硫酸直接处理铝矾土(或高岭土)，都可制得硫酸铝：

$$2Al(OH)_3+3H_2SO_4 \longrightarrow Al_2(SO_4)_3+6H_2O$$

$$Al_2O_3+3H_2SO_4 \longrightarrow Al_2(SO_4)_3+3H_2O$$

在常温下自溶液中析出的无色针状晶体为 $Al_2(SO_4)_3 \cdot 18H_2O$。

硫酸铝易溶于水，其水溶液由于 Al^{3+}的水解而呈酸性，铝盐在水溶液中所含有的 Al^{3+}，实际上以$[Al(H_2O)_6]^{3+}$形式存在。水解反应如下：

$$[Al(H_2O)_6]^{3+}+H_2O \rightleftharpoons [Al(OH)(H_2O)_5]^{2+}+H_3O^+$$

或简写为

$$Al^{3+}+H_2O \rightleftharpoons [Al(OH)]^{2+}+H^+$$

进一步水解则形成 $Al(OH)_3(H_2O)_3$或简写为 $Al(OH)_3$。一些弱酸的铝盐在水中几乎完全水解，如：

$$2Al^{3+}+3S^{2-}+6H_2O \longrightarrow 2Al(OH)_3\downarrow+3H_2S\uparrow$$

$$2Al^{3+}+3CO_3^{2-}+3H_2O \longrightarrow 2Al(OH)_3\downarrow+3CO_2\uparrow$$

硫酸铝易与碱金属(除锂外)或铵的硫酸盐结合形成矾。例如，硫酸铝与硫酸钾形成的 $KAl(SO_4)_2 \cdot 12H_2O$俗称明矾，易溶于水并水解，其水解产物有吸附和絮凝作用，常用作净水剂。

12.4 对角关系

对比周期系中元素的性质，发现有些元素的性质常同它右下方相邻的另一元素具有类似性，这种关系叫做对角关系。周期系第二、三周期中有三对元素的对角关系表现最为明显，即下面用斜线相连的三对元素比其同族元素的性质更为相近：

```
Li   Be    B    C
  ＼    ＼    ＼
Na   Mg   Al   Si
```

1. 硼与硅的相似性

硼和硅的一些性质比较列于表12.14中。

表12.14　硼和硅的某些性质比较

性质		硼(B)	硅(Si)
单质(晶态) 单质与碱的作用		原子晶体 置换出氢	原子晶体 置换出氢
含氧酸	酸性 稳定性	很弱($K_a^{\ominus}=5.8\times10^{-10}$) 很稳定	很弱($K_{a(1)}^{\ominus}=2.5\times10^{-10}$) 稳定
形成多酸和多酸盐		形成链状或环状多酸盐	形成链状或环状多酸盐
重金属含氧酸盐	颜色 溶解度	有特征颜色，如“硼砂珠”实验 较小	有特征颜色，如“水中花园”实验 较小
氢化物的稳定性 卤化物的水解性		不稳定，在空气中即自燃 极易水解	不稳定，在空气中即自燃 极易水解

2. 锂与镁的相似性

(1) 单质在过量氧中燃烧时，均只生成正常氧化物；

(2) 氢氧化物均为中强碱，而且在水中的溶解度都不大；

(3) 氟化物、碳酸盐、磷酸盐等均难溶；

(4) 氯化物都能溶于有机溶剂(如乙醇)；

(5) 碳酸盐在受热时，均能分解成相应的氧化物(Li_2O、MgO)。

3. 铍与铝的相似性

(1) 单质均为活泼金属，其标准电极电势相近：$E^{\ominus}(Be^{2+}/Be)=-1.847\ V$，$E^{\ominus}(Al^{3+}/Al)=-1.662\ V$；

(2) 单质均为两性金属，它们既能溶于酸也能溶于强碱；

(3) 单质都能被冷、浓硝酸钝化；

(4) 氯化物均为双聚物，并显示共价性，可以升华，且溶于有机溶剂；

(5) 碳化物属于同一类型，水解后产生甲烷：

$$Be_2C+4H_2O \longrightarrow 2Be(OH)_2\downarrow+CH_4\uparrow$$

$$Al_4C_3+12H_2O \longrightarrow 4Al(OH)_3\downarrow +3CH_4\uparrow$$

对角关系主要是从化学性质总结出来的经验规律，可以用离子极化的观点粗略地加以说明：处于对角的三对元素性质上的相似性是由于它们的离子极化力相近的缘故。从 Li 到 Mg(或从 Be 到 Al、从 B 到 Si)电荷增多，但半径增大，对极化力产生两种相反的影响，前者使极化力作用增强，而后者使极化力作用减弱，由于两种相反的作用抵消了，故使处于对角的三对元素 Li 与 Mg、Be 与 Al、B 与 Si 性质相近。

[拓宽视野]

氮、碳元素在自然界中的循环

元素循环(element cycle)是指自然界中元素的单质及其化合物之间相互转换的物质循环。自然环境可划分为生物圈、大气圈、水圈和岩石圈四个圈层体系，它们被总称为生态圈。生态圈中的各圈层体系之间有着复杂的物质交换和能量交换，这些物质在生态系统中不是单向传递，而是被反复利用，各组成部分之间不断进行着循环。

人类及其他生物生存的生物圈处在大气圈、水圈和岩石圈的交汇处。自然界中元素会在生物与生物之间，以及生物与环境之间循环不息。元素在自然界的良性循环，保证了生态系统的稳定性。自然界中元素的循环是复杂的，下面简要介绍氮和碳循环。

氮循环(nitrogen cycle)　生物体均含有蛋白质，而氮是蛋白质的基本组成元素之一。因此，氮的循环涉及生物圈的全部领域，下面是氮循环的几个主要环节：

(1) 大气中的 N_2 在自然界中数量最大，它占了大气体积的 79%，总量约为 3.9×10^7 亿吨。除少数原核生物外，动、植物都不能直接利用大气中的氮，必须通过固氮作用。固氮的主要途径有：① 通过闪电等的高能固氮形成氨和硝酸盐；② 生物固氮将氮气转变为硝酸盐等；③ 人工固氮将氮合成尿素、硝酸盐等。

(2) 土壤及海洋中的无机氮，只有数量有限的铵盐和硝酸盐被植物吸收利用转化成各种氨基酸，然后由氨基酸合成蛋白质。植物吸收氨合成有机氮并进入食物链，动物直接或间接从植物中摄取植物性蛋白质将其转变成动物性蛋白质。陆地上生物活体中储存的有机氮总量为 110~140 亿吨，土壤中的有机氮约为 3 000 亿吨，它们分解为无机氮供植物利用。海水中含有机氮约为 5 000 亿吨，它们被海洋生物循环利用。

(3) 动物的排泄物、动植物死亡后的遗骸中的蛋白质，被微生物分解成 NH_3、NH_4^+ 和 NO_3^- 又回到大气、土壤和水体中，被植物再次吸收利用。其中的 NH_3 除一部分回到大气中外，另一部分可能经细菌的硝化作用变成硝酸盐而继续被植物所吸收利用。在缺氧的情况下，硝酸盐经由脱氮作用还原成氮气重新回到大气中。

碳循环(carbon cycle)　碳是构成生物体和储藏光能的主要元素，也是构成地壳岩石和矿物燃料如煤、石油、天然气的主要元素。碳元素在自然界中以单质(如金刚石和石墨)和化合物(如 CO、CO_2、H_2CO_3、碳酸盐和有机化合物)的形式存在。碳是地球上拥有化合物数量最多的元素，CO_2 是我们最熟悉的存在形式，含量约占空气体积的 0.03%。由于碳循环，大气中的 CO_2 约 20 年就会更新一次。碳循环主要是通过生物圈中 CO_2 的消耗和再生进行的，主要有下列几种循环方式：

(1) 植物通过光合作用将大气中的 CO_2 和 H_2O 化合生成碳水化合物，据估计，绿色植物每年的光合作用能将 750 亿吨的碳转化为碳水化合物，它们是 CO_2 的重要消费者。动物通过呼吸将 CO_2 返回大气中被植物再次利用。

(2) 动物或人采食植物后，吸收的碳水化合物经食物链传递转换为不同的形式。其中一部分在人或动物体内氧化生 CO_2，通过呼吸释放回到大气中又被植物利用。

(3) 微生物对动植物遗骸及排泄物中的有机物进行分解，不断向大气中释放 CO_2，这些生物体的碳元素又回到自然环境中。据估计，地球上 90% 的 CO_2 是由微生物的生命活动产生的。

(4) 海洋中的 $CaCO_3$ 沉积在海底形成新的岩石，从而使一部分碳元素较长时间储藏在地层中。自然界的火山喷发、地震等会将固定的碳元素以 CO_2 的形式释放到大气中。

(5) 未被微生物全部分解的动植物遗骸长期压在地下，通过一系列化学变化而形成煤、化石、石油和天然气等，它们在燃烧时生成 CO_2 返回大气中。

由于人类活动的增强，已经造成了地球大气层中 CO_2 的浓度较一百年前增加了约 25%，甲烷、N_2O、NO_x 的浓度都有明显增加。全球人工固氮所产生的活化氮数量的增加也会给全球生态环境带来压力，使与氮循环有关的温室效应、水体污染和酸雨等生态环境问题进一步加剧。氮、碳的循环也在逐渐远离其动力学稳定状态，导致一系列严重的生态环境问题，对此我们应当给予充分的重视。

思考题

1. 为何不用 NH_4NO_3、$(NH_4)_2Cr_2O_7$、NH_4HCO_3 制取 NH_3？

2. 反应 $4NH_3(g)+5O_2(g) \xrightarrow[\text{催化剂}]{\triangle} 4NO(g)+6H_2O(g)$ 是生产硝酸的重要反应。

(1) 试通过热力学计算证明该反应在常温下可以自发进行；

(2) 生产上一般选择反应温度在 800 ℃ 左右，试分析原因。

3. 为什么一般情况下浓 HNO_3 被还原为 NO_2，而稀 HNO_3 被还原成 NO？这与它们氧化能力的强弱是否矛盾？

4. 解释下列事实：

(1) NH_4HCO_3 俗称“气肥”，储存时要密封；

(2) 用浓氨水可检查氯气管道是否漏气。

5. 用平衡移动的观点解释 Na_2HPO_4 和 NaH_2PO_4 与 $AgNO_3$ 作用都生成黄色 Ag_3PO_4 沉淀。沉淀析出后溶液的酸碱性有何变化？写出相应的反应方程式。

6. 试从水解、解离平衡角度综合分析 Na_3PO_4、Na_2HPO_4 和 NaH_2PO_4 水溶液的酸碱性。

7. 要使氨气干燥，应将其通过下列哪种干燥剂？

(1) 浓 H_2SO_4 (2) $CaCl_2(s)$ (3) $P_4O_{10}(s)$ (4) $NaOH(s)$

8. 汽车尾气中的 NO 和 CO 均为有害气体，为了减少这些气体对空气的污染，从热力学观点看下述反应可否利用？

$$2CO(g)+2NO(g) \longrightarrow 2CO_2(g)+N_2(g)$$

9. 如何配制 $SbCl_3$、$Bi(NO_3)_3$ 溶液？写出有关反应方程式。

10. 如何鉴定 NH_4^+、NO_2^-、NO_3^-、PO_4^{3-}？写出有关反应方程式。

11. 如何除去混于 CO 气体中的 CO_2？

12. 在实验室中如何配制和保存 $SnCl_2$ 溶液？为什么？

13. 如何制备无水 $AlCl_3$？能否用加热脱去 $AlCl_3 \cdot 6H_2O$ 中水的方法制取无水 $AlCl_3$？

14. 如何鉴定 CO_3^{2-}、SiO_3^{2-}、Sn^{2+}、Pb^{2+}？

15. 试通过热力学分析说明下列反应要在高温下才能进行。

$$SiO_2(s)+2C(s) \longrightarrow Si(s)+2CO(g)$$

习　题

1. 写出下列各铵盐、硝酸盐热分解的反应方程式。

（1）铵盐：NH_4Cl　$(NH_4)_2SO_4$　$(NH_4)_2Cr_2O_7$

（2）硝酸盐：KNO_3　$Cu(NO_3)_2$　$AgNO_3$

2. 写出下列反应方程式。

（1）亚硝酸盐在酸性溶液中分别被 MnO_4^-、$Cr_2O_7^{2-}$ 氧化成硝酸盐，其中 MnO_4^-、$Cr_2O_7^{2-}$ 分别被还原为 Mn^{2+}、Cr^{3+}；

（2）亚硝酸盐在酸性溶液中被 I^- 还原成 NO；

（3）亚硝酸与氨水反应生成 N_2。

3. 如何用简便方法鉴别下列各组物质的溶液？写出其反应方程式。

（1）NH_4Cl 和 $(NH_4)_2SO_4$

（2）KNO_2 和 KNO_3

（3）$AsCl_3$、$SbCl_3$ 和 $BiCl_3$

4. 完成并配平下列反应方程式：

（1）$S+HNO_3$（浓）$\longrightarrow$　　（2）$Zn+HNO_3$（极稀）$\longrightarrow$

（3）$CuS+HNO_3 \longrightarrow$　　（4）$PCl_5+H_2O \longrightarrow$

（5）$AsO_3^{3-}+H_2S+H^+ \longrightarrow$　　（6）$AsO_4^{3-}+I^-+H^+ \longrightarrow$

（7）$NaBiO_3+Mn^{2+}+H^+ \longrightarrow$　　（8）$Sb_2S_3+S^{2-} \longrightarrow$

5. 在下列关联图各箭头上填入适当试剂和条件，以实现各物质之间的转变。

（1）
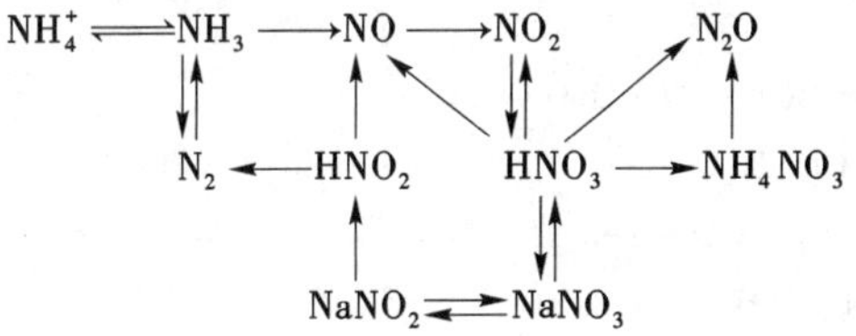

（2）
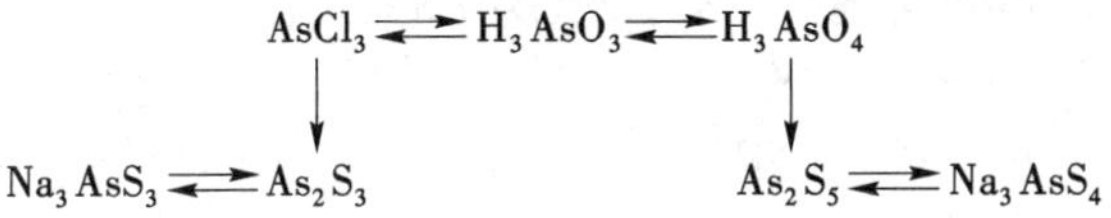

（3）
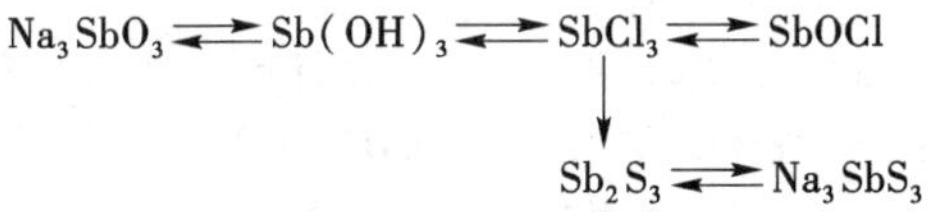

（4）
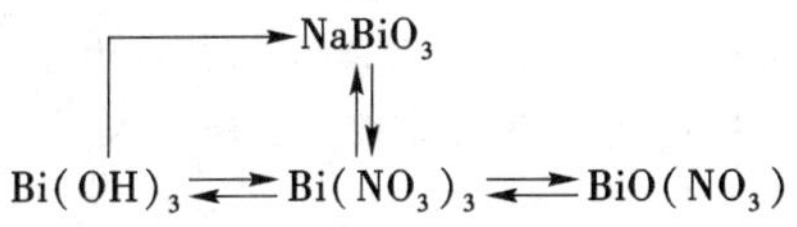

6. 在经稀 HNO_3 酸化的化合物 A 溶液中加入 $AgNO_3$ 溶液，生成白色沉淀 B。B 能溶解于氨水得溶液 C。C 中加入稀 HNO_3 时，B 重新析出。将 A 的水溶液以 H_2S 饱和，得黄色沉淀 D。D 不溶于稀 HCl，但能溶于 KOH 和 $(NH_4)_2S_2$。D 溶于 $(NH_4)_2S_2$ 时得到溶液 E 和单质硫。酸化 E 析出黄色沉淀 F，并放出腐臭气体 G。试确定各代号所示物质，并写出有关反应方程式。

7. 用化学方法区别下列各对物质。

（1）SnS 与 SnS_2　　（2）$Pb(NO_3)_2$ 与 $Bi(NO_3)_3$

（3）$Sn(OH)_2$ 与 $Pb(OH)_2$　　（4）$SnCl_2$ 与 $SnCl_4$

（5）$SnCl_2$ 与 $AlCl_3$　　（6）$SbCl_3$ 与 $SnCl_2$

8. 分离下列各组离子，并使之恢复到原来的离子状态。

(1) Ba^{2+}　Al^{3+}　Fe^{3+}

(2) Mg^{2+}　Pb^{2+}　Zn^{2+}

(3) Al^{3+}　Pb^{2+}　Bi^{3+}

9. 现有一白色固体 A，溶于水产生白色沉淀 B。B 可溶于浓 HCl。若将固体 A 溶于稀 HNO_3 中（不发生氧化还原反应），得无色溶液 C。将 $AgNO_3$ 溶液加入溶液 C，析出白色沉淀 D。D 溶于氨水得溶液 E，酸化溶液 E，又产生白色沉淀 D。将 H_2S 通入溶液 C，产生棕色沉淀 F。F 溶于 $(NH_4)_2S_2$ 形成溶液 G。酸化溶液 G，得黄色沉淀 H。少量溶液 C 加入 $HgCl_2$ 溶液得白色沉淀 I，继续加入溶液 C，沉淀 I 逐渐变为灰色，最后变成黑色沉淀 J。试确定各代号所示物质。

10. 在下图各箭头处填入适当试剂和条件，以实现各物质之间的转变。

(1)

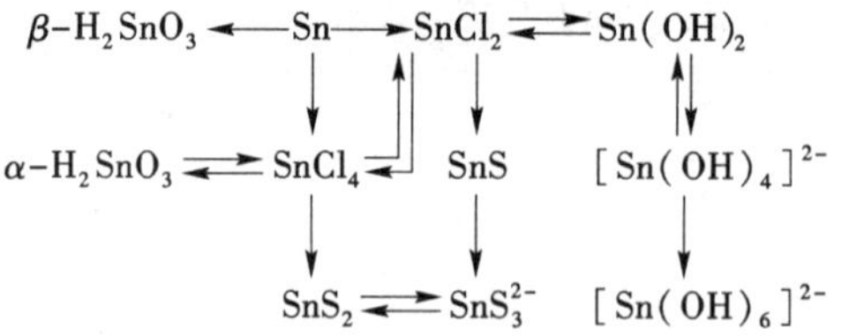

(2)

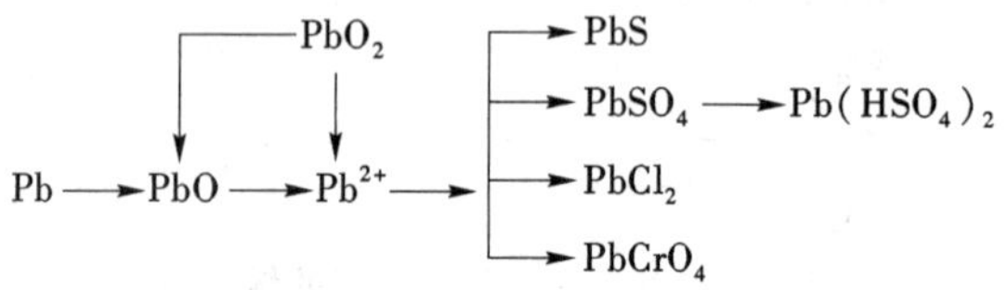

11. 完成下列反应方程式：

(1) $SiO_2+Na_2CO_3\xrightarrow{熔融}$　　(2) $Na_2SiO_3+CO_2+H_2O \longrightarrow$

(3) $SiO_2+HF \longrightarrow$　　(4) $SiCl_4+H_2O \longrightarrow$

(5) $B_2H_6+H_2O \longrightarrow$　　(6) $B_2H_6+H_2O \longrightarrow$

(7) $BF_3+HF \longrightarrow$　　(8) $BF_3+NH_3 \longrightarrow$

12. 下列各对离子能否共存于溶液中？不能共存者写出其反应方程式。

(1) Sn^{2+} 和 Fe^{2+}　　(2) Sn^{2+} 和 Fe^{3+}

(3) Pb^{2+} 和 Fe^{3+}　　(4) SiO_3^{2-} 和 NH_4^+

(5) Pb^{2+} 和 $[Pb(OH)_4]^{2-}$　　(6) $[PbCl_4]^{2-}$ 和 $[SnCl_6]^{2-}$

13. 将某一金属溶于热的浓盐酸，所得溶液分成三份。第一份加入足量水，产生白色沉淀；第二份加碱中和，也产生白色沉淀，此白色沉淀溶于过量碱后，再加入 $Bi(OH)_3$ 则产生黑色沉淀；第三份加入 $HgCl_2$ 溶液，产生灰黑色沉淀。试判断该金属是什么？并写出有关反应方程式。

14. 某红色固体粉末 X 与 HNO_3 作用得棕色沉淀物 A。把此沉淀分离后，在溶液中加入 K_2CrO_4，得黄色沉淀 B；向 A 中加入浓盐酸则有气体 C 生成，此气体有氧化性。试确定 X、A、B、C 所示物质。

15. 某白色固体 A 不溶于水，当加热时，猛烈地分解而产生固体 B 和无色气体 C（此气体可使澄清的石灰水变浑浊）。固体 B 不溶于水，但可溶解于 HNO_3 得溶液 D。向 D 溶液中加 HCl 产生白色沉淀 E。E 易溶于热水，E 溶液与 H_2S 反应得黑色沉淀 F 和滤出液 G。沉淀 F 溶解于 60% HNO_3 中，产生淡黄色沉淀 H、溶液 D 和无色气体 I，气体 I 在空气中转变成红棕色。根据以上实验现象，试确定各代号所示物质，并写出有关反应方程式。

16. 完成下列化学反应方程式：

(1) $PbO_2+HNO_3+H_2O_2 \longrightarrow$　　(2) $Pb_3O_4+HNO_3 \longrightarrow$

(3) $PbO_2+MnSO_4+HNO_3 \longrightarrow$　　(4) $Na_2[Sn(OH)_4]+Bi(OH)_3 \longrightarrow$

（5）$HgCl_2+SnCl_2 \longrightarrow$　　（6）$PbS+H_2O_2 \longrightarrow$

（7）$Na_2[Sn(OH)_4]+HCl$(足量)$\longrightarrow$　　（8）$SnS+(NH_4)_2S_2 \longrightarrow$

17. 写出硼砂分别与 NiO、CuO 共熔时的反应方程式。

18. 工业上，先用苛性钠分解硼矿石（$Mg_2B_2O_5 \cdot H_2O$），然后通入 CO_2 制备硼砂。试写出制备硼砂的反应方程式。

19. 写出以明矾为主要原料制备下列化合物的反应方程式。

氢氧化铝　硫酸钾　偏铝酸钾

20. $AlCl_3$溶液中分别加入下列物质，各有何反应？

（1）Na_2S 溶液　　（2）过量 NaOH 溶液

（3）过量 NH_3水　　（4）Na_2CO_3溶液

21. 称取 20.00 g 含有 Na_2CO_3和 $NaHCO_3$的固体混合物，加入适量水，溶解后稀释到1.00 L，实验测得溶液的 pH = 10.22。试计算固体混合物中 Na_2CO_3的质量分数。

22. 将 2.00 g 金属铅放于过量的氧气中加热，得到红色粉末 A。将 A 用浓硝酸处理，产生棕色粉末 B，过滤分离出 B，再在收集的滤液中加入适量的 KI 溶液则得到黄色沉淀物 C。

（1）试指出 A、B、C 所示物质；

（2）写出过程中所涉及的反应方程式；

（3）计算 B 和 C 的理论产量。

23. 目前世界上 95%以上的氧化铝是以铝土矿为原料生产的。三水铝石的主要成分为 $Al_2O_3 \cdot 3H_2O$ 或 $Al(OH)_3$，目前，工业提取氧化铝的过程是：先用碱液或碳酸钠处理铝土矿，并经过沉淀、过滤，除去其中的 Fe、Ti、V、Si 等杂质；再向滤液中通 CO_2得到沉淀；最后灼烧沉淀。请写出工业提取氧化铝过程的有关反应方程式。

第 13 章

过渡元素(一)

本章重点介绍第一过渡系元素,并适当介绍我国丰产元素钼、钨等。铜分族、锌分族元素在第 14 章介绍。由于钪分族与镧系元素性质相似,在自然界共生,所以把钪分族放在第 14 章中与镧系元素一起介绍。

13.1 过渡元素概述

广义的过渡元素是指长式周期表中从ⅢB 族到ⅡB 族的所有元素[1]。它们在长式周期表中位于 s 区元素与 p 区元素之间,因而称为过渡元素。过渡元素单质都是金属,共分为四个系列,见表 13.1。

表 13.1 过渡元素

族 周期	ⅢB 钪分族	ⅣB 钛分族	ⅤB 钒分族	ⅥB 铬分族	ⅦB 锰分族	Ⅷ 第八族	ⅠB 铜分族	ⅡB 锌分族
4(第一过渡系)	Sc	Ti	V	Cr	Mn	Fe Co Ni (铁系)	Cu	Zn
5(第二过渡系)	Y	Zr	Nb	Mo	Tc	Ru Rh Pd (轻铂组)	Ag	Cd
6(第三过渡系)	Lu	Hf	Ta	W	Re	Os Ir Pt (重铂组)	Au	Hg
7(第四过渡系)	Lr	Rf	Db	Sg	Bh	Hs Mt Ds	Rg	Cn

疑难解析

疑难解析

13.1.1 过渡元素原子的特征

过渡元素原子结构的共同特点是价电子一般依次分布在次外层的 d 轨道上,最外层只有 1~2 个电子(Pd 例外),这些电子较易失去,其价层电子构型为$(n-1)d^{1\sim10}ns^{1\sim2}$。过渡元素的一系列性质几乎都与这种特殊的结构有密切的联系。过渡元素的一般性质

[1] 关于过渡元素的范围有不同的看法,有人认为过渡元素只包括 d 轨道未填满电子的元素(即ⅢB~Ⅷ族),不包括ⅠB 和ⅡB 族。也有人认为不应包括ⅡB 族。

列于表 13.2 中。

表 13.2 过渡元素的一般性质

第一过渡系元素										
元素	Sc	Ti	V	Cr	Mn	Fe	Co	Ni	Cu	Zn
原子序数	21	22	23	24	25	26	27	28	29	30
价层电子构型	$3d^14s^2$	$3d^24s^2$	$3d^34s^2$	$3d^54s^1$	$3d^54s^2$	$3d^64s^2$	$3d^74s^2$	$3d^84s^2$	$3d^{10}4s^1$	$3d^{10}4s^2$
电负性	1.3	1.5	1.6	1.6	1.5	1.8	1.9	1.9	1.9	1.6
原子半径/pm	161	145	132	125	124	124	125	125	128	133
$\frac{第一电离能}{kJ\cdot mol^{-1}}$	631	664.6	656	653	717	759	758	737	745	906
熔点/℃	1 541	1 660	1 890	1 857	1 244	1 535	1 495	1 455	1 083	419
沸点/℃	2 831	3 287	3 380	2 672	1 962	2 750	2 870	2 730	2 567	907
第二过渡系元素										
元素	Y	Zr	Nb	Mo	Tc	Ru	Rh	Pd	Ag	Cd
原子序数	39	40	41	42	43	44	45	46	47	48
价层电子构型	$4d^15s^2$	$4d^25s^2$	$4d^45s^1$	$4d^55s^1$	$4d^55s^2$	$4d^75s^1$	$4d^85s^1$	$4d^{10}5s^0$	$4d^{10}5s^1$	$4d^{10}5s^2$
电负性	1.2	1.4	1.6	1.8	1.9	2.2	2.2	2.2	1.9	1.7
原子半径/pm	181	160	143	136	136	133	135	138	144	149
$\frac{第一电离能}{kJ\cdot mol^{-1}}$	616	660	664	685	702	711	720	805	731	868
熔点/℃	1 522	1 852	2 468	2 610	2 157	2 310	1 966	1 554	962	321
沸点/℃	3 338	4 377	4 742	5 560	4 265	3 900	3 727	2 970	2 212	765
第三过渡系元素										
元素	Lu	Hf	Ta	W	Re	Os	Ir	Pt	Au	Hg
原子序数	71	72	73	74	75	76	77	78	79	80
价层电子构型	$5d^16s^2$	$5d^26s^2$	$5d^36s^2$	$5d^46s^2$	$5d^56s^2$	$5d^66s^2$	$5d^76s^2$	$5d^96s^1$	$5d^{10}6s^1$	$5d^{10}6s^2$
电负性	1.2	1.3	1.5	1.7	1.9	2.2	2.2	2.2	2.4	1.9
原子半径/pm	173	159	143	137	137	134	136	136	144	160
$\frac{第一电离能}{kJ\cdot mol^{-1}}$	524	680	761	770	760	840	880	870	890	1 007
熔点/℃	1 663	2 227	2 996	3 410	3 180	2 700	2 410	1 772	1 064	-38.87
沸点/℃	3 395	4 002	5 425	5 660	5 627	5 300	4 130	3 827	3 080	357

过渡元素的原子半径一般比较小，过渡元素的原子半径及它们随原子序数和周期变化的情况如图 13.1 所示。在各周期中从左向右，随着原子序数的增加，原子半径缓

慢地减小，直到铜族前后又稍增大。此外，同族元素从上往下，原子半径增大，但第五、六周期(ⅢB 除外)由于镧系收缩(见第 14 章)的原因，几乎抵消了同族元素由上往下周期数增加的影响，使这两周期的同族元素原子半径十分接近，导致第二和第三过渡系的同族元素在性质上的差异比第一和第二过渡系相应的元素要小。

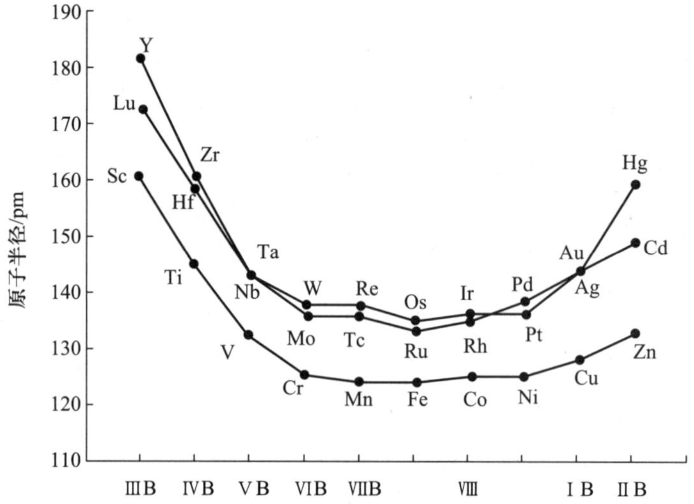

图 13.1 过渡元素的原子半径

13.1.2 单质的物理性质

过渡金属外观多呈银白色或灰白色，有金属光泽。除钪和钛属轻金属外，其余均属重金属，其中以重铂组元素最重，锇、铱、铂的密度依次为 22.48 $g \cdot cm^{-3}$、22.42 $g \cdot cm^{-3}$、21.45 $g \cdot cm^{-3}$。多数过渡金属(ⅡB 族除外)的熔点、沸点高，硬度大。熔点、沸点最高的是钨(熔点 3 410 ℃，沸点 5 660 ℃)，硬度最大的是铬(仅次于金刚石)。究其原因，一般认为是过渡元素的原子半径较小而彼此堆积很紧密，同时金属原子间除了主要以金属键结合外，还可能有部分共价性，这与金属原子中部分未成对 $(n-1)$ d 电子也参与成键有关。

13.1.3 金属活泼性

过渡金属在水溶液中的活泼性，可根据标准电极电势($E_A^\ominus$)来判断。

从表 13.3 可看出，第一过渡系金属，除铜外，$E^\ominus(M^{2+}/M)$ 均为负值，其金属单质可从非氧化性酸中置换出氢。另外，同一周期元素从左向右过渡，总的变化趋势是 $E^\ominus(M^{2+}/M)$ 值逐渐变大，其活泼性逐渐减弱。

表 13.3 第一过渡系金属的标准电极电势

元素	Sc	Ti	V	Cr	Mn
$E^\ominus(M^{2+}/M)/V$	—	-1.63	-1.13	-0.90	-1.18
可溶该金属的酸	各种酸	热 HCl、HF	HNO_3、HF、浓 H_2SO_4	稀 HCl、H_2SO_4	稀 HCl、H_2SO_4 等

续表

元素	Fe	Co	Ni	Cu	Zn
$E^{\ominus}(M^{2+}/M)/V$	-0.44	-0.277	-0.257	+0.340	-0.762 6
可溶该金属的酸	稀 HCl、H_2SO_4 等	缓慢溶解在稀 HCl 等酸中	稀 HCl、H_2SO_4 等	HNO_3、热浓 H_2SO_4	稀 HCl、H_2SO_4 等

钪分族的钪、钇和镧是过渡元素中最活泼的金属。它们在空气中能迅速被氧化，与水作用放出氢，活泼性接近于碱土金属。除钪分族外，d 区同族元素的活泼性都是自上往下逐渐降低。造成这种现象是由于同族元素从上往下原子半径增加不多，而有效核电荷数增加较多，使电离能和升华焓增加显著，金属活泼性减弱。第二、三过渡系元素的金属单质非常稳定，一般不易和强酸反应，但和浓碱或熔碱可发生反应。第一过渡系中相邻两种金属的活泼性相似性超过了同族元素之间，如：

$E^{\ominus}(Fe^{2+}/Fe) = -0.44\ V$　　$E^{\ominus}(Ni^{2+}/Ni) = -0.257\ V$

$E^{\ominus}(Co^{2+}/Co) = -0.277\ V$　　$E^{\ominus}(Pd^{2+}/Pd) = 0.915\ V$

$E^{\ominus}(Ni^{2+}/Ni) = -0.257\ V$　　$E^{\ominus}(Pt^{2+}/Pt) = 1.188\ V$

13.1.4　氧化数

过渡元素除最外层 s 电子可以成键外，次外层 d 电子也可以部分或全部参与成键，所以过渡元素的特征之一是具有多种氧化数。

1. 同周期从左到右变化趋势

第一过渡系元素的主要氧化数列于表 13.4 中。

表 13.4　第一过渡系元素的主要氧化数

族	ⅢB	ⅣB	ⅤB	ⅥB	ⅦB	Ⅷ			ⅠB	ⅡB
元素	Sc	Ti	V	Cr	Mn	Fe	Co	Ni	Cu	Zn
主要氧化数	(+2)			+2	$\underline{+2}$	$\underline{+2}$	$\underline{+2}$	$\underline{+2}$	$\underline{+1}$	$\underline{+2}$
	$\underline{+3}$	+3	+3	$\underline{+3}$	+3	$\underline{+3}$	+3	(+3)	$\underline{+2}$	
		$\underline{+4}$	+4		$\underline{+4}$					
			$\underline{+5}$							
				$\underline{+6}$	+6					
					$\underline{+7}$					

注：表中划线的氧化数是稳定的氧化数，有括号的表示不稳定的氧化数。

由表 13.4 可见，从左向右，随原子序数增加（$_{21}Sc \rightarrow {}_{25}Mn$），元素最高氧化数先是逐渐升高，但当 3d 轨道中电子数超过 5 时，元素最高氧化数又转向降低（$_{26}Fe \rightarrow {}_{28}Ni$），最后与 Ⅰ B 族元素的低氧化数相衔接。

图 13.2 中的 Frost 图可清楚地说明第一过渡系金属各氧化态的热力学稳定性的

变化趋势。

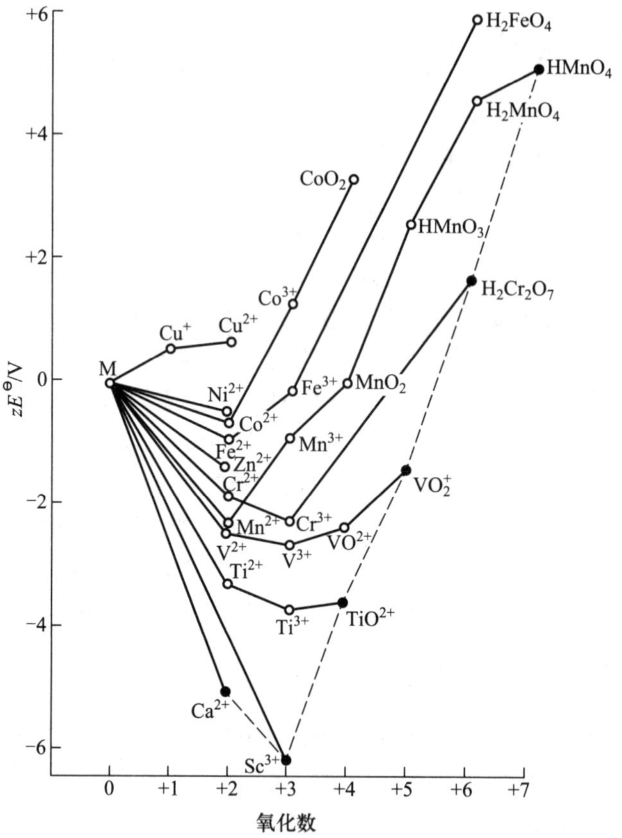

图 13.2　酸性溶液中(pH=0)d 区第一过渡系元素的 Frost 图

2. 同族从上往下变化趋势

铬分族(ⅥB)的 Frost 图见图 13.3。由表 13.4 及图 13.3 可以看出:过渡元素相邻两个氧化态的氧化数间的差值为 1 或 2,而 p 区元素常为 2。ⅢB～ⅦB 族元素(个别镧系元素除外)的最高氧化态的氧化数与族号相等,但Ⅷ族元素大多达不到+8。钪、钛分族(ⅢB、ⅣB)的最高氧化态较稳定。第一过渡系的ⅤB～ⅦB族元素最高氧化态的化合物不稳定;而第二、三过渡系的高氧化态比较稳定,即从上往下趋向于形成高氧化态化合物,这与 p 区ⅢA、ⅣA、ⅤA 族元素恰好相反。

此外,许多过渡元素还能形成氧化数为 0、-1、-2、-3 的化合物,见表 13.5。

表 13.5　氧化数为 0、-1、-2、-3 的过渡元素化合物

配合物	$[Ni(CO)_4]$	$[Co(CO)_4]^-$	$[Cr(CO)_5]^{2-}$	$[Mn(CO)_4]^{3-}$
形成体氧化数	0	-1	-2	-3

13.1.5　非整比化合物

过渡元素的另一个特点是易形成非整比(又称非化学计量)化合物。例如,

1 000 ℃时 FeO 的组成实际在$Fe_{0.89}O$到$Fe_{0.96}O$之间变动。在 FeO 晶体中，O^{2-}按立方密堆积排列，而Fe^{2+}在八面体空穴内，当Fe^{2+}未占满所有空穴时，为了保持电中性，在附近的空穴上由两个Fe^{3+}所占据（图 13.4）。

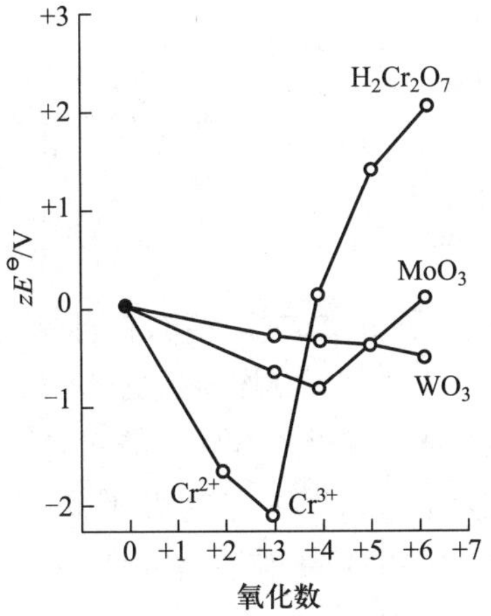

图 13.3 铬分族元素在酸性溶液中（pH=0）的 Frost 图

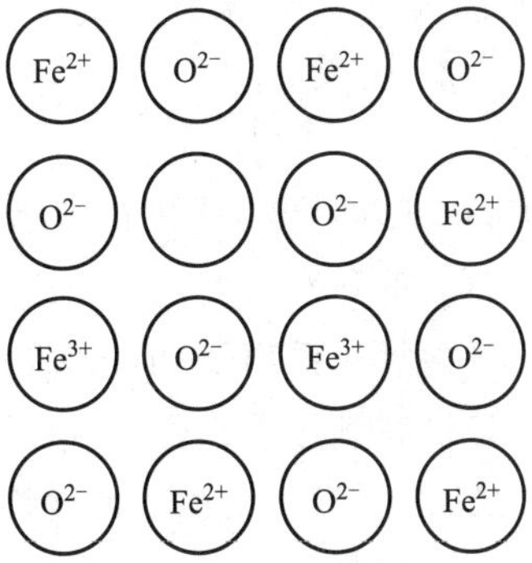

图 13.4 由于缺少阳离子而引起的非化学计量缺陷

近年来发现非整比化合物有多方面的用途，如ZrO_2、HfO_2作为固体电解质用于各类化学电源和电化学器件中；还用作半导体（ZnO、Cu_2O）及超导体（$YBaCu_3O_{7-x}$，$x \leqslant 0.1$）材料等。

13.1.6 化合物的颜色

过渡元素的另一特征是它们所形成的配离子大都显色，这主要与过渡元素离子的 d 轨道未填满电子有关。第一过渡系元素低氧化数水合离子的颜色如表 13.6 所示。

表 13.6 第一过渡元素低氧化数水合离子的颜色

元素	Sc	Ti	V	Cr	Mn	Fe	Co	Ni	Cu	Zn
M^{2+}中 d 电子数	—	2	3	4	5	6	7	8	9	10
$[M(H_2O)_6]^{2+}$颜色	—	褐	紫	天蓝	浅红（几乎无色）	浅绿	粉红	绿	浅蓝	无色
元素	Sc	Ti	V	Cr	Mn	Fe	Co	Ni	Cu	Zn
M^{3+}中 d 电子数	0	1	2	3	4	5	6	7		
$[M(H_2O)_6]^{3+}$颜色	无	紫	绿	蓝紫	红	浅紫*				

* Fe^{3+}水解后颜色有变化，如$[Fe(OH)(H_2O)_5]^{2+}$呈琥珀色；$[FeCl(H_2O)_5]^{2+}$呈黄色。

同一中心离子与不同配体形成配合物时,由于晶体场分裂能不同,则 d-d 跃迁时所需能量也不同,亦即吸收光的波长不同,因此显不同的颜色。以 Ni^{2+}的配合物为例,见表 13.7。

表 13.7 Ni^{2+}的不同配体配合物颜色

不同配体配合物	$[Ni(H_2O)_6]^{2+}$	$[Ni(NH_3)_6]^{2+}$
d-d 跃迁时吸收光的波长(λ)/nm	1 176	925
配离子的颜色	果绿	蓝

由表 13.6 可以看出,d^0 和 d^{10}构型的中心离子形成的配合物,在可见光照射下不发生 d-d 跃迁,如$[Sc(H_2O)_6]^{3+}(d^0)$、$[Zn(H_2O)_6]^{2+}(d^{10})$均为无色。

对于某些含氧酸根离子如MnO_4^-(紫色)、CrO_4^{2-}(黄色)、VO_4^{3-}(淡黄色),它们的金属元素均处于最高氧化态,其形式电荷分别为Mn^{7+}、Cr^{6+}、V^{5+},均为 d^0 电子构型,似也应为无色,之所以呈颜色是由电荷迁移引起的,如MnO_4^- 的紫色是由于 $O^{2-}\rightarrow Mn^{7+}$电子跃迁(p-d 跃迁)的吸收峰在可见光区 18 500 cm^{-1}处。

13.1.7 配位催化

过渡元素容易形成配合物。通常认为过渡元素的原子或离子具有能级相近的价层电子轨道$(n-1)d$、ns 和 np,其中 ns 和 np 轨道是空的,$(n-1)d$ 轨道是部分空的,可以接受配体的孤电子对;而且过渡元素的离子一般具有较高的电荷和较小的半径,极化力强,对配体有较强的吸引力。因此,过渡元素具有很强的形成配合物的倾向。

许多过渡元素及其化合物具有独特的催化性能。例如,在反应过程中,过渡元素可形成不稳定的配合物,这些配合物作为中间产物可起到配位催化作用;又如,过渡元素也可通过提供适宜的反应表面,起到接触催化作用,以 V_2O_5 为催化剂制 H_2SO_4 即为一例。

13.1.8 磁性

多数过渡元素的原子或离子有未成对的电子,所以具有顺磁性。未成对的 d 电子越多,磁矩 μ 也越大,如表 13.8 所示。

表 13.8 未成对电子数与物质磁性的关系

离子	VO^{2+}	V^{3+}	Cr^{3+}	Mn^{2+}	Fe^{2+}	Co^{2+}	Ni^{2+}	Cu^{2+}
d 电子数	1	2	3	5	6	7	8	9
未成对 d 电子数	1	2	3	5	4	3	2	1
磁矩$(\mu)/\mu_b$	1.73	2.83	3.87	5.92	4.90	3.87	2.83	1.73

* 13.1.9 金属原子簇化合物

过渡元素金属原子间有直接的键合作用,即可以形成含有金属—金属键的簇状化合物。尤其是第二、三过渡系元素，由于$(n-1)$d 轨道伸展较远，原子实之间斥力较小，低氧化态离子半径又较大，可形成较稳定的金属—金属键，如$[Re_2Cl_8]^{2-}$配离子，其中含有 Re—Re 键：

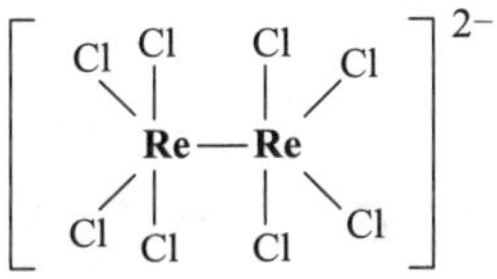

近年来，此类簇化合物已合成出数千种，发展十分迅速。由于簇状化合物具有特殊性质，如催化活性、光敏性等，而且其化学键不符合经典的成键规律，因此具有理论研究意义和应用价值。例如，铁-钌异核羰基簇氢化物$FeRu_3H_2(CO)_{13}$对水煤气转换反应有催化作用：

$$CO+H_2O \xrightarrow[\triangle]{FeRu_3H_2(CO)_{13},OH^-/\text{乙二醇醚}} H_2+CO_2$$

13.2 钛族、钒族元素

13.2.1 钛族、钒族元素概述

周期表中 d 区ⅣB 族包括钛(Ti)、锆(Zr)、铪(Hf)、𬬻(Rf)四种元素；ⅤB 族包括钒(V)、铌(Nb)、钽(Ta)、𬭊(Db)四种元素。𬬻、𬭊为人工合成放射性元素。

1. 钛 锆 铪

钛被认为是一种稀有金属，这是由于在自然界中其存在分散并难于提取。但其相对丰度在所有元素中居第十位。钛重要的矿石有钒钛磁铁矿中的钛矿、金红石(TiO_2)和钛铁砂($FeTiO_3$)等。我国钛资源丰富，海南岛等地有钛铁砂矿；攀西地区(四川攀枝花和西昌)的钒钛磁铁矿就有几十亿吨，占全国储量的 92% 以上。世界上已探明的钛储量中，我国居世界首位。锆和铪是稀有金属，主要矿石有锆英石($ZrSiO_4$)，铪常与锆共生。

金属钛呈银白色，有光泽，熔点高、密度小、耐磨、耐低温、无磁性、延展性好，在硬度、耐热性及导电、导热性方面，与其他过渡金属(如铁和镍)相似。但是它比其他具有相似的机械和耐热性能的金属轻得多。在常温下，因表面易生成致密的、钝化的、能自行修补裂缝的氧化物薄膜而具有优越的抗腐蚀性，不被酸、碱侵蚀，尤其是对海水。基于上述优点，钛及其合金广泛地用于制造喷气发动机、超音速飞机和潜水艇(防雷达、防磁性水雷)及有关化工设备。此外，钛与生物体组织相容性好，结合牢固，可用于接骨和制造人工关节；钛具有隔热、高度稳定、质轻、坚固等特性，由纯钛制造的假牙是任何金属材料无法比拟的，所以钛又被称为"生物金属"。因此，继铁、铝之后，预计钛将成为应用广泛的第三金属。

知识拓展

钛合金还有记忆功能(Ti-Ni 合金)、超导功能(Nb-Ti 合金)和储氢功能(Ti-Mn、Ti-Fe 等合金)，因此是重要的功能材料。

锆和铪的性质极为相似，两者分离十分困难，早期采用分步结晶或分步沉淀法，目前

主要应用离子交换和溶剂萃取等方法。例如,利用强碱型酚醛树脂$R—N(CH_3)_3^+Cl^-$阴离子交换剂,可达满意的分离效果;在溶剂萃取中,用三辛胺优先萃取锆的硫酸盐配合物受到广泛重视,获得的 ZrO_2 含 Hf<0.006%,被认为是目前最佳的方案。

金属锆是反应堆核燃元件的外壳材料,也是耐腐蚀材料。铪在反应堆中用作控制棒。

2. 钒 铌 钽

钒、铌、钽均为分散稀有元素。钒的重要矿石除钒钛磁铁矿外,还有铀钒钾矿[$K(UO_2)VO_4·3/2H_2O$]、钒酸铅矿[$Pb_5(VO_4)_3Cl$]。我国钒矿储量居世界第三位,四川攀枝花钒钛资源十分丰富,其中钒的储量占全国的49%。铌、钽在矿物中共生,其矿物通式以$(Fe,Mn)(Nb,Ta)_2O_6$表示,若以铌为主,称为铌铁矿,若以钽为主,称为钽铁矿。

金属钒呈银白色,有光泽,熔点高,易呈钝态,常温下不与碱及非氧化性的酸作用,但能溶于氢氟酸、浓硝酸、浓硫酸和王水。钒主要用作钢的添加剂。含钒(0.1%~0.3%)的钢材,具有强度大、弹性好、抗磨损、抗冲击等优点,广泛用于制造高速切削钢、弹簧钢、钢轨等。近年来发现钒的某些化合物具有重要的生理功能,如胆固醇的生物合成,牙齿和骨骼的矿化、葡萄糖的代谢等都与钒有相当密切的关系,这更显出钒化学的重要性。

历史逸闻

铌和钽是我国重要的丰产元素。铌是某些硬质钢的组分元素,特别适宜制造耐高温钢。由于钽的低生理反应性和不被人体排斥,它常用于制作修复严重骨折所需的金属板材及缝合神经的丝和箔等。

与锆和铪类似,铌和钽由于离子半径相近,分离比较困难。

13.2.2 钛的重要化合物

钛原子的价层电子构型为 $3d^24s^2$,最高氧化数为+4,此外还有+3 和+2 氧化数,其中+4 氧化数的化合物最重要。

1. 钛(Ⅳ)的化合物

(1) 二氧化钛(TiO_2)。在自然界中有三种晶型:金红石、锐钛矿和板钛矿。其中最重要的为金红石,由于含有少量杂质而呈红色或橙色。纯的 TiO_2 为白色难熔固体,受热变黄,冷却又变白。

TiO_2 难溶于水,具有两性(以碱性为主),由 Ti(Ⅳ)溶液与碱反应所制得的 TiO_2(实际为水合物)可溶于浓硫酸和浓 NaOH,生成硫酸氧钛和偏钛酸钠:

$$TiO_2+H_2SO_4(浓) \xrightarrow{\triangle} TiOSO_4+H_2O$$

$$TiO_2+2NaOH(浓) \longrightarrow Na_2TiO_3+H_2O$$

由于 Ti^{4+}电荷数多、半径小,极易水解,所以 Ti(Ⅳ)溶液中不存在Ti^{4+}。TiO^{2+}可看作是由Ti^{4+}二级水解产物脱水而形成的。TiO_2 也可与碱共熔,生成偏钛酸盐。此外,TiO_2 还可溶于氢氟酸中:

$$TiO_2+6HF \longrightarrow [TiF_6]^{2-}+2H^++2H_2O$$

TiO_2 的化学性质不活泼,且覆盖能力强、折射率高,可用于制造高级白色油漆。

TiO_2 在工业上称为“钛白”，它兼有锌白（ZnO）的持久性和铅白{[Pb(OH)]$_2$ CO_3}的遮盖性，是高档白色颜料，其最大的优点是无毒，在高级化妆品中用作增白剂。TiO_2 也用作高级铜板纸的表面覆盖剂，以及用于生产增白尼龙。在陶瓷中加入 TiO_2，可提高陶瓷的耐酸性。TiO_2 粒子具有半导体性能，且以其无毒、价廉、催化活性高、稳定性好等特点，成为目前多相光催化反应最常用的半导体材料。此外，TiO_2 也用作乙醇脱水、脱氢的催化剂。世界钛矿开采量的 90%以上是用于生产钛白的。钛白的制备方法随其用途而异。工业上生产 TiO_2 的方法主要有硫酸法和氯化法。目前我国生产 TiO_2 主要用硫酸法，其主要反应如下：

$$\underset{\text{(钛铁矿)}}{FeTiO_3}+2H_2SO_4(\text{浓}) \xrightarrow{\text{煮沸}} FeSO_4+\underset{\text{(硫酸氧钛)}}{TiOSO_4}+2H_2O$$

冷却所得滤液，除去$FeSO_4 \cdot 7H_2O$ 后加热至沸腾：

$$TiOSO_4+2H_2O \xrightarrow{\text{煮沸}} H_2TiO_3\downarrow+H_2SO_4$$

将沉淀滤出、烘干，在 900～950 ℃下焙烧：

$$H_2TiO_3 \xrightarrow{\text{焙烧}} TiO_2+H_2O$$

硫酸法工艺比较突出的问题是副产品的利用和环保。副产品硫酸亚铁可生产聚合硫酸铁无机高分子絮凝剂；还可以生产氧化铁的各色颜料，制造含铁的肥料，改良盐碱地等。废酸可用石灰或石灰乳中和，得到副产物石膏等。

氯化法是将粉碎后的金红石或高钛渣与焦炭混合，在流化床氯化炉中与氯气反应生成 $TiCl_4$，经净化，于 1 000 ℃左右通氧气使 $TiCl_4$ 转化为 TiO_2：

$$TiO_2+2C+2Cl_2 \xrightarrow{\triangle} TiCl_4+2CO\uparrow$$

$$TiCl_4+O_2 \xrightarrow{\text{焙烧}} TiO_2+2Cl_2\uparrow$$

该工艺中 TiO_2 的氯化反应是下列两个反应：

$$TiO_2(s)+2Cl_2(g) \longrightarrow TiCl_4(l)+O_2(g) \qquad (a)$$

$$2C(s)+O_2(g) \longrightarrow 2CO(g) \qquad (b)$$

的耦合：

$$TiO_2(s)+2Cl_2(g)+2C(s) \longrightarrow TiCl_4(l)+2CO(g) \qquad (c)$$

通过计算得知反应(a)在 298 K 下：

$$\Delta_r H_m^\ominus(a)=141\ kJ\cdot mol^{-1}$$

$$\Delta_r S_m^\ominus(a)=-31.19\ J\cdot K^{-1}\cdot mol^{-1}$$

$$\Delta_r G_m^\ominus(a)=153\ kJ\cdot mol^{-1}$$

即由氯气直接与金红石反应的 $\Delta_r G_m^\ominus>0$，为焓增、熵减的反应类型，在任何温度下均不能自发进行，若将反应(b)（焓减、熵增的反应）与反应(a)耦合成反应(c)，通过计算得知：

$$\Delta_r H_m^\ominus(c)=-80.14\ kJ\cdot mol^{-1}$$

$$\Delta_r S_m^\ominus(c)=139.42\ J\cdot mol^{-1}\cdot K^{-1}$$

$$\Delta_r G_m^\ominus(c)=-121.3\ kJ\cdot mol^{-1}$$

此耦合反应任何温度下均为自发反应。考虑到反应速率，工业上实际控制的反应温度为 1 000 ℃左右。

氯化法比硫酸法能耗低,以气相反应为主,氯气可循环使用,排出的废弃物仅为硫酸法的十分之一,且易生产出优质钛白。

通常,光催化剂 TiO_2 是通过液相法或气相法来制备的。液相法是将钛的卤化物或钛醇盐经水解生成氢氧化钛(或羟基氧钛),再经煅烧得到 TiO_2:

$$TiX_4 \text{ 或 } Ti(OR_4) \xrightarrow{\text{水解}} Ti(OH)_4 \text{ 或 } TiO(OH)_2 \xrightarrow{\text{煅烧}} TiO_2$$

(2) 钛酸盐和钛氧盐。TiO_2 为两性偏碱性氧化物,可形成两系列盐——钛酸盐和钛氧盐。钛酸盐大都难溶于水。$BaTiO_3$(白色)、$PbTiO_3$(淡黄)介电常数高,具有压电效应,是最重要的压电陶瓷材料,这是一种可以使电能和机械能相互转换的功能材料,广泛用于电子信息技术和光电技术领域。

$BaTiO_3$ 主要通过“混合—预烧—球磨”流程大规模生产:

$$BaCO_3 + TiO_2 \longrightarrow BaTiO_3 + CO_2\uparrow$$

若要制备高纯度粉体或薄膜材料,一般采用溶胶-凝胶法。例如,制备 $BaTiO_3$,选用 $Ba(OAc)_2$[或 $Ba(NO_3)_2$]和 $Ti(OC_4H_9)_4$,以乙醇作溶剂,先制成溶胶,在空气中存储,经加入(或吸收)适量水,发生水解-聚合反应变成凝胶,再经热处理可制得所需样品。

硫酸氧钛($TiOSO_4$)为白色粉末,可溶于冷水。在溶液或晶体内实际上不存在简单的钛酰离子 TiO^{2+},而是以 TiO^{2+} 聚合形成的锯齿状长链 $(TiO)_n^{2n+}$ 形式存在如图 13.5 所示。在晶体中这些长链彼此之间由 SO_4^{2-} 连接起来。

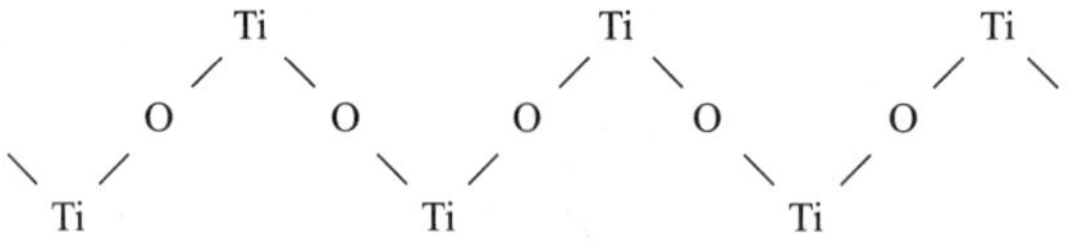

图 13.5 $(TiO)_n^{2n+}$ 长链示意图

TiO_2 为两性氧化物,酸、碱性都很弱,对应的钛酸盐和钛氧盐皆易水解,形成白色偏钛酸(H_2TiO_3)沉淀:

$$Na_2TiO_3 + 2H_2O \longrightarrow H_2TiO_3\downarrow + 2NaOH$$

$$TiOSO_4 + 2H_2O \longrightarrow H_2TiO_3\downarrow + H_2SO_4$$

(3) 四氯化钛。四氯化钛($TiCl_4$)是钛最重要的卤化物,通常由 TiO_2、氯气和焦炭在高温下反应制得。

$TiCl_4$ 为共价化合物,其熔点和沸点分别为 -23.2 ℃、136.4 ℃,常温下为无色液体,易挥发,具有刺激气味,易溶于有机溶剂。$TiCl_4$ 极易水解,在潮湿空气中由于水解而冒烟:

$$TiCl_4 + 3H_2O \longrightarrow H_2TiO_3\downarrow + 4HCl\uparrow$$

利用此反应可以制造烟幕。

$TiCl_4$ 是制备钛的其他化合物的原料。

利用氮等离子体,由 $TiCl_4$ 可获得仿金镀层 TiN:

$$2TiCl_4 + N_2 \xrightarrow{\text{等离子技术}} 2TiN + 4Cl_2$$

在 Ti(Ⅳ)盐的酸性溶液中加入 H_2O_2,则生成较稳定的橙色配合物$[TiO(H_2O_2)]^{2+}$:

$$TiO^{2+}+H_2O_2 \longrightarrow [TiO(H_2O_2)]^{2+}$$
（橙色）

此反应用于 Ti(Ⅳ)或 H_2O_2 的比色测定。

2. 钛(Ⅲ)的化合物

钛的氧化数为+3 的化合物中，较重要的是紫色的三氯化钛($TiCl_3$)。在低压下用氢气还原干燥的气态 $TiCl_4$，即可制得纯 $TiCl_3$ 粉末：

$$2TiCl_4+H_2 \xrightarrow[460\ ^\circ C]{5\times10^2\sim7\times10^2\ Pa} 2TiCl_3+2HCl$$

在酸性溶液中，钛的电势图为

$$E_A^\ominus/V \quad TiO^{2+} \overset{0.1}{\text{———}} Ti^{3+} \overset{-0.37}{\text{———}} Ti^{2+} \overset{-1.63}{\text{———}} Ti$$
（无色）　（紫色）　（深褐色）

可见 Ti^{3+} 有较强的还原性，容易被空气中的氧所氧化：

$$4Ti^{3+}+O_2+2H_2O \longrightarrow 4TiO^{2+}+4H^+$$

$TiCl_3$ 与 $TiCl_4$ 一样，均可作为某些有机合成反应的催化剂。

*13.2.3 钒、铌、钽的重要化合物

钒原子的价层电子构型为 $3d^34s^2$，可形成+5、+3、+2 等氧化数的化合物，其中以氧化数为+5 化合物较重要。钒的某些化合物具有催化作用和生理功能。

1. 五氧化二钒

五氧化二钒(V_2O_5)为橙黄至砖红色固体，无味、有毒(钒的化合物均有毒)，微溶于水，其水溶液呈淡黄色并显酸性。目前工业上是以含钒铁矿熔炼钢时所获得的富钒炉渣(含 $FeO\cdot V_2O_3$)为原料制取 V_2O_5。先与纯碱反应：

$$4FeO\cdot V_2O_3+4Na_2CO_3+5O_2 \xrightarrow{\triangle} 8NaVO_3+2Fe_2O_3+4CO_2\uparrow$$

然后用水从烧结块中浸出 $NaVO_3$，用酸中和至 pH=5~6 时加入硫酸铵，调节 pH=2~3，可析出六聚钒酸铵，再设法转化为 V_2O_5。

V_2O_5 为两性氧化物(以酸性为主)，溶于强碱(如 NaOH)溶液中：

$$V_2O_5+6OH^- \xrightarrow{冷} 2VO_4^{3-}+3H_2O$$
（正钒酸根，无色）

$$V_2O_5+2OH^- \xrightarrow{热} 2VO_3^-+H_2O$$
（偏钒酸根，黄色）

V_2O_5 也可溶于强酸(如 H_2SO_4)，但得不到 V^{5+}，而是形成淡黄色的 VO_2^+：

$$V_2O_5+2H^+ \longrightarrow 2VO_2^++H_2O$$
（淡黄）

V_2O_5 为中强氧化剂，如与盐酸反应，V(Ⅴ)可被还原为 V(Ⅳ)，并放出氯气：

$$V_2O_5+6H^++2Cl^- \longrightarrow 2VO^{2+}+Cl_2\uparrow+3H_2O$$
（蓝色）

V_2O_5 在硫酸工业中用作催化剂；石油化工中用作设备的缓蚀剂。近期研究

发现,V_2O_5 薄膜具有电学、光学、物理化学等方面的特性,可用于湿度传感器、气体传感器、抗静电涂料、电源开关、微电池及电致变色显示器件等方面。

2. 钒酸盐

钒酸盐的形式多种多样。有偏钒酸盐 $M(\mathrm{I})VO_3$、正钒酸盐 $M(\mathrm{I})_3VO_4$ 及多钒酸盐 $M(\mathrm{I})_4V_2O_7$、$M(\mathrm{I})_3V_3O_9$ 等。正钒酸盐根 VO_4^{3-} 和 ClO_4^-、SO_4^{2-}、PO_4^{3-} 等含氧酸根离子结构相似,均为正四面体构型。VO_4^{3-} 只存在于强碱性溶液中。向钒酸盐溶液中加酸,随着 pH 的逐渐减小,钒酸根会逐渐脱水,缩合为多钒酸根。当 pH<1 时,形成淡黄色的 VO_2^+ 溶液。

$$\underset{\text{正钒酸根}}{VO_4^{3-}} \xrightarrow{pH=12\sim10} \underbrace{V_2O_7^{4-} \xrightarrow{pH=9} V_3O_9^{3-} \xrightarrow{pH=2.2} H_2V_{10}O_{28}^{4-}}_{\text{多钒酸根}} \xrightarrow{pH<1} VO_2^+$$

钒酸盐在强酸性溶液中(以 VO_2^+ 形式存在)有氧化性。在酸性溶液中钒的标准电极电势如下:

$$E_A^\ominus/V \qquad \underset{(\text{黄色})}{VO_2^+} \xrightarrow{1.000} \underset{(\text{蓝色})}{VO^{2+}} \xrightarrow{0.337} \underset{(\text{绿色})}{V^{3+}} \xrightarrow{-0.255} \underset{(\text{紫色})}{V^{2+}} \xrightarrow{-1.13} V$$

离子颜色

VO_2^+ 可被 Fe^{2+}、草酸等还原为 VO^{2+}:

$$\underset{(\text{钒铣离子})}{VO_2^+} + Fe^{2+} + 2H^+ \longrightarrow \underset{(\text{亚钒铣离子})}{VO^{2+}} + Fe^{3+} + H_2O$$

$$2VO_2^+ + H_2C_2O_4 + 2H^+ \xrightarrow{\triangle} 2VO^{2+} + 2CO_2\uparrow + 2H_2O$$

上述反应可用于氧化还原法测定钒含量。

VO_2^+、VO^{2+}、ZrO^{2+}、HfO^{2+},以及前面已遇到过 SbO^+、BiO^+、TiO^{2+} 等均可看成是相应高氧化态阳离子水解的中间产物,命名时称某酰离子。

3. 铌和钽的化合物

铌和钽最常见的氧化数是+5,氧化数为+4 的卤化物也较重要,+3、+2 氧化数的阳离子的含氧酸盐尚不存在。

多数的铌酸盐和钽酸盐是难溶的,被认为是复合氧化物(实际上钛酸盐也是复合氧化物)。例如,高温高压水热法合成的激光材料 $LiNbO_3$ 和 $LiTaO_3$,在铌酸盐、钽酸盐中掺杂某些元素制得的超导氧化物,如 $(Nb,Ce)_2Sr_2CuMO_{10}(M=Nb,Ta)$。

铌和钽元素能形成一系列的簇状化合物。例如,在高温时用金属 Nb 或 Ta 还原 NbX_5 或 TaX_5 时生成一系列 $[M_6X_{12}]^{n+}$,它是由金属原子的八面体簇与位于八面体各边上方的卤素原子组成的(图 13.6)。这类化合物很多都是新型功能材料。所以对我国丰产元素铌和钽化合物的合成、结构、性能的研究,对开发新型功能材料、发展我国高科技

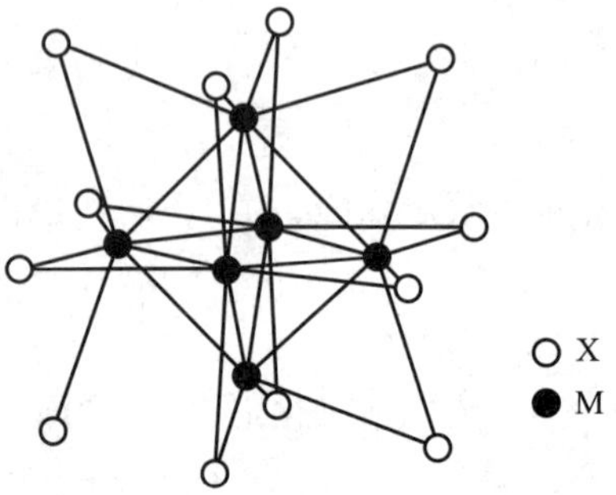

图 13.6 $[M_6X_{12}]^{n+}$ 簇,在金属离子的八面体的每个边上有 X 桥

产业及基础理论研究均有重要意义。

13.3　铬族元素

13.3.1　铬族元素概述

铬(Cr)、钼(Mo)、钨(W)、𨭎(Sg)为 d 区ⅥB 族元素,其中𨭎为放射性元素。钼、钨虽为稀有元素,但在我国蕴藏丰富。湖南柿竹园钨矿以白钨矿(主要成分为 $CaWO_4$)为主,江西西华山矿以黑钨矿(主要成分为 $FeMnWO_4$)为主;河南、陕西、吉林三省的钼储量占全国的 56% 以上,河南栾川、陕西金堆城、辽宁杨家杖子的辉钼矿(主要成分为 MoS_2)堪称大矿。我国钨储量占世界总储量的一半以上,居世界第一位;钼的储量居世界第二位。铬在自然界中主要以铬铁矿 $Fe(CrO_2)_2$ 形式存在,在我国主要分布在西藏、新疆、内蒙古、甘肃等省(区),我国铬矿资源比较贫乏,属短缺资源。

1. 铬、钼、钨的性质和用途

铬、钼、钨均为银白色金属,它们的原子价层有 6 个电子可以参与形成金属键,另外原子半径也较小,因而熔点、沸点在各自的周期中最高,硬度也大,其中钨在所有金属中熔点最高(3 410 ℃),铬在所有金属中硬度最大。我国古代的"宝刀"其成分中就含有钨。

常温下,铬、钼、钨表面因形成致密的氧化膜而降低了活性,在空气中或水中都相当稳定。去掉保护膜的铬可缓慢溶于稀盐酸和稀硫酸中,形成蓝色 Cr^{2+}。Cr^{2+} 与空气接触,很快被氧化而变为紫色的 Cr^{3+}:

$$Cr + 2H^+ \longrightarrow Cr^{2+} + H_2\uparrow$$

$$4Cr^{2+} + 4H^+ + O_2 \longrightarrow 4Cr^{3+} + 2H_2O$$

铬还可与热浓硫酸作用:

$$2Cr + 6H_2SO_4(\text{热,浓}) \longrightarrow Cr_2(SO_4)_3 + 3SO_2\uparrow + 6H_2O$$

铬不溶于浓硝酸。

钼和钨彼此非常相似,其化学性质较稳定,与铬有显著区别。钼与稀盐酸和浓盐酸都不反应,能溶于浓硝酸和王水;而钨与盐酸、硫酸、硝酸都不反应,氢氟酸和硝酸的混合物或王水却能使钨溶解。

铬、钼、钨只有在高温下才能与卤素、硫、氮、碳等直接化合。

由于铬具有高硬度、耐磨、耐腐蚀、良好光泽等优良性能,常用作金属表面的镀层(如自行车、汽车、精密仪器的零件常为镀铬制件),并大量用于制造合金(如铬钢、不锈钢)。钼和钨也大量用于制造耐高温、耐磨和耐腐蚀的合金钢,以满足刀具、钻头、常规武器及导弹、火箭等生产的需要。此外,钨丝还用于制作灯丝(温度可高达 2 600 ℃不熔化,发光率高、寿命长),高温电炉的发热元件等。许多钼的化合物用作催化剂,固氮中的关键酶含有钼。

知识拓展

2. 铬的电势图

$$E_A^\ominus/V \quad Cr_2O_7^{2-} \xrightarrow{+1.36} [Cr(H_2O)_6]^{3+} \xrightarrow{-0.424} [Cr(H_2O)_6]^{2+} \xrightarrow{-0.90} Cr$$

$[Cr(H_2O)_6]^{3+}$ —— Cr: −0.74

$$E_B^\ominus/V \quad CrO_4^{2-} \xrightarrow{-0.13} [Cr(OH)_4]^{-} \xrightarrow{-0.80} [Cr(OH)_2] \xrightarrow{-1.4} Cr$$

$[Cr(OH)_4]^{-}$ —— Cr: −1.2

$Cr(OH)_3$ —— $[Cr(OH)_2]$: −1.1

由铬的电极电势图可知:在酸性溶液中,氧化数为+6 的铬($Cr_2O_7^{2-}$)有较强氧化性,可被还原为Cr^{3+};而Cr^{2+}有较强还原性,可被氧化为Cr^{3+}。因此,在酸性溶液中Cr^{3+}不易被氧化,也不易被还原。在碱性溶液中,氧化数为+6 的铬(CrO_4^{2-})氧化性很弱,相反,Cr(Ⅲ)易被氧化为 Cr(Ⅵ)。

在氧化态的稳定性上 Mo、W 彼此非常相似,表现出与 Cr 差别较大。在酸性或碱性溶液中,氧化数+6 化合物的稳定性按 Cr—Mo—W 的顺序增强(氧化性减弱);Mo(Ⅱ)、W(Ⅱ)只有在保持着明显的 M—M 键的簇状化合物中才稳定存在。

13.3.2 铬的重要化合物

铬的价层电子构型为 $3d^54s^1$,有多种氧化数,其中以氧化数为+3 和+6 的化合物较常见,也较重要。

1. 铬(Ⅲ)化合物

(1) 三氧化二铬及其水合物。高温下,通过金属铬与氧直接化合,重铬酸铵或三氧化铬的热分解,都可生成绿色三氧化二铬(Cr_2O_3)固体:

实验视频

$$4Cr+3O_2 \xrightarrow{\triangle} 2Cr_2O_3$$

$$(NH_4)_2Cr_2O_7 \xrightarrow{\triangle} Cr_2O_3+N_2\uparrow+4H_2O$$

$$4CrO_3 \xrightarrow{\triangle} 2Cr_2O_3+3O_2\uparrow$$

Cr_2O_3 是难以溶解和熔融的两性氧化物,溶于 H_2SO_4 生成蓝紫色$Cr_2(SO_4)_3$;与 NaOH 共熔生成绿色的 $NaCrO_2$:

$$Cr_2O_3+3H_2SO_4 \longrightarrow Cr_2(SO_4)_3+3H_2O$$

$$Cr_2O_3+2NaOH \longrightarrow 2NaCrO_2+H_2O$$

高温灼烧过的 Cr_2O_3 在酸、碱液中都呈惰性,与 α-Al_2O_3 结构相同,天然或人工合成的红宝石是 α-Al_2O_3 中含有少量Cr^{3+}(取代 Al^{3+})形成的。但与酸性熔剂共熔,能转变为可溶性铬(Ⅲ)盐。

$$Cr_2O_3+3K_2S_2O_7 \xrightarrow{高温} Cr_2(SO_4)_3+3K_2SO_4$$

Cr_2O_3 是冶炼铬的原料,还是一种绿色颜料(俗称铬绿),对光、大气、高温及腐蚀性气体(SO_2、H_2S 等)极稳定。广泛应用于陶瓷、玻璃、涂料、印刷等工业,也是有机合成的催化剂。

向铬(Ⅲ)盐溶液中加入碱,可得灰绿色胶状水合氧化铬($Cr_2O_3 \cdot xH_2O$)沉淀,水合氧化铬含水量是可变的，通常称之为氢氧化铬，习惯上以 $Cr(OH)_3$ 表示。

氢氧化铬难溶于水，具有两性，易溶于酸形成蓝紫色的$[Cr(H_2O)_6]^{3+}$，也易溶于碱形成亮绿色的$[Cr(OH)_4]^-$或$[Cr(OH)_6]^{3-}$：

$$Cr(OH)_3+3H^+ \longrightarrow Cr^{3+}+3H_2O$$

$$Cr(OH)_3+OH^- \longrightarrow [Cr(OH)_4]^-$$

（2）铬(Ⅲ)盐。常见的铬(Ⅲ)盐有六水合氯化铬 $CrCl_3 \cdot 6H_2O$（紫色或绿色），十八水合硫酸铬 $Cr_2(SO_4)_3 \cdot 18H_2O$（紫色）及铬钾矾（简称）$KCr(SO_4)_2 \cdot 12H_2O$（蓝紫色），它们都易溶于水。

铬化合物使兽皮中胶原羧酸基发生交联的过程叫铬鞣。铬鞣的基本原理是利用 Cr^{3+} 的水解，缩聚及配位的特性。例如，碱式硫酸铬$[Cr(OH)SO_4]$是重要的铬鞣剂。铬的化合物总产量的 1/3 用于鞣革。

由于水合三氧化二铬为难溶的两性化合物，其酸性、碱性都很弱，因而对应的 Cr^{3+} 和$[Cr(OH)_4]^-$盐易水解。例如，Cr^{3+} 在水溶液中形成$[Cr(H_2O)_6]^{3+}$后，其水解反应为

$$[Cr(H_2O)_6]^{3+}+H_2O \rightleftharpoons [Cr(OH)(H_2O)_5]^{2+}+H_3O^+$$

若降低酸度，$[Cr(H_2O)_6]^{3+}$和$[Cr(OH)(H_2O)_5]^{2+}$可进一步反应，通过羟基桥形成链状或环状的 Cr(Ⅲ)的多核配合物：

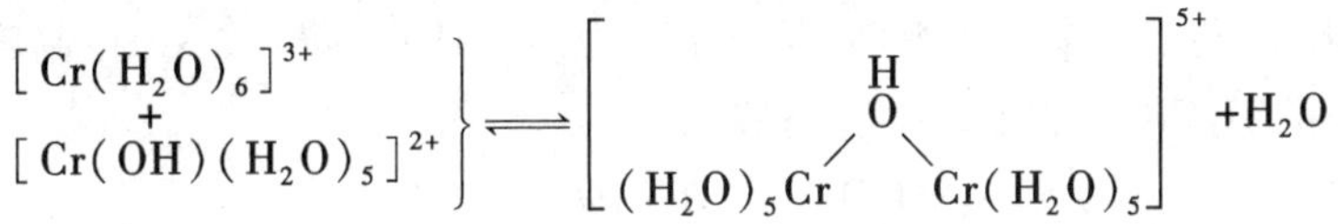

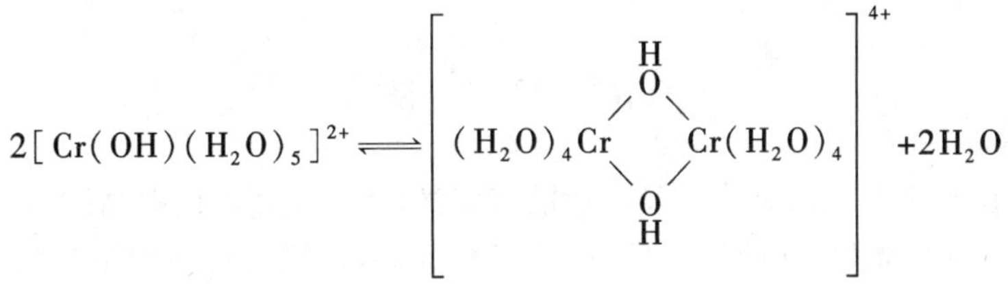

若向上述溶液中继续加入碱，可形成相对分子质量较高的可溶性聚合物，最后析出水合氧化铬(Ⅲ)胶状沉淀。

将含有$[Cr(OH)_4]^-$水溶液加热煮沸，可使其完全水解为水合氧化铬(Ⅲ)沉淀：

$$2[Cr(OH)_4]^-+(x-3)H_2O \longrightarrow Cr_2O_3 \cdot xH_2O \downarrow +2OH^-$$

在碱性溶液中，$[Cr(OH)_4]^-$有较强的还原性。例如，可用 H_2O_2 将其氧化为 CrO_4^{2-}：

$$\underset{（绿色）}{2[Cr(OH)_4]^-}+3H_2O_2+2OH^- \longrightarrow \underset{（黄色）}{2CrO_4^{2-}}+8H_2O$$

在酸性溶液中，需用很强的氧化剂如过硫酸盐，才能将 Cr^{3+} 氧化为 $Cr_2O_7^{2-}$：

$$2Cr^{3+}+3S_2O_8^{2-}+7H_2O \xrightarrow{Ag^+催化} Cr_2O_7^{2-}+6SO_4^{2-}+14H^+$$

实验视频

（3）铬(Ⅲ)配合物。目前已知的铬(Ⅲ)配合物有几千种，除少数外，配位数多为 6。在这些配合物中，e_g 轨道全空，在可见光照射下极易发生 d-d 跃迁，所以，Cr(Ⅲ)配合物大都显色。

$[Cr(H_2O)_6]^{3+}$为最常见的 Cr(Ⅲ)的配合物,它存在于水溶液中,也存在于许多盐的水合晶体中。$CrCl_3 \cdot 6H_2O$ 配合物,由于制备条件不同,可以得到三种不同颜色的异构体:$[Cr(H_2O)_6]Cl_3$ 紫色;$[CrCl(H_2O)_5]Cl_2 \cdot H_2O$ 浅绿色;$[CrCl_2(H_2O)_4]Cl \cdot 2H_2O$ 暗绿色。这三种异构体在一定条件下可以相互转化。

实验视频

Cr^{3+}除了可与 H_2O、Cl^-等配体形成配合物外,还可与 $NH_3(l)$、$C_2O_4^{2-}$、OH^-、CN^-、SCN^-等形成单一配体配合物,如$[Cr(CN)_6]^{3-}$、$[Cr(NCS)_6]^{3-}$等;此外,还能形成含有两种或两种以上配体的配位化合物,如$[CrCl(H_2O)_5]^{2+}$、$[CrBrCl(NH_3)_4]^+$等。

实验视频

2. 铬(Ⅵ)化合物

铬(Ⅵ)化合物主要有三氧化铬(CrO_3)、铬酸钾(K_2CrO_4)和重铬酸钾($K_2Cr_2O_7$)。

(1) 三氧化铬。俗名"铬酐"。向 $K_2Cr_2O_7$ 的饱和溶液中加入过量浓硫酸,即可析出暗红色的 CrO_3 晶体:

$$K_2Cr_2O_7 + H_2SO_4(\text{浓}) \longrightarrow 2CrO_3\downarrow + K_2SO_4 + H_2O$$

CrO_3 有毒,对热不稳定,加热到 197 ℃时分解放氧:

$$4CrO_3 \xrightarrow{\triangle} 2Cr_2O_3 + 3O_2\uparrow$$

在分解过程中,可形成中间产物二氧化铬(CrO_2,黑色)。CrO_2 有磁性,可用于制造高级录音带。

CrO_3 有强氧化性,与有机物(如酒精)剧烈反应,甚至着火、爆炸。CrO_3 易潮解,溶于水主要生成铬酸 H_2CrO_4,溶于碱生成铬酸盐:

$$CrO_3 + H_2O \longrightarrow \underset{(\text{黄色})}{H_2CrO_4}$$

$$CrO_3 + 2NaOH \longrightarrow \underset{(\text{黄色})}{Na_2CrO_4} + H_2O$$

CrO_3 广泛用作有机反应的氧化剂和电镀的镀铬液成分,也用于制取高纯铬。

(2) 铬酸盐与重铬酸盐。由于铬(Ⅵ)的含氧酸无游离状态,因而常用其盐。钾、钠的铬酸盐和重铬酸盐是铬的最重要的盐,K_2CrO_4 为黄色晶体,$K_2Cr_2O_7$ 为橙红色晶体(俗称红矾钾)。$K_2Cr_2O_7$ 在高温下溶解度大(100 ℃时为 102 g/100 g H_2O),低温下的溶解度小(0 ℃时为 5 g/100 g H_2O),易通过重结晶法提纯;而且 $K_2Cr_2O_7$ 不易潮解,又不含结晶水,故常用作化学分析中的基准物。

实验视频

向铬酸盐溶液中加入酸,溶液由黄色变为橙红色,而向重铬酸盐溶液中加入碱,溶液由橙红色变为黄色。这表明在铬酸盐或重铬酸盐溶液中存在如下平衡:

$$\underset{(\text{黄色})}{2CrO_4^{2-}} + 2H^+ \underset{OH^-}{\overset{H^+}{\rightleftharpoons}} \underset{(\text{橙红色})}{Cr_2O_7^{2-}} + H_2O$$

实验证明,当 pH=11 时,Cr(Ⅵ)几乎 100%以 CrO_4^{2-} 形式存在于溶液中;而当pH=1.2时,又几乎 100%以 $Cr_2O_7^{2-}$ 形式存在。

重铬酸盐大都易溶于水;而铬酸盐,除 K^+、Na^+、NH_4^+ 盐外,一般都难溶于水,因此向可溶性铬酸盐的溶液中加入 Ba^{2+}、Pb^{2+}、Ag^+等,会生成沉淀:

$$Ba^{2+} + CrO_4^{2-} \longrightarrow BaCrO_4\downarrow(\text{柠檬黄})$$

$$Pb^{2+}+CrO_4^{2-} \longrightarrow PbCrO_4\downarrow \text{(铬黄)}$$

$$2Ag^{+}+CrO_4^{2-} \longrightarrow Ag_2CrO_4\downarrow \text{(砖红)}$$

上列第 2 个反应可用于鉴定 CrO_4^{2-}。柠檬黄、铬黄作为颜料可用于制造油漆、油墨、水彩、油彩，还可用于色纸、橡胶、塑料制品的着色。向重铬酸盐溶液中加入 Ba^{2+}、Pb^{2+}或 Ag^{+}时，可使上述平衡向生成 CrO_4^{2-} 的方向移动，生成相应的铬酸盐沉淀：

$$Cr_2O_7^{2-}+2Ba^{2+}+H_2O \longrightarrow \underset{\text{(柠檬黄)}}{2BaCrO_4}\downarrow +2H^{+}$$

$$Cr_2O_7^{2-}+2Pb^{2+}+H_2O \longrightarrow \underset{\text{(铬黄)}}{2PbCrO_4}\downarrow +2H^{+}$$

$$Cr_2O_7^{2-}+4Ag^{+}+H_2O \longrightarrow \underset{\text{(砖红)}}{2Ag_2CrO_4}\downarrow +2H^{+}$$

由铬的电势图可知，重铬酸盐在酸性溶液中有强氧化性，可以氧化 H_2S、H_2SO_3、HCl、HI、$FeSO_4$ 等许多物质，本身被还原为Cr^{3+}：

$$Cr_2O_7^{2-}+3H_2S+8H^{+} \longrightarrow 2Cr^{3+}+3S\downarrow +7H_2O$$

$$Cr_2O_7^{2-}+3SO_3^{2-}+8H^{+} \longrightarrow 2Cr^{3+}+3SO_4^{2-}+4H_2O$$

$$Cr_2O_7^{2-}+6I^{-}+14H^{+} \longrightarrow 2Cr^{3+}+3I_2+7H_2O$$

$$Cr_2O_7^{2-}+6Fe^{2+}+14H^{+} \longrightarrow 2Cr^{3+}+6Fe^{3+}+7H_2O$$

在化学分析中常用到上列第 3、4 个反应。在第 3 个反应中，从电极电势分析，I^{-}也有可能被氧化成IO_3^{-}[$E_A^{\ominus}(IO_3^{-}/I_2)=1.195\ V$]，但实验表明，$I^{-}$被氧化产物为 I_2，这应归于化学反应速率的原因；第 4 个反应常用来测定铁的含量。过去化学实验中用于洗涤玻璃器皿的铬酸“洗液”，是由重铬酸钾的饱和溶液与浓硫酸配制的混合物。

在酸性溶液中，$Cr_2O_7^{2-}$ 还能氧化 H_2O_2：

$$Cr_2O_7^{2-}+3H_2O_2+8H^{+} \longrightarrow 2Cr^{3+}+3O_2\uparrow +7H_2O$$

在反应过程中，先生成蓝色的过氧化铬：

$$Cr_2O_7^{2-}+4H_2O_2+2H^{+} \longrightarrow 2CrO_5+5H_2O$$

这是检验铬(Ⅵ)和过氧化氢的灵敏反应。$CrO_5$❶ 不稳定，会逐渐分解成Cr^{3+}，并放出 O_2。CrO_5 在乙醚或戊醇中较为稳定。

实验视频

实验视频

实验视频

实验视频

疑难解析

疑难解析

*13.3.3 重要工业铬产品的制备

铬的主要矿物是铬铁矿$FeCr_2O_4$(即 $FeO\cdot Cr_2O_3$)。制备工业铬产品的途径通常是先从铬铁矿制备 $Na_2Cr_2O_7$(俗称红矾钠铬盐)，其方法是在返焰炉中用 $Na_2CO_3(s)$熔矿：

$$4FeCr_2O_4(s)+8Na_2CO_3(s)+7O_2(g) \xrightarrow{\triangle} 2Fe_2O_3(s)+8Na_2CrO_4(s)+8CO_2(g)$$

然后用水浸出 Na_2CrO_4，滤去铬渣后滤液再经酸化、浓缩得到 $Na_2Cr_2O_7$ 结晶。以 $Na_2Cr_2O_7$ 为原料，可以生产出 $PbCrO_4$、Cr_2O_3、CrO_3、CrO_2、$K_2Cr_2O_7$、$Cr(OH)SO_4$、

❶ CrO_5 中含有两个过氧基，准确应表达为 $CrO(O_2)_2$。

$(NH_4)_2Cr_2O_7$、Cr 等一系列铬的重要产品(图 13.7)。

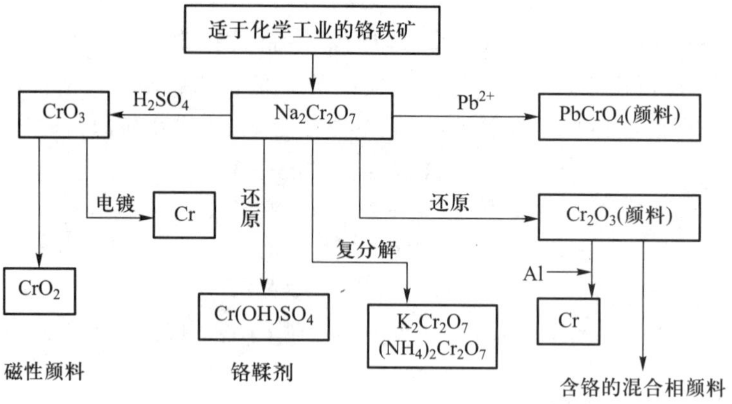

图 13.7 重要工业铬产品制备途径示意图

由于历史的原因及过去环保意识淡薄和治理资金及技术限制,有些化工厂排放的铬渣没有及时处理,大量铬渣露天堆放,对该地区土壤、地下水、大气造成严重污染。

*13.3.4 钼和钨的重要化合物

钼和钨可形成氧化数从+2 到+6 的化合物,其中以氧化数为+6 的化合物最稳定。

1. 三氧化钼和三氧化钨

常见的钼、钨矿有辉钼矿(MoS_2)、白钨矿($CaWO_4$)。由 MoS_2、$CaWO_4$ 分别制取 MoO_3、WO_3 的方法可以简要表示如下(略去除杂质过程):

$$MoS_2 \xrightarrow[\text{煅烧}]{O_2} MoO_3(\text{粗}) + SO_2\uparrow \xrightarrow[\text{浸取}]{NH_3\cdot H_2O} (NH_4)_2MoO_4\ \text{溶液}$$

$$\xrightarrow{\text{酸化}} H_2MoO_4\downarrow \xrightarrow{400\sim500\ ℃} MoO_3$$

$$CaWO_4 \xrightarrow[800\sim900\ ℃]{Na_2CO_3(s)} Na_2WO_4 \xrightarrow{\text{水溶酸化后}} H_2WO_4\downarrow$$

$$\xrightarrow{NH_3\cdot H_2O} (NH_4)_2WO_4\ \text{溶液} \xrightarrow{\text{蒸发结晶后焙烧}} WO_3$$

MoO_3 和WO_3 也可由相应金属在空气或氧气中灼烧,或由相应的含氧酸受热脱水而制得:

$$2Mo+3O_2 \xrightarrow{\triangle} 2MoO_3;\quad 2W+3O_2 \xrightarrow{\triangle} 2WO_3$$

$$H_2MoO_4 \xrightarrow{\triangle} MoO_3 + H_2O;\quad H_2WO_4 \xrightarrow{\triangle} WO_3 + H_2O$$

MoO_3 为白色固体,受热时变为黄色;WO_3 为柠檬黄色固体,受热时变为橙黄,冷却后又都恢复原来的颜色。它们均比CrO_3 稳定得多,加热到熔化也不分解。MoO_3 和 WO_3 的熔点分别为 795 ℃和 1 473 ℃,它们皆难溶于水,不与酸(氢氟酸除外)反应,但可溶于氨水和强碱溶液,生成相应的含氧酸盐:

$$MoO_3 + 2NH_3\cdot H_2O \longrightarrow (NH_4)_2MoO_4 + H_2O$$

$$WO_3 + 2NaOH \longrightarrow Na_2WO_4 + H_2O$$

与CrO_3 不同,MoO_3 和WO_3 的氧化性极弱,仅在高温下才被氢气还原为金属:

$$MoO_3 + 3H_2 \xrightarrow{\triangle} Mo + 3H_2O$$

$$WO_3 + 3H_2 \xrightarrow{\triangle} W + 3H_2O$$

MoO_3、WO_3 作为负载型催化剂已在工业上广泛应用，但对其表面结构、配位状态的研究尚属初始阶段。MoO_3、WO_3 能直接与大环配体形成配合物是值得注意的一个研究方向。

2. 钼酸、钨酸及其盐

和铬酸不同，钼酸、钨酸在水中溶解度都比较小。当可溶性钼酸盐或钨酸盐用强酸酸化时，可析出黄色水合钼酸（$H_2MoO_4 \cdot H_2O$）和白色水合钨酸（$H_2WO_4 \cdot xH_2O$）。例如：

$$\underset{(\text{浓硝酸})}{MoO_4^{2-} + 2H^+} + H_2O \longrightarrow \underset{(\text{黄色})}{H_2MoO_4 \cdot H_2O} \downarrow$$

$$\underset{(\text{黄色})}{H_2MoO_4 \cdot H_2O} \xrightarrow{\triangle} \underset{(\text{白色})}{H_2MoO_4} \downarrow + H_2O$$

在钨酸盐的热溶液中加入盐酸，则析出黄色钨酸（H_2WO_4）。如在冷的溶液中加入过量酸，则析出白色胶状钨酸（$H_2WO_4 \cdot xH_2O$）。白色钨酸受热可转化为黄色的钨酸：

$$WO_4^{2-} + 2H^+ + xH_2O \longrightarrow \underset{(\text{白色})}{H_2WO_4 \cdot xH_2O}$$

$$\underset{(\text{白色})}{H_2WO_4 \cdot xH_2O} \xrightarrow{\triangle} \underset{(\text{黄色})}{H_2WO_4} + xH_2O$$

钼酸和钨酸的酸性比铬酸弱，而且按 H_2CrO_4—H_2MoO_4—H_2WO_4 顺序酸性明显减弱。

钼酸盐和钨酸盐，除碱金属和铵盐外，均难溶于水。钼酸盐可用作颜料、催化剂和防腐剂，钨酸盐用于使织物耐火及制造荧光屏。

钼酸盐和钨酸盐在酸性溶液中有很强的缩合倾向。MoO_4^{2-} 和 WO_4^{2-} 中的 M—O 键均比 CrO_4^{2-} 中的 Cr—O 键弱，因而 MoO_4^{2-} 和 WO_4^{2-} 在酸性溶液中易脱水缩合，形成复杂的多钼或多钨酸根离子，溶液的酸性越强，缩合程度越大，最后从强酸溶液中析出水合 MoO_3 或水合 WO_3 沉淀。例如：

$$\underset{\text{钼酸根}}{[MoO_4]^{2-}} \xrightarrow{pH=6} \underset{\text{七钼酸根}}{[Mo_7O_{24}]^{6-}} \xrightarrow{pH=1.5\sim2.9} \underset{\text{八钼酸根}}{[Mo_8O_{26}]^{4-}} \xrightarrow{pH<1} \underset{\text{水合三氧化钼}}{MoO_3 \cdot 2H_2O}$$

在含有 WO_4^{2-} 的溶液中加入酸，随着溶液 pH 的减小，可以形成 $HW_6O_{21}^{5-}$、$W_{12}O_{39}^{6-}$ 等，最后析出水合三氧化钨。

最常见的多钼酸盐为四水合七钼酸铵 $(NH_4)_6[Mo_7O_{24}] \cdot 4H_2O$，它是无色晶体，为实验室中常用鉴定 PO_4^{3-} 的试剂。

与铬酸盐不同，钼酸盐和钨酸盐在酸性溶液中的氧化性很弱，只有用强还原剂才能将 Mo(Ⅵ) 和 W(Ⅵ) 分别还原为 Mo(Ⅲ) 和 W(Ⅲ)。例如，钼酸铵溶液用盐酸酸化，并加入锌后，由于 Mo^{3+} 的生成，溶液最后变为棕色：

$$2MoO_4^{2-} + 3Zn + 16H^+ \longrightarrow 2Mo^{3+} + 3Zn^{2+} + 8H_2O$$

WO_4^{2-} 与 MoO_4^{2-} 有类似的反应。

3. 多酸和多酸盐

有一些简单的含氧酸,在一定条件下,能彼此缩合成为比较复杂的酸——多酸(或聚多酸)。多酸分子可以看作是由两个或更多酸酐分子形成的酸。含有相同酸酐的多酸称为同多酸,它们是由两个或两个以上相同的简单含氧酸分子脱水缩合而成。例如:

焦硫酸 $H_2S_2O_7$ ($2SO_3 \cdot H_2O$)　　$2H_2SO_4 = H_2S_2O_7 + H_2O$

重铬酸 $H_2Cr_2O_7$($2CrO_3 \cdot H_2O$)　　$2H_2CrO_4 = H_2Cr_2O_7 + H_2O$

七钼酸 $H_6Mo_7O_{24}$($7MoO_3 \cdot 3H_2O$)　　$7H_2MoO_4 = H_6Mo_7O_{24} + 4H_2O$

元素中,最易形成多酸的是 V、Nb、Ta、Mo、W、Cr。同多酸的形成与溶液的 pH 有密切关系,随着 pH 的减小,缩合程度增大。由同多酸形成的盐称为同多酸盐,如:

焦硫酸钾　$K_2S_2O_7$ ($K_2O \cdot 2SO_3$)

重铬酸钠　$Na_2Cr_2O_7$($Na_2O \cdot 2CrO_3$)

七钼酸钠　$Na_6Mo_7O_{24}$($3Na_2O \cdot 7MoO_3$)

含有不同酸酐的多酸称为杂多酸,对应的盐称为杂多酸盐。例如,第 12 章中提到的用钼酸铵试剂鉴定磷酸根所形成的黄色十二钼磷酸铵就是杂多酸盐,其对应的钼磷酸 $H_3[P(Mo_{12}O_{40})]$即为杂多酸。已发现的杂多酸盐中以钼和钨的为最多,钒的次之。

近 20 年来钨、钼的杂多酸在催化、生物等方面有着许多应用。例如,十聚钨酸阴离子用作酸性催化、氧化剂;$K_7PW_{10}Ti_2O_{40}$ 具有抗艾滋病毒作用;$[Mo_7O_{24}]^{6-}$、$[CrMo_6O_{24}]^{9-}$具有抗肿瘤功能等。

13.4 锰族元素

13.4.1 锰族元素概述

元素周期表中 d 区ⅦB 族元素称为锰族元素,包括锰(Mn)、锝(Tc)、铼(Re)、铍(Bh)四种元素。锝、铍为放射性元素,铼为稀有元素。它们的价层电子构型为$(n-1)d^5ns^2$,最高氧化数为+7,锰的氧化数还有+6、+4、+3、+2。与ⅤB~ⅥB 族元素类似,从上往下(从锰到铼)高氧化态也趋向于稳定,如Re_2O_7 和Tc_2O_7 性质相似,比Mn_2O_7 稳定得多;低氧化态稳定性恰好相反,锰以 Mn^{2+}最稳定,而锝(Ⅱ)、铼(Ⅱ)则不存在简单离子。

知识拓展

锰在自然界的储量位于过渡元素中第 3 位,仅次于铁和钛,主要以软锰矿($MnO_2 \cdot xH_2O$)形式存在。我国锰矿有一定储量,广西、湖南储量最多,但富锰矿较少。1973 年美国发现深海有"锰结核(含锰 25%)",估计海底存有锰结核三万多亿吨,可供人类使用几千年。我国政府相继开展了多次海底资源的勘察,我国的"向阳红 5 号""海洋 4 号"等海洋勘探船探明了一块可采储量为 20 亿吨的富矿区,1991 年 3 月,"联合国国际海底管理局"正式批准"中国大洋矿产资源研究开发协会"的申请,中国得到 15 万平方千米的开发区,使我国成为继印度、法国、日本、俄罗斯之后的第 5 个注册登记的大洋底锰结核采矿"先驱投资者"。

锰是银白色金属,质硬而脆,化学性活泼,粉末状的锰能着火。在常温下缓慢地溶于水，与稀酸作用放出氢气。

锰主要用于制造合金钢。含 Mn 为 10%～15%的锰钢具有良好的抗冲击、耐磨损及耐蚀性，可用作耐磨材料，如制造粉碎机、钢轨和装甲钢板等。硫是钢铁的有害元素，在高温下与 Fe 形成低熔点的 FeS，会引起钢的热脆性。锰可从 FeS 中置换出铁，自身成为 MnS 而转入渣中，将硫除去，因此在钢铁生产中，锰用作脱氧剂和脱硫剂。锰也是人体必需的微量元素之一。

13.4.2 锰的重要化合物

锰以氧化数+2、+4 和+7 的化合物最重要。锰的电势图如下：

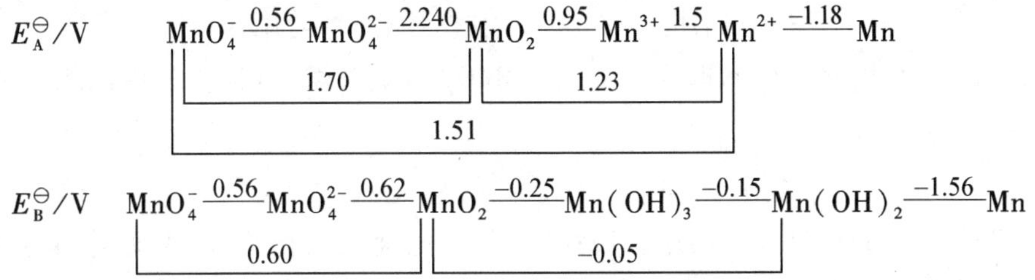

由锰的电势图（或图 13.2）可知，在酸性溶液中Mn^{3+}和MnO_4^{2-}均易发生歧化反应：

$$2Mn^{3+}+2H_2O \longrightarrow Mn^{2+}+MnO_2\downarrow+4H^+$$

$$3MnO_4^{2-}+4H^+ \longrightarrow 2MnO_4^-+MnO_2\downarrow+2H_2O$$

Mn^{2+}较稳定，不易被氧化，也不易被还原。MnO_4^-和MnO_2有强氧化性。在碱性溶液中，$Mn(OH)_2$不稳定，易被空气中的氧气氧化为MnO_2；MnO_4^{2-}也能发生歧化反应，但反应不如在酸性溶液中进行得完全。

锰的氧化物及其水合物酸碱性的递变规律，是过渡元素中最典型的：随锰的氧化数升高，碱性逐渐减弱，酸性逐渐增强。

←碱性增强

MnO（绿）	Mn_2O_3（棕）	MnO_2（黑）		Mn_2O_7（绿）
$Mn(OH)_2$（白）	$Mn(OH)_3$（棕）	$Mn(OH)_4$（棕黑）	H_2MnO_4（绿）	$HMnO_4$（紫红）
碱性	弱碱性	两性	酸性	强酸性

酸性增强→

1. 锰（Ⅱ）盐

锰(Ⅱ)的强酸盐均溶于水，只有少数弱酸盐如$MnCO_3$、MnS 等难溶于水。从水溶液中结晶出来的锰(Ⅱ)盐，为带有结晶水的晶体，如$MnSO_4\cdot7H_2O$、$Mn(NO_3)_2\cdot6H_2O$和$MnCl_2\cdot6H_2O$等。在这些水合锰(Ⅱ)盐中都有淡红色的$[Mn(H_2O)_6]^{2+}$，这些盐的水溶液中也有$[Mn(H_2O)_6]^{2+}$，因而溶液呈现淡红色。

锰（Ⅱ）盐与碱液反应时，产生的白色胶状沉淀$Mn(OH)_2$在空气中不稳定，迅速被氧化为棕色的$MnO(OH)_2$（水合二氧化锰）：

$$Mn^{2+}+2OH^- \longrightarrow \underset{\text{（白色）}}{Mn(OH)_2}$$

$$2Mn(OH)_2+O_2 \longrightarrow 2MnO(OH)_2$$

(棕色)

实验视频

在酸性溶液中,$Mn^{2+}(3d^5)$比同周期其他 M(Ⅱ),如$Cr^{2+}(d^4)$、$Fe^{2+}(d^6)$等稳定,只有用强氧化剂,如$NaBiO_3$、PbO_2、$(NH_4)_2S_2O_8$,才能将Mn^{2+}氧化为呈现紫红色的高锰酸根MnO_4^-,如:

$$2Mn^{2+}+14H^++5NaBiO_3 \longrightarrow 2MnO_4^-+5Bi^{3+}+7H_2O+5Na^+$$

这个反应可鉴定溶液中微量Mn^{2+}。

实验视频

2. 二氧化锰

MnO_2 为棕黑色粉末,是锰最稳定的氧化物,在酸性溶液中有强氧化性,如:

$$MnO_2+4HCl(浓) \longrightarrow MnCl_2+Cl_2\uparrow+2H_2O$$

在实验室中常利用此反应制取少量氯气。MnO_2 与碱共熔,可被空气中的氧所氧化,生成绿色的锰酸盐:

$$2MnO_2+4KOH+O_2 \xrightarrow{熔融} 2K_2MnO_4+2H_2O$$

在工业上,MnO_2 有许多用途。例如,用作干电池的去极化剂,火柴的助燃剂,某些有机反应的催化剂,以及合成磁性记录材料铁氧体$MnFe_2O_4$ 的原料等。

3. 锰酸盐、高锰酸盐

(1) 锰酸盐。氧化数为+6 的锰的化合物,仅以深绿色的锰酸根(MnO_4^{2-})形式存在于强碱溶液中。K_2MnO_4 是在空气或其他氧化剂(如$KClO_3$、KNO_3 等)存在下,由 MnO_2 和碱金属氢氧化物或碳酸盐共熔而制得。例如:

$$3MnO_2+6KOH+KClO_3 \xrightarrow{熔融} 3K_2MnO_4+KCl+3H_2O$$

由图 13.2 可知,锰酸盐在酸性溶液中易发生歧化反应:

$$3MnO_4^{2-}+4H^+ \longrightarrow 2MnO_4^-+MnO_2+2H_2O$$

在中性或弱碱性溶液中也发生歧化反应,但趋势及速率低:

$$3MnO_4^{2-}+2H_2O \longrightarrow 2MnO_4^-+MnO_2+4OH^-$$

锰酸盐在酸性溶液中有强氧化性,但由于它的不稳定性,故不用作氧化剂。

(2) 高锰酸盐。$KMnO_4$ 俗称灰锰氧,深紫色晶体,能溶于水,是一种强氧化剂。工业上用电解 K_2MnO_4 的碱性溶液或用 Cl_2 氧化 K_2MnO_4 来制备 $KMnO_4$:

$$2MnO_4^{2-}+2H_2O \xrightarrow{电解} 2MnO_4^-+H_2\uparrow+2OH^-$$

(阳极) (阴极)

$$2MnO_4^{2-}+Cl_2 \longrightarrow 2MnO_4^-+2Cl^-$$

$KMnO_4$ 在酸性溶液中会缓慢地分解而析出MnO_2:

$$4MnO_4^-+4H^+ \longrightarrow 4MnO_2\downarrow+3O_2\uparrow+2H_2O$$

光对此分解有催化作用,因此$KMnO_4$ 必须保存在棕色瓶中。

$KMnO_4$ 的氧化能力随介质的酸性减弱而减弱,其还原产物也因介质的酸碱性不同而变化。

MnO_4^- 在酸性、中性(或微碱性)、强碱介质中的还原产物分别为Mn^{2+}、MnO_2 及MnO_4^{2-}:

$$2MnO_4^- + 5SO_3^{2-} + 6H^+ \longrightarrow 2Mn^{2+} + 5SO_4^{2-} + 3H_2O$$
（紫色）　　　　　　　（淡红色或无色）

$$2MnO_4^- + 3SO_3^{2-} + H_2O \longrightarrow 2MnO_2\downarrow + 3SO_4^{2-} + 2OH^-$$
（棕色）

$$2MnO_4^- + SO_3^{2-} + 2OH^- \longrightarrow 2MnO_4^{2-} + SO_4^{2-} + H_2O$$
（绿色）

实验视频

实验视频

实验视频

MnO_4^-（四面体构型）在水溶液中呈紫色，从 Mn（Ⅶ）的价电子层结构（$3d^04s^0$）来看，没有 3d 电子，似应为无色。MnO_4^- 的显色是由于 Mn—O 之间有较强的极化效应，当MnO_4^- 吸收部分可见光后使 O^{2-} 离子一端的电子向Mn（Ⅶ）跃迁，这称为荷移跃迁，使MnO_4^- 呈紫色。过渡金属含氧酸根中常有荷移跃迁，导致它们常有很深的颜色，如VO_4^{3-}（黄色）、CrO_4^{2-}（黄色）、MoO_4^{2-}（淡黄色）、MnO_4^{2-}（绿色）。

$KMnO_4$ 在化学工业中用于生产维生素 C、糖精等，在轻化工业中用作纤维、油脂的漂白和脱色，在医疗上用作杀菌消毒剂，在日常生活中可用于饮食用具、器皿、蔬菜、水果等消毒。

13.5 铁系和铂系元素

13.5.1 铁系和铂系元素概述

周期表 d 区第Ⅷ族元素包括 3 个元素组共 9 种元素：即铁（Fe）、钴（Co）、镍（Ni）、钌（Ru）、铑（Rh）、钯（Pd）、锇（Os）、铱（Ir）、铂（Pt）。此外，还有尚缺乏了解的𨭆（Hs）、鿏（Mt）和𫟼（Ds）。由于镧系收缩的结果，第Ⅷ族同周期比同纵列的元素在性质上更为相似些。第一过渡系的铁、钴、镍与其余 6 种元素在性质上差别较大，通常把铁、钴、镍 3 种元素称为铁系元素，其余 6 种元素称为铂系元素。铂系元素被列为稀有元素，与金、银元素一起称为贵金属元素。

1. 铁系元素

前面讨论过的过渡元素，$(n-1)$d 电子和 ns 电子可以全部参与成键，其最高氧化数等于该元素所属族数，但第Ⅷ族过渡元素 3d 电子已超过 5 个，全部 d 电子参与成键的可能性逐渐减小，所以铁系元素不像其前面的过渡元素易形成VO_3^-、CrO_4^{2-}、MnO_4^- 那样的含氧酸根离子。铁系元素中只有 d 电子最少的铁，可以形成很不稳定的、氧化数为+6（如高铁酸根FeO_4^{2-}）的化合物。一般条件下，铁的氧化数为+2 和+3，其中氧化数为+3 的化合物最稳定（为什么?）。钴的氧化数可为+2、+3。镍主要形成氧化数为+2 的化合物。

铁是地壳中丰度排行第四的元素，主要以化合态存在。铁的主要矿物有赤铁矿（Fe_2O_3），磁铁矿（Fe_3O_4）和黄铁矿（FeS_2）。我国铁矿储量居世界第五，除上海市、中国香港特别行政区外，铁矿在全国各地均有分布。主要分布在辽南、冀东、川西，但多为含铁 30%的贫矿。钴和镍在自然界中常共生，主要矿物有镍黄铁矿（NiS·FeS）和辉钴矿（CoAsS）。镍过去主要由古巴进口，自从开发了甘肃金川大镍厂后才得以改观。金川镍矿是世界著名的多金属共生的大型硫化铜镍矿床之一，镍金属储量列世界同类矿床第三位,铜储量居中国第二位,还伴生有回收利用价值的元素14种,矿床之大、矿体之集中,可供利用金属之多,在国内外都是罕见的。

铁、钴、镍的单质都是具有光泽的银白色金属,密度大、熔点高。铁和镍的延展性好,而钴则较硬而脆。它们都具有磁性,在外加磁场作用下,磁性增强,外磁场被移走后,仍保持很强的磁性,所以称为铁磁性物质。铁、钴、镍的合金都是良好的磁性材料。

铁、钴、镍均为中等活泼的金属,能从非氧化性酸中置换出氢气(钴反应较慢)。冷、浓硝酸可使铁、钴、镍变成钝态,因此储运浓 HNO_3 的容器和管道可用铁制品。

金属铁能被浓碱溶液侵蚀,而钴和镍在强碱中的稳定性却比铁高,因此实验室在熔融碱性物质时,最好用镍坩埚。

铁、钴、镍均能形成金属型氢化物,如 FeH_2、CoH_2。这类氢化物的体积比原金属的体积有显著增加。钢铁与氢(例如稀酸清洗钢铁制件产生的氢气)作用生成氢化物时会使钢铁的延展性和韧性下降,甚至使钢铁形成裂纹,此即谓"氢脆"。

我国冶金物理学家李薰,早在20世纪40年代就探明钢中氢含量与钢的强度及断裂的关系,并指出"在高温时,原子氢向缺陷处扩散、聚集,在室温时原子氢变为分子氢而产生巨大的内压力,使钢发生裂纹"。因此,防止钢铁"氢脆"是一项重要课题。

铁是钢铁工业最重要的产品和原材料。通常钢和铸铁都称为铁碳合金,一般含碳0.02%~2.0%的称为钢,若于钢中加入一定量其他元素所生成的钢叫合金钢。如不锈钢:含Cr 16.5%~19.5%、Ni 8%~10%、C 0.07%~0.15%,这种钢有韧性、展性、容易铸造,可热轧、冷轧、不生锈、耐腐蚀、耐热、无磁性;含Cr 18%、Ni 8%、Ti 0.5%的不锈钢对海水抗腐蚀性比普通钢高200倍。含碳大于2%的称为铸铁。进入20世纪90年代,我国的生铁、钢、钢材产量逐年增长,重点围绕品种质量、节能降耗、资源开发和综合利用、环保治理等方面努力。

2. 铂系元素

自然界中铂系金属在矿物中以单质状态存在,但高度分散在各种矿石中,最重要的是天然铂矿(铂系金属共生,以铂为主要成分)和锇铱矿(同时含钌和铑)。

铂系元素原子的最外电子层(ns)电子数除锇和铱为2外,其余均为1或0。它们形成高氧化态的倾向在周期表中由左向右逐渐减小;从上往下逐渐增大。

大多数铂系金属能吸收气体,其中钯的吸氢能力最大(钯溶解氢的体积比为1∶700)。所有铂系金属都有催化性能,如氨氧化法制硝酸用Pt-Rh(90∶10)合金或Pt-Ru-Pd(90∶5∶5)合金作催化剂。

铂系元素有很高的化学稳定性。常温下,与氧、硫、氯等非金属元素都不反应,在高温下才反应。钯和铂能溶于王水:

$$3Pt+4HNO_3+18HCl \longrightarrow 3H_2[PtCl_6]+4NO\uparrow+8H_2O$$

钯还能溶于硝酸和热硫酸中。而钌和锇、铑和铱不但不溶于普通强酸,甚至也不溶于王水。

铂系金属主要用于化学工业及电气工业方面。例如,铂(俗称白金)由于其化学稳定性很高,又耐高温,故常用它制造各种反应器皿、蒸发皿、坩埚及电极、铂网等(注意:它不能用作苛性钠或过氧化钠的反应器皿)。铂和铂铑合金常用作热电偶,锇、铱合金常用来制造一些仪器(如指南针)的主要零件及自来水笔的笔尖头。较大数量的铂合金(含铂 90%)用于打造首饰。

13.5.2 铁、钴、镍的化合物

铁、钴、镍的价层电子构型依次为 $3d^6 4s^2$、$3d^7 4s^2$ 和 $3d^8 4s^2$。铁系元素能形成+2、+3两种氧化数的化合物,其中铁以+3 氧化数而钴和镍以+2 氧化数的化合物较为稳定。这是由于$Fe^{2+}(3d^6)$再丢失 1 个 3d 电子能成为半充满的稳定结构($3d^5$),而$Co^{2+}(3d^7)$和$Ni^{2+}(3d^8)$却不能,因此,相应地容易得到 Fe(Ⅲ)的化合物,而不易得到 Ni(Ⅲ)的化合物。

1. 氧化物和氢氧化物

(1) 氧化物。铁、钴、镍均能形成+2 和+3 氧化数的有色氧化物。

FeO	CoO	NiO
(黑色)	(灰绿色)	(暗绿色)
Fe_2O_3	Co_2O_3	Ni_2O_3
(砖红色)	(黑色)	(黑色)

铁除了生成+2、+3 氧化数的氧化物之外,还能形成混合价态氧化物Fe_3O_4,经 X 射线结构研究证明:Fe_3O_4 是一种铁(Ⅲ)酸盐,即 $Fe^{Ⅱ}[Fe_2^{Ⅲ}O_4]$。

铁、钴、镍的+2、+3 氧化数的氧化物均能溶于强酸,而不溶于水和碱,属碱性氧化物。M_2O_3 的氧化能力按铁—钴—镍顺序递增而稳定性递降,如与盐酸反应:

$$Fe_2O_3+6HCl \longrightarrow 2FeCl_3+3H_2O$$

$$Ni_2O_3+6HCl \longrightarrow 2NiCl_2+Cl_2+3H_2O$$

(2) 氢氧化物。铁系元素的氢氧化物均难溶于水,它们的氧化还原性及变化规律与其氧化物相似:

←还原性增强

$Fe(OH)_2$ (白色)	$Co(OH)_2$ (粉红或蓝色)	$Ni(OH)_2$ (浅绿色)
$Fe(OH)_3$ (红棕色)	$CoO(OH)$ (棕黑色)	$NiO(OH)$ (黑色)

氧化性增强→

其中,$Fe(OH)_2$ 很不稳定,容易被氧化。例如,向亚铁盐溶液中加入碱,先得到白色$Fe(OH)_2$,随即被空气氧化成红棕色$Fe(OH)_3$:

$$Fe^{2+}+2OH^- \longrightarrow Fe(OH)_2\downarrow$$

$$4Fe(OH)_2+O_2+2H_2O \longrightarrow 4Fe(OH)_3\downarrow$$

其中的$Fe(OH)_3$ 实为水合氧化铁$Fe_2O_3 \cdot xH_2O$。

$Co(OH)_2$ 虽较$Fe(OH)_2$ 稳定,但在空气中也能缓慢地被氧化成棕黑色的 CoO(OH)。$Ni(OH)_2$ 则更稳定,长久置于空气中也不被氧化[除非与强氧化剂作用才变为黑色 NiO(OH)]。

反之,高氧化态氢氧化物的氧化性按铁—钴—镍顺序依次递增。例如,$Fe(OH)_3$ 与盐酸只能起中和作用,而 CoO(OH)却能氧化盐酸,放出氯气:

$$Fe(OH)_3+3HCl \longrightarrow FeCl_3+3H_2O$$

$$2CoO(OH)+6HCl \longrightarrow 2CoCl_2+Cl_2+4H_2O$$

2. 盐类

(1) M(Ⅱ)盐。氧化数为+2 的铁、钴、镍盐,在性质上有许多相似之处。它们的强酸盐都易溶于水,并有微弱的水解,因而溶液显酸性。强酸盐从水溶液中析出结晶时,往往带有一定数目的结晶水,如$MCl_2\cdot6H_2O$、$M(NO_3)_2\cdot6H_2O$、$MSO_4\cdot7H_2O$。水合盐晶体及其水溶液呈现各种颜色,如$[Fe(H_2O)_6]^{2+}$为浅绿色、$[Co(H_2O)_6]^{2+}$为粉红色、$[Ni(H_2O)_6]^{2+}$为苹果绿色。铁系元素的硫酸盐都能和碱金属或铵的硫酸盐形成复盐,如硫酸亚铁铵$(NH_4)_2SO_4\cdot FeSO_4\cdot6H_2O$(俗称莫尔盐)比相应的亚铁盐$FeSO_4\cdot7H_2O$(俗称绿矾)更稳定,不易被氧化,是化学分析中常用的还原剂,用于标定 $KMnO_4$ 的标准溶液等。

$CoCl_2\cdot6H_2O$ 是常用的钴盐,它在受热脱水过程中伴有颜色的变化:

$$\underset{(粉红)}{CoCl_2\cdot6H_2O} \xrightleftharpoons{52.25\ ℃} \underset{(紫红)}{CoCl_2\cdot2H_2O} \xrightleftharpoons{90\ ℃} \underset{(蓝紫)}{CoCl_2\cdot H_2O} \xrightleftharpoons{120\ ℃} \underset{(蓝色)}{CoCl_2}$$

利用氯化钴的这种特性,可判断干燥剂的含水情况。例如,用作干燥剂的硅胶,常浸以 $CoCl_2$ 溶液后烘干备用。当它由蓝色变为红色时,表明吸水已达饱和。将红色硅胶在 120 ℃烘干,待蓝色恢复后仍可使用。

疑难解析

(2) M(Ⅲ)盐。在铁系元素中,只有铁能形成稳定的氧化数为+3 的简单盐,常见 Fe(Ⅲ)的强酸盐,如$Fe(NO_3)_3\cdot6H_2O$、$FeCl_3\cdot6H_2O$、$Fe_2(SO_4)_3\cdot12H_2O$ 等,都易溶于水,在这些盐的晶体中含有$[Fe(H_2O)_6]^{3+}$,这种水合离子也存在于强酸性(pH=0 左右)溶液中。

由于 $Fe(OH)_3$ 比 $Fe(OH)_2$ 的碱性更弱,所以 Fe(Ⅲ)盐较 Fe(Ⅱ)盐易水解,而使溶液显黄色或红棕色:

实验视频

$$[Fe(H_2O)_6]^{3+}+H_2O \rightleftharpoons [Fe(OH)(H_2O)_5]^{2+}+H_3O^+$$

$$[Fe(OH)(H_2O)_5]^{2+}+H_2O \rightleftharpoons [Fe(OH)_2(H_2O)_4]^{+}+H_3O^+$$

若增大 pH,将会发生进一步缩聚成红棕色的胶状溶液。当 pH≈4~5 时,即形成水合三氧化二铁沉淀。

Fe^{3+}的氧化性虽远远不如 Co^{3+} 和 Ni^{3+},但仍属中强的氧化剂,能氧化许多物质。例如:

实验视频

$$2Fe^{3+}+H_2S \longrightarrow 2Fe^{2+}+S+2H^+$$

$$2Fe^{3+}+2I^- \longrightarrow 2Fe^{2+}+I_2$$

$$2Fe^{3+}+Cu \longrightarrow 2Fe^{2+}+Cu^{2+}$$

在电子工业中,利用第三个反应刻蚀印刷电路铜版。

3. 配合物

(1) 氨合物。Fe^{2+}、Co^{2+}、Ni^{2+}均能和氨形成氨合配离子,其氨合配离子的稳定性,按 Fe^{2+}—Co^{2+}—Ni^{2+}顺序依次增强。Fe^{2+}难以形成稳定的氨合物,无水 $FeCl_2$ 虽然可与 NH_3 气形成$[Fe(NH_3)_6]Cl_2$,但此配合物遇水分解:

$$[Fe(NH_3)_6]Cl_2+6H_2O \longrightarrow Fe(OH)_2\downarrow+4NH_3\cdot H_2O+2NH_4Cl$$

由于 Fe^{3+} 强烈水解，所以在其水溶液中加入氨时，不是形成氨合物，而是生成 $Fe(OH)_3$ 沉淀。

Co^{2+} 与过量氨水反应，可形成土黄色的 $[Co(NH_3)_6]^{2+}$，此配离子在空气中可慢慢被氧化变成更稳定的红褐色 $[Co(NH_3)_6]^{3+}$：

$$4[Co(NH_3)_6]^{2+}+O_2+2H_2O \longrightarrow 4[Co(NH_3)_6]^{3+}+4OH^-$$

疑难解析

对比 Co^{3+} 在氨水和酸性溶液中的标准电极电势：

$$[Co(NH_3)_6]^{3+}+e^- \rightleftharpoons [Co(NH_3)_6]^{2+}; \quad E_B^\ominus=0.108\ V$$

$$[Co(H_2O)_6]^{3+}+e^- \rightleftharpoons [Co(H_2O)_6]^{2+}; \quad E_A^\ominus=1.92\ V$$

可见 Co^{3+} 很不稳定，氧化性很强，而 Co(Ⅲ)氨合物的氧化性大为减弱，稳定性显著增强。

Ni^{2+} 在过量的氨水中可生成比较稳定的蓝色 $[Ni(NH_3)_6]^{2+}$。

(2) 氰合物。Fe^{2+}、Co^{2+}、Ni^{2+}、Fe^{3+} 等离子均能与 CN^- 形成配合物。Fe(Ⅱ)盐与 KCN 溶液作用得白色 $Fe(CN)_2$ 沉淀，KCN 过量时 $Fe(CN)_2$ 溶解，形成 $[Fe(CN)_6]^{4-}$：

$$Fe^{2+}+2CN^- \longrightarrow Fe(CN)_2\downarrow$$

$$Fe(CN)_2+4CN^- \longrightarrow [Fe(CN)_6]^{4-}$$

从溶液中析出来的黄色晶体 $K_4[Fe(CN)_6]\cdot 3H_2O$ 俗称黄血盐。黄血盐主要用于制造颜料、油漆、油墨。$[Fe(CN)_6]^{4-}$ 在溶液中相当稳定，在其溶液中几乎检不出 Fe^{2+} 的存在，通入氯气（或加入其他氧化剂），可以将 $[Fe(CN)_6]^{4-}$ 氧化为 $[Fe(CN)_6]^{3-}$：

疑难解析

$$2[Fe(CN)_6]^{4-}+Cl_2 \longrightarrow 2[Fe(CN)_6]^{3-}+2Cl^-$$

由此溶液中可析出 $K_3[Fe(CN)_6]$ 深红色晶体，俗名赤血盐。它主要用于印刷制版、照片洗印及显影，也用于制晒蓝图纸等。

已知 $K_f^\ominus([Fe(CN)_6]^{3-})=1.0\times10^{42}$、$K_f^\ominus([Fe(CN)_6]^{4-})=1.0\times10^{35}$，显然 $[Fe(CN)_6]^{3-}$ 比 $[Fe(CN)_6]^{4-}$ 稳定，但是，在水溶液中，它们与水作用（也可看作是解离），前者的反应速率快：

$$[Fe(CN)_6]^{3-}+3H_2O \longrightarrow Fe(OH)_3+3CN^-+3HCN$$

在水溶液中赤血盐的毒性比黄血盐大得多。另外，赤血盐受强烈日光照射，能进行光学反应而产生剧毒氰气，所以，应保存在密闭的棕色瓶中。

实验视频

在含有 Fe^{2+} 的溶液中加入赤血盐溶液，或在含有 Fe^{3+} 的溶液中加入黄血盐溶液，均能生成蓝色沉淀，而且这两种蓝色沉淀的组成均为 $[KFe(CN)_6Fe]$：

$$K^++Fe^{2+}+[Fe(CN)_6]^{3-} \longrightarrow [KFe(CN)_6Fe]\downarrow$$

（滕氏蓝）

实验视频

$$K^++Fe^{3+}+[Fe(CN)_6]^{4-} \longrightarrow [KFe(CN)_6Fe]\downarrow$$

（普鲁士蓝）

这两个反应常用来分别鉴定 Fe^{2+} 和 Fe^{3+}。

上述蓝色配合物广泛用于油漆和油墨工业，也用于蜡笔、图画颜料的制造。

实验视频

Co^{2+} 与 CN^- 反应，先形成浅棕色水合氰化物沉淀，此沉淀溶于过量 CN^- 溶液中并形成含有 $[Co(CN)_5(H_2O)]^{3-}$ 的茶绿色溶液。此配离子易被空气中的氧气氧化为黄色 $[Co(CN)_6]^{3-}$，由于 CN^- 是强场配体，分裂能较高，$Co^{2+}(d^7)$ 中只有 1 个电子处于能级

高的 e_g 轨道,因而易失去。

实验视频

Ni^{2+} 与 CN^- 反应先形成灰蓝色水合氰化物沉淀,此沉淀溶于过量的 CN^- 溶液中,形成橙黄色的 $[Ni(CN)_4]^{2-}$,此配离子是 Ni^{2+} 最稳定的配合物之一,具有平面正方形结构;在较浓的 CN^- 溶液中,可形成深红色的 $[Ni(CN)_5]^{3-}$。

实验视频

(3) 硫氰合物。Fe^{3+} 与 SCN^- 反应,形成血红色的 $[Fe(NCS)_n]^{3-n}$:

$$Fe^{3+}+n\,SCN^- \longrightarrow [Fe(NCS)_n]^{3-n}\ (n=1\sim6)$$

n 值随溶液中的 SCN^- 浓度和酸度而定。这一反应非常灵敏,常用来检出 Fe^{3+} 和比色法测定 Fe^{3+} 的含量。

Co^{2+} 与 SCN^- 反应,形成蓝色的 $[Co(NCS)_4]^{2-}$,在定性分析化学中用于鉴定 Co^{2+}。因为 $[Co(NCS)_4]^{2-}$ 在水溶液中不稳定,用水稀释时可变为粉红色的 $[Co(H_2O)_6]^{2+}$,所以用 SCN^- 检出 Co^{2+} 时,常使用浓 NH_4SCN 溶液,以抑制 $[Co(NCS)_4]^{2-}$ 的解离,并用丙酮进一步抑制解离或用戊醇萃取。

Ni^{2+} 可与 SCN^- 反应,形成 $[Ni(NCS)]^+$、$[Ni(NCS)_3]^-$ 等配合物,这些配离子均不太稳定。

(4) 羰合物。铁系元素与 CO 易形成羰合物。Fe、Co、Ni 几个羰合物的一些性质列于表 13.9 中。

表 13.9 几个羰合物的一些性质

羰合物	$[Fe(CO)_5]$	$[Co_2(CO)_8]$	$[Ni(CO)_4]$
颜色	浅黄(液)	深橙(固)	无色(液)
熔点 t/ ℃	-20	51~52(分解)	-25
沸点 t/ ℃	103		43

羰合物不稳定,受热易分解,利用此性质可用于制备纯金属。例如,高纯铁粉的制备:

$$Fe+5CO \xrightarrow[200\ ℃]{20\ MPa} [Fe(CO)_5] \xrightarrow{200\sim250\ ℃} 5CO+Fe(高纯)$$

(5) 螯合物。Ni^{2+} 与丁二酮肟在中性、弱酸性或弱碱性溶液中形成鲜红色螯合物沉淀,此反应是鉴定 Ni^{2+} 的特征反应,丁二酮肟又称为镍试剂。

此外,铁是第一个被公认的生命必需微量过渡元素。成年人体内含 4~6 g 铁(体重以 70 kg 计),其中大部分是以血红蛋白和肌红蛋白的形式存在于血液和肌肉组织中,其余与各种蛋白质和酶结合,分布在肝、骨髓及脾脏内。血红蛋白和肌红蛋白都是 Fe(Ⅱ)与血红素蛋白质形成的配合物,血红蛋白是红血细胞(红血球)中的载氧蛋白,在动脉血中把 O_2 从肺部运送到肌肉,将 O_2 转移固定在肌红蛋白上,并在静脉血中将 CO_2 带回双肺排出,即血红蛋白和肌血蛋白分别起载氧和储氧功能。

值得注意:血红蛋白与 CO 形成的配合物比它与 O_2 形成的配合物稳定得多,实验证明:空气中 CO 的浓度达到 0.08%时,就会发生严重的煤气中毒,因为此时血红蛋白优先与 CO 结合,失去了载 O_2 功能,身体各组织中所需 O_2 被中断,代谢发生故障,造成缺氧昏迷甚至死亡。

钴也是生命必需的微量元素之一。钴的配合物之一——维生素 B_{12} 在许多生物化学过程中起非常特效的催化作用，能促使红细胞成熟，如果没有它，血液中就会出现一种没有细胞核的巨红细胞，引起恶性贫血；它还用于治疗肝炎、肝硬化、多发性神经炎及银屑病等。

疑难解析

*13.5.3 过渡金属有机化合物与催化

金属原子和许多有机配体（烯、炔、环状芳烃等）中的碳原子直接成键而形成的一类化合物，称为**金属有机化合物**。在此仅介绍过渡金属与不饱和烃形成的配合物。不饱和烃的过渡金属配合物是以不饱和烃为配体，通过 $\sigma-\pi$ 配键与过渡金属形成配位化合物。最早制得的该类配合物是 $K[PtCl_3(C_2H_4)]\cdot H_2O$，即著名的 Zeise 盐（1827 年 W. C. Zeise 首先制得）。1954 年确定其结构表明：$[PtCl_3(C_2H_4)]^-$ 呈平面正方形构型，3 个 Cl^- 和 Pt^{2+} 在同一平面内，C_2H_4 的 C═C 键与 $[PtCl_3]^-$ 的平面垂直，两个 C 原子和 Pt^{2+} 保持等距离，即 C_2H_4 按侧面方式和 Pt^{2+} 配位，如图 13.8 所示。C_2H_4 充满电子的成键 π 轨道和 Pt^{2+} 的一个 dsp^2 杂化空轨道重叠，在 C_2H_4 和 Pt^{2+} 之间形成 σ 配键；同时 Pt^{2+} 的一个充满电子的 d 轨道（如 d_{xz}）和 C_2H_4 的反键 π^* 空轨道重叠成反馈 π 配键，如图 13.9 所示。这种 σ 配键和反馈 π 键协同作用的结果，使得 Zeise 盐相当稳定。

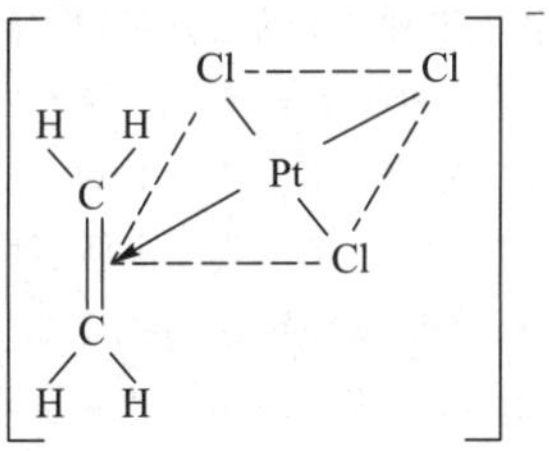

图 13.8 $[PtCl_3(C_2H_4)]^-$ 阴离子的结构

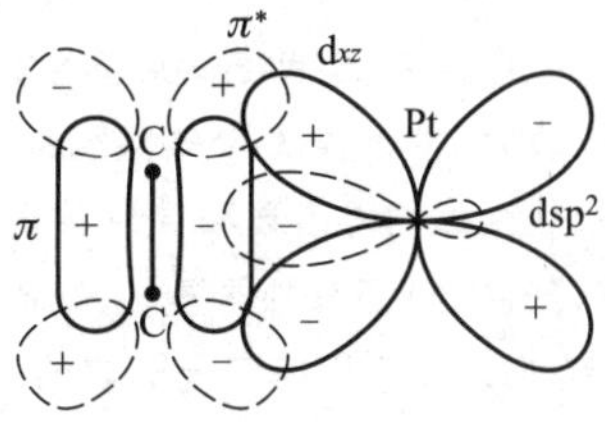

图 13.9 Pt(Ⅱ)$-C_2H_4$ 间的 σ 配键和反馈 π 配键

除乙烯外，其他不饱和烃也能和过渡金属形成此类配合物。

这些配合物的重要性不仅在于它们对促进成键理论的发展起了重要作用，而且还在于它们在许多重要化学工业过程中所起的催化作用。例如，乙烯氧化制乙醛的反应，首先 C_2H_4、H_2O 和 Pd^{2+} 配合生成 $[PdCl_2(H_2O)(C_2H_4)]$，然后它水解成 $[PdCl_2(OH)(C_2H_4)]^-$，由于 C_2H_4 分子与 Pd^{2+} 配位后，其中双键在 Pd^{2+} 影响下被削弱，乙烯中 π 成键轨道上的电子与 Pd^{2+} 形成 σ 键而偏离乙烯，另一方面乙烯分子的 π^* 反键轨道又进入了 Pd^{2+} 的电子，两者都起了削弱乙烯分子中碳原子间化学键的作用（"取走"了成键 π 轨道上的电子，并向反键轨道上"加进"了电子），因而配位后的乙烯被活化，有利于双键的打开并加成，最终使乙烯氧化为乙醛：

$$C_2H_4+\frac{1}{2}O_2 \longrightarrow CH_3CHO$$

拓宽视野

我国的矿产资源

矿产资源是指由地质作用形成的具体固态、液态和气态并在数量与质量上能满足当今工业要求可开发利用的天然矿物资源。它为人类提供了95%以上的能源来源,80%以上的工业原料,70%以上的农业生产资料,是人类社会赖以生存和发展的重要物质基础。

矿产资源可分为四大类:能源矿产、金属矿产(黑色金属、有色金属、贵金属、稀有金属、稀土金属矿产)、非金属矿产(化工原料非金属、建材原料非金属矿产)和水气矿产,是国土资源的重要组成部分。

截至2004年,我国已发现矿产171种,探明有储量的矿产有158种,其中能源矿产8种,金属矿产54种,非金属矿产90种,水气矿产3种,矿床、矿点20多万处,经详细工作的2万余处,是全球矿产资源种类比较齐全的国家之一。

已探明矿产资源总量较大,约占世界的12%,仅次于美国和苏联,居世界第3位。但是,我国主要矿产储量占世界的比例并不高,如铁矿石不足9%,锰矿石约18%,铬矿只有0.1%,铜矿不足5%,铝土矿不足2%,钾盐矿小于1%,煤炭占世界总量16%,石油占1.8%,天然气占0.7%。人均占有量也很低,如石油资源的人均占有量只有世界人均的11%,天然气不足5%。在资源分布上,具有不均匀性和区带性。74%的煤集中于晋、陕、内蒙古、新四省区,而经济发达,用煤量大的东南地区则很紧缺,形成北煤南调、西煤东运的局面;70%的磷矿集中于滇、黔、川、鄂四省,北方大量用磷则需南磷北调。

稀土矿至今已发现的含稀土矿物有250余种,其中有工业价值的约有五六十种。随着科学技术的迅速发展,稀土已成为21世纪发展高新技术的战略元素。我国素有"稀土王国"之称,稀土资源十分丰富,储量大(占世界的75%)、品种全、质量高、易于开采。除了内蒙古自治区白云鄂博稀土—铁共生矿、江西省的龙南县和寻坞县离子吸附型矿以外,在广东、广西、海南、江西、山东、湖南、新疆、台湾等省(区)还有独居石、磷钇矿、褐钇铌矿和氟碳铈镧矿等稀土矿分布。包头市已成为集矿山、生产、加工和应用研究于一体的"稀土之都"。目前我国已成为世界稀土最大综合出口国。

非金属矿产世界上目前已开发利用的已达200多种,其中包括150余种矿物和50余种岩石。我国已开采的非金属矿产有86种,按其工业用途大致可分为6类:化学工业原料非金属矿产(简称化工原料矿产)、建筑材料非金属矿产、冶金辅助原料非金属矿产、轻工原料非金属矿产、电气及电子工业原料非金属矿产、宝石类及光学材料非金属矿产。其中化工原料矿产是指用作化学工业的原料,即用于制酸、制碱、制药、化肥等无机盐工业的矿产,一般包括:磷矿、黄铁矿、自然硫矿、钾盐矿、硼矿、天然碱矿、化工灰岩矿、芒硝矿、明矾石矿、蛇纹岩矿、橄榄岩矿、天青石矿、重晶石矿、砷矿、钠硝石矿、钠盐矿、白云岩矿、硅质岩矿、沸石矿、硅藻土矿、海泡石黏土矿、伊利石矿、金红石矿、萤石矿、稀土元素矿、膨润土矿、石膏矿、地蜡矿、碘及溴等。

20世纪40年代我国化工矿山十分落后,当时只开采磷矿、黄铁矿、明矾石等少数矿种,总产量只有10万吨左右,采掘作业基本上以手工为主,化工所需的矿产原料大部分依赖进口。随着化学工业的发展,目前全国已有县以上国营矿山企业240个左右,形成了拥有地质、设计、科研、教育、施工队伍相配套的化学矿山行业系统,开采的矿种有磷、硫、钾、硼、芒硝、化工灰岩、天然碱、重晶石、明矾石、砷矿、钾长石、锶矿、钠硝石、膨润土、蒙皂石、金红石、蛇纹石、萤石、伊利石、硅藻土、溴、碘、镁盐等23种,大中型矿山企业基本上实现了机械化生产。磷、硫、硼、芒硝、化工灰岩、明矾石等主要化学矿产产量增长较快,基本上满足了化学工业及其他相关工业对化学矿产的需要;磷、硫、重晶石、锶、芒硝等矿产品及稀土矿产品还远销国外。

思考题

1. 为什么d区元素的碳酸盐较少见？

2. 根据下列实验写出有关的反应方程式：将一瓶四氯化钛瓶塞打开时立即冒白烟。向瓶中加入浓盐酸和金属锌时生成紫色溶液，慢慢加入氢氧化钠溶液直到溶液呈碱性，出现紫色沉淀。

3. 试分析$[Ti(H_2O)_6]^{2+}$、$[Ti(H_2O)_6]^{3+}$、$[Ti(H_2O)_6]^{4+}$、$[Zr(H_2O)_6]^{2+}$中，哪种离子在水溶液中不能存在？为什么？

4. 在配制和保存下列溶液时，应注意什么问题？（写出必要的反应方程式。）

$KMnO_4$　　$FeSO_4$

5. 在下图各箭头处填入适当物质和条件，以实现各物质间相互转变。

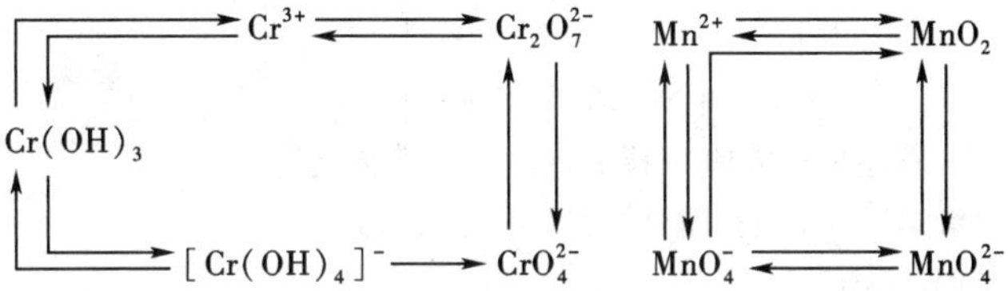

6. 试从下列题(1)中找出两种较强的还原剂，从题(2)中找出三种较强的氧化剂。

(1) Cr^{2+}　Cr^{3+}　Mn^{3+}　Fe^{2+}　Fe^{3+}　Ni^{2+}　Co^{2+}

(2) Cr^{3+}　Mn^{2+}　MnO_4^-　Fe^{2+}　Fe^{3+}　Co^{3+}　$Cr_2O_7^{2-}$

7. 下列哪些氢氧化物呈明显两性？

$Mn(OH)_2$　$Al(OH)_3$　$Ni(OH)_2$　$Fe(OH)_3$　$Cr(OH)_3$　$Fe(OH)_2$　$Co(OH)_2$

8. 下列离子中，指出哪些能在氨水溶液中形成氨合物？

Pb^{2+}　Cr^{3+}　Mn^{2+}　Fe^{2+}　Fe^{3+}　Co^{2+}　Ni^{2+}　Na^+　Mg^{2+}　Sn^{2+}

9. 在MnO_4^-的酸性溶液中加入过量Na_2SO_3，为什么MnO_4^-被还原为Mn^{2+}，而不能得到MnO_4^{2-}、MnO_2或Mn^{3+}？

10. 解释下列现象或问题，并写出相应的反应方程式。

(1) 加热$[Cr(OH)_4]^-$溶液和$Cr_2(SO_4)_3$溶液均能析出$Cr_2O_3 \cdot xH_2O$沉淀；

(2) Na_2CO_3与$Fe_2(SO_4)_3$两溶液作用得不到$Fe_2(CO_3)_3$；

(3) 在水溶液中用Fe^{3+}盐和KI不能制取FeI_3；

(4) 在含有Fe^{3+}的溶液中加入氨水，得不到Fe(Ⅲ)的氨合物；

(5) 在Fe^{3+}的溶液中加入KSCN时出现血红色，若再加入少许铁粉或NH_4F固体，则血红色消失；

(6) Fe^{3+}盐是稳定的，而Ni^{3+}盐在水溶液中尚未制得；

(7) Co^{3+}盐不如Co^{2+}盐稳定，而它们的配离子的稳定性往往相反；

(8) 利用酸性条件下$K_2Cr_2O_7$的强氧化性，使乙醇氧化，反应颜色由橙红变为绿色，据此来检测司机是否酒后驾车。

11. 在含$Co(OH)_2$沉淀的溶液中，不断通入Cl_2，会生成CoO(OH)；反之，若使CoO(OH)与浓HCl作用，又可放出Cl_2，如何理解上述事实？

12. 在下图各箭头处填上实现下列各物质间相互转变的条件。

(1)

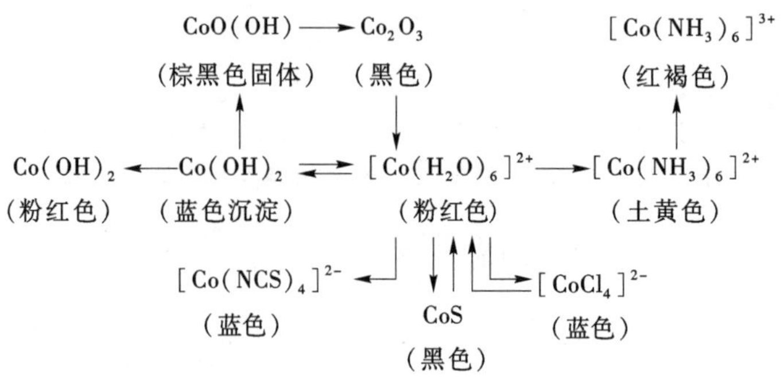

(2)

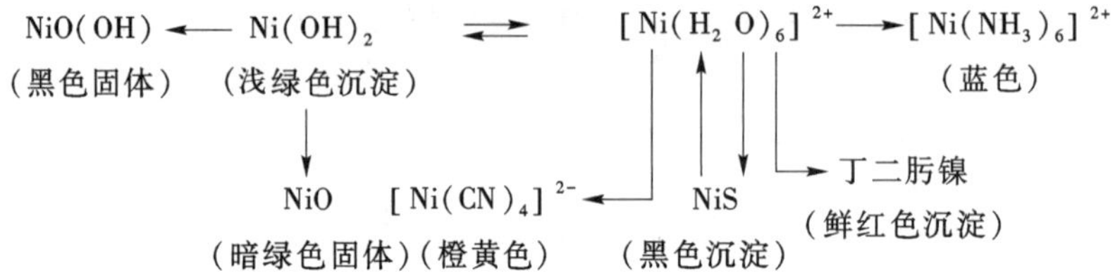

13. 判断下列四组酸性未知液的定性分析报告是否合理?

(1) K^+、NO_2^-、MnO_4^-、CrO_4^{2-};

(2) Fe^{2+}、Mn^{2+}、SO_4^{2-}、Cl^-;

(3) Fe^{3+}、Ni^{3+}、I^-、Cl^-;

(4) $Cr_2O_7^{2-}$、Ba^{2+}、NO_3^-、Br^-。

14. 现有一不锈钢样品,其中含有 Ni、Cr、Mn 和 Fe 等元素,试设计一个简单的定性分析方案。

15. 由电极电势表查得 $E^\ominus(Cr_2O_7^{2-}/Cr^{3+})=1.36$ V,

$E^\ominus\{CrO_4^{2-}/[Cr(OH)_4]^-\}=-0.13$ V,$E^\ominus(O_2/H_2O_2)=0.695$ V,

$E^\ominus(H_2O_2/H_2O)=1.763$ V,$E^\ominus(HO_2^-/OH^-)=0.867$ V,

$E^\ominus(Fe^{3+}/Fe^{2+})=0.771$ V,$E^\ominus(Cl_2/Cl^-)=1.358\ 3$ V。

(1) $K_2Cr_2O_7$ 在酸性介质中可以氧化上述电对中的哪种物质?写出有关反应方程式;

(2) 欲使$[Cr(OH)_4]^-$在碱性介质中被氧化,选择哪种氧化剂为好?写出有关反应方程式;

(3) $K_2Cr_2O_7$ 在 1 mol·L^{-1} HCl 溶液中能否将Cl^-氧化?为什么?若在 12 mol·L^{-1} HCl 溶液中,反应能否进行?通过计算说明。

习 题

1. 完成并配平下列反应方程式:

(1) $TiO_2+H_2SO_4$(浓)$\xrightarrow{\triangle}$

(2) $TiCl_4+H_2O\longrightarrow$

(3) $VO_4^{3-}+H^+$(过量)$\longrightarrow$

(4) $VO_2^++SO_3^{2-}+H^+\longrightarrow$

(5) $VO^{2+}+MnO_4^-+H_2O\longrightarrow$

(6) V_2O_5+HCl(浓)$\longrightarrow$

(7) $V_2O_5+NaOH\longrightarrow$

2. 根据在酸性溶液中钒的电势图,分别用 1.0 mol·L^{-1} Fe^{2+}、1.0 mol·L^{-1} Sn^{2+} 和 Zn 还原 1.0 mol·L^{-1}的 VO_2^+ 时,最终的产物各是什么?

3. 完成并配平下列反应方程式：

(1) $[Cr(OH)_4]^- + Br_2 + OH^- \longrightarrow$

(2) $Cr_2O_7^{2-} + H_2S + H^+ \longrightarrow$

(3) $Cr_2O_7^{2-} + I^- + H^+ \longrightarrow$

(4) $K_2Cr_2O_7 + HCl$(浓) $\longrightarrow$

(5) $Cr_2O_3 + K_2S_2O_7 \xrightarrow{\triangle}$

(6) $Cr^{3+} + S^{2-} + H_2O \longrightarrow$

4. 向 $K_2Cr_2O_7$ 溶液中分别加入以下试剂，会发生什么现象？将现象和主要产物填在下表中。

加入试剂	$NaNO_2$	H_2O_2	$FeSO_4$	NaOH	$Ba(NO_3)_2$
现象					
主要产物					

5. 橙红色晶体 A 受热剧烈分解得绿色固体 B 和无色无味气体 C。C 与 $KMnO_4$、KI 等均不发生反应。B 不溶于 NaOH 溶液和盐酸，将 B 与 NaOH 固体共熔后冷却得绿色固体 D，D 溶于水后加入 H_2O_2 得黄色溶液 E。将 A 溶液加入稀硫酸后再加入 Na_2SO_3 得绿色溶液 F。向 F 中加入过量 NaOH 溶液和 Br_2 水后又得 E。判断各字母所代表的物质，并写出有关反应方程式。

6. 某绿色固体 A 可溶于水，其水溶液中通入 CO_2 即得棕黑色沉淀 B 和紫红色溶液 C。B 与浓 HCl 溶液共热时放出黄绿色气体 D，溶液近乎无色，将此溶液和溶液 C 混合，即得沉淀 B。将气体 D 通入 A 溶液，可得 C。试判断 A 是哪种钾盐，并写出有关反应方程式。

7. 完成并配平下列反应方程式：

(1) $MnO_4^- + HCl$(浓) $\longrightarrow$

(2) $MnO_4^- + NO_2^- + H_2O \longrightarrow$

(3) $Mn^{2+} + NaBiO_3 + H^+ \longrightarrow$

(4) $MnO_4^- + H_2O_2 + H^+ \longrightarrow$

(5) $MnO_4^{2-} + Cl_2 \longrightarrow$

(6) $KMnO_4 \xrightarrow{\triangle}$

(7) $MnO_4^- + NO_2^- + OH^- \longrightarrow$

8. 某棕黑色粉末，加热情况下和浓 H_2SO_4 作用会放出助燃性气体，所得溶液与 PbO_2 作用（稍加热）时会出现紫红色，并有白色沉淀出现。若再加入 H_2O_2 时，紫红色能退去。问此棕黑色粉末为何物？并写出有关反应方程式。

9. 已知 $E^{\ominus}(Mn^{3+}/Mn^{2+}) = 1.5\ V$，$E^{\ominus}([Mn(CN)_6]^{3-}/[Mn(CN)_6]^{4-}) = -0.24\ V$，通过计算说明 $[Mn(CN)_6]^{3-}$ 与 $[Mn(CN)_6]^{4-}$ 哪个更稳定。

***10.** 完成并配平下列反应方程式：

(1) $MoO_4^{2-} + NH_4^+ + PO_4^{3-} + H^+ \longrightarrow$

(2) $MoO_4^{2-} + Zn + H^+ \longrightarrow$

(3) $WO_3 + H_2 \longrightarrow$

(4) $WO_3 + NaOH \longrightarrow$

(5) $Na_2WO_4 + HCl + H_2O \longrightarrow$

(6) $MoO_3 + NH_3 + H_2O \longrightarrow$

11. 某氧化物 A，溶于浓盐酸得溶液 B 和气体 C。C 通入 KI 溶液后用 CCl_4 萃取生成物，CCl_4 层出现紫色。B 加入 KOH 溶液后析出粉红色沉淀。B 遇过量氨水，得不到沉淀而得土黄色溶液，放置后则变为红褐色。B 中加入 KSCN 及少量丙酮时生成蓝色溶液。判断 A 是什么氧化物,并写出有关反应方程式。

12. 完成下列反应方程式:

(1) $Fe^{3+}+H_2S \longrightarrow$

(2) $Fe(OH)_2+O_2+H_2O \longrightarrow$

(3) $Co^{2+}+SCN^-$(过量) $\xrightarrow{\text{丙酮}}$

(4) $Ni^{2+}+NH_3 \cdot H_2O$(过量) $\longrightarrow$

(5) $[Co(NH_3)_6]^{2+}+O_2+H_2O \longrightarrow$

(6) $Ni(OH)_2+Br_2+OH^- \longrightarrow$

(7) $Co_2O_3+H^++Cl^- \longrightarrow$

(8) $[Fe(NCS)_6]^{3-}+F^- \longrightarrow$

13. 分离并鉴定下列各组离子。

(1) Al^{3+} Cr^{3+} Co^{2+}

(2) Fe^{3+} Cr^{3+} Ni^{2+}

(3) Ba^{2+} Al^{3+} Fe^{3+}

14. 已知 $[Fe(bipy^{[1]})_3]^{3+}+e^- \rightleftharpoons [Fe(bipy)_3]^{2+}$, $E^\ominus=1.03$ V,并且 $K_f^\ominus([Fe(bipy)_3]^{3+})=1.82\times10^{14}$,求 $K_f^\ominus([Fe(bipy)_3]^{2+})$ 的值。两种配合物哪种较稳定?

15. 某银白色金属 A 在空气中容易生成化合物 B 并使其钝化。灼烧过的化合物 B 难溶于酸、碱,但和 $K_2S_2O_7$ 共熔后可转变为可溶性的硫酸盐 C 和 D。冷却后的熔体经水浸后,溶液呈蓝紫色,用适量碱溶液处理,可得灰绿色胶状沉淀 E,沉淀 E 可与过量碱作用生成亮绿色溶液 F。煮沸 F 溶液又生成沉淀 E。F 与 H_2O_2 反应变成黄色溶液 G,在 G 溶液中滴加 $Pb(NO_3)_2$ 有黄色沉淀 H 生成。判断各字母所代表的物质,并写出有关反应方程式。

16. 某金属 M 溶于稀盐酸中,所得溶液在隔绝空气下加入 NaOH 溶液得到白色沉淀 A,把 A 暴露在空气中,白色沉淀会经绿色最终转变为棕色固体 B。B 能溶于稀盐酸,得溶液 C。C 能氧化 KI 溶液生成 I_2,但在过量 F^- 的 KI 溶液中,C 与 KI 不发生反应。C 溶液与 KSCN 溶液和 $K_4[Fe(CN)_6]$ 溶液作用,分别生成血红色溶液 D 和蓝色沉淀 E。试判断各字母所代表的物质,并写出反应方程式。

17. $K_4[Fe(CN)_6]$ 可由 $FeSO_4$ 与 KCN 直接在溶液中制备,但 $K_3[Fe(CN)_6]$ 却不能由 $Fe_2(SO_4)_3$ 和 KCN 直接在水溶液中制备,为什么?应如何制备 $K_3[Fe(CN)_6]$?

18. 试根据本章 13.3.4 中所叙述的由 MoS_2、$CaWO_4$ 制取 MoO_3、WO_3 的方法,写出各步有关的反应方程式。

19. 写出以软锰矿(主要成分为 MnO_2)为原料制备 K_2MnO_4、$KMnO_4$、$MnSO_4$ 的步骤及各步反应方程式。

20. 分别写出 Fe^{3+}、Co^{2+}、Fe^{2+}、Ni^{2+}、Cr^{3+} 盐与 $(NH_4)_2S$ 溶液作用的反应方程式。

21. 欲以金红石为原料生产金属钛。已知:

	Ti(s)	TiO_2(s,金红石)	$TiCl_4$(l)
$\Delta_f H_m^\ominus/(kJ\cdot mol^{-1})$	0	−944.7	−804.2
$S_m^\ominus/(J\cdot mol^{-1}\cdot K^{-1})$	64.18	50.33	252.34

试分析以下哪种还原反应耗能最小,哪种最环保,哪种最安全?

(1) $TiO_2(s)+2H_2(g) \longrightarrow Ti(s)+2H_2O(g)$

---

[1] bipy 代表联吡啶 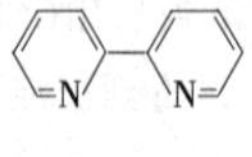 。

(2) $TiO_2(s)+C(s) \longrightarrow Ti(s)+CO_2(g)$

(3) $TiO_2(s)+2Cl_2(g)+C(s) \longrightarrow TiCl_4(l)+CO_2(g)$

$TiCl_4(l)+2H_2(g) \longrightarrow Ti(s)+4HCl(g)$

22. 在下列离子的分离检出图的空白处填上适当物质。

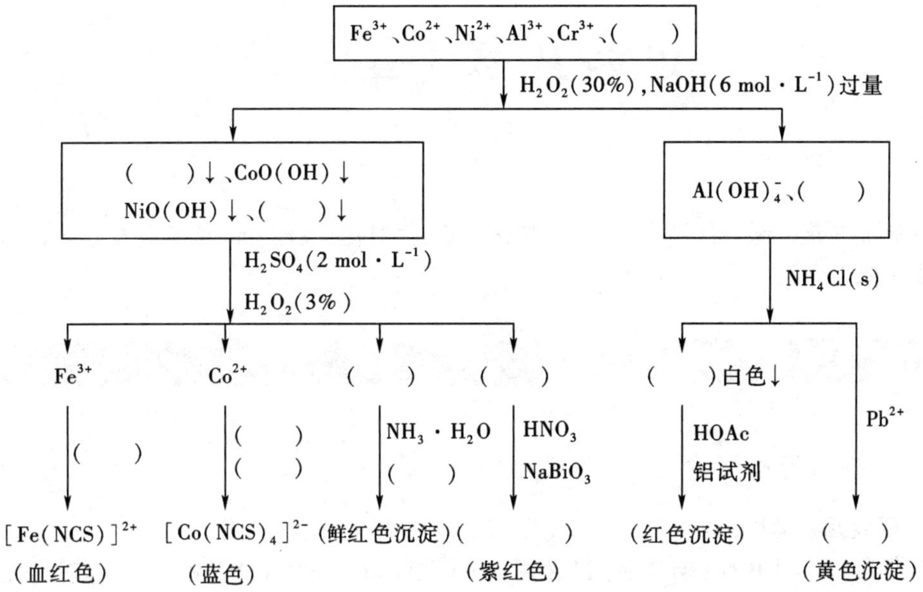

第 14 章

过渡元素（二）

本章重点介绍铜、银、锌、汞元素及其化合物，并对稀土、钍、铀、核反应及新元素的合成作一般性介绍。

14.1 铜族元素

14.1.1 铜族元素概述

1. 铜族元素通性

疑难解析

周期表 ds 区 Ⅰ B 族（铜分族）包含铜（Cu）、银（Ag）、金（Au）及铃（Rg）放射性元素，目前对铃了解甚少。

铜、银主要以硫化物矿和氧化物矿的形式存在。例如，辉铜矿 Cu_2S、黄铜矿 $CuFeS_2$、赤铜矿 Cu_2O、孔雀石 $Cu_2(OH)_2CO_3$ 和蓝铜矿 $Cu_3(OH)_2(CO_3)_2$，闪银矿 Ag_2S，以及角银矿 AgCl 等。我国资源储量最大的是江西德兴和西藏玉龙，西藏玉龙铜矿即将建成投产，到 2010 年年产量将达 3 万吨。玉龙铜矿是我国目前储量最大的斑岩、矽卡岩复合型铜矿，初步探明铜金属储量 650 万吨以上，远景储量达 1 000 万吨。广东阳春市石碌矿中的孔雀石储量居世界第一。我国早在三千多年前的商代就开始采铜，比罗马帝国早近千年。世界上 70%以上的银矿资源集中在墨西哥、秘鲁、加拿大、美国和澳大利亚。我国银矿资源居世界第六位，我国银储量江西最多，其次为云南、内蒙古、广西、湖北、甘肃等省（区）。银矿的特点是以伴生银矿为主，如甘肃有较大含银的铅锌矿。

铜、银、金均有以单质状态存在的矿物。金以单质形式散存于岩石（岩脉金）或沙砾（冲积金）中。世界上南非金矿资源最丰富，自 1905 年至 2007 年，南非的黄金产量持续占据世界首位，据中国黄金协会报道，2007 年中国已超过南非成为全球第一大户产金国，年产量可达 300 吨。2007 年至今，我国新发现 5 大金矿：冈底斯雄村铜金矿、东昆仑青海大场金矿、甘肃省甘南地区阳山金矿、山东省莱州市寺庄金矿和海南抱伦金矿。2008 年 7 月，被誉为“亚洲第一金矿”的甘肃阳山金矿已被开采。

铜族元素原子价层电子构型 $(n-1)d^{10}ns^1$，氧化数有+1、+2、+3，铜、银、金最常见的氧化数分别为+2、+1、+3。铜族金属离子具有较强的极化力，本身变形性又大，通常它们的二元化合物具有相当程度的共价性。与其他过渡元素类似，易形成配合物。

在酸性溶液中，铜、银、金的标准电极电势图如下：

$E_A^{\ominus}/V$

$$Cu^{3+} \xrightarrow{2.4} Cu^{2+} \xrightarrow{0.159} Cu^{+} \xrightarrow{0.520} Cu$$

$$Cu^{2+} \xrightarrow{0.340} Cu$$

$$Ag^{3+} \xrightarrow{1.8} Ag^{2+} \xrightarrow{1.980} Ag^{+} \xrightarrow{0.7991} Ag$$

$$Au^{3+} \xrightarrow{1.36} Au^{+} \xrightarrow{1.83} Au$$

$$Au^{3+} \xrightarrow{1.52} Au$$

2. 铜族元素单质

铜、银、金是人类最早熟悉的金属,纯铜为红色,金为黄色,银为银白色。它们的密度大于 5 $g\cdot cm^{-3}$,都是重金属,其中金的密度最大,为 19.3 $g\cdot cm^{-3}$。与前所述过渡元素相比,其熔点、沸点相对较低,硬度小,有极好的延展性和可塑性。金更为突出,1 g 金可以拉成长达 3.4 km 的金丝,也能碾压成 0.000 1 mm 厚的金箔。这三种金属的导热、导电能力极强,尤以银为最强,铜是最通用的导体。

知识拓展

银、金熔体能从空气中分别吸收相当于自身体积 21 倍和 33~48 倍的氧气,冷凝时又释放出来。

知识拓展

铜、银、金能与许多金属形成合金,其中铜的合金品种最多,如黄铜(Cu 60%,Zn 40%);青铜(Cu 80%,Sn 15%,Zn 5%);白铜(Cu 50%~70%,Ni 13%~15%,Zn 13%~25%)等。其中黄铜表面经抛光可呈金黄色,是仿金首饰的材料。银表面反射光线能力强,过去用作银镜、保温瓶、太阳能反射镜。

铜、银、金的化学活泼性较差。在干燥空气中铜很稳定,有二氧化碳及湿气存在,则在表面上生成绿色的碱式碳酸铜("铜绿"的主要成分,它没有保护内层金属的能力,是"秦俑"的绿色颜料):

$$2Cu+O_2+H_2O+CO_2 \longrightarrow Cu_2(OH)_2CO_3$$

金是在高温下唯一不与氧气起反应的金属,也是铜族金属中唯一不与硫直接反应的金属。在自然界中仅与碲形成天然化合物(碲化金)。

银的活泼性介于铜和金之间。银在室温下不与氧气和水作用,即使在高温下也不与氢、氮或碳作用,与卤素反应较慢,在室温下若与含有 H_2S 的空气接触时,表面因蒙上一层 Ag_2S 而发暗,这是银币和银首饰变暗的原因。

$$4Ag+2H_2S+O_2 \longrightarrow 2Ag_2S+2H_2O$$

铜、银不溶于非氧化性稀酸,能与硝酸、热的浓硫酸作用:

$$Cu+4HNO_3(浓) \longrightarrow Cu(NO_3)_2+2NO_2\uparrow+2H_2O$$

$$3Cu+8HNO_3(稀) \longrightarrow 3Cu(NO_3)_2+2NO\uparrow+4H_2O$$

$$Cu+2H_2SO_4(浓) \longrightarrow CuSO_4+SO_2\uparrow+2H_2O$$

$$2Ag+2H_2SO_4(浓) \longrightarrow Ag_2SO_4+SO_2\uparrow+2H_2O$$

$$Ag+2HNO_3(65\%) \longrightarrow AgNO_3+NO_2\uparrow+H_2O$$

金不溶于单一的无机酸中,但能溶于王水[V(浓 HCl) : V(浓 HNO_3) = 3 : 1 的混合液]中:

$$Au+HNO_3+4HCl \longrightarrow H[AuCl_4]+NO\uparrow+2H_2O$$

而银遇王水因表面生成 AgCl 薄膜而阻止反应继续进行。

铜、银的用途很广,除作钱币、饰物外,铜大量用来制造电线电缆,广泛用于电子工业和航天工业及各种化工设备,如热交换器、蒸馏器等。铜合金主要用于制造齿轮等机械零件、热电偶、刀具等。铜是生命必需的微量元素,故有“生命元素”之称。银主要用于电镀、制镜、感光材料、化学试剂、电池、催化剂、药物等方面及补牙齿用的银汞齐等。金主要作为黄金储备、铸币、电子工业及制造首饰。据统计,有史以来人类总共生产黄金约 1×10^5 t,除 10%左右被消耗外,余下的黄金中约 32%为各国中央银行作为官方储备;24%为私人或企业所拥有的金锭;33%以饰物形式存在。早在 1993 年中国内地个人黄金消费已达 250 t,占世界黄金需求量的 15%,居世界第一位。为使金饰品变得坚硬且便宜些,通常与适量 Ag 与 Cu 熔炼成保持金黄色的合金,其中金的质量分数用“K”❶表示,1 K为 4.166%。金在镶牙、电子工业和航天工业方面也有重要用途,如哥伦比亚号航天飞机制造中就用了约 40 kg 黄金。

知识拓展

14.1.2 铜的重要化合物

1. 氧化物和氢氧化物

加热分解硝酸铜或碳酸铜可得黑色的 CuO,它不溶于水,但可溶于酸。CuO 的热稳定性很高,加热到 1 000 ℃才开始分解为暗红色的 Cu_2O:

$$4CuO \xrightarrow{1\,000\ ^\circ C} 2Cu_2O + O_2$$

加强碱于铜盐溶液中,可析出浅蓝色的 $Cu(OH)_2$ 沉淀,$Cu(OH)_2$ 受热易脱水变成 CuO:

$$Cu^{2+} + 2OH^- \longrightarrow Cu(OH)_2\downarrow$$

$$Cu(OH)_2 \xrightarrow[80\sim90\ ^\circ C]{\triangle} CuO + H_2O$$

CuO 是高温超导材料,如 Bi-Sr-Ca-CuO,Ti-Ba-Ca-CuO 等都是超导转变温度超过了 120 K 的新材料。

$Cu(OH)_2$ 显两性(但以弱碱性为主),易溶于酸;也能溶于浓的强碱溶液中,生成亮蓝色的四羟基合铜(Ⅱ)配阴离子:

$$Cu(OH)_2 + 2H^+ \longrightarrow Cu^{2+} + 2H_2O$$

$$Cu(OH)_2 + 2OH^- \longrightarrow [Cu(OH)_4]^{2-}$$

$[Cu(OH)_4]^{2-}$ 配离子可被葡萄糖还原为暗红色的 Cu_2O:

$$2[Cu(OH)_4]^{2-} + \underset{(葡萄糖)}{C_6H_{12}O_6} \longrightarrow Cu_2O\downarrow + \underset{(葡萄糖酸)}{C_6H_{12}O_7} + 4OH^- + 2H_2O$$

医学上用此反应来检查糖尿病。$Cu(OH)_2$ 也易溶于氨水,可生成深蓝色的 $[Cu(NH_3)_4]^{2+}$。

当用 NaOH 处理 CuCl 在盐酸中的冷溶液时,生成黄色 CuOH 沉淀,但沉淀很快由

❶ 1“K”等于金属质量的 $\frac{1}{24}$,所以纯金为 24 K,18 K 表示含金量为 75%。

黄色变为橙色，最后变为红色的 Cu_2O。

Cu_2O 对热很稳定，在 1 235 ℃熔化也不分解，难溶于水，但易溶于稀酸，并立即歧化为 Cu 和 Cu^{2+}：

$$Cu_2O+2H^+ \longrightarrow Cu^{2+}+Cu+H_2O$$

与盐酸反应形成难溶于水的 CuCl：

$$Cu_2O+2HCl \longrightarrow \underset{(白色)}{2CuCl\downarrow}+H_2O$$

此外，它还能溶于氨水，形成无色配离子$[Cu(NH_3)_2]^+$：

$$Cu_2O+4NH_3+H_2O \longrightarrow 2[Cu(NH_3)_2]^++2OH^-$$

但$[Cu(NH_3)_2]^+$遇到空气则被氧化为深蓝色的$[Cu(NH_3)_4]^{2+}$：

$$4[Cu(NH_3)_2]^++O_2+8NH_3+2H_2O \longrightarrow 4[Cu(NH_3)_4]^{2+}+4OH^-$$

$[Cu(NH_3)_2]OAc$ 可吸收 CO 气体，用于合成氨工业中铜洗工段，将进入合成塔前混合气体中使催化剂中毒的 CO 除去：

$$[Cu(NH_3)_2]OAc+CO+NH_3 \xrightleftharpoons[升温减压]{低温加压} [Cu(CO)(NH_3)_3]OAc$$

这是一个放热、体积减小的反应，低温、加压有利于 CO 的吸收。当把吸收了 CO 的铜氨液升温、减压时，CO 被放出，$[Cu(NH_3)_2]OAc$ 又再生，循环使用。

Cu_2O 主要用作玻璃、搪瓷工业的红色颜料。此外，由于 Cu_2O 具有半导体性质，可用它和铜制造亚铜整流器。还可用作制造船底防污漆（用来杀死低级海生动物）和杀虫剂。

CuOH 极不稳定，至今尚未制得 CuOH。

2. 盐类

(1) 氯化亚铜（CuCl）。在热的浓盐酸溶液中，用铜粉还原 $CuCl_2$，生成无色的$[CuCl_2]^-$，用水稀释即可得到难溶于水的白色 CuCl 沉淀：

疑难解析

$$Cu^{2+}+Cu+4Cl^- \longrightarrow 2[CuCl_2]^-$$

$$2[CuCl_2]^- \xrightarrow{H_2O} 2CuCl\downarrow+2Cl^-$$

总反应为
$$Cu^{2+}+Cu+2Cl^- \longrightarrow 2CuCl\downarrow$$

用还原剂 $SnCl_2$ 还原 $CuCl_2$ 也可得 CuCl：

$$2CuCl_2+SnCl_2 \longrightarrow 2CuCl\downarrow+SnCl_4$$

CuCl 的 HCl 溶液能吸收 CO，形成氯化羰基亚铜$[CuCl(CO)]\cdot H_2O$，此反应在气体分析中可用于测定混合气体中 CO 的含量。在有机合成中 CuCl 用作催化剂和还原剂。

(2) 氯化铜。铜（Ⅱ）的卤化物中，只有氯化铜较重要。无水氯化铜（$CuCl_2$）为棕黄色固体，可由单质直接化合而成，它是共价化合物，其结构为由 $CuCl_4$ 平面组成的长链（图 14.1）。

$CuCl_2$ 不但易溶于水，而且易溶于一些有机溶剂（如乙醇、丙酮）中。在 $CuCl_2$ 浓度很高的水溶液中，可形成黄色$[CuCl_4]^{2-}$：

$$Cu^{2+}+4Cl^- \longrightarrow [CuCl_4]^{2-}$$

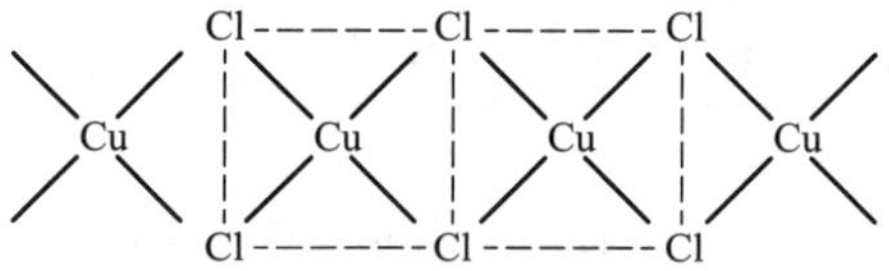

图 14.1 无水 $CuCl_2$ 链状结构示意图

而 $CuCl_2$ 的稀溶液为浅蓝色,原因是水分子取代了 $[CuCl_4]^{2-}$ 中的 Cl^-,形成 $[Cu(H_2O)_4]^{2+}$:

$$\underset{(黄色)}{[CuCl_4]^{2-}}+4H_2O \rightleftharpoons \underset{(浅蓝)}{[Cu(H_2O)_4]^{2+}}+4Cl^-$$

实验视频

$CuCl_2$ 的浓溶液通常为黄绿色或绿色,这是由于溶液中同时含有 $[CuCl_4]^{2-}$ 和 $[Cu(H_2O)_4]^{2+}$ 之故。氯化铜用于制造玻璃、陶瓷用颜料、消毒剂、媒染剂和催化剂等。

(3) 硫酸铜。无水硫酸铜($CuSO_4$)为白色粉末,但从水溶液中结晶时,得到的是蓝色五水合硫酸铜($CuSO_4 \cdot 5H_2O$)晶体,俗称胆矾,其结构式为 $[Cu(H_2O)_4]SO_4 \cdot H_2O$,其中 4 个 H_2O 分子和 Cu^{2+} 配位,另一个 H_2O 分子通过氢键和 SO_4^{2-} 相连(见图 14.2)。温度升高,$CuSO_4 \cdot 5H_2O$ 逐步脱水:

$$CuSO_4 \cdot 5H_2O \xrightarrow{102\ ℃} CuSO_4 \cdot 3H_2O \xrightarrow{113\ ℃} CuSO_4 \cdot H_2O \xrightarrow{258\ ℃} CuSO_4$$

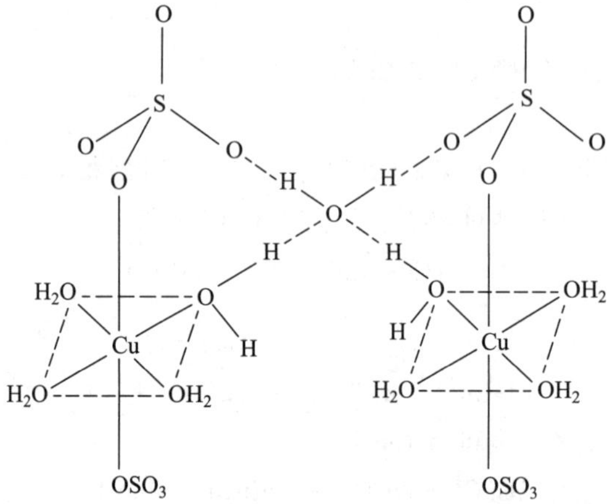

图 14.2 $CuSO_4 \cdot 5H_2O$ 的示意图

无水 $CuSO_4$ 易溶于水,吸水性强,吸水后即显出特征的蓝色,可利用这一性质检验有机液体中的微量水分;也可用作干燥剂,从有机液体中除去水分。$CuSO_4$ 溶液由于 Cu^{2+} 水解而显酸性。

$CuSO_4$ 为制取其他铜盐的重要原料,在电解或电镀中用作电解液和配制宽温度全光亮酸性镀铜离子添加剂,纺织工业中用作媒染剂,医药工业中常直接或间接地用作收敛剂和生产乙胺嘧啶的辅助原料,也是有机合成、香料和染料中间体的催化剂。$CuSO_4$ 由于具有杀菌能力,用于蓄水池、游泳池中可防止藻类生长。硫酸铜和石灰乳混合而成的“波尔多液”可用于消灭植物病虫害。

3. 配合物

(1) Cu(Ⅰ)配合物。常见的Cu(Ⅰ)配离子有：

	$[CuCl_2]^-$	$[Cu(SCN)_2]^-$	$[Cu(NH_3)_2]^+$	$[Cu(S_2O_3)_2]^{3-}$	$[Cu(CN)_2]^-$
$K_f^\ominus$	3.16×10^5	1.51×10^5	7.24×10^{10}	1.66×10^{12}	1.0×10^{24}

由于Cu^+为d^{10}构型，所以Cu(I)配合物大多是无色的。多数Cu(I)配合物溶液具有吸收烯烃、炔烃和CO的能力，如：

$$[Cu(NH_2CH_2CH_2OH)_2]^+ + C_2H_4 \rightleftharpoons [Cu(NH_2CH_2CH_2OH)_2(C_2H_4)]^+;\ \Delta_r H_m^\ominus < 0$$

上述反应是可逆的，受热时放出C_2H_4，这一反应用于从石油中分离出烯烃。

(2) Cu(Ⅱ)配合物。Cu^{2+}与单齿配体一般形成配位数为4的正方形配合物，如已介绍过的$[Cu(H_2O)_4]^{2+}$、$[CuCl_4]^{2-}$、$[Cu(NH_3)_4]^{2+}$等。我们熟悉的深蓝色$[Cu(NH_3)_4]^{2+}$，是由过量氨水与Cu(Ⅱ)盐溶液反应而形成：

$$\underset{（浅蓝）}{[Cu(H_2O)_4]^{2+}} + 4NH_3 \longrightarrow \underset{（深蓝）}{[Cu(NH_3)_4]^{2+}} + 4H_2O$$

溶液中Cu^{2+}的浓度越小，所形成的蓝色$[Cu(NH_3)_4]^{2+}$的颜色越浅，根据溶液颜色的深浅，用于比色分析法可测定铜的含量。此外，$[Cu(NH_3)_4]^{2+}$溶液有溶解纤维的能力，在所得的纤维素溶液中加酸或水时，纤维又可析出，工业上利用这种性质制造人造丝。

实验视频

此外，Cu^{2+}还可和一些有机配合剂(如乙二胺等)形成稳定的螯合物。

4. 铜(Ⅰ)和铜(Ⅱ)的相互转化

从Cu^+的价层电子结构($3d^{10}$)看，Cu(Ⅰ)化合物应该是稳定的，自然界中也确有含Cu_2O和Cu_2S的矿物存在。但在水溶液中，Cu^+易发生歧化反应，生成Cu^{2+}和Cu。由于Cu^{2+}所带的电荷数比Cu^+多，半径比Cu^+小，Cu^{2+}的水合焓($-2\ 100\ kJ\cdot mol^{-1}$)比$Cu^+$($-593\ kJ\cdot mol^{-1}$)的代数值小得多，因此在水溶液中$Cu^+$不如$Cu^{2+}$稳定。

疑难解析

由铜的电势图可知，在酸性溶液中，Cu^+易发生歧化反应：

$$2Cu^+ \rightleftharpoons Cu^{2+} + Cu$$

$$K^\ominus = \frac{c(Cu^{2+})/c^\ominus}{[c(Cu^+)/c^\ominus]^2} = 1.2\times10^6$$

Cu^+歧化反应的平衡常数相当大，反应进行得很彻底。为使Cu(Ⅱ)转化为Cu(Ⅰ)，必须有还原剂存在，同时要降低溶液中Cu^+的浓度，使之成为难溶物或难解离的配合物。前面提到的CuCl的制备就是其中一例，由下列电势图：

$$E_A^\ominus/V \quad Cu^{2+}(aq) \xrightarrow{\ 0.559\ } CuCl(s) \xrightarrow{\ 0.12\ } Cu(s)$$

实验视频

可知$E_A^\ominus(Cu^{2+}/CuCl)$大于$E_A^\ominus(CuCl/Cu)$，故$Cu^{2+}$可将Cu氧化为CuCl。若用$SO_2$代替铜作还原剂，则可发生下列反应：

$$2Cu^{2+} + SO_2 + 2Cl^- + 2H_2O \longrightarrow 2CuCl\downarrow + SO_4^{2-} + 4H^+$$

又如，$CuSO_4$溶液与KI反应，可得到白色CuI沉淀：

$$2Cu^{2+} + 4I^- \longrightarrow 2CuI\downarrow + I_2$$

由于$E_A^\ominus(Cu^{2+}/CuI) = 0.86\ V$，大于$E_A^\ominus(I_2/I^-)$，所以$Cu^{2+}$与$I^-$反应得不到$CuI_2$，而得到CuI。同理，在热的Cu(Ⅱ)盐溶液中加入KCN，可得到白色CuCN沉淀：

$$2Cu^{2+}+4CN^- \longrightarrow 2CuCN\downarrow+(CN)_2\uparrow$$

若继续加入过量的 KCN,则 CuCN 因形成 Cu(Ⅰ)最稳定配离子$[Cu(CN)_x]^{1-x}$而溶解:

$$CuCN+(x-1)CN^- \longrightarrow [Cu(CN)_x]^{1-x} \qquad (x=2\sim4)$$

总之,在水溶液中凡能使Cu^+生成难溶盐或稳定 Cu(Ⅰ)配离子时,则可使Cu(Ⅱ)转化为 Cu(Ⅰ)化合物。

14.1.3 银的重要化合物

知识拓展

1. 氧化物与氢氧化物

AgOH 只有用强碱与可溶性银盐的 90%酒精溶液,在低于零下 45 ℃时才能制得。AgOH 为白色固体,极不稳定,形成后立即脱水变为暗棕色Ag_2O:

$$2Ag^++2OH^- \longrightarrow \underset{\text{(暗棕色)}}{Ag_2O}\downarrow+H_2O$$

与Cu_2O相比,Ag_2O的碱性略强,对热稳定性差得多,Ag_2O在 300 ℃即分解为单质银和氧。

Ag_2O与硝酸反应,形成相应的盐:

$$Ag_2O+2HNO_3 \longrightarrow 2AgNO_3+H_2O$$

也能溶于氨水,形成无色的配离子:

$$Ag_2O+4NH_3+H_2O \longrightarrow 2[Ag(NH_3)_2]^++2OH^-$$

2. 卤化银

卤化银中只有 AgF 易溶于水,其余的卤化银均难溶于水。硝酸银与可溶性卤化物反应,生成不同颜色的卤化银沉淀。卤化银的颜色依 Cl—Br—I 的顺序加深,溶解度依次降低。卤化银有感光性,在光照下被分解为单质(先变为紫色,最后变为黑色):

$$2AgX \xrightarrow{\text{日光}} 2Ag+X_2$$

基于卤化银的感光性,可用它作照相底片上的感光物质。例如,照相底片上敷有一层含有 AgBr 胶体粒子的明胶,在光照下,AgBr 被分解为"银核"(银原子):

$$2AgBr \xrightarrow{\text{光子}} 2Ag+Br_2$$

疑难解析

然后用显影剂(主要含有有机还原剂如对苯二酚或米吐尔等)处理,使含有银核的 AgBr 粒子被还原为金属而变为黑色,最后在定影液(主要含有$Na_2S_2O_3$)作用下,使未感光的 AgBr 形成$[Ag(S_2O_3)_2]^{3-}$而溶解,晾干后就得到"负像"(俗称底片):

$$AgBr+2S_2O_3^{2-} \longrightarrow [Ag(S_2O_3)_2]^{3-}+Br^-$$

印相时,将负像放在照相纸上再进行曝光,经显影,定影,即得"正像"。

AgI 在人工降雨中用作冰核形成剂。作为快离子导体(固体电解质),AgI 已用于固体电解质电池和电化学器件中。

3. 硝酸银

$AgNO_3$是最重要的可溶性银盐。将 Ag 溶于热的 65%硝酸、蒸发、结晶,制得无色菱片状硝酸银晶体。

$AgNO_3$ 受热不稳定，加热到 713 K，按下式分解：

$$2AgNO_3 \xrightarrow{\triangle} 2Ag + 2NO_2\uparrow + O_2\uparrow$$

在日光照射下，$AgNO_3$ 也会按上式缓慢地分解，因此必须保存在棕色瓶中。硝酸银具有氧化性，遇微量的有机物即被还原为黑色的单质银。一旦皮肤沾上 $AgNO_3$ 溶液，就会出现黑色斑点，这是由于生成了黑色的蛋白银。

$AgNO_3$ 主要用于制造照相底片所需的溴化银乳剂，它还是一种重要的分析试剂。医药上常用它作消毒剂和腐蚀剂。

4. 配合物

常见 Ag(Ⅰ)配离子有 $[Ag(NH_3)_2]^+$、$[Ag(SCN)_2]^-$、$[Ag(S_2O_3)_2]^{3-}$、$[Ag(CN)_2]^-$，它们的稳定性依次增强。

实验视频

$[Ag(NH_3)_2]^+$ 具有弱氧化性，工业上用它在玻璃或暖水瓶胆上化学镀银：

$$2[Ag(NH_3)_2]^+ + \underset{\text{（甲醛或葡萄糖）}}{RCHO} + 3OH^- \longrightarrow 2Ag\downarrow + RCOO^- + 4NH_3\uparrow + 2H_2O$$

实验视频

$[Ag(NH_3)_2]^+$ 放置过程中会逐渐变成具有爆炸性的 Ag_2NH 和 AgN_3。因此，切勿将 $[Ag(NH_3)_2]^+$ 溶液长期放置，用完后要及时处理（可加盐酸破坏银氨配离子，使其转化为 AgCl）。

实验视频

$[Ag(CN)_2]^-$ 曾作为镀银电解液的主要成分，在阴极被还原为 Ag：

$$[Ag(CN)_2]^- + e^- \longrightarrow Ag + 2CN^-$$

电镀效果很好，镀层光洁、致密、牢固，但因氰化物剧毒，已被无毒镀银液如 $[Ag(SCN)_2]^-$ 等所代替。

14.2 锌族元素

14.2.1 锌族元素概述

1. 锌族元素通性

周期表 ds 区ⅡB 族（锌分族）包括锌（Zn）、镉（Cd）、汞（Hg）及鿔（Cn）放射性元素。锌主要以氧化物或硫化物存在于自然界，重要的矿石有闪锌矿（ZnS）、红锌矿（ZnO）、菱锌矿（$ZnCO_3$）等。我国锌矿资源丰富，全国锌储量以云南为最，内蒙古次之。著名的锌矿产地为滇西兰坪、滇川、南岭、秦岭-祁连山及内蒙古狼山-渣尔泰地区。我国的汞矿资源比较丰富，贵州省最多，其次为陕西和四川。汞矿矿床类型分为碳酸盐岩型、碎屑岩型和岩浆型三种。

闪锌矿含锌量低，经浮选法得含 ZnS 40%～60%的精矿，然后焙烧为 ZnO，用焦炭在 1 200～1 300 ℃下还原并蒸出 Zn：

焙　烧：　$2ZnS + 3O_2 \longrightarrow 2ZnO + 2SO_2\uparrow$

热还原：　$2C + O_2 \longrightarrow 2CO$

$ZnO + CO \longrightarrow Zn + CO_2\uparrow$

现在较先进的湿法是 20 世纪 80 年代出现的，即直接将精矿加压浸出的"全湿

法"工艺:

$$2ZnS+2H_2SO_4+O_2 \longrightarrow 2ZnSO_4+2H_2O+2S$$

所得 $ZnSO_4$ 溶液经净化后,电解可得纯度为 99.5%的锌。再经熔炼,可获得纯度为 99.999 9%的锌。

锌族元素的价层电子构型为$(n-1)d^{10}ns^2$,由于$(n-1)$d 电子未参与成键,故锌族元素的性质与典型过渡元素有较大差别,而与 p 区(第四、五、六周期)元素较接近,如氧化数主要为+2,汞有+1(总是以双聚离子$[—Hg—Hg—]^{2+}$形式存在),离子无色,金属键较弱而硬度、熔点较低等。锌族元素很好地衔接了过渡元素与主族元素之间性质的递变规律。

锌、镉、汞的标准元素电势图如下:

$E_A^\ominus/V$	$E_B^\ominus/V$
$Zn^{2+}\ \frac{-0.762\,6}{\qquad}\ Zn$	$Zn(OH)_2\ \frac{-1.249}{\qquad}\ Zn$
$Cd^{2+}\ \frac{>-0.6}{\qquad}\ Cd_2^{2+}\ \frac{<-0.2}{\qquad}\ Cd$ (总:Cd^{2+} $\frac{-0.403}{\qquad}$ Cd)	$[Zn(OH)_4]^{2-}\ \frac{-1.285}{\qquad}\ Zn$
$Hg^{2+}\ \frac{0.911}{\qquad}\ Hg_2^{2+}\ \frac{0.796\,0}{\qquad}\ Hg$ (总:Hg^{2+} $\frac{0.853\,5}{\qquad}$ Hg)	$[Cd(OH)_4]^{2-}\ \frac{-0.622}{\qquad}\ Cd$
$HgCl_2\ \frac{0.63}{\qquad}\ Hg_2Cl_2\ \frac{0.268\,2}{\qquad}\ Hg$ (饱和溶液)	$HgO\ \frac{0.072\,4}{\qquad}\ Hg_2O\ \frac{0.123}{\qquad}\ Hg$ (总:HgO $\frac{0.097\,7}{\qquad}$ Hg)

由元素电势图可看出,锌族元素的金属活泼性比铜族强,除 Hg 外,Zn、Cd 是较活泼金属。活泼性依 Zn—Cd—Hg 次序减弱,Zn 和 Cd 化学性质较接近,汞和它们相差较大,类似于铜族元素。

锌族元素的 M^{2+} 均无色,所以它们的许多化合物也无色。但是,由于 M^{2+} 具有 18 电子构型,其极化能力和变形性依$Zn^{2+}—Cd^{2+}—Hg^{2+}$的顺序而增强,以致Cd^{2+}特别是Hg^{2+}与易变形的阴离子形成的化合物,往往显色并具有较低的溶解度。

锌族元素一般都能形成较稳定的配合物。

知识拓展

知识拓展

知识拓展

2. 锌族单质

锌、镉、汞均为银白色金属,其中锌略带蓝白色。本族元素的单质熔点、沸点较低,按 Zn—Cd—Hg 的顺序降低,与 p 区金属类似,而比 d 区和铜族金属低得多。常温下,汞是唯一液态金属,有"水银"之称。汞受热均匀膨胀且不润湿玻璃,故用于制造温度计。室内空气中即使含有微量的汞蒸气,都有害于人体健康。若不慎将汞撒落,可用锡箔把它"沾起"(形成锡汞齐),再在可能留有残汞的地方撒上硫粉以形成无毒的 HgS。应采用铁罐或厚瓷瓶做容器储存汞,汞的上面加水封,以防汞蒸发。

锌、镉、汞之间或和其他金属可形成合金。大量金属锌用于制锌铁板(白铁皮)和干电池,锌与铜形成合金(黄铜)应用也很广泛。在冶金工业上,锌粉作为还原剂应用于镉、金、银的冶炼,化工制药、染料、电池等行业,超细锌粉主要作为富锌涂料和其他防腐、环保等高性能涂料的关键原料,广泛应用于大型钢铁构件、船舶、集装箱、航空、汽车等行业。

汞能溶解许多金属形成汞齐，汞齐是汞的合金。钠汞齐与水反应放出氢，在有机合成中常用作还原剂。利用汞与某些金属形成汞齐的特点，可自矿石中提取金、银等；银锡合金用汞溶解制得银锡汞齐，它能在很短的时间内硬化，并有很好的强度，故作补牙的充填材料。

知识拓展

锌和镉的化学性质相似，而汞的化学活泼性差得多。锌在加热条件下可以和绝大多数非金属发生化学反应。在 1 000 ℃时，锌在空气中燃烧生成氧化锌，汞需加热至沸才缓慢与氧作用生成氧化汞，在 500 ℃以上又重新分解成氧和汞：

知识拓展

$$2Zn+O_2 \xrightarrow{1\,000\ ℃} 2ZnO$$

$$2Hg+O_2 \underset{500\ ℃}{\overset{加热至沸}{\rightleftharpoons}} 2HgO$$

锌在潮湿空气中，表面生成的一层致密碱式碳酸盐 $Zn(OH)_2 \cdot ZnCO_3$，起保护作用，使锌有防腐蚀的性能，故铁制品表面常镀锌防腐：

知识拓展

$$2Zn+O_2+H_2O+CO_2 \longrightarrow Zn(OH)_2 \cdot ZnCO_3$$

锌与铝相似，具有两性，既可溶于酸，也可溶于碱：

$$Zn+2H^+ \longrightarrow Zn^{2+}+H_2\uparrow$$

$$Zn+2OH^-+2H_2O \longrightarrow [Zn(OH)_4]^{2-}+H_2\uparrow$$

知识拓展

与铝不同的是，锌与氨水能形成配离子而溶解：

$$Zn+4NH_3+2H_2O \longrightarrow [Zn(NH_3)_4](OH)_2+H_2\uparrow$$

汞与硫粉直接研磨时，由于汞呈液态，接触面积较大，且二者亲和力较强，可以形成硫化汞。

疑难解析

14.2.2 锌的重要化合物

1. 氧化锌和氢氧化锌

锌与氧直接化合得白色粉末状氧化锌（ZnO），俗称锌白，它可作白色颜料。ZnO 对热稳定，微溶于水，显两性，溶于酸、碱分别形成锌盐、锌酸盐。

由于 ZnO 对气体吸附性强，在石油化工上用作脱氢、苯酚和甲醛缩合等反应的催化剂。通过适当的热处理，ZnO 晶格的空穴可以增多，因此电导增大，并出现半导体特性，近年来的光催化反应中用 ZnO 作催化剂。ZnO 大量用作橡胶填料及油漆颜料，医药上用它制软膏、锌糊、橡皮膏等。

在锌盐溶液中，加入适量的碱可析出 $Zn(OH)_2$ 沉淀。$Zn(OH)_2$ 也显两性，溶于酸生成锌盐，溶于碱生成锌酸盐：

$$Zn(OH)_2+2OH^- \longrightarrow [Zn(OH)_4]^{2-}$$

$Zn(OH)_2$ 能溶于氨水，形成配合物：

$$Zn(OH)_2+4NH_3 \longrightarrow [Zn(NH_3)_4]^{2+}+2OH^-$$

2. 氯化锌

无水氯化锌（$ZnCl_2$）为白色固体，可由锌与氯气反应，或在 700 ℃下用干燥的氯化氢通过金属锌而制得。

$ZnCl_2$ 吸水性很强，极易溶于水（10 ℃时，333 g/100 g H_2O），其水溶液由于 Zn^{2+} 的水解而显酸性：

$$Zn^{2+}+H_2O \rightleftharpoons Zn(OH)^{+}+H^{+}$$

$ZnCl_2$ 的浓溶液中,由于形成配合酸 $H[ZnCl_2(OH)]$,而使溶液具有显著的酸性(如 6 mol·L^{-1} $ZnCl_2$溶液的 pH=1),能溶解金属氧化物:

$$ZnCl_2+H_2O \longrightarrow H[ZnCl_2(OH)]$$

$$Fe_2O_3+6H[ZnCl_2(OH)] \longrightarrow 2Fe[ZnCl_2(OH)]_3+3H_2O$$

因此在用锡焊接金属之前,常用 $ZnCl_2$ 浓溶液清除金属表面的氧化物,焊接时它不损害金属表面,当水分蒸发后,熔盐覆盖在金属表面,使之不再氧化,能保证焊接金属的直接接触。

欲得无水 $ZnCl_2$,可将含水 $ZnCl_2$ 和$SOCl_2$(氯化亚砜)一起加热:

$$ZnCl_2 \cdot xH_2O+x\,SOCl_2 \longrightarrow ZnCl_2+2xHCl+x\,SO_2$$

$ZnCl_2$ 主要用作有机合成工业的脱水剂、缩合剂及催化剂,以及印染业的媒染剂,也用作石油净化剂和活性炭活化剂。此外,$ZnCl_2$ 还用于干电池、电镀、医药、木材防腐和农药等方面。

3. 硫化锌

往锌盐溶液中通入 H_2S 时,会生成 ZnS:

$$Zn^{2+}+H_2S \longrightarrow \underset{(白色)}{ZnS\downarrow}+2H^{+}$$

ZnS 是常见难溶硫化物中唯一呈白色的,可用作白色颜料,它同$BaSO_4$ 共沉淀所形成的混合物晶体 ZnS·$BaSO_4$叫做锌钡白(俗称立德粉,是一种优良的白色颜料)。无定形 ZnS 在 H_2S 气氛中灼烧可以转变为晶体 ZnS。若在 ZnS 晶体中加入微量 Cu、Mn、Ag 作活化剂,经光照射后可发出不同颜色的荧光,这种材料可作荧光粉,制作荧光屏。

4. 配合物

Zn^{2+}与氨水、氰化钾等能形成无色的四配位的配离子:

$$Zn^{2+}+4NH_3 \rightleftharpoons [Zn(NH_3)_4]^{2+}; \quad K_f^{\ominus}=2.88\times10^{9}$$

$$Zn^{2+}+4CN^{-} \rightleftharpoons [Zn(CN)_4]^{2-}; \quad K_f^{\ominus}=5.01\times10^{16}$$

$[Zn(CN)_4]^{2-}$用于电镀工艺。例如,它和$[Cu(CN)_4]^{3-}$的混合液用于镀黄铜(Cu-Zn 合金)。由于

$$[Cu(CN)_4]^{3-}+e^{-} \rightleftharpoons Cu+4CN^{-}; \quad E^{\ominus}=-1.27\ V$$

$$[Zn(CN)_4]^{2-}+2e^{-} \rightleftharpoons Zn+4CN^{-}; \quad E^{\ominus}=-1.26\ V$$

实验视频

铜、锌配合物有关电对的标准电极电势接近,它们的混合液在电镀时,Zn、Cu 在阴极可同时析出。由于CN^{-}有剧毒,现逐渐被无毒液(如与焦磷酸根、氨三乙酸或三乙醇胺所形成的配合物)所取代。Zn^{2+}与二苯硫腙形成稳定的粉红色螯合物沉淀,用于鉴定Zn^{2+}:

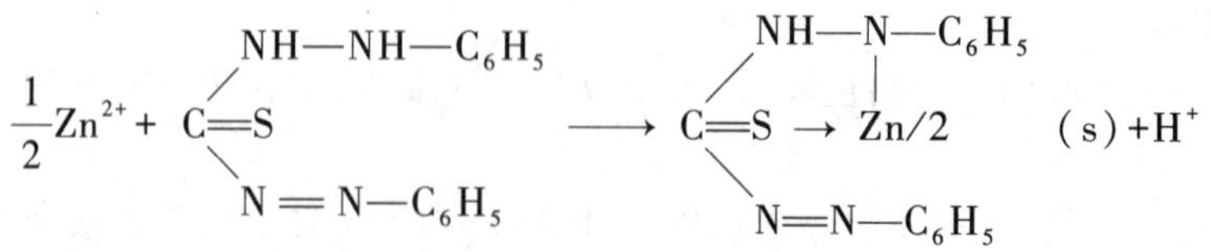

(粉红)

14.2.3 汞的重要化合物

汞能形成氧化数为+1、+2 的化合物，在锌族 M(Ⅰ)的化合物中，以Hg(Ⅰ)的化合物最为重要。

1. 氧化汞

氧化汞(HgO)有红、黄两种变体，都难溶于水，有毒，在 500 ℃时分解为汞和氧气。在汞盐溶液中加入碱，可得到黄色 HgO。这是由于生成的 $Hg(OH)_2$极不稳定，立即脱水分解。红色的 HgO 一般是由硝酸汞受热分解而制得：

实验视频

$$Hg^{2+} + 2OH^- \longrightarrow \underset{(黄色)}{HgO\downarrow} + H_2O$$

$$2Hg(NO_3)_2 \xrightarrow{\triangle} \underset{(红色)}{2HgO\downarrow} + 4NO_2\uparrow + O_2\uparrow$$

HgO 是制备许多汞盐的原料，还用作医药制剂、分析试剂、陶瓷颜料等。

2. 氯化汞和氯化亚汞

氯化汞($HgCl_2$)可通过在过量的氯气中加热金属汞而制得。$HgCl_2$ 为共价型化合物，氯原子以共价键与汞原子结合成直线形分子 Cl—Hg—Cl。$HgCl_2$ 熔点较低(280 ℃)，易升华，俗名升汞。$HgCl_2$ 略溶于水，在水中解离度很小，主要以 $HgCl_2$ 分子形式存在，所以 $HgCl_2$ 有假盐之称。$HgCl_2$ 在水中稍有水解：

$$HgCl_2 + H_2O \rightleftharpoons Hg(OH)Cl + HCl$$

$HgCl_2$ 与稀氨水反应则生成难溶解的氨基氯化汞：

$$HgCl_2 + 2NH_3 \longrightarrow \underset{(白色)}{Hg(NH_2)Cl\downarrow} + NH_4Cl$$

$HgCl_2$ 还可与碱金属氯化物反应形成四氯合汞(Ⅱ)配离子$[HgCl_4]^{2-}$，使 $HgCl_2$ 的溶解度增大：

$$HgCl_2 + 2Cl^- \longrightarrow [HgCl_4]^{2-}$$

$HgCl_2$ 在酸性溶液中有氧化性[$E^\ominus(HgCl_2/Hg_2Cl_2) = 0.63\ V$]，适量的 $SnCl_2$ [$E^\ominus(Sn^{4+}/Sn^{2+}) = 0.154\ V$]可将之还原为难溶于水的白色氯化亚汞 Hg_2Cl_2：

实验视频

$$2HgCl_2 + SnCl_2 \longrightarrow Hg_2Cl_2\downarrow + SnCl_4$$

如果 $SnCl_2$ 过量，生成的 Hg_2Cl_2 进一步被 $SnCl_2$ 还原为金属汞[$E^\ominus(Hg_2Cl_2/Hg) = 0.268\ 2\ V$]，使沉淀变黑：

$$Hg_2Cl_2 + SnCl_2 \longrightarrow 2Hg\downarrow + SnCl_4$$

在分析化学中利用此反应鉴定 Hg(Ⅱ)或 Sn(Ⅱ)。$HgCl_2$ 的稀溶液有杀菌作用，外科上用作消毒剂。$HgCl_2$ 也用作有机反应的催化剂。

金属汞与 $HgCl_2$ 固体一起研磨，可制得氯化亚汞(Hg_2Cl_2)：

$$HgCl_2 + Hg \longrightarrow Hg_2Cl_2$$

分子结构为直线形(Cl—Hg—Hg—Cl)的 Hg_2Cl_2 为白色固体，难溶于水。少量的 Hg_2Cl_2 无毒，因味略甜，俗称甘汞，常用于制作甘汞电极。Hg_2Cl_2 见光易分解：

$$Hg_2Cl_2 \xrightarrow{光} HgCl_2 + Hg$$

因此应把它保存在棕色瓶中。

Hg_2Cl_2 与氨水反应可生成氨基氯化汞和汞，而使沉淀显灰色：

$$Hg_2Cl_2+2NH_3 \longrightarrow \underset{\text{(白色)}}{Hg(NH_2)Cl\downarrow}+\underset{\text{(黑色)}}{Hg\downarrow}+NH_4Cl$$

此反应可用于鉴定 Hg(Ⅰ)。在医药上，Hg_2Cl_2 用作泻剂和利尿剂。

3. 硝酸汞和硝酸亚汞

硝酸汞[$Hg(NO_3)_2$]和硝酸亚汞[$Hg_2(NO_3)_2$]都溶于水，并水解生成碱式盐沉淀：

$$2Hg(NO_3)_2+H_2O \longrightarrow HgO\cdot Hg(NO_3)_2\downarrow+2HNO_3$$

$$Hg_2(NO_3)_2+H_2O \longrightarrow Hg_2(OH)NO_3\downarrow+HNO_3$$

在配制 $Hg(NO_3)_2$ 和 $Hg_2(NO_3)_2$ 溶液时，应先溶于稀硝酸中。

在 $Hg(NO_3)_2$ 溶液中，加入 KI 可产生橘红色 HgI_2 沉淀，后者溶于过量 KI 中，形成无色 $[HgI_4]^{2-}$：

$$Hg^{2+}+2I^- \longrightarrow HgI_2\downarrow$$

$$HgI_2+2I^- \longrightarrow [HgI_4]^{2-}$$

同样，在 $Hg_2(NO_3)_2$ 溶液中加入 KI，先生成浅绿色 Hg_2I_2 沉淀，继续加入 KI 溶液则形成 $[HgI_4]^{2-}$，同时有汞析出：

$$Hg_2^{2+}+2I^- \longrightarrow Hg_2I_2\downarrow$$

$$Hg_2I_2+2I^- \longrightarrow [HgI_4]^{2-}+Hg\downarrow$$

在 $Hg(NO_3)_2$ 溶液中加入氨水，可得白色的碱式氨基硝酸汞沉淀：

$$2Hg(NO_3)_2+4NH_3+H_2O \longrightarrow HgO\cdot NH_2HgNO_3\downarrow+3NH_4NO_3$$

而在硝酸亚汞 $Hg_2(NO_3)_2$ 溶液中加入氨水，不仅有上述白色沉淀产生，同时有汞析出：

$$2Hg_2(NO_3)_2+4NH_3+H_2O \longrightarrow \underset{\text{(白色)}}{HgO\cdot NH_2HgNO_3\downarrow}+\underset{\text{(黑色)}}{2Hg}+3NH_4NO_3$$

$Hg(NO_3)_2$ 是实验室常用的化学试剂，用它制备汞的其他化合物。

$Hg_2(NO_3)_2$ 受热易分解：

$$Hg_2(NO_3)_2 \xrightarrow{\triangle} 2HgO+2NO_2\uparrow$$

由于 $E^\ominus(Hg^{2+}/Hg_2^{2+})=0.911\ V$，而对于 $O_2+4H^++4e^- \rightleftharpoons 2H_2O$，当 $c(H^+)=1\ mol\cdot L^{-1}$ 时，$E^\ominus(O_2/H_2O)=1.229\ V$，所以 $Hg_2(NO_3)_2$ 溶液与空气接触时易被氧化为 $Hg(NO_3)_2$：

$$2Hg_2(NO_3)_2+O_2+4HNO_3 \longrightarrow 4Hg(NO_3)_2+2H_2O$$

可在 $Hg_2(NO_3)_2$ 溶液中加入少量金属汞，使所生成的 Hg^{2+} 被还原为 Hg_2^{2+}：

$$Hg^{2+}+Hg \longrightarrow Hg_2^{2+}$$

除此之外，汞还能形成许多稳定的有机化合物，如甲基汞 $Hg(CH_3)_2$、乙基汞 $Hg(C_2H_5)_2$ 等。这些化合物中都含有 C—Hg—C 共价键直线结构，较易挥发，且毒性较大，在空气和水中相当稳定。

4. 配合物

Hg(Ⅰ)形成配合物的倾向较小，Hg(Ⅱ)易和 Cl^-、Br^-、I^-、CN^-、SCN^- 等形成较稳

定的配离子，Hg(Ⅱ)的配位数为 4。例如：

	$[HgCl_4]^{2-}$	$[HgI_4]^{2-}$	$[Hg(SCN)_4]^{2-}$	$[Hg(CN)_4]^{2-}$
$K_f^{\ominus}$	1.17×10^{15}	6.76×10^{29}	1.698×10^{21}	2.51×10^{41}

碱性溶液中的 $K_2[HgI_4]$（奈斯勒试剂）是鉴定NH_4^+的特效试剂。这个反应因试剂和OH^-相对量的不同，可生成几种颜色不同的沉淀：

实验视频

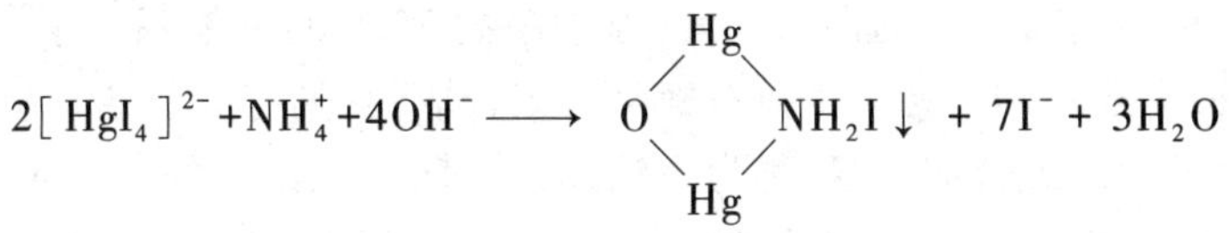

（褐色）

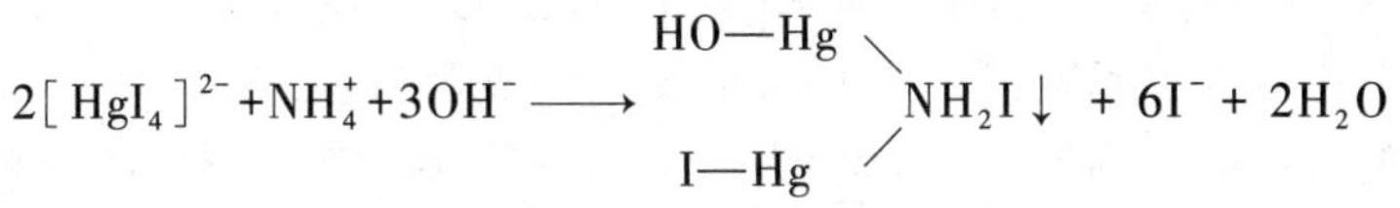

（深褐）

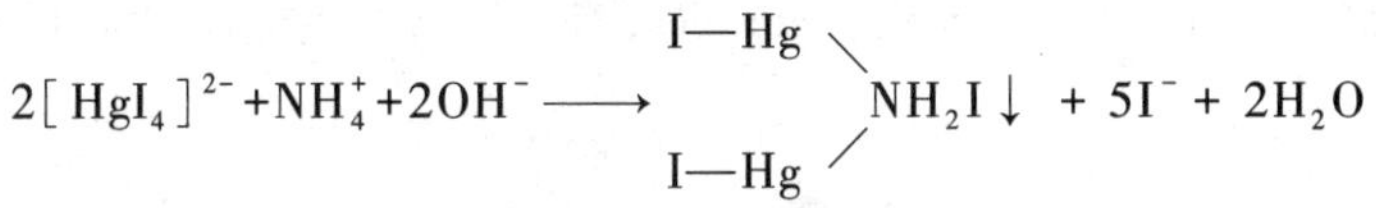

（红棕）

5. Hg(Ⅱ)和 Hg(Ⅰ)的相互转化

由前面汞的电势图可知，因 $E^{\ominus}(Hg^{2+}/Hg_2^{2+})$大于 $E^{\ominus}(Hg_2^{2+}/Hg)$，故在溶液中$Hg^{2+}$可氧化 Hg 而生成$Hg_2^{2+}$：

$$Hg^{2+}+Hg \rightleftharpoons Hg_2^{2+}$$

$$K^{\ominus}=\frac{c(Hg_2^{2+})}{c(Hg^{2+})}\approx 88$$

表明在平衡时，Hg^{2+}基本上都转变为Hg_2^{2+}，因此 Hg(Ⅱ)化合物用金属汞还原，即可得到 Hg(Ⅰ)化合物。例如前面提到的，$HgCl_2$ 和 $Hg(NO_3)_2$ 在溶液中与金属汞接触时，可转变为 Hg(Ⅰ)化合物。

除用汞作还原剂外，还可用其他还原剂将 Hg(Ⅱ)还原为 Hg(Ⅰ)，并保证无单质汞产生（$E^{\ominus}$值在 0.911 V 与 0.853 5 V 之间，为什么？）。若用更强的还原剂时，Hg(Ⅱ)必须过量方能使 Hg(Ⅱ)转化为 Hg(Ⅰ)，因为此时产生的单质汞可与过量的 Hg(Ⅱ)反应变为 Hg(Ⅰ)。

由于$Hg^{2+}+Hg \rightleftharpoons Hg_2^{2+}$ 反应的平衡常数较大，平衡偏向于生成Hg_2^{2+} 的一方，为使 Hg(Ⅰ)转化为 Hg(Ⅱ)，即Hg_2^{2+} 的歧化反应能够进行，必须降低溶液中Hg^{2+}的浓度，如使之变为某些难溶物或难解离的配合物：

$$Hg_2^{2+}+2OH^- \longrightarrow HgO\downarrow+Hg\downarrow+H_2O$$

$$Hg_2^{2+}+S^{2-} \longrightarrow HgS\downarrow+Hg\downarrow$$

$$Hg_2Cl_2+2NH_3 \longrightarrow Hg(NH_2)Cl\downarrow+Hg\downarrow+NH_4Cl$$

$$Hg_2^{2+}+2CN^- \longrightarrow Hg(CN)_2\downarrow+Hg\downarrow$$

$$Hg_2^{2+}+4I^- \longrightarrow [HgI_4]^{2-}+Hg\downarrow$$

除 Hg_2F_2 外,Hg_2X_2 都是难溶的,如果用适量 X^-(包括拟卤素)和Hg_2^{2+} 作用,生成物是相应难溶的 Hg_2X_2,只有当 X^- 过量时,才能歧化成$[HgX_4]^{2-}$和 Hg。

14.3 镧系和锕系元素概述

f 区元素包括周期系中的镧系元素(原子序数 57~70)和锕系元素(原子序数 89~102),共 28 种元素。镧系元素中只有钷是人工合成的,具有放射性。锕系元素均有放射性,铀后元素为人工合成元素,称为超铀元素。锕系元素中的钍(Th)和铀(U)在地壳内储量较多,而锕(Ac)、镤(Pa)、镎(Np)、钚(Pu)则极微。

周期系ⅢB 族中的钇、镥和镧系元素(共 16 种元素)性质都非常相似,并在矿物中共生在一起,总称为稀土元素,常用 RE(Rare Earth)表示。

f 区元素的价层电子构型为$(n-2)f^{0\sim14}(n-1)d^{0\sim2}ns^2$,其特征是随着核电荷数的增加,电子依次填入外数第三层$(n-2)$f 轨道,因而又统称内过渡元素。镧系元素(lanthanides,简写为 Ln)和锕系元素(actinides,简写为 An)的基本性质列于表 14.1 和表 14.2。

表 14.1 镧系元素的一些性质

原子序数	名称	符号	价层电子构型	主要氧化数	原子半径/pm	Ln^{3+}半径/pm	Ln^{3+} 4f 亚层电子数	$\sum I(I_1+I_2+I_3)$/kJ·mol^{-1}	熔点/℃
57	镧	La	$5d^16s^2$	+3	183	103.2	$[Xe]4f^0$	3 455.4	921
58	铈	Ce	$4f^15d^16s^2$	+3,+4	181.8	102	$4f^1$	3 524	799
59	镨	Pr	$4f^36s^2$	+3,+4	182.4	99	$4f^2$	3 627	931
60	钕	Nd	$4f^46s^2$	+3	181.4	98.3	$4f^3$	3 694	1 021
61	钷	Pm	$4f^56s^2$	+3	183.4	97	$4f^4$	3 738	1 168
62	钐	Sm	$4f^66s^2$	+2,+3	180.4	95.8	$4f^5$	3 871	1 077
63	铕	Eu	$4f^76s^2$	+2,+3	208.4	94.7	$4f^6$	4 032	822
64	钆	Gd	$4f^75d^16s^2$	+3	180.4	93.8	$4f^7$	3 752	1 313
65	铽	Tb	$4f^96s^2$	+3,+4	178	92.3	$4f^8$	3 786	1 356
66	镝	Dy	$4f^{10}6s^2$	+3,+4	178.1	91.2	$4f^9$	3 898	1 412
67	钬	Ho	$4f^{11}6s^2$	+3	176.2	90.1	$4f^{10}$	3 920	1 474
68	铒	Er	$4f^{12}6s^2$	+3	176.1	89.0	$4f^{11}$	3 930	1 529
69	铥	Tm	$4f^{13}6s^2$	+2,+3	177.3	88	$4f^{12}$	4 043.7	1 545
70	镱	Yb	$4f^{14}6s^2$	+2,+3	193.3	86.8	$4f^{13}$	4 193.4	819
71	镥*	Lu	$4f^{14}5d^16s^2$	+3	173.8	86.1	$4f^{14}$	3 885.8	1 663

* 按新分类法,镥不再列入镧系元素内,但为了便于比较,在此将它列出。

表 14.2 锕系元素的基本性质

原子序数	名称	符号	价层电子构型	原子半径 pm	离子半径/pm		氧化数*	半衰期**
					An^{3+}	An^{4+}		
89	锕	Ac	$6d^17s^2$	187.8	111	—	+3	21.8y
90	钍	Th	$6d^27s^2$	179	—	94	+3$\underline{+4}$	1.41×10^{10}y
91	镤	Pa	$5f^26d^17s^2$	163	104	90	+3+4$\underline{+5}$	3.08×10^4y
92	铀	U	$5f^36d^17s^2$	156	102.5	89	+3+4+5$\underline{+6}$	4.47×10^9y
93	镎	Np	$5f^46d^17s^2$	155	101	87	+3+4$\underline{+5}$+6+7	2.41×10^6y
94	钚	Pu	$5f^6\ 7s^2$	159	100	86	+3$\underline{+4}$+5+6	8.1×10^7y
95	镅	Am	$5f^7\ 7s^2$	173	97.5	89	+2$\underline{+3}$+4+5+6	7.38×10^3y
96	锔	Cm	$5f^76d^17s^2$	174	97	85	$\underline{+3}$+4	1.6×10^7y
97	锫	Bk	$5f^9\ 7s^2$	170.4	98	87	$\underline{+3}$+4	1.38×10^3y
98	锎	Cf	$5f^{10}\ 7s^2$	186	95	82.1	$\underline{+3}$+4	350y
99	锿	Es	$5f^{11}\ 7s^2$	186	98		$\underline{+3}$+4	277d
100	镄	Fm	$5f^{12}\ 7s^2$	(194)			+2$\underline{+3}$	100d
101	钔	Md	$5f^{13}\ 7s^2$	(194)			+2$\underline{+3}$	55d
102	锘	No	$5f^{14}\ 7s^2$	(194)			+2$\underline{+3}$	1h

* 画线的表示水溶液中最稳定的氧化数。

** 寿命最长的同位素半衰期(半衰期见 14.7.1)

知识拓展

历史逸闻

14.3.1 价层电子构型与氧化数

镧系元素的价层电子构型除 La 为 $5d^16s^2$、Ce 为 $4f^15d^16s^2$、Gd 为 $4f^75d^16s^2$ 外,其余均为 $4f^x6s^2$($x=3\sim7$、$9\sim14$)构型。

镧系元素的电子层结构最外层和次外层基本相同,只是 4f 轨道上的电子数不同,但能级相近,因而它们的性质非常相似。

镧系元素在形成化合物时,最外层的 s 电子、次外层的 d 电子均可参与成键。另外,外数第三层中部分 4f 电子也可参与成键。由表 14.1 可知,镧系元素原子的第一、二、三电离能的总和是较低的,因而主要表现ⅢB 族元素特征的氧化数,即一般皆能形成氧化数为+3 的化合物。除此之外,某些镧系元素还能形成其他氧化数的化合物。镧系元素的氧化数变化情况如图 14.3 所示。图中以黑圆点的大小表示具有这种氧化数的化合物的稳定性,大者稳定性大,小者稳定性次之。

La、Gd 具有 $5d^16s^2$ 电子层结构,失去 3 个电子后,各电子层都成为稳定结构(4f 全空或半充满),所以它们只能生成氧化数为+3 的稳定化合物。在化学变化中,镧系元素的原子都有达到 La^{3+} 和 Gd^{3+} 稳定结构的趋向,也就是说,比这些稳定结构的电子数稍多的电子容易失去。总之,从 La 到 Gd,从 Gd 到 Lu,氧化数的变化是先升向+4,然后降到+2,再回到+3,这样镧系元素氧化数的变化形成了两个周期。

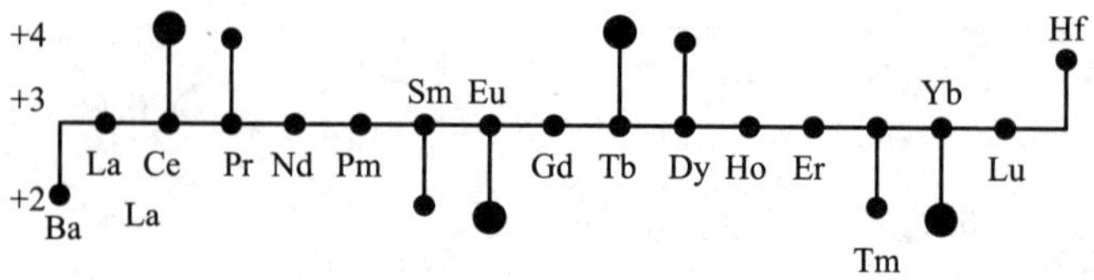

图 14.3 镧系元素氧化数变化情况

近十多年,对稀土元素化合物的研究发现,除上面讨论的氧化数变化情况外,Nd 也可形成氧化数为+4 的化合物。La、Ce、Nd、Pm、Dy、Er 也可形成氧化数为+2 的化合物。

锕系元素的原子光谱很复杂,确定锕系元素基态原子的电子层结构也是很困难的。表 14.2 所列出的价层电子构型,是根据目前实验结果总结的,被认为是最可能的价层电子分布。

14.3.2 原子半径、离子半径和镧系收缩

由表 14.1、表 14.2 可见,镧系元素、锕系元素的原子半径和离子半径总的趋势是随着原子序数的增加而逐渐缩小,这种现象称为**镧系收缩、锕系收缩**。下面以镧系元素为例说明。

1. 原子半径

在镧系元素的原子中,电子逐个填充 4f 亚层, 由于 4f 电子对原子核的屏蔽效应较大,所以随着原子序数的增加,有效核电荷数缓慢增大,结果使原子半径缓慢缩小。但从图 14.4 可以看到,在总的收缩趋势中,Eu 和 Yb 原子半径比较大,原因是 Eu 和 Yb 分别具有半充满 $4f^7$ 和全充满 $4f^{14}$ 电子层结构,这一相对稳定结构对核电荷的屏蔽增强,它们的原子半径便明显增大。

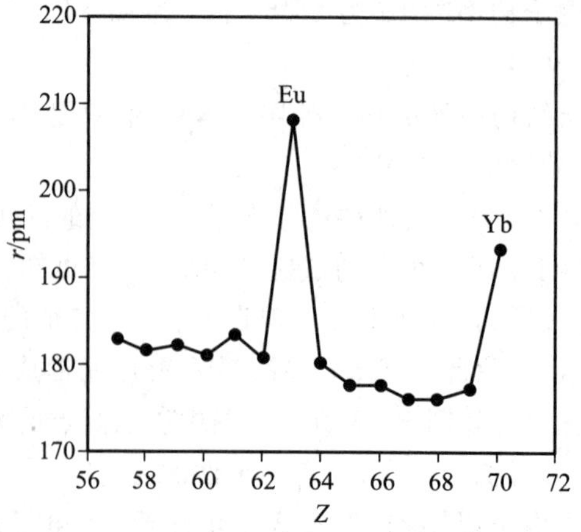

图 14.4 镧系元素的原子半径与原子序数的关系

镧系元素的原子半径在 Eu 和 Yb 处出现骤升的峰值(图 14.4),与其相对应的是镧系元素的熔点随着原子序数的增加逐渐升高的过程中,在 Eu 和 Yb 处出现陡降的谷

值[图 14.5(a)];Eu($4f^7$)和 Yb($4f^{14}$)为稳定构型,镧系元素原子第一、二、三电离能总和,随着原子序数的增加而增大的过程中,在 Eu、Yb 处出现骤升的峰值[图 14.5(b)],就像出现两个山峰或山谷一样,这种现象叫做镧系元素性质递变的“双峰效应”。

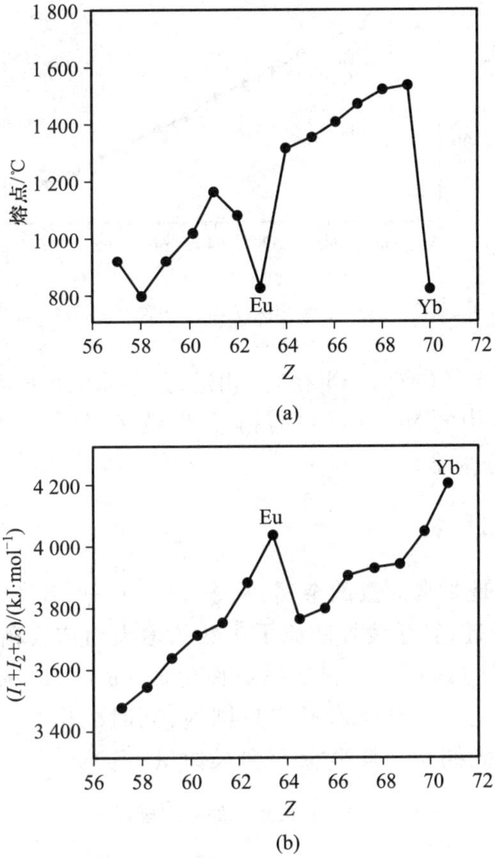

图 14.5 镧系元素性质的递变

2. 离子半径

Ln^{3+} 半径在 86.8~103.2 pm,与其他氧化数相同的金属离子相比是比较大的(Al^{3+} 为 53.5 pm;Cr^{3+} 为 61.5 pm;Fe^{3+} 为 64.5 pm;Co^{3+} 为 63 pm),与由 La 到 Yb 原子半径在 Eu、Yb 处会出现峰的变化有所不同,Ln^{3+} 半径的变化是十分有规律的,如图 14.6 所示。Ln^{3+} 已无 6s 和 5d 电子,最外层皆为 $5s^26p^6$ 结构,La 到 Yb 有效核电荷数依次增加比在原子中显著,从 La^{3+} 到 Lu^{3+} 总共收缩16.4 pm。

Ln^{3+} 所带电荷数相同,而且 Ln^{3+} 的构型及半径相差不大,致使 Ln^{3+} 性质极为相似:其离子化合物的溶解度、氢氧化物的酸碱性、配合物的稳定常数、离子晶体的晶格能等彼此都很接近,造成 Ln^{3+} 间分离上的困难。

3. 镧系收缩的后果

镧系收缩、锕系收缩是元素化学中的一个重要现象。受镧系收缩的影响,一方面 Eu 以后的镧系元素的离子半径接近 Y,构成性质极为相似的一组元素,称为钇组元素,它们在自然界中共生,性质十分相似,难以分离;另一方面,第三过渡系与第二过渡

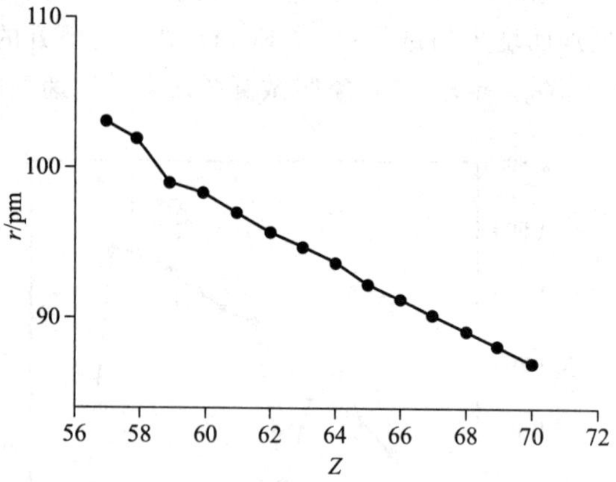

图 14.6 镧系元素的离子半径与原子序数的关系

系的同族元素在原子半径(或离子半径)上相近,其中尤以ⅣB 族中的 Zr 和 Hf、ⅤB 族中的 Nb 和 Ta、ⅥB 族中的 Mo 和 W 更为相近,以致 Zr 和 Hf、Nb 和 Ta、Mo 和 W 的性质非常相似,分离十分困难。

14.3.3 金属活泼性

镧系元素单质都是非常活泼的金属,从表 14.3 可知,$E^{\ominus}(Ln^{3+}/Ln)$ 值较低,它们的活泼性与金属镁相近,且活泼性随原子序数的增大而依次稍有下降。金属在空气中缓慢被氧化,如果加热,它们很容易燃烧而生成 Ln_2O_3,Ce 则生成 CeO_2。镧系金属都可以与水反应,尤其是与热水反应较剧烈,同时放出氢气。如果与稀酸反应,则更易放出氢气,因此镧系金属要保存在煤油里。

表 14.3 镧系元素的标准电极电势

Ln	La	Ce	Pr	Nd	Pm	Sm	Eu	Gd
$E^{\ominus}(Ln^{3+}/Ln)/V$	-2.522	-2.483	-2.462	-2.431	-2.423	-2.414	-2.407	-2.397
Ln	Tb	Dy	Ho	Er	Tm	Yb	(Lu)	
$E^{\ominus}(Ln^{3+}/Ln)/V$	-2.391	-2.353	-2.319	-2.296	-2.278	-2.267	(-2.253)	

镧系金属可以与大多数非金属反应,反应一般不很剧烈,但在加热时,可在卤素中燃烧生成 LnX_3。加热时也可与氢气反应生成 LnH_2 或 LnH_3,这些氢化物大多属于金属型氢化物。

锕系元素很活泼,粉末状的金属更为活泼。例如,它们与沸水作用,生成氧化物和氢氧化物的混合物。在适当的温度下能与多数非金属发生反应。它们均可被氢氟酸侵蚀,但大多数仅缓慢与硝酸反应,均不与碱发生反应。

14.3.4 离子的颜色

镧系元素 Ln^{3+} 水合离子及在晶体中的颜色列于表 14.4 中。按照晶体场理论,f 轨道也会发生分裂,当 f 轨道处于部分填充时,也会发生 f-f 跃迁。Ln^{3+} 的颜色主要由f-f

跃迁引起。由表 14.4 可看出,离子的颜色与未成对的 f 电子数有关,并且具有 f^x($x=0\sim7$)电子的离子与具有 f^{14-x} 电子的离子,常显相同或相近的颜色。若以 Gd^{3+} 为中心,从 La^{3+} 到 Gd^{3+} 的颜色变化规律,又将在从 Gd^{3+} 到 Yb^{3+} 的过程中重演,这就是镧系元素的 Ln^{3+} 在颜色上的周期性变化。4f 轨道全空、半充满和全充满或接近这种结构时是稳定的或比较稳定的,4f 轨道半充满、全充满时 4f 电子不被可见光激发,4f 轨道全空时无电子可激发,所以 $Ln^{3+}(4f^0)$、$Gd^{3+}(4f^7)$、$Ce^{3+}(4f^1)$、$Yb^{3+}(4f^{13})$ 皆无色。其他具有 f^x($x=2$、3、4、5、6、8、9、10、11、12)电子的Ln^{3+}都显示不同的颜色。

表 14.4 Ln^{3+}在晶体或水溶液中的颜色

离子($4f^x$)	未成对 4f 电子数	颜色	未成对 4f 电子数	离子($4f^x$)
$La^{3+}(4f^0)$	0	无	(0)	$Lu^{3+}(4f^{14})$
$Ce^{3+}(4f^1)$	1	无	1	$Yb^{3+}(4f^{13})$
$Pr^{3+}(4f^2)$	2	绿	2	$Tm^{3+}(4f^{12})$
$Nd^{3+}(4f^3)$	3	淡红	3	$Er^{3+}(4f^{11})$
$Pm^{3+}(4f^4)$	4	粉红|淡黄	4	$Ho^{3+}(4f^{10})$
$Sm^{3+}(4f^5)$	5	黄	5	$Dy^{3+}(4f^9)$
$Eu^{3+}(4f^6)$	6	淡红	6	$Tb^{3+}(4f^8)$
$Gd^{3+}(4f^7)$	7	无	7	$Gd^{3+}(4f^7)$

由于 f 电子对光吸收的影响,锕系元素与镧系元素在离子的颜色上表现得十分相似。

14.3.5 离子的磁性

镧系元素Ln^{3+}的磁矩列在表 14.5 中。

表 14.5 Ln^{3+}的磁矩

Ln^{3+}	$4f^x$	未成对电子数	磁矩/μ_b
La^{3+}	$4f^0$	0	—
Ce^{3+}	$4f^1$	1	2.3~2.5
Pr^{3+}	$4f^2$	2	3.4~3.6
Nd^{3+}	$4f^3$	3	3.5~3.6
Pm^{3+}	$4f^4$	4	—
Sm^{3+}	$4f^5$	5	1.4~1.7
Eu^{3+}	$4f^6$	6	3.3~3.5
Gd^{3+}	$4f^7$	7	7.9~8.0
Tb^{3+}	$4f^8$	6	9.5~9.8
Dy^{3+}	$4f^9$	5	10.4~10.6

续表

Ln^{3+}	$4f^x$	未成对电子数	磁矩/μ_b
Ho^{3+}	$4f^{10}$	4	10.4～10.7
Er^{3+}	$4f^{11}$	3	9.4～9.6
Tm^{3+}	$4f^{12}$	2	7.1～7.5
Yb^{3+}	$4f^{13}$	1	4.3～4.9
Lu^{3+}	$4f^{14}$	0	0

La^{3+}和 Lu^{3+}中未成对电子数为 0，是反磁性的，其余 Ln^{3+}都有未成对电子，都是顺磁性的。

14.4 镧系元素的重要化合物

14.4.1 Ln(Ⅲ)的化合物

Ln^{3+}与相同氧化数的其他金属离子相比，体积较大，对阴离子的吸引力小；而且 4f 电子被外层的 5s、5p 电子所遮蔽，使 4f 轨道不易与其他原子的轨道发生重叠形成 σ 键或 π 键，因此镧系元素化合物绝大部分是离子型的。

1. 氧化物和氢氧化物

镧系元素均可形成 Ln_2O_3 型氧化物。Ln_2O_3 的颜色基本上和 Ln^{3+}的颜色一致。由于 Ln_2O_3 均为离子型化合物，其熔点相当高（皆在 2 000 ℃以上），因此它们都是很好的耐火材料。Ln_2O_3 均具有碱性（其碱性随原子序数的增加而递减），难溶于水，而易溶于酸，并能从空气中吸收二氧化碳和水蒸气而形成碱式碳酸盐。Ln_2O_3 生成时放热皆很多，如：

$$\Delta_f H_m^{\ominus}(La_2O_3) = -1\ 794\ kJ\cdot mol^{-1};\quad \Delta_f H_m^{\ominus}(Sm_2O_3) = -1\ 823\ kJ\cdot mol^{-1}$$

因而它们具有很高的化学稳定性。镧系金属是比铝还好的还原剂。

Ln_2O_3 通常是由焙烧相应的氢氧化物、碳酸盐、草酸盐等制得。但焙烧铈盐时，生成的不是 Ce_2O_3，而是浅黄色的 CeO_2。在空气中焙烧镨和铽的盐类时，也生成高氧化数的氧化物（棕色），如 Pr_6O_{11}（$Pr_2O_3\cdot 4PrO_2$）和Tb_4O_7（$Tb_2O_3\cdot 2TbO_2$）。如果用强氧化剂作用，可以制得黑色的 PrO_2 和 TbO_2。在 Ln(Ⅲ)的盐溶液中加入 NaOH 或氨水，均可析出 $Ln(OH)_3$ 沉淀。$Ln(OH)_3$ 皆为离子型碱性氢氧化物，其碱性由 $La(OH)_3$ 到 $Yb(OH)_3$ 递减。总的来说，碱性比$Ca(OH)_2$弱，但比 $Al(OH)_3$ 强，$Yb(OH)_3$ 略显两性。$Ln(OH)_3$的溶度积从 La 到 Yb 逐渐减小。此外，$Ln(OH)_3$ 的热稳定性也随着 Ln^{3+}半径从 La^{3+}到 Yb^{3+}逐渐减小而降低。

Ln_2O_3 的应用很广，如 La_2O_3 可用于电热材料、压电材料、磁阻材料、发光材料（蓝粉）、储氢材料、光学玻璃、激光材料等；Ce_2O_3 可用作氧化铈钨电极、陶瓷电容器、纳米氧化铈碳化硅磨料、燃料电池原料、汽油催化剂。Ce_2O_3 还可作为紫外线吸收剂，用于防止塑料制品、坦克、汽车、船舶、储油罐等的紫外老化；在医疗上，掺氧化钕的氧化钇铝石榴石激光器可代替手术刀用于摘除手术或消毒创伤口；氧化铕用于荧光粉，Eu^{3+}用于红色荧光粉的激活剂，Eu^{2+}用于蓝色荧光粉等。

2. 盐类

重要的Ln(Ⅲ)盐有卤化物、硫酸盐、硝酸盐和草酸盐等。氯化物、硫酸盐、硝酸盐易溶于水，草酸盐、碳酸盐、氟化物、磷酸盐难溶于水。盐类的溶解度一般随原子序数的增加而增大。

无水 LnF_3 可通过 $LnF_3\cdot\frac{1}{2}H_2O$ 在真空中加热到 300 ℃或在 HF 气氛中加热到约 600 ℃脱水而制得。LnF_3 是唯一不溶于水的镧系卤化物，其熔点很高、不吸湿、很稳定，可用于制备镧系金属。

镧系元素的氧化物、氢氧化物、碳酸盐与盐酸反应均可得到氯化物，在水溶液中析出氯化物结晶 $LnCl_3\cdot nH_2O$(n=6 或 7)。直接加热 $LnCl_3\cdot nH_2O$ 得到 LnOCl，而不是无水氯化物(为什么?)，若制得无水 $LnCl_3$ 须在 HCl 气流中或过量 NH_4Cl 存在下加热：

$$LnCl_3\cdot nH_2O \xrightarrow{\triangle} LnOCl+2HCl+(n-1)H_2O$$

$$+)\ LnOCl+2NH_4Cl \xrightarrow{\triangle} LnCl_3+H_2O+2NH_3$$

$$LnCl_3\cdot nH_2O \xrightarrow[NH_4Cl]{\triangle} LnCl_3+nH_2O$$

无水氯化物均为熔点较高的固体(600~800 ℃)，吸湿性强，应保存在干燥气氛中。

很多镧系元素的硫酸盐、硝酸盐能与碱金属或铵的相应的盐形成复盐，如 $M(I)_2SO_4\cdot Ln_2(SO_4)_3\cdot xH_2O$。其溶解度由 La 到 Yb 依次增大。

根据硫酸复盐的溶解度大小不同，可将其分为三组：

铈组：La^{3+}、Ce^{3+}、Pr^{3+}、Nd^{3+}、Sm^{3+}

铽组：Eu^{3+}、Gd^{3+}、Tb^{3+}、Dy^{3+}

钇组：Y^{3+}、Ho^{3+}、Er^{3+}、Tm^{3+}、Yb^{3+}

硫酸复盐溶解性的差异，常用于镧系元素的粗分离(分组分离)。铈组在冷溶液中先析出，滤液加热后，铽组析出，而钇组仍留在溶液中。有时也分为两组，即铈组(由 La 到 Sm)和钇组(由 Eu 到 Yb)。

镧系元素的硝酸盐极易溶于水，也能溶于乙醇、乙醚、丙酮等许多有机溶剂中。在用溶剂萃取分离法分离稀土时，通常用稀土的硝酸盐。

镧系元素草酸盐不仅难溶于水，也难溶于稀的无机酸中，利用这些性质可把镧系元素和其他元素分开。化工生产上提取镧系元素化合物，多是先把镧系元素沉淀为草酸盐，然后经烘干、灼烧得其氧化物。

3. 配合物

与 d 区过渡元素比较，Ln^{3+}形成配合物的能力并不很强，除水合离子外，Ln^{3+}形成的配合物为数不多。因为 Ln^{3+}的 4f 电子居于内层，被外层 5s、5p 轨道上的电子遮蔽起来，离子成为稀有气体结构；另外 Ln^{3+}虽然带有较高电荷，但离子半径比 d 区元素离子半径大，所以 Ln^{3+}离子的配位数一般都在 6 或 6 以上，最高可达 12。Ln^{3+}对配位体的吸引力较小，其配位能力与 Ca^{2+}、Mg^{2+}接近，只有与某些强场配体或螯合剂所形成的配合物才是稳定的。虽然镧系元素配合物不多,但其配合物在镧系元素的分离和分析中起着重要的作用,因此在镧系元素的化合物中,其配合物占很重要的地位。

因为镧系为亲氧元素,所以镧系金属可以与很多含氧配体(如羧酸、β-二酮、含氧的磷类萃取剂等)形成配合物。

Ln^{3+}离子还可以与冠醚形成稳定的配合物。如12-冠-4、15-冠-5、18-冠-6(如图14.7),这类配体既具备与Ln^{3+}强配位的氧原子,又具有螯合效应,并且其腔孔大小可以化学调控相匹配,故可以形成多种配比和各种结构的稳定配合物。这类配合物具有非常广泛的应用。

疑难解析

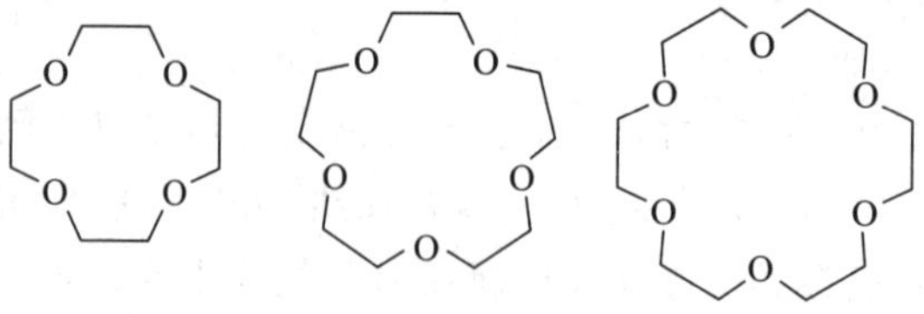

12-冠-4　15-冠-5　18-冠-6

图14.7 冠醚

Ln^{3+}可与氮配位形成多胺配合物,如$[La(NO_3)_3(bipy)_2]$。各种硫氰酸根配合物,也是以氮原子作配位原子键合的,如$[Ln(NCS)_3(OPPh_3)_4]$和$[Ln(NCS)_6]^{3-}$,它们的稳定常数相当大,故SCN^-能用作离子交换的淋洗剂。

Ln^{3+}与氧、氮原子同时配位的EDTA能形成很稳定的配合物,如$H[La(EDTA)(H_2O)_4]$、$K[La(EDTA)(H_2O)_3]$等。利用各种Ln^{3+}与EDTA形成配合物稳定常数的差别,经过多次交换和淋洗操作,就能将不同的镧系离子完全分离。

Ln^{3+}除了和含氧、氮的配体形成稳定的配合物外,还可以与硫、磷作为配位原子的有机配体形成稳定性较差的配位化合物。含磷有机配体有磷酸酯类,如磷酸三丁酯(TBP)、二(2-乙基己基)膦酸(P_{204})等。

疑难解析

镧系元素配合物的稳定性一般随原子序数增加而增大,同一元素各种配合物的稳定性决定于配合物的性质和溶液的pH。通常它们在中性或碱性介质中稳定,随酸性增大其稳定性减弱,直至分解。这种关于稳定性的递变规律,已在离子交换法和溶剂萃取法分离镧系元素中得到广泛应用。

14.4.2 Ln(Ⅱ)和Ln(Ⅳ)的化合物

1. Ln(Ⅱ)的化合物

钐(Sm)、铕(Eu)和镱(Yb)等能形成+2氧化数的化合物,它们的卤化物可由对应的三卤化物分解或用氢还原它们的三卤化物,如:

$$2SmI_3 \xrightarrow{700\ ℃} 2SmI_2(S) + I_2(g)$$

$$SmCl_3 + \frac{1}{2}H_2 \longrightarrow SmCl_2 + HCl$$

用此法能制得二氟化铕(EuF_2)。用此法也能制得Eu和Yb的二氯化物、二溴化物和二碘化物。

用稀土金属还原法，如：

$$2TmI_3+Tm \xrightarrow{500\sim600\ ℃} 3TmI_2$$

用此法可制得 Tm、Eu 和 Yb 的二氯化物、二溴化物，Sm 和 Yb 的二氟化物，La、Ce、Pr、Nd、Gd、Dy 和 Tm 的二碘化物。

用镧系金属还原碘化汞，如：

$$HgI_2+Ln \xrightarrow{300\sim400\ ℃} LnI_2+Hg$$

用此法可制得 Sm、Eu、Yb、Tm、Dy 等的二碘化物。

在水溶液中以 Zn-Hg 齐还原 Eu^{3+} 至 Eu^{2+}；在乙醇或其他非水溶剂中以 Mg 还原三氯化钐至二氯化钐。

在液氨中，金属 Sm、Eu、Yb 与 NH_3 作用，生成 $Ln(NH_2)_2$，后者与氯化铵作用转化为二氯化物：

$$Ln+2NH_3(l) \longrightarrow Ln(NH_2)_2+H_2\uparrow$$

$$Ln(NH_2)_2+2NH_4Cl \longrightarrow LnCl_2+4NH_3\uparrow$$

上述 LnX_2 中，只有 SmX_2、EuX_2、YbX_2 是真正的 Ln^{2+} 盐，有一些二卤化物（如 La、Ce、Pr 的二碘化物）不是真正的 Ln^{2+} 盐，这些二卤化物具有很好的导电性。

Sm^{2+}、Eu^{2+}、Yb^{2+} 具有不同程度的还原性，$E^{\ominus}(Eu^{3+}/Eu^{2+})=-0.35$ V 和 $E^{\ominus}(Cr^{3+}/Cr^{2+})=-0.424$ V 相近，而 $E^{\ominus}(Sm^{3+}/Sm^{2+})$ 和 $E^{\ominus}(Yb^{3+}/Yb^{2+})$ 分别为 -1.5 V 和 -1.1 V，可见 Sm^{2+}、Eu^{2+}、Yb^{2+} 在水溶液中极不稳定。在工业生产中常利用它们的还原性与其他镧系元素分离。Eu(Ⅱ)和 Sm(Ⅱ)的微溶性硫酸盐和 $SrSO_4$、$BaSO_4$ 同晶型，难溶于水。若用 Zn 可以将 Eu(Ⅲ)还原为Eu(Ⅱ)，其他 Ln(Ⅲ)则不被还原：

$$2Eu^{3+}+Zn \longrightarrow 2Eu^{2+}+Zn^{2+}$$

最后加入可溶性硫酸盐，Eu 以硫酸盐的形式沉淀分离而得。

2. Ln(Ⅳ)的化合物

铈(Ce)、镨(Pr)、钕(Nd)、铽(Tb)、镝(Dy)皆可形成氧化数为+4 的化合物，镧系元素中，只有 Ce(Ⅳ)的化合物较常见，也较重要。

二氧化铈（CeO_2）为白色固体，可由 $Ce(OH)_3$、$Ce(NO_3)_3$、$Ce_2(CO_3)_3$ 或 $Ce_2(C_2O_4)_3$ 在空气中加热制得。在 Ce(Ⅳ)盐溶液中加入 NaOH，可析出黄色凝胶状水合二氧化铈 $CeO_2\cdot xH_2O$。

$CeO_2\cdot xH_2O$ 溶于盐酸，得到的是 $CeCl_3$ 和氯气；溶于硫酸得到 Ce(Ⅳ)和 Ce(Ⅲ)硫酸盐的混合物，同时放出氧。

常见的 Ce(Ⅳ)盐有二水合硫酸铈 $Ce(SO_4)_2\cdot 2H_2O$ 和三水合硝酸铈 $Ce(NO_3)_4\cdot 3H_2O$，它们皆易溶于水，但易水解形成碱式盐。其中以硫酸铈(Ⅳ)为最稳定，它在酸性溶液中为强氧化剂。$E^{\ominus}(Ce^{4+}/Ce^{3+})$ 值随阴离子种类不同变化很大，见表 14.6。

表 14.6 不同介质中 $E^{\ominus}(Ce^{4+}/Ce^{3+})$ 值

$E_A^{\ominus}$/V	1.28	1.44	1.61	1.74
介质	1 mol·L^{-1} HCl	0.5 mol·L^{-1} H_2SO_4	1 mol·L^{-1} HNO_3	1 mol·L^{-1} $HClO_4$

这是因为$[Ce(H_2O)_n]^{4+}$仅存在于强酸 $HClO_4$ 溶液中,而在其他酸中则形成配合物,如$[Ce(SO_4)_3]^{2-}$、$[Ce(NO_3)_6]^{2-}$、$[CeCl_6]^{2-}$等,由于配离子的形成而使 $E^\ominus$ 值改变。

Ce(Ⅳ)的化合物常在有机化学中作氧化剂。$(NH_4)_2[Ce(NO_3)_6]$在分析化学中常作基准物。

$[Ce(H_2O)_n]^{4+}$极易发生水解(pH 很低时除外),具有很强的酸性。

在中性或碱性介质中,H_2O_2、O_2、$KMnO_4$、$(NH_4)_2S_2O_8$ 等氧化剂可将Ce(Ⅲ)氧化成Ce(Ⅳ)。如采用 Cl_2 氧化时,将 Cl_2 通入混有 $Ln(OH)_3$ 的悬浮液中,此时 $Ce(OH)_3$ 转化为 $Ce(OH)_4$ 沉淀,然后加盐酸调节 pH 至 3~3.5,其他的$Ln(OH)_3$则全部溶解生成$LnCl_3$留在溶液中,这就是氧化法分离 Ce 的基础。

14.5 稀土元素

知识拓展

知识拓展

知识拓展

稀土金属的光泽介于银和铁之间。杂质含量对它们的性质影响很大,使其物理性质常有明显差异。大多数稀土金属具有顺磁性;钆在 0 ℃时比铁具有更强的铁磁性;铽、镝、钬、铒等在低温下呈铁磁性。纯稀土金属导电性好,杂质含量越高,导电性越差。稀土金属具有可塑性,以钐和镱为最好。镧在 6 K 时是超导体。镧、铈的低熔点和钐、铕、镱的高蒸气压显示其物理性质上有极大差异。钐、铕、钆的热中子吸收截面比镉、硼还大。

稀土元素的化学性质很活泼。除钐、钇、钆之外,其他都易被腐蚀。除能溶于酸外,还能溶于碱金属氯化物,与水作用放出氢气。

14.5.1 稀土元素资源

据报道,世界稀土储量总计近 5 000 万吨,我国约占 75%,其余分布在美国、印度、俄罗斯和澳大利亚等国。稀土消费量以美国居世界之首,我国居第二位,日本位于第三。

我国稀土资源有如下五大特点:

(1) 储量大。现已探明工业储量超过世界各国工业储量的综合。仅内蒙古自治区的白云鄂博矿区,稀土氧化物储量就达 3 600 万吨,为世界最大稀土矿。

(2) 分布广。稀土矿物遍及我国十几个省、自治区,内蒙古自治区的白云鄂博稀土矿占全国储量之首,江西省的龙南和寻坞县,广东、广西、海南、江西、山东、湖南、新疆、台湾等省区均有稀土矿分布。

(3) 类型多。有规模较大的花岗岩矿床、离子吸附型矿床等。

(4) 矿种全。我国矿物品种齐全,具有重要工业意义的矿物均有发现;轻、重稀土为主的矿物均有。轻稀土(铈组)矿物有独居石、氟碳铈矿等;重稀土(钇组)矿物有磷钇矿、离子吸附型的重稀土矿等。

(5) 品位高。我国的稀土矿物品位高,如独居石中稀土氧化物品位矿中钇含量约达 60%,除了有稀土元素外,还含有 Nb、Ta、Ti、Th、U 等稀有元素,因此矿床具有较高的综合利用价值。

稀土矿的成分见表 14.7。

表 14.7 我国的稀土矿及世界上有代表性的稀土矿的成分*

	美国	澳大利亚	马来西亚	中国				
	氟碳铈矿	独居石	磷钇矿	独居石	磷钇矿	白云矿	江西 A	江西 B**
La_2O_3	32.0	23.0	0.5	23.0	1.2	23.0	2.2	29.8
CeO_2	49.0	45.5	5.0	42.7	3.0	50.1	1.1	7.2
Pr_6O_{11}	4.4	5.0	0.7	4.1	0.6	6.2	1.1	7.1
Nd_2O_3	13.5	18.0	2.2	17.0	3.5	19.5	3.5	30.2
Sm_2O_3	0.5	3.5	1.9	3.0	2.2	1.2	2.3	6.3
Eu_2O_3	0.1	0.1	0.2	0.1	0.2	0.2	0.1	0.5
Gd_2O_3	0.3	1.8	4.0	2.0	5.0	0.5	5.7	4.2
Tb_4O_7			1.0	0.7	1.2	0.1	1.1	0.5
Dy_2O_3			8.7	0.8	9.1	0.1	7.5	1.8
Ho_2O_3	0.1	0.1	2.1	0.1	2.6	—	1.6	0.3
Er_2O_3			5.4	0.3	5.6	—	0.6	0.1
Tm_2O_3			0.9	痕量	1.3	—	0.6	0.1
Yb_2O_3			6.2	2.4	6.0	—	3.3	0.6
Lu_2O_3			0.4	0.1	1.8	—	0.5	0.1
Y_2O_3	0.1	2.1	60.8	2.4	59.3	0.3	64.1	10.1

* 表中数值均为稀土氧化物总含量中各成分所占百分比。

** 江西 A 是一种钇含量大的矿物，江西 B 是一种以镧、钕为主成分，同时含有铈、钇等稀土元素的矿物。

根据硫酸复盐的溶解度不同，可将稀土元素分为铈组和钇组。

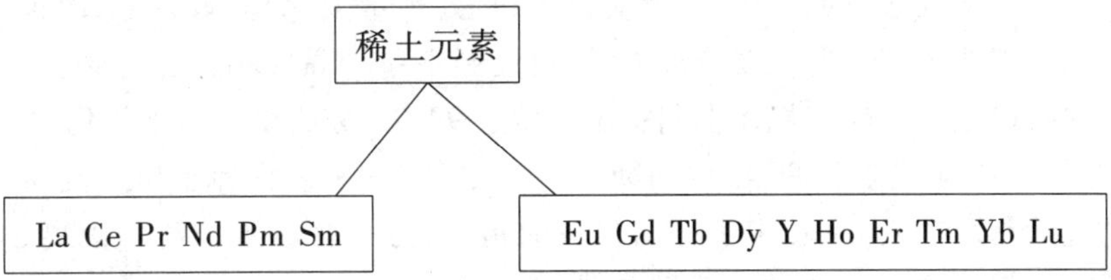

铈组（轻稀土）　　　　　　钇组（重稀土）

硫酸复盐较难溶解　　　　　硫酸复盐较易溶解

14.5.2 稀土元素的提取

从矿石中提取稀土元素，包括分解矿石及分离两个过程。分解矿石的一般方法有氯化法、硫酸法和烧碱法。矿石经分解可将稀土元素作为一组与其他非稀土元素分离。如用烧碱处理独居石精矿，由于该矿除含稀土元素外，还含有钍等杂质，现一般采用烧碱溶液分解精矿粉，使稀土和钍都以氢氧化物形成沉淀，再利用它们碱性的差异和在稀酸中溶解度的不同加以分离。稀土的氢氧化物在 pH = 4.5 ~ 5.8 的稀盐酸中大部分溶解,而钍、铀等元素的氢氧化物仍在沉淀中,从而获得稀土元素氯化物,最终还将除去放射性元素和其他杂质。

由于稀土元素及其+3 氧化数的化合物性质很相似,它们在自然界共生,而且它们在矿物中又往往与杂质元素(如铀、钍、铌、钽、钛、锆、硅、氟等)伴生,这给分离提纯带来很大困难。历史上采用化学分离法(包括分离结晶法、分步沉淀法和选择性氧化法等),现在一般采用溶剂萃取法和离子交换法。据报道我国在 20 世纪 80 年代建起多个稀土分离企业,年产各种单一稀土产品万吨以上,除满足国内传统工业及高新技术领域,同时还大量出口。

1. 溶剂萃取法

借助于有机溶剂的作用,使溶解在水溶液(水相)中的溶质,部分或几乎全部转移到有机溶剂(有机相)中去的过程称为溶剂萃取,所用的有机试剂称为萃取剂。显然,萃取剂应为与水互不溶的液态有机化合物。

萃取分离法是利用被分离的元素在两个互不相溶的液相中分配的分配系数不同进行分离的。萃取体系的分类可按照萃取剂的种类分为磷型(或 P 型)、胺型(或 N 型)、螯合型(或 C 型)等。常用的萃取剂有:磷酸三丁酯(TBP)、二(2-乙基己基)膦酸(P_{204})、2-乙基己基膦酸单酯(P_{507})、氯化三烷基甲铵(N_{263})、甲基膦酸二甲庚酯(P_{350})等。P_{507}萃取剂的性能优异,已成功地用于混合澄清槽分离出各种单一纯稀土。例如,工业上已采用 $RECl_3-HCl-P_{507}$煤油体系和$RE(NO_3)_3-HNO_3-P_{507}$煤油体系萃取分离 15 种稀土元素。

由于元素相邻RE^{3+}离子的分离系数(D)值差别很小,必须使含料水相与有机相多次接触(多级萃取),才能得到纯品。在实际生产中,把若干萃取器串起来操作(这种工艺叫做串级萃取),从而大大提高分离效率。

1978 年北京大学徐光宪教授提出了用串级理论设计优化的分离工艺,发展了液-液萃取理论,并在稀土分离工艺中得到了应用,产生了很大的经济效益。

由于溶剂萃取法有如下优点:反应速率快、处理量大、分离效果好,故该法已成为国内外稀土工业生产中的主要分离方法,也是制备单一高纯稀土化合物的主要方法。应用该法可以在工业生产规模上制备出纯度达 99.999%的单一稀土氧化物。

20 世纪 70 年代末和 80 年代初期,“稀土之都”——包头稀土研究院研发出两套先进的连续萃取工艺,一套用于分离包头的精矿,另一套用于分离华南离子型精矿。15 种稀土连续萃取分离工艺流程图如图 14.8 所示。

2. 离子交换法

离子交换法(即离子交换色层分离法)是分离提纯稀土元素快速和有效的常用方法之一。通过一次离子交换柱分离就可获得纯度高达 80%的稀土元素。这个方法的原理是利用各种稀土元素配合物性质的差别,在离子交换树脂上,稀土离子先与树脂活性基团的阳离子选择性地进行交换,随后用一种配位剂淋洗,把吸附在树脂上的稀土离子分步淋洗下来,经过在离子交换柱上进行的多次“吸附”和“解吸”(淋洗)过程,性质十分相似的元素得以分开。

现以铵式磺酸型树脂分离 Pr^{3+} 和 Nd^{3+} 为例来说明:先是 Pr^{3+} 和 Nd^{3+} 都与 NH_4^+ 交换而留在树脂上,反应式为

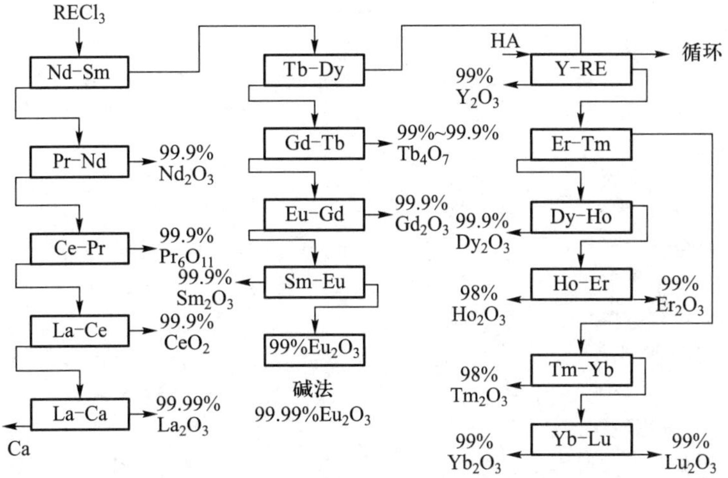

图 14.8 15 种稀土元素连续萃取分离工艺流程图

$$3RNH_4+Pr^{3+} \longrightarrow R_3Pr+3NH_4^+$$

$$3RNH_4+Nd^{3+} \longrightarrow R_3Nd+3NH_4^+$$

然后在 pH = 2.6 条件下，用 5%的柠檬酸铵 $(NH_4)_3(Cit)$ 与柠檬酸 H_3Cit 混合液淋洗交换柱，Nd^{3+} 与 $(NH_4)_3(Cit)$ 生成的配合物比 Pr^{3+} 与 $(NH_4)_3(Cit)$ 生成的配合物更为稳定：

$$R_3Nd+(NH_4)_3(Cit)+H_3Cit \longrightarrow H_3[Nd(Cit)_2]+3RNH_4$$

因此 Nd^{3+} 先随淋洗液流下，随着淋洗剂的不断流入，反复的“吸附”和“解吸”，结果 Nd^{3+} 先从柱中流出，Pr^{3+} 留在后面，从而达到 Pr^{3+} 与 Nd^{3+} 完全分离的目的。

由于离子交换法有不连续性、处理量少、成本高等缺点，因此，20 世纪 60 年代后逐步被溶剂萃取法所取代。不过现在某些工厂生产高纯单一稀土产品时仍然采用离子交换法或将其与溶剂萃取法配合使用。

14.5.3 稀土元素的应用

稀土元素用途非常广泛，由早期使用“混合稀土”发展到目前利用单一稀土，并已渗透到现代科学技术的各个领域，成为发展高新技术所必需的物质。

据统计，目前世界稀土消费总量的 70%左右用于材料方面。稀土材料应用之广遍及了国民经济的各个领域及行业，如冶金、石油化工、轻工、光学、磁学、电子、生物医疗和原子能工业等（见表 14.8）。

（1）冶金工业应用稀土元素十分普遍。由于稀土元素对硫、氧等元素有很强的亲和力，炼钢中常用混合稀土脱除氧、硫等杂质。氢在稀土金属中的溶解度很大，利用混合稀土吸收钢水中的氢可以克服氢脆。在铸铁中加入稀土可使石墨球化制成球墨铸铁，能显著地提高铸铁的机械性能。在不锈钢中加入稀土，可提高其在热加工时的可锻性。混合稀土加到某些合金中，可增加合金的抗张强度，改善其抗腐蚀性和抗氧化性等。在我国，稀土产品总消耗量的 65%用于冶金工业中，目前全世界每年生产600~900 万吨高强度低合金钢，需用混合稀土6 000~7 000 t。

表 14.8　稀土材料应用

领域	用途 \ 稀土元素	RE	Y	La	Ce	Pr	Nd	Sm	Eu	Gd	Tb	Dy	Ho	Er	Tm	Yb	Lu
磁学	永磁体	○			○	○		○									
	磁性管阀		○					△	△	○						△	△
电子	热电子发射材料			○													
	电容器	△		○				○		△		△				△	
	传感器		○	△													
	电阻		○														
光学	光学玻璃		○	○	○				△	○							
	着色玻璃					○	○						△	△			
	吸收紫外线玻璃				○	△	△										
	陶瓷材料		○		○	○	△										
	荧光材料		○		△		△		○	△	○		△	△	△	△	
	激光材料		○	△			○										
	弧光灯电极	○													△	△	
冶金	打火石	○															
	钢铁添加剂	○		○	○												
	耐热合金	○	○														
	吸氢合金	○		○													
	铸铁	○															
	有色合金	○															
原子能工业	核反应堆结构材料		△						△	△							
	核反应堆控制材料							○	○	△							
	核反应堆屏蔽材料							△	△	△							
石油化工	FCC 催化剂	○															
	汽车用催化剂			△	○												
	燃料电池		△		△												
	玻璃脱色剂			△	○		○										
	X 射线增感屏				○					○	○						
轻工	毛织物染色剂	△															
	皮革鞣剂	△															
生物医疗	稀土生物材料	△					△	△									
	稀土医疗材料	△					△	△									

注:○—已在工业应用;△—正在研究开发

(2) 稀土催化剂广泛应用于石油化工和环境污染的治理。在重油催化裂化反应中,加入少量混合稀土,可使分子筛催化剂的效率提高 3 倍,寿命也可延长,并使汽油产率大幅度提高。稀土催化剂还可用于废气和废水的处理。例如,氧化铈可脱除工业废水的氟离子,清除率高达 90%。内燃机尾气净化稀土催化剂已进入实用阶段。鉴于环保要求,美、欧使用汽车催化剂的车辆将日益增多,2000 年仅 CeO_2 的年消费量已达到 1 900 t,且每年递增 4%。

(3) 氧化铈或混合稀土氧化物可作精密光学玻璃的抛光剂，用于平板玻璃、电视机显像管、照相机透镜等的研磨材料。在玻璃中添加稀土化合物可制得形形色色的特种玻璃。例如，吸收紫外线的玻璃、耐 X 射线玻璃和耐酸、耐热玻璃等。含有氧化镧的光学玻璃具有低散射、高折射率的特点，利用这种玻璃的纤维，可制造在医疗上作直接探视人体肠胃和腹腔的内窥镜。

(4) 各种稀土荧光体和激光材料需用高纯稀土。例如，彩色电视机的显像管中含有钇、铕等稀土元素，才能产生红、蓝、绿三种基本色，进而演变为五光十色的绚丽景象。近年来彩色电视、特别是计算机显示屏的彩色化和大屏幕彩色电视的需求量增加，对荧光粉的需求量大大增长。当前主导世界荧光粉生产的是日本，1989 年日本购进的 776 t 的氧化钇中，就有 750 t 来自我国。

稀土材料在电光源工业应用广泛，由此可以获得接近自然光的高级荧光灯，亮度比一般荧光灯提高 1/3，且光色好，不失真，使用寿命长，适用于各种要求自然光的场合。

(5) 在制陶配料中加入混合稀土的氧化物，可大大改善陶瓷的耐高温性和脆性。这种稀土陶瓷可用来制造切削刀具、发动机活塞等部件。稀土氧化物可使陶瓷的釉彩鲜艳柔和，光彩夺目，如稀土颜料有镨锆黄、镨钺锆绿、铈黄、铒红和钕紫等。

(6) 稀土永磁体由于其磁性能很高，已在计算机、汽车电动机、电声器件及轻工产品等领域中得到广泛应用，世界产量已接近万吨。稀土石榴石型磁泡信息储存元件，尤其是钆镓石榴石(GGG)磁泡，由于其容量巨大且体积小，已在新一代计算机上应用。稀土永磁材料用于电机制造，可缩小体积，做到微型、高效化。

(7) 稀土在农业上也有广泛应用。现用稀土微肥施用于西瓜田中，可使西瓜个大、皮薄、味甜，并且可提高近二成产量。施于其他瓜果、菜园也都获得增产、优质的效果，使增收值为投入稀土微肥值的 10 倍以上。此微肥施于小麦和水稻，可增产 8%～10%。

此外，稀土金属在电子材料、原子能材料、药物合成及超导技术等高新技术领域的应用也日益广泛。稀土储氢材料(已制成的主要有 $LaNi_5$ 及 La_2Mg_{17} 等)可用于氢气储运，能源的转换、制冷及提纯氢等方面。面向未来，稀土元素作为材料研究，在激光、发光、信息、永磁、超导、能源、催化、传感、生物等领域将会作为主攻方向。我国拥有十分丰富的稀土资源，开展稀土的研究、开发和应用，无疑对我国的经济建设和科学技术的发展有重要意义。

14.6　钍和铀的重要化合物

在锕系元素中，最常见的是钍、铀及其化合物。钍和铀两种元素可以用作核燃料，操作比较安全且容易。它们每年的用量以吨计，而其他锕系元素的使用量以克、毫克或微克计。钍主要用于原子能工业，铀主要用作核燃料。

知识拓展

14.6.1　钍的重要化合物

钍的化合物以+4 氧化数为最稳定，如二氧化钍(ThO_2)、硝酸钍[$Th(NO_3)_4$]等。

1. 二氧化钍及其水合物

ThO_2 为白色粉末。强烈灼烧过的 ThO_2 几乎不溶于酸,但只在 500~600 ℃灼烧而得到的 ThO_2 比较疏松,可在稀酸中形成溶胶。ThO_2 在有机合成工业中作催化剂,制造钨丝时作添加剂,还可作汽灯的纱罩等。

在钍盐溶液中加 NaOH 或氨水,生成白色凝胶状的二氧化钍水合物的沉淀。它溶于酸而难溶于碱,但可溶于碱金属的碳酸盐溶液中生成配合物。受热脱水时,在 257~347 ℃,$Th(OH)_4$ 可稳定存在,在 470 ℃以上可转化为 ThO_2。

2. 硝酸钍

$Th(NO_3)_4$ 为易溶于水的重要钍盐。它能溶于许多含有氧的有机化合物(如醇类、酮类、醚类、酯类等)中。$Th(NO_3)_4$ 是制备其他钍的化合物的原料。

向 $Th(NO_3)_4$ 溶液中加入不同试剂,可析出难溶的沉淀。最重要的沉淀是氢氧化物、氟化物、碘酸盐、草酸盐和磷酸盐。后四种盐不仅难溶于水,也难溶于稀酸,因此可用于分离钍和一些与它性质相近的离子。

当 pH>3 时,Th^{4+} 盐溶液会发生强烈水解,水解产物一般为复杂的聚合物。由于 Th^{4+} 正电荷数多,故容易形成配合物,如 $[Th(NO_3)_6]^{2-}$、$[ThF_6]^{2-}$ 等。Th^{4+} 也易形成螯合物。

14.6.2 铀的重要化合物

铀的化合物以氧化数为+6 的最稳定,其次是氧化数为+4 的化合物。

1. 氧化物

主要氧化物有三氧化铀(UO_3)、八氧化三铀(U_3O_8)和二氧化铀(UO_2)。

UO_3 常以水合物形式存在于铀矿中,它是纯铀生产工艺的中间产物之一。在工业上常利用硝酸铀酰 $UO_2(NO_3)_2$ 或重铀酸铵 $(NH_4)_2U_2O_7$ 的热分解来制取 UO_3:

$$2UO_2(NO_3)_2 \xrightarrow{\triangle} 2UO_3 + 4NO_2 + O_2$$

$$(NH_4)_2U_2O_7 \xrightarrow{\triangle} 2UO_3 + 2NH_3 + H_2O$$

UO_3 为橙黄色固体,常温下在空气中稳定,高温下分解为 U_3O_8:

$$6UO_3 \longrightarrow 2U_3O_8 + O_2$$

UO_3 具有两性,溶于酸形成铀氧基离子 UO_2^{2+},溶于碱形成重铀酸盐:

$$UO_3 + 2H^+ \longrightarrow UO_2^{2+} + H_2O$$

$$2UO_3 + 2Na^+ + 2OH^- \longrightarrow Na_2U_2O_7\downarrow + H_2O$$

U_3O_8 存在于沥青铀矿中。UO_3 在 700 ℃分解或高温下煅烧重铀酸盐可得到 U_3O_8。例如:

$$9(NH_4)_2U_2O_7 \xrightarrow{\triangle} 6U_3O_8 + 14NH_3 + 15H_2O + 2N_2$$

U_3O_8 为暗绿色固体,难溶于水。热的稀硫酸和盐酸对 U_3O_8 的作用很弱,但可溶于硝酸形成 UO_2^{2+}。

UO_2 存在于晶质铀矿中。它是生产 UF_4、UF_6 和金属铀的中间产物。高温下用气态还原剂还原 UO_3 即可制得 UO_2:

$$UO_3 + H_2 \longrightarrow UO_2 + H_2O$$

$$UO_3+CO \longrightarrow UO_2+CO_2$$

$$3UO_3+2NH_3 \longrightarrow 3UO_2+N_2+3H_2O$$

UO_2 为棕黑色固体，300 ℃以上能被空气中的氧氧化为 U_3O_8。UO_2 难溶于水，也难溶于稀酸，只有当氧化剂存在时才能使其溶解，此时形成 UO_2^{2+}。

2. 六氟化铀

室温下六氟化铀(UF_6)为无色挥发性雪状固体。101 325 Pa、565 ℃时即升华。它是唯一具有挥发性的铀的化合物。天然氟只有一种同位素，所以可利用 $^{235}UF_6$ 和 $^{238}UF_6$ 蒸气扩散速率的差别来分离 ^{235}U 和 ^{238}U，以达到富集核燃料 ^{235}U 的目的。

UF_6 可由 UF_4 与 F_2 反应而得：

$$UF_4+F_2 \longrightarrow UF_6$$

UF_6 在空气中稳定，但有吸湿性，遇水或水蒸气即水解：

$$UF_6+2H_2O \longrightarrow UO_2F_2+4HF$$

3. 硝酸氧铀

铀的氧化物溶于硝酸，经蒸发结晶可得黄绿色具有荧光的六水合硝酸氧铀晶体 $UO_2(NO_3)_2\cdot 6H_2O$。$UO_2(NO_3)_2$ 易溶于水、乙醚、丙酮中。$UO_2(NO_3)_2$ 用于溶剂萃取法分离提纯铀。

UO_2^{2+} 易水解，25 ℃时其水解产物为 $[UO_2(OH)]^+$、$[(UO_2)_2(OH)_2]^{2+}$、$[(UO_2)_3(OH)_5]^+$ 等离子。UO_2^{2+} 还可与 NO_3^- 形成配合物，如 $[UO_2(NO_3)]^+$、$[UO_2(NO_3)_3]^-$ 等。

4. 重铀酸盐

铀氧基盐水溶液和碱反应，生成黄色重铀酸盐沉淀。例如：

$$2UO_2^{2+}+6OH^-+2Na^+ \longrightarrow Na_2U_2O_7\downarrow+3H_2O$$

$$2UO_2^{2+}+6NH_3+3H_2O \longrightarrow (NH_4)_2U_2O_7\downarrow+4NH_4^+$$

$(NH_4)_2U_2O_7$ 是制备核纯铀的原料。

14.6.3 铀的提炼及浓缩

铀矿的主要生产国有加拿大、澳大利亚、俄罗斯等。我国主要矿种有：方铀矿、沥青铀矿、铌钛铀矿、晶质铀矿等。从铀矿提取铀化合物或金属铀，需要经过复杂的化学工艺过程，下面分步简单介绍。

1. 铀与杂质的分离

铀矿石先经破碎和磨细，后用溶剂将铀选择性地溶解——浸取。浸取方法一般有酸法和碱法。

(1) 酸浸取法。酸浸取法一般用稀硫酸作浸取剂，若矿粉中铀处于或部分处于 U(Ⅳ)氧化态，浸取时可加入氧化剂(常用 MnO_2)，将 U(Ⅳ)氧化成 U(Ⅵ)，并向浸取液中加入氨水以调节酸度，即可得到黄色的重铀酸铵沉淀，过滤后得到的滤饼称为“黄饼”(加工精制的 UO_2 也称为黄饼)。反应式如下：

$$UO_2+MnO_2+2H_2SO_4 \longrightarrow UO_2SO_4+2H_2O+MnSO_4$$

$$UO_2SO_4+2SO_4^{2-} \longrightarrow [UO_2(SO_4)_3]^{4-}$$

$$[UO_2(SO_4)_3]^{4-}+3SO_4^{2-}+4H^+ \longrightarrow [U(SO_4)_6]^{6-}+2H_2O$$

$$2UO_2SO_4+6NH_3+3H_2O \longrightarrow (NH_4)_2U_2O_7+2(NH_4)_2SO_4$$

(2) 碱浸取法。含碳酸盐的铀矿石主要用碱法浸取,常用浸取剂为碳酸钠和碳酸氢钠的水溶液,在鼓入空气的条件下,矿石中铀生成碳酸钠铀酰 $Na_4[UO_2(CO_3)_3]$,溶于浸取液,向溶液中加入 NaOH,即可得到 $Na_2U_2O_7$ 沉淀:

$$UO_2+Na_2CO_3+H_2O+\frac{1}{2}O_2 \longrightarrow UO_2CO_3+2NaOH$$

$$UO_2CO_3+2Na_2CO_3 \longrightarrow Na_4[UO_2(CO_3)_3]$$

$$Na_4[UO_2(CO_3)_3]+3Na_2CO_3+2H_2O \longrightarrow Na_6[U(CO_3)_6]+4NaOH$$

$$2Na_6[U(CO_3)_6]+14NaOH \longrightarrow Na_2U_2O_7+12Na_2CO_3+7H_2O$$

浸取液可进行固液分离,通常采用螺旋分离机、水力旋流器等。

2. 铀的纯化精制

上述分离方法制得的物料含杂质较多,为制得核燃料级的铀产品,仍需要进一步精制。精制工艺为离子交换法和溶剂萃取法。

(1) 离子交换法。对于含铀浓度低的浸取液采用离子交换法提取铀较为合适。离子交换法一般采用强碱性阴离子交换树脂吸附铀。当树脂吸附饱和后,经水洗,再用淋洗液(硝酸或盐酸)将铀以硝酸铀酰 $UO_2(NO_3)_2$ 的形式淋洗下来,此时溶液中铀化合物浓度较大,便于进行重铀酸铵沉淀的制备。

(2) 溶剂萃取法。常用有机膦与烷基胺类萃取剂,如磷酸三丁酯(TBP)、二-(2-乙基己基)膦酸、三辛胺等。如在较浓硝酸铀酰溶液中萃取:

$$UO_2(NO_3)_2(\text{水相})+2TBP(\text{有机相}) \longrightarrow UO_2(NO_3)_2\cdot 2TBP(\text{有机相})$$

用水溶液反复洗涤有机相,以便除去杂质,再用碳酸铵结晶对有机相反萃取,可得核燃料级的三碳酸铀酰:

$$UO_2(NO_3)_2\cdot 2TBP(\text{有机相})+3CO_3^{2-}(\text{水相}) \longrightarrow 2TBP(\text{有机相}) +[UO_2(CO_3)_3]^{4-}(\text{水相})+2NO_3^-(\text{水相})$$

此流程中淋洗与萃取结合,使萃取所处理的液量减少,铀的回收率高,节省试剂,产品纯度也高。

3. 铀的浓缩

前面的精制过程能制得纯铀化合物,但一般反应堆的燃料棒要求含 ^{235}U 达 3%~4%的金属铀或二氧化铀;用于武器和舰船推进的要求 ^{235}U 高达 93%,而 ^{235}U 在天然铀的 3 种同位素中仅占 0.718%(而其他 ^{234}U 占 0.005 6%,^{238}U 占 99.276%),所以必须进行 ^{235}U 的浓缩,即将 ^{235}U 与 ^{238}U 分离。

在 ^{235}U 与 ^{238}U 的分离中,通常利用它们的六氟化铀 UF_6 蒸气性质的差异进行同位素的分离,所以 UF_6 的制备是重要步骤。首先将"黄饼"焙烧制备 UO_3:

$$(NH_4)_2U_2O_7(s) \xrightarrow{300\ ℃} 2UO_3(s)+2NH_3(g)+H_2O(g)$$

经过制备活性很高的 UO_2:

$$UO_3(s)+H_2(g) \xrightarrow{700\ ℃} UO_2(s)+H_2O(g)$$

再先后制取 UF_4 和 UF_6:

$$UO_2(s)+4HF(aq) \longrightarrow UF_4(s)+2H_2O(l)$$
$$UF_4(s)+F_2(g) \longrightarrow UF_6(s)$$

目前浓缩^{235}U有气体扩散法、气体离心法、气体动力学分离法、激光浓缩法、同位素电磁分离法、化学分离法、等离子体分离法等7项技术，例如：

(1) 气体扩散法。其原理是基于不同质量同位素在转化为气态时，运动速度的差异进行分离。UF_6在101.3 kPa、56.4 ℃或13.17 kPa、25 ℃时均可变为气体，由于$^{235}UF_6$比$^{238}UF_6$较轻，在减压下$^{235}UF_6$热扩散速率比$^{238}UF_6$快，可将它们分离、浓缩。

(2) 气体离心法。将$UF_6(g)$压缩通过系列高速旋转的圆筒或离心机，$^{238}UF_6$比$^{235}UF_6$易在圆筒近壁处相对富集而被导出，进入下一级离心机作进一步分离，经过逐级分离后，$^{235}UF_6$将逐渐得到富集。该法比气体扩散法耗电少，已被多国采用。

(3) 化学分离法。由于同位素质量不同，它们将以不同速率穿过化学“膜”，从而进行分离。

4. 金属铀的制备

将浓缩得到的$^{235}UF_6$先转化成UF_4，然后在高于700 ℃温度下用金属镁还原，等熔融的金属铀凝固后，将氟化物熔渣分离掉，即可得块状金属铀，产率可达97%。

$$UF_4+2Mg \xrightarrow{>700\ ℃} U+2MgF_2$$

14.7 核反应和超铀元素的合成

核反应与化学反应不同，化学反应前后原子核亦即元素的种类不变，而原子核反应涉及原子核里质子或中子的增减，经核反应后，往往导致一种元素变为另一种元素或另一种同位素，还伴随着产生大量的能量。核反应一般可分为放射性衰变、粒子轰击原子核、核裂变及核聚变等四种类型。

14.7.1 放射性衰变和应用

1. 放射性衰变

天然放射性是指不稳定原子核自发放出α、β、γ射线的现象。大量的同种原子核因放射性而陆续发生转变，使处于原状态的核数目不断减少的过程称为**放射性衰变**。常见的衰变有以下三种。

(1) α衰变。不稳定的原子核自发地放射出α射线的过程，称为α衰变。α射线是α粒子($^{4}_{2}He$氦核)流。当天然铀质量数为238的核素(简写为铀-238)失去一个α粒子时，剩下的是原子序数90和质量数为234的钍核，即$^{234}_{90}Th$，其核反应方程式如下：

$$^{238}_{92}U \longrightarrow {}^{234}_{90}Th+{}^{4}_{2}He$$

在上述核反应中，方程式两边质量总数相等(即238=234+4)，原子序数之和或核电荷总数也相等(92=90+2)。

(2) $β^-$衰变。不稳定的原子核自发地放射出$β^-$射线的过程，称为$β^-$衰变。$β^-$射线是高速电子流，用$^{0}_{-1}e$表示。例如：

$$^{210}_{83}Bi \longrightarrow {}^{210}_{84}Po+{}^{0}_{-1}e$$

由上可见,放射性元素从原子核里放射 α 粒子,质量数减少 4,核电荷数减少 2,生成的新元素在元素周期表中的位置向左移了两格;从原子核里放射 β^-粒子,质量数不变,核电荷数增加 1,生成的新元素在元素周期表中的位置向右移了一格。此规律称为放射性位移定律。例如:

$$^{141}_{56}Ba \xrightarrow{\beta^-} {}^{141}_{57}La \xrightarrow{\beta^-} {}^{141}_{58}Ce \xrightarrow{\beta^-} {}^{141}_{59}Pr$$

(3) γ 衰变。由激发态原子核通过发射 γ 射线(γ 光子)跃迁到低能态的过程,称为 γ 衰变。例如:

$$^{60}_{27}Co \longrightarrow {}^{60}_{27}Co+\gamma$$

显然,在 γ 衰变时原子核的质量数和核电荷数均保持不变,仅仅是能量状态发生了变化。

γ 射线是一种波长极短的电磁波,即高能光子。它不为电、磁场所偏移,是一种电中性的射线,比 X 射线的穿透力还强,因而有硬射线之称,可穿透200 mm厚的铁板或88 mm 厚的铅板,它没有质量,其光谱类似于元素的原子光谱。

人工放射性核素还有其他衰变方式,如正电子 β^+衰变、电子俘获等。

(4) β^+衰变。β^+射线是高速正电子($^{0}_{+1}e$)流,正电子是电子的反物质。它的质量和电子相同,电荷数也相同,只是符号相反。β^+衰变可看作是核中的质子($^{1}_{1}p$)转化为中子($^{1}_{0}n$)的过程,此时核电荷数减少 1,而质量数不变:

$$^{1}_{1}p \longrightarrow {}^{1}_{0}n+{}^{0}_{+1}e$$

发生 β^+衰变的例子如:

$$^{19}_{10}Ne \longrightarrow {}^{19}_{9}F+{}^{0}_{+1}e$$

$$^{11}_{6}C \longrightarrow {}^{11}_{5}B+{}^{0}_{+1}e$$

(5) 电子俘获。原子核可以从内层(或 K 层)中俘获一个电子,使核内一个质子变成中子:

$$^{1}_{1}p+{}^{0}_{-1}e \longrightarrow {}^{1}_{0}n$$

电子俘获的核衰变例如:

$$^{7}_{4}Be+{}^{0}_{-1}e \longrightarrow {}^{7}_{3}Li$$

$$^{40}_{19}K+{}^{0}_{-1}e \longrightarrow {}^{40}_{18}Ar$$

在放射性衰变过程中,放射性元素的核素减少到原有核素一半所需的时间称为**半衰期**($t_{1/2}$)。半衰期是放射性核素的一个特性常数,一般不随外界条件的变化、元素所处的氧化态(游离态或化合态)的不同或元素质量的多少而改变。元素的放射性越强,其半衰期越短。不同放射性核素的半衰期可能差别很大,如新合成的 107 号元素铍(Bh)的半衰期仅有 2.0×10^{-3} s,而$^{238}_{92}U$ 的半衰期可达4.5×10^{9}年。

2. 放射性的应用

放射性核素的射线具有高能量,当射线与物质相互作用时,物质受到激发,可以引发本来不发生的化学或生物过程,促进或抑制化学或生物过程的变化。在工农业、医学卫生、科学技术及人类日常生活中利用放射性的实例很多。

在农业上,利用射线照射农作物种子,引起种子内部遗传性的改变,可培育出高产、早熟、抗病等优良品种。这种方法称为辐射育种。

高剂量的射线能够杀死细菌和害虫,可利用射线辐照防治病虫害和辐照储藏食品,利用 γ 射线辐射对医药、医疗用具、衣服等进行灭菌消毒。

近年来出现一门新学科——辐射化学,专门研究物质因受高能电离射线的影响而产生的化学效应,如辐射聚合、辐射接枝、辐射催化、辐射合成等。利用高能电离射线,还能引起一般情况下不能或不易实现的化学反应。例如,在镭射线照射下,无色玻璃会变成有色,水、氨及氯化氢会分解成单质等。

放射性核素所射出的射线可用仪器发现,并可作定量测定。因此,射线成为某种元素的原子的特征标记,这种原子称为标记原子或示踪原子。

在医学上,现代核医学的重要支柱是放射性药物,主要用于多种疾病的体外诊断和体内治疗,还在分子水平上研究体内的功能和代谢。利用示踪原子检查、诊断内脏的功能与病变;利用射线进行治疗,尤其是对癌症的治疗,如被称为"伽马刀"的,就是采用适当剂量的 γ 射线进行照射,可使癌细胞受到抑制或死亡。利用放射性 ^{125}I 或 ^{131}I 标记的甲胎球蛋白测定病人血液中 AFP(甲胎球蛋白)准确含量的放免法已用作肝癌早期诊断的有效手段。

目前,在单光子断层扫描仪(SPECT)药物方面有新的进展,对人体所有重要脏器做体外扫描显像,用放射性标记的放免活性和专一性极强的"人抗人"单克隆抗体作为"生物导弹",定向杀死癌细胞,中枢神经系统显像将推动脑化学和脑科学的发展。人脑内部的情绪、感知、意识、记忆可用 PET(正电子扫描仪)描述和记录下来,经深入研究,逐步揭示中枢神经系统功能和疾病的化学机制。

核分析将以其高灵敏度等优点向纵深发展,放射性示踪技术和核分析技术因其灵敏度很高的优点在各个领域中得到广泛应用。

在工业上,放射性核素的一个重要用途是作为辐射源制造各种放射性检测、控制仪表,如厚度计、密度计、液面计、火灾报警仪、γ 射线探伤仪、X 射线荧光分析等。我国在地质勘探中已广泛应用 γ 射线测井,能相当准确地鉴别煤层的厚度和深度;石油勘探中,利用中子测井法可区分油层和水层,测定石油储量,为合理开发油田提供可靠资料。

在国防上,放射性核素可用于制造核武器和核动力装置的燃料元素。此外,它还可用于制造放射性核素电池,供人造卫星、宇宙飞船、海底声呐站、高山气象站和心脏起搏器等作为特殊能源使用。

利用放射性的衰变规律可以推算自然过程的时间。例如,在考古学上确定历史文物的年龄,在地质学上测定矿粉的年龄,估算地壳和地球形成的年代。$^{238}_{92}U$ 是地质学上作为一种时钟用的放射性核素,它的衰变最终产物是 $^{206}_{82}Pb$。放射性核素最有意义的新用途之一,就是通过测定含碳物体中的 $^{14}_{6}C$ 的放射性,来确定含碳物体的年代。这种称为 $^{14}_{6}C$ 纪年法的精确度可达到 200 年左右。用这种方法测定物体的年代被认为是可靠的。目前 $^{14}_{6}C$ 纪年法已广泛用于测定地质年龄及应用于气候学、生态学、考古学和地理学等方面。

以上所述,充分说明对放射性的研究具有重大意义,放射性有着十分广阔的应用前景。

14.7.2 粒子轰击原子核和新元素的合成

1. 新元素的合成

粒子轰击是指某原子核受高速粒子如氦核 α、质子 p、中子 n、氘核 D、氚核 T 等的轰击,变成另一种原子核,同时释放出另一种粒子的核反应。例如,用氘核($^{2}_{1}H$)轰击$^{6}_{3}Li$生成$^{7}_{4}Be$ 并释放出中子($^{1}_{0}n$)的核反应式为

$$^{6}_{3}Li+^{2}_{1}H \longrightarrow ^{7}_{4}Be+^{1}_{0}n \quad [\text{简写为}^{6}_{3}Li(d,n)^{7}_{4}Be]$$

利用这类核反应可人工制得超铀元素。例如,早在 1940 年首次合成了 93 号元素 Np,就是用中子轰击$^{238}_{92}U$ 制备的:

$$^{238}_{92}U+^{1}_{0}n \longrightarrow ^{239}_{92}U+\gamma \quad [^{238}_{92}U(n,\gamma)^{239}_{92}U]$$

$$^{239}_{92}U \longrightarrow ^{239}_{93}Np+^{0}_{-1}e \quad (\beta^-\text{衰变})$$

由$^{239}_{93}Np$ 经 β^-衰变可得到超铀元素钚。随后由钚-239 经过两次(n, γ)反应,得到钚-241,再由钚-241 经 β^-衰变,便得到超铀元素镅:

$$^{239}_{94}Pu+^{1}_{0}n \longrightarrow ^{240}_{94}Pu+\gamma \quad [^{239}_{94}Pu(n,\gamma)^{240}_{94}Pu]$$

$$^{240}_{94}Pu+^{1}_{0}n \longrightarrow ^{241}_{94}Pu+\gamma \quad [^{240}_{94}Pu(n,\gamma)^{241}_{94}Pu]$$

$$^{241}_{94}Pu \longrightarrow ^{241}_{95}Am+^{0}_{-1}e$$

其他超铀元素都是通过(α,n)或(n,γ)等核反应人工合成的。

用类似的人工方法,目前已合成了从 104 号到 118 号超铀元素。例如,用镍原子轰击铋原子核,用锌原子轰击铅原子核分别合成了 111 号、112 号超铀元素:

$$^{209}_{83}Bi+^{64}_{28}Ni \longrightarrow ^{272}_{111}Rg+^{1}_{0}n$$

$$^{208}_{82}Pb+^{70}_{30}Zn \longrightarrow ^{277}_{112}Cn+^{1}_{0}n$$

人工合成新元素有两种方法,其区别在于使用的轰击粒子类型和轰击粒子加速器不同。

(1) 使用回旋加速器,用带正电荷的粒子作轰击粒子。美国加利福尼亚大学伯克利分校的劳伦斯伯克利实验室利用自行设计的回旋加速器(图 14.9)和高能氘核轰击靶核,使原子序数增加 1:

$$^{98}_{42}Mo+^{2}_{1}H \longrightarrow ^{99}_{43}Tc+^{1}_{0}n$$

$$^{238}_{92}U+^{2}_{1}H \longrightarrow ^{238}_{93}Np+2^{1}_{0}n$$

中子也可以用作轰击粒子,如制备 93、94 号元素就是使用在核反应堆中裂变产生的中子:

$$^{238}_{92}U+^{1}_{0}n \longrightarrow ^{239}_{92}U+\gamma$$

$$^{239}_{92}U \longrightarrow ^{239}_{93}U+\beta^-$$

$$^{239}_{93}Np \longrightarrow ^{239}_{94}Pu+\beta^-$$

由于中子不带电荷,因此用中子作轰击粒子时,不会被靶核所排斥,也就没必要在核反应之前加速到高能量。所以用中子引发的核反应比用带正电荷粒子作轰击粒子的核反应容易进行,且成本低。

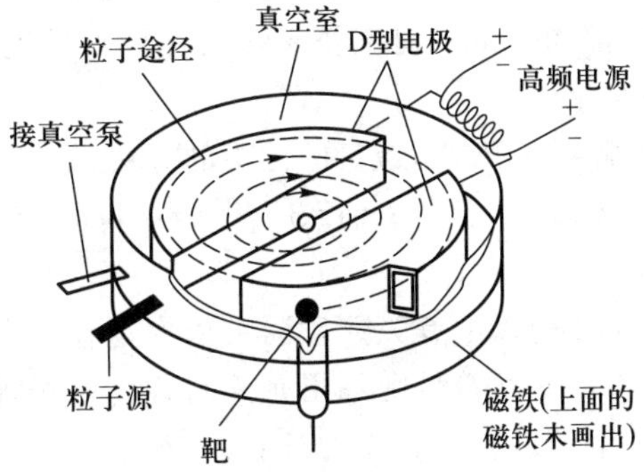

图 14.9 回旋加速器示意图❶

(2) 使用直线加速器,用重粒子作轰击粒子。人工合成 101 号以上的元素,必须用较重的核作为轰击粒子,并且必须在直接加速器(图 14.10)中进行。粒子通过一系列真空室内的管子被加速,图中奇号(1、3、5)管子和偶号(2、4、6)管子分别并联,并施加交变电场,粒子流越来越快地直线穿过管子,最后以高速投射到预设的靶子上。

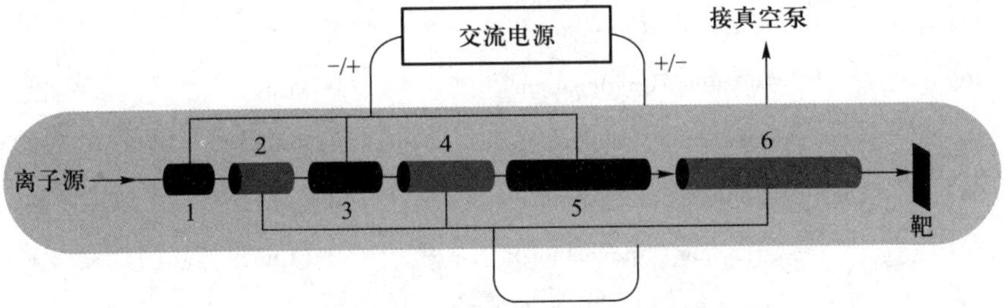

图 14.10 直线加速器结构示意图

合成新元素的原子序数越大,原子核的寿命就越短,如$^{271}110$、$^{272}111$、$^{277}112$ 号超重元素的半衰期分别为 1.4 ms、1.5 ms 和 0.24 ms,这对准确评价元素的性质和地位,印证其结构带来很大困难。另外,合成超重元素($Z>106$)时,因为核反应为重核素,所以通常要用非常大功率的重离子加速器,而且要将其加速到足以有效击中核靶的速度,但是事实上困难很大。例如,在合成 109 号元素实验中,用粒子(^{58}Fe)轰击核靶(^{209}Bi)10^{14}次,轰击了一周之久,仅有一次成功,才检测到一个目标原子核。虽然如此艰辛,科学家们在合成新元素工作中仍然取得了巨大成功。正是美国劳伦斯伯克利实验室(LBL)、德国塔姆斯特重离子研究会(GSI)和俄国杜伯纳联合核子研究所(JINR)的科学家合成出由 93 号镎到 114 号的 22 种新元素。

1999 年有关于合成 114、118 及 116 号元素的报道,但由于获得的原子数极少且寿命太短,难以进行化学研究。

2. 新元素的命名

为了避免对新发现元素命名的分歧,1977 年 IUPAC 的无机化学命名委员会,曾提出了命名 103 号元素铹(Lr)以后的新元素的原则:不再以国名、人名、颜色等命名新元

❶ 朱文祥.中级无机化学.北京:高等教育出版社,2004.

素,而是将元素名称与原子序数简单明晰地联系起来,而且不论是金属元素还是非金属元素,它们的名称词尾都加-ium。对于新元素的符号则采用三个字母,以区别已知元素所采用的一个或两个字母。

根据以上原则,具体命名采用表示数目的词头的方法,并且希腊文和拉丁文数词联合使用。这些词头是 nil=0,un=1,bi=2,tri=3,quad=4,pent=5,hex=6,sept=7,oct=8,enn=9。

当按新元素的原子序数把以上有关数目词头依次写在一起后,词尾加上-ium,即为该原子序数元素的名称。元素符号则是用元素名称中每个数目词头的第一个字母依次写在一起,且第一个字母以大写的方式表示。

参照国际纯粹与应用化学联合会(International Union of Pure and Applied Chemistry,简称 IUPAC)确定的英文名称,全国科学技术名词审定委员会公布了 104~118 号元素的中文名称。

按以上规定,将 103 号以后的元素名称及元素符号列于表 14.9 中。

表 14.9　103 号以后元素的名称及符号

元素的原子序数	元素的名称(过去)	元素的符号(过去)	元素的中文名称
104	Rutherfordium(Unnilquadium)	Rf(Unq)	𬬻
105	Dubnium(Unnilpentium)	Db(Unp)	𬭊
106	Seaborgium(Unnilhexium)	Sg(Unh)	𬭳
107	Bohrium(Unnilseptium)	Bh(Uns)	𬭛
108	Hassium(Unniloctium)	Hs(Uno)	𬭶
109	Meitnerium(Unnilennium)	Mt(Une)	鿏
110	Darmstadtium(Ununnilium)	Ds(Uun)	𫟼
111	Roentgenium(Unununium)	Rg(Uuu)	𬬭
112	Copernicium(Ununbium)	Cn(Uub)	鎶
113	Nihonium(Ununtrium)	Nh(Uut)	鉨
114	Flerovium(Ununquadium)	Fl(Uuq)	𫓧
115	Moscovium(Ununpentium)	Mc(Uup)	镆
116	Livermorium(Ununhexaiun)	Lv(Uuh)	𫟷
117	Tennessine(Ununseptium)	Ts(Uus)	石田
118	Oganesson(Ununoxaium)	Og(Uuo)	气奥

14.7.3　核裂变和原子弹

核能(原子能)是原子核发生变化时释放出来的能量。有两种释放形式:核裂变、核聚变。

原子核被轰击后,分裂为较轻的裂块和较重的裂块,同时放出中子,这个过程称为**核裂变**。例如:用中子轰击铀-235:

$$ {}^{235}_{92}\text{U}+{}^{1}_{0}\text{n}\longrightarrow[{}^{236}_{92}\text{U}]\longrightarrow \text{轻裂块}+\text{重裂块}+\text{中子} $$

反应第一步生成不稳定的铀-236,然后分裂成两个大小相差不多的裂块,同时释放出巨大的能量。由${}^{235}_{92}\text{U}$裂变而得到的裂块,其原子序数一般在 30~60,其质量数在 72~160。在核分裂的同时又放出中子,而且产生的中子数目比原来进入原子核的数目多(进入一个,平均放出 2~3 个)。所以,这个反应一经开始,便可继续下去,由于中子数目逐渐增多,反应就越来越快。这样的急剧裂变反应会引起爆炸,原子弹就是根据这一原理制造的。美国于 1945 年 7 月 16 日试爆了第一颗原子弹。我国继苏联、英国、法国之后,于 1964 年 10 月 14 日首爆原子弹成功。

14.7.4 核聚变和氢弹

一些质量很轻的化学元素(主要是氢的核素氘和氚)的原子核,在极高温(1 亿摄氏度以上)下可以聚合为较重元素,同时放出大量的能量。这个过程称为**核聚变**。例如,氘核同氚核聚变成氦核的反应式为

$$ {}^{2}_{1}\text{H}+{}^{3}_{1}\text{H}\longrightarrow{}^{4}_{2}\text{He}+{}^{1}_{0}\text{n} $$

$$ {}^{2}_{1}\text{H}+{}^{2}_{1}\text{H}\longrightarrow{}^{3}_{2}\text{He}+{}^{1}_{0}\text{n} $$

$$ {}^{2}_{1}\text{H}+{}^{2}_{1}\text{H}\longrightarrow{}^{3}_{1}\text{H}+{}^{1}_{1}\text{H} $$

由于核均带正电荷,相互间排斥力较大,因而核聚变反应必须在极高温度条件下(加热使氘核获得足够的动能以克服氘核间的斥力)才能进行。所需温度在 1 亿摄氏度以上,故聚变反应也称为**热核反应**。

人工的聚变目前只能在氢弹爆炸或由加速器产生的高能粒子碰撞中实现。氢弹实际上是由${}^{235}_{92}\text{U}$或${}^{238}_{94}\text{Pu}$裂变产生 1 亿摄氏度以上高温引发(即用原子弹引发)氢的同位素的热核反应,从而使氢原子核发生剧烈而不可控制的聚变反应。同样质量的燃料,核聚变比核裂变放出的能量更多,因此,氢弹的爆炸力比原子弹大得多。美国于 1952 年在马绍尔群岛爆炸了第一颗氢弹,我国继苏联之后于 1967 年 6 月 17 日试爆了威力达百万吨 TNT 级的氢弹。

热核反应在宇宙中屡见不鲜,太阳就是一个例子。太阳主要由氢构成,其内部的温度很高,于是氢不断地发生热核反应,放出能量。这就是太阳发光发热的能量来源。

[拓宽视野]

铜的冶炼、金的提取、银的回收

1. 铜的冶炼

从矿石中提取金属铜,需要根据矿石种类的不同选择适当冶炼方法。例如,氧化物矿可直接用碳还原;也可用"湿法"冶炼,酸性矿用硫酸溶解铜,碱性矿用氨水来溶解铜,然后用电解或用铁置换,析出铜。硫化物矿的冶炼过程比较复杂,下面简单介绍黄铜矿制精铜。

铜主要从黄铜矿提炼,"火法"或所谓"冰铜"熔炼法,其工艺过程包括铜矿富集、焙烧、除渣、还原、精炼等。

(1) 富集。低品位❶矿石冶炼前应预先富集,即先粉碎矿石,在球磨机中磨成粉状后加到含浮选剂❷的水中搅拌,借助浮选剂的起泡与憎水作用将含铜粒子聚集在浮选池的上部,成为精矿。

(2) 焙烧。将浮选后的精矿经沉降、过滤、烘干后,通空气在沸腾炉中氧化焙烧、脱硫(成 SO_2),同时除去挥发性杂质,如 As_2O_3、Sb_2O_3 等,并使部分硫化物变成氧化物:

$$2CuFeS_2+O_2 \longrightarrow Cu_2S+2FeS+SO_2\uparrow$$

$$2FeS+3O_2 \longrightarrow 2FeO+2SO_2\uparrow$$

(3) 除渣。将焙烧过的矿石与砂子混合,在反射炉中加热至 1 220~1 350 ℃,FeS 氧化为 FeO 以后就和 SiO_2 形成熔渣 $FeSiO_3$,因其密度小而浮在上层,而 Cu_2S 和剩余的 FeS 熔在一起生成所谓"冰铜",并沉于熔体下层:

$$FeO+SiO_2 \longrightarrow FeSiO_3$$

$$m Cu_2S+n FeS \longrightarrow \text{冰铜}$$

(4) 顶吹还原。把冰铜放入转炉,鼓风熔炼,得到约 98% 的粗铜:

$$2Cu_2S+3O_2 \longrightarrow 2Cu_2O+2SO_2\uparrow$$

$$2Cu_2O+Cu_2S \longrightarrow 6Cu+SO_2\uparrow$$

此粗铜又称泡铜。

(5) 精炼。工业上采用电解法将粗铜精炼除杂,在 $CuSO_4$ 和 H_2SO_4 混合液电解槽内,以粗铜为阳极,纯铜为阴极进行电解,电极反应为

阳极反应: $Cu(\text{粗})-2e^- \longrightarrow Cu^{2+}$

阴极反应: $Cu^{2+}+2e^- \longrightarrow Cu(\text{精铜},99.95\%)$

电解过程中原粗铜(阳极)所含杂质金、银和铂系金属沉积在阳极底部,称为"阳极泥"(见图 14.11),是提炼贵金属的重要原料。

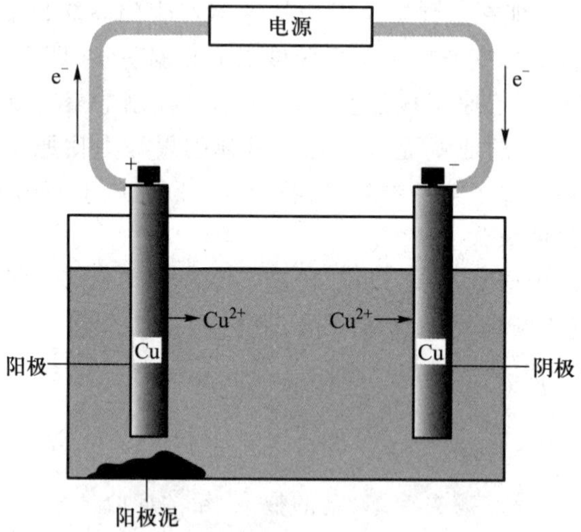

图 14.11 阳极泥形成示意图

❶ 铜矿一般含 Cu 2%~10%,富矿可达 20%,贫矿<0.6%,主要杂质为 SiO_2、Al_2O_3、CaO、MgO 等。

❷ 浮选剂:能捕集矿物的捕集剂。例如,丁基黄药 $C_4H_9OCSSNa$(丁基黄原酸钠),它以极性基—CSS^- 的一端吸附在亲硫的金属矿物表面上,以非极性基 C_4H_9O 一端指向水,使矿物获得憎水性。

近年来铜的湿法冶炼有很大发展。工业上已有用2-羟基-5-十二烷基二苯甲酮肟作为铜的萃取剂，可以从低品位的铜矿浸出液中回收铜，且萃取能力强，生产过程又不产生三废，有可能取代火法工艺。

2. 金的提取

我国公元前两千余年已能生产黄金。金在自然界中分布分散，金矿含金品位很低，需要先经富集后再提炼，我国五代时期就有氰化物可溶解金的记载，比西方先知了800年。氰化法提金是用稀NaCN(0.03%~0.2%)溶液处理粉碎后的精金矿，通入空气，使Au(或Ag)溶解，残渣分离后，用Zn或Al将Au置换出来，其化学反应如下：

$$4Au+8CN^-+O_2+2H_2O \longrightarrow 4[Au(CN)_2]^-+4OH^-$$

$$2[Au(CN)_2]^-+Zn \longrightarrow 2Au\downarrow+[Zn(CN)_4]^{2-}$$

然后用电解法精炼，可以制得纯度为99.95%的金。溶金的原理是在CN^-的存在下，由于$E^{\ominus}([Au(CN)_2]^-/Au)=-0.44\ V<E^{\ominus}(O_2/OH^-)=0.401\ V$，使溶金反应得以进行。

氰化法提金浸出率高(含As、Sb等金矿石除外)，但其浸出速率较慢，且氰化法所用NaCN有剧毒，世界各国都在寻找新的提金方法。目前研究较多、比较有现实意义的无氰提金工艺主要有硫脲法、硫代硫酸盐法和氯化法，其中硫脲法的溶金反应简要表示如下：

$$Au+\underset{\text{(硫脲)}}{2CS(NH_2)_2}+Fe^{3+} \longrightarrow [Au(CSN_2H_4)_2]^++Fe^{2+}$$

$$E^{\ominus}([Au(CSN_2H_4)_2]^+/Au)=-0.38\ V$$

硫脲法溶金速率比氰化法快12倍，且无剧毒，选择性高，近二三十年来该法有较大发展，并已用于生产。当控制硫脲为0.5%，$Fe_2(SO_4)_3$为0.3%，pH=1.0~1.5，$T=35$ ℃，浸出时间4 h，金的浸出率可达91.5%。但是，该法硫脲耗量大，生产成本高，设备易腐蚀。

3. 银的回收

目前全世界年产银约1万吨，年回收银约4 000 t，且已经出现了世界性“银的使用量超过开采量”的情况。我国银资源90%以上为伴生矿，我国产银几乎全是从重有色金属生产中综合回收的。所以从银废料中回收银已引起化学工作者的关注。银废料的存在形式、状态、品位高低不同，回收工艺不同。例如，含银废水的处理一般是先让其富集为AgCl，然后采用还原剂或电解方法回收银，其简单流程如下：

$$\text{含}\ Ag^+\text{废水} \xrightarrow{(1)+\text{盐酸}} AgCl\ \text{沉淀及泥沙等不溶物} \xrightarrow{\text{过滤}} \text{沉淀物} \xrightarrow{(2)\text{加}\ NH_3\cdot H_2O}$$

$$[Ag(NH_3)_2]Cl\ \text{溶液} \xrightarrow{\text{过滤}} \text{滤液} \xrightarrow{(3)\text{脱色并加过量}\ HNO_3}$$

$$AgCl\ \text{沉淀}\left\{\begin{array}{l}(4)\ Zn\\ (5)\ \text{加}\ HCHO, NaOH, 50\sim70\ ℃\\ (6)\ \text{电解}\end{array}\right\} \longrightarrow Ag$$

[读者试写出银的回收流程中(1)~(6)各步骤的化学反应方程式。]

利用细菌提取溶液中贵金属离子为金属单质，目前已进入实验阶段，如巨大芽孢杆菌(DOI)和贵金属之间可发生强化学吸附作用，并可将Au^{3+}还原为单质Au；Ag^+则可在硫杆菌细胞表面积累并形成Ag_2S颗粒。

思考题

1. 解释下列现象或问题,并写出相应的反应方程式。

(1) 加热 $CuCl_2 \cdot 2H_2O$ 时得不到无水的 $CuCl_2$;

(2) 银器在含有 H_2S 的空气中会慢慢变黑;

(3) 铜在含 CO_2 的潮湿空气中,表面会逐渐生成绿色的铜锈;

(4) 有空气存在时,铜能溶于氨水;

(5) $CuCl_2$ 浓溶液逐渐加水稀释时,溶液颜色由黄棕色经绿色而变成蓝色;

(6) Zn 能溶于氨水和 NaOH 溶液中;

(7) 焊接金属时,常用浓 $ZnCl_2$溶液处理金属表面;

(8) 将 H_2S 气体通入 $ZnCl_2$溶液中,仅析出少量的 ZnS 沉淀,若溶液中加入 NaOAc,可使 ZnS 沉淀完全;

(9) HNO_3与过量汞反应的产物是 $Hg_2(NO_3)_2$。

2. (1) 欲从含有少量 Cu^{2+}的 $ZnSO_4$ 溶液中除去 Cu^{2+},最好加入试剂 H_2S、NaOH、Zn、Na_2CO_3 中的哪一种?

(2) CuCl、AgCl、Hg_2Cl_2 均为难溶于水的白色粉末,试用最简便的方法区别之。

3. (1) 请用一种试剂区别下列五种离子。

Cu^{2+}　Zn^{2+}　Hg^{2+}　Fe^{3+}　Co^{2+}

(2) 选用适当的配合剂分别将下列各种沉淀物溶解,并写出相应的反应方程式。

CuCl　$Cu(OH)_2$　AgBr　AgI　$Zn(OH)_2$　HgI_2

4. 不少氧化物如 ZnO、TiO_2 等在高温下呈黄色,常温下呈白色,为什么?

5. 在 Ag^+溶液中,先加入少量的 $Cr_2O_7^{2-}$,再加入适量的 Cl^-,最后加入足够的 $S_2O_3^{2-}$,估计每一步会出现的现象,写出有关的离子反应方程式。

6. 某溶液和 Cl^-作用,生成白色沉淀,再加入氨水时沉淀又变黑,则该溶液中可能存在的离子是下列离子中的哪一种?

Pb^{2+}　Ag^+　Hg^{2+}　Hg_2^{2+}　Fe^{3+}　Bi^{3+}

7. 下列离子中,哪些与氨水作用能形成氨合物?

Na^+　Mn^{2+}　Fe^{3+}　Pb^{2+}　Sn^{2+}　Ag^+　Hg^{2+}　Cd^{2+}

8. 如何从 $Hg(NO_3)_2$ 制备:(1) HgO;(2) $HgCl_2$;(3) $Hg_2(NO_3)_2$;(4) $HgSO_4$?

9. 在下列各箭头处填上适当物质或反应条件。

(1)

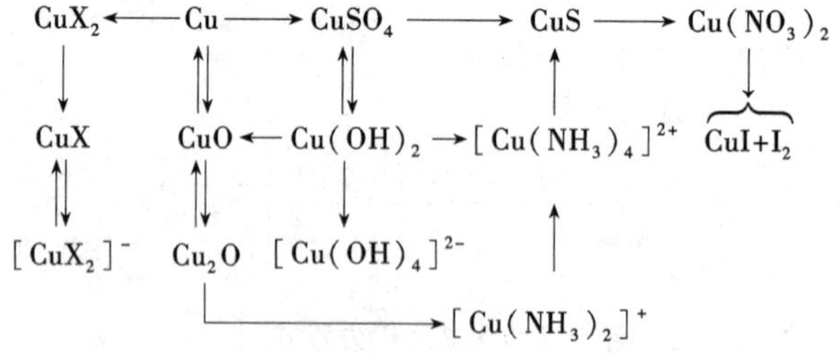

(2)

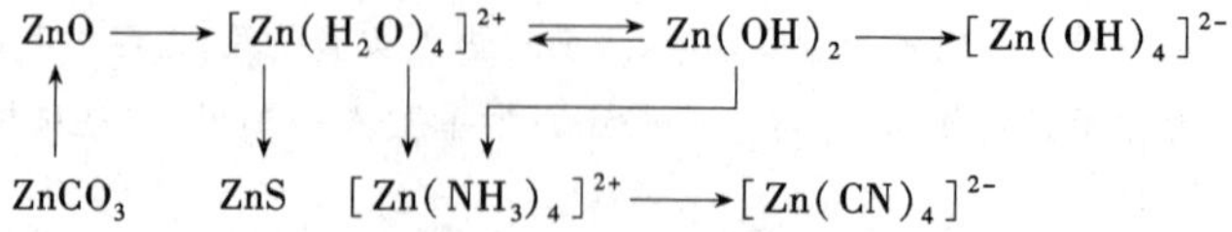

10. 写出下列物质的化学式,并指出其中哪种是剧毒物。

砒霜　甘汞　海波　升汞　硼砂　泡花碱　孔雀石

铁红　灰锰氧　红矾钾　钛白

11. 试对比 Cu^{2+}、Zn^{2+}、Hg^{2+}、Hg_2^{2+} 分别与 NaOH、氨水作用的情况，并用离子反应方程式表示。

12. 试对比 Cu^{2+}、Ag^+、Hg^{2+}、Hg_2^{2+} 与 KI 溶液作用的情况，并用离子反应方程式表示。

13. 镧系元素和锕系元素分别包括哪些元素？

14. 什么叫"镧系收缩"？试分析出现这种现象的原因和它对第五、六周期中各副族元素的性质所产生的影响。

15. 为什么Ln^{3+}的性质极为相似？试从Ln^{3+}的电子层结构、离子的电荷数和离子半径等方面加以说明。

16. 从原子的电子层结构比较镧系元素和锕系元素的异同。

17. 目前有的国家正在建设核电站，而有的国家却在逐步关闭核电站。对此问题你有何见解？

18. 核裂变有如下定律：

$$t=\frac{t_{1/2}}{0.693}\ln\frac{N_0}{N}$$

式中：$t_{1/2}$为某放射性核素的半衰期；N_0 为衰变前某放射性核素的数目（或质量）；t 为衰变时间；N 为放射性核素经 t 时间衰变后剩余的数目（或质量）。

（1）放射性^{60}Co的半衰期为 5.3 年，1 mg 的^{60}Co经 15.9 年后还剩余多少毫克？

（2）^{40}K 衰变为^{40}Ar 的半衰期为 1.28×10^9年。一块取自月球的岩石经分析含 92% ^{40}K、8% ^{40}Ar。试估算该岩石的年龄。

习　题

1. 完成并配平下列反应方程式：

（1）$Cu+\underbrace{O_2+CO_2+H_2O}_{\text{湿空气}}\longrightarrow$

（2）Cu_2O+HCl（稀）$\longrightarrow$

（3）$Cu_2O+H_2SO_4$（稀）$\longrightarrow$

（4）$CuSO_4+KI\longrightarrow$

（5）$CuSO_4+KCN$（过量）$\longrightarrow$

（6）$AgBr+Na_2S_2O_3\longrightarrow$

（7）$ZnSO_4+NH_3\cdot H_2O$（过量）$\longrightarrow$

（8）$Hg(NO_3)_2+KI$（过量）$\longrightarrow$

（9）$Hg_2(NO_3)_2+KI$（过量）$\longrightarrow$

（10）$Hg(NO_3)_2+NaOH\longrightarrow$

（11）$Hg_2Cl_2+NH_3\longrightarrow$

（12）$Hg(NO_3)_2+NH_3+H_2O\longrightarrow$

（13）$Hg_2(NO_3)_2+NH_3+H_2O\longrightarrow$

（14）$Hg_2Cl_2+SnCl_2\longrightarrow$

（15）$HgS+Na_2S\longrightarrow$

2. 试设计出一种由工业纯 $ZnCl_2$ 生产 ZnO 试剂的简单工艺流程（工业纯 $ZnCl_2$ 中含有少量 Pb^{2+}、Cu^{2+}及 Fe^{2+}杂质）。

3. 写出下列有关反应方程式，并解释反应现象。

（1）$ZnCl_2$ 溶液中加入适量 NaOH 溶液，再加入过量的 NaOH 溶液；

（2）$CuSO_4$ 溶液中加入少量氨水，再加过量氨水；

（3）$HgCl_2$ 溶液中加入适量 $SnCl_2$ 溶液，再加过量 $SnCl_2$ 溶液；

(4) $HgCl_2$ 溶液加入适量 KI 溶液,再加过量 KI 溶液。

4. 在含有大量 NH_4F 的 1 $mol\cdot L^{-1}$ $CuSO_4$ 和 1 $mol\cdot L^{-1}$ $Fe_2(SO_4)_3$ 的混合溶液中,加入 1 $mol\cdot L^{-1}$ KI溶液,有何现象发生?为什么?写出有关反应方程式。

5. 某一化合物 A 溶于水得浅蓝色溶液。在 A 溶液中加入 NaOH 溶液可得浅蓝色沉淀 B。B 能溶于 HCl 溶液,也能溶于氨水。A 溶液中通入 H_2S 有黑色沉淀 C 生成。C 难溶于 HCl 溶液而易溶于热浓 HNO_3 中。在 A 溶液中加入 $Ba(NO_3)_2$ 溶液,无沉淀产生,而加入 $AgNO_3$ 溶液有白色沉淀 D 生成,D 溶于氨水。试判断 A、B、C、D 为何物?并写出有关反应方程式。

6. 有一无色溶液。加入氨水时有白色沉淀生成;若加入稀碱则有黄色沉淀生成;若滴加 KI 溶液,先析出橘红色沉淀,当 KI 过量时,橘红色沉淀消失;若在此无色溶液中加入数滴汞并振荡,汞逐渐消失,仍变为无色溶液,此时加入氨水得灰黑色沉淀。问此无色溶液中含有哪种化合物?写出有关反应方程式。

7. 化合物 A 是白色固体,加热能升华,微溶于水。A 的溶液可起下列反应:

(1) 加入 NaOH 于 A 的溶液中,产生黄色沉淀 B,B 不溶于碱可溶于 HNO_3;

(2) 通 H_2S 于 A 的溶液中,产生黑色沉淀 C,C 不溶于浓 HNO_3,但可溶于 Na_2S 溶液,得溶液 D;

(3) 加 $AgNO_3$ 于 A 的溶液中,产生白色沉淀 E,E 不溶于 HNO_3,但可溶于氨水,得溶液 F;

(4) 在 A 的溶液中滴加 $SnCl_2$ 溶液,产生白色沉淀 G,继续滴加,最后得黑色沉淀 H。

试确定 A、B、C、D、E、F、G、H 各为何物?

8. 用适当的方法区别下列各对物质。

(1) $MgCl_2$ 和 $ZnCl_2$　　(2) $HgCl_2$ 和 Hg_2Cl_2

(3) $ZnSO_4$ 和 $Al_2(SO_4)_3$　　(4) CuS 和 HgS

(5) AgCl 和 Hg_2Cl_2　　(6) ZnS 和 Ag_2S

(7) Pb^{2+} 和 Cu^{2+}　　(8) Pb^{2+} 和 Zn^{2+}

9. 已知下列电对的 $E^\ominus$ 值:

$$Cu^{2+}+e^- \rightleftharpoons Cu^+;\quad E^\ominus = 0.159\ V$$

$$Cu^++e^- \rightleftharpoons Cu;\quad E^\ominus = 0.52\ V$$

和 CuCl 的溶度积常数 $K_{sp}^\ominus = 1.72\times10^{-7}$,试计算:

(1) Cu^+ 在水溶液中发生歧化反应的平衡常数;

(2) 反应:$Cu+Cu^{2+}+2Cl^- \rightleftharpoons 2CuCl\downarrow$ 在 298.15 K 时的平衡常数。

10. 已知:$Ag^++e^- \rightleftharpoons Ag;\quad E^\ominus = 0.799\ 1\ V$

$AgI+e^- \rightleftharpoons Ag+I^-;\quad E^\ominus = -0.152\ V$

(1) 写出由上列两个半反应组成的原电池符号;

(2) 写出电池反应方程式;

(3) 求 $K_{sp}^\ominus(AgI)$ 值。

11. 已知:$[AuCl_2]^-+e^- \rightleftharpoons Au+2Cl^-;\quad E^\ominus = 1.15\ V$

$[AuCl_4]^-+2e^- \rightleftharpoons [AuCl_2]^-+2Cl^-;\quad E^\ominus = 0.926\ V$

$Au^++e^- \rightleftharpoons Au;\quad E^\ominus = 1.83\ V$

$Au^{3+}+2e^- \rightleftharpoons Au^+;\quad E^\ominus = 1.36\ V$

结合有关电对的 $E^\ominus$ 值,计算 $[AuCl_2]^-$ 和 $[AuCl_4]^-$ 的稳定常数。

12. 通过下列各组反应及其热力学数据,分析 Cu(Ⅰ)、Cu(Ⅱ)在气态、固态与水溶液中的相对稳定性:

(1) $2Cu^+(g) \xrightarrow{298.15\ K} Cu^{2+}(g)+Cu(s);\quad \Delta_r G_m^\ominus = 896\ kJ\cdot mol^{-1}$

(2) $Cu_2O(s) \xrightarrow{298.15\ K} CuO(s)+Cu(s);\quad \Delta_r G_m^\ominus = 16.3\ kJ\cdot mol^{-1}$

$\Delta_f G_m^\ominus(CuO,s) = -129.7\ kJ\cdot mol^{-1}$

$\Delta_f G_m^\ominus(Cu_2O,s) = -146\ kJ\cdot mol^{-1}$

(3) $2CuO(s) \xrightarrow{1\ 273\ K} Cu_2O(s) + \frac{1}{2}O_2(g)$;　$\Delta_r G_m^\ominus(1\ 273\ K) = -5.4\ kJ\cdot mol^{-1}$

(4) $2Cu^+(aq) \xrightarrow{298.15\ K} Cu^{2+}(aq) + Cu(s)$;　$\Delta_r G_m^\ominus = -35.39\ kJ\cdot mol^{-1}$

13. 无色晶体 A 溶于水,加入 NaCl 溶液,得到白色沉淀 B 和无色溶液;沉淀分离后,在无色溶液中加入 $FeSO_4$ 溶液,小心地加入浓 H_2SO_4,在浓 H_2SO_4 与溶液的界面上出现棕色环 C。白色沉淀 B 可溶于氨水,得到溶液 D,把 NaBr 溶液加到溶液 D 中,有浅黄色沉淀 E 生成。在溶液 A 中滴加少量 $Na_2S_2O_3$ 溶液,有白色沉淀 F 生成。若在 A 溶液中加入过量 $Na_2S_2O_3$ 溶液,则生成无色溶液 G。沉淀 F 经黄—橙—棕色,最后变为黑色沉淀 H。向 G 溶液中加入 NaI 溶液,有黄色沉淀 I 生成,I 可溶于 NaCN 溶液中,得到溶液 J,在 J 中加入Na_2S 溶液,也可得到沉淀 H。H 溶于 HNO_3,得到浅黄色固体 K 和气体 L,滤去沉淀 K 后又得到溶液 A。试判断 A、B、C、D、E、F、G、H、I、J、K、L 各为何物?并写出有关反应方程式。

14. 试计算下列反应的平衡常数。

$$2Ag_2S + 8CN^- + O_2 + 2H_2O \longrightarrow 4[Ag(CN)_2]^- + 2S\downarrow + 4OH^-$$

已知 $K_f^\ominus([Ag(CN)_2]^-) = 1.26\times10^{21}$, $K_{sp}^\ominus(Ag_2S) = 6.3\times10^{-50}$, $E^\ominus(O_2/OH^-) = 0.401\ V$, $E^\ominus(S/S^{2-}) = -0.407\ V$。

15. 在 1.0 L 0.020 $mol\cdot L^{-1}$的氨水溶液中加入过量的 AgCl 和 AgBr 固体,充分混合,试计算该混合溶液中 Ag^+、Cl^-、Br^-、OH^-的浓度各为多少?(假设溶液的体积不变。)

已知 $K_{sp}^\ominus(AgCl) = 1.77\times10^{-10}$, $K_{sp}^\ominus(AgBr) = 5.35\times10^{-13}$, $K_f^\ominus([Ag(NH_3)_2]^+) = 1.12\times10^7$, $K_b^\ominus(NH_3\cdot H_2O) = 1.8\times10^{-5}$。

16. 完成下列反应方程式:

(1) $UO_2(NO_3)_2 \xrightarrow{\triangle}$

(2) $UO_3 \xrightarrow{\triangle}$

(3) $UO_3 + HNO_3 \longrightarrow$

(4) $UO_2 + HF \longrightarrow$

(5) $UO_3 + NaOH \longrightarrow$

(6) $CeO_2 + HCl \longrightarrow$

(7) $Ce(OH)_3 + NaOH + Cl_2 \longrightarrow$

(8) $Ln_2O_3 + NH_4Cl \longrightarrow$

17. 完成下列核反应方程式:

(1) ${}^{11}_{5}B$ 衰变放出 α 粒子;

(2) ${}^{107}_{47}Ag$ 吸收中子;

(3) 用高速 α 粒子轰击氮-14 得到氧-17;

(4) ${}^{104}_{47}Ag$ 衰变放出 β 粒子。

18. 配平下列核反应方程式:

(1) ${}^{87}_{36}Kr \longrightarrow {}^{0}_{-1}e + (?)$

(2) ${}^{53}_{24}Cr + {}^{4}_{2}He \longrightarrow {}^{1}_{0}n + (?)$

(3) ${}^{12}_{6}C + {}^{1}_{0}n \longrightarrow 2{}^{1}_{0}n + (?)$

(4) ${}^{235}_{92}U \longrightarrow {}^{4}_{2}He + (?)$

19. 写出下列核反应方程式:

(1) $^{23}_{11}Na(n,\gamma)^{24}_{11}Na$

(2) $^{15}_{7}N(p,\alpha)^{12}_{6}C$

(3) $^{35}_{17}Cl(n,p)^{35}_{16}S$

20. 完成下列核反应方程式,并说明核反应的类型。

(1) $^{232}_{90}Th \longrightarrow ^{228}_{88}Ra+(?)$

(2) $^{141}_{56}Ba \longrightarrow ^{141}_{57}La+(?)$

(3) $^{7}_{4}Be+(?) \longrightarrow ^{7}_{3}Li$

(4) $^{238}_{92}U+(?) \longrightarrow ^{239}_{92}U+(?)$

(5) $^{19}_{10}Ne \longrightarrow ^{19}_{9}F+(?)$

(6) $^{3}_{1}H+^{2}_{1}H \longrightarrow ^{4}_{2}He+(?)$

第 15 章

元素化学综述(自学为主)

在按元素周期表纵向学习完各族元素重点内容的基础上,本章按照“由个别到一般”的认识规律,以自学的方式,就元素单质及典型化合物内容,沿元素周期表横向进行归纳总结,以对元素化学获得较系统的知识。

15.1 单质的晶体结构和性质

化学元素的周期性和原子的电子层结构密切相关。随着原子序数的增加,电子在原子核外依次填充的周期性变化,导致元素性质呈周期性变化。

15.1.1 单质的晶体结构和物理性质

表 15.1 列出了主族及零族元素单质的晶体类型。可以看出:s 区元素(氢例外)的单质均为金属晶体;p 区元素的中间部分,其单质的晶体结构较为复杂,有的为原子晶体,有的为过渡型(链状或层状)晶体,有的为分子晶体。周期系最右方的非金属和稀有气体则全部为分子晶体。总的来看,同一周期元素的单质,从左到右,一般由典型的金属晶体经过原子晶体、层状晶体或链状晶体等,最后过渡到分子晶体。同一族元素单质由上而下,常由分子晶体或原子晶体过渡到金属晶体。

副族元素单质均为金属晶体。

金属晶体的结构特点:原子间以金属键结合;采取密堆积结构。

非金属单质的晶体结构与金属不同,大多是由 2 个或 2 个以上的原子以共价键结合成分子,而且有些元素的原子又常能以不同的原子数目和结合方式组合成不同结构的单质(见图 15.1 及表 15.1)。

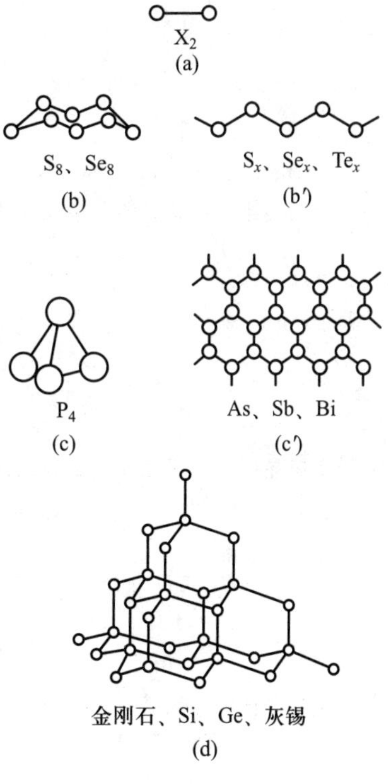

图 15.1 非金属单质的空间结构及(8−N)规则

表 15.1　主族及零族元素单质的晶体类型

周期	族							
	ⅠA	ⅡA	ⅢA	ⅣA	ⅤA	ⅥA	ⅦA	零
一	H_2 分子晶体							He 分子晶体
二	Li 金属晶体	Be 金属晶体	B 原子晶体	C 金刚石为原子晶体；石墨为片状结构晶体；富勒烯碳原子簇为分子晶体	N_2 分子晶体	O_2 分子晶体	F_2 分子晶体	Ne 分子晶体
三	Na 金属晶体	Mg 金属晶体	Al 金属晶体	Si 原子晶体	P 白磷为分子晶体；黑磷为层状结构晶体	S 斜方硫、单斜硫为分子晶体；弹性硫为链状结构晶体	Cl_2 分子晶体	Ar 分子晶体
四	K 金属晶体	Ca 金属晶体	Ga 金属晶体	Ge 原子晶体	As 黑砷为分子晶体；灰砷为层状结构晶体	Se 红硒为分子晶体；灰硒为链状结构晶体	Br_2 分子晶体	Kr 分子晶体
五	Rb 金属晶体	Sr 金属晶体	In 金属晶体	Sn 灰锡为原子晶体；白锡为金属结构晶体	Sb 黑锑为分子晶体，灰锑为层状结构晶体	Te 灰碲链状结构晶体	I_2 分子晶体	Xe 分子晶体
六	Cs 金属晶体	Ba 金属晶体	Tl 金属晶体	Pb 金属晶体	Bi 层状结构晶体（近于金属晶体）	Po 金属晶体	At 金属晶体（具有某些金属性）	Rn 分子晶体

分析非金属单质结构的不同类型，可以总结出(8−N)规则。所谓(8−N)规则的意

思是：第 N 族非金属元素的每个原子，可以提供 $(8-N)$ 个成键电子，与 $(8-N)$ 个邻近原子形成 $(8-N)$ 个共价（单）键，则该元素在单质分子中共价（单）键数等于 $(8-N)$。对于 H 则为 $(2-N)$。

由于单质晶体结构呈周期性变化，影响到单质的一些物理性质也呈现周期性变化。

1. 熔点和沸点

物质的熔点决定于该物质的晶体类型。同一周期的主族元素，从左到右，熔点由低到高再到低，即两端元素单质的熔点低，中间的高。例如，每周期开始的碱金属熔点较低，除 Li 外，Na、K、Rb、Cs 的熔点都低于 100 ℃，Cs 的熔点只有 28.5 ℃，到ⅣA 族的 C 和 Si 等熔点达到高峰（其中金刚石的熔点为 3 727 ℃），到ⅣA、ⅤA 族的金属，熔点一般也较低，如 Sn、Pb 和 Bi 等熔点均在300 ℃以下，至于每周期后半部的ⅥA、ⅦA 族及稀有气体单质的熔点就更低了。沸点的变化趋势与熔点相似。

副族元素均为金属元素，它们的单质具有一般金属的通性，但由于它们的原子半径一般较小，并且单质晶体中除外层 s 电子参与成键外，还有部分 $(n-1)$d 电子参与成键，有较强的金属键成分，所以过渡金属单质的熔点高。表 15.2 列出 d、ds 区过渡元素的熔点。可以看出，在三个过渡系列中熔点开始逐渐增大，到ⅥB 族达最大值，然后逐渐下降；d 区元素的熔点比 ds 区元素高得多。d、ds 区过渡元素的沸点也有类似情况。ⅥB 族元素单质的熔点、沸点最高，如 W 的熔点为 3 410 ℃，沸点为 5 660 ℃。

表 15.2　d、ds 区过渡元素的熔点（单位为 ℃）

Sc	Ti	V	Cr	Mn	Fe	Co	Ni	Cu	Zn
1 541	1 660	1 890	1 857	1 244	1 535	1 495	1 455	1 083	419
Y	Zr	Nb	Mo	Tc	Ru	Rh	Pd	Ag	Cd
1 522	1 852	2 468	2 610	2 157	2 310	1 966	1 554	962	321
Lu	Hf	Ta	W	Re	Os	Ir	Pt	Au	Hg
1 663	2 227	2 996	3 410	3 180	2 700	2 410	1 772	1 064	-38.87

2. 密度和硬度

同周期主族元素从左到右，单质的密度与硬度是两头小中间大，这与原子半径和晶体结构的变化有关。每周期开始的碱金属其密度、硬度都很小，其中 Li、Na、K 的密度比水还小（Li 的密度只有水的一半），并均可用小刀切开；碱土金属的密度和硬度比碱金属略大，但仍属轻金属；ⅢA、ⅣA 族的密度、硬度增大，但当过渡到ⅤA～ⅦA 族典型的非金属元素，如 N、O、S、卤素，尤其是零族稀有气体时，由于均为分子晶体，分子间作用力较弱，分子间空隙较大，密度、硬度降低。

副族元素单质的硬度、密度较大（ⅢB 和ⅡB 族除外），金属单质中硬度最大的是 Cr，仅次于金刚石；Os❶ 是密度最大的单质，其密度为 22.48 $g\cdot cm^{-3}$。这些典型特性使

❶ 在 Dean J. A. Lange's Handbook of Chemistry 15th ed，1999 中，Ir 的密度最大，Os、Ir、Pt 的密度分别为 22.61 $g\cdot cm^{-3}$、22.65 $g\cdot cm^{-3}$、21.45 $g\cdot cm^{-3}$。

W、Cr、Os 在工业生产和科研领域中得到广泛的应用。

3. 导电性和超导性

主族元素单质的导电性差别较大。周期表从左到右,主族元素单质呈现出由导体向半导体、非导体演变的趋势。主族金属单质几乎均为金属晶体,易导电;主族非金属单质一般不导电;位于 p 区对角线上的一些单质,如 Si、Ge、Sb、Se、Te 等具有半导体性质,其中 Si、Ge 被认为是最好的半导体材料。

副族元素单质均为金属晶体,易导电。

至今已知 Ti、Zr、Hf、Nb、Ta、Cr、Mo、W、Tc、Re、Ru、Os、Rh、Ir、Zn、Cd、Hg、Al、Ga、In、Si、Ge、Sn、Pb、Li、Be、La、Eu、Th、Pa、Am 等元素具有超导性。例如,Hg、Pb、La 的超导转变温度分别为 4.2 K、7.23 K、12.5 K。

15.1.2 单质的化学性质

s 区金属单质都为活泼的金属,具有很强的还原性,易形成阳离子盐。p 区绝大多数非金属表现既有氧化性又有还原性:当与金属作用时表现出氧化性,容易形成阴离子化合物,如形成卤化物、氧化物、硫化物、氮化物、碳化物、硼化物、氢化物和含氧酸盐等;与活泼非金属作用时则表现出还原性,它们彼此之间也可以形成卤化物、氧化物、氢化物、无氧酸和含氧酸等。

除卤素外,大部分非金属单质在常温下不与水作用。C 在炽热条件下,才与水蒸气作用。非金属一般不和稀酸(盐酸或硫酸)作用,I_2、S、P、C、B 等单质均能被浓 HNO_3 或热的浓 H_2SO_4 氧化生成相应的氧化物或含氧酸。

主族大多数金属均不与碱作用。只有少数两性金属元素 Be、Al、Sn 等能与强碱作用形成相应的盐并放出氢气。非金属单质(如卤素、S、P、Si、B 等)能与较浓的强碱溶液反应:

$$\left.\begin{aligned}&Be+2OH^-+2H_2O \longrightarrow [Be(OH)_4]^{2-}+H_2\\&2Al+2OH^-+6H_2O \longrightarrow 2[Al(OH)_4]^-+3H_2\\&Sn+2OH^-+2H_2O \longrightarrow [Sn(OH)_4]^{2-}+H_2\end{aligned}\right\}\text{置换反应}$$

$$\left.\begin{aligned}&Cl_2+2OH^- \xrightarrow{\text{室温}} Cl^-+ClO^-+H_2O\\&3Cl_2+6OH^- \xrightarrow{\triangle} 5Cl^-+ClO_3^-+3H_2O\\&3S+6OH^- \xrightarrow{\triangle} 2S^{2-}+SO_3^{2-}+3H_2O\\&4P+3OH^-+3H_2O \xrightarrow{\triangle} 3H_2PO_2^-+PH_3\uparrow\end{aligned}\right\}\text{歧化反应}$$

$$\left.\begin{aligned}&Si+2OH^-+H_2O \longrightarrow SiO_3^{2-}+2H_2\uparrow\\&2B(\text{无定形})+2NaOH^-+2H_2O \xrightarrow{\triangle} 2NaBO_2+3H_2\uparrow\end{aligned}\right\}\text{置换反应}$$

d 区过渡元素单质的活泼性差别较大,ⅢB 族是较活泼的金属,而铂系金属为惰性金属,第一过渡系金属比第二、三过渡系金属活泼。上述这些变化可用标准电极电势($E_A^\ominus$)说明。标准电极电势的大小与金属的升华焓($\Delta_{sub}H_m^\ominus$)、电离能(I_n)、水合焓($\Delta_h H_m^\ominus$)有关:

$$\begin{array}{ccc} M(s) & \xrightarrow{\Delta_f H_m^\ominus(M^{n+},aq)} & M^{n+}(aq) \\ \Delta_{sub}H_m^\ominus \big\downarrow & & \big\uparrow \Delta_h H_m^\ominus(M^{n+},g) \\ M(g) & \xrightarrow{I_n} & M^{n+}(g) \end{array}$$

用电极反应可以粗略说明这种能量的变化趋势,即设计热化学循环比较金属单质变成水合离子的难易程度,借助整个过程的焓变,即 $\Delta_f H_m^\ominus(M^{n+},aq)=\Delta_{sub}H_m^\ominus+I_n+\Delta_h H_m^\ominus(M^{n+},g)$,就可大致了解金属单质的活泼性。第二、三过渡系的原子具有较大的电离能(I_1 和 $I_2\cdots$)和升华焓,这是导致它们活泼性差的主要原因。并且这些金属表面易形成致密的氧化膜,这也使它们的活泼性减弱。

第二、三过渡系的 d 区元素除化学活泼性比第一过渡系元素弱外,还有如下特点:

(1) 高氧化态稳定,低氧化态不稳定(详见 13.1.4);

(2) 由于升华焓大,金属键强,原子紧密结合,所以它们容易形成原子簇化合物(详见 13.1.9);

(3) 它们的 $d^4\sim d^7$ 构型的金属离子一般只形成低自旋配合物,从第一到第三过渡系,Δ_o 按近似于 1∶1.5∶2 的比例增加(详见 8.2.2)。

ds 区包括ⅠB、ⅡB 族,其外层的价电子与ⅠA、ⅡA 族相同,但其价层电子构型为 $(n-1)d^{10}ns^{1\sim2}$,因此造成与ⅠA、ⅡA 族化学性质相差很大,现对比于表15.3。

表 15.3　ⅠA、ⅡA 和ⅠB、ⅡB 元素化学性质的比较

	ⅠA(K、Rb、Cs)	ⅡA(Ca、Sr、Ba)	ⅠB(Cu、Ag、Au)	ⅡB(Zn、Cd、Hg)
与氧作用	剧烈	剧烈	$Cu\xrightarrow{\Delta}CuO\xrightarrow{\Delta}Cu_2O$ Ag、Au 不反应	$Zn,Cd\xrightarrow{1\,000\ ℃}ZnO,CdO$ $Hg\xrightarrow{\Delta}HgO\xrightarrow{\Delta}$分解
与水作用	剧烈	Ca 与冷水反应较缓慢;Sr、Ba 反应剧烈	不起反应	Zn 在高温与水蒸气反应;Cd 在高温与水蒸气反应生成 $Cd(OH)_2$;Hg 和 H_2O 不起反应
与酸作用	非常剧烈	很猛烈	Cu、Ag 与 HNO_3 反应;Au 只与王水起反应	Zn、Cd 与稀 HCl 或 H_2SO_4 反应放出 H_2;Hg 和 HNO_3 反应
氧化数	只有+1	只有+2	Cu 有+1、+2;Ag 有+1、+2、+3;Au 有+1、+3	Zn、Cd 只有+2;Hg 有+1、+2
化合物	离子型,不易形成配合物,氢氧化物为强碱	离子型,不易形成配合物,氢氧化物碱性强	共价型,很容易形成配合物,$Cu(OH)_2$ 两性偏碱,AgOH 极不稳定、易分解,$Au(OH)_3$ 两性偏酸	共价型,很容易形成配合物,$Zn(OH)_2$两性,$Cd(OH)_2$ 两性偏碱,$Hg(OH)_2$ 不稳定、极易分解

由上表看出:

（1）s 区元素单质都是活泼金属，而 ds 区ⅠB 族元素单质 Cu、Ag、Au 均为不活泼金属，其中 Ag 和 Au 在自然界中有单质存在。ⅡB 族金属化学活泼性介于ⅠB 族与ⅡA族之间。

（2）ⅠA、ⅡA 族易形成离子型化合物，不易形成配合物；ⅠB、ⅡB 族的二元化合物多为共价型，并且易形成配合物。

（3）ⅠA、ⅡA 族元素分别有+1、+2 的氧化数，而 IB 除有+1 氧化数外，Cu 还有+2（如 CuO、$CuSO_4$ 等），Au 还有+3（如 $AuCl_3$、Au_2O_3 等）。

总之，ⅠB 族与ⅠA 族元素化学性质差别很大，与其他 d 区元素较为相似，而ⅡB 族元素与ⅡA 族性质稍有接近；Au 与 Hg 特殊的不活泼性，来源于它们的最外层 6s 电子的惰性。

f 区元素中镧系、锕系元素单质都是活泼金属，详见 14.2.3，除 Eu 外，它们的标准电极电势都低于-2.0 V，一般应保存在煤油中。

过渡元素的单质具有许多优良的物理和化学性能，这使他们在许多领域得到广泛应用。

15.2 二元化合物

元素之间形成的二元化合物类型很多，下面仅就氢化物、氧化物、卤化物、硫化物、氮化物、碳化物、硼化物性质进行综述。

15.2.1 氢化物

氢几乎能和除稀有气体外的所有元素化合，生成不同类型的二元化合物，这些化合物一般统称为氢化物。但严格来说，氢化物是专指含 H^- 的化合物，而非金属氢化物则应称为"某化氢"，如氯与氢化合为氯化氢（HCl）。

氢化物按其结构与性质的不同可大致分为三类：离子型、金属型及共价型氢化物。某种元素的氢化物属于哪一类型，与该元素的电负性大小有关，因而也与元素在周期表中的位置有关，如表 15.4 所示。

表 15.4　氢化物类型

Li	Be											B	C	N	O	F
Na	Mg											Al	Si	P	S	Cl
K	Ca	Sc	Ti	V	Cr	Mn	Fe	Co	Ni	Cu	Zn	Ga	Ge	As	Se	Br
Rb	Sr	Y	Zr	Nb	Mo	Tc	Ru	Rh	Pd	Ag	Cd	In	Sn	Sb	Te	I
Cs	Ba	Lu	Hf	Ta	W	Re	Os	Ir	Pt	Au	Hg	Tl	Pb	Bi	Po	At
离子型氢化物		金属型氢化物											共价型氢化物			

1. 离子型（类盐型）氢化物

碱金属和碱土金属（Be、Mg 除外）在加热时能与氢直接化合，生成离子型氢化物：

$$2M+H_2 \longrightarrow 2MH\text{（M 代表碱金属）}$$

$$M+H_2 \longrightarrow MH_2 (M 代表 Ca、Sr、Ba)$$

该类氢化物具有离子化合物的特点，详见 10.3。

2. 共价型(分子型)氢化物

周期表中的绝大多数 p 区元素与氢形成共价型氢化物。这类氢化物在固态时大多数属于分子晶体，因此也被称为分子型氢化物。

共价型氢化物可用通式 $RH_{(8-N)}$ 表示(R 表示ⅣA～ⅦA 族某元素，N 代表该元素所在族号)，其几何构型与对应的氢化物如表 15.5 所示。

表 15.5 ⅣA～ⅦA 族元素氢化物的几何构型

$RH_{(8-N)}$	RH_4	RH_3	RH_2	RH
R	C Si Ge Sn Pb	N P As Sb Bi	O S Se Te Po	F Cl Br I
空间构型	正四面体	三角锥形	V 形	直线形

共价型氢化物大多数是无色的，熔点和沸点较低，在常温下除 H_2O、BiH_3 为液体外，其余均为气体。共价型氢化物的物理性质有很多相似之处，而其化学性质则有显著的差异。F、O、N 的氢化物能稳定存在；Ge、Br 也能形成稳定的氢化物；At、Po 及 Pb 的氢化物非常不稳定或不存在；GaH_3 的稳定性差。PH_3、AsH_3、SbH_3 气体的毒性较大。

共价型氢化物虽然不像离子型氢化物那样有许多共性，但根据元素在周期系中的位置，这些氢化物性质的变化也存在着某些规律性。

CH_4	NH_3	H_2O	HF	↓ 稳定性减弱 还原性增强 水溶液酸性增强
SiH_4	PH_3	H_2S	HCl	
GeH_4	AsH_3	H_2Se	HBr	
SnH_4	SbH_3	H_2Te	HI	

→ 稳定性增强
还原性减弱
水溶液酸性增强

下面就共价型氢化物的热稳定性、还原性(HF 除外)和酸碱性在周期表中的递变规律进行讨论。

(1) 热稳定性。共价型氢化物的热稳定性差别甚大，这与组成氢化物的非金属元素的电负性(χ)有关。非金属与氢的电负性相差越大，所生成的氢化物越稳定；反之，不稳定。例如，$\chi(F)=4.0$，$\chi(H)=2.2$，$\chi(Bi)=1.9$，故 HF 很稳定，甚至高温也不分解；BiH_3 很不稳定，室温下即强烈分解。

共价型氢化物的热稳定规律是：同族元素从上往下，共价型氢化物的热稳定性递减；同一周期从左向右，大部分共价型氢化物的热稳定性递增(也有个别例外)。这显然与元素电负性变化规律有关。

氢化物的标准生成焓 $\Delta_f H_m^\ominus$ 代数值越小,氢化物越稳定。

(2) 还原性。共价型氢化物中氢的氧化数通常为+1,可见共价型氢化物 H_nA 的还原性来自 A^{n-}。A^{n-} 失电子能力与元素 A 的电负性及离子半径有关。在同一周期中,从左向右过渡 A^{n-} 的半径依次递减,电负性依次递增,这两个因素对 A^{n-} 失电子是不利的,造成同周期元素从左向右氢化物(如 PH_3、H_2S、HCl)的还原性依次递减。在同一族中,从上往下 A^{n-} 半径递增,电负性递减,这两个因素对 A^{n-} 失电子有利,因此同族元素从上往下氢化物(如 HCl、HBr、HI)的还原性依次递增。例如,PH_3 在空气中可自燃得 P_2O_5;H_2S 是可燃气体,空气充足时生成 SO_2;HCl 在常温下不与 O_2 作用,但 HBr、HI 可被氧化为单质:

$$4HBr+O_2 \longrightarrow 2Br_2+2H_2O$$

$$4HI+O_2 \longrightarrow 2I_2+2H_2O$$

在水溶液中许多共价型氢化物也有不同程度的还原性,有些氢化物还是重要的还原剂(如 H_2S、HI 等)。在溶液中共价型氢化物的还原性强弱可以用标准电极电势 $E^\ominus$ 值加以比较。

(3) 水溶液的酸碱性。共价型氢化物与水的作用大致分为 5 种情况,如表 15.6 所示。

表 15.6 共价型氢化物与水的作用

族	元素	作用情况	反应举例
ⅢA ⅣA	B、Al、Si、Ga	分解水,放出 H_2	$SiH_4+(n+2)H_2O \longrightarrow SiO_2\cdot nH_2O+4H_2\uparrow$
ⅣA ⅤA	C、Ge、Sn、P、As、Sb	无作用	—
ⅤA	N	弱碱	$NH_3+H_2O \rightleftharpoons NH_3\cdot H_2O \rightleftharpoons NH_4^+ +OH^-$
ⅥA	O、S、Se、Te	弱酸	$H_2S \rightleftharpoons H^+ +HS^-$
ⅦA	Cl、Br、I	强酸	$HCl \longrightarrow H^+ +Cl^-$

由表 15.6 可知,碳族元素和氮族元素的氢化物(除 NH_3 外)是不显酸碱性的。氧族和卤族氢化物的水溶液显酸性,唯有个别的(如 H_2O)是两性物质。在同一周期中,从左向右,如 NH_3—H_2O—HF 系列中,H_nA 的酸性随元素 A 的电负性的增加而加强;在同一族中,从上往下,如 HF—HCl—HBr—HI 系列中,HA 酸性逐渐增强。

3. 金属型氢化物

周期系中 d 区和 ds 区元素几乎都能形成金属型氢化物。过去曾认为金属氢化物是氢在金属中的固溶体,或认为氢填充在晶格空隙中,但现已弄明白,除氢化钯($PdH_{0.8}$)及少数 La、Ac 系的 MH_2 外,多数的金属氢化物有明确的物相,其结构与原金属完全不同。在过渡金属氢化物中,氢以三种形式存在:氢以原子状态存在于金属晶格中;氢的价电子进入氢化物导带中,本身以 H^+ 形式存在;氢从氢化物导带中得到一个电子,以 H^- 形式存在。

某些过渡金属具有可逆吸收和释放氢气的特性。例如:

$$2Pd+H_2 \underset{\text{放氢}}{\overset{\text{吸氢}}{\rightleftharpoons}} 2PdH; \quad \Delta_r H_m^\ominus<0$$

室温下,1 体积 Pd 可吸收多达 700 体积氢;在减压下加热,又可以把吸收的氢气完全释放出来。利用上述反应,这类金属氢化物可作储氢材料。近年来,申泮文教授等又发现过渡金属的合金也有很好的储氢性能,如 TiFe、TiMn、$LaNi_5$ 及含稀土的 Ni-Zr-Al(或 Cr、Mn)组成的多元合金等,其中$LaNi_5$ 在空气中稳定,吸氢和放氢过程可以反复进行,其性质不会发生改变:

$$LaNi_5+3H_2 \xrightleftharpoons[\text{微热}]{298K,\ 2.5\times10^2\ kPa} LaNi_5H_6$$

因此$LaNi_5$ 是较为理想的储氢材料。

15.2.2 氧化物

s 区元素可形成正常氧化物、过氧化物、超氧化物、臭氧化物及低氧化物。其他区的元素只能形成正常氧化物,下面讨论正常氧化物的键型和性质。

1. 键型和结构

氧化物按其组成可分为金属氧化物和非金属氧化物,通式为 R_xO_y。按氧化物的键型,可分为离子型氧化物和共价型氧化物(见表 15.7)。

表 15.7 氧化物的键型和晶体类型

键型	晶体类型	举例
离子键	离子晶体	ⅠA、ⅡA 族氧化物、Al_2O_3、Ln_2O_3、Sc_2O_3、Y_2O_3 d 区元素氧化物:如 MnO、MnO_2、TiO_2、WO_2、NiO、CoO 等
共价键	简单分子晶体	P 区非金属(B、Si 除外)氧化物:如 CO_2、N_2O_5、P_2O_5、H_2O、SO_2、Cl_2O 等
	巨型分子(原子晶体)	B_2O_3、SiO_2
	链状晶体	Sb_2O_3、SeO_2
	层状晶体	As_2O_3

物质的组成是决定其物理、化学性质的主要因素,但物质的结构也是影响其物理、化学性质的重要因素。例如,氧化铝有 $\alpha-Al_2O_3$ 和 $\gamma-Al_2O_3$ 两种常见的变体,两者虽然同是离子晶体,但结构不同,前者Al^{3+}及 O^{2-}排列紧密,对称而有序,故密度、硬度均较大,几乎不与酸碱作用;而后者为微晶,结构不紧密,故密度小、质软,可溶于酸碱,呈明显两性,比表面积大,可用作优良的吸附剂、催化剂载体等。

2. 性质

物质的熔点、沸点决定于该物质的化学键和晶体类型。离子型及原子型晶体氧化物的熔点、沸点高,如 BeO、MgO、CaO、Al_2O_3、ZrO_2、SiO_2 等熔点一般在1 500~3 000 ℃;分子晶体氧化物的熔点、沸点低,如通常状况下 CO_2 呈气态,Cl_2O_7、Mn_2O_7 呈液态。

(1) 酸碱性。氧化物按酸碱性可分为:碱性氧化物、酸性氧化物、两性氧化物、中性氧化物(既不和酸反应、也不和碱反应的氧化物,如 CO 和 NO)四类。现将周期表中一些元素各氧化态氧化物的酸、碱性列于表 15.8 中。

表 15.8　元素氧化物的酸碱性

	IA	IIA	IIIB	IVB	VB	VIB	VIIB	VIII			IB	IIB	IIIA	IVA	VA	VIA	VIIA
碱性	Li_2O	MgO	Sc_2O_3	TiO	V_2O_3	CrO	MnO	FeO	CoO	NiO	Cu_2O	CdO	Tl_2O		Bi_2O_3		
	Na_2O	CaO	Y_2O_3	ZrO		MoO	Mn_2O_3	Fe_2O_3	Co_2O_3	Ni_2O_3	CuO	HgO	Tl_2O_3				
	K_2O	SrO	La_2O_3			Mo_2O_3		RuO	RhO	PdO	Ag_2O	Hg_2O					
	Rb_2O	BaO	Ac_2O_3					OsO	IrO	PtO	Au_2O						
	Cs_2O																
两性		BeO		TiO_2	VO_2	Cr_2O_3	MnO_2	RuO_2	RhO_2	PdO_2	Au_2O_3	ZnO	Al_2O_3	GeO	As_4O_6	TeO_2	
				ZrO_2				Os_2O_3	Ir_2O_3	PtO_2			Ga_2O_3	SnO	Sb_4O_6		
				HfO_2				OsO_2	IrO_2				In_2O_3	PbO			
														GeO_2			
														SnO_2			
														PbO_2			
酸性					V_2O_5	CrO_3	MnO_3							CO_2	N_2O_3	SO_2	Cl_2O
						MoO_3	Mn_2O_7							SiO_2	NO_2	SO_3	ClO_2
						WO_3									N_2O_5	SeO_2	Ol_2O_7
															P_4O_{10}	SeO_3	Br_2O
																TeO_3	I_2O_5
															As_2O_5		
															Sb_2O_5		
中性														CO	NO		

氧化物 R_xO_y 的酸碱性，首先决定于 R 的金属性或非金属性的强弱，即与 R 在周期表中的位置有关，其次也与 R 的氧化态有关。一般规律如下：

同周期各元素最高氧化数的氧化物，从左向右由碱性经两性到酸性，以第三周期为例：

Na_2O	MgO	Al_2O_3	SiO_2	P_4O_{10}	SO_3	Cl_2O_7
碱性	碱性	两性	弱酸性	酸性	酸性	酸性

碱性减弱 ⟶ 酸性增强

同族从上往下，相同氧化数各元素氧化物的碱性依次增强，酸性逐渐减弱，以 VA 族为例：

N_2O_3	P_4O_6	As_2O_3	Sb_2O_3	Bi_2O_3
酸性	酸性	两性偏酸	两性	碱性

酸性减弱 ⟶ 碱性增强

同一元素不同氧化数氧化物，其酸性随氧化数的升高而增强。这种递变规律在 d

区元素中更为常见，如：

Sb_2O_3			Sb_2O_5	
两性			酸性	
SnO			SnO_2	
碱性			酸性	
VO	V_2O_3	VO_2	V_2O_5	
碱性	弱碱性	两性	酸性	
CrO	Cr_2O_3	CrO_3		
碱性	两性	酸性		
MnO	Mn_2O_3	MnO_2	MnO_3	Mn_2O_7
碱性	弱碱性	两性	酸性	强酸性

碱性减弱 ⟶ 酸性增强

（2）稳定性。图 15.2 是氧化物的 $\Delta_r G_m^\ominus - T$（埃灵罕姆图），它是以消耗 1 mol O_2 生成氧化物反应的 $\Delta_r G_m^\ominus$ 对 T 作图（即把 $\Delta_f G_m^\ominus$ 换算为 1 mol O_2 与金属反应的 $\Delta_r G_m^\ominus$，如 $O_2+\frac{4}{3}Al \longrightarrow \frac{2}{3}Al_2O_3$）。若反应物或生成物不发生相变（熔化、汽化、相转变），$\Delta_r G_m^\ominus$ 对 T 的作图就是一条直线，此直线的斜率为 $\Delta_r S_m^\ominus$，截矩为 0 K 时的 $\Delta_r G_m^\ominus$，其数值等于 $\Delta_r H_m^\ominus$。如果在某温度下，发生相变化，则 $\Delta_r S_m^\ominus$ 变化，直线斜率就发生变化，出现转折。借助埃灵罕姆图可以判断氧化物的稳定性。由图可知：

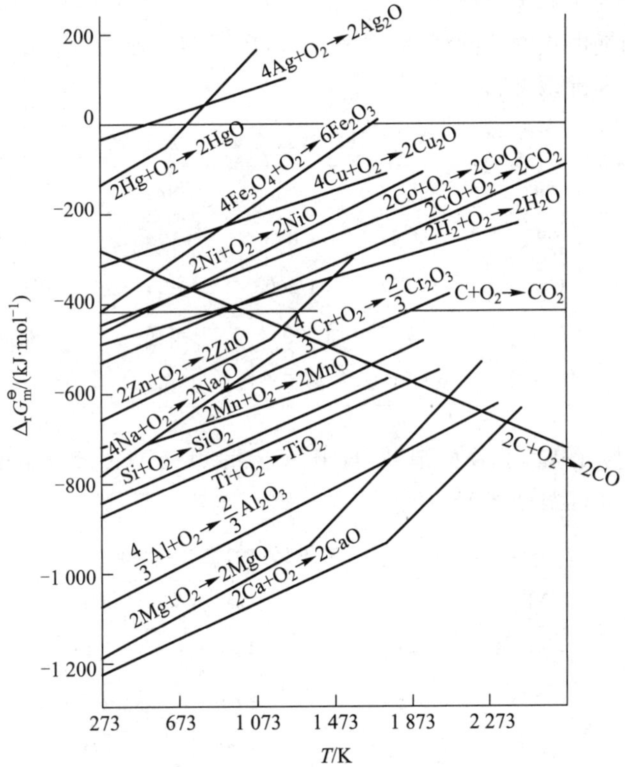

图 15.2 氧化物的埃灵罕姆图

① 根据热力学原理,$\Delta_r G_m^\ominus$ 是某元素对氧亲和力大小的标志,即在图中 $\Delta_r G_m^\ominus$ 代数值越小的直线所对应的氧化物越稳定,如 MnO、Al_2O_3、CaO 很稳定。位于上方的 $\Delta_r G_m^\ominus$ 值大的直线对应的氧化物不稳定,如 Ag_2O、HgO 的分解温度都较低(分别为 573 K,773 K)。

一种氧化物能被图中位于下方的任一金属所还原,反之则不能。例如,1 073 K 时,Al 可还原 Cr_2O_3:

$$\frac{4}{3}Al+\frac{2}{3}Cr_2O_3 \longrightarrow \frac{4}{3}Cr+\frac{2}{3}Al_2O_3; \quad \Delta_r G_m^\ominus=-290\ kJ\cdot mol^{-1}$$

逆反应则不能发生。

② CO 的 $\Delta_r G_m^\ominus$ 代数值随温度升高而减小,直线斜率为负值,在高温下比许多氧化物的 $\Delta_r G_m^\ominus$ 要小。因此,高温下许多金属氧化物(如 ZnO、Fe_2O_3、MgO 等)均可被 C 还原。低温时 CO 的还原能力比 C 强,而在高温时 C 的还原能力比 CO 强。

以上仅从热力学角度分析了氧化物还原反应进行的一般条件。实际选用还原剂时,须考虑该还原剂是否易挥发,是否与还原产物进一步反应,是否“价廉物美”。另外,反应温度的确定还要考虑设备条件和能源消耗等。

15.2.3 卤化物

1. 卤化物的晶体结构及物理性质

卤化物可分为两大类型:一是离子型卤化物,一是共价型卤化物。下面讨论卤化物键型及其物理性质的递变规律。

(1) 同一周期卤化物的键型,从左向右,由离子型过渡到共价型。如第三周期元素氟化物的性质和键型见表 15.9。

表 15.9 第三周期元素氟化物的性质和键型

氟化物	NaF	MgF_2	AlF_3	SiF_4	PF_5	SF_6
熔点/℃	993	1 250	1 040	-90	-83	-51
沸点/℃	1 695	2 260	1 260	-86	-75	-64(升华)
熔融态导电性	易	易	易	不能	不能	不能
键型	离子型	离子型	离子型	共价型	共价型	共价型

(2) p 区同族元素卤化物的键型,自上而下,由共价型过渡到离子型。如氮族元素氟化物的性质和键型见表 15.10。

表 15.10 氮族元素氟化物的性质和键型

氟化物	NF_3	PF_3	AsF_3	SbF_3	BiF_3
熔点/℃	-206.6	-151.5	-85	292	727
沸点/℃	-129	-101.5	-63	319(升华)	102.7(升华)
熔融态导电性	不能	不能	不能	难	易
键型	共价型	共价型	共价型	过渡型	离子型

(3) 同一金属的不同卤化物，从氟化物到碘化物，由离子键过渡到共价键，如表 15.11列出了AlX_3 的性质和键型。

表 15.11 AlX_3 的性质和键型

卤化物	AlF_3	$AlCl_3$	$AlBr_3$	AlI_3
熔点/℃	1 040	190(加压)	97.5	191
沸点/℃	1 260	178(升华)	263.3	360
熔融态导电性	易	难	难	难
键型	离子型	共价型	共价型	共价型

(4) 同一金属组成不同氧化数的卤化物时，高氧化数卤化物具有更多的共价性。如表 15.12 所示。

表 15.12 不同氧化数氯化物的熔点、沸点和键型

氯化物	$SnCl_2$	$SnCl_4$	$PbCl_2$	$PbCl_4$
熔点/℃	246	-33	501	-15
沸点/℃	652	114	950	105
键型	离子型	共价型	离子型	共价型

2. 卤化物的化学性质

(1) 热稳定性。各种卤化物的热稳定性有很大的不同，对主族元素的金属卤化物来说，s 区元素的卤化物多数是稳定的；p 区元素的卤化物一般稳定性较差。例如，$CaCl_2$ 较$PbCl_2$ 稳定。如果金属元素相同，其氧化数也一样，则卤化物对热稳定性按 F—Cl—Br—I 的顺序递降。例如，AlF_3、$AlCl_3$、$AlBr_3$、AlI_3 的稳定性依次降低。

金属元素氧化数相同的卤化物其热稳定性可以用标准生成焓来估计。一般来说，标准生成焓代数值越小的卤化物，其稳定性越高。碱土金属的卤化物按 Be—Mg—Ca—Sr—Ba 的顺序，标准生成焓代数值依次减小，热稳定性依次升高。例如，$BeCl_2$、$MgCl_2$、$CaCl_2$、$SrCl_2$、$BaCl_2$ 的热稳定性依次升高。

(2) 水解性。主族金属元素的卤化物一般易溶于水(Li^+、Mg^{2+}、Ca^{2+}、Sr^{2+}、Ba^{2+}的氟化物和PbX_2 除外)。活泼金属的卤化物大多数(MgX_2 除外)在水中解离而不发生水解。由于氢氟酸是较弱的酸，所以氟化物在水中水解，溶液呈弱碱性反应：

$$F^- + H_2O \rightleftharpoons HF + OH^-$$

副族元素(除Ag^+、Hg^{2+}、Hg_2^{2+} 外)的卤化物大多可溶。中等活泼金属及非金属的卤化物都会发生不同程度的水解作用，大致有三种类型。第一种类型是生成碱式盐或氢氧化物，如：

$$SnCl_2 + H_2O \longrightarrow Sn(OH)Cl\downarrow + HCl$$

$$FeCl_3 + H_2O \rightleftharpoons Fe(OH)Cl_2 + HCl$$

$$Fe(OH)Cl_2 + H_2O \rightleftharpoons Fe(OH)_2Cl + HCl$$

$$Fe(OH)_2Cl + H_2O \rightleftharpoons Fe(OH)_3 + HCl$$

第二种类型是生成氧基盐(RO^+)。对于VA 族的中等活泼金属(如 Sb 和 Bi),它们的卤化物水解时常因生成难溶性水解产物而使水解反应进行得很彻底:

$$SbCl_3+H_2O \longrightarrow SbOCl\downarrow +2HCl$$
$$BiCl_3+H_2O \longrightarrow BiOCl\downarrow +2HCl$$

由此,在配制上述卤化物溶液时,必须预先加入适量盐酸,以抑制其水解的发生。第三种类型是生成两种酸。共价型非金属卤化物遇水都能发生完全水解,产物一般是两种酸(该元素的含氧酸和氢卤酸),或者生成该元素氧化物的水合物和氢卤酸:

$$BCl_3+3H_2O \longrightarrow H_3BO_3+3HCl$$
$$SiF_4+4H_2O \longrightarrow H_4SiO_4+4HF$$
$$PCl_5+4H_2O \longrightarrow H_3PO_4+5HCl$$
$$TiCl_4+3H_2O \longrightarrow H_2TiO_3+4HCl$$
$$SnCl_4+3H_2O \longrightarrow H_2SnO_3+4HCl$$

生成的含氧酸,有时写成氧化物的水合物形式,如 $TiO_2\cdot H_2O$、$SnO_2\cdot H_2O$。以上卤化物在潮湿空气中发烟,就是由于强烈水解引起。

15.2.4 硫化物

1. 硫化物的溶解情况和特征颜色

硫几乎可以和周期表中所有元素直接或间接地化合,生成相应的含硫化合物。金属硫化物的颜色及溶解情况分类已在 11.3.5 中论述。溶解情况的一般规律为:可溶于水且发生水解的主要是 s 区金属的硫化物;难溶于水而溶于稀酸(指氢离子浓度为 $0.3\ mol\cdot L^{-1}$)的主要是 d 区元素的硫化物,其中 Cr_2S_3 遇水发生完全水解,生成 $Cr(OH)_3$ 沉淀;难溶于水、稀酸而溶于浓盐酸的主要是 p 区元素的硫化物,其中 Al_2S_3 遇水发生完全水解,生成 $Al(OH)_3$ 沉淀;而用硝酸或王水溶解的则是 ds 区元素的硫化物。

化合物颜色的深浅,常用来衡量化合物内金属原子和非金属原子之间化学键的共价程度。p 区元素硫化物多是具有特征颜色的难溶物(表 15.13),在同族中氧化数相同的硫化物,从上向下颜色逐渐加深,表明自上而下共价键程度逐渐增加,这是由于 S^{2-}(易变形的大阴离子)与 18 电子或(18+2)电子构型的阳离子结合时,随着阳离子半径的增大,离子间相互极化作用(即附加极化作用)增大,硫化物的共价程度增大,颜色加深。

表 15.13 p 区元素硫化物的颜色

低氧化数[阳离子为(18+2)电子构型]硫化物			高氧化数(阳离子 18 电子构型)硫化物		
—	GeS (棕红)	As_2S_3 (黄)	Ga_2S_3 (黄)	GeS_2 (白)	As_2S_5 (黄)
In_2S (黑)	SnS (棕)	Sb_2S_3 (橙)	In_2S_3 (红)	SnS_2 (黄)	Sb_2S_5 (橙)
Tl_2S (黑)	PbS (黑)	Bi_2S_3 (黑)	Tl_2S_3 (黑)	—	—

过渡元素金属硫化物颜色变化与主族相似,同族从上到下,颜色加深,如:

Cu_2S、	Ag_2S、	Au_2S;	ZnS、	CdS、	HgS
(蓝黑)	(黑)	(黑)	(白)	(橙黄)	(黑)

与氧化物比较,同种元素的硫化物比氧化物颜色深,如:

Al_2O_3、	Al_2S_3;	Sb_2O_3、	Sb_2S_3;	SnO_2、	SnS_2
(白)	(黄)	(白)	(橙)	(白)	(黄)

这些现象都是由于 S^{2-} 变形性比 O^{2-} 大,导致同一元素的硫化物比氧化物共价程度大引起的。硫化物所具有的特征颜色不但在无机化学和分析化学中有用,而且在地球化学中也是重要的,因为许多有色金属(如 Cu、Pb、Zn、Sb、Bi、Hg 等)和稀有金属(如 Ga、In、Ge 等)多以硫化物矿形式存在,这些矿物在地壳中的形成和迁移运动规律,对于研究矿床成因和寻找矿源具有重要意义。

2. 硫化物的酸碱性

硫化物与氧化物类似,也有酸性硫化物、碱性硫化物和两性硫化物之分。例如,As_2S_3、As_2S_5 基本上是酸性硫化物,不溶于盐酸却溶于 NaOH 或碱性硫化物 Na_2S,而 Bi_2S_3 是碱性硫化物,不溶于 NaOH(或 Na_2S)却溶于盐酸中。

金属硫化物酸碱性变化规律与对应的氧化物极为相似。一般规律为:同族元素相同氧化数的硫化物,从上向下碱性增强,酸性减弱;同一元素不同氧化数的硫化物,氧化数越高,其硫化物的酸性越强,碱性越弱,见表 15.14。

表 15.14 p 区元素硫化物的酸碱性

SnS 碱性	PbS 碱性	As_2S_3 酸性	Sb_2S_3 两性	Bi_2S_3 碱性
SnS_2 酸性	—	As_2S_5 酸性	Sb_2S_5 两性偏酸	—

酸性硫化物、两性硫化物均能溶于碱性硫化物 Na_2S[或$(NH_4)_2S$]和 NaOH 溶液中,如:

$$Sb_2S_3+6NaOH \longrightarrow Na_3SbO_3+Na_3SbS_3+3H_2O$$

$$SnS_2+Na_2S \longrightarrow Na_2SnS_3$$

As_2S_3、Sb_2S_3 和 SnS 可以被氧化而溶于 Na_2S_2 或$(NH_4)_2S_2$ 溶液中,如:

$$As_2S_3+2Na_2S_2 \longrightarrow As_2S_5+2Na_2S$$

$$As_2S_5+3Na_2S \longrightarrow 3Na_3AsS_4$$

$$SnS+Na_2S_2 \longrightarrow Na_2SnS_3$$

所有的硫代酸盐遇酸后生成相应的硫化物沉淀和硫化氢,如:

$$2Na_3AsS_3+6HCl \longrightarrow As_2S_3\downarrow+3H_2S\uparrow+6NaCl$$

$$2Na_3AsS_4+6HCl \longrightarrow As_2S_5\downarrow+3H_2S\uparrow+6NaCl$$

15.2.5 氮化物

氮与电负性较小的元素形成的二元化合物称为氮化物,分为离子型氮化物、共价型氮化物和金属型氮化物三种类型。

1. 离子型氮化物

碱金属和碱土金属形成的氮化物以离子键为主,称为离子型氮化物,也称为类盐氮化物。其中氮元素以 N^{3-} 形式存在于晶体中。

锂和碱土金属的氮化物可由该金属与单质氮直接制备。其他氮化物须用间接方法合成,通常利用金属和叠氮化物在高温下制备。离子型氮化物在低温下尚稳定,但在高温下分解为单质。与水反应生成氢氧化物和氨,如:

$$Ca_3N_2+6H_2O \longrightarrow 3Ca(OH)_2+2NH_3\uparrow$$

Li_3N 是离子型氮化物中最具有应用价值的离子导体,是目前能提供的最好的固体锂电解质之一。Li_3N 为深红色,熔点为 813 ℃,作为固体电解质,其突出优点是合成方便,在潮湿的气氛中稳定,且能与固态或液态的金属锂共存。这样才有可能在锂电池中以金属锂为阳极,直接和 Li_3N 电解质接触。在常温下,Li_3N 的离子导电率很高,而电子导电率很低,可忽略不计。目前,全固态锂电池均是以 Li_3N 作固体电解质。

2. 共价型氮化物

p 区(ⅢA~ⅦA)元素的氮化物以共价键为主,称为共价型氮化物(其中ⅦA族元素和氮的化合物准确地说应称为卤化氮)。该类氮化物结构单元大多为四面体,类似于金刚石,故又称为类金刚石氮化物。它们的化学性质稳定,硬度大、熔点高,大多是绝缘体或半导体,是现代高科技新材料之一。

AlN、BN 和 Si_3N_4 是重要的共价型氮化物。氮化铝可在 N_2 或 NH_3 存在下,用 C 还原 Al_2O_3 制得:

$$Al_2O_3+3\,C+N_2 \xrightarrow{1\,550\sim1\,700\ ℃} 3CO+2AlN$$

也可用等离子技术使 Al 和 N_2 直接合成 AlN。AlN 的绝缘性和介电性能好,用作大型集成电路的电气器件,是信息科技中极有前途的电子绝缘基片材料。同时其化学稳定性好、耐酸、耐碱、耐腐蚀,可作炼制 GaAs、GaP 等半导体的坩埚。

BN 为白色难熔物,是一种新型的非金属材料。它可由 B_2O_3 和 NH_3 反应或卤化硼与 NH_3 反应,生成物受热分解得到,也可由等离子技术将 B 与 N_2 直接合成。

BN 有三种晶型:无定形、六方晶型和立方晶型。六方晶型 BN 具有类似石墨的层状结构,俗称白色石墨,具有润滑性,是很好的高温固体润滑剂。立方晶型 BN 的结构和性质类似于金刚石,硬度与金刚石相近,高温抗氧化性能好,常用作钻头和切削材料、耐高温磨料,是新型高温硬质材料。此外,立方晶型 BN 还具有高导热性和良好的半导体特性,是目前使用温度最高的半导体材料,并在光电子、微电子等领域有广阔的应用前景。

Si_3N_4 是灰白色固体,可用还原法制取,反应式如下:

$$3SiO_2+6\,C+2N_2 \xrightarrow{1\,350\ ℃} Si_3N_4+6CO$$

也可用氮等离子体技术获得:

$$3SiH_4+2N_2 \xrightarrow{1\,350\ ℃} Si_3N_4+6H_2$$

Si_3N_4 硬度大,可作研磨材料;其介电常数高,可形成 SiO_2 钝化膜,常用作半导体器件的保护膜。Si_3N_4 陶瓷质轻、硬,在 1 200 ℃高温下仍可保持不变,具有较好的抗热、抗震性能，是一类极为重要的新兴无机材料，用于制造火箭、导弹燃烧室的喷头，转子发动机的叶片、切削工具、机械密封件等。

3. 金属型氮化物

过渡金属氮化物称为金属型氮化物（也称为间充型氮化物）。氮原子位于金属密堆积的间隙中，这类氮化物的化学式并非严格遵守化学计量关系，多数具有 MN 型化学式，且为 NaCl 型晶体结构。一般具有金属的性质，如导电性好、有金属光泽、高熔点、硬度大、耐磨和耐腐蚀特征。例如，TiN、VN 等金属型氮化物，在高速钢切削工具上作涂层，能明显减少磨损，提高切削速率，延长刀具使用寿命。

15.2.6 碳化物

碳同电负性比碳小的元素（氢除外）所形成的二元化合物称为碳化物。根据成键的特点，碳化物分为离子型、共价型和金属型（间充型）三类。

1. 离子型碳化物

碳与ⅠA、ⅡA、ⅢA 族元素（B 除外）形成离子型碳化物。它们大多是无色透明的晶体，被水或酸分解可产生各种碳氢化合物。根据C_x^{n-}的类型，离子型碳化物又可分为以下两种：

（1）含有 C_2^{2-} 的碳化物。这类碳化物中碳化钙（CaC_2）最重要。它是由焦炭和生石灰在电炉中灼热而成：

$$CaO+3C \longrightarrow CaC_2+CO$$

CaC_2 是硬而不透明的灰色固体（由于掺杂有碳素），它的主要用途是与水作用来制乙炔：

$$CaC_2+2H_2O \longrightarrow Ca(OH)_2+C_2H_2\uparrow$$

CaC_2 是基本有机合成工业中的重要中间产品。

（2）含 C^{4-} 的碳化物。例如，碳化铍（Be_2C）和碳化铝（Al_4C_3），它们都可被水分解产生甲烷：

$$Be_2C+4H_2O \longrightarrow 2Be(OH)_2+CH_4\uparrow$$

$$Al_4C_3+12H_2O \longrightarrow 4Al(OH)_3+3CH_4\uparrow$$

2. 共价型碳化物

碳与电负性与之相近的非金属元素形成共价型碳化物。它们多属于原子晶体，其中最重要的是碳化硅（SiC）和碳化硼（B_4C）。

SiC 俗称金刚砂。工业上采取气相反应法制取，以四氢化硅（SiH_4）和乙烯（C_2H_4）为原料，把混合气体送到感应加热的供结晶生长用基材上，反应时 SiC 结晶在基材上析出。

SiC 熔点高、硬度大，可作工业磨料；其化学稳定性和热稳定性好，机械强度大、热膨胀率低，可作高温结构的陶瓷材料，用于火箭喷嘴、热交换器等。掺入了某些其他原子（如 N 或 B、Al）的 SiC，成为半导体，可作热电元件。

碳化硼（B_4C）是具有光泽的黑色晶体。工业上用焦炭和氧化硼在电炉中反应制得，其反应式为

$$2B_2O_3+7C \xrightarrow{\text{电炉}} B_4C+6CO$$

B_4C 难熔、导电、硬度大,是重要的工业磨料,广泛用作制造耐磨零件、轴承,宝石类的加工、研磨,各类材料的超声波加工,原子反应堆的屏蔽材料等,航天飞机上陀螺仪用的气浮轴承就是用碳化硼材料制造的。

3. 金属型(间充型)碳化物

碳与许多过渡金属形成金属型碳化物。但只有当填充原子的半径和金属原子半径的比值小于 0.59 时,才能形成简单结构的金属型碳化物。碳的原子半径是 77 pm,只有原子半径大于 130 pm 的金属,才能使碳原子嵌在金属原子密堆积的多面体间隙中,碳原子的价电子进入金属原子中空的 d 轨道,使金属键增强,并且增加了共价键的成分。因此,它们具有熔点高、硬度大的特点。这类碳化物在工业上常用作硬质合金或耐高温合金,如碳化钨属超硬材料,用于制造刀具和耐高压装置。碳化钛、碳化钽、碳化铪的熔点均在 3 127 ℃以上,硬度大,热膨系数小,导热性好,作为高温材料,已经用作火箭的芯版和喷嘴材料,用 20%的碳化铪和 80%的碳化钽可制得熔点最高的合金。

当金属原子半径小于 130 pm(如 Cr、Fe)时,由于金属晶格中空隙较小,形成间隙化合物时,会使金属晶格发生较大变化,形成复杂的间隙碳化物,如 Cr_3C_2、Fe_3C 等。这些碳化物具有一些类似离子型碳化物的性质,其熔点、硬度较一般金属型碳化物低一些,化学稳定性差一些,能与稀盐酸反应:

$$Fe_3C+6HCl \longrightarrow 3FeCl_2+CH_4+H_2$$

在高温下能与 O_2、H_2O 和 CO_2 作用:

$$Fe_3C+O_2 \longrightarrow 3Fe+CO_2$$

$$Fe_3C+CO_2 \longrightarrow 3Fe+2CO$$

$$Fe_3C+H_2O \longrightarrow 3Fe+CO+H_2$$

其结果使钢铁表面的渗碳体(Fe_3C)减少,出现脱碳现象,由于同时有气体生成,钢铁表面上原有的氧化膜就会遭到破坏,这是钢铁工业中应引起注意的问题。

15.2.7 硼化物

硼与电负性比它小的元素形成的二元化合物称为硼化物。由于碳、硼均属于第二周期元素,原子半径相近,所以硼化物与碳化物在组成、结构和性质等很多方面相似。除个别(如Mg_3B_2)为似盐型化合物以外,绝大多数硼化物为间充型化合物。由于硼原子自相结合的倾向大,所以金属硼化物常组成链、层、三维的骨架,其化学式可以不符合常见的氧化数规则,其晶体结构也复杂。在钢中,除能溶于铁的晶格中形成间充型固溶体外,在一定条件下,还能与铁形成铁的硼化物,且形式多样,如 Fe_2B、FeB 等。

硼化物可由不同方法制备,如:

$$Cr+nB \xrightarrow{1\,150\ ℃} CrB_n$$

$$TiCl_4+2BCl_3+5H_2 \xrightarrow{800\sim1\,000\ ℃} TiB_2+10HCl$$

$$3ZrO_2+B_4C+8C+B_2O_3 \xrightarrow{1\,500\ ℃} 3ZrB_2+9CO$$

表 15.15 列出了一些 d 区元素的硼化物的熔点和硬度。由此可见,ⅣB、ⅤB、ⅥB 及Ⅷ族的金属与硼形成的间充型硼化物,具有较高的熔点和硬度,统称为硬质合金。这类硼化物又具有化学惰性,难挥发,并且电导率常超过原来相应金属,如TiB_2 的电

导率比金属钛大5倍。TiB_2、ZrB_2 和 CrB_2 用于制作涡轮机叶片、燃烧室内衬、火箭喷嘴及烧蚀防护罩。硼化物在高温仍保持较高的硬度，是理想的高温耐磨材料。此外，利用硼化物处理钢表面，使硼渗入低碳钢表层，能使钢制件的表层有高硬度和耐磨性，而其内芯部位仍保持塑性和韧性。

表 15.15 一些 d 区元素硼化物的熔点和硬度❶

族	ⅣB	ⅤB		ⅥB		Ⅷ	
硼化物	TiB_2	VB_2	NbB	Cr_2B	Mo_2B	FeB	FeB_2
熔点/℃	2 980	2 400	2 280	1 890	2 140	1 540	1 389
显微硬度/$kg \cdot mm^{-2}$	3 300	2 800	2 195	1 350	2 500	1 800~2 000	1 400~1 500

15.3 氢氧化物和含氧酸

15.3.1 氧化物水合物的酸碱性

氧化物水合物可用通式 $R(OH)_n$ 表示，它可以是氢氧化物（碱），也可以是含氧酸。利用 R-O-H 规则可以说明同周期、同族元素氧化物水合物酸碱性递变规律（见10.5.1），副族元素与主族元素变化规律相同（见表15.16，表15.17）。R—O—H 规则还可以说明同一元素不同氧化数的氧化物水合物，低氧化数的碱性较强，高氧化数的酸性较强（见表15.18）。

表 15.16 主族元素最高氧化数氧化物水合物的酸碱性

ⅠA	ⅡA	ⅢA	ⅣA	ⅤA	ⅥA	ⅦA
→酸性增强						
LiOH 中强碱	$Be(OH)_2$ 两性	H_3BO_3 弱酸	H_2CO_3 弱酸	HNO_3 强酸		
NaOH 强碱	$Mg(OH)_2$ 中强碱	$Al(OH)_3$ 两性	H_2SiO_3 弱酸	H_3PO_4 中强碱	H_2SO_4 强酸	$HClO_4$ 最强酸
KOH 强碱	$Ca(OH)_2$ 强碱	$Ga(OH)_3$ 两性	$Ge(OH)_4$ 两性	H_3AsO_4 中强酸	H_2SeO_4 弱酸	$HBrO_4$ 强酸
RbOH 强碱	$Sr(OH)_2$ 强碱	$In(OH)_3$ 两性	$Sn(OH)_4$ 两性	$H[Sb(OH)_6]$ 弱酸	H_2TeO_4 弱酸	H_5IO_6 中强酸
CsOH 强碱	$Ba(OH)_2$ 强碱	$Tl(OH)_3$ 弱碱	$Pb(OH)_4$ 两性			
碱性增强←						

❶ 划分硬度的标准有多种，硬质金属、合金或化合物常用显微硬度表示。显微硬度与金刚石为10的硬度标度有以下关系：

以金刚石＝10的十分制硬度	7	8	9	10
显微硬度/($kg \cdot mm^{-2}$)	832	1 340	1 800	7 000

表 15.17 过渡元素最高氧化数氧化物水合物的酸碱性

ⅢB	ⅣB	ⅤB	ⅥB	ⅦB
$Sc(OH)_3$	$Ti(OH)_4$	H_3VO_4	H_2CrO_4	$HMnO_4$
弱碱性	两性	两性偏酸	酸性	强酸性
$Y(OH)_3$	$Zr(OH)_4$	$Nb(OH)_5$	H_2MoO_4	$HTcO_4$
中强碱	两性偏碱	两性	弱酸性	酸性
$La(OH)_3$	$Hf(OH)_4$	$Ta(OH)_5$	H_2WO_4	$HReO_4$
强碱性	两性偏碱	两性	弱酸性	弱酸性
$Ac(OH)_3$				
强碱性				

(左侧:碱性增强 ↓;右侧:酸性增强 ↑;底部:碱性减弱,酸性增强 →)

表 15.18 锰、氯氧化物水合物的酸碱性

$Mn(OH)_2$	$Mn(OH)_3$	$Mn(OH)_4$	H_2MnO_4	$HMnO_4$
碱性	弱碱性	两性	弱酸	强酸
← 碱性增强			酸性增强 →	

$HClO$	$HClO_2$	$HClO_3$	$HClO_4$
弱酸	中强酸	强酸	极强酸
酸性增强 →			

15.3.2 碱的分类和性质

按照阿仑尼乌斯的酸碱概念,s 区元素所形成的氧化物水合物都为碱,而且多为强碱;重金属元素所形成碱多为弱碱。

按溶解情况可分为:易溶的碱,如 LiOH、NaOH、KOH、RbOH、CsOH、$Ba(OH)_2$等;略溶或较不易溶的碱,如 $Mg(OH)_2$、$Ca(OH)_2$、$Sr(OH)_2$ 等;难溶的碱,它们大都是重金属氢氧化物,如 $Cu(OH)_2$、$Fe(OH)_3$、$Cr(OH)_3$ 等。

易溶的碱一般都属于强碱(氨水除外),略溶于水的碱的碱性也较强,难溶性的碱都属于弱碱。

碱类$R(OH)_n$ 受热时,会分解为氧化物和水,其难易程度与 R^{n+} 的极化力大小有关。R^{n+}极化力越弱,其氢氧化物受热就越难分解,反之则越易分解。例如,NaOH 和 KOH 虽受强热也难使之分解,$Sn(OH)_2$、$Cu(OH)_2$、$Zn(OH)_2$、$Cd(OH)_2$ 受热易分解为相应氧化物,而 AgOH、$Hg(OH)_2$、CuOH 在室温下得不到。

两性氧化物(见表 15.6)的水合物也呈两性,它们与酸反应生成阳离子盐,与碱反应生成阴离子盐,如:

$$Be(OH)_2+2H^+ \longrightarrow Be^{2+}+2H_2O$$

$$Be(OH)_2+2OH^- \longrightarrow [Be(OH)_4]^{2-}$$

$$Sn(OH)_2+2OH^- \longrightarrow [Sn(OH)_4]^{2-}$$

$$Cr(OH)_3+OH^- \longrightarrow [Cr(OH)_4]^-$$

$$Zn(OH)_2+2OH^- \longrightarrow [Zn(OH)_4]^{2-}$$

$$Cu(OH)_2+2OH^- \longrightarrow [Cu(OH)_4]^{2-}$$

某些过渡金属的氢氧化物还可以溶于氨水，如：

$$Zn(OH)_2+4NH_3 \longrightarrow [Zn(NH_3)_4]^{2+}+2OH^-$$

$$Cu(OH)_2+4NH_3 \longrightarrow [Cu(NH_3)_4]^{2+}+2OH^-$$

$$Ni(OH)_2+6NH_3 \longrightarrow [Ni(NH_3)_6]^{2+}+2OH^-$$

15.3.3 含氧酸的酸性强度——鲍林规则

近几十年来化学家们对含氧酸酸性强度做了大量的研究工作，提出了各种经验模型或计算公式，如 R—O—H 模型、卡特雷奇的“离子势”，都能说明某些问题，但由于影响含氧酸强度的因素很多，要确立一个统一标度且能为人们普遍采用，至今尚未实现。下面介绍比较有影响力的美国化学家鲍林提出的经验规则——鲍林规则。

含氧酸的化学式为 H_nRO_m，也可以写成 $RO_{m-n}(OH)_n$，如 H_3BO_3、HNO_2、H_2SO_4、$HClO_4$ 可分别写成 $B(OH)_3$、$NO(OH)$、$SO_2(OH)_2$、$ClO_3(OH)$，其中 $(m-n)$ 为非羟基氧原子数（不与氢原子键合的氧原子数）。

规则 1：$(m-n)$ 值越大，酸性越强。

鲍林认为，含氧酸的强度和非羟基氧原子数目 $(m-n)$ 有关（见表 15.19）。

表 15.19 一些含氧酸的 $(m-n)$ 值与 $K^{\ominus}_{a(1)}$ 值

$(m-n)$	$K^{\ominus}_{a(1)}$	酸强度	举例
0	$<10^{-8}$	弱	$HClO$、$HBrO$、H_3AsO_3、H_3BO_3
1	$10^{-2}\sim10^{-4}$	中强	H_2SO_3、HNO_2、H_3PO_4
2	$\sim10^3$	强	$HClO_3$、H_2SO_4、HNO_3
3	$\sim10^8$	很强	$HClO_4$

这一经验规则有着广泛的用途。可以用来判断含氧酸酸性的相对强弱（见表 15.20），即 $(m-n)$ 值越小，相对酸强度越弱。

表 15.20 一些含氧酸的 $(m-n)$ 值与酸性相对强弱的关系

$(m-n)$	3		2		1		0
含氧酸相对强弱	$HClO_4$	>	$HClO_3$	>	$HClO_2$	>	$HClO$
	$HClO_4$	>	H_2SO_4	>	H_3PO_4		
			HNO_3	>	HNO_2		

规则 2：多元含氧酸的分步解离常数 $K^{\ominus}_{a(1)} : K^{\ominus}_{a(2)} : K^{\ominus}_{a(3)} \approx 1 : 10^{-5} : 10^{-10}$（见表 15.21）。

表 15.21　一些多元含氧酸的分步解离常数

	$K^{\ominus}_{a(1)}$	$K^{\ominus}_{a(2)}$	$K^{\ominus}_{a(3)}$
H_3PO_4	7.1×10^{-3}	6.3×10^{-8}	4.2×10^{-13}
H_3AsO_3	6.0×10^{-3}	1.7×10^{-7}	3.2×10^{-12}
H_2SO_3	1.3×10^{-2}	6.2×10^{-8}	
H_3PO_3	3.7×10^{-2}	2.0×10^{-7}	

鲍林提出的规则是根据大量事实总结出来的,鲍林规则提出了含氧酸强度的总规律,这些规律对进一步研究含氧酸强度起到了积极的作用,它说明了含氧酸强度不仅与成酸元素的离子势(ϕ)或氧化数相关,而且与含氧酸的结构有关,即与非羟基氧原子数有关。当查得含氧酸的 $K^{\ominus}_a$ 后,可以借助鲍林规则推测相应酸的结构及分子式。

若用该规则判断含氧酸强度时,只能根据其结构式,而不能用最简式来判断。如硅酸的 $K^{\ominus}_{a(1)} = 2.5\times10^{-10}$,按规则 1,硅酸中应不存在非羟基氧原子,故分子式应为 H_4SiO_4。若用最简式 H_2SiO_3,则不能用以判断其酸性强弱。同理,根据最简式 $HBiO_3$ 也不能判断铋酸的强弱。

15.3.4　简单含氧酸的结构

简单含氧酸是含氧酸中最常见、最主要的类型。它们是共价化合物,属于有限分子。在此仅以主族元素中较重要的含氧酸为例,就其中心原子与氧原子之间的成键类型进行归纳。

(1) 分子中只含有单键的含氧酸。具有这种结构的含氧酸 H_nRO_m,其中 O 原子数与 H 原子数相等,如 $HClO$、H_3AsO_3 等:

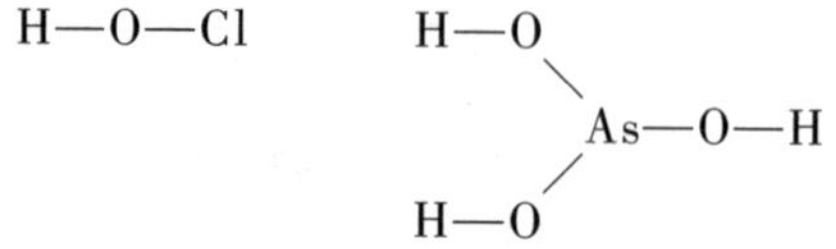

(2) 分子中含有一般双键的含氧酸。具有这种结构的含氧酸 H_nRO_m,其中 R 是第二周期元素,而且 O 原子数多于 H 原子数,如 H_2CO_3、HNO_2 等:

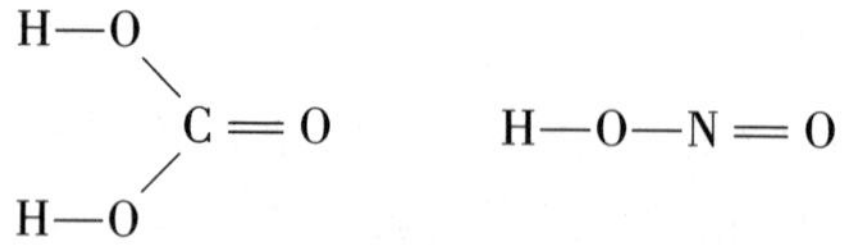

(3) 分子中含有大 π 键的含氧酸。含有这种键的含氧酸不多,HNO_3 是其中的一例,其性质比较特殊:

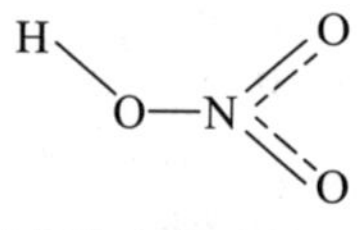

Π_3^4

(4) 分子中含有(p-d)π 配键的含氧酸。这是较普遍的类型,如 H_2SiO_3、H_3PO_4、H_2SO_4、$HClO_2$、$HClO_3$、$HClO_4$ 等。

过去认为 R 原子与非羟基氧原子间的化学键是双键 R ═O 或一般配位键 R→O,

而现在大都认为是(p-d)π 配键(见 11.3.6)。

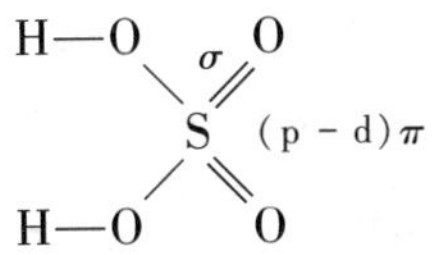

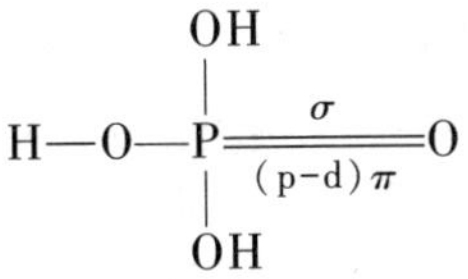

具有这种结构的含氧酸 H_nRO_m,其中 R 是第三周期及其后的元素(不可能是第二周期元素),而且 O 的原子数也多于 H 的原子数。

副族元素的含氧酸中均含有(p-d)π 配键结构,并且形成(p-d)π 配键的强度顺序是 3d≪4d<5d。

15.4 含氧酸盐的某些性质

15.4.1 溶解性

含氧酸盐属于离子化合物,其中绝大部分钠盐、钾盐、铵盐及酸式盐都易溶于水。按照含氧酸盐在水中的溶解性可归纳如下:

(1) 硝酸盐和氯酸盐几乎都易溶于水,且溶解度随温度的升高而迅速增大。

(2) 多数硫酸盐都是易溶的,但 Pb^{2+}、Ba^{2+}、Sr^{2+} 的硫酸盐难溶,Ca^{2+}、Ag^{+}、Hg^{2+},Hg_2^{2+} 的硫酸盐微溶。硫酸氢盐比相应硫酸盐较易溶解。

(3) 大多数碳酸盐都难溶于水(Na^{+}、K^{+}、Rb^{+}、Cs^{+}、NH_4^{+} 盐例外),其中又以 Ca^{2+}、Sr^{2+}、Ba^{2+}、Pb^{2+} 的碳酸盐最难溶。磷酸盐、铬酸盐($MgCrO_4$ 例外,它是可溶的)、硅酸盐有类似情况。

(4) 绝大多数醋酸盐易溶(除醋酸银等略差)。

15.4.2 热稳定性

影响含氧酸盐热稳定性的因素很复杂,与含氧酸根的结构、金属阳离子的性质都有关系。归纳起来,含氧酸盐的热稳定性有如下规律:

(1) 相同金属离子与相同成酸元素所组成的含氧酸盐,其热稳定性相对大小为

正盐>酸式盐

(2) 不同金属离子与相同含氧酸根所组成的盐,如表 15.22 所示,其热稳定性相对大小为

碱金属盐>碱土金属盐>过渡金属盐>铵盐

表 15.22 一些含氧酸盐的分解温度

含氧酸盐	Na_2CO_3	$CaCO_3$	$ZnCO_3$	$(NH_4)_2CO_3$
分解温度/℃	1 800	910	350	58
含氧酸盐	Na_2SO_4	$CaSO_4$	$ZnSO_4$	$(NH_4)_2SO_4$
分解温度/℃	不分解	1 450	930	100

（3）相同金属离子与不同酸根所形成的盐，其热稳定性取决于对应酸的稳定性。酸较稳定，其盐也较稳定（见表 15.23）。

表 15.23 一些含氧酸盐的分解温度

金属离子	酸根				
	ClO_3^-	NO_3^-	CO_3^{2-}	SO_4^{2-}	PO_4^{3-}
Na^+	300 ℃	380 ℃	1 800 ℃	不分解	不分解
Ca^{2+}	100 ℃	561 ℃	910 ℃	不分解	不分解

从上面的分解温度也可以看出，RO_4^{n-}（SO_4^{2-}、PO_4^{3-}）盐比RO_3^{n-}（ClO_3^-、NO_3^-、CO_3^{2-}）盐稳定。这是由于RO_4^{n-} 为四面体结构，而RO_3^{n-} 为三角形或三角锥形结构。一般来说，结构的对称性越好则盐越稳定。四面体构型中的 R 被四个 O^{2-} 完全包围在中心，R 处于完全被屏蔽状态，因此是比较稳定的。当然，金属离子不同，对稳定性也有影响。

（4）同一成酸元素，一般来说高氧化数的含氧酸比低氧化数的含氧酸稳定，其相应含氧酸盐的稳定性规律也相同。例如：

$$HClO_4 > HClO_3 > HClO$$

$$KClO_4 > KClO_3 > KClO$$

（5）ⅡA 族元素阳离子所形成的含氧酸盐，阳离子半径越大，含氧酸盐一般越稳定（见表 15.24）。

表 15.24 ⅡA 族元素形成的含氧酸盐的分解温度

含氧酸盐	$BeCO_3$	$MgCO_3$	$CaCO_3$	$SrCO_3$	$BaCO_3$
分解温度/℃	约 100	402	814	1 098	1 277

15.4.3 氧化还原性

含氧酸及其盐的氧化还原性首先取决于成酸元素的性质，成酸元素是非金属性很强的元素，其酸和盐往往具有氧化性，如卤素的含氧酸及其盐、硝酸及其盐等；非金属性较弱的含氧酸及其盐则无氧化性，如碳酸及其盐、硼酸及其盐、硅酸及其盐等。其次与成酸元素的氧化数有关，一般而言，非金属的成酸元素氧化数为正值的，有获得电子的可能性（这里也包括一些高氧化数的金属含氧酸盐，如 $NaBiO_3$ 等）。处于中间氧化数的（如 HNO_2 及 H_2SO_3 等），既有氧化性又有还原性。但是，高氧化数的含氧酸盐不一定在任何情况下都显示氧化性，如硝酸盐在高温或在酸性溶液中是强氧化剂，而在中性或碱性溶液中就几乎没有氧化性。

含氧酸及其盐在水溶液中的氧化还原性可以用标准电极电势 $E^\ominus$ 来衡量：$E^\ominus$ 值越大，表明氧化型物质的氧化性越强；$E^\ominus$ 值越小，表明电对的还原型物质的还原性越强。现就含氧酸及其盐的氧化还原性归纳如下：

（1）溶液的 pH 是影响含氧酸及其盐氧化还原性的重要因素之一。含氧酸盐在酸性溶液中比在中性或碱性溶液中氧化性强，如 $E_A^\ominus(ClO_3^-/Cl^-) = 1.45\ V$，$E_B^\ominus(ClO_3^-/Cl^-) = 0.62\ V$。

有些反应在不同介质中反应的方向可以不同，如下列反应在酸性介质中反应向右进行，在碱性介质中反应则向左进行：

$$H_3AsO_4+2H^++2I^- \rightleftharpoons H_3AsO_3+I_2+2H_2O$$

$$XO_3^-+6H^++5X^- \rightleftharpoons 3X_2+3H_2O\ (X=Cl、Br、I)$$

$$NaBiO_3+6H^++2Cl^- \rightleftharpoons Na^++Bi^{3+}+Cl_2+3H_2O$$

(2) 同一周期中，主族元素最高氧化数含氧酸的氧化性从左到右增强。例如 H_2SiO_3 和 H_3PO_4 几乎无氧化性，H_2SO_4 只在高温和浓度大时表现氧化性，而 $HClO_4$ 为强氧化剂。从 $E_A^\ominus$ 值也可看出：

电对	SiO_2/Si	H_3PO_4/P	SO_4^{2-}/S	ClO_4^-/Cl_2
$E_A^\ominus/V$	-0.909	-0.41	0.352	1.392

同一周期副族元素含氧酸的氧化性从左到右同样增强。例如：

电对	VO_2^+/VO^{2+}	$Cr_2O_7^{2-}/Cr^{3+}$	MnO_4^-/Mn^{2+}
$E_A^\ominus/V$	1.000	1.36	1.51

(3) 同主族元素最高氧化数的 $E_A^\ominus$(含氧酸/单质)值没有明显的规律性，呈现波浪式变化，第二、四、六周期的 $E_A^\ominus$ 值较高，第三、五周期的 $E_A^\ominus$ 值较低；而ⅣB、ⅤB、ⅥB 族副族元素的 $E_A^\ominus$ 值从上到下减小，高氧化数的含氧酸趋于稳定。例如，$Cr_2O_7^{2-}$ 在酸性介质中是强氧化剂，而 MoO_4^{2-}、WO_4^{2-} 氧化性弱得多(见13.1.4和13.3.4)。由于成酸元素与氧之间形成的(p-d)π 配键的强度顺序是 5d>4d>3d，导致同族副族元素从上向下，其含氧酸的 R—O 键增强，使酸的稳定性增强，氧化性减弱。

(4) 同一成酸元素不同氧化数的含氧酸，如浓度相同，低氧化数的氧化性比高氧化数的氧化性强(指被还原为同一氧化数而言)。例如(浓度均为 $1\ mol·L^{-1}$)：

$$HClO>HClO_3>HClO_4$$

$$HNO_2>HNO_3$$

$$H_2SO_3>H_2SO_4$$

这是因为成酸元素氧化数越高，与氧所成键的键能越大，对应的含氧酸氧化性越弱；并且，氧化数越高的含氧酸，在被还原过程中，需被断裂的 R—O 键数目越多，因而也越稳定。

(5) 一般来说，浓酸比稀酸的氧化性强，含氧酸又比含氧酸盐的氧化性强。

有关含氧酸及其盐性质的规律比较复杂。目前仅根据化学事实归纳出一些规律性，尽管也有各种假说、学说，但还不能给予完满的理论解释。

15.5 缩合酸

凡由两个或两个以上的简单含氧酸分子聚合缩水，通过氧连接而形成的酸称为缩合酸(简称多酸)。如果多酸中所含酸根属于同种就叫同多酸。p 区的一些元素(如磷、硅、硼等)易形成同多酸，如焦磷酸($H_4P_2O_7$)、三聚磷酸($H_5P_3O_{10}$)、四聚偏磷酸($H_4P_4O_{12}$)等。d 区元素(如钒、铬、钼、钨等)也易形成同多酸，如它们的酸根离子 $V_2O_7^{4-}$、$Cr_2O_7^{2-}$、$Mo_7O_{24}^{6-}$、$W_6O_{19}^{2-}$等。

在多酸中，如果由不同酸根组成，称为杂多酸，我们熟知的用于分析测定 PO_4^{3-} 的钼磷酸铵$(NH_4)_3[P(Mo_3O_{10})_4]\cdot 6H_2O$就是杂多酸钼磷酸的铵盐。

缩合酸有链状、环状及骨架的结构,无水硅酸石英(水晶)就是具有SiO_4四面体的O全部共用的骨架结构。与SiO_4四面体结构类似,铌、钽、钼、钨的多酸根离子含有MO_6(M=Nb、Ta、Mo、W)八面体结构单元。MO_6八面体通过共用棱边或顶点而连成各种复杂的结构。

不同无机含氧酸的缩合程度可能有所不同,如第三周期ⅢA族以后的元素所形成的含氧酸和缩合酸:

含氧酸	H_2SiO_3	H_3PO_4	H_2SO_4	$HClO_4$
缩合酸	$xSiO_2\cdot yH_2O$	$xP_2O_5\cdot yH_2O$	$2SO_3\cdot H_2O$	

从上列含氧酸看,缩合程度依次减小,因为中心原子R氧化数按以下顺序逐渐增大:

$$\overset{+4}{Si}—\overset{+5}{P}—\overset{+6}{S}—\overset{+7}{Cl}$$

中心离子半径按这个顺序减小,R—O距离减小,所以R—O键依次增强,其含氧酸依次难于缩合。

在单酸根的溶液中加入酸,随着pH减小,缩合程度增大(见表15.25)

表 15.25 pH与缩合程度的关系

pH	≥12	≥8.4	8~3	~2.2	~2	<1
主要离子	VO_4^{3-}	$V_2O_7^{4-}$	$V_3O_9^{3-}$	$V_{10}O_{28}^{6-}$	$V_2O_5\cdot xH_2O$	VO_2^+
V : O	1 : 4	1 : 3.5	1 : 3	1 : 2.8	1 : 2.5	1 : 2

pH	6	1.5~2.9	<1	
主要离子	MoO_4^{2-}	$[Mo_7O_{24}]^{6-}$	$[Mo_8O_{26}]^{4-}$	$MoO_3\cdot 2H_2O$

事实表明:(1) 同周期不同含氧酸缩合程度越大,酸性越弱;(2) 同一元素相同氧化数的含氧酸缩合程度越大,酸性越强。

思考题

1. 单质的晶体结构在周期表中大致有何变化规律?何谓(8-*N*)规则?主族及零族元素单质按其结构和性质可分为哪几种类型?

2. 试述单质的物理性质、化学性质变化的周期性。

3. 试述共价型氢化物热稳定性、还原性及水溶液酸性的变化规律,并结合实例找出其中的反常现象。

4. 周期系各族元素氧化物的晶体类型如何递变?氧化物的酸碱性有何变化规律?氧化物热稳定性有何不同?

5. 试述卤化物的分类、晶体结构及其性质的递变规律。

6. 试述金属硫化物溶解情况的分类、颜色特征及酸碱性。

7. 试述氮化物、碳化物及硼化物的分类及特性。

8. 试以Na、Al、S的最高氧化数离子R^{n+}的离子势判断其氢氧化物的酸碱性。

9. 用鲍林规则分析下列各组内含氧酸的相对强度。

(1) H_3BO_3 H_2CO_3 HNO_3

（2）H_3PO_4　H_2SO_4　$HClO_4$

（3）$HClO$　$HClO_2$　$HClO_3$　$HClO_4$

10. 分别排出下列各组酸强度的次序。

（1）$HBrO_4$　H_3AsO_4　H_2SeO_4

（2）HNO_3　H_3PO_4　$HClO_4$　H_3AsO_3

11. 估计下列各酸 $K^{\ominus}_{a(1)}$ 值的范围。

$HBrO_4$　$HClO$　HNO_2　HNO_3

12. 判断下列各含氧酸盐的溶解性。可溶者在对应的格内填入“溶”字，难溶者填入“难”字。

酸根	Ag^+	Fe^{2+}	Cu^{2+}	Zn^{2+}	K^+
CO_3^{2-}					
SO_4^{2-}					
PO_4^{3-}					
ClO_3^-					

13. 分别比较下列各组物质的热稳定性。

（1）$MgHCO_3$　$MgCO_3$　H_2CO_3

（2）$(NH_4)_2CO_3$　$CaCO_3$　Ag_2CO_3　K_2CO_3　NH_4HCO_3

（3）$MgCO_3$　$MgSO_4$　$Mg(ClO_3)_2$

第 16 章

无机物合成

无机合成是化学合成的重要组成部分，是合成新化合物和发展无机材料科学的实验基础。全世界每年有数万种新的无机化合物被合成，各种新型无机材料如耐高温、耐高压、耐低温、光学、磁学、电学、超导、催化、储能等材料已广泛用于各领域，极大地推动了社会物质文明建设和科学技术的迅猛发展。无机合成涉及无机物的制备、分离和提纯，结构的测定和推断等，这就要求该领域的化学工作者必须熟悉无机物的合成方法、分离方法及表征技术。

无机合成方法包括常规经典方法、极端条件下的合成方法及特殊的合成方法。

16.1 高温、低温法

1. 高温合成

高温条件下的合成是无机合成常用的方法。很多无机合成尤其是材料制备反应必须在高温下才能进行。例如，用 C、N、B、Si 等制备各种陶瓷材料、金属氧化物、复合氧化物等的固相合成；用 H_2、CO 还原金属化合物制备金属；高温氧化、氮化、氯化反应；高温熔盐电解、高温合成单晶；合金制备及高温熔炼、区域熔融提纯等。

高温合成类型很多，其中高温固相合成反应如重要的陶瓷 Si_3N_4 的合成：

$$3SiO_2(s)+6C(s)+2N_2(g) \xrightarrow{1\,550\ ^\circ C} Si_3N_4(s)+6CO(g)$$

许多精细陶瓷复合氧化物粉末也是通过高温固相反应制得：

$$MgO(s)+Al_2O_3(s) \xrightarrow{1\,500\ ^\circ C} MgAl_2O_4(s)$$

$$BaCO_3(s)+TiO_2(s) \xrightarrow{熔融} BaTiO_3(s)+CO_2(g)$$

高温还原反应：

$$TiCl_4(l)+2Mg(s) \xrightarrow[惰性气氛]{800\sim900\ ^\circ C} Ti(s)+2MgCl_2(g)$$

$$FeO(s)+C(s) \xrightarrow{950\ ^\circ C} Fe(s)+CO(g)$$

$$WO_3(s)+3H_2(g) \xrightarrow{700\ ^\circ C} W(s)+3H_2O(g)$$

$$SiCl_4(l)+2H_2(g) \xrightarrow{1\,100\ ^\circ C} Si(s)+4HCl(g)$$

许多二元化合物的合成：

$$C(s)+Si(s) \xrightarrow[真空]{1\,300\ ^\circ C} SiC(s)$$

$$2B(s)+N_2(g) \xrightarrow{1\ 200\ ℃} 2BN(s)$$

$$Ti(s)+B(s) \xrightarrow{1\ 027\ ℃} TiB(s)$$

$$Ti(s)+Ni(s) \xrightarrow{高温} TiNi(合金)$$

$$3Mn(s)+N_2(g) \xrightarrow{>1\ 200\ ℃} Mn_3N_2(s)$$

金属单质的制备：

$$2KF(s)+CaC_2(s) \xrightarrow{1\ 000\sim1\ 054\ ℃} CaF_2(s)+2C(s)+2K(g)$$

$$2CsCl(g)+CaC_2(s) \xrightarrow{1\ 327\ ℃} CaCl_2(l)+2C(s)+2Cs(g)$$

$$SnO_2(s)+2CO(g) \xrightarrow{840\ ℃} Sn(l)+2CO_2(g)$$

$$RE_2O_3(s)+2La(l) \xrightarrow{1\ 200\sim1\ 400\ ℃} 2RE(g)+La_2O_3(s)$$

根据合成所需温度和其他条件，可选取不同的加热装置（见表16.1），其中最常用的高温设备为高温电阻炉。

表16.1 高温合成的加热装置

加热装置	T/K
高温电阻炉	1 273~3 273
聚焦炉	4 000~6 000
闪光放电灯	>4 273
等离子体电弧	20 000
激光	$10^5\sim10^6$
原子核的分裂和聚变	$10^6\sim10^9$
高温粒子	$10^{10}\sim10^{14}$

这类合成具有重要的实用意义。

2. 低温合成

低温合成是指在低于室温条件下进行的合成。

目前获得低温的方法很多，半导体温差制冷，温度可达150 K。冰盐低共熔体系、干冰、液氮是实验室常用的制冷源。采用减压过冷液氮浴，最低温度可达-205 ℃。

（1）液氨中的低温合成。液氨的沸点为-33.35 ℃，它是一种重要的碱性溶剂和低温源。

臭氧在-78 ℃下与液氨反应可以制得硝酸铵。反应过程中，$NH_3(l)$既是反应物，又是反应制冷剂。反应方程式为

$$2NH_3(l)+4O_3(g) \xrightarrow{-78\ ℃} NH_4NO_3(s)+H_2O(s)+4O_2(g)$$

$$2NH_3(l)+3O_3(g) \xrightarrow{-78\ ℃} NH_4NO_2(s)+H_2O(s)+3O_2(g)$$

硝酸铵的产率可达98%。

（2）低温下稀有气体化合物的合成。例如，低温放电法制备$XeSiF_6$：

$$Xe+SiF_4+F_2 \xrightarrow{-78\ ℃} XeSiF_6$$

又如，由氟和氪在低温下高压放电条件下可制得KrF_2：

$$Kr+F_2 \xrightarrow[700\sim2\,200\ V\ 放电]{-189\sim-187\ ℃} KrF_2$$

(3) 低温下挥发性化合物的制备。挥发性化合物的熔点、沸点都较低,而且制备时副反应较多,尤其是有毒物,它们的制备与纯化必须在低温下进行。

例如,剧毒的 HCN,制备时必须有安全措施,而且要格外小心。下列两种方法均可制备 HCN:

$$2NaCN+H_2SO_4 \longrightarrow Na_2SO_4+2HCN\uparrow$$

$$K_4[Fe(CN)_6]+3H_2SO_4 \longrightarrow 2K_2SO_4+FeSO_4+6HCN\uparrow$$

收集所得 HCN 经稀释、冰盐冷却、密封保存备用。

16.2 高压、低压法

1. 高压合成

高压合成是利用外加的压力来合成固体化合物或材料的一种合成技术。

在高压下物质的性质会发生程度不同的变化。在化合物的合成中,高压下通常可以降低合成温度,加快反应速率,缩短反应时间,提高化合物的热稳定性,合成出常压下不稳定或难以合成出的化合物,甚至会引发新的化学反应,从而合成出新物质。正是高压技术的发展为合成化学开辟了新的途径,下面举例说明。

在常压下很难合成双稀土氧化物($LnLn'O_3$)。如在 0.1 MPa、1 950 K 条件下,经过 8 d 才制得很少量的$LaErO_3$,但在 2.9 GPa、低于 1 550 K 条件下,反应不到 30 min 即可合成出$LaLnO_3$(Ln=Ho、Er、Yb、Lu)。

在常压下氧化镱不能稳定存在,而在高压高温条件下通过下列反应可以获得:

$$Yb_2O_3+Yb \longrightarrow 3YbO$$

石墨在常温常压下难以变为金刚石,但在 5 GPa、1 500 ℃下经相变可合成出人造金刚石。

高压或超高压下某些化合物的电子结构会发生明显变化,甚至产生元素本身组成之间的电荷转移,导致另一种类型的相变。例如,一般方法制备的氧化亚铁往往是非计量的 $Fe_{1-x}O$,这是由于晶格中Fe^{2+}的缺位所致,当在高压和稍过量的铁存在时能抑制晶格中 Fe 缺位生成,因此可用新合成的缺位 $Fe_{0.95}O$ 和金属铁在大于 3.6 GPa、710 ℃下合成计量的 FeO。钙钛矿型的$SrCrO_3$、$PbCrO_3$、$BaCrO_3$ 等也是在高氧压气氛中合成的,如:

$$BaO+CrO_2 \xrightarrow[6\sim6.5\ GPa]{1\,000\sim1\,100\ ℃} BaCrO_3$$

具有特殊电学和磁学性质的过渡金属硫化物(黄铁矿型结构)无法在常压下合成,必须在高压下合成,如:

$$CuS+S \xrightarrow[3GPa]{600\ ℃} CuS_2$$

新一代高性能功能材料的稀土复合氧化物(尖晶石型)RPd_2O_4(R=Y、La、Pr、Nd、Gd),也只能在高温高压下合成,如:

$$3La_2O_3+12PdO+KClO_3 \xrightarrow[6\ MPa]{1\,000\ ℃} 6LaPd_2O_4+KCl$$

另外，大量的金属羰基化合物是通过合金（或金属化合物借还原剂的作用生成活性金属）与高压 CO 在一定条件下的羰基化作用来合成的。例如：

$$2CoCO_3+2H_2+8CO \xrightarrow[23.52\ MPa]{150\sim160\ ℃} [Co_2(CO)_8]+2H_2O+2CO_2$$

2. 低压合成

在实验技术术语中，“低压”和“真空”视为同义词。若反应物、产物的化学性质极为活泼，极少量的空气或水都能与之反应而使其变质时，则只能在真空系统内进行制备。

真空度是气体稀薄程度的一种量度。真空度的高低通常用气体的压强来表示，气体的压强越低，真空度越高；反之，压强越高，真空度越低。一般将真空度分为 6 个区段，如表 16.2 所示。

表 16.2 真空区域的划分

真空度	压强范围/Pa	真空度	压强范围/Pa
低真空	$10^5\sim3.3\times10^3$	很高真空	$10^{-4}\sim10^{-7}$
中真空	$3.3\times10^3\sim10^{-1}$	超高真空	$10^{-7}\sim10^{-10}$
高真空	$10^{-1}\sim10^{-4}$	极高真空	$<10^{-10}$

真空技术是无机合成中不可缺少的实验技术。例如，三氯化钛是钛的中间价态化合物，由于它的低挥发性和易歧化的特点，在常压下用金属还原法难以制得纯品，但在低压下，用氢气还原 $TiCl_4$ 即可制得纯 $TiCl_3$：

$$2TiCl_4+H_2 \xrightarrow[460\ ℃]{5\times10^2\sim7\times10^2\ Pa} 2TiCl_3+2HCl$$

BF_3 与 NH_3 可以发生加合反应，由于 BF_3 极易水解，只能在真空系统中进行：

$$H_3N(纯)+BF_3 \longrightarrow H_3N\rightarrow BF_3$$

又如，离子型氢化物 KH、$K_2[PtH_4]$ 等的制备也是在真空系统内进行的。

16.3 水热法

水热合成是指在密闭体系中，以水为溶剂（有时也部分参加反应）在一定温度（100~1 000 ℃）和压力（10~100 MPa）下进行的合成反应。在水热反应条件下，反应物和水的性质异于常态（如水的蒸气压、离子积升高，密度、表面张力、黏度下降，物质的溶解度加大等），反应活性及速率提高。

根据水热反应类型不同，水热合成可分为：水热氧化、还原、沉淀、合成、分解和结晶等。由于水热合成的产物有较好的结晶形态，有利于纳米材料的稳定性，并可通过实验条件调控纳米颗粒的形状，因此引起了人们的重视。

在水溶液中反应，粒子不团聚，制得的产品分散性好、结晶性好、粒度分布较窄，产品纯度高，因此水热法目前是制备各种无机功能材料的重要方法。例如，超导体薄膜 $Ba_xP_{1-x}BiO_3$，铁电、磁电、光电固体材料，非线性光学材料，声光晶体铝酸锂，多功能的 $LiNbO_3$ 和激光晶体等都是由水热法制备的。

据报道，用碱式碳酸镍及氢氧化镍水热还原工艺可成功制备 30 nm 的镍粉；锆粉通过水热氧化可得粒径为 25 nm 的单斜ZrO_2 纳米粒子；Zr_5Al_3 合金粉末在 100 MPa、773～973 K 由水热反应生成粒径为 10～35 nm 的单斜ZrO_2、正方ZrO_2 和 Al_2O_3 的混合粉末。另外，用水热法生长单晶也已实现，如刚玉（Al_2O_3）和红宝石（掺杂Cr^{3+}的Al_2O_3）已被制出。

16.4　溶胶-凝胶法（sol-gel）

sol-gel 法的工艺如下：

$$\text{金属醇盐} \xrightarrow{\text{水解}} \text{溶胶} \xrightarrow{\text{缩聚}} \text{凝胶} \xrightarrow{\text{加热干燥}} \text{干凝胶} \xrightarrow{\text{煅烧}} \text{产品}$$

sol-gel 法之所以是一种很有前途的方法，是因为在较低温度下可以制得高纯的超细粉末。

20 世纪 80 年代迅速发展起来的 sol-gel 法，工艺简单，原料多为金属有机化合物，易溶于有机溶剂，很容易用蒸馏法提纯，原料纯度可以保证；与金属醇盐反应的对象仅仅是 H_2O，其他金属离子作为杂质被引入的可能性很小；水解形成聚合氢氧化物或氧化物外只有易挥发的醇类副产品，易于分离并可循环使用，避免了杂质污染；反应物在溶液中能均匀混合，可以实现产品的高纯化、组分均匀化、粒子超细微化、粒度分布均匀化，因此是合成精细陶瓷粉末的有效方法之一。

目前，采用 sol-gel 法合成了纳米陶瓷粉末、超导材料及玻璃薄膜等。例如，$YBa_2Cu_3O_7$超导氧化物膜的制备：以金属醇盐等为起始原料，按化学计量比，将 $Y(OC_3H_7)_3$、$Cu(O_2CCH_3)_2 \cdot H_2O$ 和 $Ba(OH)_2$ 在加热和剧烈搅拌下制成均匀溶液，130～180 ℃下回流，蒸发出溶剂，生成的凝胶在 950 ℃氧气氛下灼烧，即可制得纯相 $YBa_2Cu_3O_7$ 超导氧化物。若将所制溶胶涂在载体上，然后在氧气氛中经程序升温至 950 ℃，重复数次，可制得 10～100 μm 厚的均匀 $YBa_2Cu_3O_7$ 超导薄膜，超导性能良好。

16.5　电化学合成

利用电化学反应进行合成的方法即为电化学合成法。电化学合成本质上是电解，故也称为电解合成。

活泼性很强的金属和非金属，用一般的化学还原和氧化达不到制备的目的，用电解法是实现氧化还原反应最有效的手段。实际生产中，一般采用电解法制备活泼金属单质和非金属单质。例如：

$$2NaCl \xrightarrow{\text{电解}} 2Na + Cl_2$$

$$2MgCl_2 \xrightarrow{\text{电解}} Mg + Cl_2$$

$$2Al_2O_3 \xrightarrow[\text{电解}]{Na_3[AlF_6]\text{（作电介质）}} 4Al + 3O_2$$

$$2KHF_2 \xrightarrow{\text{电解}} 2KF + F_2 + H_2$$

$$2RECl_3 \xrightarrow{\text{电解}} 2RE + 3Cl_2$$

电化学方法制备化学物质不需要另外加入氧化剂或还原剂，可以减少污染；同时，适当地选择电极材料、电解液组分，并通过控制电压或电流，可获得纯净产物。

工业上许多强氧化剂都是利用电氧化合成方法制备的。例如，$NaClO_4$、$KMnO_4$ 和极强氧化性物质如 OF_2、$Na_2S_2O_8$、NiF_4、NbF_6、AgF_2 等；中间氧化态非金属元素的酸或盐可采用电还原合成，如 HClO、BrO^-、IO^-、$H_2S_2O_4$、H_3PO_3、HNO_2 等；特殊低氧化态化合物也可用电氧化还原法制得，如 $K_2[MoCl_5H_2O]$、$K_3[MoCl_6]$、$K_2[MoCl_5]$ 等。例如，$KMnO_4$ 的制备：

$$MnO_2 \xrightarrow[\text{KOH}]{\text{碱性介质、氧化剂}} K_2MnO_4 \xrightarrow{\text{电解}} KMnO_4$$

$$2K_2MnO_4 + 2H_2O \xrightarrow{\text{电解}} 2KMnO_4 + 2KOH + H_2$$

电解液组分：K_2MnO_4 40~60 g·L^{-1}，KOH（游离）90~110 g·L^{-1}，电解完成后冷却，离心分离得 94% $KMnO_4$ 晶体。

用电解法也能制得高铁酸盐、赤血盐：

$$2Fe^{3+} + 10OH^- \xrightarrow{\text{隔膜电解}} 2FeO_4^{2-} + 3H_2 + 2H_2O$$

$$2K_4[Fe(CN)_6] + 2H_2O \xrightarrow{\text{隔膜电解}} 2K_3[Fe(CN)_6] + 2KOH + H_2$$

上述电化学合成仅是电化学工业的一小部分，而氯碱工业（电解氯化钠水溶液）才是最重要的电化学工业，因为氯碱工业生产氢氧化钠、氯气、氢气三大重要化工原料，在产量上是仅次于硫酸和化肥的重要无机化学工业。

氯碱工业已有 100 多年的历史。从 20 世纪 60 年代以后，随着聚氯乙烯等塑料工业的迅猛发展，氯用量剧增，氯已从氯碱工业的副产品变为主要产品，并促使氯碱工业飞速发展。由于经济和环境保护要求的提高，科学技术不断革新，目前同时存在三种电解生产方法，彼此竞争发展，都有各自的市场需求，这在其他电解工业中是罕见的。三种方法采用的电解槽分别为：隔膜槽、汞槽和离子膜槽。三种槽的结构、性能、维护和投资等方面各有特点，但在能量消耗方面后者最小，也是最新的一种技术，从长远发展看，势必取代其他两种槽，现仅介绍离子膜槽电解法。

离子膜槽电解法的基本原理、电极材料与隔膜电解法相同：

阳极 $2Cl^- - 2e^- \longrightarrow Cl_2$

阴极 $2H_2O + 2e^- \longrightarrow H_2 + 2OH^-$

总反应 $2Cl^- + 2H_2O \longrightarrow 2OH^- + Cl_2 + H_2$

所不同的是以离子交换膜（或称离子选择性透过膜）代替石棉隔膜。

离子交换膜由离子交换树脂压制而成，其特点是只允许Na^+透过，而 Cl^-、H^+、OH^- 不能透过。离子膜槽的结构如图 16.1 所示。

此法与隔膜、汞法相比，没有石棉和汞的公害，制备的 NaOH 碱液不含 Cl^-，纯度高，其质量分数也可达 20%~44%。因此，蒸发浓缩等后处理费用低；总能耗较低，比隔膜和汞法低 25%以上；槽体积小，特别适合小规模生产，产量随市场调节。目前，离子膜的性能还在不断改进，从趋势看，离子膜法最有发展前景。表 16.3 列出 20 世纪 70 年代末氯碱工业中三种电解槽的某些技术指标和应用情况。

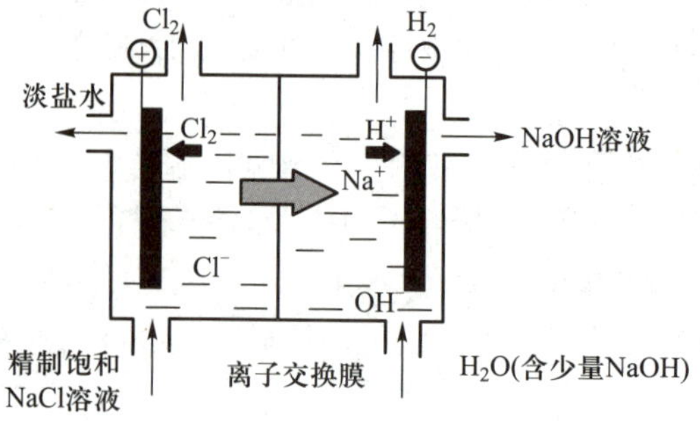

图 16.1 离子膜槽电解示意图

表 16.3 三种电解槽的某些技术指标和应用情况

项目	槽型		
	隔膜槽	汞槽	离子交换膜槽
Cl_2 产品纯度/%	98	99.2	99.3
H_2 产品纯度/%	99.9	99.9	99.9
碱液最大质量分数/%	10	50	44
要否蒸发浓缩	要	不要	部分要
有无污染问题	石棉	汞	无
生产率/[t(NaOH)/(年·槽)]	1 000	5 000	1 000
中国采用比例/%	93	7	0
美国采用比例/%	78	22	0
加拿大采用比例/%	67	29	4
欧共体采用比例/%	24	75	1
英国采用比例/%	5	95	0

16.6 光化学合成

某些反应物由于能吸收某波段范围的光(如紫外光、可见光等),使其从基态变为激发态,并能诱发化学变化的反应称为光化学反应。

光化学合成是指利用光化学反应合成产物。自然界中大家最为熟知的“光合作用”就是典型的光化学反应:

$$CO_2+H_2O \xrightarrow{h\nu} CH_2O+O_2$$

光化学属于电子激发态化学。光化学反应有如下特点:光是一种非常特殊的生态学上清洁的“试剂”;反应条件温和;安全,因为反应基本上在室温或低于室温下进行;可缩短合成路线。

光解水制备 H_2 和 O_2,是光化学中非常有意义的反应,是当前化学研究的热点。

其原理是:在光催化剂存在下,产生的光致强氧化剂(光生空穴 h^+)、光致还原剂(光生电子 e^-),可使水催化分解。以 TiO_2 为半导体光催化剂,可描述如下:

$$TiO_2 \xrightarrow{h\nu} TiO_2(2e^- + 2h^+)$$

$$2e^- + 2H^+ \longrightarrow H_2$$

$$2h^+ + H_2O \longrightarrow \frac{1}{2}O_2 + 2H^+$$

总反应为

$$H_2O \xrightarrow{h\nu} H_2 + \frac{1}{2}O_2$$

过渡金属氧化物、硒化物、砷化物、磷化物(如 TiO_2、MnO_2、SnO_2、NiO、ZnO、$BiTiO_3$、CdS、Fe_2O_3、ZnSe、GdP、GaAs、NbO_x、RuO_2),铂的钛酸盐和铌酸盐,具有铜铁矿结构的$CuFeO_2$ 材料在光照射下也可分解水产生氢气和氧气。

此外,羰基配合物、硼化物等也可以通过光催化法合成。光催化氧化 H_2O 合成 H_2O_2、氧化 CO 合成 CO_2 都很有实际意义。

光在激光器中若被放大,形成一束亮度高、单色性好、方向性(准直性)好的光,这种光束便称为激光。化学研究中常用的激光器有 CO_2、红宝石、N_2、He—Ne激光器等。例如,利用激光技术合成精细陶瓷Si_3N_4 粉末,将SiH_4(强吸收10.6 μm光子)和 NH_3(中强吸收 10.6 μm 光子)按一定比例混合后,通过喷嘴喷向反应区;用 CO_2 激光器(10.6 μm)作为光源,激光束通过锗透镜,进入反应室,并与反应气体在喷嘴前几毫米处的反应区垂直交叉相遇,反应物气流进入激光束后,立刻从室温升高到反应温度并开始反应:

$$3SiH_4(g) + 4NH_3(g) \xrightarrow[10.6\ \mu m]{h\nu} Si_3N_4(s) + 12H_2(g)$$

在同样条件下也可以合成 SiC 粉末:

$$2SiH_4(g) + C_2H_4(g) \xrightarrow[10.6\ \mu m]{h\nu} 2SiC(s) + 6H_2(g)$$

用激光轰击石墨靶,可制得 C_{60}。我国以 BaO、Y_2O_3、CuO 为原料,经研磨压片后,用 CO_2 激光扫描,获得高转变温度(110 K)的 Ba—Y—Cu—O 氧化物陶瓷超导层,其零电阻温度为 87 K。

16.7 微波等离子技术合成

1. 微波合成

微波通常指波长 $\lambda = 0.1$ mm~1 m、频率 $\nu = 300$ MHz~300 GHz 范围内的电磁波。家用微波炉使用频率是 2 450 MHz。1988 年首次用微波合成了超导陶瓷材料。

实验表明:极性分子溶剂(如水、醇类、羧酸类)可以吸收微波能而被快速加热,而非极性分子溶剂(如CCl_4、正己烷等)几乎不吸收微波能,几乎不升温;有些固体物质(如 Co_2O_3、NiO、CuO、Fe_3O_4、PbO_2、V_2O_5、WO_3 等)也能强烈地吸收微波能而迅速被加热升温,而有些固态物质(如 CaO、CeO_2、Fe_2O_3、La_2O_3、TiO_2 等)几乎不吸收微波能,升温幅度很小。可见,微波加热效应与物质介电性能有关。

微波辐射法不同于传统加热方法，它可直接穿透样品，里外同时加热，不需传热过程，瞬时可达一定温度，微波加热的热能利用率很高（达50%～70%），可大大节约能量；而且调节微波的输出功率，可进行自动控制和连续操作；还可在很短时间内就能将能量转移给样品，使样品本身发热，而微波设备本身不辐射能量，因此可避免环境升温，改善工作条件。现以制备MVO_3（M为Na、K）为例说明：按化学计量称取M_2CO_3、V_2O_5，在玛瑙研钵中研磨均匀，放入刚玉坩埚置于微波炉中，在200～500 W微波功率下作用，只需2 min即可制得$NaVO_3$，6.5 min制得KVO_3。

2. 等离子体合成

等离子体合成也称放电合成，是20世纪70年代才迅速发展起来的。它是利用等离子体的特殊性质进行化学合成的一种新技术。处于等离子态的各种物质粒子具有较强的化学活性。因此，应用等离子体技术不仅能合成许多物质，还能合成一般方法难以合成的物质。热等离子可看作一种自由能产生的高温热源（温度可达6 000～10 000 K），可用于金属和合金的冶炼，超细、超纯、耐高温粉末的合成，以及单晶的制备。

例如，氮化硼（BN）既是电的绝缘体，又是热的优良导体，还是一种能进行机械加工的特殊陶瓷，在化学上具有较高的稳定性。应用电弧等离子体技术制备BN的反应式如下：

$$\underset{\text{(硼砂)}}{Na_2B_4O_7\cdot 10H_2O}+2\underset{\text{(尿素)}}{(NH_2)_2CO}\xrightarrow[\text{等离子技术}]{2\,500\ ℃}4BN+Na_2O+2CO_2+14H_2O$$

制备原料价格低廉，流程简单，用此法生产的BN纯度高，可达99.7%。

又如，超导材料2δ-NbN的合成：

$$2\,NbCl_5+5H_2+N_2\longrightarrow 2\delta\text{-}NbN+10HCl$$

用类似的办法可制得碳化硅、碳化钨、高纯硅。

冷等离子体技术主要用在那些吸热大，但产物又是高温不稳定的反应，如金刚石的合成等。它们通常需要高温高压才能合成，而采用冷等离子体技术，可在较温和条件下实现。

16.8 化学气相沉积法

化学气相沉积是利用气态或蒸气态的物质，在气相或气、固界面上反应生成固态沉积物的技术。其英文原意是化学蒸气沉积（chemical vapor deposition，简称CVD），它是近30年发展起来的制备无机材料的新技术，已被广泛用于提纯物质，研制新晶体，沉积各种单晶、多晶或玻璃态无机薄膜材料。这些材料可以是氧化物、硫化物、氮化物、碳化物，或是某些二元（如GaAs）或多元（如$GaAs_{1-x}P_x$）的化合物。化学气相沉积有热分解法、化学合成法和化学转移3种方法。

1. 热分解法

通常ⅢA、ⅣA、ⅤA族的一些短周期元素的氢化物如CH_4、SiH_4、GeH_4、B_2H_6、PH_3、AsH_3等都是气态化合物，而且受热易分解，因此很适合在CVD技术中用作原料气。其中CH_4、SiH_4分解后直接沉积出固态薄膜；GeH_4若混合在SiH_4中，热分解后直接得

Si-Ge 合金膜。例如：

$$0.95SiH_4+0.05GeH_4 \xrightarrow{550\sim800\ ℃} \underset{(硅、锗合金)}{Ge_{0.05}Si_{0.95}}+2H_2\uparrow$$

还有一些金属的羰基化合物，本身是气态或易挥发成蒸气，经过热分解，沉积出金属薄膜并放出 CO 等，适合 CVD 技术使用。例如：

$$Ni(CO)_4 \xrightarrow{140\sim240\ ℃} Ni+4CO$$

用单氨配合物制备氮化物：

$$AlCl_3 \cdot NH_3 \xrightarrow{800\ ℃} AlN+3HCl$$

$$GaCl_3 \cdot NH_3 \xrightarrow{800\sim900\ ℃} GaN+3HCl$$

2. 化学合成法

化学合成法是指沉积过程中两种或多种气态反应物在同一热基底上相互反应的过程。其中最普遍的一种类型是用氢气还原卤化物来沉积各种金属和半导体。例如，用四氯化硅的氢还原法生长硅的反应：

$$SiCl_4+2H_2 \xrightarrow{1\,150\sim1\,200\ ℃} Si+4HCl$$

由于任意一种无机材料原则上都可以通过适宜的反应合成出来，所以化学合成法应用更为广泛。除可以制备单晶薄膜以外，还可用以制备多晶态和玻璃态的沉积层。如 SiO_2、Al_2O_3、Si_3N_4、B-Si 玻璃及各种金属氧化物、氮化物、硼化物、硅化物、单质等：

$$SiH_4+2O_2 \xrightarrow{325\sim475\ ℃} SiO_2+2H_2O$$

$$SiH_4+B_2H_6+5O_2 \xrightarrow{300\sim500\ ℃} B_2O_3 \cdot SiO_2(\text{硼硅玻璃})+5H_2O$$

$$Al_2(CH_3)_6+12O_2 \xrightarrow{450\ ℃} Al_2O_3+9H_2O+6CO_2$$

$$3SiCl_4+4NH_3 \xrightarrow{850\sim900\ ℃} Si_3N_4+12HCl$$

$$TiCl_4+NH_3+\frac{1}{2}H_2 \xrightarrow{830\ ℃} TiN+4HCl$$

$$2BCl_3+TiCl_4+5H_2 \xrightarrow{900\ ℃} TiB_2+10HCl$$

$$Ti+SiCl_4+2H_2 \xrightarrow{1\,100\sim1\,150\ ℃} TiSi+4HCl$$

$$B_2H_6 \xrightarrow{400\sim600\ ℃} 2B+3H_2$$

3. 化学转移反应

化学转移反应又称为化学输运反应，也属于化学气相沉积反应。把需要沉积的物质作为反应源物质，用适当的气体介质与之反应，形成一种气态物质，该气态物质借助载气转移或输运到与源区温度不同的沉积区，再发生逆反应，使反应源的物质重新沉积出来，这种反应过程称为化学转移反应。例如，粗钛在200 ℃下与 I_2 反应生成气态 TiI_4，当它与炽热的钨丝(1 500 ℃)接触，又分解为 Ti 和 I_2：

$$TiI_4(g) \underset{200\ ℃}{\overset{1\,500\ ℃}{\rightleftharpoons}} Ti(s)+2I_2(g)$$

高熔点的金属如 Ti、Zr、Hf、Cr、Mo、W 等均可用此法纯化，如：

$$ZrI_4(g) \underset{200\ ℃}{\overset{1\ 500\ ℃}{\rightleftharpoons}} Zr(s)+2I_2(g)$$

用该方法还可制得高熔点的卤氧化物单晶：

$$TiOCl(s)+2HCl(g) \underset{550\ ℃}{\overset{650\ ℃}{\rightleftharpoons}} TiCl_3(g)+H_2O(g)$$

化学转移反应应用广泛，近年来发展很快，由于可以制备许多其他方法不易制备的晶体，加上设备简单，操作方便，适应性强，因而广泛用于合成新晶体。例如，$CaNb_2O_6$ 单晶的制备。将$CaCO_3$ 和Nb_2O_5 在铂坩埚内合成的$CaNb_2O_6$ 多晶体，放在石英管的一端，将石英管抽真空后充入 101 KPa 的 HCl 气，并熔封起来。然后将该管平放在一个双温区电炉中，装$CaNb_2O_6$ 一端保持在较高温（T_1）区，另一端在较低温（T_2）区，经一段时间化学转移反应后，在低温端长出 1 mm×0.5 mm×0.2 mm 的单晶，其反应表示如下：

$$CaNb_2O_6(s)+8HCl(g) \underset{T_2}{\overset{T_1}{\rightleftharpoons}} 2\ NbOCl_3(g)+CaCl_2(s)+4H_2O(g)$$

16.9 低热固相反应合成

反应温度低于 100 ℃的固相反应称低热固相反应。它是 20 世纪 80 年代末发展起来的一种新的合成方法。相比于高温固相反应合成，低热固相反应由于反应温度低，因而具有便于操作和控制的优点。加以不使用溶剂、高选择性、产率高、污染少、成本低、节省能源、合成工艺简单、适合规模生产、符合当今社会绿色化学发展的要求，因而短短十年间，低热固相反应法在合成领域已经获得不少成果。

南京大学忻新泉等近十几年来对低热固相反应进行了较系统的研究，探讨了室温或近室温条件下的固—固态反应机理和规律，并合成出许多新的化合物。

近几年内，低热固相反应法已在纳米材料的合成领域取得了很大成功，合成了一系列无机纳米材料，如 CuO、CuS、ZnO、ZnS、CdS、PbS、$Nb_2(C_2O_4)_3$、$La_2(C_2O_4)_3$、CuC_2O_4 等。例如，以 $Zn(OAc)_2$ 和 $Na_2C_2O_4$ 为原料，经混合、研磨，即可制得ZnC_2O_4，用去离子水洗涤得到纯净产物，在空气中干燥，可得到纳米球粒子。如果开始时加入 NaCl 和反应物共同研磨，则可到ZnC_2O_4 纳米棒。

低热固相反应在生产中已有应用，如镉黄颜料的制备：

$$CdCO_3(s)+Na_2S(s) \xrightarrow[2\sim4\ h]{\text{球磨}} CdS+Na_2CO_3$$

与传统法相比，此方法能耗低、耗水少、无污染、质量高。

除此之外，低热固相反应在制药（如苯甲酸钠的合成）、染料、印刷线路板制造等工业中已经产业化。

产品的分离、提纯及表征是无机合成化学中的重要组成部分。但已超出本课程的范围，有实际需要的读者请参看其他专业性强的书刊。

第 17 章

生态环境与无机化学

17.1 生态系统功能与生态环境保护

17.1.1 生态系统功能与生态平衡

生态学是研究生物与其环境之间的相互关系,以及生物彼此之间相互关系的一门学科。生态学可称为生物学的一个分支,是以个体、种群、群落、生态系统甚至是以生物圈作为研究对象。随着社会和科学的发展,与人类密切相关的许多环境问题都成为生态学研究的热点问题,其核心是生态系统。

1. 生态系统功能

生物在自然界中均结合成生物群落而生存。由生物群落及其生存环境共同组成的动态平衡系统称为生态系统。它是构成生物圈的基本结构单位。不难理解,生态系统包括人类及其生命维持系统,后者由空气、水、矿物质、土壤、植物、动物和微生物组成。生态系统中的能量流动、物质循环和信息传递构成了生态系统的基本功能。

生态系统中的一切生物(动物、植物、微生物)和非生物的环境,都是由运动着的物质构成的,并在地球长期的演化过程中建立起了各种循环体系。其中碳、氢、氧、氮、硫、磷等的循环是生态系统基本的物质循环。锰、锌、铜、钼、钴、钙、镁、钾等微量元素,也在生态系统中构成了各自的循环。

2. 生态平衡

"生态平衡"一词是美国学者威廉·福格特在1949 年出版的《生存之路》一书中正式提出来的,其含意是指自然环境没有遭受人类严重干扰的天然状态。马世骏认为,生态平衡是指生态系统的各成分之间相互适应、相互协调、相互补偿,使整个系统结构、功能良好的一种状态。由此可见,生态平衡实质上就是生态系统、生态环境稳定的一种状态。

生态系统是一个反馈系统,具有自我调节的机能。但是,这种机能是有一定限度的,这个限度被称为生态阈值或生态容量,在不超过生态阈值的前提下,它可以忍受一定的外界压力,当外界压力解除后,它能逐渐恢复到原有的水平。相反,如果外界压力无节制地超过生态系统的生态阈值时,系统的自我调节能力就会降低,甚至是消失,最后导致生态系统衰退或崩溃,这就是人们常说的"生态平衡失调"或"生态平衡破坏"。

造成生态平衡失调的原因可归纳为自然因素和人为因素两个方面。自然因素所造成的生态平衡的破坏，多数是局部的、短暂的、偶发的，如水灾、旱灾等，当灾害结束之后系统会逐渐恢复。现代生态平衡失调更多的是由人类活动造成的，具体表现在如下 3 个方面。

（1）人类对自然的肆意改造。人类对于自然的目标是“最大限度地获取”。为此，砍伐森林、围湖造田、开垦草原、乱捕滥猎、竭泽而渔等，造成了一系列的生态失调。

（2）滥用资源。资源是人类生存的基础，也是自然生态平衡的物质基础。地球上蕴藏的资源的确很丰富，但不是无限的，人类无节制地消耗资源，导致了不少资源的严重枯竭。

（3）经济与生态分离。人类有史以来，向大自然索取任何东西似乎都是理所当然的，因而许多破坏珍贵自然资源的行为长期以来直至今天仍屡禁不止，如捕杀野生动物大象、犀牛、熊猫、藏羚羊等，因为它们的牙、角、皮毛等可以获取暴利；采集野生药材和植物更是一本万利。这些掠夺性的行为投入少、产出高，走私、偷猎者能获得极高的经济效益，但整个社会却为他们承受长远的经济和生态后果。大自然不但是人类的宝库，还成了垃圾场，许多矿场、工厂向环境中排放各种废弃物，使自然界和整个社会成为容纳污染物的免费车间以获取经济效益。这些现象都是个人经济效益越好，社会生态效益却越坏，是经济与生态的分离而不是统一。

正是人类的贪婪或无知，严重破坏了生态系统的平衡，而使自身深陷十大环境危机之中：全球变暖（温室效应）、臭氧层破坏、生物多样性减少（物种濒危）、森林锐减、土地荒漠化、大气污染（酸雨蔓延）、水体污染（水资源不足）、海洋污染（海洋生态危机）、固体废物（垃圾越来越多）、人口猛增。

1997 年李政道就指出：“随着生产的高速发展，人类对环境的破坏也越来越严重，造成了巨大的损失，产生了极严重的后果”；我国国务院发展研究中心马洪警示：“地球的环境与生态系统正处在深刻危机之中，已构成人类生存与发展的现实威胁”。在现实面前，社会的可持续发展涉及的生态、环境、资源、经济等方面的问题越来越成为国际社会关注的焦点，人口、资源、环境、管理的综合决策被提到发展战略的高度，而生态环境的治理和保护更是刻不容缓。

17.1.2　生态环境保护

所谓环境保护，就是从战略级、政策级和技术级的不同层面上，在区域、国家和全球范围内，采取行政的、法律的、经济的、科学技术的多方面措施，合理利用自然资源，防止环境污染和破坏，保持生态平衡，使环境更好地适应人类的生产和生活，以及自然界生物的生存，保障人类社会的可持续发展。

环境污染防治包括环境污染预防和治理。污染预防是指可能造成环境污染的开发建设项目，通过合理选域或合理规划布局，并采取相应防范措施，使其在建设过程中、建成投产或使用后的污染物的排放和环境的影响符合环境保护的要求。污染治理是指对现有不符合环保要求的排污单位通过点源治理和集中控制，使其污染排放和对环境的影响符合环保要求。点源治理就是对单个的污染源进行治理。集中控制就是对多个污染源或一定区域内的污染物实行统一处理，如建污水处理厂、实行集中供热等。污染治理还可结合企业技术改造、清洁生产、搬迁、转产进行，减少污染物的排放。

生态环境保护就是在生态学原理指导下，防治生态环境破坏，维护生态平衡。生态环境保护可归纳为3部分内容，即自然生态保护、农业生态保护和城市生态保护。自然生态保护包括自然环境保护和自然资源保护。农业生态保护包括维护农业生态系统平衡，防治农业生态环境污染和解决农村能源问题。城市生态保护包括保持土地利用适宜度、城市绿化系统建设等内容。在生态环境保护中，由于自然生态是农业生态和城市生态的基础，同时，自然生态保护为农业生态保护和城市生态保护提供了必要的宏观背景和条件，因此，自然生态保护是生态保护的重点。

17.2 化学元素与人体健康

17.2.1 生命必需元素及其生物功能

1. 生命元素

大自然中一切物质都是由化学元素组成的，人体也不例外，各种化学元素在人体中有不同的功能。健康长寿是人类的共同夙愿，但许多资料证明，危害健康的疾病与体内某些元素平衡的失调有密切关系。因此，了解生命元素在人体内的功能和存在形式，研究它们与生物活性配体(如蛋白质、核酸、氨基酸、核苷酸和有关代谢物等)形成的配合物，尤其是研究它们的结构、性质与生物功能之间的关系，从而揭示生命的奥秘，无疑有益于预防疾病、增强体质、保持身体健康。

生命元素是指在生物体中能维持其正常生命活动功能所不可缺少的化学元素。科学工作者通过研究环境元素和生命元素的关系，了解到生物体在适应生存和进化中，逐渐形成一套摄入、排泄和适应这些元素的保护机制。研究表明，存在于生物体内的元素可分为4种类型：

(1) 生命元素。按其含量的不同，又分为常量元素和微量元素；

(2) 可能有益或辅助营养元素(可能为潜在的生命元素)；

(3) 玷污元素；

(4) 有毒元素。

人体内大约含有28种必需元素，其中常量元素为O、C、H、N、Ca、P、S、K、Na、Cl、Mg等，约占人体重的99.95%，微量元素仅占人体重的0.05%，它们是Fe、F、Zn、Si、Br、Sn、Cu、V、I、Mn、Cr、Se、Mo、Ni、As、B、Co，但其作用不小。

有益元素是指人体中假若缺少这些元素(如Li、Ce、Al、As、Rb、Ti、Sr、B和稀土元素)，虽然可以维持生命，但不能认为是健康的。

对于必需元素均有一个最佳摄入量的问题。例如，碘以每天毫克计，人体的最小需要量为0.1 mg，耐受量为1 000 mg，大于1 000 mg即为中毒量。

体内元素维持平衡状态是经过人类长期进化形成的。如果正常的摄入、积累和排泄发生障碍，靠人体自身已不能调控、维持平衡，便会发生疾病。元素的过量可能比缺乏更令人担忧，因为某种元素的缺乏容易补偿，而过量则难以清除，或者清除过程中会产生副作用。

有20~30种普遍存在于各组织中的元素，它们的浓度是变化的，而它们的生物效应还没有被完全确定,它们也可能来自环境的玷污,因此称玷污元素。当觉察出有害的生理或行为症状时,玷污元素就成为污染元素了。有些污染元素是有害的,特别是重金属元素。例如,血液中的铅、镉和汞虽然浓度极低,但起着有害作用,它们是有毒元素。

2. 元素在人体中的生物功能

为什么有些元素是生命所必需?生物无机化学从分子水平上做出机理性描述。这些元素之所以必需,因为它们不仅为生物分子中的组成成分,而且具有特异性的功能。例如,Cl^-、K^+、Na^+的首要作用是控制细胞、组织液和血液中的电解质平衡。它们的作用还在于使蛋白质大分子保持在溶液中,并使血液的黏性或稠度调节适当。胃里开始消化某些食物的酸和其他胃液、胰液和胆汁里的助消化的化合物,是由血液里的钠盐和钾盐形成的。

钙元素在生物体内以离子和结合态存在于所有动物的组织液、软组织和硬组织中,生物体摄取 Ca^{2+} 并将其大部分用于转化成难溶盐,难溶盐的形成与溶解构成生物体内钙化和脱钙的可逆过程。

人体内的 Mg 70%以磷酸盐和碳酸盐的形式参与骨骼和牙齿的形成,25%的 Mg 存在于软骨组织中,与蛋白质组成配合物。

微量元素与人类健康关系极大,可以说人的生、老、病、死无不与微量元素有关。已有许多资料证明,对人类健康危害最大的各种心脑血管病和癌症均与人体内元素(尤其是微量元素)平衡失调有关,如各种心脏病与 Co、Zn、Cr、Mn 等元素不平衡有关,脑血管病与 Ca、Mg、Se、Zn 等不足有关,肝癌与 Mn、Fe、Ba 低而 Cu 高等有关。我国四大地方病也是由于元素不平衡造成的,如克山病(产生心肌病变等)和大骨节病与硒等缺乏有关,地方性甲状腺肿大和克汀病则是由于严重缺碘引起的。

微量元素有以下 4 个方面的特异生理功能:

(1) 金属离子在金属酶中起活性中心的作用。多种金属蛋白质是含金属的酶。需要金属参与的酶有两类:一类是金属酶,该类酶是以金属离子作为酶的活性中心和酶蛋白牢固结合。例如,细胞色素氧化酶中的 Cu^{2+},细胞色素 C 中的 Fe^{2+},超氧化物歧化酶中的 Zn^{2+}、Cu^{2+}、Mn^{2+}等。另一类是金属激活酶,金属与酶结合不牢固,该类酶起催化作用时必须与金属离子结合,否则无催化作用。例如,Fe^{2+}、Cu^{2+}、Co^{2+}、Ni^{2+}、Mn^{2+}、Zn^{2+}等均可作为酶的激活剂。

(2) 参与激素和维生素的生理作用。激素是人体内分泌腺所分泌的进入血液中的化学物质,具有调节生理功能的重要作用,而微量元素能促进激素发挥这样的作用。例如,胰岛素中含有铬,甲状腺素中含有碘,锌可以通过组氨酸的咪唑环与胰岛素形成配合物,促进胰岛素与蛋白质的键合与释放。甲状腺素可与 Cu^{2+}、Zn^{2+}、Co^{2+}、Mg^{2+}等键合,从而使激素成为上述离子的载体。微量元素与维生素在生物功能上还具有相互作用,如维生素 B_1的作用是靠锰催化。并且,某些维生素本身就含有微量元素,如维生素 B_{12}中的钴。

(3) 参与运载作用。某些微量元素在人体内参与运载传递作用。例如,除铁可载氧外,在很多生物氧化还原反应中,酶的金属部分起传递电子的作用。酶中可变氧化态的金属元素(如 Fe^{3+}/Fe^{2+}和 Cu^{2+}/Cu^{+})交替地被氧化与还原,按氧化还原电势的高低顺序组成一条有效的电子传递链。

(4) 维持核酸的正常代谢。核酸是遗传信息的携带者,核酸含有 Fe、Co、Ni、Cr、Cu、Zn、Mn、V 等微量元素,这些微量元素在稳定核酸的构型、性质及维持核酸代谢、DNA 的正常复制等方面发挥重要作用,所以,对遗传信息有重要作用。

3. 污染元素对人体健康的危害

目前在人体组织中发现的元素数目已多达 70 余种,仅在血液中就有 30 多种元素。除了上述生命元素外,其余元素是随着自然资源的开发利用和工业发展而进入环境,它们通过大气、水源和食物等途径而侵入机体,成为人体中的污染元素。大部分污染元素为金属离子,它们在体内的积累,往往会干扰正常的代谢活动,对健康产生不良的影响,甚至引起病变。主要污染元素对机体的危害与人体摄入量、氧化态密切相关。例如,Cr(Ⅲ)是人体必需的微量元素,而 Cr(Ⅵ)则毒性较大。As、B 目前已被科学家认为是生命必需的微量元素,但是适宜范围十分狭窄,稍微过量则带来较大毒性。

污染元素进入机体的途径和对细胞代谢过程的影响,正是现今国内外研究的重点之一。通常认为可能的过程是:有毒金属穿过细胞膜进入细胞,干扰生物酶的功能,破坏正常系统,影响代谢,于是造成了毒害。主要污染元素对机体的危害见表 17.1。

表 17.1 污染元素对人体的危害

元素	危害	最小致死量/10^{-6}
Be	致癌	4
Cr	损害肺,可能致癌	400
Ni	肺癌、鼻窦癌	180
Zn	胃癌	57
As	损害肝、肾及神经,致癌	40
Se	慢性关节炎、浮肿等	3.5
Y	致癌	—
Cd	气肿、肾炎、胃痛病、高血压、致癌	0.3~0.6
Hg	脑炎,损害中枢神经及肾脏	16
Pb	贫血,损害肾脏及神经	50

17.2.2 生物无机化学在医疗上的应用

1. 生命元素的补充

人体内的矿物质元素主要是由食物和水供给的,一般都能满足机体的需要。由于代谢方面的原因,人体易缺乏的无机元素只有钙和铁;在特殊地理环境或其他特殊条件下,也有可能出现缺碘、缺锌、缺硒的情况。

人体对钙的吸收是主动的,但对膳食中的钙吸收却很不完全,通常食物中 70%~80%的钙被排出,这主要是钙与食物中的植酸、草酸以及脂肪酸形成不溶性钙盐所致。维生素 D 可促进钙的吸收,使血钙含量升高,促进骨中钙沉积。

铁是人体内必需的微量元素之一,铁在体内可被反复利用,排出的数量很少,成人每天损失 1 mg,如果膳食供铁不足,会导致血红蛋白含量低,即缺铁性贫血。缺铁性贫血成为全球主要营养疾病之一。对缺铁患者给予铁剂治疗,常用铁剂有硫酸亚铁、乳酸亚铁、柠檬酸铁、甘油磷酸铁等。

人体含锌量为 1.4~2.3 g，约为含铁量的一半，锌是含量仅次于铁的微量元素。人体内各个组织都含有痕量的锌，主要集中于肝脏、肌肉、骨骼和皮肤（包括头发）。锌的食物来源有动物性食品（如猪肉、牛肉、羊肉、鱼类）和各种海产品，蔬菜、水果中的含量一般都不高。对于缺锌症，用 $ZnSO_4$ 和维生素 B 等做成复锌片进行预防和治疗，效果良好。从理论上分析，葡萄糖酸锌、乳酸锌、柠檬酸锌等也是有效锌制剂。

克山病是于 1935 年首先在我国黑龙江省克山县发现而被命名的一种地方病，以心肌坏死为主要症状。通过病因学研究证实是因缺硒造成。关于克山病的预防，现在大都采用投硒的方法以提高体内的硒含量，普遍为口服亚硒酸钠或硒盐。主要食物来源有动物的肝、肾、海产品及肉类，谷物含量随土壤不同而异。

地方性甲状腺肿大也是一种世界性地方病，它遍及我国 20 多个省，据调查大约有 3 000 多万病人。本病病因主要是环境缺碘造成的。在缺碘严重的地区还出现一种先天性地方病，称为地方性克汀病。目前我国广泛推广加碘食盐。碘盐是将碘化钾或碘酸盐加入食盐，世界卫生组织推荐的标准是 1 : 100 000。食物中海带、紫菜及海产品含碘量很高，如紫菜中碘的质量分数可达 0.5%。

2. 有毒元素的促排、解毒

目前对体内有害金属离子的清除办法，是选择合适的螯合剂与其结合成稳定的配合物而排出体外。这种方法称为螯合疗法（或配体疗法）。所用的螯合剂称为促排剂（或解毒剂）。作为有害金属的促排剂一般应满足以下的条件：

（1）螯合剂及其与金属离子形成的配合物必须对人体无毒性；

（2）金属离子与螯合剂形成配合物的稳定性，必须大于该金属与体内生物大分子形成配合物的稳定性；

（3）金属离子与螯合剂形成的配合物应为水溶性，便于排出体外。

在采用螯合剂法清除体内有害金属离子时，必须注意由于螯合剂缺乏选择性，在排除有害离子的同时，也可能螯合其他一些生命所必需的金属而一起排出体外。例如，当以 EDTA 钠盐促排体内的铅时，常会导致血钙水平的降低而引起痉挛，但是只需改用 $Na_2[Caedta]$ 即可顺利排铅而保持血钙不受影响。

对于有毒金属的排除，人体也有其特殊的机制。其中最引人注目的是存在于肝、肾等部位的金属硫蛋白，它具有能将重金属元素排出体外的特殊功能。因此，人体排出有毒金属的主要途径是通过排泄系统。

3. 防癌元素与金属抗癌药物

癌症是一种严重威胁人类健康和生命的疾病，在各种疾病中癌症的死亡率由原来仅次于心血管病而跃居首位。因此，对癌症病因及防治的研究也是最活跃的科学领域。近年来的研究报告认为，引起癌症的主要原因是环境因素，而环境中化学致癌物的影响最受人们注意。

另一方面，科学家们已经发现某些微量元素能提高机体免疫功能，降低癌症和其他疾病的发病率。目前认为 Pt、Pd、Ir、Cu、Se、Mg、Mo、Si、Zn、Mn 等元素及其配合物有抗癌或抑癌作用。

目前抗癌方法中引人注目的是化学疗法，即用抗癌剂治疗。抗癌剂的种类很多，其中金属抗肿瘤药物的研究与应用近年来发展较快。抗癌配合物顺铂 $[PtCl_2(NH_3)_2]$ 及类似物已广泛用于临床。此外，锌和硒制剂用于肿瘤的临床显示了某些选择性的治疗作用和防癌作用，同时对其他化学疗法显示出一定的促进作用。

在服用了含金药物的病人的尿和血浆中发现存在 $[Au(CN)_2]^-$，这个配阴离子可进入细胞并抑制白细胞的氧化损伤，表明含金药物在体内代谢会产生新的物种，它表现出有抗肿瘤和抗艾滋病病毒的活性。中药复方中所用砒霜（As_2O_3）能促进癌细胞消亡。

17.3 环境污染及其防治

环境污染既可由人类活动引起，如人类生产和生活活动排放的污染物对环境的污染；也可由自然的原因引起，如地震、火山爆发等释放的尘埃和有害气体对环境的污染。事实上，自然原因引起的污染比人为引起的更加严重，并且持续时间更长。而环境保护中所指的环境污染主要指人类活动造成的污染。

环境污染的类型很多，按环境要素可分为大气污染、水体污染和土壤污染等；按污染的性质可分为生物污染、化学污染和物理污染；按污染物的形态可分为废气污染、废水污染、固体废物污染和噪声污染、辐射污染等；按污染产生的来源可分为工业污染、农业污染、交通运输污染和生活污染等。

17.3.1 大气污染及其防治

空气是人类和一切生物一刻也不能缺少的物质。一个成年人每天需要10~12 m^3空气，如果 5 d 内不饮水，尚能生存，但 5 min 不呼吸空气，就会死亡。由此可见，空气对维持生命的重要性。

大气是多种气体的混合物，可分为恒定的、可变的和不定的组分。恒定组分是指大气中体积分数为 20.95% 的氧，78.09% 的氮，0.93% 的氩，仅此三者总量已达 99.97%，此外，还有微量的氖、氦、氪、氙、氡等稀有气体成分。

可变组分是指大气中的二氧化碳和水蒸气。它们的含量随季节、气象等变化而不同。在通常情况下，二氧化碳含量为 0.02%~0.04%，近年来已上升到 0.33%；水蒸气的含量为 0~4%。

不定组分是指大气中的煤烟、尘埃、硫氧化物（SO_x）、氮氧化物（NO_x）、碳氧化物（CO、CO_2）等。不定成分达到一定浓度，会对人类及生物等造成严重危害。

大气污染源分为自然源和人为源两大类。自然源是指如火山爆发、森林火灾、风沙等自然原因会把产生的沙尘、二氧化硫、一氧化碳等污染物带进大气层；人为源是指如燃料燃烧、工厂排放、战争、汽车尾气等人为原因也会造成大气污染。当然，自然源有些也是由人为活动引发的。

人类活动或自然界会经常向大气排放各种气体、颗粒物，这些污染物与大气中原有成分或污染物之间还可能发生化学反应或光化反应形成危害性更大的新污染物。

大气的污染物种类繁多，已为人们注意的有近百种，大致可归纳为表 17.2 所示几类。当前，普遍被列入空气质量标准的污染物，除颗粒物外，主要有 SO_2、CO、NO_2、O_3

等气体。一般情况下，颗粒物和 SO_2 占 40%，CO 占 30%，NO_2、各种烃类及其衍生物（HC）及其他废气占 30%。

表 17.2　常见的大气污染物

类别	一次污染物	二次污染物	人为源
颗粒物（气溶胶）	飘尘、降尘、烟雾等	吸附有害气体等	工业烟尘等
含硫化合物	SO_2、H_2S、$(CH_3)_2S$ 等	SO_3、H_2SO_4、MSO_4 等	含硫燃料燃烧等
含氮化合物	N_2O、NO、NH_3	NO_2、MNO_3、$(CH_3)_2SO_4$ 等	汽车尾气等
碳氧化合物	CO、CO_2	—	燃料燃烧等
碳氢化合物	C_1～C_8 化合物	醛、酮、酸、多环苯烃等	燃料燃烧，石油挥发等
含卤化合物	HF、HCl、SiF_4、氯氟烃（CFCl）	—	金属冶炼，磷肥生产，空调装备等
光化学氧化剂	—	O_3、硝酸过氧乙酰（PAN）、H_2O_2 等	汽车尾气，石油化工等
放射性物质	放射性同位素	—	核动力燃料等

1. 颗粒物

（1）粉尘。粉尘是大气中危害最久、最严重的一种污染物，主要来自汽车尾气的排放，尤其是柴油车排放的炭黑。其次是二次污染，由一次污染物二氧化硫、二氧化氮经化学反应转化，将形成硫酸盐、硝酸盐等细颗粒物。还有燃烧过程产生的烟尘和工业生产、加工工序产生的各种粉尘。粉尘按颗粒大小不同，又可分为落尘和飘尘两类。

大气中粉尘的含量因地区而有很大差别。在某些工业区域，每月每 km^2 约有 40 t 的粉尘降落。

细小的粉尘（可吸入颗粒物）的直径在 10 μm 以下，而细颗粒物则 ≤2.5 μm，颗粒物直径越小，进入呼吸道的部位越深。10 μm 直径的颗粒物常沉积在呼吸道，2 μm 以下的可深入到细支气管和肺泡。粗颗粒物可侵害呼吸道系统，诱发哮喘。细颗粒物则能引发心脏病、肺病、呼吸道疾病等多种疾病。此外，由于飘尘比表面积大，具有较强的吸附能力，是携带和传染病菌的媒介。有时粉尘还可作为催化剂，促使新的有害物质生成，所以人们说飘尘是散布癌症的种子。

对工业粉尘的防治方法：一是回收；二是综合利用。回收粉尘的原理是利用其重力的自然沉降而滤除，或者利用电力来中和气溶胶的电荷，促使它聚沉。对于粉尘的综合利用，有的是制造建筑材料，也可用于提炼金属（如 Ni、Zn 等），或制备其他化工产品。

烟尘中包括由于不完全燃烧而形成的粒径微小的炭黑颗粒和烟气中夹带出的未燃尽的粒径较大的煤粒和飞尘。前者由于颗粒太小，靠一般除尘器不易除去，主要是采取改进燃烧装置及进行合理燃烧等措施，如采取两次送风，炉内设导风器，改造炉排和燃油喷嘴,以及把燃油制成乳剂喷入炉内等,这对消烟除尘均有良好的效果。

(2) 沙尘暴。我国有八大沙漠、四大沙地,主要分布在西北及北部地区,西起塔里木盆地,东至松嫩平原西部,东西长 4 500 km,南北宽 600 km 的沙漠带,总面积占国土 1/4 左右,并且每年以 2 400 km^2 的速度向外扩展。在大风下极易把沙尘扬起,形成风沙或沙尘暴天气。

在气象方面,颗粒物使大气的能见度降低,这在气象学上叫做“灰霾天”。目前,灰霾天气已成为世界工业化城市空气污染的突出问题之一。

鉴于颗粒物危害的严重性,消除烟尘已是当代各种工业必须注重的环保内容之一。

2. 硫氧化物

硫氧化物(SO_x)主要是指二氧化硫(SO_2)和三氧化硫(SO_3),它们主要来自燃烧含硫的燃料(煤含硫 0.5%~5%,石油含硫 0.5%~3%),金属冶炼厂、硫酸厂排出的大量硫氧化物气体,有机物的分解和燃烧,以及海洋及火山活动等。

SO_2是无色、有刺激臭味的窒息性气体,它对人的眼睛及呼吸系统有强烈刺激作用,吸入 SO_2含量超过 0.2%的空气,会使嗓子变哑、喘息,甚至失去知觉。

1952 年“伦敦烟雾”事件就是 SO_2在粉尘、雾滴的协同作用下造成的。研究指出,当时来自烟煤中的 Fe_3O_4、Al_2O_3、SiO_2及炭粒等对 SO_2的氧化起了催化作用:

$$2SO_2+O_2 \xrightarrow{\text{催化、光照}} 2SO_3$$

SO_3又极易与大气中的水蒸气形成硫酸雾、硫酸气溶胶。当时,伦敦完全处于无风状态,致使硫酸雾聚集并沉积于人的肺部、血液并波及全身,造成呼吸困难,危及心肺,在 4 天中就使 4 000 多人丧生。

SO_2在空气中遇水形成亚硫酸随雨降落,当雨水的 pH<5.6 时,称为酸雨。酸雨对环境和人类十分有害。

从排烟中除去 SO_2,常采用以下三种方法。

(1) 氨法。以氨水作吸收剂,除去废气中的二氧化硫。二氧化硫吸收率可达 93%~97%。此法可用于处理硫酸厂的制酸尾气或电厂锅炉的烟道气,其反应如下:

$$SO_2+2NH_3+H_2O \longrightarrow (NH_4)_2SO_3$$

然后通入空气:

$$(NH_4)_2SO_3+\frac{1}{2}O_2 \longrightarrow (NH_4)_2SO_4$$

产物$(NH_4)_2SO_4$可作化肥。

(2) 碱法。以氢氧化钠或碳酸钠溶液作吸收剂,可得产物亚硫酸钠,供造纸厂作漂白剂:

$$2NaOH+SO_2 \longrightarrow Na_2SO_3+H_2O$$

$$Na_2CO_3+SO_2 \longrightarrow Na_2SO_3+CO_2\uparrow$$

(3) 钙法(石灰-石膏法)。以碳酸钙或消石灰或两者的混合浊液(5%~10%)作为吸收剂:

$$2CaCO_3(s)+2SO_2(g)+O_2(g) \longrightarrow 2CaSO_4(S)+2CO_2(g)$$

$$2Ca(OH)_2+2SO_2 \longrightarrow 2CaSO_3\cdot H_2O$$

$$2CaSO_3 \cdot H_2O + O_2 + 2H_2O \longrightarrow 2CaSO_4 \cdot 2H_2O$$

最后可得石膏，用作钙塑材料的添加剂。

3. 氮氧化物

氮氧化物（NO_x）的种类很多，作为排放于大气中的污染物主要是 NO 和 NO_2。污染源主要来自燃料的燃烧、汽车的尾气、生产和使用硝酸的工厂尾气等。较浓的氮氧化物气体呈棕黄色，故有“黄龙”之称。

在一般条件下，空气中氮与氧不能直接化合为氮的氧化物，在 1 200 ℃或更高的温度下，NO 生成量显著增加。在空气中，NO 与 O_2化合生成 NO_2，温度越高，NO_2的生成率越小。

NO 能刺激呼吸系统，并能与血红素结合，生成亚硝基血红素，而且结合能力很强，约为 O_2的数百倍，故可造成血液缺氧而引起中枢神经麻痹。NO_2不但对呼吸系统有强烈刺激作用，使血红素硝化，危害性比 NO 还大，而且对心脏、肝脏、肾脏及造血系统和组织都有很大的影响，严重时可导致死亡。

氮氧化物的严重危害在于它是“光化学烟雾”的引发剂之一。光化学烟雾是汽车尾气或工厂排放物中的含氮氧化物与碳氢化物在日光照射下形成的一种烟雾，它强烈刺激人的眼睛和呼吸器官，轻者使人眼睛红肿，咽喉疼痛，重者使人呼吸困难，手足抽搐，甚至死亡。1946 年美国洛杉矶由于汽车尾气引起的光化学烟雾事件竟使 400 人丧生。

用碳酸钠、氢氧化钠、石灰乳可吸收二氧化氮：

$$2NO_2 + Na_2CO_3 \longrightarrow NaNO_2 + NaNO_3 + CO_2 \uparrow$$

我国已研制成功用氨作还原剂，以 $CuO-Cr_2O_3$为催化剂，在较宽的操作温度范围内，保持氮氧化物的转化率达 99%以上，使尾气中的氮氧化物的浓度减低到符合排放标准。其主要反应如下：

$$4NH_3 + 6NO \longrightarrow 5N_2 + 6H_2O$$

$$8NH_3 + 6NO_2 \longrightarrow 7N_2 + 12H_2O$$

国外在汽车尾气系统内，有的已配有高效催化净化装备，以 Pt-Pd 等为催化剂，使汽车尾气中的一氧化碳、碳氢化物和氮氧化物转化为 CO_2和 N_2：

$$C_nH_m + \frac{m+4n}{4}O_2 \xrightarrow{\text{Pt-Pd}} n\ CO_2 + \frac{m}{2}H_2O$$

$$2CO + 2NO \xrightarrow{\text{Pt-Pd}} 2\ CO_2 + N_2$$

值得注意的是铅能使催化剂中毒，必须使用无铅汽油。

4. 一氧化碳

在燃料燃烧过程中，只有当氧气充分时才能完全生成 CO_2；若氧气供应不充分，则首先生成 CO，再进一步氧化成 CO_2，由于燃烧温度很高，CO_2还会再分解为 CO 和 O_2，因此，燃料燃烧总会生成一定量的 CO。全世界每年人为排放 CO 达 3.6 亿吨，其中 70%是人为污染源排放的。发达国家城市空气中的 CO 约 80%是汽车所排放。汽车发动机燃烧不完全或空档、怠速时排放的 CO 更多。

由于 CO 是无色无臭的气体，在接触过程中不易被人察觉，因此对 CO 的污染更要引起高度警惕。CO 进入人体即与血红蛋白相结合，阻碍了血红蛋白的输氧功能，轻度中毒使中枢神经机能受损，严重时则昏迷、痉挛、甚至死亡。CO 对植物无害。

5. 全球性大气污染及其危害

目前，几个比较严重的全球性大气污染问题主要包括温室效应加剧引起的全球增温，臭氧洞的扩大及加深，酸雨的危害等。这些问题彼此相关，且均影响到全球生态环境的恶化和人类的健康。

（1）温室效应与全球气候变暖。大气中的 CO_2、H_2O 等组分，可以让太阳的短波辐射透过，且具有选择吸收长波辐射的能力。地表接受太阳照射后，又以长波辐射（红外波段）的方式将能量释放出来，再次被大气中的 CO_2、H_2O 等组分吸收，把能量截留在大气层内，使地表和低层大气变暖。这些气体有类似温室栽培作物时温室中玻璃的作用，故把此现象称为温室效应。

温室效应是人类能在地球上生存的重要条件。火星上无 CO_2等温室气体，表面温度平均-10～-30 ℃，且日夜温差极大；金星的大气中 CO_2体积分数高达 97%，吸收长波辐射太多，表面高达 480 ℃，是生物无法生存的热星球。地球大气中适量的 CO_2、H_2O产生的自然温室效应并非坏事，CO_2、H_2O 可称为自然温室气体。但若 CO_2在大气中浓度过高，保温能力太强，就令人担忧了。

研究近 100 多年来全球地表气温变化的情况表明，全球地表气温变化升温趋势明显。1860—1995 年中，出现的 10 个高温年份有 9 个在 1980 年以后。20 世纪 80 年代全球气温比 19 世纪下半叶升高约 0.6 ℃。世界气象组织（WHO）发布的 2004 年全球《大气中温室气体状况》监测表明：CO_2、CH_4、N_2O 平均浓度分别比工业化时代高出 35%、155%、18%。2006 年联合国环境规划署（UNEP）政府间气候变化问题专家小组最新评估预计：全球平均地表温度在 1990—2100 年间会升高 4～5.8 ℃，同时期海平面会上升 9～88 cm。这种气候变暖现象主要是由于人类活动造成的。2002 年全球人为排放的 CO_2达 2.5×10^{10} t。

温室效应的加剧将导致全球气候变暖，长此下去，会使高山冰川和南北两极冰层融化、滑动，海平面上升，沿海地区某些城市被淹没。

（2）酸雨。酸雨主要是由大气中的废气 SO_2和 NO_x造成的。大气中的 SO_2、SO_3、NO、NO_2等与 O_2或 H_2O 在固体烟尘（含 Fe、Cu、V 等）催化下形成 H_2SO_4或 HNO_3，亦即酸雨的主要成分是 H_2SO_4和 HNO_3。

世界上每年排入大气中的 SO_2约 1.5 亿吨。酸雨对环境危害很大，使土壤、水体酸化，危及人类健康和农、林、牧、渔业的生产；腐蚀工厂设备、桥梁、公路、建筑物，尤其是古文化遗迹。目前，公认的世界上三大酸雨影响区：西欧、北美和中国西南部，都是工业发达和工业快速发展地区。例如，美国东北部与加拿大交界地段的湖泊曾受到严重污染。20 世纪 80 年代我国酸雨仅限于川贵两广地区，到 90 年代酸雨已从西南地区蔓延至华中、华南地区，并且大多数省都发现过酸雨。

防治酸雨的根本措施是削减人为向大气中排放 SO_2及汽车尾气排放的总量；优化能源结构，改进燃料装置，开发清洁能源；推广清洁燃煤技术，削减民用煤、工业烧洗煤；烟气脱硫等。

（3）臭氧层损耗。自 1985 年起观测事实表明，全球大气层臭氧总量锐减，臭氧层变薄，甚至先后在南极和北极上空出现了臭氧层空洞。1998 年世界气象组织发表报告指出，过去几年一再出现在南极洲上空的臭氧空洞其面积已达 2 720 万平方千米（比北美洲还大），且深度已切入大气平流层达 24 km。当然，所谓臭氧空洞并非说该区域内已全无臭氧了，而是指某时间该地区的臭氧含量显著低于周边地区，远低于正常值。最近几年，人们又发现在欧洲上空、北半球臭氧层也在变薄，连北极臭氧层有高达 2/3 的部分已经受损。我国科学家也发现，在青藏高原地区大气的臭氧含量明显低于周边地区，每年约以 0. 375%的速度减少。据统计分析，大气中的臭氧每减少 1%，照射到地面上的紫外线就增加 2%，皮肤癌发病率将增加 4%左右，同时使患白内障眼疾的人数增多，还会损害人的免疫系统，妨碍生物的正常生长。

关于臭氧空洞的成因，存在许多推测和假设，但总应包括自然变化过程和人类活动影响两个方面。对自然变化过程，人类至今知之甚少，但从人类活动影响的角度，普遍认为主要原因是用作制冷剂、清洗剂、发泡剂、杀虫剂的氟利昂（CF_2Cl_2、$CFCl_3$ 等）曾一度大量使用及排放，尤以冰箱、空调排放对臭氧层的破坏最为显著。氟利昂易挥发，不溶于水，进入大气平流层后，受紫外线照射产生的 Cl 原子可引发破坏 O_3的反应：

$$2O_2 \xrightarrow{h\nu} O + O_3$$

$$CF_2Cl_2 \xrightarrow{h\nu} Cl + CF_2Cl$$

$$CFCl_3 \xrightarrow{h\nu} Cl + CFCl_2$$

$$Cl+O_3 \longrightarrow ClO+O_2$$

$$ClO+O \longrightarrow Cl+O_2$$

CF_2Cl_2化学性质相当稳定，在大气中可存在 60～200 年。由以上可看出：Cl 原子本身只作催化剂，但却长时间、反复地破坏着 O_3。

另一原因是日益增多的喷气机、汽车尾气和核爆炸产生的 NO_x释放到大气平流层，在紫外光下也引发破坏 O_3的反应：

$$2O_2 \xrightarrow{h\nu} O+O_3$$

$$O_3+NO \longrightarrow NO_2+O_2$$

$$NO_2+O \longrightarrow NO+O_2$$

NO 可循环反应，实际上也起到催化剂的作用，使 O_3层遭到破坏。

为了保护臭氧层，联合国环境规划署制定了《保护臭氧层的维也纳公约》，1987 年的《蒙特利尔协议》，禁止使用氟氯烃和其他卤代烃；1990 年进一步规定，于 2010 年全球完全停止氟氯烃的生产和排放。但是，冰冻三尺非一日之寒，即使目前能马上停止相应工业废气的排放，50 年后臭氧层也未必能恢复到原来的状态，因此必须采取更为积极的措施，修复臭氧层。俄罗斯航空机械制造研究所提出在太空站安装激光辐射源，利用太阳能，向臭氧层发出激光，以发生下列合成 O_3的反应：

$$O_2 \xrightarrow{\text{激光}} 2O$$

$$O_2+O \longrightarrow O_3$$

6. 我国大气污染的防治

我国大气污染情况是严重的。主要原因是我国能源结构以煤炭为主，我国工业总体能耗大、设备陈旧、工艺落后、治污技术水平低；加之人口众多，广大农村及中小城市使用的小炉灶造成的污染也是很严重的。

我国的大气污染是典型的以排放烟尘和 SO_2 为特征的煤烟型污染。我国城市空气质量仍处于较重的污染水平。国家环保局根据《中华人民共和国环境保护法》和《中华人民共和国大气污染防治法》，为改善环境空气质量，防止生态破坏，创造清洁适宜的环境，保护人体健康，1996 年颁布了中华人民共和国国家标准——《环境空气质量标准》(GB3095—1996)，2002 年又进行了修订。

2000 年起，我国已有北京、天津、上海、重庆、南京等数十个重点城市执行了每天向社会公众发布空气质量日报的制度。目前是以城市空气中的主要污染物 SO_2，NO_x 和总悬浮颗粒物的质量浓度为依据换算成空气污染指数(API)。

由于我国的能源消费结构中煤占 70%以上，所以重点是强化燃煤污染防治，规定不仅要防治由燃煤造成的污染，同时要控制 SO_2 及 NO_x 污染；遏制区域性的酸雨污染，加强机动车排气管理。限制生产和使用含铅汽油，所有汽车都必须安装尾气净化装置。

但是，从根本上来说，要重新再造蓝色的天空，还必须采取有效的措施，大力开发使用洁净新能源，逐步减少化石燃料(煤、石油、天然气)的使用量，改变我国的能源结构；大力研究开发无污染生产工艺；禁止使用、排放有损臭氧层的化学品；防尘治沙，植树造林，营造草地，绿化环境。

17.3.2 水体污染及其防治

水与生命关系极为密切。它是一切生命机体的组成部分(人体质量的 2/3 是水)，又是生物新陈代谢的一种介质，并对生物体起着放散热量、调节体温的作用，因此，水与人类健康关系密切，并且是发展社会生产不可缺少的物质基础。

1. 水体污染

水体一般指河流、湖泊、沼泽、水库、矿泉和海洋等天然水的总称。水体污染是指自然水体中的污染物在数量上超过了该物质在水体中的本底含量，超过了水体的自净能力，导致水体的物理、化学性质发生有害于生态环境的变化。

根据污染物及其形成污染的性质，可将水污染分为化学污染、物理污染和生物污染，其中化学污染物主要有以下几类。

(1) 无机有毒物质。主要包括重金属离子、氰化物、氟化物和亚硝酸盐等。

重金属主要是汞、铬、镉、铅、镍、锌、铜、钴、锡等，汞和镉是毒性较大的元素。采矿、冶炼、合金制造、电镀、玻璃工业、油漆和颜料制造、照相材料、光电池、蓄电池、陶瓷、原子能反应堆等部门是含镉废水的主要来源。目前环境中的汞污染，主要是由于工业上汞流失的增加而造成的，其中以水银电解法制碱工业最为突出。其次来源是氯乙烯化工厂含汞催化剂废水，硫化汞的生产，含汞农药、纸浆及造纸杀菌剂、电气设备、汞合金及医药生产中排出的废气和废水等。此外，由于汞易挥发，在某些冶炼厂的废气中含有汞蒸气。锌、镉、汞对生物的生理作用是极不相同的，微量锌是生物的必需元素，而镉和汞则相反。镉进入人体后，造成累积性中毒，首先损害肾脏，并能置换骨骼中的钙，导致骨质疏松和骨骼软化，使患者有无法忍受的骨痛感，故名“骨痛病”。经研究表明,含汞化合物在自然界中能转化为甲基汞 $Hg(CH_3)_2$,汞中毒以甲基汞最为严重。因为甲基汞在脂肪中比在水中溶解度大,其进入人体后几乎全部被吸收,在人体内停留时间长。汞中毒最先发现于日本九州一个小镇"水俣",故因此而得名为"水俣病"。其症状是严重的中枢神经系统损伤,听力减弱,语言失控,四肢麻痹进而变形、失明等,甚至还造成遗传性危害,使胎儿畸形等。"水俣病"是甲基汞中毒的典型病例。因此,我国把汞和镉列为第一类污染物,而且甲基汞不得检出。

铅、铬毒性也很大,在铬矿冶炼、电镀、金属加工、制革、油漆、颜料、印染等工业的废水中都含有铬。在铬的化合物中 Cr(Ⅵ)的毒性最大,Cr(Ⅲ)次之,Cr(Ⅱ)和金属铬毒性最小。Cr(Ⅵ)有致癌作用,对消化道和皮肤具有刺激性。无论 Cr(Ⅵ)或 Cr(Ⅲ),对鱼类、农作物皆有害,被我国列为第一类污染物。还有非金属砷,毒性与重金属相似。

含氰废水主要来源于电镀车间、选矿厂、农药厂、制药厂。含氟废水主要来源于玻璃厂、陶瓷厂、晶体管厂、农药厂及电子工业。亚硝酸盐由含氮有机物生物降解产生,这类物质是致癌物。

(2) 有机有毒物质。主要有农药(DDT、六六六等有机氯农药)、醛、酮、酚、多氯联苯(PCB)、芳香胺、高分子聚合物、染料等。这些物质多来自于冶金、煤气、焦化、石油化工、有机合成农药厂等工业废水。这些有毒物质有害于人体健康,如多氯联苯等对神经、肝脏、骨骼都有严重危害,甚至引起生殖障碍并可能致癌。报纸油墨中含有微量的 PCB,因此不能用报纸包裹食物。

每年全球约有数亿吨垃圾、600 万吨磷、200 万吨铅等有害物质被倾入江、河、湖、海,造成不少城市水域污染严重。

2. 水体污染的防治

2006 年 3 月,为纪念第 14 届世界水日(3 月 22 日),联合国发布的《世界水资源发展报告》指出,滋养着人类文明的河流在许多地方被掠夺式开发利用,加上工业活动造成的全球暖化,人类未来的水资源已受到严重威胁——全球 500 条主要河流中至少有一半已严重枯竭或被污染。2006 年 11 月 9 日联合国开发计划署(UNDP)发表了主题为透视贫水、权力、贫穷与全球水危机的《2006 年人类发展报告》,报告进一步强调提供清水、排除污水、提供基本卫生条件是推动人类进步的三大基本条件。在发展中国家,近半数人口都由于缺乏清洁饮水和基本卫生条件而患病。水和卫生危机不仅威胁着民众的健康和生命,也阻碍着经济的发展。

我国人均水资源拥有量只及世界平均水平的$\frac{1}{4}$,全国 600 多个城市中有$\frac{2}{3}$供水不足,其中$\frac{1}{6}$的城市严重缺水。据《2005 中国环境状况公报》报道,2005 年全国废水排放总量为 524.5 亿吨,其中工业废水 243.1 亿吨、生活污水 281.4 亿吨。全国河流、湖泊水质监测结果表明,我国水污染相当严重,合理利用水资源、防治水的污染,是每一个科技、管理人员应予重视的课题。

水体污染的大户是工业废水,约占 74%。因此,控制工业废水污染是关键。可以从以下几个方面入手。

(1) 改进生产工艺,发展无公害工艺,把污染物控制和消灭在生产过程中。例如,禁止生产高毒农药；氯碱工业淘汰汞催化法，以取消汞污染；电镀工艺采用无氰、低铬电镀新工艺以控制氰、铬的污染等；

(2) 提高废水循环率，力求少排或不排废水；

(3) 加强废水处理，必须达到国家规定的排放标准后再行排放。

废水处理就是应用各种技术将废水中的有害物质分离出去，或者将其转化为无害的物质，从而达到净化水的目的。常用处理无机物废水的化学方法有：沉淀法、中和法、氧化还原法、膜分离法等。

17.3.3 土壤污染及其防治

土壤是由岩石风化而成的混合物。它是由矿物质、有机质、微生物、水分和空气五个部分组成的。矿物质与有机质紧密结合在一起，好像人体内的骨与肉。固体颗粒之间有大小不同的孔隙，仿佛是人体的血管，在其中充满水分和空气，孔隙内的水可以自由运行，好像人体的血液，孔隙中的空气经常与大气交换，类似于人的呼吸。这就是说，组成土壤的各种物质，都是相互联系、相互制约的。

土壤是人类赖以生存的重要条件。人类由土壤取得饮水和动物性及植物性食物，并从事各项生产活动。土壤和人类之间保持着自然平衡的关系，在正常情况下，土壤不仅能传递各种营养成分，而且还能分解并滤除毒素（自净作用），但由于人类排放废物于土壤，从而改变了土壤成分，降低农作物的产量和质量，危及人的健康。

土壤的污染物一般来自生活垃圾，地沟污水、污泥，工矿废水、废渣，被污染的大气及施用的化肥、农药等。污染物的种类虽然很多，基本上仍可分为无机和有机两大类。本节主要介绍无机类污染物的危害与治理方法。

土壤污染对植物生长会造成危害。过多的铜、锰和磷酸等将会阻碍植物对铁的吸收，引起酶作用的减退，并且阻碍体内的氮气代谢，使植物得缺绿病。试验表明，这些物质在土壤中含量达到 20 $mg\cdot kg^{-1}$时，小麦就会枯死；如果达到250 $mg\cdot kg^{-1}$时，水稻也将枯死。受镉、砷、汞等金属元素污染的土壤，更不利于植物的生长。实验证明，土壤中无机砷添加量达 $40\times10^{-4}\%$时，水稻的产量减少 50%，稻米中的含砷量也随之增加。有机砷化物（如甲基砷酸钙）对植物的毒性更大，土壤中只要达 $0.7\times10^{-4}\%$时，水稻即颗粒不收。长期使用硫铵化肥，其铵离子经过土壤的离子交换作用慢慢地被作物吸收，而硫酸根离子则积累在土壤中，使土壤酸化，不利于作物生长。若在牧草场施用氮肥过多，食草动物的胃中会积累亚硝酸盐，妨碍氧的输送，导致牲畜患病或死亡。

土壤对放射性污染是不能自行排除的，只有靠其自然衰变成稳定元素为止。所以半衰期越长的裂变产物影响越大，如铀的裂变产物^{90}Sr和^{137}Cs的半衰期最长，而这些物质又均可被植物吸收，因此对人体就十分有害。

对于土壤保护，必须贯彻预防为主、防治结合的环保方针。首先要控制和消除污染源，同时应充分利用土壤的净化能力。对已经污染的土壤，要采取一切有效措施消除污染物。例如，对重金属污染的土壤可采用排土法（排去污染土壤）或客土法（非污染土壤覆盖污染表土上）进行改良，也可施用土壤改良剂（常使用石灰、磷酸盐、碳酸盐等），使重金属转化成难溶性化合物以阻碍重金属向作物体内转移。

土壤污染和破坏后很难恢复，又不易采取大规模治理措施。所以对土壤污染，防止污染比治理污染更具现实意义。防止和控制污染主要有以下几个方面。

(1) 控制和消除土壤污染源。控制和消除工业"三废"排放，使之符合排放标准；加强灌区的监测和管理，控制污水灌溉量；合理使用农药与化肥，探索和推广生物防治病虫害的途径，合理施肥，经济用肥。

(2) 改革耕作制度。土壤中污染物的危害程度常与土壤性质密切相关。例如，在水田中镉离子易形成难溶性化合物而毒性减轻；砷则相反，在水田中可形成比砷酸盐毒性更大的亚砷酸。因而可根据这些原理调整耕作制度，以减轻土壤污染的危害。

(3) 合理利用污染土地。严重污染的土壤可改良用于非食用经济作物或经济林木以减少食品污染。

17.3.4 放射性污染及其防护

过量的放射辐射对生物体有伤害，这主要是由于射线具有电离能力造成的。这种电离使生物体细胞受到破坏，α 粒子、质子及高能中子的速率较小，与物质作用较长时间的概率较大，因而电离能力最大，对人体内的伤害也最大；β、γ、X 射线虽然穿透能力强，但它们很容易被有机玻璃、塑料及其他材料屏蔽，且电离本领较小，因而危害性也较小。

显然，射线源强度越大，与人体的距离越近，被人体吸收的射线能量也越大，故对人体的伤害也就越大。

人体受过量放射性物质辐射后，就会引起辐射病。其中反应最快的是骨髓的造血组织，最初的症状是白细胞降低，免疫力下降；接着是血液系统的血小板、红细胞减少，病状是容易出血和贫血。剂量很大的放射性照射，由于造血、胃肠、中枢神经衰竭，在几分钟到几周内死亡。剂量较小但时间较长的放射性照射，可能经过较长时间才会发觉，其后果可能导致患白血病、癌症，还可能影响生育和导致遗传基因突变。二战使用的原子弹和海湾战争使用的贫铀弹造成的恶果已为世人所知。

对与放射性有关的研究单位、医院、工厂、核电站及军事部门，要强化防护建筑、设施，建立完善的工作制度和监测报警系统，要妥善处理放射性废料，以防止各种辐射对人体的伤害。尤其是要防止发生像 1986 年切尔诺贝利核电站那样的放射性物质外泄事故[1]。

除以上介绍的污染以外，固体废弃物的污染，噪声及物理性污染(电磁污染、热污染、噪声污染、光污染等)也引起国内、外的重视，并制定了相关管理法，以减轻对生态环境和人类造成的危害。

17.4 化学工业"三废"治理

改革开放以来，我国化学工业发展很快，但环境污染问题也越来越严重。化工厂

[1] 1986 年 4 月 26 日凌晨，乌克兰境内的切尔诺贝利核电站由于工作人员违章操作，导致燃烧、爆炸，造成大量放射物质外泄，前后近万人死亡、数万人受核辐射伤害，隐患百年。该核电站于 2000 年关闭。

在生产过程中排放出来的废气、废水、废渣(通称“三废”)是主要的污染物,若不加以治理,直接向环境排放,则会严重污染环境,有害于人类及其他生物的正常生存和持续发展。

17.4.1 化学工业“三废”的来源

化工生产过程的尾气是空气中污染物的主要来源。例如,硫酸生产过程中,SO_2转化率一般为96%~98%,剩余的SO_2及少量SO_3的酸雾随着吸收塔尾气的排放进入大气,一般在0.3%~0.8%。又如,制备、再生催化剂的过程中,往往把含有Hg、Mn、Cd、V等金属化合物的粉尘排入大气。

化工生产用水量较多,与原料、产品接触过的水,如冶金、电镀、无机酸等工业废水多含无机物,石油化工、皮革、制药、塑料、食品等工业废水多含有机物。化工过程如水洗、酸洗、碱洗、溶剂处理排出的废液,甚至冷却水(多含防腐剂,杀藻剂如铬酸盐、磷酸盐),若不经过处理直接排放水域、地下,危害就更大。例如,硫酸厂水洗净化流程每生产1 t硫酸需排出10~15 t污水,污水中除含硫酸外,还含砷(2~30 $mg\cdot L^{-1}$)、氟(10~100 $mg\cdot L^{-1}$)的化合物。

化工生产使用的矿物原料、燃料,熔烧后的矿渣、炉渣,若乱排放,日久也会污染土壤、水系。例如,硫酸厂每生产1 t硫酸一般要排出0.7~1 t的矿渣。至于有些化工厂,把尚无法利用的副产品也作为废弃物排弃,问题就更多了。

17.4.2 化工污染的防治

环境污染对人体、生物的健康危害,主要有急性危害、慢性危害、远期危害。为了防止环境污染,我国已公布了环境保护法,并对各种不同生产厂分别制定了污染物的排放标准。在新厂建设时,对于防止污染的设施必须与主体工程同时设计、同时施工、同时投产;对已投产的工厂,应采取积极治理措施,使各项有害物质的排放尽快达到国家规定的标准。

化工污染的防治可以从以下几个方面进行。

1. 控制污染源

选择合理的工艺,把“三废”消灭于生产过程中,其中包括:

(1) 通过改变工艺路线和生产方法,以减少“三废”的污染。例如,用乙炔为原料生产氯乙烯,需要用氯化汞作催化剂;电解食盐水制烧碱时,采用汞阴极电解槽,显然都会造成汞的污染。现采用乙烯氧氯化法生产氯乙烯,在烧碱厂废除汞阴极电解槽,则汞的污染源将消除。

(2) 通过改进操作条件和设备,使污染源得以控制。例如,在用冷却水时,用间接冷却法代替直接冷却法,以避免水与污染物的直接接触。在用蒸气加热进行蒸馏时,采用蒸气加热再沸器代替直接蒸气气提,这样均可减少废水排放量。

(3) 淘汰有毒产品,尽量生产无污染或少污染产品。例如,开发高效无毒或低毒的新农药,以代替传统的高毒性、易污染的旧农药。

2. 采用封闭循环工艺和综合利用

封闭循环是将生产系统的排放物质经过一定处理步骤后,重新送回系统,从而形成一个循环系统，使排放物中所带的未反应物或中间产物又返回到系统，再次被利用。这种工艺不仅可以避免污染，还能减少或杜绝物料的浪费。例如，纯碱生产上，我国化工专家侯德榜创立的联合制碱法就是一个封闭循环工艺。

物料的综合利用是减少污染物排放的有效方法。化工生产中常常是这个厂的废料是另一个厂的原料。例如，硫酸厂的废渣可作为高炉炼铁的原料；湿法磷酸厂的废磷石膏是生产硫酸或水泥的原料等。

3. 三废的处理

对于实在无法回收的废弃物，按气、水、渣性质的不同采取不同的处理方法。

(1) 废气的处理。废气的治理大致可分为两类：一是废气中悬浮物的除去；二是废气中各种有害气体的除去。对于废气中固、液颗粒除去，一般根据颗粒大小及对颗粒的作用力不同分机械除尘、过滤除尘、静电除尘和洗涤除尘等。对于废气中有害气态物质，必须根据它们的物理或化学性质的不同而采用不同方法。采取有效的治理措施，严格控制化工废气的达标排放；同时合理制定或调整生产布局；开发使用清洁能源；改革生产工艺和设备、调整产品结构；净化与回收废气，开展综合利用，如从焦炉废气中回收利用焦炉煤气，从烟道气中回收硫资源，从磷肥厂含氟废气中制取氧化铝。

(2) 废水处理。化工废水处理的目的是将废水中的有害、有毒物质加以分离，另行处理或回收利用；或者使有害物质改性变成无毒或低毒的物质。化工废水处理方法很多，根据作用原理可分为四类：物理法、化学法、物理化学法、生物法。

物理法是先决环节，主要是根据污水中所含污染物(固态或液态)相对密度不同，通过重力分离、过滤、吸附和浮选等方法使污水得到处理。

化学法是利用污水中所含溶解物质或胶体物质能与其他物质发生化学反应，使它们从污水中分离出去，或将其转化为有用产品以达到净化的目的。一般有中和法(如硫酸用石灰中和、碱用酸中和等)、化学沉淀法(如向含汞废水中加入 Na_2S 或通入 H_2S，都会生成 HgS 沉淀而除去汞化合物)、氧化-还原法(如用液氯或 NaClO、$KMnO_4$ 除去废水中的酚，在 pH 为 5~6 时，脱酚率达 99%以上)等。

物理化学法通常有吸附、离子交换、膜分离、萃取、气提法等(如处理镀铬废水，先使用阴、阳离子交换树脂处理，再用化学药物洗脱和再生)。

生物法是利用微生物的作用来处理污水，使水中有机污染物转化为无害物质。例如，嗜氧微生物，可将污水中的有机物氧化分解为 CO_2、H_2O、NO_3^-、PO_4^{3-}、SO_4^{2-} 等，使水净化。厌氧微生物可在水中没有溶解氧的情况下，将有机物分解为 CH_4、CO_2、N_2 等。

下面举几个典型例子具体说明。

含砷废水　含砷废水处理可用化学沉淀法、吸附法(常用的吸附剂有活性炭、沸石、磺化煤等)、电凝聚法、离子交换法、生化法(如活性污泥法)等。

下面主要介绍沉淀法在含砷废水处理中的应用。

利用许多金属离子能与 AsO_4^{3-}、AsO_3^{3-}(AsO_2^-)直接生成难溶性盐的特性，可在含砷废水中加入钙盐、铁盐、镁盐、硫化物等，将含砷化合物除去。例如：

$$3Ca^{2+}+2AsO_4^{3-} \longrightarrow Ca_3(AsO_4)_2\downarrow$$

$$Fe^{3+}+AsO_3^{3-} \longrightarrow FeAsO_3\downarrow$$

由于 AsO_3^{3-} 盐的溶解度较 AsO_4^{3-} 盐大得多，对沉淀反应不利，可预先用氯气将 AsO_3^{3-} 氧化为 AsO_4^{3-} 盐。

砷可与铁、镁、铝、钙等金属的氢氧化物产生共沉淀（使可溶性离子被沉淀物吸附）而被除去。例如，可使用氯化铁和氢氧化钙混合絮凝剂以提高除砷效果：

$$3Ca(OH)_2+2Fe^{3+} \longrightarrow 2Fe(OH)_3\downarrow+3Ca^{2+}$$

$$AsO_4^{3-}+Fe(OH)_3 \longrightarrow FeAsO_4\downarrow+3OH^-$$

$$AsO_3^{3-}+Fe(OH)_3 \longrightarrow FeAsO_3\downarrow+3OH^-$$

还可用硫化法，以 H_2S 为沉淀剂，使废水中的砷转变为难溶的硫化砷：

$$2As^{3+}+3H_2S \longrightarrow As_2S_3\downarrow+6H^+$$

含镉废水　含镉废水的处理主要有化学法和电解法。

化学法：对于一般工业含镉废水，可投入消石灰或硫化碱，使 Cd^{2+} 形成难溶的 $Cd(OH)_2$ 或 CdS 沉淀而除去。

电解法：此法用于处理氰化镀镉废水。在这种水中主要含 $[Cd(CN)_4]^{2-}$，另外还有 Cd^{2+} 和 CN^- 等有毒物质。首先在废水中加入适量 NaCl 和 NaOH，然后进行电解。阳极产生的 Cl_2 与 NaOH 反应生成 NaClO，ClO^- 能把 CN^- 氧化为 CO_3^{2-} 和 N_2：

$$Cl_2+2OH^- \longrightarrow ClO^-+Cl^-+H_2O$$

$$2CN^-+5ClO^-+2OH^- \longrightarrow 2CO_3^{2-}+N_2\uparrow+5Cl^-+H_2O$$

溶液中 OH^- 与 Cd^{2+} 反应生成 $Cd(OH)_2$ 而沉出。此法缺点是耗电量大，部分 CN^- 被氧化为有毒的氰气 $(CN)_2$ 而污染空气。

与电解法类似，也可直接用漂白粉 $Ca(ClO)_2$ 作氧化处理。此外，还可用离子交换法处理含镉废水。

含铬废水　含铬废水的处理方法有以下三种。

还原法：在酸性含铬(Ⅵ)废水中，用还原剂硫酸亚铁或亚硫酸氢钠将Cr(Ⅵ)还原为 Cr(Ⅲ)，然后加碱调节 pH，使其转变为氢氧化铬沉淀而除去：

$$Cr_2O_7^{2-}+6Fe^{2+}+14H^+ \longrightarrow 2Cr^{3+}+6Fe^{3+}+7H_2O$$

$$Cr_2O_7^{2-}+3HSO_3^-+5H^+ \longrightarrow 2Cr^{3+}+3SO_4^{2-}+4H_2O$$

$$Cr^{3+}+3OH^- \longrightarrow Cr(OH)_3\downarrow$$

铁氧体法：若在酸性含铬废水中加入硫酸亚铁，然后加入适量的 NaOH，使 Cr^{3+} 和 Fe^{3+} 及未反应的 Fe^{2+} 都沉淀为氢氧化物。加热下通入空气，使部分 Fe^{2+} 氧化为 Fe^{3+}，当 Fe^{2+} 和 Fe^{3+} 的含量达到一定比例时，能生成具有磁性的氧化物 $Fe_3O_4 \cdot x\,H_2O$ 沉淀（称铁氧体）。由于 Cr^{3+} 与 Fe^{3+} 电荷数相同、半径相近，因而在沉淀过程中，部分 Fe^{3+} 被 Cr^{3+} 所取代，用磁铁将有磁性的沉淀物吸出而达到净化水的目的。

离子交换法：将含铬(Ⅵ)污水流经阴离子交换树脂，进行离子交换后 $HCrO_4^-$ 便留在树脂上，然后用 NaOH 溶液淋洗，使 $HCrO_4^-$ 离子重新进入溶液而被回收，同时树脂也得到再生，其反应如下：

$$\underset{\text{(树脂)}}{R—OH}+HCrO_4^- \underset{\text{再生}}{\overset{\text{交换}}{\rightleftharpoons}} \underset{\text{(树脂上)}}{R—HCrO_4}+OH^-$$

含汞废水 处理含汞废水的方法很多，这里介绍常见的两种方法，即沉淀法和还原法。

沉淀法：汞的化合物中，除硝酸汞外大多难溶于水，其中 HgS 的溶解度最小，因此在含汞废水中加入 Na_2S 或 NaHS，即可将 Hg^{2+} 以 HgS 的形式除去。由于 HgS 可溶于过量的 Na_2S 中，形成可溶性的 $[HgS_2]^{2-}$，因此 Na_2S 不能过量，可用 $FeSO_4$ 与过量的 Na_2S 反应，生成 FeS 沉淀。因 FeS 溶于酸，所以要控制废水 pH（一般为 8～10），使 HgS 和 FeS 一起从废水中沉淀出。也可用 $Fe(OH)_3$ 和 HgS 共沉淀的方法来提高分离效果。

还原法：此法是用还原剂将废水中的汞还原为金属汞。常用的还原剂有铁屑、铜屑、锌粒、肼、硼氢化钠（$NaBH_4$）、硫代硫酸钠及亚硫酸钠等。还可用微生物还原，如耐汞菌可将 $HgCl_2$、HgI_2、$HgSO_4$、$Hg(NO_3)_2$、$Hg(CN)_2$、$Hg(SCN)_2$、HgO、$Hg(OAc)_2$、醋酸苯汞、磷酸乙基汞和氯化甲基汞等还原为金属汞。

此外，还可用活性炭吸附法、离子交换法和溶剂萃取法来分离回收汞。

最后还必须指出，在处理含汞废水时，根据所用方法不同，有时需将水中可能含有的有机汞先转化为无机汞后再进行处理。

对含汞量高的化工厂废水，适于采用沉淀法和离子交换法进行二级处理，首先用工厂废碱液（Na_2CO_3 或 NaOH）将大量的汞先沉出，然后把滤液注入离子交换柱。

(3) 废渣处理。至于废渣处理则要根据其成分、含量而定。例如，用黄铁矿生产硫酸，焙烧黄铁矿所剩的废渣主要为氧化铁和残余的硫化亚铁（含铁 45%～47%），还有少量 Cu、Pb、Zn、As 和微量元素 Co、Se、Ga、Ge、Ag、Au 等的化合物，据此可考虑：作为炼铁原料；作为生产水泥的助熔剂；提取其中贵重有色金属；用于制砖、铺路等。

17.5 绿色化学

17.5.1 绿色化学的基本概念

绿色化学（green chemistry）又称环境友好化学（environmentally friendly chemistry）、环境无害化学（environmentally benign chemistry）、清洁化学（clean chemistry）。绿色化学是用化学的技术和方法去减少或消除有害物质的产生和使用，但它不是一般的控制污染，而是从根本上消灭污染，它不再使用有毒、有害的物质，不再产生废物，是一门从源头上防止污染的化学。

绿色化学是 20 世纪 90 年代出现的一个多学科交叉的研究领域。我国于 1995 年中科院化学部确定了《绿色化学与技术》的院士资讯课题，1999 年英国皇家化学会创办了第一份国际性《绿色化学》杂志，标志着绿色化学的正式产生。十多年来，世界上很多国家已把“化学的绿色化”作为新世纪化学进展的主要方向之一。

经过研究和探索，研究者们总结出绿色化学的 12 条原则如下：

(1) 防止废物的产生优于在其生成后再进行处理或清理；

(2) 设计具有高使用效益、低毒性的化学产品；

(3) 设计危险性较小的化学合成工艺;

(4) 尽量使用可再生资源,特别是用生物质代替石油和煤等矿物原料;

(5) 使用高选择性的催化剂,而不是化学计量试剂;

(6) 避免不必要的衍生化(阻断基团、保护和去保护、物理和化学过程的暂时的修饰);

(7) 最大化原子经济性(即尽量使参加过程的原子都进入最终产物);

(8) 使用安全的溶剂和温和的反应条件(低温低压);

(9) 提高能源效率;

(10) 设计使用可降解的化学产品,并能进入自然生态循环;

(11) 发展适时分析技术以便监控有害物质的形成;

(12) 选择参加反应过程的物质,尽量减少发生意外事故的风险。

这些原则可作为实验化学家开发和评估一条合成路线、一个生产过程、一个化合物是不是绿色的指导方针和标准。

绿色化学是贯彻可持续性发展战略的一个不可分割的部分。在考虑对环境无害的同时还要考虑对资源的合理使用等其他问题。目前,主要研究内容如下:

(1) 用新的化学品替代现用的有害化学品:包括替代原材料、替代或转化试剂(如用CO_2替代光气)、替代反应条件(如用新的工作环境替代原来有害的工作环境);

(2) 改变现有生产的合成路线和工艺路线,使其成为保证人类可持续性发展,并与生态环境协调发展的洁净、节能和节约的生产路线:包括绿色催化—光催化过程、绿色分析化学、优化产品及目标分子。

达到上述目标并非易事,须从化学基础入手,确定绿色的产品,选择绿色的原料、溶剂、试剂、催化剂,设计一条理想(安全、经济、简易、无污染)的合成路线(尽可能使原料中的每一原子进入产品,不产生任何废物和副产品)。

17.5.2 绿色化学实例

1. 绿色产品

(1) 海洋生物防垢剂。以往为了防止海洋植物与小动物在船体表面生长,常使用氧化三丁基锡(TBTO)作防垢剂。但 TBTO 不仅有毒,而且会在生物体内积累及使水生贝壳类动物的贝壳增厚。据报道 1996 年 Rohm & Haas 公司开发的 Sea—Nine(tin)不仅无毒,且生物积累几乎为零。

(2) 杀虫剂。据报道,1996 年 Rohm & Haas 公司开发的 CONFIRM(tin)杀虫剂在农业上能选择性的、有效地杀死毛虫而不对生态系统产生大的危害,如对许多益虫(蜜蜂等)无害,而且不发生生物积累、不挥发、不在环境中长久残留。

(3) 除草剂。据报道,2000 年南开大学元素有机研究所研制成功的新型除草剂——“单嘧磺隆”,不仅对危害作物的主要杂草如播娘蒿、马齿苋、荠菜、茅草和马唐等具有很好的防除功能,而且对温血动物几乎无毒。

2. 绿色原料

20 世纪 90 年代以来,以生物质做原料的合成研究已取得一些成果。现举两例。

（1）生物质制氢气。S. Y. Lin 等人用木材及农作物残渣为原料，以 NaOH 作催化剂，用$Ca(OH)_2$作CO_2吸收剂，通过下列反应制取氢气：

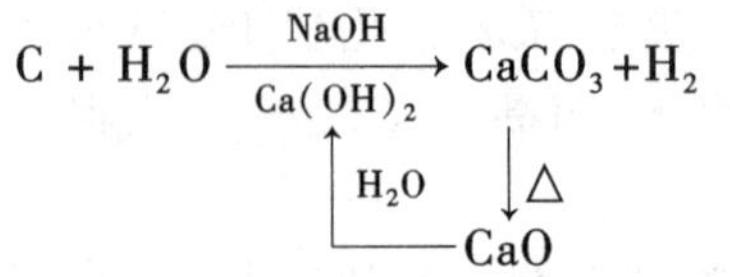

（2）用葡萄糖制备己二酸。己二酸的传统合成路线为

$$\text{苯}\xrightarrow[2.55\sim5.52\ \text{MPa}]{\text{Ni-Al}_2\text{O}_3}\text{环己烷}\xrightarrow[0.87\sim0.97\ \text{MPa}]{\text{Co-O}_2}(\text{环己酮}+\text{环己醇})\xrightarrow[2.55\sim5.52\ \text{MPa}]{\text{Ni-Al}_2\text{O}_3}\text{己二酸}$$

J. W. Frost 等人用葡萄糖为原料，通过生物技术合成了己二酸：

$$\text{葡萄糖}\xrightarrow{\text{大肠杆菌}}\text{3-脱氢莽草酸}\xrightarrow{\text{大肠杆菌}}\text{顺,顺-黏糖酸}\xrightarrow[0.34\ \text{MPa}]{\text{Pt, H}_2}\text{己二酸}$$

已有报道用葡萄糖为原料替代传统苯还可合成儿茶酚和对苯二酚。此法不仅不需要致癌物苯，而且合成条件也温和得多，因此以上合成是化学工业中绿色化学的重要内容之一。

3. 绿色溶剂

在有机化学中开发绿色溶剂，科学家们首先想到的是水，目前已有许多项以水替代传统有机溶剂的研究工作在进行。Paquette 和 Li 证实在水介质中利用铟催化剂可以完成一些偶合反应。铟是理想的催化剂，在沸水、碱中稳定，空气中也不会被氧化，并且无毒性，还能重复使用。从使用有机溶剂转变为水可减少向空气中排放，并且产生干净的废物物流。另外，科学家们发现超临界CO_2流体可以代替某些有机溶剂，成为无毒、经济的许多特殊化学品的合成溶剂，如美国 Los Alamos 国家实验室发现加氢和氢转移反应可在超临界CO_2中进行。近年来，离子液体作为一类新型介质为绿色过程工程技术的突破提供了创新的源头，为解决能源和环境问题带来新的机遇。

4. 绿色工艺

（1）无公害氧化剂 H_2O_2 的制备。可采用乙基蒽醌法，即 H_2 和 O_2 在 2-乙基蒽醌和 Pd 为催化剂作用下直接合成（详见 11.3.4），2-乙基蒽醌复出并可循环使用。此反应原子利用率为 100%，减少废物的生成和排放，是典型的零排放例子。

（2）丙烯酸胺的合成。通过使用腈、水和酶的生物过程实现：

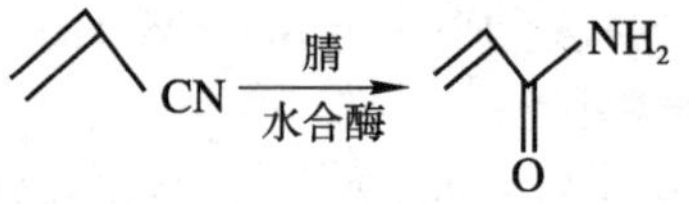

该合成工艺不仅避免了不必要的副产物的形成，与标准试剂相比，酶呈现比较安全和更高效率的特性，而且使产品的分离简单化。传统方法是使用腐蚀性强的硫酸和氨，还要同时产生等同化学计量的副产品硫酸铵，工艺路线烦琐且分离过程复杂。

目前，对绿色化学的研究仍处于起始阶段，任重道远，发展绿色化学，是化学工作者责无旁贷的历史使命。

[拓宽视野]

无机化学学科发展回顾与展望

“化学发展简史❶”中将化学发展分为三个阶段。17 世纪中叶以前作为第一阶段，该阶段的特点是以实用为目的，主要包括炼丹术、炼金术及医药化学的萌芽。中国的炼丹家已能在炼丹炉中炼出丹(Pb_3O_4和 HgS)或贵重的金、银等，并且有目的地将不同类物质进行搭配，在烧炼过程中使用了化学制备中的操作步骤。中国明代卓越的药学家李时珍(1518—1593 年)在历经 27 年完成的《本草纲目》巨著中，对无机药物的化学性质及蒸馏、蒸发、升华、重结晶、灼烧等操作作了详细记述。他把铜及其合金区分为赤铜、白铜(Cu-Ni 合金)、青铜(Cu-Sn 合金)、黄铜(Cu-Zn 合金)等。书中还描述了将汞、白矾和食盐的混合物加热制氯化亚汞的方法。

第二个阶段是 17 世纪中叶以后，1661 年玻意耳(R. Boyle)首次提出了科学的元素概念，并指出“化学的对象和任务就是要寻找和认识物质的组成和性质”。恩格斯指出：“是玻意耳把化学确立为科学”。一个多世纪后，1777 年拉瓦锡(A . L . Lavoisier)提出了燃烧的氧化学说，彻底推翻了统治百年之久的燃素说。恩格斯评价为“燃烧的氧化学说把过去建筑在燃素说基础上倒立着的全部化学正立过来了”。拉瓦锡还通过大量实验证明了化学过程中物质不灭定律。

19 世纪，无机化学在理论上突飞猛进。先后建立了道尔顿(J . Dalton)的原子学说、罗蒙诺索夫(M. B. Ломоносов)的质量守恒定律、阿伏加德罗(A. Avogardo)的分子论、赫斯(G. H. Hess)的赫斯定律、门捷列夫(Д. И. Менделеев)的元素周期律，这些不仅使无机化学形成了比较完整的体系，于 1890 年发表了第一张元素周期表，而且又发现了 20 多种新元素，确立了原子量的氧单位标度，1893 年维尔纳(A. Werner)提出了配位学说，建立了配位化学的基础，以上所举，标志着无机化学进入了发展阶段。

到 20 世纪，1913 年玻尔(N. Bohr)把量子化概念引入原子结构理论，从而为后人成功揭示微观物质世界的基本规律，加深对物质内部的各种键力、结构、缺陷的认识，创建物质微观结构的理论体系，奠定了极其重要的理论和实验基础。尤其是第二次世界大战中原子能计划大大地“催化”了无机化学的发展，原子反应堆的建立，促进了对具有特殊性能的新型无机材料的研究；同位素工厂的建设，加速了现代分析及分离方法的发展；多种粒子加速器的出现，促进了超铀元素的合成。稀有气体元素化合物的合成，以及量子力学和物理测试手段在无机化学中的应用，使得无机化学在理论上也渐趋成熟，使无机化学进入复兴时期，也可以说形成了现代无机化学。尤其是近 50 年来，有机金属化合物合成并已得到充分研究的已超过 3 200 种。20 世纪 70 年代后，由于高速计算机及各种精密、高效仪器的应用，配位化学的实验与理论研究得到迅速发展，原子簇化合物的发现是对维尔纳配位化学的革命性突破，已成为无机化学的一个新领域。生物无机化学是近 20 年来迅速发展起来的无机化学与生物化学之间的交叉学科，也成为自然科学研究领域中十分活跃的一个新学科。另外，固体无机化学在材料科学研究中占有重要地位，超分子化学不仅涉及无机化学、有机化学、分析化学、物理化学、高分子化学，并且近 10 多年来取得长足的发展。非金属化学也有很多成就，如稀有气体化合物的合成，硼氢化合物的合成及研究，C_{60}的研究及重要进展等。总之，现代无机化学不仅前沿领域捷报频传，在传统领域也是好消息不断，由此可见，无机化学这门古老学科，仍是枝繁叶茂、勃勃生机、硕果累累。

❶ 《化学发展简史》编写组．北京：科学出版社，1980 年．

展望 21 世纪，无机化学应该在现代无机合成（要创造新型结构，寻求分子多样性，发展新合成反应、路线、方法及研究反应机理），配位化学（对具有特殊功能，如光、电、磁、超导、信息存储等配合物的研究），原子簇化学（研究出一个较为完善的理论来概括和解释金属原子簇化合物的实验结果），超导材料（探讨超导机理、超导材料的组成和超导性的关系），无机晶体材料（研究出更多、更好的具有特殊功能的晶体材料），稀土化学（研究稀土在激光、发光、信息、永磁、超导、能源、催化、传感等领域中的应用），生物无机化学（在推动生物学发展、促进化学向新的层次开拓），无机金属与药物（药理作用和化学问题的进一步研究）和核化学与放射化学等领域有新的发展和突破。

思考题或小论文

1. 你的家乡或周围环境是否存在环境污染问题？你认为该如何治理？

2. 分析你所做过的无机化学制备实验，哪些会造成环境污染？并就某一产品设计一个具体的绿色化学实验方案。

3. 我国大气污染的特点是什么？简述防治的基本对策。

4. 我国出现的酸雨属哪种类型？分布情况？防治的措施有哪些？

5. 根据热力学有关数据，计算说明应用反应 $2NO+2CO \longrightarrow 2CO_2+N_2$ 治理汽车尾气的可能性，并提出实现该反应的动力学措施。

6. 什么是生命必需元素？什么是微量元素？

7. 生命必需元素有哪些生物功能？

附　录

附录 1　本书常用量、单位的符号

符号	意义	单位
S	溶解度	
s	固态	
l	液态	
g	气态	
p	压力	Pa
V	体积	m^3,L
A_r	相对原子质量	
M_r	相对分子质量	
M	摩尔质量	$kg\cdot mol^{-1}$, $g\cdot mol^{-1}$
V_m	摩尔体积	$m^3\cdot mol^{-1}$, $L\cdot mol^{-1}$
n	物质的量	mol
R	摩尔气体常数	
T	热力学温度	K
t	摄氏温度	℃
X_B	B 物质的摩尔分数	
$p(B)$	气体 B 的分压	Pa
$V(B)$	气体 B 的分体积	m^3,L
$c(B)$	物质 B 的物质的量浓度	$mol\cdot L^{-1}$
ξ	反应进度	mol
k	反应速率常数	视表达式而定
$\nu(B)$	物质 B 的化学计量数	
$p^{\ominus}$	标准压力	100 kPa
U	热力学能	kJ
ΔU	热力学能变	kJ
W	功	kJ
Q	热	kJ
ΔH	焓变	kJ
$\Delta_r H_m^{\ominus}$	标准摩尔反应焓变	$kJ\cdot mol^{-1}$
$\Delta_f H_m^{\ominus}$	标准摩尔生成焓	$kJ\cdot mol^{-1}$

续表

符号	意义	单位
Q_p	等压反应热	$kJ \cdot mol^{-1}$
$\Delta_r G_m^\ominus$	标准摩尔吉布斯自由能变	$kJ \cdot mol^{-1}$
$\Delta_f G_m^\ominus$	标准摩尔生成吉布斯自由能变	$kJ \cdot mol^{-1}$
$\Delta_r S_m^\ominus$	标准摩尔反应熵变	$J \cdot mol^{-1} \cdot K^{-1}$
E_a	活化能	$kJ \cdot mol^{-1}$
K_p	分压实验平衡常数	视表达式而定
K_c	浓度实验平衡常数	视表达式而定
$K^\ominus$	标准平衡常数	
$K_i^\ominus$	标准解离常数	
$K_h^\ominus$	盐类的标准水解常数	
$K_w^\ominus$	水的离子积常数	
$K_{sp}^\ominus$	难溶电解质的溶度积常数	
$K_f^\ominus$	配离子的稳定常数	
$K_d^\ominus$	配离子的不稳定常数	
J	反应商	
$c^\ominus$	溶质的标准物质的量浓度	$1.0\ mol \cdot L^{-1}$
α	弱电解质的解离度	
$E^\ominus$(电对)	标准电极电势	V
$E^\ominus$	标准电动势	V
I	电离能	$kJ \cdot mol^{-1}$
E_A	电子亲和能	$kJ \cdot mol^{-1}$
χ	电负性	
ψ	波函数(原子轨道)	
L_b	共价键键长	pm
θ	共价键键角	°(度)
$E(X-Y)$	共价键键能	$kJ \cdot mol^{-1}$
$D(X-Y)$	共价键解离能	$kJ \cdot mol^{-1}$
μ	磁矩	μ_B
μ	偶极矩	$C \cdot m$
d	偶极长度	m
U	晶格能	$kJ \cdot mol^{-1}$
α	极化率	$10^{-40} C \cdot m^2 \cdot V^{-1}$

附录 2 SI 制和我国法定计量单位及国家标准

国际单位制(SI)是从米制发展而成的一种计量单位制,是 1960 年 11 届国际计量大会定名并决定推广的。1969—1975 年,国际标准化组织和国际计量大会经过修订、补充,正式推荐使用。我国国务院决定在采用先进的国际单位制的基础上,进一步统一我国的计量单位,并于 1984 年 2 月 27 日发布了《关于在我国统一实行法定计量单位的命令》,规定我国的计量单位一律采用《中华人民共和国的法定计量单位》。1993 年 12 月 27 日国家技术监督局发布了中华人民共和国国家标准(GB 3100—93~3102—93),规定 1994 年 7 月 1 日开始实施。因此,本书规定采用 GB 3100—93~3102—93。

附表 2.1 SI 基本单位

量的名称	单位名称	单位符号
长度	米	m
质量	千克(公斤)	kg
时间	秒	s
电流	安[培]	A
热力学温度	开[尔文]	K
物质的量	摩[尔]	mol
发光强度	坎[德拉]	cd

注:圆括号中的名称是它前面的名称的同义词(下同)。无方括号的量的名称与单位名称均为全称。方括号中的字,在不致引起混淆、误解的情况下,可以省略。去掉方括号中的字即为其名称的简称。

附表 2.2 SI 导出单位(摘录)

量的名称	单位名称	单位符号
[平面]角	弧度	rad
立体角	球面度	Sr
频率	赫[兹]	Hz
力	牛[顿]	N
压力、压强、应力	帕[斯卡]	Pa
能[量]、功、热量	焦[耳]	J
电荷[量]	库[仑]	C
电位、电压、电动势(电势)	伏[特]	V
摄氏温度	摄氏度	℃
电阻	欧[姆]	Ω
电导	西[门子]	S

附表 2.3　可与国际单位制并用的我国法定计量单位(摘录)

量的名称	单位名称	单位符号
时间	分	min
	[小]时	h
	日,(天)	d
质量	吨	t
	原子质量单位	u
体积	升	L,(l)
能	电子伏	eV

附表 2.4　SI 词头(摘录)

因数	词头名称	符号
10^{24}	尧[它](Yotta)	Y
10^{21}	泽[它](Zetta)	Z
10^{18}	艾[可萨](exa)	E
10^{15}	拍[它](Peta)	P
10^{12}	太[拉](tera)	T
10^{9}	吉[咖](giga)	G
10^{6}	兆(mega)	M
10^{3}	千(kilo)	k
10^{2}	百(hecto)	h
10^{-1}	分(deci)	d
10^{-2}	厘(centi)	c
10^{-3}	毫(milli)	m
10^{-6}	微(micro)	μ
10^{-9}	纳[诺](nano)	n
10^{-12}	皮[可](pico)	p
10^{-15}	飞[母托](femto)	f
10^{-18}	阿[托](atto)	a
10^{-21}	仄[普托](zepto)	z
10^{-24}	幺[科托](yocto)	y

附录 3　一些基本的物理常数

物理量	符号	国际单位数值
电子电荷	e	$1.602\ 189\ 2\times10^{-19}$ C
阿伏加德罗(Avogadro)常数	N_A	$6.022\ 045\times10^{23}\ mol^{-1}$
摩尔气体常数	R	$8.314\ 4\ J\cdot mol^{-1}\cdot K^{-1}$
标准压力和温度	$p^\ominus$和T_0	100 kPa 和 273.15 K
理想气体的标准摩尔体积	$V_m^\ominus$	$2.241\ 383\times10^{-2}\ m^3\cdot mol^{-1}$
普朗克(Planck)常量	h	$6.626\ 176\times10^{-34}\ J\cdot s$
法拉第(Faraday)常数	F	$9.648\ 456\times10^4\ C\cdot mol^{-1}$

附录 4　标准热力学数据(298.15 K,100 kPa)

物质(状态)	$\frac{\Delta_f H_m^\ominus}{kJ\cdot mol^{-1}}$	$\frac{\Delta_f G_m^\ominus}{kJ\cdot mol^{-1}}$	$\frac{S_m^\ominus}{J\cdot mol^{-1}\cdot K^{-1}}$
Ag(s)	0	0	42.55
AgCl(s)	-127.068	-109.789	96.2
AgBr(s)	-100.37	-96.90	107.1
AgI(s)	-61.84	-66.19	115.5
Ag_2O(s)	-31.0	-11.2	121.3
Al(s)	0	0	28.33
Al_2O_3(α,刚玉)	-1 675.7	-1 582.3	50.92
Br_2(l)	0	0	152.231
Br_2(g)	30.907	3.110	245.463
HBr(g)	-36.4	-53.45	198.695
CaF_2(s)	-1 219.6	-1 167.3	68.87
$CaCl_2$(s)	-795.8	-748.1	104.6
CaO(s)	-635.09	-604.03	39.75
$CaCO_3$(方解石)	-1 206.92	-1 128.79	92.9
$Ca(OH)_2$(s)	-986.09	-898.49	83.39
C(石墨)	0	0	5.740
C(金刚石)	1.895	2.900	2.377
CO(g)	-110.525	-137.168	197.674
CO_2(g)	-393.51	-394.359	213.74

续表

物质(状态)	$\Delta_f H_m^\ominus$ / $kJ \cdot mol^{-1}$	$\Delta_f G_m^\ominus$ / $kJ \cdot mol^{-1}$	$S_m^\ominus$ / $J \cdot mol^{-1} \cdot K^{-1}$
$Cl_2(g)$	0	0	223.066
$HCl(g)$	-92.307	-95.299	186.908
$Cu(s)$	0	0	33.150
$CuO(s)$	-157.3	-129.7	42.63
$Cu_2O(s)$	-168.6	-146.0	93.14
$CuS(s)$	-53.1	-53.6	66.5
$Cu_2S(s)$	-79.5	-86.2	120.9
$F_2(g)$	0	0	202.78
$HF(g)$	-271.1	-273.2	173.779
$Fe(s)$	0	0	27.28
$FeCl_2(s)$	-341.79	-302.30	117.95
$FeCl_3(s)$	-399.49	-334.00	142.3
Fe_2O_3(赤铁矿)	-824.2	-742.2	87.40
Fe_3O_4(磁铁矿)	-1 118.4	-1 015.4	146.4
$FeS(s)$	-100.0	-100.4	60.29
$FeSO_4(s)$	-928.4	-820.8	107.5
$H_2(g)$	0	0	130.684
$H_2O(l)$	-285.830	-237.129	69.91
$H_2O(g)$	-241.818	-228.572	188.825
$H_2O_2(l)$	-187.78	-120.35	109.6
HgO(红,斜方晶型)	-90.83	-58.539	70.29
$I_2(s)$	0	0	116.135
$I_2(g)$	62.438	19.327	260.69
$HI(g)$	26.48	1.70	206.594
$MnO_2(s)$	-520.03	-465.14	53.05
$NaOH(s)$	-425.609	-379.494	64.455
$Na_2SO_4(s)$	-1 387.08	-1 270.16	149.58
$Na_2CO_3(s)$	-1 130.68	-1 044.44	134.98
$NaHCO_3(s)$	-950.81	-851.0	101.7
$N_2(g)$	0	0	191.61
$N_2O(g)$	82.05	104.20	219.85

续表

物质(状态)	$\frac{\Delta_f H_m^\ominus}{kJ\cdot mol^{-1}}$	$\frac{\Delta_f G_m^\ominus}{kJ\cdot mol^{-1}}$	$\frac{S_m^\ominus}{J\cdot mol^{-1}\cdot K^{-1}}$
NO(g)	90.25	86.55	210.761
NO_2(g)	33.18	51.31	240.06
NH_3(g)	-46.11	-16.45	192.45
N_2H_4(l)	50.63	149.34	121.21
HNO_3(l)	-174.10	-80.71	155.60
NH_4NO_3(s)	-365.56	-183.87	151.08
NH_4Cl(s)	-314.43	-202.87	94.6
NH_4HS(s)	-156.9	-50.5	97.5
O_2(g)	0	0	205.138
O_3(g)	142.7	163.2	238.93
P(白磷)	0	0	41.09
P(红磷)	-17.6	-121	22.80
PCl_3(g)	-287.0	-267.8	311.78
PCl_5(g)	-374.9	-305.0	364.58
H_2S(g)	-20.63	-33.56	205.79
SO_2(g)	-296.830	-300.194	248.22
SO_3(g)	-395.72	-371.06	256.76
Si(s)	0	0	18.83
$SiCl_4$(l)	-687.0	-619.84	239.7
$SiCl_4$(g)	-657.01	-616.98	330.73
SiF_4(g)	-1 614.94	-1 572.65	282.49
SiO_2(石英)	-910.94	-856.64	41.84
SiO_2(无定形)	-903.49	-850.70	46.9
Sn(s,白)	0	0	51.55
Sn(s,灰)	-2.09	0.13	44.14
SnO_2(s)	-580.7	-519.6	52.3
Zn(s)	0	0	41.63
$ZnCl_2$(s)	-415.05	-369.398	111.46
ZnO(s)	-348.28	-318.30	43.64
$Zn(OH)_2$(s,β)	-641.91	-553.52	81.2
CH_4(g)	-74.81	-50.72	186.264

续表

物质(状态)	$\Delta_f H_m^{\ominus}$ / $kJ \cdot mol^{-1}$	$\Delta_f G_m^{\ominus}$ / $kJ \cdot mol^{-1}$	$S_m^{\ominus}$ / $J \cdot mol^{-1} \cdot K^{-1}$
$C_2H_6(g)$	-84.68	-32.82	229.60
$C_2H_2(g)$	226.73	209.20	200.94
$CH_3COOH(l)$	-484.5	-389.9	159.8
$C_2H_5OH(l)$	-277.69	-174.78	160.7

注:表中数据摘自 Journal of Physical and Chemical Reference Data, Vol. 11, 1982 Supplement NO. 2, The NBS Tables of Chemical Thermodynamic Properties。

附录 5 解离常数(298.15 K)

物质	pK_i	K_i
H_3AsO_4	2.223	$K_{a(1)} = 6.0 \times 10^{-3}$
	6.760	$K_{a(2)} = 1.7 \times 10^{-7}$
	(11.29)	($K_{a(3)} = 5.1 \times 10^{-12}$)
$HAsO_2$	9.28	5.2×10^{-10}
H_3BO_3	9.236	$K_{a(1)} = 5.8 \times 10^{-10}$
H_2CO_3	6.352	$K_{a(1)} = 4.5 \times 10^{-7}$
	10.329	$K_{a(2)} = 4.7 \times 10^{-11}$
HCN	9.21	6.2×10^{-10}
HF	3.20	6.3×10^{-4}
$HClO_4$	-1.6	39.8
$HClO_2$	1.94	1.1×10^{-2}
HClO	7.534	2.9×10^{-8}
HBrO	8.55	2.8×10^{-9}
HIO	10.5	3.2×10^{-11}
HIO_3	0.804	1.6×10^{-1}
HIO_4	1.64	2.3×10^{-2}
H_2O_2	11.64	$K_{a(1)} = 2.3 \times 10^{-12}$
H_2SO_4	1.99	$K_{a(2)} = 1.0 \times 10^{-2}$

续表

物质	pK_i	K_i
H_2SO_3	1.89	$K_{a(1)}=1.3\times10^{-2}$
	7.205	$K_{a(2)}=6.2\times10^{-8}$
H_2SeO_4	1.66	$K_{a(2)}=2.2\times10^{-2}$
H_2CrO_4	0.74	$K_{a(1)}=1.8\times10^{-1}$
	6.488	$K_{a(2)}=3.3\times10^{-7}$
HNO_2	3.14	7.2×10^{-4}
H_2S	6.97	$K_{a(1)}=1.1\times10^{-7}$
	12.90	$K_{a(2)}=1.3\times10^{-13}$
H_3PO_4	2.148	$K_{a(1)}=7.1\times10^{-3}$
	7.198	$K_{a(2)}=6.3\times10^{-8}$
	12.32	$K_{a(3)}=4.8\times10^{-13}$
H_2PHO_3	1.43	$K_{a(1)}=3.7\times10^{-2}$
	6.68	$K_{a(2)}=2.1\times10^{-7}$
$H_4P_2O_7$	0.91	$K_{a(1)}=1.2\times10^{-1}$
	2.10	$K_{a(2)}=7.9\times10^{-3}$
	6.70	$K_{a(3)}=2.0\times10^{-7}$
	9.35	$K_{a(4)}=4.5\times10^{-10}$
H_4SiO_4	9.60	$K_{a(1)}=2.5\times10^{-10}$
	11.8	$K_{a(2)}=1.6\times10^{-12}$
	(12)	$(K_{a(3)}=1.0\times10^{-12})$
HOAc	4.75	1.8×10^{-5}
HCOOH	3.75	1.8×10^{-4}
HSCN	−1.8	63
$NH_3\cdot H_2O$	(4.75)	$(K_b=1.8\times10^{-5})$

附录 6 溶度积常数(298.15 K)

难溶电解质	K_{sp}	难溶电解质	K_{sp}
AgCl	1.77×10^{-10}	$Ca(OH)_2$	5.5×10^{-6}
AgBr	5.35×10^{-13}	CaF_2	5.2×10^{-9}
AgI	8.52×10^{-17}	$CaC_2O_4\cdot H_2O$	2.32×10^{-9}
AgOH	2.0×10^{-8}	$Ca_3(PO_4)_2$	2.07×10^{-29}
Ag_2SO_4	1.20×10^{-5}	$Cd(OH)_2$	7.2×10^{-15}
Ag_2SO_3	1.50×10^{-14}	CdS	8.0×10^{-27}
Ag_2S	6.3×10^{-50}	$Cr(OH)_3$	6.3×10^{-31}
Ag_2CO_3	8.46×10^{-12}	$Co(OH)_2$	5.92×10^{-15}
$Ag_2C_2O_4$	5.40×10^{-12}	$Co(OH)_3$	1.6×10^{-44}
Ag_2CrO_4	1.12×10^{-12}	$CoCO_3$	1.4×10^{-13}
$Ag_2Cr_2O_7$	2.0×10^{-7}	α-CoS	4.0×10^{-21}
Ag_3PO_4	8.89×10^{-17}	β-CoS	2.0×10^{-25}
$Al(OH)_3$	1.3×10^{-33}	Cu(OH)	1×10^{-14}
As_2S_3	2.1×10^{-22}	$Cu(OH)_2$	2.2×10^{-20}
BaF_2	1.84×10^{-7}	CuCl	1.72×10^{-7}
$Ba(OH)_2\cdot8H_2O$	2.55×10^{-4}	CuBr	6.27×10^{-9}
$BaSO_4$	1.08×10^{-10}	CuI	1.27×10^{-12}
$BaSO_3$	5.0×10^{-10}	Cu_2S	2.5×10^{-48}
$BaCO_3$	2.58×10^{-9}	CuS	6.3×10^{-36}
BaC_2O_4	1.6×10^{-7}	$CuCO_3$	1.4×10^{-10}
$BaCrO_4$	1.17×10^{-10}	$Fe(OH)_2$	4.87×10^{-17}
$Ba_3(PO_4)_2$	3.4×10^{-23}	$Fe(OH)_3$	2.79×10^{-39}
$Be(OH)_2$	6.92×10^{-22}	$FeCO_3$	3.13×10^{-11}
$Bi(OH)_3$	6.0×10^{-31}	FeS	6.3×10^{-18}
BiOCl	1.8×10^{-31}	$Hg(OH)_2$	3.0×10^{-26}
$BiO(NO_3)$	2.82×10^{-3}	Hg_2Cl_2	1.43×10^{-18}
Bi_2S_3	1×10^{-97}	Hg_2Br_2	6.4×10^{-23}
$CaSO_4$	4.93×10^{-5}	Hg_2I_2	5.2×10^{-29}
$CaSO_3\cdot\frac{1}{2}H_2O$	3.1×10^{-7}	Hg_2CO_3	3.6×10^{-17}
		$HgBr_2$	6.2×10^{-20}
$CaCO_3$	2.8×10^{-9}	HgI_2	2.8×10^{-29}

续表

难溶电解质	K_{sp}	难溶电解质	K_{sp}
Hg_2S	1.0×10^{-47}	PbI_2	9.8×10^{-9}
HgS(红)	4×10^{-53}	$PbSO_4$	2.53×10^{-8}
HgS(黑)	1.6×10^{-52}	$PbCO_3$	7.4×10^{-14}
$K_2[PtCl_6]$	7.4×10^{-6}	$PbCrO_4$	2.8×10^{-13}
$Mg(OH)_2$	5.61×10^{-12}	PbS	8.0×10^{-28}
$MgCO_3$	6.82×10^{-6}	$Sn(OH)_2$	5.45×10^{-28}
$Mn(OH)_2$	1.9×10^{-13}	$Sn(OH)_4$	1.0×10^{-56}
MnS(无定形)	2.5×10^{-10}	SnS	1.0×10^{-25}
MnS(结晶)	2.5×10^{-13}	$SrCO_3$	5.60×10^{-10}
$MnCO_3$	2.34×10^{-11}	$SrCrO_4$	2.2×10^{-5}
$Ni(OH)_2$(新析出)	5.5×10^{-16}	$Zn(OH)_2$	3.0×10^{-17}
$NiCO_3$	1.42×10^{-7}	$ZnCO_3$	1.46×10^{-10}
α-NiS	3.2×10^{-19}	α-ZnS	1.6×10^{-24}
$Pb(OH)_2$	1.43×10^{-15}	β-ZnS	2.5×10^{-22}
$Pb(OH)_4$	3.2×10^{-66}	$CsClO_4$	3.95×10^{-3}
PbF_2	3.3×10^{-8}	$Au(OH)_3$	5.5×10^{-46}
$PbCl_2$	1.70×10^{-5}	$La(OH)_3$	2.0×10^{-19}
$PbBr_2$	6.60×10^{-6}	LiF	1.84×10^{-3}

附录 7　标准电极电势(298.15 K)

A. 在酸性溶液中

电对	电极反应	$E_A^\ominus$/V
Li^+/Li	$Li^+ + e^- \rightleftharpoons Li$	-3.040
K^+/K	$K^+ + e^- \rightleftharpoons K$	-2.924
Ba^{2+}/Ba	$Ba^{2+} + 2e^- \rightleftharpoons Ba$	-2.92
Ca^{2+}/Ca	$Ca^{2+} + 2e^- \rightleftharpoons Ca$	-2.84
Na^+/Na	$Na^+ + e^- \rightleftharpoons Na$	-2.714
Mg^{2+}/Mg	$Mg^{2+} + 2e^- \rightleftharpoons Mg$	-2.356
Be^{2+}/Be	$Be^{2+} + 2e^- \rightleftharpoons Be$	-1.99

续表

电对	电极反应	$E_A^\ominus/V$
Al^{3+}/Al	$Al^{3+}+3e^- \rightleftharpoons Al$	-1.676
Mn^{2+}/Mn	$Mn^{2+}+2e^- \rightleftharpoons Mn$	-1.18
Zn^{2+}/Zn	$Zn^{2+}+2e^- \rightleftharpoons Zn$	-0.762 6
Cr^{3+}/Cr	$Cr^{3+}+3e^- \rightleftharpoons Cr$	-0.74
Fe^{2+}/Fe	$Fe^{2+}+2e^- \rightleftharpoons Fe$	-0.44
Cd^{2+}/Cd	$Cd^{2+}+2e^- \rightleftharpoons Cd$	-0.403
$PbSO_4/Pb$	$PbSO_4+2e^- \rightleftharpoons Pb+SO_4^{2-}$	-0.356
Co^{2+}/Co	$Co^{2+}+2e^- \rightleftharpoons Co$	-0.277
Ni^{2+}/Ni	$Ni^{2+}+2e^- \rightleftharpoons Ni$	-0.257
AgI/Ag	$AgI+e^- \rightleftharpoons Ag+I^-$	-0.152 2
Sn^{2+}/Sn	$Sn^{2+}+2e^- \rightleftharpoons Sn$	-0.136
Pb^{2+}/Pb	$Pb^{2+}+2e^- \rightleftharpoons Pb$	-0.126
H^+/H_2	$2H^++2e^- \rightleftharpoons H_2$	0
$AgBr/Ag$	$AgBr+e^- \rightleftharpoons Ag+Br^-$	0.071 1
$S_4O_6^{2-}/S_2O_3^{2-}$	$S_4O_6^{2-}+2e^- \rightleftharpoons 2S_2O_3^{2-}$	0.08
$S/H_2S(aq)$	$S+2H^++2e^- \rightleftharpoons H_2S$	0.144
Sn^{4+}/Sn^{2+}	$Sn^{4+}+2e^- \rightleftharpoons Sn^{2+}$	0.154
SO_4^{2-}/H_2SO_3	$SO_4^{2-}+4H^++2e^- \rightleftharpoons H_2SO_3+H_2O$	0.158
Cu^{2+}/Cu^+	$Cu^{2+}+e^- \rightleftharpoons Cu^+$	0.159
$AgCl/Ag$	$AgCl+e^- \rightleftharpoons Ag+Cl^-$	0.222 3
Hg_2Cl_2/Hg	$Hg_2Cl_2+2e^- \rightleftharpoons 2Hg+2Cl^-$	0.268 2
Cu^{2+}/Cu	$Cu^{2+}+2e^- \rightleftharpoons Cu$	0.340
$[Fe(CN)_6]^{3-}/[Fe(CN)_6]^{4-}$	$[Fe(CN)_6]^{3-}+e^- \rightleftharpoons [Fe(CN)_6]^{4-}$	0.361
$H_2SO_3/S_2O_3^{2-}$	$2H_2SO_3+2H^++4e^- \rightleftharpoons S_2O_3^{2-}+3H_2O$	0.400
Cu^+/Cu	$Cu^++e^- \rightleftharpoons Cu$	0.52
I_2/I^-	$I_2+2e^- \rightleftharpoons 2I^-$	0.535 5

续表

电对	电极反应	$E_A^\ominus$/V
$Cu^{2+}/CuCl$	$Cu^{2+}+Cl^-+e^- \rightleftharpoons CuCl$	0.559
$H_3AsO_4/HAsO_2$	$H_3AsO_4+2H^++2e^- \rightleftharpoons HAsO_2+2H_2O$	0.560
$HgCl_2/Hg_2Cl_2$	$2HgCl_2+2e^- \rightleftharpoons Hg_2Cl_2+2Cl^-$	0.63
O_2/H_2O_2	$O_2+2H^++2e^- \rightleftharpoons H_2O_2$	0.695
Fe^{3+}/Fe^{2+}	$Fe^{3+}+e^- \rightleftharpoons Fe^{2+}$	0.771
Hg_2^{2+}/Hg	$Hg_2^{2+}+2e^- \rightleftharpoons 2Hg$	0.796 0
Ag^+/Ag	$Ag^++e^- \rightleftharpoons Ag$	0.799 1
Hg^{2+}/Hg	$Hg^{2+}+2e^- \rightleftharpoons Hg$	0.853 5
Cu^{2+}/CuI	$Cu^{2+}+I^-+e^- \rightleftharpoons CuI$	0.86
Hg^{2+}/Hg_2^{2+}	$2Hg^{2+}+2e^- \rightleftharpoons Hg_2^{2+}$	0.911
NO_3^-/HNO_2	$NO_3^-+3H^++2e^- \rightleftharpoons HNO_2+H_2O$	0.94
NO_3^-/NO	$NO_3^-+4H^++3e^- \rightleftharpoons NO+2H_2O$	0.957
HIO/I^-	$HIO+H^++2e^- \rightleftharpoons I^-+H_2O$	0.985
HNO_2/NO	$HNO_2+H^++e^- \rightleftharpoons NO+H_2O$	0.996
$Br_2(l)/Br^-$	$Br_2+2e^- \rightleftharpoons 2Br^-$	1.065
IO_3^-/HIO	$IO_3^-+5H^++4e^- \rightleftharpoons HIO+2H_2O$	1.14
IO_3^-/I_2	$2IO_3^-+12H^++10e^- \rightleftharpoons I_2+6H_2O$	1.195
ClO_4^-/ClO_3^-	$ClO_4^-+2H^++2e^- \rightleftharpoons ClO_3^-+H_2O$	1.201
O_2/H_2O	$O_2+4H^++4e^- \rightleftharpoons 2H_2O$	1.229
MnO_2/Mn^{2+}	$MnO_2+4H^++2e^- \rightleftharpoons Mn^{2+}+2H_2O$	1.23
HNO_2/N_2O	$2HNO_2+4H^++4e^- \rightleftharpoons N_2O+3H_2O$	1.297
Cl_2/Cl^-	$Cl_2+2e^- \rightleftharpoons 2Cl^-$	1.358 3
$Cr_2O_7^{2-}/Cr^{3+}$	$Cr_2O_7^{2-}+14H^++6e^- \rightleftharpoons 2Cr^{3+}+7H_2O$	1.36
ClO_4^-/Cl^-	$ClO_4^-+8H^++8e^- \rightleftharpoons Cl^-+4H_2O$	1.389
ClO_4^-/Cl_2	$2ClO_4^-+16H^++14e^- \rightleftharpoons Cl_2+8H_2O$	1.392

续表

电对	电极反应	$E_A^\ominus/V$
ClO_3^-/Cl^-	$ClO_3^-+6H^++6e^- \rightleftharpoons Cl^-+3H_2O$	1.45
PbO_2/Pb^{2+}	$PbO_2+4H^++2e \rightleftharpoons Pb^{2+}+2H_2O$	1.46
ClO_3^-/Cl_2	$2ClO_3^-+12H^++10e^- \rightleftharpoons Cl_2+6H_2O$	1.468
BrO_3^-/Br^-	$BrO_3^-+6H^++6e^- \rightleftharpoons Br^-+3H_2O$	1.478
$BrO_3^-/Br_2(l)$	$2BrO_3^-+12H^++10e^- \rightleftharpoons Br_2(l)+6H_2O$	1.5
MnO_4^-/Mn^{2+}	$MnO_4^-+8H^++5e^- \rightleftharpoons Mn^{2+}+4H_2O$	1.51
$HClO/Cl_2$	$2HClO+2H^++2e^- \rightleftharpoons Cl_2+2H_2O$	1.630
MnO_4^-/MnO_2	$MnO_4^-+4H^++3e^- \rightleftharpoons MnO_2+2H_2O$	1.70
H_2O_2/H_2O	$H_2O_2+2H^++2e^- \rightleftharpoons 2H_2O$	1.763
$S_2O_8^{2-}/SO_4^{2-}$	$S_2O_8^{2-}+2e^- \rightleftharpoons 2SO_4^{2-}$	1.96
FeO_4^{2-}/Fe^{3+}	$FeO_4^{2-}+8H^++3e^- \rightleftharpoons Fe^{3+}+4H_2O$	2.20
BaO_2/Ba	$BaO_2+4H^++2e^- \rightleftharpoons Ba^{2+}+2H_2O$	2.365
$XeF_2/Xe(g)$	$XeF_2+2H^++2e^- \rightleftharpoons Xe(g)+2HF$	2.64
$F_2(g)/F^-$	$F_2(g)+2e^- \rightleftharpoons 2F^-$	2.87
$F_2(g)/HF(aq)$	$F_2(g)+2H^++2e^- \rightleftharpoons 2HF(aq)$	3.053
$XeF/Xe(g)$	$XeF+e \rightleftharpoons Xe(g)+F^-$	3.4

B. 在碱性溶液中

电对	电极反应	$E_B^\ominus/V$
$Ca(OH)_2/Ca$	$Ca(OH)_2+2e^- \rightleftharpoons Ca+2OH^-$	(-3.02)
$Mg(OH)_2/Mg$	$Mg(OH)_2+2e^- \rightleftharpoons Mg+2OH^-$	-2.687
$[Al(OH)_4]^-/Al$	$[Al(OH)_4]^-+3e^- \rightleftharpoons Al+4OH^-$	-2.310
SiO_3^{2-}/Si	$SiO_3^{2-}+3H_2O+4e^- \rightleftharpoons Si+6OH^-$	(-1.697)
$Cr(OH)_3/Cr$	$Cr(OH)_3+3e^- \rightleftharpoons Cr+3OH^-$	(-1.48)
$[Zn(OH)_4]^{2-}/Zn$	$[Zn(OH)_4]^{2-}+2e^- \rightleftharpoons Zn+4OH^-$	-1.285
$HSnO_2^-/Sn$	$HSnO_2^-+H_2O+2e^- \rightleftharpoons Sn+3OH^-$	-0.91

续表

电对	电极反应	$E_B^{\ominus}/V$
H_2O/H_2	$2H_2O+2e^- \rightleftharpoons H_2+2OH^-$	-0.828
$[Fe(OH)_4]^-/[Fe(OH)_4]^{2-}$	$[Fe(OH)_4]^-+e^- \rightleftharpoons [Fe(OH)_4]^{2-}$	-0.73
$Ni(OH)_2/Ni$	$Ni(OH)_2+2e^- \rightleftharpoons Ni+2OH^-$	-0.72
AsO_2^-/As	$AsO_2^-+2H_2O+3e^- \rightleftharpoons As+4OH^-$	-0.68
AsO_4^{3-}/AsO_2^-	$AsO_4^{3-}+2H_2O+2e^- \rightleftharpoons AsO_2^-+4OH^-$	-0.67
SO_3^{2-}/S	$SO_3^{2-}+3H_2O+4e^- \rightleftharpoons S+6OH^-$	-0.59
$SO_3^{2-}/S_2O_3^{2-}$	$2SO_3^{2-}+3H_2O+4e^- \rightleftharpoons S_2O_3^{2-}+6OH^-$	-0.576
NO_2^-/NO	$NO_2^-+H_2O+e^- \rightleftharpoons NO+2OH^-$	(-0.46)
S/S^{2-}	$S+2e^- \rightleftharpoons S^{2-}$	-0.407
$CrO_4^{2-}/[Cr(OH)_4]^-$	$CrO_4^{2-}+4H_2O+3e^- \rightleftharpoons [Cr(OH)_4]^-+4OH^-$	-0.13
O_2/HO_2^-	$O_2+H_2O+2e^- \rightleftharpoons HO_2^-+OH^-$	-0.076
$Co(OH)_3/Co(OH)_2$	$Co(OH)_3+e^- \rightleftharpoons Co(OH)_2+OH^-$	0.17
O_2/OH^-	$O_2+2H_2O+4e^- \rightleftharpoons 4OH^-$	0.401
ClO^-/Cl_2	$2ClO^-+2H_2O+2e^- \rightleftharpoons Cl_2+4OH^-$	0.421
MnO_4^-/MnO_4^{2-}	$MnO_4^-+e^- \rightleftharpoons MnO_4^{2-}$	0.56
MnO_4^-/MnO_2	$MnO_4^-+2H_2O+3e^- \rightleftharpoons MnO_2+4OH^-$	0.60
MnO_4^{2-}/MnO_2	$MnO_4^{2-}+2H_2O+2e^- \rightleftharpoons MnO_2+4OH^-$	0.62
HO_2^-/OH^-	$HO_2^-+H_2O+2e^- \rightleftharpoons 3OH^-$	0.867
ClO^-/Cl^-	$ClO^-+H_2O+2e^- \rightleftharpoons Cl^-+2OH^-$	0.890
O_3/OH^-	$O_3+H_2O+2e^- \rightleftharpoons O_2+2OH^-$	1.246

注：附录 5~7 表中数据取自 J. A. Dean“Lange's Handbook of Chemistry”15th. ed. 1999。括号中数据取自 David R. Lide“CRC Handbook of Chemistry and Physics”78th ed. (1997—1998)。

附录 8　常用氧化剂、还原剂及其反应产物

氧化剂	一般还原产物	还原剂	一般氧化产物
X_2(卤素)	X^-(卤离子)	X^-(卤化物)	X_2
O_2	H_2O 或氧化物	M(Na、Mg、Zn、Al)	M^{n+}

续表

氧化剂	一般还原产物	还原剂	一般氧化产物
H_2O_2	H_2O 或 OH^-	H_2	H^+
MnO_2	Mn^{2+}	C(高温)	CO_2
PbO_2	Pb^{2+}	CO	CO_2
HNO_3(浓)	NO_2	$NaNO_2$	NO_3^-
HNO_3(稀)	NO	$Na_2SO_3\cdot 7H_2O$	SO_4^{2-}
H_2SO_4(浓)	SO_2	H_2S(或 S^{2-})	S(或 SO_4^{2-})
$KClO_3$	Cl^-	SO_2	SO_3(或 SO_4^{2-})
NaClO	Cl^-	$SnCl_2\cdot 2H_2O$	$SnCl_4$
$(NH_4)_2S_2O_8$	SO_4^{2-}	$Na_2S_2O_3\cdot 5H_2O$	$S_4O_6^{2-}$
$KMnO_4(H^+)$	Mn^{2+}	$FeSO_4\cdot 7H_2O$	Fe^{3+}
$K_2Cr_2O_7(H^+)$	Cr^{3+}	NaH	H_2
$FeCl_3\cdot 6H_2O$	Fe^{2+}	$LiAlH_4$	H_2

附录 9 常见阴、阳离子的主要鉴定方法

A. 常见阳离子的主要鉴定方法

离子	试剂	鉴定反应	介质条件	主要干扰离子
NH_4^+	NaOH	$NH_4^+ + OH^- \xrightarrow{\triangle} NH_3\uparrow + H_2O$ NH_3 使红色石蕊试纸变蓝	强碱性	CN^-
	奈斯勒试剂(四碘合汞(Ⅱ)酸钾碱性溶液)	$NH_4^+ + 2[HgI_4]^{2-} + 4OH^- \longrightarrow Hg_2NI\downarrow + 7I^- + 4H_2O$ (棕色)	碱性	Fe^{3+}、Cr^{3+}、Co^{2+}、Ni^{2+}、Ag^+、Hg^{2+}等能与奈斯勒试剂形成有色沉淀
Na^+	KH_2SbO_4	$Na^+ + H_2SbO_4^- \longrightarrow NaH_2SbO_4\downarrow$ (白色)	中性或弱碱性	NH_4^+、碱金属以外的金属离子
	醋酸铀酰锌	$Na^+ + Zn^{2+} + 3UO_2^{2+} + 9OAc^- + 9H_2O \longrightarrow NaZn(UO_2)_3(OAc)_9\cdot 9H_2O\downarrow$ (淡黄绿色)	中性或弱酸性	K^+、Ag^+、Hg_2^{2+}、Sb^{3+}等
	焰色反应	挥发性钠盐在火焰(氧化焰)中燃烧,火焰呈黄色		

续表

离子	试剂	鉴定反应	介质条件	主要干扰离子
K^+	$Na_3[Co(NO_2)_6]$	$2K^++Na^++[Co(NO_2)_6]^{3-} \longrightarrow K_2Na[Co(NO_2)_6]\downarrow$（亮黄色）	中性或弱酸性	NH_4^+、Be^{2+}、Fe^{3+}、Cu^{2+}、Co^{2+}、Ni^{2+}等
	焰色反应	挥发性钾盐在火焰（氧化焰）中燃烧，火焰呈紫色		Na^+存在干扰，用蓝色钴玻璃片观察可消除 Na^+ 的干扰
Mg^{2+}	镁试剂（对硝基偶氮间苯二酚）	Mg^{2+}+镁试剂 ⟶ 天蓝色沉淀	强碱性	Fe^{3+}、Cr^{3+}、Co^{2+}、Ni^{2+}、Ag^+、Hg^{2+}、Cu^{2+}、Mn^{2+}等能与镁试剂形成有色沉淀
Ba^{2+}	K_2CrO_4	$Ba^{2+}+CrO_4^{2-} \longrightarrow BaCrO_4\downarrow$（黄色）	中性或弱酸性	Sr^{2+}、Pb^{2+}、Ni^{2+}、Ag^+、Zn^{2+}、Cu^{2+}、Bi^{3+}、Hg^{2+}等能与 CrO_4^{2-} 形成有色沉淀
	玫瑰红酸钠	玫瑰红酸钠+Ba^{2+} ⟶ 红棕色↓	中性或弱酸性	Sr^{2+}、Pb^{2+}、Ag^+等
	焰色反应	挥发性钡盐在火焰（氧化焰）中燃烧，火焰呈黄绿色		
Ca^{2+}	$(NH_4)_2C_2O_4$	$Ca^{2+}+C_2O_4^{2-} \longrightarrow CaC_2O_4\downarrow$（白色）	中性或碱性	Cu^{2+}、Pb^{2+}、Cd^{2+}、Ag^+、Hg^{2+}、Hg_2^{2+}等能与 $C_2O_4^{2-}$ 形成沉淀
	焰色反应	挥发性钙盐在火焰（氧化焰）中燃烧，火焰呈砖红色		
Sr^{2+}	玫瑰红酸钠	玫瑰红酸钠+Sr^{2+} ⟶ 红棕色↓	中性或弱酸性	Ba^{2+}、Pb^{2+}、Ag^+等
	$(NH_4)_2SO_4$	$Sr^{2+}+SO_4^{2-} \longrightarrow SrSO_4\downarrow$（白色）		Ba^{2+}、Pb^{2+}等
	焰色反应	挥发性锶盐在火焰（氧化焰）中燃烧，火焰呈洋红色		
Al^{3+}	铝试剂，4 mol·L^{-1} {HOAc, NaOAc}	Al^{3+}+铝试剂 ⟶ 红色絮状↓	pH = 4~5	Fe^{3+}、Ti^{4+}、Cr^{3+}、Mn^{2+}、Co^{2+}等
	茜素-S（茜素磺酸钠）	Al^{3+}+茜素-S ⟶ 玫瑰红色↓	pH = 4~9	Fe^{2+}、Cr^{3+}、Mn^{2+}及大量 Cu^{2+}等
Sn^{2+}	$HgCl_2$	$SnCl_2+2HgCl_2 \longrightarrow Hg_2Cl_2\downarrow+SnCl_4$（白色） $SnCl_2+Hg_2Cl_2 \longrightarrow 2Hg\downarrow+SnCl_4$（黑色）	酸性	

续表

离子	试剂	鉴定反应	介质条件	主要干扰离子
Pb^{2+}	K_2CrO_4	$Pb^{2+}+CrO_4^{2-} \longrightarrow PbCrO_4\downarrow$ （黄色）	中性或弱酸性	Ba^{2+}、Sr^{2+}、Hg^{2+}、Bi^{3+}、Ag^{+}、Ni^{2+}、Zn^{2+}等
Sb^{3+}	Sn 片	$2Sb^{3+}+3Sn \longrightarrow 2Sb\downarrow+3Sn^{2+}$ （黑色）	酸性	Ag^{+}、AsO_2^{-}、Bi^{3+}等
Bi^{3+}	$Na_2[Sn(OH)_4]$	$2Bi^{3+}+3[Sn(OH)_4]^{2-}+6OH^{-}$ $\longrightarrow 2Bi\downarrow+3[Sn(OH)_6]^{2-}$ （黑色）	强碱性	Hg^{2+}、Hg_2^{2+}、Pb^{2+}等
Cu^{2+}	$K_4[Fe(CN)_6]$	$2Cu^{2+}+[Fe(CN)_6]^{4-} \longrightarrow$ $Cu_2[Fe(CN)_6]\downarrow$ （红褐色）	中性或酸性	Fe^{3+}、Bi^{3+}、Co^{2+}等
Ag^{+}	HCl、氨水、HNO_3	$Ag^{+}+Cl^{-} \longrightarrow AgCl\downarrow$（白色） $AgCl+2NH_3\cdot H_2O \longrightarrow$ $[Ag(NH_3)_2]^{+}+Cl^{-}+2H_2O$ $[Ag(NH_3)_2]^{+}+Cl^{-}+2H^{+}$ $\longrightarrow AgCl\downarrow+2NH_4^{+}$ （白色）	酸性	
	K_2CrO_4	$2Ag^{+}+CrO_4^{2-} \longrightarrow Ag_2CrO_4\downarrow$ （砖红色）	中性或弱酸性	Hg^{2+}、Hg_2^{2+}、Pb^{2+}、Ba^{2+}等
Zn^{2+}	$(NH_4)_2S$ 或碱金属硫化物	$Zn^{2+}+S^{2-} \longrightarrow ZnS\downarrow$ （白色）	$c(H^{+})<$ $0.3\ mol\cdot L^{-1}$	
	二苯硫腙	Zn^{2+}+二苯硫腙 $\longrightarrow$ 水层呈粉红色	强碱性	Cu^{2+}、Ag^{+}、Hg^{2+}、Bi^{3+}、Cd^{2+}、Pb^{2+}、Al^{3+}、Cr^{3+}、Fe^{3+}、Ni^{2+}、Co^{2+}、Mn^{2+}等
Cd^{2+}	H_2S 或 Na_2S	$Cd^{2+}+H_2S \longrightarrow CdS\downarrow+2H^{+}$ （黄色） $Cd^{2+}+S^{2-} \longrightarrow CdS\downarrow$（黄色）		能形成有色硫化物沉淀的离子
	镉试剂（对硝基重氮氨基偶氮苯）	Cd^{2+}+镉试剂 $\longrightarrow$ 红色$\downarrow$	弱酸性	Cu^{2+}、Ag^{+}、Hg^{2+}、Ni^{2+}、Fe^{3+}、Cr^{3+}、Co^{2+}、Mn^{2+}等
Hg_2^{2+}	$SnCl_2$	$Sn^{2+}+Hg_2^{2+}+4Cl^{-} \longrightarrow$ $2Hg\downarrow+SnCl_4$ （黑色）	酸性	Hg^{2+}等
	KI、氨水	$Hg_2^{2+}+2I^{-} \longrightarrow Hg_2I_2\downarrow$（黄绿色） $Hg_2I_2+2NH_3 \longrightarrow Hg(NH_2)I\downarrow$ $+Hg\downarrow+NH_4^{+}+I^{-}$ （黑色）	中性或弱酸性	Ag^{+}等

续表

离子	试剂	鉴定反应	介质条件	主要干扰离子
Hg^{2+}	$SnCl_2$	见 Sn^{2+} 鉴定	酸性	Hg_2^{2+} 等
Ti^{4+}	H_2O_2	$Ti^{4+}+H_2O_2+4H_2O \longrightarrow [Ti(O_2)(H_2O)_4]^{2+}+2H^+$（红色）	酸性	F^-、Fe^{3+}、CrO_4^{2-}、MnO_4^- 等
Cr^{3+}	$NaOH$、H_2O_2、Pb^{2+} 盐或 Ag^+ 盐或 Ba^{2+} 盐	$Cr^{3+}+3OH^-$（过量）$\longrightarrow [Cr(OH)_4]^-$ $2[Cr(OH)_4^-]^-+3H_2O_2+2OH^- \longrightarrow 2CrO_4^{2-}+8H_2O$ $CrO_4^{2-}+Pb^{2+} \longrightarrow PbCrO_4\downarrow$（黄色） $CrO_4^{2-}+2Ag^+ \longrightarrow Ag_2CrO_4\downarrow$（砖红色） $CrO_4^{2-}+Ba^{2+} \longrightarrow BaCrO_4\downarrow$（黄色）		凡与 CrO_4^{2-} 生成有色沉淀的金属离子均有干扰
	同上氧化后，用酸酸化，加 H_2O_2 再用乙醚萃取	$2CrO_4^{2-}+2H^+ \longrightarrow Cr_2O_7^{2-}+H_2O$ $Cr_2O_7^{2-}+4H_2O_2+2H^+ \xrightarrow{乙醚} 2CrO_5+5H_2O$（乙醚层呈蓝色）		
Mn^{2+}	$NaBiO_3$	$2Mn^{2+}+5NaBiO_3+14H^+ \longrightarrow 2MnO_4^-+5Na^++5Bi^{3+}+7H_2O$（紫红色）	HNO_3	Cl^-、Co^{2+} 等
Fe^{2+}	$K_3[Fe(CN)_6]$	$K^++Fe^{2+}+[Fe(CN)_6]^{3-} \longrightarrow [KFe(CN)_6Fe]\downarrow$（滕氏蓝色）	酸性	
Fe^{3+}	$K_4[Fe(CN)_6]$	$K^++Fe^{3+}+[Fe(CN)_6]^{4-} \longrightarrow [KFe(CN)_6Fe]\downarrow$（普鲁士蓝色）	酸性	Co^{2+}、Fe^{2+}、Cu^{2+}、Ni^{2+} 等
	NH_4SCN（或碱金属硫氰酸盐）	$Fe^{3+}+SCN^- \longrightarrow [Fe(NCS)]^{2+}$（血红色）	酸性	Cu^{2+}
Co^{2+}	NH_4SCN、丙酮	$Co^{2+}+4SCN^- \xrightarrow{丙酮} [Co(NCS)_4]^{2-}$（蓝色）	酸性	Fe^{3+}、Cu^{2+}、Hg_2^{2+} 等
Ni^{2+}	丁二酮肟	Ni^{2+}+丁二酮肟 $\longrightarrow$ 玫瑰红色$\downarrow$	氨水或醋酸钠	Co^{2+}、Cu^{2+}、Fe^{2+}、Bi^{3+}、Fe^{3+}、Mn^{2+} 等

B. 常见阴离子的主要鉴定方法

离子	试剂	鉴定反应	介质条件	主要干扰离子
F^-	锆盐茜素	F^-+锆盐茜素 ⟶ 无色 (红色)	HCl	ClO_3^-、IO_3^-、$C_2O_4^{2-}$、SO_4^{2-}、Al^{3+}、Bi^{3+}等
Cl^-	$AgNO_3$、氨水、HNO_3	见 Ag^+ 的鉴定	酸性	
Br^-	Cl_2、CCl_4	$2Br^- + Cl_2 \longrightarrow Br_2 + 2Cl^-$ Br_2 在 CCl_4 中呈橙黄色(或橙红色)	中性或酸性	Rb^+、Cs^+、NH_4^+ 等
I^-	Cl_2、CCl_4	$2I^- + Cl_2 \longrightarrow I_2 + 2Cl^-$ I_2 在 CCl_4 中呈紫红色	中性或酸性	
SO_3^{2-}	稀 HCl	$SO_3^{2-} + 2H^+ \longrightarrow SO_2\uparrow + H_2O$ SO_2 可使蘸有 $KMnO_4$ 溶液或淀粉-I_2 液或品红试液的试纸褪色	酸性	$S_2O_3^{2-}$、S^{2-}等
	$Na_2[Fe(CN)_5NO]$、$ZnSO_4$、$K_4[Fe(CN)_6]$	生成红色沉淀	中性	S^{2-}
SO_4^{2-}	$BaCl_2$	$SO_4^{2-} + Ba^{2+} \longrightarrow BaSO_4\downarrow$ (白色)	酸性	$S_2O_3^{2-}$、S_2^{2-}、SiO_3^{2-} 等
$S_2O_3^{2-}$	稀 HCl	$S_2O_3^{2-} + 2H^+ \longrightarrow SO_2\uparrow + S\downarrow + H_2O$ (白色→黄色)	酸性	SO_3^{2-}、S^{2-}、SiO_3^{2-} 等
	$AgNO_3$	$S_2O_3^{2-} + 2Ag^+ \longrightarrow Ag_2S_2O_3\downarrow$ (白色) $Ag_2S_2O_3$ 发生水解,颜色由白→黄→棕,最后变为黑色 Ag_2S	中性	S^{2-}
S^{2-}	稀 HCl	$S^{2-} + 2H^+ \longrightarrow H_2S\uparrow + H_2O$ H_2S 气体可使沾有 $Pb(OAc)_2$ 的试纸变黑	酸性	$S_2O_3^{2-}$、SO_3^{2-}
	$Na_2[Fe(CN)_5NO]$	$S^{2-} + [Fe(CN)_5NO]^{2-} \longrightarrow [Fe(CN)_5NOS]^{4-}$ (紫红色)	碱性	
NO_2^-	对氨基苯磺酸 α-萘胺	NO_2^-+对氨基苯磺酸 α-萘胺 ⟶ 红色	中性或醋酸	$KMnO_4$ 等氧化剂

续表

离子	试剂	鉴定反应	介质条件	主要干扰离子
NO_3^-	$FeSO_4$、浓 H_2SO_4	$NO_3^- + 3Fe^{2+} + 4H^+ \longrightarrow 3Fe^{3+} + NO + 2H_2O$ $Fe^{2+} + NO \longrightarrow [Fe(NO)]^{2+}$（棕色） 在混合液与浓 H_2SO_4 分层处形成棕色环	酸性	NO_2^-
PO_4^{3-}	$AgNO_3$	$PO_4^{3-} + 3Ag^+ \longrightarrow Ag_3PO_4\downarrow$（黄色）	酸性	CrO_4^{2-}、S^{2-}、PO_4^{3-}、AsO_3^{3-}、I^-、$S_2O_3^{2-}$ 等
	$(NH_4)_2MoO_4$，HNO_3	$PO_4^{3-} + 3NH_4^+ + 12MoO_4^{2-} + 24H^+ \longrightarrow (NH_4)_3PO_4 \cdot 12MoO_3 \cdot 6H_2O\downarrow + 6H_2O$（黄色）	HNO_3	SO_3^{2-}、$S_2O_3^{2-}$、S^{2-}、I^-、Sn^{2+}、SiO_3^{2-}、AsO_4^{3-}、Cl^- 等
AsO_4^{3-}	$(NH_4)_2MoO_4$	$AsO_4^{3-} + 3NH_4^+ + 12MoO_4^{2-} + 24H^+ \longrightarrow (NH_4)_3AsO_4 \cdot 12MoO_3\downarrow + 12H_2O$（黄色）	酸性	SO_3^{2-}、$S_2O_3^{2-}$、S^{2-}、I^-、Sn^{2+}、SiO_3^{2-}、PO_4^{3-}、Cl^- 等
AsO_3^{3-}	$AgNO_3$	$3Ag^+ + AsO_3^{3-} \longrightarrow Ag_3AsO_3\downarrow$（黄色）	中性	
CN^-	CuS	$6CN^- + 2CuS \longrightarrow 2[Cu(CN)_3]^{2-} + 2S^{2-}$ 黑色 CuS 溶解		
CO_3^{2-}	稀 HCl（或稀 H_2SO_4）、$Ba(OH)_2$	$CO_3^{2-} + 2H^+ \longrightarrow CO_2\uparrow + H_2O$ CO_2 气体可使饱和 $Ba(OH)_2$ 溶液变浑浊 $CO_2 + 2OH^- + Ba^{2+} \longrightarrow BaCO_3\downarrow + H_2O$（白色）	酸性	SO_3^{2-}、$S_2O_3^{2-}$ 等
SiO_3^{2-}	饱和 NH_4Cl	$SiO_3^{2-} + 2NH_4^+ + 2H_2O \longrightarrow H_2SiO_3\downarrow + 2NH_3\uparrow + 2H_2O$（白色胶状）	碱性	Al^{3+}
VO_3^-	α-安息香酮肟	VO_3^-+α-安息香酮肟 ⟶ 黄色↓	强酸性	Fe^{3+} 等

续表

离子	试剂	鉴定反应	介质条件	主要干扰离子
CrO_4^{2-}	$Pb(NO_3)_2$	$CrO_4^{2-}+Pb^{2+}\longrightarrow PbCrO_4\downarrow$（黄色）	碱性	Ba^{2+}、Sr^{2+}、Hg^{2+}、Bi^{3+}、Ag^+、Ni^{2+}、Zn^{2+}等
MoO_4^{2-}	KSCN、$SnCl_2$	形成红色配合物	强酸性	PO_4^{3-}、有机酸、NO_2^-、Hg^{2+}等
WO_4^{2-}	$SnCl_2$	生成蓝色沉淀或溶液呈蓝色	强酸性	PO_4^{3-}、有机酸等
OAc^-	$La(NO_3)_3$和I_2	生成暗蓝色沉淀	氨水	S^{2-}、SO_3^{2-}、$S_2O_3^{2-}$、SO_4^{2-}、PO_4^{3-}等

参考书及课外读物

[1] 朱裕贞,等.现代基础化学.2版.北京:化学工业出版社,2004.

[2] 唐有祺,王夔.化学与社会.北京:高等教育出版社,1997.

[3] 张青莲.无机化学丛书.1~18卷.北京:科学出版社,1982—1998.

[4] 冯慈珍.无机化学教学参考书(2).北京:高等教育出版社,1985.

[5] 国家自然科学基金委员会.自然科学学科发展战略调研报告,北京:科学出版社,无机化学(1994),地球化学(1996),环境化学(1996).

[6] 郭保章.中国现代化学史略.南宁:广西教育出版社,1995.

[7] 中国科学院化学学部,国家自然科学基金委化学科学部.展望21世纪的化学.北京:化学工业出版社,2000.

[8]《大学化学》编委会.今日化学.北京:北京大学出版社,1995.

[9] 唐有祺.当代化学前沿.北京:中国致公出版社,1997.

[10] 周公度,段连运.结构和物性.2版.北京:高等教育出版社,2000.

[11]《科学家谈物理》系列丛书.长沙:湖南教育出版社,1994.

[12] 马世昌.基础化学反应.西安:陕西科学技术出版社,2003.

[13] 仲崇立.绿色化学导论.北京:化学工业出版社,2000.

[14] 宋心琦.走进化学丛书.长沙:湖南教育出版社,1997—2000.

[15] Masterton W L, Hurley C N. Chemistry - Principles and Reactions. 2nd ed. Saunders College Pulishing, 1993.

[16] 国家自然科学基金委员会化学科学部.21世纪的无机化学.北京:科学出版社,2005.

[17] 张礼和,等.化学学科进展.北京:化学工业出版社,2005.

[18] 徐如人,等.无机合成与制备化学.2版.北京:高等教育出版社,2009.

[19] 申泮文.无机化学.北京:化学工业出版社,2002.

索　引

（按笔画排列）

六画

七画

八画

九画

十画

十一画

十二画

十三画

十四画

十五画

十六画及十六画以上

元素周期表

族 / 周期	1	2	3	4	5	6	7	8	9	10	11	12	13	14	15	16	17	18	电子层	18族电子数
	ⅠA	ⅡA	ⅢB	ⅣB	ⅤB	ⅥB	ⅦB	Ⅷ			ⅠB	ⅡB	ⅢA	ⅣA	ⅤA	ⅥA	ⅦA	0		
1	1 H 氢 1 2 3 $1s^1$ 1.008																	2 He 氦 3 4 $1s^2$ 4.0026	K	2
2	3 Li 锂 6 7 $2s^1$ 6.94	4 Be 铍 9 $2s^2$ 9.0122											5 B 硼 10 11 $2s^22p^1$ 10.81	6 C 碳 12 13 14 $2s^22p^2$ 12.011	7 N 氮 14 15 $2s^22p^3$ 14.007	8 O 氧 16 17 18 $2s^22p^4$ 15.999	9 F 氟 19 $2s^22p^5$ 18.998	10 Ne 氖 20 21 22 $2s^22p^6$ 20.180	L K	8 2
3	11 Na 钠 23 $3s^1$ 22.990	12 Mg 镁 24 25 26 $3s^2$ 24.305											13 Al 铝 27 $3s^23p^1$ 26.982	14 Si 硅 28 29 30 $3s^23p^2$ 28.085	15 P 磷 31 $3s^23p^3$ 30.974	16 S 硫 32 33 34 36 $3s^23p^4$ 32.06	17 Cl 氯 35 37 $3s^23p^5$ 35.45	18 Ar 氩 36 38 40 $3s^23p^6$ 39.95	M L K	8 8 2
4	19 K 钾 39 40 41 $4s^1$ 39.098	20 Ca 钙 40 42 43 44 46 48 $4s^2$ 40.078(4)	21 Sc 钪 45 $3d^14s^2$ 44.956	22 Ti 钛 46 47 48 49 50 $3d^24s^2$ 47.867	23 V 钒 50 51 $3d^34s^2$ 50.942	24 Cr 铬 50 52 53 54 $3d^54s^1$ 51.996	25 Mn 锰 55 $3d^54s^2$ 54.938	26 Fe 铁 54 56 57 58 $3d^64s^2$ 55.845(2)	27 Co 钴 59 $3d^74s^2$ 58.933	28 Ni 镍 58 60 61 62 64 $3d^84s^2$ 58.693	29 Cu 铜 63 65 $3d^{10}4s^1$ 63.546(3)	30 Zn 锌 64 66 67 68 70 $3d^{10}4s^2$ 65.38(2)	31 Ga 镓 69 71 $4s^24p^1$ 69.723	32 Ge 锗 70 72 73 74 76 $4s^24p^2$ 72.630(8)	33 As 砷 75 $4s^24p^3$ 74.922	34 Se 硒 74 76 77 78 80 82 $4s^24p^4$ 78.971(8)	35 Br 溴 79 81 $4s^24p^5$ 79.904	36 Kr 氪 78 80 82 83 84 86 $4s^24p^6$ 83.798(2)	N M L K	8 18 8 2
5	37 Rb 铷 85 87 $5s^1$ 85.468	38 Sr 锶 84 86 87 88 $5s^2$ 87.62	39 Y 钇 89 $4d^15s^2$ 88.906	40 Zr 锆 90 91 92 94 96 $4d^25s^2$ 91.224(2)	41 Nb 铌 93 $4d^45s^1$ 92.906	42 Mo 钼 92 94 95 96 97 98 100 $4d^55s^1$ 95.95	43 Tc 锝 97 98 99 $4d^55s^2$ (98)	44 Ru 钌 96 98 99 100 101 102 104 $4d^75s^1$ 101.07(2)	45 Rh 铑 103 $4d^85s^1$ 102.91	46 Pd 钯 102 104 105 106 108 110 $4d^{10}$ 106.42	47 Ag 银 107 109 $4d^{10}5s^1$ 107.87	48 Cd 镉 106 108 110 111 112 113 114 116 $4d^{10}5s^2$ 112.41	49 In 铟 113 115 $5s^25p^1$ 114.82	50 Sn 锡 112 114 115 116 117 118 119 120 122 124 $5s^25p^2$ 118.71	51 Sb 锑 121 123 $5s^25p^3$ 121.76	52 Te 碲 120 122 123 124 125 126 128 130 $5s^25p^4$ 127.60(3)	53 I 碘 127 $5s^25p^5$ 126.90	54 Xe 氙 124 126 128 129 130 131 132 134 136 $5s^25p^6$ 131.29	O N M L K	8 18 18 8 2
6	55 Cs 铯 133 $6s^1$ 132.91	56 Ba 钡 130 132 134 135 136 137 138 $6s^2$ 137.33	57–71 La–Lu 镧系	72 Hf 铪 174 176 177 178 179 180 $5d^26s^2$ 178.49(2)	73 Ta 钽 180 181 $5d^36s^2$ 180.95	74 W 钨 180 182 183 184 186 $5d^46s^2$ 183.84	75 Re 铼 185 187 $5d^56s^2$ 186.21	76 Os 锇 184 186 187 188 189 190 192 $5d^66s^2$ 190.23(3)	77 Ir 铱 191 193 $5d^76s^2$ 192.22	78 Pt 铂 190 192 194 195 196 198 $5d^96s^1$ 195.08	79 Au 金 197 $5d^{10}6s^1$ 196.97	80 Hg 汞 196 198 199 200 201 202 204 $5d^{10}6s^2$ 200.59	81 Tl 铊 203 205 $6s^26p^1$ 204.38	82 Pb 铅 204 206 207 208 $6s^26p^2$ 207.2	83 Bi 铋 209 $6s^26p^3$ 208.98	84 Po 钋 208 209 210 $6s^26p^4$ (209)	85 At 砹 210 211 $6s^26p^5$ (210)	86 Rn 氡 211 220 222 $6s^26p^6$ (222)	P O N M L K	8 18 32 18 8 2
7	87 Fr 钫 212 222 223 $7s^1$ (223)	88 Ra 镭 223 224 226 228 $7s^2$ (226)	89–103 Ac–Lr 锕系	104 Rf 𬬻* 265 267 $6d^27s^2$ (267)	105 Db 𬭊* 268 270 $6d^37s^2$ (270)	106 Sg 𬭳* 269 271 $6d^47s^2$ (269)	107 Bh 𬭛* 270 274 $6d^57s^2$ (270)	108 Hs 𬭶* 269 270 $6d^67s^2$ (270)	109 Mt 鿏* 276 278 $6d^77s^2$ (278)	110 Ds 𫟼* 280 281 $6d^87s^2$ (281)	111 Rg 𬬭* 281 282 $6d^{10}7s^1$ (281)	112 Cn 鿔* 283 285 $6d^{10}7s^2$ (285)	113 Nh 鿭* 285 286 (286)	114 Fl 𫓧* 287 288 289 $7s^27p^2$ (289)	115 Mc 镆* 288 289 290 (289)	116 Lv 𫟷* 291 292 293 $7s^27p^4$ (293)	117 Ts 鿬* 293 294 (293)	118 Og 鿫* 294 (294)	Q P O N M L K	8 18 32 32 18 8 2

镧系														
57 La 镧 138 139 $5d^16s^2$ 138.91	58 Ce 铈 136 138 140 142 $4f^15d^16s^2$ 140.12	59 Pr 镨 141 $4f^36s^2$ 140.91	60 Nd 钕 142 143 144 145 146 148 150 $4f^46s^2$ 144.24	61 Pm 钷 145 146 147 $4f^56s^2$ (145)	62 Sm 钐 144 147 148 149 150 152 154 $4f^66s^2$ 150.36(2)	63 Eu 铕 151 153 $4f^76s^2$ 151.96	64 Gd 钆 152 154 155 156 157 158 160 $4f^75d^16s^2$ 157.25(3)	65 Tb 铽 159 $4f^96s^2$ 158.93	66 Dy 镝 156 158 160 161 162 163 164 $4f^{10}6s^2$ 162.50	67 Ho 钬 165 $4f^{11}6s^2$ 164.93	68 Er 铒 162 164 166 167 168 170 $4f^{12}6s^2$ 167.26	69 Tm 铥 169 $4f^{13}6s^2$ 168.93	70 Yb 镱 168 170 171 172 173 174 176 $4f^{14}6s^2$ 173.05	71 Lu 镥 175 176 $4f^{14}5d^16s^2$ 174.97

锕系														
89 Ac 锕 225 227 $6d^17s^2$ (227)	90 Th 钍 230 232 $6d^27s^2$ 232.04	91 Pa 镤 231 233 $5f^26d^17s^2$ 231.04	92 U 铀 233 234 235 236 238 $5f^36d^17s^2$ 238.03	93 Np 镎 236 237 $5f^46d^17s^2$ (237)	94 Pu 钚 238 239 240 241 242 244 $5f^67s^2$ (244)	95 Am 镅* 241 243 $5f^77s^2$ (243)	96 Cm 锔* 243 244 245 246 247 248 $5f^76d^17s^2$ (247)	97 Bk 锫* 247 249 $5f^97s^2$ (247)	98 Cf 锎* 249 250 251 252 $5f^{10}7s^2$ (251)	99 Es 锿* 252 254 $5f^{11}7s^2$ (252)	100 Fm 镄* 253 257 $5f^{12}7s^2$ (257)	101 Md 钔* 258 260 $5f^{13}7s^2$ (258)	102 No 锘* 255 259 $5f^{14}7s^2$ (259)	103 Lr 铹* 261 262 $5f^{14}6d^17s^2$ (262)

图例：19 K 钾 39 40 41 $4s^1$ 39.098
- 原子序数：19
- 元素符号（红色指放射性元素）：K
- 元素名称（标*的为人造元素）：钾
- 同位素的质量数（加底线的是天然丰度最大的同位素，红色指放射性同位素）：39 40 41
- 价层电子构型：$4s^1$
- 相对原子质量（加括号的是放射性元素半衰期最长的同位素的质量数）：39.098

金属　稀有气体　非金属　过渡元素

注：
1. 相对原子质量引自国际纯粹与应用化学联合会（IUPAC）相对原子质量表（2018），删节至五位有效数字，末尾数的准确度加注在其后括号内。
2. 稳定元素列有其在自然界存在的同位素的质量数；放射性元素、人造元素同位素质量数的选列参考自有关文献。

扫码或访问网站，获取更多元素信息

2d.hep.com.cn/pte

高等教育出版社印制
(2022)